学ぶ人は、
変えて
ゆく人だ。

目の前にある問題はもちろん、
人生の問いや、
社会の課題を自ら見つけ、
挑み続けるために、人は学ぶ。
「学び」で、
少しずつ世界は変えてゆける。
いつでも、どこでも、誰でも、
学ぶことができる世の中へ。

旺文社

全国高校入試問題正解 2024年受験用

数学

旺文社

本書の刊行にあたって

　全国の入学試験問題を掲載した「全国高校入試問題正解」が誕生して，すでに73年が経ちます。ここでは，改めてこの本を刊行する3つの意義を確認しようと思います。

①事実をありのままに伝える「報道性」

　その年に出た入学試験問題がどんなもので，解答が何であるのかという事実を正確に伝える。この本は，無駄な加工を施さずにありのままを皆さんにお伝えする「ドキュメンタリー」の性質を持っています。また，客観資料に基づいた傾向分析と次年度への対策が付加価値として付されています。

②いちはやく報道する「速報性」

　報道には事実を伝えるという側面のほかに，スピードも重要な要素になります。その意味でこの「入試正解」も，可能な限り迅速に皆さんにお届けできるよう最大限の努力をしています。入学試験が行われてすぐ問題を目にできるということは，来年の準備をいち早く行えるという利点があります。

③毎年の報道の積み重ねによる「資料性」

　冒頭でも触れたように，この本には長い歴史があります。この時間の積み重ねと範囲の広さは，この本の資料としての価値を高めています。過去の問題との比較，また多様な問題同士の比較により，目指す高校の入学試験の特徴が明確に浮かび上がってきます。

　以上の意義を鑑み，これからも私たちがこの「全国高校入試問題正解」を刊行し続けることが，微力ながら皆さんのお役にたてると信じています。どうぞこの本を有効に活用し，最大の効果を得られることを期待しています。

　最後に，刊行にあたり入学試験問題や貴重な資料をご提供くださった各都道府県教育委員会・教育庁ならびに国立・私立高校，高等専門学校の関係諸先生方，また解答・校閲にあたられた諸先生方に，心より御礼申し上げます。

　2023年6月　　　　　　　　　　　　　　　　　　　　旺 文 社

CONTENTS

2023／数学

公立高校

北海道	1
青森県	4
岩手県	6
宮城県	8
秋田県	10
山形県	13
福島県	15
茨城県	17
栃木県	19
群馬県	21
埼玉県	23
千葉県	27
東京都	30
東京都立日比谷高	32
東京都立西高	33
東京都立立川高	35
東京都立国立高	36
東京都立八王子東高	38
東京都立墨田川高	39
神奈川県	41
新潟県	44
富山県	46
石川県	48
福井県	50
山梨県	52
長野県	55
岐阜県	58
静岡県	60
愛知県	61
三重県	63
滋賀県	65
京都府	66
大阪府	68
兵庫県	71
奈良県	74
和歌山県	76
鳥取県	77
島根県	81
岡山県	83
広島県	86
山口県	88
徳島県	91
香川県	93
愛媛県	95
高知県	97
福岡県	99
佐賀県	102
長崎県	104
熊本県	107
大分県	110
宮崎県	112
鹿児島県	114
沖縄県	116

国立高校

東京学芸大附高	120
お茶の水女子大附高	122
筑波大附高	123
筑波大附駒場高	125
東京工業大附科技高	126
大阪教育大附高（池田）	127
大阪教育大附高（平野）	128
広島大附高	130

私立高校

愛光高（愛媛県）	135
青山学院高等部（東京都）	136
市川高（千葉県）	137
江戸川学園取手高（茨城県）	138
大阪星光学院高（大阪府）	140
開成高（東京都）	141
関西学院高等部（兵庫県）	142
近畿大附高（大阪府）	142
久留米大附設高（福岡県）	143
慶應義塾高（神奈川県）	145
慶應義塾志木高（埼玉県）	146
慶應義塾女子高（東京都）	146
國學院大久我山高（東京都）	147
渋谷教育学園幕張高（千葉県）	149
城北高（東京都）	150
巣鴨高（東京都）	151
駿台甲府高（山梨県）	152
青雲高（長崎県）	153
成蹊高（東京都）	154
専修大附高（東京都）	155
中央大杉並高（東京都）	156
中央大附高（東京都）	157
土浦日本大高（茨城県）	158
桐蔭学園高（神奈川県）	159
東海高（愛知県）	160
東海大付浦安高（千葉県）	161
東京電機大高（東京都）	163
同志社高（京都府）	164
東大寺学園高（奈良県）	164
桐朋高（東京都）	165
灘高（兵庫県）	166
西大和学園高（奈良県）	167
日本大第二高（東京都）	168
日本大第三高（東京都）	169
日本大習志野高（千葉県）	171
函館ラ・サール高（北海道）	172
福岡大附大濠高（福岡県）	173
法政大高（東京都）	174
法政大国際高（神奈川県）	175
法政大第二高（神奈川県）	176
明治学院高（東京都）	177
明治大付中野高（東京都）	178
明治大付明治高（東京都）	179
洛南高（京都府）	180
ラ・サール高（鹿児島県）	181
立教新座高（埼玉県）	182
立命館高（京都府）	183
早実高等部（東京都）	184
和洋国府台女子高（千葉県）	185

高等専門学校

国立工業高専・商船高専・高専	131
都立産業技術高専	133

この本の特長と効果的な使い方

しくみと特長

◆公立・国立・私立高校の問題を掲載

都道府県の公立高校（一部の独自入試問題を含む），国立大学附属高校，国立高専・都立高専，私立高校の数学の入試問題を，上記の順で配列してあります。

◆「解答」には「解き方」「別解」も収録

問題は各都道府県・各校ごとに掲げ，巻末に各都道府県・各校ごとに「解答」と「解き方」を収めました。難しい問題には，特にくわしい「解き方」をそえ，さらに別解がある場合は 別 解 として示しました。

◆「時間」・「満点」・「実施日」を問題の最初に明示

2023年入試を知るうえで，参考になる大切なデータです。満点を公表しない高校の場合は「非公表」としてありますが，全体の何％ぐらいが解けるか，と考えて活用してください。

また，各都道府県・各校の最近の「出題傾向と対策」を問題のはじめに入れました。志望校の出題傾向の分析に便利です。

◆各問題に，問題内容や出題傾向を表示

それぞれの問題に対する解答のはじめに，学習のめやすとなるように問題内容を明示し，さらに次のような表記もしました。

- **よく出る** ………よく出題される重要な問題
- **新傾向** ………新しいタイプの問題
- **思考力** ………思考力を問う問題
- **基 本** ………基本的な問題
- **難** ………特に難しい問題

◆出題傾向を分析し，効率のよい受験対策を指導

巻頭の解説記事に「2023年入試の出題傾向と2024年の予想・対策」および公立・国立・私立高校別の「2023年の出題内容一覧」など，関係資料を豊富に収めました。これを参考に，志望校の出題傾向にターゲットをしぼった効果的な学習計画を立てることができます。

◇なお，編集上の都合により，写真や図版を差し替えた問題や一部掲載していない問題があります。あらかじめご了承ください。

効果的な使い方

■志望校選択のために

一口に高校といっても，公立のほかに国立，私立があり，さらに普通科・理数科・英語科など，いろいろな課程があります。

志望校の選択には，自分の実力や適性，将来の希望などもからんできます。入試問題の手ごたえや最近の出題傾向なども参考に，先生や保護者ともよく相談して，なるべく早めに志望校を決めるようにしてください。

■出題の傾向を活用して

志望校が決定したら，「2023年の出題内容一覧」を参考にしながら，どこに照準を定めたらよいか判断します。高校によっては入試問題にもクセがあるものです。そのクセを知って受験対策を組み立てるのも効果的です。

やたらに勉強時間ばかり長くとっても，効果はありません。年間を通じて，ムリ・ムダ・ムラのない学習を心がけたいものです。

■解答は入試本番のつもりで

まず，志望校の問題にあたってみます。問題を解くときは示された時間内で，本番のつもりで解答しましょう。必ず自分の力で解き，「解答」「解き方」で自己採点し，まちがえたところは速やかに解決するようにしてください。

■よく出る問題を重点的に

本文中に **よく出る** および **基 本** と表示された問題は，自分の納得のいくまで徹底的に学習しておくことが必要です。

■さらに効果的な使い方

志望校の問題が済んだら，他校の問題も解いてみましょう。苦手分野を集中的に学習したり，「模擬テスト」として実戦演習のつもりで活用するのも効果的です。

［編集協力］有限会社 四月社　　［表紙デザイン］土屋真郁（丸屋）

2023年入試の出題傾向と2024年の予想・対策

数学

入学試験の出題には各校ともそれぞれ一定の傾向があります。受験しようとする高等学校の出題傾向を的確につかみ，その傾向に沿って学習の重点の置き方を工夫し，最大の効果をあげてください。

2023年入試の出題傾向

2023年入試は，新課程における2年目の入試でした。

公立校の問題は，中学校の数学の各分野から基本的で平易な問題がバランス良く出題されています。また，国立大附属校，東京都立進学重点校，私立校の問題は，基本的で標準的な問題のほか，総合的な思考力や応用力を必要とするやや難しい問題や発展的な問題も出題されています。

公立校に関しては，各都道府県とも出題傾向に特に大きな変化はなく，問題の質・量・形式とも極めて安定していて，例年どおりの傾向に沿った出題が続いています。また，答えの数値のみではなく，答えに至るまでの途中過程の記述まで要求する設問も多くの都道府県で出題されていて，2023年は全体としてやや増加しました。さらに，いろいろな新しい工夫を取り入れた出題もありました。データの活用についての問題もやや増えました。

国立大附属校や東京都立進学重点校などでは，やや難しい問題も見受けられました。また，私立校の一部では，やや発展的な問題もありました。

2024年入試の予想・対策

◆各都道府県，各高校とも，出題については質，量とも大きな変化はないと予想されます。したがって，高校入試の数学の試験対策としては，まず教科書をもとに基本的な知識や計算力を養うことが重要です。さらに参考書や問題集などを利用して思考力や応用力を磨くとともに，志望校の出題傾向に合わせて，各校の頻出分野を重点的に練習するとよいでしょう。

◆都道府県によっては，出題の分野，内容，形式とも，例年のものを驚くほど忠実に踏襲し，数値を若干変える程度で出題することも少なくありません。したがって，過去数年分の入試問題を繰り返し練習することが，得点力向上のために極めて重要で効果的な方法です。

◆2024年入試は，新しい指導要領，新しい教科書に基づく3年目の試験になります。数と式，関数とグラフ，図形の各分野では，大きな変化はありませんが，データの活用の分野では出題がやや増加すると思われます。しかし，教科書の内容を中心にしっかりと準備すれば大きな心配はいりません。また，思考力，判断力，表現力を問う工夫された設問がさらに増加することでしょう。

〈K.Y.〉

2023年の出題内容一覧

数学	数と式							方程式	
	数の性質	正負の数の計算	式の計算（1・2年の範囲）	数・式の利用（1・2年の範囲）	平方根	多項式の乗法・除法	因数分解	1次方程式	1次方程式の応用
001 北海道		▲			▲		▲		
002 青森県		▲	▲	▲	▲	▲	▲		
003 岩手県		▲	▲	▲	▲				
004 宮城県	▲	▲	▲	▲			▲		
005 秋田県	▲	▲	▲	▲	▲			▲	
006 山形県		▲	▲		▲		▲		▲
007 福島県		▲	▲	▲	▲	▲			
008 茨城県	▲	▲	▲		▲		▲		▲
009 栃木県	▲	▲	▲	▲		▲			▲
010 群馬県	▲	▲	▲		▲			▲	
011 埼玉県	▲	▲	▲	▲	▲		▲	▲	
012 千葉県	▲	▲	▲		▲		▲		
013 東京都		▲	▲	▲	▲		▲	▲	▲
東京都立日比谷高					▲				
東京都立西高	▲				▲				
東京都立立川高					▲				
東京都立国立高	▲				▲				
東京都立八王子東高					▲				
東京都立墨田川高				▲	▲				
014 神奈川県	▲	▲	▲		▲		▲		
015 新潟県		▲	▲	▲	▲				
016 富山県		▲	▲		▲				▲
017 石川県		▲	▲		▲				
018 福井県		▲	▲	▲	▲	▲	▲		
019 山梨県		▲	▲	▲	▲				▲
020 長野県		▲	▲		▲		▲		
021 岐阜県		▲	▲		▲				
022 静岡県		▲	▲		▲				
023 愛知県		▲	▲	▲	▲				
024 三重県		▲	▲		▲		▲		
025 滋賀県		▲	▲		▲		▲		
026 京都府	▲	▲		▲	▲				
027 大阪府	▲	▲		▲	▲	▲	▲		▲
028 兵庫県	▲	▲	▲	▲	▲		▲		
029 奈良県	▲	▲			▲	▲			
030 和歌山県	▲	▲	▲	▲	▲	▲			
031 鳥取県	▲	▲	▲		▲	▲	▲		
032 島根県		▲	▲	▲	▲	▲			▲
033 岡山県	▲	▲	▲		▲				
034 広島県		▲	▲	▲	▲	▲			▲
035 山口県	▲	▲	▲		▲		▲		
036 徳島県		▲	▲	▲	▲				
037 香川県	▲	▲			▲				▲
038 愛媛県	▲	▲			▲	▲	▲		
039 高知県		▲	▲		▲		▲		
040 福岡県		▲	▲		▲				▲
041 佐賀県		▲	▲		▲		▲		
042 長崎県	▲	▲	▲		▲		▲		
043 熊本県	▲	▲	▲		▲	▲		▲	▲
044 大分県		▲	▲		▲	▲			
045 宮崎県		▲	▲		▲				
046 鹿児島県	▲	▲			▲	▲			
047 沖縄県	▲	▲	▲		▲	▲	▲	▲	
048 東京学芸大附高					▲				
049 お茶の水女子大附高					▲	▲	▲		
050 筑波大附高					▲				

● 旺文社 2024 全国高校入試問題正解

数 学	方　程　式				比例と関数			図　形	
	連立方程式	連立方程式の応用	2次方程式	2次方程式の応用	比例・反比例	1次関数	関数 $y=ax^2$	平面図形・作図の基本	空間図形の基本
001 北　海　道	▲					▲	▲	▲	
002 青　森　県						▲		▲	
003 岩　手　県		▲	▲		▲	▲	▲	▲	▲
004 宮　城　県	▲				▲	▲	▲	▲	
005 秋　田　県	▲	▲	▲			▲	▲	▲	
006 山　形　県		▲	▲		▲	▲	▲	▲	▲
007 福　島　県		▲	▲		▲	▲	▲	▲	
008 茨　城　県			▲			▲	▲	▲	▲
009 栃　木　県			▲		▲	▲	▲	▲	
010 群　馬　県		▲	▲		▲	▲	▲	▲	▲
011 埼　玉　県	▲	▲	▲		▲	▲	▲	▲	▲
012 千　葉　県	▲					▲	▲	▲	
013 東　京　都	▲					▲	▲	▲	
東京都立日比谷高			▲			▲	▲	▲	
東京都立西高			▲			▲	▲	▲	
東京都立立川高	▲		▲			▲	▲	▲	▲
東京都立国立高	▲					▲	▲	▲	
東京都立八王子東高			▲			▲	▲	▲	
東京都立墨田川高	▲		▲			▲	▲	▲	
014 神　奈　川　県		▲	▲			▲	▲	▲	
015 新　潟　県	▲					▲	▲	▲	
016 富　山　県	▲	▲	▲	▲	▲	▲	▲	▲	▲
017 石　川　県		▲			▲			▲	▲
018 福　井　県	▲		▲			▲		▲	
019 山　梨　県		▲	▲		▲	▲	▲	▲	▲
020 長　野　県	▲					▲	▲	▲	
021 岐　阜　県				▲		▲	▲	▲	
022 静　岡　県		▲	▲			▲	▲	▲	
023 愛　知　県			▲			▲	▲	▲	▲
024 三　重　県		▲	▲		▲	▲		▲	
025 滋　賀　県	▲	▲			▲	▲	▲	▲	▲
026 京　都　府	▲			▲	▲	▲	▲	▲	
027 大　阪　府	▲	▲			▲	▲	▲		▲
028 兵　庫　県		▲			▲	▲	▲	▲	
029 奈　良　県	▲		▲			▲	▲	▲	
030 和　歌　山　県		▲				▲	▲		▲
031 鳥　取　県		▲	▲			▲	▲	▲	
032 島　根　県			▲		▲	▲	▲	▲	▲
033 岡　山　県			▲	▲		▲	▲		
034 広　島　県			▲	▲	▲	▲	▲		
035 山　口　県			▲	▲	▲	▲	▲	▲	
036 徳　島　県			▲			▲	▲		▲
037 香　川　県		▲			▲	▲	▲	▲	
038 愛　媛　県				▲		▲	▲	▲	
039 高　知　県				▲		▲	▲	▲	
040 福　岡　県		▲			▲	▲	▲		▲
041 佐　賀　県		▲		▲		▲	▲	▲	
042 長　崎　県			▲			▲	▲	▲	
043 熊　本　県		▲	▲	▲	▲	▲	▲	▲	
044 大　分　県			▲			▲	▲	▲	
045 宮　崎　県	▲	▲	▲			▲	▲	▲	▲
046 鹿　児　島　県	▲			▲		▲	▲	▲	
047 沖　縄　県	▲		▲			▲	▲	▲	
048 東京学芸大附高			▲						
049 お茶の水女子大附高	▲	▲	▲			▲		▲	
050 筑　波　大　附　高		▲			▲		▲		

2023年の出題内容一覧

	数学	図形								
		立体の表面積と体積	平行と合同	図形と証明	三角形	平行四辺形	円周角と中心角	相似	平行線と線分の比	中点連結定理
001	北　海　道	▲	▲	▲	▲		▲	▲		
002	青　森　県	▲	▲		▲			▲		
003	岩　手　県	▲		▲		▲	▲	▲	▲	
004	宮　城　県					▲	▲			
005	秋　田　県	▲		▲	▲		▲	▲		
006	山　形　県						▲			
007	福　島　県	▲	▲	▲			▲	▲	▲	
008	茨　城　県	▲		▲	▲		▲	▲		
009	栃　木　県	▲		▲			▲	▲		
010	群　馬　県		▲	▲	▲	▲	▲	▲		
011	埼　玉　県	▲	▲	▲		▲	▲	▲		▲
012	千　葉　県	▲		▲		▲	▲	▲		
013	東　京　都	▲	▲	▲	▲	▲	▲	▲		▲
	東 京 都 立 日 比 谷 高	▲	▲	▲			▲	▲		
	東 京 都 立 西 高	▲					▲	▲		
	東 京 都 立 立 川 高		▲	▲					▲	
	東 京 都 立 国 立 高	▲	▲	▲				▲		
	東 京 都 立 八 王 子 東 高	▲	▲			▲		▲		
	東 京 都 立 墨 田 川 高	▲		▲	▲			▲		
014	神　奈　川　県	▲		▲			▲	▲	▲	
015	新　潟　県	▲		▲	▲			▲		
016	富　山　県	▲	▲	▲		▲		▲	▲	
017	石　川　県	▲			▲					
018	福　井　県		▲	▲		▲	▲	▲		
019	山　梨　県	▲		▲	▲		▲	▲		
020	長　野　県	▲		▲	▲		▲	▲		
021	岐　阜　県	▲					▲	▲		
022	静　岡　県			▲			▲	▲		
023	愛　知　県	▲		▲		▲		▲	▲	
024	三　重　県		▲							
025	滋　賀　県	▲						▲	▲	
026	京　都　府	▲	▲				▲		▲	
027	大　阪　府	▲	▲					▲		
028	兵　庫　県	▲	▲				▲	▲		
029	奈　良　県						▲	▲	▲	
030	和　歌　山　県				▲	▲	▲	▲		
031	鳥　取　県	▲	▲			▲	▲	▲		
032	島　根　県			▲			▲	▲		
033	岡　山　県		▲	▲		▲	▲	▲		
034	広　島　県		▲			▲		▲	▲	
035	山　口　県	▲		▲			▲	▲		
036	徳　島　県		▲							
037	香　川　県	▲	▲				▲	▲		
038	愛　媛　県						▲	▲		
039	高　知　県	▲	▲			▲		▲		
040	福　岡　県	▲	▲	▲	▲		▲	▲		
041	佐　賀　県	▲	▲		▲			▲		
042	長　崎　県	▲						▲		
043	熊　本　県	▲				▲	▲	▲		
044	大　分　県	▲		▲			▲	▲		
045	宮　崎　県	▲					▲	▲	▲	
046	鹿　児　島　県	▲	▲		▲	▲	▲	▲	▲	
047	沖　縄　県	▲	▲	▲			▲	▲		
048	東 京 学 芸 大 附 高						▲	▲		
049	お 茶 の 水 女 子 大 附 高	▲						▲		
050	筑 波 大 附 高	▲				▲	▲	▲		

数学

		図形	データの活用				総合問題			
		三平方の定理	データの散らばりと代表値	場合の数	確率	標本調査	数・式を中心とした総合問題	関数を中心とした総合問題	図形を中心とした総合問題	データの活用を中心とした総合問題
001	北　海　道		▲		▲					
002	青　森　県	▲	▲	▲	▲		▲	▲		
003	岩　手　県	▲	▲		▲					
004	宮　城　県	▲	▲		▲	▲				
005	秋　田　県	▲	▲		▲			▲		▲
006	山　形　県		▲		▲			▲	▲	
007	福　島　県	▲	▲		▲					
008	茨　城　県	▲	▲		▲					
009	栃　木　県	▲	▲		▲		▲			
010	群　馬　県	▲	▲		▲					
011	埼　玉　県	▲	▲		▲	▲				
012	千　葉　県	▲	▲	▲	▲		▲			
013	東　京　都	▲			▲					
	東 京 都 立 日 比 谷 高	▲			▲					
	東 京 都 立 西 高	▲			▲					
	東 京 都 立 立 川 高	▲			▲					
	東 京 都 立 国 立 高	▲			▲					
	東 京 都 立 八 王 子 東 高	▲			▲					
	東 京 都 立 墨 田 川 高	▲	▲							
014	神　奈　川　県	▲	▲		▲					
015	新　潟　県	▲	▲		▲		▲			
016	富　山　県	▲	▲		▲					
017	石　川　県	▲	▲	▲	▲			▲	▲	
018	福　井　県	▲	▲		▲			▲	▲	
019	山　梨　県	▲	▲		▲					
020	長　野　県	▲	▲		▲					
021	岐　阜　県		▲		▲		▲			
022	静　岡　県		▲		▲					
023	愛　知　県	▲	▲		▲					
024	三　重　県		▲		▲			▲	▲	
025	滋　賀　県	▲	▲		▲					
026	京　都　府	▲	▲		▲					
027	大　阪　府	▲	▲		▲					
028	兵　庫　県	▲		▲	▲	▲	▲			
029	奈　良　県	▲	▲		▲					
030	和　歌　山　県	▲	▲		▲					
031	鳥　取　県	▲	▲		▲			▲		
032	島　根　県	▲	▲		▲					
033	岡　山　県	▲	▲		▲					
034	広　島　県		▲		▲				▲	
035	山　口　県	▲	▲		▲					
036	徳　島　県				▲		▲			▲
037	香　川　県	▲	▲		▲		▲			
038	愛　媛　県		▲		▲				▲	
039	高　知　県	▲	▲		▲					
040	福　岡　県	▲	▲		▲	▲				
041	佐　賀　県		▲		▲				▲	
042	長　崎　県		▲		▲		▲		▲	
043	熊　本　県	▲	▲	▲	▲					
044	大　分　県	▲	▲		▲				▲	
045	宮　崎　県	▲	▲		▲					
046	鹿　児　島　県	▲	▲	▲	▲			▲	▲	▲
047	沖　縄　県	▲	▲	▲	▲		▲			
048	東 京 学 芸 大 附 高	▲	▲		▲		▲	▲	▲	
049	お 茶 の 水 女 子 大 附 高	▲			▲					
050	筑 波 大 附 高	▲				▲				

2023年の出題内容一覧

数学	数と式							方程式	
	数の性質	正負の数の計算	式の計算（1・2年の範囲）	数・式の利用（1・2年の範囲）	平方根	多項式の乗法・除法	因数分解	1次方程式	1次方程式の応用
051 筑波大附駒場高	▲								
052 東京工業大附科技高		▲		▲	▲				▲
053 大阪教育大附高（池田）	▲				▲				
054 大阪教育大附高（平野）					▲				
055 広島大附高	▲				▲				▲
056 愛光高	▲		▲		▲		▲		
057 青山学院高等部	▲				▲				
058 市川高	▲								
059 江戸川学園取手高			▲		▲	▲		▲	
060 大阪星光学院高	▲				▲				
061 開成高	▲								
062 関西学院高等部			▲		▲		▲		
063 近畿大附高			▲		▲		▲		
064 久留米大学附設高							▲		
065 慶應義塾高	▲				▲		▲		
066 慶應義塾志木高					▲	▲			
067 慶應義塾女子高	▲						▲		
068 國學院大學久我山高			▲		▲				
069 渋谷教育学園幕張高	▲				▲	▲			
070 城北高					▲		▲		
071 巣鴨高	▲				▲	▲			
072 駿台甲府高	▲	▲			▲		▲		
073 青雲高	▲	▲	▲		▲	▲	▲		
074 成蹊高					▲		▲		
075 専修大附高	▲				▲		▲		▲
076 中央大学杉並高		▲			▲				
077 中央大高	▲		▲		▲				
078 土浦日本大学高		▲			▲				
079 桐蔭学園高			▲						
080 東海高	▲				▲	▲			
081 東海大付浦安高	▲	▲	▲		▲	▲	▲		▲
082 東京電機大学高					▲				
083 同志社高	▲		▲	▲		▲			
084 東大寺学園高	▲				▲		▲		
085 桐朋高			▲		▲		▲		
086 灘高					▲				
087 西大和学園高	▲		▲				▲		
088 日本大学第二高			▲		▲		▲		
089 日本大学第三高	▲	▲	▲		▲		▲		
090 日本大学習志野高	▲				▲				▲
091 函館ラ・サール高	▲	▲			▲		▲		
092 福岡大附大濠高	▲			▲					
093 法政大学高	▲				▲				
094 法政大学国際高			▲						
095 法政大学第二高	▲				▲	▲	▲		
096 明治学院高		▲		▲					▲
097 明治大付中野高				▲	▲				
098 明治大付明治高	▲				▲		▲		
099 洛南高		▲		▲	▲				
100 ラ・サール高	▲		▲		▲		▲		
101 立教新座高							▲		
102 立命館高	▲	▲			▲		▲		
103 早実高等部				▲			▲		
104 和洋国府台女子高	▲	▲	▲		▲	▲	▲		
105 国立工業・商船・電波高専		▲	▲						▲
106 東京都立産業技術高専	▲	▲	▲		▲		▲		▲

● 旺文社 2024 全国高校入試問題正解

数学

No.	学校	方程式				比例と関数			図形	
		連立方程式	の連立方程式応用	2次方程式	の2次方程式応用	比例・反比例	1次関数	関数 $y=ax^2$	平面図形の基本・作図	空間図形の基本
051	筑波大附駒場高							▲		
052	東京工業大附科技高		▲		▲	▲		▲		
053	大阪教育大附高（池田）	▲			▲		▲	▲		
054	大阪教育大附高（平野）				▲		▲			▲
055	広島大附高	▲			▲		▲	▲		
056	愛光高		▲		▲		▲	▲	▲	
057	青山学院高等部						▲	▲	▲	
058	市川高				▲					
059	江戸川学園取手高				▲	▲	▲	▲	▲	
060	大阪星光学院高	▲						▲		
061	開成高									▲
062	関西学院高等部	▲		▲						
063	近畿大附高		▲	▲			▲			
064	久留米大学附設高		▲	▲		▲	▲			
065	慶應義塾高				▲		▲			
066	慶應義塾志木高				▲		▲			
067	慶應義塾女子高				▲			▲		
068	國學院大學久我山高			▲			▲	▲		
069	渋谷教育学園幕張高	▲		▲			▲	▲	▲	▲
070	城北高	▲		▲			▲	▲	▲	▲
071	巣鴨高			▲		▲	▲	▲		▲
072	駿台甲府高			▲			▲			
073	青雲高	▲		▲				▲		
074	成蹊高		▲	▲				▲		▲
075	専修大附高				▲		▲			
076	中央大学杉並高		▲				▲	▲		
077	中央大附高			▲			▲	▲		
078	土浦日本大学高		▲	▲		▲		▲		
079	桐蔭学園高			▲				▲		
080	東海高			▲				▲		
081	東海大付浦安高	▲						▲		
082	東京電機大学高		▲	▲			▲	▲		▲
083	同志社高	▲	▲	▲			▲	▲	▲	▲
084	東大寺学園高	▲						▲		
085	桐朋高		▲					▲		
086	灘高					▲	▲	▲		
087	西大和学園高	▲					▲	▲	▲	▲
088	日本大学第二高						▲	▲		▲
089	日本大学第三高	▲		▲			▲	▲		
090	日本大学習志野高			▲				▲		▲
091	函館ラ・サール高	▲					▲	▲		
092	福岡大附大濠高				▲		▲	▲		
093	法政大学高		▲				▲	▲		
094	法政大学国際高			▲			▲	▲		
095	法政大学第二高	▲		▲			▲	▲	▲	▲
096	明治学院高		▲		▲	▲	▲	▲		
097	明治大付中野高		▲	▲	▲		▲	▲		
098	明治大付明治高	▲	▲		▲		▲	▲		
099	洛南高				▲		▲	▲	▲	
100	ラ・サール高				▲		▲	▲		
101	立教新座高		▲		▲		▲	▲		
102	立命館高	▲			▲		▲	▲		
103	早実高等部		▲	▲	▲				▲	
104	和洋国府台女子高	▲		▲			▲	▲		
105	国立工業・商船・電波高専		▲	▲		▲	▲	▲		
106	東京都立産業技術高専	▲					▲	▲	▲	▲

2023年の出題内容一覧

数学	立体の表面積と体積	平行と合同	図形と証明	三角形	平行四辺形	円周角と中心角	相似	平行線と線分の比	中点連結定理
051 筑波大附駒場高	▲							▲	
052 東京工業大附科技高	▲	▲				▲	▲	▲	
053 大阪教育大附高（池田）			▲			▲	▲		
054 大阪教育大附高（平野）		▲			▲	▲			
055 広島大附高	▲		▲		▲	▲			
056 愛光高	▲		▲		▲	▲			
057 青山学院高等部		▲				▲	▲		▲
058 市川高						▲			
059 江戸川学園取手高	▲								
060 大阪星光学院高						▲	▲		
061 開成高			▲			▲			
062 関西学院高等部			▲						
063 近畿大附高	▲					▲		▲	
064 久留米大学附設高	▲					▲			
065 慶應義塾高	▲	▲						▲	
066 慶應義塾志木高			▲			▲	▲		
067 慶應義塾女子高	▲					▲			
068 國學院大學久我山高	▲				▲	▲			
069 渋谷教育学園幕張高						▲	▲	▲	
070 城北高	▲				▲	▲	▲		
071 巣鴨高			▲			▲	▲		
072 駿台甲府高						▲		▲	
073 青雲高	▲					▲			
074 成蹊高	▲	▲		▲	▲	▲			
075 専修大附高	▲					▲			
076 中央大学杉並高	▲					▲			
077 中央大附高	▲				▲	▲			
078 土浦日本大学高	▲				▲	▲			
079 桐蔭学園高						▲			
080 東海高	▲		▲			▲			
081 東海大付浦安高	▲					▲		▲	
082 東京電機大学高	▲					▲	▲		
083 同志社高	▲					▲	▲	▲	
084 東大寺学園高	▲					▲			
085 桐朋高	▲		▲			▲			
086 灘高						▲	▲		
087 西大和学園高	▲		▲			▲	▲		
088 日本大学第二高	▲			▲		▲	▲		
089 日本大学第三高	▲					▲	▲	▲	▲
090 日本大学習志野高	▲	▲					▲	▲	
091 函館ラ・サール高	▲				▲	▲		▲	
092 福岡大附大濠高						▲			
093 法政大学高				▲		▲			
094 法政大学国際高						▲			
095 法政大学第二高				▲		▲			
096 明治学院高		▲							
097 明治大付中野高	▲					▲			
098 明治大付明治高							▲		
099 洛南高	▲					▲			
100 ラ・サール高	▲					▲	▲	▲	▲
101 立教新座高	▲			▲	▲	▲	▲	▲	
102 立命館高					▲	▲	▲	▲	
103 早実高等部	▲					▲	▲		
104 和洋国府台女子高	▲	▲	▲			▲	▲	▲	
105 国立工業・商船・電波高専									
106 東京都立産業技術高専	▲					▲	▲		

数学

数学	図形	データの活用				総合問題			
	三平方の定理	データの散らばりと代表値	場合の数	確率	標本調査	数・式を中心とした総合問題	関数を中心とした総合問題	図形を中心とした総合問題	データの活用を中心とした総合問題
051 筑波大附駒場高	▲								
052 東京工業大附科技高	▲	▲		▲			▲	▲	
053 大阪教育大附高（池田）	▲			▲					
054 大阪教育大附高（平野）	▲	▲		▲					
055 広島大附高	▲	▲		▲					
056 愛光高	▲			▲					
057 青山学院高等部	▲		▲						
058 市川高	▲		▲				▲		
059 江戸川学園取手高	▲			▲					
060 大阪星光学院高	▲			▲					
061 開成高			▲			▲			
062 関西学院高等部			▲						
063 近畿大附高	▲			▲					
064 久留米大学附設高	▲			▲			▲		
065 慶應義塾高	▲			▲					
066 慶應義塾志木高	▲			▲					
067 慶應義塾女子高	▲		▲						
068 國學院大學久我山高	▲	▲	▲						
069 渋谷教育学園幕張高	▲		▲						
070 城北高	▲			▲			▲		
071 巣鴨高	▲								
072 駿台甲府高	▲	▲		▲					
073 青雲高	▲								
074 成蹊高	▲						▲		
075 専修大附高	▲								
076 中央大学杉並高	▲								
077 中央大附高	▲	▲							
078 土浦日本大学高	▲	▲						▲	
079 桐蔭学園高	▲		▲						
080 東海高	▲	▲							
081 東海大付浦安高	▲	▲		▲					
082 東京電機大学高	▲	▲		▲					
083 同志社高	▲		▲						
084 東大寺学園高	▲			▲					
085 桐朋高	▲	▲		▲					
086 灘高	▲			▲					
087 西大和学園高	▲		▲						
088 日本大学第二高	▲	▲							
089 日本大学第三高	▲		▲	▲					
090 日本大学習志野高	▲			▲					
091 函館ラ・サール高	▲			▲		▲			
092 福岡大附大濠高				▲			▲	▲	
093 法政大学高	▲		▲	▲					
094 法政大学国際高	▲			▲					
095 法政大学第二高	▲			▲					
096 明治学院高	▲			▲					
097 明治大付中野高	▲	▲		▲					
098 明治大付明治高	▲	▲							
099 洛南高	▲			▲					
100 ラ・サール高	▲		▲						
101 立教新座高	▲			▲					
102 立命館高	▲	▲		▲					
103 早実高等部	▲	▲		▲			▲		
104 和洋国府台女子高	▲			▲					
105 国立工業・商船・電波高専	▲	▲		▲			▲	▲	
106 東京都立産業技術高専	▲	▲	▲						

分野別・最近3か年の入試の出題内容分析

数学

数学の入試では，基本的な問題や平易な問題で確実に得点を獲得することが大切です。出題の形式，傾向は各校とも安定しているので，過去の問題を繰り返し練習して，計算力を高めておきましょう。

表の見方

最近3か年（2021・2022・2023年）について出題内容を設問内容別に分類し集計したものです。

●数と式

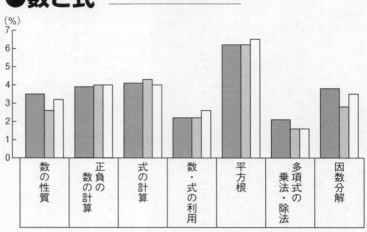

公立校では，冒頭に必ず易しい計算問題が出題されます。まずここで，素早く確実に得点しましょう。正確で能率的な計算を心掛け，特に符号ミスに十分注意しましょう。時間に余裕があれば，検算を実行しましょう。

●方程式

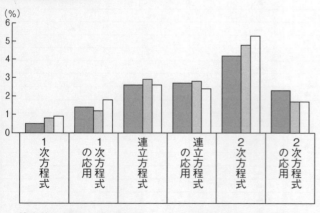

基本的な問題が多く出題されます。解を求めたら，代入して検算するよう心掛けるとよいでしょう。文章題では，答えのみでなく解答途中の式や説明まで要求する学校がさらに増加しました。また，答えに単位が必要かどうかについても，問題文をしっかりと確認しましょう。

●比例と関数

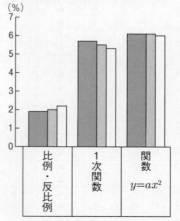

1次関数と関数 $y=ax^2$ との融合問題が圧倒的に多く，とくに，変化の割合や，グラフとグラフの交点についての問題がたくさん出題されます。また，三角形などの図形と関連させた問題も数多く出題されています。

●図形

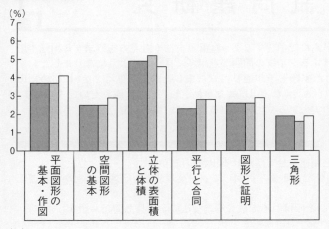

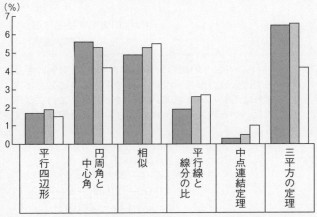

●データの活用

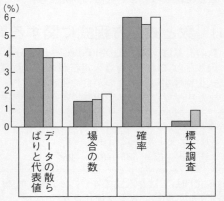

データの活用の出題は基本的なものが多いので，教科書の内容をしっかり復習しておくとよいでしょう。場合の数は，正確に数え上げることが基本です。具体的に書き出してみたり，場合分けをしたりすることも必要です。そして，その正確な数え上げをもとにして確率を計算します。

図形の問題は多種多様ですが，やはり，三角形の合同，相似，円周角の定理，三平方の定理などの問題が中心です。とくに，円周角の定理や三平方の定理を利用する問題が数多く出題されています。また，毎年必ず作図や証明問題を出題する学校がかなり多いので，出題傾向を確認し，十分練習しておくことが必要です。

------〈全般としての出題傾向〉------

分野別の出題率は，およそ次のようになります。

数と式	約 26%
方程式	約 14%
比例と関数	約 13%
図形	約 39%
データの活用	約 8%

出題比率に大きな変化はありませんが，図形問題の比重が大きく，関数のグラフと図形との融合問題も多く出題されています。図形問題重視の傾向は，今後も続くと考えてよいでしょう。
各都道府県，各高校とも，出題の傾向は安定していて，今後も大きな変化はないと考えられます。特に，公立高校については，出題形式がほぼ忠実に踏襲されていることが多いです。
高校入試を確実に突破するには，

　教科書の復習→基本的な知識や計算力の確認
　参考書や問題集の利用→思考力，応用力の育成
　過去の問題の検討→志望校の出題傾向の把握

が大きな柱となります。とくに，過去数年分の問題を早い段階から繰り返し練習することが極めて効果的です。ぜひ，実行しましょう。

入試問題研究　　　　　　　　　　　解説 | 12

数 学 ・ 入 試 問 題 研 究

　教科書で「発展」として取り上げられた内容や，高校で学習するような計算方法や考え方を要求する出題や思考力を要する問題，対話形式で考え方や解法を誘導するタイプの問題が近年多く見られるようになりました。また，2023 年度の入試では「2023」という数に絡めた出題も予想通り目立ちました。次年度は 2024 に絡めた出題も多数されることが予想されます。2024 $= 2^3 \times 11 \times 23$ などは既知な事柄として受験に臨みたいところです。
　ここではこういった入試動向をとらえ，皆さんの実力アップにつながるように，問題紹介と解説をしました。

(1)　数と式，方程式に関する問題

　数の計算は，文字式の計算規則や因数分解などと関連させて解かせる出題が目立ちます。
　因数分解にはある程度の定石があり，「次数が最低である文字に関して式を整理する」，「次数の異なる項ごとに式を整理する」の 2 つが良く使われます。
　また中学学習内容の範囲外ですが，「たすき掛け」と呼ばれる因数分解の解法の含まれた問題も紹介します。

例題 1. 次の式を因数分解せよ。
(1)　$(x+1)a^2 - 2xa + x - 1$　　　　　　　　　　　　　（早稲田実業学校高等部）
(2)　$9a - 6b + 5ab - 3a^2 - 2b^2$　　　　　　　　　　　（西大和学園高）

---

(1) a に関しては 2 次式ですが，x に関しては 1 次式なので，x に関して式を整理します。
$$(与式) = x(a^2 - 2a + 1) + a^2 - 1$$
$$= x(a-1)^2 + (a+1)(a-1)$$
$$= (a-1)\{x(a-1) + (a+1)\}$$
$$= (a-1)(ax - x + a + 1)$$
(2) まずは，次数が 1 次の部分と 2 次の部分に分けてみます。
$$(与式) = 3(3a - 2b) - (3a^2 - 5ab + 2b^2)$$
ここで困ってしまうのが，後半にある 2 次式部分

$3a^2 - 5ab + 2b^2$ の因数分解が中学の範囲で学習する方法では因数分解できないことです。前半にある 1 次式部分に $3a - 2b$ があるので，後半部分にこの式が出てこないかと考えると，後半部分の因数分解に気付くでしょう。
$$(与式) = 3(3a - 2b) - (3a - 2b)(a - b)$$
$$= (3a - 2b)\{3 - (a - b)\}$$
$$= -(3a - 2b)(a - b - 3)$$

答　(1) $(a-1)(ax - x + a + 1)$
　　　　(2) $-(3a - 2b)(a - b - 3)$

　式の値を求める問題も頻出です。式変形が必要であったり，置き換えが必要であったりと考え方は様々で，問題を通して学習を深めていくほかありません。また，2023 年度の入試では中学の学習内容の範囲外となりますが，やや複雑な式の分母の有理化の問題も散見されましたので，それらの中から 1 問紹介します。

例題 2.
(1)　$a = 2(\sqrt{13} - 2)$ の整数部分を b，小数部分を c とする。このとき，$(a + 3b + 1)(c + 1)$ の値を求めよ。
　　　　　　　　　　　　　　　　　　　　　　　　　　（東海高　改）
(2)　$x + y = 7$，$x^2 + y^2 = 169$ を満たす x，y について，xy と $(x - y)(x^2 - y^2)$ の値をそれぞれ求めよ。
　　　　　　　　　　　　　　　　　　　　　　　　　　（久留米大学附設高）
(3)　$x = \sqrt{7} + \sqrt{5}$，$y = \sqrt{7} - \sqrt{5}$ のとき，$\dfrac{(\sqrt{x} - \sqrt{y})}{(\sqrt{x} + \sqrt{y})}$ の値を求めなさい。
　　　　　　　　　　　　　　　　　　　　　　　　　　（お茶の水女子大学附属高）

---

(1) まずは，整数部分 b を正確に求めましょう。
$a = \sqrt{52} - 4$ で，$7 < \sqrt{52} < 8$ であるから，$b = 3$，$c = 2\sqrt{13} - 7$ とわかります。したがって，
$$a + 3b + 1 = 2\sqrt{13} + 6, \quad c + 1 = 2\sqrt{13} - 6$$
となるので，求める式の値は，
$$(2\sqrt{13} + 6)(2\sqrt{13} - 6) = 52 - 36 = 16$$

(2) 頻出の式変形なので，しっかり学習しておきましょう。
$$(x + y)^2 = x^2 + y^2 + 2xy$$
に問題の式の値を代入して，
$$7^2 = 169 + 2xy \qquad xy = -60$$
$$(x - y)^2 = x^2 + y^2 - 2xy = 169 - 2 \times (-60) = 289$$
となるので，
$$(与式) = (x - y)^2(x + y) = 289 \times 7 = 2023$$

● 旺文社 2024 全国高校入試問題正解

（3）この問題のような，分母にルートが単独でない式で表されているものが散見されました。

$(a+b)(a-b) = a^2 - b^2$ の式を利用して，分母の変形を考えます。

求める式の分母と分子を $(\sqrt{x} - \sqrt{y})$ 倍すると，

$$（与式） = \frac{(\sqrt{x} - \sqrt{y})^2}{(\sqrt{x} + \sqrt{y})(\sqrt{x} - \sqrt{y})}$$
$$= \frac{x - 2\sqrt{x}\sqrt{y} + y}{x - y}$$

この式に，

$$x + y = 2\sqrt{7}, \quad x - y = 2\sqrt{5}, \quad xy = 7 - 5 = 2$$

を代入して，

$$（与式） = \frac{2\sqrt{7} - 2 \times \sqrt{2}}{2\sqrt{5}} = \frac{\sqrt{5}(\sqrt{7} - \sqrt{2})}{5}$$

答 （1）**16** （2）**2023** （3）$\dfrac{\sqrt{35} - \sqrt{10}}{5}$

置き換えなどが必要となる，やや複雑な方程式も相変わらず頻出でした。

> **例題 3.**
> 方程式 $(x + \sqrt{3} + \sqrt{5})^2 - 3\sqrt{5}(x - 2\sqrt{5} + \sqrt{3}) - 35 = 0$ を解きなさい。 （渋谷教育学園幕張高）

式を展開してしまっては，展開そのものも大変ですし，その後の処理も大変になります。そこで「置き換え」を考えます。本編で取り上げている通り，$x + \sqrt{3}$ を置き換えるのが本流でしょうが，ここではあえて，最初の かっこの中を置き換えてみましょう。$X = x + \sqrt{3} + \sqrt{5}$ とおくと，

$$x - 2\sqrt{5} + \sqrt{3} = X - 3\sqrt{5}$$

となるので，問題の方程式は，

$$X^2 - 3\sqrt{5}(X - 3\sqrt{5}) - 35 = 0$$

となる。これを整理して，

$$X^2 - 3\sqrt{5}X + 10 = 0$$

2次方程式の解の公式より，

$$X = \frac{3\sqrt{5} \pm \sqrt{45 - 40}}{2} = 2\sqrt{5}, \quad \sqrt{5}$$

よって，$x = X - \sqrt{3} - \sqrt{5}$ に代入して，

答 $x = \sqrt{5} - \sqrt{3}, \quad -\sqrt{3}$

（2） 新傾向・思考力を要する問題

思考力を要する出題，目新しいタイプの出題（「対話型」など）の増加傾向は続いています。まず初めに冒頭に述べた「2023 絡みの問題」を 2 問紹介します。

> **例題 4.**
> （1） $4m^2 = n^2 + 2023$ となる自然数 m，n の組のうち，m が最小のものを求めよ。 （青山学院高 改）
> （2） $\sqrt{2023n}$ が整数となる正の整数 n のうち，2 番目に小さい n の値を求めよ。 （慶應義塾志木高）

当然ですが，$2023 = 7 \times 17^2$ を利用します。

（1）$2023 = 4m^2 - n^2 = (2m + n)(2m - n)$ であるから，$2m + n > 2m - n > 0$ に注意すると，

$$(2m + n, \ 2m - n)$$
$$= (7 \times 17^2, \ 1), \ (17^2, \ 7), \ (7 \times 17, \ 17)$$

の 3 組考えられる。これらの中で m が最小となるのは，3 番目で，このとき

$$m = \frac{7 \times 17 + 17}{4} = 34$$

（2）$2023n = 7 \times 17^2 \times n$ が平方数となるので，

$$n = 7 \times m^2, \quad m \text{ は自然数}$$

とおける。したがって，問題の条件を満たす 2 番目に小さい数は $m = 2$ のとき。

答 （1）**34** （2）**28**

新教育課程に移行した 2 年目の入試となり，「データの分析」の内容から「箱ひげ図」の読み取りを扱う学校が増加しました。これらの中から 1 問紹介します。やや出題の方向が複雑化しているように感じられます。

> **例題 5.** a，b は $a \leqq b$ を満たす整数とする。10 個の数
> $$a, \ b, \ 50, \ 40, \ 58, \ 77, \ 69, \ 42, \ 56, \ 37$$
> がある。10 個の数の平均値は 54，中央値は 53 である。
> （1） $a + b$ の値を求めよ。
> （2） a の値として考えられる最大の数を求めよ。
> （3） a，b 以外の 8 個の数のうちの 1 つを選び，その数を 10 だけ小さい数にかえると，10 個の数の中央値は 50 となる。このとき，選んだ数とそのときの a，b の値の組をすべて求めよ。答えは，（選んだ数，a，b）のように書け。 （桐朋高）

(1) 平均値に着目して，
$54×10 = a+b+50+40+\cdots+56+37 = a+b+429$
よって，$a+b=111$
(2) $a \leqq b$ より，$a \leqq 55$
a の値が，$51 \leqq a \leqq 55$ のとき，中央値を与える2数は a と 56 で，その平均は，中央値の条件 53 を満たしません。したがって，中央値が 53 となる a の最大値は 50 のときとわかります。
(3) 設問の条件の前に，問題の条件を満たすためには(2)の考察から $a \leqq 50$ であれば，中央値が 53 となることがわかります。

$(a, b) = (50, 61)$ のとき，この2数の間にある 56，58 のどちらを選んで 10 小さくしても，50 より小さくなり，一方 50 という値が2つ存在するため中央値は 50 となり，設問の条件を満たします。
一方，$a \leqq 49$ の場合，10 小さくする前の中央の2数が 50 と 56 であるので，50 以外の数を選んで 10 小さくしても，中央値は 50 となりません。
したがって，50 を選んで，56 と a の中央値が 50 となるほかなく，$a = 44$ とすればよいことがわかります。

答 (1) 111 (2) 50
(3) $(50, 44, 67)$，$(56, 50, 61)$，$(58, 50, 61)$

(3) 関数を中心とする総合問題

2乗に比例する関数 $y = ax^2$ に関する問題は頻出問題ですが，多くの問題が図形問題とからめて出題されます。今年はこういった問題の中から異種の関数のグラフの交点から考察する問題を紹介します。

例題6． 右図のように x 座標が -2 の点 A で，放物線 $y = x^2$ と双曲線 $y = \dfrac{a}{x}$ ($a < 0$) が交わっています。放物線 $y = x^2$ 上に点 B(1, 1) をとり，直線 AB と双曲線 $y = \dfrac{a}{x}$ の点 A と異なる交点を C，直線 AB と y 軸との交点を D とします。
このとき，次の各問いに答えなさい。
(1) 定数 a の値を求めなさい。
(2) 直線 AB の式を求めなさい。

以下，原点に関して点 A と対称な点を E とします。
(3) △ACE の面積を求めなさい。
(4) 点 P は放物線 $y = x^2$ 上を点 A から点 B まで動きます。直線 DP が △ACE を2つの部分に分け，その2つの部分の面積比が $2:1$ になるときの点 P の x 座標をすべて求めなさい。
(巣鴨高)

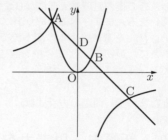

放物線，双曲線，直線と，関数の問題にもかかわらず登場する図形は多岐にわたります。
(1) A$(-2, 4)$ が双曲線 $y = \dfrac{a}{x}$ 上の点なので，
$$4 = -\dfrac{a}{2} \quad すなわち，a = -8$$
(2) B$(1, 1)$ であるので，直線 AB の傾きは -1
よって，直線 AB の式は $y = -x + 2$
(3) E$(2, -4)$ である。C の座標は，双曲線の式と直線 AB の式から y を消去して，
$$-\dfrac{8}{x} = -x + 2 \quad x^2 - 2x - 8 = 0$$
$$(x-4)(x+2) = 0$$
C の x 座標は正なので，C$(4, -2)$
これらから，OA = OC = OE がわかるので，
△ACE は ∠C が 90° の直角三角形となります。
AC = $6\sqrt{2}$，CE = $2\sqrt{2}$ であるから，
$$△ACE = \dfrac{1}{2} × 6\sqrt{2} × 2\sqrt{2} = 12$$
(4) 計算で処理するか図形的に処理するか判断のわかれるところですが，ここでは，図形的な処理方法を紹介します。
直線 DP が△ACE の辺 AC 以外の辺と交わる点を Q とし，P を動かす代わりに Q を動かします。
i) Q が辺 AE 上にあるとき
Q を A から E まで動かすと，
$$AD:DC = 1:2$$
なので，Q が E に一致する場合にのみ問題の条件を満たします。
直線 DE (DQ) の式は，$y = -3x + 2$ から，方程式 $x^2 = -3x + 2$ を解いて，
$$x = \dfrac{-3 \pm \sqrt{17}}{2}$$
P の x 座標は正なので，$x = \dfrac{-3 + \sqrt{17}}{2}$

ii) Q が辺 CE 上にあるとき
$△CDQ = \dfrac{1}{3}△CAE$ となる点 Q を求めればよく，
Q が辺 CE の中点のとき，

$$\triangle\text{CDQ} = \frac{2}{3} \times \frac{1}{2} \times \triangle\text{CAE}$$
$$= \frac{1}{3}\triangle\text{CAE}$$
となり，問題の条件を満たします。
線分 CE の中点は $(3, -3)$ なので，直線 DQ の式は，
$$y = -\frac{5}{3}x + 2$$
方程式 $x^2 = -\frac{5}{3}x + 2$ を解いて，

$$x = \frac{-5 \pm \sqrt{97}}{6}$$
P の x 座標は正なので，$x = \frac{-5 + \sqrt{97}}{6}$

答 (1) $a = -8$ (2) $y = -x + 2$
(3) 12 (4) $\dfrac{-3 + \sqrt{17}}{2}, \dfrac{-5 + \sqrt{97}}{6}$

(4) 平面図形の問題

　平面図形の問題は依然出題頻度の高い分野です。中学校の範囲ギリギリあるいはやや逸脱した出題も散見されますが，こういった事項にも，受験本番前に少しは触れておいて損はなさそうです。そんな問題の中から，「三角形の 3 頂点を通る円の半径」に関する問題を紹介します。

例題 7． 図のように，点 O を中心とする円 O の周上に 4 点 A，B，C，D があり，AB = BC = 6，CD = 10，DA = 4 を満たしている。このとき，次の問いに答えよ。
(1) 三角形 ABD の面積と三角形 BCD の面積の比を最も簡単な整数の比で表せ。
(2) 線分 CD 上に CE = 6 となる点 E をとるとき，三角形 BED の面積を求めよ。
(3) 線分 BD の長さを求めよ。
(4) 円 O の半径を求めよ。

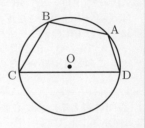

（東大寺学園高）

　問題を見ると(3)で BD の長さを求めさせていますので，3 辺の長さのわかった △BCD の 3 頂点を通る円（「外接円」と言います）の半径を求めることができるかを，最終問題で尋ねられているわけです。そういった意味でも，問題が丁寧に誘導されていることが読み取れますので，誘導に従って設問に答えていきましょう。
(1) 線分 BD を結び，B から線分 CD に引いた垂線を BH，D から線分 BA の延長に引いた垂線を DK とします。四角形 ABCD は円に内接している四角形なので，∠DAK = ∠BCD = ∠BCH が成り立ちます。∠DKA = ∠BHC = 90° とあわせ，対応する二角がそれぞれ等しいので，
$$\triangle\text{DAK} \sim \triangle\text{BCH}$$
となります。

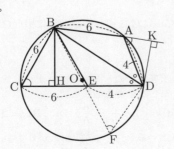

したがって，△ABD の底辺を AB，高さを DK と考え，△BCD の底辺を CD，高さを BH と考えると，この 2 つの三角形の高さの比は
$$\text{DK} : \text{BH} = \text{DA} : \text{BC} = 4 : 6 = 2 : 3$$
となります。したがって求める面積比は，
$$(6 \times 2) : (10 \times 3) = 2 : 5$$
とわかります。
(2) E と B を結びます。この図を描くことで気づきやすくなったと思いますが，AB = CB = 6 であるので，その線分を見込む円周角が等しい，すなわち
∠ADB = ∠CDB であることがわかります。
DA = DE = 4 と合わせて，2 辺とその間の角がそれぞれ等しいので，
$$\triangle\text{ADB} \equiv \triangle\text{EDB}$$
が成り立ちます。その結果，BE = BA = 6 となり，△BCE は正三角形であることがわかります。
$$\text{BH} = 6 \times \frac{\sqrt{3}}{2} = 3\sqrt{3}$$
となるので，
$$\triangle\text{BED} = \frac{1}{2} \times 4 \times 3\sqrt{3} = 6\sqrt{3}$$
とわかります。
(3) H は線分 CE の中点となるので，
$$\text{HD} = 3 + 4 = 7$$
△BHD で三平方の定理により，
$$\text{BD}^2 = (3\sqrt{3})^2 + 7^2 = 76 = (2\sqrt{19})^2$$

(4) 本設問は定石があり，補助線として「円の直径 BF を引く」というものです。
　この補助線の結果，円周角の定理により，
$$\angle BCD = \angle BFD$$
が成り立つので，$\triangle BCH \sim \triangle BFD$ が成り立ち，あとは辺の長さの比を比較するというのが流れとなります。本問の場合，$\angle BFD = 60°$ ですので，少し簡単に
$BO = BD \times \dfrac{1}{\sqrt{3}}$ と計算できます。

答　(1) $2:5$　(2) $6\sqrt{3}$　(3) $2\sqrt{19}$　(4) $\dfrac{2\sqrt{57}}{3}$

(5) 空間図形問題

空間図形の問題は，立体をイメージしづらかったり，解法が複数考えられたりするなど，誰でも苦手とする分野です。2023 年度入試では，立体を切断して考察させる問題が目立ちました。それらの中から皆さんの苦手克服のため，典型的な 1 問を紹介します。

> **例題 8．** 右の図のように 1 辺の長さが 6 の正四面体 ABCD の辺 AB，AC，BD 上にそれぞれ 3 点 P，Q，R がある。
> AP = 1，AQ = 2，BR = 3 であるとき，次の各問いに答えよ。
> (1) 線分 PQ の長さを求めよ。
> (2) 線分 PR の長さを求めよ。
> (3) 3 点 P，Q，R を通る平面と辺 CD との交点を S とする。
> 　このとき，線分 CS の長さを求めよ。
>
> （明治大学付属明治高）

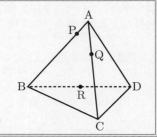

「設問に答えるために必要な平面を考える」ということがポイントです。
(1) 線分 PQ を含む平面の中で，$\triangle ABC$ を考えます。$\triangle APQ$ は 3 辺の比が $1:2:\sqrt{3}$ の直角三角形になっていますので，$PQ = \sqrt{3}$ とわかります。
(2) 線分 PR の長さを求めるわけですから，(1) と同じように $\triangle ABD$ を考えればよいでしょう。

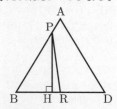

P から辺 BD に垂線 BH を引きます。
$$BH = PB \times \dfrac{1}{2} = \dfrac{5}{2},\quad HR = 3 - \dfrac{5}{2} = \dfrac{1}{2}$$
$$PH = PB \times \dfrac{\sqrt{3}}{2} = \dfrac{5\sqrt{3}}{2}$$
となるので，$\triangle PHR$ で三平方の定理により，
$$PR^2 = \left(\dfrac{1}{2}\right)^2 + \left(\dfrac{5\sqrt{3}}{2}\right)^2 = 19$$
とわかります。
(3) 直線 PQ が平面 BCD と交わる点を T とすると，直線 PQ は平面 ABC 上にあるので，T も平面 ABC 上にあることになります。したがって，T は平面 ABC と平面 BCD の交線，すなわち，直線 BC 上にあることがわかります。また，T は直線 PQ 上の点なので，平面 PQR 上にもあります。そのため，T は平面 PQR と平面 BCD の交線である直線 TR を定めます。平面 PQR と辺 CD の交点が S でしたから，言い換えれば，直線 TR と辺 CD の交点が S であるということになります。
　以上の考察が済めば，(1)，(2) の誘導により，線分 SR の考察を平面 BCD で考えればよいことに気付くでしょう。

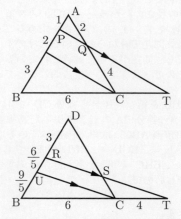

平面 ABC 上，C を通り直線 PQ に平行な直線を考えることで，
$$CT = 6 \times \dfrac{2}{3} = 4$$
がわかります。また，平面 BCD 上，C を通り RT に平行な直線 CU を考えることで，
$$RU = 3 \times \dfrac{2}{5} = \dfrac{6}{5},\quad DR:RU = 2:5$$
$$CS = 6 \times \dfrac{2}{7} = \dfrac{12}{7}$$ がわかります。

答　(1) $\sqrt{3}$　(2) $\sqrt{19}$　(3) $\dfrac{12}{7}$

(IK.Y.)

公立高等学校

北海道

時間 65分　満点 100点　解答 P2　3月2日実施

出題傾向と対策

●大問は5題で，**1**は基本的な小問6題，**2**〜**5**は2023年は，数の性質，関数とグラフ，平面図形，データの分析などの大問となった。作図や図形の証明が必ず出題されるほか，説明を要求される設問もあり，記述量はやや多い。なお，基本的な問題が多く，難問はほとんどない。

●**1**を確実に仕上げて**2**〜**5**の解きやすい設問に進む。記述量が多いので時間配分に注意が必要である。空間図形はあまり出題されないので，平面図形，関数とグラフ，データの分析などの分野の良問を十分に練習しておくとよい。

---

1 よく出る　基本　次の問いに答えなさい。

問1 (1)〜(3)の計算をしなさい。
(1) $9 - (-5)$　(3点)
(2) $(-3)^2 \div \dfrac{1}{6}$　(3点)
(3) $\sqrt{2} \times \sqrt{14}$　(3点)

問2 右の図のように，円筒の中に1から9までの数字が1つずつ書かれた9本のくじがあります。円筒の中から1本のくじを取り出し，くじに書かれた数が偶数のとき教室清掃の担当に，奇数のとき廊下清掃の担当に決まるものとします。Aさんが9本のくじの中から1本を取り出すとき，Aさんが教室清掃の担当に決まる確率を求めなさい。(4点)

問3 右の表は，ある一次関数について，x の値と y の値の関係を示したものです。表の □ に当てはまる数を書きなさい。(4点)

x	…	-1	0	…	3	…
y	…	6	□	…	2	…

問4 右の図のように，底面の半径が6cm，体積が 132π cm³ の円錐があります。この円錐の高さを求めなさい。(5点)

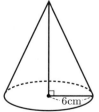

問5 $x^2 - \boxed{} x + 14$ が $(x-a)(x-b)$ の形に因数分解できるとき，□ に当てはまる自然数を2つ書きなさい。ただし，a, b はいずれも自然数とします。(5点)

問6 右の図のように，$\angle\mathrm{ACB} = 75°$，$\mathrm{BA} = \mathrm{BC}$ の二等辺三角形 ABC があります。△ABC の内部に点 P をとり，$\angle\mathrm{PBC} = \angle\mathrm{PCB} = 15°$ となるようにします。点 P を定規とコンパスを使って作図しなさい。
ただし，点 P を示す記号 P をかき入れ，作図に用いた線は消さないこと。(6点)

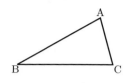

---

2 思考力

図1のような，小学校で学習したかけ算九九の表があります。優さんは，太線で囲んだ数のように，縦横に隣り合う4つの数を

a	b
c	d

としたとき，4つの数の和 $a+b+c+d$ がどんな数になるかを考えています。

図1

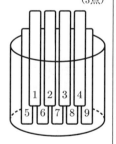

例えば，

8	10
12	15

のとき $8+10+12+15 = 45$，

10	15
12	18

のとき $10+15+12+18 = 55$ となります。

優さんは，$45 = 5 \times 9$，$55 = 5 \times 11$ となることから，次のように予想しました。

(予想Ⅰ)

> 縦横に隣り合う4つの数の和は，5の倍数である。

次の問いに答えなさい。

問1 予想Ⅰが正しいとはいえないことを，次のように説明するとき，ア 〜 オ に当てはまる数を，それぞれ書きなさい。(4点)

(説明)

> 縦横に隣り合う4つの数が，
> $a = $ ア ，$b = $ イ ，$c = $ ウ ，$d = $ エ
> のとき，4つの数の和 $a+b+c+d$ は，オ となり，5の倍数ではない。
> したがって，縦横に隣り合う4つの数の和は，5の倍数であるとは限らない。

問2 優さんは，予想Ⅰがいつでも成り立つとは限らないことに気づき，縦横に隣り合う4つの数それぞれの，かけられる数とかける数に注目して，あらためて調べ，予想をノートにまとめました。

（優さんのノート）

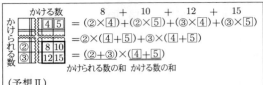

（予想Ⅱ）

> 縦横に隣り合う4つの数の和は，
> （かけられる数の和）×（かける数の和）である。

予想Ⅱがいつでも成り立つことを，次のように説明するとき，ア ～ キ に当てはまる式を，それぞれ書きなさい。 (7点)

（説明）

> a を，かけられる数 m，かける数 n の積として $a = mn$ とすると，b, c, d は，それぞれ m, n を使って，$b = $ ア ，$c = $ イ ，$d = $ ウ と表すことができる。
> このとき，4つの数の和 $a+b+c+d$ は，
> $a+b+c+d = mn + $ ア $ + $ イ $ + $ ウ
> $= 4mn + 2m + 2n + 1$
> $= (2m+1)(2n+1)$
> $= \{$ エ $+ ($ オ $)\}\{$ カ $+ ($ キ $)\}$ となる。
> したがって，縦横に隣り合う4つの数の和は，
> （かけられる数の和）×（かける数の和）である。

問3 優さんは，図2の太線で囲んだ数のように，縦横に隣り合う6つの数の和について調べてみたところ，縦横に隣り合う6つの数の和も，
（かけられる数の和）×（かける数の和）
となることがわかりました。

図2

図2において，$p+q+r+s+t+u = 162$ となるとき，p のかけられる数 x，かける数 y の値を，それぞれ求めなさい。 (6点)

3 **よく出る** 右の図のように，2つの関数 $y = ax^2$ (a は正の定数）……①，
$y = -3x^2$……② のグラフがあります。①のグラフ上に点Aがあり，点Aの x 座標を正の数とします。点Aを通り，x 軸に平行な直線と①のグラフとの交点をBとします。点Oは原点とします。
次の問いに答えなさい。

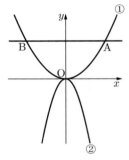

問1 **基本** $a = 2$ とします。点Aの y 座標が8のとき，点Aと点Bとの距離を求めなさい。 (4点)

問2 **基本** ①について x の値が1から3まで増加するときの変化の割合が，一次関数 $y = x+2$ について x の値が -1 から2まで増加するときの変化の割合に等しいとき，a の値を求めなさい。途中の計算も書きなさい。 (5点)

問3 $a = \dfrac{1}{3}$ とします。点Aの x 座標を3とします。②のグラフ上に点Cを，x 座標が1となるようにとります。点Cを通り，x 軸に平行な直線と②のグラフとの交点をDとします。線分AB，CD上にそれぞれ点P，Qをとり，

点Pの x 座標を t とします。ただし，$0 < t \leq 1$ とします。
陸さんは，コンピュータを使って直線PQを動かしたところ，直線PQが原点Oを通るとき，台形ABDCの面積を2等分することに気づきました。
直線PQが原点Oを通るとき，次の(1), (2)に答えなさい。
(1) 点Qの座標を，t を使って表しなさい。 (3点)
(2) 直線PQが台形ABDCの面積を2等分することを説明しなさい。 (5点)

4 右の図のように，円Oの円周上に3点A, B, Cをとります。∠BACの二等分線と線分BCとの交点をDとします。
次の問いに答えなさい。

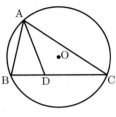

問1 **基本** AD = CD，∠BAD = 35° のとき，∠ADC の大きさを求めなさい。 (4点)

問2 **よく出る** 画面
悠斗さんと由美さんは，コンピュータを使って，画面のように，線分ADを延長した直線と円Oとの交点をEとしました。次に，点A, B, Cを円周上で動かし，悠斗さんは「△ABDと

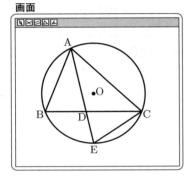

△CEDが相似である」，由美さんは「△ABDと△AECが相似である」と予想し，それぞれ予想が成り立つことを証明しました。

（悠斗さんの証明）

> △ABDと△CEDにおいて，
> ア に対する イ は等しいから，
> ∠ABD = ∠CED   …①
> また，対頂角は等しいから，
> ∠ADB = ∠CDE   …②
> ①，②から，
> ウ ので，
> △ABD∽△CED

（由美さんの証明）

> △ABDと△AECにおいて，
> ア に対する イ は等しいから，
> ∠ABD = ∠AEC   …①
> また，仮定から，
> ∠BAD = ∠EAC   …②
> ①，②から，
> ウ ので，
> △ABD∽△AEC

次の(1), (2)に答えなさい。
(1) ア ～ ウ には，それぞれ共通する言葉が入ります。ア ～ ウ に当てはまる言葉をそれぞれ書き入れ，証明を完成させなさい。 (4点)

(2) AB = AD のとき，△ABE ≡ △ADC を証明しなさい。なお，悠斗さんや由美さんが証明したことを用いてもよいものとします。 (8点)

5 A市に住む中学生の翼さんは，ニュースで聞いたことをもとに，先生と話し合っています。

翼さん「昨日，ニュースで『今年の夏は暑くなりそうだ』と言っていましたよ。」
先生　「先生が子どもだった 50 年くらい前は，もっと涼しかったんですけどね。」
翼さん「どのくらい涼しかったんですか？」
先生　「最高気温が 25℃ 以上の『夏日』は，最近よりずっと少なかったはずです。」
翼さん「そうなんですか。家に帰ったら調べてみますね。」

次の問いに答えなさい。

問1　【基本】 翼さんは，今から 50 年前と 2021 年の夏日の日数を比べてみることにしました。翼さんは，A市の 1972 年と 2021 年における，7月と8月の日ごとの最高気温を調べ，その結果をノートにまとめました。次の ア ～ ウ に当てはまる数を，それぞれ書きなさい。 (4点)

(翼さんのノート1)

A市の7～8月の日ごとの最高気温の度数分布表

階級(℃)	1972年 度数(日)	1972年 累積度数(日)	2021年 度数(日)	2021年 累積度数(日)
以上　未満				
13～16	1	1	0	0
16～19	0	1	2	2
19～22	6	7	3	5
22～25	16	23	14	19
25～28	26	49	10	29
28～31	8	57	15	44
31～34	4	61	12	56
34～37	1	62	6	62
合計	62		62	

【わかったこと】
A市の7～8月の夏日（最高気温が 25℃ 以上）の日数は，
　1972 年が ア 日，
　2021 年が イ 日である。
【結論】
A市の夏日の日数は，
1972 年と 2021 年とでは ウ 日しか変わらない。

問2　翼さんは，ノート1を見せながら，先生と話し合っています。

翼さん「A市の夏日の日数は，50 年前とほとんど変わりませんでした。」
先生　「本当ですか。ん？7月と8月以外の月でも夏日になることがありますよ。それに，調べた 1972 年と 2021 年の夏日の日数が，たまたま多かった，あるいは，たまたま少なかったという可能性もありますよね。」
翼さん「たしかにそうですね。もう少し調べてみます！」

翼さんは，A市の夏日の年間日数について，1962 年から 1981 年までの 20 年間（以下，「X期間」とします。）と，2012 年から 2021 年までの 10 年間（以下，「Y期間」とします。）をそれぞれ調べ，その結果をノートにまとめることにしました。

(翼さんのノート2)

A市の夏日の年間日数の度数分布表

階級(日)	X期間 度数(年)	X期間 相対度数	Y期間 度数(年)	Y期間 相対度数
以上　未満				
24～30	1	0.05	0	0.00
30～36	4	0.20	0	0.00
36～42	4	0.20	0	0.00
42～48	9	0.45	0	0.00
48～54	2	0.10	1	0.10
54～60	0	0.00	2	0.20
60～66	0	0.00	2	0.20
66～72	0	0.00	5	0.50
合計	20	1.00	10	1.00

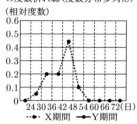

A市の夏日の年間日数の相対度数の度数折れ線（度数分布多角形）

【まとめ】
A市の夏日の年間日数について，X期間とY期間を比較した結果，50 年くらい前は，今と比べて □ といえる。

次の(1)～(3)に答えなさい。

(1) 【基本】 ノート2の度数分布表をもとに，Y期間の相対度数の度数折れ線（度数分布多角形）を右の図にかき入れなさい。(3点)

(2) ノート2において，翼さんが「度数」ではなく「相対度数」をもとに比較している理由を説明しなさい。 (4点)

(3) □ に当てはまる言葉として最も適当なものを，次のア～ウから選びなさい。また，選んだ理由を，X期間とY期間の2つの相対度数の度数折れ線（度数分布多角形）の特徴と，その特徴から読み取れる傾向をもとに説明しなさい。 (6点)
ア　暑かった　　イ　変わらなかった
ウ　涼しかった

青森県

時間 45分　満点 100点　解答 P3　3月7日実施

出題傾向と対策

- ① 小問集合, ② 作図と確率の独立問題, ③ 空間図形と平面図形の独立問題, ④ 関数を中心とした総合問題, ⑤ 連立方程式を中心とした総合問題であった。内容, 分量とも例年通りである。
- 受験準備は教科書を中心に, 標準的な問題集で勉強するとよい。最近の公立高校入試において, ①(8)のような統計の正誤問題がよく出題されているので注意したい。また, ⑤のような長い文章の問題はそれほど難しくないので, 落ち着いて読むように心がけたい。

---

① よく出る　基本　次の(1)～(8)に答えなさい。

(1) 次のア～オを計算しなさい。
- ア　$4 - 10$　(3点)
- イ　$(-2)^2 \times 3 + (-15) \div (-5)$　(3点)
- ウ　$\begin{array}{r} 6x^2 - x - 5 \\ -)\ 2x^2 + x - 6 \end{array}$　(3点)
- エ　$(6x^2y + 4xy^2) \div 2xy$　(3点)
- オ　$\sqrt{\dfrac{3}{2}} - \dfrac{\sqrt{54}}{2}$　(3点)

(2) 縦が x cm, 横が y cm の長方形がある。このとき, $2(x+y)$ は長方形のどんな数量を表しているか, 書きなさい。(4点)

(3) 右の表は, あるクラスの生徒20人のハンドボール投げの記録を度数分布表に整理したものである。記録が 20 m 以上 24 m 未満の階級の相対度数を求めなさい。また, 28 m 未満の累積相対度数を求めなさい。(4点)

階級(m)	度数(人)
16 以上 ～ 20 未満	4
20 ～ 24	6
24 ～ 28	1
28 ～ 32	7
32 ～ 36	2
合計	20

(4) 次の式を因数分解しなさい。(4点)
$3x^2 - 6x - 45$

(5) 関数 $y = ax + b$ について, x の値が2増加すると y の値が4増加し, $x = 1$ のとき $y = -3$ である。このとき, a, b の値をそれぞれ求めなさい。(4点)

(6) 右の図で, $l \parallel m$ のとき, $\angle x$ の大きさを求めなさい。(4点)

(7) 右の図で, 辺 BC の長さを求めなさい。(4点)

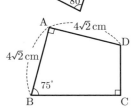

(8) データの分布を表す値や箱ひげ図について述べた文として適切でないものを, 次のア～エの中から1つ選び, その記号を書きなさい。(4点)
- ア　第2四分位数と中央値は, かならず等しい。
- イ　データの中に極端にかけ離れた値があるとき, 四分位範囲はその影響を受けにくい。
- ウ　箱ひげ図を横向きにかいたとき, 箱の横の長さは範囲(レンジ)を表している。
- エ　箱ひげ図の箱で示された区間には, 全体の約50%のデータがふくまれる。

---

② よく出る　次の(1), (2)に答えなさい。

(1) 右の図の点 A を, 点 O を中心として, 時計回りに 90°回転移動させた点 B を作図によって求めなさい。ただし, 作図に使った線は消さないこと。(3点)

(2) 下の［問題］とそれについて考えているレンさんとメイさんの会話を読んで, 次のア, イに答えなさい。

［問題］右の図のように, 1から5までの数字が書かれた5枚のカードが袋の中に入っている。このカードをよくまぜてから1枚ずつ続けて3回取り出し, 取り出した順に左から並べて3けたの整数をつくる。このとき, 3けたの整数が350以上になる確率を求めなさい。

レン：例えば, 1回目に1, 2回目に3, 3回目に4のカードを取り出したら, 3けたの整数は134で, これは［問題］の条件を満たさないね。

メイ：3けたの整数は全部で ［あ］ 通りできるよ。 ［X］ の位に着目して考えてみてはどうかな。

レン：そうか。 ［X］ の位が3のときは, 条件を満たす整数がいくつかできるね。

メイ：あとは, 他の2つの位がどのカードになるかを考えると, ［X］ の位が3のとき, 条件を満たす整数は ［い］ 通りできるよ。

レン：［問題］を解くためには, ［X］ の位が3のときだけではなく, ［う］, ［え］ のときも考えなければいけないね。

メイ：そうだよ。そうやって少しずつ条件を整理して考えると, 確率を求めることができるんだ。

ア　［あ］～［え］ にあてはまる数をそれぞれ書きなさい。また, ［X］ に共通してあてはまる位を書きなさい。(9点)

イ　［問題］を解きなさい。(3点)

3 よく出る 次の(1), (2)に答えなさい。

(1) 1辺の長さが 8 cm の正方形の紙 ABCD がある。右の図は、辺 BC, CD の中点をそれぞれ E, F とし、線分 AE, EF, FA で折ってできる三角錐の展開図である。次のア、イに答えなさい。

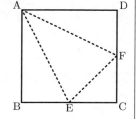

　ア　線分 AE の長さを求めなさい。(2点)
　イ　折ってできる三角錐について、次の(ア), (イ)に答えなさい。
　　(ア) 体積を求めなさい。(2点)
　　(イ) △AEF を底面としたときの高さを求めなさい。(3点)

(2) 右の図のように、作図ソフトで、正方形 ABCD と DB = DE の直角二等辺三角形 DBE をかき、辺 AB 上に動く点 F をとる。また、線分 DF を1辺とする正方形 DFGH をかくと、点 H は辺 CE 上を動く点であることがわかった。辺 BC と辺 FG の交点を I とするとき、次のア、イに答えなさい。

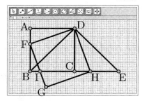

　ア　△DFB と △DHE が合同になることを次のように証明した。 あ , い には式, う には適切な内容をそれぞれ書きなさい。(6点)

　[証明]
　△DFB と △DHE において
　△DBE は二等辺三角形だから
　　DB = DE ……①
　四角形 DFGH は正方形だから
　　 あ ……②
　また、2つの直角三角形 DAF と DCH において
　　∠DAF = ∠DCH = 90°, DF = DH, DA = DC であるから　△DAF ≡ △DCH
　　したがって、∠ADF = ∠CDH であり
　　∠BDF = 45° − ∠ADF, ∠EDH = 45° − ∠CDH であるから
　　　 い ……③
　①, ②, ③から
　　 う がそれぞれ等しいので
　　△DFB ≡ △DHE

　イ　AB = 5 cm, CH = 2 cm のとき、△FBI の面積を求めなさい。(3点)

4 図1で、①は関数 $y = ax^2$ ($a > 0$) のグラフである。点 A は①上にあり、x 座標が 2 である。また、点 B は x 軸上にあり、x 座標は点 A の x 座標と同じである。次の(1), (2)に答えなさい。ただし、座標軸の単位の長さを 1 cm とする。

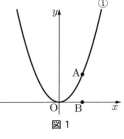

図1

(1) よく出る 次のア、イに答えなさい。

　ア　$a = \frac{1}{2}$ のとき、点 A の y 座標を求めなさい。(2点)
　イ　2点 A, B 間の距離が 6 cm のとき、a の値を求めなさい。(2点)

(2) 図2は、図1に正方形 ABCD と △BDE をかき加えたもので、点 E は①上にあり、x 座標は −1 である。このとき、次のア、イに答えなさい。ただし、点 C の x 座標は点 B の x 座標より大きいものとする。

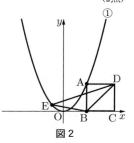

図2

　ア　2点 B, D を通る直線の式を求めなさい。(3点)
　イ　思考力 △BDE の面積が 80 cm² であるとき、a の値を求めなさい。(4点)

5 マユさんとリクさんは数学の授業で、下のように、ホワイトボードに書かれた【問題】を解いた。次の(1), (2)に答えなさい。

【問題】
1個 120 円のりんごと 1個 150 円のなしがある。1つの箱にりんごとなしを詰め合わせて、箱代 40 円をふくめて 6700 円になるとき、詰め合わせたりんごとなしの個数をそれぞれ求めなさい。ただし、次の〔条件〕を満たすこと。

〔条件〕りんごとなしを合わせて 50 個詰め合わせる。

〔マユさん〕
りんごを a 個とすると、なしは（ あ ）個とすることができる。
a についての方程式をつくると、
$120a + 150($ あ $) + 40 = 6700$ となる。
これを解くと、$a = 28$ となるので、
りんご 28 個、なし 22 個

〔リクさん〕
りんごを a 個、なしを b 個とする。
a, b についての連立方程式をつくると、

　　　い

これを解くと、$a = 28$, $b = 22$ となるので、
りんご 28 個、なし 22 個

(1) あ , い にあてはまる式をそれぞれ書きなさい。(4点)

(2) 【問題】を解いた後、先生からプリントが配られた。下は、マユさんが取り組んだプリントの一部である。あとのア、イに答えなさい。

● 【問題】の〔条件〕を、次の〔条件 A〕と〔条件 B〕に変えて、その2つを満たすりんごとなしの個数をそれぞれ求めましょう！

〔条件 A〕りんごとなしはどちらも 18 個以上詰め合わせる。
〔条件 B〕りんごとなしを合わせて 50 個より多く詰め合わせる。

〔解答〕

〔条件A〕を満たすために，りんごとなしの個数をそれぞれ $(x+18)$ 個，$(y+18)$ 個とする。
(x, y は0以上の整数)
x, y についての二元一次方程式をつくると，
　　　㋒　　 = 6700 となる。

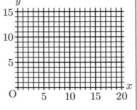

㋓ これを整理すると，$4x+5y=60$ となる。
この式の解を座標とする点は，すべて1つの直線上にあるから，〔条件A〕を満たす x, y の値は，次の4組である。
$(x, y) = (\ ,\ ), (\ ,\ ), (\ ,\ ), (\ ,\ )$

㋔ さらに，〔条件B〕を満たすのは，
$(x, y) = (\ ,\ )$ だけだから，
りんご　　　個，なし　　　個となる。

●今日の授業を通して，気づいたことを書きましょう！

ア　㋒　にあてはまる式を書きなさい。(3点)
イ　㋓，㋔の　　　について，あてはまる座標や数をそれぞれ求めなさい。(8点)

岩手県

時間 **50**分　満点 **100**点　解答 p**4**　3月7日実施

出題傾向と対策

●大問の数，出題形式，難易度ともに例年通りである。**1**〜**4**はそれぞれ独立した小問・小問集合である。**5**は作図，**6**はデータの分析，**7**は確率，**8**は連立方程式，**9**は図形の証明，**10**は1次関数，**11**は関数 $y=ax^2$，**12**は空間図形である。
●出題数は多いが基本的な問題が多い。まずは基礎・基本をおさえ，短時間で正確に解答できるように練習しよう。また，作図，証明の記述等が毎回出題されている。過去問にあたってしっかりと対策をしておくとよい。

1 よく出る　基本　次の(1)〜(5)の問いに答えなさい。
(1) $4-7$ を計算しなさい。(4点)
(2) $2x-(3x-y)$ を計算しなさい。(4点)
(3) $(\sqrt{6}+\sqrt{2})(\sqrt{6}-\sqrt{2})$ を計算しなさい。(4点)
(4) $x^2+10x+24$ を因数分解しなさい。(4点)
(5) 2次方程式 $x^2-5x+5=0$ を解きなさい。(4点)

2 基本　周の長さが $4a$ cm の正方形があります。このとき，正方形の面積を，文字を使った式で表しなさい。(4点)

3 基本　次のア〜エは，$y=ax$ のグラフまたは $y=\dfrac{a}{x}$ のグラフと，点 A(1, 1) を表したものです。ア〜エのうち，$y=\dfrac{a}{x}$ の a の値が1より大きいグラフを表しているものはどれですか。一つ選び，その記号を書きなさい。(4点)

ア　　　　イ　　　　ウ　　　　エ

4 基本　次の(1)〜(3)の問いに答えなさい。
(1) 右の図のように，円錐の展開図で，側面になるおうぎ形の弧に対する弦をかき入れました。
次のア〜エのうち，この展開図を組み立てたときにできる円錐として正しいものはどれですか。一つ選び，その記号を書きなさい。(4点)

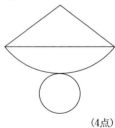

ア　　　　イ　　　　ウ　　　　エ

(2) 右の図で，四角形 ABCD は平行四辺形です。
DC = DE のとき，∠x の大きさを求めなさい。 (4点)

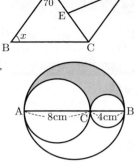

(3) 右の図は，線分 AB, AC, CB をそれぞれ直径として 3 つの円をかいたものです。
3 つの円の弧で囲まれた色のついた部分の周の長さを求めなさい。
ただし，円周率は π とします。 (4点)

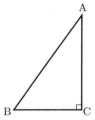

5 よく出る 次の図の直角三角形 ABC で，辺 AB を底辺とするときの高さを表す線分を作図しなさい。
ただし，作図には定規とコンパスを用い，作図に使った線は消さないでおくこと。 (4点)

6 よく出る 基本 あるクラスの生徒 32 人に対して，通学時間の調査を行いました。次の図は，通学時間の分布のようすを箱ひげ図に表したものです。

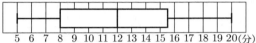

この箱ひげ図から，次のようなことを読み取ることができます。

| 通学時間が 15 分以上の生徒が 8 人以上いる。 |

このように読み取ることができるのはなぜですか。その理由を簡単に書きなさい。
ただし，理由には，次の語群から用語を 1 つ選んで用いること。 (4点)

語群

| 第 1 四分位数 第 2 四分位数 第 3 四分位数 |

7 よく出る A さんと B さんは，じゃんけんカードで遊んでいます。

グー，チョキ，パーの 3 種類のカードのうち何枚か持ち，これらを裏返してよくきったものから 1 枚ずつ出し合うことで，じゃんけんをします。
ただし，A さんと B さんが，それぞれどのカードを出すことも同様に確からしいものとします。
このとき，次の(1), (2)の問いに答えなさい。

(1) 基本 A さんは 2 枚のカード，B さんも 2 枚のカードを持っていて，それぞれ持っているカードから 1 枚だけ出し合います。A さんのカードは，グーとチョキです。B さんのカードは，グーとパーです。
このとき，A さんが B さんに勝つ確率を求めなさい。 (4点)

(2) A さんは 2 枚のカード，B さんは 3 枚のカードを持っていて，それぞれ持っているカードから 1 枚だけ出し合います。B さんのカードは，グー，パー，パーです。
このとき，A さんが B さんに勝つ確率が $\frac{1}{2}$ となるような，A さんの 2 枚のカードの組み合わせを書きなさい。 (6点)

8 よく出る みずきさんは，お菓子屋さんでお土産を選んでいます。店員さんから，タルト 4 個とクッキー 6 枚で 1770 円のセットと，タルト 7 個とクッキー 3 枚で 2085 円のセットをすすめられました。

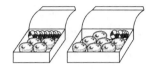

このとき，タルト 1 個とクッキー 1 枚の値段をそれぞれ求めなさい。
ただし，用いる文字が何を表すかを示して方程式をつくり，それを解く過程も書くこと。
なお，消費税は考えないものとします。 (6点)

9 よく出る 右の図のように，円 O の周上に異なる 3 点 A, B, C があり，線分 AB は円 O の直径となっています。点 B を通る円 O の接線をひき，直線 AC との交点を D とします。
このとき，△ABC∽△ADB であることを証明しなさい。 (6点)

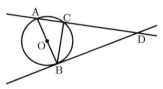

10 よく出る 飛行機に乗るときは，荷物の中に危険物が入っていないか確認するため，荷物を X 線検査機に通す検査をすることになっています。
次の図 I は，その荷物検査のようすを真上から見たものです。スーツケースなどの荷物は，ベルトコンベアに乗せられ，矢印（⇨）の方向に一定の速さで運ばれて，X 線検査機を通過します。スーツケース A が，X 線検査機に入ってから x cm 進んだとき，スーツケース A とスーツケース B が X 線検査機の中に入っている部分の上面の面積の合計を y cm^2 とします。2 つのスーツケースの間の距離は 40 cm です。また，X 線検査機の長さを l cm，スーツケース B の上面の面積を S cm^2 とします。なお，どちらのスーツケースも直方体であると考えます。
下の図 II は，x と y の関係をグラフに表したものです。

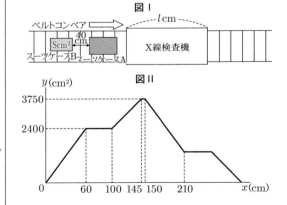

このとき，次の(1)，(2)の問いに答えなさい。
(1) X線検査機の長さ l と，スーツケースBの上面の面積Sを求めなさい。 (4点)
(2) グラフにおいて，x の変域が $150 \leqq x \leqq 210$ のとき，y を x の式で表しなさい。 (6点)

11 右の図のように，関数 $y=x^2$ のグラフ上に3点A，B，Cがあり，関数 $y=-\dfrac{1}{3}x^2$ のグラフ上に点Dがあります。A，Bの x 座標はそれぞれ -2，2 です。また，CとDの x 座標は等しく，2より大きくなっています。
このとき，次の(1)，(2)の問いに答えなさい。

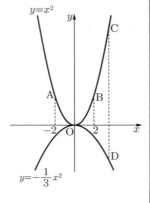

(1) **基本** 関数 $y=x^2$ について，x の値が1から2まで増加するときの変化の割合を求めなさい。 (4点)
(2) △ABC と △ABD の面積が等しいとき，点Cの x 座標を求めなさい。 (6点)

12 **よく出る** 右の図は，AB＝6cm，AD＝5cm，AE＝7cm の直方体 ABCD－EFGH です。
このとき，次の(1)，(2)の問いに答えなさい。
(1) **基本** 線分 AF の長さを求めなさい。 (4点)
(2) **思考力** 辺 CG 上に，PG＝2cm となるような点Pをとったとき，四面体 AHFP の体積を求めなさい。 (6点)

宮城県

時間 50分　満点 100点　解答 P5　3月6日実施

出題傾向と対策

● **1**は独立した基本問題の集合，**2**は平面図形，$y=ax^2$ のグラフの応用，標本調査，数の性質，**3**は確率と1次関数のグラフ，平面図形，**4**は平面図形からの出題であった。分野，分量，難易度とも例年通りと思われる。
● 基本から標準程度のものが全範囲から出題される。図形の問題は手ごわいものがあるので，しっかり練習しておくこと。

1 **よく出る** **基本**　次の1～8の問いに答えなさい。
1. $-9+2$ を計算しなさい。 (3点)
2. $-15 \div \left(-\dfrac{5}{3}\right)$ を計算しなさい。 (3点)
3. 110 を素因数分解しなさい。 (3点)
4. 等式 $4a-9b+3=0$ を a について解きなさい。 (3点)
5. 連立方程式 $\begin{cases} 3x-y=17 \\ 2x-3y=30 \end{cases}$ を解きなさい。 (3点)
6. $\sqrt{54}+\dfrac{12}{\sqrt{6}}$ を計算しなさい。 (3点)
7. 右の図のように，比例 $y=\dfrac{2}{3}x$ のグラフと反比例 $y=\dfrac{a}{x}$ のグラフとの交点のうち，x 座標が正である点をAとします。点Aの x 座標が6のとき，a の値を求めなさい。 (4点)

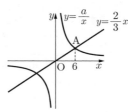

8. ある学年のA組，B組，C組は，どの組にも35人の生徒が在籍しています。これら3つの組の各生徒を対象に，1か月間に図書室から借りた本の冊数を調べました。下の図は，組ごとに，各生徒が借りた本の冊数の分布のようすを箱ひげ図に表したものです。この箱ひげ図から必ずいえることを，あとのア～エから1つ選び，記号で答えなさい。 (4点)

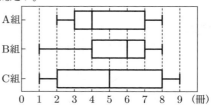

ア　第1四分位数は，A組とB組で同じである。
イ　四分位範囲がもっとも小さいのは，A組である。
ウ　借りた本の冊数が6冊以上である人数は，B組がもっとも多い。
エ　借りた本の冊数が2冊以上8冊以下である人数は，C組がもっとも多い。

2 よく出る 次の1〜4の問いに答えなさい。

1 基本 右の図のような，半径が4cm，中心角が120°のおうぎ形OABがあります。点Aを通って線分OAに垂直な直線と，点Bを通って線分OBに垂直な直線をひき，その交点をCとします。

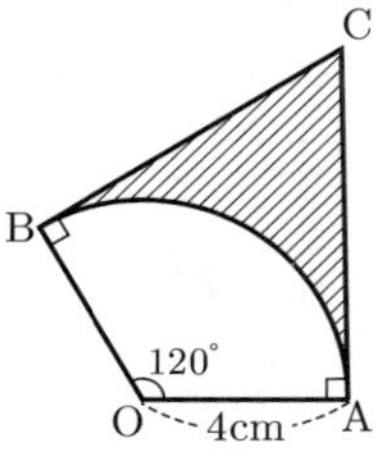

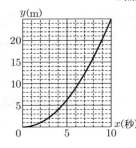

次の(1)，(2)の問いに答えなさい。ただし，円周率をπとします。

(1) $\overparen{AB}$の長さを求めなさい。 (3点)

(2) $\overparen{AB}$と線分AC，線分BCとで囲まれた斜線部分の面積を求めなさい。 (5点)

2 基本 哲也さんと舞さんは，坂の途中にあるA地点からボールを転がしたときの，ボールの転がる時間と距離の関係を調べました。その結果，ボールが転がり始めてからx秒間に転がる距離をymとしたとき，xとyの関係は，$y = \dfrac{1}{4}x^2$であることがわかりました。上の図は，そのときのxとyの関係を表したグラフです。

次の(1)，(2)の問いに答えなさい。

(1) 関数$y = \dfrac{1}{4}x^2$について，xの値が0から6まで増加するときの変化の割合を求めなさい。 (3点)

(2) 舞さんは，一定の速さで坂を下っています。舞さんがA地点を通過するのと同時に，哲也さんは，A地点からボールを転がしました。ボールが転がり始めてから6秒後にボールは舞さんに追いつき，ボールが舞さんを追いこしてからは，舞さんとボールの間の距離はしだいに大きくなりました。

ボールが舞さんを追いこしてから，舞さんとボールの間の距離が18mになったのは，ボールが転がり始めてから何秒後ですか。 (5点)

3 基本 赤球と白球がたくさん入っている箱の中に，赤球が何個あるかを推定します。最初に箱の中にあった，赤球と白球の個数の比は4:1であったことがわかっています。この箱に白球を300個追加し，箱の中の球をよくかき混ぜました。そのあと，120個の球を無作為に抽出したところ，赤球が80個ありました。

この結果から，最初に箱の中にあった赤球は，およそ何個と考えられますか。 (5点)

4 次の図のように，100行3列のマス目がある表に，次の【規則】にしたがって，1から300までの自然数が1から順に，1つのマスに1つずつ入っています。ただし，表の中の・は，マスに入る自然数を省略して表したものです。

【規則】
① 1行目は，1列目に1，2列目に2，3列目に3を入れる。
② 2行目以降は，1つ前の行に入れたもっとも大きい自然数より1大きい数から順に，次のとおり入れる。
  偶数行目は，3列目，2列目，1列目の順で数を入れる。
  奇数行目は，1列目，2列目，3列目の順で数を入れる。

たとえば，8は，3行目の2列目のマスに入っています。

次の(1)，(2)の問いに答えなさい。

	1列目	2列目	3列目
1行目	1	2	3
2行目	6	5	4
3行目	7	8	9
4行目	12	11	10
⋮			
n行目	・	・	・
⋮			
99行目	295	296	297
100行目	300	299	298

(1) 45は，何行目の何列目のマスに入っていますか。 (3点)

(2) n行目のマスに入っている3つの自然数のうち，もっとも小さいものをPとします。次の(ア)，(イ)の問いに答えなさい。ただし，nは1以上100以下とします。

(ア) 自然数Pをnを使った式で表しなさい。 (3点)

(イ) nが2以上のとき，n行目の1つ前の行を$(n-1)$行目とします。$(n-1)$行目のマスに入っている3つの自然数のうち，もっとも大きいものをQとします。$P + Q = 349$のとき，n行目の3列目のマスに入っている自然数を求めなさい。 (5点)

3 数学の授業で，生徒たちが，直線$y = x$と三角形を素材にした応用問題を考えることになりました。
次の1，2の問いに答えなさい。

1 京子さんと和真さんは，確率を求める問題をつくろうとしています。2人は，図Iのような，1，2，3，4の数字が1つずつ書かれた4枚のカードが入った袋を使い，次の【操作】をすることを考え，それをもとに，□の会話をしています。あとの(1)，(2)の問いに答えなさい。

図I

【操作】
・袋の中のカードをよくかき混ぜて，カードを1枚取り出し，カードに書かれた数を確認してからもとにもどす。この作業を2回行う。
・1回目に取り出したカードに書かれた数をaとして，直線$y = x$上に(a, a)となる点Pをとる。
・2回目に取り出したカードに書かれた数をbとして，x軸上に$(b, 0)$となる点Qをとる。
・原点O，点P，点Qをそれぞれ結んで，△OPQをつくる。

京子さん：この【操作】をすると，取り出すカードによって，さまざまな形の△OPQができるね。

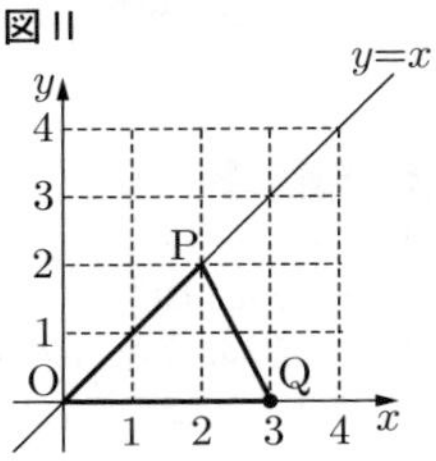

和真さん：たとえば，取り出したカードに書かれた数が，1回目が2で，2回目が3のときの△OPQは図IIのようになるよ。他の場合もやってみよう。

図II

京子さん：すべての場合をかいたけれど，この中に，合同な三角形の組はないようだね。つまり【操作】にしたがって△OPQをつくるとき，△OPQは全部で ① 通りあるね。

和真さん：△OPQ が直角三角形になる場合があったよ。この確率を求める問題にしよう。

(1) ① にあてはまる正しい数を答えなさい。(3点)
(2) 【操作】にしたがって △OPQ をつくるとき，△OPQ が直角三角形になる確率を求めなさい。(5点)

2 優矢さんと志保さんは，三角形の面積を2等分する問題をつくろうとしています。2人は，直線 $y=x$ 上の2点 (4, 4), (1, 1) をそれぞれ A, B, x 軸上の点 (4, 0) を C とし，3点 A, B, C をそれぞれ結んで，△ABC をつくりました。図Ⅲは，直線 $y=x$ と △ABC をかいたものです。2人は，図Ⅲを見ながら，次の □ の会話をしています。あとの(1)〜(3)の問いに答えなさい。

図Ⅲ
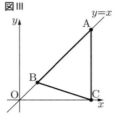

優矢さん：頂点 A を通り，△ABC の面積を2等分する直線は，△ABC が二等辺三角形ではないようだから，② だね。
志保さん：頂点を通らない直線で △ABC の面積を2等分する場合も考えてみよう。
優矢さん：直線 $y=x$ 上の点 (3, 3) を D として，点 D を通り，△ABC の面積を2等分する直線だとどうなるかな。
志保さん：その直線は辺 BC と交わりそうだよ。その直線と辺 BC との交点の座標を求める問題にしよう。

(1) ② にあてはまるものとして正しいものを，次のア〜エから1つ選び，記号で答えなさい。(3点)
 ア ∠BAC の二等分線
 イ 辺 BC の垂直二等分線
 ウ 頂点 A から辺 BC への垂線
 エ 頂点 A と辺 BC の中点を通る直線
(2) 下線部について，2点 B, C を通る直線の式を求めなさい。(4点)
(3) 図Ⅳは，優矢さんと志保さんが，図Ⅲにおいて，点 D を通り，△ABC の面積を2等分する直線をかき，その直線と辺 BC との交点を E としたものです。点 E の座標を求めなさい。(6点)

図Ⅳ
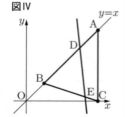

4 よく出る 図Ⅰのような，AB = DC = 7 cm，AD = 5 cm，BC = 9 cm，AD ∥ BC の台形 ABCD があります。辺 BC 上に，BE = 3 cm となる点 E をとります。また，直線 DE 上に，DE : EF = 2 : 1 となる点 F を，直線 BC に対して点 D と反対側にとり，点 B と点 F を結びます。次の1〜3の問いに答えなさい。

図Ⅰ
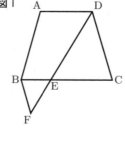

1 △CDE ∽ △BFE であることを証明しなさい。(6点)

2 線分 BF の長さを求めなさい。(4点)
3 図Ⅱは，図Ⅰにおいて，点 D から辺 BC に垂線をひき，辺 BC との交点を G としたものです。また，直線 AG と直線 DC との交点を H とし，点 F と点 H を結びます。次の(1)，(2)の問いに答えなさい。

図Ⅱ
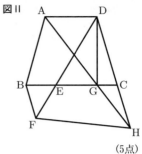

(1) 線分 DG の長さを求めなさい。(5点)
(2) 思考力 四角形 BFHC の面積を求めなさい。(6点)

秋田県

時間 60分　満点 100点　解答 p6　3月7日実施

出題傾向と対策

● 昨年同様，大問は5題で，1 と 5 は学校単位の選択問題である。1，2 は小問集合，3 は代表値と箱ひげ図，4 は証明を含む小問集合，5 は関数分野からの出題であった。基礎事項を中心に様々な分野から幅広く出題されていて，難易度は例年通りである。証明や作図，求める過程や理由を記述させる問題もある。
● 標準レベルの問題が多い。基礎基本をしっかりと固めて，素早く正確に解けるようにしたい。また証明や作図，記述などの問題にも数多く取り組んでおきたい。

1 次の(1)〜(15)の中から，指示された8問について答えなさい。
(1) 基本 $8 + 12 \div (-4)$ を計算しなさい。(4点)
(2) 基本 $12ab \div 6a^2 \times 2b$ を計算しなさい。(4点)
(3) 基本 次の数の大小を，不等号を使って表しなさい。(4点)
　$4, \sqrt{10}$
(4) 基本 $x = \dfrac{1}{2}$, $y = -3$ のとき，$2(x-5y) + 5(2x+3y)$ の値を求めなさい。(4点)
(5) 基本 $\dfrac{\sqrt{2}}{2} - \dfrac{1}{3\sqrt{2}}$ を計算しなさい。(4点)
(6) 基本 方程式 $\dfrac{5x-2}{4} = 7$ を解きなさい。(4点)
(7) 基本 連立方程式 $\begin{cases} 2x + y = 5 \\ x - 4y = 7 \end{cases}$ を解きなさい。(4点)
(8) 基本 方程式 $x^2 + 5x + 2 = 0$ を解きなさい。(4点)
(9) 基本 右の図のように，1辺の長さが 5 cm の正三角形の紙を，その一部が重なるように，横一列に3枚並べて図形をつくる。このとき，重なる部分は，すべて1辺の長さが a cm の正三角形となるようにする。図の太線は，図形の周囲を表している。太線で表した図形の周囲の長さを，a を用いた式で表しなさい。(4点)

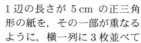

(10) 基本 n は 100 より小さい素数である。$\dfrac{231}{n+2}$ が

整数となる n の値をすべて求めなさい。(4点)

(11) 基本　右の図のように，正方形 ABCD, 正方形 EFCG がある。正方形 ABCD を，点 C を中心として，時計まわりに 45° だけ回転移動させると，正方形 EFCG に重ね合わせることができる。このとき，$\angle x$ の大きさを求めなさい。(4点)

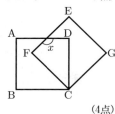

(12) 基本　右の図で，6点 A, B, C, D, E, F は，円 O の周上の点であり，線分 AE と線分 BF は円 O の直径である。点 C, 点 D は $\overparen{BE}$ を 3 等分する点である。$\angle AOB = 42°$ のとき，$\angle x$ の大きさを求めなさい。(4点)

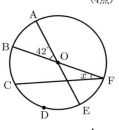

(13) 基本　右の図のように，△ABC があり，点 D は辺 BC 上にある。AB = 12 cm, AC = 8 cm, CD = 6 cm, $\angle ABC = \angle DAC$ のとき，線分 AD の長さを求めなさい。(4点)

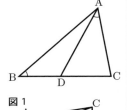

(14) 図1のように，三角柱 ABC − DEF の形をした透明な容器に，水を入れて密閉した。この容器の側面はすべて長方形で，AB = 6 cm, BC = 8 cm, CF = 12 cm, $\angle ABC = 90°$ である。この容器を，△DEF が容器の底になるように，水平な台の上に置いた。このとき，容器の底から水面までの高さは 8 cm である。この容器を図2のように，四角形 FEBC が容器の底になるように，水平な台の上に置きかえたとき，容器の底から水面までの高さを求めなさい。ただし，容器の厚みは考えないものとする。(4点)

図1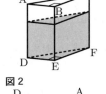

図2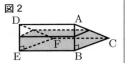

(15) よく出る　右の図のように，底面の半径が 4 cm の円錐を平面上に置き，頂点 O を中心としてすべらないように転がした。このとき，点線で表した円 O の上を 1 周し，もとの場所にもどるまでに，3 回半だけ回転した。この円錐の表面積を求めなさい。ただし，円周率を π とする。(4点)

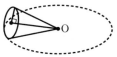

2 次の(1)〜(3)の問いに答えなさい。

(1) 基本　駅から 3600 m 離れた図書館まで，まっすぐで平らな道がある。健司さんは，午前 10 時に駅を出発し，毎分 60 m の速さで図書館に歩いて向かった。駅から 1800 m 離れた地点で立ち止まって休憩し，休憩後は毎分 120 m の速さで図書館に走って向かい，午前 10 時

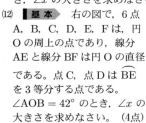

50 分に図書館に着いた。図は，健司さんが駅を出発してから x 分後に，駅から y m 離れた地点にいるとして，x と y の関係を表したグラフの一部である。

① 健司さんが駅から 1800 m 離れた地点で休憩を始めてから，図書館に着くまでの x と y の関係を表したグラフを，図にかき加えなさい。(4点)

② 健司さんの姉の美咲さんは，健司さんが駅を出発した時刻と同じ時刻に，自転車に乗って図書館を出発し，毎分 240 m の速さで駅に向かっていたところ，歩いて図書館に向かう健司さんと出会った。美咲さんと健司さんが出会ったときの時刻を求めなさい。(5点)

(2) 右の図のように，袋 A には整数 1, 2, 3 が 1 つずつ書かれた 3 枚のカードが，袋 B には整数 4, 5, 6 が 1 つずつ書かれた 3 枚のカードが入っている。このとき，下の①，②の問いに答えなさい。

① 基本　袋 A，袋 B からそれぞれカードを 1 枚ずつ取り出し，取り出されたカードに書かれている数の積を求める。このとき，積が奇数になる確率を求めなさい。ただし，袋 A からどのカードが取り出されることも，袋 B からどのカードが取り出されることも，それぞれ同様に確からしいものとする。(4点)

② 袋 A，袋 B に入っているカードとは別に，整数 7 が書かれているカードが 6 枚ある。袋 B に，整数 7 が書かれているカードを何枚か追加し，袋 A，追加したカードが入っている袋 B からそれぞれカードを 1 枚ずつ取り出し，取り出されたカードに書かれている数の積を求める。積が奇数になる確率と積が偶数になる確率が等しいとき，追加したカードは何枚か，求めなさい。ただし，袋 A からどのカードが取り出されることも，追加したカードが入っている袋 B からどのカードが取り出されることも，それぞれ同様に確からしいものとする。(4点)

(3) 基本　右の図のように，点 O を中心とする円の周上に点 A がある。このとき，点 A を接点とする円 O の接線を定規とコンパスを用いて作図しなさい。ただし，作図に用いた線は消さないこと。(5点)

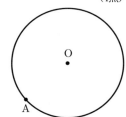

3 新傾向　A 中学校の図書委員会は，全校生徒を対象として，ある日曜日の読書時間を調査した。次の(1)〜(3)の問いに答えなさい。

(1) 基本　図1のア〜エは，3年1組を含む4つの学級の読書時間のデータを，ヒストグラムに表したものである。例えば，アの 10 〜 20 の階級では，読書時間が 10 分以上 20 分未満の生徒が 1 人いることを表している。4つの学級の生徒数は，すべて 31 人である。

3 年 1 組のヒストグラムは，最頻値が中央値よりも小さくなる。3 年 1 組のヒストグラムとして最も適切なものを，図 1 のア〜エから 1 つ選んで記号を書きなさい。(4点)

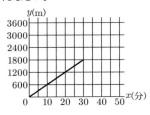

図1

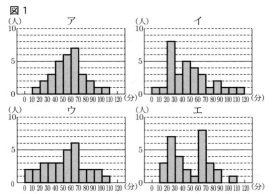

(2) **基本** 次の表は，3年2組30人の読書時間のデータを，小さい順に並べたものである。このデータの範囲と第1四分位数をそれぞれ求めなさい。 (4点)

3年2組の読書時間（単位　分）

5	10	10	15	20	25	25	30	35	40
40	40	45	50	55	60	60	60	60	60
65	65	65	70	80	85	85	90	105	110

(3) 3年1組，2組，3組で運動部に所属している生徒は，16人ずついる。図2は，3年1組の運動部の生徒をグループ1，3年2組の運動部の生徒をグループ2，3年3組の運動部の生徒をグループ3とし，それぞれの読書時間のデータを，箱ひげ図に表したものである。

図2

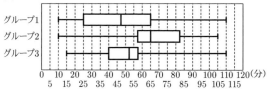

① 図2から読み取れることとして正しいものを，次のア～エからすべて選んで記号を書きなさい。 (4点)

ア　読書時間が55分以下の生徒数が最も少ないグループは，グループ2である。
イ　読書時間が55分以上の生徒数が最も多いグループは，グループ3である。
ウ　どのグループにも，読書時間が80分以上100分未満の生徒は必ずいる。
エ　どのグループにも，読書時間が100分以上の生徒は必ずいる。

② 図2において，読書時間のデータの散らばりぐあいが最も大きいグループを，次のア～ウから1つ選んで記号を書きなさい。
また，そのように判断した理由を，「範囲」と「四分位範囲」という両方の語句を用いて書きなさい。 (4点)

ア　グループ1　　イ　グループ2
ウ　グループ3

4 次の(1)～(3)の問いに答えなさい。
(1) 図のように，正三角形ABCがある。点Dは辺BCをCの方向に延長した直線上にある。点Eは線分AD上にあり，AB∥ECである。点Fは辺AC上にあり，CE＝CFである。このとき，△ACE≡△BCFとなることを証明しなさい。 (5点)

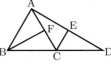

(2) 詩織さんは，次のことがらの逆について考えたことをまとめた。[詩織さんのメモ]が正しくなるように，アには記述の続きを，イには反例を書きなさい。 (5点)

2つの自然数 a，b において，$a = 3$，$b = 6$ ならば，$a + b = 9$

[詩織さんのメモ]

逆は，次のようにいえる。

2つの自然数 a，b において，[　ア　]

逆は，正しくない。（反例）[　イ　]

(3) 直角三角形ABCで，辺ABの長さは，辺BCの長さより2cm長く，辺BCの長さは辺CAの長さより7cm長い。このとき，直角三角形ABCの斜辺の長さを求めなさい。 (5点)

5 次のⅠ，Ⅱから，指示された問題について答えなさい。
Ⅰ 右の図において，㋐は関数 $y = x^2$，㋑は関数 $y = ax^2$ ($0 < a < 1$) のグラフである。2点A，Bは，㋐上の点であり，点Aの座標は $(-1, 1)$，点Bの座標は $(2, 4)$ である。原点Oから $(0, 1)$，$(1, 0)$ までの距離を，それぞれ1cmとする。次の(1)～(3)の問いに答えなさい。

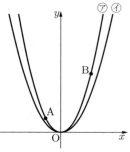

(1) 2点A，Bを通る直線の式を求めなさい。求める過程も書きなさい。 (5点)

(2) $a = \dfrac{2}{3}$ のとき，㋑上に，x座標が3である点Cをとる。このとき，線分BCの長さを求めなさい。 (5点)

(3) **思考力** ㋐上に，x座標が正で，y座標が1である点Pをとる。㋑上に，x座標が -1 より小さく，y座標が4である点Qをとる。四角形APBQの面積が12cm²になるとき，aの値を求めなさい。 (5点)

Ⅱ 右の図において，㋐は関数 $y = \dfrac{1}{2}x^2$，㋑は関数 $y = -x + 4$ のグラフであり，点Aの座標は $(-4, 8)$，点Bの座標は $(2, 2)$ である。㋐上に，x座標が t である点Pをとり，㋑上に，点Pと x座標が等しい点Qをとる。原点Oから $(0, 1)$，$(1, 0)$ までの距離を，それぞれ1cmとする。次の(1)，(2)の問いに答えなさい。

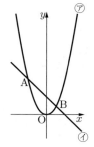

(1) $t = -2$ のとき，2点A，Pを通る直線の式を求めなさい。求める過程も書きなさい。 (5点)

(2) $-4 < t < 2$ とする。

① AQ = $5\sqrt{2}$ cm になるとき，t の値を求めなさい。 (5点)
② 【難】【思考力】 ⑦上に，x 座標が 2 より大きい点 R を，線分 BR の長さと線分 BQ の長さが等しくなるようにとる。⑦上に，点 R と x 座標が等しい点 S をとる。四角形 PQSR の面積が 30 cm² になるとき，t の値を求めなさい。 (5点)

山形県

時間 50分　満点 100点　解答 P8　3月7日実施

出題傾向と対策

- 大問 4 題で，分量，内容ともに例年通りの出題であったといえる。**1** は計算問題，データの分析，図形の基本問題の小問集合，**2** は関数のグラフ，確率，文章題，作図，**3** は関数を中心とした総合問題，**4** は平面図形の総合問題であった。
- 基本問題が多いが，途中式，作図，理由の説明，立式，証明といった様々な記述問題が毎年出題される。解答時間に対して分量が多いので，過去問等で準備をしておきたい。中学の全分野から出題されているので，教科書や問題集の問題を繰り返し勉強するとよい。

1 【よく出る】【基本】 次の問いに答えなさい。

1 次の式を計算しなさい。
(1) $1-(2-5)$ (3点)
(2) $\dfrac{3}{5}\times\left(\dfrac{1}{2}-\dfrac{2}{3}\right)$ (4点)
(3) $-12ab\times(-3a)^2\div 6a^2b$ (4点)
(4) $(\sqrt{7}-2)(\sqrt{7}+3)-\sqrt{28}$ (4点)

2 2次方程式 $(x-7)(x+2)=-9x-13$ を解きなさい。解き方も書くこと。 (5点)

3 $x=23$，$y=18$ のとき，$x^2-2xy+y^2$ の値を求めなさい。 (4点)

4 下の図は，山形市，酒田市，新庄市，米沢市における，2022 年 4 月 1 日から 4 月 30 日までの日ごとの最高気温のデータを，それぞれ箱ひげ図に表したものである。あとの①〜③のそれぞれについて，これらの箱ひげ図から読み取れることとして正しいものを〇，正しくないものを×としたとき，〇と×の組み合わせとして適切なものを，あとのア〜クから 1 つ選び，記号で答えなさい。 (4点)

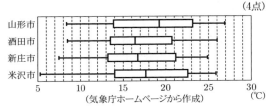
(気象庁ホームページから作成)

① 中央値は，山形市のほうが，酒田市より大きい。
② 四分位範囲がもっとも大きいのは，米沢市である。
③ 最高気温が 21 ℃ 以上の日数がもっとも少ないのは，新庄市である。

	ア	イ	ウ	エ	オ	カ	キ	ク
①	〇	〇	〇	〇	×	×	×	×
②	〇	〇	×	×	〇	〇	×	×
③	〇	×	〇	×	〇	×	〇	×

5 右の図は，投影図の一部である。この図から考えられる立体の見取図として適切でないものを，次のア〜エから 1 つ選び，記号で答えなさい。 (4点)

(立面図)

ア 　イ 　ウ 　エ

2 【よく出る】 次の問いに答えなさい。

1 右の図において，①は関数 $y=\dfrac{a}{x}$ のグラフ，②は関数 $y=bx$ のグラフである。
①のグラフ上に x 座標が 3 である点 A をとり，四角形 ABCD が正方形となるように，3 点 B，C，D をとると，2 点 B，C の座標は，それぞれ $(7, 2)$，$(7, 6)$ となった。このとき，次の問いに答えなさい。

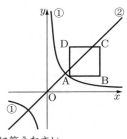

(1) a の値を求めなさい。 (4点)
(2) 関数 $y=bx$ のグラフが四角形 ABCD の辺上の点を通るとき，b のとる値の範囲を，不等号を使って表しなさい。 (4点)

2 純さんと友子さんは，白玉 3 個と赤玉 3 個を使い，あることがらの起こりやすさを，条件を変えて調べてみることにした。
純さんは，図 1 のように，A の箱に白玉 2 個と赤玉 1 個，B の箱に白玉 1 個と赤玉 2 個を入れ，A，B の箱から，それぞれ玉を 1 個ずつ取り出す。友子さんは，図 2 のように，C の箱に白玉 1 個と赤玉 1 個，D の箱に白玉 2 個と赤玉 2 個を入れ，C，D の箱から，それぞれ玉を 1 個ずつ取り出す。
このとき，2 個とも白玉が出ることの起こりやすさについて述べた文として適切なものを，あとのア〜ウから 1 つ選び，記号で答えなさい。また，選んだ理由を，確率を使って説明しなさい。
ただし，それぞれの箱において，どの玉が取り出されることも同様に確からしいものとする。 (6点)

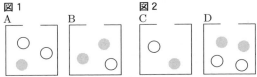

ア 純さんのほうが，友子さんより起こりやすい。
イ 友子さんのほうが，純さんより起こりやすい。
ウ 起こりやすさは 2 人とも同じである。

3 次の問題について，あとの問いに答えなさい。

〔問題〕
　ある洋菓子店では，お菓子を箱に入れた商品 A, B, C を，それぞれ作っています。右の表は，それぞれの商品に入っているお菓子の種類と個数を示したものです。この洋菓子店では，商品 A, B, C を合わせて 40 箱作り，そのうち，商品 C は 10 箱作りました。また，40 箱の商品を作るために使ったお菓子の個数は，ドーナツのほうが，クッキーより 50 個少なくなりました。40 箱の商品を作るために使ったドーナツは何個ですか。

表

	商品A	商品B	商品C
ドーナツ(個)	8	0	12
クッキー(個)	0	12	15

(1) この問題を解くのに，方程式を利用することが考えられる。どの数量を文字で表すかを示し，問題にふくまれる数量の関係から，1次方程式または連立方程式のいずれかをつくりなさい。 (6点)

(2) 40 箱の商品を作るために使ったドーナツの個数を求めなさい。 (4点)

4 右の図において，四角形 ABCD は，AB = AD である。下の【条件】の①，②をともにみたす点 P を，定規とコンパスを使って作図しなさい。

ただし，作図に使った線は残しておくこと。 (5点)

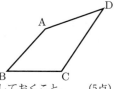

【条件】
① 点 P は，∠BCD を二等分する直線上にあり，直線 BC の上側の点である。
② ∠BPD の大きさは，∠BAD の大きさの半分であり，90° より小さい。

3 よく出る　図 1 において，四角形 ABCD と四角形 PQRS は合同であり，AD // BC，AD = 5 cm，BC = 9 cm，∠ABC = ∠DCB = 45° である。四角形 ABCD の辺 BC と四角形 PQRS の辺 QR は直線 l 上にあって，頂点 B と頂点 R は直線 l 上の同じ位置にある。いま，四角形 PQRS を直線 l にそって矢印の方向に移動する。

図 2 のように，四角形 PQRS を x cm 移動したとき，四角形 ABCD と四角形 PQRS が重なっている部分の面積を y cm² とする。このとき，それぞれの問いに答えなさい。

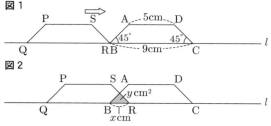

1 頂点 P が頂点 D と同じ位置にくるまで移動したときの x と y の関係を表にかきだしたところ，表 1 のようになった。次の問いに答えなさい。

表1

x	0	…	4	…	14
y	0	…	4	…	4

(1) $x = 2$ のときの y の値を求めなさい。 (3点)

(2) 表 2 は，頂点 P が頂点 D と同じ位置にくるまで移動したときの x と y の関係を式に表したものである。ア～ウ にあてはまる数または式を，それぞれ書きなさい。

また，このときの x と y の関係を表すグラフを，図 3 にかきなさい。 (13点)

表2

x の変域	式
$0 \leq x \leq 4$	$y = $ ア
$4 \leq x \leq $ イ	$y = 2x - 4$
イ $\leq x \leq 14$	$y = $ ウ

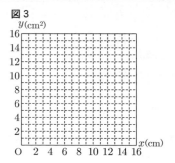

2 図 4 のように，四角形 ABCD を，四角形 PQRS と重なっている部分と，四角形 PQRS と重なっていない部分に分ける。重なっている部分の面積が，重なっていない部分の面積の 2 倍となるときの x の値のうち，最も小さい値を求めなさい。 (4点)

4 よく出る　右の図のように，∠ACB = 90° の △ABC があり，辺 BC の長さは辺 AC の長さよりも長いものとする。点 D を，辺 BC 上に，AC = CD となるようにとる。また，点 E を，辺 AB 上に，AC // ED となるようにとる。点 A から線分 CE にひいた垂線と線分 CE との交点を F とし，直線 AF と直線 BC との交点を G とする。このとき，あとの問いに答えなさい。

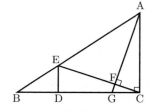

1 △AGC ≡ △CED であることを証明しなさい。 (9点)

2 AC = 10 cm，BC = 15 cm であるとき，次の問いに答えなさい。

(1) ED の長さを求めなさい。 (5点)

(2) 思考力　△AFC を，直線 AC を軸として 1 回転させてできる立体の体積を求めなさい。なお，円周率は π とする。 (5点)

福島県

時間 **50**分　満点 **50**点　解答 P**9**　3月3日実施

* 注意　1. 答えに $\sqrt{\ }$ が含まれるときは、$\sqrt{\ }$ をつけたままで答えなさい。ただし、$\sqrt{\ }$ の中はできるだけ小さい自然数にしなさい。
　　　　2. 円周率は π を用いなさい。

出題傾向と対策

● 大問数は昨年と同じく7題である。**1**, **2** は基本事項からの小問集合、**3** は基本的な思考力を問い、**4** 以降は各単元から出題される大問からなる。問題の難易度は高くないが、記述式で思考の過程を求める問題や証明問題が多い。

● 全体的には基礎力を問う問題がほとんどであるが、証明問題や図形問題で応用的な問題も含まれている。証明問題の記述だけでなく、解答に至る過程を記述させる問題も多いので、普段の練習から丁寧に解答の過程を書く練習をしておこう。

---

1 基本　次の(1), (2)の問いに答えなさい。

(1) 次の計算をしなさい。
　① $(-21) \div 7$　　　　　　　　　　　　(2点)
　② $-\dfrac{3}{4} + \dfrac{5}{6}$　　　　　　　　　　　　(2点)
　③ $(-3a) \times (-2b)^3$　　　　　　　　　(2点)
　④ $\sqrt{8} - \sqrt{18}$　　　　　　　　　　(2点)

(2) ある球の半径を2倍にすると、体積はもとの球の体積の何倍になるか、求めなさい。(2点)

2 基本　次の(1)〜(5)の問いに答えなさい。

(1) 桃の果汁が31％の割合で含まれている飲み物がある。この飲み物 a mL に含まれている桃の果汁の量は何 mL か、a を使った式で表しなさい。(2点)

(2) 等式 $3x + 2y - 4 = 0$ を y について解きなさい。(2点)

(3) 右の図のような、△ABC がある。
辺 AC 上にあって、辺 AB, BC までの距離が等しい点 P を、定規とコンパスを用いて作図によって求め、P の位置を示す文字 P も書きなさい。
ただし、作図に用いた線は消さずに残しておきなさい。(2点)

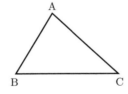

(4) 関数 $y = x^2$ について、x の値が1から4まで増加するときの変化の割合を求めなさい。(2点)

(5) 図1は、ある学級の生徒30人について、先月の図書館の利用回数を調べ、その分布のようすをヒストグラムに表したものである。例えば、利用回数が2回以上4回未満の生徒は3人であることがわかる。また、図2のア〜エのいずれかは、この利用回数の分布のようすを箱ひげ図に表したものである。その箱ひげ図をア〜エの中から1つ選び、記号で答えなさい。(2点)

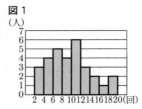
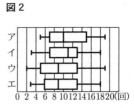

3 思考力　次の(1), (2)の問いに答えなさい。

(1) 右の図のように、袋の中に1, 2, 3の数字が1つずつ書かれた3個の玉が入っている。A, Bの2人が、この袋の中から、＜取り出し方のルール＞の(ア), (イ)のいずれかにしたがって、1個ずつ玉を取り出し、書かれた数が大きいほうの玉を取り出した人が景品をもらえるゲームを考える。書かれた数が等しい場合には2人とも景品はもらえない。ただし、どの玉を取り出すことも同様に確からしいものとする。

＜取り出し方のルール＞
(ア) はじめにAが玉を取り出す。次に、その取り出した玉を袋の中にもどし、よくかき混ぜてからBが玉を取り出す。
(イ) はじめにAが玉を取り出す。次に、その取り出した玉を袋の中にもどさず、続けてBが玉を取り出す。

① ルール(ア)にしたがったとき、Aが景品をもらえる確率を求めなさい。(2点)

② Aが景品をもらえない確率が大きいのは、ルール(ア), (イ)のどちらのルールにしたがったときか。ア、イの記号で答え、その確率も書きなさい。(2点)

(2) 図1のように、整数を1から順に1段に7つずつ並べたものを考え、縦、横に2つずつ並んでいる4つの整数を四角形で囲む。ただし、○は整数を省略したものであり、囲んだ位置は例である。

このとき、囲んだ4つの整数を

a	b
c	d

とすると、$ad - bc$ はつねに同じ値になる。

図1
1	2	3	4	5	6	7
8	9	10	11	12	13	14
15	16	17	18	19	20	21
⋮	⋮	⋮	⋮	⋮	⋮	⋮
○	○	○	○	○	○	○
○	○	○	○	○	○	○

① $ad - bc$ の値を求めなさい。(1点)

② 図2のように、1段に並べる整数の個数を n に変えたものを考える。ただし、n は2以上の整数とする。

このとき、$ad - bc$ はつねに n を使って表された同じ式になる。その式を解答用紙の(　)の中に書きなさい。また、それがつねに成り立つ理由を説明しなさい。(3点)

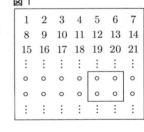

4 **よく出る** ある中学校で地域の清掃活動を行うために、生徒200人が4人1組または5人1組のグループに分かれた。ごみ袋を配るとき、1人1枚ずつに加え、グループごとの予備として4人のグループには2枚ずつ、5人のグループには3枚ずつ配ったところ、配ったごみ袋は全部で314枚であった。

このとき、4人のグループの数と5人のグループの数をそれぞれ求めなさい。
求める過程も書きなさい。　　　(5点)

5 右の図のように、線分ABを直径とする円Oの周上に、直線ABに対して反対側にある2点C, DをAC∥DOとなるようにとる。また、線分ABと線分CDとの交点をEとする。

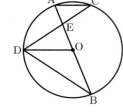

このとき、次の(1), (2)の問いに答えなさい。
(1) △EDO∽△EBD となることを証明しなさい。　　　(3点)
(2) AC:DO＝7:9 であるとき、△EDO と △EBD の相似比求めなさい。　　　(2点)

6 図1のように、反比例 $y=\dfrac{a}{x}$ $(x>0)$ のグラフ上に2点A, Bがあり、Aのy座標は6, Bのx座標は2である。また、比例 $y=ax$ のグラフ上に点C, x軸上に点Dがあり、AとDのx座標、BとCのx座標はそれぞれ等しい。
ただし、$0<a<12$ とする。

図1
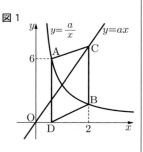

次の[会話]は、花子さんと太郎さんが四角形ADBCについて考察し、話し合った内容である。

[会話]
花子さん：aの値を1つとると、2つのグラフが定まり、4つの辺と面積も定まるね。点Aの座標は、反比例の関係 $xy=a$ から求めることができそうだ。
太郎さん：例えば、$a=1$のときの四角形について調べてみようか。
・・・・・・・・・・・・・・
太郎さん：形を見ると、いつでも台形だね。平行四辺形になるときはあるのかな？
花子さん：私は、面積についても調べてみたよ。そうしたら、<u>$a=1$のときと面積が等しくなる四角形が他にもう1つある</u>ことがわかったよ。

このとき、次の(1)〜(3)の問いに答えなさい。

(1) 図2は、図1において、$a=1$とした場合を表している。このとき、線分BCの長さを求めなさい。　　　(1点)

(2) 四角形ADBCが平行四辺形になるときのaの値を求めなさい。　　　(2点)

(3) [会話]の下線部について、四角形ADBCの面積が $a=1$ のときの面積と等しくなるようなaの値を、$a=1$の他に求めなさい。　　　(3点)

図2
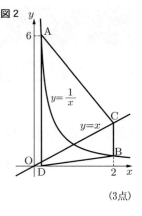

7 右の図のように、底面が1辺2cmの正方形で、高さが$\sqrt{15}$cmの正四角柱と、正方形EFGHのすべての辺に接する円Oを底面とする円錐があり、それらの高さは等しい。また、線分EFと円Oとの接点Iから円錐の側面にそって1周してIにもどるひもが、最も短くなるようにかけられている。ただし、円錐において、頂点と点Oを結ぶ線分は底面に垂直である。

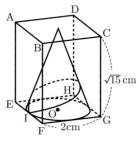

このとき、次の(1)〜(3)の問いに答えなさい。

(1) 円錐の母線の長さを求めなさい。　　　(1点)
(2) ひもの長さを求めなさい。ただし、ひもの太さや伸び縮みは考えないものとする。　　　(2点)
(3) ひもの通る線上に点Pをとる。Pを頂点とし、四角形ABCDを底面とする四角錐の体積が最も小さくなるとき、その体積を求めなさい。　　　(3点)

茨城県

時間 50分　満点 100点　解答 P11　3月3日実施

出題傾向と対策

● 昨年と同様大問6題の出題である。1, 2 は小問集合, 3 は確率, 4 は平面図形, 5 は一次関数・$y = ax^2$, 6 は空間図形で, 出題分野はほぼ例年通り, 難易度は今回, 易しめの出題であった。

● 各出題分野について, 基礎・基本から標準レベルまでの問題が出題されている。先ずは, 教科書レベルの問題で基礎・基本を確実に身に付けるとともに, 標準的な問題で実力を定着させていこう。さらに過去問にあたって, 独特の形式（例えば図形の証明等）に慣れておくとよい。

1　基本　次の(1), (2)の問いに答えなさい。
(1) よく出る　次の①〜④の計算をしなさい。
　① $1 - 6$　　(4点)
　② $2(x + 3y) - (5x - 4y)$　(4点)
　③ $15a^2b \div 3ab^3 \times b^2$　(4点)
　④ $\dfrac{9}{\sqrt{3}} - \sqrt{12}$　(4点)
(2) $x^2 - 6x + 9$ を因数分解しなさい。　(4点)

2　次の(1)〜(4)の問いに答えなさい。
(1) よく出る　右の図は, ある中学校の3年生25人が受けた国語, 数学, 英語のテストの得点のデータを箱ひげ図で表したものである。

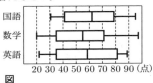
図

このとき, これらの箱ひげ図から読み取れることとして正しく説明しているものを, 次のア〜エの中から2つ選んで, その記号を書きなさい。　(5点)
ア　3教科の中で国語の平均点が一番高い。
イ　3教科の合計点が60点以下の生徒はいない。
ウ　13人以上の生徒が60点以上の教科はない。
エ　英語で80点以上の生徒は6人以上いる。

(2) $\dfrac{252}{n}$ の値が, ある自然数の2乗となるような, 最も小さい自然数 n の値を求めなさい。　(5点)

(3) よく出る　x についての2次方程式 $x^2 + 3ax + a^2 - 7 = 0$ がある。$a = -1$ のとき, この2次方程式を解きなさい。　(5点)

(4) よく出る　チョコレートが何個かと, それを入れるための箱が何個かある。1個の箱にチョコレートを30個ずつ入れたところ, すべての箱にチョコレートを入れてもチョコレートは22個余った。そこで, 1個の箱にチョコレートを35個ずつ入れていったところ, 最後の箱はチョコレートが32個になった。
このとき, 箱の個数を求めなさい。　(5点)

3　思考力　よく出る　下の図1のように1から7までの番号の書かれた階段がある。地面の位置に太郎さん, 7 の段の位置に花子さんがいる。太郎さん, 花子さんがそれぞれさいころを1回ずつ振り, 自分が出した目の数だけ, 太郎さんは 1, 2, 3, …と階段を上り, 花子さんは 6, 5, 4, …と階段を下りる。例えば, 太郎さんが2の目を出し, 花子さんが1の目を出したときは, 下の図2のようになる。また, 2段離れているとは, 例えば, 図3のような状態のこととする。

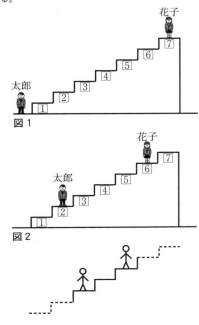
図1

図2

図3　2段離れている例

このとき, 次の(1)〜(3)の問いに答えなさい。
ただし, さいころは各面に1から6までの目が1つずつかかれており, どの目が出ることも同様に確からしいとする。
(1) 太郎さんと花子さんが同じ段にいる確率を求めなさい。　(4点)
(2) 太郎さんと花子さんが2段離れている確率を求めなさい。　(5点)
(3) 太郎さんと花子さんが3段以上離れている確率を求めなさい。　(6点)

4　よく出る　右の図1のように, タブレット端末の画面に長さが 14 cm の線分 AB を直径とする円 O が表示されている。さらに, 円 O の円周上の2点 A, B と異なる点 C, 点 A における円 O の接線 l, l 上の点 P が表示されている。点 P は l 上を動かすことができ, 太郎さんと花子さんは, 点 P を動かしながら, 図形の性質や関係について調べている。

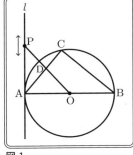
図1

このとき, 次の(1), (2)の問いに答えなさい。
(1) 太郎さんは線分 OP と線分 BC が平行になるように点

Pを動かした。
① **基本** 線分ACと線分OPの交点をDとし，BC = 10 cm とするとき，線分ODの長さを求めなさい。(4点)
② 太郎さんは，△ABC∽△POA であることに気づき，次のように証明した。 ア ～ オ をうめて，証明を完成させなさい。(5点)

〈証明〉
△ABC と △POA において，
　　 ア 　　だから， イ = 90°　…①
直線 l は点 A における円 O の接線だから，
　　　　　　　　　　∠PAO = 90°　…②
①，②より， イ = ∠PAO　…③
平行線の同位角は等しいから，
　　　　　 ウ = エ 　…④
③，④より， オ がそれぞれ等しいので，
　　△ABC∽△POA

(2) **基本** 花子さんは，右の図2のように ∠AOP = 60° となるように点 P を動かした。線分 OP と円 O との交点を E とするとき，△APE の面積を求めなさい。(6点)

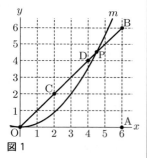
図2

5 O(0, 0), A(6, 0), B(6, 6) とするとき，次の(1), (2)の問いに答えなさい。
(1) **よく出る 基本** 右の図1において，m は関数 $y = ax^2$ ($a > 0$) のグラフを表し，C(2, 2), D(4, 4) とする。
① m が点 B を通るとき，a の値を求めなさい。(4点)

② 次の文章の Ⅰ ～ Ⅲ に当てはまる語句の組み合わせを，下のア～カの中から1つ選んで，その記号を書きなさい。(5点)

m と線分 OB との交点のうち，点 O と異なる点を P とする。はじめ，点 P は点 D の位置にある。
ここで，a の値を大きくしていくと，点 P は Ⅰ の方に動き，小さくしていくと，点 P は Ⅱ の方に動く。
また，a の値を $\frac{1}{3}$ とすると，点 P は Ⅲ 上にある。

ア ［Ⅰ　点B　Ⅱ　点C　Ⅲ　線分OC］
イ ［Ⅰ　点B　Ⅱ　点C　Ⅲ　線分CD］
ウ ［Ⅰ　点B　Ⅱ　点C　Ⅲ　線分DB］
エ ［Ⅰ　点C　Ⅱ　点B　Ⅲ　線分OC］
オ ［Ⅰ　点C　Ⅱ　点B　Ⅲ　線分CD］
カ ［Ⅰ　点C　Ⅱ　点B　Ⅲ　線分DB］

(2) 右の図2で，$y = bx$ で表される直線 l と2点 A，B を除いた線分 AB が交わるとき，その交点を E とする。
このとき，次の[条件1]と[条件2]の両方を満たす点の個数が12個になるのは，b がどのような値のときか。b のとりうる値の範囲を，不等号を使った式で表しなさい。(6点)

［条件1］x 座標も y 座標も整数である。
［条件2］△OEB の辺上または内部にある。

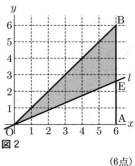
図2

6 右の図のような，1辺が 6 cm の正四面体がある。辺 BC 上に BP : PC = 2 : 1 となる点 P，辺 CD 上に CQ : QD = 2 : 1 となる点 Q をとる。
このとき，次の(1), (2)の問いに答えなさい。

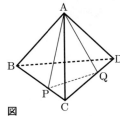
図

(1) △CPQ はどんな三角形か。最も適切なものを，次のア～エの中から1つ選んで，その記号を書きなさい。(4点)
ア　正三角形　　イ　二等辺三角形　　ウ　直角三角形
エ　直角二等辺三角形

(2) ① 線分 AQ の長さを求めなさい。(5点)
② 直線 AP を軸として，△APQ を1回転させてできる立体の体積を求めなさい。ただし，円周率は π とする。(6点)

栃木県

時間 50分　満点 100点　解答 P12　3月8日実施

*注意　答えは、できるだけ簡単な形で表しなさい。

出題傾向と対策

●例年と同様、大問6題であった。**1**は8題からなる小問集合、**2**は方程式に関する問題、数の性質に関する問題、**3**は平面図形、空間図形に関する問題、**4**はデータの活用に関する問題、**5**は関数に関する問題、**6**は数・式を中心とした総合問題であった。

●基本的な問題を中心に、幅広い分野から出題されている。作図、証明、途中の計算の過程を書く問題があり、全体の分量も多いため、記述の練習や問題を速く解く練習をした方がよいだろう。

---

1 よく出る　基本　次の1から8までの問いに答えなさい。

1　$3-(-5)$ を計算しなさい。(2点)

2　$8a^3b^2 \div 6ab$ を計算しなさい。(2点)

3　$(x+3)^2$ を展開しなさい。(2点)

4　1個 x 円のパンを7個と1本 y 円のジュースを5本買ったところ、代金の合計が2000円以下になった。この数量の関係を不等式で表しなさい。(2点)

5　右の図の立方体 ABCD－EFGH において、辺 AB とねじれの位置にある辺の数はいくつか。(2点)

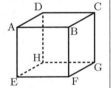

6　y は x に反比例し、$x=-2$ のとき $y=8$ である。y を x の式で表しなさい。(2点)

7　右の図において、点 A、B、C は円 O の周上の点である。$\angle x$ の大きさを求めなさい。(2点)

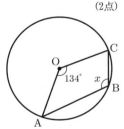

8　△ABC と △DEF は相似であり、その相似比は $3:5$ である。このとき、△DEF の面積は △ABC の面積の何倍か求めなさい。(2点)

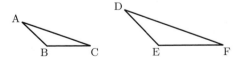

---

2 次の1、2、3の問いに答えなさい。

1　基本　2次方程式 $x^2+4x+1=0$ を解きなさい。(3点)

2　ある高校では、中学生を対象に一日体験学習を各教室で実施することにした。使用できる教室の数と参加者の人数は決まっている。1つの教室に入る参加者を15人ずつにすると、34人が教室に入れない。また、1つの教室に入る参加者を20人ずつにすると、14人の教室が1つだけでき、さらに使用しない教室が1つできる。
このとき、使用できる教室の数を x として方程式をつくり、使用できる教室の数を求めなさい。ただし、途中の計算も書くこと。(7点)

3　次の□内の先生と生徒の会話文を読んで、下の□内の生徒が完成させた【証明】の①から⑤に当てはまる数や式をそれぞれ答えなさい。(5点)

先生「一の位が0でない900未満の3けたの自然数を M とし、M に99をたしてできる自然数を N とすると、M の各位の数の和と N の各位の数の和は同じ値になるという性質があります。例として583で確かめてみましょう。」

生徒「583の各位の数の和は $5+8+3=16$ です。583に99をたすと682となるので、各位の数の和は $6+8+2=16$ で同じ値になりました。」

先生「そうですね。それでは、M の百の位、十の位、一の位の数をそれぞれ a、b、c として、この性質を証明してみましょう。a、b、c のとりうる値の範囲に気をつけて、M と N をそれぞれ a、b、c を用いて表すとどうなりますか。」

生徒「M は表せそうですが、N は M+99 で…、各位の数がうまく表せません。」

先生「99を 100－1 におきかえて考えてみましょう。」

生徒が完成させた【証明】

3けたの自然数 M の百の位、十の位、一の位の数をそれぞれ a、b、c とすると、a は1以上8以下の整数、b は0以上9以下の整数、c は1以上9以下の整数となる。
このとき、
M ＝ ① $\times a +$ ② $\times b + c$ と表せる。
また、N = M + 99 より
N ＝ ① $\times a +$ ② $\times b + c + 100 - 1$
となるから、
N ＝ ① $\times$ (③) ＋ ② $\times$ ④ ＋ ⑤
となり、
N の百の位の数は ③ 、十の位の数は ④ 、一の位の数は ⑤ となる。
よって、M の各位の数の和と N の各位の数の和はそれぞれ $a+b+c$ となり、同じ値になる。

---

3 次の1、2、3の問いに答えなさい。

1　よく出る　右の図の △ABC において、辺 AC 上にあり、$\angle ABP = 30°$ となる点 P を作図によって求めなさい。ただし、作図には定規とコンパスを使い、また、作図に用いた線は消さないこと。(4点)

2　右の図は、AB = 2cm、BC = 3cm、CD = 3cm、$\angle ABC = \angle BCD = 90°$ の台形 ABCD である。
このとき、次の(1)、(2)の問いに答えなさい。
(1) AD の長さを求めなさ

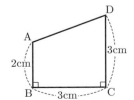

(2) 台形 ABCD を，辺 CD を軸として 1 回転させてできる立体の体積を求めなさい。ただし，円周率は π とする。 (4点)

3 右の図のように，正方形 ABCD の辺 BC 上に点 E をとり，頂点 B，D から線分 AE にそれぞれ垂線 BF，DG をひく。
このとき，
△ABF ≡ △DAG であることを証明しなさい。 (7点)

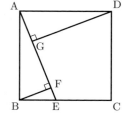

4 次の 1，2，3 の問いに答えなさい。
1 5 人の生徒 A，B，C，D，E がいる。これらの生徒の中から，くじびきで 2 人を選ぶとき，D が選ばれる確率を求めなさい。 (3点)

2 【基本】右の表は，あるクラスの生徒 35 人が水泳の授業で 25 m を泳ぎ，タイムを計測した結果を度数分布表にまとめたものである。
このとき，次の(1)，(2) の問いに答えなさい。

階級(秒)	度数(人)
以上　　未満	
14.0 〜 16.0	2
16.0 〜 18.0	7
18.0 〜 20.0	8
20.0 〜 22.0	13
22.0 〜 24.0	5
計	35

(1) 18.0 秒以上 20.0 秒未満の階級の累積度数を求めなさい。 (2点)
(2) 度数分布表における，最頻値を求めなさい。 (2点)

3 下の図は，ある中学校の 3 年生 100 人を対象に 20 点満点の数学のテストを 2 回実施し，1 回目と 2 回目の得点のデータの分布のようすをそれぞれ箱ひげ図にまとめたものである。

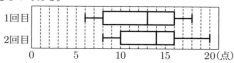

このとき，次の(1)，(2) の問いに答えなさい。
(1) 箱ひげ図から読み取れることとして正しいことを述べているものを，次のア，イ，ウ，エの中から 2 つ選び，記号で答えなさい。 (2点)
ア 中央値は，1 回目よりも 2 回目の方が大きい。
イ 最大値は，1 回目よりも 2 回目の方が小さい。
ウ 範囲は，1 回目よりも 2 回目の方が大きい。
エ 四分位範囲は，1 回目よりも 2 回目の方が小さい。
(2) 次の文章は，「1 回目のテストで 8 点を取った生徒がいる」ことが正しいとは限らないことを説明したものである。□ に当てはまる文を，特定の 2 人の生徒に着目して書きなさい。 (4点)

箱ひげ図から，1 回目の第 1 四分位数が 8 点であることがわかるが，8 点を取った生徒がいない場合も考えられる。例えば，テストの得点を小さい順に並べたときに，□ の場合も，第 1 四分位数が 8 点となるからである。

5 次の 1，2 の問いに答えなさい。
1 右の図のように，2 つの関数 $y=5x$，$y=2x^2$ のグラフ上で，x 座標が t ($t>0$) である点をそれぞれ A，B とする。B を通り x 軸に平行な直線が，関数 $y=2x^2$ のグラフと交わる点のうち，B と異なる点を C とする。また，C を通り y 軸に平行な直線が，関数 $y=5x$ のグラフと交わる点を D とする。
このとき，次の(1)，(2)，(3) の問いに答えなさい。

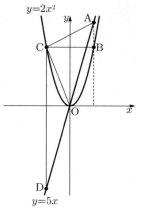

(1) 関数 $y=2x^2$ について，x の変域が $-1 \leqq x \leqq 5$ のときの y の変域を求めなさい。 (2点)
(2) $t=2$ のとき，△OAC の面積を求めなさい。 (4点)
(3) BC：CD ＝ 1：4 となるとき，t の値を求めなさい。ただし，途中の計算も書くこと。 (7点)

2 ある日の放課後，前田さんは友人の後藤さんと図書館に行くことにした。学校から図書館までの距離は 1650 m で，その間に後藤さんの家と前田さんの家がこの順に一直線の道沿いにある。
2 人は一緒に学校を出て一定の速さで 6 分間歩いて，後藤さんの家に着いた。後藤さんが家で準備をするため，2 人はここで別れた。その後，前田さんは毎分 70 m の速さで 8 分間歩いて，自分の家に着き，家に着いてから 5 分後に毎分 70 m の速さで図書館に向かった。
右の図は，前田さんが図書館に着くまでのようすについて，学校を出てからの時間を x 分，学校からの距離を y m として，x と y の関係をグラフに表したものである。

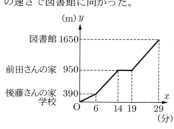

このとき，次の(1)，(2)，(3) の問いに答えなさい。
(1) 【基本】 2 人が学校を出てから後藤さんの家に着くまでの速さは毎分何 m か。 (3点)
(2) 前田さんが後藤さんと別れてから自分の家に着くまでの x と y の関係を式で表しなさい。ただし，途中の計算も書くこと。 (5点)
(3) 後藤さんは準備を済ませ，自転車に乗って毎分 210 m の速さで図書館に向かい，図書館まで残り 280 m の地点で前田さんに追いついた。後藤さんが図書館に向かうために家を出たのは，家に着いてから何分何秒後か。 (4点)

6 【思考力】1 辺の長さが n cm (n は 2 以上の整数) の正方形の板に，図1 のような 1 辺の長さが 1 cm の正方形の黒いタイル，または斜辺の長さが 1 cm の直角二等辺三

黒いタイル　白いタイル

図 1

角形の白いタイルを貼る。板にタイルを貼るときは，黒いタイルを1枚使う【貼り方Ⅰ】，または白いタイルを4枚使う【貼り方Ⅱ】を用いて，タイルどうしが重ならないように板にすき間なくタイルをしきつめることとする。

【貼り方Ⅰ】 　　　【貼り方Ⅱ】

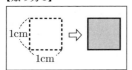 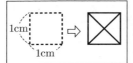

例えば，$n=3$ の場合について考えるとき，図2は黒いタイルを7枚，白いタイルを8枚，合計15枚のタイルを使って板にしきつめたようすを表しており，図3は黒いタイルを4枚，白いタイルを20枚，合計24枚のタイルを使って板にしきつめたようすを表している。

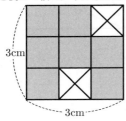 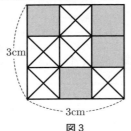

図2 　　　　　　　図3

このとき，次の1，2，3の問いに答えなさい。

1　$n=4$ の場合について考える。白いタイルだけを使って板にしきつめたとき，使った白いタイルの枚数を求めなさい。　　　　　　　　　　　　　（3点）

2　$n=5$ の場合について考える。黒いタイルと白いタイルを合計49枚使って板にしきつめたとき，使った黒いタイルと白いタイルの枚数をそれぞれ求めなさい。
（4点）

3　次の文章の①，②，③に当てはまる式や数をそれぞれ求めなさい。ただし，文章中の a は2以上の整数，b は1以上の整数とする。　　　　　　　　　（6点）

> $n=a$ の場合について考える。はじめに，黒いタイルと白いタイルを使って板にしきつめたとき，使った黒いタイルの枚数を b 枚とすると，使った白いタイルの枚数は a と b を用いて（ ① ）枚と表せる。
>
> 次に，この板の【貼り方Ⅰ】のところを【貼り方Ⅱ】に，【貼り方Ⅱ】のところを【貼り方Ⅰ】に変更した新しい正方形の板を作った。このときに使ったタイルの枚数の合計は，はじめに使ったタイルの枚数の合計よりも 225 枚少なくなった。これを満たす a のうち，最も小さい値は（ ② ），その次に小さい値は（ ③ ）である。

群馬県

時間 45〜60分の間で各校が定める　満点 100点　解答 P.13　3月8日実施

出題傾向と対策

● 大問は6題で，1 は基本的な小問集合，3 は規則性と方程式の問題，2，4〜6 は図形や関数とグラフについての問題である。作図や図形についての証明が必ず出題されるほか，解答の途中過程の記述も要求する設問が複数個あり，全体の記述量はかなり多い。

● 1 を確実に解き，2〜6 の解きやすい問題に進む。作図や図形の証明は平易なものが多い。記述を要求する設問も難問はほとんどないので，時間配分に注意して解答するとよい。2024年は空間図形の復活も予測されるので，十分な準備をしておこう。

1 よく出る　基本　次の(1)〜(9)の問いに答えなさい。
（40点）

(1) 次の①〜③の計算をしなさい。
　① $2-(-4)$
　② $6a^2 \times \dfrac{1}{3}a$
　③ $-2(3x-y)+2x$

(2) 次の①，②の方程式を解きなさい。
　① $6x-1=4x-9$
　② $x^2+5x+3=0$

(3) 次のア〜エのうち，絶対値が最も小さい数を選び，記号で答えなさい。
　ア　3　　イ　-5　　ウ　$-\dfrac{5}{2}$　　エ　2.1

(4) 関数 $y=ax^2$ のグラフが点 $(-2, -12)$ を通るとき，a の値を求めなさい。

(5) 右の図において，$l \parallel m$ のとき，$\angle x$ の大きさを求めなさい。

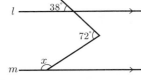

(6) $a=2+\sqrt{5}$ のとき，a^2-4a+4 の値を求めなさい。ただし，答えを求める過程を書くこと。

(7) 1, 2, 3, 4 の数が1枚ずつ書かれた4枚のカードを袋の中に入れる。この袋の中をよく混ぜてからカードを1枚引いて，これを戻さずにもう1枚引き，引いた順に左からカードを並べて2けたの整数をつくる。このとき，2けたの整数が32以上になる確率を求めなさい。

(8) 右の図は，立方体の展開図である。この展開図を組み立てて立方体をつくるとき，面イの一辺である辺ABと垂直になる面を，面ア〜カからすべて選び，記号で答えなさい。

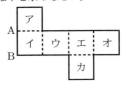

(9) 次の図は，ある部活動の生徒15人が行った「20mシャトルラン」の回数のデータを，箱ひげ図にまとめたものである。後のア〜オのうち，図から読み取れることとし

て必ず正しいといえるものをすべて選び，記号で答えなさい。

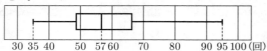

ア　35回だった生徒は1人である。
イ　15人の最高記録は95回である。
ウ　15人の回数の平均は57回である。
エ　60回以下だった生徒は少なくとも9人いる。
オ　60回以上だった生徒は4人以上いる。

2 新傾向　y が x の関数である4つの式 $y = ax$，$y = \dfrac{a}{x}$，$y = ax + b$，$y = ax^2$ について，a と b が0でない定数のとき，下の**例**のように，ある特徴に当てはまるか当てはまらないかを考え，グループ分けする。次の(1)，(2)の問いに答えなさい。　(8点)

例

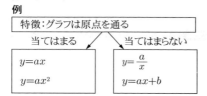

(1) 基本　図Iのように，特徴を「変化の割合は一定である」とするとき，次の①，②の式は，どちらにグループ分けできるか。当てはまるグループの場合は〇を，当てはまらないグループの場合は×を書きなさい。
　　①　$y = ax + b$　　②　$y = ax^2$

図I

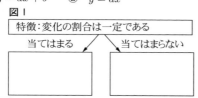

(2) 思考力　次のア～エのうち，図IIの特徴であるAとして適切なものをすべて選び，記号で答えなさい。
ア　グラフは y 軸について対称である
イ　グラフは y 軸と交点をもつ
ウ　$x = 1$ のとき，$y = a$ である
エ　$a > 0$ で $x > 0$ のとき，x が増加すると y も増加する

図II

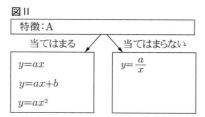

3 新傾向　ある整数 a，b と5が，次のように a を1番目として左から規則的に並んでいる。このとき，後の(1)，(2)の問いに答えなさい。　(8点)

a, 5, b, a, 5, b, a, 5, b, a, …

(1) 基本　20番目の整数は，a，b，5のうちのどれか，答えなさい。
(2) 1番目から7番目までの整数の和が18，1番目から50番目までの整数の和が121であるとき，a と b の値をそれぞれ求めなさい。
　　ただし，答えを求める過程を書くこと。

4 よく出る　南さんは，平行四辺形の学習を振り返り，次のように図形の性質に関わる〔ことがら〕をまとめた。後の(1)，(2)の問いに答えなさい。　(9点)

〔ことがら〕
四角形 ABCD が平行四辺形ならば，
四角形 ABCD の対角線 BD によってつくられる2つの三角形は合同である。

(1) 南さんがまとめた〔ことがら〕が成り立つことを示したい。図Iにおいて，四角形 ABCD が平行四辺形のとき，三角形 ABD と三角形 CDB が合同になることを証明しなさい。

図I

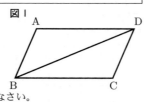

(2) 南さんは自分がまとめた〔ことがらの逆〕は成り立たないことに気がついた。

〔ことがらの逆〕
四角形 ABCD の対角線 BD によってつくられる2つの三角形が合同ならば，
四角形 ABCD は平行四辺形である。

図IIにおいて，〔ことがらの逆〕の反例となる四角形 ABCD を完成させるよう，線分 BC と線分 CD を，コンパスと定規を用いて作図しなさい。
　　ただし，作図に用いた線は消さないこと。

図II

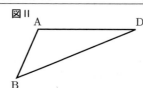

5 図Iのように，地点Pに止まっていた電車が，東西にまっすぐな線路を走り始めた。電車が出発してから x 秒後までに地点Pから東に進んだ距離を y m とすると，20秒後までは，$y = \dfrac{1}{4}x^2$ の関係がある。このとき，次の(1)，(2)の問いに答えなさい。
ただし，電車の位置は，その先端を基準に考えるものとする。　(17点)

(1) 基本　電車は出発してから6秒後までに東の方向へ何m進んだか，求めなさい。
(2) 図IIのように，和也さんは線路と平行に走る道を東に向かって毎秒 $\dfrac{10}{3}$ m の速さで走っている。電車が地点Pを出発したときに，和也さんが地点Pより西にある地点Qを通過し，その10秒後に電車と和也さんが同じ地点を走っていた。

図Ⅲが，電車が出発してから x 秒後までに地点Pから東に進んだ距離を y m として，電車と和也さんが地点Pより東を走るときの x と y の関係を表したグラフであるとき，次の①〜③の問いに答えなさい。

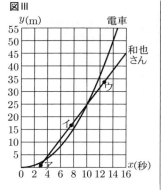

① 図Ⅲのグラフ上にある点ア〜ウのうち，和也さんが電車より前を走っていることを表す点を1つ選び，記号で答えなさい。
② 地点Qから地点Pまでの距離を求めなさい。
③ 和也さんが地点Pを走っていたときの，和也さんと電車との距離を求めなさい。

6 右の図のように，線分 AB を直径とする円 O と，線分 OA 上の点 C を中心として，線分 CO を半径とする円 C とが交わるとき，その交点を D，D' とする。また，半直線 DO，DC と円 O との交点をそれぞれ E，F とする。次の(1)，(2)の問いに答えなさい。
(18点)

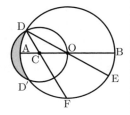

(1) 基本 $\angle AOD = \dfrac{1}{2}\angle EOF$ となることを次のように説明した。 ア ， ウ には適する語を， イ には適する記号をそれぞれ入れなさい。
ただし，$\overset{\frown}{EF}$ は，円周上の2点E，Fをそれぞれ両端とする弧のうち長くない方を表すものとする。

説 明
円 C の半径より，CO = CD だから，△COD は ア 三角形になるので，
$\angle EDF = \angle$ イ ……①
また，$\angle EDF$ は $\overset{\frown}{EF}$ の円周角であり，円周角は ウ 角の $\dfrac{1}{2}$ 倍になるので，
$\angle EDF = \dfrac{1}{2}\angle EOF$ ……②
したがって，①，②より，
$\angle AOD = \dfrac{1}{2}\angle EOF$ になる。

(2) AB = 12 cm，$\angle BOF = 90°$ のとき，次の①〜③の問いに答えなさい。
① $\angle EDF$ の大きさを求めなさい。
② CO の長さを求めなさい。
③ 図において色をつけて示した，円 C のうち円 O と重なっていない部分の面積を求めなさい。
ただし，円周率は π とする。

埼玉県

時間 50分　満点 100点　解答 P14　2月22日実施

* 注意 (1) 答えに根号を含む場合は，根号をつけたままで答えなさい。
(2) 答えに円周率を含む場合は，π を用いて答えなさい。

出題傾向と対策

● 大問は4題で，**1** 基本的な小問集合 16 題，**2** 作図と小問，**3** 新傾向の長文問題，**4** 図形問題という出題が続いている。作図や図形についての証明が必ず出題されるほか，**3** のような新傾向の問題が出題されるのが特徴的である。途中の記述も要求する設問も複数あり，記述量はやや多い。

● **1** を確実に仕上げてから，**2** 〜 **4** の解きやすい設問に進む。合同や相似に関する証明や関数とグラフについての問題を十分に練習しておこう。また，**3** のような新傾向の問題についても，過去の出題を参考にして準備しておこう。2017 年から，学校選択問題を解かせる学校もある。

学力検査問題

1 よく出る 基本　次の各問に答えなさい。
(1) $7x - 3x$ を計算しなさい。(4点)
(2) $4 \times (-7) + 20$ を計算しなさい。(4点)
(3) $30xy^2 \div 5x \div 3y$ を計算しなさい。(4点)
(4) 方程式 $1.3x + 0.6 = 0.5x + 3$ を解きなさい。(4点)
(5) $\dfrac{8}{\sqrt{2}} - 3\sqrt{2}$ を計算しなさい。(4点)
(6) $x^2 - 11x + 30$ を因数分解しなさい。(4点)
(7) 連立方程式 $\begin{cases} 3x + 5y = 2 \\ -2x + 9y = 11 \end{cases}$ を解きなさい。(4点)
(8) 2次方程式 $3x^2 - 5x - 1 = 0$ を解きなさい。(4点)
(9) 次のア〜エの調査は，全数調査と標本調査のどちらでおこなわれますか。標本調査でおこなわれるものを二つ選び，その記号を書きなさい。(4点)
　ア　ある河川の水質調査
　イ　ある学校でおこなう健康診断
　ウ　テレビ番組の視聴率調査
　エ　日本の人口を調べる国勢調査
(10) 右の図において，曲線は関数 $y = \dfrac{6}{x}$ のグラフで，曲線上の2点 A，B の x 座標はそれぞれ $-6，2$ です。
　2点 A，B を通る直線の式を求めなさい。(4点)

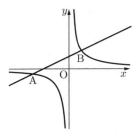

(11) 関数 $y = 2x^2$ について，x の変域が $a \leqq x \leqq 1$ のとき，y の変域は $0 \leqq y \leqq 18$ となりました。このとき，a の値を求めなさい。(4点)
(12) 右の図のような，AD = 5 cm，BC = 8 cm，AD // BC である台形 ABCD があります。辺 AB の中点を E とし，E から辺

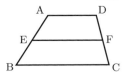

BC に平行な直線をひき，辺 CD との交点を F とするとき，線分 EF の長さを求めなさい。(4点)

(13) 100 円硬貨 1 枚と，50 円硬貨 2 枚を同時に投げるとき，表が出た硬貨の合計金額が 100 円以上になる確率を求めなさい。
ただし，硬貨の表と裏の出かたは，同様に確からしいものとします。(4点)

(14) 半径 7 cm の球を，中心から 4 cm の距離にある平面で切ったとき，切り口の円の面積を求めなさい。(4点)

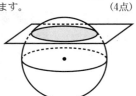

(15) [新傾向] 次のア〜エは，関数 $y = ax^2$ のグラフと，一次関数 $y = bx + c$ のグラフをコンピュータソフトを用いて表示したものです。ア〜エのうち，a, b, c がすべて同符号であるものを一つ選び，その記号を書きなさい。(4点)

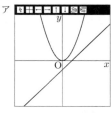
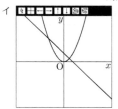
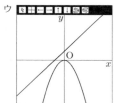
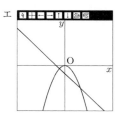

(16) [思考力] 次は，ある数学の【問題】について，A さんと B さんが会話している場面です。これを読んで，あとの問に答えなさい。

【問題】
右の図は，18 人の生徒の通学時間をヒストグラムに表したものです。このヒストグラムでは，通学時間が 10 分以上 20 分未満の生徒の人数は 2 人であることを表しています。
ア〜ウの箱ひげ図の中から，このヒストグラムに対応するものを一つ選びなさい。

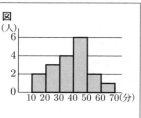
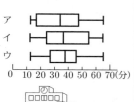

A さん「ヒストグラムから読みとることができる第 1 四分位数は，20 分以上 30 分未満の階級に含まれているけれど，アの第 1 四分位数は 10 分以上 20 分未満で，異なっているから，アは対応していないね。」

B さん「同じように，

| I |

から，イも対応していないよ。」

A さん「ということは，ヒストグラムに対応しているものはウだね。」

問　会話中の | I | にあてはまる，イが対応していない理由を，ヒストグラムの階級にふれながら説明しなさい。(5点)

2 [よく出る] [基本] 次の各問に答えなさい。

(1) 右の図の点 A は，北の夜空にみえる，ある星の位置を表しています。4 時間後に観察すると，その星は点 B の位置にありました。北の夜空の星は北極星を回転の中心として 1 時間に 15°だけ反時計回りに回転移動するものとしたときの北極星の位置を点 P とします。このとき，点 P をコンパスと定規を使って作図しなさい。
ただし，作図するためにかいた線は，消さないでおきなさい。(5点)

(2) 2 桁の自然数 X と，X の十の位の数と一の位の数を入れかえてできる数 Y について，X と Y の和は 11 の倍数になります。その理由を，文字式を使って説明しなさい。(6点)

3 [新傾向] 次は，先生と A さん，B さんの会話です。これを読んで，あとの各問に答えなさい。

先生「次の表は，2 以上の自然数 n について，その逆数 $\frac{1}{n}$ の値を小数で表したものです。これをみて，気づいたことを話し合ってみましょう。」

n	$\frac{1}{n}$ の値
2	0.5
3	0.33333333333333…
4	0.25
5	0.2
6	0.16666666666666…
7	0.14285714285714…
8	0.125
9	0.11111111111111…
10	0.1

A さん「n の値によって，割り切れずに限りなく続く無限小数になるときと，割り切れて終わりのある有限小数になるときがあるね。」

B さん「なにか法則はあるのかな。」

A さん「この表では，n が偶数のときは，有限小数になることが多いね。」

B さん「だけど，この表の中の偶数でも，$n =$ | ア | のときは無限小数になっているよ。」

Aさん「それでは、n が奇数のときは、無限小数になるのかな。」
Bさん「n が 5 のときは、有限小数になっているね。n が **2 桁の奇数** のときは、$\dfrac{1}{n}$ は無限小数になるんじゃないかな。」
Aさん「それにも、$n = \boxed{イ}$ という反例があるよ。」
Bさん「有限小数になるのは、2, 4, 5, 8, 10, 16, 20, $\boxed{イ}$, 32, …」
Aさん「それぞれ素因数分解してみると、なにか法則がみつかりそうだね。」
先　生「いいところに気づきましたね。他にも、有理数を小数で表すと、有限小数か循環小数になることを学習しましたね。」
Bさん「循環小数とは、同じ数字が繰り返しあらわれる無限小数のことですね。」
Aさん「その性質を利用すれば、循環小数の小数第 50 位の数なども求めることができますね。」

(1) **基本** $\boxed{ア}$, $\boxed{イ}$ にあてはまる数を求めなさい。(4点)

(2) $\dfrac{1}{7}$ の値を小数で表したときの小数第 50 位の数を求めなさい。(4点)

4 右の図のような、1 辺の長さが 4 cm の正方形を底面とし、高さが 6 cm の直方体 ABCD － EFGH があり、辺 AE 上に AI ＝ 4 cm となる点 I をとります。

点 P が頂点 B を出発して毎秒 1 cm の速さで辺 BF 上を頂点 F まで動くとき、次の各問に答えなさい。

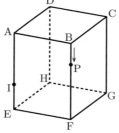

(1) **基本** IP ＋ PG の長さが最も短くなるのは、点 P が頂点 B を出発してから何秒後か求めなさい。(4点)

(2) 頂点 B を出発した後の点 P について、△APC は二等辺三角形になることを証明しなさい。(6点)

(3) 頂点 B を出発してから 4 秒後の点 P について、3 点 I, P, C を通る平面で直方体を切ったときにできる 2 つの立体のうち、体積が大きい方の立体の**表面積**を求めなさい。(6点)

学校選択問題

1 **よく出る** **基本** 次の各問に答えなさい。

(1) $10xy^2 \times \left(-\dfrac{2}{3}xy\right)^2 \div (-5y^2)$ を計算しなさい。(4点)

(2) $x = 3 + \sqrt{7}$, $y = 3 - \sqrt{7}$ のとき、$x^3y - xy^3$ の値を求めなさい。(4点)

(3) 2 次方程式 $(5x-2)^2 - 2(5x-2) - 3 = 0$ を解きなさい。(4点)

(4) 次のア～エの調査は、全数調査と標本調査のどちらでおこなわれますか。標本調査でおこなわれるものを**二つ**選び、その記号を書きなさい。(4点)
　ア　ある河川の水質調査
　イ　ある学校でおこなう健康診断
　ウ　テレビ番組の視聴率調査
　エ　日本の人口を調べる国勢調査

(5) 100 円硬貨 1 枚と、50 円硬貨 2 枚を同時に投げるとき、表が出た硬貨の合計金額が 100 円以上になる確率を求めなさい。
　　ただし、硬貨の表と裏の出かたは、同様に確からしいものとします。(4点)

(6) 半径 7 cm の球を、中心から 4 cm の距離にある平面で切ったとき、切り口の円の面積を求めなさい。(4点)

(7) 右の図はある立体の展開図で、これを組み立ててつくった立体は、3 つの合同な台形と 2 つの相似な正三角形が面になります。

この立体を V とするとき、立体 V の頂点と辺の数をそれぞれ求めなさい。また、立体 V の辺のうち、辺 AB とねじれの位置になる辺の数を求めなさい。(4点)

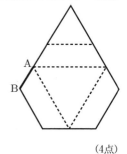

(8) ある 3 桁の自然数 X があり、各位の数の和は 15 です。また、X の百の位の数と一の位の数を入れかえてつくった数を Y とすると、X から Y を引いた値は 396 でした。十の位の数が 7 のとき、X を求めなさい。(5点)

(9) 関数 $y = 2x^2$ について、x の変域が $a \leqq x \leqq a + 4$ のとき、y の変域は $0 \leqq y \leqq 18$ となりました。このとき、a の値を**すべて**求めなさい。(5点)

(10) 右の図は、18 人の生徒の通学時間をヒストグラムに表したものです。このヒストグラムでは、通学時間が 10 分以上 20 分未満の生徒の人数は 2 人であることを表しています。

右の箱ひげ図は、このヒストグラムに**対応するものではない**と判断できます。その理由を、ヒストグラムの階級にふれながら説明しなさい。(6点)

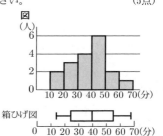

2 **よく出る** 次の各問に答えなさい。

(1) 右の図の点 A は、北の夜空にみえる、ある星の位置を表しています。2 時間後に観察すると、その星は点 B の位置にありました。北の夜空の星は北極星を回転の中心として 1 時間に 15°だけ反時計回りに回転移動するものとしたときの北極星の位置を点 P とします。このとき、点 P をコンパスと定規を使って作図しなさい。

ただし、作図するためにかいた線は、消さないでおきなさい。(6点)

(2) 右の図のように、平行四辺形 ABCD の辺 AB, BC, CD, DA 上に 4 点 E, F, G, H をそれぞれとり、線分 EG と BH, DF との交点をそれぞれ I, J とします。

AE ＝ BF ＝ CG ＝ DH のとき、△BEI ≡ △DGJ であることを証明しなさい。(7点)

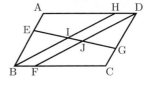

3 新傾向 次は，先生とAさん，Bさんの会話です。これを読んであとの各問に答えなさい。

先生「次の表は，2以上の自然数 n について，その逆数 $\dfrac{1}{n}$ の値を小数で表したものです。これをみて，気づいたことを話し合ってみましょう。」

n	$\dfrac{1}{n}$ の値
2	0.5
3	0.33333333333333…
4	0.25
5	0.2
6	0.16666666666666…
7	0.14285714285714…
8	0.125
9	0.111111111111111…
10	0.1

Aさん「n の値によって，割り切れずに限りなく続く無限小数になるときと，割り切れて終わりのある有限小数になるときがあるね。」
Bさん「なにか法則はあるのかな。」
Aさん「この表では，n が偶数のときは，有限小数になることが多いね。」
Bさん「だけど，この表の中の偶数でも，$n=$ ア のときは無限小数になっているよ。」
Aさん「それでは，n が奇数のときは，無限小数になるのかな。」
Bさん「n が5のときは，有限小数になっているね。n が2桁の奇数のときは，$\dfrac{1}{n}$ は無限小数になるんじゃないかな。」
Aさん「それにも，$n=$ イ という反例があるよ。」
Bさん「有限小数になるのは，2, 4, 5, 8, 10, 16, 20, イ , 32, …」
Aさん「それぞれ素因数分解してみると，なにか法則がみつかりそうだね。」
先生「いいところに気づきましたね。他にも，有理数を小数で表すと，有限小数か循環小数になることを学習しましたね。」
Bさん「循環小数とは，同じ数字が繰り返しあらわれる無限小数のことですね。」
Aさん「その性質を利用すれば，循環小数の小数第30位の数なども求めることができますね。」

(1) 基本 ア ， イ にあてはまる数を求めなさい。 (4点)
(2) $\dfrac{1}{7}$ の値を小数で表したときの小数第30位の数を求めなさい。また，小数第1位から小数第30位までの各位の数の和を求めなさい。 (5点)

4 右の図は，コンピュータソフトを使って，座標平面上に関数 $y=ax^2$ のグラフと，一次関数 $y=bx+c$ のグラフを表示したものです。a, b, c の数値を変化させたときの様子について，下の各問に答えなさい。

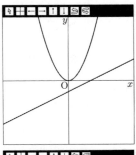

(1) 思考力 グラフが右の図1のようになるとき，a, b, c の大小関係を，不等号を使って表しなさい。 (5点)

(2) 右下の図2は，a, b, c がすべて正のときの，関数 $y=ax^2$ と $y=-ax^2$ のグラフと，一次関数 $y=bx+c$ と $y=-bx-c$ のグラフを表示したものです。
図2のように，$y=ax^2$ と $y=bx+c$ とのグラフの交点をP，Qとし，$y=-ax^2$ と $y=-bx-c$ とのグラフの交点をS，Rとすると，四角形PQRSは台形になります。このとき，次の①，②に答えなさい。

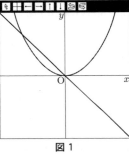
図1

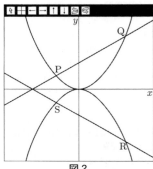
図2

① a, b の値を変えないまま，c の値を大きくすると，台形PQRSの面積はどのように変化するか，次のア～ウの中から一つ選び，その記号を書きなさい。また，その理由を説明しなさい。 (6点)
　ア　大きくなる
　イ　一定である
　ウ　小さくなる

② 点P，Qの x 座標がそれぞれ -1, 2で，直線QSの傾きが1のとき，a, b, c の値を求めなさい。また，そのときの台形PQRSを x 軸を軸として1回転させてできる立体の体積を求めなさい。
　ただし，座標軸の単位の長さを1cmとします。 (6点)

5 右の図のような，1辺の長さが4cmの正方形を底面とし，高さが6cmの直方体ABCD－EFGHがあり，辺AE上に，AI＝4cmとなる点Iをとります。
　点Pは頂点Bを出発して毎秒1cmの速さで辺BF上を頂点Fまで，点Qは頂点Dを出発して毎秒1cmの速さで辺DH上を頂点Hまで動きます。

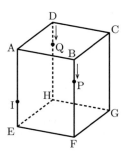

点P，Qがそれぞれ頂点B，Dを同時に出発するとき，次の各問に答えなさい。
(1) **よく出る** IP＋PG の長さが最も短くなるのは，点Pが頂点Bを出発してから何秒後か求めなさい。(4点)
(2) 点P，Qが頂点B，Dを同時に出発してから2秒後の3点I，P，Qを通る平面で，直方体を切ります。このときにできる2つの立体のうち，頂点Aを含む立体の体積を，途中の説明も書いて求めなさい。(7点)
(3) **難** 右の図のように，底面EFGHに接するように半径2cmの球を直方体の内部に置きます。
点P，Qが頂点B，Dを同時に出発してから x 秒後の△IPQは，球とちょうど1点で接しました。このときの x の値を求めなさい。(6点)

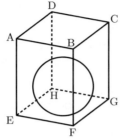

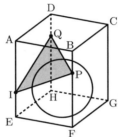

千葉県

時間 50分　満点 100点　解答 P16　2月21日実施

出題傾向と対策

● 昨年と同様大問4題の出題であり，出題数・出題傾向はともに例年とほぼ変わりはない。**1**は小問集合，**2**は1次関数をもとにした座標の問題，**3**は証明を中心とした平面図形，**4**は複数の未知数の一次方程式の応用問題である。
● **1**の小問集合での配点が半分以上ある。先ずは基礎・基本をしっかりとおさえよう。**1**(7)の作図，**3**の証明は例年のように出題されているので，過去問にあたった上で類題を解いて練習を積んでおくとよい。
●【思考力を問う問題】について
学校設定検査のうち，その他の検査として実施された。国語・数学・英語の3教科で構成され，60分，配点は100点満点。ここでは，大問**2**として出題された数学の問題のみを掲載した。

1 **よく出る** **基本** 次の(1)～(7)の問いに答えなさい。
(1) 次の①～③の計算をしなさい。
　① $6 \div (-2) - 4$ (5点)
　② $a + b + \dfrac{1}{4}(a - 8b)$ (5点)
　③ $(x-2)^2 + 3(x-1)$ (5点)
(2) 次の①，②の問いに答えなさい。
　① $5x^2 - 5y^2$ を因数分解しなさい。(3点)
　② $x = \sqrt{3} + 2$，$y = \sqrt{3} - 2$ のとき，$5x^2 - 5y^2$ の値を求めなさい。(3点)
(3) 下の資料は，ある中学校の生徒240人のスポーツテストにおけるシャトルランの結果を表した度数分布表と箱ひげ図である。
このとき，次の①，②の問いに答えなさい。

階級(回)	度数(人)
以上　未満	
30～50	59
50～70	79
70～90	37
90～110	40
110～130	25
計	240

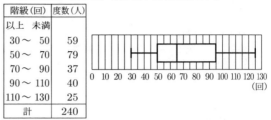

① 90回以上110回未満の階級の相対度数を求めなさい。ただし，小数第3位を四捨五入して，小数第2位まで求めること。(3点)
② 資料から読みとれることとして正しいものを，次のア〜エのうちから1つ選び，符号で答えなさい。(3点)
　ア　範囲は100回である。
　イ　70回以上90回未満の階級の累積度数は102人である。
　ウ　度数が最も少ない階級の階級値は120回である。
　エ　第3四分位数は50回である。
(4) 右の図のように，点A，B，C，D，E，Fを頂点とする1辺の長さが1cmの正八面体がある。
このとき，次の①，②の問いに答えなさい。
① 線分BDの長さを求めなさい。(3点)
② 正八面体の体積を求めなさい。(3点)

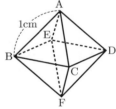

(5) 下の図のように，1, 3, 4, 6, 8, 9の数字が1つずつ書かれた6枚のカードがある。この6枚のカードをよくきって，同時に2枚ひく。
このとき，次の①，②の問いに答えなさい。
ただし，どのカードをひくことも同様に確からしいものとする。

① ひいた2枚のカードに書かれた数が，どちらも3の倍数である場合は何通りあるか求めなさい。(3点)
② ひいた2枚のカードに書かれた数の積が，3の倍数である確率を求めなさい。(3点)
(6) 右の図のように，関数 $y = \dfrac{1}{3}x^2$ のグラフ上に点Aがあり，点Aの x 座標は -3 である。
このとき，次の①，②の問いに答えなさい。
① 点Aの y 座標を求めなさい。(3点)
② 関数 $y = \dfrac{1}{3}x^2$ について，x の変域が $-3 \leqq x \leqq a$ のとき，y の変域が $0 \leqq y \leqq 3$ となるような整数 a の値をすべて求めなさい。(3点)

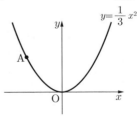

(7) 右の図のように，円Oの円周上に点Aがあり，円Oの外部に点Bがある。点Aを接点とする円Oの接線と，点Bから円Oにひいた2本の接線との交点P，Qを作図によって求めなさい。なお，AP＞AQであるとし，点Pと点Qの位置を示す文字PとQも書きなさい。
ただし，三角定規の角を利用して直線をひくことはしないものとし，作図に用いた線は消さずに残しておくこと。 (6点)

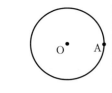

2 よく出る 右の図のように，直線 $y=4x$ 上の点Aと直線 $y=\frac{1}{2}x$ 上の点Cを頂点にもつ正方形ABCDがある。点Aと点Cの x 座標は正で，辺ABが y 軸と平行であるとき，次の(1)，(2)の問いに答えなさい。

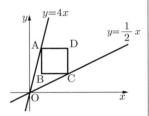

(1) 基本 点Aの y 座標が8であるとき，次の①，②の問いに答えなさい。
① 点Aの x 座標を求めなさい。 (5点)
② 2点A，Cを通る直線の式を求めなさい。 (5点)

(2) 正方形ABCDの対角線ACと対角線BDの交点をEとする。点Eの x 座標が13であるとき，点Dの座標を求めなさい。 (5点)

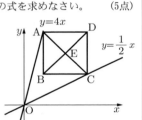

3 よく出る 右の図のように，点Oを中心とする円Oとその外部の点Aがある。直線AOと円Oとの交点のうち，点Aに近い方を点B，もう一方を点Cとする。円Oの円周上に，2点B，Cと異なる点Dを，線分ADと円Oが点D以外の点でも交わるようにとり，その交点を点Eとする。また，点Bと点D，点Bと点E，点Cと点D，点Cと点Eをそれぞれ結ぶ。
このとき，次の(1)～(3)の問いに答えなさい。

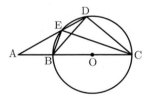

(1) 基本 次の (a)，(b) に入る最も適当なものを，選択肢のア～エのうちからそれぞれ1つずつ選び，符号で答えなさい。また，(c) に入る最も適当な数を書きなさい。 (5点)

(a) と (b) は半円の弧に対する円周角だから，いずれも (c) 度である。

選択肢
ア ∠EBC イ ∠BEC ウ ∠DCB
エ ∠BDC

(2) △ABE∽△ADCとなることを証明しなさい。
ただし，(1)の □ のことがらについては，用いてもかまわないものとする。 (6点)

(3) 思考力 点Eを通る線分ADの垂線と線分ACとの交点を点Fとし，線分EFと線分BDの交点を点Gとする。
EG＝1cm，GF＝2cm，∠A＝30°であるとき，線分ABの長さを求めなさい。 (5点)

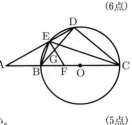

4 新傾向 2人でじゃんけんをして，次のルールにしたがって点数を競うゲームがある。このゲームについて，下の会話文を読み，あとの(1)，(2)の問いに答えなさい。

ルール
・じゃんけんを1回するごとに，勝った人は出した手に応じて加点され，負けた人は出した手に応じて減点される。
・グーで勝つと1点，チョキで勝つと2点，パーで勝つと5点が加点される。
・グーで負けると1点，チョキで負けると2点，パーで負けると5点が減点される。
・あいこの場合は1回と数えない。
・最初の持ち点は，どちらも0点とする。

会話文
生徒X：例えば，AさんとBさんが1回じゃんけんをして，Aさんがチョキ，Bさんがパーを出したとき，それぞれの持ち点は，Aさんが2点，Bさんが－5点になるということでしょうか。
教師T：そうですね。では，AさんとBさんが3回じゃんけんをして，次のような手を出した結果，Aさんの持ち点は何点になるでしょうか。

1回目	2回目	3回目
Aさん Bさん	Aさん Bさん	Aさん Bさん
グー パー	チョキ パー	グー チョキ

生徒X： (a) 点です。
教師T：そのとおりです。それでは，2人がどのような手を出したのかがわからない場合を考えてみましょう。
AさんとBさんが3回じゃんけんをして，Aさんが2回勝ち，Bさんが1回勝った結果，Aさんの持ち点が9点だったとき，Bさんの持ち点を求めてみましょう。
生徒X：まず，Aさんが勝った2回の加点の合計を考えます。例えば，2回ともグーで勝った場合は加点の合計が2点となり，グーとチョキで勝った場合は加点の合計が3点となります。このように考えていくと，勝った2回の加点の合計は全部で (b) 通り考えることができます。
このうち，Aさんが負けた1回の減点を考えた上で，3回じゃんけんをした結果，Aさんの持ち点が9点となりうる場合は1通りのみです。このことから，3回じゃんけんをした結果，Bさんの持ち点が (c) 点となることがわかります。
教師T：そうですね。じゃんけんの回数が少なければ，1つずつ考えることができますね。

では，回数が多くなった場合について考えてみましょう。

下の表は，じゃんけんを1回だけしたときのAさんとBさんの手の出し方と，持ち点をまとめたものです。この表を見て気がつくことはありますか。

表

手の出し方		持ち点		
A	B	A	B	合計
グー	グー	あいこ		
グー	チョキ	1	-2	-1
グー	パー	-1	5	4
チョキ	グー	-2	1	-1
チョキ	チョキ	あいこ		
チョキ	パー	2	-5	-3
パー	グー	5	-1	4
パー	チョキ	-5	2	-3
パー	パー	あいこ		

生徒X：2人の手の出し方は3通りずつありますが，あいこの場合は1回と数えないため，2人の手の出し方の組み合わせは，全部で6通り考えればよいということになります。

また，じゃんけんを1回だけした結果，AさんとBさんの持ち点の合計は，どちらかがグーで勝った場合は -1 点，どちらかがチョキで勝った場合は -3 点，どちらかがパーで勝った場合は4点となっています。

教師T：そうですね。2人の持ち点の合計で考えると，3通りになりますね。

では，AさんとBさんが10回じゃんけんをしたとき，どちらかがグーで勝った回数を a 回，どちらかがチョキで勝った回数を b 回，どちらかがパーで勝った回数を c 回とすると，c は a と b を使ってどのように表すことができるでしょうか。また，10回じゃんけんをした結果の，2人の持ち点の合計をM点としたとき，Mを a と b を使って表すとどのようになりますか。

生徒X：$c = \boxed{(d)}$，M $= \boxed{(e)}$ と表すことができます。

教師T：そのとおりです。2人の持ち点の合計について，この式を用いると，a と b と c の組み合わせがどのようになるのかが考えやすくなりますね。

(1) **基本** 会話文中の(a)～(e)について，次の①，②の問いに答えなさい。
① (a)，(b)，(c)にあてはまる数を，それぞれ書きなさい。(6点)
② (d)，(e)にあてはまる式を，それぞれ書きなさい。ただし，(e)については c を使わずに表すこと。(8点)

(2) 2人の持ち点の合計が0点となるときの a，b，c の組み合わせをすべて求めなさい。
ただし，答えを求める過程がわかるように，式やことばを使って説明しなさい。(4点)

思考力を問う問題

1 国語，**3 4** 英語の問題のため省略

2 **思考力** 次の(1)～(4)の問いに答えなさい。

(1) x，y についての連立方程式Ⓐ，Ⓑがある。連立方程式Ⓐ，Ⓑの解が同じであるとき，a，b の値を求めなさい。(6点)

Ⓐ $\begin{cases} -x - 5y = 7 \\ ax + by = 9 \end{cases}$　Ⓑ $\begin{cases} 2bx + ay = 8 \\ 3x + 2y = 5 \end{cases}$

(2) 右の表は，あるクラスの生徒20人が受けた小テストの得点のデータを，度数分布表に整理したものである。

このデータを箱ひげ図で表したときに，度数分布表と矛盾するものを，次のア～エのうちからすべて選び，符号で答えなさい。(5点)

階級(点)	度数(人)
以上　未満	
0 ～ 10	0
10 ～ 20	1
20 ～ 30	1
30 ～ 40	2
40 ～ 50	5
50 ～ 60	4
60 ～ 70	2
70 ～ 80	4
80 ～ 90	0
90 ～100	1
計	20

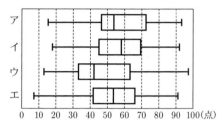

(3) 右の図の △ABC は，AB = 3 cm，BC = 4 cm，∠ABC = 90° の直角三角形である。△DBE は，△ABC を，点Bを中心として，矢印の方向に回転させたものであり，△DBE の辺 DE 上に，△ABC の頂点 A がある。また，辺 CA と辺 BE の交点を F とする。

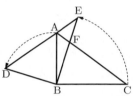

このとき，次の①，②の問いに答えなさい。
① 線分 AE の長さを求めなさい。(6点)
② △ABF の面積を求めなさい。(5点)

(4) 右の図のように，関数 $y = \dfrac{1}{4}x^2$ のグラフと，傾きが $-\dfrac{1}{2}$ の2つの平行な直線 l，m がある。

関数 $y = \dfrac{1}{4}x^2$

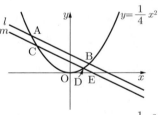

のグラフと直線 l の交点を A，B とし，関数 $y = \dfrac{1}{4}x^2$ のグラフと直線 m の交点を C，D とする。2点 A，B の x 座標は，それぞれ -4，2 であり，点 C の x 座標は，-4 より大きく0より小さい。また，直線 m と x 軸との交点を E とする。

このとき，次の①，②の問いに答えなさい。
ただし，原点 O から点 (1, 0) までの距離及び原点 O から点 (0, 1) までの距離をそれぞれ 1 cm とする。
① △ADB の面積が $\dfrac{3}{7}$ cm² のとき，直線 m の式を求めなさい。(6点)
② 四角形 ACEB が平行四辺形になるとき，直線 m の切片を求めなさい。(5点)

東京都

時間 50分　満点 100点　解答 P18　2月21日実施

* 注意　1. 答えに分数が含まれるときは，それ以上約分できない形で表しなさい。
　　　　2. 答えに根号が含まれるときは，根号の中を最も小さい自然数にしなさい。

出題傾向と対策

● 大問は全部で5問。**1** は小問集合，**2** は文字式を用いた証明問題，**3** は1次関数，**4** は平面図形，**5** は空間図形の問題であった。問題構成，分量，難易度は例年通りであった。

● 教科書の内容を理解することを通して，基礎・基本を身につけることが，最も大切である。出題傾向は近年変更がないので，過去問を繰り返し解くという練習も大切である。

1 基本　次の各問に答えよ。

〔問1〕 $-8 + 6^2 \div 9$ を計算せよ。　　(5点)

〔問2〕 $\dfrac{7a+b}{5} - \dfrac{4a-b}{3}$ を計算せよ。　(5点)

〔問3〕 $(\sqrt{6}-1)(2\sqrt{6}+9)$ を計算せよ。　(5点)

〔問4〕 一次方程式 $4(x+8) = 7x+5$ を解け。　(5点)

〔問5〕 連立方程式 $\begin{cases} 2x+3y=1 \\ 8x+9y=7 \end{cases}$ を解け。　(5点)

〔問6〕 二次方程式 $2x^2 - 3x - 6 = 0$ を解け。　(5点)

〔問7〕 次の □ の中の「あ」「い」に当てはまる数字をそれぞれ答えよ。

袋の中に，赤玉が1個，白玉が1個，青玉が4個，合わせて6個の玉が入っている。

この袋の中から同時に2個の玉を取り出すとき，2個とも青玉である確率は，$\dfrac{あ}{い}$ である。

ただし，どの玉が取り出されることも同様に確からしいものとする。　　(5点)

〔問8〕 次の □ の中の「う」「え」に当てはまる数字をそれぞれ答えよ。

右の図1で，点Oは，線分ABを直径とする半円の中心である。

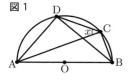

図1

点Cは，$\overset{\frown}{AB}$ 上にある点で，点A，点Bのいずれにも一致しない。

点Dは，$\overset{\frown}{AC}$ 上にある点で，点A，点Cのいずれにも一致しない。

点Aと点C，点Aと点D，点Bと点C，点Bと点D，点Cと点Dをそれぞれ結ぶ。

$\angle BAC = 20°$，$\angle CBD = 30°$ のとき，x で示した $\angle ACD$ の大きさは，うえ 度である。　(5点)

〔問9〕 右の図2で，円Oと直線 l は交わっていない。

円Oの周上にあり，直線 l との距離が最も長くなる点Pを，定規とコンパスを用いて作図によって求め，点Pの位置を示す文字Pも書け。

ただし，作図に用いた線は消さないでおくこと。　(6点)

図2

2 よく出る　Sさんのクラスでは，先生が示した問題をみんなで考えた。

次の各問に答えよ。

[先生が示した問題]

a, b を正の数とし，$a > b$ とする。

図1

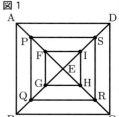

右の図1で，四角形ABCDは，1辺の長さが a cm の正方形である。頂点Aと頂点C，頂点Bと頂点Dをそれぞれ結び，線分ACと線分BDとの交点をEとする。

線分AE上にあり，頂点A，点Eのいずれにも一致しない点をFとする。

線分BE，線分CE，線分DE上にあり，EF=EG=EH=EI となる点をそれぞれG, H, Iとし，点Fと点G，点Fと点I，点Gと点H，点Hと点Iをそれぞれ結ぶ。

線分AF，線分BG，線分CH，線分DI の中点をそれぞれP, Q, R, Sとし，点Pと点Q，点Pと点S，点Qと点R，点Rと点Sをそれぞれ結ぶ。

線分FGの長さを b cm，四角形PQRSの周の長さを l cm とするとき，l を a, b を用いた式で表しなさい。

〔問1〕 [先生が示した問題] で，l の値を a, b を用いて $l = \boxed{}$ cm と表すとき，□ に当てはまる式を，次のア〜エのうちから選び，記号で答えよ。　(5点)

ア $2a+2b$　　イ $\dfrac{a+b}{2}$　　ウ $\dfrac{a-b}{2}$

エ $2a-2b$

Sさんのグループは，[先生が示した問題] をもとにして，次の問題を考えた。

[Sさんのグループが作った問題]

a, b を正の数とし，$a > b$ とする。

図2

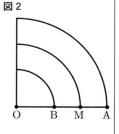

右の図2は，線分OA上にあり，点O，点Aのいずれにも一致しない点をB，線分ABの中点をMとし，線分OA，線分OB，線分OMを，それぞれ点Oを中心に反時計回りに90°回転移動させてできた図形である。

図2において，線分OAの長さを a cm，線分OBの長さを b cm，線分OMを半径とするおうぎ形の弧の長さを l cm，線分OAを半径とするおうぎ形から，線分OBを半径とするおうぎ形を除いた残りの図形の面積を S cm^2 とするとき，$S = (a-b)l$ となることを確かめてみよう。

〔問2〕 [Sさんのグループが作った問題]で, l を a, b を用いた式で表し, $S = (a - b)l$ となることを証明せよ。
ただし，円周率は π とする。 (7点)

3 よく出る 右の図1で，点Oは原点，点Aの座標は $(3, -2)$ であり，直線 l は一次関数 $y = \frac{1}{2}x + 1$ のグラフを表している。
直線 l と x 軸との交点をBとする。
直線 l 上にある点をPとし，2点A，Pを通る直線を m とする。
次の各問に答えよ。

図1
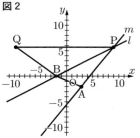

〔問1〕 点Pの y 座標が -1 のとき，点Pの x 座標を，次のア〜エのうちから選び，記号で答えよ。 (5点)
ア -1　イ $-\frac{5}{2}$　ウ -3　エ -4

〔問2〕 次の ① と ② に当てはまる数を，下のア〜エのうちからそれぞれ選び，記号で答えよ。
線分BPが y 軸により二等分されるとき，直線 m の式は，$y = $ ① $x + $ ② である。 (5点)
① ア -6　イ -4　ウ -3　エ $-\frac{5}{2}$
② ア 5　イ $\frac{11}{2}$　ウ 7　エ 10

〔問3〕 右の図2は，図1において，点Pの x 座標が 0 より大きい数であるとき，y 軸を対称の軸として点Pと線対称な点をQとし，点Aと点B，点Bと点Q，点Pと点Qをそれぞれ結んだ場合を表している。

図2
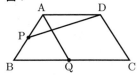

△BPQ の面積が △APB の面積の2倍であるとき，点Pの x 座標を求めよ。 (5点)

4 よく出る 右の図1で，四角形 ABCD は，AD // BC, AB = DC, AD < BC の台形である。
点Pは，辺 AB 上にある点で，頂点A，頂点Bのいずれにも一致しない。
点Qは，辺 BC 上にある点で，頂点B，頂点Cのいずれにも一致しない。
頂点Aと点Q，頂点Dと点Pをそれぞれ結ぶ。
次の各問に答えよ。

図1
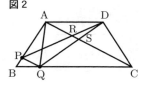

〔問1〕 図1において，AQ // DC, $\angle AQC = 110°$, $\angle APD = a°$ とするとき，$\angle ADP$ の大きさを表す式を，次のア〜エのうちから選び，記号で答えよ。 (5点)
ア $(140 - a)$ 度　イ $(110 - a)$ 度
ウ $(70 - a)$ 度　エ $(40 - a)$ 度

〔問2〕 右の図2は，図1において，頂点Aと頂点C，頂点Dと点Q，点Pと点Qをそれぞれ結び，線分 AC と線分 DP との交点をR，線分 AC と線分 DQ との交点をSとし，AC // PQ の場合を表している。
次の①，②に答えよ。

図2
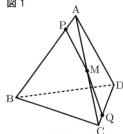

① △ASD ∽ △CSQ であることを証明せよ。 (7点)
② 思考力 次の の中の「お」「か」「き」に当てはまる数字をそれぞれ答えよ。
図2において，AP : PB = 3 : 1, AD : QC = 2 : 3 のとき，△DRS の面積は，台形 ABCD の面積の $\frac{お}{かき}$ 倍である。 (5点)

5 よく出る 右の図1に示した立体 A - BCD は，1辺の長さが 6 cm の正四面体である。
辺 AC の中点をMとする。
点Pは，頂点Aを出発し，辺 AB，辺 BC 上を毎秒 1 cm の速さで動き，12秒後に頂点Cに到着する。
点Qは，点Pが頂点Aを出発するのと同時に頂点Cを出発し，辺 CD，辺 DA 上を，点Pと同じ速さで動き，12秒後に頂点Aに到着する。
点Mと点P，点Mと点Qをそれぞれ結ぶ。
次の各問に答えよ。

図1
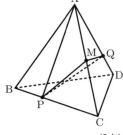

〔問1〕 次の の中の「く」「け」に当てはまる数字をそれぞれ答えよ。
図1において，点Pが辺 AB 上にあるとき，MP + MQ = l cm とする。
l の値が最も小さくなるのは，点Pが頂点Aを出発してから $\frac{く}{け}$ 秒後である。 (5点)

〔問2〕 次の の中の「こ」「さ」に当てはまる数字をそれぞれ答えよ。
右の図2は，図1において，点Pが頂点Aを出発してから8秒後のとき，頂点Aと点P，点Pと点Qをそれぞれ結んだ場合を表している。
立体 Q - APM の体積は，こ $\sqrt{さ}$ cm³ である。 (5点)

東京都立 日比谷高等学校

時間 50分　満点 100点　解答 P20　2月21日実施

* 注意　答えに根号が含まれるときは、根号を付けたまま、分母に根号を含まない形で表しなさい。また、根号の中を最も小さい自然数にしなさい。

出題傾向と対策

● 大問は4題で、**1** 基本的な小問5題、**2** 関数とグラフ、**3** 平面図形、**4** 空間図形という出題が続いている。作図、確率のほか図形の長さや面積などの比の問題が必ず出題される。図形の証明を含め、解答の途中過程の記述が **2**、**3**、**4** に1つずつあり、計算量、記述量ともかなり多い。

● 今後も出題傾向に変化はないと思われるので、過去の出題をもとにして良問を練習しておこう。また、他の進学指導重点校の問題も解いてみよう。2021年、2022年、2023年とも従来より易化した。今後も難化することはないであろう。

1 次の各問に答えよ。

〔問1〕 **よく出る** **基本**

$\left(\dfrac{\sqrt{2}+1}{\sqrt{3}} - \dfrac{\sqrt{24}-\sqrt{3}}{3}\right) \times (\sqrt{2}+1)$ を計算せよ。

(5点)

〔問2〕 **よく出る** **基本** 　二次方程式 $x^2-5x+6=0$ の2つの解の和が、x についての二次方程式 $x^2-2ax+a^2-1=0$ の解の1つになっているとき、a の値を全て求めよ。　(5点)

〔問3〕 **よく出る** **基本** 　一次関数 $y=px+q$ $(p<0)$ における x の変域が $-7 \leqq x \leqq 5$ のときの y の変域と、一次関数 $y=x-3$ における x の変域が $-1 \leqq x \leqq 5$ のときの y の変域が一致するとき、定数 p,q の値を求めよ。　(5点)

〔問4〕 **新傾向** 　1から7までの数字を1つずつ書いた7枚のカード ①, ②, ③, ④, ⑤, ⑥, ⑦ が入った袋がある。

この袋からAさんが1枚のカードを取り出し、その取り出したカードを戻さずに、残りの6枚のカードからBさんが1枚のカードを取り出すとき、2人が取り出した2枚のカードに書いてある数の和から2を引いた数が素数になる確率を求めよ。

ただし、どのカードが取り出されることも同様に確からしいものとする。　(5点)

〔問5〕 **思考力** 　右の図で、点A, 点Oは直線 l 上にある異なる点、直線 m は線分 OA と交わる直線で、点B は直線 m 上にある点である。

点P は、点A で直線 l に、点B で2点B, O を通る直線 n に、それぞれ接する円の中心である。

右に示した図をもとにして、点B と点P をそれぞれ1つ、定規とコンパスを用いて作図によって求め、点B と点P

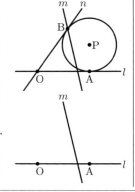

の位置を示す文字B, P も書け。

ただし、作図に用いた線は消さないでおくこと。(5点)

2 **よく出る** 　右の図1で、点Oは原点、曲線 f は関数 $y=x^2$ のグラフ、曲線 g は関数 $y=\dfrac{1}{4}x^2$ のグラフを表している。

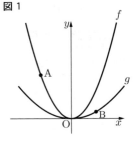

図1

曲線 f 上にあり x 座標が負の数である点を A、曲線 g 上にあり、x 座標が正の数で、y 座標が点Aの y 座標よりも小さい点をBとする。

点Oから点 $(1, 0)$ までの距離、および点Oから点 $(0, 1)$ までの距離をそれぞれ1cm として、次の各問に答えよ。

〔問1〕 　2点A, B を通る直線を引き、x 軸との交点をCとした場合を考える。

点Bの x 座標が $\dfrac{4}{3}$、AB:BC = 21:4 のとき、点Aの座標を求めよ。　(7点)

〔問2〕 　右の図2は、図1において、点Bを通り x 軸に平行な直線 m を引き、直線 m 上にあり x 座標が負の数である点をDとし、2点A, Dを通る直線 n を引いた場合を表している。

図2

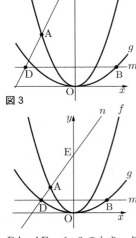

次の(1), (2)に答えよ。

(1) 右の図3は、図2において、点Dが曲線 g 上にあり、直線 n の傾きが正の数のとき、直線 n と y 軸との交点をEとした場合を表している。

図3

2点B, E を通る直線を引いた場合を考える。

直線BEの傾きが -2、DA:AE = 1:3 のとき、点Bの x 座標を求めよ。

ただし、答えだけでなく、答えを求める過程が分かるように、途中の式や計算なども書け。　(10点)

(2) 右の図4は、図2において、直線 n が y 軸に平行なとき、曲線 f と直線 m との交点のうち、x 座標が正の数である点をFとした場合を表している。

図4

$BF = \dfrac{1}{2}$ cm、$AD = 2$ cm のとき、2点A, F を通る直線の式を求めよ。　(8点)

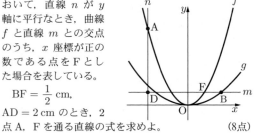

3 右の図で，点Oは線分AB を直径とする円の中心である。

点Cは，円Oの周上にあり，点A，点Bのいずれにも一致しない点，点Dは，点Cを含まない$\overset{\frown}{AB}$上にある点で，点Aと点C，点Aと点Dをそれぞれ結び，$2\angle BAC = \angle BAD$ である。

点Cと点Dを結び，線分ABと線分CDとの交点をEとする。

$\angle BAD$ の二等分線を引き，点Aを含まない$\overset{\frown}{BD}$ との交点をFとし，線分AFと線分CDとの交点をGとする。

次の各問に答えよ。

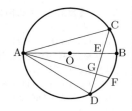

〔問1〕 基本 $\angle ACD = 50°$ のとき，$\angle BAC$ の大きさは何度か。(7点)

〔問2〕 よく出る 次の(1)，(2)に答えよ。
(1) $\triangle ADG \equiv \triangle AEG$ であることを証明せよ。(10点)
(2) $AO = 5$ cm，$AD = 8$ cm のとき，$AG:GF$ を最も簡単な整数の比で表せ。(8点)

4 右の図1に示した立体は，$\angle AOB = 90°$ の $\triangle AOB$ を辺AOを軸として180°回転させてできた立体であり，回転後に，点Bが移動した点をCとする。

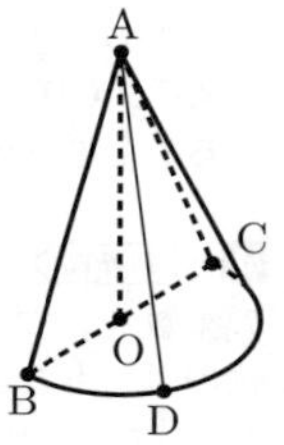

点Dは $\overset{\frown}{BC}$ 上にある点で，点B，点Cのいずれにも一致しない。

頂点Aと点Dを結ぶ。

右の図2に示した立体E − FGHは，FG = FH，平面FGH ⊥ 平面EGH の四面体である。

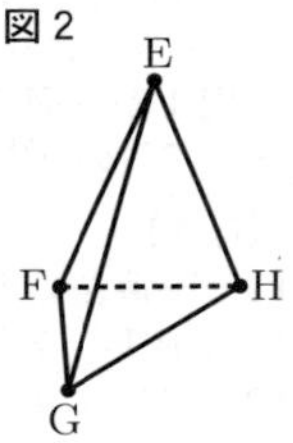

また，図1の $\triangle ABC$ と図2の $\triangle EGH$ において，$\triangle ABC \equiv \triangle EGH$ である。

右の図3に示した立体は，図1の立体の面ABCと図2の立体の面EGHとを，頂点Aに頂点Eが，点Bに頂点Gが，点Cに頂点Hが，それぞれ一致し，頂点Fが直線BCに関して点Dと反対側にあるように重ね合わせた立体であり，4点B，D，C，Fは同一平面上にある。

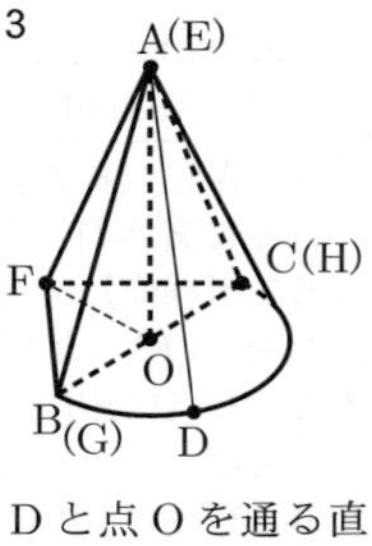

頂点Fと点Oを結ぶ。

次の各問に答えよ。

図1
図2
図3

〔問1〕 基本 図3において，点Dと点Oを通る直線DOが辺BFに平行なとき，直線DOと辺CFとの交点をIとし，頂点Aと点Iを結んだ場合を考える。

$AO = 6$ cm，$BO = 4$ cm，$FO = 3$ cm のとき，$\triangle ADI$ の面積は何 cm^2 か。(7点)

〔問2〕 よく出る 図3において，点Dと頂点Fを結び，線分DF上に点Oがあるとき，線分AD上の点をJとし，頂点Fと点Jを結んだ場合を考える。

$AO = 6$ cm，$BC = 9$ cm，$FO = \dfrac{5}{2}$ cm，$DJ = 1$ cm のとき，線分FJの長さは何 cm か。

ただし，答えだけでなく，答えを求める過程が分かるように，途中の式や計算なども書け。(10点)

〔問3〕 図3において，点Bと点D，点Cと点Dをそれぞれ結んだ場合を考える。

$\triangle BCF$ が一辺の長さ 6 cm の正三角形，$AF:FO = 3:1$，$\overset{\frown}{BD}:\overset{\frown}{DC} = 2:1$ のとき，五面体 A − BDCF の体積は何 cm^3 か。(8点)

東京都立　西高等学校

時間 50分　満点 100点　解答 P22　2月21日実施

＊ 注意　答えに根号が含まれるときは，根号を付けたまま，分母に根号を含まない形で表しなさい。また，根号の中を最も小さい自然数にしなさい。

出題傾向と対策

● 大問は4題で，1 基本的な小問5題，2 関数とグラフ，3 図形と証明，4 新傾向の問題という出題が続いている。1 は無理数の計算，2次方程式，確率，データの分析，作図が出題される。3 に図形の証明が出題されるほか，2，4 にも途中過程を記述させる設問があり，記述量は多い。

● 1 を確実に仕上げて 2，3 に進む。4 の新傾向問題がこの高校の出題の特徴で，過去の出題も参考にして練習しておこう。また，時間配分にも注意しよう。さらに，他の進学指導重点校の問題にも挑戦してみよう。

1 よく出る 基本 次の各問に答えよ。

〔問1〕 $\sqrt{\dfrac{25}{8}} - (3 - \sqrt{5}) \div \dfrac{(\sqrt{5} - 1)^2}{\sqrt{2}}$ を計算せよ。(5点)

〔問2〕 2次方程式 $\dfrac{1}{2}(2x - 3)^2 + \dfrac{1}{3}(3 - 2x) = \dfrac{1}{6}$ を解け。(5点)

〔問3〕 1から6までの目の出る大小1つずつのさいころを同時に1回投げる。

大きいさいころの出た目の数を a，小さいさいころの出た目の数を b とするとき，$a\sqrt{b} < 4$ となる確率を求めよ。

ただし，大小2つのさいころはともに，1から6までのどの目が出ることも同様に確からしいものとする。(5点)

〔問4〕 右の表は，ある中学校の生徒40人

得点(点)	0	5	10	15	20	計
人数(人)	2	x	3	y	11	40

が行ったゲームの得点をまとめたものである。得点の中央値が12.5点であるとき，x，y の値を求めよ。(5点)

〔問5〕 思考力 右の図のように，円Pと円Qは互いに交点をもたず，円Pの周上に点Aがある。

点Aにおいて円Pに接し，かつ円Qにも接するような円の中心のうち，円Pおよび円Qの外部にある円の中心Oを，定規とコンパスを用いて作図によって求め，中心Oの位置を示す文字Oも書け。

ただし，作図に用いた線は

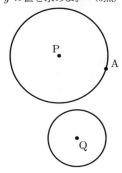

消さないでおくこと。 (5点)

2 よく出る 右の図1で、点Oは原点、点Aの座標は(0, 3)であり、直線 l は一次関数 $y = x + 3$ のグラフ、曲線 f は関数 $y = 2x^2$ のグラフを表している。

曲線 f 上の点Pは、点Oを出発し、x 軸の負の方向に動き、直線 l 上の点Qは、点Aを出発し、x 軸の正の方向に動くものとする。

点Pと点Qは同時に出発し、出発してから t 秒後の x 座標は、それぞれ $-\dfrac{t}{2}$, t である。

点Oから点 $(1, 0)$ までの距離、および点Oから点 $(0, 1)$ までの距離をそれぞれ 1 cm として、次の各問に答えよ。

〔問1〕 基本 点Pが点Oを出発してから1秒後の2点P, Qの間の距離は何 cm か。 (7点)

〔問2〕 右の図2は、図1において、点Aと点P、点Pと点Qをそれぞれ結び、線分PQが x 軸に平行な場合を表している。

△APQ の面積は何 cm² か。

ただし、答えだけでなく、答えを求める過程が分かるように、途中の式や計算なども書け。 (10点)

〔問3〕 右の図3は、図1において、曲線 f と直線 l との2つの交点のうち、x 座標が負の数である点をBとし、点Pが点Oを出発してから3秒後、点Pと点Q、点Pと点Bをそれぞれ線分で結んだ場合を表している。

このとき、△PBQ を直線 l の周りに1回転してできる立体の体積は何 cm³ か。 (8点)

3 よく出る 右の図1で、四角形 ABCD は、円Oの周上にすべての頂点がある四角形である。

頂点Aと頂点C、頂点Bと頂点Dをそれぞれ結び、線分AC と線分BD との交点をEとする。

次の各問に答えよ。

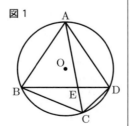

〔問1〕 基本 右の図2は、図1において、辺CDが円Oの直径に一致し、点Eが線分ACの中点となる場合を表している。

CD = 10 cm, AD = 8 cm のとき、線分DEの長さは何 cm か。 (7点)

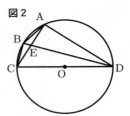

〔問2〕 右の図3は、図1において、∠BAC = ∠CAD の場合を表している。

AB = 6 cm, AD = 8 cm, ∠BAC = 30° のとき、△BCD の面積は何 cm² か。 (8点)

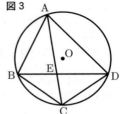

〔問3〕 右の図4は、図1において、点Oが四角形 ABCD の内部にあり、AC ⊥ BD となるとき、点Oから辺BC に垂線を引き、辺BCとの交点をHとした場合を表している。

このとき、
AE × CH = OH × BE であることを証明せよ。 (10点)

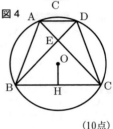

4 新傾向 n を1より大きい整数とし、1から n までの整数を1つずつ書いた n 枚のカードがある。これら n 枚のカードをよく混ぜて、左から順に横一列に並べてできる n 桁の数をAとする。

このAについて、以下の【操作】を行う。

図1から図3は、$n = 4$ でAが3421の場合について、それぞれの【操作】1から3を表している。

【操作】
1 一番左のカードに書かれた数を確認し、その数を m とする。
2 左から m 枚のカードを順番に取り出す。
3 取り出したカードの順番を逆にして左から順に戻す。

今、Aに【操作】を繰り返し行い、一番左に書かれた数が1になったところで【操作】を終了する。また【操作】が終わるまでの回数を $N(A)$ とする。ただし、Aの一番左の数が1であるときは【操作】を行わず、$N(A) = 0$ とする。

例えば、$n = 4$ として、Aが3421の場合、【操作】を繰り返し行うと 3421 → 2431 → 4231 → 1324 となり、$N(3421) = 3$ である。

次の各問に答えよ。

〔問1〕 $N(31452)$ の値を求めよ。 (7点)

〔問2〕 $n = 4$ とする。a, b, c, d は互いに異なる整数で 1, 2, 3, 4 のいずれかとする。

以下の等式①、②、③が同時に成り立つとき、a, b, c, d の値を求めよ。

ただし、答えだけでなく、答えを求める過程が分かるように、途中の式や考え方なども書け。 (10点)

① $N(abcd) + N(bcda) = N(abcd)$
② $N(abcd) \times N(cadb) = N(abcd)$

③ $N(abcd) = 4$

〔問3〕 **難** $n = 5$ で $N(A) \geqq 1$ とする。

Aに行った【操作】が終了したときの数を調べたところ、12345や14235などは存在した。しかしどんなAで【操作】を行っても、【操作】が終了したときの数で、例えば、13254は存在しなかった。全てのAについて【操作】が終了したときに存在しなかった数を調べたところ、13254も含めて全部で9個の数があることが分かった。

これら9個の数の中で3番目に大きい数を求めよ。
(8点)

東京都立 立川高等学校

時間 50分　満点 100点　解答 P23　2月21日実施

* 注意　1　答えに根号が含まれるときは、根号を付けたまま、分母に根号を含まない形で表しなさい。また、根号の中は最も小さい自然数にしなさい。
　　　　2　円周率は π を用いなさい。

出題傾向と対策

● **1** 小問集合、**2** 関数とグラフ、**3** 平面図形、**4** 空間図形という出題分野は、他の進学指導重点校と同じである。作図が出題されるほか、**2**、**4** で1つずつ解答の途中過程まで要求される設問があり、記述量はかなり多い。また、**3**、**4** にはかなり難しい設問がある。
● **1** を確実に仕上げてから、**2**〜**4** に進む。すぐには気づきにくい難問もあるので、解きやすい設問を優先して解くとよい。時間配分にも注意を要する。図形問題を中心に、他の進学指導重点校の問題も練習しておこう。

1 **よく出る** **基本** 次の各問に答えよ。

〔問1〕 $\dfrac{(\sqrt{11} - \sqrt{3})(\sqrt{6} + \sqrt{22})}{2\sqrt{2}} + \dfrac{(\sqrt{6} - 3\sqrt{2})^2}{3}$
の値を求めよ。(5点)

〔問2〕 連立方程式 $\begin{cases} 14x + 3y = 17.5 \\ 3x + 2y = \dfrac{69}{7} \end{cases}$ を解け。(5点)

〔問3〕 x についての2次方程式
$(x - 2)^2 = 7(x - 2) + 30$ を解け。(5点)

〔問4〕 1、3、5、7、8の数字を1つずつ書いた5枚のカード ①、③、⑤、⑦、⑧ が袋の中に入っている。

この袋の中からカードを1枚取り出してそのカードに書いてある数字を十の位の数とし、この袋の中に残った4枚のカードから1枚取り出してそのカードに書いてある数字を一の位の数として、2桁の整数をつくるとき、つくった2桁の整数が3の倍数になる確率を求めよ。

ただし、どのカードが取り出されることも同様に確からしいものとする。(5点)

〔問5〕 右の図は、円と円周上にある点Aを表している。

右の図をもとにして、点Aにおける円の接線を、定規とコンパスを用いて作図せよ。

ただし、作図に用いた線は消さないでおくこと。(5点)

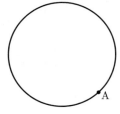

2 右の図1で、点Oは原点、曲線 l は $y = ax^2$ $(a > 0)$、曲線 m は $y = bx^2$ $(b < 0)$ のグラフを表している。

曲線 l 上にある点をA、曲線 m 上にある点をBとする。

原点から点 (1, 0) までの距離、および原点から点 (0, 1) までの距離をそれぞれ1cmとして、次の各問に答えよ。

図1

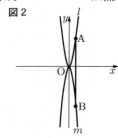

〔問1〕 **よく出る** **基本** 図1において、$a = 2$、$b = -\dfrac{3}{2}$、点Aの x 座標を2、点Bの x 座標を -1 としたとき、2点A、Bを通る直線の式を求めよ。(7点)

〔問2〕 図1において、$a = \dfrac{1}{4}$、点Aの x 座標を4、点Bの x 座標を1とし、点Oと点A、点Oと点B、点Aと点Bをそれぞれ結んだ場合を考える。

△OABが二等辺三角形となるとき、b の値を求めよ。ただし、OB = AB の場合は除く。

また、答えだけでなく、答えを求める過程が分かるように、途中の式や計算なども書け。(11点)

〔問3〕 右の図2は、図1において、$a = 2$、$b = -3$ で、点A、点Bの x 座標がともに2のとき、点Aと点Bを結んだ場合を表している。

線分ABを点Oを中心として反時計回りに360°回転移動させたとき、線分ABが通ってできる図形の面積は何 cm^2 か。(7点)

図2

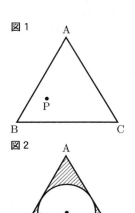

3 右の図1で、△ABC は、1辺の長さが $2a$ cm の正三角形である。

△ABC の内部にあり、△ABC の辺上になく、頂点にも一致しない点をPとする。

次の各問に答えよ。

図1

〔問1〕 **基本** 右の図2は、図1において、点Pを中心とする円が △ABC の3つの辺に接する場合を表している。

このとき、///// で示された図形の面積は何 cm^2 か。a を用いて表せ。(7点)

図2

〔問2〕 右の図3は、図1において、点Pから辺AB、辺BC、辺CAにそれぞれ垂線を引き、辺AB、辺BC、辺CAとの交点をそれぞれD、E、Fとし、点Pを通り辺BCに平行な直線を引き、辺ABとの交点をG、点Gを通り線分PFに平行な直線を引き、辺ACとの交点をHとした場合を表している。

図3

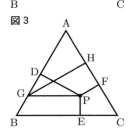

次の(1), (2)に答えよ。
(1) 思考力　DP + PF = GH であることを証明せよ。
(11点)
(2) よく出る　PD + PE + PF = l cm とするとき, l を a を用いて表せ。
(7点)

4　右の図1に示した立体 O － ABCD は, 底面 ABCD が1辺の長さ a cm の正方形で, OA = OB = OC = OD, 高さが b cm の正四角すいである。

図1

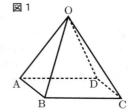

次の各問に答えよ。
〔問1〕 よく出る　基本
図1において, $a = 4$, $b = 3$ のとき, 辺 OC の長さは何 cm か。
(7点)

〔問2〕 右の図2は, 図1において, $a = 6\sqrt{2}$, $b = 3\sqrt{6}$ のとき, 頂点 B と頂点 D を結び, 線分 BD 上にあり, BP : PD = 2 : 1 となる点を P とし, 点 P から面 OAB へ垂線を引き, その交点を H とした場合を表している。

図2

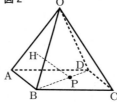

頂点 O と点 P, 頂点 A と点 P をそれぞれ結んだ場合を考える。
線分 PH の長さは $2\sqrt{6}$ cm である。
次の(1), (2)に答えよ。
(1) 新傾向　図2において, 線分 PH の長さが $2\sqrt{6}$ cm となることを説明せよ。
ただし, 説明の過程が分かるように, 途中の式や計算なども書け。
(11点)
(2) 図2において, 頂点 O と点 H を結んでできる線分 OH の長さは何 cm か。
(7点)

東京都立　国立高等学校

時間 **50**分　満点 **100**点　解答 **P24**　2月21日実施

＊ 注意　答えに根号が含まれるときは, 根号を付けたまま, 分母に根号を含まない形で表しなさい。また, 根号の中を最も小さい自然数にしなさい。

出題傾向と対策

● 大問は4題で, 1 基本的な小問集合, 2 関数とグラフ, 3 平面図形, 4 空間図形という出題分野は, 他の進学指導重点校とほぼ共通で固定されている。1 では平方根の計算, 方程式の解法, 確率, 作図が出題される。3 で図形の証明が出題されるほか, 2, 4 でも途中過程も要求する設問がある。
● 1 を確実に仕上げて 2 ～ 4 の解きやすい設問に進む。設問ごとの難易度のバラつきが大きいので, 注意しよう。また, 過去の出題を参考にして時間配分の計画を立てておくとよい。さらに, 他の進学指導重点校の問題も解いてみよう。

1　よく出る　基本　次の各問に答えよ。
〔問1〕 $\dfrac{\sqrt{3}-1}{\sqrt{2}} - \dfrac{1-\sqrt{2}}{\sqrt{3}} - \dfrac{\sqrt{3}-\sqrt{2}-1}{\sqrt{6}}$ を計算せよ。
(5点)

〔問2〕 連立方程式 $\begin{cases} 3x + 2y = -2 \\ \dfrac{1}{2}x - \dfrac{2}{3}y = \dfrac{7}{6} \end{cases}$ を解け。
(5点)

〔問3〕 2次方程式 $(x+3)^2 + 5 = 6(x+3)$ を解け。
(5点)

〔問4〕 3つの袋 A, B, C と, 1, 2, 3, 4, 5, 6, 7, 8, 9, 10 の数を1つずつ書いた10枚のカード ①, ②, ③, ④, ⑤, ⑥, ⑦, ⑧, ⑨, ⑩ があり, 袋 A に ①, ②, ③, 袋 B に ④, ⑤, ⑥, ⑦, 袋 C に ⑧, ⑨, ⑩ が入っている。
袋 A, B, C から1枚ずつカードを取り出し, 袋 A から取り出したカードに書かれている数を a, 袋 B から取り出したカードに書かれている数を b, 袋 C から取り出したカードに書かれている数を c とするとき, $a + b = c$ となる確率を求めよ。
ただし, 3つの袋それぞれにおいて, どのカードが取り出されることも同様に確からしいものとする。(5点)

〔問5〕 右の図で, 点 O は線分 AB を直径とする半円の中心, 点 F は線分 OA 上にある点, 点 P は半円の内部にある点である。
右に示した図をもとにして, ∠POA = 60°, OP + PF = OA となる点 P を, 定規とコンパスを用いて作図によって求め, 点 P の位置を示す文字 P も書け。
ただし, 作図に用いた線は消さないでおくこと。(5点)

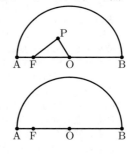

2 よく出る 右の図1で，点Oは原点，曲線 f は関数 $y = ax^2 (a > 0)$ のグラフを表している。

2点A，Bはともに曲線 f 上にあり，x 座標はそれぞれ -2，6 である。

2点A，Bを通る直線を引き，y 軸との交点をPとする。

原点から点 $(1, 0)$ までの距離，および原点から点 $(0, 1)$ までの距離をそれぞれ $1\,\mathrm{cm}$ とする。

次の各問に答えよ。

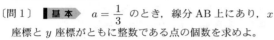

〔問1〕 基本 $a = \dfrac{1}{3}$ のとき，線分AB上にあり，x 座標と y 座標がともに整数である点の個数を求めよ。

(7点)

〔問2〕 右の図2は，図1において，曲線 g は関数 $y = bx^2 (b > a)$ のグラフで，曲線 g 上にあり，x 座標が -2 である点をCとし，2点C，Pを通る直線を引いた場合を表している。

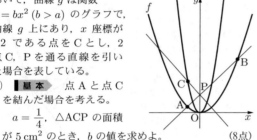

(1) 基本 点Aと点Cを結んだ場合を考える。
$a = \dfrac{1}{4}$，△ACPの面積が $5\,\mathrm{cm}^2$ のとき，b の値を求めよ。

(8点)

(2) 右の図3は，図2において，$a = \dfrac{1}{2}$，直線CPの傾きが $-\dfrac{1}{2}$ のとき，点Oと点C，点Bと点Cをそれぞれ結び，2点O，Bを通る直線を引き，直線CPと曲線 g との交点のうち点Cと異なる点をDとした場合を表している。

点Dは直線OB上にあることを示せ。

また，△CODの面積と△CDBの面積の比を最も簡単な整数の比で表せ。

ただし，答えだけでなく，答えを求める過程が分かるように，途中の式や計算なども書け。

(10点)

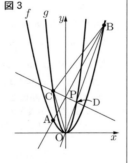

3 右の図1で，点Oは，$\angle ABC < 90°$，$\angle ACB < 90°$ である △ABC の3つの頂点を通る円の中心である。

円Oの周上にあり，頂点A，頂点B，頂点Cのいずれにも一致しない点をPとし，頂点Aと点Pを結ぶ。

次の各問に答えよ。

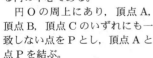

〔問1〕 右の図2は，図1において，辺BCと線分APがともに点Oを通るとき，辺BCをCの方向に延ばした直線上にある点をDとし，頂点Aと点Dを結び，線分ADと円Oとの交点をEとし，点Bと点E，点Eと点P，点Pと点Dをそれぞれ結び，AE = DE の場合を表している。

$\angle EPD = 30°$ のとき，$\angle DBE$ の大きさは何度か。(7点)

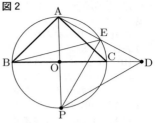

〔問2〕 よく出る 右の図3は，図1において，点Pが頂点Bを含まない $\overset{\frown}{AC}$ 上にあり，AB = AC のとき，頂点Bと点P，頂点Cと点Pをそれぞれ結び，辺ACと線分BPとの交点をFとした場合を表している。

CP = CB となるとき，△AFP は二等辺三角形であることを証明せよ。

(10点)

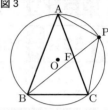

〔問3〕 難 右の図4は，図1において，線分APが点Oを通るとき，頂点Aから辺BCに垂線を引き，辺BCとの交点をH，線分APと辺BCとの交点をGとした場合を表している。

AP = 20 cm，AB = 12 cm，BH = GH のとき，CG : CA を最も簡単な整数の比で表せ。

また，辺ACの長さは何 cm か。(8点)

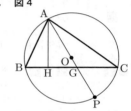

4 新傾向 右の図1に示した立体 ABCD − EFGH は，1辺の長さが $3\,\mathrm{cm}$ の立方体である。

点Pは，この立方体の内部および全ての面，全ての辺上を動く点である。

頂点Aと点P，頂点Bと点Pをそれぞれ結ぶ。

AP = a cm，BP = b cm とする。

次の各問に答えよ。

ただし，円周率は π とする。

〔問1〕 基本 点Pが $a = b = 3$ を満たしながら動くとき，点Pはある曲線上を動く。

点Pが動いてできる曲線の長さは何 cm か。(7点)

〔問2〕 右の図2は，図1において，頂点Dと頂点E，頂点Dと頂点F，頂点Eと点Pをそれぞれ結び，点Pが線分DF上にある場合を表している。

$a + b$ の値が最も小さくなるとき，立体 P − ADE の体積は何 cm^3 か。

ただし，答えだけでなく，答えを求める過程が分かるように，図や途中の式などもかけ。

(10点)

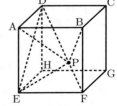

〔問3〕 [思考力] 右の図3は，図1において，$a \geqq b$ のとき頂点Hと点Pを結んだ場合を表している。
$HP = c$ cm とし，点Pが $b = c$ を満たしながら動くとき，点Pはある多角形の辺上および内部を動く。
点Pが動いてできる多角形の面積は何 cm² か。 (8点)

図3

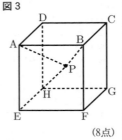

東京都立　八王子東高等学校

時間 50分　満点 100点　解答 P25　2月21日実施

* 注意　答えに根号が含まれるときは，根号を付けたまま，分母に根号を含まない形で表しなさい。また，根号の中は最も小さい自然数にしなさい。

出題傾向と対策

● 大問は4題で，**1** 小問4題（1題減少），**2** 関数とグラフ，**3** 平面図形，**4** 空間図形という出題が続いている。**1** では平方根の計算，方程式，確率，作図が出題されることが多く，**3** で図形の証明が出題される。**2**，**4** でも解答の途中経過の説明が要求される設問があり，記述量は多い。

● **1** および **2**～**4** の〔問1〕を確実に解答しよう。また，作図や図形についての証明についても十分に練習しておこう。さらに，過去の出題を参考にして平面図形や空間図形の良問を解く練習をしておこう。

1 [よく出る] [基本] 次の各問に答えよ。

〔問1〕 $(\sqrt{3} - \sqrt{5})(5 + \sqrt{15}) - \dfrac{6 - 2\sqrt{10}}{\sqrt{2}}$ を計算せよ。 (6点)

〔問2〕 2次方程式 $3(3-x) = 2(x-2)^2$ を解け。 (6点)

〔問3〕 1, 2, 3, 4, 5 の数字を1つずつ書いた5枚のカード ①, ②, ③, ④, ⑤ がそれぞれ入った2つの袋A, Bがある。
2つの袋A, Bから同時に1枚ずつカードを取り出すとき，袋Aから取り出したカードに書かれている数を十の位の数，袋Bから取り出したカードに書かれている数を一の位の数とする2桁の整数が素数である確率を求めよ。
ただし，2つの袋A, Bのそれぞれにおいて，どのカードが取り出されることも同様に確からしいものとする。 (6点)

〔問4〕 右の図で，点Pは△ABCの外部にあり，直線BCに対して頂点Aと同じ側にある点である。
右下に示した図をもとにして，∠BAC = ∠BPC = ∠ACP となる点Pを，定規とコンパスを用いて作図によって求め，点Pの位置を示す文字Pも書け。
ただし，作図に用いた線は消さないでおくこと。 (7点)

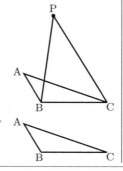

2 [よく出る] 右の図1で，点Oは原点，曲線 f は関数 $y = ax^2$ $(a > 0)$ のグラフ，直線 l は1次関数 $y = bx + c$ $(c > 0)$ のグラフを表している。
曲線 f と直線 l との交点のうち，x 座標が負の数である点をA，x 座標が正の数である点をBとする。
点Oから点 $(1, 0)$ までの距離，および点Oから点 $(0, 1)$ までの距離をそれぞれ1cmとして，次の各問に答えよ。

図1

〔問1〕 [基本] $b > 0$ の場合を考える。
x の変域 $-1 \leqq x \leqq 3$ に対する，関数 $y = ax^2$ の y の変域と1次関数 $y = bx + c$ の y の変域が一致するとき，b を a を用いた式で表せ。 (7点)

〔問2〕 右の図2は，図1において，$b < 0$ のとき，y 軸を対称の軸として，点Aと線対称な点をC，直線 l と x 軸との交点をD，2点B, Cを通る直線と2点C, Dを通る直線をそれぞれ引き，直線BC上にあり x 座標が点Cの x 座標より小さい点をEとし，$a = \dfrac{1}{3}$，点Aの x 座標が -3，直線BCの式が $y = \dfrac{7}{5}x - \dfrac{6}{5}$，

図2

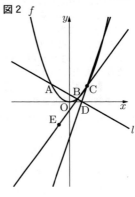

直線CDの式が $y = 3x - 6$ の場合を表している。
次の(1), (2)に答えよ。

(1) 点Eの x 座標と y 座標がともに整数である点のうち，x 座標が最も大きい点Eの座標を求めよ。 (8点)

(2) 点Aと点C，点Dと点Eをそれぞれ結んだ場合を考える。
△ADCの面積と△EDCの面積が等しくなるとき，点Eの座標を求めよ。
ただし，答えだけでなく，答えを求める過程が分かるように，途中の式や計算なども書け。 (10点)

3 右の図1で，四角形BAFGは，△ABCの辺ABを一辺とする正方形，四角形CDEAは，△ABCの辺ACを一辺とする正方形であり，ともに同じ平面上にある。
四角形CDEAの頂点D, Eは，いずれも直線ACに対して△ABCの頂点Bと反対側にあり，四角形BAFGの頂点F, Gは，いずれも直線ABに対して△ABCの頂点Cと反対側にある。
次の各問に答えよ。

図1

〔問1〕 **基本** 右の図2は、図1において、∠ABC = 90°、AB = 3 cm、BC = 4 cm のとき、辺 BA を頂点 A の方向に延ばした直線上にあり、BC = AH となる点を H とし、頂点 E と点 H、頂点 F と点 H、頂点 E と頂点 F をそれぞれ結び、線分 AH と線分 EF との交点を I とした場合を表している。線分 AI の長さは何 cm か。 (7点)

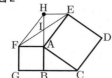
図2

〔問2〕 右の図3は、図1において、△ABC が鋭角三角形のとき、頂点 A から辺 BC に垂線を引き、辺 BC との交点を J、線分 JA を頂点 A の方向に延ばした直線上にあり、BC = AK となる点を K とし、頂点 E と点 K、頂点 F と点 K をそれぞれ結んだ場合を表している。
次の(1), (2)に答えよ。

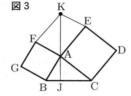
図3

(1) **よく出る** △FAK ≡ △EKA であることを証明せよ。 (10点)

(2) **思考力** **新傾向** 図3において、五角形 ACDEK の面積を S cm², 五角形 BAKFG の面積を T cm² とする。
AB = 4 cm、BC = 6 cm、∠ABC = 60° のとき、$S - T$ の値を求めよ。 (8点)

4 右の図1に示した立体 A − BCDE は、底面が1辺の長さ 4 cm の正方形 BCDE で、AB = AC = AD = AE = 8 cm の正四角すいである。
次の各問に答えよ。

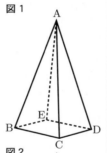
図1

〔問1〕 **基本** 立体 A − BCDE の体積は何 cm³ か。 (7点)

〔問2〕 右の図2は、図1において、辺 AC 上にあり、頂点 C と異なる点を P とし、頂点 B と頂点 D、頂点 B と点 P、点 P と頂点 D をそれぞれ結んだ場合を表している。
次の(1), (2)に答えよ。

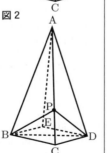
図2

(1) BP = BC のとき、△PBD の面積は何 cm² か。
ただし、答えだけでなく、答えを求める過程が分かるように、途中の式や計算なども書け。 (10点)

(2) BP + PD = l cm とする。
点 P を辺 AC 上において動かすとき、最も小さくなる l の値を求めよ。 (8点)

東京都立　墨田川高等学校

時間 50分　満点 100点　解答 P26　2月21日実施

＊注意　答えに根号が含まれるときは、根号を付けたまま、分母に根号を含まない形で表しなさい。また、根号の中を最も小さい自然数にしなさい。

出題傾向と対策

● **1** は独立した基本問題の集合、**2** は $y = ax^2$ のグラフと図形、**3** は平面図形、**4** は空間図形からの出題であった。分野、分量、難易度とも例年通りである。いずれも無理のない設問であり、ケアレスミスをしないこと。
● 基本から標準程度の出題であり、標準的なもので十分練習しておくこと。証明や解き方の記述についても準備しておくとよい。

1 **よく出る** **基本** 次の各問に答えよ。

〔問1〕 $x = \sqrt{7} - 2$ のとき、$x^2 + 4x$ の値を求めよ。 (5点)

〔問2〕 連立方程式 $\begin{cases} 0.3x + 0.1y = 0.4 \\ \dfrac{4x + y}{9} = \dfrac{2}{3} \end{cases}$ を解け。 (5点)

〔問3〕 二次方程式 $(2x - 3)^2 = 4x - 3$ を解け。 (5点)

〔問4〕 Aグループ 40 人と Bグループ 60 人の計 100 人が 400 m 走を1回ずつ行ったところ、Aグループのタイムの平均が 65 秒であった。
A、B 両グループ計 100 人のタイムの平均を a 秒、Bグループのタイムの平均を b 秒としたとき、b を a の式で表しなさい。 (5点)

〔問5〕 右の図1において、四角形 ABCD は正方形、$\overparen{AC}$ は、頂点 B を中心とし、線分 BA を半径とする円の周の一部である。
$\overparen{AC}$ 上にあり、頂点 A、頂点 C のいずれにも一致しない点を E とし、頂点 A と点 E、頂点 C と点 E をそれぞれ結ぶ。
このとき、∠EAD + ∠ECD の大きさは何度か。
ただし、∠EAD と ∠ECD は、ともに四角形 AECD の内角とする。 (5点)

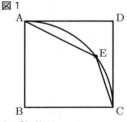
図1

〔問6〕 右の図2で、点 A は線分 BC 上にない点で、点 D は線分 BC 上にある点である。
図3に示した図をもとにして、線分 BC 上にあり、∠ADB = 135° となる点 D を、定規とコンパスを用いて作図によって求め、点 D の位置を示す文字 D も書け。
ただし、作図に用いた線は消さないでおくこと。 (7点)

図2

図3

2 よく出る 右の図1で，点Oは原点，曲線 m は関数 $y = x^2$ のグラフを表している。

点A，点Bはともに曲線 m 上にあり，x 座標はそれぞれ1，-2 である。

点Aと点Bを結び，線分AB と y 軸との交点をCとし，曲線 m 上にあり，x 座標が t $(t > 1)$ である点をPとする。

次の各問に答えよ。

図1
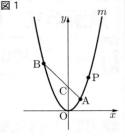

〔問1〕 基本 図1において，点Cと点Pを結んだ場合を考える。

∠BCPの二等分線が y 軸と一致するとき，t の値を求めよ。 (5点)

〔問2〕 基本 右の図2は，図1において，点Pと点Oを結んだ場合を表している。

∠COP = 30° のとき，t の値を求めよ。 (5点)

図2
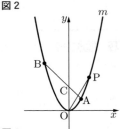

〔問3〕 右の図3は，図1において，点Pと点B，点Pと点C，点Oと点Aをそれぞれ結んだ場合を表している。

点Oから点 (1, 0) までの距離，および点Oから点 (0, 1) までの距離をそれぞれ1cmとして，次の(1)，(2)に答えよ。

図3
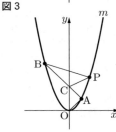

(1) $t = 3$ のとき，2点B，Pを通る直線の式を求めよ。 (5点)

(2) △OACの面積を S cm²，△PBCの面積を T cm² とする。

$S : T = 1 : 5$ のとき，t の値を求めよ。

ただし，答えだけでなく，答えを求める過程が分かるように，途中の式や計算なども書け。 (8点)

3 よく出る 右の図1で，四角形 ABCD は，AB = 6cm，AD = 10cm の長方形である。

次の各問に答えよ。

図1
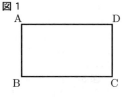

〔問1〕 基本 図1の四角形 ABCD と面積が等しい正方形の1辺の長さは何cmか。 (5点)

〔問2〕 右の図2の四角形 BEFG は，図1において，四角形 ABCD を頂点Bを中心に時計回りに 90° 回転移動してできる長方形で，⟋⟋で示した図形は，辺 AD が辺 GF に重なるまで回転移動したときに，辺 AD が通過してできた図形を表している。

⟋⟋で示した図形の面積は何cm²か。

ただし，円周率は π とする。 (5点)

図2
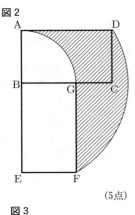

〔問3〕 右の図3は，図1において，辺 AB 上にある点をHとし，頂点Dと点Hを結んでできる線分 DH で四角形 ABCD を折り曲げたとき，頂点Aが辺 BC 上にある点と重なった場合を表している。

次の(1)，(2)に答えよ。

図3
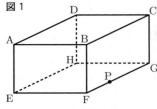

(1) △ACD∽△HBA であることを証明せよ。 (7点)
(2) △ADH の面積は何cm²か。 (5点)

4 よく出る 右の図1に示した立体 ABCD − EFGH は，AB = 4cm，AD = 5cm，AE = 3cm の直方体である。

辺 FG 上にあり，頂点F，頂点Gのいずれにも一致しない点をPとする。

FP = x cm として，次の各問に答えよ。

図1
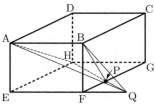

〔問1〕 図1において，頂点Aと頂点F，頂点Aと点Pをそれぞれ結んだ場合を考える。

$x = 2$ のとき，△AFP の面積は何cm²か。 (5点)

〔問2〕 右の図2は，図1において，頂点Hと点Pを通る直線を引き，辺 EF を頂点Fの方向に延ばした直線との交点をQとし，頂点Aと頂点H，頂点Aと点Q，頂点Bと点P，頂点Bと点Qをそれぞれ結んだ場合を表している。

立体 A − EQH の体積を V cm³，立体 B − FQP の体積を W cm³ とする。

$V = 5W$ が成り立つとき，x の値を求めよ。 (5点)

〔問3〕 右の図3は、図1において、頂点Aと頂点C、頂点Aと頂点H、頂点Aと点P、頂点Cと頂点H、頂点Cと点P、頂点Hと点Pをそれぞれ結んだ場合を表している。

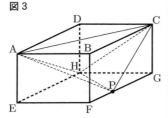

図3

次の(1)、(2)に答えよ。
(1) AP = CP のとき、x の値を求めよ。(5点)
(2) 思考力 立体 H - ACP の体積が 15 cm^3 のとき、x の値を求めよ。
ただし、答えだけでなく、答えを求める過程が分かるように、途中の式や計算なども書け。(8点)

神奈川県

時間 50分　満点 100点　解答 p27　2月14日実施

* 注意 1　答えに根号が含まれるときは、根号の中は最も小さい自然数にしなさい。
　　　 2　答えが分数になるときは、約分できる場合は約分しなさい。

出題傾向と対策

●大問は6題のままで、①、②は小問集合、③図形問題、データの分析などの長文の問題、④関数とグラフ、⑤確率、⑥空間図形という出題が続いている。数、式、語句などを番号で答える問題が大半で、作図や記述問題は出題されない。ここ数年の難化傾向が今年も続いている。
●①、②を確実に仕上げて③〜⑥の解き易い問題に進む。解きにくい問題、時間のかかりそうな問題は後まわしにする決断が有効である。関数とグラフ、確率、平面図形、空間図形などの分野の良問を練習しておこう。

1 よく出る 基本 次の計算をした結果として正しいものを、それぞれあとの1〜4の中から1つずつ選び、その番号を答えなさい。

(ア) $-1 - (-7)$ (3点)
1. -8　2. -6　3. 6　4. 8

(イ) $-\dfrac{3}{7} + \dfrac{1}{2}$ (3点)
1. $-\dfrac{13}{14}$　2. $-\dfrac{1}{14}$　3. $\dfrac{1}{14}$　4. $\dfrac{13}{14}$

(ウ) $12ab^2 \times 6a \div (-3b)$ (3点)
1. $-24a^2b$　2. $-24ab^2$　3. $24a^2b$
4. $24ab^2$

(エ) $\dfrac{3x+2y}{7} - \dfrac{2x-y}{5}$ (3点)
1. $\dfrac{x-17y}{35}$　2. $\dfrac{x-3y}{35}$　3. $\dfrac{x+3y}{35}$
4. $\dfrac{x+17y}{35}$

(オ) $(\sqrt{6}+5)^2 - 5(\sqrt{6}+5)$ (3点)
1. $6 - 5\sqrt{6}$　2. $6 + 5\sqrt{6}$　3. $6 + 10\sqrt{6}$
4. $6 + 15\sqrt{6}$

2 よく出る 基本 次の問いに対する答えとして正しいものを、それぞれあとの1〜4の中から1つずつ選び、その番号を答えなさい。

(ア) $(x-5)(x+3) - 2x + 10$ を因数分解しなさい。(4点)
1. $(x-3)(x+3)$　2. $(x-5)(x+1)$
3. $(x-5)(x+5)$　4. $(x+5)(x-1)$

(イ) 2次方程式 $7x^2 + 2x - 1 = 0$ を解きなさい。(4点)
1. $x = \dfrac{-1 \pm 2\sqrt{2}}{7}$　2. $x = \dfrac{-1 \pm 4\sqrt{2}}{7}$
3. $x = \dfrac{1 \pm 2\sqrt{2}}{7}$　4. $x = \dfrac{1 \pm 4\sqrt{2}}{7}$

(ウ) 関数 $y = -2x^2$ について、x の値が -3 から -1 まで増加するときの変化の割合を求めなさい。(4点)
1. -8　2. -4　3. 4　4. 8

(エ) 十の位の数が4である3桁の自然数がある。この自然数の、百の位の数と一の位の数の和は10であり、百の位の数と一の位の数を入れかえた数はこの自然数より396大きい。
このとき、この自然数の一の位の数を求めなさい。(4点)
1. 6　2. 7　3. 8　4. 9

(オ) $\dfrac{3780}{n}$ が自然数の平方となるような、最も小さい自然数 n の値を求めなさい。(4点)
1. $n = 35$　2. $n = 70$　3. $n = 105$
4. $n = 210$

3 次の問いに答えなさい。

(ア) 右の図1のように、線分ABを直径とする円Oの周上に、2点A、Bとは異なる点Cを、AC < BC となるようにとり、点Cを含まない $\overparen{AB}$ 上に点Dを、∠ABC = ∠ABD となるようにとる。

図1

また、点Aを含まない $\overparen{BD}$ 上に、2点B、Dとは異なる点Eをとり、線分ABと線分CEとの交点をF、線分AEと線分BDとの交点をG、線分BDと線分CEとの交点をHとする。
さらに、線分CE上に点Iを、DB ∥ AI となるようにとる。
このとき、次の(i)、(ii)に答えなさい。

(i) よく出る 三角形 AIF と三角形 EHG が相似であることを次のように証明した。(a)〜(c) に最も適するものを、それぞれ選択肢の1〜4の中から1つずつ選び、その番号を答えなさい。(5点)

[証明]
△AIF と △EHG において、
まず、DB ∥ AI より、平行線の同位角は等しいから、
　　　(a)
よって、∠AIF = ∠EHG　……①
次に、仮定より、
　　　∠ABC = ∠ABD　……②
また、$\overparen{AC}$ に対する円周角は等しいから、
　　　∠ABC = ∠AEC　……③
さらに、DB ∥ AI より、平行線の錯角は等しいから、
　　　(b)　　　　　　　　……④

②，③，④より，∠AEC＝∠BAI
よって，∠FAI＝∠GEH　……⑤
①，⑤より，　(c)　　から，
△AIF∽△EHG

(a)，(b)の選択肢
1．∠ABD＝∠BAI　　2．∠AIE＝∠BHC
3．∠AIE＝∠DHE　　4．∠EAI＝∠EGB

(c)の選択肢
1．1組の辺とその両端の角がそれぞれ等しい
2．2組の辺の比とその間の角がそれぞれ等しい
3．3組の辺の比がすべて等しい
4．2組の角がそれぞれ等しい

(ii) 次の　　の中の「あ」「い」にあてはまる数字をそれぞれ0～9の中から1つずつ選び，その数字を答えなさい。 (4点)
∠BDE＝35°，∠DBE＝28°のとき，∠CAIの大きさは あい °である。

(イ) **よく出る** **基本** ある中学校で1学年から3学年まであわせて10クラスの生徒が集まり生徒総会を開催した。生徒総会では生徒から3つの議案X，Y，Zが提出され，それぞれの議案について採決を行った。
右の**資料1**は議案Xに賛成した人数を，**資料2**は議案Yに賛成した人数を，それぞれクラスごとに記録したものである。**資料3**は議案Zに賛成した人数をクラスごとに記録し，その記録の平均値，中央値，四分位範囲をまとめたものである。

資料1　（単位：人）
| 19 | 21 | 13 | 17 | 25 |
| 24 | 17 | 17 | 23 | 14 |

資料2　（単位：人）
| 20 | 26 | 19 | 27 | 25 |
| 24 | 20 | 15 | 24 | 20 |

資料3　（単位：人）
平均値	23
中央値	21
四分位範囲	6

このとき，次の(i)，(ii)に答えなさい。
(i) **資料1**の記録を箱ひげ図に表したものとして最も適するものを次の1～4の中から1つ選び，その番号を答えなさい。 (2点)

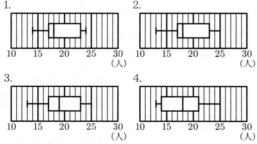

(ii) **資料2**と**資料3**から読み取れることがらを，次のA～Dの中からすべて選んだときの組み合わせとして最も適するものをあとの1～6の中から1つ選び，その番号を答えなさい。 (3点)
A．議案Yに賛成した人数の最頻値は20人である。
B．賛成した人数の合計は，議案Zより議案Yの方が多い。
C．賛成した人数の中央値は，議案Zより議案Yの方が大きい。
D．賛成した人数の四分位範囲は，議案Zより議案Yの方が小さい。

1．A，B　　2．A，C　　3．B，D
4．C，D　　5．A，B，C　　6．A，C，D

(ウ) **基本** 学校から駅までの道のりは2400 mであり，その途中にかもめ図書館といちょう図書館がある。AさんとBさんは16時に学校を出発し，それぞれが図書館に立ち寄ってから駅まで移動する中で一度すれ違ったが，駅には同時に到着した。
Aさんは，かもめ図書館に5分間立ち寄って本を借り，駅まで移動した。Bさんは，いちょう図書館に15分間立ち寄って借りたい本を探したが見つからなかったため道を引き返し，かもめ図書館に5分間立ち寄って本を借り，駅まで移動した。
次の**図2**は，学校，かもめ図書館，いちょう図書館，駅の間の道のりを示したものである。**図3**は，16時に学校を出発してからx分後の，学校からの道のりをymとして，Aさんが駅に到着するまでのxとyの関係をグラフに表したものであり，Oは原点である。
このとき，AさんとBさんがすれ違った時間帯として最も適するものをあとの1～6の中から1つ選び，その番号を答えなさい。ただし，AさんとBさんの，それぞれの移動中の速さは常に一定であり，図書館での移動は考えないものとする。 (5点)

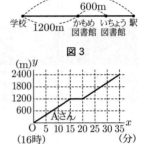

図2

図3

1．16時19分から16時21分までの間
2．16時21分から16時23分までの間
3．16時23分から16時25分までの間
4．16時25分から16時27分までの間
5．16時27分から16時29分までの間
6．16時29分から16時31分までの間

(エ) **思考力** 次の　　の中の「う」「え」にあてはまる数字をそれぞれ0～9の中から1つずつ選び，その数字を答えなさい。 (6点)
右の**図4**において，四角形ABCDはAB＝CD＝DA，AB：BC＝1：2の台形である。
また，点Eは辺BC上の点でBE：EC＝3：1であり，2点F，Gはそれぞれ辺CD，DAの中点である。
さらに，線分AEと線分BFとの交点をH，線分AEと線分BGとの交点をIとする。
三角形BHIの面積をS，四角形CFHEの面積をTとするとき，SとTの比を最も簡単な整数の比で表すと，
S：T＝ う ： え である。

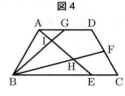

図4

4 右の図において、直線①は関数 $y=-x+9$ のグラフであり、曲線②は関数 $y=ax^2$ のグラフ、曲線③は関数 $y=-\dfrac{1}{6}x^2$ のグラフである。

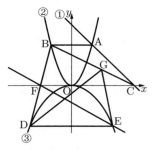

点 A は直線①と曲線②との交点で、その x 座標は 3 である。点 B は曲線②上の点で、線分 AB は x 軸に平行である。点 C は直線①と x 軸との交点である。

また、2 点 D, E は曲線③上の点で、点 D の x 座標は -6 であり、線分 DE は x 軸に平行である。

さらに、点 F は線分 BD と x 軸との交点である。

原点を O とするとき、次の問いに答えなさい。

(ア) よく出る 基本 曲線②の式 $y=ax^2$ の a の値として正しいものを次の 1〜6 の中から 1 つ選び、その番号を答えなさい。 (4点)

1. $a=\dfrac{1}{4}$　2. $a=\dfrac{1}{3}$　3. $a=\dfrac{2}{5}$

4. $a=\dfrac{1}{2}$　5. $a=\dfrac{2}{3}$　6. $a=\dfrac{3}{4}$

(イ) よく出る 基本 直線 EF の式を $y=mx+n$ とするときの (i) m の値と、(ii) n の値として正しいものを、それぞれ次の 1〜6 の中から 1 つずつ選び、その番号を答えなさい。 (5点)

(i) m の値

1. $m=-\dfrac{5}{6}$　2. $m=-\dfrac{5}{7}$　3. $m=-\dfrac{2}{3}$

4. $m=-\dfrac{4}{7}$　5. $m=-\dfrac{1}{3}$　6. $m=-\dfrac{1}{6}$

(ii) n の値

1. $n=-\dfrac{18}{7}$　2. $n=-\dfrac{5}{2}$　3. $n=-\dfrac{7}{3}$

4. $n=-\dfrac{13}{6}$　5. $n=-\dfrac{15}{4}$　6. $n=-2$

(ウ) 次の □ の中の「お」「か」「き」「く」にあてはまる数字をそれぞれ 0〜9 の中から 1 つずつ選び、その数字を答えなさい。 (6点)

線分 BC 上に点 G を、三角形 BDG と三角形 DEG の面積が等しくなるようにとる。このときの、点 G の x 座標は $\dfrac{\text{おか}}{\text{きく}}$ である。

5 新傾向 右の図 1 のように、場所 P, 場所 Q, 場所 R があり、場所 P には、1, 2, 3, 4, 5, 6 の数が 1 つずつ書かれた 6 個の直方体のブロックが、書かれた数の大きいものから順に、下から上に向かって積まれている。

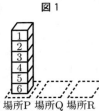

図1

大、小 2 つのさいころを同時に 1 回投げ、大きいさいころの出た目の数を a、小さいさいころの出た目の数を b とする。出た目の数によって、次の【操作1】、【操作2】を順に行い、場所 P、場所 Q、場所 R の 3 か所にあるブロックの個数について考える。

【操作1】 a と同じ数の書かれたブロックと、その上に積まれているすべてのブロックを、順番を変えずに場所 Q へ移動する。

【操作2】 b と同じ数の書かれたブロックと、その上に積まれているすべてのブロックを、b と同じ数の書かれたブロックが場所 P、場所 Q のどちらにある場合も、場所 R へ移動する。

例
大きいさいころの出た目の数が 5、小さいさいころの出た目の数が 1 のとき、$a=5$, $b=1$ だから、

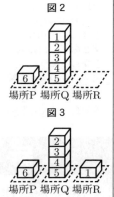

【操作1】 図 1 の、5 が書かれたブロックと、その上に積まれているすべてのブロックを、順番を変えずに場所 Q へ移動するので、図 2 のようになる。

【操作2】 図 2 の、1 が書かれたブロックを、場所 R へ移動するので、図 3 のようになる。

この結果、3 か所にあるブロックの個数は、場所 P に 1 個、場所 Q に 4 個、場所 R に 1 個となる。

いま、図 1 の状態で、大、小 2 つのさいころを同時に 1 回投げるとき、次の問いに答えなさい。ただし、大、小 2 つのさいころはともに、1 から 6 までのどの目が出ることも同様に確からしいものとする。

(ア) 次の □ の中の「け」「こ」「さ」にあてはまる数字をそれぞれ 0〜9 の中から 1 つずつ選び、その数字を答えなさい。 (5点)

ブロックの個数が 3 か所とも同じになる確率は $\dfrac{\text{け}}{\text{こさ}}$ である。

(イ) 次の □ の中の「し」「す」にあてはまる数字をそれぞれ 0〜9 の中から 1 つずつ選び、その数字を答えなさい。 (5点)

3 か所のうち、少なくとも 1 か所のブロックの個数が 0 個になる確率は $\dfrac{\text{し}}{\text{す}}$ である。

6 右の図 1 は、線分 AB を直径とする円 O を底面とし、線分 AC を母線とする円すいである。

また、点 D は線分 BC の中点である。

さらに、点 E は円 O の周上の点である。

$AB = 8$ cm, $AC = 10$ cm, $\angle AOE = 60°$ のとき、次の問いに答えなさい。ただし、円周率は π とする。

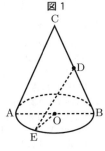

図1

(ア) この円すいの表面積として正しいものを次の 1〜6 の中から 1 つ選び、その番号を答えなさい。 (4点)

1. 24π cm^2　2. 28π cm^2　3. 40π cm^2

4. 48π cm^2　5. 56π cm^2　6. 84π cm^2

(イ) この円すいにおいて、2 点 D, E 間の距離として正しいものを次の 1〜6 の中から 1 つ選び、その番号を答えなさい。 (5点)

1. $\sqrt{43}$ cm　2. 7 cm　3. $5\sqrt{2}$ cm

4. $\sqrt{57}$ cm　5. $3\sqrt{7}$ cm　6. 8 cm

(ウ) 次の□の中の「せ」「そ」にあてはまる数字をそれぞれ0～9の中から1つずつ選び，その数字を答えなさい。　(6点)

点Fが線分ACの中点であるとき，この円すいの側面上に，図2のように点Eから線分BCと交わるように，点Fまで線を引く。このような線のうち，長さが最も短くなるように引いた線の長さは せ√そ cm である。

図2
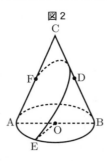

新潟県

時間 50分　満点 100点　解答 P28　3月7日実施

出題傾向と対策

●大問が5題で，①，②は基本問題を中心とする小問集合，③は関数とグラフの問題，④は規則と数式の問題，⑤は立体図形の求積の問題であった。出題構成，難易度は例年通りであるが，ほとんどの問題で求め方を記述するようになっている。箱ひげ図の問題は昨年に続いて出題されている。

●基礎・基本を問う問題が多いが，グラフの見方や説明文を的確に把握し，処理する力を身につけておくことが大切である。問題を解く過程を迅速に記述する練習をしておくとよい。

① **よく出る 基本** 次の(1)～(8)の問いに答えなさい。

(1) $7-(-3)-3$ を計算しなさい。　(4点)

(2) $2(3a-2b)-4(2a-3b)$ を計算しなさい。　(4点)

(3) $(-6ab)^2 \div 4ab^2$ を計算しなさい。　(4点)

(4) 連立方程式 $\begin{cases} x+3y=21 \\ 2x-y=7 \end{cases}$ を解きなさい。　(4点)

(5) $\sqrt{45}-\sqrt{5}+\dfrac{10}{\sqrt{5}}$ を計算しなさい。　(4点)

(6) 130人の生徒が1人 a 円ずつ出して，1つ b 円の花束を5つと，1本150円のボールペンを5本買って代金を払うと，おつりがあった。このとき，数量の関係を不等式で表しなさい。　(4点)

(7) 右の図のように，円Oの周上に円周を9等分する9つの点A，B，C，D，E，F，G，H，Iがある。線分ADと線分BFの交点をJとするとき，∠x の大きさを答えなさい。　(4点)

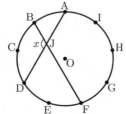

(8) 右の図は，ある家庭で購入した卵40個の重さを1個ずつはかり，ヒストグラムに表したものである。このヒストグラムに対応する箱ひげ図として正しいもの

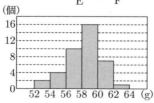

を，次のア～エから1つ選び，その符号を書きなさい。ただし，階級は52g以上54g未満のように，2gごとの区間に区切っている。　(4点)

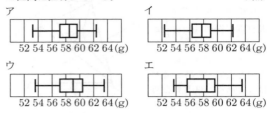

② **よく出る 基本** 次の(1)～(3)の問いに答えなさい。

(1) 1から6までの目のついた1つのさいころを2回投げるとき，1回目に出る目の数を a，2回目に出る目の数を b とする。このとき，$\dfrac{24}{a+b}$ が整数になる確率を求めなさい。　(6点)

(2) 右の図のように，AD // BC の台形ABCDがあり，∠BCD = ∠BDC である。対角線BD上に，∠DBA = ∠BCE となる点Eをとるとき，AB = EC であることを証明しなさい。(6点)

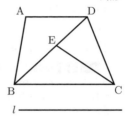

(3) 右の図のように，平行な2直線 l，m と点Aがある。点Aを通り，2直線 l，m の両方に接する円の中心を，定規とコンパスを用いて，作図によってすべて求め，それらの点に・をつけなさい。ただし，作図に使った線は消さないで残しておくこと。　(6点)

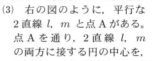

③ 右の図1のように，OA = 12cm，OC = 6cm の長方形OABCがあり，2つの頂点O，Aは直線 l 上にある。点Pは，頂点Oを出発し，毎秒2cmの速さで，図2，3のように直線 l 上を頂点Aまで移動する。また，線分OPの延長上に，OP = PQ となる点Qをとり，直線 l について長方形OABCと同じ側に，正方形PQRSをつくる。

点Pが頂点Oを出発してから，x 秒後の長方形OABCと正方形PQRSの重なっている部分の面積を y cm² とするとき，次の(1)～(4)の問いに答えなさい。ただし，点Pが頂点O，Aにあるときは，$y=0$ とする。

(1) $x=2$ のとき，y の値を答えなさい。　(3点)

(2) 次の①，②について，y を x の式で表しなさい。
　① $0 \leqq x \leqq 3$ のとき　(3点)
　② $3 \leqq x \leqq 6$ のとき　(3点)

(3) $0 \leqq x \leqq 6$ のとき，x と y の関係を表すグラフをかきなさい。(4点)

(4) $y = 20$ となる x の値をすべて求めなさい。(5点)

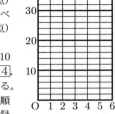

4 箱の中に，数字を書いた10枚のカード，⓪，①，②，③，④，⑤，⑥，⑦，⑧，⑨ が入っている。これらのカードを使い，次の手順Ⅰ〜Ⅲに従って，下のような記録用紙に数を記入していく。このとき，あとの(1)，(2)の問いに答えなさい。

手順
Ⅰ　箱の中から1枚のカードを取り出して，そのカードに書かれている数字を，記録用紙の1番目の欄に記入し，カードを箱の中に戻す。
Ⅱ　箱の中からもう一度1枚のカードを取り出して，そのカードに書かれている数字を，記録用紙の2番目の欄に記入し，カードを箱の中に戻す。
Ⅲ　次に，記録用紙の $(n-2)$ 番目の欄の数と $(n-1)$ 番目の欄の数の和を求め，その一の位の数を n 番目の欄に記入する。ただし，n は3以上18以下の自然数とする。

記録用紙

1番目	2番目	3番目	4番目	5番目	6番目	...	16番目	17番目	18番目

(1) 次の文は，手順Ⅰ〜Ⅲに従って，記録用紙に数を記入するときの例について述べたものである。このとき，文中の ア ～ ウ に当てはまる数を，それぞれ答えなさい。(6点)

　　例えば，手順Ⅰで②のカード，手順Ⅱで③のカードを取り出したときには，下のように，記録用紙の1番目の欄には2，2番目の欄には3を記入する。このとき，16番目の欄に記入する数は ア ，17番目の欄に記入する数は イ ，18番目の欄に記入する数は ウ となる。

1番目	2番目	3番目	4番目	5番目	6番目	...	16番目	17番目	18番目
2	3	5	8	3	1	...	ア	イ	ウ

(2) **思考力** 手順Ⅰ，Ⅱで取り出したカードに書かれている数字と，手順Ⅲで記録用紙に記入する数に，どのような関係があるかを調べるために，次の**表1，2**を作った。
　　表1は，手順Ⅰで⓪〜⑨のいずれか1枚のカードを取り出し，手順Ⅱで⑤のカードを取り出したときのそれぞれの場合について，1番目の欄の数を小さい順に並べ替えてまとめたものである。また，表2は，手順Ⅰで⓪〜⑨のいずれか1枚のカードを取り出し，手順Ⅱで⑥のカードを取り出したときのそれぞれの場合について，1番目の欄の数を小さい順に並べ替えてまとめたものである。このとき，あとの①，②の問いに答えなさい。

表1

1番目	2番目	...	16番目	17番目	18番目
0	5	...	0	5	5
1	5	...	7	5	2
2	5	...	4	5	9
3	5	...	1	5	6
4	5	...	8	5	3
5	5	...	5	5	0
6	5	...	2	5	7
7	5	...	9	5	4
8	5	...	6	5	1
9	5	...	3	5	8

表2

1番目	2番目	...	16番目	17番目	18番目
0	6	...	0	2	2
1	6	...	7	2	9
2	6	...	4	2	6
3	6	...	1	2	3
4	6	...	8	2	0
5	6	...	5	2	7
6	6	...	2	2	4
7	6	...	9	2	1
8	6	...	6	2	8
9	6	...	3	2	5

① 手順Ⅱで⑤，⑥以外のカードを取り出しても，17番目の欄の数は，1番目の欄の数に関係なく，2番目の欄の数によって決まる。このことを証明しなさい。(6点)

② 手順Ⅰで x のカード，手順Ⅱで④のカードを取り出したとき，18番目の欄の数が1になった。このとき，x の値を求めなさい。(4点)

5 右の図のような立体 ABC－DEF があり，四角形 ABED は，BA = 5 cm，BE = 10 cm の長方形であり，△ABC と △DEF は正三角形である。また，辺 BE と辺 CF は平行であり，CF = 5 cm である。点 C から辺 BE に引いた垂線と辺 BE との交点を P とするとき，次の(1)〜(3)の問いに答えなさい。

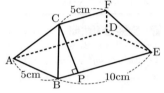

(1) 線分 CP の長さを答えなさい。(5点)

(2) 5点 C, A, B, E, D を結んでできる四角すいの体積を求めなさい。(6点)

(3) 4点 A, B, C, F を結んでできる三角すいの体積を求めなさい。(5点)

富山県

時間 50分　満点 40点　解答 P29　3月9日実施

* 注意　1　答えに $\sqrt{\ }$ がふくまれるときは，$\sqrt{\ }$ の中の数を最も小さい自然数にしなさい。
　　　　2　答えの分母に $\sqrt{\ }$ がふくまれるときは，分母を有理化しなさい。

出題傾向と対策

● 昨年と同様に大問は7題で，**1**は小問集合（10題），**2**は関数と図形，**3**はデータの活用，**4**は規則性，**5**は立体図形の計量，**6**は関数の利用，**7**は円であった。

● **1**を確実に素早く解き，**2**以降の解く時間を確保したい。**3**の度数分布表から読み取れる内容の判断，**6**の水そうの形と水面の高さの増減の関係，**7**の証明の記述など，思考力を問う問題も例年出題されている。基本問題だけでなく，様々な数学を使って総合的に解く必要のある問題に取り組もう。

1　**よく出る**　**基本**　次の問いに答えなさい。

(1) $9 + 2 \times (-3)$ を計算しなさい。

(2) $3x^2y \times 4y^2 \div 6xy$ を計算しなさい。

(3) $\dfrac{9}{\sqrt{3}} - \sqrt{48}$ を計算しなさい。

(4) $3(3a+b) - 2(4a-3b)$ を計算しなさい。

(5) 連立方程式 $\begin{cases} 2x + 5y = -2 \\ 3x - 2y = 16 \end{cases}$ を解きなさい。

(6) 2次方程式 $(x-2)^2 = 25$ を解きなさい。

(7) a 個のチョコレートを1人に8個ずつ b 人に配ると5個あまった。これらの数量の関係を等式で表しなさい。

(8) 2つのさいころA，Bを同時に投げるとき，出た目の大きい数から小さい数をひいた差が3となる確率を求めなさい。
ただし，それぞれのさいころの1から6までのどの目が出ることも同様に確からしいものとし，出た目の数が同じときの差は0とする。

(9) 右の図のような平行四辺形 ABCD があり，BE は $\angle$ABC の二等分線である。$\angle x$ の大きさを求めなさい。

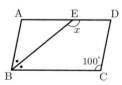

(10) 右の図形は円である。この図形の対称の軸を1本，作図によって求めなさい。
ただし，作図に用いた線は残しておくこと。

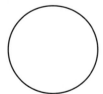

2　**よく出る**　右の図のように，関数 $y = \dfrac{1}{2}x^2$ のグラフ上に2点 A，B があり，x 座標はそれぞれ -4，2 である。
このとき，次の問いに答えなさい。

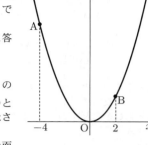

(1) **基本**　関数 $y = \dfrac{1}{2}x^2$ について，x の変域が $-1 \leqq x \leqq 2$ のときの y の変域を求めなさい。

(2) **基本**　$\triangle$OAB の面積を求めなさい。

(3) 点 O を通り，$\triangle$OAB の面積を2等分する直線の式を求めなさい。

3　**よく出る**　**基本**

A中学校とB中学校では，英語で日記を書く活動を行っている。A中学校P組の生徒数は25人で，B中学校Q組の生徒数は40人である。右の表は，P組，Q組の生徒全員について，ある月に英語で日記を書いた日数を度数分布表に整理したものである。

このとき，次の問いに答えなさい。

階級（日）	度数（人）	
	A中学校 P組	B中学校 Q組
以上　未満		
0 ～ 5	3	2
5 ～ 10	3	5
10 ～ 15	6	12
15 ～ 20	7	8
20 ～ 25	5	8
25 ～ 30	1	5
計	25	40

(1) P組について，0日以上5日未満の階級の相対度数を求めなさい。

(2) P組について，中央値がふくまれる階級を答えなさい。

(3) 度数分布表からわかることとして，必ず正しいといえるものを次のア～オからすべて選び，記号で答えなさい。
ア　Q組では，英語で日記を15日以上書いた生徒が20人以上いる。
イ　P組とQ組では，英語で日記を書いた日数の最頻値は等しい。
ウ　P組とQ組では，英語で日記を書いた日数が20日以上25日未満である生徒の割合は等しい。
エ　英語で日記を書いた日数の最大値は，Q組の方がP組より大きい。
オ　5日以上10日未満の階級の累積相対度数は，P組の方がQ組より大きい。

4　次の図のように，縦の長さが1cm，横の長さが2cmの長方形のタイルを1枚置き，1番の図形とする。1番の図形の下に，タイル2枚を半分ずらしてすきまなく並べてできた図形を2番の図形，2番の図形の下に，タイル3枚を半分ずらしてすきまなく並べてできた図形を3番の図形とする。以下，この作業を繰り返してできた図形を，4番の図形，5番の図形，…とする。

ひかるさんとゆうきさんは，1番，2番，3番，…と，図形の番号が変わるときの，タイルの枚数や周の長さについて話している。ただし，図形の周の長さとは，太線（──）の長さである。2人の［会話Ⅰ］，［会話Ⅱ］を読んで，それぞれについて，あとの問いに答えなさい。

［会話Ⅰ］

| ひかる | 図形のタイルの枚数を調べると，1番の図形は1枚，2番の図形は3枚になり，6番の図形は ア 枚になるね。 |
| ゆうき | 私は図形の周の長さを調べてみたよ。1番の図形は6cm，2番の図形は12cmになり，n番の図形をnを使って表すと， イ cmとなるね。 |

(1) よく出る 基本 ［会話Ⅰ］の ア にあてはまる数を求めなさい。
(2) よく出る 基本 ［会話Ⅰ］の イ にあてはまる式を，nを使って表しなさい。

［会話Ⅱ］

ひかる 図形のタイルの枚数について，表にまとめてみたよ。

| 図形の番号（番） | 1 | 2 | … |
| タイルの枚数（枚） | 1 | 3 | … |

ゆうき 私は図形の周の長さについて，表にまとめてみたよ。

| 図形の番号（番） | 1 | 2 | … |
| 周の長さ（cm） | 6 | 12 | … |

ひかる 2つの表をくらべると， ウ 番の図形では，タイルの枚数が エ 枚で，周の長さが エ cmとなって，数値が等しくなっているよ。
ゆうき そうだね。単位はちがっても，数値が等しくなるのはおもしろいね。

(3) ［会話Ⅱ］の ウ ， エ にあてはまる数をそれぞれ求めなさい。

5 よく出る 右の図1のように，円すいを底面に平行な平面で切ってできる2つの立体のうち，底面をふくむ立体をPとする。円すいの底面の半径は3cm，切り口の円の半径は2cmである。また，線分ABは円すいの母線の一部であり，その長さは10cmである。
このとき，次の問いに答えなさい。
ただし，円周率はπとする。

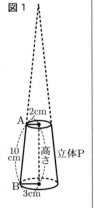

(1) 基本 立体Pの高さを求めなさい。
ただし，立体Pの高さとは，円すいの底面の円の中心と切り口の円の中心を結んだ線分の長さである。
(2) 立体Pの体積を求めなさい。

(3) 右の図2のように，立体Pをたおして平面上に置き，すべらないように転がしたところ，立体Pは，点Oを中心とする2つの円の間を何回か回転しながら1周して，もとの位置にもどった。このとき，立体Pは何回の回転をしたか求めなさい。

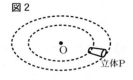

6 右の図1のように，高さが200cmの直方体の水そうの中に，3つの同じ直方体が，合同な面どうしが重なるように階段状に並んでいる。3つの直方体および直方体と水そうの面との間にすきまはない。この水そうは水平に置かれており，給水口Ⅰと給水口Ⅱ，排水口がついている。

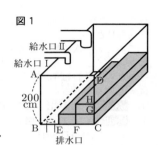

図2はこの水そうを面ABCD側から見た図である。点E，Fは，辺BC上にある直方体の頂点であり，BE＝EF＝FCである。また，点G，Hは，辺CD上にある直方体の頂点であり，CG＝GH＝40cmである。

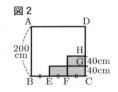

この水そうには水は入っておらず，給水口Ⅰと給水口Ⅱ，排水口は閉じられている。この状態から，次のア〜ウの操作を順に行った。

ア 給水口Ⅰのみを開き，給水する。
イ 水面の高さが80cmになったときに，給水口Ⅰを開いたまま給水口Ⅱを開き，給水する。
ウ 水面の高さが200cmになったところで，給水口Ⅰと給水口Ⅱを同時に閉じる。

ただし，水面の高さとは，水そうの底面から水面までの高さとする。

給水口Ⅰを開いてからx分後の水面の高さを$y$cmとするとき，xとyの関係は，右の表のようになった。

| x（分） | 0 | 5 | 50 |
| y（cm） | 0 | 20 | 200 |

このとき，次の問いに答えなさい。
ただし，給水口Ⅰと給水口Ⅱ，排水口からはそれぞれ一定の割合で水が流れるものとする。

(1) よく出る 基本 $x=1$のとき，yの値を求めなさい。
(2) よく出る 給水口Ⅰを開いてから，給水口Ⅰと給水口Ⅱを同時に閉じるまでのxとyの関係を表すグラフをかきなさい。

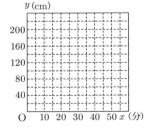

(3) よく出る 水面の高さが100cmになるのは，給水口Ⅰを開いてから何分何秒後か求めなさい。
(4) 思考力 水面の高さが200cmの状態から，給水口Ⅰと給水口Ⅱを閉じたまま排水口を開いたところ，60

分後にすべて排水された。排水口を開いてから 48 分後の水面の高さを求めなさい。

7 右の図1のように，線分 AB を直径とした円 O がある。円 O の周上に点 C があり，AC = BC である。また，点 A を含まない弧 BC 上に点 D をとり，線分 AD と線分 BC の交点を E，直線 AC と直線 BD の交点を F とする。

このとき，次の問いに答えなさい。

ただし，点 D は B，C と一致しないものとし，円周率は π とする。

図1
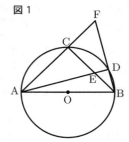

(1) **よく出る** △ACE ≡ △BCF を証明しなさい。

(2) **よく出る** 点 D を，図2 のように ∠CAD = 15° となるようにとったとき，△ACE と △BDE の面積比を求めなさい。

図2
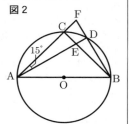

(3) **思考力** 点 D を，図3 のように △ABF の面積が △ABE の面積の2倍となるようにとる。

AB = 6 cm のとき，図の斜線部分の面積を求めなさい。

図3
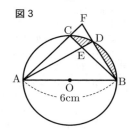

石川県

時間 50分　満点 100点　解答 P31　3月8日実施

出題傾向と対策

● **1** 小問集合，**2** 場合の数と確率，**3** 関数を中心とした問題，**4** 文章題，**5** 作図，**6** 立体の問題，**7** 平面図形の問題と例年通りの出題であった。**1** 以外はほぼ記述式で，説明や式，証明，作図と記述重視の出題はここ数年変化はない。

● 中学の全分野から出題されているので，教科書や問題集の問題を繰り返し勉強するとよい。基本問題が多いが，立式・計算，理由説明，証明，作図といった記述問題が中心で，ふだんから文字や式，グラフや図などを用いて簡素で正確な記述の練習をしていないと解答時間が足りなくなる。

1 **よく出る** **基本** 下の(1)〜(5)に答えなさい。

(1) 次のア〜オの計算をしなさい。

ア　$5 - (-4)$ （3点）

イ　$(-3)^2 \times 2 - 8$ （3点）

ウ　$\dfrac{15}{2}x^3y^2 \div \dfrac{5}{8}xy^2$ （3点）

エ　$\dfrac{4a - 2b}{3} - \dfrac{3a + b}{4}$ （3点）

オ　$\sqrt{54} - 2\sqrt{3} \div \sqrt{2}$ （3点）

(2) 右の図は，反比例のグラフである。y を x の式で表しなさい。（3点）

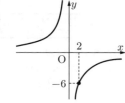

(3) $\sqrt{60n}$ が自然数になるような自然数 n のうちで，最も小さい値を求めなさい。（4点）

(4) a mL のジュースを7人に b mL ずつ分けたら，残りは 200 mL より少なくなった。このときの数量の間の関係を，不等式で表しなさい。（4点）

(5) A中学校の3年1組と2組の生徒それぞれ31人について，ある期間に読んだ本の冊数を調べた。右の図は，その分布のようすを箱ひげ図に表したものである。

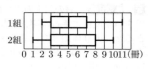

このとき，次のア〜オのうち，箱ひげ図から読みとれることとして正しいものを2つ選び，その符号を書きなさい。（4点）

ア　1組と2組の平均値は等しい。

イ　2組の第3四分位数のほうが，1組の第3四分位数より大きい。

ウ　どちらの組もデータの四分位範囲は9冊である。

エ　どちらの組にも，読んだ本が7冊以上の生徒は8人以上いる。

オ　どちらの組にも，読んだ本が10冊の生徒が必ずいる。

2 図1のように、箱の中に1, 2, 3の数字が1つずつ書かれた3個の赤玉と、1, 2の数字が1つずつ書かれた2個の白玉が入っている。
このとき、次の(1), (2)に答えなさい。

図1
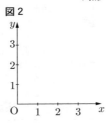

(1) 基本 箱から玉を2個同時に取り出すとき、玉に書かれた数の和が4になる玉の取り出し方は、全部で何通りあるか、求めなさい。 (4点)

(2) 図2のように、座標軸と原点Oがある。
箱から玉を1個ずつ、もとにもどさずに続けて2回取り出す。1回目に取り出した玉の色と数字によって、点Pを ☐ の中の規則にしたがって座標軸上にとる。また、2回目に取り出した玉の色と数字によって、点Qを ☐ の中の規則にしたがって座標軸上にとる。

図2

<規則>
・赤玉を取り出したときは、玉に書かれた数を x 座標として x 軸上に点をとる。
・白玉を取り出したときは、玉に書かれた数を y 座標として y 軸上に点をとる。

このとき、O, P, Qを線分で結んだ図形が三角形になる確率を求めなさい。また、その考え方を説明しなさい。説明においては、図や表、式などを用いてよい。ただし、どの玉が取り出されることも同様に確からしいとする。 (6点)

3 よく出る 図1のように、針金の3か所を直角に折り曲げて長方形の枠を作る。その長方形の周の長さを x cm とし、面積を y cm² とする。ただし、針金の太さは考えないものとする。
このとき、次の(1)～(3)に答えなさい。

図1

(1) 基本 $x = 22$ とする。横が縦より3cm長い長方形となるとき、縦の長さを求めなさい。 (3点)

(2) 図2は、針金を折り曲げて正方形の枠を作るときの x と y の関係をグラフに表したものである。このグラフで表された関数について、x の値が8から20まで増加するときの変化の割合を求めなさい。 (4点)

図2
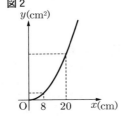

(3) 2つの針金をそれぞれ折り曲げて、縦と横の長さの比が $1:4$ の長方形の枠と、縦が a cm で、横が縦より長い長方形の枠を作る。

図3は、この2通りの方法でできる長方形それぞれについて、x と y の関係をグラフに表したものである。これらのグラフから、2通りの方法でできるそれぞれの長方形の周の長さがともに50cmであるとき、面積の差が14cm²であることが読みとれる。
このとき、a の値を求めなさい。ただし、$a < \dfrac{25}{2}$ とする。なお、途中の計算も書くこと。 (7点)

図3
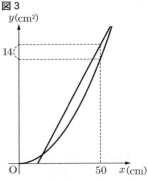

4 よく出る ある店では、とり肉とぶた肉をそれぞれパック詰めして販売している。右の表は、この店で販売しているとり肉、ぶた肉それぞれ100gあたりの価格を示したものである。

100gあたりの販売価格(税抜き)	
とり肉	120円
ぶた肉	150円

太郎さんは、この店でとり肉1パックと、ぶた肉2パックを購入した。太郎さんが購入したぶた肉2パックの内容量は等しく、とり肉とぶた肉の内容量はあわせて720g、合計金額は1020円であった。
このとき、太郎さんが購入したとり肉1パックとぶた肉1パックの内容量はそれぞれ何gか、方程式をつくって求めなさい。なお、途中の計算も書くこと。ただし、消費税は考えないものとする。 (10点)

5 右の図のように、△ABCと、点Aを通る直線 l がある。また、辺BCと直線 l の交点をDとする。これを用いて、次の ☐ の中の条件①～③をすべて満たす点Pを作図しなさい。ただし、作図に用いた線は消さないこと。 (8点)

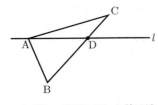

① 点Pは、直線 l に対して点Bと同じ側にある。
② ∠ABP = ∠CBP
③ ∠DAP = ∠DAC

6 図1～図3のように、底面GHIJKLが1辺4cmの正六角形で、AG = 8cm の正六角柱 ABCDEF − GHIJKL がある。
このとき、次の(1)～(3)に答えなさい。

(1) 基本 図1において、辺AFに平行な辺をすべて書きなさい。 (3点)

図1
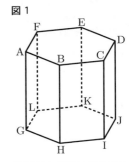

(2) 図2において，線分 AI の長さを求めなさい。なお，途中の計算も書くこと。
(4点)

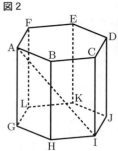
図2

(3) 思考力 図3のように，辺 DJ 上に点 M を，辺 EK 上に点 N を，DE // MN となるようにとる。立体 MN - IJKL の体積が正六角柱 ABCDEF - GHIJKL の体積の $\frac{1}{12}$ 倍になるとき，DM : MJ を最も簡単な整数の比で表しなさい。なお，途中の計算も書くこと。
(7点)

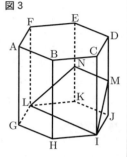
図3

7 図1～図3のように，円 O の周上に 4 点 A，B，C，D があり，線分 AC と BD の交点を E とする。
このとき，次の(1)～(3)に答えなさい。

(1) 図1のように，BD は円 O の直径，∠ABD = 24°，∠BOC = 82° のとき，∠AED の大きさを求めなさい。
(3点)

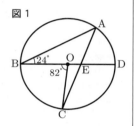
図1

(2) 図2のように，BC は円 O の直径，∠ACB = 45° とする。また，点 A を含まない $\stackrel{\frown}{BC}$ 上に点 F を，$\stackrel{\frown}{AD} = \stackrel{\frown}{CF}$ となるようにとる。
このとき，△ABD ≡ △CAF であることを証明しなさい。 (5点)

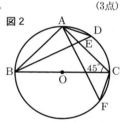
図2

(3) 図3において，AC は ∠BCD の二等分線である。また，点 G を線分 AB 上に GE // BC となるようにとり，直線 GE と線分 CD の交点を H とする。
AG = 1 cm， GB = 2 cm，CD = 4 cm のとき，線分 BC の長さを求めなさい。なお，途中の計算も書くこと。
(6点)

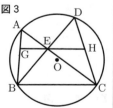
図3

福井県

時間 60分　満点 100点　解答 P32　2月15日実施

* 注意　1．(解)・(作図)・(説明)・(証明) の場所には，求め方や導き方などを丁寧に書きなさい。
　　　2．指示されていない限り，円周率は π を用いなさい。

出題傾向と対策

● A 問題は **1** 小問集合，**2** データの散らばりと四分位範囲と平面図形に関する小問，**3** 確率，**4** 数と式の利用，**5** 関数の総合問題であった。分量，難易度は大きく変わらないが，昨年同様，思考力を問う問題の比重が大きい。B 問題は **1** 小問集合，**2** 確率，**3** 数と式の利用，**4** 関数の総合問題，**5** 平面図形の総合問題であり，問題の構成は昨年と同様であったが，**5** は(1)の証明を含め難化したと思われる。昨年と同様に，**1** の一部と A 問題 **2** と B 問題 **5** 以外は共通の問題であった。

選択問題A

1 よく出る 基本 次の問いに答えよ。
(1) 次の計算をせよ。
ア $-3 + (-2) \times (-5)$ (3点)
イ $4ac \times 6ab \div 3bc$ (3点)
ウ $\sqrt{2} \times \sqrt{6} + \sqrt{27}$ (4点)
エ $\frac{a+2b}{2} - \frac{b}{3}$ (4点)

(2) $a^2 - a - 6$ を因数分解せよ。 (4点)

(3) 次の連立方程式，二次方程式を解け。
ア $\begin{cases} x - y = 5 \\ 2x + 3y = -5 \end{cases}$ (4点)
イ $x^2 + x - 1 = 0$ (4点)

(4) 次の数量の関係を，不等式で表せ。
「1本50円の鉛筆 x 本と1冊100円のノート y 冊を買おうとしたが，1000円ではたりなかった。」 (4点)

(5) 3辺の長さが 2 cm，3 cm，$\sqrt{13}$ cm である三角形が直角三角形になる理由を，言葉や数，式を用いて説明せよ。 (5点)

(6) 右の図で，△ABC の ∠A の二等分線と辺 BC の交点 D を作図せよ。ただし，作図に用いた線は消さないこと。 (5点)

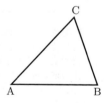

2 基本 次の問いに答えよ。
(1) 新傾向 ある学校の生徒10人に対してクイズを10問ずつ行った。それぞれの生徒の正解数を小さいほうから順に並べたデータと，そのデータの箱ひげ図は次のようになった。このとき，ア～エにあてはまる値と，この10人の正解数の四分位範囲を求めよ。
(10点)

(データ)
　　3, 4, 6, 6, ア , 8, 8, 9, 9, イ

(箱ひげ図)

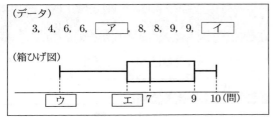

(2) 下の【証明】は△ABCの内角の和が180°になることを証明したものである。このとき， ア ， イ にあてはまる角を書き入れて証明を完成させよ。(6点)

【証明】
右の図のように，3点B，C，Dが一直線上にあるように点Dをとり，AB∥ECとなるように点Eをとる。
平行線の同位角は等しいので，AB∥ECから，
∠ABC＝ ア ……①
また，平行線の錯角は等しいので，AB∥ECから，
∠BAC＝ イ ……②
①，②から，△ABCの内角の和を求めると，
∠ABC＋∠BAC＋∠ACB
＝ ア ＋ イ ＋∠ACB＝∠BCD となり，3点B，C，Dは一直線上にあるから，∠BCD＝180°であり，△ABCの内角の和は180°である。

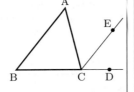

(3) 次の五角形の内角の和を求めよ。(4点)

3 思考力　右の図は，1辺の長さが1cmの正方形ABCDである。点Pは最初，頂点Aにあり，1枚の硬貨を1回投げるごとに，正方形の辺上を，次の【規則】にしたがって動く。

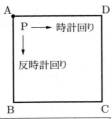

【規則】
○1回目に硬貨を投げるとき
　・出た面が表のときは反時計回りに1cm，裏のときは時計回りに2cm動く。
○2回目，3回目に硬貨を投げるとき
　・直前に投げた硬貨と同じ面が出た場合は，動かない。
　・直前に投げた硬貨と違う面が出た場合は，出た面が表のときは反時計回りに1cm，裏のときは時計回りに2cm動く。
(例) 硬貨を3回投げ，表，表，裏の順に出たとき，点Pは頂点Dにある。

このとき，次の問いに答えよ。ただし，硬貨の表と裏の出かたは同様に確からしいとする。
(1) 硬貨を2回投げるとき，点Pが頂点Cにある確率を求めよ。(5点)
(2) 硬貨を3回投げるとき，点Pがどの頂点にある確率がもっとも大きくなるか，その頂点を書き，そのときの確率を求めよ。(5点)

4 思考力　大きさが等しい正方形の白いタイル（□）と黒いタイル（■）がある。下の図のように，はじめに黒いタイルを1枚置き，その黒いタイルを囲むように，四隅は黒いタイルを，他の部分は白いタイルをすきまなく並べる。そのときできた正方形を1番目の図形とする。次に1番目の図形を囲むように，四隅は黒いタイルを，他の部分は白いタイルをすきまなく並べる。そのときできた正方形を2番目の図形とする。同様に，できた図形を囲むように，四隅は黒いタイルを，他の部分は白いタイルをすきまなく並べ，順に図形を作っていく。
このとき，次の問いに答えよ。

(はじめ)　(1番目)　(2番目)　(3番目)　……

(1) 5番目の図形において，黒いタイルの枚数を求めよ。(2点)
(2) n 番目の図形において，黒いタイルの枚数と，すべてのタイルの枚数を，n を用いた式で表せ。(4点)
(3) 何番目の図形であっても，白いタイルの枚数は偶数の2乗になることを，言葉や数，式を用いて説明せよ。(4点)

5 右の図のように，
関数 $y=\dfrac{1}{2}x^2$…①，
関数 $y=ax^2$（a は正の定数）…②
のグラフがある。x 軸上に点Aをとる。点Aから y 軸と平行な直線をひき，①のグラフとの交点をB，②のグラフとの交点をCとする。ただし，点Aの x 座標は正とする。
このとき，次の問いに答えよ。

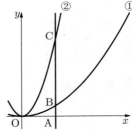

(1) 基本　点Cの y 座標が，点Bの y 座標よりも大きいとき，a の値と，$\dfrac{1}{2}$ の関係について，次のア～ウから正しいものを1つ選び，その記号を書け。(2点)
　ア $a<\dfrac{1}{2}$　イ $a>\dfrac{1}{2}$　ウ $a=\dfrac{1}{2}$

(2) 点Aの x 座標が2のとき，AB：BC＝1：3 であった。
　ア 2点B，Cの y 座標と，a の値を求めよ。(6点)
　イ ②の関数について，x の変域が $-3\leqq x\leqq 2$ のときの y の変域を求めよ。(4点)
　ウ ①の関数の x の変域が $-3\leqq x\leqq b$ のときの y の変域と，イで求めた y の変域が等しくなった。このとき，b の値を求めよ。(4点)

(3) 難　思考力　$a=3$，点Aの x 座標が3のとき，①，②のグラフと線分BCで囲まれた図形の周および内部において，x 座標，y 座標がともに整数である点の個数を求めよ。(4点)

選択問題B
1 よく出る　次の問いに答えよ。
(1) 次の計算をせよ。
　ア　選択問題A **1**(1)ウと同じ
　イ　選択問題A **1**(1)エと同じ

(2) 基本 $\sqrt{50^2-1}$ を $a\sqrt{b}$ の形で表せ。ただし，a は自然数，b はできるだけ小さな自然数とする。（5点）

(3) 選択問題A 1(3)と同じ

(4) 選択問題A 1(4)と同じ

(5) 思考力 あるクラスの生徒21人をA班10人とB班11人の2つの班に分け，通学時間の調査を行った。A班，B班それぞれの通学時間の平均値を計算したところ，B班の平均値は，A班の平均値よりも大きく，差は5分であった。その後，A班の太郎さんの通学時間が30分長くなったため，改めてA班10人の平均値を計算した。このときA班とB班の平均値は，どちらが大きいか。A，Bのどちらかを（　）に書き入れ，その理由を言葉や数，式を用いて説明せよ。（5点）

（　）班の平均値が大きい。
（説明）

(6) 選択問題A 1(5)と同じ

(7) 右の図のように，△ABCとその内部に点Pがある。
△ABCを点Pを通る直線を折り目として，頂点Aが辺BC上にくるように折るとき，折り目とした直線と辺ABとの交点Dを作図せよ。
ただし，作図に用いた線は消さないこと。（5点）

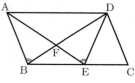

2 1 選択問題A 3 と同じ
  2 選択問題A 4 と同じ
  3 選択問題A 5 と同じ

5 難 思考力
右の図のように，平行四辺形ABCDの辺BC上に，∠ABD＝∠AEDとなる点Eをとる。線分AEと線分BDの交点をFとする。ただし，∠BADは鋭角とする。
このとき，次の問いに答えよ。
(1) △AED≡△BDCであることを証明せよ。（10点）
(2) △FBEと△DECの面積の比が9:16のとき，次の問いに答えよ。
ア AD:BEを求めよ。（5点）
イ 右の図のように平行四辺形ABCDの対角線ACと対角線BD，線分DEとの交点をそれぞれG，Hとする。AG＝3cmとするとき，CHの長さを求めよ。（5点）

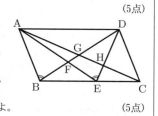

山梨県

時間 45分　満点 100点　解答 P34　3月3日実施

出題傾向と対策

● 昨年と同様大問6題の出題で，1が計算の小問集合，2が小問集合，3が文字式の利用・方程式と確率，4が一次関数とダイヤグラム，5が関数 $y=ax^2$ と平面図形，6が空間図形であった。出題内容・順にやや変化があり，難易度が少し上がった感じがある。記述部分も複数あり，理解を問うているものが多い。

● 試験時間が45分と短いわりには，問題量が多く，素早く解いていく処理能力と思考力が問われる差がつきやすい構成。普段から解答の理由をしっかり考えて記述する練習もしておこう。

1 基本　次の計算をしなさい。
1　$6-(-7)$　（3点）
2　$14 \div \left(-\dfrac{7}{2}\right)$　（3点）
3　$-2^2+(-5)^2$　（3点）
4　$\sqrt{8}-3\sqrt{6}\times\sqrt{3}$　（3点）
5　$9x^2y \times 4x \div (-8xy)$　（3点）
6　$x(3x+4)-3(x^2+9)$　（3点）

2 基本　次の問題に答えなさい。
1　2次方程式 $x^2-9x-36=0$ を解きなさい。（3点）
2　右の図において，点C，D，Eは，ABを直径とする円Oの周上の点である。また，$\stackrel{\frown}{AC}=\stackrel{\frown}{AD}$ である。
∠CAB＝57°のとき，∠x の大きさを求めなさい。（3点）

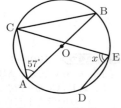

3　y は x に反比例し，$x=4$ のとき $y=-5$ である。このときの比例定数を求めなさい。（3点）

4　右の図において，円Oの周上にあって，直線 l からの距離が最も短い点を作図によって求めなさい。そのとき，求めた点を●で示しなさい。
ただし，作図には定規とコンパスを用い，作図に用いた線は消さずに残しておくこと。（3点）

5　あるクラスで生徒の家にある本の冊数を調べた。15人ずつA班とB班に分け，それぞれの班のデータを集計した。図は，A班のデータの分布のようすを箱ひげ図に表したものである。
このとき，次の(1)，(2)に答えなさい。
(1) 図において，A班の箱ひげ図から，四分位範囲を求めなさい。（3点）

図
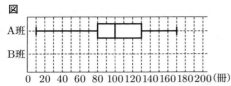

(2) 下のデータは，B班のデータを小さい方から順に整理したものである。このデータをもとに，B班のデータの分布のようすを表す箱ひげ図をかき入れなさい。
(3点)

| 20 | 35 | 80 | 100 | 110 | 120 | 120 | 130 | 140 | 145 |
| 155 | 160 | 170 | 170 | 180 | (冊) |

3 基本 ある中学校では，芸術鑑賞会を体育館で行うことになり，生徒会役員のAさんは，そのための準備をしている。このことに関する次の問題に答えなさい。

1 Aさんは，体育館の椅子の並べ方を検討している。右の会場図のように体育館の左右に同じ幅で通路を作り，椅子と椅子の間が等間隔になるように椅子を並べることにした。椅子と椅子の間の長さは，1.5 m とることになっている。Aさんは，生徒がステージをよく見ることができるように横にできるだけ多くの椅子を並べようと考えている。体育館の横の長さは 29 m，使う椅子の横幅はすべて 50 cm であることがわかっている。

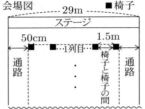

1列目に並べる椅子の数と通路の横幅の関係については，次の式で表すことができ，Aさんは，その式を用いて1列目に並べる椅子の数と通路の横幅を検討することにした。

Aさんが検討に用いた式
1列目に並べる椅子の数を x 脚，通路の横幅を y m としたとき
$$0.5x + 1.5(x-1) + 2y = 29$$

このとき，次の(1)，(2)に答えなさい。

(1) Aさんが検討に用いた式の $(x-1)$ が表しているものを次のア〜エから1つ選び，その記号を書きなさい。
(3点)

ア 1列目に並べる椅子の数
イ 椅子と椅子の間の長さ
ウ 椅子と椅子の間の数
エ 椅子と椅子の間の長さの和

(2) Aさんが1列目に椅子を12脚並べようとしていたところに，「演出の都合上，左右の通路の横幅をそれぞれ 3.5 m は確保してほしい」という連絡があった。1列目に椅子を12脚並べたとき，通路の横幅を 3.5 m とることができるか。次のア，イから正しいものを1つ選び，その記号を書きなさい。また，それが正しいことの理由をAさんが検討に用いた式をもとに根拠を示して説明しなさい。
(5点)

ア 通路の横幅を 3.5 m とることができる。
イ 通路の横幅を 3.5 m とることができない。

2 生徒会役員Aさん，Bさん，Cさん，Dさん，Eさん，Fさんの6人の中から，芸術鑑賞会当日に花束贈呈を担当する人を2人選ぶことになった。花束贈呈を担当する2人については，次の方法で選ぶ。

右の図のように，箱の中に6人それぞれの名前が書かれたカードが1枚ずつ入っている。箱の中のカードをよくかきまぜてから，一度に2枚のカードを取り出し，カードに名前が書かれている人が花束贈呈を担当する。
ただし，どのカードを取り出すことも同様に確からしいものとする。

図

このとき，次の(1)，(2)に答えなさい。

(1) 6人の中から花束贈呈を担当する2人を選ぶときの選び方は，全部で何通りあるか求めなさい。 (3点)

(2) Aさん，Bさんのどちらも花束贈呈の担当に選ばれない確率を求めなさい。 (3点)

4 思考力 姉と弟は，母の誕生日パーティーの準備をしている。2人は10時に自宅を出発し，姉は自転車で花屋とケーキ屋へ，弟は徒歩で雑貨屋へ買い物をするために出かけた。姉は雑貨屋の前とケーキ屋の前を通過し，花屋で買い物をしてから，帰りにケーキ屋で買い物をした。次の**資料**は，各地点の間の道のりと2人の移動のようすを示したものである。ただし，2人は同じ道を往復することとし，どの区間でも移動する速さは，それぞれ一定であるものとする。

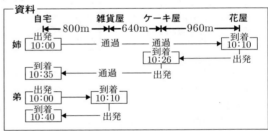

図の①は，姉が移動するようすについて，10時 x 分の地点から自宅までの道のりを y m として，x と y の関係を表したグラフの一部である。また，図の②は，弟が移動するようすについて，10時 x 分の地点から自宅までの道のりを y m として，x と y の関係を表したグラフである。

図
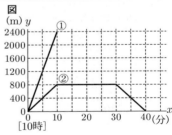

このとき，次の1〜4に答えなさい。

1 2人が出発してから5分経過したとき，姉のいる地点と弟のいる地点の道のりの差を図のグラフから求めることができる。その方法を説明しなさい。ただし，実際に道のりの差を求める必要はない。 (5点)

2 図の②について，x の変域が $0 \leq x \leq 10$ のとき，y を x の式で表しなさい。 (3点)

3 姉が花屋とケーキ屋に滞在していた時間をそれぞれ求めなさい。 (4点)

4 弟は，雑貨屋から自宅まで帰る途中で姉に追い越され

た。追い越された地点から自宅までの道のりを求めなさい。(3点)

5 **よく出る** 次の問題に答えなさい。

1 図1において、①は関数 $y = ax^2$ ($a > 0$) のグラフであり、点 A、B は①上にある。点 A、B の x 座標はそれぞれ -6、4 である。

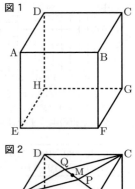
図1

このとき、次の(1),(2)に答えなさい。
(1) $a = \dfrac{1}{4}$ のとき、直線 AB の式を求めなさい。(3点)
(2) △AOB の面積が 20 になるときの a の値を求めなさい。(3点)

2 図2において、△ABC は、∠ABC = 90° の直角三角形である。頂点 B から辺 AC に垂線をひき、その交点を D とする。

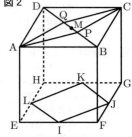
図2

このとき、次の(1)〜(3)に答えなさい。
(1) △ABD ∽ △BCD となることを証明しなさい。(6点)
(2) 図3のように、∠DBC の二等分線をひいたときの辺 AC との交点を E とする。次の説明は、図3において、AB = AE が成り立つことを示したものである。

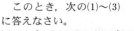
図3

X と Y に当てはまるものを、下のア〜カから1つずつ選び、その記号を書きなさい。(4点)

説明
∠ABC は直角であるから、
　∠ABE + ∠EBC = 90° ……①
△DBE は直角三角形であるから、
　∠DEB + X = 90° ……②
また、仮定より ∠EBC = X であるから、
①、②より、∠ABE = ∠AEB
したがって △ABE において、Y から、
　AB = AE

ア ∠ABD　イ ∠BCE　ウ ∠DAB
エ ∠DBE
オ 2つの辺が等しい三角形は2つの角が等しくなる
カ 2つの角が等しい三角形は二等辺三角形になる

(3) 図3において、AB = 3 cm、BC = 4 cm であるとき、線分 BE の長さを求めなさい。(4点)

6 図1のような一辺の長さが 8 cm の立方体 ABCD − EFGH がある。
このとき、次の1、2に答えなさい。

図1

1 **基本** 四角形 ABCD の対角線の長さを求めなさい。(3点)

2 図2のように、図1の立方体の辺 EF、FG、GH、HE の中点にそれぞれ I、J、K、L をとり、線分 BD の中点に M をとる。また、点 P は BP : PM = 3 : 1 となる線分 BM 上の点であり、点 Q は
MQ : QD = 1 : 3 となる線分 MD 上の点である。

図2

このとき、次の(1)〜(3)に答えなさい。
(1) 四角形 APCQ と四角形 LIJK の面積比を最も簡単な整数の比で表しなさい。(4点)
(2) 3点 A、I、M を頂点とする △AIM の面積を求めなさい。(4点)
(3) **難** 図3において、図2の8点 A、P、C、Q、L、I、J、K を頂点とする立体の体積を求めなさい。(4点)

図3

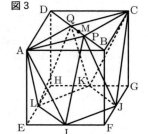

長野県

- 時間 50分
- 満点 100点
- 解答 P36
- 3月7日実施

* 注意　分数で答えるときは，指示のない限り，それ以上約分できない分数で答えなさい。また，解答に $\sqrt{\ }$ を含む場合は，$\sqrt{\ }$ の中を最も小さい自然数にして答えなさい。

出題傾向と対策

- 大問は4題で，**1**は基本問題を中心とする小問集合，**2**は，箱ひげ図の読みとりと式の利用，**3**は関数，**4**は円を中心とした平面図形の問題であった。出題分野や難易度は例年同様で変化はないが，表やグラフ，図形から判断して，説明や式を求める問題が多く出題されている。
- 基礎・基本的な問題が中心であるが，説明文や表・グラフが多いので，読みとる力や理解力を身につけ，短時間で処理できるよう練習しておこう。

1 よく出る 基本　各問いに答えなさい。

(1) $-3+4$ を計算しなさい。(3点)

(2) n を負の整数としたとき，計算結果がいつでも正の整数になる式を，次のア〜エから1つ選び，記号を書きなさい。(3点)
ア　$5+n$　イ　$5-n$　ウ　$5 \times n$　エ　$5 \div n$

(3) $\dfrac{3x-5y}{2} - \dfrac{2x-y}{4}$ を計算しなさい。(3点)

(4) $(x-3)^2 + 2(x-3) - 15$ を因数分解しなさい。(3点)

(5) 二次方程式 $x^2 + 2x - 1 = 0$ を解きなさい。(3点)

(6) 12mのロープを x 等分したときの，1本分のロープの長さを y m とする。x と y の関係についていえることを，次のア〜エから2つ選び，記号を書きなさい。(3点)

ア　x の値が2倍，3倍，4倍，……になると，y の値も2倍，3倍，4倍，……になる。
イ　x の値が2倍，3倍，4倍，……になると，y の値は $\dfrac{1}{2}$ 倍，$\dfrac{1}{3}$ 倍，$\dfrac{1}{4}$ 倍，……になる。
ウ　対応する x と y の値の積 xy は一定である。
エ　対応する x と y の値の商 $\dfrac{y}{x}$ は一定である。

(7) ある郵便物の重さをデジタルはかりで調べたところ，31g と表示された。この数値は小数第1位を四捨五入して得られた値である。この郵便物の重さの真の値を a g としたとき，a の範囲を不等号を使って表したものとして正しいものを，次のア〜エから1つ選び，記号を書きなさい。(3点)

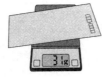

ア　$30.5 < a < 31.5$　イ　$30.5 \leqq a \leqq 31.5$
ウ　$30.5 \leqq a < 31.5$　エ　$30.5 < a \leqq 31.5$

(8) 赤玉2個，青玉3個が入っている袋がある。この袋から，玉を1個取り出し，それを袋に戻さないで，続けて玉を1個取り出す。このとき，取り出した2個の玉の色が異なる確率を求めなさい。ただし，どの玉が取り出されることも同様に確からしいものとする。(3点)

(9) ノートには，ある連立方程式とその解が書かれていたが，一部が消えてしまった。消えてしまった二元一次方程式はどれか，次のア〜エから1つ選び，記号を書きなさい。(3点)

〔ノート〕
連立方程式
$\begin{cases} x+y=-1 \\ \text{（消えている）} \end{cases}$
その解
$x=2, y=$（消えている）

ア　$x-y=-1$
イ　$3x-2y=10$
ウ　$x+4y=10$
エ　$x-3y=11$

(10) 図1のように，△ABC がある。辺 BC 上に，BC ⊥ AP となる点 P を，定規とコンパスを使って作図しなさい。ただし，点 P を表す文字 P も書き，作図に用いた線は消さないこと。(3点)

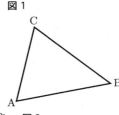

図1

(11) 図2において，$\angle x$ の大きさを求めなさい。(3点)

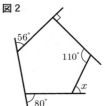

図2

(12) 図3は，半径が 3cm の球 A と底面の半径が 2cm の円柱 B である。A と B の体積が等しいとき，B の高さを求めなさい。(3点)

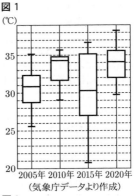

図3

2　各問いに答えなさい。

Ⅰ 新傾向　守さんは，A市について2005年，2010年，2015年，2020年の8月の日最高気温（その日の最も高い気温）を調べ，どのような傾向にあるか考えるため，図1の箱ひげ図に表した。

(1) 図2は，図1のいずれかの年の箱ひげ図をつくる際にもとにしたデータを，ヒストグラムに表したものである。図2は，何年のヒストグラムか書きなさい。(2点)

(2) 図1から読みとれることとして，次の①，②は，「正しい」，「正しくない」，「図1

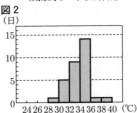

図1 (℃) 2005年 2010年 2015年 2020年 （気象庁データより作成）

図2 (日)

からはわからない」のどれか，最も適切なものを，下のア～ウから1つずつ選び，記号を書きなさい。(4点)

① 2020年は，8月の日最高気温の散らばりが，4つの箱ひげ図の中で2番目に小さい。
② 2005年は，8月の日最高気温が35℃を超えた日は1日しかない。

ア 正しい　　イ 正しくない
ウ 図1からはわからない

(3) 図1で，2010年と2015年の8月の日最高気温の分布を比較して次のようにまとめた。 あ ， い に当てはまる最も適切なものを，下のア～エから1つずつ選び，記号を書きなさい。ただし， あ ， い には異なる記号が入る。(3点)

最大値を比べると，2015年は2010年よりも高いことがわかる。しかし，2015年は，全体の あ 以上の日が30℃を超えていたが，2010年は，全体の あ 以上の日が34℃を超えていた。また，2010年の最小値は約29℃であるが，2015年は，全体の約 い の日が27℃以下であり，2015年は2010年と比べて，日最高気温の低い日が多かったことがわかる。

ア 25%　　イ 50%　　ウ 75%　　エ 100%

Ⅱ **よく出る**
春さんは，自然数をある規則に従って並べ，表にまとめた。図3はその一部である。春さんは咲さんに，表

図3
	1列目	2列目	3列目	4列目	5列目	…
1行目	1	2	3	4	5	
2行目	2	4	6	8	10	
3行目	3	6	9	12	15	
4行目	4	8	12	16	20	

を用いて，次のような数あてマジックを行った。

春：表の中から1つ数を選んでください。その数は表の何行目にありますか？
咲：3行目だよ。
春：選んだ数とその右隣の数，さらにその右隣の数の3つの数をたすといくつになりますか？
咲：27だよ。
春：最初に選んだ数は…，表の3行目の2列目にある6ですね。
咲：あたり！どうしてわかったの？

(1) 春さんは，**数あてマジックの仕組み**とその説明を咲さんに示すため，ノート1にまとめた。　　　　に途中の過程を書き，正しい説明を完成させなさい。(4点)

〔ノート1〕

〔数あてマジックの仕組み〕
最初に選んだ数をa，aの右隣の数をb，bの右隣の数をcとする。
① 3つの数a，b，cの和を3でわるとbがわかる。
② aがm行目の数であるとき，bからmをひくと，最初に選んだ数aがわかる。

数あてマジックの仕組みの①について，図4のように，aをm行目，n列目の数とし，$a+b+c$と$3b$が等しくなることを，

図4

	…	n	$n+1$	$n+2$	…
:					
m		a	b	c	
:					

m，nを用いて説明する。
$a = mn$，$b = m(n+1)$，$c = m(n+2)$ と表されるから，

$a+b+c$
$=$

したがって，$a+b+c = 3b$ が成り立つ。

数あてマジックの仕組みの②について，bからmをひくと，
$b - m = m(n+1) - m = mn + m - m = mn$
である。$a = mn$ より，$b - m = a$ である。

(2) 春さんは，表において，横に連続して並ぶ5つの数についても，同じような関係が成り立つことに気づき，ノート2にまとめた。ノート2が正しくなるように， う ， お には当てはまる適切な数を， え にはa，b，c，d，eのいずれかの文字1つを，それぞれ書きなさい。(6点)

〔ノート2〕最初に選んだ数をa，aの右隣の数をb，bの右隣の数をc，cの右隣の数をd，dの右隣の数をeとする。5つの数a，b，c，d，eの和を う でわると え がわかる。表の11行目にある数のうち，横に連続して並ぶ5つの数の和が605である。このとき，最初に選んだ数aは お である。

3 各問いに答えなさい。

Ⅰ **よく出る** 秋さんの家には，水の放出量が異なる2つの加湿器A，Bがある。A，Bにはともに「強」「弱」の2つの設定があり，各設定の1時間あたりの水の放出量は表のとおりである。ただし，A，Bのどの設定もそれぞれ一定の割合で水を放出し，放出された水の量だけ水タンクから水が減るものとする。

表　各設定の1時間あたりの水の放出量

	設定	
	強	弱
A	0.4L	あ L
B	0.8L	0.3L

(1) 秋さんは，まずAを使ってみた。水タンクに2Lの水を入れた状態から「弱」の設定で運転し，4時間後に「強」の設定に切り替えたところ，運転開始からちょうど7時間後に水タンクの水がなくなった。図1は，運転開始からx時間後の水タンクの水の量をyLとして，xとyの関係を表したグラフである。

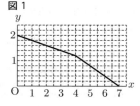

図1

① 表の あ に当てはまる適切な数を求めなさい。(2点)
② xの変域が $4 \leqq x \leqq 7$ のとき，xとyの関係を式に表しなさい。(2点)

(2) 秋さんは，次にBを使った。Bには，室内が一定の湿度に達すると「強」から「弱」の設定に自動で切り替わる機能がある。水タンクに3Lの水を入れた状態から「強」の設定で運転し，途中で「弱」の設定に

自動で切り替わり，そのまま「弱」の設定で運転を続けたところ，運転開始からちょうど8時間後に水タンクの水がなくなった。秋さんは，Bの運転開始からの時間と水タンクの水の量について，次のようにまとめた。

〔秋さんがまとめたこと〕
Bの運転開始から x 時間後の水タンクの水の量を y L として，図2に水の量の変化をかき入れる。
まず，y 軸上の点(0, 3)を通り，傾き -0.8 の直線をひく。
次に，　　い　　の直線をひく。
このとき，この2本の直線の　う　の　え　座標は，「強」から「弱」の設定に切り替わった時間を表している。

図2

① 秋さんがまとめたことが正しくなるように，　い　に当てはまる適切な言葉を，秋さんがまとめたことの下線部のように座標と傾きを具体的に示して書きなさい。また，　う　には当てはまる適切な語句を，　え　には当てはまる適切な文字を，それぞれ書きなさい。(6点)
② Bの設定が「強」から「弱」に切り替わったのは，運転開始から何時間何分後か，求めなさい。(3点)

II よく出る 基本 図3

図3は，関数 $y = \frac{1}{4}x^2$ のグラフ上に，x 座標が正の数 a である点Aをとり，関数 $y = \frac{1}{2}x^2$ のグラフ上に，点Aと x 座標が等しい点Bと，点Bと y 軸について対称な点Cをとり，△ABCをつくったものである。

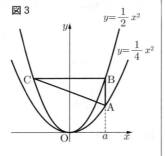

(1) $a = 4$ のとき，ABの長さを求めなさい。(2点)
(2) ABとBCの長さが等しくなるとき，a の値を求めなさい。(3点)
(3) 図4は，図3において $a = 2$ とし，y 軸上に，y 座標が2より大きい点Pをとったものである。
  ① △BCPの面積が，△ABCの面積と等しくなるとき，点Pの座標を求めなさい。(2点)
  ② △ACPの面積が，△ABCの面積と等しくなるとき，点Pの座標を求めなさい。(3点)

図4

4 各問いに答えなさい。
点を動かしたり，図形の大きさを変えたりすることができる数学の作図ソフトがある。桜さんは，その作図ソフトを使って，次の作図の手順に従って図1をかき，点Pを線分AB上で，点Aから点Bの向きに動かしたときの図形を観察した。

図1

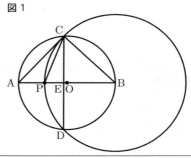

〔作図の手順〕
❶ 長さが6cmの線分ABを直径とする円Oをかく。
❷ 線分AB上に点Pをとる。ただし，点Pは点A, Bと重ならないものとする。
❸ 点Bを中心として，線分BPを半径とする円Bをかく。
❹ 円Oと円Bの交点をそれぞれC, Dとする。
❺ 点Cと点Dを結び，線分ABと線分CDの交点をEとする。
❻ 点Cと3点A, P, Bをそれぞれ結ぶ。

なお，「点Pを線分AB上のどこにとっても，線分ABと線分CDは垂直に交わる。」
このことは，(1)〜(4)の解答において，証明せずに用いてよい。

(1) よく出る 基本 図1において，点Pを，AP = 2 cm の位置にとったとき，BCの長さを求めなさい。(2点)
(2) よく出る 基本 図2
図2は，図1において，点Pを円Oの中心と重なるように動かしたものである。ただし，円Oの中心を表す文字Oを省いて表している。
① ∠ACPの大きさを求めなさい。(2点)
② CDの長さを求めなさい。(3点)

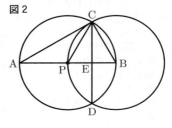

(3) 桜さんは，作図ソフトで何度も点Pを線分AB上で動かしているうちに，次の2つのことが成り立つのではないかと予想を立てた。

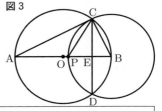

〔予想〕
点Pを線分AB上のどこにとっても，
❶ △ABCと△CBEは相似である。
❷ 線分CPは∠ACEを二等分する。

桜さんの予想は，図3を用いて，次のようにそれぞれ証明することができる。

〔予想❶の証明〕
△ABC と △CBE で，
　あ　　だから，∠ACB = 90°
AB ⊥ CD だから，∠CEB = 90°
よって，∠ACB = ∠CEB ……①

　　　　い

〔予想❷の証明〕
　あ　　だから，∠ACB = 90°
∠ACB = ∠ACP + ∠PCB より
　　∠ACP = 90° − ∠PCB ……①
AB ⊥ CD だから，△CPE は
∠CEP = 90° の直角三角形であり，
　　∠PCE = 90° − ∠CPE ……②

　　　　う

よって，∠PCB = ∠　え　…③
①，②，③より，∠ACP = ∠PCE
したがって，線分 CP は ∠ACE を二等分する。

① 　あ　 に当てはまる，∠ACB = 90° の根拠となる ことがらを書きなさい。ただし，**予想❶の証明**の 　あ　 と**予想❷の証明**の 　あ　 には共通なことがらが入る。 (3点)

② 　い　 に証明の続きを書き，**予想❶の証明**を完成させなさい。 (3点)

③ **予想❷の証明**において，　う　 には③の根拠となることがらを，　え　 には最も適切な角を記号を用いて，それぞれ書きなさい。 (3点)

(4) **思考力** 図4は，点 P を，AP = 4 cm の位置まで動かしたものである。このとき，線分 DP を延長した直線と円 O の交点を G とし，点 A と点 G を結ぶ。

図4
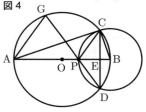

① △CEP の面積を求めなさい。 (3点)
② △BCP と △GAP の面積の比を求め，最も簡単な整数の比で表しなさい。 (3点)

岐阜県

時間 50分　満点 100点　解答 P37　3月3日実施

出題傾向と対策

● 大問は6問で，**1**は小問集合，**2**は2次方程式，**3**は箱ひげ図，**4**は1次関数，**5**は平面図形，**6**は数・式を中心とした総合問題であった。出題構成，分量，難易度は例年通りであった。
● 基礎・基本を理解しているかを問う問題が多い。教科書の内容をよく理解したうえで，過去問をたくさん解くとよい。出題構成をつかみ，時間配分の練習をするのが効果的である。

1 **基本** 次の(1)〜(6)の問いに答えなさい。
(1) $2 \times (-3) + 3$ を計算しなさい。 (4点)
(2) $2ab \div \dfrac{b}{2}$ を計算しなさい。 (4点)
(3) $(\sqrt{5} - \sqrt{3})^2$ を計算しなさい。 (4点)
(4) 2個のさいころを同時に投げるとき，出る目の数の和が6の倍数にならない確率を求めなさい。 (4点)
(5) 関数 $y = -2x^2$ について述べた文として正しいものを，ア〜エから全て選び，符号で書きなさい。 (4点)
　ア x の値が1ずつ増加すると，y の値は2ずつ減少する。
　イ x の変域が $-2 \leqq x \leqq 4$ のときと $-1 \leqq x \leqq 4$ のときの，y の変域は同じである。
　ウ グラフは x 軸について対称である。
　エ グラフは下に開いている。
(6) 線分 AB の垂直二等分線を，定規とコンパスを使って作図しなさい。なお，作図に用いた線は消さずに残しなさい。 (4点)

A●――――――●B

2 **基本** 右の図のように，水平に置かれた直方体状の容器 A，B がある。A の底面は，周の長さが 20 cm の正方形で，B の底面は，周の長さが 20 cm の長方形である。また，A と B の高さは，ともに 40 cm である。

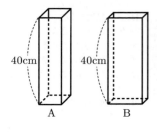

次の(1)〜(3)の問いに答えなさい。
(1) A の底面の面積を求めなさい。 (3点)
(2) B の底面の長方形の1辺の長さを x cm としたとき，B の底面の面積を x を使った式で表しなさい。 (4点)
(3) B に水をいっぱいになるまで入れ，その水を全て空の A に移したところ，水面の高さが 30 cm になった。B の底面の長方形において，短いほうの辺の長さを求めなさい。 (4点)

3 [基本] 下の図は，ある中学校の3年A組の生徒35人と3年B組の生徒35人が1学期に読んだ本の冊数について，クラスごとのデータの分布の様子を箱ひげ図に表したものである。

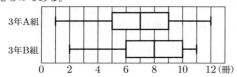

次の(1)～(3)の問いに答えなさい。
(1) 3年A組の第1四分位数を求めなさい。 （3点）
(2) 3年A組の四分位範囲を求めなさい。 （3点）
(3) 図から読み取れることとして正しいものを，ア～エから全て選び，符号で書きなさい。 （4点）
  ア 3年A組と3年B組は，生徒が1学期に読んだ本の冊数のデータの範囲が同じである。
  イ 3年A組は，3年B組より，生徒が1学期に読んだ本の冊数のデータの中央値が小さい。
  ウ 3年A組は，3年B組より，1学期に読んだ本が9冊以下である生徒が多い。
  エ 3年A組と3年B組の両方に，1学期に読んだ本が10冊である生徒が必ずいる。

4 [よく出る] ある遊園地に，図1のような，A駅からB駅までの道のりが4800mのモノレールの線路がある。モノレールは，右の表の時刻に従ってA駅とB駅の間を往復し，走行中の速さは一定である。
モノレールが13時にA駅を出発してからx分後の，B駅からモノレールのいる地点までの道のりをymとする。13時から13時56分までのxとyの関係をグラフに表すと，図2のようになる。

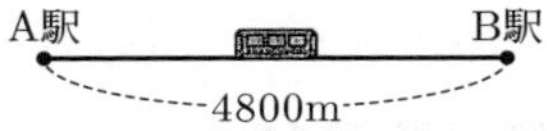

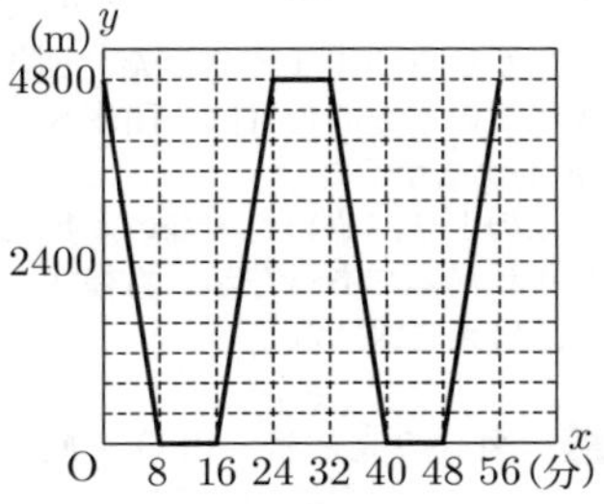

図1

モノレールの時刻表	
A発→B着	B発→A着
13:00→13:08	13:16→13:24
13:32→13:40	13:48→13:56

表

図2

次の(1)～(3)の問いに答えなさい。ただし，モノレールや駅の大きさは考えないものとする。
(1) モノレールがA駅とB駅の間を走行するときの速さは，分速何mであるかを求めなさい。 （3点）
(2) xの変域を次の(ア)，(イ)とするとき，yをxの式で表しなさい。
  (ア) $0 \leq x \leq 8$ のとき （3点）
  (イ) $16 \leq x \leq 24$ のとき （3点）
(3) 花子さんは13時にB駅を出発し，モノレールの線路沿いにある歩道をA駅に向かって一定の速さで歩いた。花子さんはB駅を出発してから56分後に，モノレールと同時にA駅に到着した。
  (ア) 花子さんが初めてモノレールとすれ違ったのは，モノレールが13時にA駅を出発してから，何分後であったかを求めなさい。 （4点）
  (イ) 花子さんは，初めてモノレールとすれ違った後，A駅に向かう途中で，B駅から戻ってくるモノレールに追い越された。花子さんが初めてモノレールとすれ違ってから途中で追い越されるまでに，歩いた道のりは何mであったかを求めなさい。 （4点）

5 [よく出る] 右の図で，△ABCの3つの頂点A，B，Cは円Oの周上にあり，点Dは∠BACの二等分線と円Oとの交点である。また，線分ADと辺BCの交点をEとし，Bを通り線分DCに平行な直線とAD，辺ACとの交点をそれぞれF，Gとする。

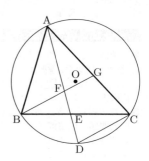

次の(1)，(2)の問いに答えなさい。
(1) △AEC∽△BGC であることを証明しなさい。 （10点）
(2) AB＝4cm，BC＝5cm，CA＝6cm のとき，
  (ア) CEの長さを求めなさい。 （3点）
  (イ) △BEFの面積は，△AFGの面積の何倍であるかを求めなさい。 （5点）

6 [よく出る] 10以上の自然数について，次の作業を何回か行い，1けたの自然数になったときに作業を終了する。

【作業】 自然数の各位の数の和を求める。

例えば，99の場合は，＜例＞のように自然数が変化し，2回目の作業で終了する。
　　　　＜例＞　99 → 18 → 9
次の(1)～(5)の問いに答えなさい。
(1) 1999の場合は，作業を終了するまでに自然数がどのように変化するか。＜例＞にならって書きなさい。 （3点）
(2) 10以上30以下の自然数のうち，2回目の作業で終了するものを全て書きなさい。 （3点）
(3) 次の文章は，3けたの自然数の場合に何回目の作業で終了するかについて，太郎さんが考えたことをまとめたものである。アにはa，b，cを使った式を，イ，ウには数を，それぞれ当てはまるように書きなさい。 （6点）

3けたの自然数の百の位の数をa，十の位の数をb，一の位の数をcとすると，1回目の作業でできる自然数は，　ア　と表すことができる。　ア　の最小値は1で，最大値は　イ　である。
① 　ア　が1けたの自然数のとき
　　1回目の作業で終了する。
② 　ア　が2けたの自然数のとき
　　1回目の作業では終了しない。作業を終了するためには，　ア　が　ウ　のときはあと2回，他のときはあと1回の作業を行う必要がある。
したがって，3けたの自然数のうち，3回目の作業で終了するものでは，　ア　＝　ウ　が成り立つ。

(4) 百の位の数が1である3けたの自然数のうち，3回目の作業で終了するものを求めなさい。 （3点）
(5) [思考力] 3けたの自然数のうち，3回目の作業で終了するものは，全部で何個あるかを求めなさい。 （5点）

静岡県

時間 50分 / 満点 50点 / 解答 P38 / 3月2日実施

出題傾向と対策

● 大問は7題で，問題の量，難易度ともに例年同様である。1 は小問集合，2 は作図，確率，3 は資料の活用，4 は連立方程式，5 は空間図形，6 は $y = ax^2$，7 は平面図形の出題である。

● 計算の過程や考え方を記述する問題も出題されており，関数問題と図形問題では，時間内に完答することが難しい問題が含まれている。そのため，50分で解くには分量がやや多く感じられる。基本事項を頭に入れて，過去問を多く解き，時間を意識した問題演習をするとよい。

1 よく出る 基本 次の(1)〜(3)の問いに答えなさい。

(1) 次の計算をしなさい。

ア　$-8 + 27 \div (-9)$　(2点)

イ　$(-6a)^2 \times 9b \div 12ab$　(2点)

ウ　$\dfrac{2x+y}{3} - \dfrac{x+5y}{7}$　(2点)

エ　$\sqrt{45} + \dfrac{10}{\sqrt{5}}$　(2点)

(2) $a = 41$，$b = 8$ のとき，$a^2 - 25b^2$ の式の値を求めなさい。　(2点)

(3) 次の2次方程式を解きなさい。　(2点)

$x^2 + 7x = 2x + 24$

2 よく出る 基本 次の(1)〜(3)の問いに答えなさい。

(1) 図1において，点Aは辺OX上の点である。点Aから辺OYに引いた垂線上にあり，2辺OX，OYから等しい距離にある点Pを作図しなさい。ただし，作図には定規とコンパスを使用し，作図に用いた線は残しておくこと。　(2点)

図1
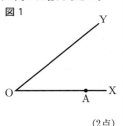

(2) 次の □ の中に示したことがらの逆を書きなさい。

| a も b も正の数ならば，$a+b$ は正の数である。 |

また，□ の中のことがらは正しいが，逆は正しくない。□ の中のことがらの逆が正しくないことを示すための反例を，1つ書きなさい。　(2点)

(3) 2つの袋Ⅰ，Ⅱがあり，袋Ⅰには2，3，4，5の数字を1つずつ書いた4枚のカードが，袋Ⅱには6，7，8，9，10の数字を1つずつ書いた5枚のカードが入っている。図2は，袋Ⅰと袋Ⅱに入っているカードを示したものである。

図2

袋Ⅰに入っているカード

袋Ⅱに入っているカード

2つの袋Ⅰ，Ⅱから，それぞれ1枚のカードを取り出すとき，袋Ⅱから取り出したカードに書いてある数が，袋Ⅰから取り出したカードに書いてある数の倍数である確率を求めなさい。ただし，袋Ⅰからカードを取り出すとき，どのカードが取り出されることも同様に確からしいものとする。また，袋Ⅱについても同じように考えるものとする。　(2点)

3 よく出る 基本 あるクラスの10人の生徒A〜Jが，ハンドボール投げを行った。表1は，その記録を表したものである。図3は，表1の記録を箱ひげ図に表したものである。

このとき，次の(1)，(2)の問いに答えなさい。

表1

生徒	A	B	C	D	E	F	G	H	I	J
距離(m)	16	23	7	29	34	12	25	10	26	32

(1) 図3の（あ）に適切な値を補いなさい。また，10人の生徒A〜Jの記録の四分位範囲を求めなさい。　(2点)

図3
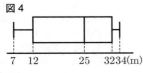

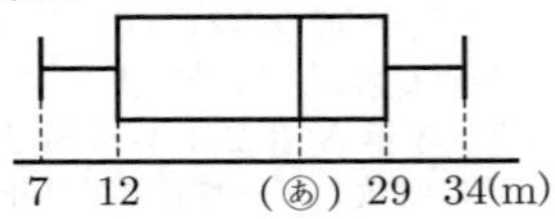

(2) 後日，生徒Kもハンドボール投げを行ったところ，Kの記録は a m だった。図4は，11人の生徒A〜Kの記録を箱ひげ図に表したものである。

図4
（7　12　　25　3234(m)）

このとき，a がとりうる値をすべて求めなさい。ただし，a は整数とする。　(2点)

4 よく出る 基本 ある中学校の生徒会が，ボランティア活動で，鉛筆とボールペンを集め，2つの団体S，Tへ送ることにした。団体Sは鉛筆のみを，団体Tは鉛筆とボールペンの両方を受け付けていた。

この活動で，鉛筆はボールペンの2倍の本数を集めることができた。鉛筆については，集めた本数の80%を団体Sへ，残りを団体Tへ送った。また，ボールペンについては，集めた本数の4%はインクが出なかったため，それらを除いた残りを団体Tへ送った。団体Tへ送った，鉛筆とボールペンの本数の合計は，団体Sへ送った鉛筆の本数よりも18本少なかった。

このとき，集めた鉛筆の本数とボールペンの本数は，それぞれ何本であったか。方程式をつくり，計算の過程を書き，答えを求めなさい。　(5点)

5 図5の立体は，円Oを底面とする円すいである。この円すいにおいて，底面の半径は3cm，母線ABの長さは6cmである。また，線分OAと底面は垂直である。

このとき，次の(1)〜(3)の問いに答えなさい。

図5

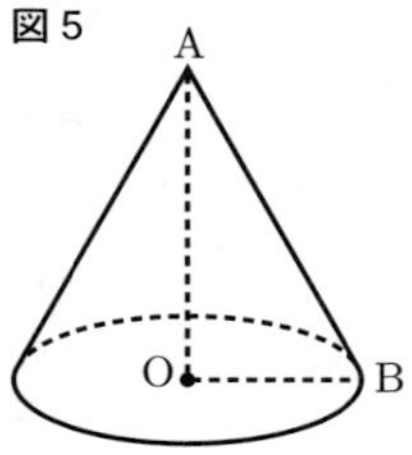

(1) よく出る 基本 次のア〜オの5つの投影図のうち，1つは円すいの投影図である。円すいの投影図を，ア〜オの中から1つ選び，記号で答えなさい。　(1点)

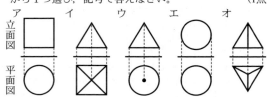

ア　イ　ウ　エ　オ
立面図
平面図

(2) **よく出る** **基本** この円すいにおいて，図6のように，円Oの円周上に∠BOC = 110°となる点Cをとる。小さい方の$\overset{\frown}{BC}$の長さを求めなさい。ただし，円周率はπとする。 (2点)

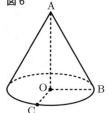
図6

(3) **思考力** この円すいにおいて，図7のように，ABの中点をDとし，点Dから底面に引いた垂線と底面との交点をEとする。また，円Oの円周上に∠OEF = 90°となる点Fをとる。△ODFの面積を求めなさい。 (3点)

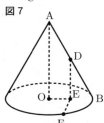
図7

6 次の ☐ の中の文は，授業でT先生が示した資料である。このとき，次の(1)～(3)の問いに答えなさい。

図8において，①は関数$y = ax^2$（$a > 0$）のグラフであり，②は関数$y = bx^2$（$b < 0$）のグラフである。2点A，Bは，放物線①上の点であり，そのx座標は，それぞれ-3，2である。点Cは，放物線②上の点であり，その座標は（4，-4）である。点Cを通りx軸に平行な直線と放物線②との交点をDとし，直線CDとy軸との交点をEとする。点Cを通りy軸に平行な直線と放物線①との交点をFとする。また，点Gは直線AB上の点であり，そのx座標は1である。

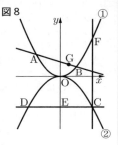
図8

RさんとSさんは，タブレット型端末を使いながら，図8のグラフについて話している。

Rさん：関数$y = bx^2$の比例定数bの値は求められるね。
Sさん：②は点Cを通るからbの値は（ あ ）だよ。
Rさん：関数$y = ax^2$のaの値は決まらないね。
Sさん：タブレット型端末を使うと，㋐aの値を変化させたときのグラフや図形の変化するようすが分かるよ。
Rさん：そうだね。㋑3点D，G，Fが一直線上にある場合もあるよ。
Sさん：本当だね。計算で確認してみよう。

(1) **よく出る** **基本** （ あ ）に適切な値を補いなさい。 (2点)

(2) 下線部㋐のときの，グラフや図形の変化するようすについて述べたものとして正しいものを，次のア～オの中からすべて選び，記号で答えなさい。 (2点)
ア aの値を大きくすると，①のグラフの開き方は小さくなる。
イ aの値を小さくすると，点Aのy座標から点Bのy座標をひいた値は大きくなる。
ウ aの値を大きくすると，△OBEの面積は大きくなる。
エ aの値を大きくすると，直線OBの傾きは小さくなる。
オ aの値を大きくすると，線分CFの長さは短くなる。

(3) 下線部㋑のときの，aの値を求めなさい。求める過程も書きなさい。 (4点)

7 図9において，4点A，B，C，Dは円Oの円周上の点であり，△ABCはBA = BCの二等辺三角形である。ACとBDとの交点をEとし，点Eを通りADに平行な直線とCDとの交点をFとする。また，BD上にGC = GDとなる点Gをとる。
このとき，次の(1)，(2)の問いに答えなさい。

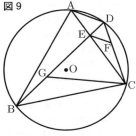
図9

(1) △BCG∽△ECFであることを証明しなさい。 (6点)
(2) **思考力** GC = 4 cm，BD = 6 cm，CF = 2 cmのとき，GEの長さを求めなさい。 (3点)

愛知県

時間 45分　満点 22点　解答 P40　2月22日実施

出題傾向と対策

● **1** は数や式についての基本的な小問10題，**2** は関数とグラフなどについての小問3題で，2023年は図形の証明についての問題が出た。**3** は図形を中心とする小問3題である。**1**，**2** は記号を解答し，**3** は数値を解答する。作図や証明の記述などは出題されない。難問はほとんどない。

● 出題傾向が安定しているので，過去の出題を参考にして基本的な問題を練習しておくとよい。関数とグラフ，平面図形，空間図形などの分野の良問を数多く解いておこう。また，グラフをかく設問があるので練習しておこう。

1 **よく出る** **基本** 次の(1)から(10)までの問いに答えなさい。

(1) $6 - (-4) \div 2$ を計算した結果として正しいものを，次のアからエまでの中から一つ選びなさい。 (1点)
ア 1　イ 4　ウ 5　エ 8

(2) $\dfrac{3x-2}{6} - \dfrac{2x-3}{9}$ を計算した結果として正しいものを，次のアからエまでの中から一つ選びなさい。 (1点)
ア $\dfrac{5x-12}{18}$　イ $\dfrac{13x-12}{18}$　ウ $\dfrac{5}{18}x$
エ $-\dfrac{2}{3}$

(3) $6x^2 \div (-3xy)^2 \times 27xy^2$ を計算した結果として正しいものを，次のアからエまでの中から一つ選びなさい。 (1点)
ア $-54x^2y$　イ $-18xy$　ウ $18x$
エ $54x^2y^2$

(4) $(\sqrt{5} - \sqrt{2})(\sqrt{20} + \sqrt{8})$ を計算した結果として正しいものを，次のアからエまでの中から一つ選びなさい。 (1点)
ア 6　イ $4\sqrt{5}$　ウ $2\sqrt{21}$　エ 14

(5) 方程式 $(x-3)^2 = -x + 15$ の解として正しいものを，次のアからエまでの中から一つ選びなさい。 (1点)

ア　$x=-6, 1$　　イ　$x=-3, -2$
　ウ　$x=-1, 6$　　エ　$x=2, 3$

(6) 次のアからエまでの中から，y が x の一次関数となるものを一つ選びなさい。 (1点)
　ア　面積が 100 cm² で，たての長さが x cm である長方形の横の長さ y cm
　イ　1辺の長さが x cm である正三角形の周の長さ y cm
　ウ　半径が x cm である円の面積 y cm²
　エ　1辺の長さが x cm である立方体の体積 y cm³

(7) 1が書かれているカードが2枚，2が書かれているカードが1枚，3が書かれているカードが1枚入っている箱から，1枚ずつ続けて3枚のカードを取り出す。
　1枚目を百の位，2枚目を十の位，3枚目を一の位として，3けたの整数をつくるとき，この整数が213以上となる確率として正しいものを，次のアからエまでの中から一つ選びなさい。 (1点)
　ア　$\dfrac{7}{24}$　　イ　$\dfrac{1}{3}$　　ウ　$\dfrac{5}{12}$　　エ　$\dfrac{1}{2}$

(8) n がどんな整数であっても，式の値が必ず奇数となるものを，次のアからエまでの中から一つ選びなさい。 (1点)
　ア　$n-2$　　イ　$4n+5$　　ウ　$3n$　　エ　n^2-1

(9) x の値が1から3まで増加するときの変化の割合が，関数 $y=2x^2$ と同じ関数を，次のアからエまでの中から一つ選びなさい。 (1点)
　ア　$y=2x+1$　　イ　$y=3x-1$　　ウ　$y=5x-4$
　エ　$y=8x+6$

(10) 空間内の平面について正しく述べたものを，次のアからエまでの中から全て選びなさい。 (1点)
　ア　異なる2点をふくむ平面は1つしかない。
　イ　交わる2直線をふくむ平面は1つしかない。
　ウ　平行な2直線をふくむ平面は1つしかない。
　エ　同じ直線上にある3点をふくむ平面は1つしかない。

2 次の(1)から(3)までの問いに答えなさい。

(1) [よく出る] [基本]
　図は，ある中学校のA組32人とB組32人のハンドボール投げの記録を，箱ひげ図で表したものである。

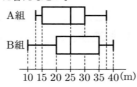

　この箱ひげ図から分かることについて，正しく述べたものを，次のアからオまでの中から二つ選びなさい。 (2点)
　ア　A組とB組は，範囲がともに同じ値である。
　イ　A組とB組は，四分位範囲がともに同じ値である。
　ウ　A組とB組は，中央値がともに同じ値である。
　エ　35 m 以上の記録を出した人数は，B組よりA組の方が多い。
　オ　25 m 以上の記録を出した人数は，A組，B組ともに同じである。

(2) [基本] 図で，四角形 ABCD は平行四辺形であり，E は辺 BC 上の点で，AB = AE である。
　このとき，△ABC と △EAD が合同であることを，次のように証明したい。
　(Ⅰ)，(Ⅱ) にあてはまる最も適当なものを，下のアからコまでの中からそれぞれ選びなさい。
　なお，2か所の (Ⅰ)，(Ⅱ) には，それぞれ同じものがあてはまる。 (2点)

(証明) △ABC と △EAD で，
　　仮定より，AB = EA　　……①
　　平行四辺形の向かい合う辺は等しいから，
　　　BC = AD　　……②
　　二等辺三角形の底角は等しいから，
　　　∠ABC = (Ⅰ)　　……③
　　平行線の錯角は等しいから，
　　　(Ⅰ) = (Ⅱ)　　……④
　　③，④より，∠ABC = (Ⅱ)　　……⑤
　　①，②，⑤から2組の辺とその間の角が，それぞれ等しいから，
　　　　△ABC ≡ △EAD

　ア　∠ACD　　イ　∠ACE　　ウ　∠ADC
　エ　∠ADE　　オ　∠AEB　　カ　∠AEC
　キ　∠EAC　　ク　∠EAD　　ケ　∠ECD
　コ　∠EDC

(3) 図で，四角形 ABCD は AD ∥ BC，∠ABC = 90°，AD = 4 cm，BC = 6 cm の台形である。点 P, Q はそれぞれ頂点 A, C を同時に出発し，点 P は毎秒 1 cm の速さで辺 AD 上を，点 Q は毎秒 2 cm の速さで辺 CB 上をくり返し往復する。
　点 P が頂点 A を出発してから x 秒後の AP の長さを y cm とするとき，次の①，②の問いに答えなさい。ただし，点 P が頂点 A と一致するときは $y=0$ とする。なお，下の図を必要に応じて使ってもよい。

① [基本] $x=6$ のときの y の値として正しいものを，次のアからオまでの中から一つ選びなさい。 (1点)
　ア　$y=0$　　イ　$y=1$　　ウ　$y=2$　　エ　$y=3$
　オ　$y=4$

② [思考力] 点 P, Q がそれぞれ頂点 A, C を同時に出発してから12秒後までに，AB ∥ PQ となるときは何回あるか，次のアからオまでの中から一つ選びなさい。 (2点)
　ア　1回　　イ　2回　　ウ　3回　　エ　4回
　オ　5回

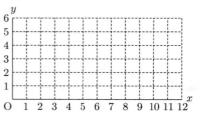

3 次の(1)から(3)までの文章中の「アイ」などに入る数字をそれぞれ答えなさい。

(1) [新傾向] 図で，A, B, C, D は円 O の周上の点で，AO ∥ BC である。
　∠AOB = 48° のとき，∠ADC の大きさは「アイ」度である。 (1点)

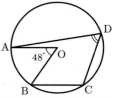

(2) 図で，四角形ABCDは長方形で，Eは辺ABの中点である。また，Fは辺AD上の点で，FE∥DBであり，G，Hはそれぞれ線分FCとDE，DBとの交点である。
AB = 6 cm, AD = 10 cm のとき，

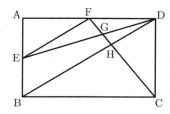

① 基本 線分FEの長さは $\sqrt{\boxed{アイ}}$ cm である。 (1点)

② △DGHの面積は $\boxed{ウ}$ cm² である。 (1点)

(3) 図で，立体ABCDEFGHは底面が台形の四角柱で，AB∥DCである。
AB = 3 cm, AE = 7 cm, CB = DA = 5 cm, DC = 9 cm のとき，

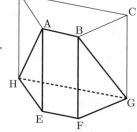

① 基本 台形ABCDの面積は $\boxed{アイ}$ cm² である。 (1点)

② 立体ABEFGHの体積は $\boxed{ウエ}$ cm³ である。 (1点)

三重県

時間 45分　満点 50点　解答 P40　3月9日実施

出題傾向と対策

● ①小問集合，②箱ひげ図，③連立方程式の文章題，④確率，⑤関数の総合問題，⑥平面図形の総合問題，⑦空間図形であり，昨年は大問が5題であったが7題と構成がかわったが分量については大きく変わらなかった。また，箱ひげ図の問題は基本的な知識を問うものだけでなく思考力を問う問題が出題されるなどやや難化した。

● 昨年同様に試験時間に対して分量が多く，思考力を問う問題にじっくり取り組むためには，ある程度の計算力が必要である。また，あらゆる分野で思考力を問う問題も多く出題されており，正しい知識技能の習得に加え，その活用の練習をしておきたい。

1 よく出る 基本 あとの各問いに答えなさい。
(1) $4 - (-3)$ を計算しなさい。 (1点)
(2) $6(2x - 5y)$ を計算しなさい。 (1点)
(3) $\dfrac{5}{\sqrt{5}} + \sqrt{20}$ を計算しなさい。 (1点)
(4) $x^2 - 5x + 4$ を因数分解しなさい。 (1点)
(5) 二次方程式 $3x^2 - 7x + 1 = 0$ を解きなさい。 (2点)
(6) $\dfrac{\sqrt{40n}}{3}$ の値が整数となるような自然数 n のうち，もっとも小さい数を求めなさい。 (2点)
(7) y は x に比例し，$x = 10$ のとき，$y = -2$ である。このとき，$y = \dfrac{2}{3}$ となる x の値を求めなさい。 (2点)

(8) 右の図で，2直線 l, m が平行のとき，∠x の大きさを求めなさい。 (2点)

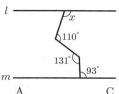

(9) 右の図のような，点A, B, C, D, E, F を頂点とする三角柱があるとき，直線ABとねじれの位置にある直線はどれか，次のア〜クから適切なものをすべて選び，その記号を書きなさい。 (2点)
ア．直線BC　イ．直線CA
ウ．直線AD　エ．直線BE
オ．直線CF　カ．直線DE
キ．直線EF　ク．直線FD

(10) 右の図は，P中学校の3年生25人が投げた紙飛行機の滞空時間について調べ，その度数分布表からヒストグラムをつくったものである。例えば，滞空時間が2秒以上4秒未満の人は3人いたことがわかる。
このとき，紙飛行機の滞空時間について，最頻値を求めなさい。 (2点)

(11) 右の図で，直線 l と点Aで接する円のうち，中心が2点B，Cから等しい距離にある円を，定規とコンパスを用いて作図しなさい。
なお，作図に用いた線は消さずに残しておきなさい。 (2点)

2 ひびきさんは，A班8人，B班8人，C班10人が受けた，20点満点の数学のテスト結果について，図1のように箱ひげ図にまとめた。図2は，ひびきさんが図1の箱ひげ図をつくるのにもとにしたB班の数学のテスト結果のデータである。
このとき，あとの各問いに答えなさい。
ただし，得点は整数とする。

図1

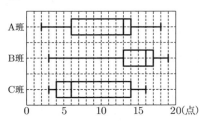

図2 $\boxed{17,\ 14,\ 15,\ 17,\ 12,\ 19,\ m,\ n}$ （単位　点）

(1) 基本 A班の数学のテスト結果の第1四分位数を求めなさい。 (1点)

(2) 思考力 B班の数学のテスト結果について，m，nの値をそれぞれ求めなさい。
ただし，$m < n$ とする。 (2点)

(3) 思考力 C班の数学のテスト結果について，データの値を小さい順に並べると，小さい方から6番目のデータとしてありえる数をすべて答えなさい。 (2点)

(4) 思考力 図1，図2から読みとれることとして，次の①，②は，「正しい」，「正しくない」，「図1，図2からはわからない」のどれか，下のア～ウから最も適切なものをそれぞれ1つ選び，その記号を書きなさい。
① A班の数学のテスト結果の範囲と，B班の数学のテスト結果の範囲は，同じである。 (1点)
 ア．正しい
 イ．正しくない
 ウ．図1，図2からはわからない
② A班，B班，C班のすべてに14点の人がいる。 (1点)
 ア．正しい
 イ．正しくない
 ウ．図1，図2からはわからない

3 よく出る ある陸上競技大会に小学生と中学生あわせて120人が参加した。そのうち，小学生の人数の35％と中学生の人数の20％が100m走に参加し，その人数は小学生と中学生あわせて30人だった。
このとき，あとの各問いに答えなさい。

(1) 次の□□は，陸上競技大会に参加した小学生の人数と，中学生の人数を求めるために，連立方程式に表したものである。①，②に，それぞれあてはまる適切なことがらを書き入れなさい。 (2点)

陸上競技大会に参加した小学生の人数を x 人，中学生の人数を y 人とすると，
$\begin{cases} \boxed{①} = 120 \\ \boxed{②} = 30 \end{cases}$
と表すことができる。

(2) 陸上競技大会に参加した小学生の人数と，中学生の人数を，それぞれ求めなさい。 (1点)

4 のぞみさんは，グーのカードを2枚，チョキのカードを1枚，パーのカードを1枚持っており，4枚すべてを自分の袋に入れる。けいたさんは，グーのカード，チョキのカード，パーのカードをそれぞれ10枚持っており，そのうちの何枚かを自分の袋に入れる。のぞみさんとけいたさんは，それぞれ自分の袋の中のカードをかき混ぜて，カードを1枚取り出し，じゃんけんのルールで勝負をしている。
このとき，あとの各問いに答えなさい。
ただし，あいこの場合は，引き分けとして，勝負を終える。

(1) けいたさんが自分の袋の中に，グーのカードを1枚，チョキのカードを2枚，パーのカードを1枚入れる。このとき，けいたさんが勝つ確率を求めなさい。 (2点)

(2) 思考力 けいたさんが自分の袋の中に，グーのカードを1枚，チョキのカードを3枚，パーのカードを a 枚入れる。のぞみさんが勝つ確率と，けいたさんが勝つ確率が等しいとき，a の値を求めなさい。 (2点)

5 よく出る 右の図のように，関数 $y = \frac{1}{4}x^2$ …⑦のグラフと関数 $y = ax + b$ …④のグラフとの交点A，Bがあり，点Aの x 座標が -6，点Bの x 座標が2である。⑦のグラフ上に x 座標が4となる点Cをとり，点Cを通り x 軸と平行な直線と y 軸との交点をDとする。3点A，B，Dを結び△ABDをつくる。
このとき，あとの各問いに答えなさい。

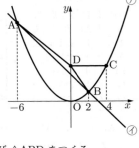

(1) 点Bの座標を求めなさい。 (1点)

(2) a，b の値をそれぞれ求めなさい。 (2点)

(3) △ABDの面積を求めなさい。
ただし，座標軸の1目もりを1cmとする。 (2点)

(4) 思考力 ④のグラフ上に点Eをとり，△CDEをつくるとき，△CDE が CD = CE の二等辺三角形となるときの点Eの x 座標をすべて求めなさい。
なお，答えに $\sqrt{}$ がふくまれるときは，$\sqrt{}$ の中をできるだけ小さい自然数にしなさい。 (2点)

6 よく出る 右の図のように，円Oの円周上に3点A，B，Cをとり，△ABCをつくる。∠ABCの二等分線と線分AC，円Oとの交点をそれぞれD，Eとし，線分AEをひく。点Dを通り線分ABと平行な直線と線分AE，BCとの交点をそれぞれF，Gとする。
このとき，あとの各問いに答えなさい。
ただし，点Eは点Bと異なる点とする。

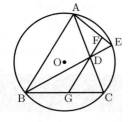

(1) △ABD∽△DAF であることを証明しなさい。 (3点)

(2) AD = 6cm，DF = 3cm，BC = 10cm のとき，次の各問いに答えなさい。
① 線分ABの長さを求めなさい。 (2点)
② 線分DGの長さを求めなさい。 (2点)

7 右の図のように，点Aを頂点，線分BCを直径とする円を底面とした円すいPがあり，母線ABの中点をMとする。AB = 12cm，BC = 8cm のとき，あとの各問いに答えなさい。
ただし，各問いにおいて，円周率は π とし，答えに $\sqrt{}$ がふくまれるときは，$\sqrt{}$ の中をできるだけ小さい自然数にしなさい。

(1) 円すいPの体積を求めなさい。 (2点)

(2) 円すいPの側面に，点Mから点Bまで，母線ACを通って，ひもをゆるまないようにかける。かけたひもの長さが最も短くなるときのひもの長さを求めなさい。 (2点)

滋賀県

時間 50分　満点 100点　解答 p42　3月8日実施

* 注意　1. 答えに根号が含まれる場合は，根号を用いた形で表しなさい。
　　　　2. 円周率は π とします。

出題傾向と対策

●大問は4問で，**1** は小問集合，**2** は平面図形と空間図形の小問集合，**3** は関数 $y = ax^2$，**4** は平面図形の問題であった。出題構成に変更があるものの，分量，難易度は例年通りであった。

●基礎・基本を理解しているかを問う問題が多いが，応用力が必要となる問題も出題されている。過去問をくり返し解くことで，出題傾向をつかみ，練習をたくさんするのが効果的である。

---

1 **基本** 次の(1)から(9)までの各問いに答えなさい。

(1) $13 + 3 \times (-2)$ を計算しなさい。(4点)

(2) $\dfrac{1}{3}a - \dfrac{5}{4}a$ を計算しなさい。(4点)

(3) 次の等式を〔　〕内の文字について解きなさい。
$3x + 7y = 21$ 〔x〕(4点)

(4) 次の連立方程式を解きなさい。
$2x + y = 5x + 3y = -1$ (4点)

(5) $\dfrac{9}{\sqrt{3}} - \sqrt{12}$ を計算しなさい。(4点)

(6) 次の式を因数分解しなさい。
$x^2 - 2x - 24$ (4点)

(7) 右の図の △ABC は，辺 AB，BC，CA の長さがそれぞれ 5，3，4 の直角三角形です。この三角形を，直線 l を軸として1回転させてできる回転体の体積を求めなさい。ただし，辺 BC と l は垂直である。(4点)

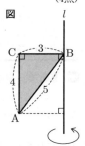

(8) 下の**データ**は，ある生徒12人の先月読んだ本の冊数を調べ，冊数が少ない順に並べたものです。第3四分位数を求めなさい。(4点)

データ

| 1 | 2 | 3 | 3 | 4 | 5 | 5 | 6 | 8 | 10 | 10 | 12 | (冊) |

(9) 3枚の硬貨を同時に投げるとき，2枚以上裏となる確率を求めなさい。ただし，硬貨は，表と裏のどちらが出ることも同様に確からしいとする。(4点)

---

2 **基本** 紙でふたのない容器をつくるとき，次の(1)から(4)までの各問いに答えなさい。ただし，紙の厚さは考えないものとする。

(1) 図1は正三角柱です。底面にあたる正三角形 DEF の1辺の長さを $10\sqrt{2}$ cm，辺 AD の長さを 10 cm とする容器をつくります。図2の線分の長さを 10 cm とするとき，底面にあたる正三角形 DEF をコンパスと定規を使って作図しなさい。ただし，作図に使った線は消さないこと。(5点)

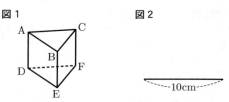

(2) 図3のような紙コップを参考に，容器をつくります。紙コップをひらいたら，図4のような展開図になります。図4において，側面にあたる辺 AB と辺 A′B′ をそれぞれ延ばし，交わった点を O とすると，弧 BB′，線分 OB，線分 OB′ で囲まれる図形が中心角 45° のおうぎ形になります。このとき，弧 AA′ の長さを求めなさい。(5点)

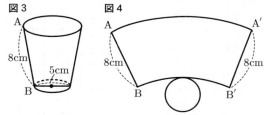

(3) 図5のような，長方形の紙があります。この紙の4すみから，図6のように1辺が，x cm の正方形を切り取り，縦の長さを 8 cm，横の長さを 12 cm の長方形を底面とする図7のような直方体をつくります。図5の長方形の紙の面積と，図6の斜線部の長方形の面積の比が，2：1 になるとき，x の長さを求めなさい。ただし，x の長さを求めるために方程式をつくり，答えを求めるまでの過程も書きなさい。(7点)

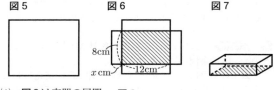

(4) 図8は容器の展開図です。辺 AB，IC の長さは，それぞれ 6 cm，12 cm とします。また，DC = DE = DG = DI = HF，GF = GH，AI = HI = BC = FE，CG ⊥ HF，CG ⊥ IE，AB // IC とします。この展開図を組み立てたとき，辺 AB とねじれの位置にある辺をすべて答えなさい。ただし，組み立てたときに重なる辺は，どちらか一方の辺を書くこととします。(6点)

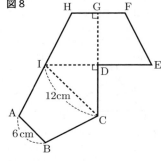

3 **よく出る** y が x の2乗に比例する関数について考えます。右の図において，①は関数 $y = 2x^2$，②は $y = -x^2$ のグラフです。点 P は x 軸上にあり，点 P の x 座標を t $(t > 0)$ とします。点 P を通り，y 軸に平行な直線と①，②のグラフが交わる点を，それぞれ A, B とします。また，y 軸について点 A と対称な点を C とします。次の(1)から(4)までの各問いに答えなさい。

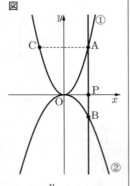

(1) 関数 $y = -x^2$ について，x の値が 1 から 3 まで増加するときの変化の割合を求めなさい。(4点)

(2) 関数 $y = ax^2$ のグラフが点 (2, 2) を通るとき，a の値を求めなさい。また，この関数のグラフをかきなさい。(6点)

(3) AB + AC の長さが 1 になるときの t の値を求めなさい。(7点)

(4) x の変域が $-1 \leq x \leq 3$ のとき，関数 $y = 2x^2$ と $y = bx + c$ $(b < 0)$ の y の変域が等しくなります。このとき，b, c の値を求めなさい。(6点)

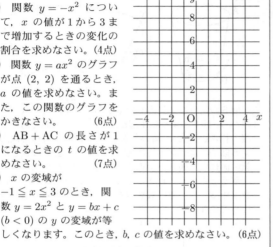

4 **よく出る** $\angle C = 90°$ の直角三角形 ABC について，次の(1), (2)の各問いに答えなさい。

(1) 図1のように，$\angle B$ の二等分線と辺 AC の交点を D とするとき，BA : BC = AD : DC が成り立つことを証明します。図2のように，点 C を通り DB に平行な直線と，辺 AB を延長した直線との交点を E とします。図2を使って，BA : BC = AD : DC を証明しなさい。(8点)

図1　　　図2

 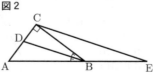

(2) 直角三角形 ABC の辺 AB, CA の長さをそれぞれ 10, 5 とします。次の①，②の各問いに答えなさい。

① 図3のように，辺 AB の垂直二等分線をひき，辺 AB, BC との交点をそれぞれ M, N とします。このとき，△ABC と △NBM の面積比を求めなさい。(4点)

図3

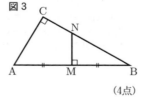

② **思考力** 図4のように，直角三角形 ABC を頂点 A を中心に 90° 回転させます。このとき，辺 BC が通過したときにできる斜線部の面積を求めなさい。(6点)

図4

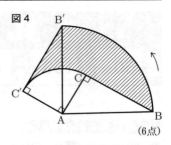

京都府

時間 40分　満点 40点　解答 P43　3月8日実施

* 注意　1　円周率は π としなさい。
　　　　2　答えの分数が約分できるときは，約分しなさい。
　　　　3　答えが $\sqrt{}$ を含む数になるときは，$\sqrt{}$ の中の数を最も小さい正の整数にしなさい。
　　　　4　答えの分母が $\sqrt{}$ を含む数になるときは，分母を有理化しなさい。

出題傾向と対策

●例年通りの大問6題の形式である。**1**は小問集合，**2**は空間図形，**3**は確率，**4**は関数の応用，**5**は平面図形，**6**は思考力の必要な規則性を見つける問題であった。多少出題順が変化したが，出題内容はほぼ同じである。

●出題されている問題の大半は基本～標準的な問題で解きやすいものであるが，それゆえミスをしないようにしなければならない。難問はなく，ほとんどが入試定番問題からの出題であるが，図形や規則性などの思考力の必要な問題もあるので，普段から解法パターンを覚えるのではなく，なぜそうなるのか？を考えて勉強しておこう。

1 **基本** 次の問い(1)～(8)に答えよ。

(1) $-6^2 + 4 \div \left(-\dfrac{2}{3}\right)$ を計算せよ。(2点)

(2) $4ab^2 \div 6a^2b \times 3ab$ を計算せよ。(2点)

(3) $\sqrt{48} - 3\sqrt{2} \times \sqrt{24}$ を計算せよ。(2点)

(4) 次の連立方程式を解け。(2点)
$$\begin{cases} 4x + 3y = -7 \\ 3x + 4y = -14 \end{cases}$$

(5) $x = \sqrt{5} + 3$, $y = \sqrt{5} - 3$ のとき，$xy^2 - x^2y$ の値を求めよ。(2点)

(6) 関数 $y = \dfrac{16}{x}$ のグラフ上にあり，x 座標，y 座標がともに整数となる点の個数を求めよ。(2点)

(7) 右の図において，AB ∥ EC，AC ∥ DB，DE ∥ BC である。また，線分 DE と線分 AB, AC との交点をそれぞれ F, G とすると，AF : FB = 2 : 3 であった。BC = 10 cm のとき，線分 DE の長さを求めよ。(2点)

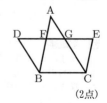

(8) 3学年がそれぞれ8クラスで編成された，ある中学校の体育の授業で，長なわ跳びを行った。右上の図は，各

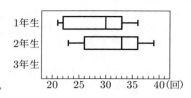

クラスが連続で跳んだ回数の最高記録を，学年ごとに箱ひげ図で表そうとしている途中のものであり，1年生と2年生の箱ひげ図はすでにかき終えている。また，下の**資料**は，3年生のクラスごとの最高記録をまとめたものである。図の1年生と2年生の箱ひげ図を参考にし，あとの図に3年生の箱ひげ図をかき入れて，図を完成させよ。 (2点)

資料 3年生のクラスごとの最高記録（回）

| 28, 39, 28, 40, 33, 24, 35, 31 |

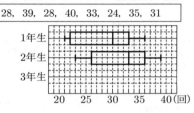

2 底面の半径が 5 cm の円柱と，底面の半径が 4 cm の円錐があり，いずれも高さは 3 cm である。この2つの立体の底面の中心を重ねてできた立体をXとすると，立体Xの投影図は右の図のように表される。
このとき，次の問い(1)・(2)に答えよ。

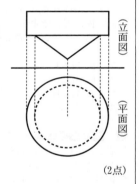

(1) **基本** 立体Xの体積を求めよ。 (2点)
(2) 立体Xの表面積を求めよ。 (2点)

3 右のI図のように，袋Xと袋Yには，数が1つ書かれたカードがそれぞれ3枚ずつ入っている。袋Xに入っているカードに書かれた数はそれぞれ1，9，12であり，袋Yに入っているカードに書かれた数はそれぞれ3，6，11である。

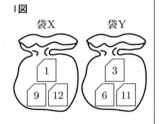

真人さんは袋Xの中から，有里さんは袋Yの中からそれぞれ1枚のカードを同時に取り出し，取り出したカードに書かれた数の大きい方を勝つとするゲームを行う。
このとき，次の問い(1)・(2)に答えよ。ただし，それぞれの袋において，どのカードが取り出されることも同様に確からしいものとする。
(1) **基本** 真人さんが勝つ確率を求めよ。 (2点)
(2) **思考力** 右のII図のように，新たに，数が1つ書かれたカードを7枚用意した。これらのカードに書かれた数はそれぞれ2，4，5，7，8，10，13である。
4と書かれたカードを袋Xに，2，5，7，8，10，13と

書かれたカードのうち，いずれか1枚を袋Yに追加してゲームを行う。
このとき，真人さんと有里さんのそれぞれの勝つ確率が等しくなるのは，袋Yにどのカードを追加したときか，次の(ア)〜(カ)からすべて選べ。 (2点)

(ア) 2 (イ) 5 (ウ) 7 (エ) 8 (オ) 10 (カ) 13

4 **よく出る** 右の図のような，1辺が 6 cm の正方形 ABCD がある。点Pは，頂点Aを出発し，辺 AD 上を毎秒 1 cm の速さで頂点Dまで進んで止まり，以後，動かない。また，点Qは，点Pが頂点Aを出発するのと同時に頂点Dを出発し，毎秒 1 cm の速さで正方形 ABCD の辺上を

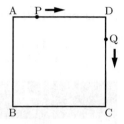

頂点C，頂点Bの順に通って頂点Aまで進んで止まり，以後，動かない。
点Pが頂点Aを出発してから，x 秒後の △AQP の面積を y cm² とする。
このとき，次の問い(1)・(2)に答えよ。
(1) $x=1$ のとき，y の値を求めよ。また，点Qが頂点Dを出発してから，頂点Aに到着するまでの x と y の関係を表すグラフとして最も適当なものを，次の(ア)〜(エ)から1つ選べ。 (2点)

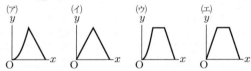

(2) 正方形 ABCD の対角線の交点をRとする。$0<x\leqq 18$ において，△RQD の面積が △AQP の面積と等しくなるような，x の値をすべて求めよ。 (3点)

5 右の図のように，円Oの周上に5点A，B，C，D，Eがこの順にあり，線分ACと線分BEは円Oの直径である。また，AE = 4 cm で，∠ABE = 30°，∠ACD = 45° である。線分ADと線分BEとの交点をFとする。

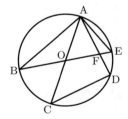

このとき，次の問い(1)〜(3)に答えよ。
(1) **よく出る** 円Oの直径を求めよ。 (2点)
(2) **よく出る** 線分EFの長さを求めよ。 (2点)
(3) 線分ACと線分BDとの交点をGとするとき，△OBG の面積を求めよ。 (2点)

6 **思考力** 右のI図のような，タイルAとタイルBが，それぞれたくさんある。タイルAとタイルBを，次のII図のように，すき間なく規則的に並べたものを，1番目の図形，2番目の図形，3番目の図形，…とする。
たとえば，2番目の図形において，タイルAは4枚，タイルBは12枚である。

II 図

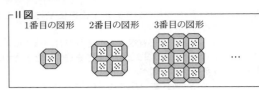

このとき，次の問い(1)〜(3)に答えよ。
(1) 5番目の図形について，タイルAの枚数を求めよ。 (1点)
(2) 12番目の図形について，タイルBの枚数を求めよ。 (2点)
(3) n 番目の図形のタイルAの枚数とタイルBの枚数の差が360枚であるとき，n の値を求めよ。 (2点)

大阪府

時間 50分　満点 90点　解答 p44　3月10日実施

※ 注意　発展的問題（C問題）を実施する高校は60分

出題傾向と対策

● 例年通り，A問題は大問4題，B問題は大問4題，C問題は大問3題の構成で，大問数は少ないが，小問で幅広い分野から出題されており，証明や求め方を記述させる問題もあるので，解ける問題から取り組むなど，時間配分に気をつけながら，過去問などで対策しよう。
● 関数や図形がよく出題され，A問題，B問題では，身のまわりのものを題材とした一次関数の問題は頻出である。また，C問題では，平面図形や空間図形で計算力と思考力を必要とする難易度の高い問題が出題されている。

A問題

1 よく出る　基本　次の計算をしなさい。
(1) $5 \times (-4) + 7$ (3点)
(2) $3.4 - (-2.5)$ (3点)
(3) 2×4^2 (3点)
(4) $8x - 3 + 2(x+1)$ (3点)
(5) $-18xy \div 3x$ (3点)
(6) $\sqrt{5} + \sqrt{45}$ (3点)

2 よく出る　基本　次の問いに答えなさい。
(1) $-\dfrac{7}{4}$ は，右の数直線上のア〜エで示されている範囲のうち，どの範囲に入っていますか。一つ選び，記号を○で囲みなさい。 (3点)

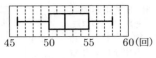

(2) $a = -3$ のとき，$4a + 21$ の値を求めなさい。 (3点)
(3) n を整数とするとき，次のア〜エの式のうち，その値がつねに3の倍数になるものはどれですか。一つ選び，記号を○で囲みなさい。 (3点)
　ア $\dfrac{1}{3}n$　イ $n+3$　ウ $2n+1$　エ $3n+6$
(4) 「1個の重さが a g のビー玉2個と，1個の重さが b g のビー玉7個の重さの合計」を a, b を用いて表しなさい。 (3点)
(5) 正五角形の内角の和を求めなさい。 (3点)

(6) 右図は，ある中学校の卓球部の部員が行った反復横とびの記録を箱ひげ図に表したものである。卓球部の部員が行った反復横とびの記録の四分位範囲を求めなさい。 (3点)
(7) 連立方程式 $\begin{cases} x - 3y = 10 \\ 5x + 3y = 14 \end{cases}$ を解きなさい。 (3点)
(8) 二次方程式 $x^2 - 2x - 35 = 0$ を解きなさい。 (3点)
(9) 二つのさいころを同時に投げるとき，出る目の数の和が10より大きい確率はいくらですか。1から6までのどの目が出ることも同様に確からしいものとして答えなさい。 (3点)
(10) 右図において，m は関数 $y = ax^2$（a は正の定数）のグラフを表す。A, B は m 上の点であって，A の x 座標は3であり，B の x 座標は -2 である。A の y 座標は，B の y 座標より2大きい。a の値を求めなさい。 (3点)

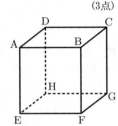

(11) 右図において，立体 ABCD−EFGH は直方体である。次のア〜エのうち，辺 AB と垂直な面はどれですか。一つ選び，記号を○で囲みなさい。 (3点)

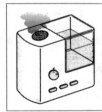

　ア　面 ABCD
　イ　面 BFGC
　ウ　面 AEFB
　エ　面 EFGH

3 よく出る　基本　自宅で加湿器を利用しているDさんは，加湿器を使うと加湿器のタンクの水の量が一定の割合で減っていくことに興味をもち，「加湿器を使用した時間」と「タンクの水の量」との関係について考えることにした。
　初めの「タンクの水の量」は840 mL である。加湿器を使用したとき，「タンクの水の量」は毎分6 mL の割合で減る。
　次の問いに答えなさい。
(1) 「加湿器を使用した時間」が x 分のときの「タンクの水の量」を y mL とする。また，$0 \leqq x \leqq 140$ とし，$x = 0$ のとき $y = 840$ であるとする。
　① 次の表は，x と y との関係を示した表の一部である。表中の(ア)，(イ)に当てはまる数をそれぞれ書きなさい。 (6点)

x	0	…	1	…	3	…	9	…
y	840	…	834	…	(ア)	…	(イ)	…

　② y を x の式で表しなさい。 (5点)
(2) Dさんは，タンクに水が840 mL 入った状態から加湿器を使い始め，しばらくしてタンクの水の量が450 mL まで減っていることに気が付いた。Dさんは，加湿器を使用した時間について考えてみた。
　「加湿器を使用した時間」を t 分とする。「タンクの水の量」が450 mL であるときの t の値を求めなさい。 (5点)

4 よく出る 基本

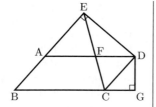

右図において，四角形 ABCD は内角 ∠ABC が鋭角の平行四辺形であり，AB = 4 cm, AD = 8 cm である。E は，D から直線 AB にひいた垂線と直線 AB との交点である。このとき，ED ⊥ DC である。E と C とを結ぶ。F は，線分 EC と辺 AD との交点である。G は，D から直線 BC にひいた垂線と直線 BC との交点である。DG = x cm とし，$0 < x < 4$ とする。

次の問いに答えなさい。

(1) 次のア～エのうち，△DCG を直線 DG を軸として 1 回転させてできる立体の名称として正しいものはどれですか。一つ選び，記号を○で囲みなさい。(3点)
　ア　三角柱　　イ　円柱　　ウ　三角すい
　エ　円すい

(2) 四角形 ABCD の面積を x を用いて表しなさい。(3点)

(3) 次は，△EAD∽△GCD であることの証明である。
　[a]，[b] に入れるのに適している｢角を表す文字｣をそれぞれ書きなさい。また，[c] [　　　] から適しているものを一つ選び，記号を○で囲みなさい。(9点)

（証　明）
△EAD と △GCD において
　DE ⊥ EB, DG ⊥ BG だから
　　∠DEA = ∠[a] = 90°　　…あ
　EB // DC であり，平行線の錯角は等しいから
　　∠EAD = ∠ADC　　…い
　AD // BG であり，平行線の錯角は等しいから
　　∠[b] = ∠ADC　　…う
　い, う より ∠EAD = ∠[b]　　…え
あ, え より，
[c] ｛ ア　1組の辺とその両端の角
　　　 イ　2組の辺の比とその間の角
　　　 ウ　2組の角
　｝
がそれぞれ等しいから，
　　△EAD ∽ △GCD

(4) $x = 3$ であるときの線分 EC の長さを求めなさい。答えを求める過程がわかるように，途中の式を含めた求め方も説明すること。(8点)

[B問題]

1 よく出る 基本　次の計算をしなさい。
(1) $2 \times (-3) - 4^2$ (3点)
(2) $5(2a+b) - 4(a+3b)$ (3点)
(3) $2a \times 9ab \div 6a^2$ (3点)
(4) $(x+1)^2 + x(x-2)$ (3点)
(5) $(2\sqrt{5} + \sqrt{3})(2\sqrt{5} - \sqrt{3})$ (3点)

2 よく出る　次の問いに答えなさい。
(1) 基本　$a = -6, b = 5$ のとき，$a^2 - 8b$ の値を求めなさい。(3点)
(2) 基本　二次方程式 $x^2 - 11x + 18 = 0$ を解きなさい。(3点)
(3) n を自然数とするとき，$5 - \dfrac{78}{n}$ の値が自然数となるような最も小さい n の値を求めなさい。(3点)

(4) 基本　関数 $y = \dfrac{10}{x}$ について，x の値が 1 から 5 まで増加するときの変化の割合を求めなさい。(3点)

(5) 基本　二つの箱 A, B がある。箱 A には自然数の書いてある 3 枚のカード ①, ②, ③ が入っており，箱 B には奇数の書いてある 5 枚のカード ①, ③, ⑤, ⑦, ⑨ が入っている。A, B それぞれの箱から同時にカードを 1 枚ずつ取り出し，箱 A から取り出したカードに書いてある数を a，箱 B から取り出したカードに書いてある数を b とする。このとき，$\dfrac{b}{a}$ の値が 1 より大きく 4 より小さい数になる確率はいくらですか。A, B それぞれの箱において，どのカードが取り出されることも同様に確からしいものとして答えなさい。(3点)

(6) 基本　ある中学校の剣道部，卓球部，水泳部の部員が反復横とびの測定を行った。右図は，その記録を箱ひげ図に表したものである。次のア～オのうち，右図からわかることとして正しいものはどれですか。すべて選び，記号を○で囲みなさい。(4点)

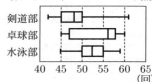

ア．三つの部の部員のうち，記録が 60 回以上の部員は 1 人だけである。
イ．剣道部の記録の四分位範囲と，水泳部の記録の四分位範囲は同じである。
ウ．三つの部のうち，記録の範囲が最も大きいのは卓球部である。
エ．第 1 四分位数が最も小さいのは，水泳部の記録である。
オ．卓球部では，半数以上の部員の記録が 55 回以上である。

(7) 基本　右図の立体は，底面の半径が 4 cm，高さが a cm の円柱である。右図の円柱の表面積は 120π cm² である。a の値を求めなさい。(4点)

(8) 右図において，m は関数 $y = ax^2$ (a は正の定数) のグラフを表し，l は関数 $y = \dfrac{1}{3}x - 1$ のグラフを表す。A は，l と x 軸との交点である。B は，A を通り y 軸に平行な直線と m との交点である。C は，B を通り x 軸に平行な直線と m との交点のうち B と異なる点である。D は，C を通り y 軸に平行な直線と l との交点である。四角形 ABCD の面積は 21 cm² である。a の値を求めなさい。答えを求める過程がわかるように，途中の式を含めた求め方も説明すること。ただし，原点 O から点 (1, 0) までの距離，原点 O から点 (0, 1) までの距離はそれぞれ 1 cm であるとする。(6点)

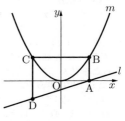

3 自宅で加湿器を利用しているDさんは，加湿器を使うと加湿器のタンクの水の量が一定の割合で減っていくことに興味をもち，「加湿器を使用した時間」と「タンクの水の量」との関係について考えることにした。Dさんの自宅の加湿器は，**強モード**，**弱モード**のどちらかのモードを選んで使うことができる。タンクには水が 840 mL 入っており，**強モード**で使用する場合「タンクの水の量」は毎分 6 mL の割合で減り，**弱モード**で使用する場合「タンクの水の量」は毎分 2 mL の割合で減る。

次の問いに答えなさい。

(1) Dさんは，加湿器を**強モード**で使用する場合について考えた。

初めの「タンクの水の量」は 840 mL である。「加湿器を使用した時間」が x 分のときの「タンクの水の量」を y mL とする。また，$0 \leqq x \leqq 140$ とし，$x = 0$ のとき $y = 840$ であるとする。

① 次の表は，x と y との関係を示した表の一部である。表中の(ア)，(イ)に当てはまる数をそれぞれ書きなさい。(6点)

x	0	…	1	…	3	…	9	…
y	840	…	834	…	(ア)	…	(イ)	…

② y を x の式で表しなさい。(3点)

③ $y = 450$ となるときの x の値を求めなさい。(3点)

(2) Dさんは，タンクに水が 840 mL 入った状態から加湿器を使い始め，途中でモードを切りかえて使用した。

初めの「タンクの水の量」は 840 mL である。加湿器を最初**強モード**で s 分間使用し，その後続けて**弱モード**に切りかえて t 分間使用したところ，タンクの水はちょうどなくなった。加湿器を**強モード**で使用した時間と**弱モード**で使用した時間の合計は 192 分であった。s，t の値をそれぞれ求めなさい。ただし，モードの切りかえにかかる時間はないものとする。(4点)

4 次の［I］，［II］に答えなさい。

［I］ 図Iにおいて，四角形 ABCD は長方形であり，AB > AD である。△ABE は AB = AE の二等辺三角形であり，E は直線 DC について B と反対側にある。D と E とを結んでできる線分 DE は，辺 BE に垂直である。F は，辺 BE と辺 DC との交点である。G は，直線 AE と直線 BC との交点である。

図I

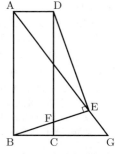

次の問いに答えなさい。

(1) △AED ∽ △GBE であることを証明しなさい。(7点)

(2) AB = 4 cm，BG = 3 cm であるとき，
① 辺 AD の長さを求めなさい。(5点)
② 線分 FC の長さを求めなさい。(5点)

［II］ 図IIにおいて，立体 A−BCD は三角すいであり，直線 AB は平面 BCD と垂直である。△BCD は，1辺の長さが 4 cm の正三角形である。AB = 6 cm である。E は，辺 AD 上にあって A，D と異なる点である。E と B とを結ぶ。F は，E を通り辺 DB に平行な直線と辺 AB との交点である。G は，E を通り辺 AB に平行な直線と辺 DB との交点である。H は，E を通り辺 AC に平行な直線と辺 CD との交点である。H と B とを結ぶ。

図II

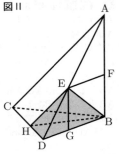

次の問いに答えなさい。

(3) 次のア〜エのうち，線分 EH とねじれの位置にある辺はどれですか。一つ選び，記号を○で囲みなさい。(3点)

ア 辺 AB　イ 辺 AC　ウ 辺 AD
エ 辺 CD

(4) EF = EG であるとき，
① 線分 EG の長さを求めなさい。(5点)
② 立体 EHDB の体積を求めなさい。(5点)

C問題

1 次の問いに答えなさい。

(1) $-a \times (2ab)^2 \div \left(-\dfrac{2}{3}ab^2\right)$ を計算しなさい。(4点)

(2) $\dfrac{6+\sqrt{8}}{\sqrt{2}} + (2-\sqrt{2})^2$ を計算しなさい。(4点)

(3) a を 0 でない定数とする。x の二次方程式 $ax^2 + 4x - 7a - 16 = 0$ の一つの解が $x = 3$ であるとき，a の値を求めなさい。また，この方程式のもう一つの解を求めなさい。(5点)

(4) a，b，c，d を定数とし，$a > 0$，$b < 0$，$c < d$ とする。関数 $y = ax^2$ と関数 $y = bx + 1$ について，x の変域が $-3 \leqq x \leqq 1$ のときの y の変域がともに $c \leqq y \leqq d$ であるとき，a，b の値をそれぞれ求めなさい。(5点)

(5) n を自然数とする。$n \leqq \sqrt{x} \leqq n+1$ を満たす自然数 x の個数が100であるときの n の値を求めなさい。(6点)

(6) 二つの箱 A，B がある。箱 A には 1 から 4 までの自然数が書いてある 4 枚のカード ①，②，③，④ が入っており，箱 B には 4 から 8 までの自然数が書いてある 5 枚のカード ④，⑤，⑥，⑦，⑧ が入っている。A，B それぞれの箱から同時にカードを 1 枚ずつ取り出し，箱 A から取り出したカードに書いてある数を a，箱 B から取り出したカードに書いてある数を b として，次の**きまり**にしたがって得点を決めるとき，得点が偶数である確率はいくらですか。A，B それぞれの箱において，どのカードが取り出されることも同様に確からしいものとして答えなさい。(6点)

きまり：a と b の最大公約数が 1 の場合は $a + b$ の値を得点とし，a と b の最大公約数が 1 以外の場合は $\sqrt{2ab}$ の値を得点とする。

(7) a を一の位の数が 0 でない 2 けたの自然数とし，b を a の十の位の数と一の位の数とを入れかえてできる自然

数とするとき，$\dfrac{b^2-a^2}{99}$ の値が 24 である a の値を**すべ
て**求めなさい。 (6点)

(8) 右図において，m は関数 $y=\dfrac{1}{5}x^2$ のグラフを表す。A は m 上の点であり，その x 座標は 5 である。B は y 軸上の点であり，その y 座標は -1 である。l は，2 点 A，B を通る直線である。C は l 上の点であり，その x 座標は負である。C の x 座標を t とし，$t<0$ とする。D は，C を通り y 軸に平行な直線と m との交点である。E は，A を通り x 軸に平行な直線と直線 DC との交点である。線分 DC の長さが線分 EA の長さより 3 cm 短いときの t の値を求めなさい。答えを求める過程がわかるように，途中の式を含めた求め方も説明すること。ただし，原点 O から点 (1, 0) までの距離，原点 O から点 (0, 1) までの距離はそれぞれ 1 cm であるとする。 (8点)

2 図Ⅰ，図Ⅱにおいて，四角形 ABCD は内角 $\angle$ABC が鋭角のひし形であり，AB $=7$ cm である。$\triangle$DCE は鋭角三角形であり，E は直線 BC 上にある。F は辺 DE 上にあって D，E と異なる点であり，B と F とを結んでできる線分 BF は辺 DE に垂直である。G は，C から辺 AB にひいた垂線と辺 AB との交点である。H は辺 CE 上の点であり，CH $=$ GB である。D と H とを結ぶ。
次の問いに答えなさい。

(1) 図Ⅰにおいて，

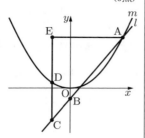

① **基本** 四角形 ABCD の対角線 AC の長さを a cm，四角形 ABCD の面積を S cm^2 とするとき，四角形 ABCD の対角線 BD の長さを a，S を用いて表しなさい。 (4点)

② $\triangle$DHE ∞ $\triangle$BFE であることを証明しなさい。 (8点)

(2) **よく出る** 図Ⅱにおいて，GB $=2$ cm，HE $=3$ cm である。I は，線分 BF と辺 DC との交点である。J は，直線 BF と直線 AD との交点である。

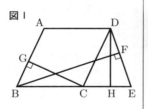

① 線分 FE の長さを求めなさい。 (4点)
② 線分 IJ の長さを求めなさい。 (6点)

3 図Ⅰ，図Ⅱにおいて，立体 ABCD $-$ EFGH は六つの平面で囲まれてできた立体である。四角形 ABCD は，1 辺の長さが 2 cm の正方形である。四角形 EFGH は，EF $=6$ cm，FG $=4$ cm の長方形である。平面 ABCD と平面 EFGH は平行である。四角形 AEFB は AB // EF の台形であり，AE $=$ BF $=4$ cm である。四角形 DHGC $\equiv$ 四角形 AEFB である。四角形 BFGC は BC // FG の台形である。四角形 AEHD $\equiv$ 四角形 BFGC である。
次の問いに答えなさい。

(1) 図Ⅰにおいて，四角形 IJKL は長方形であり，I，J，K，L はそれぞれ辺 AE，BF，CG，DH 上にある。このとき，AI $=$ BJ $=$ CK $=$ DL である。E と J，G と J とをそれぞれ結ぶ。

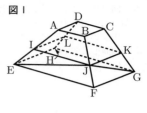

① **基本** 次のア～オのうち，辺 BF とねじれの位置にある辺はどれですか。**すべて**選び，記号を $\bigcirc$ で囲みなさい。 (4点)
　ア 辺 AB　　イ 辺 EH　　ウ 辺 CG
　エ 辺 GH　　オ 辺 DH

② $\triangle$JFG の面積は $\triangle$JEF の面積の何倍ですか。 (4点)

③ **思考力** 四角形 IJKL の周の長さが 15 cm であるときの辺 JK の長さを求めなさい。 (6点)

(2) **難** 図Ⅱにおいて，M は B から平面 EFGH にひいた垂線と平面 EFGH との交点である。N，O は，それぞれ辺 EF，HG の中点である。このとき，4 点 B，N，O，C は同じ平面上にあり，この 4 点を結んでできる四角形 BNOC は BC // NO の台形である。

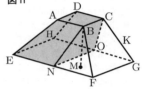

① 線分 BM の長さを求めなさい。 (4点)
② **思考力** 立体 ABCD $-$ ENOH の体積を求めなさい。 (6点)

兵庫県

時間 50分　満点 100点　解答 P47　3月10日実施

＊ 注意　全ての問いについて，答えに $\sqrt{\ }$ が含まれる場合は，$\sqrt{\ }$ を用いたままで答えなさい。

出題傾向と対策

●大問は 6 題で，**1** は基本問題の小問集合，**2**，**4** は関数のグラフと図形に関する様々な問題，**3** は平面図形，**5** は場合の数と確率，**6** は思考力や文章読解力を必要とする数に関する問題である。

●基本問題から応用問題まで幅広く出題されているので，易しい問題を先に解いてしまうと良いだろう。教科書などで基本事項をしっかりと確認し，過去問を解いて，傾向をつかんでおこう。

1 **基本** 次の問いに答えなさい。
(1) $-3-(-9)$ を計算しなさい。 (3点)
(2) $20xy^2 \div (-4xy)$ を計算しなさい。 (3点)
(3) $4\sqrt{3} - \sqrt{12}$ を計算しなさい。 (3点)
(4) $x^2 + 2x - 8$ を因数分解しなさい。 (3点)
(5) y は x に反比例し，$x=-6$ のとき $y=2$ である。$y=3$ のときの x の値を求めなさい。 (3点)

(6) 図1のように，底面の半径が3cm，母線の長さが6cmの円すいがある。この円すいの側面積は何cm²か，求めなさい。ただし，円周率はπとする。　（3点）

図1

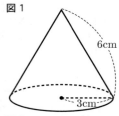

(7) 図2で，$l \mathbin{/\mkern-3mu/} m$ のとき，∠xの大きさは何度か，求めなさい。　（3点）

図2

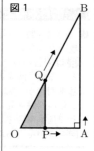

(8) 表は，ある農園でとれたイチジク1000個から，無作為に抽出したイチジク50個の糖度を調べ，その結果を度数分布表に表したものである。この結果から，この農園でとれたイチジク1000個のうち，糖度が10度以上14度未満のイチジクは，およそ何個と推定されるか，最も適切なものを，次のア～エから1つ選んで，その符号を書きなさい。　（3点）

表　イチジクの糖度

階級（度）	度数（個）
以上　　未満	
10 ～ 12	4
12 ～ 14	11
14 ～ 16	18
16 ～ 18	15
18 ～ 20	2
計	50

ア　およそ150個
イ　およそ220個
ウ　およそ300個
エ　およそ400個

2　図1のように，OA = 2cm，AB = 4cm，∠OAB = 90°の直角三角形OABがある。2点P，Qは同時にOを出発し，それぞれ次のように移動する。

点P
・辺OA上をOからAまで秒速1cmの速さで移動する。
・Aに着くと，辺OA上を移動するときとは速さを変えて，辺AB上をAからBまで一定の速さで移動し，Bに着くと停止する。

点Q
・辺OB上をOからBまで，線分PQが辺OAと垂直になるように移動し，Bに着くと停止する。

図1

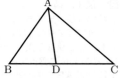

2点P，QがOを出発してからx秒後の△OPQの面積をycm²とする。ただし，2点P，QがOにあるとき，および，2点P，QがBにあるとき，△OPQの面積は0cm²とする。
次の問いに答えなさい。

(1) 2点P，QがOを出発してから1秒後の線分PQの長さは何cmか，求めなさい。　（3点）

(2) $0 \leq x \leq 2$ のとき，x と y の関係を表したグラフとして最も適切なものを，次のア～エから1つ選んで，その符号を書きなさい。　（3点）

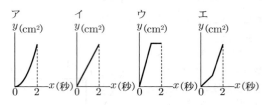

(3) $2 \leq x \leq 10$ のとき，x と y の関係を表したグラフは図2のようになる。

図2

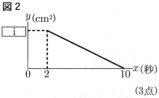

① 図2の　i　にあてはまる数を求めなさい。　（3点）
② 点Pが辺AB上を移動するとき，点Pの速さは秒速何cmか，求めなさい。　（3点）
③ 2点P，QがOを出発してから t 秒後の△OPQの面積と，$(t+4)$ 秒後の△OPQの面積が等しくなる。このとき，t の値を求めなさい。ただし，$0 < t < 6$ とする。　（3点）

3　図のように，AB = 12cm，BC = 18cm の△ABCがある。∠BACの二等分線と辺BCの交点をDとすると，BD = 8cm となる。次の問いに答えなさい。

(1) ∠ACD = ∠CAD であることを次のように証明した。　i　，　ii　にあてはまるものを，あとのア～カからそれぞれ1つ選んでその符号を書き，この証明を完成させなさい。　（4点）

＜証明＞
まず，△ABC∽△DBA であることを証明する。
△ABC と △DBA において，
仮定から，AB : DB = 3 : 2　……①
　　　i　 = 3 : 2　……②
①，②より，
　　AB : DB = 　i　　……③
共通な角だから，
　　∠ABC = ∠DBA　……④
③，④より，
2組の辺の比とその間の角がそれぞれ等しいから，
　　△ABC∽△DBA
したがって，∠ACB = 　ii　　……⑤
仮定から，　ii　 = ∠DAC　……⑥
⑤，⑥より，∠ACD = ∠CAD

ア　BC : BA　イ　BA : BC　ウ　BC : DB
エ　ABD　　オ　DAB　　カ　ADB

(2) 線分ADの長さは何cmか，求めなさい。　（3点）
(3) 線分ACの長さは何cmか，求めなさい。　（4点）
(4) 辺AB上に，DE = 8cm となるように，点Bと異なる点Eをとる。また，辺AC上に点Fをとり，AE，AFをとなり合う辺とするひし形をつくる。このひし形の面積は，△ABCの面積の何倍か，求めなさい。　（4点）

4 図のように，関数 $y=x^2$ のグラフ上に異なる2点A, Bがあり，関数 $y=ax^2$ のグラフ上に点Cがある。点Cの座標は $(2, -1)$ であり，点Aと点Bの y 座標は等しく，点Bと点Cの x 座標は等しい。
次の問いに答えなさい。
ただし，座標軸の単位の長さは $1\,\mathrm{cm}$ とする。

(1) 点Aの x 座標を求めなさい。(3点)
(2) a の値を求めなさい。(3点)
(3) 直線ACの式を求めなさい。(3点)
(4) 3点A, B, Cを通る円を円 O' とする。
　① 円 O' の直径の長さは何 cm か，求めなさい。(3点)
　② 円 O' と x 軸との交点のうち，x 座標が正の数である点をDとする。点Dの x 座標を求めなさい。(3点)

5 さいころが1つと大きな箱が1つある。また，1, 2, 3, 4, 5, 6の数がそれぞれ1つずつ書かれた玉がたくさんある。箱の中が空の状態から，次の[操作]を何回か続けて行う。そのあいだ，箱の中から玉は取り出さない。

あとの問いに答えなさい。ただし，玉は[操作]を続けて行うことができるだけの個数があるものとする。また，さいころの1から6までのどの目が出ることも同様に確からしいとする。

[操作]
(i) さいころを1回投げ，出た目を確認する。
(ii) 出た目の約数が書かれた玉を，それぞれ1個ずつ箱の中に入れる。

例：(i)で4の目が出た場合は，(ii)で1, 2, 4が書かれた玉をそれぞれ1個ずつ箱の中に入れる。

(1) (i)で6の目が出た場合は，(ii)で箱の中に入れる玉は何個か，求めなさい。(3点)
(2) [操作]を2回続けて行ったとき，箱の中に4個の玉がある確率を求めなさい。(3点)
(3) [操作]を n 回続けて行ったとき，次のようになった。
・n 回のうち，1の目が2回，2の目が5回出た。3の目が出た回数と5の目が出た回数は等しかった。
・箱の中には，全部で52個の玉があり，そのうち1が書かれた玉は21個であった。4が書かれた玉の個数と6が書かれた玉の個数は等しかった。

　① n の値を求めなさい。(3点)
　② 5の目が何回出たか，求めなさい。(3点)
　③ 52個の玉のうち，5が書かれた玉を箱の中から全て取り出す。その後，箱の中に残った玉をよくかき混ぜてから，玉を1個だけ取り出すとき，その取り出した玉に書かれた数が6の約数である確率を求めなさい。ただし，どの玉が取り出されることも同様に確からしいとする。(3点)

6 思考力　数学の授業中に先生が手品を行い，ゆうりさんたち生徒は手品の仕掛けについて考察した。
あとの問いに答えなさい。

先　生：ここに3つの空の箱，箱A，箱B，箱Cと，たくさんのコインがあります。ゆうりさん，先生に見えないように，黒板に示している作業1～4を順に行ってください。

作業1：箱A，箱B，箱Cに同じ枚数ずつコインを入れる。ただし，各箱に入れるコインの枚数は20以上とする。
作業2：箱B，箱Cから8枚ずつコインを取り出し，箱Aに入れる。
作業3：箱Cの中にあるコインの枚数を数え，それと同じ枚数のコインを箱Aから取り出し，箱Bに入れる。
作業4：箱Bから1枚コインを取り出し，箱Aに入れる。

ゆうり：はい。できました。
先　生：では，箱Aの中にコインが何枚あるか当ててみましょう。$\boxed{a}$ 枚ですね。どうですか。
ゆうり：数えてみます。1, 2, 3, ……, すごい！　確かにコインは $\boxed{a}$ 枚あります。

(1) 作業1で，箱A，箱B，箱Cに20枚ずつコインを入れた場合，$\boxed{a}$ にあてはまる数を求めなさい。(2点)
(2) 授業後，ゆうりさんは「授業振り返りシート」を作成した。$\boxed{\text{i}}$ にあてはまる数，$\boxed{\text{ii}}$，$\boxed{\text{iii}}$ にあてはまる式をそれぞれ求めなさい。(8点)

授業振り返りシート
授業日：3月10日（金）

Ⅰ　授業で行ったこと
　先生が手品をしてくれました。その手品の仕掛けを数学的に説明するために，グループで話し合いました。

Ⅱ　わかったこと
　作業1で箱A，箱B，箱Cに20枚ずつコインを入れても，21枚ずつコインを入れても，作業4の後に箱Aの中にあるコインは $\boxed{a}$ 枚となります。
なぜそのようになるかは，次のように説明できます。

・作業4の後に箱Aの中にコインが $\boxed{a}$ 枚あるということは，作業3の後に箱Aの中にコインが $\boxed{\text{i}}$ 枚あるということです。
・作業1で箱A，箱B，箱Cに x 枚ずつコインを入れた場合，作業2の後に箱Aの中にあるコインは x を用いて $\boxed{\text{ii}}$ 枚，箱Cの中にあるコインは x を用いて $\boxed{\text{iii}}$ 枚と表すことができます。つまり，作業3では $\boxed{\text{iii}}$ 枚のコインを箱Aから取り出すので，$\boxed{\text{ii}}$ から $\boxed{\text{iii}}$ をひくと，x の値に関係なく $\boxed{\text{i}}$ になります。

これらのことから，作業1で各箱に入れるコインの枚数に関係なく，先生は $\boxed{a}$ 枚と言えばよかったということです。

(3) ゆうりさんは，作業2で箱B，箱Cから取り出すコインの枚数を変えて何回かこの手品を行い，作業3の後に箱Aの中にあるコインの枚数は必ず n の倍数となることに気がついた。ただし，作業2では箱B，箱Cから同じ枚数のコインを取り出し，箱Aに入れることとし，

作業2以外は変更しない。また，各作業中，いずれの箱の中にあるコインの枚数も0になることはないものとする。
① n の値を求めなさい。ただし，n は1以外の自然数とする。 (3点)
② 次のア～ウのうち，作業4の後に箱Aの中にあるコインの枚数として適切なものを，ゆうりさんの気づきをもとに1つ選んで，その符号を書きなさい。また，その枚数にするためには，作業2で箱B，箱Cから何枚ずつコインを取り出せばよいか，求めなさい。 (3点)

ア 35　イ 45　ウ 55

奈良県

時間 50分　満点 50点　解答 P48　3月10日実施

出題傾向と対策

● 例年と同様，大問が4題であった。 **1** は小問集合，**2** は思考力を必要とする平面図形に関する問題，**3** は関数 $y = ax^2$ に関する問題，**4** は円に関する問題であった。例年，**2** のような会話形式の問題が出題されている。
● 基本的な問題から標準的な問題まで，幅広い分野から出題されている。また，例年，説明する問題，作図，証明問題が出題されている。関数や円に関する問題もよく出題されているため，しっかりと練習しておくとよいだろう。

1 次の各問いに答えよ。
(1) よく出る 基本 次の①～④を計算せよ。
　① $7 - (-6)$ (1点)
　② $15 + (-4)^2 \div (-2)$ (1点)
　③ $(x+2)(x-5) - 2(x-1)$ (1点)
　④ $\sqrt{2} \times \sqrt{6} - \sqrt{27}$ (1点)
(2) 基本 連立方程式 $\begin{cases} x + 4y = 5 \\ 4x + 7y = -16 \end{cases}$ を解け。 (2点)
(3) よく出る 2次方程式 $x^2 + 5x + 1 = 0$ を解け。 (2点)
(4) $a < 0$，$b < 0$ のとき，$a+b$，$a-b$，ab，$\dfrac{a}{b}$ のうちで，式の値が最も小さいものはどれか。 (2点)
(5) 図1の2つの三角すいA，Bは相似であり，その相似比は $2:3$ である。三角すいAの体積が $24\mathrm{cm}^3$ であるとき，三角すいBの体積を求めよ。 (2点)

図1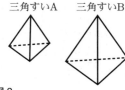

(6) よく出る 図2で，数直線上を動く点Pは，最初，原点Oにある。点Pは，1枚の硬貨を1回投げるごとに，表が出れば正の方向に1だけ移動し，裏が出れば負の方向に2だけ移動する。硬貨を3回投げて移動した結果，点Pが原点Oにある確率を求めよ。 (2点)

図2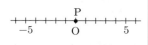

(7) よく出る 図3のように，3点A，B，Cがある。次の条件①，②を満たす点Pを，定規とコンパスを使って作図せよ。なお，作図に使った線は消さずに残しておくこと。 (2点)

図3

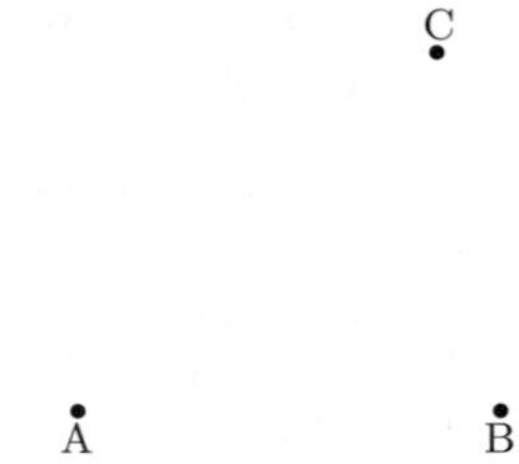

[条件]
① △PABは，線分ABを底辺とする二等辺三角形である。
② 直線ABと直線PCは平行である。

(8) A中学校の1年生75人と3年生90人に，通学時間についてアンケートをした。図4は，その結果について，累積相対度数を折れ線グラフに表したものである。例えば，このグラフから，1年生では，通学時間が10分未満の生徒が，1年生全体の42%であることを読み取ることができる。図4から読み取ることができることがらとして適切なものを，次のア～オから全て選び，その記号を書け。 (3点)

図4 A中学校の1年生と3年生の通学時間の累積相対度数

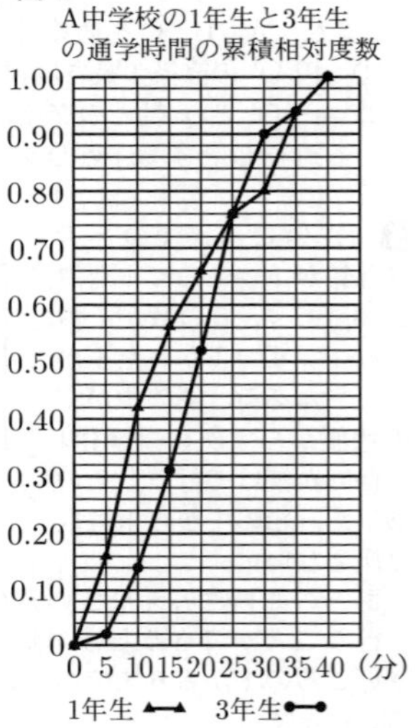

ア 通学時間の中央値は，1年生の方が3年生よりも大きい。
イ 通学時間が20分未満の生徒は，1年生も3年生も半分以上いる。
ウ 通学時間が25分未満の生徒の人数は，1年生も3年生も同じである。
エ 通学時間が25分以上30分未満の生徒の人数は，3年生の方が1年生よりも多い。
オ 全体の傾向としては，1年生の方が3年生よりも通学時間が短いといえる。

2 思考力 太郎さんと花子さんは，ロボット掃除機が部屋を走行する様子を見て，動く図形について興味をもった。次の □ 内は，いろいろな図形の内部を円や正方形が動くとき，円や正方形が通過する部分について考えている，太郎さんと花子さんの会話である。

花子：長方形の内部を円や正方形が動くとき，正方形は，長方形の内部をくまなく通過できるね。でも，円は，長方形の内部で通過できないところがあるよ。正方形は，どんな図形の内部でも，くまなく通過できるのかな。

太郎：どうかな。三角形の内部では，円も正方形も通過できないところがあるよ。いろいろな図形の内部を円や正方形が動く場合，通過できるところに違いがあるね。

花子：直角二等辺三角形の内部を円や正方形が動くときについて，真上から見た図をかいて考えてみよう。

$XZ = YZ$，$\angle XZY = 90°$ の直角二等辺三角形 XYZ の内部を，円 O，正方形 ABCD が動くとき，各問いに答えよ。ただし，円周率は π とする。

(1) 図1で，円 O は辺 XY，XZ に接しており，2点 P，Q はその接点である。また，点 R は直線 XO と辺 YZ との交点である。①〜③の問いに答えよ。

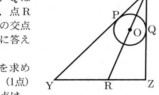

図1

① $\angle POQ$ の大きさを求めよ。(1点)

② 線分 XR 上にある点はどのような点か。「辺」と「距離」の語を用いて簡潔に説明せよ。(2点)

③ 円 O の半径が 2 cm であるとき，線分 XP の長さを求めよ。(2点)

(2) 次の □ 内は，△XYZ の内部を，正方形 ABCD が動く場合について考えている，太郎さんと花子さんの会話である。①，②の問いに答えよ。

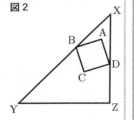

図2

花子：図2のように，正方形 ABCD が，点 X に最も近づくように，正方形 ABCD の2点 B，D がそれぞれ辺 XY，XZ 上にある図をかいたよ。

太郎：図2の正方形 ABCD で，点 X に最も近いのは，点 A だね。

花子：そうだね。2点 X，A 間の距離はどのくらいの長さになっているのかな。図2からわかることは何だろう。

太郎：点 A を中心として2点 B，D を通る円をかくと，点 X も円 A の周上にありそうだね。

花子：円 A で，$\overarc{BD}$ に対する中心角は $\angle BAD$ になるね。$\angle BAD = 90°$ で，$\angle BXD = 45°$ だから，$\angle BXD$ は $\overarc{BD}$ に対する円周角になっているね。点 X は円 A の周上にあるといえるよ。

太郎：2点 X，A 間の距離は あ と等しいといえるね。

花子：正方形 ABCD が動いて，辺 XY，XZ 上の2点 B，D の位置が変わっても，2点 X，A 間の距離について同じことがいえるから，正方形 ABCD が，△XYZ の内部をくまなく動くとき，正方形 ABCD が通過した部分の面積もわかるね。

① あ に当てはまる語句を，次のア〜エから1つ選び，その記号を書け。(2点)

　ア　正方形 ABCD の対角線の長さ
　イ　正方形 ABCD の1辺の長さ
　ウ　正方形 ABCD の対角線の長さの半分
　エ　正方形 ABCD の1辺の長さの半分

② 図3のように，正方形 ABCD が，△XYZ の内部をくまなく動くとき，正方形 ABCD が通過した部分の面積を求めよ。ただし，$XZ = 10$ cm，$AB = 3$ cm とする。(3点)

図3

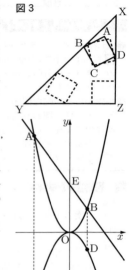

3 右の図のように，関数 $y = ax^2$ $(a > 0)$ のグラフ上に，2点 A，B があり，関数 $y = -\dfrac{1}{2}x^2$ のグラフ上に，2点 C，D がある。2点 A，C の x 座標は -4 であり，2点 B，D の x 座標は 2 である。2点 A，B を通る直線と y 軸との交点を E とする。原点を O として，各問いに答えよ。

(1) 基本　関数 $y = -\dfrac{1}{2}x^2$ について，x の変域が $-4 \leqq x \leqq 2$ のときの y の変域を求めよ。(2点)

(2) 基本　2点 C，D を通る直線の式を求めよ。(2点)

(3) a の値が大きくなるとき，それにともなって小さくなるものを，次のア〜エから1つ選び，その記号を書け。(3点)

　ア　直線 AB の傾き
　イ　線分 AB の長さ
　ウ　△OAB の面積
　エ　AE：EB の比の値

(4) 直線 OD が四角形 ACDB の面積を2等分するとき，a の値を求めよ。(3点)

4 よく出る　右の図で，4点 A，B，C，D は円 O の周上にある。点 E は線分 AC と線分 BD との交点で $AC \perp BD$ であり，点 F は線分 AD 上の点で $EF \perp AD$ である。点 G は直線 EF と線分 BC との交点である。各問いに答えよ。

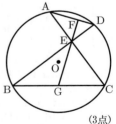

(1) △AEF∽△BCE を証明せよ。(3点)

(2) $\angle DAE = a°$ とするとき，$\angle BGE$ の大きさを a を用いて表せ。(2点)

(3) $DE = 3$ cm，$AE = 4$ cm，$BE = 8$ cm のとき，①，②の問いに答えよ。

① △CEG の面積を求めよ。(3点)
② 円 O の半径を求めよ。(3点)

和歌山県

時間 50分　満点 100点　解答 P50　3月9日実施

出題傾向と対策

- 大問の構成は昨年と同様4題で，1と2は小問集合，3は関数と図形の融合問題，4は平面図形に関わる角の大きさ・線分の長さ・証明等に関する総合問題であり，昨年度よりも易しくなった。
- 基礎から標準的な問題が，幅広い分野から出題されている。規則性に関わる問題，図形の証明問題，答えを求める過程を記述する問題も毎年出題されている。教科書レベルの基本問題を繰り返し学習するだけでなく，考えたことを順序立ててかく練習をしておこう。

1 よく出る　基本　次の〔問1〕～〔問6〕に答えなさい。

〔問1〕 次の(1)～(5)を計算しなさい。
(1) $2 - 6$ (3点)
(2) $\dfrac{8}{5} + \dfrac{7}{15} \times (-3)$ (3点)
(3) $3(2a+b) - (a+5b)$ (3点)
(4) $\dfrac{9}{\sqrt{3}} - \sqrt{75}$ (3点)
(5) $a(a+2) + (a+1)(a-3)$ (3点)

〔問2〕 次の式を因数分解しなさい。 (3点)
$x^2 - 12x + 36$

〔問3〕 絶対値が4以下の整数はいくつあるか，求めなさい。 (4点)

〔問4〕 次の表は，ある学年の生徒の通学時間を調査し，その結果を度数分布表にまとめたものである。表中のア，イにあてはまる数をそれぞれ求めなさい。 (4点)

通学時間(分) 以上　未満	度数(人)	相対度数	累積度数(人)
0 ～ 10	24	＊	＊
10 ～ 20	56	＊	＊
20 ～ 30	64	0.32	イ
30 ～ 40	40	0.20	＊
40 ～ 50	16	ア	＊
計	200	1.00	

＊は，あてはまる数を省略したことを表している。

〔問5〕 y は x の2乗に比例し，$x=3$ のとき，$y=-18$ である。
このとき，y を x の式で表しなさい。 (4点)

〔問6〕 右の図のように，円Oの周上に4点A，B，C，Dがある。$\angle BDC = 39°$，$\overset{\frown}{BC} = 3\overset{\frown}{AB}$ のとき，$\angle x$ の大きさを求めなさい。 (4点)

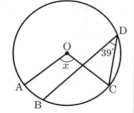

2 よく出る　次の〔問1〕～〔問5〕に答えなさい。

〔問1〕 図1の展開図をもとにして，図2のように正四角錐 P をつくった。
次の(1)，(2)に答えなさい。

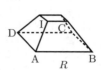

(1) 基本　図2において，点Aと重なる点を図1のE，F，G，Hの中から1つ選び，その記号をかきなさい。 (3点)

(2) 正四角錐 P の辺OA上に OI : IA = 1 : 2 となる点Iをとる。
図3のように，点Iを通り，底面ABCDに平行な平面で分けられた2つの立体をそれぞれ Q，R とする。
このとき，Q と R の体積の比を求め，最も簡単な整数の比で表しなさい。 (4点)

〔問2〕 基本　1辺の長さが7cmの正方形である緑，赤，青の3種類の色紙がある。
この色紙を，図のように左から緑，赤，青の順に繰り返して右に2cmずつずらして並べていく。
表は，この規則に従って並べたときの色紙の枚数，一番右の色紙の色，横の長さについてまとめたものである。
このとき，下の(1)，(2)に答えなさい。

図

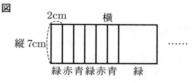

表

色紙の枚数(枚)	1	2	3	4	5	6	7	…	13
一番右の色紙の色	緑	赤	青	緑	赤	青	緑	…	□
横の長さ(cm)	7	9	11	＊	＊	＊	＊	…	＊

＊は，あてはまる数を省略したことを表している。

(1) 表中の□にあてはまる色をかきなさい。 (3点)
(2) 色紙を n 枚並べたときの横の長さを n の式で表しなさい。 (4点)

〔問3〕 2つのさいころを同時に投げるとき，出る目の数の積が12の約数になる確率を求めなさい。
ただし，さいころの1から6までのどの目が出ることも同様に確からしいものとする。 (4点)

〔問4〕 右の表は，ある洋菓子店でドーナツとカップケーキをそれぞれ1個つくるときの小麦粉の分量を表したものである。

メニュー	材料 小麦粉
ドーナツ	25g
カップケーキ	15g

この分量にしたがって，小麦粉400gを余らせることなく使用して，ドーナツとカップケーキをあわせて18個つくった。
このとき，つくったドーナツとカップケーキはそれぞれ何個か，求めなさい。
ただし，答えを求める過程がわかるようにかきなさい。

〔問5〕 右の箱ひげ図は，太郎さんを含む15人のハンドボール投げの記録を表したものである。 (6点)

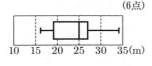

また，次の文は太郎さんと先生の会話の一部である。

太郎：先生，15人のハンドボール投げの記録の平均値は何mですか。わたしの記録は24.0mでした。
先生：平均値は23.9mです。
太郎：そうすると，わたしの記録は平均値より大きいから，15人の記録の中で上位8番以内に入りますね。

下線部の太郎さんの言った内容は正しくありません。その理由をかきなさい。 (5点)

3 よく出る 図1のように，関数 $y = \frac{1}{2}x + 3 \cdots ①$ のグラフ上に点 A(2, 4) があり，x 軸上に点 P がある。
次の〔問1〕〜〔問4〕に答えなさい。

図1
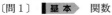

〔問1〕 基本 関数 $y = \frac{1}{2}x + 3$ について，x の増加量が4のとき，y の増加量を求めなさい。 (3点)

〔問2〕 基本 P の x 座標が6のとき，直線 AP の式を求めなさい。 (4点)

〔問3〕 図2のように，∠APO = 30° のとき，P の x 座標を求めなさい。 (5点)

図2

〔問4〕 図3のように，①のグラフと y 軸との交点を B とする。
また，y 軸上に点 Q をとり，△ABP と △ABQ の面積が等しくなるようにする。
P の x 座標が4のとき，Q の座標をすべて求めなさい。 (6点)

図3
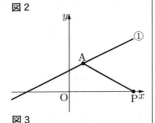

4 よく出る 平行四辺形 ABCD の辺 BC 上に点 E がある。ただし，辺 BC の長さは辺 AB の長さより長いものとする。
次の〔問1〕〜〔問4〕に答えなさい。

〔問1〕 基本 図1のように AB = AE，∠BCD = 118° のとき，∠BAE の大きさを求めなさい。 (3点)

図1
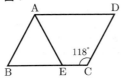

〔問2〕 基本 図2のように，BC = 5 cm，AE = 3 cm，∠AEB = 90° のとき，線分 DE の長さを求めなさい。 (4点)

図2

〔問3〕 図3のように，平行四辺形 ABCD の対角線の交点を O とし，直線 EO と辺 AD の交点を F とする。
このとき，四角形 BEDF は平行四辺形であることを証明しなさい。 (7点)

図3

〔問4〕 思考力 図4のように，AB = 4 cm，BE = 3 cm，EC = 2 cm のとき，辺 BA の延長上に AG = 2 cm となるように点 G をとる。
また，GE と AD の交点を H とする。
このとき，台形 ABEH の面積は，平行四辺形 ABCD の面積の何倍になるか，求めなさい。 (5点)

図4

鳥取県

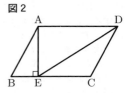

時間 50分　満点 50点　解答 P51　3月7日実施

* 注意　1. 答えが分数になるときは，それ以上約分できない分数で答えなさい。
2. 答えに $\sqrt{}$ が含まれるときは，$\sqrt{}$ をつけたまま答えなさい。なお，$\sqrt{}$ の中の数は，できるだけ小さい自然数にしなさい。また，分数の分母に $\sqrt{}$ が含まれるときは，分母を有理化しなさい。
3. 円周率は，π を用いなさい。

出題傾向と対策

●大問は5題である。1 は証明の空所補充を含む小問集合，2 は資料の活用，3 は1次関数，連立方程式の応用，4 は空間図形，5 は関数を中心とした総合問題である。小問数は2題減ったが，整数と図形の証明の空所補充等を含んでいるため，問題量が増え，難易度は少し上がった。
●小問は，計算，方程式，作図，証明問題などが頻出問題であり，空所補充問題が増えている。基本事項の確認は必須であり，数年分の過去問を解くだけでなく，問題文が長い問題や空所補充問題の練習も必要である。

1 よく出る 基本 次の各問いに答えなさい。
問1 次の計算をしなさい。
(1) $-6 - (-2)$ (1点)
(2) $-\frac{2}{3} \div \frac{8}{9}$ (1点)
(3) $6\sqrt{2} - \sqrt{18} + \sqrt{8}$ (1点)
(4) $4(2x+1) - 3(2x+1)$ (1点)
(5) $3xy \times 2x^3y^2 \div (-x^3y)$ (1点)
問2 $x^2 - 3x + 2$ を因数分解しなさい。 (1点)
問3 二次方程式 $3x^2 - x - 1 = 0$ を解きなさい。 (1点)

問4 関数 $y=2x^2$ について，x の値が1から4まで増加するときの変化の割合を求めなさい。(1点)

問5 右の図Ⅰにおいて，$\angle x$ の大きさを求めなさい。
ただし，4点 A，B，C，D は円 O の周上の点であり，線分 AC は円 O の直径である。(1点)

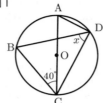
図Ⅰ

問6 右の図Ⅱのように，1，2，3，4の数が，それぞれ書かれている玉が1個ずつ箱の中に入っている。この箱から玉を1個取り出し，その玉を箱の中に戻して箱の中をよくかき混ぜた後，もう一度箱から玉を1個取り出す。1回目に取り出した玉に書かれている数を a，2回目に取り出した玉に書かれている数を b とする。
このとき，$a+b$ が24の約数である確率を求めなさい。
ただし，どの玉が取り出されることも同様に確からしいものとする。(2点)

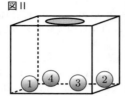
図Ⅱ

問7 面積が $168n\ m^2$ の正方形の土地がある。この正方形の土地の1辺の長さ (m) が整数となるような最も小さい自然数 n の値を求めなさい。(2点)

問8 連続する2つの偶数の積は，8の倍数である。さよさんは，このことを，次のように文字式を使って証明した。
このとき，あとの(1)，(2)に答えなさい。

(証明)
n を整数とし，連続する2つの偶数のうち，小さい方を $2n$ とすると，
もう一方の偶数は ［ア］ と表される。
このとき，連続する2つの偶数の積は
$2n \times (［ア］) = ［イ］n(n+1) \cdots ①$
n，$n+1$ は連続する2つの整数だから，①の右辺の $n(n+1)$ は 2 の倍数である。
よって，m を整数とすると，$n(n+1)$ は $2m$ と表される。
このとき，連続する2つの偶数の積は
$2n \times (［ア］) = 8m$
m は整数だから，$2n \times (［ア］)$ は 8 の倍数である。
したがって，連続する2つの偶数の積は，8 の倍数である。
(証明終)

(1) 証明の ［ア］，［イ］ にあてはまる適切な数または文字式を入れて，証明を完成させなさい。
ただし，［ア］ には，同じ数または同じ文字式があてはまるものとする。(1点)

(2) 次の**説明**は，証明の下線部において，n，$n+1$ が連続する2つの整数だと，$n(n+1)$ は 2 の倍数となる理由を説明したものである。**説明**中の ［ウ］ に適切な文を入れなさい。(1点)

説明
連続する2つの整数 n，$n+1$ は，［ウ］。
整数と偶数の積は 2 の倍数となるので，$n(n+1)$ は 2 の倍数である。

問9 右の図Ⅲにおいて，$\triangle ABC$ の頂点 C を通り，$\triangle ABC$ の面積を二等分する線分と辺 AB との交点 D を，定規とコンパスを用いて作図しなさい。
ただし，作図に用いた線は明確にして，消さずに残しておき，作図した点 D には記号 D を書き入れなさい。(2点)

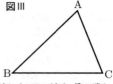
図Ⅲ

問10 右の図Ⅳのように，平行四辺形 ABCD の対角線の交点 O を通る直線をひき，2辺 AB，DC との交点をそれぞれ P，Q とする。
このとき，OP＝OQ であることを，次のように証明した。あとの(1)～(3)に答えなさい。

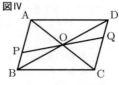
図Ⅳ

(証明)
$\triangle OAP$ と $\triangle OCQ$ で，
対頂角は等しいので，
$\angle AOP = \angle COQ$ ……①
［a］は等しいので，AB // DC から，
［b］ ……②
平行四辺形の ［c］ ので，
［d］ ……③
①，②，③より
［e］ がそれぞれ等しいので，
$\triangle OAP \equiv \triangle OCQ$
合同な図形では，対応する辺は，それぞれ等しいので，
OP＝OQ (証明終)

(1) 証明の ［a］，［b］ にあてはまるものとして最も適切なものを，次のア～キからそれぞれひとつ選び，記号で答えなさい。(1点)
ア 平行線の同位角
イ 平行線の錯角
ウ 平行線の向かい合う辺
エ $\angle OAP = \angle OCQ$ オ $\angle OPA = \angle OQC$
カ $\angle OBA = \angle ODC$ キ AP＝CQ

(2) 証明の ［c］，［d］ にあてはまるものとして最も適切なものを，次のア～キからそれぞれひとつ選び，記号で答えなさい。(1点)
ア 2組の向かい合う辺は，それぞれ等しい
イ 2組の向かい合う角は，それぞれ等しい
ウ 対角線は，それぞれの中点で交わる
エ $\angle ABC = \angle CDA$ オ $\angle OAP = \angle OCQ$
カ OA＝OC キ AP＝CQ

(3) 証明の ［e］ にあてはまる最も適切な語句を入れて，証明を完成させなさい。(1点)

2 右の表は，ある中学校の3年生1組から4組の生徒各30人が，1か月に読んだ本の冊数について調べ，その結果をまとめたものである。
このとき，次の各問いに答えなさい。

表

クラス	1組	2組	3組	4組
最小値	2	1	2	1
第1四分位数	4	3	4	4
中央値	6	5.5	6	6
第3四分位数	8	7	9	8
最大値	12	10	12	11

問1 **よく出る** **基本** 四分位範囲が最も大きいクラス

は，1組から4組のうちどのクラスか，答えなさい。また，その四分位範囲を求めなさい。　(1点)

問2　よく出る　基本　次の図Ⅰは，各クラスの結果を箱ひげ図に表したものである。1組の箱ひげ図を，図Ⅰ中のア～エからひとつ選び，記号で答えなさい。　(1点)

図Ⅰ

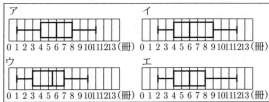

問3　あとの図Ⅱは，各クラスの結果をヒストグラムに表したものである。

このとき，次の(1)～(3)に答えなさい。

(1) 1組のヒストグラムを，図Ⅱ中のア～エからひとつ選び，記号で答えなさい。　(2点)

図Ⅱ

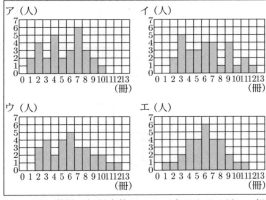

(2) 7冊の階級の相対度数が 0.2 であるクラスは，1組から4組のうちどのクラスか，答えなさい。　(1点)

(3) 4組の平均値を求めなさい。　(1点)

3　高校生のじょうじさんは陸上競技部に所属しており，学校から公園までの片道 900 m の道を走って往復するトレーニングをしている。ある日じょうじさんは，16時に学校を出発し，この道を分速 300 m の速さで立ち止まることなく走り2往復した。同じ日に，きょうこさんは，公園での清掃活動に参加するため，学校を出発し，じょうじさんと同じ道を通って公園に向かった。

次の図は，じょうじさんが学校を出発してからの時間（分）と，学校からじょうじさんがいる地点までの道のり（m）の関係を，グラフに表したものである。ただし，グラフはじょうじさんが学校を出発してからこの道を1往復したところまでしかかかれていない。

このとき，あとの各問いに答えなさい。

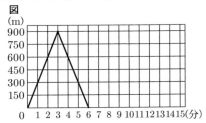

問1　よく出る　基本　じょうじさんが，この道を2往復走り終えて，学校に到着するのは何時何分か，求めなさい。　(1点)

問2　きょうこさんは，じょうじさんより2分遅れて学校を出発し，学校から公園までの間にある時計店までは分速 50 m，時計店から公園までは分速 75 m の速さで，それぞれ立ち止まることなく歩き，公園に 16時 15 分に到着した。

このとき，次の(1)～(4)に答えなさい。

(1) よく出る　基本　きょうこさんが，学校から時計店まで歩いた時間を a 分，時計店から公園まで歩いた時間を b 分とするとき，a と b の連立方程式をつくりなさい。

ただし，この問いの答えは，必ずしもつくった方程式を整理する必要はない。　(2点)

(2) 学校から時計店までの道のりは何 m か，求めなさい。　(1点)

(3) きょうこさんが，学校を出発してから公園に到着するまでに，じょうじさんとすれ違う，または追いこされるのはあわせて何回か，求めなさい。　(1点)

(4) きょうこさんが，学校を出発して，じょうじさんと最初にすれ違ってから，その後追いこされるまでにかかった時間は何分か，求めなさい。　(2点)

4　右の図Ⅰのように，底面の半径が 2 cm，母線の長さが 8 cm の円錐Pと，円錐Pの内部で側面にぴったりと接している球Oがある。点Oは，円錐Pの頂点Aと底面の中心Cを結ぶ線分AC上にあり，球Oは，円錐Pと母線ABの中点Mで接している。

このとき，次の各問いに答えなさい。

図Ⅰ　円錐P

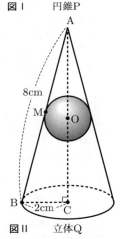

問1　よく出る　基本　円錐Pの高さを求めなさい。　(2点)

問2　よく出る　基本　球Oの半径を求めなさい。　(2点)

問3　右の図Ⅱのように，図Ⅰの円錐Pを，点Mを通り底面と平行な平面で2つに分けて，頂点Aを含まない立体を立体Qとする。

このとき，次の(1)，(2)に答えなさい。

(1) 立体Qの側面積を求めなさい。　(2点)

図Ⅱ　立体Q

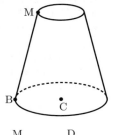

(2) 図Ⅲは立体Qを線分MBで切ったときの側面の展開図で，点D,Eは，展開図を組み立てたときに，点M,Bとそれぞれ重なる点である。線分MEの長さを求めなさい。　(2点)

図Ⅲ

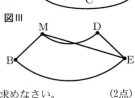

5 1辺の長さが 4 cm の正方形がいくつかあり，正方形の辺と辺がぴったりと合わさるように並べてさまざまな図形をつくる。2点 P，Q はこの図形の頂点 O を同時に出発し，点 P は時計回りに，点 Q は反時計回りにそれぞれ毎秒 1 cm の速さでこの図形の周上を移動し，2点 P，Q が同じ位置に重なったときに止まる。右上の図は，正方形を4個並べてつくった図形の例のひとつである。

図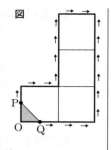

また，2点 P，Q が頂点 O を出発してから x 秒後の △OPQ の面積を y cm² とする。ただし，2点 P，Q が同じ位置に重なったときは，$y = 0$ とする。

このとき，次の各問いに答えなさい。

問1　正方形を3個並べてつくった右の図形Ⅰにおいて，次の(1)〜(3)に答えなさい。

図形Ⅰ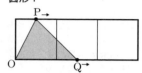

(1) よく出る 基本
　　$x = 2$ のときと，$x = 6$ のときの y の値を，それぞれ求めなさい。(2点)

(2) よく出る 基本　$0 \leqq x \leqq 4$ における x と y の関係を式で表しなさい。(1点)

(3) $0 \leqq x \leqq 12$ における x と y の関係を表したグラフ（実線部分）として最も適切なものを，次のア〜エからひとつ選び，記号で答えなさい。
　　ただし，ア〜エのグラフ中の点線で表された直線①は，傾き1の直線を表している。(1点)

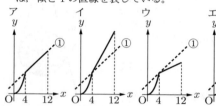

問2　正方形を3個並べてつくった右の図形Ⅱにおいて，次のノートは，きよしさんが，$8 \leqq x \leqq 12$ における x と y の関係を式で表そうと考えたものである。ノート中の ア 〜 ウ にあてはまる式を，それぞれ x を用いて表しなさい。
ただし，点 A，B，C，D，E，F，G はそれぞれ正方形の頂点である。(3点)

図形Ⅱ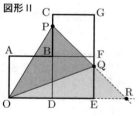

ノート

△OPQ の面積 y cm² を次のように考える。
PQ を延長した直線と OE を延長した直線の交点を R とするとき，
(△OPQ の面積 y)
= (△OPR の面積) − (△OQR の面積)　(cm²)
と考えることができる。このとき，線分 EQ，DP，OR の長さ (cm) をそれぞれ x を用いて表すと，
EQ = $x - 8$，　DP = ア ，　OR = イ
と表せる。
これらを用いて y を x で表すと，$y = $ ウ と表すことができる。

問3　思考力　正方形を8個並べてつくった，次の図形Ⅲおよび図形Ⅳにおいて，$24 < x < 28$ のとき，図形Ⅲにおける △OPQ の面積を S_1 cm²，図形Ⅳにおける △OPQ の面積を S_2 cm² とする。
$S_1 : S_2$ を最も簡単な整数の比で答えなさい。(2点)

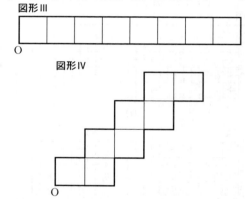

図形Ⅲ

図形Ⅳ

* 注意 √ や円周率 π が必要なときは，およその値を用いないで √ や π のままで答えること。

出題傾向と対策

● 例年と同様，大問5問であった。**1** は小問集合，**2** は確率，空間図形に関する問題，**3** はデータの散らばりと代表値，1次関数に関する問題，**4** は関数 $y=ax^2$ に関する問題，**5** は平面図形に関する問題であった。
● 基本的な問題を中心に，幅広い分野から出題されている。特に，関数 $y=ax^2$，データの散らばりと代表値はよく出題されている。また，グラフをかく問題，作図，証明問題は例年出題されているため，しっかりと準備しておくとよいだろう。

1 次の問1～問9に答えなさい。

問1 よく出る 基本 $2+12\div(-3)$ を計算しなさい。(1点)

問2 よく出る 基本 $\sqrt{20}+\dfrac{10}{\sqrt{5}}$ を計算しなさい。(1点)

問3 よく出る 基本 方程式 $x^2+x-4=0$ を解きなさい。(1点)

問4 よく出る 基本 1本 a 円の鉛筆5本と，1本 b 円のボールペン3本の代金の合計は，1000円より高い。この数量の関係を不等式で表しなさい。(1点)

問5 図1のように，円周上に4点 A, B, C, D をとる。このとき，∠x の大きさを求めなさい。(1点)

図1
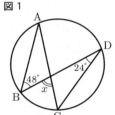

問6 2点 A (1, 2), B (3, 5) の間の距離を求めなさい。(1点)

問7 次のア～エのうち，y が x に反比例するものを1つ選び，記号で答えなさい。(1点)

ア 半径が x cm である円の周の長さ y cm
イ 半径が x cm である円の面積 y cm^2
ウ 周の長さが 20 cm である長方形の縦の長さ x cm と横の長さ y cm
エ 面積が 20 cm^2 である長方形の縦の長さ x cm と横の長さ y cm

問8 みなみさんの通う中学校では冬休みが20日あり，数学の宿題が70問出題されている。みなみさんは1日あたり3問か5問を毎日解いて，20日目にちょうど宿題が終わる計画を立てた。3問解く日と5問解く日はそれぞれ何日か，求めなさい。(2点)

問9 図2は，ある月のカレンダーである。カレンダーの8日から24日のうち，月曜日から金曜日までの数から1つを選び○で囲む。○で囲んだ数を n とし，n の真上の数を a，真下の数を b，左横の数を c，右横の数を d とする。例えば，図2のように14を○で囲むと，$n=14$, $a=7$, $b=21$, $c=13$, $d=15$ となる。下の1，2に答えなさい。

図2
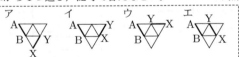

1 a を n を使って表しなさい。(1点)
2 a, b, c, d をそれぞれ n を使って表し，$bc-ad$ を計算すると，$bc-ad$ はどのような数になるか。次のア～エから，最も適当なものを1つ選び，記号で答えなさい。(1点)

ア 12の倍数　イ 奇数　ウ 24の倍数
エ 負の数

2 次の問1，問2に答えなさい。

問1 赤球3個と白球1個がはいっている袋から球を取り出すとき，次の1～3に答えなさい。ただし，1～3のそれぞれについて，どの球が取り出されることも同様に確からしいものとする。

1 基本 袋から球を1個取り出すとき，赤球が出る確率を求めなさい。(1点)
2 袋から球を1個ずつ2回続けて取り出すとき，2個とも赤球が出る確率を求めなさい。(2点)
3 袋から球を1個取り出して色を調べ，それを袋にもどしてから，また，球を1個取り出す。このとき，2個とも赤球が出る確率を求めなさい。(2点)

問2 あみさんとけいすけさんは，正四面体について話し合っている。次の1，2に答えなさい。

1 あみさんは正四面体の展開図を考えた。次のア～エの展開図を組み立てて正四面体をつくるとき，辺 AB と辺 XY がねじれの位置になる展開図はどれか，ア～エから1つ選び，記号で答えなさい。(1点)

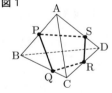

2 図1のような，正四面体 ABCD がある。ひもを辺 AB の中点 P から，正四面体の辺 BC, CD, DA を順に通るように点 P まで1周させる。ひもが辺 BC, CD, DA 上を通る点をそれぞれ点 Q, R, S とする。2人は，ひもの長さが最小となる場合について考えている。下の会話文の (Ⅰ) に適する言葉を入れ，(Ⅱ) にあてはまる言葉をあとの選択肢ア～ウから1つ選び，記号で答えなさい。(3点)

図1

会話文

けいすけ　正四面体の展開図は，1であみさんが考えたもの以外にも，図2のように平行四辺形になるものもあるね。

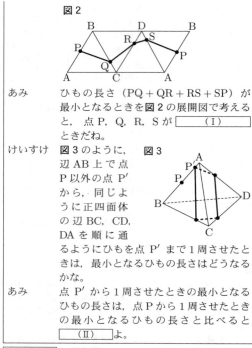

あみ　ひもの長さ（PQ＋QR＋RS＋SP）が最小となるときを図2の展開図で考えると，点P，Q，R，Sが ［　（Ⅰ）　］ ときだね。

けいすけ　図3のように，辺AB上で点P以外の点P'から，同じように正四面体の辺BC，CD，DAを順に通るようにひもを点P'まで1周させたときは，最小となるひもの長さはどうなるかな。

あみ　点P'から1周させたときの最小となるひもの長さは，点Pから1周させたときの最小となるひもの長さと比べると ［　（Ⅱ）　］ よ。

［（Ⅱ）］の選択肢
| ア　短くなる　　イ　同じになる　　ウ　長くなる |

3 次の問1，問2に答えなさい。

問1　**よく出る** **思考力**　かいとさんは，自転車を10000円以下で購入したいと考えている。図1はA店，B店，C店，D店の自転車価格の分布のようすを箱ひげ図に表したものである。ただし，どの店にも自転車は50台あるとする。下の1，2に答えなさい。

図1

（箱ひげ図：A店，B店，C店，D店の価格分布，7000〜15000円）

1 **基本**　次の(1)，(2)に答えなさい。
(1) A店の第1四分位数を求めなさい。(1点)
(2) 図1の箱ひげ図から読みとれることとして正しいと判断できるものを，次のア〜エから2つ選び，記号で答えなさい。(2点)

> ア　A店にある8000円以上13000円以下の自転車の台数は20台である。
> イ　B店には9000円の自転車がかならずある。
> ウ　C店には10000円以下の自転車はない。
> エ　D店の自転車価格の平均値は11000円である。

2　かいとさんは，A店，B店の自転車価格を図1の箱ひげ図と，2店のヒストグラムで比べることにした。図2の①，②はA店，B店どちらかの自転車価格をヒストグラムに表したものである。あとの(1)，(2)に答えなさい。

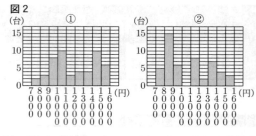

(1) 図2の①について，9000円以上10000円未満の階級の相対度数を求めなさい。(1点)
(2) 図2の①，②のうち，9000円以上10000円未満の自転車が多くある店のヒストグラムはどちらか。また，A店のヒストグラムはどちらか。その組み合わせとして正しいものを，次のア〜エから1つ選び，記号で答えなさい。(1点)

	ア	イ	ウ	エ
9000円以上10000円未満の自転車が多くある店のヒストグラム	①	①	②	②
A店のヒストグラム	①	②	①	②

問2　**よく出る**　かいとさんは，自転車をこいだときの自転車の速さと，その速さで1時間こいだときに消費するエネルギーについて考えた。表は，かいとさんのこぐ自転車の速さと1時間に消費するエネルギーをまとめたものである。自転車の速さを x km/h，1時間に消費するエネルギーを y kcal とし，$0 \leqq x \leqq 40$ のとき y を x の一次関数とみなして考える。ただし，人は動かなくてもエネルギーを消費するため，0 km/h でも消費するエネルギーは 0 kcal にはならない。下の1〜3に答えなさい。

表
自転車の速さ x(km/h)	0	…	5	…	20	…	40
1時間に消費するエネルギー y(kcal)		…	200	…	500	…	

1 **基本**　x と y の関係を表すグラフを図3にかき入れなさい。(1点)

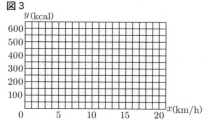

2　y を x の式で表しなさい。ただし，変域は求めなくてよい。(1点)

3　かいとさんが食べたお弁当のエネルギーは 740 kcal だった。かいとさんが，自転車をちょうど1時間こいで，このエネルギーをすべて消費するためには，自転車の速さを何 km/h にすればよいか，求めなさい。(2点)

4 **よく出る** 図1のように，関数 $y = \frac{1}{2}x^2 \cdots ①$ のグラフ上に，2点 A, B を y 軸について対称となるようにとる。点 A の x 座標が -2 のとき，下の問1〜問3に答えなさい。

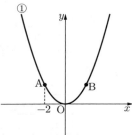

図1

問1 **基本** 線分 AB の長さを求めなさい。(1点)

問2 関数①について，次の1，2に答えなさい。

1 次のア〜ウのうち，変化の割合が最も大きいものを1つ選び，記号で答えなさい。(1点)

ア	x の値が 0 から 2 まで増加するとき
イ	x の値が 2 から 4 まで増加するとき
ウ	x の値が 4 から 6 まで増加するとき

2 x の変域が $-3 \leqq x \leqq 2$ のときの y の変域を求めなさい。(1点)

問3 図1において，関数①のグラフ上に点 P をとり，直線 AP が x 軸と交わる点を Q とする。ただし，点 P は2点 A, B とは異なる点とする。次の1〜3に答えなさい。

1 図2のように，点 P の x 座標が 1 であるとき，△APB の面積を求めなさい。(2点)

図2

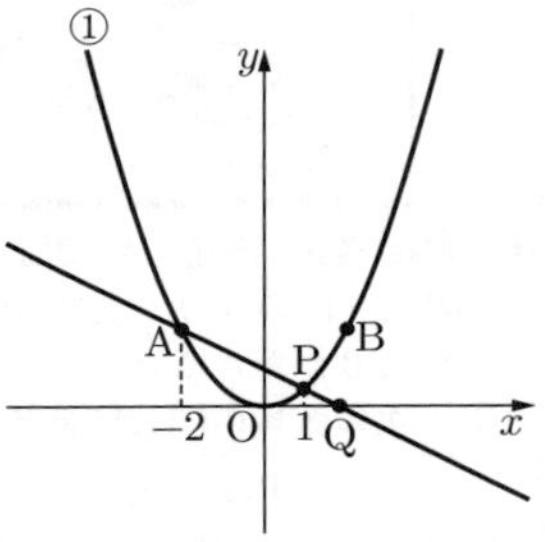

2 点 P の x 座標が 4 であるとき，次の(1)，(2)に答えなさい。

(1) 直線 AP の傾きを求めなさい。(1点)

(2) 点 Q の座標を求めなさい。(2点)

3 点 P の x 座標を p とする。p が正の数であるとき，△APB の面積が △AQB の面積の $\frac{1}{2}$ 倍となる p の値をすべて求めなさい。(2点)

5 図1のような △ABC の紙があり，図2のように辺 AB 上の点と点 C を結んだ線分を折り目として △ABC を折る。点 A について，折る前の点を A，折って移った点を A' とするとき，下の問1〜問3に答えなさい。

紙を折ったようす

図1

図2

問1 **よく出る** 図3のように，辺 AC が辺 BC に重なるように △ABC を折る。折り目となる線分を CD とするとき，下の1, 2に答えなさい。

図3

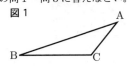

1 **基本** △ACD と合同な三角形を答えなさい。(1点)

2 図1に，折り目となる線分 CD を，定規とコンパスを用いて作図しなさい。ただし，作図に用いた線は消さないでおくこと。(2点)

問2 **よく出る** 図4のように，辺 AB 上に点 E をとり，線分 CE を折り目として △AEC を折り返すと，A'E // BC となった。線分 A'C と線分 BE との交点を F とするとき，下の1〜3に答えなさい。

図4

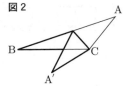

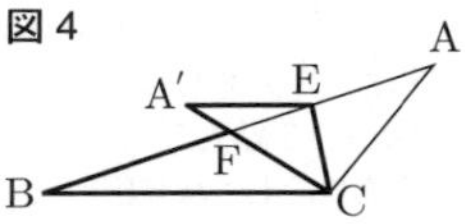

1 △A'FE∽△CFB であることを証明しなさい。(2点)

2 $\angle CAE = \angle a$, $\angle ACE = \angle b$ とするとき，$\angle a + \angle b$ で表される角を2つ答えなさい。(2点)

3 AB = 7, BC = 5 であるとき，線分 EF の長さを求めなさい。(2点)

問3 図5のように，点 C を通り辺 BC に垂直な直線と辺 AB との交点を G とする。線分 CG を折り目として △AGC を折り返す。BC = 5, CA = 3, $\angle A'CB = 60°$ であるとき，線分 CG の長さを求めなさい。(2点)

図5

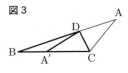

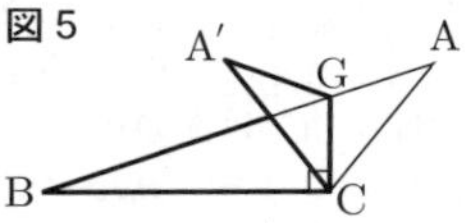

岡山県

時間 45分　満点 70点　解答 P54　3月8日実施

出題傾向と対策

● 大問は5題で，1 基本的な小問集合，2〜5は方程式の応用，関数とグラフ，図形，確率などの分野から標準的な問題が出題される。問題文の途中の空欄を埋める設問が特徴的で，例年出題されていた作図も2023年は記号で答える設問になった。また，2023年は記述が2ヶ所あった。

● 1 を確実に仕上げて，2〜5 に進む。空欄を正しく埋めるためには問題の流れを正しくつかむことが必要である。さらに，平面図形，空間図形の良問を十分に練習し，証明の記述も過去の出題を参考にして準備しておこう。

1 **よく出る** **基本** 次の(1)〜(5)の計算をしなさい。(6)〜(10)は指示に従って答えなさい。

(1) $-1 + 7$

(2) $(-8) \times (-2) - (-4)$

(3) $(-3a - 5) - (5 - 3a)$

(4) $4a^2b \div \frac{3}{2}b$

(5) $(\sqrt{3} + 2)(\sqrt{3} - 5)$

(6) ある正の整数から3をひいて，これを2乗すると 64 になります。この正の整数を求めなさい。ただし，「ある正の整数を x とすると，」の書き出しに続けて，答えを求めるまでの過程も書きなさい。

(7) y は x に反比例し，$x = -3$ のとき $y = 1$ です。このとき，y を x の式で表しなさい。

(8) ことがら A の起こる確率を p とするとき，ことがら A の起こらない確率を p を使って表しなさい。

(9) 次のことがらが正しいかどうかを調べて，正しい場合には「正しい」と書き，正しくない場合には反例を一つ書きなさい。

a が 3 の倍数ならば，a は 6 の倍数である。

⑽ 図のように，線分 AB を直径とする半円 O の弧 AB 上に点 C があります。3 点 A，B，C を結んでできる △ABC について，AB = 8 cm，∠ABC = 30°のとき，弧 BC と線分 BC で囲まれた色のついた部分の面積を求めなさい。

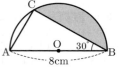

② 太郎さんと花子さんは，中学生の体力について調べています。＜会話＞を読んで，(1)～(3)に答えなさい。

＜会話＞
太郎：私たちの中学校で実施している 2 年生の体力テストの結果を，5 年ごとに比較してみよう。
花子：(あ)2010 年，2015 年，2020 年の 50 m 走のデータをもとに，箱ひげ図を作ってみたよ。
太郎：箱ひげ図の箱で示された区間には，すべてのデータのうち，真ん中に集まる約 (い) ％のデータが含まれていたよね。箱ひげ図は，複数のデータの分布を比較しやすいね。
花子：(う)2010 年，2015 年，2020 年の 50 m 走のデータをもとに，ヒストグラムも作ってみたよ。
太郎：箱ひげ図とヒストグラムを並べると，データの分布をより詳しく比較できるね。次は，反復横とびのデータを比較してみようよ。

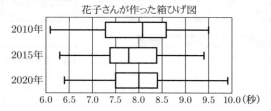

(1) 基本 下線部(あ)について，花子さんが作った箱ひげ図から読み取れることとして，次の①，②のことがらは，それぞれ正しいといえますか。[選択肢] のア～ウの中から最も適当なものをそれぞれ一つ答えなさい。
① 2015 年の第 3 四分位数は，2010 年の第 3 四分位数よりも小さい。
② 2020 年の平均値は 8.0 秒である。

[選択肢]
ア　正しい
イ　正しくない
ウ　花子さんが作った箱ひげ図からはわからない

(2) 基本 (い) に当てはまる数として最も適当なのは，ア～エのうちではどれですか。一つ答えなさい。
ア　25　　イ　50　　ウ　75　　エ　100

(3) 思考力 下線部(う)について，次の 3 つのヒストグラムは，花子さんが作った箱ひげ図の 2010 年，2015 年，2020 年のいずれかに対応しています。各年の箱ひげ図に対応するヒストグラムを，ア～ウの中からそれぞれ一つ答えなさい。

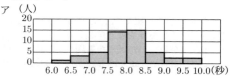

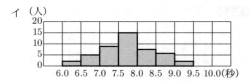

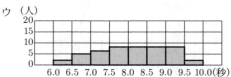

※ヒストグラムについて，例えば，6.0～6.5 の区間は，6.0 秒以上 6.5 秒未満の階級を表す。

③ よく出る 太郎さんは，ある洋菓子店で 1500 円分の洋菓子を買おうと考えています。(1)，(2)に答えなさい。ただし，消費税は考えないものとします。

(1) 基本 洋菓子店では，1500 円すべてを使い切ると，1 個 180 円のプリンと 1 個 120 円のシュークリームを合わせて 9 個買うことができます。①，②に答えなさい。
① 次の数量の間の関係を等式で表しなさい。

| 1 個 180 円のプリンを x 個と 1 個 120 円のシュークリームを y 個買うときの代金の合計が 1500 円である。|

② プリンとシュークリームをそれぞれ何個買うことができるかを求めなさい。

(2) 太郎さんが洋菓子店に行くと，プリンが売り切れていたので，代わりに 1 個 120 円のシュークリームと 1 個 90 円のドーナツを，1500 円すべてを使い切って買うことにしました。①，②に答えなさい。

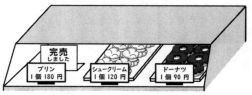

① 太郎さんは，シュークリームとドーナツをそれぞれ何個か買い，代金の合計が 1500 円になる買い方について，次のように考えました。□□□ には同じ数が入ります。□□□ に適当な数を書きなさい。

＜太郎さんの考え＞
まず，次の数量の間の関係を等式で表します。

1 個 120 円のシュークリームを a 個と 1 個 90 円のドーナツを b 個買うときの代金の合計が 1500 円である。

次に，この等式を満たす a，b がどちらも 0 以上の整数である場合を考えます。そのような a，b の組は，全部で □□□ 組あります。

よって，シュークリームとドーナツをそれぞれ何個か買い，代金の合計が1500円になるような買い方は，全部で □ 通りあります。

② シュークリームとドーナツがどちらも8個ずつ残っているとき，それぞれ何個買うことができるかを求めなさい。

4 太郎さんは，パラボラアンテナに放物線の性質が利用されていることを知り，放物線について考えています。

パラボラアンテナの写真

＜太郎さんが興味を持った性質＞
パラボラアンテナの形は，放物線を，その軸を回転の軸として回転させてできる曲面です。
この曲面には，図1の断面図のように軸に平行に入ってきた光や電波を，ある1点に集めるという性質があります。
この点のことを焦点といいます。
また，光や電波がこの曲面で反射するとき，
　入射角＝反射角
となります。
このとき，図2のように，点Pや点Qを同時に通過した光や電波は，曲面上の点Aや点Bで反射し，同時に焦点Fに到達します。光や電波の進む速さは一定なので，
PA＋AF＝QB＋BF
が成り立ちます。このことは，光や電波が，図2の破線上のどの位置を通過しても成り立ちます。

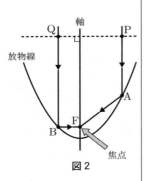
図1
図2

図3は，＜太郎さんが興味を持った性質＞を座標平面上に表したものです。図3と【図3の説明】をもとに，(1)～(3)に答えなさい。

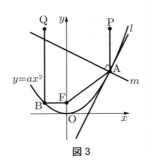
図3

【図3の説明】
・2点A，Bは関数 $y=ax^2$（a は定数）のグラフ上の点
・点Aの座標は (4, 4)
・点Bの x 座標は -2
・点Fの座標は (0, 1)
・点Pの座標は (4, 8)
・点Qの座標は (-2, 8)
・直線 m は∠PAFの二等分線
・直線 l は点Aを通り，直線 m と垂直に交わる直線
・点Oは原点

(1) 基本 関数 $y=ax^2$ について，①，②に答えなさい。
　① a の値を求めなさい。
　② x の変域が $-2 \leqq x \leqq 4$ のとき，y の変域を求めなさい。

(2) 新傾向 次の □ には8より小さい同じ数が入ります。□ に適当な数を書きなさい。

PA＋AFの値は，点Pと点 (4, □) の間の距離と等しい。
QB＋BFの値は，点Qと点 (-2, □) の間の距離と等しい。

(3) 直線 l の方程式を求めなさい。

5 太郎さんは，正五角柱の形をしたケーキを4等分したいと考えています。＜太郎さんの考え＞を読み，(1)～(3)に答えなさい。

＜太郎さんの考え＞
図1の正五角形ABCDEは，ケーキを真上から見たときの模式図です。
ケーキを4等分するために，正五角形ABCDEの面積を4等分する線分を考えます。
はじめに，点Aから辺CDに垂線AFをひくと，線分AFは正五角形ABCDEの面積を2等分します。
次に，点Bを通り，四角形ABCFの面積を2等分する直線を考えます。点Cを通り，直線BFに平行な直線と，直線AFとの交点をPとします。このとき，△BCFの面積と □(あ) の面積が等しいから，四角形ABCFの面積は □(い) の面積と等しくなります。したがって，□(う) を点Qとすると，線分BQは四角形ABCFの面積を2等分します。
同じように考えて，線分EQは四角形AEDFの面積を2等分します。
以上のことから，線分AF，線分BQ，線分EQにより，正五角形ABCDEの面積は4等分されます。

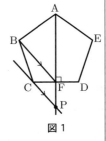
図1

(1) □(あ)，□(い) に当てはまるものとして最も適当なのは，ア～カのうちではどれですか。それぞれ一つ答えなさい。
　ア △CPF　　イ △BPF　　ウ △BCP
　エ △ACP　　オ △ABP　　カ 四角形BCPF

(2) □(う) に当てはまるものとして最も適当なのは，ア～エのうちではどれですか。一つ答えなさい。
　ア 直線BEと直線AFとの交点
　イ 線分AFの中点

ウ 線分 AP の中点
エ 直線 BD と直線 AF との交点

(3) 太郎さんは，下線部について，点 C を通り，直線 BF に平行な直線を＜作図の手順＞に従って作図し，作図した直線と直線 BF は平行であることを次のように説明しました。①，②に答えなさい。

＜作図の手順＞
手順 1) 点 C を中心として，線分 BF の長さと等しい半径の円 M をかく。
手順 2) 点 F を中心として，線分 BC の長さと等しい半径の円 N をかく。
手順 3) 図 2 のように，2 つの円の交点の 1 つを G とし，直線 CG をひく。

＜作図した直線と直線 BF は平行であることの説明＞
図 2 において，
△BCF ≡ △GFC
となり，
対応する角は等しいから，
∠BFC = ∠GCF
よって， え が等しいので，
BF ∥ CG
となります。

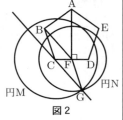

図 2

① △BCF ≡ △GFC を証明しなさい。
② え に当てはまるものとして最も適当なのは，ア〜エのうちではどれですか。一つ答えなさい。
ア 対頂角　イ 同位角　ウ 錯角
エ 円周角

広島県

時間 50分　満点 50点　解答 P54　2月27日実施

出題傾向と対策

● 1 基本問題の小問，2 標準問題の小問，3 平面図形（計量中心），4 1次関数，5 文章題，6 平面図形（証明中心）であった。全体の分量，出題内容，難易度いずれも例年通りであった。
● 中学の全分野から出題されているので，教科書や問題集の問題を繰り返し勉強するとよい。設問はやさしいが，時間に対して分量がやや多めで，記述問題が証明問題を含めて 3 問あり，他の公立高校と比べて多めである。また，統計分野は過去問にあたっておくこと。

1 よく出る 基本　次の(1)〜(8)に答えなさい。

(1) $-8-(-2)+3$ を計算しなさい。(2点)
(2) $28x^2 \div 7x$ を計算しなさい。(2点)
(3) $\sqrt{50} - \dfrac{6}{\sqrt{2}}$ を計算しなさい。(2点)
(4) $(x-6y)^2$ を展開しなさい。(2点)
(5) 方程式 $x^2+3x-5=0$ を解きなさい。(2点)
(6) 関数 $y = \dfrac{16}{x}$ のグラフ上の点で，x 座標と y 座標がともに整数である点は何個ありますか。(2点)
(7) 右の図のように，底面の対角線の長さが 4 cm で，高さが 6 cm の正四角すいがあります。この正四角すいの体積は何 cm³ ですか。(2点)

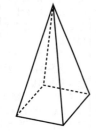

(8) 右の図は，A 市，B 市，C 市，D 市について，ある月の日ごとの最高気温を調べ，その結果を箱ひげ図に表したものです。この月の日ごとの最高気温の四分位範囲が最も大きい市を，下のア〜エの中から選び，その記号を書きなさい。(2点)

ア A 市
イ B 市
ウ C 市
エ D 市

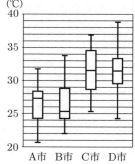

2 次の(1)〜(3)に答えなさい。

(1) 右の図のように，点A(3, 5) を通る関数 $y = ax^2$ のグラフがあります。この関数について，x の変域が $-6 \leq x \leq 4$ のとき，y の変域を求めなさい。(3点)

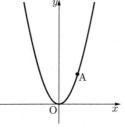

(2) ある中学校の50人の生徒に，平日における1日当たりのスマートフォンの使用時間についてアンケート調査をしました。下の表は，その結果を累積度数と累積相対度数を含めた度数分布表に整理したものです。しかし，この表の一部が汚れてしまい，いくつかの数値が分からなくなっています。この表において，数値が分からなくなっているところを補ったとき，度数が最も多い階級の階級値は何分ですか。(3点)

階級(分)	度数(人)	相対度数	累積度数(人)	累積相対度数
以上 未満 0 〜 60	4	0.08	4	0.08
60 〜 120	11			
120 〜 180				0.56
180 〜 240				0.76
240 〜 300		0.10	43	0.86
300 〜 360	7	0.14	50	1.00
計	50	1.00		

(3) 2桁の自然数があります。この自然数の十の位の数と一の位の数を入れかえた自然数をつくります。このとき，もとの自然数を4倍した数と，入れかえた自然数を5倍した数の和は，9の倍数になります。このわけを，もとの自然数の十の位の数を a，一の位の数を b として，a と b を使った式を用いて説明しなさい。(4点)

3 右の図のように，平行四辺形ABCDがあり，点Eは辺ADの中点です。辺BCを3等分する点を，点Bに近い方から順にF, Gとし，線分AGと線分EFとの交点をHとします。
次の(1)・(2)に答えなさい。

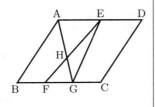

(1) ∠AGB = 70°, ∠BAG = ∠DAG となるとき，∠ADCの大きさは何度ですか。(2点)

(2) △AHEの面積が9となるとき，△EFGの面積を求めなさい。(3点)

4 右の図のように，y 軸上に点A(0, 8) があり，関数 $y = \dfrac{2}{3}x + 2$ のグラフ上に，$x > 0$ の範囲で動く2点B, Cがあります。点Cの x 座標は点Bの x 座標の4倍です。また，このグラフと x 軸との交点をDとします。
次の(1)・(2)に答えなさい。

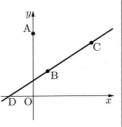

(1) 基本 線分ACが x 軸に平行となるとき，線分ACの長さを求めなさい。(2点)

(2) DB = BC となるとき，直線ACの傾きを求めなさい。(3点)

5 A高校の生徒会役員の中川さんと田村さんは，生徒会を担当する先生からの依頼を受け，長さ15分の学校紹介動画を作成することになりました。右の表1は，昨年度の生徒会役員が作成した長さ18分の学校紹介動画の構成表です。2人は，昨年度作成された長さ18分の学校紹介動画の内容や配分時間を参考にして，長さ15分の学校紹介動画を作成しようと考えています。

表1 昨年度の生徒会役員が作成した学校紹介動画(18分)の構成表

順番	内容	配分時間
1	オープニング	30秒
2	生徒会長挨拶	1分20秒
3	学校の特色紹介	6分
4	学校行事紹介	3分
5	在校生インタビュー	2分40秒
6	部活動紹介	4分
7	エンディング	30秒
合計		18分

2人は，作成する学校紹介動画が，昨年度の生徒会役員が作成したものよりも時間が短くなることを踏まえ，下のように【学校紹介動画（15分）の作成方針】を決めました。

【学校紹介動画（15分）の作成方針】

（Ⅰ）オープニング，学校の特色紹介，学校行事紹介，エンディングの配分時間は，昨年度の生徒会役員が作成した学校紹介動画と同じにする。

（Ⅱ）生徒会長挨拶は動画の内容に入れない。

（Ⅲ）在校生インタビューでは，配分時間を代表生徒3人に均等に割り当てる。

（Ⅳ）部活動紹介では，配分時間のうち30秒を，A高校にどのような部活動があるかについての紹介に割り当てる。また，部活動紹介の配分時間の残りを，A高校にある部活動のうち代表の部活動3つに均等に割り当てる。

（Ⅴ）部活動紹介における代表の部活動1つに割り当てる時間は，在校生インタビューにおける代表生徒1人に割り当てる時間の1.5倍にする。

2人は【学校紹介動画（15分）の作成方針】に従って構成表を作り，学校紹介動画を作成することにしました。
次の(1)・(2)に答えなさい。

(1) 在校生インタビューにおける代表生徒3人のうち1人は，生徒会長に決まりました。残りの代表生徒2人を校内で募集したところ，Pさん，Qさん，Rさん，Sさん，Tさんの5人が立候補しました。この5人の中から，くじ引きで2人を選ぶとき，Pさんが選ばれる確率を求めなさい。(3点)

(2) 右の表2は，中川さんと田村さんが【学校紹介動画(15分)の作成方針】に従って作成した長さ15分の学校紹介動画の構成表です。

表2の ア ・ イ に当てはまる配分時間をそれぞれ求めなさい。なお，答えを求める過程も分かるように書きなさい。 (4点)

表2 中川さんと田村さんが作成した学校紹介動画(15分)の構成表

順番	内容	配分時間
1	オープニング	30秒
2	学校の特色紹介	6分
3	学校行事紹介	3分
4	在校生インタビュー・代表生徒3人	ア
5	部活動紹介・A高校にある部活動の紹介・代表の部活動3つ	イ
6	エンディング	30秒
合計		15分

6 思考力 中村さんは，ある数学の本に掲載されていた下の【問題】に興味をもち，この【問題】について考えることにしました。

【問題】

右の図のように，1つの平面上に大きさの異なる正方形ABCDと正方形CEFGがあり，点Fと点Gが正方形ABCDの内部にあります。7つの点A，B，C，D，E，F，Gから2点を選び，その2点を結んでできる線分の中で，線分DEと長さが同じであるものを答えなさい。

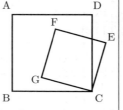

中村さんは，下のことを予想しました。

【予想】

1つの平面上に大きさの異なる正方形ABCDと正方形CEFGがあり，点Fと点Gが正方形ABCDの内部にあるとき，DE＝BGである。

次の(1)・(2)に答えなさい。

(1) 中村さんは，下のように△CED≡△CGBを示し，それを基にして，この【予想】が成り立つことを証明しました。

【中村さんの証明】

△CEDと△CGBにおいて

合同な図形の対応する辺は等しいから
　DE＝BG

【中村さんの証明】の に証明の続きを書き，証明を完成させなさい。 (4点)

中村さんは，【問題】中の図で辺CDと辺EFとの交点をHとしたとき，線分CHと長さが同じである線分がないか考えることにしました。そこで，△CEHに着目し，この三角形と合同な三角形を見つけるために辺FGを延長し，辺FGの延長と辺BCとの交点をIとした次のような図をかきました。中村さんは，自分がかいた図について，△CEH≡△CGIであることがいえるので，それを基にし

て，CH＝CIであることが分かりました。

中村さんがかいた図

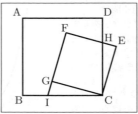

さらに，中村さんは，自分がかいた図について，CH＝CI以外にも成り立つことがあるのではないかと考えました。

(2) 下のア〜オのことがらの中で，中村さんがかいた図について成り立つことがらを全て選び，その記号を書きなさい。 (3点)

ア 四角形AICHはひし形である。
イ 四角形AICHの面積は，三角形CDIの面積の2倍である。
ウ 線分BDと線分IHは平行である。
エ △BIH≡△DHGである。
オ 4点C，H，F，Iは1つの円周上にある。

出題傾向と対策

●昨年から大問数は9題と変更になり，2年連続選択問題が無くなっている。時間は昨年と同じく50分で9題解答と問題数は多いが，各大問の問題量や難易度は高くなく，ほぼ基本問題で構成されている。**1**，**2**は小問集合，**3**以降は各単元での出題。解答の過程や証明の記述も含まれており，論述・記述力も必要である。

●全体的には基礎力を問う問題が多いが，問題数が多いので，処理能力で大きな差が出るといえる。そのため，基本事項を徹底的に理解し，使いこなす練習が必要である。思考力を問う問題や図形問題では標準〜応用レベルも出題されることからその対策はしておこう。

1 基本 次の(1)〜(5)に答えなさい。
(1) $(-8)\div 4$ を計算しなさい。 (1点)
(2) $\dfrac{5}{2}+\left(-\dfrac{7}{3}\right)$ を計算しなさい。 (1点)
(3) $4(8x-7)$ を計算しなさい。 (1点)
(4) $a=-2$，$b=9$ のとき，$3a+b$ の値を求めなさい。 (1点)
(5) $(\sqrt{6}-1)(\sqrt{6}+5)$ を計算しなさい。 (1点)

2 基本 次の(1)〜(4)に答えなさい。
(1) 二次方程式 $(x-2)^2-4=0$ を解きなさい。 (2点)

(2) 右の図の円Oで，∠xの大きさを求めなさい。（2点）

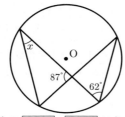

(3) 関数 $y = -2x^2$ について，次の ア ， イ にあてはまる数を求めなさい。（2点）

x の変域が $-2 \leq x \leq 1$ のとき，y の変域は ア $\leq y \leq$ イ となる。

(4) 右の表は，ある中学校のウェブページについて，1日の閲覧数を30日間記録し，度数分布表にまとめたものである。
この度数分布表から1日の閲覧数の最頻値を答えなさい。（2点）

閲覧数（回）	度数（日）
以上　未満	
0 ～ 20	1
20 ～ 40	6
40 ～ 60	9
60 ～ 80	10
80 ～ 100	3
100 ～ 120	0
120 ～ 140	1
計	30

3 基本　数と式に関連して，次の(1), (2)に答えなさい。

(1) 「1個あたりのエネルギーが 20 kcal のスナック菓子 a 個と，1個あたりのエネルギーが 51 kcal のチョコレート菓子 b 個のエネルギーの総和は 180 kcal より小さい」という数量の関係を，不等式で表しなさい。（2点）

(2) チョコレートにはカカオが含まれている。チョコレート全体の重さに対するカカオの重さの割合をカカオ含有率とし，次の式で表す。

$$\text{カカオ含有率(\%)} = \frac{\text{カカオの重さ}}{\text{チョコレート全体の重さ}} \times 100$$

カカオ含有率30%のチョコレートと，カカオ含有率70%のチョコレートを混ぜて，カカオ含有率40%のチョコレートを200 g作る。

このとき，カカオ含有率30%のチョコレートの重さを x g，カカオ含有率70%のチョコレートの重さを y gとして連立方程式をつくり，カカオ含有率30%のチョコレートの重さと，カカオ含有率70%のチョコレートの重さをそれぞれ求めなさい。（3点）

4 図形の計量について，次の(1), (2)に答えなさい。

(1) 思考力　図のように，半径 6 cm で中心角 60° であるおうぎ形を A，半径 6 cm で弧の長さが 6 cm であるおうぎ形を B，一辺の長さが 6 cm の正三角形を C とする。

図

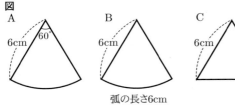

弧の長さ6cm

A, B, C の面積について，次の a , b にあてはまる語句の組み合わせとして正しいものを，下のア〜エから1つ選び，記号で答えなさい。（2点）

・Aの面積よりもBの面積の方が a 。
・Aの面積よりもCの面積の方が b 。

ア a ：大きい　b ：大きい
イ a ：大きい　b ：小さい
ウ a ：小さい　b ：大きい
エ a ：小さい　b ：小さい

(2) よく出る　ある店では，1個400円のMサイズのカステラと1個1600円のLサイズのカステラを販売している。この店で販売しているカステラを直方体とみなしたとき，Lサイズのカステラは，Mサイズのカステラの縦の長さ，横の長さ，高さをすべて $\frac{5}{3}$ 倍したものになっている。

Mサイズ　　Lサイズ
400円　　　1600円

1600円でMサイズのカステラを4個買うのと，1600円でLサイズのカステラを1個買うのとでは，どちらが割安といえるか。説明しなさい。

ただし，同じ金額で買えるカステラの体積が大きい方が割安であるとする。（3点）

5 基本　Tさんが通う中学校では，毎年10月に各生徒の1週間の総運動時間（授業等を除く）を調査している。図は，その調査のうち，Tさんが所属する学年の生徒50人について，令和2年，令和3年，令和4年の各データを箱ひげ図に表したものである。

図

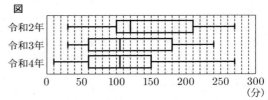

次の(1), (2)に答えなさい。

(1) 図から読み取れることとして正しいものを，次のア〜エから1つ選び，記号で答えなさい。（2点）

ア　すべての年で，1週間の総運動時間の最小値は30分となっている。
イ　1週間の総運動時間の四分位範囲は年々小さくなっている。
ウ　すべての年で，1週間の総運動時間が100分以上の人は25人以上いる。
エ　令和4年の1週間の総運動時間が150分以上の人数は，令和2年の1週間の総運動時間が210分以上の人数の2倍である。

(2) Tさんは，図を見て，運動時間を増やしたいと考え，週に1回運動をする企画を立てた。そこで，種目を決めるためにアンケートを行い，その結果から人気のあった5種目をあげると，表のようになった。ただし，表の●は球技を表すものとする。

表

場所	種目	球技
グラウンド	①サッカー	●
	②ソフトボール	●
	③長縄跳び	
体育館	④ドッジボール	●
	⑤ダンス	

表の5種目の中から2種目を選ぶため，①，②，③，④，⑤の番号が1つずつかかれた5枚のくじを用意し，次の

選び方Aと選び方Bを考えた。

選び方A

- 1つの箱を用意し，5枚のくじを入れる。
- 箱の中のくじをよくかきまぜ，同時に2枚のくじを引く。

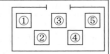

選び方B

- 2つの箱を用意し，くじをグラウンドの種目と体育館の種目に分け，それぞれの箱に入れる。
- 箱の中のくじをよくかきまぜ，それぞれの箱から1枚ずつくじを引く。

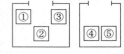

選んだくじが2枚とも球技である確率は，選び方Aと選び方Bではどちらが高いか。それぞれの選び方での確率を求めるまでの過程を明らかにして説明しなさい。
(4点)

6 ■基本■ Tさんは道路を走る車のナンバープレートを見て，自然数について考えた。
次の(1)，(2)に答えなさい。

(1) Tさんは図1のようなナンバープレートを見て，「2けたの数71から2けたの数17をひいた式」と読み，「71 − 17 = 54」になると考えた。また，17が71の十の位の数と一の位の数を入れかえた数であることに気づき，次のような**問題**をつくった。

図1

問題

2けたの自然数には，その数から，その数の十の位の数と一の位の数を入れかえた数をひくと54となるものがいくつかある。このような2けたの自然数のうち，最大の自然数を答えなさい。

問題の答えとなる自然数を求めなさい。(2点)

(2) 後日，Tさんは図2のようなナンバープレートを見て，連続する4つの偶数について，次のように考えた。

図2

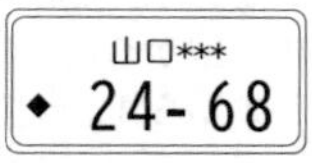

連続する4つの偶数のうち，小さい方から3番目と4番目の偶数の積から1番目と2番目の偶数の積をひく。例えば，連続する4つの偶数が，
2，4，6，8のとき，
$6 \times 8 - 2 \times 4 = 48 - 8 = 40 = 8 \times 5$，
4，6，8，10のとき，
$8 \times 10 - 4 \times 6 = 80 - 24 = 56 = 8 \times 7$，
6，8，10，12のとき，
$10 \times 12 - 6 \times 8 = 120 - 48 = 72 = 8 \times 9$ となる。

Tさんはこの結果から，次のように**予想**した。

予想

連続する4つの偶数のうち，小さい方から3番目と4番目の偶数の積から1番目と2番目の偶数の積をひいた数は，8の倍数である。

Tさんは，この**予想**がいつでも成り立つことを次のように**説明**した。次の □ に式や言葉を適切に補い，Tさんの**説明**を完成させなさい。(3点)

説明

nを自然数とすると，連続する4つの偶数は $2n$，$2n+2$，$2n+4$，$2n+6$と表される。これらの偶数のうち，小さい方から3番目と4番目の偶数の積から1番目と2番目の偶数の積をひいた数は，

$(2n+4)(2n+6) - 2n(2n+2) =$

したがって，連続する4つの偶数のうち，小さい方から3番目と4番目の偶数の積から1番目と2番目の偶数の積をひいた数は，8の倍数である。

7 直角二等辺三角形について，次の(1)，(2)に答えなさい。

(1) 図1のように，AC = BCの直角二等辺三角形ABCがあり，辺BCのCの方に延長した半直線BCをひく。AC = 2としたとき，半直線BC上にあり，BP = $1+\sqrt{5}$ となる点Pを定規とコンパスを使って作図しなさい。ただし，作図に用いた線は消さないこと。(3点)

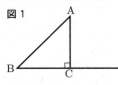
図1

(2) ■よく出る■ 図2のように，AC = BCの直角二等辺三角形ABCがあり，辺ACの延長上に，線分CDの長さが辺ACの長さより短くなる点Dをとる。また，点Aから線分BDに垂線AEをひき，線分AEと辺BCの交点をFとする。このとき，AF = BDを証明しなさい。(3点)

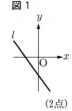
図2

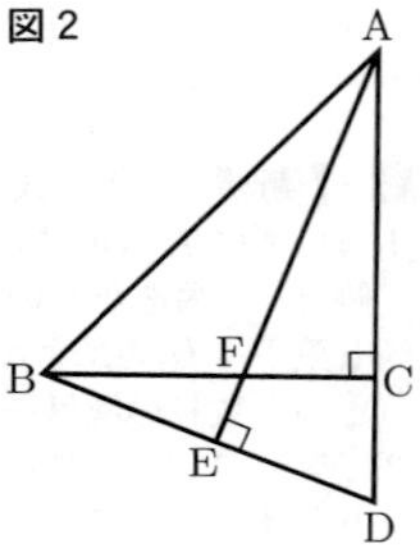

8 ■基本■ 関数のグラフについて，次の(1)，(2)に答えなさい。

(1) 図1において，直線 l は，$a<0$ である関数 $y = ax - 1$ のグラフである。直線 l と同じ座標軸を使って，関数 $y = bx - 1$ のグラフである直線 m をかく。$a<b$ のとき，図1に直線 m をかき加えた図として適切なものを，下のア〜エから1つ選び，記号で答えなさい。(2点)

図1

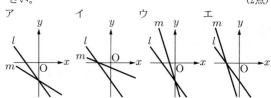

ア　　　　イ　　　　ウ　　　　エ

(2) 図2のように，関数 $y=x^2$ のグラフ上に2点A，Bがあり，それぞれの x 座標が -3，1である。また，四角形 ACBD は，線分 AB を対角線とし，辺 AD と x 軸が平行であり，辺 AC と y 軸が平行である長方形である。このとき，長方形 ACBD の面積を2等分し，傾きが $\frac{1}{2}$ である直線の式を求めなさい。(3点)

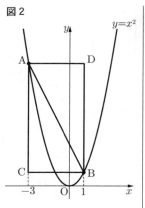
図2

9 Tさんの住んでいる町に公園がある。次の(1), (2)に答えなさい。

(1) Tさんが自宅から公園まで，毎時 4 km の速さで歩くと，到着するまでにかかった時間は 30 分であった。Tさんが自宅から公園まで同じ道を，自転車に乗って毎時 a km の速さで移動するとき，到着するまでにかかる時間は何分か。a を使った式で表しなさい。ただし，Tさんが歩く速さと，自転車に乗って移動する速さはそれぞれ一定であるとする。(2点)

(2) **思考力** この公園の地面は平らで，図1のような四角形 ABCD の形をしている。四角形 ABCD は，AD = CD，AB = 10 m，BC = 20 m，∠ABC = 90° であり，面積は $\frac{800}{3}$ m² である。

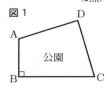
図1

この公園に街灯が設置されていなかったので，Tさんは街灯を設置したいと思い，次のように**仮定**して考えることにした。

仮定
・図2のように，街灯は四角形 ABCD の対角線 AC の中点 M に1本だけ設置し，公園の地面全体を照らすようにする。
・街灯は地面に対して垂直に立て，街灯の先端に光源があるものとする。
・街灯の高さは光源から地面までの距離とし，自由に変えられるものとする。
・街灯が照らすことのできる地面の範囲は，街灯の根元を O としたとき，O を中心とする円の周上及び内部とし，その円の半径は街灯の高さに比例することとする。
・図3のように，街灯の高さが 2 m のとき，O を中心とする半径 10 m の円の周上及び内部を照らすことができるものとする。

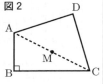
図2

図3
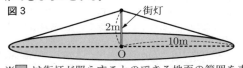

※ ▨ は街灯が照らすことのできる地面の範囲を表している。

この**仮定**に基づいて，街灯を設置するとき，その高さは最低何 m 必要か。求めなさい。(3点)

徳島県

時間 50分　満点 100点　解答 P57　3月7日実施

出題傾向と対策

● 1 小問集合，2 関数の総合問題，3 データの活用の総合問題，4 数と式に関する総合問題，5 図形の総合問題であった。昨年度に続き 3 は会話文形式で出題され，4 についてもスケジュール作成を題材とした思考・判断力が求められる問題が出題された。個々の問題の難易度は大きく変わらないが文章量がさらに多くなった印象である。

● 昨年度に続き，問題文から必要な情報を判断して数学的に処理することが必要な問題が増えた。このような問題に日頃から慣れておくこと，また，それに十分な時間を使えるように基本的な知識や技能を問う問題を素早く処理する力をつけておくことが大切である。

1 **よく出る** **基本** 次の(1)〜(10)に答えなさい。

(1) $(-4) \times 2$ を計算しなさい。(3点)

(2) $5\sqrt{3} - \sqrt{27}$ を計算しなさい。(3点)

(3) 二次方程式 $x^2 - 14x + 49 = 0$ を解きなさい。(4点)

(4) y は x に比例し，$x = -2$ のとき $y = 10$ である。x と y の関係を式に表しなさい。(4点)

(5) 関数 $y = \frac{1}{4}x^2$ について，x の値が2から6まで増加するときの変化の割合を求めなさい。(4点)

(6) 赤玉3個，白玉2個，青玉1個がはいっている箱から，同時に2個の玉を取り出すとき，取り出した2個の玉の色が異なる確率を求めなさい。ただし，どの玉の取り出し方も，同様に確からしいものとする。(4点)

(7) ある式に $3a - 5b$ をたす計算を間違えて，ある式から $3a - 5b$ をひいてしまったために，答えが $-2a + 4b$ となった。正しく計算をしたときの答えを求めなさい。(4点)

(8) 右の図のように，∠C = 90°，∠D = 120° の四角形 ABCD がある。同じ印をつけた角の大きさが等しいとき，∠x の大きさを求めなさい。(4点)

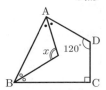

(9) 1から9までの9つの自然数から異なる4つの数を選んでその積を求めると，810になった。この4つの数をすべて書きなさい。(5点)

(10) 右の図のように，円柱と，その中にちょうどはいる球がある。円柱の高さが 4 cm であるとき，円柱の体積と球の体積の差を求めなさい。ただし，円周率は π とする。(5点)

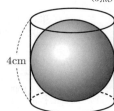

2 よく出る 右の図のように，2つの関数 $y = x^2$ と $y = ax^2$ （$0 < a < 1$）のグラフがある。関数 $y = x^2$ のグラフ上に2点 A，B，関数 $y = ax^2$ のグラフ上に点 C があり，点 A の x 座標は 2，点 B，C の x 座標は -3 である。(1)〜(4)に答えなさい。

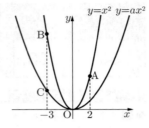

(1) 基本 関数 $y = x^2$ のグラフと x 軸について線対称となるグラフの式を求めなさい。（3点）
(2) 基本 2点 A，B を通る直線の式を求めなさい。（4点）
(3) △ABC の面積を a を用いて表しなさい。（4点）
(4) 思考力 線分 AC と線分 OB との交点を D とし，点 E を y 軸上にとる。四角形 BDAE が平行四辺形となるとき，a の値を求めなさい。（5点）

3 思考力 ゆうきさんとひかるさんは，桜の開花日予想に興味をもち，数学の授業で学んだことを利用して，今年の桜の開花日を予想しようと話し合っている。(1)・(2)に答えなさい。

【話し合いの一部】

| ゆうきさん | 気象庁のホームページには，徳島県の桜の開花日のデータがあります。それを使って過去40年間の桜の開花日をヒストグラムに表すと，図1のようになりました。 |

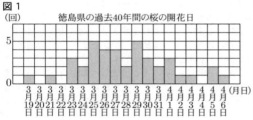

ひかるさん	開花日が4月1日以降になった年が，（ ① ）回ありますね。
ゆうきさん	そうですね。ほかにも，3月25日から29日の5日間に開花する回数が多いことが読みとれます。この5日間に開花した割合を求めると（ ② ）％ですね。
ひかるさん	もっと開花日を正確に予想したいですね。
ゆうきさん	開花日には気温が関係しているかもしれませんね。
ひかるさん	インターネットで調べてみると，気温を用いた予想方法が2つ見つかりました。400℃の法則と600℃の法則という予想方法です。
ゆうきさん	それは，どんな法則ですか。
ひかるさん	どちらも2月1日を基準とする考え方です。400℃の法則は，2月1日以降その日の平均気温を毎日たしていき，合計が400℃以上になる最初の日を開花予想日とします。600℃の法則は，2月1日以降その日の最高気温を毎日たしていき，合計が600℃以上になる最初の日を開花予想日とします。
ゆうきさん	どちらの法則の方が正確に予想できるのでしょうか。
ひかるさん	それぞれの法則で過去の開花予想日を求め，実際の開花日と比べてみましょう。その誤差をまとめると，どちらの法則の方が正確に予想できるかを調べることができます。
ゆうきさん	なるほど。気象庁のホームページには，日々の気温のデータもあります。そのデータを用いて2022年の開花予想日を求めると，いつになりますか。
ひかるさん	平均気温の合計が400℃以上になる最初の日は，3月24日でした。だから，400℃の法則を使えば，開花予想日は3月24日となります。また，600℃の法則を使えば，開花予想日は3月22日となります。
ゆうきさん	実際の開花日は3月25日だったので，400℃の法則での誤差は1日，600℃の法則での誤差は3日ですね。
ひかるさん	ほかの年ではどうなっているのでしょうか。2人で手分けして40年間分の誤差を求め，それをヒストグラムに表して，どちらの法則の方が正確に予想できるか考えてみましょう。

(1) 【話し合いの一部】の（ ① ）・（ ② ）にあてはまる数を，それぞれ書きなさい。（4点）

(2) 図2，図3は，40年間の気温のデータを用いて各法則で求めた開花予想日と，実際の開花日との誤差をヒストグラムに表したものである。(a)・(b)に答えなさい。ただし，誤差は絶対値で表している。

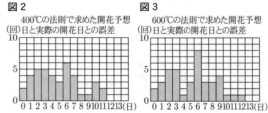

(a) この2つのヒストグラムから読みとれることとして正しいものを，ア〜エからすべて選びなさい。（4点）
ア 最頻値は，図2より図3の方が大きい。
イ 予想が的中した回数は，図2，図3とも同じである。
ウ 誤差が10日以上になる割合は，図2より図3の方が小さい。
エ 誤差が3日までの累積相対度数は，図2，図3とも同じである。

(b) ゆうきさんとひかるさんは，図2，図3のヒストグラムだけでは，どちらの法則の方が正確に開花日を予想できるのかを判断することが難しいと考え，箱ひげ図で比較することにした。図4は，図2，図3を作成するためにもとにしたデータを，箱ひげ図に表したものである。
　ゆうきさんとひかるさんは，この2つの箱ひげ図から「400℃の法則の方が正確に開花日を予想できそうだ」と判断した。そのように判断した理由を，2つの箱ひげ図の特徴を比較して説明しなさい。（5点）

図4

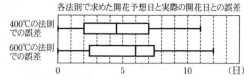

4 [思考力] 生徒会役員のはるきさんたちは，次の【決定事項】をもとに文化祭の日程を考えている。(1)・(2)に答えなさい。

【決定事項】
・文化祭は学級の出し物から始まり，学級の出し物の時間はすべて同じ長さとする。
・学級の出し物の間には入れ替えの時間をとり，その時間はすべて同じ長さとする。
・すべての学級の出し物が終わった後に昼休みを60分とり，その後，吹奏楽部の発表とグループ発表を行う。
・グループ発表の時間はすべて同じ長さとする。
・昼休み以降の発表の間には，入れ替えの時間をとらず，発表の時間に含める。

| 学級の出し物 | 入れ替え | 学級の出し物 | 入れ替え | 学級の出し物 | 昼休み 60分 | 吹奏楽部の発表 | グループ発表 | グループ発表 | ～ | グループ発表 |

(1) はるきさんたちは，次の【条件】をもとに文化祭のタイムスケジュールをたてることにした。(a)・(b)に答えなさい。

【条件】
・学級の出し物を5つ，グループ発表を10グループとする。
・学級の出し物の時間は，入れ替えの時間の4倍とし，吹奏楽部の発表の時間を40分とする。
・最初の学級の出し物が午前10時に始まり，最後の学級の出し物が正午に終わるようにする。
・最後のグループ発表が午後3時に終わるようにする。

(a) 学級の出し物の時間と入れ替えの時間は，それぞれ何分か，求めなさい。 (6点)
(b) グループ発表の時間は何分か，求めなさい。 (3点)

(2) はるきさんたちは，学級の出し物の数を変更し，条件を見直すことにした。次の【見直した条件】をもとに，受け付けできるグループ発表の数について検討している。(a)・(b)に答えなさい。

【見直した条件】
・学級の出し物は7つとし，学級の出し物の入れ替えの時間は8分とする。
・吹奏楽部の発表の時間は学級の出し物の時間の3倍とする。
・グループ発表の時間は7分とする。
・最初の学級の出し物が午前9時40分に始まる。
・最後のグループ発表が午後3時20分までに終わる。

(a) 最後のグループ発表が午後3時20分ちょうどに終わるとき，学級の出し物の時間を a 分，グループ発表の数を b グループとして，この数量の関係を等式で表しなさい。 (3点)
(b) 学級の出し物の時間を15分とするとき，グループ発表は，最大何グループまで受け付けできるか，求めなさい。 (3点)

5 [よく出る] 右の図のように，すべての辺の長さが6 cmの正三角錐OABCがある。辺OB上に点Dをとり，辺BCの中点をMとする。OD = 4 cmのとき，(1)～(4)に答えなさい。

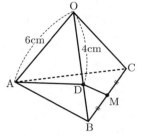

(1) [基本] 正三角錐OABCで，辺ABとねじれの位置にある辺はどれか，書きなさい。 (3点)
(2) △OAD∽△BMDを証明しなさい。 (4点)
(3) AD + DMの長さを求めなさい。 (4点)
(4) 辺OC上に点Pをとる。4点O, A, D, Pを頂点とする立体OADPの体積が正三角錐OABCの体積の $\frac{2}{7}$ 倍であるとき，線分OPの長さを求めなさい。 (5点)

香川県

時間 50分　満点 50点　解答 P.58　3月7日実施

出題傾向と対策

●大問5題の出題で例年通りである。1 は数・式の小問集合，2 は図形の小問集合，3 は関数，確率，データの分析の小問集合，4 は数を中心とした中問と連立方程式の中問の集合，5 は平面図形の証明である。
●基本から標準までの問題が中心であるが，解答の記述を含めて標準以上の問題も出題されていて，4(1)(2)のように問題文が長文である問題もよく出題されている。まずは基礎・基本を着実におさえた上で，過去問にあたって特徴的な出題への対策もしっかりしておこう。

1 [よく出る] [基本] 次の(1)～(7)の問いに答えなさい。
(1) $3 + 8 \div (-4)$ を計算せよ。 (1点)
(2) $6 \times \frac{5}{3} - 5^2$ を計算せよ。 (2点)
(3) $\frac{x+2y}{2} + \frac{4x-y}{6}$ を計算せよ。 (2点)
(4) $\sqrt{8} - \sqrt{3}(\sqrt{6} - \sqrt{27})$ を計算せよ。 (2点)
(5) $(x+1)(x-3) + 4$ を因数分解せよ。 (2点)
(6) x についての2次方程式 $-x^2 + ax + 21 = 0$ の解の1つが3のとき，a の値を求めよ。 (2点)
(7) 次の㋐～㋓の数のうち，12の倍数であるものはどれか。正しいものを1つ選んで，その記号を書け。 (2点)
㋐ 2×3^4 ㋑ $2 \times 3^2 \times 7$ ㋒ $2^2 \times 3^2 \times 5$
㋓ $2^3 \times 5 \times 7$

2 [基本] 次の(1)～(3)の問いに答えなさい。
(1) 右の図のような，線分ABを直径とする円Oがあり，円周上に2点A, Bと異なる点Cをとる。線分AB上に，2点A, Bと異なる点Dをとる。2点C, Dを通る直線と円Oとの交点のうち，点Cと異なる点をEとする。点Aと点C,

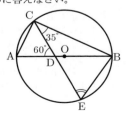

点Bと点Eをそれぞれ結ぶ。∠BCE = 35°, ∠ADC = 60°であるとき、∠BECの大きさは何度か。 (2点)

(2) 右の図のような三角柱がある。辺DE上に2点D, Eと異なる点Gをとり, 点Gを通り, 辺EFに平行な直線と, 辺DFとの交点をHとする。
AB = 12 cm, BC = 5 cm, DG = 9 cm, ∠DEF = 90° で、この三角柱の表面積が240 cm²であるとき、次のア、イの問いに答えよ。

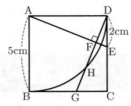

ア　線分GHの長さは何cmか。 (2点)
イ　この三角柱の体積は何cm³か。 (2点)

(3) 右の図のような、正方形ABCDがある。辺CD上に, 2点C, Dと異なる点Eをとり、点Aと点Eを結ぶ。点Dから線分AEに垂線をひき、その交点をFとし、直線DFと辺BCとの交点をGとする。点Aを中心として、半径ABの円をかき、線分DGとの交点のうち、点Dと異なる点をHとする。
AB = 5 cm, DE = 2 cmであるとき、線分GHの長さは何cmか。 (2点)

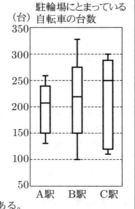

3 次の(1)〜(4)の問いに答えなさい。
(1) 基本　yはxに反比例し, $x = 2$のとき$y = 5$である。$x = 3$のときのyの値を求めよ。 (2点)

(2) よく出る 基本　2つのくじA, Bがある。くじAには、5本のうち、2本の当たりが入っている。くじBには、4本のうち、3本の当たりが入っている。くじA, Bからそれぞれ1本ずつくじを引くとき、引いた2本のくじのうち、少なくとも1本は当たりである確率を求めよ。 (2点)

(3) 基本　右の図は、A駅、B駅、C駅それぞれの駐輪場にとまっている自転車の台数を、6月の30日間、毎朝8時に調べ、そのデータを箱ひげ図に表したものである。次の⑦〜⑨のうち、この箱ひげ図から読みとれることとして、必ず正しいといえることはどれか。2つ選んで、その記号を書け。 (2点)

⑦　A駅について、自転車の台数が200台以上であった日数は15日以上である。
⑥　A駅とB駅について、自転車の台数が150台未満であった日数を比べると、B駅の方が多い。
⑨　B駅とC駅について、自転車の台数の四分位範囲を比べると、C駅の方が大きい。
⑨　A駅、B駅、C駅について、自転車の台数の最大値を比べると、C駅がもっとも大きい。

(4) よく出る　右の図で、点Oは原点であり、放物線①は関数$y = x^2$のグラフである。
2点A, Bは放物線①上の点で、点Aのx座標は-2であり、線分ABはx軸に平行である。点Cは放物線①上の点で、そのx座標は負の数である。点Cを通り、x軸に平行な直線をひき、直線OBとの交点をDとする。これについて、次のア、イの問いに答えよ。

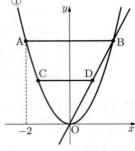

ア　基本　関数$y = x^2$で、xの変域が$-\frac{3}{2} \leq x \leq 1$のとき、$y$の変域を求めよ。 (2点)
イ　AB : CD = 8 : 5であるとき、点Cのx座標はいくらか。点Cのx座標をaとして、aの値を求めよ。aの値を求める過程も、式と計算を含めて書け。 (3点)

4 次の(1), (2)の問いに答えなさい。
(1) 思考力　次の会話文を読んで、あとのア、イの問いに答えよ。

先生：ここに何も書かれていないカードがたくさんあります。このカードと何も入っていない袋を使って、次の操作①から操作⑤を順におこなってみましょう。

操作①	5枚のカードに自然数を1つずつ書き、その5枚のカードをすべて袋に入れる。
操作②	袋の中から同時に2枚のカードを取り出す。その2枚のカードに書いてある数の和をaとし、新しい1枚のカードにaの値を書いて袋に入れる。取り出した2枚のカードは袋に戻さない。
操作③	袋の中から同時に2枚のカードを取り出す。その2枚のカードに書いてある数の和をbとし、新しい1枚のカードに$b+1$の値を書いて袋に入れる。取り出した2枚のカードは袋に戻さない。
操作④	袋の中から同時に2枚のカードを取り出す。その2枚のカードに書いてある数の和をcとし、新しい1枚のカードに$c+2$の値を書いて袋に入れる。取り出した2枚のカードは袋に戻さない。
操作⑤	袋の中から同時に2枚のカードを取り出す。その2枚のカードに書いてある数の和をXとする。

花子：私は操作①で5枚のカード1, 2, 3, 5, 7を袋に入れます。次に操作②をします。袋の中から3と5を取り出したので、8を袋に入れます。操作②を終えて、袋の中のカードは1, 2, 7, 8の4枚になりました。

太郎：私も操作①で5枚のカード1, 2, 3, 5, 7を袋に入れました。操作②を終えて、袋の中のカードは3, 3, 5, 7の4枚になりました。次に操作③をします。袋の中から3と3を取り出したので、7を袋に入れます。操作③を終えて、袋の中のカードは5, 7, 7の3枚になりました。

花子：操作⑤を終えると，私も太郎さんもX＝ P になりました。
先生：2人とも正しくXの値が求められましたね。

ア 基本 会話文中のPの □ 内にあてはまる数を求めよ。 (2点)

イ 次郎さんも，花子さんや太郎さんのように，操作①から操作⑤を順におこなってみることにした。そこで，操作①で異なる5つの自然数を書いた5枚のカードを袋に入れた。操作②で取り出した2枚のカードの一方に書いてある数は3であった。操作③で取り出した2枚のカードの一方に書いてある数は1であり，操作③を終えたとき，袋の中にある3枚のカードに書いてある数はすべて同じ数であった。操作⑤を終えるとX＝62になった。このとき，次郎さんが操作①で書いた5つの自然数を求めよ。 (2点)

(2) よく出る 2日間おこなわれたバザーで，太郎さんのクラスは，ペットボトル飲料，アイスクリーム，ドーナツの3種類の商品を仕入れて販売した。バザーは，1日目，2日目とも9時から15時まで実施された。

1日目の8時に，太郎さんのクラスへ，1日目と2日目で販売するペットボトル飲料とアイスクリームのすべてが届けられた。このとき，1日目に販売するドーナツも届けられた。また，2日目の8時に，2日目に販売するドーナツが届けられ，その個数は，1日目の8時に届けられたドーナツの個数の3倍であった。

ペットボトル飲料は，1日目と2日目で合計280本売れ，1日目に売れたペットボトル飲料の本数は，2日目に売れたペットボトル飲料の本数よりも130本少なかった。

1日目において，1日目の8時に届けられたドーナツはすべて売れた。1日目に売れたアイスクリームの個数は，1日目の8時に届けられたアイスクリームの個数の30％で，1日目に売れたドーナツの個数よりも34個多かった。

2日目は，アイスクリーム1個とドーナツ1個をセットにして販売することにした。1日目が終了した時点で残っていたアイスクリームの個数が，2日目の8時に届けられたドーナツの個数よりも多かったので，ドーナツはすべてセットにできたが，いくつかのアイスクリームはセットにできなかった。セットにできなかったアイスクリームは1個ずつで販売され，セットにしたアイスクリームとは別に4個が売れた。2日目が終了した時点で，アイスクリームは5個，ドーナツは3個残っていた。

これについて，次のア～ウの問いに答えよ。

ア 基本 1日目に売れたペットボトル飲料の本数は何本か。 (2点)

イ 基本 下線部について，1日目に届けられたアイスクリームの個数をx個，1日目に届けられたドーナツの個数をy個として，yをxを使った式で表せ。 (2点)

ウ 1日目に届けられたアイスクリームの個数をx個，1日目に届けられたドーナツの個数をy個として，x，yの値を求めよ。x，yの値を求める過程も，式と計算を含めて書け。 (3点)

5 よく出る 右の図のような，鋭角三角形ABCがあり，辺ACを1辺にもつ正方形ACDEを△ABCの外側につくる。辺ACと線分BEとの交点をFとする。点Cから線分BEに垂線をひき，その交点をGとする。点Aを通り，辺ABに垂直な直線をひき，直線CGとの交点をHとする。また，点Fを通り，線分GCに平行な直線をひき，辺CDとの交点をIとする。

このとき，次の(1)，(2)の問いに答えなさい。

(1) 基本 △CFG∽△FIC であることを証明せよ。 (3点)

(2) 思考力 直線AHと線分BEとの交点をJ，辺ABと線分CHとの交点をKとする。このとき，BJ＝HKであることを証明せよ。 (4点)

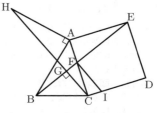

愛媛県
時間 50分 満点 50点 解答 P60 3月8日実施

＊ 注意 答えに$\sqrt{\ }$が含まれるときは，$\sqrt{\ }$を用いたままにしておくこと。また，$\sqrt{\ }$の中は最も小さい整数にすること。

出題傾向と対策

● 1 計算問題，2 小問集合，3 箱ひげ図，1次関数の利用，4 関数の総合問題，5 平面図形の総合問題で，3について，昨年度は会話形式の出題であったが，独立した2つの中問形式の出題になった。また，5について，構成は昨年度と変わらないものの，問題の図形がやや複雑になり証明を含め全体的に難化した。

● 中学の全分野から基本的な問題を中心に出題されており，教科書の内容および問題を確実に理解するようにしたい。また，作図や図形の証明は毎年出題されているので，その練習は日頃からしておきたい。

1 よく出る 基本 次の計算をして，答えを書きなさい。

1　$3-(-4)$

2　$4(x-2y)+3(x+3y-1)$

3　$\dfrac{15}{8}x^2y \div \left(-\dfrac{5}{6}x\right)$

4　$(\sqrt{6}-2)(\sqrt{6}+3)-\dfrac{4\sqrt{3}}{\sqrt{2}}$

5　$(3x+1)(x-4)-(x-3)^2$

2 よく出る 基本 次の問いに答えなさい。

1　$4x^2-9y^2$ を因数分解せよ。

2　三角すいの底面積をS，高さをh，体積をVとすると，$V=\dfrac{1}{3}Sh$と表される。この等式をhについて解け。

3　次のア～エのうち，正しいものを1つ選び，その記号を書け。

ア　3の絶対値は-3である。

イ　m，nが自然数のとき，$m-n$の値はいつも自然数である。

ウ　$\sqrt{25}=\pm 5$である。

エ $\frac{4}{3}$ は有理数である。

4　2つのさいころを同時に投げるとき，出る目の数の和が5の倍数となる確率を求めよ。ただし，さいころは，1から6までのどの目が出ることも同様に確からしいものとする。

5　右の図のような，相似比が 2：5 の相似な2つの容器 A，B がある。何も入っていない容器 B に，容器 A を使って水を入れる。このとき，容器 B を満水にするには，少なくとも容器 A で何回水を入れればよいか，整数で答えよ。

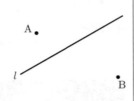
容器A　　容器B

6　右の図のように，2点 A，B と直線 l がある。直線 l 上にあって，∠APB = 90° となる点 P を1つ，右の図に作図せよ。ただし，作図に用いた線は消さずに残しておくこと。

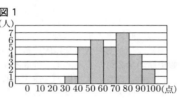

7　連続する3つの自然数がある。最も小さい自然数の2乗と中央の自然数の2乗の和が，最も大きい自然数の10倍より5大きくなった。この連続する3つの自然数を求めよ。ただし，用いる文字が何を表すかを最初に書いてから方程式をつくり，答えを求める過程も書くこと。

3　よく出る　基本　次の問いに答えなさい。

1　ある中学校の，1組，2組，3組で数学のテストを行った。

(1)　右の図1は，1組30人の結果をヒストグラムに表したものである。このヒストグラムでは，例えば，40点以上50点未満の生徒が5人いることがわかる。また，下のア～エの箱ひげ図には，1組30人の結果を表したものが1つ含まれている。ア～エのうち，1組30人の結果を表した箱ひげ図として，最も適当なものを1つ選び，その記号を書け。

図1

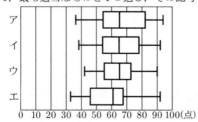

(2)　次の図2は，2組と3組それぞれ30人の結果を箱ひげ図に表したものである。この箱ひげ図から読みとれることとして，あとの①，②は，「ア　正しい」「イ　正しくない」「ウ　この箱ひげ図からはわからない」のどれか。ア～ウのうち，最も適当なものをそれぞれ1つ選び，その記号を書け。

図2

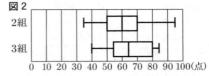

①　四分位範囲は，3組より2組の方が大きい。
②　点数が45点以下の生徒は，3組より2組の方が多い。

2　太郎さんは，午前9時ちょうどに学校を出発して，図書館に向かった。学校から図書館までは一本道であり，その途中に公園がある。学校から公園までの 1200 m の道のりは分速 80 m の一定の速さで歩き，公園で 10 分間休憩した後，公園から図書館までの 1800 m の道のりは分速 60 m の一定の速さで歩いた。

(1)　太郎さんが公園に到着したのは午前何時何分か求めよ。

(2)　太郎さんが学校を出発してから x 分後の学校からの道のりを y m とするとき，太郎さんが学校を出発してから図書館に到着するまでの x と y の関係を表すグラフをかけ。

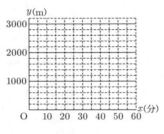

(3)　思考力　花子さんは，午前9時20分ちょうどに図書館を出発し，一定の速さで走って学校へ向かった。途中で太郎さんと出会い，午前9時45分ちょうどに学校に到着した。花子さんが太郎さんと出会ったのは午前何時何分何秒か求めよ。

4　下の図1において，放物線①は関数 $y = ax^2$ のグラフであり，直線②は関数 $y = \frac{1}{2}x + 3$ のグラフである。放物線①と直線②は，2点 A，B で交わっており，x 座標はそれぞれ -2, 3 である。

このとき，次の問いに答えなさい。

1　よく出る　基本　関数 $y = \frac{1}{2}x + 3$ について，x の変域が $-2 \leqq x \leqq 3$ のときの y の変域を求めよ。

2　よく出る　基本　a の値を求めよ。

3　下の図2のように，放物線①上に，x 座標が -2 より大きく3より小さい点 C をとり，線分 AC，BC を隣り合う2辺とする平行四辺形 ACBD をつくる。

(1)　直線 AC が x 軸と平行になるとき，平行四辺形 ACBD の面積を求めよ。

(2)　点 D が y 軸上にあるとき，点 D の y 座標を求めよ。

図1　　　　　　　　　図2

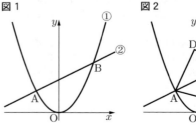 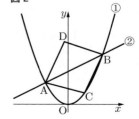

5 右の図のように，3点 A, B, C が円 O の周上にあり，AB = AC である。点 A を通り線分 BC に平行な直線を l とし，直線 l 上に点 D を，

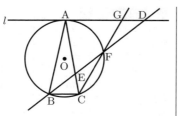

AB = AD となるようにとる。直線 BD と線分 AC との交点を E，直線 BD と円 O との交点のうち，点 B と異なる点を F とする。また，直線 CF と直線 l との交点を G とする。ただし，∠CAD は鋭角とする。
 このとき，次の問いに答えなさい。
1　△ACG ≡ △ADE であることを証明せよ。
2　AG = 4 cm, GD = 2 cm のとき，
　(1)　線分 BC の長さを求めよ。
　(2)　[思考力]　△DGF の面積を求めよ。

高知県

時間 50分　満点 50点　解答 p61　3月6日実施

出題傾向と対策

●大問は6題で，1 は基本問題の小問集合，2 は数・式の利用と方程式，3 は確率，4 は1次関数の応用，5 は関数と立体図形の体積，6 は平面図形の問題であった。難易度，出題傾向は例年と変わらないが，分量が多いのが目立つ。作図や証明，解答の完成など記述問題が必ず出題されているので注意したい。
●複雑な計算を伴う問題は出題されていないが，分量が多いので，基本から標準レベルの問題をしっかり，確実に解ける力をつけておこう。

1　よく出る　基本　次の(1)〜(8)の問いに答えなさい。
(1)　次の①〜④を計算しなさい。
　①　$-5 + 1 - (-12)$　(2点)
　②　$\dfrac{3x+y}{2} - \dfrac{x+y}{3}$　(2点)
　③　$-ab^2 \div \dfrac{2}{3}a^2b \times (-4b)$　(2点)
　④　$\dfrac{8}{\sqrt{12}} + \sqrt{50} \div \sqrt{6}$　(2点)
(2)　ある中学校の生徒30人の通学時間を調べたところ，自転車で通学する23人の通学時間の平均値は a 分，徒歩で通学する7人の通学時間の平均値は b 分，生徒全員の通学時間の平均値は14分であった。このとき，b を a の式で表しなさい。　(2点)
(3)　次の四角形のうち，必ず平行四辺形になる四角形はどれか。次のア〜エからすべて選び，その記号を書きなさい。　(2点)
　ア　4つの角がすべて直角である四角形
　イ　1組の対辺が平行であり，もう1組の対辺の長さが等しい四角形
　ウ　対角線が垂直に交わる四角形
　エ　対角線がそれぞれの中点で交わる四角形
(4)　$8a^2b - 18b$ を因数分解しなさい。　(2点)
(5)　2つの方程式 $3x + 2y + 16 = 0$，$2x - y + 6 = 0$ のグラフの交点が，方程式 $ax + y + 10 = 0$ のグラフ上にある。このときの a の値を求めなさい。　(2点)
(6)　右の図は，三角柱 ABC － DEF である。辺 AB とねじれの位置にある辺をすべて書きなさい。　(2点)

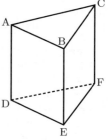

(7)　次の表は，A 中学校と B 中学校の野球部の最近10試合の得点のデータをまとめたものである。この表をもとに，A 中学校の得点のデータを箱ひげ図で表した。A 中学校の箱ひげ図にならって，B 中学校の得点のデータの箱ひげ図をかき入れなさい。　(2点)

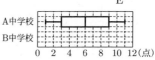

	1試合目	2試合目	3試合目	4試合目	5試合目	6試合目	7試合目	8試合目	9試合目	10試合目
A中学校	1	6	10	6	8	9	2	11	3	5
B中学校	2	8	2	6	10	4	7	3	9	4

(8)　右の図のように，半直線 OA，OB があり，半直線 OA 上に点 C をとる。半直線 OB 上に ∠OCP = 45° となる点 P を，定規とコンパスを使い，作図によって求めなさい。ただし，定規は直線をひくときに使い，長さを測ったり角度を利用したりしないこととする。なお，作図に使った線は消さずに残しておくこと。　(2点)

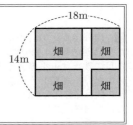

2　よく出る　基本　ゆうさんたちの学級では，数学の授業で次の〔問題〕に取り組んだ。あとの【ゆうさんのノート】と【りくさんのノート】は，ゆうさんとりくさんがこの問題を正しく解いたノートの一部である。このことについて，次の(1)〜(3)の問いに答えなさい。

〔問題〕
縦が 14 m，横が 18 m の長方形の土地に，右の図のように，同じ幅の道を縦と横につくり，残りの土地を畑にすることにした。畑の面積が 192 m^2 となるようにするには，道幅を何 m にすればよいか。

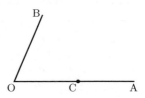

【ゆうさんのノート】

〔解答〕
　右の図のように，道を動かしても，畑の面積は変わらない。
　道幅を x m とすると，道を動かした畑の，縦の長さと横の長さは，（ ア ）m，（ イ ）m と，それぞれ x を使って表すことができる。
　よって，方程式をつくると
（ ア ）（ イ ）$= 192$
$ax^2 + bx + c = 0$ の形にすると
　　　　X 　　　$= 0$

　　　　Y

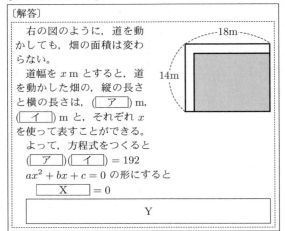

【りくさんのノート】

〔解答〕
　道幅を x m とすると，縦方向の道の面積と横方向の道の面積は， ウ m²， エ m² と，それぞれ x を使って表すことができる。
　また，縦方向の道と横方向の道が重なる部分の面積は x^2 m² となるので，道の面積の合計は，
（ ウ ＋ エ $- x^2$）m² となる。
　よって，方程式をつくると
$14 \times 18 -$（ ウ ＋ エ $- x^2$）$= 192$
$ax^2 + bx + c = 0$ の形にすると
　　　　X 　　　$= 0$

　　　　Y

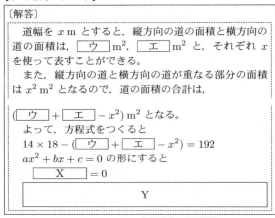

(1)　【ゆうさんのノート】の ア ， イ に当てはまる文字式を，それぞれ書きなさい。(2点)
(2)　【りくさんのノート】の ウ ， エ に当てはまる文字式を，それぞれ書きなさい。(2点)
(3)　【ゆうさんのノート】と【りくさんのノート】の X には同じ文字式が入り，Y には言葉と式を使って書いた解答の続きが入る。 X に当てはまる文字式と， Y に入る内容を書き，解答を完成させなさい。(3点)

3　次の図のように，玉が6個入った箱Aと，玉が5個入った箱Bがある。1個のさいころを2回投げて，1回目に出た目の数だけ玉を箱Aから箱Bに移し，2回目に出た目の数だけ玉を箱Bから箱Aに移す。このとき，下の(1)・(2)の問いに答えなさい。ただし，さいころはどの目が出ることも同様に確からしいとする。

　箱A　　　　　　　箱B

(1)　箱Aに入っている玉の個数が，5個になる確率を求めなさい。(2点)
(2)　箱Aに入っている玉の個数が，箱Bに入っている玉の個数より多くなる確率を求めなさい。(2点)

4　よく出る　思考力

右の図のように，底面が1辺 20 cm の正方形で高さが 25 cm である直方体の形をした水槽に，高さ 15 cm の長方形の仕切りが底面に対して垂直に取り付けられている。仕切りは底面積を2等分するように取り付けられており，2等分された底面をそれぞれ面P，面Qとする。また，水槽の上には蛇口p，蛇口qがあり，蛇口pを開くと面P側に水が入り，蛇口qを開くと面Q側に水が入る。水面が仕切りの高さまで上昇すると，水があふれ出て仕切りの隣側に入る。水を入れ始めてから x 秒後の，面P側の水面の高さを y cm とするとき，下の(1)・(2)の問いに答えなさい。ただし，水槽は水平な床の上に置かれており，水槽の壁や仕切りの厚さは考えないものとする。

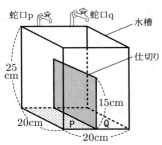

(1)　蛇口pを開くと面P側に毎秒 100 cm³ ずつ水が入る。このとき，x と y との関係を表したグラフとして適切なものを，次のア～エから1つ選び，その記号を書きなさい。(2点)

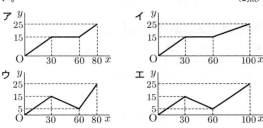

(2)　蛇口pと蛇口qの両方を同時に開けると，蛇口pから面P側に毎秒 100 cm³ ずつ水が入り，蛇口qから面Q側に毎秒 300 cm³ ずつ水が入る。このとき，次の①・②の問いに答えなさい。
①　$x = 12$ のときの y の値を求めなさい。(2点)
②　x の値が0から10まで増加するときの変化の割合を a，10から15まで増加するときの変化の割合を b，15から25まで増加するときの変化の割合を c とするとき，a，b，c の大小を，不等号を使って表しなさい。(2点)

5　右の図において，①は関数 $y = x^2$ のグラフ，②は $y = -\dfrac{1}{3}x^2$ のグラフである。点Aは①のグラフ上にあり，x 座標は3である。点Aと y 軸について対称な点をBとし，点Aと x 座標が等しい②のグラフ上の点をCとする。このとき，次の(1)～(3)の問いに答えなさい。

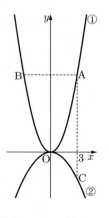

(1)　基本　点Cの座標を求めなさい。(2点)
(2)　直線BCと傾きが等しく，点Aを通る直線と，y 軸との交点をPとする。このとき，三角形PBCの面積を求めなさい。(2点)
(3)　線分ABと y 軸との交点をD，線分BCと y 軸との

交点をEとする。台形DECAを線分DAを軸として1回転させたときにできる立体の体積を求めなさい。ただし，円周率はπを用いること。 (2点)

6 よく出る 右の図のように，AB < BCであるような長方形ABCDがある。まず，折り目が頂点Dを通り，頂点Aが辺BC上にくるように折り返す。このとき，頂点Aが移った点をEとし，折り目を線分DFとする。次に，折り目が点Eを通り，頂点Cが線分DE上にくるように折り返す。このとき，頂点Cが移った点をGとし，折り目を線分EHとする。次の(1)・(2)の問いに答えなさい。

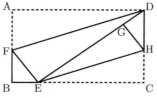

(1) △DFE∽△EHG を証明しなさい。 (3点)
(2) AB = 9 cm，BC = 15 cm のとき，三角形DFEの面積は，三角形DHGの面積の何倍か。 (2点)

福岡県

時間 50分　満点 60点　解答 p63　3月7日実施

* 注意 ・答えが数または式の場合は，最も簡単な数または式にすること。
・答えに根号を使う場合は，√ の中を最も小さい整数にすること。

出題傾向と対策

● 大問が6題で，1は小問集合，2は1次方程式の応用，3は資料の活用，4は関数とグラフ，5は平面図形の証明，6は空間図形である。出題形式，分野は例年とあまり変わらない。

● 難問は無いが，問題文の表現が読みにくい場合があるため，読解力が必要である。問題文の意味を正確に速く読み取り，問題文に沿った解法が要求されている。そのため，時間を意識した過去問演習と類題演習を行い，長めの問題文を読み解く練習もするとよい。

---

1 よく出る 基本　次の(1)〜(9)に答えよ。

(1) $9 + 4 \times (-3)$ を計算せよ。 (2点)
(2) $2(5a + 4b) - (a - 6b)$ を計算せよ。 (2点)
(3) $\dfrac{18}{\sqrt{3}} - \sqrt{27}$ を計算せよ。 (2点)
(4) 2次方程式 $(x-5)(x+4) = 3x - 8$ を解け。 (2点)
(5) 1から6までの目が出る2つのさいころA，Bを同時に投げるとき，出る目の数の積が偶数になる確率を求めよ。ただし，さいころはどの目が出ることも同様に確からしいとする。 (2点)
(6) 関数 $y = -2x + 7$ について，x の値が -1 から 4 まで増加するときの y の増加量を求めよ。 (2点)

(7) 関数 $y = -\dfrac{4}{x}$ のグラフをかけ。 (2点)

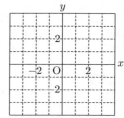

(8) M中学校の全校生徒450人の中から無作為に抽出した40人に対してアンケートを行ったところ，家で，勉強のためにICT機器を使用すると回答した生徒は32人であった。
M中学校の全校生徒のうち，家で，勉強のためにICT機器を使用する生徒の人数は，およそ何人と推定できるか答えよ。 (2点)

(9) 図のように，線分ABを直径とする半円Oの $\overparen{AB}$ 上に点Cをとり，△ABCをつくる。線分ACに平行で点Oを通る直線と線分BC，$\overparen{BC}$ との交点をそれぞれD，Eとし，点Cと点Eを結ぶ。∠CAB = 56°のとき，∠DECの大きさを求めよ。 (2点)

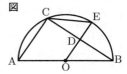

2 よく出る 基本　あめを買いに行く。次の(1)，(2)に答えよ。

(1) あめは，定価の20%引きの a 円で売られている。このとき，あめの定価を a を用いた式で表せ。 (2点)

(2) あめを買い，その全てを何人かの生徒で分ける。
あめを生徒1人に5個ずつ分けると8個余り，生徒1人に7個ずつ分けると10個たりない。
このとき，あめを生徒1人に6個ずつ分けるとすると，あめはたりるか説明せよ。
説明する際は，あめの個数と生徒の人数のどちらかを x として（どちらを x としてもかまわない。）つくった方程式を示し，あめの個数と生徒の人数を求め，その数値を使うこと。 (4点)

3 基本　農園に3つの品種A，B，Cのいちごがある。孝さんと鈴さんは，3つの品種のいちごの重さを比べるために，A〜Cのいちごをそれぞれ30個ずつ集め，1個ごとの重さのデータを図1のように箱ひげ図に表した。

図1

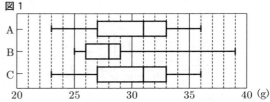

次の会話文は，孝さんと鈴さんが，図1をもとに，「重いいちごの個数が多いのは，A〜Cのどの品種といえるか」について，会話した内容の一部である。

孝さん：AとCは，箱ひげ図が同じ形だから，①範囲や四分位範囲などが異なるAとBを比べたいけど，どうやって比べたらいいかな。

基準となる重さを決めて，比べたらどうかな。例えば，基準を 25 g にすると，25 g 以上の個数は，B の方が A より多いといえるよ。図1 から，個数の差が 1 個以上あるとわかるからね。
鈴さん

基準を 34 g にしても，34 g 以上の個数は，ひげの長さの違いだけではわからないから，A と B のどちらが多いとはいえないなあ。

基準を 30 g にすると，30 g 以上の個数は，A の方が B より多いといえるよ。

②図1から，30 g 以上の個数は，A が 15 個以上，B が 7 個以下とわかるからね。

箱ひげ図を見て基準を決めると，重いいちごの個数が多いのは，A と B のどちらであるか比べられるね。では，箱ひげ図が同じ形の③A と C のデータの分布の違いをヒストグラムで見てみようよ。

次の(1)～(3)に答えよ。
(1) 下線部①について，A のデータの範囲と A のデータの四分位範囲を求めよ。 (2点)
(2) 下線部②は，次の 2 つの値と基準の 30 g を比較した結果からわかる。

A のデータの Ⓧ ， B のデータの Ⓨ

Ⓧ，Ⓨは，それぞれ次のア～カのいずれかである。Ⓧ，Ⓨをそれぞれ 1 つずつ選び，記号をかけ。また，A のデータの Ⓧ と B のデータの Ⓨ を数値で答えよ。 (2点)
ア　最小値　　イ　第1四分位数　　ウ　中央値
エ　平均値　　オ　第3四分位数　　カ　最大値

(3) 下線部③について，図2は，A のデータをヒストグラムに表したものであり，例えば，A の重さが 22 g 以上 24 g 未満の個数は 1 個であることを表している。

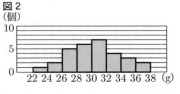

図2において，重さが 30 g 未満の累積度数を求めよ。また，C のデータをヒストグラムに表したものが，次のア～エに 1 つある。それを選び，記号をかけ。 (3点)

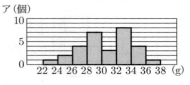

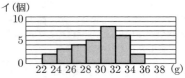

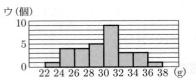

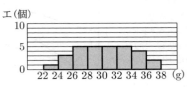

4 東西に一直線にのびた道路上に P 地点がある。
バスは，P 地点に停車しており，この道路を東に向かって進む。次の**式**は，バスが P 地点を出発してから 30 秒後までの時間と進む道のりの関係を表したものである。

式　バスについての時間（秒）と道のり（m）

$$(道のり) = \frac{1}{4} \times (時間)^2$$

自転車は，P 地点より西にある地点から，この道路を東に向かって，一定の速さで進んでいる。自転車は，バスが P 地点を出発すると同時に P 地点を通過し，その後も一定の速さで進む。上の**表**は，自転車が P 地点を通過してから 8 秒後までの時間と進む道のりの関係を表したものである。

表　自転車についての時間（秒）と道のり（m）

時間	0	4	8
道のり	0	25	50

右の図は，バスが P 地点を出発してから 30 秒後までの時間を横軸（x 軸），P 地点から進む道のりを縦軸（y 軸）として，バスについての時間と道のりの関係をグラフに表したものに，自転車の進むようすをかき入れたものであり，バスは，P 地点を出発してから 25 秒後に自転車に追いつくことを示している。

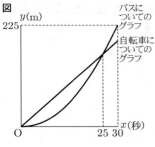

次の(1)～(3)に答えよ。
(1) **よく出る** **基本**　バスについてのグラフ上にある 2 点 (0, 0) と (6, 9) を直線で結ぶ。この直線の傾きは，バスについての何を表しているか。正しいものを次のア～エから 1 つ選び，記号をかけ。 (2点)
ア　P 地点を出発してから 6 秒間で進む道のり
イ　P 地点を出発してから 9 秒間で進む道のり
ウ　P 地点を出発してから 6 秒後までの平均の速さ
エ　P 地点を出発してから 9 秒後までの平均の速さ

(2) **よく出る** **基本**　この道路上に，P 地点から東に 100 m 離れた Q 地点がある。バスが Q 地点を通過するのは，自転車が Q 地点を通過してから何秒後か求めよ。 (2点)

(3) タクシーは，この道路を東に向かって，秒速 10 m で進むものとする。タクシーは，バスが P 地点を出発した 10 秒後に P 地点を通過する。
このとき，タクシーは，バスより先に自転車に追いつ

くことができるか次のように説明した。
説明

| タクシーとバスのそれぞれが自転車に追いつくのは，バスがP地点を出発してから，タクシーが ⓣ 秒後で，バスが25秒後である。
　 ⓣ は25より①（ア 大きい　イ 小さい）ので，タクシーは，バスより先に自転車に追いつくことが②（ウ できる　エ できない）。|

説明の ⓣ にあてはまる数を求め，下線部①，②の（　）にあてはまるものを，それぞれ1つ選び，記号をかけ。
(4点)

5 正方形ABCDで，辺BC，CD上に，点E，Fを，BE＝CFとなるようにそれぞれとる。

このとき，AE＝BFであることを，図1をかいて，△ABE≡△BCFを示すことで証明した。

図1
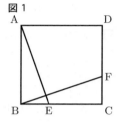

証明

| △ABEと△BCFにおいて
仮定から，BE＝CF　　　…①
四角形ABCDは正方形だから
　AB＝BC　　　　　　　…②
　∠ABE＝∠BCF＝90°　…③
①，②，③より，□□□□□□□がそれぞれ等しいので
　△ABE≡△BCF
合同な図形では，対応する線分の長さはそれぞれ等しいから
　AE＝BF |

次の(1)〜(4)に答えよ。

(1) **よく出る　基本** □□□□□□にあてはまる言葉をかき，上の証明を完成させよ。(1点)

(2) **よく出る　基本** 上の証明をしたあと，辺BC，CD上に，点E，Fを，図1の位置とは異なる位置に，BE＝CFとなるようにそれぞれとり，図2をかいた。

図2においても，図1と同じようにAE＝BFである。

図2
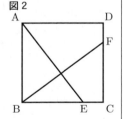

このことの証明について，正しいことを述べているものを，次のア〜エから1つ選び，記号をかけ。(2点)

ア　上の証明をしても，あらためて証明しなおす必要がある。
イ　上の証明で，すでに示されているので，証明しなおす必要はない。
ウ　上の証明の一部をかきなおして，証明しなければならない。
エ　上の証明をしても，線分AEと線分BFの長さを測って確認しなければならない。

(3) **よく出る** 図3は，図2において，線分AEと線分BFとの交点をGとしたものである。

図3において，△ABE∽△AGBであることを証明せよ。

ただし，△ABE≡△BCFであることは使ってよい。

図3
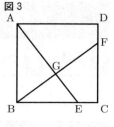

(5点)

(4) **思考力** 図3において，BE：EC＝3：1のとき，四角形GECFの面積は，正方形ABCDの面積の何倍か求めよ。
(4点)

6 図1は，半径4cmの円Oを底面とし，母線の長さが6cmの円すいを表しており，円すいの頂点をAとしたものである。

次の(1)〜(3)に答えよ。答えに円周率を使う場合は，πで表すこと。

図1
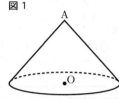

(1) **よく出る　基本** 図1に示す円すいの表面積を求めよ。
(2点)

(2) **よく出る　基本** 図1に示す円すいと底面が合同で，高さが等しい円柱の容器に，高さを4等分した目盛りがついている。この容器の底面を水平にして，水を入れる。

このとき，図1に示す円すいの体積と同じ量の水を入れた容器を表したものが，次のア〜エに1つある。それを選び，記号をかけ。また，選んだ容器の底から水面までの高さを求めよ。

ただし，容器の厚さは考えないものとする。(3点)

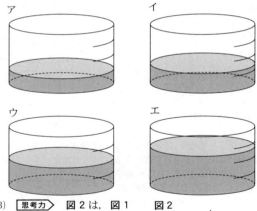

(3) **思考力** 図2は，図1に示す円すいにおいて，円Oの円周上に点B，Cを，∠BOC＝120°となるようにとり，△ABCをつくったものである。

図2に示す円すいにおいて，線分BC上に点Dを，AD＝CDとなるようにとるとき，線分ODの長さを求めよ。(4点)

佐賀県

時間 50分　満点 50点　解答 p64　3月8日実施

＊注意　1　答えに $\sqrt{\ }$ が含まれるときは，$\sqrt{\ }$ を用いたままにしておきなさい。また，$\sqrt{\ }$ の中は最も小さい整数にしなさい。
　　　　2　円周率は π を用いなさい。

出題傾向と対策

● **1** 小問集合，**2** 会話文形式の連立方程式の利用の問題と空間図形における2次方程式の利用の問題，**3** 関数の総合問題，**4** 平面図形の総合問題，**5** 確率と数と式の利用の問題で，出題の順は違うが出題の形式や難易度は例年通りであった。
●基本問題を中心に幅広い分野にわたって出題されている。**3 4** には比較的難易度の高い問題も出題されているが，毎年同様の傾向であるため過去問でしっかりと対策をしておきたい。

1 よく出る　基本　次の(1)〜(7)の各問いに答えなさい。

(1) (ア)〜(エ)の計算をしなさい。
　　(ア) $-4-7$　　　　　　　　　　　　　　(1点)
　　(イ) $-2(x+3y)+(x-3y)$　　　　　　(1点)
　　(ウ) $8xy^2 \div (-2x)$　　　　　　　　　(1点)
　　(エ) $(\sqrt{5}+1)^2$　　　　　　　　　　(1点)

(2) x^2-9y^2 を因数分解しなさい。　　　(1点)

(3) 二次方程式 $2x^2-x-2=0$ を解きなさい。　(1点)

(4) 右の図のような母線の長さが4cmの円錐がある。この円錐の側面の展開図が半円になるとき，この円錐の底面の半径を求めなさい。　　(1点)

(5) 右の図のような点Aと点Oを中心とする円Oがある。点Aから円Oにひいた2本の接線を作図しなさい。
　ただし，作図には定規とコンパスを用い，作図に用いた線は消さずに残しておくこと。　　　(1点)

(6) 右の図のように，AB = AC である二等辺三角形 ABC がある。また，頂点 A を通る直線 l と，頂点 C を通る直線 m があり，l と m は平行である。このとき，$\angle x$ の大きさを求めなさい。　　(1点)

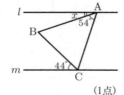

(7) 次の図は，ある都市における 2003 年，2012 年，2021 年の各月の最高気温をそれぞれ年別に箱ひげ図に表したものである。この箱ひげ図から読み取れることとして正しいものを，あとの①〜⑤の中からすべて選び，番号を書きなさい。　　(1点)

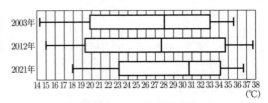

① 第3四分位数は，2021年が最も大きい。
② 四分位範囲は，2012年が最も大きい。
③ 2021年では，最高気温が 20 ℃ 以下の月は1つしかない。
④ 2012年では，25％以上の月が，最高気温が 34 ℃ 以上である。
⑤ 2003年では，最高気温の平均値は 28 ℃ である。

2 次の(1), (2)の問いに答えなさい。

(1) ユウさんとルイさんが，学校の【宿題】についてあとのような【会話】をしている。
【会話】を踏まえて，(ア)〜(ウ)の各問いに答えなさい。

【宿題】
　連立方程式を利用して解く問題をつくりなさい。また，その問題を解くために利用する連立方程式をつくりなさい。

【会話】
ユウ：学校の【宿題】について，このように考えたよ。

【ユウさんがつくった問題】
　家から 1640 m 離れた学校へ行くために，はじめは歩いていましたが，遅刻しそうになったので，途中から分速 100 m で走りました。すると，家を出発して 22 分後に学校に着きました。
　このとき，歩いた道のりと，走った道のりをそれぞれ求めなさい。

【ユウさんがつくった連立方程式】
$$\begin{cases} x+y=1640 \\ \dfrac{x}{60}+\dfrac{y}{100}=22 \end{cases}$$

ルイ：【ユウさんがつくった連立方程式】では，何を x と y でそれぞれ表したの。
ユウ：歩いた　①　を x，走った　①　を y と表したよ。
ルイ：そうなんだね。けれども，【ユウさんがつくった問題】から【ユウさんがつくった連立方程式】はつくれるのかな。【ユウさんがつくった問題】には何かが足りない気がするけど。
ユウ：本当だ。歩いた速さは分速　②　m であることを書き忘れていたよ。
ルイ：そうか。歩いた速さを書き加えればいいね。そういえば，x と y で表すものを変えて，同じ問題から別の連立方程式をつくる学習をしたね。【ユウさんがつくった問題】に歩いた速さは分速　②　m であることを書き加えて，別の連立方程式をつくれないかな。
ユウ：歩いた　③　を x，走った　③　を y と表して連立方程式をつくれそうだ。このとき，連立方程式は，
$$\begin{cases} \boxed{} = 1640 \\ \boxed{} = 22 \end{cases}$$
になるよ。

(ア) 【会話】の中の①～③にあてはまる語句や数の組み合わせとして正しいものを，下のア～エの中から1つ選び，記号を書きなさい。
ただし，道のりの単位は m とし，時間の単位は分とする。 (1点)

	①	②	③
ア	道のり	60	時間
イ	道のり	100	時間
ウ	時間	60	道のり
エ	時間	100	道のり

(イ) 【会話】の中の④，⑤にあてはまる式を x, y を用いて表しなさい。 (2点)

(ウ) 【会話】を踏まえて，歩いた道のりを求めなさい。 (1点)

(2) **よく出る**
右の図のように，AB = 9 cm, AD = 12 cm, AE = 6 cm の直方体がある。点 P は，A を出発

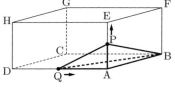

して辺 AE 上を毎秒 1 cm の速さで E まで動く。点 Q は，D を出発して辺 DA 上を毎秒 2 cm の速さで A まで動く。また，点 P と点 Q は同時に出発し，出発してからの時間を x 秒とする。ただし，$0 \leqq x \leqq 6$ とする。
このとき，(ア)～(ウ)の各問いに答えなさい。

(ア) 点 P と点 Q が出発してから 3 秒後の三角錐 PABQ の体積を求めなさい。 (1点)

(イ) 点 Q が出発してから x 秒後の線分 QA の長さを x を用いて表しなさい。 (2点)

(ウ) 三角錐 PABQ の体積が 24 cm³ になるのは，点 P と点 Q が出発してから何秒後か求めなさい。
ただし，x についての方程式をつくり，答えを求めるまでの過程も書きなさい。 (3点)

3 右の図のように，関数 $y = ax^2$ のグラフ上に2点 A(2, 2), B(−4, 8) がある。また，四角形 OABC が平行四辺形となるように点 C をとる。
このとき，次の(1)～(4)の各問いに答えなさい。

(1) **基本** a の値を求めなさい。 (1点)

(2) **基本** 直線 AB の式を求めなさい。 (1点)

(3) **基本** 点 C の座標を求めなさい。 (2点)

(4) 四角形 OABC の対角線 OB と AC の交点を D とする。
このとき，(ア)～(ウ)の各問いに答えなさい。

(ア) OD : DB を求めなさい。 (2点)

(イ) △OAD の面積を求めなさい。 (2点)

(ウ) 直線 BC 上に点 P をとる。△OAD と △OPC の面積比が 3 : 7 となるような点 P の x 座標をすべて求めなさい。 (2点)

4 右の図のように，点 O を中心とする円 O と点 O′ を中心とする円 O′ があり，2つの円は線分 OO′ 上の点 A を通る。また，OA = 2 cm, O′A = 5 cm となっている。

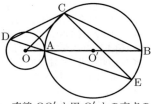

直線 OO′ と円 O′ との交点のうち点 A と異なる点を B とし，円 O′ の周上に BC = $4\sqrt{5}$ cm となる点 C をとる。さらに，円 O の周上に ∠COA = ∠CDA となる点 D をとる。また，直線 DA と円 O′ との交点のうち点 A と異なる点を E とすると AE = $3\sqrt{10}$ cm である。
このとき，次の(1)～(3)の各問いに答えなさい。

(1) **基本** 線分 AC の長さを求めなさい。 (1点)

(2) **基本** △OBC∽△DEC であることを証明しなさい。 (3点)

(3) 点 C から線分 AB に垂線をひき，その垂線と線分 AB との交点を H とする。
このとき，(ア)～(ウ)の各問いに答えなさい。

(ア) 線分 CH の長さを求めなさい。 (2点)

(イ) △OAD の面積を S，△O′AE の面積を T とするとき，$S : T$ を最も簡単な整数の比で表しなさい。 (2点)

(ウ) △DEC の面積を求めなさい。 (2点)

5 **思考力** 次の(1), (2)の問いに答えなさい。

(1) 1つのさいころを2回投げて【図】のようなマスの上でコマを動かす。コマはあとの【ルール】に従って動かすものとする。
このとき【例】を参考にして，(ア)～(エ)の各問いに答えなさい。
ただし，さいころの目の出方はどの目も同様に確からしいとする。また，最初，コマは A のマスにあるものとする。

【図】

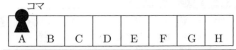

【ルール】
・さいころを投げて，出た目の数だけコマを動かす。
・A から H の方向にコマを動かし，H に到達したら折り返して H から A の方向にコマを動かす。

【例】
① 1回目に3の目，2回目に2の目が出たとき

② 1回目に4の目，2回目に5の目が出たとき

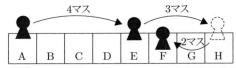

(ア) 1回目に6の目，2回目に5の目が出たとき，コマは A～H のどのマスにあるか，記号を書きなさい。 (1点)

(イ) コマがAのマスにある確率を求めなさい。(1点)
(ウ) コマがFのマスにある確率を求めなさい。(2点)
(エ) コマがHのマスにない確率を求めなさい。(2点)

(2) 【図1】のような1辺の長さが1cmの正三角形のタイルをすき間なく並べて正六角形をつくる。

例えば，1辺の長さが1cmの正六角形をつくると【図2】のようになる。また，1辺の長さが2cmの正六角形をつくると【図3】のようになる。

このとき，(ア)〜(ウ)の各問いに答えなさい。

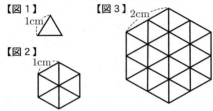

(ア) 1辺の長さが3cmの正六角形を1個つくるとき，ちょうど何枚のタイルが必要か求めなさい。(1点)
(イ) 1辺の長さが6cmの正六角形を1個つくるとき，ちょうど何枚のタイルが必要か求めなさい。(1点)
(ウ) 【図1】のタイルが2023枚あるとき，つくることができる正六角形の中で，最も大きな正六角形の1辺の長さを求めなさい。
ただし，正六角形の1辺の長さを表す数は整数とする。(2点)

長崎県

時間 50分　満点 100点　解答 p66　3月8日実施

* 注意　答えは，特別に指示がない場合は最も簡単な形にしなさい。なお，計算の結果に√またはπをふくむときは，近似値に直さないでそのまま答えなさい。

出題傾向と対策

● 1 小問集合，2 箱ひげ図，確率，数の性質の証明，3 関数の総合問題，4 空間図形の総合問題，5 平面図形の総合問題，6 会話文形式の思考力を問う問題で，昨年とは大問の構成，分量，難易度については大きく変わらなかった。

● 基本的な知識技能を問う問題から思考力を問う問題まで幅広く出題されている。会話文形式の問題も昨年同様出題されており，今後も出題されることが予想されるため，文章を素早く読み，その流れに沿って問題を解決することに日頃から慣れておきたい。

1 よく出る 基本 次の(1)〜(10)に答えなさい。

(1) $3 + 2 \times (-3)^2$ を計算せよ。(3点)
(2) $2(x+3y) - (x-2y)$ を計算せよ。(3点)
(3) $\dfrac{\sqrt{2}+1}{3} - \dfrac{1}{\sqrt{2}}$ を計算せよ。(3点)
(4) $x^2 + 5x - 6$ を因数分解せよ。(3点)
(5) 2次方程式 $2x^2 + 3x - 4 = 0$ を解け。(3点)
(6) 1次関数 $y = -2x + 1$ について，x の変域が $-1 \leqq x \leqq 2$ のとき，y の変域を求めよ。(3点)
(7) $2023 = 7 \times 17 \times 17$ である。2023を割り切ることができる自然数の中で，2023の次に大きな自然数を求めよ。(3点)

(8) 図1のように，円Oの周上に4つの点A，B，C，Dがあり，線分BDは円Oの直径である。$\angle BAC = 47°$ のとき，$\angle x$ の大きさを求めよ。(3点)

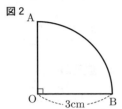

(9) 図2のような半径が3cm，中心角が90°のおうぎ形OABを，線分OAを軸として1回転させてできる立体の体積は何cm^3か。(3点)

図2

(10) 図3のように，3点A，B，Cがある。3点A，B，Cを通る円の中心Oを定規とコンパスを用いて図3に作図して求め，その位置を点・で示せ。ただし，作図に用いた線は消さずに残しておくこと。(3点)

図3

2 次の問いに答えなさい。

問1 基本 次のデータは，ある書店における月刊誌Aの12か月間の月ごとの販売冊数を少ない順に並べたものである。このデータについて，次の(1)〜(3)に答えよ。

9, 10, 11, 12, 13, 14, 14, 16, 17, 17, 20, 21

(単位は冊)

(1) 中央値（メジアン）を求めよ。(2点)
(2) 次の①〜④の文の中から正しいものを1つ選び，その番号を書け。(2点)
① 第1四分位数は，11冊である。
② 最頻値（モード）は，21冊である。
③ 四分位範囲は，5.5冊である。
④ 平均値は，14冊である。
(3) このデータの箱ひげ図として正しいものを，次の①〜④の中から1つ選び，その番号を書け。(2点)

①
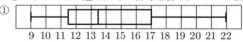

②
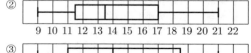

③
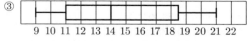

④
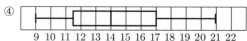

問2 右の図のように，袋に1から4までの数字が1つずつ書かれた同じ大きさの球が4個入っている。この袋の中の球をよくかきまぜて，球を1個ずつ何回か取り出す。

ただし，一度取り出した球は袋にもどさないものとする。このとき，次の(1)〜(3)に答えよ。
(1) <基本> 1回取り出すとき，4の数字が書かれている球を取り出す確率を求めよ。 (2点)
(2) 2回続けて取り出すとき，2回目に4の数字が書かれている球を取り出す確率を求めよ。 (2点)
(3) <思考力> 3回続けて取り出した後，次のルールにしたがって得点を定めるとき，得点が4点となる確率を求めよ。 (3点)

ルール
- 2回目に取り出した球に書かれている数が1回目に取り出した球に書かれている数より大きければ，2回目に取り出した球に書かれている数を得点とする。
- 2回目に取り出した球に書かれている数が1回目に取り出した球に書かれている数より小さければ，3回目に取り出した球に書かれている数を得点とする。

例えば，1回目に1，2回目に2，3回目に3の数字が書かれている球を取り出したとき，得点は2点となり，1回目に4，2回目に3，3回目に1の数字が書かれている球を取り出したとき，得点は1点となる。

問3 <思考力> 2つの続いた偶数4，6について，$4 \times 6 + 1$を計算すると25になり，5の2乗となる。このように，「2つの続いた偶数の積に1を加えると，その2つの偶数の間の奇数の2乗となる。」ことを文字nを使って証明せよ。ただし，証明は「nを整数とし，2つの続いた偶数のうち，小さいほうの偶数を$2n$とすると，」に続けて完成させよ。 (3点)

③ <よく出る> 図1〜図3のように，関数$y = \frac{1}{4}x^2$のグラフ上に2点A, Bがあり，x座標はそれぞれ-4，2である。原点をOとして，次の問いに答えなさい。

問1 <基本> 点Aのy座標を求めよ。 (2点)
問2 <基本> 直線ABの傾きを求めよ。 (2点)
問3 図2，図3のように，関数$y = \frac{1}{4}x^2$のグラフ上に点C, y軸上に点Dをそれぞれ四角形ABCDが平行四辺形となるようにとる。このとき，次の(1)〜(3)に答えよ。
(1) 点Cのx座標を求めよ。 (3点)
(2) 点Dのy座標を求めよ。 (3点)
(3) <難> 図3のように，さらにy軸上に点Eをとる。△ADEの面積と△BCEの面積が等しくなるとき，点Eのy座標を求めよ。 (3点)

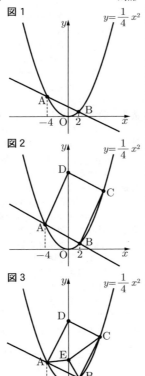

④ 図1，図2，図4のように，1辺が4cmの立方体ABCDEFGHがある。また，辺EF，EHの中点をそれぞれP，Qとする。このとき，次の問いに答えなさい。

問1 図1において，三角錐AEPQの体積は何cm^{3}か。 (2点)

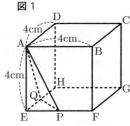

問2 図2において，線分PQ，線分BPの長さはそれぞれ何cmか。 (2点)

問3 図2において，四角形BDQPは，BP = DQの台形である。図3は台形BDQPを平面に表したものであり，2点P，Qから辺BDにひいた垂線と辺BDとの交点をそれぞれR，Sとする。このとき，次の(1)〜(3)に答えよ。
(1) 線分BRの長さは何cmか。 (2点)
(2) 台形BDQPの面積は何cm^{2}か。 (3点)
(3) 立体ABDEPQの体積は何cm^{3}か。 (3点)

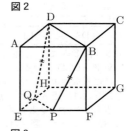

図3

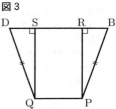

問4 <難> 図4のように，点Aから台形BDQPにひいた垂線と台形BDQPとの交点をTとする。このとき，線分ATの長さは何cmか。 (3点)

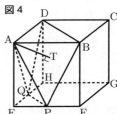

⑤ 図1，図2のような四角形ABCDがあり，BC = 6cm，CD = 4cm，DA = 3cm，∠BCD = ∠CDA = 90°である。また，辺BC上に，点Eを四角形AECDが長方形となるようにとる。このとき，次の問いに答えなさい。

問1 <基本> △ABEの面積は何cm^{2}か。 (2点)
問2 <基本> 図2のように，線分AEと線分BDとの交点をFとする。このとき，△DAF ≡ △BEFであることを次のように証明した。 (ア) ，(イ) にあてはまることばを書き入れて，証明を完成させよ。 (2点)

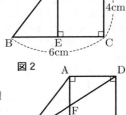

(証明)
△DAF と △BEF において
　四角形 AECD は長方形であるから
　　BE = BC − EC = 3 cm となり
　　DA = BE…①
　また，AD ∥ BC であり，平行線の [ア] は等しいので
　　∠ADF = ∠EBF…②
　　∠DAF = ∠BEF…③
①，②，③より，
　　[　(イ)　] がそれぞれ等しいから
　　△DAF ≡ △BEF

問3　図3のように，図2の四角形 ABCD を頂点 B が頂点 D に重なるように折り返すと，折り目は，辺 AB 上の点 P と辺 BC 上の点 Q とを結ぶ線分 PQ となった。図4は，この折り返しをもとにもどした図である。このとき，次の(1)〜(3)に答えよ。

図3
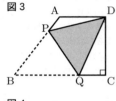

図4
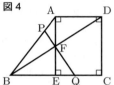

(1) △DAF と相似な三角形を，次の①〜④の中から1つ選び，その番号を書け。(2点)

① △FPA
② △FEQ
③ △AEB
④ △BFP

(2) 線分 EQ の長さは何 cm か。(3点)
(3) 線分 AP の長さと線分 PB の長さの比を，最も簡単な整数の比で表せ。(3点)

6 [思考力][新傾向] 幹奈さんと新一さんのクラスでは，文化祭で電球を並べて巨大な電飾のタワーを作ることになりました。タワーを作るために必要な電球の個数について，幹奈さんと新一さんが先生と話をしています。3人の会話を読んで，あとの問いに答えなさい。

ポスター

幹奈：ポスターにあるようなタワーを参考にして作ります。タワーは 40 段で，形は正四角錐にしましょう。一番上の段を1段目として，1段目は1個，2段目以降は，n 段目の正方形の一辺に n 個ずつ電球を並べます。図1は，各段に並ぶ電球のうち，1段目から5段目までを表したものです。

図において，電球を同じ大きさの○で表し，図1, 図3は各段を真上から見た図とする。

図1
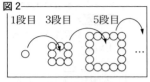

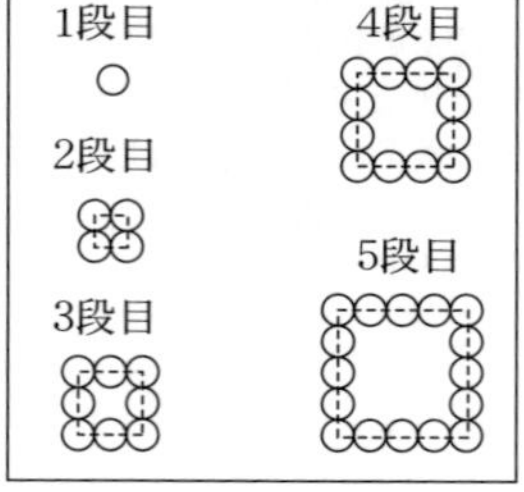

新一：まず，1段目から6段目までに電球が何個必要かを考えてみます。1段ずつ考えると，1段目は1個，2段目は4個，3段目は8個，4段目は12個，5段目は16個，6段目は [ア] 個となるので，1段目から6段目までの電球の個数の合計は [イ] 個です。

幹奈：1段目から順番に 40 段目までの電球の個数を足していくと，計算が大変ですね。

新一：奇数段目と偶数段目に分けて考えてみましょう。奇数段目は図2のように1段目から順に組み合わせて，しきつめていくと計算しやすいですね。図2を利用して，1段目，3段目，5段目，…，39段目の電球の個数の合計は [ウ] × [ウ] という式で計算できます。

図2
1段目 3段目 5段目
○ ○○○ ○○○○○
　　　　　　　…

幹奈：偶数段目も同じように計算できますね。
新一：1段目から40段目までの電球の個数の合計は [エ] 個になりました。

先生：よくできましたね。でも，そんなに多いと予算を超えてしまいますよ。

幹奈：では，正四角錐はあきらめて，正三角錐で作りましょう。1段目は1個，2段目以降は，n 段目の正三角形の一辺に n 個ずつ電球を並べます。1段目から40段目までの電球の個数の合計は何個になるかを考えてみます。今度も工夫して計算できないのかな。

図3
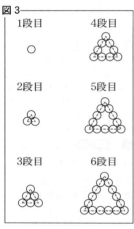

先生：図3を利用して，まず6段目までで段をどのように分けて組み合わせるかを考えてみましょう。

新一：わかりました。1段目から6段目までを，[オ]，[カ]，[キ] の3組に分けて，それぞれ組み合わせると，しきつめることができますね。

幹奈：その考え方を利用すれば，1段目から40段目までの個数の合計も求められそうです。でも，正方形のときと同じようには計算できませんね。

先生：例えば，図4の点線で囲まれた電球の個数は，同じ個数の電球を図4のように逆向きにして並べると計算できませんか。

図4
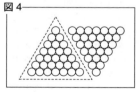

(数分後)

新一：できました。図4の点線で囲まれた電球の個数は
　　$\dfrac{[ク]([ク]+1)}{[ケ]}$　という式で計算できます。

幹奈：この考え方を使うと，正三角錐で作る場合，1段目から40段目までの電球の個数の合計は [コ] 個になりますね。これで予算内に収まりますか。

問1　[ア]，[イ]，[ウ]，[エ] にあてはまる自然数を答えよ。(7点)

問2　オ，カ，キ にあてはまる段の組を答えよ。　(2点)

問3　ク，ケ にあてはまる1けたの自然数を答えよ。　(2点)

問4　コ にあてはまる自然数を答えよ。　(3点)

熊本県

時間 50分　満点 50点　解答 p.67　2月22日実施

出題傾向と対策

● 大問の構成は例年と同様6題で問題Aと問題Bがあり，1，2の一部，3，4は共通問題である。1，2は小問集合，3はデータの活用，4は空間図形，5は関数と図形，6は平面図形であった。
● 基本から標準的なレベルの問題が出題されるが，作図，図形の証明も毎年出題される。問題Bは計算量や思考力を問う問題が多い。時間配分を意識して過去問に取り組み，類似の問題を解いておきたい。

選択問題A

1 よく出る　基本　次の計算をしなさい。
(1) $\dfrac{1}{7}+\dfrac{1}{2}$　(1点)
(2) $6+4\times(-3)$　(1点)
(3) $8x+9y+7(x-y)$　(2点)
(4) $8a^3b\div(-6ab)^2\times 9b$　(2点)
(5) $(x+1)(x-5)+(x+2)^2$　(2点)
(6) $\sqrt{30}\div\sqrt{5}+\sqrt{54}$　(2点)

2 よく出る　次の各問いに答えなさい。
(1) 基本　一次方程式 $5x+8=3x-4$ を解きなさい。　(2点)
(2) 基本　二次方程式 $2x^2+5x-1=0$ を解きなさい。　(2点)
(3) 基本　y は x に反比例し，$x=2$ のとき $y=3$ である。$x=5$ のときの y の値を求めなさい。　(2点)
(4) 右の図は，点 O を中心とする円で，2点 A，B は円 O の周上にある。点 C は円 O の外部にあり，AC＝BC である。線分 BC と円 O との交点のうち，B と異なる点を D とする。
　$\angle ACB=54°$，$\angle AOB=140°$ であるとき，$\angle OAD$ の大きさを求めなさい。　(2点)

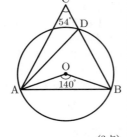

(5) 基本　右の図のように，平行でない2本の直線 l，m があり，l 上に点 A，m 上に点 B がある。線分 AB 上に，l と m の両方に接する円の中心 O をとりたい。点 O を，定規とコンパスを使って作図しなさい。なお，作図に用いた線は消さずに残しておくこと。　(2点)

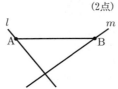

(6) 基本　次の図のように，箱 A と箱 B の2つの箱がある。箱 A には 1，2，3，4 の数字が1つずつ書かれた4枚のカードが，箱 B には 1，2，3，4，5 の数字が1つずつ書かれた5枚のカードが入っている。箱 A，箱 B の順に，それぞれの箱から1枚ずつカードを取り出し，取り出した順に左から右にカードを並べて2けたの整数をつくる。

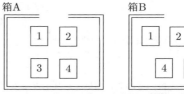

① つくることができる2けたの整数のうち，6の倍数は何個できるか，求めなさい。　(1点)
② つくることができる2けたの整数が3の倍数になる確率を求めなさい。ただし，どのカードが取り出されることも同様に確からしいものとする。　(2点)

(7) 健太さんと直樹さんは，航平さんと，運動公園にある1周 2400 m のジョギングコースを走った。3人ともスタート地点から同じ方向に一定の速さで走り，健太さんと直樹さんは，健太さんから直樹さんの順にそれぞれ1周ずつ，航平さんは一人で2周走った。
　また，健太さんと直樹さんは次のように走った。

・健太さんは走り始めてから 12 分後に1周を走り終え，直樹さんへ引き継いだ。
・直樹さんは引き継ぎと同時に走り始め，引き継ぎから 15 分後に1周を走り終えた。

　一方，航平さんは次のように走った。

・航平さんは，健太さんが走り始めてから4分後に走り始めた。
・健太さんが1周を走り終えたとき，航平さんは1周目の途中を走っており，健太さんと 640 m 離れていた。
・航平さんは2周目の途中で直樹さんを追いこし，2周を走り終えた。

　右の図は，健太さんが走り始めてから x 分後の，健太さんと直樹さんが走った距離の合計を y m として，x と y の関係をグラフに表したものに，航平さんが走ったようすをかき入れたものである。

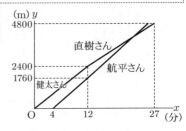

① 基本　航平さんの走る速さは毎分何 m か，求めなさい。　(1点)
② 航平さんが直樹さんと並んだのは，健太さんが走り始めてから何分何秒後か，求めなさい。　(2点)

3 よく出る　基本　次の図は，美咲さんが通う高校の，1年1組39人と1年2組39人の反復横とびの回数の測定結果を，体育委員である美咲さんが箱ひげ図に表したものである。
　このとき，次の各問いに答えなさい。

図

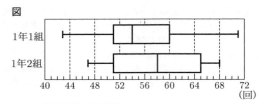

(1) 次の ア ， イ に当てはまる数を入れて，文を完成しなさい。 (2点)

> 図の1組の箱ひげ図から，回数の範囲は ア 回，四分位範囲は イ 回であることがわかる。

さらに美咲さんは，その測定結果をヒストグラムに表した。

(2) 次のア〜エのヒストグラムのうち，1組と2組を表しているものはどれか。それぞれ記号で答えなさい。

なお，ヒストグラムの階級は，40回以上44回未満，44回以上48回未満などのように，階級の幅を4回として分けている。 (2点)

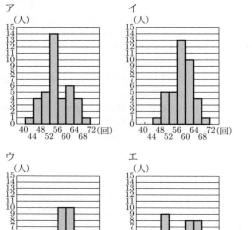

(3) 美咲さんと同じ体育委員の大輔さん，由衣さん，雄太さん，恵子さんは，箱ひげ図やヒストグラムから読みとれることについて，それぞれ次のように考えた。

大輔さん：回数の範囲は，1組よりも2組の方が大きい。
由衣さん：回数の四分位範囲は，1組よりも2組の方が大きい。
雄太さん：回数が64回以上である人数は，1組よりも2組の方が多い。
恵子さん：1組の回数の平均値は，60回である。

4人のうち，正しい読みとりをしているのは誰か。次のア〜エからすべて選び，記号で答えなさい。 (2点)
ア 大輔さん　イ 由衣さん　ウ 雄太さん
エ 恵子さん

4 よく出る 図1は，底面の半径が3cm，母線の長さが6cmの円すいの形をした容器Aである。底面の円の中心をO，頂点をPとすると，底面と線分OPは垂直に交わっている。図1の容器Aに球Bを，容器Aの内側の面にぴったりつくように入れたところ，図2のように球Bの中心がOと重なった。図3は，図2の立面図である。

このとき，次の各問いに答えなさい。ただし，円周率はπとし，容器Aの厚さは考えないものとする。また，根号がつくときは，根号のついたままで答えること。

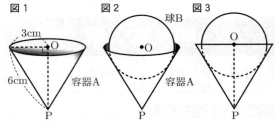

(1) 基本 容器Aの容積を求めなさい。 (1点)
(2) 基本 容器Aの側面積を求めなさい。 (1点)
(3) 基本 球Bの半径を求めなさい。 (2点)
(4) 思考力 図4のように，容器Aと球Bの間にちょうど入るような球Cを入れた。図5は，図4の立面図である。球Cの体積を求めなさい。 (2点)

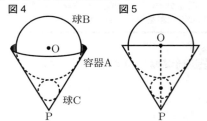

5 よく出る 右の図のように，関数
$y = ax^2$ (aは定数) …①
のグラフ上に2点A，Bがある。Aの座標は$(-1, 2)$，Bのy座標は8で，Bのx座標は正である。また，点Cは直線ABとy軸との交点であり，点Oは原点である。

このとき，次の各問いに答えなさい。

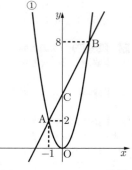

(1) 基本 aの値を求めなさい。 (1点)
(2) 基本 点Bのx座標を求めなさい。 (1点)
(3) 基本 直線ABの式を求めなさい。 (2点)
(4) 線分BC上に2点B，Cとは異なる点Pをとる。
△OPCの面積が，△AOBの面積の$\frac{1}{4}$となるときのPの座標を求めなさい。 (2点)

6 よく出る 右の図は，点Oを中心とする円で，線分ABは円の直径である。点Cは$\overset{\frown}{AB}$上にあり，点Dは線分BC上にあって，OD∥ACである。また，点EはODの延長とBにおける円の接線との交点である。

このとき，次の各問いに答えなさい。

(1) △ABC∽△OEB であることを証明しなさい。(3点)
(2) **基本** AB = 10 cm, BC = 8 cm のとき，
　① 線分 AC の長さを求めなさい。(1点)
　② 線分 BE の長さを求めなさい。(2点)

選択問題B
1 選択問題A **1** と同じ
2 (1)〜(4) 選択問題A **2** (1)〜(4)と同じ
(5) 右の図のように，四角形 ABCD があり，辺 AB 上に点 E がある。点 E で辺 AB に接し，辺 CD にも接する円の中心 O を，定規とコンパスを使って作図しなさい。なお，作図に用いた線は消さずに残しておくこと。(2点)

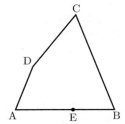

(6) 下の図のように，箱A，箱Bの2つの箱がある。箱Aには2，4の数字が1つずつ書かれた2枚の赤いカードと2の数字が書かれた1枚の白いカードが，箱Bには3，6の数字が1つずつ書かれた2枚の赤いカードと3，4，6の数字が1つずつ書かれた3枚の白いカードが入っている。箱Aと箱Bからそれぞれ1枚ずつカードを取り出し，取り出した2枚のカードを用いて次のように得点を決めることにした。

・取り出した2枚のカードの色が同じときは，その2枚のカードに書かれた数の積を得点とする。
・取り出した2枚のカードの色が異なるときは，その2枚のカードに書かれた数の和を得点とする。

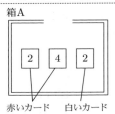 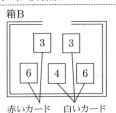

　① **基本** 得点の最大値を求めなさい。(1点)
　② 次の ア ， イ に当てはまる数を入れて，文を完成しなさい。ただし，どのカードが取り出されることも同様に確からしいものとする。(2点)

得点が ア 点となる確率が最も高く，その確率は イ である。

(7) 健太さんと直樹さんは，航平さんと，運動公園にある1周2400 m のジョギングコースを走った。
　健太さんと直樹さんはスタート地点から1周ずつ，健太さんから直樹さんの順にそれぞれ一定の速さで走った。健太さんは走り始めてから12分後に1周を走り終え，直樹さんへ引き継いだ。直樹さんは引き継ぎと同時に健太さんと同じ方向に走り始め，引き継ぎから15分後に1周を走り終えた。一方，航平さんは一人で2周を走ることとし，健太さんが走り始めて a 分後に，毎分 240 m の速さで健太さんと同じスタート地点から健太さんと同じ方向に走り始めた。健太さんが走り終えたとき，航平さんは1周目の途中を走っており，健太さんと 240 m 離れていた。航平さんは2周目の途中で直樹さんを追いこし，その後も毎分 240 m の速さで2分以上走ったが，ある地点で b 分間立ち止まった。航平さんは，直樹さんが航平さんに並ぶと同時に直樹さんと同じ速さで一緒に走り，2周を走り終えた。
　右の図は，健太さんが走り始めてから x 分後の，健太さんと直樹さんが走った距離の合計を y m として，x と y の関係をグラフに表したものである。

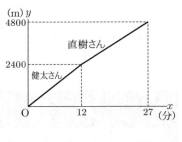

　① a の値を求めなさい。(1点)
　② 航平さんが直樹さんと最初に並んだのは，健太さんが走り始めてから何分後か，求めなさい。(1点)
　③ **思考力** b の値の範囲を求めなさい。(1点)

3 選択問題A **3** と同じ

4 選択問題A **4** と同じ

5 **よく出る** 右の図のように，2つの関数
$y = 2x^2 \cdots ㋐$
$y = ax^2$ (a は定数)$\cdots ㋑$
のグラフがある。
　点 A は関数㋐のグラフ上にあり，x 座標は1である。点 B は関数㋑のグラフ上にあり，x 座標が4で，直線 AB は原点 O を通る。また，点 C は関数㋐のグラフ上にあり，x 座標は -1 である。

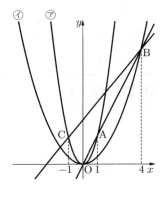

このとき，次の各問いに答えなさい。
(1) **基本** a の値を求めなさい。(1点)
(2) **基本** 直線 BC の式を求めなさい。(2点)
(3) 点 B から x 軸にひいた垂線と x 軸との交点を D，直線 BC と y 軸との交点を E とする。関数㋑のグラフ上において2点 O，B の間に点 P をとり，点 P から x 軸にひいた垂線と x 軸との交点を Q とする。また，直線 PQ と関数㋐のグラフとの交点を R とする。PR = QD のとき，
　① 点 P の x 座標を求めなさい。(1点)
　② **思考力** 線分 CE 上に点 S をとる。△SPR の面積が，△SQD の面積の $\dfrac{5}{6}$ 倍となるときの S の座標を求めなさい。(2点)

6 **よく出る** 右の図は，点 O を中心とする円で，線分 AB は円の直径である。$\overparen{AB}$ 上に点 C を，AC > BC となるようにとる。点 D は線分 OB 上にあり，点 E は CD の延長と C を含まない $\overparen{AB}$ との交点である。ま

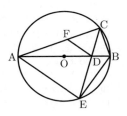

た，点Fは線分AC上にあって，FD ∥ AEである。
このとき，次の各問いに答えなさい。ただし，根号がつくときは，根号のついたままで答えること。
(1) △ADF∽△ECBであることを証明しなさい。 (3点)
(2) 思考力 AB = 6 cm，BC = 2 cm，AE = CE のとき，
① 線分AEの長さを求めなさい。 (1点)
② △ADFの面積は，△ECBの面積の何倍であるか，求めなさい。 (2点)

出題傾向と対策

●例年通り大問6題の出題である。①は小問集合，②は関数と図形，③は確率とデータの分析，④は関数の考えを中心にした総合問題，⑤は空間図形，⑥は平面図形であり，出題内容，分量，難易度ともに，ほぼ例年通りである。
●基礎・基本から標準レベルの問題がほぼ全分野から出題されている。先ずは基本問題で基礎を固め標準問題で実力をつけていこう。出題傾向は安定していて，近年は長文の問題もよく出題されている。過去問にあたってしっかりと対策をたてておこう。

1 よく出る 基本 次の(1)〜(6)の問いに答えなさい。
(1) 次の①〜⑤の計算をしなさい。
① $-5+8$ (2点)
② $6-(-3)^2 \times 2$ (2点)
③ $\dfrac{x+5y}{8} + \dfrac{x-y}{2}$ (2点)
④ $(4x^2y + xy^3) \div xy$ (2点)
⑤ $\sqrt{6} \times \sqrt{2} + \dfrac{3}{\sqrt{3}}$ (2点)
(2) 2次方程式 $x^2 - 6x - 16 = 0$ を解きなさい。 (2点)
(3) $\sqrt{6a}$ が5より大きく7より小さくなるような自然数 a の値をすべて求めなさい。 (2点)
(4) 関数 $y = -x^2$ について，x の変域が $-2 \leqq x \leqq a$ のとき，y の変域は $-16 \leqq y \leqq b$ である。
このとき，a，b の値をそれぞれ求めなさい。 (2点)
(5) 右の〔図〕のように，半径が5cm，中心角が144°のおうぎ形がある。
このおうぎ形の面積を求めなさい。 (2点)

〔図〕
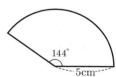

(6) 右の〔図〕のように，直線 l と2点A，Bがある。直線 l 上の点Aで接し，点Bを通る円の中心Oを，作図によって求めなさい。
ただし，作図には定規とコンパスを用い，作図に使った線は消さないこと。 (2点)

〔図〕
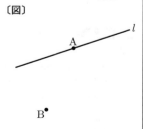

2 右の〔図1〕のように，関数 $y = ax^2$ のグラフ上に2点A，Bがあり，点Aの座標は $(-4, 4)$，点Bの x 座標は2である。
次の(1)〜(3)の問いに答えなさい。

〔図1〕

(1) よく出る 基本 a の値を求めなさい。 (2点)
(2) よく出る 基本 直線ABの式を求めなさい。 (2点)
(3) 右の〔図2〕のように，関数 $y = ax^2$ のグラフと直線ABで囲まれた図形をDとする。この図形Dに含まれる点のうち，x 座標，y 座標がともに整数である点について考える。ただし，図形Dは関数 $y = ax^2$ のグラフ上および直線AB上の点もすべて含む。
次の①，②の問いに答えなさい。

〔図2〕
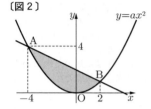

① 基本 図形Dに含まれる点のうち，x 座標が -2 で，y 座標が整数である点の個数を求めなさい。 (1点)
② 直線 $y = \dfrac{9}{2}x + b$ で，図形Dを2つの図形に分ける場合について考える。ただし，b は整数とする。このとき，分けた2つの図形それぞれに含まれる x 座標，y 座標がともに整数である点の個数が等しくなるような b の値を求めなさい。
ただし，直線 $y = \dfrac{9}{2}x + b$ は，図形Dに含まれる x 座標，y 座標がともに整数である点を通らないものとする。 (3点)

3 よく出る 次の(1)，(2)の問いに答えなさい。
(1) 右の〔図1〕のように，A，B，C，D，Eのアルファベットが1つずつ書かれた5枚のカードが，上からA，B，C，D，Eの順に重なっている。
大小2つのさいころを同時に投げ，出た目の数の和と同じ回数だけ，一番上のカードを1枚ずつ一番下に移動させる。
例えば，出た目の数の和が2のとき，最初にAのカードを一番下に移動させ，次に一番上になっているBのカードを一番下に移動させるため，Cのカードが一番上になる。
ただし，大小2つのさいころのそれぞれについて，1から6までのどの目が出ることも，同様に確からしいものとする。
次の①，②の問いに答えなさい。

〔図1〕

① 基本 出た目の数の和が6のとき，6回カードを移動させた後，一番上になるカードのアルファベットを答えなさい。 (2点)
② 出た目の数の和と同じ回数だけカードを移動させた後，Cのカードが一番上になる確率を求めなさい。 (2点)

(2) 基本 ある中学校の1，2年生のバスケットボール部員40人が，9月にフリースローを1人あたり20本ずつ行った。その結果から，半年後の3月までに部員40人が，フリースローを1人あたり20本中15本以上成功することを目標に掲げた。3月になり部員40人が，フリースローを1人あたり20本ずつ行った。

次の〔図2〕は，この中学校のバスケットボール部員40人の9月と3月のフリースローが成功した本数のデータの分布のようすを箱ひげ図にまとめたものである。

次の①，②の問いに答えなさい。

〔図2〕

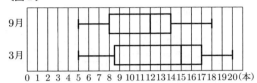

① 〔図2〕の9月のデータの四分位範囲を求めなさい。
(1点)

② 太郎さんは，上の〔図2〕の箱ひげ図をもとに，9月に比べ3月は目標を達成した部員の割合が増えたと判断した。

次の〔説明〕は，太郎さんが，目標である15本以上成功した部員の**割合が増えた**と判断した理由を説明したものである。　ア　には適する数を，イ　には〔説明〕の続きを「**中央値**」の語句を用いて書きなさい。
(3点)

〔説明〕
　9月の第3四分位数は　ア　本であるため，15本以上成功した部員の割合は25％以下である。

　イ

　ゆえに，9月に比べ3月は目標を達成した部員の割合が増えたと判断できる。

4 ある学校の吹奏楽部が，市民ホールのコンサート会場で，14時30分から定期演奏会を行った。定期演奏会では，事前にチケットを購入した人のみがコンサート会場に入場することができた。コンサート会場の入り口には3つのゲートがあり，ゲートの前に並んだ人は，誘導係の指示でゲートを通過して入場した。

最初は1つのゲートから入場させていたが，ゲートの前に並んでいる人数が増えていったため，途中から誘導係が，通過できるゲートを増やして対応した。

吹奏楽部員の花子さんと太郎さんは，次回の定期演奏会で入場時の混雑をできるだけ解消するには，どうすればよいかを考えるために，当日の入場の様子を参考に，下の〔仮定〕を設定した。

〔仮定〕
① 定期演奏会の開始時刻は14時30分とする。
② 入場開始時刻は13時15分とする。ゲートの前には入場開始時点で45人が1列で並んでいるものとする。
③ 13時15分から14時15分までの60分間は，ゲートの前に並んでいる人の列に新たに加わる人数は，1分間あたり12人とする。それより後は，列に新たに人は並ばないものとする。
④ 13時15分から13時45分までの30分間は，通過できるゲートを1つとし，13時45分からゲートの前に並ぶ全員の入場が完了するまでは，通過できるゲートを3つとする。
⑤ 通過できるゲートが1つの場合でも3つの場合でも，いずれのゲートも通過する人数は1分間あたり5人とする。

次の〔図1〕は13時15分から13時45分までの30分間，〔図2〕は13時45分からゲートの前に並ぶ全員の入場が完了するまでの，ゲート付近の様子を模式的に表したものである。

〔図1〕13時15分から13時45分までの30分間の様子

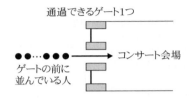

〔図2〕13時45分からゲートの前に並ぶ全員の入場が完了するまでの様子

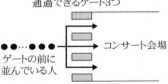

下の会話は，花子さんと太郎さんと吹奏楽部の顧問の先生が，定期演奏会を振り返り，次回に向けて話しているときのものである。

会話を読んで，次の(1)，(2)の問いに答えなさい。

太郎：この〔仮定〕のもとで，入場が完了する時刻をどう考えればよいですか。
花子：通過できるゲートが1つの場合と3つの場合に分けて考えてはどうですか。
太郎：13時45分までは通過できるゲートが1つなので，13時15分から13時45分までの30分間にゲートを通過する人数は　ア　人です。13時45分以降は通過できるゲートが3つになるので，ゲートを通過する人数は1分間あたり15人になります。それによって，13時45分以降，時間の経過とともにゲートの前に並んでいる人数は減り，入場が完了します。
先生：そうですね。では，入場が完了するのは，何時何分ですか。
花子：まず，入場を開始してから完了するまでのゲートを通過する人数について考えます。
入場開始時刻の13時15分には45人が並んでいて，13時15分から14時15分までの60分間は1分間あたり12人が並びます。だから，入場を開始してから完了するまでのゲートを通過する人数は　イ　人となります。
太郎：そうすると，通過できるゲートが3つになってから入場が完了するまでに，ゲートを通過する人数は　ウ　人と計算できます。
したがって，入場が完了する時刻は　エ　になります。
先生：その通りですね。

花子：ですが，次回の定期演奏会では，もう少し早く入場を完了させたいですね。

(1) 基本 会話の中の ア ～ ウ には適する数を， エ には適する時刻を，それぞれ求めなさい。 (5点)

(2) 次回の定期演奏会では，開演10分前の14時20分ちょうどに入場を完了させたい。〔仮定〕の④の通過できるゲートを1つから3つにする時刻である13時45分を，何時何分に変更すればよいか，求めなさい。
ただし，〔仮定〕の④の条件以外は変更しないものとする。 (3点)

5 右の〔図1〕のように，底面の半径が4cm，高さが10cmの円柱の形をした容器Xがあり，容器Xを水平な台の上に置いた。
次の(1), (2)の問いに答えなさい。
ただし，容器Xの厚さは考えないものとする。

(1) 基本 容器Xの体積を求めなさい。 (2点)

〔図1〕
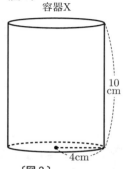

(2) 右の〔図2〕のように，容器Xの中に，半径2cmの鉄球を1個入れ，鉄球の上端と水面が同じ高さになるまで水を入れた。
このとき，半径2cmの鉄球は容器Xの底面に接している。
次の①, ②の問いに答えなさい。

① 基本 容器Xに入れた水の体積を求めなさい。 (2点)

〔図2〕
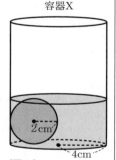

② 右の〔図3〕のように，〔図2〕の容器Xの中に，半径3cmの鉄球を1個入れ，半径3cmの鉄球の上端と水面が同じ高さになるまで水を追加した。2個の鉄球は，互いに接し，いずれも容器Xの側面に接している。
このとき，容器Xの底面から水面までの高さを求めなさい。
また，追加した水の体積を求めなさい。 (4点)

〔図3〕
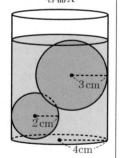

6 よく出る 右の〔図1〕のように，正三角形ABCがある。
右下の〔図2〕のように，辺AB, AC上に点D, Eをそれぞれとり，正三角形ABCを線分DEを折り目として折り返し，頂点Aが移った点をFとする。また，辺BCと線分DF, EFとの交点をそれぞれG, Hとする。
次の(1), (2)の問いに答えなさい。

(1) △GFH∽△ECHであることを証明しなさい。 (3点)

(2) 正三角形ABCの1辺の長さを16cmとし，
CH = 8 cm, EH = 7 cm, HF = 4 cm とする。
次の①, ②の問いに答えなさい。

① 線分FGの長さを求めなさい。 (2点)

② 思考力 線分DBと線分DFの長さの比 DB：DF を最も簡単な整数の比で表しなさい。 (3点)

〔図1〕

〔図2〕

宮崎県

| 時間 | 50分 | 満点 | 100点 | 解答 | P72 | 3月8日実施 |

出題傾向と対策

● 1 は独立した基本問題の集合，2 は確率と連立方程式の応用，3 は $y = ax^2$ のグラフと図形，4 は平面図形，5 は空間図形からの出題であった。分野，分量，難易度とも例年通りである。今年も 4 と 5 に考えにくいものが出題された。

● 基本事項を身につけ，標準的なもので練習しておくこと。図形については標準以上のものにも取り組んでおくとよい。

1 よく出る 基本 次の(1)〜(8)の問いに答えなさい。

(1) $-2 + 7$ を計算しなさい。

(2) $-\dfrac{3}{4} \times \dfrac{2}{15}$ を計算しなさい。

(3) $\sqrt{50} + \sqrt{8} - \sqrt{18}$ を計算しなさい。

(4) 等式 $-a + 3b = 1$ を，b について解きなさい。

(5) 連立方程式 $\begin{cases} y = x - 6 \\ 3x + 4y = 11 \end{cases}$ を解きなさい。

(6) 二次方程式 $9x^2 = 5x$ を解きなさい。

(7) 右の図は，ある地域の2001年と2021年の9月の「日最高気温」を箱ひげ図に表したものである。
この箱ひげ図から読みとれることとして，正しいといえることを，次のア〜エから1つ選び，記号で答えなさい。

ア 2001年では，半分以上の日が30℃以上である。

イ 2021年では，平均値が30℃

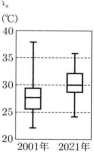

である。
ウ 気温が25℃以下の日は、2021年より2001年の方が多い。
エ 気温の散らばりの程度は、2001年より2021年の方が小さい。

(8) 右の図で、△PQRは、△ABCを回転移動したものである。このとき、回転の中心である点Oをコンパスと定規を使って作図しなさい。作図に用いた線は消さずに残しておくこと。

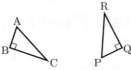

2 よく出る 基本 後の1, 2の問いに答えなさい。

1 右の図のような、1, 2, 4, 6, 9の数字が書かれたカードがそれぞれ1枚ずつはいっている箱がある。最初に箱からカードを1枚取り出し、数字を確認した後、箱の中にもどす。次に、箱の中のカードをよくかき混ぜて、もう一度箱の中からカードを1枚取り出し、数字を確認する。
このとき、次の(1), (2)の問いに答えなさい。
ただし、どのカードが取り出されることも同様に確からしいとする。

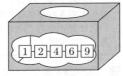

(1) 最初に取り出したカードに書かれた数字と、次に取り出したカードに書かれた数字が同じである確率を求めなさい。
(2) 最初に取り出したカードに書かれた数字を十の位、次に取り出したカードに書かれた数字を一の位とし、2けたの整数をつくる。
このとき、次のアとイでは、どちらの方が起こりやすいといえるか、確率を使って説明しなさい。
　ア　2けたの整数が、4の倍数になる
　イ　2けたの整数が、6の倍数になる

2 亮太さんと洋子さんは、農場の体験活動で収穫したじゃがいもと玉ねぎを使って、カレーと肉じゃがをつくることにした。図は、カレーと肉じゃがの主な材料と分量をインターネットを活用して調べたものである。また、【会話】は、2人が何人分の料理をつくることができるか話し合っている場面である。
このとき、下の(1), (2)の問いに答えなさい。

図

【会話】
亮太：収穫した野菜の重さを量ってみたら、じゃがいもの重さの合計は1120g、玉ねぎの重さの合計は820gだったよ。
洋子：調べた分量で、カレーと肉じゃがを両方つくるとすると、それぞれ何人分できるかな。
亮太：カレーを x 人分、肉じゃがを y 人分つくると考えると、使用するじゃがいもの重さの合計は $\underline{100x + 600y}$ (g) になるね。
洋子：ちょっと待って。図の中に書いてある人数をよく見てみようよ。
亮太：あっ、式がまちがっているね。正しい式は □ (g) になるね。
洋子：そうだね。さっき量ったじゃがいもと玉ねぎを全部使って、カレーと肉じゃがを両方つくるとき、カレーは ① 人分、肉じゃがは ② 人分できるね。

(1) 【会話】の中で、亮太さんは下線部の式がまちがっていることに気づいた。
□ に当てはまる式を答えなさい。
(2) 【会話】の ① ， ② に当てはまる数を答えなさい。

3 よく出る 図Iのように、関数 $y = \dfrac{1}{4}x^2 \cdots ①$ のグラフと直線 l が2点A, Bで交わり、点A, Bの x 座標は、それぞれ -6, 4 である。
このとき、次の1～3の問いに答えなさい。

図I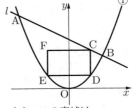

1 基本 点Aの y 座標を求めなさい。
2 基本 直線 l の式を求めなさい。
3 図IIは、図Iにおいて、直線 l 上に点Cをとり、点Cを通り y 軸に平行な直線と①のグラフの交点をD、点Dを通り x 軸に平行な直線と①のグラフの交点をEとし、長方形CDEFをつくったものである。
ただし、点Cの x 座標を t とし、t の変域は $0 < t < 4$ とする。
このとき、次の(1), (2)の問いに答えなさい。

図II（図は問題文中）

(1) 線分CDの長さを、t を用いて表しなさい。
(2) 長方形CDEFが正方形となるとき、点Cの座標を求めなさい。

4 図Iのように、線分ABを直径とする円Oの円周上に点Cをとり、△ABCをつくる。∠Cの二等分線と辺ABとの交点をDとする。
このとき、次の1, 2の問いに答えなさい。

図I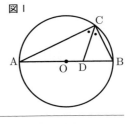

1 基本 ∠CAB = 25°

のとき，∠CDB の大きさを求めなさい。

2 図IIは，図Iにおいて，線分 CD を延長した直線と円 O との交点を E とし，線分 BE 上に CB ∥ DF となる点 F をとったものである。
AC = 6 cm，BC = 3 cm とするとき，次の(1)〜(3)の問いに答えなさい。

図II

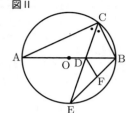

(1) よく出る △BCD∽△DBF であることを証明しなさい。
(2) よく出る 線分 DB の長さを求めなさい。
(3) 思考力 △DEF の面積を求めなさい。

5 図Iのような1辺の長さが 6 cm の立方体がある。
このとき，次の1〜4の問いに答えなさい。

図I

1 基本 図Iにおいて，辺を直線とみたとき，直線 BF とねじれの位置にある直線は何本あるか答えなさい。

2 よく出る 図IIは，図Iにおいて，3点 C, F, H を頂点とする △CFH を示したものである。この △CFH の面積を求めなさい。

図II

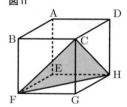

3 図IIIは，図Iにおいて，頂点 A を出発して，頂点 B まで動く点 P と，頂点 G を出発して，頂点 H まで動く点 Q を示したものである。点 P, Q は，それぞれ頂点 A, G を同時に出発して，頂点 B, H まで同じ速さで動く。
このとき，線分 PQ が動いてできる図形の面積を求めなさい。

図III

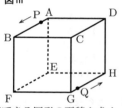

4 思考力 図IVは，図IIIにおいて，頂点 E を出発して，頂点 F まで動く点 R を示したものである。3点 P, Q, R は，それぞれ頂点 A, G, E を同時に出発して，頂点 B, H, F まで同じ速さで動く。
このとき，△PQR が動いてできる立体の体積を求めなさい。

図IV

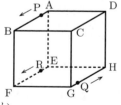

鹿児島県

時間 50分　満点 90点　解答 P73　3月3日実施

出題傾向と対策

●例年通り大問5題で，1 と 2 は小問集合，3 はデータの活用の総合問題，4 は確率を含む関数の総合問題，5 は証明を含む図形の総合問題であった。新傾向として，データの活用の分野で箱ひげ図が出題されたが，その他の出題内容，分量，難易度ともに，ほぼ例年通りであった。

●小問集合では，計算や作図，データの活用の領域まで幅広く出題されるが，基礎・基本問題が多い。一方で，後半には証明や考え方を記述する問題が出題されるため，過去問で対策をたて，手際よく解く練習をしておこう。

1 よく出る 基本 次の1〜5の問いに答えなさい。
1 次の(1)〜(5)の問いに答えよ。
(1) $63 ÷ 9 − 2$ を計算せよ。(3点)
(2) $\left(\dfrac{1}{2} − \dfrac{1}{5}\right) × \dfrac{1}{3}$ を計算せよ。(3点)
(3) $(x+y)^2 − x(x+2y)$ を計算せよ。(3点)
(4) 絶対値が 7 より小さい整数は全部で何個あるか求めよ。(3点)
(5) 3つの数 $3\sqrt{2}$，$2\sqrt{3}$，4 について，最も大きい数と最も小さい数の組み合わせとして正しいものを右のア〜カの中から1つ選び，記号で答えよ。(3点)

	最も大きい数	最も小さい数
ア	$3\sqrt{2}$	$2\sqrt{3}$
イ	$3\sqrt{2}$	4
ウ	$2\sqrt{3}$	$3\sqrt{2}$
エ	$2\sqrt{3}$	4
オ	4	$3\sqrt{2}$
カ	4	$2\sqrt{3}$

2 連立方程式 $\begin{cases} 3x + y = 8 \\ x − 2y = 5 \end{cases}$ を解け。(3点)

3 10 円硬貨が 2 枚，50 円硬貨が 1 枚，100 円硬貨が 1 枚ある。この 4 枚のうち，2 枚を組み合わせてできる金額は何通りあるか求めよ。(3点)

4 $\dfrac{9}{11}$ を小数で表すとき，小数第 20 位を求めよ。(3点)

5 下の2つの表は，A中学校の生徒 20 人と B中学校の生徒 25 人の立ち幅跳びの記録を，相対度数で表したものである。この A中学校の生徒 20 人と B中学校の生徒 25 人を合わせた 45 人の記録について，200 cm 以上 220 cm 未満の階級の相対度数を求めよ。(3点)

A中学校

階級(cm)	相対度数
以上　未満	
160 〜 180	0.05
180 〜 200	0.20
200 〜 220	0.35
220 〜 240	0.30
240 〜 260	0.10
計	1.00

B中学校

階級(cm)	相対度数
以上　未満	
160 〜 180	0.04
180 〜 200	0.12
200 〜 220	0.44
220 〜 240	0.28
240 〜 260	0.12
計	1.00

2 よく出る 基本 次の1〜3の問いに答えなさい。
1 次は，先生と生徒の授業中の会話である。次の(1)〜(3)の問いに答えよ。

先　生：円周を 5 等分している 5 つの点をそれぞれ結ぶと，図のようになります。図を見て，何か気づいたことはありますか。

生徒 A：先生，私は正五角形と星形の図形を見つけました。

先　生：正五角形と星形の図形を見つけたんですね。それでは，正五角形の内角の和は何度でしたか。

生徒 A：正五角形の内角の和は □ 度です。

先　生：そうですね。

生徒 B：先生，私は大きさや形の異なる二等辺三角形がたくさんあることに気づきました。

先　生：いろいろな図形がありますね。他の図形を見つけた人はいませんか。

生徒 C：はい，①ひし形や台形もあると思います。

先　生：たくさんの図形を見つけましたね。図形に注目すると，②図の $\angle x$ の大きさもいろいろな方法で求めることができそうですね。

(1) □ にあてはまる数を書け。(3点)

(2) 下線部①について，ひし形の定義を下のア～エの中から 1 つ選び，記号で答えよ。(3点)
　ア　4 つの角がすべて等しい四角形
　イ　4 つの辺がすべて等しい四角形
　ウ　2 組の対辺がそれぞれ平行である四角形
　エ　対角線が垂直に交わる四角形

(3) 下線部②について，$\angle x$ の大きさを求めよ。(3点)

2　右の図のような長方形 ABCD がある。次の【条件】をすべて満たす点 E を，定規とコンパスを用いて作図せよ。ただし，点 E の位置を示す文字 E を書き入れ，作図に用いた線も残しておくこと。(4点)

【条件】
・線分 BE と線分 CE の長さは等しい。
・△BCE と長方形 ABCD の面積は等しい。
・線分 AE の長さは，線分 BE の長さより短い。

3　底面が正方形で，高さが 3 cm の直方体がある。この直方体の表面積が 80 cm² であるとき，底面の正方形の一辺の長さを求めよ。ただし，底面の正方形の一辺の長さを x cm として，x についての方程式と計算過程も書くこと。(4点)

3　[新傾向] 国勢調査（1950 年～2020 年）の結果をもとに表や図を作成した。次の 1～3 の問いに答えなさい。

1　表は，鹿児島県の人口総数を表したものである。表をもとに，横軸を年，縦軸を人口総数として，その推移を折れ線グラフに表したとき，折れ線グラフの形として最も適当なものを下のア～エの中から 1 つ選び，記号で答えよ。(2点)

表

	1950年	1955年	1960年	1965年	1970年
人口総数(人)	1804118	2044112	1963104	1853541	1729150

	1975年	1980年	1985年	1990年	1995年
人口総数(人)	1723902	1784623	1819270	1797824	1794224

	2000年	2005年	2010年	2015年	2020年
人口総数(人)	1786194	1753179	1706242	1648177	1588256

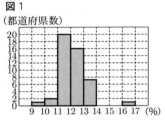

2　図 1 は，2020 年における都道府県別の人口に占める 15 歳未満の人口の割合を階級の幅を 1％にして，ヒストグラムに表したものである。鹿児島県は約 13.3％であった。次の(1)，(2)の問いに答えよ。

(1) [基本] 鹿児島県が含まれる階級の階級値を求めよ。(2点)

(2) 2020 年における都道府県別の人口に占める 15 歳未満の人口の割合を箱ひげ図に表したものとして，最も適当なものを右のア～エの中から 1 つ選び，記号で答えよ。(2点)

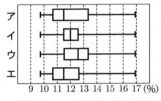

3　[よく出る] [思考力] 1960 年から 2020 年まで 10 年ごとの鹿児島県の市町村別の人口に占める割合について，図 2 は 15 歳未満の人口の割合を，図 3 は 65 歳以上の人口の割合を箱ひげ図に表したものである。ただし，データについては，現在の 43 市町村のデータに組み替えたものである。

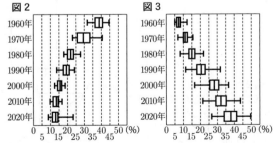

図 2 や図 3 から読みとれることとして，次の①～⑤は，「正しい」，「正しくない」，「図 2 や図 3 からはわからない」のどれか。最も適当なものをあとのア～ウの中からそれぞれ 1 つ選び，記号で答えよ。

①　図 2 において，範囲が最も小さいのは 1990 年である。(2点)

② 図3において，1980年の第3四分位数は15％よりも大きい。(2点)
③ 図2において，15％を超えている市町村の数は，2010年よりも2020年の方が多い。(2点)
④ 図3において，2000年は30以上の市町村が25％を超えている。(2点)
⑤ 図2の1990年の平均値よりも，図3の1990年の平均値の方が大きい。(2点)

ア　正しい
イ　正しくない
ウ　図2や図3からはわからない

4　右の図で，放物線は関数 $y = \dfrac{1}{4}x^2$ のグラフであり，点Oは原点である。点Aは放物線上の点で，その x 座標は4である。点Bは x 軸上を動く点で，その x 座標は負の数である。2点A，Bを通る直線と放物線との交点のうちAと異なる点をCとする。次の1～3の問いに答えなさい。

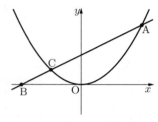

1　基本　点Aの y 座標を求めよ。(3点)
2　点Bの x 座標が小さくなると，それにともなって小さくなるものを下のア～エの中からすべて選び，記号で答えよ。(3点)
ア　直線ABの傾き　　イ　直線ABの切片
ウ　点Cの x 座標　　エ　△OACの面積
3　点Cの x 座標が -2 であるとき，次の(1)，(2)の問いに答えよ。
(1) 点Bの座標を求めよ。ただし，求め方や計算過程も書くこと。(5点)
(2) 大小2個のさいころを同時に投げ，大きいさいころの出た目の数を a，小さいさいころの出た目の数を b とするとき，座標が $(a-2, b-1)$ である点をPとする。点Pが3点O，A，Bを頂点とする △OAB の辺上にある確率を求めよ。ただし，大小2個のさいころはともに，1から6までのどの目が出ることも同様に確からしいものとする。(4点)

5　図1のような AB = 6 cm，BC = 3 cm である長方形 ABCD がある。

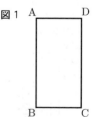

図2は，図1の長方形 ABCD を対角線 AC を折り目として折り返したとき，点Bの移った点をEとし，線分 AE と辺 DC の交点をFとしたものである。

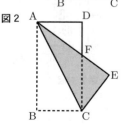

図3は，図2の折り返した部分をもとに戻し，長方形 ABCD を対角線 DB を折り目として折り返したとき，点Cの移った点をGとし，線分 DG と辺 AB の交点をHとしたものである。

図4は，図3の折り返した部分をもとに戻し，線分 DH と対角線 AC，線分 AF の交点をそれぞれ I，J としたものである。
次の1～4の問いに答えなさい。

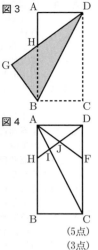

1　基本　長方形 ABCD の対角線 AC の長さを求めよ。(3点)
2　図2において，△ACF が二等辺三角形であることを証明せよ。(5点)
3　線分 DF の長さを求めよ。(3点)
4　思考力　△AIJ の面積を求めよ。(4点)

沖縄県

時間 50分　満点 60点　解答 P74　3月8日実施

＊注意　1　答えは，最も簡単な形で表しなさい。
　　　　2　答えは，それ以上約分できない形にしなさい。
　　　　3　答えに $\sqrt{}$ が含まれるときは，$\sqrt{}$ の中をできるだけ小さい自然数にしなさい。
　　　　4　答えが比のときは，最も簡単な整数の比にしなさい。

出題傾向と対策

●大問は11題で，1 と 2 は小問集合，3 はデータと箱ひげ図，4 は確率，5 は関数とグラフ，6 は数・式の利用，7 は作図，8 は関数 $y = ax^2$，9 は相似な図形，10 は空間図形，11 は読解問題であった。箱ひげ図の問題が増えたが，その他の出題傾向や難易度は例年通りである。
●問題数は多いが，基礎事項を問う問題が半分以上ある。解きやすい問題から手をつけ，大問の後半にしっかりと時間をかけたい。また読解力を必要とする長文問題や証明問題も出題されるため，手際よく解けるようにしたい。

1　基本　次の計算をしなさい。
(1) $-5 - (-7)$ (1点)
(2) $(-12) \div \dfrac{4}{3}$ (1点)
(3) $7 - 5 \times (-2)$ (1点)
(4) $\sqrt{12} + \sqrt{27}$ (1点)
(5) $(-3a)^2 \times (-2b)$ (1点)
(6) $3(5x + 2y) - 4(3x - y)$ (1点)

2　基本　次の ☐ に最も適する数や式または記号を答えなさい。
(1) 一次方程式 $5x - 6 = 2x + 3$ の解は，$x = $ ☐ である。(2点)
(2) 連立方程式 $\begin{cases} 2x + y = 5 \\ x - 2y = 5 \end{cases}$ の解は，$x = $ ☐，$y = $ ☐ である。(2点)

(3) $(x+3)(x-3)$ を展開して整理すると，□ である。(2点)
(4) $x^2+2x-15$ を因数分解すると，□ である。(2点)
(5) 二次方程式 $2x^2+5x+1=0$ の解は，$x=$ □ である。(2点)
(6) $\sqrt{5}<n<\sqrt{11}$ となるような自然数 n の値は，$n=$ □ である。(2点)
(7) 右の図1のように円Oの周上に，5点A，B，C，D，Eがあるとき，$\angle x=$ □ ° である。(2点)

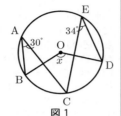
図1

(8) 1個120円のメロンパンが10%値上がりした。このメロンパンを3個買うとき，代金は □ 円である。ただし，消費税は考えないものとする。(2点)

(9) 右の図2のグラフは，あるクラスの生徒20人にクイズを6問出し，クイズに正解した問題数と人数の関係を表したものである。20人がクイズに正解した問題数について次のア～ウの代表値を求めたとき，その値が最も大きいものは □ である。次のア～ウのうちから1つ選び，記号で答えなさい。(2点)
ア 平均値　イ 中央値　ウ 最頻値

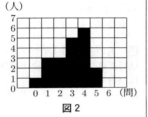
図2

3 基本 新傾向 那覇市に住む太郎さんは，2019年から2022年までの4年間について那覇市の気温のデータを調べてみた。下の**表**は，それぞれの年の5月の31日間について，日最高気温のデータをまとめたもので，**図**はそのデータをもとに箱ひげ図に表したものである。
このとき，次の各問いに答えなさい。
ただし，日最高気温とは，1日の中での最高気温のことである。

表　那覇市の5月の日最高気温（℃）

	2019年	2020年	2021年	2022年
平均値	27.0	27.6	28.6	25.7
最大値	30.3	30.7	31.1	29.9
第3四分位数	28.1	29.4	30.3	27.4
中央値	26.7	28.1	29.3	26.0
第1四分位数	25.7	26.6	27.0	24.4
最小値	24.6	22.7	23.9	20.1

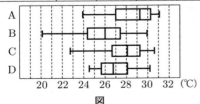
図

問1　2022年5月の日最高気温を表す箱ひげ図を上の図のA～Dのうちから1つ選び，記号で答えなさい。(1点)
問2　2020年5月の日最高気温の範囲を求めなさい。(1点)

問3　那覇市の5月の日最高気温について，上の表および図から読み取れるものを，次のア～エのうちから1つ選び，記号で答えなさい。(1点)
ア　2022年の四分位範囲は，他の年の四分位範囲と比べて最も大きい。
イ　2022年は，日最高気温が25℃以下の日数が7日以上あった。
ウ　2022年は，日最高気温が30℃を超えた日があった。
エ　どの年も日最高気温の平均値は，中央値よりも小さい。

4 基本 2つのさいころA，Bを同時に投げる。Aの出た目の数を十の位，Bの出た目の数を一の位として2けたの整数 n をつくる。
このとき，次の各問いに答えなさい。
ただし，どちらのさいころも1から6までの目の出方は，同様に確からしいものとする。
問1　整数 n は全部で何通りできるか求めなさい。(1点)
問2　$n \geq 55$ となる確率を求めなさい。(1点)
問3　整数 n が3の倍数となる確率を求めなさい。(1点)

5 ある電話会社には，1か月の電話使用料金について，次のようなA，B，Cの3種類の料金プランがある。
ただし，1か月の電話使用料金は基本料金と通話料金の合計金額とする。

	Aプラン	Bプラン	Cプラン
基本料金	0円	2000円	2960円
通話料金	・1分間あたり50円	・通話時間の合計が60分までは0円 ・通話時間の合計が60分を超えた分は，1分間あたり40円	・どれだけ通話しても0円

このとき，次の各問いに答えなさい。
ただし，消費税は考えないものとする。
問1　Aプランで1か月に x 分通話したときの電話使用料金を y 円とするとき，y を x の式で表しなさい。(1点)
問2　右の図はBプランで1か月に x 分通話したときの電話使用料金を y 円として x と y の関係をグラフに表したものである。Bプランで1か月に80分通話したときの電話使用料金を求めなさい。(1点)

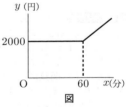
図

問3　花子さんは，「私にとっては3種類の料金プランのうちBプランであると電話使用料金が最も安くなります。」と話している。花子さんの1か月の通話時間は何分から何分までの間と考えられるか，答えなさい。(1点)

6 結奈さんと琉斗さんは，連続する2つの奇数では，大きい奇数の2乗から小さい奇数の2乗をひいた数がどんな数になるか調べた。
　　1, 3 のとき　$3^2-1^2=9-1=8$
　　3, 5 のとき　$5^2-3^2=25-9=16$
　　5, 7 のとき　$7^2-5^2=49-25=24$
結奈さんは，これらの結果から次のことを予想した。

＜結奈さんの予想＞
連続する2つの奇数では，大きい奇数の2乗から小さい奇数の2乗をひいた数は8の倍数になる。

上記の＜結奈さんの予想＞がいつでも成り立つことは，次のように証明できる。

(証明) n を整数とすると，連続する2つの奇数は
$$2n+1,\ 2n+3$$
と表せる。大きい奇数の2乗から小さい奇数の2乗をひいた数は
$$(2n+3)^2 - (2n+1)^2$$
$$= 4n^2 + 12n + 9 - (4n^2 + 4n + 1)$$
$$= 8n + 8$$
$$= 8(n+1)$$
$n+1$ は整数だから，$8(n+1)$ は8の倍数である。
したがって，連続する2つの奇数では，大きい奇数の2乗から小さい奇数の2乗をひいた数は8の倍数になる。

次の各問いに答えなさい。

問1 二人は，「連続する2つの奇数」を「連続する2つの偶数」に変えたとき，どんな数になるかを調べることにした。琉斗さんは，いくつか計算した結果から次のことを予想した。□ にあてはまることばを答えなさい。 (2点)

＜琉斗さんの予想＞
連続する2つの偶数では，大きい偶数の2乗から小さい偶数の2乗をひいた数は □ になる。

問2 問1の＜琉斗さんの予想＞がいつでも成り立つことを証明しなさい。 (4点)

7 基本 右の図のような $\angle B = 70°$ の △ABC がある。辺 AC 上に $\angle ABP = 35°$ となるような点 P を定規とコンパスを使って作図しなさい。
ただし，点を示す記号 P をかき入れ，作図に用いた線は消さずに残しておくこと。 (1点)

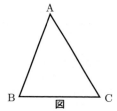

8 よく出る 右の図のように，関数 $y = ax^2$ のグラフ上に2点 A, B があり，x 座標はそれぞれ -2, 1 である。
また，この関数は，x の値が -2 から 1 まで増加するときの変化の割合は 2 である。
このとき，次の各問いに答えなさい。

問1 a の値は次のように求めることができる。
下の ① , ② にあてはまる数や式を答えなさい。 (1点)

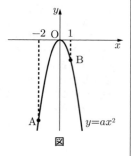

関数 $y = ax^2$ について
$\quad x = -2$ のとき，$y = $ ① である。
$\quad x = 1$ のとき，$y = a$ である。
よって，変化の割合が 2 であることから，a の値は ② である。

問2 2点 A, B を通る直線の式を求めなさい。 (1点)

問3 △OAB の面積を求めなさい。 (1点)

問4 関数 $y = ax^2$ のグラフ上に x 座標が t である点 P をとると，△PAB の面積と △OAB の面積が等しくなった。このとき，点 P の座標を求めなさい。
ただし，点 P は原点 O と異なり，$-2 \leq t \leq 1$ とする。 (2点)

9 図のように，△OAB があり，辺 OA 上に点 C をとる。点 C を通り，辺 AB に平行な直線と辺 OB との交点を点 D とする。また，右の図のような点 E をとり，線分 EO と辺 AB，線分 CD との交点をそれぞれ点 P, 点 Q とし，線分 ED と辺 AB との交点を点 R とする。
このとき，RP = RD，$\angle OQD = 110°$，$\angle BDR = 70°$ であった。次の各問いに答えなさい。

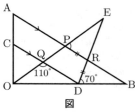

問1 $\angle EPR$ を求めなさい。 (1点)
問2 △REP と △RBD が合同であることを証明しなさい。 (4点)
問3 思考力 OA : OC = $\sqrt{3}$: 1 のとき，OQ : QE を求めなさい。 (1点)

10 右の図1の四角すい OABCD において，面 ABCD は AB = AD = $\sqrt{3}$ cm，BC = CD = 2 cm の四角形である。
また，辺 OA は面 ABCD と垂直で，OA = 3 cm，$\angle OBC = 90°$ である。
このとき，次の各問いに答えなさい。

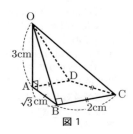

問1 辺 OB の長さを求めなさい。 (1点)
問2 四角すい OABCD において，△OBC や △OAC で三平方の定理を利用することにより，AC = $\sqrt{7}$ cm であることが分かった。
このことによって，分かることがらとして正しくないものを，次のア〜エのうちから1つ選び，記号で答えなさい。 (1点)
ア $\angle ABC = 90°$ である。
イ 線分 AC は，3点 A，B，C を通る円の直径である。
ウ 四角形 ABCD は台形である。
エ 点 D は，3点 A，B，C を通る円の周上にある。

問3 四角すい OABCD の体積を求めなさい。 (1点)
問4 思考力 右の図2のように，図1の四角すい OABCD の表面に，点 A から辺 OB を通って点 C まで糸をかける。かける糸の長さが最も短くなるときの糸の長さを求めなさい。 (2点)

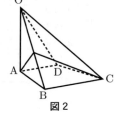

11 思考力 正 n 角形のそれぞれの辺上に頂点から頂点までに，ある規則にしたがって碁石を並べる。このとき，次の各問いに答えなさい。ただし，n は3以上の自然数とする。

［規則①］ 正 n 角形のそれぞれの辺上に頂点から頂点までを n 等分するように碁石を等間隔に並べる。

図1は［規則①］にしたがって，正三角形と正四角形の辺上に碁石を並べたものである。

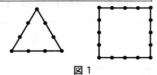

図1

［規則②］ 正 n 角形のそれぞれの辺上に頂点から頂点までの碁石の個数が，ちょうど n 個となるように碁石を等間隔に並べる。

図2は［規則②］にしたがって，正三角形と正四角形の辺上に碁石を並べたものである。

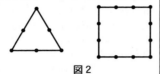

図2

問1　［規則①］にしたがって，正五角形の辺上に碁石を並べるときに必要な碁石の個数を求めなさい。　　　　　　　　　　　　　　　　　　　　(1点)

問2　［規則①］にしたがって，正 n 角形の辺上に碁石を並べるときに必要な碁石の個数を n を使った式で表しなさい。　　　　　　　　　　　　　　　(1点)

問3　［規則②］にしたがって碁石を並べるときに必要な碁石の個数を調べる。必要な碁石の個数は，正三角形で6個，正四角形で12個である。必要な碁石の個数が870個となるのは正何角形であるか答えなさい。　(2点)

国立大学附属高等学校・高等専門学校

東京学芸大学附属高等学校

時間 50分　満点 100点　解答 P76　2月13日実施

＊注意　円周率はπを用いなさい。

出題傾向と対策

● 大問数は5題で，1は小問集合，2が立体，3が関数と図形，4が平面図形，5が規則性から数の並びを考察する問題。例年並みに図形の出題割合が高く，思考力を要する問題が増え，難化した。
● 図形の出題，特に三平方の定理を利用したやや難しめの問題で十分に練習しておくこと。思考力を試す問題や新傾向の出題も考えられるので，基礎から応用問題まで幅広く対応出来るように本校独自の対策を考えておこう。

1 次の各問いに答えなさい。

〔1〕 $\dfrac{\sqrt{(-2)^2}(\sqrt{2}+\sqrt{3})^2}{\sqrt{2}} + \dfrac{(3-\sqrt{6})^2}{\sqrt{3}}$ を計算しなさい。（5点）

〔2〕 次の2次方程式を解きなさい。（5点）
$(x-3)^2 - (3x+2)(x-2) = 12 + x$

〔3〕 図のように円周上に5点A，B，C，D，Eがあり，∠BAC = 23° である。また，点Cを含む弧BDの長さと円周の長さの比は1:3である。このとき，∠CEDの大きさを求めなさい。（5点）

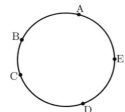

〔4〕 1, 2, 3, 4, 5, 6 の数が1つずつ書かれた6枚のカードが箱Aに入っており，4, 5, 6, 7, 8, 9 の数が1つずつ書かれた6枚のカードが箱Bに入っている。それぞれの箱からカードを1枚ずつ取り出す。箱Aから取り出したカードに書かれている数を a，箱Bから取り出したカードに書かれている数を b とする。このとき，3, 6, 7, a, b の5つの数の中央値が6になる確率を求めなさい。
ただし，箱Aからどのカードが取り出されることも同様に確からしく，箱Bからどのカードが取り出されることも同様に確からしいとする。（5点）

2 よく出る　右の図のように，1辺の長さが2cmの正八面体 ABCDEF があり，辺BFの中点をM，辺ACの中点をNとする。
このとき，次の各問いに答えなさい。

〔1〕 △ABF の面積を求めなさい。（4点）
〔2〕 線分 AM の長さを求めなさい。（6点）
〔3〕 線分 MN の長さを求めなさい。（6点）

〔4〕 △AMN の面積を求めなさい。（4点）

3 右の図のように，点O(0, 0)，点A(2, 0)，点B(1, 0)がある。また，直線 l と直線 m があり，直線 l の式は $x = 2$，直線 m の式は $x = 1$ である。点Oから点(1, 0)までの距離，および点Oから点(0, 1)までの距離をそれぞれ1cmとする。

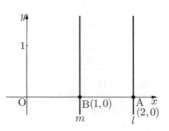

点Pは点Oを出発し，x軸上をx座標が増加する方向に毎秒1cmの速さで動く。点Qは，点Pが出発するのと同時に点Aを出発し，直線 l 上を y 座標が増加する方向に毎秒1cmの速さで動く。点Rは，点Pが出発してから $\dfrac{3}{10}$ 秒後に点Bを出発し，直線 m 上を y 座標が増加する方向に毎秒1cmの速さで動く。

点Pが点Oを出発してから t 秒後について，次の各問いに答えなさい。ただし，$\dfrac{3}{10} < t < 1$ とする。

〔1〕 $t = \dfrac{1}{2}$ のときの直線QRの傾きを求めなさい。（6点）
〔2〕 3点P，Q，Rが1つの直線上にあるときの t の値を求めなさい。（6点）
〔3〕 △PQRの面積が $\dfrac{1}{10}$ cm² になるときの t の値をすべて求めなさい。（8点）

4 思考力　∠BAC = 90° である直角二等辺三角形 ABC を次の【手順】で折り，図1のように折り目をつける。ただし，折り目をつけたら，そのたびに元の形に広げる。

【手順】
① 点Bが点Cに重なるように折り，できた折り目と線分BCの交点をDとする。
② 点Aが点Dに重なるように折り，できた折り目と線分ADの交点をEとする。
③ 点Aが点Eに重なるように折り，できた折り目と線分AB，ACの交点をそれぞれF，Gとする。
④ 線分DFと線分DGに折り目をつける。
⑤ 線分DBが直線DF上にくるように折り，できた折り目と線分ABの交点をHとする。
⑥ 線分DCが直線DG上にくるように折り，できた折り目と線分ACの交点をIとする。

ここで，∠BDH，∠HDF，∠FDG，∠GDI，∠IDC の大きさが等しいかどうかについて考える。
【手順】より，∠BDH = ∠HDF = ∠GDI = ∠IDC が成り立つ。さらに，∠BDH = ∠FDG が成り立つかどうかについて，次の【考察】のようにまとめた。

【考察】

AB = AC = $4\sqrt{2}$ cm, BC = 8 cm とする。△DFG について, DF = x cm とすると,【手順】より $x =$ あ である。

また, △DFG との比較のため, 図2のように QR = 2 cm, ∠QPR = 36°, PQ = PR である △PQR を考える。∠PQR の二等分線と辺 PR の交点を S とする。PQ = y cm とすると, △PQR∽△QSR より $y =$ い である。x と y の値を比較すると, う $< 0.1 \times$ え $<$ お である。

したがって, ∠BDH, ∠FDG, ∠QPR の大きさについて, か $<$ き $<$ く となるので, ∠BDH = ∠FDG は成り立たない。

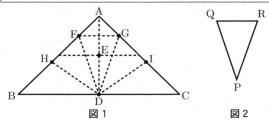

図1 図2

このとき, 次の各問いに答えなさい。

〔1〕 あ にあてはまる値を求めなさい。(5点)

〔2〕 よく出る い にあてはまる値を求めなさい。(5点)

〔3〕 う ～ く について, 次の各問いに答えなさい。

(i) え にあてはまる整数を求めなさい。(5点)

(ii) う, お, か, き, く にあてはまる組み合わせとして最も適切なものを次のア～シから1つ選びなさい。(5点)

	う	お	か	き	く
ア	x	y	∠BDH	∠FDG	∠QPR
イ	x	y	∠BDH	∠QPR	∠FDG
ウ	x	y	∠FDG	∠BDH	∠QPR
エ	x	y	∠FDG	∠QPR	∠BDH
オ	x	y	∠QPR	∠BDH	∠FDG
カ	x	y	∠QPR	∠FDG	∠BDH
キ	y	x	∠BDH	∠FDG	∠QPR
ク	y	x	∠BDH	∠QPR	∠FDG
ケ	y	x	∠FDG	∠BDH	∠QPR
コ	y	x	∠FDG	∠QPR	∠BDH
サ	y	x	∠QPR	∠BDH	∠FDG
シ	y	x	∠QPR	∠FDG	∠BDH

5 思考力 右の図1は, 連続する自然数をある規則にしたがって, 1から小さい順に書き並べたものである。左から x 番目で, 下から y 番目の自然数の位置を $\{x, y\}$ と表すことにする。例えば, 8の位置は $\{2, 3\}$ である。

このとき, 次の各問いに答えなさい。

〔1〕 2023 の位置を求めなさい。(6点)

〔2〕 右の図2のように, $\begin{array}{|c|c|}\hline 8 & 7 \\ \hline 3 & 6 \\ \hline\end{array}$ や $\begin{array}{|c|c|}\hline 20 & 29 \\ \hline 19 & 28 \\ \hline\end{array}$ のような図1の中にある自然数を四角で囲んでできる4つの自然数の組 $\begin{array}{|c|c|}\hline a & b \\ \hline c & d \\ \hline\end{array}$ について, $a + d = b + c$ が成り立つかどうかを考える。

$a + d = b + c$ が成り立つとき, その値を E とする ($E = a + d = b + c$)。

例えば, $\begin{array}{|c|c|}\hline 8 & 7 \\ \hline 3 & 6 \\ \hline\end{array}$ について, $a = 8$, $b = 7$, $c = 3$, $d = 6$ であり, $a + d = 14$, $b + c = 10$ であるから, $a + d = b + c$ は成り立たない。

また, $\begin{array}{|c|c|}\hline 20 & 29 \\ \hline 19 & 28 \\ \hline\end{array}$ について, $a = 20$, $b = 29$, $c = 19$, $d = 28$ であり, $a + d = 48$, $b + c = 48$ であるから, $a + d = b + c$ が成り立つ。このとき, $E = 48$ である。

(i) E の値が50以下となるときの a の値の個数を求めなさい。(6点)

(ii) $E = 1000$ となるときの a の値を求めなさい。(8点)

⋮	⋮	⋮	⋮	⋮	⋮	∴
36	35	34	33	32	31	⋯
25	24	23	22	21	30	⋯
16	15	14	13	20	29	⋯
9	8	7	12	19	28	⋯
4	3	6	11	18	27	⋯
1	2	5	10	17	26	⋯

図2

お茶の水女子大学附属高等学校

時間 50分　満点 100点　解答 P77　2月13日実施

※ 注意　根号 $\sqrt{}$ や円周率 π は小数に直さず、そのまま使いなさい。

出題傾向と対策

● 大問が1題減って4題となったが、全体の問題量に変化はない。確率、作図、速さに関する文章題などが必ず出題される。2023年は空間図形の問題が復活し、図形問題の比重が増加した。なお、解答用紙には計算や説明なども簡潔に記入するようにとの指示がある。

● 昨年この欄で、方程式の文章題や空間図形の大問が復活すると書いたが、的中した。確率、関数とグラフ、平面図形、空間図形、作図などの分野の良問を十分に練習しておくとよい。

1 よく出る　次の各問いに答えなさい。

(1) $x=\sqrt{7}+\sqrt{5}$, $y=\sqrt{7}-\sqrt{5}$ のとき、$\dfrac{(\sqrt{x}-\sqrt{y})}{(\sqrt{x}+\sqrt{y})}$ の値を求めなさい。

(2) a を定数とする。

連立方程式 $\begin{cases} x-\dfrac{a+5}{2}y=-2 \\ 2ax+15y=1 \end{cases}$

は $y=\dfrac{1}{3}$ を解にもつ。このとき、定数 a の値として考えられるものをすべて求めなさい。

(3) 図のような座席番号がふられている4つの座席がある。また、袋の中に、1番から4番の番号が書かれたカードがそれぞれ1枚ずつ合計4枚入っている。A, B, C, Dの4人がこの順に、袋の中からカードを1人1枚ずつ取り出し、書いてある番号の座席に座る。このとき、AとBが隣り合わず、かつ、BとCが隣り合う座席に座る確率を求めなさい。ただし、どのカードを取り出す場合も同様に確からしいとする。

| 1 | 2 | 3 | 4 |

(4) 新傾向　$\angle A=30°$, $AB=AC$ である二等辺三角形 ABC で辺 BC が直線 l 上にあるものを作図せよ。作図に用いた補助線は消さずに残しておくこと。

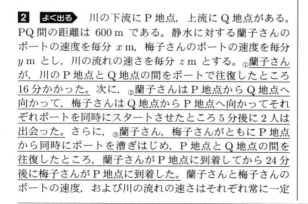

2 よく出る　川の下流に P 地点、上流に Q 地点がある。PQ 間の距離は 600 m である。静水に対する蘭子さんのボートの速度を毎分 x m、梅子さんのボートの速度を毎分 y m とし、川の流れの速さを毎分 z m とする。①蘭子さんが、川の P 地点と Q 地点の間をボートで往復したところ 16 分かかった。次に、②蘭子さんは P 地点から Q 地点へ向かって、梅子さんは Q 地点から P 地点へ向かってそれぞれボートを同時にスタートさせたところ 5 分後に 2 人は出会った。さらに、③蘭子さん、梅子さんがともに P 地点から同時にボートを漕ぎはじめ、P 地点と Q 地点の間を往復したところ、蘭子さんが P 地点に到着してから 24 分後に梅子さんが P 地点に到着した。蘭子さんと梅子さんのボートの速度、および川の流れの速さはそれぞれ常に一定

であるとし、折り返しの際は休まずにすぐ折り返したものとする。このとき、次の問いに答えなさい。

(1) 下線部①、②、③について、それぞれ、x, y, z を用いて方程式を作ったとき、□ に当てはまる式を答えなさい。

①　□ $=16$
②　□ $=600$
③　□ $=24$

(2) 難　x の値を求めなさい。

3 図のような1辺の長さ1の正方形がある。頂点 A, B, C, D の x 座標、y 座標はすべて正であり、点 B, C の y 座標はともに $\dfrac{1}{2}$ である。この正方形 ABCD を、頂点 B を中心に反時計回りに $60°$ 回転させたものを正方形 A'BC'D' とすると、直線 A'D' は原点 O を通った。さらに、正方形 A'BC'D' を直線 A'B に関して対称に移動したものを正方形 A'BC''D'' とすると、正方形 A'BC''D'' と x 軸は2点で交わった。この2つの交点を原点 O に近い方から点 E, F とする。ただし、点 A', C', D' はそれぞれ点 A, C, D が移った点、点 C'', D'' はそれぞれ点 C', D' が移った点とする。このとき、次の問いに答えなさい。

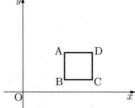

(1) 直線 A'D' の式および点 B の x 座標を求めなさい。

(2) 点 F の x 座標を求めなさい。

(3) △C''EF の面積を求めなさい。

4 図のような1辺の長さが1の立方体 ABCD − EFGH がある。

4点 A, F, G, H を頂点とする三角すい S と 4点 C, F, E, H を頂点とする三角すい T があるとき、次の問いに答えなさい。

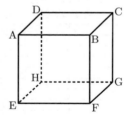

(1) 基本　三角すい S の表面積を求めなさい。

(2) 思考力　辺 AE 上に AP : PE = m : n となるような点 P をとり、点 P を通り底面 EFGH に平行な平面でこの2つの三角すい S, T を切ったとき、2つの立体 S と T の切り口の図形が重なった部分の面積を M とする。

① $m : n = 2 : 1$ のときの M の値を求めなさい。

② $m : n = 7 : 2$ のときの M の値を求めなさい。

筑波大学附属高等学校

時間 50分　満点 60点　解答 P78　2月13日実施

＊ 注意 円周率を必要とする計算では，円周率はπで表しなさい。

出題傾向と対策

●大問5題で，**1**は $y = ax^2$ のグラフと図形，**2**は平面図形，**3**は連立方程式の応用，**4**は空間図形，**5**は標本調査からの出題であった。**1**の出題分野が昨年と異なるが分量，難易度は例年通りと思われる。
●理由を説明する問題が出題されるので，しっかり理解しておくことが必要となる。標準以上のもので，じっくり考える学習を行うこと。

1 基本　a, b を正の数とし，関数 $y = ax^2$ のグラフが表す曲線を放物線 P，関数 $y = -\dfrac{b}{x}$ のグラフが表す曲線を双曲線 H とする。

放物線 P 上に x 座標が $\dfrac{1}{2}$ である点A，x 座標が1である点Bをとり，双曲線 H 上に x 座標が $-\dfrac{1}{2}$ である点C，x 座標が -1 である点Dをとったところ，四角形ABCDは平行四辺形となった。

辺AB，CDの中点をそれぞれM，Nとし，Mから x 軸に引いた垂線と放物線 P との交点をK，Nから x 軸に引いた垂線と双曲線 H との交点をLとする。

このとき，次の①〜③の ☐ にあてはまる数または式を求めなさい。また，④は適切な記号に○をつけ，その理由を述べなさい。

(1) $a = 4$ とする。このとき，$b = $ ☐① であり，線分MKとNLの長さの差 MK − NL の値を求めると，MK − NL = ☐② である。

(2) 線分NLの長さを，a を用いて表すと，NL = ☐③ である。

(3) 線分MK，NLの長さの大小関係について，適切なものを以下の(ア)〜(エ)から1つ選び，④の該当する記号に○をつけ，その理由を簡潔に述べなさい。

　(ア) a の値によらず，MKの方がNLより長い。
　(イ) a の値によらず，MKとNLは同じ長さである。
　(ウ) a の値によらず，MKの方がNLより短い。
　(エ) a の値が決まらないと，MKとNLのどちらが長いかは定まらない。

(ア) (イ) (ウ) (エ)
(理由)
　　　　　　　④

2 よく出る　右の図のように，長さが14 cmの線分AB上に点Pをとる。ただし，AP＜BPとする。Pで線分ABと接する円Oに，2点B，Aからそれぞれ点Q，Rで接する接線を引き，その2本の接線の交点をCとすると，BC = 10 cmとなっ

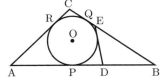

た。
また，線分AB上に BD = 5 cm となる点Dをとり，Dから円Oに引いた接線と線分BCとの交点をEとすると，BE = 7 cm となった。

このとき，次の⑤〜⑦の ☐ にあてはまる数を求めなさい。

(1) 線分ACの長さは，線分DEの長さの ☐⑤ 倍である。
(2) 線分ARの長さは，AR = ☐⑥ cm である。
(3) 線分AE，CDの交点をFとするとき，AF : FEを最も簡単な整数の比で表すと，
　　AF : FE = ☐⑦-ア : ☐⑦-イ である。

3 あるバスは，地点Aを午前9時に出発し，停留所

	地点A〜停留所T	停留所T〜地点B
往路	時速40km	時速50km
復路	時速30km	時速40km

Tを経由して地点Bまで行き，折り返してTを経由してAまで戻るという往復運行をする。Tでは往路，復路いずれも10分間停車し，Bでも10分間停車する。

渋滞がない場合，バスは各区間を上に定める一定の速度（以下，標準速度とする）で運行する。

標準速度で運行する場合，往路について，AからTまでの走行時間はTからBまでよりも30分短く，往路全体の走行時間は復路全体よりも1時間短い。

このとき，次の⑧〜⑩の ☐ にあてはまる数を求めなさい。

(1) 2地点A，B間の距離は ☐⑧ km である。

ある日，渋滞のために，Aを出発後，2地点A，T間のある地点Pまで標準速度より遅い一定の速度で走ることとなり，Pを通過する時点で15分の遅れが生じた。Pからは渋滞が少し緩和し，それまでより速い一定の速度で運行できたが，渋滞がなかった場合のTへの到着予定時刻にはまだTの16 km手前の地点にいて，Tに到着したのは午前11時であった。

(2) 2地点A，P間の距離は ☐⑨ km である。

その後，渋滞は解消し，TからBまでは標準速度で走った。復路では遅れを取り戻すため，BからTまでは標準速度より速い一定の速度で運行することとした。Tから先の速度は，BからTまでの速度の $\dfrac{2}{3}$ 倍としたところ，Pに到達した時点で遅れを取り戻すことができた。

(3) 復路でTに到着したのは，午後 ☐⑩-ア 時 ☐⑩-イ 分である。

4 思考力　6つの合同なひし形でできる立体を，ひし形六面体という。右の図は，すべての辺の長さが2 cmであるひし形六面体 ABCD − EFGH の見取図であり，∠CGF＝∠FGH＝∠HGC＝60°である。

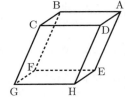

このとき，⑪には展開図を完成させ，⑫，⑬の ☐ にはあてはまる数を求めなさい。

(1) 右の図は、ひし形六面体 ABCD － EFGH の展開図の一部である。

⑪の図にひし形を1つかき加えて、展開図を完成させなさい。その際、あとの例を参照し、展開図のひし形のすべての頂点に、A～Dのいずれかを記入すること。
※かき加えるひし形は複数考えられるが、そのうちの1つをかけばよい。

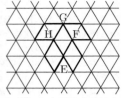

⑪

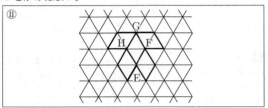

例　正四面体 ABCD の見取図と展開図

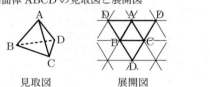

見取図　　展開図

(2) ひし形六面体 ABCD － EFGH において、対角線 CE の長さは、CE = ⑫ cm である。

(3) ひし形六面体 ABCD － EFGH を、3点 A, B, H を通る平面で切断したとき、切断面の面積は ⑬ cm² である。

5 新傾向　東京都のT中学校3年生のAさん、Bさんが、以下の会話をしている。その会話文を読んで、各問いに答えなさい。

A「昨晩、遅くまで受験勉強をしていて、あまり寝ていないんだ。」
B「高校受験も近づいてきているし、私も少し寝不足気味…。」
A「同じ学年のみんなも、睡眠時間はあまりとれていないような気がするな。」
B「どうだろう。私たちの学校の3年生全員の睡眠時間を調査してみない？」
A「面白いけど、3年生は100人もいて、全員に調査するのは大変ではないかな。」
B「そうだね。では、数学の授業で学習した『標本調査』をしてみようか。」
A「では、[1]乱数さいを利用して、100人から3人の標本を取り出すのではどうかな。」
B「[2]標本の大きさは少し大きくした方がいいんじゃないかな。」
A「では、標本の大きさを10人にして調査してみよう。」
（中略）
B「標本平均は6時間50分だったよ。この結果から、T中学校の3年生100人の睡眠時間の平均は6時間50分であると推測できるね。」
A「そうだね。さらにこの結果から、[3]日本全国の中学3年生全員の睡眠時間の平均も、6時間50分であると推測できるね。」
B「う～ん…、その推測は誤っているのではないかな？」

(1) 下線部［1］について、乱数さいを利用して3人の標本を取り出す方法を⑭に説明しなさい。（乱数さいは、正二十面体の各面に0から9までの数字がそれぞれ2回ずつ書かれたさいころである。）

⑭

(2) 下線部［2］について、標本の大きさを大きくすることの利点を⑮に説明しなさい。ただし、「標本平均」、「母集団の平均」という言葉を使用すること。

⑮

(3) 下線部［3］について、Aさんの推測が誤っている理由を⑯に説明しなさい。

⑯

筑波大学附属駒場高等学校

時間 45分　満点 100点　解答 P79　2月13日実施

* 注意　1. 答えに根号を用いる場合，$\sqrt{}$ の中の数はできるだけ簡単な整数で表しなさい。
　　　2. 円周率は π を用いなさい。

出題傾向と対策

● 大問4題で **1** は $y=ax^2$ のグラフと図形，**2** は数の性質，**3** は平面図形，**4** は空間図形からの出題であった。出題分野，分量，難易度とも例年通りと思われる。

● 各大問とも小問で誘導されており，(1) などの初めの設問はミスなく答えたい。標準以上の問題でしっかり練習しておくこと。

---

1 **よく出る** 原点を O とし，関数 $y=\dfrac{1}{2}x^2$ $(x\geq 0)$ のグラフを①とします。①上の点で，<u>x 座標，y 座標の値がともに正の整数である</u>ものを考えます。それらのうち，x 座標の値が小さいものから 6 点を，順に A_1, B_1, C_1, D_1, E_1, F_1 とします。

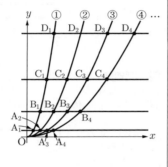

座標の1目盛りを 1 cm として，次の問いに答えなさい。

(1) **基本** 3 点 A_1, B_1, C_1 の座標をそれぞれ求めなさい。

(2) $n=2, 3, 4, 5, 6$ に対して，関数 $y=\dfrac{1}{2n^2}x^2$ $(x\geq 0)$ のグラフを順に ②, ③, ④, ⑤, ⑥ とします。また，
　　点 A_1 を通り x 軸に平行な直線と ②, ③, ④, ⑤, ⑥ の交点をそれぞれ A_2, A_3, A_4, A_5, A_6,
　　点 B_1 を通り x 軸に平行な直線と ②, ③, ④, ⑤, ⑥ の交点をそれぞれ B_2, B_3, B_4, B_5, B_6,
　　点 C_1 を通り x 軸に平行な直線と ②, ③, ④, ⑤, ⑥ の交点をそれぞれ C_2, C_3, C_4, C_5, C_6,
　　点 D_1 を通り x 軸に平行な直線と ②, ③, ④, ⑤, ⑥ の交点をそれぞれ D_2, D_3, D_4, D_5, D_6,
　　点 E_1 を通り x 軸に平行な直線と ②, ③, ④, ⑤, ⑥ の交点をそれぞれ E_2, E_3, E_4, E_5, E_6,
　　点 F_1 を通り x 軸に平行な直線と ②, ③, ④, ⑤, ⑥ の交点をそれぞれ F_2, F_3, F_4, F_5, F_6
とします。

(ア) 4 点 C_3, C_4, D_4, D_3 を頂点とする台形の面積を $S\,\mathrm{cm}^2$ とします。S の値を求めなさい。

(イ) 4 点 A_1, A_2, B_2, B_1 を頂点とする台形の面積を $P\,\mathrm{cm}^2$, 4 点 E_5, E_6, F_6, F_5 を頂点とする台形の面積を $Q\,\mathrm{cm}^2$ とします。$\dfrac{Q}{P}$ の値を求めなさい。

2 a, b はどちらも 0 以上の整数で，そのうち
　　$0, 2, 3, 20, 22, 23, 30, 32, 33, 200, \ldots\ldots$
のように，すべての位の数字が 0 または 2 または 3 である整数とします。
このような整数 a, b に対し，$2^a\times 3^b$ の値を $\langle a, b\rangle$ と表すことにします。ただし，$2^0, 3^0$ はどちらも 1 として計算します。
例えば，$\langle 3, 2\rangle$ は $2^3\times 3^2=8\times 9=72$,
　　　　$\langle 20, 0\rangle$ は $2^{20}\times 3^0=1048576\times 1=1048576$,
　　　　$\langle 0, 0\rangle$ は $2^0\times 3^0=1\times 1=1$ です。
$\langle a, b\rangle$ を，その値が小さい順に並べていくことを考えます。このとき，$\langle 0, 0\rangle$ が最も小さい値なので，1 番目が $\langle 0, 0\rangle$ となり，次のように並びます。

1番目	2番目	3番目	4番目	5番目	6番目	…
$\langle 0,0\rangle$	$\langle 2,0\rangle$	$\langle 3,0\rangle$	$\langle 0,2\rangle$	$\langle 0,3\rangle$	$\langle 2,2\rangle$	…

この並びについて，次の問いに答えなさい。

(1) **基本** 8 番目は何ですか。答えは $\langle a, b\rangle$ のように書きなさい。

(2) **思考力** $\langle 202, 3\rangle$ は何番目ですか。

(3) **思考力** 74 番目は何ですか。答えは $\langle a, b\rangle$ のように書きなさい。

3 $AB=16\,\mathrm{cm}$, $BC=(8+6\sqrt{2})\,\mathrm{cm}$, $AC=2\sqrt{2}\,\mathrm{cm}$ の三角形 ABC があります。
　　点 D は辺 AB 上にあり，$BD=(8+4\sqrt{2})\,\mathrm{cm}$ です。
　　点 E は辺 BC 上にあり，$BE=(\sqrt{2}+1)\,\mathrm{cm}$ です。
　　点 F は辺 BC 上にあり，$CF=(\sqrt{2}+1)\,\mathrm{cm}$ です。
　　点 G は辺 AC 上にあり，$CG=(\sqrt{2}-1)\,\mathrm{cm}$ です。
三角形 ABC の面積を $S\,\mathrm{cm}^2$ として，次の問いに答えなさい。

(1) **よく出る** **基本** 三角形 ADG の面積を，S を用いて表しなさい。

(2) **よく出る** 三角形 DEG の面積を，S を用いて表しなさい。

(3) 線分 FG の長さを求めなさい。

4 次の問いに答えなさい。

(1) **基本** 底面が一辺 10 cm の正方形で，側面が一辺 10 cm の正三角形である正四角すいの体積を求めなさい。

(2) **思考力** 右の図のような，一辺 10 cm の正方形 6 個と，一辺 10 cm の正六角形 8 個で作られた多面体の容器があります。

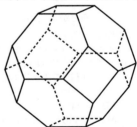

(ア) 容器の容積を求めなさい。

(イ) 容器を正方形の面を下にして水平な床の上に置き，(ア)で求めた容積の $\dfrac{1}{2}$ 倍の量だけ水を入れます。このとき，水面がつくる図形の面積を求めなさい。

(ウ) 容器を正六角形の面を下にして水平な床の上に置き，ある量だけ水を入れたところ，床から水の高さが 3 cm になりました。このとき，水面がつくる図形の周の長さを求めなさい。

東京工業大学附属科学技術高等学校

時間 70分　満点 150点　解答 P81　2月13日実施

※注意　答に円周率をふくむときは，πで表しておきなさい。

出題傾向と対策

- 大問数は6題，**1** が小問集合で，ほぼ全範囲から出題されている。例年，複雑な思考力や作業，難しい発想力を要する問題が出題されている。
- 基本問題も多く，バランスよく出題されているので，教科書を中心に，入試標準問題でしっかりと学習すること。思考力を要する問題に対応するためにも，過去に出題された問題などで十分な練習を積んでおくとよいだろう。

1 基本

〔1〕次の計算をしなさい。
$$12^3 \div \left(9 \div \frac{1}{4}\right)^2$$

〔2〕次の計算をしなさい。
$$\frac{\sqrt{6}+\sqrt{3}}{\sqrt{12}} - \frac{\sqrt{12}-\sqrt{54}}{\sqrt{24}}$$

〔3〕2次方程式
$$2x^2 - (a+b)x + (a-b) = 0$$
の解が -2 と 3 であるとき，定数 a，b の値をそれぞれ求めなさい。

〔4〕箱に入ったみかんを，あるクラスの生徒全員に配った。1人に4個ずつ配ったら22個たりなかった。そこで，1人に3個ずつ配ったら16個余った。このとき，箱に入っていたみかんの個数を求めなさい。

〔5〕関数 $y = ax^2$ について，x の変域が $-3 \leq x \leq 1$ のとき，y の変域が $-12 \leq y \leq b$ である。このとき，定数 a，b の値をそれぞれ求めなさい。

〔6〕a を正の定数とする。関数 $y = \frac{1}{x}$ のグラフ上の点 A の x 座標が1，関数 $y = -\frac{a}{x}$ のグラフ上の点 B の x 座標が3であるとする。x 軸が $\triangle OAB$ の面積を2等分するとき，a の値を求めなさい。

〔7〕図において，4点 A，B，C，D は円 O の周上にある。$\angle BAD = 80°$，$\angle ABC = 60°$，$\angle AOB = 116°$ であるとき，$\angle CAD$ の大きさを求めなさい。

〔8〕図において，3点 A，B，C は円 O の周上にあり，$\triangle ABC$ は1辺の長さが 6 cm の正三角形である。また，A，B は C を中心とする円の周上にある。このとき，影をつけた部分の面積を求めなさい。

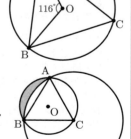

〔9〕2つのさいころ A，B を同時に投げ，A の出た目の数を十の位，B の出た目の数を一の位にして2けたの整数をつくる。この整数が7の倍数になる確率を求めなさい。

〔10〕下の図は，A チームと B チームの昨年の各80試合の得点の分布のようすを箱ひげ図に表したものである。このとき，箱ひげ図から読み取れることとして正しいものを，下の⑦〜㋺の中からすべて選び記号で答えなさい。
⑦　どちらのチームも得点が9点の試合があった。
④　どちらのチームも得点が8点以上の試合が15試合以上あった。
⑨　A チームと B チームの得点の四分位範囲は等しい。
㊁　A チームの得点の範囲のほうが B チームの得点の範囲より大きい。
㋺　B チームの8点以上の試合数は，A チームの9点以上の試合数の半分である。

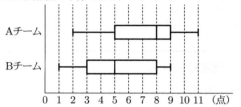

2 よく出る

図のように，長さが等しい棒を並べて，次の作業を行う。

〔作業Ⅰ〕正三角形を横一列につなげる。
〔作業Ⅱ〕正方形と長方形を，正方形から始めて交互に横一列につなげる。ただし，正方形は長方形にふくめないものとし，長方形の横の長さは縦の長さの2倍とする。

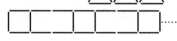

このとき，次の問いに答えなさい。

〔1〕〔作業Ⅰ〕において，正三角形を200個つくるのに必要な棒の数を求めなさい。

〔2〕〔作業Ⅱ〕において，700本の棒を並べて，最後に正方形をつなげて作業を終えた。このとき，つくった正方形の数を求めなさい。

〔3〕1930本の棒を並べて，〔作業Ⅰ〕，〔作業Ⅱ〕をともに進めたところ，〔作業Ⅰ〕でつくった正三角形の数と〔作業Ⅱ〕でつくった長方形の数の合計は295個だった。このとき，つくった正三角形と長方形の数をそれぞれ求めなさい。ただし，〔作業Ⅱ〕において，最後に長方形をつなげて作業を終えたものとする。

3 よく出る

図のように，関数 $y = \frac{1}{2}x^2$ のグラフ上に，x 座標が負である点 A，B をとり，x 座標が正である点 C，D をとる。直線 AC と直線 BD の傾きはともに1であり，AC，BD と y 軸との交点をそれぞれ P，Q とすると，
AP : PC = 2 : 3，
BQ : QD = 1 : 2 である。また，直線 AB と CD の交点を E とするとき，次の問いに答えなさい。

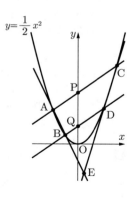

〔1〕点 A の座標を求めなさい。

〔2〕 直線 BD の式を求めなさい。
〔3〕 四角形 ABDC の面積を S, △BDE の面積を T とするとき, $S:T$ をもっとも簡単な整数の比で表しなさい。

4 よく出る

OA = 1 cm, OB = 2 cm, ∠AOB = 120° の △OAB がある。図のように, △OAB を点 O を中心として時計回

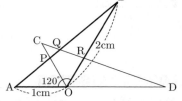

りに 60° だけ回転移動させたものを △OCD とする。辺 AB と OC の交点を P, AB と CD の交点を Q, OB と CD の交点を R とするとき, 次の問いに答えなさい。
〔1〕 線分 OR の長さを求めなさい。
〔2〕 線分 AQ と QB の長さの比 AQ:QB をもっとも簡単な整数の比で表しなさい。
〔3〕 線分 AP と QR の長さの比 AP:QR をもっとも簡単な整数の比で表しなさい。

5 線分 AB を直径とする半径 3 cm の半球がある。点 C, D は, 図のように底面の円周上にあり, $\overparen{CD} = 3\overparen{AC}$, $\overparen{DB} = 2\overparen{AC}$

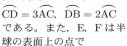

である。また, E, F は半球の表面上の点で AE = 2 cm, EF // AB であり, 平面 ABDC と平面 ABFE は垂直である。このとき, 次の問いに答えなさい。
〔1〕 四角形 ABDC の面積を求めなさい。
〔2〕 △BEF の面積を求めなさい。
〔3〕 点 A, B, C, D, E, F を結んでできる立体の体積を求めなさい。

6 思考力 1 辺の長さが 2 cm の正六角形 ABCDEF があり, 直線 AB と FE の交点を O とする。2 点 P, Q は同時に A を出発し, P は A → B → C の順に毎秒 1 cm の速さで, Q は

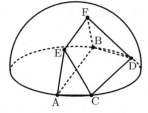

A → F → E → D → C の順に毎秒 2 cm の速さで, それぞれ辺上を動く。2 点 P, Q が A を同時に出発してからの時間を t 秒とするとき, 次の問いに答えなさい。
〔1〕 △OPQ の面積が初めて $\dfrac{\sqrt{3}}{4}$ cm² になるとき, t の値を求めなさい。
〔2〕 $t = \dfrac{5}{2}$ のとき, △OPQ の面積を求めなさい。
〔3〕 $3 \leqq t \leqq 4$ の範囲で, △OPQ の面積が $\dfrac{31\sqrt{3}}{32}$ cm² になるとき, t の値を求めなさい。

大阪教育大学附属高等学校 池田校舎

時間 60分 満点 100点 解答 P83 2月12日実施

出題傾向と対策

● 大問は5題で，**1** 小問集合（23年は1題増えた），**2** 新傾向の問題，**3** 関数とグラフ，**4** 図形，**5** 図形という出題が続いている。作図は出題されないが，図形の証明が毎年出題される。解答の途中過程も要求される設問が複数個あり，全体の記述量はかなり多い。23年はやや易化した。
● 関数とグラフ，平面図形，空間図形などの分野から毎年出題されるので，過去の出題を参考にしながら十分に練習しておこう。証明や説明の記述は，解答欄にはいりきる程度に詳しく書くとよい。新傾向の **2** は後まわしにするとよい。

1 よく出る 基本 次の問いに答えなさい。

(1) $(\sqrt{7} - \sqrt{5})^2 - \sqrt{10}\left(\sqrt{\dfrac{5}{8}} - \sqrt{14}\right)$ の値を求めなさい。

(2) 連立方程式 $\begin{cases} \dfrac{2x-3}{3} = \dfrac{3y+1}{2} \\ 4 - 2x + 3y = 0 \end{cases}$ を解きなさい。

(3) 1 辺の長さが $2a$ cm の正方形と, 2 辺の長さが 5 cm, $4a$ cm の長方形がある。面積の差が 24 cm² となる a の値をすべて求めなさい。

(4) 新傾向 1 から 20 までの自然数のうち, 素数であるものの積を A, 素数でないものの積を B とする。A と B の最大公約数を求めなさい。

(5) 新傾向 1 から 8 の番号が書かれた 8 枚のカードが入った箱がある。この箱から 2 枚のカードを取り出すとき, その取り出した 2 枚のカードに書かれた数字の合計が 12 の約数になっている確率を求めなさい。

2 新傾向 $[n]$ は n を超えない最大の整数を表す記号とする。例えば, $[3.14] = 3$ である。

(1) 基本 $[-2.5]$ の値を求めなさい。
(2) 基本 $[a] = 4$ のとき, $[2a]$ の値をすべて求めなさい。
(3) 関数 $y = [2x]$ のグラフをかきなさい。ただし, 端の点を含む場合は●で, 端の点を含まない場合は○で表しなさい。

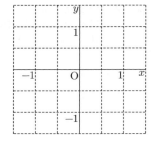

3 図のように，AB = 4 cm，BC = 3 cm，∠B = 90° の直角三角形 ABC がある。点 P は点 A を出発して，辺 AB 上を毎秒 1 cm の速さで移動し，点 B に到着すると止まる。点 Q は点 A を出発して，辺 AC，CB 上を順に毎秒 1 cm の速さで移動し，点 B に到着すると止まる。点 P，Q が点 A を同時に出発してから x 秒後の △APQ の面積を y cm^2 とする。点 Q が点 A を出発してから点 B に到着するまでの △APQ の面積について，次の問いに答えなさい。ただし，△APQ ができないとき，$y = 0$ とする。

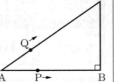

(1) **基本** x の変域が次のとき，y を x の式で表しなさい。
① $0 \leq x \leq 4$ ② $4 \leq x \leq 5$ ③ $5 \leq x \leq 8$

(2) △APQ の面積が △ABC の面積の $\dfrac{1}{4}$ 倍になるときの x の値をすべて求めなさい。

(3) **思考力** 点 P，Q が点 A を出発してから t 秒後の △APQ の面積と，$t + 3$ 秒後の △APQ の面積が等しくなるとき，t の値と △APQ の面積を求めなさい。

4 $AB = 3\sqrt{2}$ cm，$CA = 1$ cm，$\angle A = 45°$，$\angle C$ が鈍角の △ABC がある。次の問いに答えなさい。

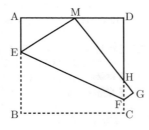

(1) 辺 BC の長さを求めなさい。
(2) **難 思考力** 半直線 BC 上に BD = 2BC となる点 D をとり，$BE = \sqrt{22}$ cm，$DE = \sqrt{30}$ cm となるように点 E を線分 BD に対して点 A と同じ側にとる。このとき，3 点 B，D，E を通る円の半径を求めなさい。
(3) 3 点 B，D，E を通る円と直線 AB との交点で，点 B と異なる点を F とする。線分 AF の長さを求めなさい。

5 1 辺の長さが a cm の正方形 ABCD の紙がある。この紙を点 A と点 D が重なるように折り目をつけ，辺 AD の中点 M をとる。次に紙を戻し，点 B が点 M に重なるように折ると図のようになった。このとき，次の問いに答えなさい。
(1) △AEM ∽ △GFH を証明しなさい。
(2) DH : HC を求めなさい。

大阪教育大学附属高等学校　平野校舎

時間 **60**分　満点 **100**点　解答 P**84**　**2月12日実施**

＊注意　特に指示のない問題は，答のみを書きなさい。根号を含む形で解答する場合，根号内の自然数が最小となるように変形し，分数のときは分母を有理化しなさい。また，比の形で解答する場合，最も簡単な整数の比で答え，分数で解答する場合，それ以上約分できない形で答えなさい。

出題傾向と対策

●大問は 1 小問集合，2 1 次関数とそのグラフ，3 確率，4 空間図形（立方体の切断），5 平面図形（説明問題）の 5 題であった。分量，出題範囲ともに例年程度であった。基礎・基本をちゃんとわかっていないと答えられない問題が多いのが特徴である。過去問を使ってじっくり勉強するのが一番の対策といえる。
●特に，グラフを読み取る問題や図形の基本性質に関する問題は証明問題も含めよく出題されるので勉強しておくこと。

1 **よく出る 基本** 次の問いに答えなさい。
(1) $\sqrt{(\pi - 3)^2} + \sqrt{(3 - \pi)^2}$ の値を，π を用いて簡単に表しなさい。π は円周率を表すものとする。
(2) x の 2 次方程式 $x^2 - 5x + 3 = 0$ の 2 つの解を a，b とするとき，$\dfrac{1}{a} + \dfrac{1}{b}$ の値を求めなさい。
(3) 図 1 のように，点 O を中心とし，AB を直径とする半円がある。この半円上に，$\overset{\frown}{AC} = \overset{\frown}{CD}$ となるように点 C，D をとる。∠ABC = 36° のとき，∠x の大きさを求めなさい。

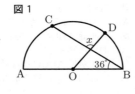

(4) 図 2 は，40 人で的あてゲームを行った得点と人数を表したヒストグラムである。このデータについて，以下のものを求めなさい。
(ア) 得点の最頻値
(イ) 40 人の得点の平均値
(ウ) 得点の中央値

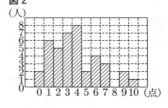

2 $y = ax + b$ のグラフが右の図のようになっているとき，次の等式，不等式を満たす整数 k，l，m，n の値を求めなさい。
(1) $k < b < k + 1$
(2) $l < a < l + 1$
(3) $a + b = m$
(4) $n < -a + b < n + 1$

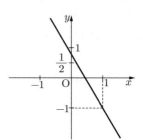

3 Aさんは、街を歩いていると、アイドルにならないかとBさんからスカウトされました。「君はアイドルとしてメジャーデビューできる」(以下、『※』で表します)と言われてうれしくなり、お母さんに相談しました。そのときの会話の中の (1)〜(8) に当てはまる数を答えなさい。ただし、(8) は小数第1位までの概数で答えること。

母：そんなうまい話、あるはずないからやめときなさい。

A：最初はそう思ったけど、インターネットで調べてみたら、Bさんって、98%の確率でメジャーデビューできるかできないか予想を当てることができる天才スカウトマンなのよ。その人から声をかけられたのだから、ほぼ確定みたいなものだよ。

母：じゃあ実際に確率を計算してみようか？

A：え？ 私は98%の確率でアイドルになれるんじゃないの？

母：それは甘いね。100万人のアイドル志望者のうち、実際にメジャーデビューできるのが100人であると仮定して計算してみるね。この100万人に対して、Bさんが予想した場合を考えてみると、メジャーデビューできる100人のうちの (1) 人はBさんの予想が当たって、(2) 人は外れるというわけね。
100万人のアイドル志望者のうちメジャーデビューできない人は？

A：(3) 人。

母：(3) 人のうちBさんの予想が当たるのは (4) 人、外れるのは (5) 人ということになるね。さあここからが問題です。あなたのようにBさんに『※』と予想される人のうち、実際にメジャーデビューできる確率はいくらでしょう？

A：Bさんが『※』と予想する人は全部で (6) 人で、そのうち実際にメジャーデビューできる人は (7) 人だからその確率は……。えーーーっ！ (8) %未満なの？

母：そうよ、98%の確率で予想を当てることができるスカウトマンにスカウトされたからといって、あなたが98%の確率でアイドルになれるということではないの。ほらね、わかった？
世の中そんなうまい話なんてないのだから、数字のからくりにだまされないようにちゃんと数学の勉強をしようね。

4 よく出る 1辺の長さが4cmの立方体ABCD−EFGHがある。辺AB, FG, AD, AEの中点をそれぞれI, J, P, Qとする。次の3点を通る平面でこの立方体を切断するとき、切り口の形と切り口の周の長さを答えなさい。

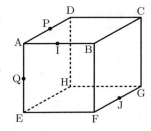

(1) 基本 P, Q, I
(2) P, Q, F
(3) P, Q, J

5 思考力 図のように、四角形ABCDとその4辺の中点E, F, G, Hがある。生徒Sと先生Tの会話を読んで、次の問いに答えなさい。

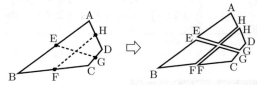

先生T：線分EGとFHで切り取り、4枚の四角形に分ける。これら4枚の四角形を回転させて、AEとBE, BFとCF, CGとDG, AHとDHが重なるようにして合わせてみましょう。どのような四角形に見えますか？

生徒S：平行四辺形に見える気がします。他の四角形でもやってみるとそうなりました。たまたまなのかな？

先生T：では、平行四辺形と断言するために、一つずつ種明かしをしていきましょう。
まず、なぜ4つの頂点A, B, C, Dがすき間なくピッタリ合うのか。
それは (ア) という四角形の性質があるからです。

生徒S：そうか。だからどんな四角形でも、回転後はすき間ができたり、重複する部分ができたりしないんですね。
では、なぜ平行四辺形ができるのでしょうか？

先生T：(イ) からです。

生徒S：だからどんな四角形でもこのような操作をすると、平行四辺形になるのですね。

先生T：では、各辺の中点を用いて、4つの四角形に切り分け、同じように回転させてつなぎ合わせたとき、長方形にするには、どのような切り取り方をしたらよいでしょうか？

生徒S：(ウ)

先生T：すばらしい。正解です。

(1) (ア) に当てはまる四角形の性質をかきなさい。
(2) (イ) に当てはまる文章を、ある図形の性質と平行四辺形の性質を用いて簡潔に答えなさい。
(3) (ウ) の内容を、適切に図にかき入れなさい。等しい線分や角度の大きさがわかる場合は、それもかき入れること。

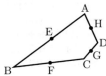

広島大学附属高等学校

時間 50分　満点 100点　解答 p85　2月1日実施

* 注意　1. 分数は，約分した形で答えること。
　　　 2. 根号を含む値はできるだけ簡単な形になおし，根号のままで答えること。

出題傾向と対策

● 大問数は6題で，**1**は小問集合，**2**は箱ひげ図，**3**は確率，**4**は整数，**5**は1次関数とグラフ，**6**は平面図形からの出題で，大問数が1題増えたが，**2**が小問集合から独立した感じで，小問数は17題でやや少なめであり，分量，難易度とも例年通りといえる。

● 図形をもとにした状況が変化していく問題や，ていねいに調べていく整数の性質や確率の問題がよく見られる。答えのみの出題形式であるが，今回のように，証明問題が出題されることがあるので，記述力をつけておこう。

---

1 次の各問いに答えなさい。

問1　[基本]　次の連立方程式を解きなさい。
$$\begin{cases} 2x:(2y+13)=3:1 \\ 5x+6y=3 \end{cases}$$

問2　長方形には，図1，図2のように----の線で2つに分割して並べ替えることで，正方形にすることができるものがあります。図1のような切り方を「2段切り」，図2のような切り方を「3段切り」とよぶことにします。縦の長さが128cm，横の長さが x cm の長方形を「7段切り」して正方形にできるとき，x の値を求めなさい。

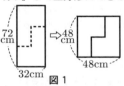　図1
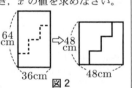　図2

問3　[基本]　右の図の△ABCは鋭角三角形で，頂点A，B，Cは円周上にあります。ADはAから弦BCに引いた垂線です。また，BEはBから弦CAに引いた垂線です。半直線ADが $\overset{\frown}{BC}$ と交わる点をF，半直線BEが $\overset{\frown}{CA}$ と交わる点をGとします。∠CAD = 20°のとき，∠FBE の大きさを求めなさい。

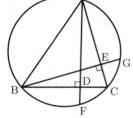

問4　[よく出る]　右の図のように，関数 $y=\frac{1}{4}x^2$ のグラフ上に点A，Bがあり，点A の x 座標は -2，点B の x 座標は6です。直線 l は2点A，Bを通る直線です。△ABCの面積が△ABOの面積と等しくなるように，点Cを関数 $y=\frac{1}{4}x^2$ のグラフ上にとります。このような点Cのとり方はいくつかありますが，その中で x 座標が最も大きくなるときの点Cの座標を求めなさい。

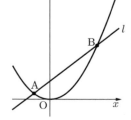

2 [思考力]　次の図は，2021年の広島市の日ごとの最低気温のデータを月ごとに集めてつくった箱ひげ図です。このとき，次の各問いに答えなさい。

問1　この箱ひげ図から読み取れることとして，あとの①から⑧のうちから適切なものを1つ選び，記号で答えなさい。

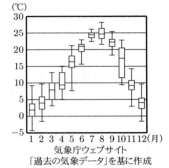
気象庁ウェブサイト「過去の気象データ」を基に作成

(Ⅰ)　5月のデータの四分位範囲と10月のデータの四分位範囲はどちらも10℃より大きい
(Ⅱ)　中央値が10℃より低い月は6つのみである
(Ⅲ)　11月のデータの中央値は，3月のデータの第1四分位数より低い

① すべて正しい　　　　② どれも正しくない
③ (Ⅰ)のみ正しい　　　④ (Ⅱ)のみ正しい
⑤ (Ⅲ)のみ正しい　　　⑥ (Ⅰ)と(Ⅱ)のみ正しい
⑦ (Ⅱ)と(Ⅲ)のみ正しい　⑧ (Ⅰ)と(Ⅲ)のみ正しい

問2　次のA，B，Cは，2021年のいずれかの月の広島市の日ごとの最低気温をヒストグラムで表したものです。5月と10月をヒストグラムで表したときの組み合わせとして，あとの①から⑥のうちから適切なものを1つ選び，記号で答えなさい。ただし，各階級は左端の値を含み，右端の値は含まないものとします。

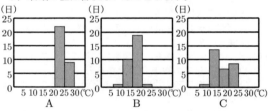

① 5月：A，10月：B　　② 5月：A，10月：C
③ 5月：B，10月：A　　④ 5月：B，10月：C
⑤ 5月：C，10月：A　　⑥ 5月：C，10月：B

3 [基本]　1から4までの整数を1つずつ書いた4本の棒と，1から8までの整数を1つずつ書いた8枚のカードがあります。4本の棒から1本取り出し，8枚のカードから1枚取り出します。取り出した棒に書かれていた数字を a，取り出したカードに書かれていた数字を b とします。ただし，どの棒やどのカードを取り出すことも同様に確からしいとします。このとき，次の各問いに答えなさい。

問1　$\dfrac{b}{a}$ が素数になる確率を求めなさい。

問2　$b-a$ の絶対値が3以上になる確率を求めなさい。

問3　$\sqrt{ab}$ が無理数になる確率を求めなさい。

4 [思考力]　オモテ面に1から2023までの数字が1つ

ずつ書かれた 2023 枚のカードがあります。オモテ面に書かれている数字が n のカードのウラ面には $\sqrt{n}$ の整数部分が書かれています。このとき，次の各問いに答えなさい。

問1　ウラ面に 5 が書かれているカードの枚数を求めなさい。

問2　2023 枚のカードを，オモテ面の数字が小さい順に左から並べ，全て裏返しにします。そして，ウラ面に書いてある数字を左から順に加えていったところ，その和が 2023 となるのは，左から何番目までのカードの数字を加えたときか求めなさい。

5　図1のように，1辺が 40 cm の立方体の水そうがあり，底面には BC＝30 cm の位置に仕切りが置かれています。この仕切りは幅が 40 cm，高さが m cm です。この仕切りにより，底面は短い方の辺の長さが 30 cm の長方形（底面①）と，短い方の辺の長さが 10 cm の長方形（底面②）に分けられます。

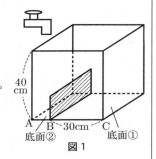

この後，底面①には，底面が正方形で高さが n cm の直方体のおもりを置き，底面②の真上から水を毎分 2 L で入れます。水を入れてもおもりが浮くことはありません。

水を入れ始めてから x 分後の底面②側の水面の高さを y cm としたとき，水そうに水がいっぱいになるまでの x と y の関係を表したグラフは図2のようになりました。このとき，次の各問いに答えなさい。ただし，水そうや仕切りの厚みは考えないものとします。

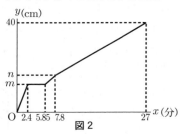

問1　**基本**　仕切りの高さを求めなさい。
問2　直方体のおもりの底面である正方形の1辺の長さを求めなさい。
問3　水面の高さが n cm から 40 cm の間にあるとき，y を x の式で表しなさい。

6　右の図のように，平行四辺形 ABCD の辺 BC と辺 CD を1辺とする正三角形 BCF，正三角形 CDE をそれぞれつくります。このとき，次の各問いに答えなさい。

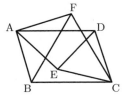

問1　**基本**　△ABF と △EDA が合同であることを証明しなさい。
問2　∠EAF の大きさを求めなさい。
問3　平行四辺形 ABCD を長方形 ABCD に変え，辺 BC と辺 CD を1辺とする正三角形 BCF，正三角形 CDE をそれぞれつくります。点 E が対角線 AC 上にあり，辺 BF が対角線 AC と交わるとき，△AEF の面積を求めなさい。ただし，AB ＝ 6 cm とします。

数学　131　広島大附高・国立工業高専・商船高専・高専

国立工業高等専門学校
国立商船高等専門学校
国立高等専門学校

時間 **50分**　満点 **100点**　解答 P86　2月12日実施

＊　注意　1．分数の形の解答は，それ以上約分できない形で解答すること。
　　　　　2．根号を含む形で解答する場合，根号の中に現れる自然数が最小となる形で解答すること。

出題傾向と対策

● マークシート方式の大問が4題，小問の分量はほぼ例年通りであった。**1** は小問集合，**2** は関数の総合問題，**3** は方程式の応用問題，**4** は空間図形の総合問題で出題内容も例年通りであった。

● 基本から標準の問題を中心に出題内容に偏りがない。**1** のような小問は教科書の章末問題を全範囲もれなく勉強することが一番の対策である。**2** のようなグラフ問題はよく出題される。**3** のような問題は公立高校の入試によくあるタイプの問題だが，小数の計算，割合の計算をさせるところは高専らしい問題で，毎年出題されている。**4** のような図形問題は今年のように後半でやや難しい問題が出題されることもある。

1　**よく出る**　次の各問いに答えなさい。

(1) $-3 + 2 \times \left\{\left(3 - \dfrac{1}{2}\right)^2 - \dfrac{1}{4}\right\}$ を計算すると ア である。　(5点)

(2) 2次方程式 $x^2 - 6x + 2 = 0$ を解くと
$x = $ イ $\pm \sqrt{\boxed{ウ}}$ である。　(5点)

(3) $a < 0$ とする。関数 $y = ax + b$ について，x の変域が $-4 \leqq x \leqq 2$ のとき，y の変域は $4 \leqq y \leqq 7$ である。このとき，$a = -\dfrac{エ}{オ}$，$b = $ カ である。　(5点)

(4) 2つの関数 $y = ax^2$，$y = -\dfrac{3}{x}$ について，x の値が 1 から 3 まで増加するときの変化の割合が等しいとき，$a = \dfrac{キ}{ク}$ である。　(5点)

(5) 袋の中に赤玉 2 個と白玉 3 個が入っている。いま，袋の中から玉を 1 個取り出して色を調べてから戻し，また玉を 1 個取り出すとき，2回とも同じ色である確率は $\dfrac{ケコ}{サシ}$ である。ただし，どの玉が取り出されることも同様に確からしいものとする。　(5点)

(6) 下の資料は，中学生 10 人の握力を測定した記録である。このデータの中央値（メジアン）は スセ kg であり，範囲は ソタ kg である。　(5点)
　25, 12, 30, 24, 16, 40, 29, 33, 17, 35　(kg)

(7) 下の図で，点 A と点 B は円 O の周上にあり，直線 BC は円 O に接している。∠OAC ＝ 37°，∠BCA ＝ 15° のとき，∠OAB ＝ チツ である。　(5点)

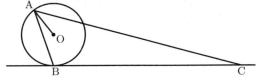

(8) 右の図で，
∠ABC = ∠ACD = 90°,
AB = 3, BC = $\sqrt{3}$, CD = 2
である。このとき，
AD = ［テ］, BD = $\sqrt{［トナ］}$
である。　　　　　(5点)

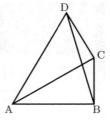

2 よく出る　図1のように，
関数 $y = ax^2$ のグラフ上に
2点 A, B がある。点 A の
座標は $(-5, 10)$, 点 B の x
座標は $\frac{5}{2}$ である。このとき，
次の各問いに答えなさい。

(1) a の値は $\frac{［ア］}{［イ］}$ であ
り，点 B の y 座標は
$\frac{［ウ］}{［エ］}$ である。　(6点)

図1

(2) 直線 AB の傾きは ［オカ］，切片は ［キ］ である。
(6点)

(3) 図2のように，y 軸上を
動く点 P $(0, t)$ $(t > 0)$
がある。このとき，次の(i),
(ii)に答えなさい。
(i) 四角形 OAPB の面積
が 45 となるとき，
$t = ［クケ］$ である。
(4点)
(ii) ∠PAB = ∠OAB とな
るとき，$t = \frac{［コサ］}{［シ］}$ で
ある。
(4点)

図2

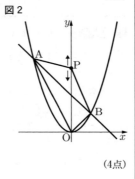

3 よく出る　野菜や果物の皮などの捨てる部分を廃棄部
といい，廃棄部を除いた食べられる部分を可食部という。
廃棄部に含まれる食物繊維の割合は高く，エネルギーの割
合は低い。そのため，可食部に含まれる食物繊維の割合は
低く，エネルギーの割合は高い。
　ある野菜 A の廃棄部と可食部それぞれの食物繊維の含
有量とエネルギーを調べる。このとき，次の各問いに答え
なさい。

(1) 廃棄部 40g あたりの食物繊維の含有量を調べたとこ
ろ，3.08g であった。廃棄部における食物繊維の含有量
の割合は ［ア］．［イ］ % である。　(6点)

(2) 右の表は，野菜 A
と可食部それぞれの
100g あたりの食物
繊維の含有量とエネ
ルギーを示したものである。

	食物繊維	エネルギー
野菜A 100g	3.6g	45 kcal
可食部 100g	2.7g	54 kcal

　この表と(1)の結果を用いると，野菜 A 200g における
可食部の重さは ［ウエオ］ g, 廃棄部の重さは ［カキ］ g で
ある。また，廃棄部 100g あたりのエネルギーは
［ク］ kcal である。
(14点)

4 よく出る　図1のように，
1辺の長さが 2cm の立方体
ABCD - EFGH がある。
辺 AD, AB 上にそれぞれ点 I,
J があり，AI = AJ = 1cm で
ある。3点 G, I, J を通る平面
でこの立体を切ると，切り口
は五角形 IJKGL になる。この
とき，次の各問いに答えなさい。

図1

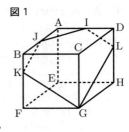

(1) 図2はこの立方体
の展開図の一部であ
る。図2において，3
点 J, K, G は一直
線上にあるため，
BK = $\frac{［ア］}{［イ］}$ cm
である。　　(4点)

図2

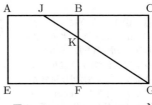

(2) 図3のように，図1
の立方体の面 ABFE
と面 AEHD をそれ
ぞれ共有している2
つの直方体を考える。
ただし，4点 M, J, I,
N は一直線上にある
とする。

図3

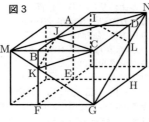

このとき，三角錐
G - CMN の体積は ［ウ］ cm³ であり，三角錐 C -
BJK の体積は $\frac{［エ］}{［オ］}$ cm³ である。(8点)

(3) 図4のように，図1の五
角形 IJKGL を底面とする五
角錐 C - IJKGL を考える。
五角錐 C - IJKGL の体積は
$\frac{［カ］}{［キ］}$ cm³ である。(4点)

図4

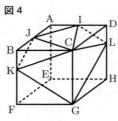

(4) 思考力　五角形 IJKGL
の面積は
$\frac{［ク］\sqrt{［ケコ］}}{［サ］}$ cm² である。　　　(4点)

東京都立産業技術高等専門学校

時間 50分　満点 100点　解答 P88　2月15日実施

＊注意　答えに根号が含まれるときは，根号を付けたままで表しなさい。
円周率は π を用いなさい。
答えに分数が含まれるときは，それ以上約分できない形で表しなさい。

出題傾向と対策

● 1 は計算中心の小問集合，2 は方程式の文章題などの小問集合，3 は一次関数のグラフと図形，4 は平面図形，5 は空間図形で，大問数5，小問数20であり，難易度，分量ともに例年通りであった。

● 基本問題を中心に，計算分野，図形分野などからバランスよく出題される傾向は続いているが，今回は，関数 $y = ax^2$ が出題されない一方で，三平方の定理を利用した問題が多いなど，出題内容に偏りが見られた。とはいえ，類題がよく見られる過去問中心の対策に変わりない。

1 よく出る　基本　次の各問に答えよ。

〔問1〕 $-\dfrac{8}{9} \div \left(-\dfrac{2}{3}\right) - \left(-\dfrac{5}{6}\right)$ を計算せよ。

〔問2〕 $(\sqrt{3}-1)(\sqrt{3}+2) - \dfrac{6}{\sqrt{12}}$ を計算せよ。

〔問3〕 $(-3ab^2)^3 \div \left(\dfrac{3}{2}a^2b\right)^2 \times \left(-\dfrac{a^2}{2}\right)$ を計算せよ。

〔問4〕 $\dfrac{2x-y}{6} - \dfrac{x-y}{4}$ を計算せよ。

〔問5〕 $(2x+y)^2 - (x-y)^2$ を因数分解せよ。

〔問6〕 連立方程式 $\begin{cases} 2x - 3y = 7 \\ 0.3x + 0.4y = 0.2 \end{cases}$ を解け。

〔問7〕 $\pi < n < \sqrt{50}$ をみたす整数 n を全て求めよ。

2 基本　次の各問に答えよ。

〔問1〕 よく出る　10%の食塩水に25%の食塩水を混ぜて，15%の食塩水を120g作るとき，10%の食塩水は何g必要か。

〔問2〕 500円，100円，50円，10円の硬貨がそれぞれ2枚ずつ，計8枚ある。この中から2枚の硬貨を選ぶとき，それらの合計金額は全部で何通りあるか。

〔問3〕 次の表は，ある中学校のバスケットボール部員10人が，フリースローをそれぞれ10回ずつ行った結果を表している。

部員	部員A	部員B	部員C	部員D	部員E	部員F	部員G	部員H	部員I	部員J
ボールがゴールに入った回数	5	7	2	3	6	6	5	7	10	5

この10人の部員の，ボールがゴールに入った回数の最頻値を求めよ。

〔問4〕 230をある自然数 n で割ると余りが20になった。このような自然数 n は何個あるか。

3 思考力　右の図で，点Oは原点，直線 l は関数 $y = -\sqrt{3}x$ のグラフを表している。
直線 m は関数 $y = ax$ のグラフを表している。ただし，$a > 0$ とする。
直線 n は関数 $y = -\dfrac{\sqrt{3}}{3}x + b$ のグラフを表している。ただし，$b > 0$ とする。
直線 m と直線 n との交点を A，直線 l と直線 n との交点を B，直線 n と y 軸との交点を C とする。
原点 O から点 $(1, 0)$ までの距離，および原点 O から点 $(0, 1)$ までの距離をそれぞれ 1 cm として，次の各問に答えよ。

〔問1〕 $\angle BOC$ の大きさは何度か。

〔問2〕 $a = \sqrt{3}$ とする。△OAB の面積が $6\sqrt{3}$ cm² のとき，b の値を求めよ。

〔問3〕 点 O を通り直線 n に垂直な直線と，直線 n との交点を D とする。点 A の x 座標が $\sqrt{3}$ であり，線分 OB の長さが $2\sqrt{3}$ cm のとき，△OAD の面積は何 cm² か。

4 右の図は，点 O を中心とする半径 r cm の円である。ただし，$r > 0$ とする。
異なる8つの点 A, B, C, D, E, F, G, H は，円 O の周上にある点で，
$\stackrel{\frown}{AB} = \stackrel{\frown}{BC} = \stackrel{\frown}{CD} = \stackrel{\frown}{DE} = \stackrel{\frown}{EF} = \stackrel{\frown}{FG} = \stackrel{\frown}{GH} = \dfrac{\pi}{4}r$
である。

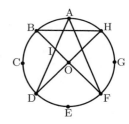

点Aと点D，点Aと点F，点Bと点F，点Bと点H，点Dと点Hをそれぞれ結び，線分 AD と線分 BF との交点を I とする。
次の各問に答えよ。

〔問1〕 5つの角 $\angle FAD$，$\angle HBF$，$\angle ADH$，$\angle BFA$，$\angle DHB$ の大きさの和は何度か。

〔問2〕 点 D と点 F を結ぶ。△ADF の面積は何 cm² か。r を用いた式で表せ。

〔問3〕 思考力　線分 BI の長さが 2 cm のとき，円の半径 r は何 cm か。

5 右の図は，点 O を中心とする半径 r cm の球が，点 P で平面 H と接する場合を表している。ただし，$r > 0$ とする。

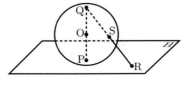

半直線 PO と球の表面との交点を Q とし，点 P と点 Q を結ぶ。
点 R は平面 H 上にある点で，点 P と一致しない。
点 Q と点 R を結び，線分 QR と球の表面との交点を S とする。
次の各問に答えよ。

〔問1〕 基本　$r = 3$ のとき，球 O の体積は何 cm³ か。

〔問2〕 点 O と点 R を結ぶ。線分 SR の長さが r cm のと

き，∠SQO の大きさと ∠ROP の大きさの比を最も簡単
な整数の比で表せ。

〔問3〕 点 P と点 R を結ぶ。線分 PR の長さが r cm のと
き，線分 QS の長さは何 cm か。r を用いた式で表せ。

私立高等学校

愛光高等学校

時間 60分　満点 100点　解答 P90　1月21日実施

* 注意　1は答だけでよいが，2 3 4 5 6 は式と計算を必ず書くこと。

出題傾向と対策

● 大問は6題で，例年どおりの出題傾向が続いている。1，4(1)，6(2)は数値のみ答えればよいが，他の設問は解答の途中過程の記述も要求されている。例年どおり図形に関する証明問題が1題出され，23年は5，6がやや難化した。

● 1の小問集合を確実に仕上げてから2〜6に進む。方程式の文章題の比重が大きいのが特徴で，関数とグラフ，確率の問題が必ず出題されるが，23年は例年の空間図形の問題に代わり平面図形の問題が出題された。24年は空間図形の問題が復活すると思われるので準備をしておこう。

---

1 よく出る 基本　次の(1)〜(5)の ☐ に適する数または式を記入せよ。

(1) $-a^2 \div \left(b^5 \div \dfrac{a^6}{2}\right) \times \left(\dfrac{b^2}{a^3}\right)^3 = $ ①

(2) $\{\sqrt{54} - \sqrt{3} \times \sqrt{(-12)^2}\} \div 2\sqrt{27} - \dfrac{(\sqrt{5}-\sqrt{2})^2}{\sqrt{98}} = $ ②

(3) $x^2(2y-z) + 4y^2(z-x)$ を因数分解すると ③ である。

(4) 2つの自然数 $a, b\ (a<b)$ がある。a と b の最大公約数を g とするとき，a, b は2つの自然数 c, d を用いて，$a=gc, b=gd$ と表せる。また，a と b の最小公倍数を l とする。$\dfrac{l}{g}=60$ のとき，c, d の組 (c,d) をすべて求めると，$(c,d)=$ ④ である。さらに，$a+b=855$ のとき，$a=$ ⑤，$b=$ ⑥ である。

(5) 立方体のすべての面に接している球がある。
  (a) 立方体の対角線の長さが $6\,\mathrm{cm}$ であるとき，球の体積は ⑦ cm^3 である。
  (b) 立方体の表面積が $\sqrt{2}\,\mathrm{cm}^2$ であるとき，球の表面積は ⑧ cm^2 である。

2 よく出る　$x\%$ の食塩水 $1\,\mathrm{kg}$ が入った容器 A と $y\%$ の食塩水 $1\,\mathrm{kg}$ が入った容器 B がある。B から $200\,\mathrm{g}$ の食塩水を取り出し A に入れてよくかき混ぜたところ，A に入っている食塩水の濃度は 7.5% になった。その後，A から $200\,\mathrm{g}$ の食塩水を取り出し B に入れてよくかき混ぜたところ，B に入っている食塩水の濃度が $\dfrac{11}{16}x\%$ になった。このとき，x と y の値を求めよ。

3 よく出る　1個 400 円の値段で売ると1日に 500 個売れる商品がある。この商品を1個あたり 10 円値下げするごとに，1日の売り上げが 30 個ずつ増える。この商品の1日の売上金額を 240800 円になるようにするには，1個あたり何円値下げすればよいか求めよ。

4 よく出る　右の図のように，放物線 $y=\dfrac{1}{2}x^2$ と直線 $y=-x+4$ が2点 A, B で交わっている。また，x 軸上に点 P をとり，さらに，四角形 APBQ が平行四辺形となるように点 Q をとる。ただし，点 P の x 座標は 4 より小さいとする。

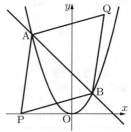

(1) 基本　点 A, B の座標を求めよ。答のみでよい。
(2) 平行四辺形 APBQ の面積が，△AOB の面積の3倍となるような点 P, Q の座標を求めよ。
(3) 平行四辺形 APBQ の周の長さが最も短くなるような点 P の座標を求めよ。

5 思考力 新傾向　A, B, C の3つの袋があり，A の中には1から6，B の中には1から10，C の中には1から4の数字が書かれたカードがそれぞれ1枚ずつ入っている。A, B, C の袋から1枚ずつカードを取り出し，そのカードの数字をそれぞれ a, b, c とし，直線 $y=\dfrac{b}{a}x+c$ を l とするとき，次の問いに答えよ。
(1) l が直線 $y=2x$ と平行になる確率を求めよ。
(2) l が点 $(6, 10)$ を通る確率を求めよ。

6 右の図のように，線分 AB を直径とする半円の $\overparen{AB}$ 上に，A に近いほうから順に点 C, D をとり，半直線 AC と半直線 BD との交点を P とする。AB = 2, $\overparen{CD} = \dfrac{2}{3}\overparen{AB}$ のとき，次の問いに答えよ。ただし，A と C，B と D は異なるようにとる。

(1) $\overparen{CD}$ を $\overparen{AB}$ 上のどこにとっても，∠APB の大きさは一定であることを証明せよ。
(2) 難　線分 AB の中点を O として，∠AOE = ∠BOF = 10° となる点 E, F を $\overparen{AB}$ 上にとる。点 C と点 E が一致するところから，点 D と点 F が一致するところまで $\overparen{CD}$ を動かすとき，点 P の動く長さを求めよ。答のみでよい。

青山学院高等部

時間 50分　満点 100点　解答 P90　2月11日実施

＊ 注意　答の分母は有理化すること。

出題傾向と対策

●大問は7問で，**1**は√に関する小問2題，**2**は場合の数，**3**は2023にちなんだ不定方程式，**4**は関数$y=ax^2$，**5**は円周率に関する平面図形の問題，**6**は円と相似・三平方の定理，**7**は立体図形であった。文章題の出題が見られなかった一方で，図形を題材とする問題（**2**，**5**）が増えた。全体の分量は変わらない。

●基本的な問題から応用力を試す問題に至るまで幅広く出題されており実力差が出るセットである。ハイレベルな典型題で訓練を積んでおこう。

---

1 |基本| 次の問に答えよ。

(1) 次の計算をせよ。
$$\left(\frac{1}{2\sqrt{2}}+\sqrt{3}\right)\left(\sqrt{2}-\frac{1}{2\sqrt{3}}\right)$$

(2) 次の式変形には誤りがある。誤っている箇所の番号をすべて答えよ。
$$4=\sqrt{4^2}=\sqrt{16}=\sqrt{(-4)^2}=-4$$
$$\uparrow\quad\uparrow\quad\uparrow\quad\uparrow$$
$$1\quad\ 2\quad\ 3\quad\ 4$$

2 図のように，正方形の頂点と各辺を三等分する点の計12個の点A〜Lがある。これらの点から，次の条件で選んだ3点を結んでできる三角形の個数を求めよ。

(1) 正方形の頂点を3つ含む。
(2) 正方形の頂点をちょうど2つ含む。
(3) 正方形の頂点を1つも含まない。

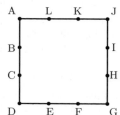

3 |よく出る| 次の問に答えよ。

(1) 2023を素因数分解せよ。
(2) $4m^2=n^2+2023$ となる自然数 m, n の組のうち，m が最小のものを求めよ。

4 |よく出る| 原点Oを通る直線 l と点A$(0, 4)$ を通る直線 m が，点B$\left(-\frac{4}{5}, \frac{12}{5}\right)$ で交わっている。

(1) 直線 l, m の式をそれぞれ求めよ。

次に，直線 l 上に点Cを，直線 m 上に点Dを，点Cと点Dが y 軸に関して対称となるようにとる。さらに，グラフが2点C，Dを通るような関数 $y=ax^2$ を考える。

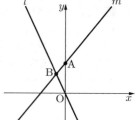

(2) 点Dの座標を求めよ。
(3) a の値を求めよ。
(4) $y=ax^2$ のグラフ上に点Eがあり，△OAB＝△OBE であるとき，点Eの x 座標をすべて求めよ。

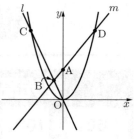

5 |基本| 下記の文章を読んで，次の問に答えよ。

円において特徴的なことは，□A□ と □B□ の比が常に一定になることである。この比の値を円周率といい，ギリシャ文字の π で表す。つまり，
$$\pi=\frac{\boxed{A}}{\boxed{B}}$$
である。この値は，
$$3.14159\cdots\cdots$$
と無限に続く小数である。
昔の人たちは，この値をどのように求めたのだろう。その1つの方法について考えてみよう。
まず，直径の長さが1の円に内接する正方形※1を考えると，正方形の一辺の長さは □①□ となる。

［注釈］※1
円に内接する多角形とは，円の内部にあり，すべての頂点が円周上にある多角形である。

［円に内接する正方形の図］

また，直径の長さが1の円に外接する正方形※2の一辺の長さは □②□ となる。

［注釈］※2
円に外接する多角形とは，円の外部にあり，すべての辺が円に接する多角形である。

［円に外接する正方形の図］

このとき円周の長さは，内接する正方形の周の長さより長く，外接する正方形の周の長さより短いので，
$$\boxed{③}<\pi<\boxed{④}$$
が成り立つ。
次に，直径の長さが1の円に内接および外接する正六角形について同様の考察を行うと，
$$\boxed{⑤}<\pi<\boxed{⑥}$$
が成り立つことが分かる。
紀元前3世紀頃，古代ギリシャで活躍したアルキメデスは正96角形まで辺を増やし，円周率の近似値として 3.14 を得たと言われている。

(1) □A□，□B□ に入る最も適切な語句を下記の選択肢から選び，番号で答えよ。
　1．半径の長さ　2．直径の長さ　3．円周の長さ
　4．円周角の大きさ　　5．中心角の大きさ

(2) □①□〜□⑥□ に入る数を答えよ。

6 思考力 図のように，AB を直径とする半径 6 cm の円 O 上に，OB = BC となるような点 C を 1 つとり，直線 CO と円 O の交点を D とする。線分 AC の中点を E として，直線 DE と線分 AB，円 O との交点をそれぞれ F, G とする。

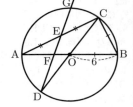

(1) ∠BAC の大きさを求めよ。
(2) 線分 DE の長さを求めよ。
(3) 線分 DF の長さを求めよ。
(4) 線分 BG の長さを求めよ。

7 思考力 図1のように，AB = AD = 2 cm，AE = $2\sqrt{2}$ cm であるふたのない直方体形の容器 ABCD − EFGH に正四角すい O − JKLM を逆さに入れた立体 X がある。ただし，直方体の辺 AB，BC，CD，DA はそれぞれ正四角すいの側面上にあり，頂点 O は底面 EFGH の対角線の交点と一致している。
次に，図2のように，正方形 JKLM のすべての頂点が円周上にあるような円を底面とする半球 S を立体 X の上にのせ，この立体を Z とする。点 O から球面までの距離が最大となる球面上の点を I とするとき，OI = $9\sqrt{2}$ cm であった。

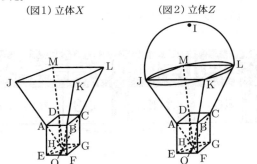

(図1) 立体 X   (図2) 立体 Z

(1) 半球 S の半径 r を求めよ。
(2) 線分 JK の長さを求めよ。
(3) 線分 JK，LM の中点をそれぞれ P, Q とするとき，この立体を 3 点 P, Q, O を通る平面で切った切り口の形は下図のうちどれか，番号で答えよ。

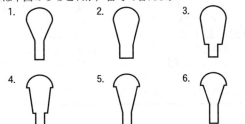

(4) (3)の切り口の面積を求めよ。

市川高等学校

時間 50分　満点 100点　解答 P92　1月17日実施

＊ 注意　比を答える場合には，最も簡単な整数の比で答えること。

出題傾向と対策

● **1** 座標平面上の図形，**2** 場合の数，**3** 整数の性質，**4** 空間図形，**5** 平面図形と出題範囲や大問数は昨年と同じである。

● 注目すべき点は **1** の作図問題である。今年は基本的な作図であったが，本校のレベルを考えると，それなりの準備はしておいた方がよい。今年はどれも取り組みやすい問題であったが，来年も取り組みやすいとは限らないので，中高一貫校向けの副読本を参考書にして過去問にあたっておくとよい。

1 右の図のように，関数 $y = x^2$ のグラフ上に 2 点 A，B があり，それらの x 座標はそれぞれ −2，−5 である。また，y 軸上に点 P をとる。このとき，次の問いに答えよ。

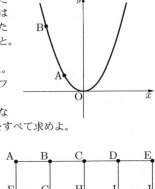

(1) AP + PB が最小となるような点 P を右の図を利用して作図せよ。ただし，作図に用いた線は消さずに残し，作図した P の位置に P をかくこと。
(2) (1)の P に対して，△APB の面積を求めよ。
(3) 関数 $y = x^2$ のグラフ上に点 Q がある。△AQB の面積が 60 となるような Q の x 座標をすべて求めよ。

2 縦の長さが 2，横の長さが 4 の長方形がある。これを右の図のように，格子状に 1 の長さで切り分け，点 A から O を定義し，格子点と呼ぶことにする。このとき，次の問いに答えよ。

(1) 線分 AE，FJ，KO 上から格子点をそれぞれ 1 点ずつ選び，結んでできる三角形のうち，△ALH と合同な三角形は △ALH 以外に何個あるか求めよ。
(2) 線分 AE，FJ，KO 上から格子点をそれぞれ 1 点ずつ選び，結んでできる三角形のうち，内部に格子点を G のみ含む三角形は何個あるか求めよ。ただし，三角形の辺上にある格子点は内部とはみなさない。

3 X，Yの2人が次の問題の解き方を相談しながら考えている。

n 番目に $4n-5$ が書かれている数の列 A と，n 番目に n^2-2n-1 が書かれている数の列 B がある。ただし，n は自然数とする。
A，B を書き並べると，
　　A：-1，3，7，11，15，……
　　B：-2，-1，2，7，14，……
A，B に現れる数字を小さい順に並べた数の列を C とするとき，2023 は C の中で何番目に現れるか。

X：途中過程を書きやすいように，A，B の n 番目の数をそれぞれ a_n，b_n と表すことにしよう。
Y：例えば A の 3 番目の数は a_3 で，計算は $4n-5$ に $n=3$ を代入した 7 になるから，$a_3=7$ と書けばいいんだね。同じように B の 10 番目の数を求めると，$b_{10}=$ ア となるね。
X：では，A，B の規則性を見てみよう。A は $a_n=4n-5$ だから最初の -1 から 4 ずつ増えていくことと，奇数しか現れないことがわかるけど，B はどうだろうか。
Y：$b_n=n^2-2n-1$ だけど規則が読み取りにくいね。規則を見つけるために隣り合う数の差をとってみようか。$(n+1)$ 番目の数から n 番目の数を引いてみよう。
X：$b_n=n^2-2n-1$ だから
　$b_{n+1}-b_n=\{(n+1)^2-2(n+1)-1\}-(n^2-2n-1)$
　　　　　　　$=2n-1$
となるね。
Y：ということは，隣り合う数の差が必ず奇数だから B は偶数から始まって偶数と奇数が交互に現れるね。だけど，これだけではまだ特徴がわからないな。
X：そうしたら次はもう 1 つ離れた数との差をとってみようよ。$(n+2)$ 番目の数から n 番目の数を引いてみよう。
Y：$b_{n+2}-b_n$ を計算すると イ となるね。
X：わかった。これと今までわかっている特徴を合わせると問題が解けるね。

(1) ア ， イ にあてはまる式や値を答えよ。
(2) B の数の列において，2023 が何番目か求めよ。
(3) C の数の列において，2023 が何番目か求めよ。

4 右の図のように，四面体 ABCD があり，$AB=AC=AD=\sqrt{21}$，$CD=2\sqrt{5}$，$BC=BD=\sqrt{30}$ である。また，CD の中点を M，A から △BCD に下ろした垂線と △BCD との交点を H とする。このとき，次の問いに答えよ。

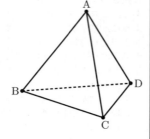

(1) AM の長さを求めよ。
(2) AH の長さを求めよ。
(3) H を中心として半径 $\sqrt{5}$ の球を平面 ACD が切りとってできる断面と，△ACD の共通部分の面積を求めよ。

5 右の図のように，半径 1 の円に内接している六角形 ABCDEF があり，直線 BC，EF の交点を P，直線 CD，FA の交点を Q とする。DE // PR となるような点 R を直線 DQ 上にとる。
$\overparen{AB}:\overparen{BC}:\overparen{CD}:\overparen{DE}:\overparen{EF}:\overparen{FA}=3:1:2:1:1:4$
であるとき，次の問いに答えよ。

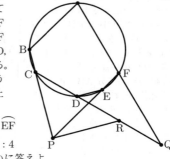

(1) 六角形 ABCDEF の面積を求めよ。
(2) 4 点 F，C，P，R が同一円周上にあることの証明について，以下の □ を埋め，証明を完成させよ。
(証明)

　　　　　　　　　　　　　　　　　　　　　　　　

したがって，
　　　　∠PFC = ∠PRC…（＊）
CP に対して，2 点 F，R は同じ側にあり，（＊）から円周角の定理の逆より，4 点 F，C，P，R が同一円周上にある。

(3) 思考力 FP と CQ の交点を S とする。このとき，DS の長さを求めよ。

江戸川学園取手高等学校

時間 60分　満点 100点　解答 P93　1月15日実施

*　注意
・分数は，分母を有理化し，既約分数にすること。また，小数に直さないこと。
・答えに $\sqrt{\ }$ が含まれる場合は，$\sqrt{\ }$ を用いたままにし，小数に直さないこと。
・$\sqrt{\ }$ の中は最も小さい正の整数にすること。
・円周率は π を用いること。

出題傾向と対策

● 今年も例年通りで，大問 5 題の構成であった。1 は 8 題の小問集合，2 は関数 $y=ax^2$，3 は平面図形，4 は空間図形，5 は思考力を問われる問題であった。
● 2 ～ 4 には，答えだけでなく解答手順の記述を求められる問題が含まれているので，記述の練習をしっかりとしておこう。5 は問題文は長いが，問題は易し目なので落ち着いて取り組もう。
● 過去問を解いて，計算力をつけておくと良いだろう。

1
(1) $A=x^2+x+1$，$B=x^2-x-1$，$C=x^3-1$ のとき $2A-\{A-(2B-C)\}-(B-C)$ を計算しなさい。
(2) $\sqrt{2023}-\sqrt{700}$ を計算しなさい。
(3) $(a-3)(a+3)-(a-5)^2$ を計算しなさい。
(4) 方程式 $\dfrac{3x-1}{2}-\dfrac{4x-2}{3}=1$ を解きなさい。
(5) 連続する 2 つの正の奇数の 2 乗の和は，2 数の積より 67 大きい。このとき，2 数のうち小さい方の数を求めなさい。

(6) y は x の3乗に比例する関数であり $y=ax^3$ と表され，$x=3$ のとき $y=54$ となる。x が1から2まで増えるときの変化の割合を求めなさい。

(7) 右の図のように
△ABC があり，
∠ABC = 45°，
∠BAC = 15°，
AB = $\sqrt{6}$ であるとき，
辺 BC の長さを求めなさい。

(8) 5本のうち，あたりが2本入っているくじがある。このくじを，同時に2本引くとき，少なくとも1本はあたりがでる確率を求めなさい。ただし，どのくじを引くことも同様に確からしいとします。

2 よく出る 右図のように，放物線 $y=x^2$ と直線 $y=-x+6$ の交点で x 座標が正であるものを A とする。点 P は放物線 $y=x^2$ 上の O と A の間の部分，点 Q は直線 $y=-x+6$ 上，R，S は y 軸上であり PQ は y 軸と平行，PS と QR は x 軸と平行である。次の問いに答えなさい。[(1)，(2)，(3)は解答のみを示しなさい。(4)は途中経過も記述しなさい。]

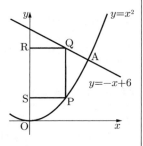

(1) 点 A の座標を求めなさい。
(2) 点 P の x 座標が1のとき四角形 PQRS の面積を求めなさい。
(3) 点 P の x 座標が1のとき四角形 PQRS の面積を原点を通って二等分する直線の式を求めなさい。
(4) 四角形 PQRS が正方形となるとき，点 P の x 座標を求めなさい。

3 △ABC の辺 BC，辺 AB の延長および辺 AC の延長に接する円の半径を r とし，それらとの接点をそれぞれ P，Q，R とする。△ABC の内接円の半径が4，AQ = 21，BC = 14 であるとき，次の問いに答えなさい。[(1)，(2)は解答のみを示しなさい。(3)は途中過程も記述しなさい。]

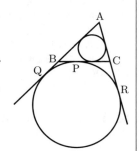

(1) AR の長さを求めなさい。
(2) △ABC の面積を求めなさい。
(3) r を求めなさい。

4 1辺の長さが $3\sqrt{2}$ の正八面体について，次の問いに答えなさい。[(1)，(2)は解答のみを示しなさい。(3)は途中過程も記述しなさい。]

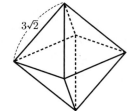

(1) 表面積を求めなさい。
(2) 体積を求めなさい。
(3) この正八面体の1つの面を下にして水平な台の上に置くとき，この正八面体の水平な台からの高さを求めなさい。

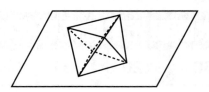

5 思考力 高校1年生の太郎さんと中学3年生の花子さんが会話をしています。会話をよく読み，(1)～(3)に当てはまる数字を書きなさい。[いずれも解答のみを示しなさい。]

花子さん：忍者のアニメで井戸に石を落として，水面に石が到達するまでの時間で水面までの距離を計るシーンを見たんだけど，あれってどういう計算するんだろう。

太郎さん：それなら高校で習ったよ。物を投げつけずにパッと離して落下させると t 秒間に進む距離は $4.9 \times t^2$ (m) になるんだよ。本当は，空気抵抗があったりするんだけど微々たるものだから無視してもいいかな。

花子さん：なるほど。ってことは，石を落として水面に石が到達するまでの時間が2秒だったら，水面までの距離は ① m ってことだね。

太郎さん：これを高い橋から川の水面にやったらどうなるんだろう。

花子さん：危ないでしょ。もし，下に人がいたら大変なことになるわよ。落下速度って確かだんだん増していくはずだから，石の落下速度はとんでもないことになってるんじゃないの。

太郎さん：もし5秒だとしたら…。あれ？速さを出す公式があったはずなのに忘れてしまった…。しかも教科書は学校だし…。

花子さん：あっ！$4.9t^2$ ってことは2乗に比例する関数ということだよね？ってことは，5秒後から5.1秒後までの平均の速さは変化の割合と同じと考えられるから毎秒 ② m と考えられるんじゃないの？5秒ちょうどではないけど，およその速さならこれで分かるわ！

太郎さん：それって，プロ野球のピッチャーの投げる球より速いよね…。絶対やってはダメなやつだね。それはそうと，5秒後ぴったりの速さってどうすれば分かるんだろう…。ネットで公式を調べるかな…。

花子さん：調べることは大切だけど，自分の頭で考えることも大切だよ！
5秒後に 4.9×5^2 (m) なんだから $5+s$ 秒後は $4.9 \times (5+s)^2$ (m) でしょ。ってことは，この s 秒間で $49s + 4.9s^2$ (m) 進んだってことだから，速さは毎秒 $49 + 4.9s$ (m) になるよね。5秒ちょうどにしたいから，s を小さくしていけば，ほぼ5秒後の瞬間になるはずなんだけど…

太郎さん：そうだ！先生がその s を 0.000000…1 と限りなく0に近づけるとそれは0と扱ってよいって言ってた！

花子さん：なるほど！ということは，5秒後の速さは毎秒 ③ m って分かるね。

太郎さん：よし！試してみるか！
花子さん：だから危ないからダメだって！
太郎さん：ですよね～

大阪星光学院高等学校

時間 60分　満点 120点　解答 P94　2月10日実施

出題傾向と対策

● 大問は5問で，**1**は小問集合，**2**は関数 $y=ax^2$，**3**は整数問題，**4**は平面図形，**5**は立体図形であった。分量は例年並である。難易度は昨年と比べると**1**は難しくなっているものの，**2**～**5**は取り組み易くなっている。

● 全体的に標準以上のレベルの問題が，ほぼ全ての単元から出題されている。対策としては応用レベルの典型題を数多くこなし，自力で答えに到達できるようにトレーニングを積んでおきたい。証明問題の出題も見られるので，日頃から途中経過の記述にも取り組んでおこう。

次の ☐ の中に正しい答えを入れなさい。

1
(1) $(\sqrt{2}+\sqrt{3}+\sqrt{5})(\sqrt{2}+\sqrt{3}-\sqrt{5})$
　　$\times(\sqrt{2}-\sqrt{3}+\sqrt{5})(-\sqrt{2}+\sqrt{3}+\sqrt{5}) = $ ☐

(2) a, b を正の数とする。x と y の連立方程式
$\begin{cases} ax - y = 4 \\ x + by = 7 \end{cases}$ の解を a と b を用いて表すと，
$x = $ ☐ ，$y = $ ☐ である。

(3) 1から5までの整数が1つずつ書かれた5枚のカードがある。この中から3枚を選んで横一列に並べて3桁の整数をつくるとき，この整数が偶数となる確率は ☐ であり，3の倍数となる確率は ☐ である。

(4) **難**　$AB = 10$，$BC = 11$ の三角形 ABC を，点 A を中心に回転させたものを三角形 AB′C′ としたところ，右の図のように3点 B′，C，C′ が一直線上になった。また，BC と AB′ の交点を P とするとき，$BP = 8$，$AP > PB'$ となった。このとき，AP の長さは ☐ で，三角形 ACC′ の面積は ☐ である。

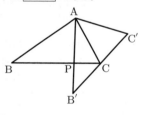

(5) **思考力**　右の図において，ABCD － EFGH は1辺の長さが4の立方体で，$AP = 3$，$FR = 1$ であり，Q は辺 DH 上を自由に動く点である。この立方体の内部を通る経路で，P から Q を通って R に至るもののうち，最短の長さは ☐ である。

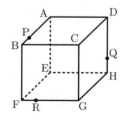

2 よく出る 基本
右の図のように，放物線 $y = \frac{1}{2}x^2$ と直線 $y = -2x - \frac{3}{2}$ が2点 A，B で交わっている。放物線上に点 C $\left(t, \frac{1}{2}t^2\right)$（ただし $t > 0$）をとって，平行四辺形 ABCD をつくったところ，辺 AD の中点 E が放物線上にあった。

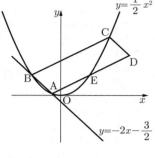

(1) 点 A の x 座標は ☐ ，点 B の x 座標は ☐ である。
(2) 点 E の x 座標を t で表すと ☐ となり，したがって $t = $ ☐ となる。
(3) 原点 O を通り，平行四辺形 ABCD の面積を二等分する直線の式は $y = $ ☐ である。

3　0以上の整数 x に対して，x を3で割った余りを $f(x)$ と表すこととする。たとえば，$f(11) = 2$，$f(24) = 0$ である。
(1) $f(1024) = $ ☐ ，$f(1024 \times 1025) = $ ☐ である。
(2) $f(1) + f(2) + f(3) + \cdots + f(2023) = $ ☐ である。
(3) $f(f(2023^2) \times f(71)) + f(2023) \times f(71^2) = $ ☐ である。

4　右の図のように，三角形 ABC があり，辺 BC を直径とする円と2点 D，E で交わっている。$AB = 4$，$BC = 4\sqrt{3}$ で，点 D は辺 AB の中点である。

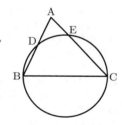

(1) 三角形 ABC と三角形 AED は相似であることを証明せよ。
(2) 三角形 AED は二等辺三角形であることを証明せよ。
(3) AE の長さは ☐ であり，三角形 AED の面積は ☐ である。

5 基本　右の図において，ABCD － EFGH は1辺の長さが6の立方体で，$AI = AJ = 2$ である。

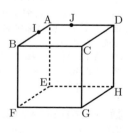

(1) 3点 I，J，F を通る平面でこの立方体を切ったとき，点 A を含む方の立体の体積は ☐ であり，切り口の面積は ☐ である。
(2) 点 E からこの切り口の平面に下ろした垂線の長さは ☐ である。

開成高等学校

時間 60分 / 満点 100点 / 解答 P95 / 2月10日実施

* 注意 1. 問題文中に特に断りのない限り、答えの根号の中はできるだけ簡単な数にし、分母に根号がない形で表すこと。
2. 円周率は π を用いること。

出題傾向と対策

●大問は4題で，**1**場合の数，**2**平面図形，**3**数の性質，**4**空間図形という出題になった。数値を答える設問がほとんどであるが，記述を求める設問が2つになった。全体としてやや易化したが，計算量，記述量ともやや多い。23年は，関数とグラフの出題がなかった。

●関数とグラフ，平面図形，空間図形，確率などの分野から総合的な思考力，応用力を試す問題が出題される。これらの頻出分野を中心に良問を十分に練習しておこう。また，数や図形に関する証明の書き方についても練習しておこう。

1 基本 以下の問いに答えよ。

袋の中に1, 2, 3, 4, 5, 6, 7, 8と書かれたカードが1枚ずつ，あわせて8枚入っている。この袋からカードを1枚取り出して書かれた数字を確認して戻すという操作を2回行う。1回目に取り出したカードに書かれた数と2回目に取り出したカードに書かれた数の積を M とおく。

(1) M が2の累乗となるような取り出し方は何通りあるか。

(2) M が2の累乗と3の累乗の積となるような取り出し方は何通りあるか。

(3) M が1つの素数の累乗となるような取り出し方は何通りあるか。

ただし累乗とは同じ数をいくつかかけたものである。例えば2の累乗とは 2^2, 2^3, …のことである。
ここでは2自身も2の累乗と考えることにする。

2 角Bが直角である三角形ABCがある。角BACの二等分線と辺BCの交点をPとおく。

(1) よく出る 基本 三角形の面積の公式が $\frac{1}{2}×(底辺)×(高さ)$ であることを利用して，$AB:AC = BP:CP$ を証明せよ。

(2) $AB = 2\sqrt{2}$, $BP = 1$ であるとき，次の問いに答えよ。
(i) AC, PCの長さをそれぞれ求めよ。
(ii) 三角形PAB，三角形PACの内接円の半径の比を求めよ。

3 新傾向 n 個の異なる自然数で『すべての数の和と，すべての数の積が等しい』…（*）を満たすものを求めてみよう。

(i) $n = 2$ のとき
（*）を満たす2個の異なる自然数を x, y（ただし $x < y$）とすると，これらは方程式 $x + y = xy$ を満たしている。両辺を xy で割ると $\frac{1}{y} + \frac{1}{x} = 1$ である。

$x < y$ より，$\frac{1}{x}$ [①] $\frac{1}{y}$ であり，$\frac{1}{y} + \frac{1}{x} = 1$ でもあるので，$\frac{1}{x}$ [②] $\frac{1}{2}$ がわかる。
よって，x の範囲を考えると $x =$ （ⓐ）となり，$\frac{1}{y} + \frac{1}{x} = 1$ を満たす y は存在しない。
ゆえに，（*）を満たす2個の異なる自然数は存在しない。

(ii) $n = 3$ のとき
（*）を満たす3個の異なる自然数を x, y, z（ただし $x < y < z$）とすると，これらは方程式 $x + y + z = xyz$ を満たしている。両辺を xyz で割ると $\frac{1}{yz} + \frac{1}{zx} + \frac{1}{xy} = 1$ である。
yz, zx, xy の大小を不等式で表すと（ⓑ）<（ⓒ）<（ⓓ）となるので，$\frac{1}{yz}$, $\frac{1}{zx}$, $\frac{1}{xy}$ の大小は（ⓔ）<（ⓕ）<（ⓖ）となる。ゆえに(i)と同様に考えると（ⓖ）[③] $\frac{1}{3}$ となり，x, y の範囲を考えると $(x, y, z) = ((ⓗ), (ⓘ), (ⓙ))$ である。

(iii) $n \geq 4$ のとき
（*）を満たす n 個の異なる自然数について，(i), (ii)と同様に考えると，
$$\frac{(n個の自然数のうち，最大の数)}{(n個の自然数の積)} > \frac{1}{n}$$
となる。このことと $n \geq 4$ から，不等式
$$1 × 2 × (n-1) < n \cdots ㋐$$
が成り立つ。
ところが，㋐を満たす n の範囲を求めると $n <$ （ⓚ）となり，$n \geq 4$ では成り立たない。ゆえに，（*）を満たす n 個の異なる自然数は存在しない。

(1) 基本 （ ）内のⓐ〜ⓚに入る適切な数や式，[ ]内の①〜③に入る適切な不等号を答えよ。

(2) 思考力 不等式㋐が成り立つ理由を説明せよ。

4 平面Pと1辺の長さが2の立方体ABCD−EFGHがある。平面Pとその立方体は頂点Gだけを共有し，対角線AGは平面Pと垂直である。対角線AG上に点Iを，角AIBが直角となるようにとる。このとき，角AIDも角AIEも直角である。

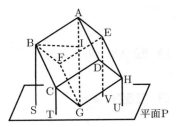

(1) 基本 BIの長さを求めよ。
(2) 基本 角BIDの大きさを求めよ。
(3) 平面P上に4点S, T, U, Vを，それぞれBS, CT, HU, EVが平面Pと垂直になるようにとる。四角形STUVの面積を求めよ。

関西学院高等部

時間 60分　満点 100点　解答 P96　2月10日実施

＊ 注意　採点の対象となるので途中経過も必ず書くこと。

出題傾向と対策

●大問は 8 問で，**1** は計算 3 題，**2** は因数分解 2 題，**3** は 2 次方程式の計算，**4** は連立方程式の計算，**5** は関数 $y = ax^2$，**6** は連立方程式の応用，**7** は平面図形の証明，**8** は場合の数であった。全体の構成・分量ともに昨年とほぼ同じであった。難易度も例年並である。

●前半 **1**～**4** では，屈強な計算力を必要とする数式の計算問題が入ってくる。後半では図形の証明（→ **7**）や一筋縄ではいかない数え上げ（→ **8**）の出題が続いており，作業する力，答案を作成する記述力も要求されている。

1 よく出る　次の式を計算せよ。

(1) $\left(\dfrac{xy}{z^2}\right)^2 \times \left(-\dfrac{3xz^2}{y}\right)^3 \div \dfrac{9z^3}{xy}$

(2) $\dfrac{x-y}{3} + \dfrac{3x-2y}{4} - \dfrac{5x+y}{6}$

(3) $\dfrac{(\sqrt{27}-\sqrt{18})(\sqrt{48}+\sqrt{32})}{\sqrt{96}} - \left(\dfrac{\sqrt{3}-\sqrt{2}}{\sqrt{2}}\right)^2$

2 よく出る　次の式を因数分解せよ。

(1) $2x^2y - 16xy^2 - 18y^3$

(2) $(x+y)(x+2y)(x-y)(x-2y) + x^2y^2$

3 よく出る　方程式 $\dfrac{9x^2+9x+5}{6} - \dfrac{(3x-4)^2}{3} = -\dfrac{x}{4}$ を解け。

4 よく出る　連立方程式 $\begin{cases} \dfrac{3}{4}x + 0.3y = 3 \\ 0.7x + \dfrac{2}{7}y = 1 \end{cases}$ を解け。

5 よく出る　基本

放物線 $y = ax^2\ (a > 0)$ と直線 $l : y = \dfrac{2}{3}x + 4$ が 2 点 A，B で交わっている。点 B を通り，x 軸と平行な直線と y 軸との交点を C，直線 l と x 軸との交点を D とする。四角形 OBCD が平行四辺形となるとき，次の問いに答えよ。

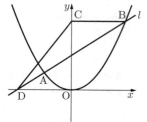

(1) 点 B の座標を求めよ。
(2) a の値を求めよ。
(3) △OAB と △OAD の面積比を求めよ。

6 基本　原価 150 円の商品 A と原価 200 円の商品 B が合計 200 個ある。商品 A，商品 B ともに原価の 1 割増しの定価ですべて販売する計画であったが，実際は商品 A，商品 B とも原価に 25 円の利益を加えてすべて販売したため，売上は計画より 1,520 円多くなった。このとき，商品 A は何個販売したか求めよ。

7 右図のように，AB = AC である 3 点 A，B，C を通る円があり，その中心を O とする。点 A から点 O を通る直線を引いたとき，その直線が線分 BC と垂直に交わることを証明せよ。

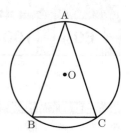

8 思考力　右図のような階段を，P 君は A を出発し，次の 3 通りの方法を用いて D まで移動する。
① 1 段ずつ上る。
② 1 段とばしで上る。
③ 2 段とばしで上る。
③は連続で用いることはできず，3 通りの方法の中で用いないものがあっても構わない。このとき，1 歩目に③を用いた上り方は何通りあるか。ただし，B の位置に来たときは③を用いることはできず，C の位置に来たときは必ず①を用いることとする。

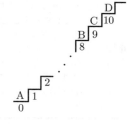

近畿大学付属高等学校

時間 50分　満点 100点　解答 P97　2月10日実施

出題傾向と対策

●大問 5 題の出題で，**1** 計算の小問集合，**2** いろいろな分野からの小問集合，**3** 整数の性質の利用，**4** 関数の総合問題，**5** 平面図形の問題であった。例年通りの出題順，出題内容であり，昨年より問題の難易度がやや上がった感じがある。

●出題される問題は，高校入試としては定番の良問が多いので，普段の勉強でも入試によく出る良問を集めた問題集などで練習をしておくとよい。**3** の整数問題では，思考力の必要なものも出題されることがあり，やや難易度が高いものもある。

1 よく出る　次の問いに答えよ。

(1) $\dfrac{2x-y}{3} - \dfrac{x-2y}{4}$ を計算せよ。

(2) $\sqrt{3}\left(\dfrac{\sqrt{6}}{4} - 2\right) - \dfrac{3}{2\sqrt{2}}$ を計算せよ。

(3) $x^2 - 13xy - 90y^2$ を因数分解せよ。

(4) 2 次方程式 $x^2 + 3x = 5$ を解け。

2 よく出る　次の問いに答えよ。

(1) $x = \dfrac{\sqrt{6}+\sqrt{2}}{2}$，$y = \dfrac{\sqrt{6}-\sqrt{2}}{2}$ のとき，$x^2 - y^2$ の値を求めよ。

(2) a，b は定数とする。関数 $y = ax^2$ について，x の変域が $-2 \leqq x \leqq b$ のとき，y の変域は $2 \leqq y \leqq 8$ である。

このとき, a, b の値を求めよ.

(3) 図のように, 中心角が $90°$ のおうぎ形と直角三角形を組み合わせた図形がある. この図形を, 直線 l を軸として 1 回転させてできる立体の体積を求めよ. ただし, 円周率を π とする.

(4) 大小 2 つのさいころを同時に投げるとき, 出る目の差の絶対値が素数となる確率を求めよ. ただし, さいころはどの目が出ることも同様に確からしいものとする.

(5) ある市における, 昨年の家庭生活から出るごみ (家庭系ごみ) と事業活動により出るごみ (事業系ごみ) の排出量の合計は 17 万トンであった. 今年は昨年に比べて, 家庭系ごみが 8%, 事業系ごみが 2% 減少したので, 合計は 1 万トン減少した. 今年の家庭系ごみと事業系ごみの排出量はそれぞれ何万トンか.

3 難 思考力 次の文を読んで アー〜ケ に適する数を求めよ. ただし, $0 < $エ$ < 7$, $0 < $オ$ < 17$ とする.

4 桁の自然数 N の上 2 桁と下 2 桁をそれぞれ 2 桁または 1 桁の数とみなし, 上 2 桁の数を A, 下 2 桁の数を B とすると, $N = $ア$A + B$ と表される. このとき, 『N が 7 の倍数ならば, $2A + B$ も 7 の倍数となる』. 実際, N が 7 の倍数のとき, k を自然数として, ア$A + B = 7k$ と表されるので, $B = 7k - $ア$A$. よって,
$$2A + B = 7(k - 　イ　 A)$$
となる.

また, 『N が 17 の倍数ならば, $2A - B$ も 17 の倍数となる』. 実際, N が 17 の倍数のとき, l を自然数として, ア$A + B = 17l$ と表されるので, $B = 17l - $ア$A$. よって,
$$2A - B = 17(　ウ　A - l)$$
となる.

以上のことを利用して, 7 の倍数であり, 17 の倍数でもある 4 桁の自然数 $N = $ア$A + B$ で, 上 2 桁と下 2 桁の差が 3 となるものを求めてみよう.

ⅰ) $B - A = 3$ のとき, N が 7 の倍数であることから, $A + $エ が 7 の倍数であり, N が 17 の倍数であることから, $A - $オ が 17 の倍数となる. これを満たす 2 桁の自然数 A は $A = $カ となる.

ⅱ) $A - B = 3$ のとき, 同様にして, $A = $キ となる.

以上から, 求める 4 桁の自然数は ク と ケ である. ($ク < ケ$)

4 放物線 $y = ax^2$ ……① がある. ①は点 A $(-6, 18)$ を通る. 点 A を通り傾き 1 の直線と①の共有点で A でない方を B, 点 B を通り傾き 2 の直線と①の共有点で B でない方を C, 点 C を通り傾き -1 の直線と①の共有点で C でない方を D とする. 次の問いに答えよ.

(1) a の値を求めよ.
(2) 直線 AB の式を求めよ.
(3) 直線 CD の式を求めよ.
(4) 面積比 $\triangle ABD : \triangle ACD$ を求めよ.

5 よく出る

図のように半径 2 の円 O がある. 直径 AB の B 側の延長上に点 C をとり, C から円 O に異なる 2 点 D, E で交わるように直線をひく. このとき, $CD = 2$, $\angle BCD = 15°$ である. さらに, 点 F は, E を点 O に関して点対称移動した点とする. 次の問いに答えよ.

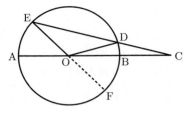

(1) $\angle AOE$ の大きさを求めよ.
(2) 線分 DF の長さを求めよ.
(3) 線分 CF の長さを求めよ.
(4) $\triangle CEF$ の面積を求めよ.
(5) 線分 BC の長さを求めよ.

久留米大学附設高等学校

時間 60分 満点 100点 解答 P99 1月22日実施

出題傾向と対策

● 小問集合, 放物線と直線に関する問題, 確率, 平面図形 (証明問題あり), 立体の問題と出題内容はほぼ例年通りであった.

● 例年と比べて穏やかなセットであった. 今年は大問で確率が出題されたが, 数の性質に関する問題もよく出題される. 傾向がはっきりしているので過去問の勉強が効果的である. また, 考えさせる問題が 1 問以上出題されるので, 普段からじっくり考えて解く習慣をつけていないと太刀打ちできない.

1 次の各問いに答えよ.

(1) $x + y = 7$, $x^2 + y^2 = 169$ を満たす x, y について, xy と $(x - y)(x^2 - y^2)$ の値をそれぞれ求めよ.

(2) x, y についての 2 つの連立方程式
$$\begin{cases} \dfrac{2}{x} + \dfrac{3}{y} = -5 \\ ax + by = 2 \end{cases}$$
と
$$\begin{cases} \dfrac{3}{x} - \dfrac{5}{y} = 21 \\ bx + ay = -\dfrac{1}{2} \end{cases}$$
が同じ解をもつとき, 解 x, y と定数 a, b の値をそれぞれ求めよ.

(3) 右図の四角形 ABCD は AB $= 3$ cm, BC $= 6$ cm の長方形で, 扇形 DCE は $\angle CDE = 90°$ である. このとき, 斜線部分を AE を軸として 1 回転させてできる立体の体積を求めよ.

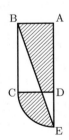

(4) A$\left(-\dfrac{7}{2}, \dfrac{21}{4}\right)$, B$\left(-\dfrac{5}{3}, 0\right)$ とする。右図のように，$y = \dfrac{3}{2}x$ のグラフを①とし，$x > 0$ の範囲における $y = \dfrac{6}{x}$ のグラフを②とする。四角形 ABCD が平行四辺形となるように，点 C を①上に，点 D を②上にとる。このとき，D の座標を求めよ。

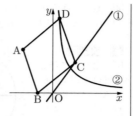

2 放物線 $y = x^2$ と直線 $y = x + 6$ との交点を A，B とする。A の x 座標は，B の x 座標より小さいものとする。

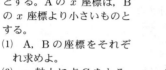

(1) A，B の座標をそれぞれ求めよ。
(2) y 軸上に点 C をとる。3 点 A，B，C が線分 AB を直径とする円周上にあるとき，C の y 座標をすべて求めよ。
(3) 放物線 $y = x^2$ 上に点 D(t, t^2) をとる。ただし，$t > 0$ とする。また，直線 $y = -3x$ と直線 AD との交点を E とする。
△OAE : △ODE = 1 : 3 のとき，t の値を求めよ。

3 右図のように，1 から 5 の番号が時計回りに書かれたマスを考える。また，1 のマスの上に球をおく。この球を，どの目が出る確率も同様に確からしいサイコロを投げ，出た目の数だけマス上を時計回りに動かして止める操作を繰り返し行う。たとえば，サイコロを

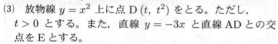

2 回投げ，出た目が順に 2，4 であれば，球はまず 1 のマスから 3 のマスへ動いて止まり，次に 3 のマスから 2 のマスへ動いて止まる。
(1) サイコロを 1 回投げ，球が奇数のマスに止まる確率を求めよ。
(2) サイコロを 2 回投げ，1 回目のサイコロの目が偶数で，かつ，2 回目に球が奇数のマスに止まる確率を求めよ。
(3) サイコロを 2 回投げ，2 回目に球が奇数のマスに止まる確率を求めよ。
(4) サイコロを 2 回投げ，1 回目も 2 回目も球が奇数のマスに止まる確率を求めよ。

4 [思考力] 右図のように，AB = 10 cm，BC = 8 cm の長方形 ABCD の辺 BC 上に BP : PC = 3 : 1 となる点 P をとり，辺 CD 上に CQ : QD = 3 : 22 となる点 Q をとる。
(1) ∠APQ = 90° であることを証明せよ。
(2) A と Q，D と P をそれぞれ結ぶ。このとき，∠AQP = ∠DPC であることを証明せよ。

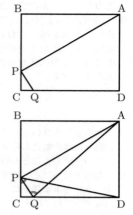

5 1 辺の長さが $\sqrt{3}$ の立方体 ABCD − EFGH がある。△BDE を含む平面と平行な平面 P でこの立方体を切る。頂点 A から平面 P に下ろした垂線の長さを x とし，切り口の図形の面積を S とする。ただし，$S = 0$ となるときは考えないものとする。

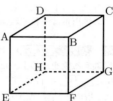

(1) A から △BDE を含む平面に下ろした垂線の長さを求めよ。
(2) $0 < x \leq 1$ のとき，S を x を用いて表せ。
(3) $1 < x \leq \dfrac{3}{2}$ のとき，切り口の図形の周の長さを求めよ。
(4) $1 < x \leq \dfrac{3}{2}$ のとき，S を x を用いて表せ。
(5) $S = \dfrac{33\sqrt{3}}{16}$ となる x の値をすべて求めよ。

慶應義塾高等学校

時間 60分　満点 100点　解答 P.100　2月10日実施

* 注意　1.【答えのみでよい】と書かれた問題以外は，考え方や途中経過をていねいに記入すること。
　　　2. 答えには近似値を使用しないこと。答えの分母は有理化すること。円周率は π を用いること。
　　　3. 図は必ずしも正確ではない。

出題傾向と対策

● 1 は小問集合，2 は確率の問題，3 は約数の個数の問題，4 は食塩水の問題，5 は座標平面上の図形問題，6 は空間図形の総合問題であった。分量，内容ともに例年と大きな差はない。

● 1 だけが答えのみを答えればよく，他の問題は途中経過も記述しなければならない。与えられた解答欄に読みやすく記述する練習も必要である。5 の図は問題の注意にあるとおり「正確ではない」ので，問題に即して図をかき直すことも忘れずに。

1 次の空欄をうめよ。【答えのみでよい】

(1) 7^{123} を 100 で割ると余りは □ である。

(2) $(30^2+37^2+44^2+\cdots+79^2)-(1^2+8^2+15^2+\cdots+50^2)$ を計算すると，□ である。

(3) $\left(\dfrac{\sqrt{2023}+\sqrt{2022}}{\sqrt{2}}\right)^2 - (\sqrt{2023}+\sqrt{2022})$
　　$\times(\sqrt{2022}-\sqrt{63}) + \left(\dfrac{\sqrt{63}-\sqrt{2022}}{\sqrt{2}}\right)^2$ を計算すると，□ である。

(4) n は 3 以上の整数とする。正 n 角形の 1 つの内角を $x°$ とするとき，x の値が整数となる正 n 角形は □ 個ある。

(5) a, b を定数とする。1 次関数 $y=ax+b$ について，x の変域が $8a \leqq x \leqq -24a$ のとき，y の変域が $7 \leqq y \leqq 9$ であったという。このとき，$a=$ □，$b=$ □ である。

(6) $x>y$ において，連立方程式
$\begin{cases} x^2y+xy^2-9xy=120 \\ xy+x+y-9=-22 \end{cases}$
の解は，$\begin{cases} x= \square \\ y= \square \end{cases}$ または，$\begin{cases} x= \square \\ y= \square \end{cases}$ である。

(7) 右の図において，辺 AB，辺 DC，辺 EF，辺 GH は平行で，AB = 4，EF = $\dfrac{12}{5}$ である。このとき GH = □ である。

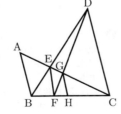

2 カードに 1, 2, 3, 4, 6 の数が書かれた 5 枚の中から 1 枚とって出た数を記録して元に戻す。この操作を 3 回繰り返して，出た数を x, y, z とするとき，次の問に答えよ。

(1) 3 つの数の積 xyz が偶数となる確率

(2) xyz が 9 の倍数となる確率

(3) xyz が 8 の倍数となる確率

3 自然数 n の正の約数の個数を $[n]$ で表す。例えば，6 の正の約数は 1, 2, 3, 6 の 4 個なので，$[6]=4$ である。このとき，次の問に答えよ。

(1) $[108]$ を求めよ。

(2) $[n]=5$ を満たす 300 以下の自然数 n を全て求めよ。

(3) **思考力** $[n]+[3n]=9$ を満たす 100 以下の自然数 n を全て求めよ。

4 1% の食塩水 400 g を入れた容器 A と，6% の食塩水 100 g を入れた容器 B がある。容器 A から $50x$ g，容器 B から $25x$ g を取り出し，交換してそれぞれ他方の容器に入れてよくかき混ぜたところ，容器 B の濃度が容器 A の濃度の 2 倍になったという。x の値を求めよ。但し，容器は食塩水が入るだけの十分な大きさをもつものとする。

5 $a>0$ とする。正三角形 OAB と正六角形 OCDEFG がある。点 O は原点で，点 A, B, C, G は曲線 $y=ax^2$ 上にあるとき，次の問に答えよ。

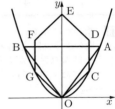

(1) 正三角形 OAB と正六角形 OCDEFG が重なっている部分の面積を求めよ。

(2) 線分 AG と線分 CF との交点を点 H とするとき，CH : HF を求めよ。

6 辺 BC を直径とする半径 1 の円 O と辺 BC を斜辺とする直角二等辺三角形 ABC がある。円 O を含む平面と三角形 ABC を含む平面が垂直で，辺 AB の中点を点 D とするとき，次の問に答えよ。

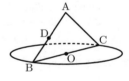

(1) OA を軸として三角形 BCD を 1 回転させたとき，三角形 BCD とその内部が通った部分の立体の体積を求めよ。

(2) AB を軸として円 O を 1 回転させたとき，円 O とその内部が通った部分の立体の表面積を求めよ。

慶應義塾志木高等学校

時間 60分　満点 100点　解答 P101　2月7日実施

* 注意　1. 図は必ずしも正確ではない。
　　　　2. 解答の分母は有理化すること。また、円周率は π とすること。

出題傾向と対策

●昨年と同様に大問が7題の構成であった。計算力が必要だったり、色々と考えさせられる問題が多く、難易度は高かった。
● 1 は小問が3題, 2 は確率, 3, 4 は平面図形, 5 は食塩水に関する文章題, 6 は空間図形, 7 は関数と図形に関する問題である。
●標準レベル以上の問題集で, 基本事項を確実に身につけ, 応用問題が解けるようにしよう。解きやすい問題から手をつけていくと良いだろう。

---

1 次の問に答えよ。
(1) 図のように同一円周上の7点を結んだ図形がある。印を付けた7つの角の和を求めよ。

(2) $\sqrt{2023n}$ が整数となる正の整数 n のうち, 2番目に小さい n の値を求めよ。

(3) $x = \dfrac{7}{3+\sqrt{2}}$ のとき, $(x-1)(x-2)(x-4)(x-5)$ の値を求めよ。

2 1枚のコインを6回投げるとき, 次の確率を求めよ。
(1) 表が1回以上出る確率
(2) 表が連続して3回以上出る確率

3 AB = 13, BC = 15, CA = 14 である △ABC について, 次の問に答えよ。
(1) 頂点 A から辺 BC に垂線を引き, 辺 BC との交点を H とするとき, BH の長さを求めよ。
(2) 3点 A, B, C を通る円の半径 R を求めよ。

4 AD ∥ BC, AC = DB である四角形 ABCD において, AB = DC であることを証明せよ。

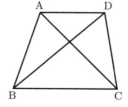

5 5%の食塩水が 100g 入った容器 A, 4%の食塩水が 100g 入った容器 B, 空の容器 C がある。容器 A, B からそれぞれ xg, $2xg$ を取り出し, 容器 C に入れてよくかき混ぜ, また, 容器 A, B にそれぞれ水を xg, $2xg$ 加えた。さらに, 容器 A, B からそれぞれ xg, $2xg$ を取り出し, 容器 C に入れてよくかき混ぜたところ, 容器 C の食塩水の濃度が 4%になった。このとき, x を求めよ。

6 思考力　図のように, 半径が4の2つの球A, Bと, 半径が6の球Cが円柱の容器に入っている。3つの球はそれぞれ互いに接し, 容器の底面と側面にも接している。球A, B, C と容器の底面との接点をそれぞれ A′, B′, C′ とする。次の問に答えよ。

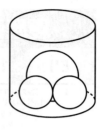

(1) A′C′ の長さを求めよ。
(2) △A′B′C′ の面積を求めよ。
(3) 難　容器の底面の半径 r を求めよ。

7 原点を O とする座標平面上において, 放物線 $y = \sqrt{3}x^2$ と直線 $l: y = \sqrt{3}x + n$ $(n > 0)$ との交点を A, B とし, 直線 l と y 軸との交点を N とする。△AON と △BON の面積比が 4:1 であるとき, 次の問に答えよ。
(1) 2点 A, B の座標と n の値を求めよ。
(2) x 座標が正である点 C で, △ABC が正三角形となる点 C の座標を求めよ。
(3) ∠APB = 60° となる x 軸上の点 P の x 座標を求めよ。

慶應義塾女子高等学校

時間 60分　満点 非公表　解答 P102　2月10日実施

* 注意　図は必ずしも正確ではありません。

出題傾向と対策

● 1 は独立した小問集合, 2 は場合の数, 3 は $y = ax^2$ のグラフと図形, 4 は平面図形, 5 は空間図形からの出題であった。今年も 5 が考えにくかったであろうが, 分野, 分量, 難易度とも例年通りと思われる。
●小問が誘導になっているので, その流れをつかむことが大切である。

---

1 次の問いに答えなさい。
[1] 基本　メスのメダカが15匹, オスのメダカがその x 倍入っている池に, 新たに250匹のメダカを加えた。その250匹のうち, メスがオスよりも140匹多かったため, 今度はメスの数がオスの x 倍になった。x の値を求めなさい。

[2] 整数 x に6を加えると整数 m の平方になり, x から17を引くと整数 n の平方になる。m, n はともに正として, m, n, x の値を求めなさい。

2 A, B, C, D, E, F の6チームがおたがいに他チームと必ず1回だけ試合をすることにした。得点は次の規則で決めることにする。

＜規則＞
試合の勝ち負けが決まったときは, 勝ちチームに2点, 負けチームに0点を与える。
試合が引き分けになったときには, それぞれのチームに1点を与える。

この規則で各チームが5試合すべて終えたとき, AからEのチームの得点は
Aチーム　9点　　Bチーム　3点　　Cチーム　0点

Dチーム 4点　Eチーム 9点
であった。次の問いに答えなさい。
[1] 基本　試合が1つ終わると，両チームに与えられる点の合計は何点か。
[2] 次の文の(あ)～(く)にあてはまる数を答えなさい。
全6チームが試合を終えたとき，試合の総数は(あ)回になるから，Fチームの得点は(い)点である。AチームとEチームは得点が9点であるから，どちらも(う)勝(え)敗(お)引き分けである。したがって，Fチームは(か)勝(き)敗(く)引き分けしたことになる。
[3] 思考力　BチームとDチームの負け試合数が同数のとき，Bチームが引き分けた試合の相手チームを答えなさい。

3 よく出る　図のように，放物線 $y = ax^2$ 上に4点 A, B, C, D を，△OAB が正三角形，△OCD が直角二等辺三角形となるようにとる。点 B から x 軸に垂線 BE をひき，点 E と線分 CD の中点 F を結ぶ。線分 EF と線分 OB, OD の交点をそれぞれ G, H とし，点 B, D の x 座標をそれぞれ b, d として次の問いに答えなさい。ただし，a, b, d は正の値，AB // CD とする。

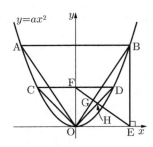

[1] a を用いて，d を表しなさい。
[2] $b : d$ を求めなさい。
[3] ∠DHE の大きさを求めなさい。
[4] FG : GE を求めなさい。
[5] △OFG の面積が $\sqrt{3}$ であるとき，a の値を求めなさい。

4 よく出る　円に内接する四角形 ABCD の2本の対角線は，点 E において垂直に交わっている。点 E を通り，辺 BC に垂直な直線をひき，辺 BC, AD との交点をそれぞれ F, G とする。BE = 20, CE = 15, FG = 17 として，次の問いに答えなさい。

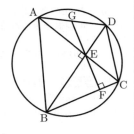

[1] 線分 EF の長さを求めなさい。
[2] ∠DBC = $a°$ として，∠DEG の大きさを a を用いて表しなさい。
[3] 線分 AG, AD の長さをそれぞれ求めなさい。
[4] 四角形 ABCD の面積 S を求めなさい。

5 三角柱 ABC-DEF にちょうど入る半径 r の球 O がある。三角柱の底面は1辺の長さが4の正三角形であるとして，次の問いに答えなさい。ただし，円周率は π とする。

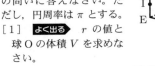
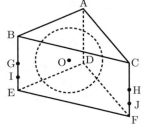

[1] よく出る　r の値と球 O の体積 V を求めなさい。

[2] 思考力　辺 BE, CF の中点をそれぞれ G, H, 線分 GE, HF の中点をそれぞれ I, J とし，点 A, G, H を含む平面 P で球 O を切ったときの切り口の図形の面積を S, 点 A, I, J を含む平面 Q で球 O を切ったときの切り口の図形の面積を T とする。S, T の値を求めなさい。

國學院大學久我山高等学校

時間 50分　満点 100点　解答 P103　2月12日実施

＊注意　円周率はπとする。

出題傾向と対策

●大問4題で，分量は例年通りであった。1 は小問集合，2 は相似な図形と三平方の定理，3 は円と三平方の定理，4 は関数の総合問題であった。
●昨年は小問集合が2問であったが，今年は例年通りのセットに戻った。今年は 3 で「主体的・対話的で深い学び」を考慮した問題が出題された。先生方の教育に対する意欲を感じたが，例年になく解きやすい問題が多くなった。来年の難易度はこれまで通りと考え，過去問の研究や記述問題への対策から始めるとよい。

1 よく出る　次の□を適当にうめなさい。　(40点)

(1) $\dfrac{7x-1}{3} - \dfrac{5x-2}{6} - \dfrac{x-2}{5} = $ □

(2) $x^4 y^8 z \div (-2x^2 y^3)^3 \div \left(\dfrac{z}{xy}\right)^2 = $ □

(3) $(\sqrt{12} + \sqrt{20})\left(\dfrac{6}{\sqrt{3}} - \dfrac{10}{\sqrt{5}}\right) = $ □

(4) 2次方程式 $\sqrt{2}x^2 - x - \sqrt{2} = 0$ を解くと，$x = $ □ である。

(5) x を超えない最大の整数を $[x]$ と表す。例えば，$[3.14] = 3$ である。$a = [\sqrt{5}]$, $b = \sqrt{5} - a$ のとき，$a^5 + a^4 b - a^3 b^2 - a^2 b^3$ の値を求めると□である。

(6) 関数 $y = ax^2$ において，x の変域が $-2 \leq x \leq 1$ のとき，y の変域は $-9 \leq y \leq 0$ である。このとき，$a = $ □ である。

(7) 20人の生徒に10点満点のテストを実施した。下の表は，5点の生徒と10点の生徒を除いた，得点とその人数を表したものである。

得点(点)	0	1	2	3	4	6	7	8	9
人数(人)	0	0	0	0	0	3	5	3	3

ここで，10点の生徒の人数は5点の生徒の人数のちょうど2倍である。
このとき，20人の生徒の得点の中央値は ア 点で，最頻値は イ 点である。

(8) 100円硬貨1枚，50円硬貨2枚，10円硬貨2枚を使って支払える金額は□通りある。ただし，「支払い」とは，使わない硬貨があってもよいものとし，金額が1円以上の場合とする。

(9) 図のような，6つの内角の大きさがすべて等しく，周の長さが39の六角形ABCDEFがある。AB = 8，BC = 7，CD = 6のとき，EF = □ となる。

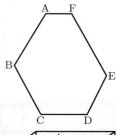

(10) 図のような，1辺の長さが2の立方体がある。この立方体の6つの面において，各面の対角線の交点をA，B，C，D，E，Fとする。A，B，C，D，E，Fを頂点とする立体の体積は □ である。

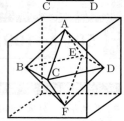

2 **よく出る** 図のように，1辺が9の正方形 ABCD の辺 BC 上に BE = 3 となるように点 E をとり，頂点 A が点 E に重なるように折る。折り目を FG とし，頂点 D が移った点を H とする。EH と GC の交わる点を I とするとき，次の問いに答えなさい。(16点)

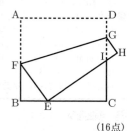

(1) EF の長さを求めなさい。
(2) CI の長さを求めなさい。
(3) GI の長さを求めなさい。
(4) GF の長さを求めなさい。

3 **基本** 円周角の定理を学習した太郎さんと花子さんが，先生と話をしています。ア，ウ～クの空欄に適する値を答えなさい。ただし，キとクの解答の順序は問わない。また，イは選択肢から適する番号を選んで答えなさい。(22点)

<問1> 図のように，Oを中心とする円の周上に3点A，B，Pがある。∠APBの大きさを求めなさい。

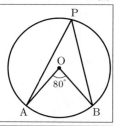

太郎：円周角の定理を使えるよね。
花子：そうすると，<問1>の答えは，∠APB = ア° になるね。
太郎：円周角の定理を使ったおもしろい問題はないかな？
　　　先生に聞いてみよう。
先生：それならいい問題がありますよ。<問2>なんかどうでしょう？

<問2> 図のように，2点 A (0, 1)，B (0, 11) がある。x 軸上に点 P (p, 0) を ∠APB = 30° となるようにとる。このとき，p の値をすべて求めなさい。ただし，$p > 0$ とする。

花子：円周角の定理を使うにはどうしたらいいかな？
太郎：□イ□ 円が描けたとしたらどうなるかな？
花子：そうね，∠APB = 30° だから，□イ□ 円の中心をCとして，円周角の定理を使うと，∠ACB = □ウ□° となるね。
太郎：ということは，△ABC の形状に注目すれば，C の座標は (□エ□, □オ□) となるのか！
花子：それと，CP の長さは □カ□ になるね。
太郎：あっ，そうすると p の値は □キ□ と □ク□ ですね。先生，これはおもしろい問題ですね。
先生：そうでしょう！

<□イ□の選択肢>
① 3点O，A，Pを通る
② 3点O，B，Pを通る
③ 3点A，B，Pを通る

4 (22点)
[1] **基本** 次の問いに答えなさい。
(1) 異なる2点 (p, p^2)，(q, q^2) を通る直線の傾きを p，q を用いて表しなさい。
(2) 図のように，直線 $y = 2x$，2点 A (1, 0)，B (1, b) がある。O は原点，点Bは直線 $y = 2x$ 上の点である。
① b の値を求めなさい。
② OB の長さを求めなさい。

[2] **思考力** 図のように，放物線 $y = x^2$ 上に3点P，Q，R がある。P，Q，R の x 座標をそれぞれ p, q, r ($r < p < q$) とする。△PQR は RP = RQ，PQ = $\sqrt{5}$ の二等辺三角形であり，直線 PQ の傾きは2である。また，PQ の中点を M とすると，直線 MR の傾きは $-\dfrac{1}{2}$ である。次の問いに答えなさい。ただし，(3)は途中過程を記しなさい。

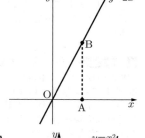

(1) $q - p$ の値を求めなさい。
(2) q の値を求めなさい。
(3) r の値を求めなさい。

渋谷教育学園幕張高等学校

時間 60分 　満点 100点 　解答 P104 　1月19日実施

出題傾向と対策

●大問数は5題で，1は小問集合，2は場合の数，3は $y=ax^2$ のグラフと図形，4は平面図形，5は空間図形であり，出題の構成は例年通りであった。計算力を伴う難易度の高い問題が多いが，今年は条件がシンプルであるなど，全体的に解きやすく感じられた。

●答えのみの出題形式であるが，思考力や分析力が必要な問題が多いので，時間配分に気をつけて，解ける問題を確実に解答していきたい。数学に興味・関心をもって，教科書よりも深く学んでおくようにしよう。

1 次の問いに答えなさい。

(1) $\left(\dfrac{1}{4}a^5 - \dfrac{1}{3}a^4b^2\right)\left(\dfrac{1}{4}a^4b + \dfrac{1}{3}a^3b^3\right) - \left(\dfrac{1}{3}a^2b\right)^2 \div \left(-\dfrac{1}{ab}\right)^3$ を計算しなさい。

(2) x, y についての連立方程式
$$\begin{cases} \dfrac{3}{3x-4y} - \dfrac{4}{4x+3y} = 8 \\ \dfrac{1}{3x-4y} + \dfrac{2}{4x+3y} = 6 \end{cases}$$
を解きなさい。

(3) 方程式
$(x+\sqrt{3}+\sqrt{5})^2 - 3\sqrt{5}(x-2\sqrt{5}+\sqrt{3}) - 35 = 0$
を解きなさい。

(4) 右図のように，三角形 ABC とその外接円 O がある。円 O の直径は 13，BC = 5，AB = 12 であるとする。
　① [基本] 点 A を通る円 O の直径を AD とするとき，線分 BD の長さを求めなさい。
　② 辺 AC の長さを求めなさい。

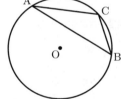

2 [思考力] 1000 から 9999 までの4けたの整数について，次の問いに答えなさい。

(1) 各位に用いられている4つの数字が全部異なる整数は何個ありますか。

(2) 2023 のように，ちょうど3種類の数字が用いられている整数は何個ありますか。

(3) 3の倍数になっている4けたの整数のうち，2と3の両方の数字が用いられているものは何個ありますか。

3 右図のように，放物線 $y=\dfrac{1}{3}x^2$ 上に4点 A, B, C, D がある。2直線 AB，CD の傾きはいずれも 1 であるとする。2点 A, C の x 座標はそれぞれ 6, c であり，$c>6$ であるとする。このとき，次の問いに答えなさい。

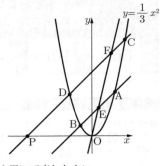

(1) 点 D の x 座標を c を用いて表しなさい。

(2) 直線 CD と x 軸との交点を P とし，CD : DP = 5 : 4 であるとする。
　① c の値を求めなさい。
　② [難] 直線 $y=mx$ と線分 AB，CD との交点をそれぞれ E, F とする。四角形 ACFE と四角形 EFDB の面積比が 1 : 2 となるとき，m の値を求めなさい。

4 右図において，三角形 ABC は ∠BAC が直角の直角三角形であり，辺 BC 上の点 H は AH⊥BC となる点である。また，三角形 ABC, ABH, ACH の内接円の中心をそれぞれ P, Q, R とする。このとき，次の問いに答えなさい。

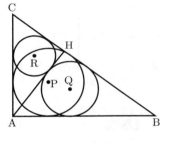

(1) 三角形 PQR の内角 ∠QPR の大きさを求めなさい。

(2) [難] 三角形 ABH，ACH の内接円の半径がそれぞれ 4, 3 で，AH = 12 であるとする。
　① 三角形 ABC の内接円の半径を求めなさい。
　② 三角形 PQR の面積を求めなさい。

5 AB = 8，AC = 7，∠BAC = 120°の三角形 ABC について，∠BAC の2等分線と辺 BC の交点を D とする。このとき，次の問いに答えなさい。

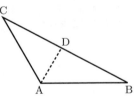

(1) 三角形 ABC の面積を求めなさい。

(2) 三角形 ABD を動かさずに，三角形 ACD を，線分 AD を軸にして 45°だけ回転したとき，点 C が到達した点を E とする。4点 E, A, B, D を頂点とする四面体 EABD について，
　① 面 ABD を底面としたときの高さを求めなさい。
　② 四面体 EABD の体積を求めなさい。

城北高等学校

時間 60分　満点 100点　解答 P106　2月11日実施

＊注意　円周率は π を用いて表しなさい。

出題傾向と対策

● 例年通り大問 5 題の出題である。**1** は数量に関する小問集合，**2** は図形に関する小問集合，**3** は関数 $y = ax^2$，**4** は空間図形，**5** は平面図形で，分野の順序は毎年変化しているが，全体としての出題傾向についてはそれほど変化はない。

● **1**，**2** の小問についてはくふうされたやや難しい問題も出題されている。大問については大きな変化はないようなので，標準以上の問題を解いていくとともに，過去問をしっかりと研究して準備していこう。

1 次の各問いに答えよ。

(1) $(3 - 2\sqrt{2})^{2023} \times (3 + 2\sqrt{2})^{2024} \times (2 - \sqrt{2})$ を計算せよ。

(2) 連立方程式 $\begin{cases} \dfrac{4}{x} + \dfrac{9}{y} = 1 \\ \dfrac{1}{x} + \dfrac{6}{y} = -1 \end{cases}$ を解け。

(3) $A = 3x^2 + 5xy + 2y^2$，$B = x^2 - y^2$，$C = 2x^2 - xy - 3y^2$ のとき，$AC - 6B^2 = (x+y)^2 y \times (\ \ \ )$ である。（　　）にあてはまる式を求めよ。

(4) **よく出る**　大小 2 つのサイコロを同時に投げて，大きいサイコロの目を a，小さいサイコロの目を b とする。座標平面上で，直線 $\dfrac{x}{2a} + \dfrac{y}{b} = 1$ と x 軸，y 軸で囲まれた三角形の面積が 6 以下となる確率を求めよ。

2 次の各問いに答えよ。

(1) **基本**　右の図のように，正方形 ABCD の内部に正三角形 ABE を作る。$\angle AEF$ の大きさを求めよ。

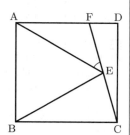

(2) **基本**　座標平面上にある長方形 OABC の外接円と y 軸との交点 P の座標を求めよ。ただし，O(0, 0)，A(4, 4)，C(−1, 1) とする。

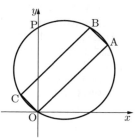

(3) 右の図は面積が $\sqrt{3}$ の正三角形 ABC である。線分の長さの和 DE + DF を求めよ。

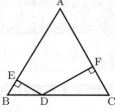

(4) 右の図のような，2 つの直角三角形を組み合わせた五角形がある。この五角形を直線 l を軸として 1 回転させてできる立体の体積を求めよ。

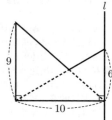

3 2 つの関数
$y = \dfrac{1}{2}x^2 \cdots$ ①，
$y = \dfrac{4}{x}$ $(x > 0)$ $\cdots$ ②
のグラフの交点を A とする。次の問いに答えよ。

(1) **よく出る**　点 A の座標を求めよ。

(2) ②のグラフ上の点 B で，△OAB の面積が 3 となる点が 2 つある。この 2 つの点の座標を求めよ。

(3) (2)で求めた 2 点を通る直線と①のグラフの交点の x 座標をすべて求めよ。

4 右の図のように，
AB = BC = BD = $3\sqrt{2}$，
$\angle ABC = \angle ABD = \angle CBD = 90°$
の三角すいがある。
AE : EB = 1 : 2，
AF : FC = AG : GD = 2 : 1
であるとき，次の問いに答えよ。

(1) 三角すい A − BFG の体積を求めよ。

(2) BF の長さを求めよ。

(3) 点 E から平面 BFG に下ろした垂線の長さを求めよ。

5 右の図のように，半径 1 の半円の弧 AB 上の点を C とする。点 C におけるこの半円の接線に点 A から垂線 AH を引き，直線 BC との交点を P とするとき，次の問いに答えよ。

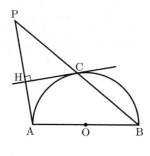

(1) **基本**　$\angle ABC = 30°$ のとき，$\angle APB$ の大きさを求めよ。

(2) **思考力**　点 C が，$30° \leqq \angle ABC \leqq 75°$ の範囲で動くとき，点 P が動いた長さを求めよ。

巣鴨高等学校

時間 60分 満点 100点 解答 P108 2月12日実施

* 注意 円周率が必要な場合は π を用い，解答に $\sqrt{}$ が含まれる場合は $\sqrt{}$ のままできるだけ簡単な形にしなさい。

出題傾向と対策

● 大問は4題のままで，問題量に変化はない。昨年この欄で空間図形の難問が復活する可能性もあると指摘したが，的中した。解答の途中の説明を要求する設問が数ヶ所ある。数値がよく工夫された問題が目立ち，やや難化した。

● **1** の小問集合を仕上げて，**2**～**4** に進む。方程式の文章題，関数とグラフ，平面図形，空間図形が必ず出題される。整数の性質や確率も出題されやすい。作図は出題されないが，図形に関する証明が出題されるので，過去の出題を参考にして，良問をしっかり練習しておこう。

---

1 よく出る 次の各問いに答えなさい。

(1) 基本 $(2x-3)(3x+5) - 5(x+3)(x-3)$ を計算しなさい。

(2) $\dfrac{\sqrt{18}+\sqrt{5}}{\sqrt{2}}$ の整数部分を a，$1+\sqrt{17}$ の小数部分を b とするとき，a，b の値を求めなさい。また，$M = 3a^2 + 2ab + b^2$ の値を求めなさい。

(3) 次の3つの2次方程式
$x^2 + ax + b = 0$，$2x^2 + 3ax + 4b = 0$，
$x^2 - 2x - 3 = 0$
が同じ正の解をもつとき，定数 a，b の値を求めなさい。

(4) 大，中，小の3つのさいころを同時に投げたとき，出た目の積が4で割り切れる確率を求めなさい。

(5) $\sqrt{n^2 + 104}$ が自然数となるような自然数 n をすべて求めなさい。

(6) ある遊園地で入園料が a 円のとき，入園者数は b 人です。この遊園地では，入園料を $x\%$ 値上げすることを検討しており，$x\%$ 値上げした場合，$\dfrac{x}{3}\%$ の入園者数の減少が見込まれています。値上げ率を 25% 以内にして売上げをちょうど 12% 増やしたいとき，x の値を求めなさい。ただし，x は整数とします。

2 よく出る 右図のように x 座標が -2 の点Aで，放物線 $y = x^2$ と双曲線 $y = \dfrac{a}{x}$ $(a < 0)$ が交わっています。放物線 $y = x^2$ 上に点B $(1, 1)$ をとり，直線ABと双曲線 $y = \dfrac{a}{x}$ の点Aと異なる交点をC，直線ABと y 軸との交点をDとします。

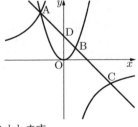

このとき，次の各問いに答えなさい。(4)については途中経過も書きなさい。

(1) 基本 定数 a の値を求めなさい。
(2) 基本 直線ABの式を求めなさい。

以下，原点に関して点Aと対称な点をEとします。

(3) 基本 △ACEの面積を求めなさい。

(4) 思考力 新傾向 点Pは放物線 $y = x^2$ 上を点Aから点Bまで動きます。直線DPが△ACEを2つの部分に分け，その2つの部分の面積比が $2:1$ になるときの点Pの x 座標をすべて求めなさい。

3 右図のような $AB = 3\,\text{cm}$，$BC = 6\,\text{cm}$，$BF = 9\,\text{cm}$ の直方体 $ABCD-EFGH$ があります。

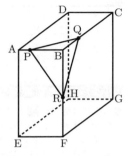

点Pは頂点Aを出発して毎秒 $1\,\text{cm}$ の速さで点Bに到達するまで動き，点Qは頂点Bを出発して毎秒 $2\,\text{cm}$ の速さで点Cに到達するまで動き，点Rは頂点Fを出発して毎秒 $3\,\text{cm}$ の速さで点Bに到達するまで動くものとします。3点P，Q，Rが同時に出発するとき，次の各問いに答えなさい。(3)については途中経過も書きなさい。

(1) 出発してから x 秒後の線分PQの長さを x を用いて表しなさい。

(2) $PQ:PR = 1:\sqrt{2}$ となるのは，出発してから何秒後ですか。

(3) 難 △PQRがはじめて二等辺三角形となるとき，点Bから平面PQRに下ろした垂線と平面PQRとの交点をIとします。また，直線BIと平面AEHDの交点をJとし，点Jから線分EHに下ろした垂線と線分EHとの交点をKとします。
① 線分BIの長さを求めなさい。
② 線分JKの長さを求めなさい。

4 右図において △ABC は，$AB = AC = 15\,\text{cm}$，$BC = 6\,\text{cm}$ の二等辺三角形です。3点 A，B，C を通る円と ∠ABC の二等分線の点Bと異なる交点を D，直線AD と直線BC の交点を E，線分AC と線分BD の交点をFとします。このとき，次の各問いに答えなさい。(2)については途中経過も書きなさい。

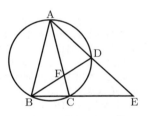

(1) △ACE が二等辺三角形であることを以下のように証明しました。

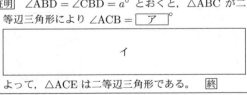

① 基本 アに入る式を a を用いて表しなさい。
② イに証明の続きを書き，証明を完成させなさい。

(2) 線分AE の長さを求めなさい。
(3) 線分DF の長さを求めなさい。

駿台甲府高等学校

時間 **60分** 満点 **100点** 解答 **P109** 2月11日実施

* 注意 1. 答えに分数を用いるときは，既約分数で答えること。
  2. 答えに $\sqrt{}$ を用いるときは，$\sqrt{}$ の中をできるだけ簡単にすること。また，分母は有理化すること。
  3. 円周率は π を用いること。
  4. 比で答えるときは，できるだけ簡単な比（可能なら整数比）で答えること。

出題傾向と対策

● 大問は4題で，**1** の小問11題は中学校のいろいろな分野から出題される。確率の大問が座標や相似，回転体の体積と融合して復活した。穴埋め形式の問題は消滅したままであり，すべて数値を答える設問である。作図や証明は出題されていない。

● **1** を確実に仕上げてから **2** 〜 **4** の解きやすい設問に進む。平易な設問に混じって図形の難問や新傾向の問題も出題されるので注意を要する。過去の出題を参考にして，いろいろな良問を練習しておこう。時間配分にも注意しよう。

1 よく出る 基本 次の各問いに答えよ。
(1) $7 - 3 \times 4$ を計算せよ。
(2) $\sqrt{125} - \sqrt{20} - \sqrt{5}$ を計算せよ。
(3) $x(x-3) - 2(x+7)$ を因数分解せよ。
(4) 2次方程式 $x^2 - x - 3 = 0$ を解け。
(5) 2直線 $y = 2x - 1$，$y = 3x + 4$ の交点の座標を求めよ。
(6) 関数 $y = 2x^2$ について，x の変域 $-3 \leqq x \leqq 1$ に対する y の変域を求めよ。
(7) 6個のデータ 47, 52, 46, 53, 54, a の平均値が50 であるとき，a の値を求めよ。
(8) 4人で1回じゃんけんをするとき，あいこになる確率を求めよ。ただし，どの人についても，グー，チョキ，パーのどれを出すことも同様に確からしいとする。
(9) 右図は，$\angle BAC = \angle BDC = 59°$，$\angle DAC = 33°$ の四角形 ABCD である。$\angle BCD$ の大きさを求めよ。

(10) 右図は，1辺が 4 cm の立方体である。この立方体の対角線 AG 上に FP ⊥ AG となる点 P をとるとき，線分 FP の長さを求めよ。

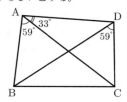

(11) 右図の四角形 ABCD は，AB = 12 cm，AD = 18 cm の長方形である。線分 CD 上に点 E，線分 AE 上に点 F があり，CE : ED = 1 : 3，AF : FE = 1 : 2 である。このとき，線分 BF の長さを求めよ。

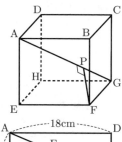

2 右図のように，平行四辺形 ABCD の辺 BC，CD の中点をそれぞれ E，F とし，対角線 BD が AE，AF と交わる点をそれぞれ P，Q とする。AB = $\sqrt{41}$ cm，AD = 8 cm，BD = 13 cm のとき，以下の各問いに答えよ。

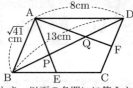

(1) 基本 BP : QD をもっとも簡単な整数の比で表せ。
(2) 四角形 PEFQ と △ECF の面積の比をもっとも簡単な整数の比で表せ。
(3) 五角形 PECFQ の面積を求めよ。

3 新傾向 1つのさいころを2回投げて，1回目に出た目を m，2回目に出た目を n とし，さいころの目に対応させて2点 P$(m, 0)$，Q$(0, n)$ を右図のように定める。このとき，以下の各問いに答えよ。ただし，原点 O から $(1, 0)$，$(0, 1)$ までの距離をそれぞれ 1 cm とする。

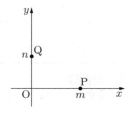

(1) 3点 O，P，Q を頂点とする三角形の面積が 3 cm^2 になる確率を求めよ。
(2) A$(2, 0)$，B$(2, 1)$ とする。3点 O，P，Q を頂点とする三角形と △OAB が相似になる確率を求めよ。
(3) R(m, n) とする。△PQR を，y 軸を軸として1回転させてできる立体の体積が 24π cm^3 以下になる確率を求めよ。

4 右図で，直線 l の式は $y = \dfrac{1}{2}x$，直線 m の式は $y = -\dfrac{1}{4}x$ である。直線 l 上に x 座標が正である点 P があり，点 P を通り，傾きが $-\dfrac{5}{2}$ である直線を n，2直線 m，n の交点を Q とする。このとき，以下の各問いに答えよ。

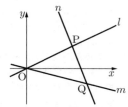

(1) 基本 点 P の x 座標が2であるとき，点 Q の座標を求めよ。
(2) 2点 P，Q の y 座標の差が1であるとき，点 Q の座標を求めよ。
(3) 思考力 新傾向 x 座標，y 座標がともに整数である点を格子点という。2点 P，Q がともに格子点であり，線分 PQ（点 P，Q も含む）上にある格子点の個数が7個であるとき，点 Q の座標を求めよ。

青雲高等学校

時間 70分　満点 100点　解答 P110　1月8日実施

* 注意　円周率は π，その他の無理数は，たとえば $\sqrt{12}$ は $2\sqrt{3}$ とせよ。

出題傾向と対策

● 大問6題で，**1** は独立した小問の集合，**2** は空間図形，**3** は $y = ax^2$ のグラフと図形，**4** は平面図形，**5** は確率，**6** は数の性質からの出題であった。大問が1題ふえたが **1** の小問数が減ったので，全体としての分野，分量，難易ともほぼ昨年通りと考えられる。
● 基本から応用まで出題されるので，基本事項を身につけ標準的なものでしっかり練習すること。確率，数の性質は考えにくいものもあるので要注意。

1 基本　次の問いに答えよ。

(1) $18 \times 22 \times 3.14 - 20^2 \times 3.14$ を計算せよ。

(2) $\left(\dfrac{2}{3}xy^2\right)^3 \times \left(-\dfrac{1}{6}x\right)^2 \div \left(-\dfrac{2}{9}x^2y^3\right)$ を計算せよ。

(3) $\sqrt{(-3)^2} - \dfrac{\sqrt{16}}{\sqrt{2}} - (\sqrt{2}+1)^2$ を計算せよ。

(4) $(x^2+2x+1) + 5a(x+1) + 6a^2$ を因数分解せよ。

(5) 方程式
$2x + 3y + 9 = \dfrac{x+1}{3} - \dfrac{3y-1}{2} + \dfrac{5}{6} = 3x - y$ を解け。

(6) 2次方程式 $2(x-2)^2 = (x-5)(x+3) + 30$ を解け。

(7) 関数 $y = -2x^2$ において，x の変域が $-2 \leqq x \leqq a$ のとき，y の変域が $-18 \leqq y \leqq b$ である。a, b に当てはまる数を求めよ。

(8) 右図の直角三角形 ABC において，点 A が点 M に重なるように，線分 DE を折り目に折り返した。DB の長さを求めよ。

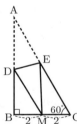

(9) あるグループで小テストを行ったとき，その点数は以下のようになった。

出席番号	1	2	3	4	5	6	7	8	9
点数	37	38	39	41	42	41	38	39	35

一人一人の点数から 40 を引いた値の合計は $\boxed{A}$ である。これを用いることで，グループの小テストの平均を容易に求めることができる。

つまり，(平均) $= 40 + \dfrac{\boxed{A}}{9} = \boxed{B}$ である。

後に，ある一人の生徒の点数を集計していないというミスが発覚し，この生徒を加え，10人のグループとして新たに集計し直した。加えた生徒の点数は 40 であった。はじめの9人のグループを G_1，この生徒を加えた 10 人のグループを G_2 とする。以下の問いに答えよ。

① A, B に当てはまる数を答えよ。ただし，B は小数第2位を四捨五入して小数第1位までの数で答えよ。

② 以下の文章の空らんに入る最も適切な言葉を ア，イ，ウ の中から1つずつ選び記号で答えよ。

G_2 の生徒一人一人の点数から 40 を引いた値の合計は G_1 のとき $\boxed{C}$。
G_2 の平均は G_1 の平均 $\boxed{D}$。
　ア．よりも高い
　イ．よりも低い
　ウ．と等しい

2 よく出る　1辺が4の正方形 ABCD を底面とし，他の辺が $\sqrt{29}$ である四角すい O-ABCD がある。球 K がこの四角すいに内接しているとき，次の問いに答えよ。

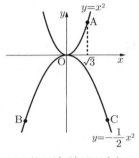

(1) 四角すい O-ABCD の体積を求めよ。

(2) 球 K の半径を求めよ。

(3) 球 K と四角すい O-ABCD の側面との4つの接点すべてを通る平面で球 K を切断すると，断面は円になる。この円の半径を求めよ。

3 よく出る　放物線 $y = x^2$ 上に点 A，放物線 $y = -\dfrac{1}{2}x^2$ 上に2点 B，C をとる。原点を O とし，点 A の x 座標は $\sqrt{3}$ で，△OBC は正三角形である。次の問いに答えよ。ただし，点 C の x 座標は正である。

(1) 点 C の座標を求めよ。

(2) 放物線 $y = -\dfrac{1}{2}x^2$ 上に点をとり，この点と点 A，B を結んだ三角形が直角三角形となるようにすると，この点は2つ存在する。このうち，x 座標が小さい方を P とする。さらに，△ABP の外接円上に点 Q をとる。△QBC の面積の最大値を求めよ。

4 よく出る　中心 O の円に内接する △ABC について，$\stackrel{\frown}{BC} : \stackrel{\frown}{CA} : \stackrel{\frown}{AB} = 7 : 3 : 2$ である。$BC = a$，$CA = b$，$AB = c$ とするとき，次の問いに答えよ。

(1) b を c を用いて表せ。

(2) a を c を用いて表せ。

(3) 円の半径を R，直線 AO と直線 BC の交点を D とするとき，AD の長さと BC の長さの積を R を用いて表せ。

5 1, 2, 3, ……, 13 の数を1つずつ書いたカードがそれぞれ4枚と 0 と書いたカードが1枚ある。これら53枚のカードを用いて以下のようなゲームを行う。

　これら53枚のカードを参加者に分配し，自分がもつ同じ数字のカードを2枚組みにして捨てる。その後，順にほかの人からカードを1枚引き，同じ数字のカードがあればそれらを2枚組みにして捨てる。そして，手持ちのカードがなくなったときに，その人の勝ちが決まる。勝ちが決まった人はゲームから抜ける。
　終盤でAさんとBさんの二人が残り，この後はAさんが

Bさんからカードを引くところから始まる。これ以降について，次の問いに答えよ。ただし，どのカードを引くかは同様に確からしいとする。

(1) **基本** Aさんが1枚のカード，Bさんが2枚のカードをもっている。Aさんが1回目に引いて，次にBさんが引く前にAさんの勝ちが決まる確率を求めよ。

(2) **基本** Aさんが1枚のカード，Bさんが2枚のカードをもっている。Aさんが1回目に引いて，続けてBさんが引く。次にAさんが引く前にBさんの勝ちが決まる確率を求めよ。

(3) **思考力** Aさんが2枚のカード，Bさんが3枚のカードをもっている。
以下の［Ⅰ］，［Ⅱ］について，正しいものをア，イ，ウの中から1つ選び記号で答えよ。
［Ⅰ］ AさんとBさんが1回ずつ引き，Aさんが2回目に引いて，次にBさんが引く前にAさんの勝ちが決まる確率
［Ⅱ］ AさんとBさんが2022回ずつ交互に引き，Aさんが2023回目に引いてBさんの勝ちが決まる確率
ア．［Ⅰ］の方が大きい
イ．［Ⅱ］の方が大きい
ウ．［Ⅰ］と［Ⅱ］は等しい

6 次のような2数の掛け算の方法，すなわち2数の積を求める方法がある。
2つの正の整数A，Bに対して，次の【作業X】，【作業Y】を行う。
【作業X】まず，2つの正の整数A，Bから次の手順で新しい2つの正の整数A′，B′をつくる。
　　A′ = 2A
　　Bが偶数のとき，B′ = B ÷ 2
　　Bが奇数のとき，B′ = (B − 1) ÷ 2
次に，これら新しい2つの正の整数A′，B′をあらためてA，Bと考え，上の手順を，B′が1になるまでくり返す。
【作業Y】【作業X】でB′が奇数のときのA′の和を求める。ただし，最初のBが奇数のときは最初のAもこの和に加える。
この【作業Y】で求めた和の値がAとBの積となる。
例えば，7と6の積をこの方法で求めると次のようになる。
Aを7，Bを6とすると，1回目の【作業X】で，A′ = 14，B′ = 3，2回目の【作業X】で，A′ = 28，B′ = 1となり，【作業X】は終了する。最初のBは偶数であり，ここまででB′が奇数のときのA′は14と28であるから【作業Y】は 14 + 28 となる。このとき，14 + 28 を計算することで，7と6の積42を求めることができる。また，このときの【作業Y】の結果を和の形で表したときの項の数は2である。
次の問いに答えよ。

(1) **基本** 257と50の積を，Aを257，Bを50として上の方法で計算したとき，【作業Y】の結果を和の形で答えよ。($p+q+r+\cdots$の形で答えよ。上の例では $14+28$ の形)

(2) **基本** 257と50の積を，Aを50，Bを257として上の方法で計算したとき，【作業Y】の結果を和の形で答えよ。((1)と同様に $p+q+r+\cdots$の形で答えよ。)

(3) **基本** 【作業Y】の結果を和の形で表したとき，項の数が少ないのは次のア，イのどちらか。記号で答えよ。

ア．Aを31，Bを514として上の方法で計算したとき
イ．Aを514，Bを31として上の方法で計算したとき

(4) **思考力** AとBの積を上の方法で計算して【作業Y】の結果を和の形で表したとき，項の数が2となった。このとき，4桁で最小の正の整数Bを求めよ。

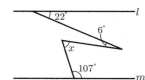

成蹊高等学校
時間 60分　満点 100点　解答 P111　2月10日実施

＊ 注意　円周率は π として計算すること。

出題傾向と対策

●例年同様に大問は5題あった。**1**は小問集合，**2**は関数 $y = ax^2$，**3**は連立方程式の応用，**4**は平面図形，**5**は空間図形からの出題であった。問題の分量・難易度ともに大きな変化はない。

●関数 $y = ax^2$ では図形の知識も問われる。連立方程式の応用では文章の読解力が必要となる。基本事項の総復習をしてから過去問を解いてみるとよいだろう。記述式問題ではないが，問題演習では途中式を書いて，計算も正確に速く解く練習をするとよいだろう。

1 **よく出る** **基本** 次の各問いに答えよ。

(1) $\dfrac{9\sqrt{5} - 4}{\sqrt{2}} - \dfrac{35\sqrt{2} - 6\sqrt{5}}{2\sqrt{5}} - (\sqrt{2} - 1)^2$ を簡単にせよ。

(2) $a^2 + ab + 2b - 4$ を因数分解せよ。

(3) 方程式 $\dfrac{1}{3}(x-2)(x+3) = x$ を解け。

(4) 右の図において，$l \parallel m$ であるとき，$\angle x$ の大きさを求めよ。

(5) 大小2つのさいころを同時に1回投げ，大きいさいころの出た目の数を a，小さいさいころの出た目の数を b とする。十の位の数が a，一の位の数が b である2桁の整数が6の倍数となる確率を求めよ。

(6) あるコンビニで新しいスイーツを43人に販売した。購入者全員の年齢を教えてもらい，ヒストグラムに表した。階級は5歳以上15歳未満，15歳以上25歳未満，…，85歳以上95歳未満のように区切ってある。このヒストグラムと対応する箱ひげ図を，右の①〜⑥から1つ選べ。

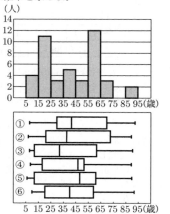

2 よく出る 図のように, 関数 $y=ax^2$ のグラフと直線 l が2点 A, B で交わっている。原点を O とし, 直線 l と x 軸の交点を C とする。点 C を通り AO に平行な直線と, 2点 B, O を通る直線の交点を D とする。点 A の座標は $(-2, 2)$ であり, 直線 l の傾きは 1 である。次の各問いに答えよ。

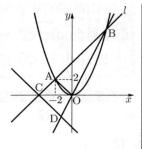

(1) 基本　a の値を求めよ。
(2) 基本　点 B の座標を求めよ。
(3) 四角形 OACD の面積を求めよ。
(4) 点 O を通り, 四角形 OACD の面積を二等分する直線の式を求めよ。

3 $x\%$ の食塩水 400 g と $y\%$ の食塩水 300 g と水 700 g を空の容器 A に入れて混ぜたところ, 3% の食塩水ができた。$x\%$ の食塩水 600 g と $y\%$ の食塩水 1000 g を空の容器 B に入れて混ぜた後, 100 g の水を蒸発させた。次の各問いに答えよ。

(1) よく出る　容器 B の食塩水にふくまれる食塩の重さを x, y を用いて表せ。
(2) 思考力　さらに, 容器 A から取り出した 500 g の食塩水と, 容器 B から取り出した 300 g の食塩水を空の容器 C に入れて混ぜたところ, $y\%$ の食塩水になった。x, y の値を求めよ。

4 よく出る 図のように, 線分 AB を直径とする円 O の周上に点 C があり, AC $=\sqrt{6}$ である。$\angle$ACB の二等分線と円周との交点のうち C と異なる方を D とすると, CD $=4\sqrt{3}$ であった。次の各問いに答えよ。

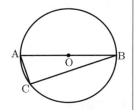

(1) 基本　△DAC の面積を求めよ。
(2) 円 O の半径を求めよ。

5 下の[図1]のような正方形 ABCD の紙があり, BC の中点を E, CD の中点を F とすると AE = AF = $3\sqrt{10}$ であった。この紙を AE, AF, EF で折り, [図2]のような三角錐 A − CEF を作った。次の各問いに答えよ。

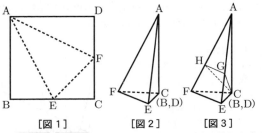

[図1]　[図2]　[図3]

(1) よく出る 基本　正方形 ABCD の1辺の長さを求めよ。
(2) よく出る 基本　三角錐 A − CEF の体積を求めよ。

[図3]のように, 点 C から三角錐 A − CEF の側面にそって, 1周するようにひもをかける。ひもの長さが最も短くなるとき, ひもは辺 AE 上の点 G と辺 AF 上の点 H を通った。

(3) よく出る　△AGH と △AEF の面積の比を最も簡単な整数の比で表せ。
(4) 思考力　3点 C, G, H を通る平面を P とする。頂点 A から平面 P にひいた垂線と, P との交点を I とするとき, 線分 AI の長さを求めよ。

専修大学附属高等学校

時間 50分　満点 100点　解答 P112　2月10日実施

出題傾向と対策

● 昨年と同様, 大問が5題であった。**1**は小問集合であったが, 昨年より1題増えた。**2**は平均点に関する1次方程式の問題, **3**は関数 $y=ax^2$ に関する問題, **4**は平面図形に関する問題, **5**は四進法の考えを用いた整数に関する問題であった。
● 基本的な問題から標準的な問題まで, 幅広い分野から出題されている。基本事項をしっかりと身に付け, 標準的な問題や思考力を問われる問題を練習しておくとよいだろう。

1 基本　次の各問いに答えなさい。

(1) よく出る　$3a^2b \div \dfrac{\sqrt{3}}{2}ab^2$ を計算しなさい。
(2) よく出る　$(2\sqrt{3}+3)(2\sqrt{3}-3)$ を計算しなさい。
(3) $(x+y)^2 - 5(x+y) + 4$ を因数分解しなさい。
(4) $\sqrt{126n}$ が自然数となるような自然数 n のうち, 最も小さい値を求めなさい。
(5) 下の表はあるゲームの得点とその点数を獲得した人数をまとめたものである。このとき, このゲームの得点の中央値を求めなさい。

ゲームの得点(点)	0	1	2	3	4	5	6	7	8	9	10
人数(人)	1	2	3	3	4	2	3	1	2	1	1

(6) A, B, C, D, E の5人から2人を選ぶとき, A が選ばれない確率を求めなさい。
(7) 1周 14 km の湖があり, A は時速 9 km, B は時速 12 km で同時に同じ地点から湖に沿って, それぞれ反対方向に出発をした。2人が最初に出会うのは出発してから何分後か求めなさい。
(8) 和が4, 積が1となるような2つの数を求めなさい。
(9) 底面が1辺3の正方形で, 他の辺が4の正四角錐がある。この正四角錐の体積を求めなさい。

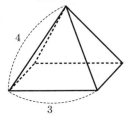

2 国語・数学・英語の3教科の試験を受けた。国語の得点は3教科の合計点の4分の1であり, 数学の得点は3教科の得点の平均点に等しかった。次の各問いに答えなさい。
(1) 国語と英語の得点の比を最も簡単な自然数で表しなさ

い。
(2) 国語と英語の得点差が30点のとき，3教科の合計点を求めなさい。

3 よく出る 放物線 $y = 2x^2$ と直線 $y = ax + b$ が2点 A，Bで交わっており，それぞれの x 座標が -1，2であった。次の各問いに答えなさい。
(1) 基本 点 A の y 座標を求めなさい。
(2) a, b の値を求めなさい。
(3) x 軸上に点 P をとったとき，$AP + BP$ が最小となる点 P の x 座標を求めなさい。

4 平行四辺形 ABCD において辺 BC の中点を E，辺 CD の中点を F とおく。また，直線 BD と直線 AE との交点を G，直線 BD と直線 AF との交点を H とおく。平行四辺形 ABCD の面積を1とするとき，次の各問いに答えなさい。

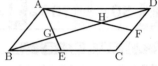

(1) 基本 AG : GE を求めなさい。
(2) △ABG の面積を求めなさい。
(3) △AEF の面積を求めなさい。

5 思考力 何枚かのクッキーを次の手順で箱詰めする。
(i) クッキーを4枚ずつ小袋に入れる。余ったクッキーの枚数を a とする。
(ii) (i)で小袋に入れたものを4個ずつカゴに入れる。余った小袋の個数を b とする。
(iii) (ii)でできたカゴを4個ずつ厚紙の箱に入れる。余ったカゴの個数を c とする。
(iv) (iii)でできた厚紙の箱を4個ずつ段ボール箱に入れる。余った厚紙の箱の個数を d とする。また，できた段ボール箱の個数を e とする。

入れ終わった結果を「$edcba$」と表すことにする。例えば，箱詰めをした結果，$a = 0$，$b = 2$，$c = 0$，$d = 1$，$e = 3$ の場合は「31020」と表す。
次の各問いに答えなさい。
(1) 箱詰めした結果が「12033」と表されたとき，クッキーは全部で何枚あるか答えなさい。
(2) 500枚のクッキーを箱詰めした結果を「$edcba$」のように表しなさい。
(3) 箱詰めした結果が「11233」と「02101」と表された2組のクッキーがある。これらをひとまとめにし，箱詰めをしなおした。その結果を「$edcba$」のように表しなさい。

中央大学杉並高等学校

時間 50分　満点 100点　解答 P113　2月10日実施

出題傾向と対策

●大問は5題で，1 は独立した小問の集合，2 は図形の面積の問題，3 は関数の問題，4 は平面図形と相似，5 は関数と図形を組み合わせた問題であった。解答は答えのみを問う出題が多いが，式や考え方を記述させる問題が1題ある。
●簡単な基本問題から，複雑な思考を必要とする問題まで広範囲に出題されているので，教科書を中心に，過去問や比較的レベルの高い練習問題に習熟することが大切である。特に，文章題には注意しよう。

1 よく出る 次の問に答えなさい。
(問1) $2021 \times 2020 - 2020 \times 2019 + 2021 \times 2022 - 2022 \times 2023$ を計算しなさい。
(問2) 基本 方程式 $x^2 - 6x + 4 = 0$ の解と方程式 $y^2 - 14y + 44 = 0$ の解を適当に組み合わせて，$x - y$ の値を計算します。その計算した値が有理数になるときの $x - y$ の値を求めなさい。
(問3) 基本 大小2個のさいころを同時に投げるとき，出る目の積が6の倍数にならない確率を求めなさい。
(問4) 図のように，△ABC に内接する円が辺 AB，BC，CA と接する点をそれぞれ D，E，F とします。∠A の大きさを $x°$ とするとき，∠DEF の大きさを x を用いて表しなさい。

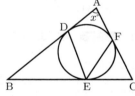

2 よく出る 図のような1辺の長さが2である正八角形 ABCDEFGH について，次の問に答えなさい。
(問1) AD の長さを求めなさい。
(問2) 正八角形 ABCDEFGH の面積を求めなさい。
(問3) 正八角形 ABCDEFGH の外接円の面積を求めなさい。ただし，円周率は π とします。

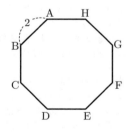

3 図において，点 A $(-1, 1)$，点 B $(3, 9)$ は関数 $y = x^2$ のグラフと直線 $l : y = ax + b$ の交点です。点 C，D は関数 $y = x^2$ のグラフと直線 $m : y = \frac{a}{4}x + b$ の交点で，C の x 座標は負，D の x 座標は正です。2直線 l と m の交点を P とするとき，次の問に答えなさい。
(問1) よく出る 基本 a, b の値をそれぞれ求めなさい。

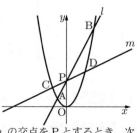

（問2）　**よく出る**　**基本**　点C，Dの座標をそれぞれ求めなさい。

（問3）　△PDBの面積を求めなさい。

4　教科書やノートにはA判やB判と呼ばれる規格の大きさの紙が使われています。A判の紙の大きさは次のように決められています。

A判の紙の大きさの決め方

① A0判の紙は面積が $1\,\mathrm{m}^2$ の長方形である。
② A0判の紙を，長い方の辺を半分にして切ったものをA1判と呼び，A0判とA1判の紙は相似になっている。
③ 同様にして，次々と長い方の辺を半分にして切ったものを順にA2判，A3判，A4判，…と呼び，これらは互いに相似になっている。

なお，B判の場合も「A判の紙の大きさの決め方」と同様です。B0判の紙は面積が $1.5\,\mathrm{m}^2$ の長方形で，以降長い方の辺を半分にして切ったものを順にB1判，B2判，B3判，B4判，…と呼び，これらは互いに相似になっていて，A0判とB0判も互いに相似になっています。このとき，次の問に答えなさい。

（問1）　A0判の面積はA5判の面積の何倍か求めなさい。

（問2）　A0判の
（短い方の辺の長さ）:（長い方の辺の長さ）$= 1 : a$ とします。このとき，「A判の紙の大きさの決め方」の②の性質を用いて a の値を求めなさい。

次に，コピー機で原稿用紙を拡大，縮小することを考えます。
また，コピー機の「倍率（％）」とは，
　　（出力用紙の短い方の辺の長さ）
　　÷（原稿用紙の短い方の辺の長さ）×100
とします。例えば，A1判を50％の倍率でコピーすると，A3判になります。このとき，次の問に答えなさい。ただし，$\sqrt{2} = 1.41$，$\sqrt{3} = 1.73$，$\sqrt{6} = 2.44$ としなさい。

（問3）　B4判の原稿用紙をB5判に縮小してコピーする場合の倍率として，もっとも近い数値を下の(あ)〜(お)から選び，記号で答えなさい。
(あ) 87％　　(い) 82％　　(う) 71％　　(え) 58％
(お) 50％

（問4）　**思考力**　A4判の原稿用紙をB5判に縮小してコピーする場合の倍率と等しい倍率で，A3判の原稿用紙を縮小します。このときの出力用紙の大きさとして，もっとも適切なものを下の(か)〜(け)から1つ選び，記号で答えなさい。
(か) A4判　　(き) A5判　　(く) B4判　　(け) B5判

5　図のように2つの円があり，点 $(1, 1)$ および点 $\left(-\dfrac{7}{3}, \dfrac{7}{3}\right)$ を中心とし，それぞれが x 軸と y 軸の両方に接しています。直線 l はこの2つの円に接していて，x 軸との交点をP，y 軸との交点をQとします。このとき，次の問に答え

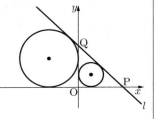

なさい。

（問1）　**よく出る**　2つの円の中心を通る直線の方程式を求めなさい。（答えのみ解答）

（問2）　**よく出る**　点Pの座標を求めなさい。（答えのみ解答）

（問3）　点Qの座標を求めなさい。（式や考え方も書きなさい。）

中央大学附属高等学校

時間 **60**分　満点 **100**点　解答 **P115**　2月10日実施

※注意　1. 答の $\sqrt{}$ の中はできるだけ簡単にしなさい。
　　　　2. 円周率は π を用いなさい。

出題傾向と対策

● **1** は独立した小問の集合，**2** は空間図形，**3** は $y = ax^2$ のグラフと図形，**4** は数の性質，**5** は2次方程式の応用からの出題であった。分野，分量，難易度とも例年通りと思われる。
● 基本から標準程度のものが全範囲から出題される。基本事項を身につけ，標準的，定型的なものをしっかり学習しておくこと。

1　**よく出る**　次の問いに答えなさい。

(1)　**基本**　$-48x^3yz^2 \div \left(-\dfrac{4}{3}xy^2\right)^2 \times \left(-\dfrac{1}{2}xyz^2\right)^3$ を計算しなさい。

(2)　**基本**
$(\sqrt{5}+\sqrt{3})^2 - \sqrt{2}(\sqrt{10}+\sqrt{6})(\sqrt{5}-\sqrt{3})$
$+(\sqrt{5}-\sqrt{3})^2$ を計算しなさい。

(3)　**基本**　$a^2b^2 - 2abd - c^2 + d^2$ を因数分解しなさい。

(4)　**基本**　2次方程式
$(3x+2)(2x-3) + x - 2 = 2(x+1)^2$ を解きなさい。

(5)　関数 $y = 3x^2$ において，x の変域が $a \leqq x \leqq 2a + 11$ のとき，y の変域が $0 \leqq y \leqq 48$ となるような定数 a の値をすべて求めなさい。

(6)　6つのデータ 15，a，20，b，11，24 がある。平均値が 17，中央値が 16.5 のとき，a，b の値を求めなさい。ただし，$a < b$ とする。

(7)　図において，
AC $= 2\sqrt{3}+2$，
∠B $= 45°$，∠C $= 15°$
であるとき，△ABC の面積を求めなさい。

(8)　図において，点Oは円の中心，
BO $=$ CD，
∠ABC $= 51°$ であるとき，∠x の大きさを求めなさい。

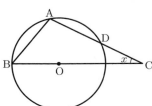

2　**基本**　体積の等しい円柱と球がある。円柱の底面の半径を r，高さを h とし，球の半径を R とする。

(1)　h を r，R を用いて表しなさい。

(2)　$R = 3r$ のとき，円柱の表面積と球の表面積の比を最

も簡単な整数の比で表しなさい。

3 よく出る 図のように，放物線 $y = ax^2$ と直線 $y = bx - 5$ は 2 点 A, B で交わり，A, B の x 座標はそれぞれ -5, 2 である。
(1) a, b の値を求めなさい。
(2) 放物線上に点 C をとる。△ACB の面積が 105 となるとき，点 C の座標をすべて求めなさい。

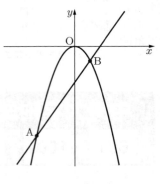

4 思考力 自然数 n に対して，
$n! = n \times (n-1) \times (n-2) \times \cdots \times 3 \times 2 \times 1$,
また，正の偶数 m に対して，
$m!! = m \times (m-2) \times (m-4) \times \cdots \times 6 \times 4 \times 2$ と定める。
＜例＞ $6! = 6 \times 5 \times 4 \times 3 \times 2 \times 1$, $6!! = 6 \times 4 \times 2$
(1) $10!$ は 3 で最大何回割り切れるか求めなさい。
(2) k を自然数とするとき，$(2k)!!$ を $k!$ を用いて表しなさい。
(3) $100!!$ は 3 で最大何回割り切れるか求めなさい。

5 0 でない定数 m に対して，
$M = \dfrac{6m}{m^2+1} + \dfrac{m^2+1}{m} - 5$ とおく。
(1) $t = m + \dfrac{1}{m}$ とおくとき，M を t を用いて表しなさい。
(2) $M = 0$ を満たす m の値をすべて求めなさい。

土浦日本大学高等学校

時間 **50**分 満点 **100**点 解答 P**116** 1月21日実施

＊ 注意 分数で答える場合は必ず約分し，比で答える場合は最も簡単な整数比で答えなさい。また，根号の中はできるだけ小さい自然数で答えなさい。

出題傾向と対策

●大問は 5 問，全問マークシート方式である。**1**, **2** は小問集合，**3** は連立方程式，**4** は関数 $y = ax^2$, **5** は空間図形の問題であった。問題構成，分量，難易度は，どれも例年通りであった。
●基本的な内容を理解しているかを問う問題が多い。教科書の内容を理解したうえで，過去問に取り組み出題傾向をつかむことが大切である。また，マークシート方式に対する慣れも必要である。

1 基本 次の □ をうめなさい。
(1) $\dfrac{2}{3} + \left(-\dfrac{3}{4}\right)^2 \div (-1.5)^3 = \dfrac{ア}{イ}$
(2) $\sqrt{75} - \dfrac{3}{\sqrt{3}} + \sqrt{27} = ウ\sqrt{エ}$
(3) 方程式 $4x^2 - x = 2$ を解くと，$x = \dfrac{オ \pm \sqrt{カキ}}{ク}$ である。
(4) 次のデータは，生徒 6 人の小テストの得点である。
　　37, 49, 20, 42, 33, 41
このデータの中央値は ケコ 点である。
(5) 次の⓪～③のうち，正しいものは サ と シ である。（サ と シ については，順番は問わない）
　⓪ $\sqrt{50}$ は 7 より大きく 8 より小さい。
　① 正四面体は正方形で囲まれた立体である。
　② 半径が r, 弧の長さが l の扇形の面積 S は，
　　$S = \dfrac{1}{2}lr$ である。
　③ 関数 $y = ax^2$ は，定数 a の絶対値が大きいほど，グラフの開き方も大きい。

2 よく出る 次の □ をうめなさい。
(1) A さんは，コンビニで購入した弁当を電子レンジで温めることにした。商品に記載されている加熱時間は，500 ワットで 3 分 30 秒である。電子レンジの出力（ワット数）と加熱時間が反比例するとき，600 ワットの出力で温めるのに必要な加熱時間は ア 分 イウ 秒である。
(2) 袋の中に①，②，③と書かれた玉が 1 つずつ入っている。この袋から無作為に 1 つの玉を取り出し，数字を記録して袋の中に戻す操作を 3 回行う。記録された数字を左から順に並べて 3 桁の整数を作るとき，奇数となる確率は $\dfrac{エ}{オ}$ であり，4 の倍数となる確率は $\dfrac{カ}{キ}$ である。

(3) 図のように，4点 A, B, C, D が円 O の周上にある。AB = AC = 15, AD = 12, ∠BAC = ∠CAD であるとき，CD = ク√ケ である。

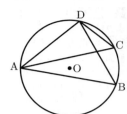

③ 思考力 図のように東西に一直線に伸びる道路があり，AC 間の距離は x km, BC 間の距離は y km である。ただし，$x > y$ である。佐藤君は A 地点から C 地点まで自転車で行き，C 地点から B 地点まで歩いて行く。田村君は B 地点から C 地点まで自転車で行き，C 地点から A 地点まで歩いて行く。2人が同時に出発したところ，出発から24分後にすれ違った。歩く速さは時速5km，自転車の速さは時速20km である。このとき，次の □ をうめなさい。

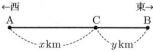

(1) 2人がすれ違ったのは，A から東に ア km の地点である。
(2) 田村君の移動に着目すると，イ $x + y =$ ウエ である。
(3) 佐藤君は，田村君が A 地点に到着するより9分早く B 地点に到着した。このとき，AB 間の距離は オカ.キ km である。

④ よく出る 図において，四角形 ABCD は辺 AB が y 軸に平行で，AB:AD = 3:2 の長方形である。①は関数 $y = ax^2$ のグラフで，2点 A, C を通る。A の座標は (2, 1) である。また，2点 A, C を通る直線を②とする。次の □ をうめなさい。

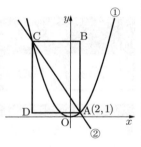

(1) $a = \dfrac{ア}{イ}$ である。
(2) ②の方程式は $y = -\dfrac{ウ}{エ}x + オ$ であり，点 C の座標は $(-カ, キク)$ である。
(3) y 座標が正の数である点 P を y 軸上にとる。四角形 ABCD と △ACP の面積が等しいとき，点 P の座標は $(0, ケコ)$ である。

⑤ よく出る 図は，1辺の長さが2の立方体 ABCD-EFGH である。頂点 F から対角線 AG に引いた垂線を FI とし，辺 BC の中点を M とする。次の □ をうめなさい。

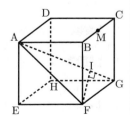

(1) AG = ア√イ である。
(2) △AFI の面積は $\dfrac{ウ√エ}{オ}$ である。
(3) 三角すい M - AFI の体積は $\dfrac{カ}{キ}$ である。

桐蔭学園高等学校

時間 60分　満点 100点　解答 P117　2月11日実施
（プログレスコースは 150 点）

※注意　(1) 図は必ずしも正確ではありません。
(2) 分数は約分して答えなさい。
(3) 根号の中は，最も簡単な整数で答えなさい。
(4) 比は，最も簡単な整数比で答えなさい。

出題傾向と対策

●大問は5問で，① は計算を中心に小問5題，② は4題から成る場合の数，③ は関数 $y = ax^2$，④ は平面図形，⑤ は立体図形であった。全体の構成は昨年とほぼ同じである。
●難易度としては，図形問題が昨年よりも難しくなっている。全体的には標準レベルの問題が中心のセットであるが，② 以降の大問の最後の設問では応用レベルの出題が見られる。基本〜標準レベルの問題の抜けをなくすとともに，応用レベルの典型題に数多く触れることで，実力をつけていこう。

① よく出る　次の □ に最も適する数字を答えよ。
(1) $53^2 - 47^2 =$ アイウ である。
(2) $(a^4 b^3)^2 \div a^3 b^2 \times a = a^{エ} b^{オ}$ である。
(3) $\dfrac{3a - 5b}{2} - \dfrac{2a - b}{3} = \dfrac{カ a - キク b}{ケ}$ である。
(4) 2次方程式 $x^2 - 8x + 4 = 0$ を解くと $x = コ \pm サ\sqrt{シ}$ である。
(5) 右の図のように，点 P から円に2本の接線を引き，その接点を A, B とする。また，点 C を円周上に，$\overarc{AC}:\overarc{BC} = 3:4$ となるようにとる。ただし，$\overarc{AC}$ は点 B を含まず，$\overarc{BC}$ は点 A を含まない。∠APB = 58° のとき，∠ACB = スセ°，∠ABC = ソタ° である。

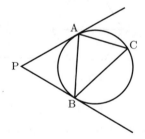

② 基本　6個の数字 1, 2, 3, 4, 5, 6 から異なる3個を取って並べて，3桁の整数を作ることを考える。このとき，次の □ に最も適する数字を答えよ。
(1) できる3桁の整数は全部で アイウ 個ある。
(2) できる3桁の整数のうち，偶数は エオ 個，4の倍数は カキ 個ある。
(3) できる3桁の整数のうち，5の倍数は クケ 個ある。
(4) できる3桁の整数のうち，6の倍数は コサ 個ある。

3 よく出る 基本

右の図のように，曲線 C は $y = 2x^2$ のグラフで，直線 l は $y = ax + 7$ のグラフである。曲線 C と直線 l が点 A で交わっている。また，四角形 PQRS は 1 辺の長さが 2 の正方形であり，点 P，Q は x 軸上の点，点 R は直線 l 上の点，点 S は曲線 C 上の点である。このとき，次の □ に最も適する数字を答えよ。

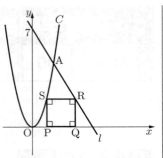

(1) 点 S の座標は ($\boxed{ア}$, $\boxed{イ}$)，点 R の座標は ($\boxed{ウ}$, $\boxed{エ}$) である。

(2) a の値は $-\dfrac{\boxed{オ}}{\boxed{カ}}$ である。

(3) 点 A の座標は $\left(\dfrac{\boxed{キ}}{\boxed{ク}}, \dfrac{\boxed{ケ}}{\boxed{コ}}\right)$ である。

(4) 点 A を通り，四角形 PQRS の面積を 2 等分する直線と x 軸の交点の x 座標は $\dfrac{\boxed{サ}\boxed{シ}}{\boxed{ス}}$ である。

4 【図 1】のように，1 辺の長さが 1 の正六角形を，対角線 AB で切った台形 ABCD がある。この台形を，【図 2】のように，辺 AB が直線 l に重なるようにおいた状態から，直線 l 上をすべることなく時計回りに転がす。このとき，次の □ に最も適する数字を答えよ。ただし，円周率は π とする。

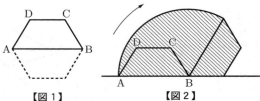

【図 1】　　【図 2】

(1) 台形 ABCD の周の長さは $\boxed{ア}$，面積は $\dfrac{\boxed{イ}\sqrt{\boxed{ウ}}}{\boxed{エ}}$ である。

(2) 台形 ABCD を，【図 2】のように，辺 BC が直線 l に重なるまで転がしたとき，点 A が通った線の長さは $\dfrac{\boxed{オ}}{\boxed{カ}}\pi$ であり，台形 ABCD が通過した斜線部分の面積は $\dfrac{\boxed{キ}}{\boxed{ク}}\pi + \dfrac{\boxed{ケ}\sqrt{\boxed{コ}}}{\boxed{サ}}$ である。

(3) 台形 ABCD を，辺 AB が直線 l に重なるようにおいた状態から，辺 CD が直線 l に重なるまで転がしたとき，点 A が通った線の長さは $\dfrac{\boxed{シ}+\sqrt{\boxed{ス}}}{\boxed{セ}}\pi$ である。

5 思考力

右の図のように，1 辺の長さが $\sqrt{2}$ の正方形 BCDE を底面とし，AB = AC = AD = AE = 2 の正四角すい A － BCDE がある。正方形 BCDE の対角線の交点を O とし，辺 AC，AE の中点をそれぞれ P，Q とする。また，3 点 B，P，Q を通る平面と辺 AD との交点を R とする。このとき，次の □ に最も適する数字を答えよ。

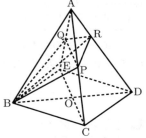

(1) AO = $\sqrt{\boxed{ア}}$ であり，正四角すい A － BCDE の体積は $\dfrac{\boxed{イ}\sqrt{\boxed{ウ}}}{\boxed{エ}}$ である。

(2) PQ = $\boxed{オ}$，AR = $\dfrac{\boxed{カ}}{\boxed{キ}}$，BR = $\dfrac{\boxed{ク}\sqrt{\boxed{ケ}}}{\boxed{コ}}$ なので，四角形 BPRQ の面積は $\dfrac{\sqrt{\boxed{サ}}}{\boxed{シ}}$ である。

(3) 点 A から 3 点 B，P，Q を通る平面に垂直な線を引き，その交点を H とする。AH = $\dfrac{\sqrt{\boxed{ス}\boxed{セ}}}{\boxed{ソ}}$ であるから，四角すい A － BPRQ の体積は $\dfrac{\sqrt{\boxed{タ}}}{\boxed{チ}}$ である。

東海高等学校

時間 50 分　満点 100 点　解答 P118　1 月 24 日実施

出題傾向と対策

● 大問 5 題で，1 は独立した小問の集合，2 は数の性質，3 は $y = ax^2$ のグラフと図形，4 は平面図形，5 は空間図形からの出題であった。大問数は年によって異なるが 1 の小問集合で調節しており，全体の分量，分野，難易度ともほぼ例年通りと思われる。2 (2) は苦労したことであろう。

● 図形を中心に標準以上のもので十分練習しておくこと。

各問題の □ の中に正しい答えを記入せよ。ただし，3 の (2) は証明をせよ。

1

(1) 基本　2 次方程式 $2\sqrt{2}x^2 - \sqrt{14}x - \sqrt{2} = 0$ の解は $x = \boxed{ア}$ である。

(2) よく出る　$a = 2(\sqrt{13} - 2)$ の整数部分を b，小数部分を c とする。このとき，$(a + 3b + 1)(c + 1)$ の値は $\boxed{イ}$ である。

(3) 基本　次のデータは，100 点満点のテストを受けた 15 人の生徒の得点のデータを，値の小さい順に並べたものである。

| 40, 42, 48, 50, 52, 56, 58, 60, 62, 68, 75, 80, 84, 90, 90 (点) |

このデータには，1 つだけ誤りがあり，その誤りを修

正すると修正前と比べて平均値は2点減少する。
　また，修正前のデータと修正後のデータを箱ひげ図に表すと，それぞれ次のようになった。

このとき，修正前のデータの ウ 点を エ 点に変えると，修正後のデータとなる。

2 自然数 N を 1, 2, 3, …, N で割って，商と余りが何種類あるか考える。ただし，余り0も1種類と考える。
たとえば，$N = 5$ のとき
$$5 \div 1 = 5 \cdots 0$$
$$5 \div 2 = 2 \cdots 1$$
$$5 \div 3 = 1 \cdots 2$$
$$5 \div 4 = 1 \cdots 1$$
$$5 \div 5 = 1 \cdots 0$$
となる。よって，商は 1, 2, 5 なので3種類，余りは 0, 1, 2 なので，3種類である。

(1) **基本** $N = 15$ のとき，商は オ 種類，余りは カ 種類ある。

(2) **難 思考力** $N = 2023$ のとき，商は キ 種類，余りは ク 種類ある。

3 **よく出る** 図のように，放物線 $y = ax^2$ ($a > 0$) 上に2点 A, B があり，x 座標はそれぞれ 2, -4 で △OAB の面積は $6\sqrt{2}$ である。このとき，

(1) $a = $ ケ である。

(2) △OAB は直角三角形である。これを証明しなさい。

(3) y 軸上に点 O と異なる点 P があり，∠APB = 90° である。点 P の y 座標は コ である。

4 **よく出る** 図のように，円 O，円 P，円 Q が互いにそれぞれ接しており，これら3つの円の半径はすべて 1 cm である。また，正方形 ABCD の辺と円 O は2点，円 P，円 Q はそれぞれ1点で接している。このとき，

(1) **基本** 斜線部分の面積は サ cm² である。

(2) AC = シ cm である。

(3) 斜線部分を点 A を中心に1回転させてできる図形の面積は ス cm² である。

5 **よく出る** 図のように，すべての辺の長さが 4 cm の正四角錐 O-ABCD がある。辺 OA，辺 OC の中点をそれぞれ M，N とする。また，点 O から底面 ABCD に垂線 OH をひく。この正四角錐を3点 B，M，N を通る平面で切ったとき，

(1) **基本** OH = セ cm である。

(2) 切り口の図形の面積は ソ cm² である。

(3) 2つに分けた立体のうち，点 O を含む方の立体の体積は タ cm³ である。

東海大学付属浦安高等学校

時間 50分　満点 100点　解答 P119　1月17日実施

出題傾向と対策

●昨年度と同様，大問が5題であった。**1**，**2**は小問集合，**3**は関数 $y = ax^2$ に関する問題，**4**は確率に関する問題，**5**は空間図形に関する問題であった。
●基本的な問題から標準的な問題まで，幅広い分野から出題されている。関数 $y = ax^2$ に関する問題は，例年よく出題されているため，しっかりと練習しておくとよいだろう。

1 **よく出る** **基本** 次の各問いに答えなさい。

(1) $\dfrac{1}{3} + (-0.3)^2 \times 10$ を計算すると ア になります。
① $\dfrac{37}{30}$　② $-\dfrac{17}{30}$　③ $\dfrac{127}{30}$　④ $\dfrac{73}{30}$
⑤ $-\dfrac{17}{3}$　⑥ その他

(2) $2ab^2 \times \dfrac{(-3ab^2)^3}{a^2b} \div 9a^2b^3$ を計算すると イ になります。
① $-6b^2$　② $-486a^3b^{10}$　③ $-6b^4$
④ $486a^3b^{10}$　⑤ $-2b^4$　⑥ その他

(3) $2\sqrt{3} \times \left(\dfrac{\sqrt{3}}{3} - \dfrac{1}{4\sqrt{3}}\right)$ を計算すると ウ になります。
① -6　② $-\dfrac{\sqrt{3}}{6}$　③ $\dfrac{1}{2}$　④ $\dfrac{3}{2}$
⑤ $\dfrac{3\sqrt{3}}{2}$　⑥ その他

(4) $\dfrac{2x - y}{4} - \dfrac{x - 4y}{6}$ を計算すると エ になります。
① $4x + 5y$　② $\dfrac{4x - 11y}{12}$　③ $4x - 11y$
④ $\dfrac{x + 5y}{3}$　⑤ $\dfrac{4x + 5y}{12}$　⑥ その他

(5) $(3x - 2)^2 - (2x + 1)(3x - 2)$ を展開すると オ になります。
① $3x^2 - 11x + 6$　② $-6x^2 + 4x$
③ $3x^2 + x - 2$　④ $3x^2 - 13x + 2$
⑤ $3x^2 - x - 6$　⑥ その他

(6) $x = 26$ のとき $x^2 - x - 30$ を計算すると カ になります。
① -4　② 620　③ 672　④ 992
⑤ 420　⑥ その他

2 次の各問いに答えなさい。

(1) $x^2 - y^2 - 6x + 9$ を因数分解すると ア になります。
① $(x + y - 3)(x - y - 3)$
② $(x + y - 3)(x - y + 3)$

③ $(x-y-3)^2$ ④ $(x-3)^2(y+3)^2$
⑤ $(x+3)^2(y-3)^2$ ⑥ その他

(2) 連立方程式 $\begin{cases} x-y=3 \\ ax+by=1 \end{cases}$ の解と連立方程式

$\begin{cases} bx-ay=8 \\ x+y=1 \end{cases}$ の解が一致するとき a, b の値は

イ になります。
① $a=-1$, $b=2$ ② $a=3$, $b=2$
③ $a=2$, $b=-1$ ④ $a=2$, $b=3$
⑤ $a=8$, $b=1$ ⑥ その他

(3) $\sqrt{5}$ の小数部分を a, $\sqrt{3}$ の小数部分を b とするとき，$\dfrac{a}{b+1}$ の値は ウ になります。

① $\dfrac{\sqrt{15}-\sqrt{5}}{2}$ ② $\dfrac{\sqrt{15}-2\sqrt{3}}{3}$
③ $\dfrac{\sqrt{15}-\sqrt{3}}{3}$ ④ 1 ⑤ $\dfrac{\sqrt{15}-\sqrt{3}}{2}$
⑥ その他

(4) ある高校の昨年度の生徒数は 1350 人でしたが，今年度は男子が 5% 減り，女子が 10% 増えたため，生徒数は全体で昨年度に比べ 27 人増えました。今年度の女子生徒は エ 人になります。
① 630 ② 720 ③ 684 ④ 693
⑤ 747 ⑥ その他

(5) 20 人の生徒に，10 点満点の数学のテストを行いました。その結果をまとめると次の表のようになります。この表から考えられる平均値は オ になります。ただし，得点は全て整数です。

得点（点）	度数（人）
9点以上 10点以下	2
7〜8	7
5〜6	5
3〜4	4
1〜2	2
計	20

① 4.8 ② 5.3 ③ 5.8 ④ 6.3 ⑤ 6.8
⑥ その他

(6) 右の図の △ABC の面積は カ になります。

① 12 ② $6\sqrt{2}$
③ $3\sqrt{2}$ ④ $12\sqrt{2}$ ⑤ 24 ⑥ その他

3 よく出る 思考力 2 次関数 $y=\dfrac{1}{2}x^2$ 上に 2 点 A, B をとります。点 A の x 座標を t, 点 B の x 座標を $-t$ とします。y 軸上に四角形 ADBC が正方形となるように 2 点 C, D をとるとき，次の問いに答えなさい。ただし $t>0$ とします。

(1) $t=1$ のとき，点 D の座標は $\left(0, \dfrac{ア}{イ}\right)$ になります。

(2) 点 C が原点と一致するとき，$t=$ ウ になります。

(3) (2)のとき，四角形 ADBC の周および内部にある点で x 座標，y 座標ともに整数となる点は エ オ 個になります。

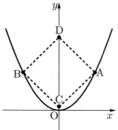

4 1 から 9 までの整数が書かれた 9 枚のカードが袋に入っています。この袋から A さんが 1 枚引き，そのカードを元に戻さず B さんも 1 枚引きます。A さんが引いたカードの数字を a, B さんが引いたカードの数字を b とします。このとき，次の問いに答えなさい。

(1) a と b の積が奇数となる確率は  になります。

(2) a と b の積が 6 の倍数となる確率は  になります。

5 右の図のような正八面体 ABCDEF がある。次の問いに答えなさい。

(1) 表面積が $16\sqrt{3}$ のとき，1 辺の長さは $\sqrt{\dfrac{ア}{イ}}$ になります。

(2) (1)のとき，体積は 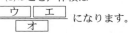 になります。

(3) 正八面体の 1 辺の長さを a とし，AB の中点を M とするとき，DM の長さは $\dfrac{\sqrt{カ}}{キ}a$ になります。

東京電機大学高等学校

時間 50分　満点 100点　解答 P120　2月10日実施

出題傾向と対策

● 大問は5題で，1 は基本問題の小問集合，2 は連立方程式の応用，3 は関数と図形，4 は相似と三平方の定理，5 は立体図形の問題であった。出題形式や問題構成，難易度は例年通りで，比較的取り組み易い問題が多いが，4，5 の(3)には思考力を必要とする。

● 基礎・基本を中心にした出題となっているので，教科書の内容をしっかり把握し，過去問にそった対策を立てることが大切である。方程式の応用問題は，立式や計算過程に注意して練習しておこう。

---

1 よく出る 基本　次の問いに答えなさい。

(1) $\dfrac{8}{\sqrt{2}}(6-\sqrt{8})-\dfrac{24}{\sqrt{8}}$ を計算しなさい。

(2) 2次方程式 $2(x^2-5)=(x-1)(x-4)$ を解きなさい。

(3) 1，2，3，4，5，6 の整数が書かれたカードが1枚ずつ，計6枚あります。これらのカードをよくまぜてから2枚のカードを引くとき，カードに書かれた整数の和が7となる確率を求めなさい。

(4) 図において，$\stackrel{\frown}{AB}:\stackrel{\frown}{BC}=1:3$ のとき，$\angle x$ の大きさを求めなさい。

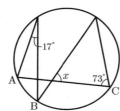

(5) 新傾向　次のデータは，9人の生徒が受けたテストの点数です。
　　5, 8, 9, 12, 13, 15, 16, 17, 19
このデータの四分位範囲を求めなさい。

2 よく出る 基本　K さんは，家から交番の前を通って学校まで自転車で通っています。家から交番までは下り坂で，交番から学校までは上り坂です。下り坂は毎分 400 m，上り坂は毎分 200 m の速さで家と学校を往復したところ，行きは30分，帰りは36分かかりました。家から交番までの道のりを x m，交番から学校までの道のりを y m として，式と計算過程を書いて，x, y の値を求めなさい。

3 よく出る　放物線 $y=\dfrac{1}{2}x^2$ 上に x 座標がそれぞれ -2，4 となる2点 A，B をとります。次の問いに答えなさい。

(1) 基本　点 A の y 座標を求めなさい。

(2) 基本　直線 AB の式を求めなさい。

(3) A，B から x 軸に垂線を下ろし，x 軸との交点をそれぞれ C，D とします。このとき，四角形 ACDB を x 軸のまわりに1回転させてできる立体の体積を求めなさい。ただし，円周率は π とします。

4 よく出る　図は，$AB=25$ cm，$AD=10$ cm である長方形 ABCD を，頂点 C が辺 AD の中点 M に重なるように折ったものです。折り目となる直線と辺 AB，CD の交点をそれぞれ E，F とし，頂点 B が折り返された点を G，線分 GM と辺 AB との交点を H とするとき，次の問いに答えなさい。

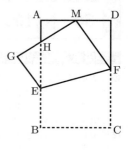

(1) 線分 MF の長さを求めなさい。
(2) 線分 AH の長さを求めなさい。
(3) 線分 EH の長さを求めなさい。

5 1辺の長さが 12 cm の立方体 ABCD−EFGH があります。次の問いに答えなさい。

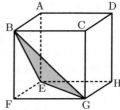

(1) よく出る 基本　立方体 ABCD−EFGH の各辺のうち，辺 BC とねじれの位置にある辺をすべて答えなさい。

(2) よく出る　△BEG の面積を求めなさい。

(3) 思考力　線分 BD 上に，BP:PD=3:1 となる点 P をとり，直線 PF と △BEG との交点を Q とします。このとき，線分 PQ の長さを求めなさい。

同志社高等学校

時間 50分 満点 100点 解答 P121 2月10日実施

出題傾向と対策

● 大問数は例年通り4題で、1は独立した小問集合、2は $y=ax^2$ のグラフと図形、3は場合の数、4は立体図形であった。小問数は昨年より増えた15問で、難易度は易しめの傾向が続いている。
● 標準レベルで問題数も多くはないが、すべての問題について考え方や途中式を書く必要がある。時間配分や記述力を高めることを意識して過去問題に数多く取り組み、演習を通して対策を立てておこう。

1 よく出る 基本 次の問いに答えよ。
(1) $\left(-\dfrac{3}{2}x^2y\right)^3 \div (3xy)^2 \times \left(\dfrac{4}{3}xy^2\right)^2$ を計算せよ。
(2) 連立方程式 $\begin{cases} 3x+2y=5 \\ 2x+3y=15 \end{cases}$ を解け。
(3) 方程式 $(x+1)(x+2)=1$ を解け。
(4) 図のように円周を12等分した点を、アルファベット順にAからLとする。
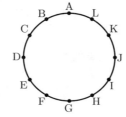
 (ア) 線分FIと線分DGの交点をMとするとき、$\angle$DMIの大きさを求めよ。
 (イ) 線分FIと線分AGの交点をNとするとき、$\angle$ANFの大きさを求めよ。
(5) 十の位の数字が a、一の位の数字が b である2桁の自然数を N とし、N の十の位の数字と一の位の数字を入れかえてできる自然数を M とする。$N^2-M^2=693$ であるとき、自然数 N を求めよ。

2 よく出る 放物線 $y=ax^2$ と直線 $y=-ax+1$ の交点をA, Bとする。ただし、Aの x 座標は -2 である。また、直線と x 軸の交点をCとする。原点をOとして、次の問いに答えよ。
(1) 基本 定数 a の値と、点Bの x 座標を求めよ。
(2) $\triangle$OABと$\triangle$OBCの面積比 $\triangle$OAB：$\triangle$OBC を求めよ。
(3) $\triangle$OABを、x 軸を回転の軸として1回転させてできる立体の体積を求めよ。ただし、円周率は π とする。

3 思考力 1から12までの整数から異なる3つを選び、その3つの数の積を P とおく。次のような3つの整数の選び方は何通りあるか答えよ。
(1) P が77の倍数である。
(2) P が55の倍数である。
(3) P が66の倍数である。

4 よく出る 底面は1辺の長さが4cmの正方形で、他の辺の長さがすべて8cmである正四角すい O－ABCDがある。辺OA, OB上にそれぞれ点P, QをPQ // ABとなるようにとるとき、次の問いに答えよ。
(1) PQの長さが1cmであるとき、$\triangle$OPQの面積を求めよ。
(2) 正四角すい O－ABCD の体積を求めよ。
(3) BC = QC となるように点Qをとる。このとき、3点P, Q, Cを通る平面で正四角すいを切り取ったときの切り口の面積を求めよ。

東大寺学園高等学校

時間 60分 満点 100点 解答 P122 2月6日実施

出題傾向と対策

● 1は独立した小問の集合、2は $y=ax^2$ のグラフと図形、3は数の性質、4は平面図形、5は空間図形からの出題であった。分野、分量、難易度とも例年通りと思われる。3、5(3)は苦労したことであろう。
● 図形を中心に標準以上のもので、十分練習しておくこと。

1 よく出る 次の問いに答えよ。
(1) $x=\dfrac{3+\sqrt{5}}{2}$, $y=\dfrac{-1+\sqrt{5}}{2}$ のとき、x^2-xy-3 の値を求めよ。
(2) a, b を定数とする。x, y についての連立方程式 $\begin{cases} ax+4by=-1 \\ x+2y=1 \end{cases}$ の解と $\begin{cases} 2x+3y=3 \\ x+by=a \end{cases}$ の解が一致するとき、a, b の値を求めよ。
(3) $a^2(b+1)^2+2a(b^2-a)+b(b-2a^2)$ を因数分解せよ。
(4) 袋の中に、数字の1が書かれたカードが1枚、数字の2が書かれたカードが2枚、数字の3が書かれたカードが3枚入っている。この袋の中からカードを1枚ずつ2回取り出し、取り出されたカードの数字を取り出された順に a, b とする。ただし、1度取り出したカードは袋には戻さないものとする。このとき、$a+1$ が b の倍数である確率を求めよ。

2 よく出る $0<a<b$ とする。原点をOとする xy 平面上に2つの放物線 $y=a^2x^2\cdots$①, $y=b^2x^2\cdots$②と1つの直線 $y=ax+6\cdots$③があり、①と③が相異なる2点A, Bで交わり、②と③が相異なる2点C, Dで交わっている。ただし、Aの x 座標はBの x 座標より小さく、Cの x 座標はDの x 座標より小さいものとする。このとき、次の問いに答えよ。
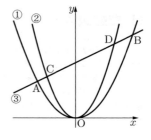
(1) A, Bの座標をそれぞれ a を用いて表せ。
(2) 三角形OABの面積が30のとき、a の値を求めよ。
(3) (2)のとき、三角形OBDの面積が6であるとする。このとき、三角形OCAの面積を求めよ。

3 思考力 4桁の正の整数 M があり、M の千の位の数と百の位の数をそれぞれ十の位の数と一の位の数とする2桁の正の整数を A とし、M の十の位の数と一の位の数をそれぞれ十の位の数と一の位の数とする2桁以下の整数

を B とする。例えば，$M=2023$ のとき $A=20$，$B=23$ であり，$M=2003$ のとき $A=20$，$B=3$ である。M が A と B の積 AB の倍数であるとき，すなわち，M が整数 m を用いて $M=mAB$ と表されているとき，次の問いに答えよ。

(1) B が A の倍数であることを文字式を用いて説明せよ。
(2) (1)から，B を整数 n を用いて $B=nA$ と表したとき，n が 100 の約数であることを文字式を用いて説明せよ。
(3) A, B の値の組 (A, B) をすべて求めよ。

4 **よく出る** 図のように，点 O を中心とする円 O の周上に 4 点 A, B, C, D があり，$AB = BC = 6$，$CD = 10$，$DA = 4$ を満たしている。このとき，次の問いに答えよ。

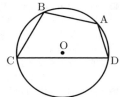

(1) 三角形 ABD の面積と三角形 BCD の面積の比を最も簡単な整数の比で表せ。
(2) 線分 CD 上に $CE=6$ となる点 E をとるとき，三角形 BED の面積を求めよ。
(3) 線分 BD の長さを求めよ。
(4) 円 O の半径を求めよ。

5 図のように，円柱の 2 つの底面の周上にそれぞれ点 A, B, C と点 D, E, F がある。三角形 ABC と三角形 DEF は正三角形であり，$AD = BD = BE = CE = CF = AF$ であるとする。円柱の底面の半径が 4 で，円柱の高さが 6 であるとき，次の問いに答えよ。

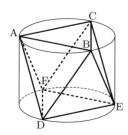

(1) **よく出る** 線分 AE の長さと線分 AD の長さを求めよ。
(2) **よく出る** 線分 BE の中点を M とするとき，線分 AM の長さを求めよ。
(3) **思考力** 八面体 ABC – DEF の体積を求めよ。

桐朋高等学校

時間 50分　満点 100点　解答 P124　2月10日実施

＊ 注意　答えが無理数となる場合は，小数に直さずに無理数のままで書いておくこと。また，円周率は π とすること。

出題傾向と対策

●例年と同様に大問が 6 題で，**1 2** は小問集合，**3** は文章題，**4** はデータの代表値の思考力を要する問題，**5** は関数と図形，**6** は証明を含む平面図形の出題だった。独立した空間図形の問題が出題されなかったことが，印象深い。
●前半で出題されるものを確実に得点できるようにしよう。後半には図形中心の応用問題が出題されているので，応用力，思考力を養っておくこと。文章題や証明などの記述問題の対策も忘れずにしておこう。

1 **基本** 次の問いに答えよ。
(1) $\left(-\dfrac{3}{2}x^3y^2\right)^2 \div \left(-\dfrac{3}{4}x^7y^3\right) \times \dfrac{1}{6}x^2y$ を計算せよ。
(2) $2(x+3)(x-3) - (x-1)^2 - 5$ を因数分解せよ。
(3) $(2\sqrt{3} - 3\sqrt{2})(\sqrt{2} + \sqrt{3}) - 2\left(\dfrac{1}{\sqrt{24}} - \dfrac{1}{\sqrt{6}}\right)$ を計算せよ。

2 **よく出る** 次の問いに答えよ。
(1) $1 + \sqrt{3}$ の整数部分を a，小数部分を b とするとき，$ab + b^2$ の値を求めよ。
(2) 1 から 7 までの整数が 1 つずつ書かれた 7 枚のカードが袋に入っている。この袋から 1 枚のカードを取り出し，取り出したカードに書かれている数を a とする。そのカードを袋に戻さず，続けてもう 1 枚のカードを取り出し，取り出したカードに書かれている数を b とする。このとき，$\dfrac{b}{a}$ が整数となる確率を求めよ。
(3) 右の図のように，$AB = BC = 2$ の直角二等辺三角形 ABC があり，B を中心とする中心角 90° のおうぎ形の弧が辺 AC に接している。このとき，黒い部分の図形を直線 AB を回転の軸として 1 回転させてできる立体の体積を求めよ。

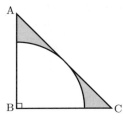

3 **よく出る** 3 つの容器 A, B, C があり，A には 6% の食塩水が x g，B には 9% の食塩水が x g，C には 2% の食塩水が 300 g 入っている。C から y g の食塩水を取り出して A に入れ，残りをすべて B に入れたところ，A の食塩水の濃度は 3.6% になり，B の食塩水の濃度は 3% になった。x, y についての連立方程式をつくり，x, y の値を求めよ。答えのみでなく求め方も書くこと。

4 **新傾向** a, b は $a \leqq b$ を満たす整数とする。10 個の数
　　a, b, 50, 40, 58, 77, 69, 42, 56, 37
がある。10 個の数の平均値は 54，中央値は 53 である。

(1) $a+b$ の値を求めよ。
(2) a の値として考えられる最大の数を求めよ。
(3) **思考力** a, b 以外の 8 個の数のうちの 1 つを選び，その数を 10 だけ小さい数にかえると，10 個の数の中央値は 50 となる。このとき，選んだ数とそのときの a, b の値の組をすべて求めよ。答えは，(選んだ数, a, b) のように書け。

5 **よく出る** 右の図のように，放物線 $y = ax^2$ と直線 $y = bx + c$ が 2 点 A，B で交わり，A の x 座標は -3，B の座標は $(6, 12)$ である。

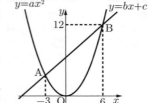

(1) a, b, c の値を求めよ。
(2) 点 P を放物線 $y = ax^2$ 上の $-3 < x < 0$ の部分にとり，線分 PB と y 軸の交点を C とする。△APB の面積が y 軸によって 2 等分されるとき，次の問いに答えよ。
① △ACB の面積は △APC の面積の何倍か。
② 点 P の座標を求めよ。
(3) 点 Q を放物線 $y = ax^2$ 上の $0 < x < 6$ の部分にとる。四角形 OQBA の面積が 30 となるとき，点 Q の x 座標を求めよ。

6 右の図のように，円周上に 4 点 A，B，C，D がある。E は線分 AC 上の点で EC = ED であり，F は線分 DB 上の点で FA = FB である。

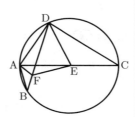

(1) 4 点 A，F，E，D が同じ円周上にあることを証明せよ。
(2) AC がこの円の直径で，AB = 7，AD = 15，CD = 20 のとき，次の長さを求めよ。
① AE ② EF

灘高等学校

時間 110分 満点 100点 解答 P124 2月10日実施

* 注意 **1**，**2**(1)，**3**(1)，**4**(1)，**5**(1)，**6**(1)は答えのみでよい。それ以外の問題は答え以外に文章や式，図なども記入すること。問題にかいてある図は必ずしも正しくはない。

出題傾向と対策

● 大問数は 6 題。**1** は結果のみを答える形だが，小問集合に見えても簡単な問題ではなく，かえって解きづらいものが集まっている。**2**～**6** の多くは途中の考え方などを記述するスタイルで，いずれの問題も，計算力，数学的思考力を試す良質の問題である。今年度は，証明問題が出題されなかったのが大きな特徴と言えよう。
● 試験時間が 110 分と長く，思考力を要する記述式なので，本校に応じた対策が必要である。計算力，思考力，記述力の 3 点に注意し，速く正確に答案が書けるように，問題練習を積むこと。証明問題への対策も忘れずに。

1 次の □ 内に適する数を記入せよ。

(1) $\left(\sqrt{100 + \sqrt{9991}} + \sqrt{100 - \sqrt{9991}} \right)^2$ を計算して簡単にすると □ であり，$2\sqrt{100 + \sqrt{9991}} - \sqrt{206}$ を計算して簡単にすると □ である。

(2) x の方程式 $x^2 + x - n + 1 = 0$ が整数解をもつような整数 n のうち，$n - 2023$ の絶対値が最も小さいものは □ である。

(3) 1 から 9 までの数が書かれたカードが，それぞれ 1 枚ずつ合計 9 枚ある。この 9 枚のカードから 4 枚のカードを取り出す。取り出した 4 枚のうち，いずれか 3 枚に書かれている数の和が 10 の倍数になり，残りの 1 枚に書かれている数が a のとき，得点を a 点とする。また，取り出した 4 枚のうち，どの 3 枚に書かれている数の和も 10 の倍数にならないとき，得点を 0 点とする。0 点，1 点，…，9 点のうち，起こる確率が最も小さい得点は □ 点であり，そのときの確率は □ である。

(4) 右の図において，BD = DC = CA，BE = EA である。∠DEA の大きさが 32 度のとき，∠ABC の大きさは □ 度である。

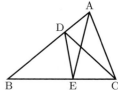

2 **よく出る** a は 2 より小さい正の数である。放物線 $y = ax^2 \cdots ①$ と直線 $l : y = -2x$ がある。① と l の交点のうち，原点 O(0, 0) でない方を A とする。また，A を通り傾きが $\dfrac{1}{2}$ である直線を m とし，① と m の交点のうち A でない方を B とする。

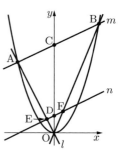

(1) A，B の座標を a を用いて表すと，A (□, □)，B (□, □) である。

(2) m と y 軸の交点をCとする。点 D$(0, a)$ を通り直線 m に平行な直線を n とする。l と n との交点をEとし，n と直線OBとの交点をFとする。
　(a) △ODFの面積を a を用いて表せ。
　(b) △ODFの面積と四角形ACDEの面積が等しいような a の値を求めよ。

3　右の図のような経路がある。また，東，西，南，北 がそれぞれ $\frac{1}{4}$ の確率で選ばれるルーレットがある。点Pははじめ点Aにある。ルーレットを回し，選ばれた方向に経路があれば，その経路に沿って隣の点に点Pを移動させる。選ばれた方向に経路がなければ，点Pを移動させない。この操作を何回か繰り返す。

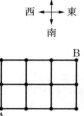

(1) 5回目の操作ではじめて点Pが点Bに到着する確率は □ である。
(2) 思考力　6回目の操作ではじめて点Pが点Bに到着する確率を求めよ。

4　P地点とQ地点を一直線に結ぶ道がある。はじめ，太郎はP地点に，次郎はQ地点にいる。2人は同時に出発し，それぞれP地点とQ地点の間をこの道を通って1往復する。太郎は毎分 $60\,\mathrm{m}$ の速さで進み，次郎は毎分 $x\,\mathrm{m}$（ただし $x > 60$ とする）の速さで進む。1往復する間に，2人はちょうど2回出会い，次郎が太郎を追い抜くことはなかった。ただし，太郎はQ地点に到着後，すぐ折り返してP地点に向かい，次郎はP地点に到着後，すぐに折り返してQ地点に向かったとする。次の問いに答えよ。
(1) 太郎と次郎が同時に出発してから t 分後に2人は初めて出会ったとする。
　(a) P地点とQ地点の間の距離を x, t を用いて表すと □ m である。
　(b) 出発してから2人が2回目に出会うまでにかかった時間を t を用いて表すと □ 分である。
(2) 2回目に2人が出会ってから2分後に次郎はQ地点に到着し，その10分後に太郎はP地点に到着した。このとき，x を求めよ。

5　難　1辺の長さが x である正方形ABCDがある。1辺の長さが2の正十二角形があり，図1のように，この正十二角形の8つの頂点が正方形ABCDの辺上にある。
(1) x の値は □ である。

さらに，図2のように，すべての頂点が正方形ABCDの辺または対角線ACの上にある正六角形がある。
(2) この正六角形の面積を求めよ。
(3) この正六角形のすべての頂点を周上にもつ円の内部のうち，正方形ABCDの外部にある部分の面積を求めよ。

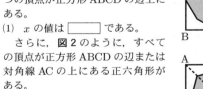

図1

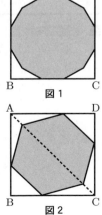

図2

6　難　1辺の長さが6の立方体 ABCD－EFGH がある。辺AB上に点Pが，辺AD上に点Qが，辺FG上に点Rがあり，AP＝4，AQ＝3である。また，線分PHと線分QRは交わっている。

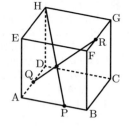

(1) 線分FRの長さは □ であり，線分QRの長さは □ である。
(2) 3点P，Q，Rを通る平面で立方体 ABCD－EFGH を切るとき，切り口の面積を求めよ。

西大和学園高等学校

時間 60分　満点 100点　解答 P126　2月6日実施

出題傾向と対策

●今年も例年通り大問4題の構成であった。1は5題の数量関連の小問集合，2は4題の図形の小問集合（証明問題を含む），3は関数のグラフと図形の問題，4は空間図形である。分量も多めなので，手際よく解いていくことが重要である。
●過去問を解き，傾向をつかんでおこう。標準レベルから上級レベルの問題集を用いて，しっかりとした計算力をつけておくと良いだろう。

1　次の各問いに答えよ。
(1) $x = \frac{1}{2}$，$y = \frac{2}{3}$ のとき $\frac{4x^3}{9y^2} \times \left(-\frac{3}{2}\right)^3 \div \left(-\frac{x}{y}\right)^4$ の値を求めよ。
(2) a を定数とする。x, y についての連立方程式
$$\begin{cases} 4y - 3x = a \\ 2x - 3y = 4 \end{cases}$$
の解が $x + y = a$ を満たすとき，定数 a の値を求めよ。
(3) $9a - 6b + 5ab - 3a^2 - 2b^2$ を因数分解せよ。
(4) $x < y$ を満たす自然数 x, y について，x, y の最大公約数が5，$xy = 1300$ のとき，これを満たす自然数 (x, y) の組をすべて求めよ。
(5) 思考力　2辺の長さが1と3の長方形と，2辺の長さが2と3の長方形と，1辺の長さが3の正方形の3種類のタイルがそれぞれ複数枚ずつある。縦3，横4の長方形の部屋をこれらのタイルで過不足なく敷き詰めることを考える。そのような並べ方の総数はいくつか。ただし，それぞれのタイルを何枚使用してもよいものとする。

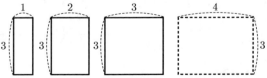

2 次の各問いに答えよ。(1), (2)については空欄を埋めよ。

(1) 図は中心が O で半径が 4 の円周上に, 円周を 8 等分する点と 12 等分する点を描いたものである。点が重複しているものもある。図の斜線部分の面積は あ である。また, 図の角 a の大きさは い °である。ただし, 円周率を π として計算すること。

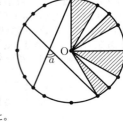

(2) 図のように, $AB = 3\sqrt{5}$ である $\triangle ABC$ について, $AP : PB = 1 : 2$ を満たす点 P を辺 AB 上にとる。∠A の二等分線と辺 BC の交点を Q とすると, $AQ = 2$, $\angle AQP = 90°$ となった。このとき, BQ の長さは あ であり, CQ の長さは い である。

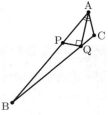

(3) 図のように, 1辺2の立方体 ABCD−EFGH と立方体 EFGH−IJKL があり, 立方体 ABCD−EFGH に半径1の球が接している。正方形 ABCD の対角線の交点を P とし, 正方形 EFGH の対角線の交点を Q とする。線分 PL と球の交点で, 点 P でないものを点 R とするとき, 線分 QR の長さを求めよ。

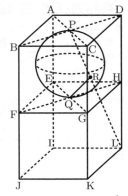

(4) 図のような AB ∥ CD である台形 ABCD について, AC の垂直二等分線 l と辺 AB, DC との交点をそれぞれ P, Q とおく。
　このとき ∠PAC = ∠QAC であることを証明せよ。

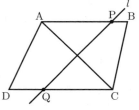

3 よく出る 図のように, 傾きが 2 である直線が放物線 $y = ax^2$ と2点 A, B で交わり, y 軸と点 C で交わっている。原点を O とし, A の x 座標を -2, $\triangle OAC$ の面積を 6 とするとき, 次の各問いに答えよ。ただし, 円周率を π として計算すること。

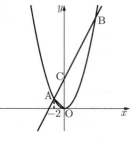

(1) 基本 直線 AB の式を求めよ。
(2) 基本 a の値を求めよ。
(3) 点 P は, 放物線 $y = ax^2$ 上の点 A と点 B の間の点で, x 座標が負である。$\triangle PAB$ の面積と $\triangle OAB$ の面積の比が, $\triangle PAB : \triangle OAB = 7 : 12$ となるとき, 点 P の座標を求めよ。

(4) (3)の点 P に対して, $\triangle CPA$ を y 軸まわりに1回転させたときにできる立体の体積を求めよ。

4 一辺の長さが 1 の正六角形 ABCDEF において, AD と BE の交点を H とする。H を通り, 正六角形に垂直な直線の上に $OH = \sqrt{3}$ となる点 O をとる。六角すい OABCDEF (以下, 立体 V と呼ぶ) において, OB, OD の中点をそれぞれ点 P, Q とし, OF 上に $OR : RF = 2 : 1$ となる点 R をとる。次の各問いに答えよ。

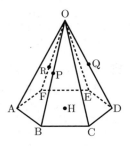

(1) 基本 立体 V の体積を求めよ。
(2) 立体 V を3点 P, Q, D を含む平面で切断したとき, 点 C を含む立体の体積を求めよ。
(3) PQ の中点 M から平面 ABCDEF に下ろした垂線の足を H′ とする。HH′ の長さを求めよ。
(4) 3点 P, Q, R を含む平面と辺 OC の交点を S とする。OS の長さを求めよ。

日本大学第二高等学校

時間 50分　満点 100点　解答 P128　2月11日実施

* 注意　1. 分数はできるところまで約分して答えなさい。
　　　　2. 比は最も簡単な整数比で答えなさい。
　　　　3. $\sqrt{}$ の中の数はできるだけ小さな自然数で答えなさい。
　　　　4. 解答の分母に根号を含む場合は, 有理化して答えなさい。
　　　　5. 円周率は π を用いなさい。

出題傾向と対策

● 昨年と同様, 大問4題の出題であった。1 は小問集合, 2 は平面図形, 3 は関数 $y = ax^2$, 4 は空間図形の出題である。その年によって, 大問の順序が変わることがあるが, 全体としては分量・内容ともにほぼ同じである。
● 出題傾向は例年それほど変化していない。今回は方程式, 場合の数と確率が出題されていないが過去には出題されている。ひと通り基礎・基本をおさえた上で, 過去問にあたって問題を解いておくとよい。その上で, 各出題分野について十分に練習を積んでいこう。

1 よく出る 基本 次の問いに答えよ。
(1) $-3a^2 \div \left(-\dfrac{5}{3}ab\right)^3 \times (-5b^2)^3$ を計算せよ。
(2) $95^2 - 25 - 67^2 + 9$ を計算せよ。
(3) $\sqrt{12(15-3m)}$ が整数になるような正の整数 m の値をすべて求めよ。
(4) $x = \sqrt{5} + \sqrt{3}$, $y = \sqrt{5} - \sqrt{3}$ のとき, $\dfrac{y}{x} - \dfrac{x}{y}$ の値を求めよ。

(5) 右の図のように，点A〜Iは円周上を9等分する点である。AGとIEとの交点をPとするとき，∠GPEの大きさを求めよ。

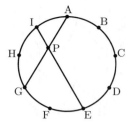

(6) 下の図は，生徒20人に実施した小テストの得点をヒストグラムに表したものである。この小テストの得点の中央値を求めよ。

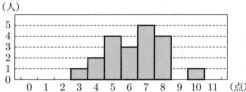

2 右の図のように，平行四辺形ABCDの辺ADを4:3に分ける点をE，辺DCの中点をF，線分AFとBEとの交点をG，線分AFの延長と辺BCの延長との交点をHとする。次の問いに答えよ。

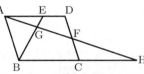

(1) 基本 線分比BG:GEを求めよ。
(2) 線分比AG:GFを求めよ。
(3) 四角形EGFDの面積は平行四辺形ABCDの面積の何倍か求めよ。

3 よく出る 右の図のように，関数 $y=ax^2$ $(a>0)$ のグラフ上に3点A，B，Cがあり，点Aの座標は $(-8, 16)$，点Bの x 座標は -6 で，2点B，Cの y 座標は一致する。次の問いに答えよ。

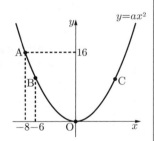

(1) 基本 a の値を求めよ。
(2) 基本 直線ACの式を求めよ。
(3) 点Oを通り，四角形ABOCの面積を2等分する直線の式を求めよ。

4 思考力 右の図のように，AD = 10 cm の正三角柱 ABC−DEF において，BE上に点P，CF上に点Qを，それぞれ EP = 2 cm，FQ = 6 cm となるようにとると，∠AQP = 120°になった。次の問いに答えよ。

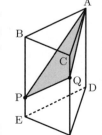

(1) ∠PAQの大きさを求めよ。
(2) 辺ABの長さを求めよ。
(3) この立体を平面APQで切断するとき，点Bを含む方の立体の体積を求めよ。

日本大学第三高等学校

時間 50分　満点 100点　解答 P129　2月10日実施

＊注意　円周率は π とする。

出題傾向と対策

● 大問の構成は昨年と同様6題で，1は小問集合（8題），2は関数と図形の融合問題，3は平面図形（相似，円，三平方の定理），4は空間図形（三平方の定理，中点連結定理，体積），5は関数（図形の動点），6は確率と整数の性質の融合問題であった。
● 1を素早く確実に解いて，残りの問題に時間をかけたい。毎年，確率，関数と図形の融合問題，空間図形が出題される。2以降の(1)は基本的な問題であり，(2)以降のヒントになっているので，確実に解いておきたい。

1 次の問いに答えなさい。

(1) よく出る 基本 $\left(\dfrac{1}{3}\right)^2 \times 0.3 + \left(-\dfrac{1}{2}\right)^2 \times \left(\dfrac{1}{3}+\dfrac{1}{5}\right)$ を計算しなさい。

(2) よく出る 基本 $x=\dfrac{5}{2}$，$y=\dfrac{7}{2}$ のとき，$\dfrac{3x-y}{4}-\dfrac{2x-y}{3}$ の値を求めなさい。

(3) よく出る 基本 $\dfrac{\sqrt{3}-\sqrt{2}}{\sqrt{3}}-\dfrac{\sqrt{3}+\sqrt{2}}{\sqrt{2}}$ を計算しなさい。

(4) よく出る 基本 $(x-\sqrt{3})(x+\sqrt{3})-2x$ を因数分解しなさい。

(5) よく出る 基本 x についての2次方程式 $2x^2+ax+b=0$ の2つの解が1と -3 であるとき，定数 a，b の値をそれぞれ求めなさい。

(6) よく出る 基本 右の図において，5点A，B，C，D，Eは円Oの周上にある。また，線分ACは円Oの直径である。このとき，∠x の大きさを求めなさい。

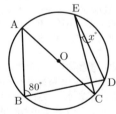

(7) よく出る 基本 点 $(2, 4)$ を通る直線 $y=ax+3$ に平行で，点 $(-2, 5)$ を通る直線 l がある。このとき，直線 l の式を求めなさい。

(8) 思考力 関数 $y=\dfrac{1}{2}x^2$ について，x の変域が $a-3 \leqq x \leqq a+3$ のとき，y の変域は $b \leqq y \leqq 8$ である。定数 a，b の値をそれぞれ求めなさい。ただし，$-3 < a < 0$ とする。

2 よく出る 右の図のように，直線①のグラフと放物線②のグラフが2点A，Bで交わっている。さらに，①はx軸と点Cで交わっている。A(4, 8)，C(−4, 0)，点Bのx座標を−2とするとき，次の問いに答えなさい。ただし，座標の1目盛りを1cmとする。

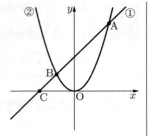

(1) 基本 点Bの座標を求めなさい。
(2) 基本 点Bと原点Oについて対称な点をDとするとき，△ADBの面積を求めなさい。
(3) 点Bから直線ADに引いた垂線の長さを求めなさい。

3 よく出る 右の図において，線分ABは円Oの直径であり，2点C，Dは円Oの周上の点である。また，点Eは直線ADと直線BCの交点で，点Fは線分AE上の点であり，BF∥CAである。AF = FE = 6 cm，BF = 4 cmのとき，次の問いに答えなさい。

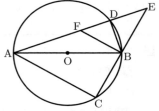

(1) 基本 線分BCの長さを求めなさい。
(2) 線分BDの長さを求めなさい。
(3) △BDFの面積を求めなさい。

4 よく出る 右の図のように，AB = BC = BD = CD = 4 cm，∠ABC = ∠ABD = 90°の三角錐A−BCDがある。辺AB，辺AC，辺ADの中点をそれぞれE，F，Gとし，AH : HC = 2 : 1とするとき，次の問いに答えなさい。

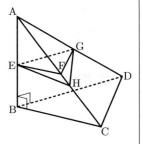

(1) 基本 三角錐A−BCDの体積を求めなさい。
(2) 基本 △EFGの面積を求めなさい。
(3) AC : FHを最も簡単な整数の比で表しなさい。
(4) 三角錐H−EFGの体積を求めなさい。

5 よく出る 右の図のように，1辺が5 cmの正方形ABCDがある。点Pは頂点Aを出発し毎秒1 cmの速さで反時計回りに，点Qは頂点Aを出発し毎秒2 cmの速さで時計回りに，ともに辺上を出会うまで動く。2点P，Qが同時に出発してからx秒後の△APQの面積をy cm²とするとき，次の問いに答えなさい。

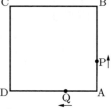

(1) 基本 点Qが辺AD上にあるとき，yをxの式で表しなさい。
(2) xとyの関係をグラフに表したもので，最も適するものを次の①〜⑧より選びなさい。

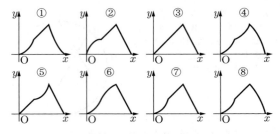

(3) △APQの面積が5 cm²となるのは何秒後であるかすべて求めなさい。

6 1から4までの整数が1つずつ書かれたカード4枚が入っている袋Aと，同じく1から4までの整数が1つずつ書かれたカード4枚が入っている袋Bがある。袋Aから1枚カードを取り出し，そのカードに書かれた整数をaとする。袋Bから1枚カードを取り出し，そのカードに書かれた整数をbとする。このとき，右の図のように，線分PQを$a:b$に分ける点をRとする。このとき，次の問いに答えなさい。

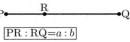

(1) 線分PQの長さを12 cmとするとき，線分PRの長さが整数になる確率を求めなさい。
(2) 思考力 新傾向 さとる君は線分PRの長さが整数になる場合について，その確率が1になるようにするには線分PQの長さが何cmであればよいかを次のように考えた。下のア，イに最も適するものをそれぞれ下の選択肢の①〜⑤の中から1つずつ選び，その番号を答えなさい。また，ウに入る数を求めなさい。

さとる君：線分PRの長さは，線分PQの長さの ア 倍になる。a, bの値は1から4までの整数だから，ア の異なる値は イ 通りある。これらのことから考えると，線分PRの長さが整数になる確率が1になるようにするには線分PQの長さが ウ の倍数になればよい。このとき，線分RQの長さも整数になる。

ア の選択肢：
① $\dfrac{1}{a+b}$ ② $\dfrac{a}{a+b}$ ③ $\dfrac{b}{a+b}$
④ $\dfrac{ab}{a+b}$ ⑤ $\dfrac{a-b}{a+b}$

イ の選択肢：
① 8 ② 10 ③ 11 ④ 12 ⑤ 16

日本大学習志野高等学校

時間 50分　満点 100点　解答 P.130　1月17日実施

* 注意　1. 答が分数のときは，約分した形で表しなさい。
　　　　2. 根号の中は最も簡単な形で表しなさい。例えば，$2\sqrt{8}$ は $4\sqrt{2}$ のように表しなさい。

出題傾向と対策

● 例年同様，大問4題のマークシート形式であり，**1** 小問集合形式，**2** は関数と図形の融合問題，**3** は平面図形，**4** 立体図形の問題であった。出題分野・傾向に大きな変化はないが，例年よりやや難易度が上がったように思えるが，誤差の範囲である。

● 例年，出題される問題に難問奇問はないが，受験者層を考えると，やや苦戦するだろう応用問題が **1** の小問集合部分にも含まれており，点数の差が広がりやすい良問が並ぶ。計算ミスに気を付けること。定型問題が多いからといって油断してはいけない。

---

1 次の □ をうめなさい。

(1) $(1+\sqrt{2})(1+\sqrt{8})\left(1-\dfrac{1}{\sqrt{2}}\right)\left(1-\dfrac{1}{\sqrt{8}}\right) = \dfrac{ア}{イ}$ である。

(2) 2次方程式 $x^2 - 6 \times 17x - 2023 = 0$ の解は，$x = ウエオ$，$x = カキク$ である。ただし，$ウエオ < カキク$ とする。

(3) 【思考力】 3つの自然数 x, y, z $(x < y < z)$ があり，$x + y + z = 20$，$xyz = 60$ を満たす。このとき，$x = ケ$，$y = コ$，$z = サシ$ である。

(4) 【よく出る】 右の表は，ある動物園の料金表である。オプション料金とは，入園料の他にかかる料金のことである。
　この動物園に370人の団体が入園した。370人のうち，企画展に参加した人が300人，企画展にもふれあい体験にも参加しなかった人が32人であった。この団体が支払った金額が55600円のとき，ふれあい体験に参加した人は $スセ$ 人である。

【料金表】
入園料　80円

[オプション料金]
| 企画展 50円 | ふれあい体験 200円 |
| 企画展＆ふれあい体験 220円 ||

(5) 右図のように，△ABC，△BCD，△BCE がある。∠ABE は ∠EBD の2倍の大きさで，∠ACE は ∠ECD の2倍の大きさである。∠BAC = 23°，∠BDC = 38° のとき，∠x = $ソタ$ 度である。

(6) 【基本】 1, 2, 3, 4, 5 の数字を1つずつ書いた5枚のカードがある。この5枚のカードから同時に3枚のカードを取り出すとき，取り出した3枚のカードに書いてある数の積の一の位が0になる確率は $\dfrac{チ}{ツ}$ である。
　ただし，どのカードが取り出されることも同様に確からしいものとする。

---

2 【よく出る】 右図のように，放物線 $y = ax^2$ ($a > 0$) と，y 軸上の点 C を中心として原点 O を通る円がある。放物線と円は点 $A(2\sqrt{3}, 6)$ で交わっており，直線 AC と円の点 A 以外の交点を B とする。
　次の問いに答えなさい。

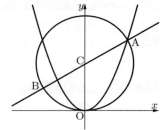

(1) a の値を求めなさい。
　答　$\dfrac{ア}{イ}$

(2) 円の半径を求めなさい。
　答　$ウ$

(3) 点 B の座標を求めなさい。
　答　$(エオ\sqrt{カ}, キ)$

(4) △OAB を直線 AC のまわりに1回転してできる立体の体積を求めなさい。
　答　$クケ\pi$

---

3 【よく出る】 右図のように，$AD = \dfrac{9}{4}$ cm，$BC = 4$ cm，$\angle A = \angle B = 90°$ の台形 ABCD がある。辺 AB を直径とする半円 O は，辺 CD と点 E で接している。円 P は辺 BC，辺 CD と半円 O の弧に接している。
　次の問いに答えなさい。

(1) 辺 CD の長さを求めなさい。
　答　$\dfrac{アイ}{ウ}$ cm

(2) 半円 O の面積を求めなさい。
　答　$\dfrac{エ}{オ}\pi$ cm²

(3) 円 P の半径を求めなさい。
　答　$\dfrac{カ}{キ}$ cm

---

4 右図のように，$AB = AD = 18$ cm，$AE = 6$ cm の直方体 ABCD-EFGH がある。2点 P, Q は同時に点 A を出発し，点 P は，辺 AB 上を毎秒 2 cm の速さで，点 Q は，辺 AD 上を毎秒 4 cm の速さで往復する。このとき，次の問いに答えなさい。

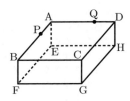

(1) 【基本】 出発して初めて AP = AQ となるのは何秒後か求めなさい。
　答　$ア$ 秒後

(2) (1)のとき，立体 APQ-EFH の表面積と体積を求めなさい。
　答　表面積 $(イウエ + オカ\sqrt{キ})$ cm²
　　　体積　$クケコ$ cm³

函館ラ・サール高等学校

時間 60分 満点 100点 解答 P131 2月14日実施

* 注意 ・分数で答える場合は、それ以上約分ができない数で答えなさい。
  ・円周率は π とします。

出題傾向と対策

- 大問5問で、**1**は計算が中心の小問が7題、**2**は方程式、確率、図形の小問が3題、**3**は空間図形、**4**は関数と図形、**5**は思考力を問われる割り算の余りに関する問題である。
- 標準的なレベルの問題が多いが、幅広い分野から出題されているので、過去問をしっかり解き、練習を積んでおくと良いだろう。
- 会話文を読んで解く問題は、隠れている答えのヒントを見つけ出して、落ち着いて取り組みたい。

1

(1) 基本 $16 \div (-2)^2 + 5 \times (-2^2)$ を計算しなさい。

(2) 基本 $\left(-\dfrac{y}{x}\right) \times \dfrac{x^3}{y^4} \div \left(\dfrac{x}{y}\right)^3$ を計算しなさい。

(3) 基本 $-\dfrac{5x+2y-2}{3} + x + y + \dfrac{3x+y-2}{2}$ を計算しなさい。

(4) $(x^2+1)^2 - (7x-11)^2$ を因数分解しなさい。

(5) 1次関数 $y = -2x + a$ において、x の変域が $-1 \leqq x \leqq 2$ のとき、y の変域が $-1 \leqq y \leqq b$ である。このとき、a、b の値を求めなさい。

(6) 基本 連立方程式 $\begin{cases} y = -3x - 2 \\ 2x + 3y = 15 \end{cases}$ を解きなさい。

(7) $x = \sqrt{2023}$ のとき、$x^2 - 89x + 1980$ の値について、①から③の中から正しいものを1つ選び、番号で答えなさい。
① 符号は正である。 ② 符号は負である。
③ 0である。

2

(1) 濃度が x %の食塩水 150 g と濃度が 7%の食塩水 300 g を混ぜて、450 g の食塩水を作る。次に、この食塩水に 50 g の水を混ぜると濃度が 5.1 %の食塩水 500 g ができた。このとき、x の値を求めなさい。

(2) 袋の中に1から5までの数字が書かれたカードが1枚ずつ合計5枚入っている。この袋から1枚カードを取り出して、元に戻さずにもう1枚カードを取り出す。このとき、次の確率を求めなさい。
① 取り出した2枚のカードの数字の和が3の倍数になる確率
② 取り出した2枚のカードの数字の最大公約数が素数になる確率

(3) PR = 2 cm、RQ = 1 cm の直角三角形 PQR が最初、図1の位置にある。直角三角形 PQR を図1から図2のように動かしたとき、∠QOX の大きさがどのように変化するかを調べた。その結果として正しいものを①から⑤の中から1つ選び、番号で答えなさい。ただし、直角三角形 PQR の頂点 R は半直線 OY 上を、頂点 P は半直線 OX 上を動き、半直線 OX と半直線 OY は垂直に交わっているものとする。

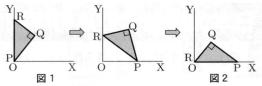
図1　　　図2

① 角の大きさは増加していく。
② 角の大きさは減少していく。
③ 角の大きさは増加した後に減少していく。
④ 角の大きさは減少した後に増加していく。
⑤ 角の大きさは常に一定である。

3

図のような1辺の長さが 6 cm の立方体 OAPB−CQDR がある。この立方体から立体 A−OPQ、立体 B−OPR、立体 D−PQR を除いた立体①を考える。

(1) 立体①の体積を求めなさい。

(2) 辺 OC の中点を S とする。立体①を、面 CQR に平行で、点 S を通る平面で切ったとき、切り口の図形の面積を求めなさい。

4

右の図のように、放物線 $y = \dfrac{1}{4}x^2$ と直線 $y = 2x + 5$ が2点 A、B で交わっている。辺 AD と辺 BC が y 軸に平行で、対角線 AC と BD の交点が x 軸上にあるような平行四辺形 ABCD をつくる。このとき、次の問いに答えなさい。ただし、座標の1目盛りを 1 cm とする。

(1) 点 A の座標を求めなさい。ただし、点 A の x 座標は正の数とする。

(2) 平行四辺形 ABCD の面積を求めなさい。

(3) 線分 AB の長さを求めなさい。

(4) 平行四辺形 ABCD を、直線 AB を軸として1回転させてできる立体の体積を求めなさい。

5

思考力 太郎君とケン君が次の数学の問題について話をしています。

問題
1から n までの自然数の積を $n!$ と表すことにする。例えば $4! = 1 \times 2 \times 3 \times 4$ である。このとき、$16!$ を17で割った余りを求めなさい。

会話文をよく読んで次の問いに答えなさい。

ケン：16! は数が大きすぎて計算できないな。1から16までの整数の掛け算を計算せずに余りを考えることはできないかなぁ。

太郎：できるよ。簡単な例題からやってみよう。264 を7で割った余りはいくつかな。

ケン：簡単さ。商が　ア　で，余りは　イ　だね。

太郎：正解。つまり，$264 = 7 \times$ ア $+$ イ と書くことができるね。7で割っているから余りは0から6の整数のいずれかになるね。
では次に 11×24 を7で割った余りを考えるよ。$11 \times 24 = 264$ と直接計算せずに分配法則を使って考えてみよう。
まず，11と24をそれぞれ7で割ったときの商と余りを考えてみよう。

ケン：11を7で割ると商が1で余り4，24を7で割ると商が3で余り3だから，
$11 = 7 \times 1 + 4$，$24 = 7 \times 3 + 3$ と表すことができるね。
そうすると，$11 \times 24 = (7 \times 1 + 4) \times (7 \times 3 + 3)$ になるね。

太郎：そうだね。では，7×1 と 7×3 を1つの数と考えて分配法則を使うとどうなるかな。

ケン：$(7 \times 1 \times 7 \times 3) + (7 \times 1 \times 3) + (4 \times 7 \times 3) + 4 \times 3$ になるね。

太郎：そうだよ。3つの（　）の中の掛け算には必ず7が入っているから，3つの（　）の中を計算して加えた数は7の倍数だよね。すなわち，
$11 \times 24 = 7 \times \square + 4 \times 3$ という式で表すことができる。

ケン：でも，これだと余りは $4 \times 3 = 12$ になって，6より大きくなってしまうね。
ちょっと待てよ。$12 = 7 \times 1 + 5$ だから，11×24 を7で割った余りは，4×3 を7で割った余りと同じになるね。ということは，答えは　イ　だね。$11 \times 24 = 264$ と直接計算せずに余りを考えることができるんだね。

太郎：そうさ。では，$8 \times 16 \times 24$ を7で割った余りなんてすぐに求められるよね。

ケン：同じように考えて…。答えは　ウ　だね。

太郎：そうそう，その調子。じゃあ，
$8 \times 15 \times 22 \times 29 \times 36 \times 43 \times 50 \times 57 \times 64 \times 3$
を7で割った余りはいくつかな。

ケン：わかりやすい問題だね。簡単さ，答えは　エ　だね。

太郎：正解。では，この考え方を使って，まずは $6!$ を7で割った余りを考えてみよう。

ケン：$6! = 1 \times 2 \times 3 \times 4 \times 5 \times 6$ だから，この掛け算を並べ替えると考えやすくなるね。
$6! = (2 \times 4) \times (3 \times 5) \times (1 \times 6)$ と考えると答えはすぐに求まるね。答えは　オ　だね。コツがわかってきたよ。

太郎：正解。では本題だ。$16!$ を17で割った余りを考えてみよう。

ケン：なかなか大変だったけど，答えは　カ　だね。

太郎：この考え方を応用すると 2^{2023} を7で割った余りも考えることができるね。

(1) 会話文中の　ア　〜　カ　に当てはまる数を答えなさい。

(2) 2^{2023} を7で割った余りを求めなさい。

福岡大学附属大濠高等学校

| 時間 | **50**分 | 満点 | **100**点 | 解答 | P133 | 2月3日実施 |

* 注意　1．根号 $\sqrt{}$ が含まれるときは，$\sqrt{}$ を用いたままにしておくこと。また，$\sqrt{}$ の中は，最も小さい整数にすること。
2．分数は，それ以上約分できない分数で表し，分母は有理化しておくこと。
3．円周率は，π を用いること。

出題傾向と対策

●大問5題，小問数25題で，**1**，**2** は小問集合，**3** は関数に関する総合問題，**4** は平面図形の問題，**5** は立体の問題と，分量，内容ともに例年通りの出題である。
●本校の特徴として私立難関校の入試問題の基本的・典型的問題がよく出題される。どれだけ誠実に受験勉強をしてきたかが点数に反映されるよい出題である。教科書で巻末の課題学習で扱っている，円に内接する四角形の性質といった中高一貫校の中学生であれば必ず学習している内容に関する問題もよく出題されるので勉強しておきたい。

1 よく出る 基本　次の各問いに答えよ。

(1) $\left(\dfrac{2x+5y}{3} - \dfrac{x+7y}{6} \right) \div \dfrac{xy}{2}$ を計算し，簡単にすると　①　である。

(2) $(2x-y)^2 + 5(2x-y) + 6$ を因数分解すると　②　である。

(3) 連立方程式 $\begin{cases} 3x + 4y = 2 \\ 5x + 2y = 6 \end{cases}$ を解くと　③　である。

(4) 2つの2次方程式 $x^2 + x - 12 = 0$ …①
　　　　　　　　　$x^2 + ax - 30 = 0$ …②において，
①の解のうち大きい方が②を満たすときの a の値は　④　である。

(5) 直線 $y = -\dfrac{1}{2}x + 10$ 上の点で，x 座標も y 座標も正の整数である点は全部で　⑤　個ある。

2　次の各問いに答えよ。

(1) 基本　容器の中に濃度10％の砂糖水が 500 g あり，この砂糖水を 100 g くみ出し，濃度20％の砂糖水を 100 g 入れてよくかき混ぜた。
このとき，容器の砂糖水に含まれる砂糖の量は　⑥　g である。その容器の中の砂糖水をもう一度 100 g くみ出し，濃度20％の砂糖水を 100 g 入れてよくかき混ぜた。このとき，容器の砂糖水に含まれる砂糖の量は　⑦　g になる。

(2) 袋の中に白，赤，青の球が1個ずつ入っている。袋から球を1個取り出し，1個のさいころを投げ，球の色とさいころの出た目に応じて以下のように得点が与えられるゲームをする。
【白】さいころの出た目から1を引いた値が得点として与えられる。
【赤】さいころの出た目が6の約数であれば，その目の数が得点として与えられる。それ以外の場合は0点となる。
【青】さいころの出た目が偶数であれば，その目の数が得点として与えられる。それ以外の場合は0点となる。

このゲームを1回したとき，得点が4点以上与えられる確率は ⑧ である。

(3) 右の図の四角形 ABCD で対角線 AC の長さが 8 cm のとき，対角線 BD の長さは ⑨ cm である。

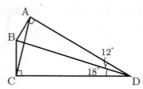

(4) **思考力** 正の整数 n は 4 個の整数 a, b, c, d を用いて
$$n = (a^2-1)(b^2-2)(c^2-3)(d^2-4)$$
と表されるものとする。このような n の値で最小の値は ⑩ である。

3 **よく出る** 右の図のように，放物線 $y=ax^2$ 上に点 A (2, 2) と x 座標が 4 の点 B がある。次の各問いに答えよ。

(1) **基本** a の値は ⑪ である。

(2) **基本** 2 点 A，B を通る直線の式は ⑫ である。

(3) △OAP と△OAB の面積が等しくなるような y 軸上の点 P の座標は ⑬ である。ただし，点 P の y 座標は正とする。

(4) (3)のとき，四角形 POAB と △QOA の面積が等しくなるような y 軸上の点 Q の座標は ⑭ である。ただし，点 Q は点 P の上方にあるものとする。

(5) (4)のとき，四角形 POAB と四角形 QPAB の面積比は ⑮ である。

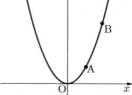

4 **よく出る** 右の図のように △ABC がある。AB = AC = 3 cm，BC = 2 cm である。辺 BC の中点を D，点 B から辺 AC に垂線を下ろしその交点を E，線分 AD と線分 BE の交点を F とする。また，4 点 C，D，E，F を通る円がある。次の各問いに答えよ。

(1) **基本** 線分 AD の長さは ⑯ cm である。

(2) 線分 CF の長さは ⑰ cm である。

(3) **基本** 線分 CE の長さは ⑱ cm である。

(4) △BDF の面積は ⑲ cm² である。

(5) 四角形 CDFE の面積は ⑳ cm² である。

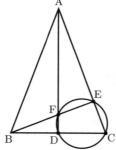

5 **よく出る** 右の図のように，直方体 ABCD − EFGH がある。AE = 4 cm，AD = 6 cm，DC = 8 cm である。頂点 A から辺 DC，HG，EF 上を通り頂点 B まで糸を巻きつけ，その長さが最小となるように固定した。糸が直方体の各辺と交わる点を順に P，Q，R と

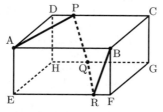

する。次の各問いに答えよ。

(1) **基本** 線分 DE の長さは ㉑ cm である。
(2) AP : PQ を最も簡単な整数比で表すと ㉒ である。
(3) 線分 DP の長さは ㉓ cm である。
(4) 三角すい A − DPH の体積は ㉔ cm³ である。
(5) 4 点 D，E，R，P を結んでできる四角形の面積は ㉕ cm² である。

法政大学高等学校

時間 50分　満点 100点　解答 P133　2月10日実施

出題傾向と対策

● 例年同様，大問 4 題の出題で **1** は小問集合，**2** は方程式の応用，**3** は関数と図形，**4** は平面図形からの出題であった。出題傾向・難易度は昨年と変わらず，基本〜標準レベルが中心である。

● 出題傾向はほぼ変化しないといってよいので，過去数年分の問題は必ず解いておこう。また，小問集合の量が多く，幅広く基本的な力を求めているので，苦手分野をなくすことが重要といえる。

1 次の各問いに答えなさい。

(1) $\left(1.2 \div 0.375 + \dfrac{-2^3}{3} \times 4.2\right) \div \left(-\dfrac{2}{3}\right)^3$ を計算しなさい。

(2) $(-2ab^2c^3)^3 \div \left(-\dfrac{3c^2}{a^2b}\right)^2 \times \left(\dfrac{3}{2a^4b^3}\right)^2$ を計算しなさい。

(3) $\dfrac{5a+3b}{2} - \dfrac{a-2b}{3} - \dfrac{7a+13b}{6}$ を計算しなさい。

(4) **よく出る** $(a^2+2a)^2 - 2(a^2+2a) - 3$ を因数分解しなさい。

(5) **基本** 3 つの数 $4+\sqrt{10}$，$5\sqrt{2}$，7 を，左から小さい順に並べなさい。

(6) **思考力** 整数 a を 7 で割ると 4 余り，整数 b を 7 で割ると 3 余る。$a^2 + 2ab$ を 7 で割ったときの余りを求めなさい。

(7) 連立方程式 $\begin{cases} 3x+7y=-4 \\ (2x-y+1):(2x+y+2)=4:3 \end{cases}$ を解きなさい。

(8) **基本** 2 次方程式 $(x-6)(x-5) = 2(x-3)$ を解きなさい。

(9) **よく出る** 7 個のみかんを，A，B，C の 3 人に分ける方法は何通りありますか。ただし，3 人はそれぞれ，少なくとも 1 個はもらえるものとします。

(10) 袋の中に，赤玉が 3 個，白玉が 4 個，黒玉が 1 個入っている。この袋の中から同時に 2 個の玉を取り出すとき，取り出した玉の色が同じである確率を求めなさい。

(11) **基本** 関数 $y=ax^2$ において，x の変域が $-3 \leqq x \leqq 4$ のときの y の変域が $b \leqq y \leqq 24$ であるという。このとき，a，b の値を求めなさい。

(12) 点 $(7, 6)$ を通り，直線 $y = -\dfrac{3}{2}x + 6$ と x 軸上で交わる直線の式を求めなさい。

(13) 側面の展開図が同じ形の長方形となる，正三角柱と正

六角柱がある。図1は正三角柱の，図2は正六角柱の側面の展開図である。このとき，正三角柱の体積は，正六角柱の体積の何倍か答えなさい。

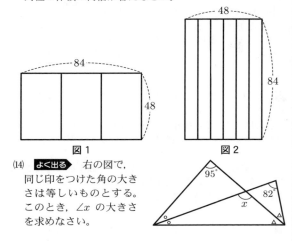

(14) **よく出る** 右の図で，同じ印をつけた角の大きさは等しいものとする。このとき，∠x の大きさを求めなさい。

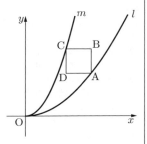

2 **よく出る** 容器 A には x%の食塩水が 200 g，容器 B には y%の食塩水が 100 g 入っている。A から B に 100 g 移してよくかき混ぜた後，B から A に 50 g 移してよくかき混ぜる。このとき，次の問いに答えなさい。
(1) 操作後の A の食塩の量を，x, y を用いて表しなさい。
(2) 操作後の A の濃度は 10%，B の濃度は 12%であった。このとき，x, y の値を求めなさい。

3 **よく出る** 右の図の曲線 l は放物線 $y = \frac{1}{2}x^2$ の $x \geq 0$ の部分，曲線 m は放物線 $y = ax^2$ の $x \geq 0$ の部分である。また，四角形 ABCD は 1 辺 3 の正方形で，頂点 A は曲線 l 上に，頂点 C は曲線 m 上にあり，辺 AB は y 軸に平行である。ただし，$a > \frac{1}{2}$ とし，頂点 A の x 座標は 3 よりも大きいものとする。このとき，次の問いに答えなさい。

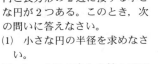

(1) 頂点 A の x 座標が 4 のとき，直線 AC の式を求めなさい。
(2) $a = 2$ のとき，頂点 A の x 座標を求めなさい。

4 右の図のように，長方形の 3 辺に接する大きな円と，その円と長方形の 2 辺に接する小さな円が 2 つある。このとき，次の問いに答えなさい。
(1) 小さな円の半径を求めなさい。
(2) 3 つの円の中心を結んでできる三角形の面積を求めなさい。

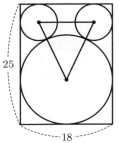

法政大学国際高等学校

時間 50分 満点 100点 解答 P135 2月12日実施

出題傾向と対策

●大問が4題で，**1** は基本問題の小問集合，**2** は関数と図形を組み合わせた総合問題，**3** は円と三平方の定理，**4** は関数と動点の問題であった。出題形式や難易度は例年通りであるが，立体図形の問題が出題されなかった。
●基本的な問題から，標準レベルの問題まで幅広く出題されているので，教科書を中心に，数年の過去問にじっくり取り組んで学習しよう。関数と図形の融合問題や立体図形の問題にも力を入れて練習しておくことが大切である。

1 **よく出る** **基本** 次の問いに答えよ。
(1) $\frac{a}{2} + 2b - \frac{a+3b}{5}$ を計算せよ。 (6点)
(2) $x(x+1)(2x+1) = 0$ を満たす x の値をすべて求めよ。 (6点)
(3) $(x+3y)(x-3y) - 8(x-2)$ を因数分解せよ。 (6点)
(4) 赤球5個と，何個かの白球を1つの袋に入れる。この袋から1個の球を取り出したとき，その球が赤球である確率が3％以下になるようにするには，少なくとも何個の白球を袋に入れておく必要があるか。 (6点)
(5) 図において，点 O は円の中心であり，3 点 A，B，C はすべて円周上の点である。このとき，∠AOB の大きさを求めよ。 (6点)

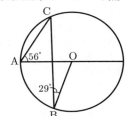

2 放物線 $y = x^2$ …①と直線 $y = ax + 2$ …②があり，①，②の交点のうち，x 座標が負であるものを A，正であるものを B とする。点 A と原点 O の距離が $\sqrt{2}$ であるとき，次の問いに答えよ。ただし，$a > 0$ とする。
(1) **よく出る** a の値を求めよ。 (6点)
(2) **基本** 2点 A，B の座標をそれぞれ求めよ。 (8点)
(3) ①上に x 座標が負である点 C をとったところ，∠ABC = 90° となった。このとき，点 C の座標を求めよ。 (6点)
(4) **思考力** (3)のとき，直線 AC 上の点を D とする。直線 BD が，四角形 OBCA の面積を 2 等分するとき，点 D の座標を求めよ。 (7点)

3 AB < BC < 2AB である長方形 ABCD において，辺 BC 上に AB = BE となる点 E をとり，さらに辺 CD 上に CE = CF となる点 F をとったところ，AF = 5，∠EAF = 30° となった。このとき，次の問いに答えよ。
(1) ∠DEF の大きさを求めよ。 (6点)
(2) CE の長さを求めよ。 (6点)
(3) 長方形 ABCD の面積を求めよ。 (6点)

4 座標平面上に，点 $A(a, b)$ がある。点 P は，ある時刻に点 A を出発し，一定の速さで直線 l 上を一定の方向に動いていく。点 P の x 座標は 1 秒あたり 2 増え，y 座標は 1 秒あたり 1 増える。このとき，次の問いに答えよ。

(1) **基本** 点 A を出発してから t 秒後の点 P の座標を，a, b, t を用いて表せ。 (6点)

(2) 点 P が点 A を出発した時刻と同時刻に点 Q が原点 O を出発し，一定の速さで直線 m 上を一定の方向に動く。原点 O を出発してから 5 秒後の点 Q の座標は $(7, 8)$ であった。原点 O を出発してから t 秒後の点 Q の座標を，t を用いて表せ。 (6点)

(3) (2)のとき，点 P と点 Q が動き始めてから 9 秒後に，点 P と点 Q は同じ場所にあった。このとき，a, b の値をそれぞれ求めよ。 (6点)

(4) (3)のとき，直線 l の方程式を求めよ。 (7点)

法政大学第二高等学校

時間 50分 満点 100点 解答 P136 2月11日実施

* 注意 1．必要ならば，円周率は π を用いること。
2．図は正確でない場合がある。
3．根号を含む形で解答する場合，根号の中に現れる自然数が最小となる形で答えること。
4．答えは分母に根号を含まない形で答えること。

出題傾向と対策

● 例年同様大問は 6 題で，**1** と **2** は小問集合，**3** は確率と素因数分解の融合問題，**4** は関数 $y = ax^2$ と図形，**5** は平面図形に関する問題，**6** は空間図形に関する問題であった。

● 出題傾向はここ数年変化がなく，特に，場合の数・確率，関数 $y = ax^2$，相似，三平方の定理，空間図形の計量の問題が頻出である。解答用紙に計算過程や考え方を記述する問題が出題されるので，素早く解くだけでなく，途中の過程をかく練習を積み重ねよう。

1 **よく出る** **基本** 次の各問に答えなさい。

問 1．$\sqrt{12}$ の小数部分を a，$\sqrt{3}$ の小数部分を b とするとき，ab の値を求めなさい。

問 2．x, y についての連立方程式
$\begin{cases} 2(y-4) = -(x-1) \\ x - \dfrac{y+4}{2} - 2 = 0 \end{cases}$ を解きなさい。

問 3．2 次方程式 $(x+2)^2 + x^2 = (x+4)^2 - 12$ を解きなさい。

問 4．$x^2 - 2x - y^2 + 2y$ を因数分解しなさい。

2 次の各問に答えなさい。

問 1．**よく出る** **基本** $x + y = -1$，$xy = -\dfrac{3}{5}$ のとき，$x^2 - 3xy + y^2$ の値を求めなさい。

問 2．$\sqrt{n^2 - 105}$ が整数になる最大の自然数 n を求めなさい。

問 3．**よく出る** 定義域が $-6 \leqq x \leqq -2$ である 2 つの関数 $y = \dfrac{1}{2}x^2$，$y = ax + b \,(a < 0)$ の値域が一致するような定数 a, b の値を求めなさい。

問 4．**よく出る** 1 辺の長さが 12 cm の正三角形 ABC に円 O_1 が内接している。また，円 O_2 は $\triangle ABC$ の 2 辺 AB，CA と円 O_1 に接している。このとき，円 O_2 の半径を求めなさい。

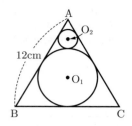

3 1, 2, 7, 17 が書かれたカードがそれぞれ 1 枚ずつある。この中から無作為に 1 枚引き，書かれた数を記録してから元に戻す。この操作を 3 回繰り返し，記録した 3 つの数をすべて掛け合わせた整数を作る。次の各問に答えなさい。

問 1．**基本** 作られた整数が 1 となる確率を求めなさい。

問 2．作られた整数が 2023 となる確率を求めなさい。

問 3．作られた整数が素数となる確率を求めなさい。

4 関数 $y = \dfrac{1}{4}x^2$ のグラフとそのグラフ上に点 $P(a, b)$（a は正の定数）がある。点 Q の座標を $(a, -1)$，点 R の座標を $(0, 1)$，原点を O とする。次の各問に答えなさい。

問 1．**基本** $PQ = 3$ のとき，線分 PR の長さを求めなさい。

問 2．$a = 4$ のとき，$\triangle PQR$ の面積を求めなさい。

問 3．$a = 4$ のとき，点 P を通り四角形 OQPR の面積を二等分する直線の式を求めなさい。

5 図のように点 O を中心とする半径 2 cm の円周上に長方形の頂点となるような 4 点 A, B, C, D がある。この長方形 ABCD は，BC = 2 cm である。また，辺 AD の延長線上に AC = AE となるような点 E をとり，線分 CE と円との交点を F，線分 AF と辺 CD との交点を G とする。次の各問に答えなさい。

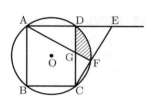

問 1．線分 AG の長さを求めなさい。

問 2．$\triangle CFG$ の面積を求めなさい。

問 3．**思考力** 図の斜線部分の面積を求めなさい。

6 図のように，1 辺の長さが 8 cm の立方体 ABCD - EFGH がある。辺 AD，CD の中点をそれぞれ M，N とする。次の各問に答えなさい。

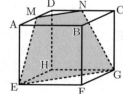

問 1．**よく出る** 四角形 MEGN の面積を求めなさい。

問 2．**思考力** 点 H から四角形 MEGN までの距離を求めなさい。また，その考え方を書きなさい。

明治学院高等学校

時間 50分 / 満点 100点 / 解答 P137 / 2月10日実施

出題傾向と対策

● 大問数は5題で，1 は基本問題からなる小問集合，2 は確率，3 は平面図形，4 は関数と図形，5 は1次方程式の応用問題で，いずれの問題も親切な誘導がついている。
● 出題形式，出題傾向はほぼ定まっているので，過去の問題を通して，入試標準問題で学習しておくこと。

---

1 〔基本〕 次の各問いに答えよ。

(1) $\dfrac{1}{2} \times \left\{ 5 + (3-4) \times \dfrac{1}{3} \right\} \div \left(-\dfrac{7}{6} \right)$ を計算せよ。

(2) $(\sqrt{2}+\sqrt{3})^2(\sqrt{2}-\sqrt{3})^2$ を計算せよ。

(3) $2x^2+4x-48$ を因数分解せよ。

(4) 2次方程式 $x^2-ax+a+7=0$ の解の1つが -3 のとき，a の値と他の解を求めよ。

(5) $a<0$，$b>0$ とする。放物線 $y=ax^2$ と直線 $y=bx-7$ について，x の変域が $1 \leqq x \leqq 2$ のとき，y の変域が一致する。a，b の値を求めよ。

(6) $\sqrt{\dfrac{300}{n}}$ が整数となるような自然数 n はいくつあるか。

(7) 所持金でプリンを8個買うと220円余り，10個買うと合計金額から1割引きになるので60円余る。このときの所持金はいくらか。

(8) $l \mathbin{/\!/} m$ のとき，$\angle x$ の大きさを求めよ。

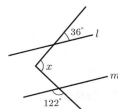

(9) 次の(ア)〜(エ)はそれぞれ $y=\dfrac{a}{x}$ のグラフと点 P$(2, 1)$ を表した図である。$a>2$ となるグラフはどれか。

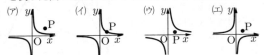

2 1個のさいころを3回投げて，出た目の順に，x_1，x_2，x_3 とするとき，次の式を満たす確率を求めよ。

(1) $(x_1-3)^2+(x_2-3)^2+(x_3-3)^2=0$

(2) $(x_1-3)^2+(x_2-3)^2+(x_3-3)^2 \geqq 2$

3 図のように，AD $\mathbin{/\!/}$ BC の台形 ABCD がある。点 A から対角線 BD に引いた垂線と辺 BC の交点を E とする。AB $=8$，BC $=18$，AD $=8$，AE $=4\sqrt{2}$ のとき，次の問いに答えよ。

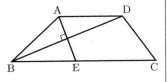

(1) 線分 BE の長さを求めよ。
(2) △ABE の面積を求めよ。
(3) 辺 CD の長さを求めよ。

4 図のように，2直線
$y=\dfrac{3}{2}x+s \cdots$①，
$y=\dfrac{9}{8}x+t \cdots$② $(0<s<t)$
がある。
①と x 軸，y 軸との交点をそれぞれ A，B，②と x 軸，y 軸との交点をそれぞれ C，D，①と②の交点を E とする。次の問いに答えよ。ただし，原点を O とする。

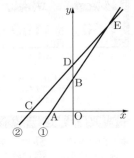

(1) △AOB の面積を s を用いて表せ。
(2) 点 E の x 座標を s，t を用いて表せ。
(3) $s=3$ で，△AEC と △ODC の面積が等しいとき，t の値を求めよ。

5 〔思考力〕 長方形の画用紙の4隅を画びょうでとめて，掲示板に張る。
図のように，2枚目以降を張るときはその一部を重ねて張る。
例えば，図1のような張り方で画用紙を2枚張るとき，画びょうは6個，
図2のような張り方で画用紙を4枚張るとき，画びょうは9個必要である。
次の問いに答えよ。

【図1】

【図2】

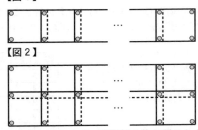

(1) 図1のような張り方で，画用紙5枚を張るとき，必要な画びょうは何個か。
(2) 図1のような張り方で，画用紙 n 枚を張るとき，必要な画びょうの個数を n を用いて表せ。
(3) 図2のような張り方をするとき，210個の画びょうで張ることができる画用紙は何枚か。

明治大学付属中野高等学校

時間 50分 満点 100点 解答 p.138 2月12日実施

* 注意 1. 答えに分数が含まれているときは，それ以上約分できない形で答えてください。
2. 答えに根号が含まれているときは，根号を付けたまま，分母に根号を含まない形で答えてください。また，根号の中を最も小さい自然数で答えてください。

出題傾向と対策

● 大問は6問で，**1**は計算を中心に4題，**2**は6題から成る小問集合，**3**は確率，**4**は文章題，**5**は立体図形，**6**は関数 $y=ax^2$ であった。大問の数こそ5から6に増えたものの，全体の分量は変わらない。難易度も例年並である。例年，標準以上のレベルの問題がほぼ全ての単元から出題される。
● 対策としては応用レベルの典型題・良問を数多くこなし，自力で答えに到達できる状態にまでトレーニングを積んでおこう。途中経過を記述する問題もあるので，日頃の学習から意識して取り組もう。

---

1 よく出る 基本 次の問いに答えなさい。

(1) $\left(\dfrac{1}{\sqrt{3}}-\sqrt{6}\right)^2 + \dfrac{6}{\sqrt{2}} + \left(\dfrac{2\sqrt{2}}{\sqrt{3}}\right)^2$ を計算しなさい。

(2) $4x(x-4)-(x^2-6x+8)$ を因数分解しなさい。

(3) 2次方程式 $(x-\sqrt{3})^2-(x-\sqrt{3})-2=0$ を解きなさい。

(4) 右の表は，40人のクラスで実施した数学の小テストの結果をまとめたものです。このとき，得点の中央値を求めなさい。

得点(点)	人数(人)
5	6
4	14
3	8
2	7
1	3
0	2
計	40

2 よく出る 次の問いに答えなさい。

(1) x, y についての連立方程式 $\begin{cases} 4x+3y=11 \\ x-ky=-\dfrac{1}{2}k \end{cases}$ の解が $\begin{cases} x=p \\ y=q \end{cases}$ であり，$p+q=3$ が成り立つとき，k の値を求めなさい。

(2) 2つの関数 $y=ax-8$ と $y=bx^2$ は，x の変域が $-4 \le x \le 2$ のとき，y の変域が一致します。このとき，a, b の値を求めなさい。ただし，$a>0$ とします。

(3) 右の図の △ABC において，辺 BC の中点を M とし，頂点 B，C から辺 AC，AB にそれぞれ垂線 BD，CE をひきます。このとき，∠x の大きさを求めなさい。

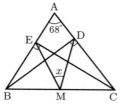

(4) 2次方程式 $x^2-4x+1=0$ の2つの解を a, b とするとき，$a^{10}b^8+a^6b^8-3a^5b^5$ の値を求めなさい。

(5) 等式 $\dfrac{1}{x}-\dfrac{2}{y}=3$ が成り立つとき，$\dfrac{6x-3y}{3xy-2x+y}$ の値を求めなさい。ただし，x, y はともに 0 でないものとします。

(6) $\sqrt{2233-33n}$ が整数となるような自然数 n の値をすべて求めなさい。

3 基本 次の文章について，記号ア〜ウにあてはまる数を答えなさい。

正十二面体のさいころの各面に，1 から 12 までの整数が 1 つずつ書かれています。

このさいころを 2 回投げ，1 回目に出た目の数を a，2 回目に出た目の数を b とします。

ただし，このさいころを投げたとき，どの面が出ることも同様に確からしいとします。

3 本の直線 $y=\dfrac{b}{a}x\cdots$①, $y=2x-4\cdots$②, $x=3\cdots$③について，

2 本の直線①，②が平行となる場合の数は ア 通りであり，

3 本の直線①，②，③が 1 点で交わる場合の数は イ 通りです。

すなわち，このさいころを 2 回投げたとき，3 本の直線①，②，③により，三角形ができる確率は ウ です。

4 よく出る ある容器に濃度が $x\%$ の食塩水 200g が入っています。この容器から 20g の食塩水をくみ出し，かわりに $5x$g の水を入れて，よくかき混ぜたところ，濃度が 3% 薄くなりました。このとき，次の問いに答えなさい。

(1) 水を入れた後，容器の中の食塩水には何 g の食塩が溶けていますか。x を用いた 1 次の単項式で答えなさい。

(2) x についての 2 次方程式をつくり，x の値を求めなさい。ただし，答えだけでなく，答えを求める過程がわかるように，途中の式や計算なども書きなさい。

5 よく出る 右の図のように，1 辺が $6\sqrt{2}$ cm の正方形から，4 つの合同な二等辺三角形である斜線部分を切り取り，残った部分で正四角錐を作ります。この正四角錐の底面が 1 辺 3 cm の正方形であるとき，次の問いに答えなさい。

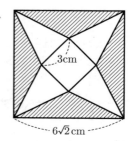

(1) この正四角錐の体積を求めなさい。

(2) この正四角錐の内部にあり，すべての面に接する球の半径を求めなさい。

6 思考力 右の図のように，放物線 $y=\dfrac{1}{4}x^2$ 上に 4 点 A，B，C，D があり，それぞれの x 座標は順に $-8, 2-2\sqrt{5}, 4, 2+2\sqrt{5}$ です。このとき，直線 AB と直線 BC は垂直に交わり，直線 CD と直線 DA も垂直

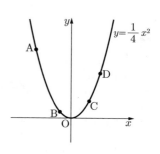

に交わります。直線ACと直線BDの交点をEとするとき、次の問いに答えなさい。
(1) 線分BDの長さを求めなさい。
(2) 点Eの座標を求めなさい。
(3) △ADEの面積を S、△BCEの面積を T とします。このとき、積 ST の値を求めなさい。

明治大学付属明治高等学校

時間 50分　満点 100点　解答 P139　2月12日実施

＊注意　1. 解答は答えだけでなく、式や説明も書きなさい。（ただし、[1]は答えだけでよい。）
2. 無理数は分母に根号がない形に表し、根号内はできるだけ簡単にして表しなさい。
3. 円周率は π を使用しなさい。

出題傾向と対策

●大問5題で、[1]は独立した小問の集合、[2]は連立方程式の応用、[3]は $y = ax^2$ のグラフと図形、[4]は平面図形、[5]は空間図形からの出題であった。分野、分量、難易度とも例年通りと思われる。
●標準的なものが出題されるので、定型的なもので十分練習しておくこと。[1]も考えにくいものがあるので、要注意である。

[1] よく出る　基本　次の□にあてはまる数や式を求めよ。

(1) $\begin{cases} \sqrt{2}x + \sqrt{7}y = 3 \\ \sqrt{7}x - \sqrt{2}y = -6 \end{cases}$ のとき、$y - x = $ □ である。

(2) 最大公約数が7で、最小公倍数が294である2つの自然数がある。この2つの自然数の和が119であるとき、2つの自然数のうち大きいほうの数は□である。

(3) ある生徒が地点Aを出発し、地点B、Cを経由して地点Dに向かう。AからBまでは時速8kmで走り、BからCまではAからBの速さより x % 速く走り、CからDまではBからCの速さより $2x$ % 遅く歩く。CからDまでの2kmの道のりを24分間で歩いたとき、$x = $ □ である。ただし、$x > 0$ とする。

(4) 傾きが正の直線 l と半径 $\sqrt{3}$ の円 C があり、ともに原点Oを通っている。l と C は放物線 $y = x^2$ 上で2点で交わりながら動き、その交点のうちOと異なるほうの点をAとする。線分OAの長さが最大となるときのAの座標は□である。

(5) 次のデータは6人の生徒が反復跳びをしたときの回数を調べたものである。
　　40, 47, 50, 52, 50 $-x$, 50 $+x$　（単位 回）
このデータの四分位範囲が8回であるとき、$x = $ □ である。ただし、x は50以下の自然数とする。

[2] よく出る　次の各問いに答えよ。
(1) $x^2 - 4y^2 - 10x + 25$ を因数分解せよ。
(2) 次の2つの方程式①、②がともに成り立つような x、y の組をすべて求めよ。
　　$x^2 - 4y^2 - 10x + 25 = 0$ …①、
　　$x^2 + x - 6 - 2xy + 4y = 0$ …②

[3] よく出る　右の図のように、関数 $y = \dfrac{1}{2}x^2$ のグラフ上に3点A, B, Cがあり、それぞれの x 座標は、$-\dfrac{3}{2}$, 1, $\dfrac{5}{2}$ である。また、点Dは △ABC = △ABD を満たす $y = \dfrac{1}{2}x^2$ 上の点で、x 座標は $-\dfrac{3}{2}$ 未満である。このとき、次の各問いに答えよ。ただし、原点をOとする。

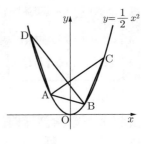

(1) 点Dの座標を求めよ。
(2) △ABC と △ACD の面積の比を最も簡単な整数の比で表せ。
(3) 2直線OC, ODをひき、線分OC, OD上にそれぞれ点P, Qをとる。点Pの x 座標が2で、△OPQ : △OCD = 1 : 3 のとき、点Qの座標を求めよ。

[4] 右の図のように、∠A = 90° の直角三角形ABCがある。Aから辺BCに垂線をひき、その交点をDとし、△ABD, △ACDの内接円の中心をそれぞれP, Qとする。BC = a, CA = b, AB = c, △ABCの内接円の半径を r とするとき、次の各問いに答えよ。ただし、三角形の内接円とは、その三角形の3辺すべてに接する円のことである。

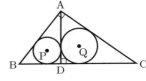

(1) r を a, b, c を用いて表せ。
(2) △ACDの内接円の半径を a, b, r を用いて表せ。
(3) 線分PQの長さを r を用いて表せ。

[5] よく出る　右の図のように、1辺の長さが6の正四面体ABCDの辺AB, AC, BD上にそれぞれ3点P, Q, Rがある。AP = 1, AQ = 2, BR = 3 であるとき、次の各問いに答えよ。

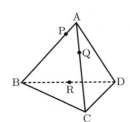

(1) 線分PQの長さを求めよ。
(2) 線分PRの長さを求めよ。
(3) 思考力　3点P, Q, Rを通る平面と辺CDとの交点をSとする。このとき、線分CSの長さを求めよ。

洛南高等学校

時間 60分　満点 100点　解答 P140　2月10日実施

* 注意　円周率は π とし，√ は最も簡単にして無理数のまま，分数は既約分数に直して答えなさい。

出題傾向と対策

- 大問は 5 問で，**1** は計算を中心とする小問 4 題，**2** は関数 $y = ax^2$，**3** は確率，**4** は平面図形，**5** は立体図形であった。全体の構成・分量は例年並みであった。
- 例年，**2**〜**5** では標準レベルの設問から難度の高い設問まで出題される。対策としては応用レベルの典型題に数多く触れ，しっかりとした実力をつけておく必要がある。大問のラストの設問では，手前の設問との関係性を探りながら思考することも有効打になる。

1 │よく出る│基本│　次の問いに答えなさい。

(1) $98 \div 7 - \{6 \times (-5) - (-4)^3\} \times \dfrac{1}{2}$ を計算しなさい。

(2) $(1 + \sqrt{2} + \sqrt{4} + \sqrt{8} + \sqrt{16} + \sqrt{32})(1 - \sqrt{2} + \sqrt{4} - \sqrt{8} + \sqrt{16} - \sqrt{32})$ を計算しなさい。

(3) $\dfrac{9}{2}x - y = 3x + \dfrac{5}{3}y$ のとき，$x : y$ を最も簡単な整数の比で表しなさい。

(4) $\sqrt{2023n}$ が整数となるような 4 桁の正の整数 n のうち最小のものを求めなさい。

2 │よく出る│基本│　図のように，放物線 $y = ax^2$ ⋯① と，中心が $(0, 2)$ で，原点 O を通る円とが 2 点 A，B で交わっています。線分 AB の長さは 4 です。

(1) a の値を求めなさい。

放物線①上の $x > 0$ の部分に点 C をとると，△ABC の面積は △OAB の面積の 8 倍になりました。

(2) C の座標を求めなさい。

放物線①上の $x < 0$ の部分に点 D をとると，△OCA の面積と △ODA の面積が等しくなりました。

(3) D の座標を求めなさい。

(4) 四角形 OCDA の面積を求めなさい。

3 サイコロを 2 回投げて出た目の数を順に a，b とします。直線 $y = -ax + b$ と x 軸および y 軸とで囲まれた三角形の面積を S とするとき，次の問いに答えなさい。

(1) S が最大となるときの a，b の値をそれぞれ求めなさい。

(2) $S \geqq 4$ となる確率を求めなさい。

(3) 直線 $y = \dfrac{2a^2}{b}x$ が S を 2 等分する確率を求めなさい。

(4) │思考力│　もう 1 回サイコロを投げて出た目の数を c とするとき，直線 $y = 8ax - c$ が S を 2 等分し，かつ $a + b + c \geqq 10$ となる確率を求めなさい。

4 図のように，2 つの円 O_1，O_2 があり，2 点 A，B で交わっています。D，E は円 O_2 上の点で，AD と円 O_1 との交点を C，AD と BE との交点を F とします。

AE は円 O_1 の接線で，AB ⊥ AE，AB = 2，AC = 1，AE = $\sqrt{3}$ であるとき，次の問いに答えなさい。

(1) BC の長さを求めなさい。

(2) CD の長さを求めなさい。

(3) △ADE の面積を求めなさい。

(4) CF の長さを求めなさい。

5

(1) 図のように，すべての辺の長さが 2 の正六角柱 ABCDEF - GHIJKL があります。

(ア) △AEL の面積を求めなさい。

(イ) 四面体 AEIL の体積を求めなさい。

(2) 次に，(1)の正六角柱を，図のように面 GHIJKL が下になるように，台の上に置きます。

この状態からすべらせることなく，以下の手順で台の上を転がします。

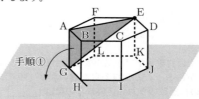

手順① 辺 GH を軸として面 AGHB が台につくまで転がす。
手順② 辺 BH を軸として面 BHIC が台につくまで転がす。
手順③ 辺 CI を軸として面 CIJD が台につくまで転がす。
手順④ 辺 IJ を軸として面 GHIJKL が台につくまで転がす。

(ア) 手順①で △AEG が通過する部分の面積を求めなさい。

(イ) │思考力│　手順①から④で点 E が描く曲線の長さの和を求めなさい。

ラ・サール高等学校

時間 90分　満点 100点　解答 P142　1月29日実施

出題傾向と対策

- 大問は6題で，**1** 基本的な小問，**2** やや難しい小問，**3**～**6** は方程式の文章題，場合の数と確率，関数とグラフ，空間図形などの大問である。途中経過の記述を要求する設問が1つある。計算量はかなり多い。
- **1** を確実に仕上げて，**2** の解きやすい設問に手をつけてから，**3**～**6** に進む。**2** の中にも解きにくい設問があるので注意を要する。今後も出題傾向に大きな変化はないと思われるので，方程式の文章題の記述も含めて過去の出題を参考にして十分な準備を心がけよう。

1 よく出る 基本 次の各問に答えよ。　(16点)

(1) $\dfrac{4x-5y}{6}-\left(\dfrac{2}{15}x-\dfrac{2x-5y}{3}\right)$ を計算せよ。

(2) $-\dfrac{1}{2}ab^4 \times \left(-\dfrac{3}{5}a^3b\right)^2 \div \left(\dfrac{9}{4}a^4b^5\right)$ を計算せよ。

(3) $x=\sqrt{7}+\sqrt{2}$，$y=\sqrt{7}-\sqrt{2}$ のとき，$x^4-6x^2y^2+y^4$ の値を求めよ。

(4) $3a(a-2b)-(a-2b)-(6b+2)$ を因数分解せよ。

2 次の各問に答えよ。　(32点)

(1) 3桁の奇数で，各桁の数の積が252となるものをすべて求めよ。

(2) あるバスの乗客の大人と子供の人数比は 7:4 であったが，次の停留所で降車した人はおらず，新しく大人と子供合わせて8人が乗車したので，乗客の大人と子供の人数比が 8:5 になった。このバスの乗客の最大定員が55人であるとき，現在の乗客の大人と子供の人数をそれぞれ求めよ。

(3) 図の四角形 ABCD は，∠ABD=30°，∠DBC=42°，∠ACD=30°，AD=5 を満たしている。また，辺 BC の延長上に点 E をとったところ，∠DCE=87° となった。このとき，次を求めよ。
　(ア) ∠BDC の大きさ
　(イ) 辺 BC の長さ

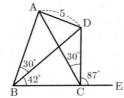

(4) 図のように，1辺の長さが3の正方形 ABCD の各辺に，BE=BF=DG=AH=1 となる点 E, F, G, H をとる。2直線 AF と EG の交点を P とするとき，次を求めよ。
　(ア) 長さの比 EP:PG
　(イ) 四角形 APGH の面積

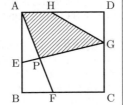

3 難 容器 A には a %の食塩水が 200g，容器 B には b %の食塩水が 320g 入っている。いま，容器 A から食塩水 80g を取り出し容器 B に入れよくかき混ぜたあと，容器 B から食塩水 125g を取り出し容器 A に入れたところ，容器 A，容器 B に含まれる食塩の量が等しくなる。このとき，次の各問に答えよ。　(14点)

(1) a と b の比 $a:b$ を求めよ。ただし，途中経過もかけ。

(2) さらに，a %の食塩水 $10a$ g と b %の食塩水 $10b$ g を混ぜ，そこに食塩を 5g 加えてよくかき混ぜると，濃度が 10%の食塩水になるとき，a，b の値の組をすべて求めよ。

4 思考力 放物線 $y=ax^2$ 上の点 A の x 座標は 1 であり，図のように点 A を通る直線がこの放物線と点 B で，また，x 軸と点 C で交わっている。点 C の x 座標は 1 より大きく，AB=AC が成り立つとき，次の各問に答えよ。ただし，a は正の定数である。　(12点)

(1) 点 B の座標を a を用いて表せ。
(2) 点 C の座標を求めよ。
(3) △OAB を x 軸の周りに1回転してできる立体の体積を a を用いて表せ。

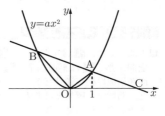

5 新傾向 図のように，縦4マス，横3マスの長方形のマス目にいくつかの碁石を並べることを考える。縦にも2つは続かない並べ方は何通りあるか。次の各場合について答えよ。　(12点)

(1) 碁石を6個並べるとき
(2) 碁石を5個並べるとき
(3) 碁石を4個並べるとき

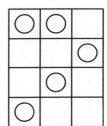

6 1辺の長さが2の正四面体 ABCD と AB を直径とする球 S がある。このとき，次の各問に答えよ。　(14点)

(1) 球 S を3点 A, C, D を通る平面で切るとき，切り口の円の半径を求めよ。

(2) 四面体 ABCD の面 ACD で球 S の内部にある部分の面積を求めよ。

(3) 四面体 ABCD の面で球 S の内部にある部分の面積の総和を求めよ。

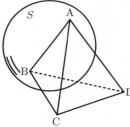

立教新座高等学校

時間 60分　満点 100点　解答 P143　2月1日実施

* 注意　答はできるだけ簡単にし、根号のついた数は、根号内の数をできるだけ簡単にしなさい。また、円周率は π を用いなさい。

出題傾向と対策

● 大問は5問，**1**は小問集合，**2**は関数 $y = ax^2$，**3**は空間図形，**4**は平面図形，**5**は確率の問題であった。問題構成は例年通りだが，出題順が大きく変わった。また，問題毎の難易度はあまり変化がないが，空間図形の問題が少し解き易くなっている。

● 基礎的な内容をよく理解したうえで，過去問をたくさん解くとよい。計算量が多い問題や，ひらめきが必要な問題が多いので，時間配分が大切である。

1 よく出る　以下の問いに答えなさい。

(1) $\dfrac{24}{a^2 + 4a + 3}$ が自然数となるような整数 a は何個ありますか。ただし，$a^2 + 4a + 3$ は0ではないものとします。

(2) a, b は定数とします。太郎君は連立方程式

$\begin{cases} 3x - 7y = 16 \\ ax + by = 1 \end{cases}$ を解き，花子さんは連立方程式

$\begin{cases} bx - ay = -38 \\ 4x + y = -7 \end{cases}$ を解きました。このとき，花子さんが求めた x の値は，太郎君が求めた y の値の4倍で，花子さんが求めた y の値は，太郎君が求めた x の値の3倍でした。a, b の値を求めなさい。

(3) $OA = 2$ cm, $OB = 6$ cm, $\angle AOB = 60°$ である $\triangle OAB$ において，点 A から辺 OB に引いた垂線と OB との交点を D，点 D から辺 AB に引いた垂線と AB との交点を E とします。次の長さを求めなさい。
 ① 辺 AB
 ② 線分 AE

(4) 図のように，円周を6等分した点にそれぞれ1から6までの数字がついています。さいころを3回投げて，出た目と同じ数字の点を結んでできる図形を考えます。すべて異なる目が出た場合は三角形となり，同じ目が2回出た場合は線分となり，同じ目が3回出た場合は点となります。このとき，次の確率を求めなさい。
 ① 三角形にならない確率
 ② 直角三角形になる確率

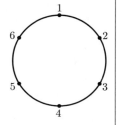

(5) 座標平面上において，2つの直線 $y = -2x - 1$，$y = x + 2$ をそれぞれ l, m とし，l と m の交点を A とします。また，l 上の点 P の x 座標を t，m 上の点 Q の x 座標を $2t$ とし，3点 A, P, Q を結んで $\triangle APQ$ をつくります。P, Q の x 座標がともに A の x 座標よりも大きく，$\triangle APQ$ の面積が54となるような t の値を求めなさい。

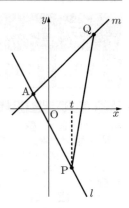

2 よく出る　放物線 $y = \dfrac{1}{4}x^2$ 上に3点 A, B, P があります。図の四角形 ABPQ は長方形で，点 A, B の x 座標はそれぞれ -3, 1 です。次の問いに答えなさい。

(1) 直線 AB の傾きを求めなさい。

(2) 点 P の座標を求めなさい。

(3) 点 Q から直線 AP に引いた垂線と，直線 AP との交点を H とするとき，線分 QH の長さを求めなさい。

(4) $\triangle APQ$ を，直線 AP を回転の軸として1回転させてできる立体の体積を求めなさい。

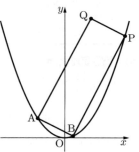

3 よく出る　図のように，底面の半径が5 cm の円錐の中に球 A があり，円錐の底面と側面に接しています。また，球 B は球 A に接し，かつ円錐の側面にも接しています。球 A が円錐の側面と接している部分は円であり，その円周の長さは 4π cm です。この円を O とすると，球 A の中心と円 O の中心との距離は $\dfrac{3}{2}$ cm です。球 A の中心，球 B の中心，円 O の中心，円錐の頂点の4つの点が一直線上にあるとき，次の問いに答えなさい。

(1) 球 A の半径を求めなさい。

(2) 円錐の体積と表面積をそれぞれ求めなさい。

(3) 球 B の半径を求めなさい。

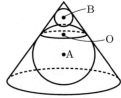

4 思考力　1辺の長さが10 cm の正六角形 ABCDEF があります。図のように，正六角形の辺上に AG : GF = BH : HC = DI : IE = 2 : 3 となるように点 G, H, I をとり，$\triangle GHI$ をつくります。また，辺 CD 上に CJ : JD = 3 : 2 となるように点 J をとり，G と J を結び，HI との交点を K とします。さらに，B と E を結び，GH, GJ, GI との交点をそれぞれ L, M, N とします。このとき，次の問いに答えなさい。

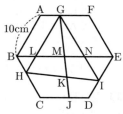

(1) BN：NE を求めなさい。
(2) △GHI の面積を求めなさい。
(3) HK：KI を求めなさい。
(4) MK：KJ を求めなさい。

5 **よく出る** それぞれの玉が同じ大きさである赤玉2個，白玉2個，青玉2個の計6個の玉を袋の中に入れ，よくかき混ぜた後にその袋の中から玉を1個ずつ取り出す作業を行います。一度取り出した玉は元に戻さず，1個取り出すごとに玉の色を調べていきます。そして，2個連続で同じ色の玉を取り出したとき，または計6個の玉を袋からすべて取り出したときに作業が終了します。このとき，次の確率を求めなさい。
(1) 計2個の玉を取り出したときに作業が終了する確率
(2) 計3個の玉を取り出したときに作業が終了する確率
(3) 計4個の玉を取り出したときに作業が終了する確率
(4) すべての玉を取り出して作業が終了する確率

立命館高等学校

時間 50分　満点 100点　解答 P.145　2月10日実施

＊注意　円周率πや√ は近似値を用いないで，そのまま答えなさい。

出題傾向と対策

●例年同様に大問は5題である。**1**は計算4題の小問集合，**2**は確率と資料の整理を含む小問集合，**3**は規則に関する問題，**4**は関数 $y=ax^2$，**5**は平面図形からの出題であり，分量・難易度ともに例年と比べて変化は無い。
●昨年は数に関するルールを設定し，操作を行って計算する問題が出題された。今年は記号に関するルールを設定し，操作を行って数える問題が出題されている。標準問題や過去問を解くだけでなく，問題に書かれた情報から考え抜いて答えを求める力も要求されている。

1 **よく出る** **基本** 次の問いに答えなさい。
〔1〕 $(-0.6)^2 \times \dfrac{5}{3} + \left(\dfrac{1}{3}-7\right) \div \left(\dfrac{5}{6}\right)^2$ を計算しなさい。
〔2〕 $(2x+3y)^2 - 3(x-3y)(x+3y) - 4y^2$ を因数分解しなさい。
〔3〕 $\left(\sqrt{32} + \dfrac{\sqrt{27}}{\sqrt{2}}\right)(2\sqrt{2} - \sqrt{6})$ を計算しなさい。
〔4〕 連立方程式 $\begin{cases} x - \dfrac{4x+y-12}{3} = 6 \\ x+3y = 2(x-y) \end{cases}$ を解きなさい。

2 次の問いに答えなさい。
〔1〕 **基本** 2104^2 を 11 で割った余りを求めなさい。
〔2〕 **よく出る** **基本** 大小2つのさいころを同時に1回投げます。このとき，2つのさいころの出た目の数の和に1を加えた数と，出た目の数の積がともに6の約数となる確率を求めなさい。ただし，さいころの1〜6までの目の出方は，同様に確からしいものとします。
〔3〕 次の図は，ある学校の美術部40人とサッカー部30人の通学時間を調べ，箱ひげ図に表したものです。この図から読み取れることとして正しいものを，あとのア〜エからすべて選びなさい。

ア　範囲，四分位範囲とも，美術部よりサッカー部の方が大きい。
イ　美術部の通学時間の平均値は 30 分である。
ウ　サッカー部には通学時間が 45 分の生徒がいる。
エ　美術部で，通学時間が 35 分以上の生徒はちょうど10 人である。

〔4〕 1本の針金を3つに切り分け，長い順にA，B，Cとしました。このとき，AはBより4cm 長く，BはCより4cm 長くなりました。A，B，Cそれぞれの針金を折って3つの正方形をつくります。それらの正方形の面積の和が $149\,\text{cm}^2$ であるとき，もとの針金の長さを求めなさい。

3 **思考力** **新傾向** 横一列のマスに3種類の記号○，●，◎を，左のマスから1つずつかいていきます。最初の2マスは，○，●，◎のいずれかの記号をかき，それ以降は，以下のルールに従ってマスに記号をかいていきます。右上の図は，最初の2マスに●と●をかき，6番目のマスまで記号をかいた場合を表したものです。このとき，あとの問いに答えなさい。

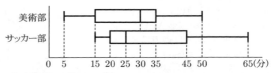

〈ルール〉
直前の2マスの記号の並びで，次のマスにかく記号が以下のように決まります。

直前の2マス　➡　次のマス
●●➡● 　●○➡● 　●◎➡● 　◎○➡●
○○➡● 　○●➡◎ 　○◎➡➡ 　◎●➡○
◎◎➡○

〔1〕 最初の2マスに●と●をかいたとき，10番目のマスにかく記号を答えなさい。
〔2〕 最初の2マスに○，◎の順に記号をかいたとき，1番目のマスから110番目のマスまでにかかれている●の記号の個数を求めなさい。
〔3〕 最初の2マスに○，◎の順に記号をかいたとき，110個目の◎の記号がかかれたマスは何番目のマスかを求めなさい。

4 右の図のように，関数 $y=x^2 \cdots$ ① と関数 $y=ax^2$ $(0<a<1)$ $\cdots$ ② のグラフがあります。2点A，Bは①のグラフ上にあり，その x 座標はそれぞれ -3，2 です。点Cは②のグラフ上にあり，その y 座標は $\dfrac{15}{2}$ です。また，四角形 ABCD が平行四辺形になるように，y 軸上に点Dをとります。このとき，あとの問いに答えなさい。

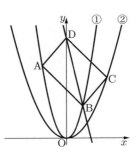

〔1〕 **よく出る** **基本** a の値を求めなさい。
〔2〕 **よく出る** **基本** 直線 BD の式を求めなさい。
〔3〕 ②のグラフ上に x 座標が -4 である点E，線分 BD 上に点Fをとります。△OFE の面積が 16 のとき，点Fの x 座標を求めなさい。

5 右の図のように，AB = 6 cm，AD = 8 cm の長方形 ABCD があり，辺 CD を頂点 D の方に延長した直線上に DE = 6 cm となる点 E をとります。頂点 C から線分 AE に引いた垂線と線分 AE との交点を F とし，点 F を通り辺 AD に平行な直線と線分 DE との交点を G とします。また，線分 BE と線分 AD との交点を H とします。このとき，あとの問いに答えなさい。

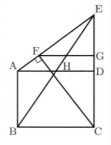

〔1〕 **よく出る** **基本** 線分 EF の長さを求めなさい。
〔2〕 **よく出る** **基本** 線分 FG の長さを求めなさい。
〔3〕 △BGH の面積を求めなさい。
〔4〕 線分 CF 上に CP : PF = 23 : 25 となるように点 P をとります。このとき，四角形 APGF の面積を求めなさい。

早稲田大学系属早稲田実業学校高等部

時間 60分　満点 100点　解答 P146　2月10日実施

* 注意　1. 答えは，最も簡単な形で書きなさい。
　　　　2. 分数は，これ以上約分できない分数の形で答えなさい。
　　　　3. 根号のつく場合は，$\sqrt{12} = 2\sqrt{3}$ のように根号の中を最も小さい正の整数にして答えなさい。

出題傾向と対策

●出題形式は例年とほぼ同じで，1 が小問集合，2 (1) が確率，(2)が作図の少し手間のかかる問題，3 が放物線と図形，4 が空間図形，5 は点の移動の問題であった。
●思考力や作業力を要する出題が多いので，適確な解法を選び，短時間で正答にたどりつく能力も必要である。図形問題も多く出題され，記述を要求されることもあるので，過去問を中心に数多くの問題に触れておこう。

1 次の各問いに答えよ。
(1) $(x + 1)a^2 - 2xa + x - 1$ を因数分解せよ。
(2) 次のデータは，ある生徒 8 人のハンドボール投げの記録である。
　　29, 10, 23, 16, 34, 30, 12, a （単位は m）
　中央値が 26 m のとき，a のとりうる値の範囲を不等号を用いて表せ。
(3) 5％の食塩水 300 グラムと，12％の食塩水 400 グラムをすべて使って，7％の食塩水を x グラム，8％の食塩水を $2x$ グラム，10％の食塩水を y グラム作った。x，y の値を求めよ。
(4) a，b は連続しない正の整数とする。
　等式 $(a - b)(a^2 + b^2) = 2023$ を満たす a，b の値を求めよ。

2 次の各問いに答えよ。
(1) 右の図のように，円周上に等間隔に並んだ 14 個の点に，それぞれ記号および番号が振られている。△① ～ △⑥ の目が書かれたさいころと，□1 ～ □6 の目が書かれたさいころを同時に投げ，出た目の位置にある点をそれぞれ P，Q として △PAQ を作る。

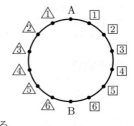

　次の①，②に答えよ。
① ∠PAQ = 90° となる確率を求めよ。
② ∠PAQ < 70° となる確率を求めよ。
(2) 下の図のように，直線 l に点 A で接する円 O がある。この円 O と点 B で接し，直線 l にも接する円を作図せよ。作図に用いた線は消さないこと。

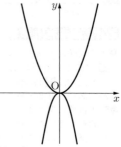

3 2 つの放物線
$C_1 : y = \dfrac{1}{3}x^2$ と
$C_2 : y = -x^2$ について，
直線 $y = 2x$ と C_1 との交点を A_1，C_2 との交点を A_2，
直線 $y = -x$ と C_1 との交点を B_1，C_2 との交点を B_2 とする。ただし，各交点は原点でない方とする。次の各問いに答えよ。

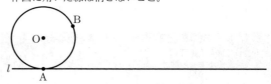

(1) 4 点 A_1，A_2，B_1，B_2 の座標を求め，△$OA_1B_1 \sim$ △OA_2B_2 であることを証明せよ。
(2) 四角形 $A_1B_1A_2B_2$ の面積を求めよ。
(3) 放物線 $C_3 : y = ax^2$ （$a > 0$）について，直線 $y = 2x$ との交点 A_3，直線 $y = -x$ との交点 B_3 をとったところ，△OA_3B_3 と四角形 $A_1B_1A_2B_2$ の面積が等しくなった。a の値を求めよ。

4 右の図のように，1 辺の長さが 3 cm の正四面体 ABCD について，A から底面 BCD に引いた垂線を AH とする。AH を直径とする球 O の球面と，辺 AB，AC，AD との交点のうち，A でない方をそれぞれ P，Q，R とするとき，次の各問いに答えよ。

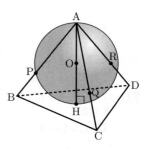

(1) 球 O の半径を求めよ。
(2) AP の長さを求めよ。
(3) 3 点 A，Q，R を通る平面で球 O を切ったとき，切り口の円の半径を求めよ。

5 **思考力** **新傾向** 座標平面上を毎秒 1 の速さで動く点 P がある。点 P を移動元の点 (a, b) におくと，点 P は

そこから移動先の点 $\left(b, \dfrac{b+1}{a}\right)$ に向かってまっすぐに進む。移動先の点にたどり着くと，この点を新たな移動元の点として次の移動先の点に向かって進むことを繰り返す。このとき，次の各問いに答えよ。
(1) 点 P を点 A (2, 4) においた。点 P が最初の移動先の点にたどり着くのは何秒後か。
(2) 点 P をある点 B においたところ，点 P は移動せずに点 B にとどまり続けた。点 B の座標を求めよ。ただし，点 B の x 座標と y 座標はともに正とする。
(3) 点 P を点 C (1, 1) においた。
① 点 P が初めて点 C に戻るのは何秒後か。
② $22\sqrt{2}$ 秒後の点 P の座標を求めよ。

和洋国府台女子高等学校

時間 50分　満点 100点　解答 P147　1月17日実施

* 注意　1. 円周率は，π を用いて計算しなさい。
　　　 2. 根号（$\sqrt{\ }$）を含む形で解答する場合，$\sqrt{\ }$ の中の数は最小の自然数で答えなさい。
　　　 3. 解答が分数になる場合，それ以上約分できない形で答えなさい。

出題傾向と対策

●大問が 12 題であり，昨年と同様であった。**1** は計算問題の小問集合，**2** は因数分解，**3** は因数分解を用いた式の計算，**4** は連立方程式，**5** は 2 次方程式，**6** は数の性質，**7** は確率，**8** は 1 次関数，**9** は関数 $y = ax^2$，**10** は平面図形，**11** は平面図形と空間図形，**12** は平面図形と証明であった。
●例年通りの出題傾向であり，平面図形に関する問題が多く出題され，証明問題は穴埋め形式で出題された。基本的な問題を中心に標準的な問題まで出題されている。

1 よく出る　基本　次の式を計算せよ。
(1) $\left(\dfrac{1}{2} - \dfrac{2}{5}\right) \times \left(\dfrac{9}{10} - 2\right) \div \left(\dfrac{4}{5} - \dfrac{1}{2}\right)^2$
(2) $\dfrac{12}{\sqrt{3}} - \sqrt{2}\,(\sqrt{2} - \sqrt{3})^2 + 2\sqrt{18}$
(3) $\left(-\dfrac{2}{3}a^2 b\right)^3 \div (-2ab^2) \times (9ab)^2$
(4) $\dfrac{5x - 7}{6} - \dfrac{3x + 1}{4}$
(5) $(2x + 3)(2x - 3) - 4(x + 3)^2$

2 よく出る　次の式を因数分解せよ。
(1) $a^3 b^2 - 6a^2 b + 9a$
(2) $(a + 1)^2 - 4b^2$

3 $x = \sqrt{5} - 2$ のとき，$x^2 + 4x - 21$ の値を求めよ。

4 よく出る　基本　次の連立方程式を解け。
$\begin{cases} 5x + 3y = -7 \\ 7x + 5y = 3 \end{cases}$

5 よく出る　次の 2 次方程式を解け。
$x^2 - 2 = 3(2x - 1)$

6 思考力　980 にできるだけ小さい自然数 N をかけて，ある自然数の 3 乗にしたい。このとき，N の値を求めよ。

7 よく出る　2 個のさいころを投げるとき，次の確率を求めよ。
(1) 出た目の数の和が 1 である確率
(2) 出た目の数の積が整数の 2 乗である確率

8 直線 $y = ax + 8$ が 2 点 $(-2, b)$，$(5, 18)$ を通るとき，a，b の値を求めよ。

9 よく出る　右の図のように，関数 $y = x^2$ のグラフと直線 $y = x + 6$ が 2 点 A，B で交わっている。このとき，次の問いに答えよ。ただし，点 A の x 座標は負とする。
(1) 点 A の座標を求めよ。
(2) 直線 $y = x + 6$ が x 軸と交わる点を C とする。△ACO と △ABO の面積の比を最も簡単な整数の比で表せ。

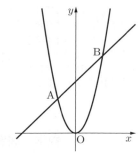

10 右の図を利用して，次の問いに答えよ。
(1) $\angle ADC = 108°$，$\angle DEF = 41°$ のとき，$\angle AFE$ の大きさを求めよ。
(2) $AB : BC = 1 : 2$，$CD : DE = 2 : 3$ のとき，$AF : FD$ の比を最も簡単な整数の比で表せ。

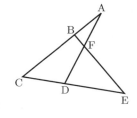

11 右の図のように，円周上に 4 点 A，B，C，D があり，$\overarc{BA} : \overarc{AD} = 3 : 2$，$\angle ABD = 30°$，AB = 4 cm，線分 AC は直径である。このとき，次の問いに答えよ。
(1) △ABD の面積を求めよ。
(2) △ABC を直線 AC を回転の軸として 1 回転してできる立体の体積を求めよ。

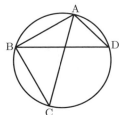

12 右の図のように，AB = AC の直角二等辺三角形 ABC の辺 BC 上に点 D をとり，AD = AE となる直角二等辺三角形 ADE をつくる。辺 AC と辺 DE の交点を F とするとき，次の問いに答えよ。
(1) △ABD∽△DCF であることを次のように証明した。空欄ア〜オにあてはまるものを答えよ。
証明
△DCF と △AEF において
対頂角が等しいから
$\angle CFD = \boxed{ア\angle}$ ……①
△ABC と △ADE はともに直角二等辺三角形だから

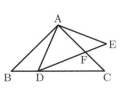

∠DCF = ∠AEF ……②

①②より $\boxed{\text{イ}}$ がそれぞれ等しいから

　　△DCF∽△AEF

よって

　　∠FDC = $\boxed{\text{ウ} \angle }$ ……③

また

　　∠DAB = 90° − $\boxed{\text{エ} \angle }$

　　∠FAE = 90° − $\boxed{\text{エ}}$

だから

　　∠DAB = ∠FAE ……④

③④より

　　∠DAB = ∠FDC…⑤

また △ABC は直角二等辺三角形だから

　　∠ABD = $\boxed{\text{オ} \angle }$ …⑥

したがって⑤⑥より $\boxed{\text{イ}}$ がそれぞれ等しいから

　　△ABD∽△DCF　　　　　　　　　　　$\boxed{\text{終}}$

(2) AB = DC = 4 cm のとき，△ADF の面積を求めよ。

────〔**数学　問題**〕　終わり────

MEMO

MEMO

MEMO

MEMO

MEMO

MEMO

CONTENTS

2023解答／数学

公立高校

北海道	2
青森県	3
岩手県	4
宮城県	5
秋田県	6
山形県	8
福島県	9
茨城県	11
栃木県	12
群馬県	13
埼玉県	14
千葉県	16
東京都	18
東京都立日比谷高	20
東京都立西高	22
東京都立立川高	23
東京都立国立高	24
東京都立八王子東高	25
東京都立墨田川高	26
神奈川県	27
新潟県	28
富山県	29
石川県	31
福井県	32
山梨県	34
長野県	36
岐阜県	37
静岡県	38
愛知県	40
三重県	40
滋賀県	42
京都府	43
大阪府	44
兵庫県	47
奈良県	48
和歌山県	50
鳥取県	51
島根県	52

岡山県	54
広島県	54
山口県	55
徳島県	57
香川県	58
愛媛県	60
高知県	61
福岡県	63
佐賀県	64
長崎県	66
熊本県	67
大分県	70
宮崎県	72
鹿児島県	73
沖縄県	74

国立高校

東京学芸大附高	76
お茶の水女子大附高	77
筑波大附高	78
筑波大附駒場高	79
東京工業大附科技高	81
大阪教育大附高(池田)	83
大阪教育大附高(平野)	84
広島大附高	85

私立高校

愛光高(愛媛県)	90
青山学院高等部(東京都)	90
市川高(千葉県)	92
江戸川学園取手高(茨城県)	93
大阪星光学院高(大阪府)	94
開成高(東京都)	95
関西学院高等部(兵庫県)	96
近畿大附高(大阪府)	97
久留米大附設高(福岡県)	99
慶應義塾高(神奈川県)	100
慶應義塾志木高(埼玉県)	101
慶應義塾女子高(東京都)	102
國學院大久我山高(東京都)	103

渋谷教育学園幕張高(千葉県)	104
城北高(東京都)	106
巣鴨高(東京都)	108
駿台甲府高(山梨県)	109
青雲高(長崎県)	110
成蹊高(東京都)	111
専修大附高(東京都)	112
中央大杉並高(東京都)	113
中央大附高(東京都)	115
土浦日本大高(茨城県)	116
桐蔭学園高(神奈川県)	117
東海高(愛知県)	118
東海大付浦安高(千葉県)	119
東京電機大高(東京都)	120
同志社高(京都府)	121
東大寺学園高(奈良県)	122
桐朋高(東京都)	124
灘高(兵庫県)	124
西大和学園高(奈良県)	126
日本大第二高(東京都)	128
日本大第三高(東京都)	129
日本大習志野高(千葉県)	130
函館ラ・サール高(北海道)	131
福岡大附大濠高(福岡県)	133
法政大高(東京都)	133
法政大国際高(神奈川県)	135
法政大第二高(神奈川県)	136
明治学院高(東京都)	137
明治大付中野高(東京都)	138
明治大付明治高(東京都)	139
洛南高(京都府)	140
ラ・サール高(鹿児島県)	142
立教新座高(埼玉県)	143
立命館高(京都府)	145
早実高等部(東京都)	146
和洋国府台女子高(千葉県)	147

高等専門学校

国立工業高専・商船高専・高専	86
都立産業技術高専	88

公立高等学校

北海道
問題 P.1

解答

1 正負の数の計算，平方根，確率，1次関数，立体の表面積と体積，因数分解，平面図形の基本・作図，三角形

問1．(1) 14　(2) 54　(3) $2\sqrt{7}$
問2．$\dfrac{4}{9}$
問3．5
問4．11 cm
問5．9, 15
問6．右図

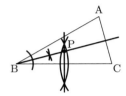

2 連立方程式，因数分解

問1．たとえば，ア．1　イ．2　ウ．2　エ．4　オ．9
問2．ア．$m(n+1)$　イ．$(m+1)n$　ウ．$(m+1)(n+1)$
　　エ．m　オ．$m+1$　カ．n　キ．$n+1$
問3．$x=4$, $y=5$

3 1次関数，関数 $y=ax^2$　問1．4
問2．（計算）（例）
関数 $y=ax^2$ の変化の割合は $\dfrac{9a-a}{3-1}=4a$
一次関数 $y=x+2$ の変化の割合は 1
$4a=1$ より $a=\dfrac{1}{4}$
（答）$a=\dfrac{1}{4}$
問3．(1) Q$(-t, -3)$
(2)（説明）（例）
(台形PQCAの面積)
$=\{(3-t)+(t+1)\}\times 6 \times \dfrac{1}{2}=12$ となる。…①
(台形ABDCの面積) $=(6+2)\times 6 \times \dfrac{1}{2}=24$ となる。…②
①，②より，
(台形PQCAの面積) = (台形ABDCの面積) $\times \dfrac{1}{2}$ である。
したがって，直線PQは台形ABDCの面積を2等分する。

4 平行と合同，図形と証明，三角形，相似，円周角と中心角　問1．110°　問2．(1) ア．$\overset{\frown}{AC}$　イ．円周角
ウ．2組の角がそれぞれ等しい
(2)（証明）（例）
△ABEと△ADCにおいて，
仮定より，AB = AD…①
また，仮定より，∠BAE = ∠DAC…②
弧ABに対する円周角は等しいので，
∠BEA = ∠DCA…㋐
∠ABE = 180°－(∠BEA + ∠BAE)…㋑
∠ADC = 180°－(∠DCA + ∠DAC)…㋒
②，㋐，㋑，㋒より，∠ABE = ∠ADC…③
①，②，③より，1組の辺とその両端の角がそれぞれ等しいので，△ABE ≡ △ADC

5 データの散らばりと代表値
問1．ア．39　イ．43　ウ．4

問2．(1)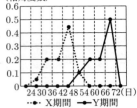

(2)（理由）（例）
X期間とY期間では，度数の合計が異なるから。
(3) ウ，（説明）（例）
2つの度数折れ線が同じような形をしていて，X期間の方がY期間よりも左側にあり，
X期間は，Y期間より夏日の年間日数が少ない傾向にあるといえるから。

解き方　**1** 問3．$y=-x+5$
問6．∠ABC = 30° であるから，∠ABCの二等分線と辺BCの垂直二等分線との交点が点Pである。
2 問3．$\{x+(x+1)\}\{y+(y+1)+(y+2)\} = 162$
$(2x+1)(3y+3) = 162$　　$(2x+1)(y+1) = 54$
$2x+1=9$, $y+1=6$ のみが適すので，$x=4$, $y=5$
3 問1．$y=2x^2$，A$(2, 8)$，B$(-2, 8)$
問3．(1) 線分PQの中点が原点Oになる。
4 問2．(2) 解答例の他に，次のような証明方法もある。
（証明例2）（①までは解答例と同様とする。）
また，仮定より，∠BAE = ∠DAC…②
△ABD∽△AEC から，対応する辺の比は等しいので，
AB : AD = AE : AC = 1 : 1
よって，AE = AC…③
①，②，③より，2組の辺とその間の角がそれぞれ等しいので，△ABE ≡ △ADC
（証明例3）（①までは解答例と同様とする。）
△ABD∽△AEC から，対応する辺の比は等しいので，
AB : AD = AE : AC = 1 : 1
よって，AE = AC…②
△ABD∽△CED から，対応する辺の比は等しいので，
AB : AD = CE : CD = 1 : 1
よって，CD = CE…㋐
仮定より，∠BAE = ∠EAC であるから，
弧BEと弧CEの長さが等しいので，
∠BCE = ∠EBC
2つの角が等しいので，△BECは，BE = CE の二等辺三角形である。…㋑
㋐，㋑より，BE = DC…③
①，②，③より，3組の辺がそれぞれ等しいので，
△ABE ≡ △ADC

〈K. Y.〉

青森県

問題 P.4

解答

1 正負の数の計算，式の計算，多項式の乗法・除法，平方根，数・式の利用，データの散らばりと代表値，因数分解，1次関数，平行と合同，三平方の定理
(1) ア．-6 イ．15 ウ．$4x^2 - 2x + 1$ エ．$3x + 2y$
オ．$-\sqrt{6}$ (2)（例）周の長さ
(3) 相対度数 0.30 累積相対度数 0.55
(4) $3(x+3)(x-5)$ (5) $a = 2, b = -5$ (6) 47 度
(7) $4\sqrt{3}$ cm (8) ウ

2 平面図形の基本・作図，場合の数，確率
(1) 右の図の通り。
(2) ア．あ 60
　 い 3
　 う 4
　 え 5
　 ×百
イ．$\dfrac{9}{20}$

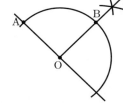

3 立体の表面積と体積，三平方の定理，図形と証明，三角形の相似 (1) ア．$4\sqrt{5}$ cm イ．(ア) $\dfrac{64}{3}$ cm³ (イ) $\dfrac{8}{3}$ cm
(2) ア．あ DF = DH い ∠BDF = ∠EDH
う 2組の辺とその間の角 イ．$\dfrac{9}{5}$ cm²

4 関数を中心とした総合問題 (1) ア．2 イ．$\dfrac{3}{2}$
(2) ア．$y = x - 2$ イ．5

5 数・式を中心とした総合問題
(1) あ $50 - a$ い $\begin{cases} a + b = 50 \\ 120a + 150b + 40 = 6700 \end{cases}$
(2) ア．$120(x+18) + 150(y+18) + 40$
イ．え $(0, 12), (5, 8), (10, 4), (15, 0)$
お $(15, 0)$ りんご 33 個，なし 18 個

解き方

1 (1) エ．(与式) $= \dfrac{6x^2y}{2xy} + \dfrac{4xy^2}{2xy}$
オ．(与式) $= \dfrac{\sqrt{6}}{2} - \dfrac{3\sqrt{6}}{2}$
(3) 相対度数と累積相対度数の表を作成すると右の表のようになる。

階級	相対度数	累積相対度数
16 〜 20	0.20	0.20
20 〜 24	0.30	0.50
24 〜 28	0.05	0.55
28 〜 32	0.35	0.90
32 〜 36	0.10	1.00

(4) (与式) $= 3(x^2 - 2x - 15) = 3(x+3)(x-5)$
(5) $a = \dfrac{4}{2} = 2$
$x = 1$ のとき $y = -3$，$-3 = 2 \times 1 + b$，$b = -5$
(6) 右の図より，
$\angle x + 25° + 108° = 180°$
$\angle x = 180° - 133° = 47°$
(7) BD $= \sqrt{2}$ AB $= 8$ (cm)
∠DBC $= 75° - 45° = 30°$
BC $= \dfrac{\sqrt{3}}{2}$ BD $= 4\sqrt{3}$ (cm)

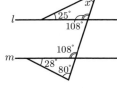

(8) ア．正しい：第2四分位数と中央値は同じ値である。
イ．正しい：四分位範囲は次の式の通り，データの真ん中の約 50% で与えられ，極端な値の影響を受けない。

（四分位範囲）$=$（第 3 四分位数）$-$（第 1 四分位数）
ウ．誤り：箱の長さは四分位範囲に等しい。
また，（範囲）$=$（最大値）$-$（最小値）である。
エ．正しい：データの真ん中の約 50% の区間を示すのが箱ひげ図の箱である。

2 (2) ア．あ $5 \times 4 \times 3 = 60$ (通り)
い 十の位が 5，一の位が 1, 2, 4 のいずれかより，
$1 \times 1 \times 3 = 3$ (通り)
イ．百の位が 4 または 5 のとき，十と一の位は残りのどのカードを並べてもよいので，350 以上になる場合の数は，
$2 \times 4 \times 3 = 24$ (通り)
求める確率は，$\dfrac{3 + 24}{60} = \dfrac{9}{20}$

3 (1) ア．AE $= \sqrt{8^2 + 4^2} = 4\sqrt{5}$ (cm)
イ．(ア) △ECF をできた三角錐の底面とすれば，高さは AB になるから，求める体積は，
$\dfrac{1}{3} \times \left(\dfrac{1}{2} \times 4^2 \right) \times 8 = \dfrac{64}{3}$ (cm³)
(イ) △AEF
$=$ (正方形 ABCD) $-$ △ABE $-$ △ECF $-$ △ADF
$= 64 - 16 - 8 - 16 = 24$ (cm²)
求める高さを h cm とおくと，三角錐の体積は，
$\dfrac{1}{3} \times 24 \times h = \dfrac{64}{3}$　 $h = \dfrac{8}{3}$
(2) イ．△DAF ≡ △DCH より，AF = CH = 2 cm
よって，FB $= 5 - 2 = 3$ (cm)
△FBI ∽ △DAF より，BI : AF = FB : DA
よって，BI $= \dfrac{2 \times 3}{5} = \dfrac{6}{5}$ (cm)
求める面積は，△FBI $= \dfrac{1}{2} \times \dfrac{6}{5} \times 3 = \dfrac{9}{5}$ (cm²)
（コメント）△FBI ∽ △DAF で，相似比が 3 : 5 より，
△FBI : △DAF $= 3^2 : 5^2$ から求めてもよい。

4 (1) イ．$6 = a \times 2^2$ より，$a = \dfrac{3}{2}$
(2) ア．傾きが 1 より，$y = x + b$ とおく。
点 B $(2, 0)$ を通るから，$0 = 2 + b$，$b = -2$
イ．点 E から x 軸に垂線 EF を引く。EF $= a$，
DC $=$ AB $= 4a$，FC $=$ FO $+$ OB $+$ BC $= 4a + 3$ より，
（台形 CDEF）$= \dfrac{a + 4a}{2}(4a + 3) = 10a^2 + \dfrac{15}{2}a$
（台形 CDEF）$=$ △BEF $+$ △BDE $+$ △BCD より，
$10a^2 + \dfrac{15}{2}a = 8a^2 + \dfrac{3}{2}a + 80$ 　 $2a^2 + 6a - 80 = 0$
$a^2 + 3a - 40 = 0$ 　 $(a+8)(a-5) = 0$
$a > 0$ より，$a = 5$

5 (2) イ．え 右の図の●の点が条件 A を満たす 4 点である。
お $(x + 18) + (y + 18)$
$= x + y + 36 > 50$ より，
$x + y > 14$ である。
この条件を満たす組は，
$(x, y) = (15, 0)$ のみ。
りんごは $15 + 18 = 33$（個），なしは $0 + 18 = 18$（個）

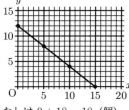

〈O. H.〉

岩手県

問題 P.6

解答

1 正負の数の計算，式の計算，平方根，因数分解，2次方程式 ▎(1) -3 (2) $-x+y$ (3) 4
(4) $(x+4)(x+6)$ (5) $x=\dfrac{5\pm\sqrt{5}}{2}$

2 数・式の利用 ▎a^2 cm^2

3 比例・反比例 ▎エ

4 空間図形の基本，三角形，平行四辺形，平面図形の基本・作図 ▎(1) ウ (2) 63 度 (3) 12π cm

5 平面図形の基本・作図 ▎

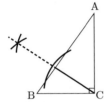

6 データの散らばりと代表値 ▎
第3四分位数が15分より大きいから。

7 確率 ▎(1) $\dfrac{1}{4}$ (2) チョキとパー

8 連立方程式の応用 ▎
タルト1個の値段を x 円，クッキー1枚の値段を y 円とすると，
$4x+6y=1770$ …①，$7x+3y=2085$ …②
①より，$2x+3y=885$ …③
②－③より，$5x=1200$ $x=240$
③より，$3y=405$ $y=135$
これらは問題に適している。

答 $\begin{cases} \text{タルト1個の値段　240 円} \\ \text{クッキー1枚の値段　135 円} \end{cases}$

9 図形と証明，相似，円周角と中心角 ▎
△ABC と △ADB において
∠CAB ＝ ∠BAD（共通）…①
辺 AB は円 O の直径だから，∠ACB ＝ 90°…②
円の接線は接点を通る円の半径に垂直だから，
∠ABD ＝ 90°…③
②，③より，∠ACB ＝ ∠ABD…④
①，④より，2組の角がそれぞれ等しいから，
△ABC∽△ADB

10 1次関数 ▎(1) $l=150$ cm，$S=1350$ cm^2
(2) $y=-40x+9750$

11 関数 $y=ax^2$ ▎(1) 3 (2) $2\sqrt{3}$

12 立体の表面積と体積，平行線と線分の比，三平方の定理 ▎
(1) $\sqrt{85}$ cm (2) 45 cm^3

解き方

2 正方形の一辺の長さは a cm

3 ア～エのうち，$y=\dfrac{a}{x}$ のグラフはイとエ。
$y=\dfrac{a}{x}$ において，x の値が1のとき y の値は a だから，このグラフは点 $(1,a)$ を通る。点 $(1,a)$ と A$(1,1)$ はともに直線 $x=1$ 上の点で，$a>1$ のとき，点 $(1,a)$ は A$(1,1)$ の上側にあるから，エ

4 (1) 展開図における弦の端点は，組み立てた円錐では同一の点であるから，イ，エは除かれる。
また，おうぎ形の中心から弦上の点までの距離は，弦上の点の位置によって異なっているから，アは除かれウは満た

す。したがって，ウ
(2) DC ＝ DE より，∠DEC ＝ ∠DCE ＝ ∠BAC ＝ 70°
∠CDE ＝ 180° － ∠DCE － ∠DEC ＝ 180° － 70° － 70° ＝ 40°
∠x ＝ ∠ABC ＝ ∠ADC ＝ ∠ADE ＋ ∠CDE ＝ 23° ＋ 40°
＝ 63°
(3) 線分 AB, AC, CB をそれぞれ直径とする3つの半円の弧の長さの和だから，
$\dfrac{1}{2}\times(8+4)\times\pi+\dfrac{1}{2}\times 8\pi+\dfrac{1}{2}\times 4\pi=12\pi$ (cm)

5 求める線分は，点 C から辺 AB にひいた垂線。
辺 AB 上に点 C から等距離にある 2 点を作図する。
この 2 点から等距離にある点 C 以外の点を作図する。
この点と C を通る直線が辺 AB と交わる点と，点 C を端点とする線分が求める線分。

7 (1) A が勝つ場合は，A がチョキ B がパーの 1 通り。
全体では $2\times 2=4$ (通り) でこれらは同様に確からしい。
よって，$\dfrac{1}{4}$
(2) A の持つ 2 枚のカードの組み合わせは以下の 6 通り。

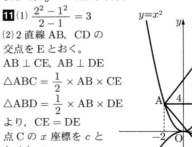

求める組み合わせは，チョキとパー。

10 (1)・$x=0$ で A が検査機に入りはじめ，$x=150$ で出はじめるから，$l=150-0=150$ (cm)
・$60\leq x\leq 100$ のとき $y=2400$　A は全て検査機の中に入っていて，B はまだ入りはじめていない。
A の面積は 2400 cm^2
・$145\leq x\leq 150$ のとき $y=3750$　A, B ともに全て検査機の中に入っているから，$S=3750-2400=1350$ (cm^2)
(2) $0\leq x\leq 60$ のとき，A が検査機に入っていきグラフの傾きは $\dfrac{2400}{60}=40$
$150\leq x\leq 210$ のとき，A が検査機を出ていくからグラフの傾きは -40　$y=-40x+b$
グラフは点 $(150,3750)$ を通るから，$b=9750$
よって，$y=-40x+9750$

11 (1) $\dfrac{2^2-1^2}{2-1}=3$
(2) 2 直線 AB, CD の交点を E とおく。
AB ⊥ CE, AB ⊥ DE
△ABC ＝ $\dfrac{1}{2}\times$ AB $\times$ CE
△ABD ＝ $\dfrac{1}{2}\times$ AB $\times$ DE
より，CE ＝ DE
点 C の x 座標を c とおくと，
C (c,c^2),
D $\left(c,-\dfrac{1}{3}c^2\right)$
E $(c,4)$ だから，
CE ＝ c^2-4,　DE ＝ $4-\left(-\dfrac{1}{3}c^2\right)$
よって，$c^2-4=4+\dfrac{1}{3}c^2$　$\dfrac{2}{3}c^2=8$

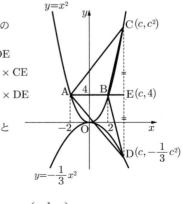

$c^2 = 4 \times 3$ $c > 2$ より，$c = 2\sqrt{3}$

12 (1) AF^2
$= AE^2 + EF^2$
$= 7^2 + 6^2 = 85$
$AF = \sqrt{85}$ cm

(2) 直線 EG と AP の
交点を I とおく。
四面体 AHFP は，
三角錐 A － HFI か
ら三角錐 P － HFI を
除いた立体。
点 I から直線 EF，EH にそ
れぞれ垂線 IJ，IK をひく。
$EI : GI = AE : PG = 7 : 2$
より，$EG : GI = 5 : 2$
$EH : HK = EG : GI = 5 : 2$
$EH = 5$ より，$HK = 2$
$(KH + HE = 7)$
$EF : FJ = EG : GI = 5 : 2$

$EF = 6$ より，$FJ = \dfrac{12}{5}$ $\left(EF + FJ = \dfrac{42}{5}\right)$

$\triangle HEF = \dfrac{1}{2} \times HE \times EF = \dfrac{1}{2} \times 5 \times 6 = 15 = \dfrac{75}{5}$

$\triangle HKI = \dfrac{1}{2} \times HK \times KI = \dfrac{1}{2} \times HK \times (EF + FJ)$
$= \dfrac{1}{2} \times 2 \times \dfrac{42}{5} = \dfrac{42}{5}$

$\triangle FJI = \dfrac{1}{2} \times FJ \times IJ = \dfrac{1}{2} \times FJ \times (KH + HE)$
$= \dfrac{1}{2} \times \dfrac{12}{5} \times 7 = \dfrac{42}{5}$

長方形 $EJIK = EJ \times KE = \dfrac{42}{5} \times 7 = \dfrac{294}{5}$

だから，
$\triangle HFI =$ 長方形 $EJIK - (\triangle HEF + \triangle HKI + \triangle FJI)$
$= \dfrac{294}{5} - \left(\dfrac{75}{5} + \dfrac{42}{5} + \dfrac{42}{5}\right) = \dfrac{294}{5} - \dfrac{159}{5} = \dfrac{135}{5} = 27$

四面体 AHFP
$=$ (三角錐 A － HFI) － (三角錐 P － HFI)
$= \dfrac{1}{3} \times \triangle HFI \times AE - \dfrac{1}{3} \times \triangle HFI \times PG$
$= \dfrac{1}{3} \times \triangle HFI \times (AE - PG)$
$= \dfrac{1}{3} \times 27 \times (7 - 2)$
$= 45 \,(\text{cm}^3)$

〈Y. K.〉

宮城県

問題 **P.8**

解答

1 正負の数の計算，因数分解，式の計算，連立方程式，平方根，比例・反比例，データの散らばりと代表値

1．-7　　2．9　　3．$2 \times 5 \times 11$

4．$a = \dfrac{9}{4}b - \dfrac{3}{4}$　　5．$x = 3,\ y = -8$　　6．$5\sqrt{6}$

7．24　　8．ウ

2 平面図形の基本・作図，三平方の定理，1 次関数，関数 $y = ax^2$，標本調査，数の性質

1．(1) $\dfrac{8}{3}\pi$ cm　(2) $\left(16\sqrt{3} - \dfrac{16}{3}\pi\right)$ cm²

2．(1) $\dfrac{3}{2}$　　(2) 12 秒後

3．(およそ) 1200 個

4．(1) 15 行目の 3 列目　(2)(ア) $3n - 2$　(イ) 177

3 1 次関数，三角形，平行四辺形，確率

1．(1) 16　　(2) $\dfrac{3}{8}$

2．(1) エ　(2) $y = -\dfrac{1}{3}x + \dfrac{4}{3}$　(3) $\left(\dfrac{13}{4},\ \dfrac{1}{4}\right)$

4 相似，三平方の定理

1．(証明)（例）△CDE と △BFE で
仮定より，$DE : FE = 2 : 1 \cdots$①
また，$CE = BC - BE = 9 - 3 = 6$ であるから
$CE : BE = 6 : 3 = 2 : 1 \cdots$②
①，②より，$DE : FE = CE : BE \cdots$③
対頂角は等しいので，$\angle CED = \angle BEF \cdots$④
③，④より，2 組の辺の比とその間の角がそれぞれ等しいので，△CDE ∽ △BFE

2．$\dfrac{7}{2}$ cm　　3．(1) $3\sqrt{5}$ cm　(2) $\dfrac{63\sqrt{5}}{4}$ cm²

解き方

1 2．(与式) $= -15 \times \left(-\dfrac{3}{5}\right) = 9$

5．(第 1 式) $\times 3 -$ (第 2 式) より
$7x = 21$　　$x = 3$
第 1 式より $y = 3x - 17 = 9 - 17 = -8$

6．(与式) $= 3\sqrt{6} + 2\sqrt{6} = 5\sqrt{6}$

7．$y = \dfrac{2}{3}x$ で $x = 6$ のとき $y = 4$，A $(6,\ 4)$

A は $y = \dfrac{a}{x}$ 上にもあるので，$a = xy = 6 \times 4 = 24$

8．第 1 四分位数について，A 組は 3，B 組は 4
四分位範囲は箱の長さであり，もっとも小さいのは B 組
中央値は A 組が 4，B 組が 6，C 組が 5 であるから
借りた本が 6 冊以上である人数は B 組が 18 人以上で最も多い。
借りた本が 2 冊以上 8 冊以下である割合は A 組が 100%
B，C には少なくとも 1 人は借りた本が 1 冊の人がいるので 100% ではない。

2 1．(1) $8\pi \times \dfrac{120}{360} = \dfrac{8}{3}\pi$

(2) △OAC は内角が 30°，60°，90° であり，AC $= 4\sqrt{3}$
求める面積は，
(四角形 OACB) － (おうぎ形 OAB)
$= 4 \times 4\sqrt{3} - 16\pi \times \dfrac{1}{3} = 16\sqrt{3} - \dfrac{16}{3}\pi$

2．(1) $y = \dfrac{1}{4}x^2$ で $x = 0$ のとき $y = 0$，$x = 6$ のとき $y = 9$

求める変化の割合は，$\dfrac{9 - 0}{6 - 0} = \dfrac{3}{2}$

旺文社 2024 全国高校入試問題正解

(2) 舞さんがA地点を通過してからx秒間に坂を下った距離をymとすると，$y = \frac{3}{2}x$

よって，$\frac{1}{4}x^2 - \frac{3}{2}x = 18$のとき，$x^2 - 6x - 72 = 0$

$(x+6)(x-12) = 0$ $x > 0$であるから，$x = 12$

3．最初の白球の個数をxとすると，赤球の個数は$4x$
よって，$4x : (x+300) = 80 : (120-80) = 2 : 1$
これより，$4x = 2x + 600$ $x = 300$
したがって，$4 \times 300 = 1200$

4．(1) $45 = 3 \times 15$，また15は奇数なので15行目の3列目
(2)(ア) $P = 1 + 3 \times (n-1) = 3n - 2$
(イ) $Q = P - 1 = 3n - 2 - 1 = 3n - 3$
よって，$P + Q = 349$より，$6n - 5 = 349$ $n = 59$
nが奇数なので求める数は，$59 \times 3 = 177$

3 1. (1) $4 \times 4 = 16$（通り）
(2) $\angle OQP = 90°$であるものが4通り，$\angle OPQ = 90°$であるものが2通りなので求める確率は，$\frac{4+2}{16} = \frac{3}{8}$

2．(2) B(1, 1)，C(4, 0)よりBCの傾きは$-\frac{1}{3}$

Cを通ることを考えて求める式は，$y = -\frac{1}{3}x + \frac{4}{3}$

(3) BCの中点をMとすると，M$\left(\frac{5}{2}, \frac{1}{2}\right)$

$\triangle ABM = \triangle BDE$のときDM // AE

DMの傾きは$\frac{3 - \frac{1}{2}}{3 - \frac{5}{2}} = 5$より，直線AEは$y = 5x - 16$

$5x - 16 = -\frac{1}{3}x + \frac{4}{3}$のとき，$x = \frac{13}{4}$

よって，E$\left(\frac{13}{4}, \frac{1}{4}\right)$

4 2．$\triangle CDE \infty \triangle BFE$，$CE : BE = 2 : 1$より，
$BF = 7 \times \frac{1}{2} = \frac{7}{2}$

3．(1) 四角形ADCBは等脚台形なので，
$CG = (9-5) \times \frac{1}{2} = 2$

$\triangle CDG$で三平方の定理より，$DG = \sqrt{7^2 - 2^2} = 3\sqrt{5}$

(2) $\triangle HCG \infty \triangle HDA$，$CG : DA = 2 : 5$より，
$CH = x$とすると，$x : (x+7) = 2 : 5$

これより，$x = \frac{14}{3}$

また，BF // DHであるから，
$\triangle CDF = \triangle CDB = \frac{1}{2} \times 9 \times 3\sqrt{5} = \frac{27\sqrt{5}}{2}$

$\triangle CDF : \triangle CHF : \triangle BFC = CD : CH : BF$
$= 7 : \frac{14}{3} : \frac{7}{2} = 6 : 4 : 3$

したがって，
（四角形 BFHC）$= (\triangle CHF) + (\triangle BFC)$
$= \frac{27\sqrt{5}}{2} \times \frac{7}{6} = \frac{63\sqrt{5}}{2}$

〈SU. K.〉

秋田県
問題 P.10

解 答

1 正負の数の計算，式の計算，平方根，1次方程式，連立方程式，2次方程式，数・式の利用，数の性質，平面図形の基本・作図，円周角と中心角，相似，立体の表面積と体積 (1) 5 (2) $\frac{4b^2}{a}$ (3) $4 > \sqrt{10}$

(4) -9 (5) $\frac{\sqrt{2}}{3}$ (6) $x = 6$ (7) $x = 3, y = -1$

(8) $x = \frac{-5 \pm \sqrt{17}}{2}$ (9) $(45 - 6a)$ cm

(10) $(n =)$ 5, 19, 31 (11) $135°$ (12) $23°$ (13) 9 cm

(14) $(6 - 2\sqrt{3})$ cm (15) 72π cm^2

2 連立方程式の応用，1次関数，確率，平面図形の基本・作図 (1)① ② 午前10時12分

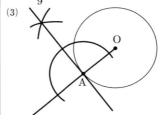

(2)① $\frac{2}{9}$ ② 5枚

(3)

3 データの散らばりと代表値，データの活用を中心とした総合問題 (1) イ (2) 範囲 105分，第1四分位数 30分
(3)① ア，エ ② 記号：ア
理由 (例)：範囲と四分位範囲がともに最も大きいから。

4 図形と証明，三角形，三平方の定理
(1)（証明）（例）$\triangle ACE$と$\triangle BCF$において
仮定から，$CE = CF$…①
正三角形は3つの辺が等しい三角形だから，
$AC = BC$…②
平行線の錯角は等しいから，$\angle ACE = \angle BAC$
また，正三角形の3つの角は等しいから，
$\angle BAC = \angle BCF$
よって，$\angle ACE = \angle BCF$…③
①，②，③より，
2組の辺とその間の角がそれぞれ等しいので，
$\triangle ACE \equiv \triangle BCF$
(2) ア．$a + b = 9$ならば，$a = 3, b = 6$
イ．（例）$a = 4, b = 5$
(3) 17 cm

5 1次関数，関数$y = ax^2$，三平方の定理，関数を中心とした総合問題
Ⅰ．(1)（過程）（例）求める直線は，2点A$(-1, 1)$，B$(2, 4)$を通るので，傾きは，
$\frac{4-1}{2-(-1)} = 1$

したがって，求める直線は，$y = x + b$ と表せる。
この直線は A $(-1, 1)$ を通るから，
$y = x + b$ に $x = -1$，$y = 1$ を代入すると，
$1 = -1 + b$　　よって，$b = 2$
求める直線の式は，$y = x + 2$　　　答：$y = x + 2$
(2) $\sqrt{5}$ cm　(3) $a = \dfrac{1}{4}$
Ⅱ．(1)（過程）（例）求める直線は，2 点 A $(-4, 8)$，
P $(-2, 2)$ を通るので，傾きは，
$\dfrac{2 - 8}{(-2) - (-4)} = -3$
したがって，求める直線は $y = -3x + b$ と表せる。
この直線は，点 A $(-4, 8)$ を通るから，
$y = -3x + b$ に $x = -4$，$y = 8$ を代入すると，
$8 = -3 \times (-4) + b$　　よって，$b = -4$
求める直線の式は，$y = -3x - 4$　　答：$y = -3x - 4$
(2)① $t = 1$　② $t = 2 - \sqrt{5}$

解き方 **1** (1) $8 - 3 = 5$
(2) $\dfrac{12ab \times 2b}{6a^2} = \dfrac{4b^2}{a}$
(3) $4 = \sqrt{16}$ より $4 > \sqrt{10}$
(4) $2(x - 5y) + 5(2x + 3y) = 12x + 5y$ に
$x = \dfrac{1}{2}$，$y = -3$ を代入して，
$12 \times \dfrac{1}{2} + 5 \times (-3) = 6 - 15 = -9$
(5) $\dfrac{\sqrt{2}}{2} - \dfrac{\sqrt{2}}{6} = \dfrac{\sqrt{2}}{3}$
(6) 両辺 4 倍して，$5x - 2 = 28$　　よって，$x = 6$
(7) $2x + y = 5 \cdots$①，$x - 4y = 7 \cdots$②として，
①$\times 4 + $②より，$9x = 27$　　　よって $x = 3$
$x = 3$ を①に代入して，$y = -1$
(8) 解の公式より，$x = \dfrac{-5 \pm \sqrt{5^2 - 4 \times 1 \times 2}}{2 \times 1}$
よって，$x = \dfrac{-5 \pm \sqrt{17}}{2}$
(9) 5 cm の辺が 4 つ，$(5 - a)$ cm の辺が 4 つ，$(5 - 2a)$ cm
の辺が 1 つ，これらの和が周囲の長さなので，
$5 \times 4 + (5 - a) \times 4 + (5 - 2a) = 45 - 6a$ (cm)
(10) $231 = 3 \times 7 \times 11$ より，
$n + 2 = 3$，7，11，21，33，77，231 のとき，整数となる。
その中で，100 より小さい素数は，$n = 5$，19，31
(11) $\angle x$ を含む四角形の内角の和は 360 度だから
$\angle x = 360° - (90° \times 2 + 45°)$　　$\angle x = 135°$
(12) $\angle$BOE $= 180° - 42° = 138°$ で，
$\angle$BOC $= \dfrac{1}{3}\angle$BOE より，$\angle$BOC $= 46°$
$\angle x = \dfrac{1}{2}\angle$BOC より，$\angle x = 23°$
(13) $\triangle$ABC∽$\triangle$DAC より，AB : DA = AC : DC
AD $= x$ とすると，$12 : x = 8 : 6$　　よって，$x = 9$
(14) **図 1** における水が入っている部分の体積は，
$6 \times 8 \times \dfrac{1}{2} \times 8 = 192$
図 2 における水面で，AB との交点を P，AC との交点を
Q とすると，$\triangle$ABC∽$\triangle$APQ と表せる。
AP $= x$ とすると，AB : AP = BC : PQ より，
PQ $= \dfrac{4}{3}x$ となる。四角形 PBCQ は台形であり，
この面を底面として，水が入っている部分の体積を求める
方程式をたてると，
$\left(\dfrac{4}{3}x + 8\right)(6 - x) \times 12 \times \dfrac{1}{2} = 192$ となる。

これを解くと $x = 2\sqrt{3}$ となるので，求める高さは
$6 - 2\sqrt{3}$
(15) 円 O の円周は，$8\pi \times \dfrac{7}{2} = 28\pi$ (cm) と求められる。
よって，円 O の半径は $28 \div 2 = 14$ (cm) となる。
底面の半径が 4 cm の円錐の底面積は 16π (cm^2)，円周の
長さは，8π (cm) なので，側面積は，
$14 \times 14 \times \pi \times \dfrac{8\pi}{28\pi} = 56\pi$ (cm^2)
よって，表面積は $16\pi + 56\pi = 72\pi$ (cm^2)
2 (1)① 休憩後は毎分 120 m の速さで 1800 m を走ったの
で，かかった時間は，$1800 \div 120 = 15$（分）となり，
休憩時間は 5 分であることがわかる。
② 2 人が出会った時刻は，午前 10 時 x 分と表せる。
健司さん：$y = 60x \cdots$①，美咲さん：$y = -240x + 3600 \cdots$②
①を②に代入して，$x = 12$　　よって，午前 10 時 12 分
(2)① 考えられるすべてのパターンは 9 通りで，そのうち，
積が奇数になるパターンは，2 通りである。
よって，求める確率は $\dfrac{2}{9}$
② 追加したカードの枚数が偶数枚のときは，確率が等し
くなることはないので，カードは奇数枚追加したとわかる。
カードを 1 枚，3 枚，…追加したときの確率を求めていく
とカードを 5 枚追加したときに，積が奇数になる確率と偶
数になる確率が等しくなる。
(3) 半直線 OA を引く。点 A を通る垂線を引くと接線となる。
3 (1) 中央値は，アとウが 50 ～ 60 分の階級，イとエが 40
～ 50 分の階級である。そのうち，最頻値が中央値よりも
小さくなるのはイだけである。
(2) 範囲は，$110 - 5 = 105$（分）。第 1 四分位数は小さい方
から 8 番目のデータのところなので，30（分）
(3)① グループ 1 と 3 は 55 分以下の生徒が半分以上いる。
一方，グループ 2 は，半分以上が 55 分以上の読書時間だ
とわかるのでアは正しい。
読書時間が 55 分以上の生徒数が最も多いグループは，グ
ループ 2 であるので，イは正しくない。
グループ 1 と 3 には，80 分以上 100 分未満の生徒が必ず
いるとは限らないので，ウは正しくない。
どのグループも最大値は 100 分以上のため，エは正しい。
② グループ 1 の範囲は 100（分），四分位範囲は 40（分）
グループ 2 の範囲は 95（分），四分位範囲は 25（分）
グループ 3 の範囲は 95（分），四分位範囲は 17.5（分）
なので，範囲と四分位範囲がともに最も大きいから，散ら
ばりぐあいが最も大きいのは，グループ 1 である。
4 (2) $a + b = 9$ となる a，b の値はたくさん考えられる。
(3) 辺 AB $>$ 辺 BC，辺 BC $>$ 辺 CA より 辺 AB $>$ 辺 CA
よって，直角三角形 ABC において，斜辺は辺 AB である。
辺 AB の長さを x (cm) とすると，辺 BC $= x - 2$ (cm)，
辺 CA $= x - 9$ (cm) と表せる。三平方の定理から，
$(x - 2)^2 + (x - 9)^2 = x^2$　　これを解くと，$x = 17$，5
$x > 9$ より，$x = 17$
5 Ⅰ．(2) $y = \dfrac{2}{3}x^2$ で点 C の座標は，C $(3, 6)$。
求める線分 BC の長さは，直角三角形の斜辺の長さである
ので，三平方の定理を用いて解く。
BC$^2 = 1^2 + 2^2$ より，BC $= \sqrt{5}$
(3) 四角形 APBQ は台形である。点 Q の x 座標を t とす
ると，点 Q $(t, 4)$ と表せる。台形 APBQ の面積を求める
方程式をたて，t を求める。

$(2+2-t) \times 3 \times \dfrac{1}{2} = 12$　　よって，$t = -4$

点 $(-4, 4)$ を $y = ax^2$ に代入すると，$a = \dfrac{1}{4}$

5 Ⅱ．(2)① $AQ = 5\sqrt{2}$ のとき，AQ を斜辺とする直角三角形は，直角二等辺三角形となる．Q の x 座標は t だから，斜辺以外の一辺の長さは，$t + 4$ (cm) となるので，
$1 : \sqrt{2} = (t+4) : 5\sqrt{2}$ より，$t = 1$
② $P\left(t, \dfrac{1}{2}t^2\right)$，$Q(t, -t+4)$，$B(2, 2)$ で，$BQ = BR$ を用いて，R の座標を t を用いて表す．x 座標は，
$2 + 2 - t = 4 - t$
y 座標は，$y = -(4-t) + 4$ より，$y = t$
よって，$R(4-t, t)$，$S\left(4-t, \dfrac{1}{2}t^2 - 4t + 8\right)$
四角形 PQSR は台形であるとわかるので
$PQ = -\dfrac{1}{2}t^2 - t + 4$，$SR = \dfrac{1}{2}t^2 - 5t + 8$ より t についての方程式をたてる．
$\dfrac{1}{2}(-6t+12)(-2t+4) = 30$ を解いて，$t = 2 \pm \sqrt{5}$
$-4 < t < 2$ より $t = 2 + \sqrt{5}$ は不適
よって，$t = 2 - \sqrt{5}$

〈S. T.〉

山形県

問題 P.13

解答

空間図形の基本 **1** 1．(1) 4　(2) $-\dfrac{1}{10}$　(3) $-18a$
(4) $1 - \sqrt{7}$
2．(例) $x^2 + 2x - 7x - 14 = -9x - 13$
$x^2 + 4x - 1 = 0$
$x = \dfrac{-4 \pm \sqrt{4^2 - 4 \times 1 \times (-1)}}{2 \times 1}$
$= \dfrac{-4 \pm \sqrt{20}}{2} = \dfrac{-4 \pm 2\sqrt{5}}{2} = -2 \pm \sqrt{5}$
3．25　4．エ　5．イ

2 比例・反比例，1 次関数，確率，1 次方程式の応用，連立方程式の応用，平面図形の基本・作図，円周角と中心角

1．(1) 6　(2) $\dfrac{2}{7} \leq b \leq 2$
2．記号　イ
(理由)（例）2 個とも白玉が出る確率は，
純さんが $\dfrac{2 \times 1}{3 \times 3} = \dfrac{2}{9}$，友子さんが $\dfrac{1 \times 2}{2 \times 4} = \dfrac{1}{4}$
であり，友子さんのほうが純さんより大きいから．
3．(1)（1 次方程式の例）商品 A の箱の数を x 箱とする．
$8x + 12 \times 10 = 12(40 - x - 10) + 15 \times 10 - 50$
（連立方程式の例）
商品 A の箱の数を x 箱，商品 B の箱の数を y 箱とする．
$\begin{cases} x + y + 10 = 40 \\ 8x + 12 \times 10 = 12y + 15 \times 10 - 50 \end{cases}$
(2) 256 個

4．右の図の通り．

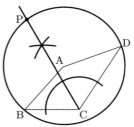

3 関数を中心とした総合問題

1．(1) 1
(2) ア．$y = \dfrac{1}{4}x^2$
イ．9
ウ．$y = -2x + 32$
グラフは右の図の通り．
2．$\dfrac{20}{3}$

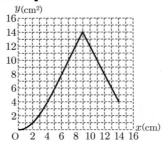

4 図形を中心とした総合問題

1．(証明)（例）△AGC と △CED において
仮定より，$AC = CD \cdots$①
$AC \parallel ED$ で，同位角は等しいから
$\angle ACG = \angle EDB = 90° \cdots$②
②より，$\angle CDE = 90°$
よって，$\angle ACG = \angle CDE \cdots$③
△AFC は $\angle AFC = 90°$ の直角三角形だから
$\angle CAG = 90° - \angle ACF \cdots$④
また，$\angle DCE = \angle ACG - \angle ACF = 90° - \angle ACF \cdots$⑤
④，⑤より，$\angle CAG = \angle DCE \cdots$⑥
①，③，⑥より，1 組の辺とその両端の角がそれぞれ等しいので
△AGC ≡ △CED　　　　　（証明終わり）

2．(1) $\dfrac{10}{3}$ cm　(2) 30π cm³

解き方 **1** 1．(3)（与式）$= \dfrac{-12ab \times 9a^2}{6a^2b}$
(4)（与式）$= (1 + \sqrt{7}) - 2\sqrt{7}$
3．（与式）$= (x - y)^2 = (23 - 18)^2 = 25$
4．① 正しい：箱の中の縦線が中央値を表しているが，縦線の位置を比べると山形市のほうが大きい．
② 誤り：箱の長さが四分位範囲を表しているが，長い順に並べると，山形市，米沢市，新庄市，酒田市となる．
③ 誤り：酒田市だけ第 3 四分位数（箱の右端の値）が 21 ℃ を超えていないので，21 ℃ 以上の日数がもっとも少ないのは酒田市である．
5．イの立面図は右の図の通り．

2 1．(1) $A(3, 2)$ より，$a = 3 \times 2 = 6$
(2) b の値がもっとも大きくなるのは，直線②が点 $D(3, 6)$ を通るときで，$6 = b \times 3$ より，$b = 2$
b の値がもっとも小さくなるのは，直線②が点 $B(7, 2)$ を通るときで，$2 = b \times 7$ より，$b = \dfrac{2}{7}$
3．(2) 立てた方程式を解くと，$x = 17$ より，
$8 \times 17 + 12 \times 10 = 256$（個）
4．$AB = AD$ と②の条件より，点 P は中心 A，半径 AB の円周上の点である．

3 1．(2) 仮定より，2 つの四角形は高さ 2 cm の台形であ

り，最初の状態での点Sから点Aまでの距離は4cmである。
$0 \leq x \leq 4$ のとき，重なっている部分は，底辺 x cm，高さ $\dfrac{x}{2}$ cm の三角形より，$y = \dfrac{1}{4}x^2$
$9 \leq x \leq 14$ のとき，重なっている部分は，台形PQCDより，
$y = \{(14-x)+(18-x)\} \times 2 \div 2 = -2x+32$
2．台形ABCDの面積は $14\,\mathrm{cm}^2$ より，重なっていない部分の面積は $(14-y)\,\mathrm{cm}^2$ である。
$y = 2(14-y)$ より，$y = \dfrac{28}{3}$
グラフより，$y = \dfrac{28}{3}$ となるときが2回あり，x の値が小さいときは，
$\dfrac{28}{3} = 2x - 4$ $x = \dfrac{20}{3}$

4 2．(1) △EBD∽△ABC より，ED : AC = BD : BC
ED : 10 = 5 : 15 = 1 : 3 より，ED = $\dfrac{10}{3}$ cm
(2) △CEDにおいて，CD : ED = 3 : 1
点Fから辺ACに引いた垂線FHの長さを $3r$ cm とおくと，
△AFH∽△CED より，AH = $9r$ cm
△FCH∽△CED より，CH = r cm
よって，$9r + r = 10$ $r = 1$ FH = 3 cm
求める体積は，$(\pi \times 3^2) \times 10 \div 3 = 30\pi$ (cm³)
〈O. H.〉

福島県

問題 P.15

解答

1 正負の数の計算，式の計算，平方根，相似
(1) ① -3 ② $\dfrac{1}{12}$ ③ $24ab^3$ ④ $-\sqrt{2}$
(2) 8倍

2 数・式の利用，平面図形の基本・作図，関数 $y = ax^2$，データの散らばりと代表値
(1) $\dfrac{31}{100}a$ mL
(2) $y = -\dfrac{3}{2}x + 2$
(3) 右図
(4) 5
(5) エ

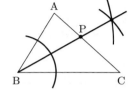

3 確率，多項式の乗法・除法
(1) ① $\dfrac{1}{3}$ ② ルール：ア，確率：$\dfrac{2}{3}$
(2) ① -7
② $-n$
〔理由の例〕
b，c，d を a と n を用いて表すと，
$b = a+1$，$c = a+n$，$d = a+n+1$
と表せる。したがって，
$ad - bc$
$= a(a+n+1) - (a+1)(a+n)$
$= a^2 + an + a - (a^2 + an + a + n)$
$= -n$
となるので，$ad - bc$ はつねに $-n$ になる。

4 連立方程式の応用
〔求める過程の例〕
4人のグループが a 組，5人のグループが b 組できたと考える。
生徒は全部で200人なので，
$4a + 5b = 200$ …①
また，ごみ袋は1人1枚ずつ配るので，生徒200人で200枚のゴミ袋が配られる。残り
$314 - 200 = 114$（枚）
が各グループごとに配られることから，
$2a + 3b = 114$ …②
①，②を連立方程式として解いて，
$a = 15$，$b = 28$
これらは問題に適している。
答 $\begin{cases} 4人のグループの数　15組 \\ 5人のグループの数　28組 \end{cases}$

5 平行と合同，図形と証明，円周角と中心角，相似，平行線と線分の比
(1)〔証明の例〕
△EDO と △EBD において，
共通角より，∠OED = ∠DEB…①
AC // DO より，平行線の錯角は等しいので，
∠EDO = ∠ECA…②
$\stackrel{\frown}{AD}$ に対する円周角は等しいので，
∠ACD = ∠ABD…③
②，③より，
∠EDO = ∠EBD…④
以上，①，④より，2組の角がそれぞれ等しいので，
△EDO∽△EBD

(2) $3:5$

6 比例・反比例，1次関数，2次方程式

(1) $\dfrac{3}{2}$　(2) $a=4$　(3) $a=7$

7 空間図形の基本，立体の表面積と体積，平行線と線分の比，三平方の定理

(1) 4 cm　(2) $4\sqrt{2}$ cm　(3) $\dfrac{2\sqrt{30}}{3}$ cm³

解き方

1 (1)① $(-21)\div 7 = -21\div 7 = -3$
② $-\dfrac{3}{4}+\dfrac{5}{6}=\dfrac{-9+10}{12}=\dfrac{1}{12}$
③ $(-3a)\times(-2b)^3 = -3a\times(-8b^3) = 24ab^3$
④ $\sqrt{8}-\sqrt{18}=2\sqrt{2}-3\sqrt{2}=-\sqrt{2}$

(2) すべての球は相似な立体であり，もとの球と半径を2倍にした球の相似比は $1:2$　したがって，その体積比は $1^3:2^3=1:8$　よって，8倍。

2 (1) $a\times\dfrac{31}{100}=\dfrac{31}{100}a$ (mL)

(2) $3x+2y-4=0$ より，$2y=4-3x$　　$y=2-\dfrac{3}{2}x$

(3) ∠ABC の二等分線と辺 AC の交点が P となる。

(4) $(y の増加量)\div(x の増加量)=\dfrac{16-1}{4-1}=\dfrac{15}{3}=5$

(5) 生徒30人の中央値は，利用回数の少ない方から数えて15番目と16番目が8回または9回なので，その中央値は 8か8.5か9のいずれか。したがって，ウかエとわかる。また，第一四分位数は，利用回数の少ない方から数えて8番目が6回か7回なので，箱ひげ図はエと決まる。

3 (1)① ルール(ア)においては，A と B の玉の取り出し方は全部で $3\times 3=9$（通り）　この中で，Aが景品をもらえる玉の取り出し方は，
(A, B) = (②, ①), (③, ①), (③, ②)
の 3 通り。したがって，求める確率は，$\dfrac{3}{9}=\dfrac{1}{3}$
② ①よりルール(ア)においては，A が景品をもらえない確率は，$1-\dfrac{1}{3}=\dfrac{2}{3}$
また，ルール(イ)においては，A，B の玉の取り出し方は全部で，
(A, B) = <u>(①, ②)</u>, <u>(①, ③)</u>, (②, ①), <u>(②, ③)</u>,
(③, ①), (③, ②)
の 6 通りで，A が景品をもらえないのは，下線をひいた3通りであるから，その確率は，$\dfrac{3}{6}=\dfrac{1}{2}$
以上より，(ア)の方が確率が大きく $\dfrac{2}{3}$ となる。

(2)① $b=a+1$，$c=a+7$，$d=a+8$ と表せるので，
$ad-bc=a(a+8)-(a+1)(a+7)=-7$

5 (2) △EAC∽△EOD で，その相似比は AC:OD = $7:9$ なので，EA:EO = $7:9$
したがって，EA = $7r$，EO = $9r$ とおくと，円の半径より，OB = OA = $7r+9r=16r$
さらに，△EDO∽△EBD より，対応する辺の比は等しいので，
ED:EB = EO:ED　　ED×ED = $(9r+16r)\times 9r$
ED² = $225r^2$
よって，ED = $15r$ となり，△EDO と △EBD の相似比は，EO:ED = $9r:15r=3:5$

6 (1) $a=1$ のとき，反比例の式は $y=\dfrac{1}{x}$，比例の式は $y=x$ なので，B $\left(2,\dfrac{1}{2}\right)$，C (2, 2) とわかる。
したがって，BC の長さは，$2-\dfrac{1}{2}=\dfrac{3}{2}$

(2) 図1において，A $\left(\dfrac{a}{6}, 6\right)$，B $\left(2, \dfrac{a}{2}\right)$，C $(2, 2a)$，D $\left(\dfrac{a}{6}, 0\right)$ となる。このとき，AD = 6，BC = $\dfrac{3}{2}a$ より，四角形 ADBC が平行四辺形になるなら AD = BC なので，
$\dfrac{3}{2}a=6$　　これを解いて，$a=4$

(3) $a=1$ のとき，A $\left(\dfrac{1}{6}, 6\right)$，B $\left(2, \dfrac{1}{2}\right)$，C (2, 2)，D $\left(\dfrac{1}{6}, 0\right)$ なので，四角形 ADBC の面積は，
$\left\{\left(2-\dfrac{1}{2}\right)+6\right\}\times\left(2-\dfrac{1}{6}\right)\times\dfrac{1}{2}=\dfrac{15}{2}\times\dfrac{11}{6}\times\dfrac{1}{2}=\dfrac{55}{8}$
また，図1より四角形 ADBC の面積は，
$\left\{\left(2a-\dfrac{1}{2}a\right)+6\right\}\times\left(2-\dfrac{1}{6}a\right)\times\dfrac{1}{2}$
$=\left(\dfrac{3}{2}a+6\right)\times\left(2-\dfrac{1}{6}a\right)\times\dfrac{1}{2}=-\dfrac{1}{8}a^2+a+6$
よって，$-\dfrac{1}{8}a^2+a+6=\dfrac{55}{8}$ となるとき，
$a^2-8a+7=0$　　$(a-1)(a-7)=0$　　$a=1, 7$
ゆえに，求める a の値は，$a=7$

7 (1) 円錐の頂点を Z とする。3点 Z, I, O を通る平面で円錐を切断したときの断面図は右図のようになるので，△ZIO にて三平方の定理より，
ZI² = $1^2+(\sqrt{15})^2=1+15=16$
よって，ZI = 4 cm

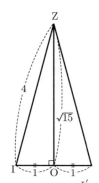

(2) 円錐の展開図を考える。その側面の展開図であるおうぎ形 IZI′ の中心角は，
$360°\times\dfrac{2\times 1\times\pi}{2\times 4\times\pi}=90°$
なので，右図のようになり，そのひもの長さは，三平方の定理より，$4\sqrt{2}$ cm

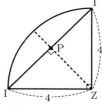

(3)(2)の図より，求める四角錐の体積が最も小さくなるのは線分 ZP の長さが最小となるときを考えればよいので，点 P は線分 II′ の中点となる。このとき，△ZIP にて三平方の定理より ZP = $2\sqrt{2}$ cm なので，求める体積は，
$(2\times 2)\times\sqrt{15}\times\dfrac{2\sqrt{2}}{4}\times\dfrac{1}{3}=\dfrac{2\sqrt{30}}{3}$ (cm³)

〈Y. D.〉

茨城県

問題 P.17

解答

1 正負の数の計算，式の計算，平方根，因数分解 (1)① -5 ② $-3x+10y$ ③ $5a$ ④ $\sqrt{3}$ (2) $(x-3)^2$

2 データの散らばりと代表値，数の性質，2次方程式，1次方程式の応用 (1) イ，エ (2) $(n=)\ 7$ (3) $(x=)\dfrac{3\pm\sqrt{33}}{2}$ (4) 5 (個)

3 確率 (1) $\dfrac{1}{6}$ (2) $\dfrac{2}{9}$ (3) $\dfrac{1}{3}$

4 平面図形の基本・作図，図形と証明，円周角と中心角，相似，三平方の定理 (1)① 5 (cm) ② ア．半円の弧に対する円周角 イ．∠ACB ウ．∠ABC エ．∠POA オ．2組の角 (2) $\dfrac{49\sqrt{3}}{4}$ (cm²)

5 関数 $y=ax^2$，1次関数 (1)① $\dfrac{1}{6}$ ② オ (2) $\dfrac{3}{5}<b\leqq\dfrac{2}{3}$

6 空間図形の基本，立体の表面積と体積，三角形，相似，三平方の定理 (1) ウ (2)① $2\sqrt{7}$ (cm) ② $\dfrac{50\sqrt{7}}{7}\pi$ (cm³)

解き方

2 (1) ア．この箱ひげ図では平均点は読み取れない。×
イ．各教科の最低点は，国語：30点より高い。数学：20点　英語：20点より高いから，3教科の合計点の最低点は70点より高いので正しい。
ウ．得点が中央値以上の生徒は13人，国語の中央値は60点よりも高いので，13人の生徒が60点以上である。×
エ．英語の第3四分位数は80点より高い。第3四分位数は上位12人の中央値で，上から6番目と7番目の得点の平均値。したがって上位6人の生徒は80点より高いから，80点以上の生徒は6人以上いるので正しい。

(2) $\dfrac{252}{n}=\dfrac{7\times 6^2}{n}=$ (自然数)², $n=7$

(3) $a=-1$ を代入して，$x^2-3x-6=0$ これを解く。

(4) 箱の個数を x とする。チョコレートの総数は，
1箱30個ずつ入れると22個余る…$30x+22$…①
1箱35個ずつ入れると最後の箱は32個
…$35(x-1)+32$…②
①，②より，$30x+22=35(x-1)+32$　$x=5$　5箱

3 太郎さんの出た目を x とすると，太郎さんが移動した段は $\boxed{x}$
花子さんの出た目を y とすると，花子さんが移動した段は $\boxed{7-y}$
(1) 同じ段にいるから，$x=7-y$，$x+y=7$
(x, y) は，$(1, 6), (2, 5), \cdots, (6, 1)$ の6通り。
全体は，6×6 通り。
求める確率は，$\dfrac{6}{6\times 6}=\dfrac{1}{6}$

(2) 2段離れているから，
$(7-y)-x=2$　または，$x-(7-y)=2$
$x+y=5$　または，$x+y=9$
・$x+y=5$ のとき，$(1, 4), (2, 3), \cdots, (4, 1)$ の4通り。
・$x+y=9$ のとき，$(3, 6), (4, 5), \cdots, (6, 3)$ の4通り。
求める確率は，$\dfrac{4+4}{6\times 6}=\dfrac{2}{9}$

(3) 1段離れている場合は，
$(7-y)-x=1$　または，$x-(7-y)=1$
$x+y=6$　または，$x+y=8$
・$x+y=6$ のとき，$(1, 5), (2, 4), \cdots, (5, 1)$ の5通り。
・$x+y=8$ のとき，$(2, 6), (3, 5), \cdots, (6, 2)$ の5通り。
3段以上離れていない場合は，0, 1, 2段離れている場合で，(1), (2)と上より，$6+(4+4)+(5+5)=24$ (通り)。
求める確率は，$\dfrac{6\times 6-24}{6\times 6}=\dfrac{12}{6\times 6}=\dfrac{1}{3}$

4 (1)① △AOD∽△ABC より，
OD : BC = AO : AB = 1 : 2
OD $=\dfrac{1}{2}$BC $=\dfrac{1}{2}\times 10=5$ (cm)

(2) △AOP は，30°，60°，90° の直角三角形。
AO = 7 cm より，
PO = 2 × AO
= 14 (cm) (= AB)
AP = $\sqrt{3}\times$ AO = $7\sqrt{3}$ (cm)
OE は円 O の半径で，
OE = 7 cm
よって，点 E は線分 PO の中点。
△APE $=\dfrac{1}{2}$△APO
$=\dfrac{1}{2}\times\dfrac{1}{2}\times$ AP × AO
$=\dfrac{1}{2}\times\dfrac{1}{2}\times 7\sqrt{3}\times 7=\dfrac{49\sqrt{3}}{4}$ (cm²)

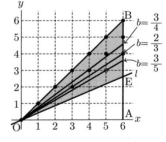

5 (1)① $y=ax^2$ に $x=6$，$y=6$ を代入して，
$6=a\times 6^2$, $a=\dfrac{1}{6}$

② ・$a>0$ で a を大きくすると，$y=ax^2$ のグラフの開き具合はせまくなる。よって，点 P は点 C の方に動く。
・$a>0$ で a を小さくすると，$y=ax^2$ のグラフの開き具合は広くなる。よって，点 P は点 B の方に動く。
・m が点 D を通るときの a の値は，$y=ax^2$ に $x=4$，$y=4$ を代入して，$4=a\times 4^2$　$a=\dfrac{1}{4}\left(<\dfrac{1}{3}\right)$
同じようにして，m が点 C を通るとき，$a=\dfrac{1}{2}\left(>\dfrac{1}{3}\right)$
$\dfrac{1}{2}>\dfrac{1}{3}>\dfrac{1}{4}$ より，点 P は線分 CD 上にある。

(2) 点 O を除き点 E を含む線分 OE 上の点で [条件1] を満たす点は，
・$b=\dfrac{3}{4}$ のとき，
点 (4, 3) の1個。
・$b=\dfrac{2}{3}$ のとき，
点 (3, 2), (6, 4) の2個。
・$b=\dfrac{3}{5}$ のとき，
点 (5, 3) の1個。
だから，[条件1] と [条件2] の両方を満たす点の個数は，
・$\dfrac{2}{3}<b\leqq\dfrac{3}{4}$ のとき，10個。
・$\dfrac{3}{5}<b\leqq\dfrac{2}{3}$ のとき，12個。
・$b=\dfrac{3}{5}$ のとき，13個。
したがって，求める b の値の範囲は，$\dfrac{3}{5}<b\leqq\dfrac{2}{3}$

6 (1) △DBC は正三角形。
辺 BC の中点を L とすると，
DL ⊥ BC，
CL = $\frac{1}{2}$BC = 3 cm
・△CLD は ∠CLD = 90° の
直角三角形。
・△CPQ と △CLD で
∠PCQ = ∠LCD…①
CP : CL = 2 : 3，CQ : CD = 2 : 3
よって，CP : CL = CQ : CD…②
①，②より △CPQ∽△CLD
△CPQ は直角三角形　ウ

(2)① 正三角形 ACD において，
辺 CD の中点を M とすると，
AM ⊥ CD，
CM = MD = 3 cm
MQ = MD − QD = 3 − 2
= 1 (cm)
△ACM は辺の比が $1 : 2 : \sqrt{3}$
の直角三角形だから，
AM = $\sqrt{3}$CM = $\sqrt{3} \times 3 = 3\sqrt{3}$ (cm)
よって，直角三角形 AQM において，三平方の定理から，
AQ = $\sqrt{AM^2 + MQ^2} = \sqrt{(3\sqrt{3})^2 + 1^2} = \sqrt{28}$
= $2\sqrt{7}$ (cm)

② ①と同じようにして，AP = $2\sqrt{7}$ cm
(1)より PQ = $\sqrt{3}$CP = $2\sqrt{3}$ (cm)
△APQ は AP = AQ の二等辺三角形だか
ら，辺 PQ の中点を N とすると，
AN ⊥ PQ，
PN = NQ = $\frac{1}{2}$PQ = $\sqrt{3}$ (cm)
△APN は直角三角形だから，
AN = $\sqrt{AP^2 - PN^2} = \sqrt{(2\sqrt{7})^2 - (\sqrt{3})^2} = \sqrt{25}$
= 5 (cm)
また，点 Q から AP に垂線 QH をひくと，
△APQ = $\frac{1}{2} \times$ AP $\times$ QH = $\frac{1}{2} \times$ PQ $\times$ AN より，
AP $\times$ QH = PQ $\times$ AN　　$2\sqrt{7} \times$ QH = $2\sqrt{3} \times 5$
QH = $\frac{5\sqrt{3}}{\sqrt{7}}$ (cm)

AP を軸として △APQ を 1 回転させてできる立体は，点
H を中心，半径 HQ の円を底面として，AH と PH を高さ
とする 2 つの円すいを合わせた立体だから，求める体積は，
$\frac{1}{3} \times (\pi \times HQ^2) \times AH + \frac{1}{3} \times (\pi \times HQ^2) \times PH$
= $\frac{1}{3} \times (\pi \times HQ^2) \times (AH + PH) = \frac{1}{3} \times (\pi \times HQ^2) \times AP$
= $\frac{1}{3} \times \pi \times \left(\frac{5\sqrt{3}}{\sqrt{7}}\right)^2 \times 2\sqrt{7} = \frac{50\sqrt{7}}{7}\pi$ (cm³)

〈Y. K.〉

栃木県　問題 P.19

解答

1 正負の数の計算，式の計算，多項式の乗法・除法，数・式の利用，空間図形の基本，比例・反比例，円周角と中心角，相似　1．8　2．$\frac{4}{3}a^2b$
3．$x^2 + 6x + 9$　4．$7x + 5y \leq 2000$　5．4
6．$y = -\frac{16}{x}$　7．113 度　8．$\frac{25}{9}$ 倍

2 2 次方程式，1 次方程式の応用，数の性質，数・式の利用
1．$x = -2 \pm \sqrt{3}$
2．（途中の計算）（例）$15x + 34 = 20(x - 2) + 14$
$15x + 34 = 20x - 26$　　$-5x = -60$　　$x = 12$
この解は問題に適している。
（答え）使用できる教室の数　12
3．① 100　② 10　③ $a + 1$　④ b　⑤ $c - 1$

3 平面図形の基本・作図，立体の表面積と体積，三平方の定理，図形と証明，三角形
1．右図
2．(1) $\sqrt{10}$ cm　(2) 21π cm³
3．（証明）（例）
△ABF と △DAG において
仮定より
∠BFA = ∠AGD = 90°…①
AB = DA…②
∠BAD = 90° より
∠BAF = 90° − ∠DAG…③
△DAG において
∠ADG = 180° − (90° + ∠DAG) = 90° − ∠DAG…④
③，④より　∠BAF = ∠ADG…⑤
①，②，⑤より直角三角形の斜辺と 1 つの鋭角がそれぞれ
等しいから
△ABF ≡ △DAG

4 確率，データの散らばりと代表値　1．$\frac{2}{5}$
2．(1) 17 人　(2) 21.0 秒　3．(1) ア，エ
(2)（例）25 番目の生徒の得点が 7 点，26 番目の生徒の得
点が 9 点

5 関数 $y = ax^2$，1 次関数　1．(1) $0 \leq y \leq 50$　(2) 18
(3)（途中の計算）（例）
B $(t, 2t^2)$，C $(-t, 2t^2)$，D $(-t, -5t)$ より
BC = $2t$，CD = $2t^2 + 5t$ である。
BC : CD = 1 : 4 より 4BC = CD
$4 \times 2t = 2t^2 + 5t$　　$2t^2 - 3t = 0$
$t(2t - 3) = 0$　　$t = 0，\frac{3}{2}$　　$t > 0$ より $t = \frac{3}{2}$
この解は問題に適している。（答え）$t = \frac{3}{2}$
2．(1) 毎分 65 m
(2)（途中の計算）（例）
x と y の関係の式は $y = 70x + b$ と表せる。グラフは点
(6, 390) を通るので，$390 = 70 \times 6 + b$　　$b = -30$
したがって，求める式は $y = 70x - 30$
（答え）$y = 70x - 30$
(3) 14 分 20 秒後

6 数・式を中心とした総合問題　1．64 枚
2．黒いタイル 17 枚，白いタイル 32 枚
3．① $4(a^2 - b)$　② 9　③ 11

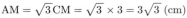
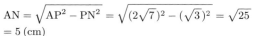

解き方

1 1. （与式）$= 3 + 5 = 8$

2. （与式）$= \dfrac{8a^3b^2}{6ab} = \dfrac{4}{3}a^2b$

5. 辺 DH，辺 CG，辺 EH，辺 FG の 4 つ。

6. 求める式を $y = \dfrac{a}{x}$ とすると，$8 = \dfrac{a}{-2}$　　$a = -16$
よって，$y = -\dfrac{16}{x}$

7. $360° - 134° = 226°$ より，
$\angle x = 226° \times \dfrac{1}{2} = 113°$

8. $\triangle ABC : \triangle DEF = 3^2 : 5^2 = 9 : 25$ より，$\dfrac{25}{9}$ 倍

2 1. 解の公式より，
$x = \dfrac{-4 \pm \sqrt{4^2 - 4 \times 1 \times 1}}{2 \times 1} = \dfrac{-4 \pm \sqrt{12}}{2}$
$= -2 \pm \sqrt{3}$

3 1. ① 点 A，B を中心として半径の長さが AB と等しい円をそれぞれかき，その交点を D とし，半直線 BD をひく。
② $\angle ABD$ の二等分線をかき，それと辺 AC との交点が P となる。

2. (1) AE ∥ BC となるような点 E を，辺 DC 上にとる。
△AED について，三平方の定理より，
$AD^2 = 3^2 + 1^2 = 10$　　AD > 0 より，
AD $= \sqrt{10}$ (cm)
(2) 右図のような立体となる。
よって，求める体積は，
$\dfrac{1}{3} \times \pi \times 3^2 \times 1 + \pi \times 3^2 \times 2$
$= 3\pi + 18\pi = 21\pi$ (cm^3)

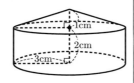

4 1. A＜B,C,D,E　　B＜C,D,E　　C＜D,E　　D—E

求める確率は，$\dfrac{4}{10} = \dfrac{2}{5}$

2. (1) $2 + 7 + 8 = 17$ (人)
(2) 度数がもっとも多い階級は，20.0 秒以上 22.0 秒未満であるので，$\dfrac{20.0 + 22.0}{2} = 21.0$ (秒)

3. (1) ア．1 回目は 13 点，2 回目は 14 点　イ．1 回目は 18 点，2 回目は 20 点　ウ．1 回目は $18 - 6 = 12$ (点)，2 回目は $20 - 8 = 12$ (点)　エ．1 回目は $16 - 8 = 8$ (点)，2 回目は $16 - 10 = 6$ (点)
(2) $\dfrac{7 + 9}{2} = \dfrac{16}{2} = 8$ (点) となる。

5 1. (1) $x = 5$ のとき，$y = 2 \times 5^2 = 50$ より，
$0 \leqq y \leqq 50$
(2) A $(2, 10)$，C $(-2, 8)$ となる。直線 AC の式を
$y = ax + b$ とすると，$2a + b = 10$…①
$-2a + b = 8$…②となるので，①，②を解いて，
$a = \dfrac{1}{2}$，$b = 9$ より，$y = \dfrac{1}{2}x + 9$ となるので，直線 AC と y 軸との交点の座標は $(0, 9)$ となる。よって，
$\triangle OAC = \dfrac{1}{2} \times 9 \times (2 + 2) = 18$

2. (1) $\dfrac{390}{6} = 65$ (m／分)
(3) 学校から，$1650 - 280 = 1370$ (m) の地点で追いつく。
前田さんの家から，$1370 - 950 = 420$ (m) より，
$\dfrac{420}{70} = 6$ (分) かかるので，学校を出発してから，
$19 + 6 = 25$ (分後) である。また，後藤さんの家から，

$1370 - 390 = 980$ (m) より，
$\dfrac{980}{210} = \dfrac{14}{3} = 4\dfrac{2}{3} = 4\dfrac{40}{60}$ (分) $= 4$ 分 40 秒 かかる。よって，学校を出発してから，25 分 $- 4$ 分 40 秒 $= 20$ 分 20 秒 (後) より，後藤さんが家に着いてから，
20 分 20 秒 $- 6$ 分 $= 14$ 分 20 秒 (後)

6 1. 1 辺の長さが 1 cm の正方形のタイルが，
$4 \times 4 = 16$ (枚) しきつめられるので，白いタイルでは，
$16 \times 4 = 64$ (枚)

2. 黒いタイルを x 枚とすると，白いタイルは，
$(5 \times 5 - x) \times 4 = 100 - 4x$ (枚) となる。よって，
$x + 100 - 4x = 49$　　$-3x = -51$　　$x = 17$ (枚)
白いタイルは，$49 - 17 = 32$ (枚)

3. ① $(a \times a - b) \times 4 = 4(a^2 - b)$
② $\{b + 4(a^2 - b)\} - \{(a^2 - b) + 4b\} = 225$
$(4a^2 - 3b) - (a^2 + 3b) = 225$
$3a^2 - 6b = 225$　　$-6b = -3a^2 + 225$
$b = \dfrac{a^2 - 75}{2}$
a は 2 以上の整数，b は 1 以上の整数より，
$a^2 - 75 \geqq 2$　　$a^2 \geqq 77$ となる。
$a = 9$ のとき，$b = \dfrac{9^2 - 75}{2} = \dfrac{6}{2} = 3$ より，問題に適している。
③ $a = 10$ のとき，$b = \dfrac{10^2 - 75}{2} = \dfrac{25}{2} = 12.5$ より，適さない。
$a = 11$ のとき，$b = \dfrac{11^2 - 75}{2} = \dfrac{46}{2} = 23$ より，適している。

〈A. H.〉

群馬県　問題 P.21

解答

1 正負の数の計算，式の計算，1 次方程式，2 次方程式，数の性質，関数 $y = ax^2$，平行と合同，平方根，確率，空間図形の基本，データの散らばりと代表値

(1)① 6　② $2a^3$　③ $-4x + 2y$

(2)① $x = -4$　② $x = \dfrac{-5 \pm \sqrt{13}}{2}$

(3) エ　(4) -3　(5) $146°$

(6) $a^2 - 4a + 4 = (a - 2)^2$
$(a - 2)^2$ に $a = 2 + \sqrt{5}$ を代入して，
$(a - 2)^2 = (2 + \sqrt{5} - 2)^2 = (\sqrt{5})^2 = 5$
(答) 5

(7) $\dfrac{5}{12}$　(8) ア，カ　(9) イ，オ

2 比例・反比例，1 次関数，関数 $y = ax^2$

(1)① ○　② ×　(2) イ，エ

3 連立方程式の応用　(1) 5

(2) 1 番目から 7 番目までの整数の和が 18 だから，
$2(a + 5 + b) + a = 18$　　$3a + 2b = 8$…①
1 番目から 50 番目までの整数の和が 121 だから，
$16(a + 5 + b) + a + 5 = 121$　　$17a + 16b = 36$…②
①×8 − ②より，
$24a + 16b = 64$
$\underline{-) \ 17a + 16b = 36}$
$7a = 28$　　$a = 4$

①に $a = 4$ を代入して，$b = -2$
$a = 4$，$b = -2$ は問題に適している。
(答) $a = 4$，$b = -2$
4 平面図形の基本・作図，平行と合同，図形と証明，平行四辺形
(1) △ABD と △CDB において
BD は共通…①
平行四辺形の対辺は等しいから
AB = CD…②
AD = CB…③
①，②，③より，3 組の辺がそれぞれ等しいから
△ABD ≡ △CDB
(2)

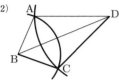

5 1 次関数，関数 $y = ax^2$ (1) 9 m
(2)① イ ② $\dfrac{25}{3}$ m ③ $\dfrac{25}{16}$ m
6 図形と証明，三角形，円周角と中心角，三平方の定理
(1) ア．二等辺 イ．AOD ウ．中心
(2)① 30° ② $2\sqrt{3}$ cm ③ $(6\sqrt{3} - 2\pi)$ cm²

解き方 **1** (7) 32，34，41，42，43 の 5 通り。
4 (1) 次のような証明もある。
△ABD と △CDB において
BD は共通であるから BD = DB…①
AB ∥ CD，AD ∥ BC で，平行線の錯角は等しいから
∠ABD = ∠CDB…②
∠BDA = ∠DBC…③
①，②，③より，1 組の辺とその両端の角がそれぞれ等しいから △ABD ≡ △CDB
5 (2)② 和也さんのグラフの式は，$y = \dfrac{10}{3}x - \dfrac{25}{3}$
よって，$x = 0$ のとき $y = -\dfrac{25}{3}$ であるから，
Q から P まで $\dfrac{25}{3}$ m
③ $y = 0$ のとき $x = \dfrac{5}{2}$
よって，$\dfrac{1}{4} \times \left(\dfrac{5}{2}\right)^2 = \dfrac{25}{16}$ (m)
6 (2)① ∠EDF = x° とすると，∠BOE = x°，
∠EOF = $2x$° となるので，x° + $2x$° = 90°
② OD = 6 cm，∠DOC = 30° より，
CO = OD × $\dfrac{1}{2} \div \dfrac{1}{\sqrt{3}} = 2\sqrt{3}$ (cm)
③ おうぎ形 CDD′ + △COD × 2 − おうぎ形 ODD′
= $12\pi \times \dfrac{1}{3} + \left(\dfrac{1}{2} \times 6 \times \sqrt{3}\right) \times 2 - 36\pi \times \dfrac{1}{6}$
= $4\pi + 6\sqrt{3} - 6\pi = 6\sqrt{3} - 2\pi$ (cm²)
〈K. Y.〉

埼 玉 県
問題 P.23

解答 学力検査問題
1 式の計算，正負の数の計算，1 次方程式，平方根，因数分解，連立方程式，2 次方程式，標本調査，比例・反比例，1 次関数，関数 $y = ax^2$，平行四辺形，中点連結定理，確率，立体の表面積と体積，三平方の定理，データの散らばりと代表値 (1) $4x$ (2) -8 (3) $2y$ (4) $x = 3$ (5) $\sqrt{2}$
(6) $(x-5)(x-6)$ (7) $x = -1$，$y = 1$ (8) $x = \dfrac{5 \pm \sqrt{37}}{6}$
(9) ア，ウ (10) $y = \dfrac{1}{2}x + 2$ (11) $a = -3$ (12) $\dfrac{13}{2}$ cm
(13) $\dfrac{5}{8}$ (14) 33π cm² (15) エ
(16) (説明) (例)
ヒストグラムから読みとることができる第 3 四分位数は，40 分以上 50 分未満の階級に含まれているが，イの第 3 四分位数は 50 分以上 60 分未満で，異なっている。
2 平面図形の基本・作図，数・式の利用
(1)

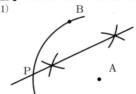

(2) (説明) (例)
X の十の位の数を a，一の位の数を b とすると，
X = $10a + b$，Y = $10b + a$ と表されるので，
X + Y = $(10a + b) + (10b + a)$
= $11a + 11b$
= $11(a + b)$
a，b は整数なので，$a + b$ も整数。
したがって，X + Y は 11 の倍数になる。
3 数の性質 (1) ア．6 イ．25 (2) 4
4 空間図形の基本，立体の表面積と体積，平行と合同，図形と証明，三平方の定理 (1) 5 秒後
(2) (証明) (例)
△ABP と △CBP において，
BP は共通…①
仮定から，AB = CB…②
∠ABP = ∠CBP…③
①，②，③から，2 組の辺とその間の角がそれぞれ等しいので，
△ABP ≡ △CBP
したがって，PA = PC なので，△APC は二等辺三角形になる。
(3) $(80 + 16\sqrt{2})$ cm²
学校選択問題
1 式の計算，平方根，2 次方程式，標本調査，確率，立体の表面積と体積，三平方の定理，空間図形の基本，連立方程式の応用，関数 $y = ax^2$，データの散らばりと代表値
(1) $-\dfrac{8}{9}x^3y^2$ (2) $24\sqrt{7}$ (3) $x = 1$，$\dfrac{1}{5}$
(4) ア，ウ (5) $\dfrac{5}{8}$ (6) 33π cm²
(7) 頂点の数 6 個，辺の数 9 本，ねじれの位置にある辺の数 2 本
(8) X = 672 (9) $a = -3$，-1

(10)（説明）（例）
ヒストグラムから読みとることができる第3四分位数は，40分以上50分未満の階級に含まれていて，箱ひげ図の第3四分位数とは異なっている。

2 平面図形の基本・作図，円周角と中心角，平行と合同，図形と証明，平行四辺形

(1)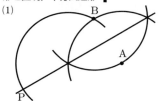

(2)（証明）（例）
四角形 DHBF において，仮定から，
HD // BF，HD = BF
1組の対辺が平行でその長さが等しいので，四角形 DHBF は平行四辺形になる。
△BEI と △DGJ において，
仮定から，AB = CD，AE = CG なので，
BE = DG…①
錯角なので，
∠BEI = ∠DGJ…②
BH // FD から，同位角，対頂角なので，
∠EIB = ∠EJF = ∠GJD…③
②，③から，∠EBI = ∠GDJ…④
①，②，④から，1組の辺とその両端の角がそれぞれ等しいので，△BEI ≡ △DGJ

3 数の性質 (1) ア．6 イ．25
(2) 小数第 30 位の数…7，和…135

4 1次関数，立体の表面積と体積，関数 $y = ax^2$

(1) $b < c < a$
(2)①（記号）ア
（説明）（例）
c の値を大きくすると，辺 PS と QR はそれぞれ長くなり，辺と辺の距離も大きくなる。台形の上底，下底，高さのそれぞれが大きくなるので，面積も大きくなる。
② $a = \dfrac{3}{5}$，$b = \dfrac{3}{5}$，$c = \dfrac{6}{5}$　体積 $\dfrac{189}{25}\pi\,\mathrm{cm}^3$

5 立体の表面積と体積，三平方の定理 (1) 5秒後
(2)（説明）（例）
2秒後の3点 I，P，Q を通る平面で直方体を切ると，平面は頂点 C を通る。
また，P，Q を通り面 ABCD に平行な面と AI の交点を R，CG との交点を S とすると，三角錐 IPQR と三角錐 CPQS は，底面は合同な三角形で，高さが2なので，体積は等しい。したがって，求める体積は直方体 ABCDRPSQ と等しくなるので，
$2 \times 4 \times 4 = 32$
（答え）32 cm³
(3) $x = 4 - 2\sqrt{2}$

解き方　学力検査問題
1 (12) 点 D を通り辺 AB に平行な直線と線分 EF との交点を K とすると
$EF = EK + KF = 5 + \dfrac{3}{2} = \dfrac{13}{2}$ (cm)

(13) 右の表の5通り。

100円	50円	50円
○	○	○
○	○	
○		○
○		
	○	○

2 (1) PA = PB，∠APB = 15° × 4 = 60°
を満たす点 P を直線 AB の左下側に作図する。
△PAB は正三角形である。

3 (2) $50 = 6 \times 8 + 2$ より 142857 が 8 回繰り返された後の 2 つ目の数。

4 (1) 展開図において，辺 BF と線分 IG との交点に点 P が一致するときである。
(2) 次のように考えてもよい。
$AP^2 = AB^2 + BP^2 = 16 + BP^2$
$CP^2 = BC^2 + BP^2 = 16 + BP^2$
よって，$AP^2 = CP^2$ であり，AP > 0，CP > 0 であるから AP = CP
(3) 4×2，4×4，4×6，$4 \times 4\sqrt{2}$ の長方形が 1 つずつあり，上底 2，下底 6，高さ 4 の台形が 2 つある。

学校選択問題
1 (2)（与式）$= xy(x+y)(x-y) = 2 \times 6 \times 2\sqrt{7}$
$= 24\sqrt{7}$
(5) 右の表の 5 通り。

100円	50円	50円
○	○	○
○	○	
○		○
○		
	○	○

(7) 三角錐を底面と平行な平面で切断したときの底面を含む立体。
(8) X の百の位の数を a，一の位の数を b とすると，
$a + 7 + b = 15$ より，$a + b = 8$…①
また，$X = 100a + 70 + b$
$Y = 100b + 70 + a$ であるから，
$X - Y = 99(a - b)$　これが 396 に等しいから，
$99(a - b) = 396$ より，$a - b = 4$…②
①，②より，$a = 6$，$b = 2$
(9) $a = -3$ のとき，および $a + 4 = 3$ のときである。

2 (1) PA = PB かつ ∠APB = 30° を満たす点 P を直線 AB の左下側に作図する。まず，正三角形 OAB を直線 AB の左下側に作図する。次に，点 O を中心とし 2 点 A，B を通る円と線分 AB の垂直二等分線との交点を作図する。

3 (2) 142857 が 5 回繰り返される。

4 (1) $a > 0$，$b < 0$，$c = 0$
(2)② 右の図の台形を x 軸のまわりに1回転させる。

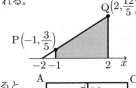

5 (2) この立体 2 個を合わせると，1辺の長さが 4 の立方体ができると考えてもよい。
(3) 辺 PQ の中点を M とする。右の図で $x + 2\sqrt{2} + 2 = 6$

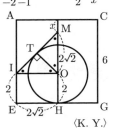

〈K. Y.〉

千葉県

問題 P.27

解答

1 正負の数の計算，式の計算，多項式の乗法・除法，因数分解，平方根，データの散らばりと代表値，立体の表面積と体積，三平方の定理，場合の数，確率，関数 $y = ax^2$，平面図形の基本・作図，円周角と中心角

(1)① -7 ② $\frac{5}{4}a - b$ ③ $x^2 - x + 1$

(2)① $5(x+y)(x-y)$ ② $40\sqrt{3}$

(3)① 0.17 ② ウ

(4)① $\sqrt{2}$ (cm) ② $\frac{\sqrt{2}}{3}$ (cm^3)

(5)① 3 (通り) ② $\frac{4}{5}$

(6)① 3 ② $a = 0, 1, 2, 3$

(7) 右図

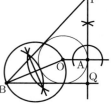

2 1次関数 (1)① 2 ② $y = -x + 10$ (2) $(20, 24)$

3 図形と証明，円周角と中心角，相似

(1)(a) イ (b) エ (または，(a) エ (b) イ)，(c) 90 (度)

(2) △ABE と △ADC において，
共通な角だから，∠BAE = ∠DAC…①
△BEC において，1つの外角はそのとなりにない2つの内角の和に等しいので，
∠ABE = ∠ECB + ∠BEC = ∠ECB + $90°$…②
また，
∠ADC = ∠EDB + ∠BDC = ∠EDB + $90°$…③
ここで，∠ECB と ∠EDB は $\overset{\frown}{BE}$ に対する円周角だから，
∠ECB = ∠EDB…④
②，③，④より，∠ABE = ∠ADC…⑤
①，⑤より，2組の角がそれぞれ等しいので，
△ABE∽△ADC

(3) $6 - \sqrt{6}$ (cm)

4 数の性質，数・式の利用，数・式を中心とした総合問題，1次方程式の応用 (1)①(a) 2 (点) (b) 6 (通り) (c) 3 (点)
②(d) $c = 10 - a - b$ (e) $M = -5a - 7b + 40$

(2) $M = 0$ となるとき，$-5a - 7b + 40 = 0$
a について解くと，$a = 8 - \frac{7}{5}b$
a が 0 以上 10 以下の整数となるのは，
$b = 0$ または $b = 5$ のときである。
したがって，
$b = 0$ のとき，$a = 8 - 0 = 8$，$c = 10 - 8 - 0 = 2$
$b = 5$ のとき，$a = 8 - 7 = 1$，$c = 10 - 1 - 5 = 4$
よって，
$a = 1, b = 5, c = 4$
$a = 8, b = 0, c = 2$

[思考力を問う問題]

2 連立方程式，データの散らばりと代表値，三角形，相似，三平方の定理，1次関数，関数 $y = ax^2$，平行四辺形

(1) $a = 5, b = 3$ (2) ウ，エ

(3)① $\frac{7}{5}$ (cm) ② $\frac{14}{13}$ (cm^2)

(4)① $y = -\frac{1}{2}x + \frac{13}{7}$ ② $3 - \sqrt{3}$

解き方 **1** (2)① $5x^2 - 5y^2 = 5(x^2 - y^2)$
$= 5(x+y)(x-y)$
② $x + y = 2\sqrt{3}$，$x - y = 4$ を代入して，
$5x^2 - 5y^2 = 5(x+y)(x-y) = 5 \times 2\sqrt{3} \times 4 = 40\sqrt{3}$

(3)① $\frac{40}{240} = \frac{1}{6} = 0.166\cdots ≒ 0.17$

②ア．箱ひげ図から，範囲は，
$125 - 30 = 95$（回）≒ 100（回） ×
イ．度数分布表から，70回以上90回未満の階級の累積度数は，$59 + 79 + 37 = 175$（人）≒ 102（人） ×
ウ．度数分布表から，度数が最も少ない階級は，110回以上130回未満で，その階級値は，
$\frac{110 + 130}{2} = 120$（回） ○
エ．箱ひげ図から，第3四分位数は95（回）≒ 50（回） ×

(4)① 四角形 BCDE は1辺の長さが 1 cm の正方形だから，
$BD = \sqrt{BC^2 + CD^2} = \sqrt{2}$ (cm)
② 正方形 BCDE の対角線 BD と CE の交点を H とおく。
線分 AF は点 H を通り，
$AF \perp$ 正方形 BCDE，
$AF = BD = \sqrt{2}$ (cm)
(正八面体の体積)
= (A − BCDEの体積) + (F − BCDEの体積)
= $\frac{1}{3} \times$ 正方形 BCDE $\times$ AH + $\frac{1}{3} \times$ 正方形 BCDE $\times$ FH
= $\frac{1}{3} \times$ 正方形 BCDE $\times$ (AH + FH)
= $\frac{1}{3} \times$ 正方形 BCDE $\times$ AF $= \frac{1}{3} \times 1^2 \times \sqrt{2} = \frac{\sqrt{2}}{3}$ (cm^3)

(5) ひいた2枚のカードに書かれた数の組を (a, b) $(a < b)$ とする。
① どちらも3の倍数である場合は，$(3, 6), (3, 9), (6, 9)$ の3通り
② 右の図より，(a, b) は全部で
$5 + 4 + 3 + 2 + 1 = 15$（通り）
これらは全て同様に確からしい。
2数の積 $a \times b$ が3の倍数である場合は，少なくとも一方が3の倍数であればよいから，
右の図より，$3 + 4 + 2 + 2 + 1 = 12$（通り）
求める確率は，$\frac{12}{15} = \frac{4}{5}$

a\b	①	③	4	⑥	8	⑨
1		○		○		○
③	○		○	○	○	○
4		○		○		○
⑥	○	○	○		○	○
8		○		○		○
⑨	○	○	○	○	○	

(6)① $y = \frac{1}{3}x^2$ に $x = -3$ を代入して，y 座標は，
$y = \frac{1}{3} \times (-3)^2 = 3$

② ・$a < 0$ のとき
y の変域は $\frac{1}{3}a^2 \leq y \leq 3$
$\frac{1}{3}a^2 > 0$ より，y の変域は $0 \leq y \leq 3$ とならない。
よって不可。
・$0 \leq a \leq 3$ のとき
$x = 0$ のとき $y = 0$
また，$\frac{1}{3}a^2 \leq 3$ だから，y の変域は $0 \leq y \leq 3$
よって，整数 a は，$a = 0, 1, 2, 3$
・$a > 3$ のとき
y の変域は $0 \leq y \leq \frac{1}{3}a^2$　$\frac{1}{3}a^2 > 3$ より，y の変域は

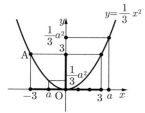

$0 \leqq y \leqq 3$ とならない。よって，不可。
したがって，$a = 0, 1, 2, 3$
(7) 点 A を接点とする円 O の接線は，点 A を通り直線 OA に垂直な直線。
点 B から円 O にひいた 2 本の接線は，線分 BO の中点を中心として 2 点 B，O を通る円と円 O との 2 つの交点と，点 B をそれぞれ結ぶ 2 本の直線。

2 (1)① $y = 8$ を $y = 4x$ に代入して，$8 = 4x$　$x = 2$
② AB // y 軸，AB = BC だから，直線 AC の傾きは -1
よって，$y = -x + b$
A (2, 8) を代入して，$8 = -2 + b$　$b = 10$
したがって，$y = -x + 10$
(2) 正方形 ABCD の 1 辺の長さを $2a$ とおく。
点 E は対角線 AC または BD の中点で x 座標が 13 だから，点 C の x 座標は $13 + a$

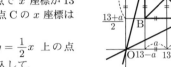

点 C は $y = \frac{1}{2}x$ 上の点だから代入して，
y 座標は $y = \frac{1}{2} \times (13 + a) = \frac{13 + a}{2}$
C $\left(13 + a, \frac{13 + a}{2}\right)$
同じようにして，点 A の x 座標は $13 - a$
点 A は $y = 4x$ 上の点だから代入して，
y 座標は $y = 4 \times (13 - a) = 4(13 - a)$
点 D の x 座標は点 C の x 座標に等しく，点 D の y 座標は点 A の y 座標に等しいから，D $(13 + a, 4(13 - a))$ …①
DC // AB // y 軸 より，
DC $= 4(13 - a) - \frac{13 + a}{2}$
また，DC = $2a$ より，$4(13 - a) - \frac{13 + a}{2} = 2a$
$8(13 - a) - (13 + a) = 4a$
$(8 - 1) \times 13 = (4 + 8 + 1)a$
$7 \times 13 = 13a$　つまり，$a = 7$
したがって，点 D の座標は①に代入して，D (20, 24)

3 (3) △AFE は，
∠A = 30°，∠F = 60°，∠E = 90° の直角三角形だから，
AF = 2EF = 2 × (1 + 2) = 6 (cm)
△BFG と △EFB において，
共通な角だから
∠BFG = ∠EFB …①
∠FBG = ∠CBD …②
ここで，∠CBD と ∠CED は $\overset{\frown}{CD}$ に対する円周角だから，
∠CBD = ∠CED …③
②，③より，∠FBG = ∠CED …④
∠FEB = ∠BEC - ∠FEC = 90° - ∠FEC …⑤
∠CED = ∠FED - ∠FEC = 90° - ∠FEC …⑥
⑤，⑥より，∠FEB = ∠CED …⑦
④，⑦より，∠FBG = ∠FEB …⑧
①，⑧より，2 組の角がそれぞれ等しいので，
△BFG ∞ △EFB
これより，
BF : EF = FG : FB
BF² = EF × FG = (1 + 2) × 2 = 6　　BF = $\sqrt{6}$

したがって，AB = AF - BF = 6 - $\sqrt{6}$ (cm)

4 (1)①(a) 1 回目 (-1) 点，2 回目 2 点，3 回目 1 点だから，
$(-1) + 2 + 1 = 2$ （点）
(b) 勝ち方による加点の合計は右の表のようになるから，加点の合計は，2, 3, 4, 6, 7, 10（点）の 6 通り

2回目 1回目	グー	チョキ	パー
	1	2	5
グー　1	2	3	6
チョキ　2	3	4	7
パー　5	6	7	10

(c) 3 回のじゃんけんで A が 9 点となる場合は，
A がパーで 2 勝，グーで 1 負する場合だから，
B はグーで 2 負，パーで 1 勝する場合である。
したがって，B の持ち点は，$2 \times (-1) + 5 = 3$ （点）
②(d) $a + b + c = 10$ より，$c = 10 - a - b$
(e) どちらかがグーで勝った場合は (-1) 点，
どちらかがチョキで勝った場合は (-3) 点，
どちらかがパーで勝った場合は 4 点
だから，
$M = (-1) \times a + (-3) \times b + 4 \times c$
$= -a - 3b + 4 \times (10 - a - b)$
$= -5a - 7b + 40$

思考力を問う問題

2 (1) $\begin{cases} -x - 5y = 7 \\ 3x + 2y = 5 \end{cases}$ を解いて，$\begin{cases} x = 3 \\ y = -2 \end{cases}$
これを，$ax + by = 9$，$2bx + ay = 8$ に代入して，
$\begin{cases} 3a - 2b = 9 \\ 6b - 2a = 8 \end{cases}$
これを解いて，$a = 5$，$b = 3$
(2)・最小値について
度数分布表から，10 〜 20 の階級に含まれる値。
箱ひげ図から，ア，イ，ウは適するがエは矛盾。
・第 1 四分位数について
度数分布表から，40 〜 50 の階級に含まれる値。
箱ひげ図から，ア，イ，エは適するがウは矛盾。
・中央値について
度数分布表から，50 〜 60 の階級に含まれる値。
箱ひげ図から，ア，イ，エは適するがウは矛盾。
・第 3 四分位数について
度数分布表から，60 〜 70 または 70 〜 80 の階級に含まれる値。
箱ひげ図から，全て適する。
・最大値について
度数分布表から，90 〜 100 の階級に含まれる値。
箱ひげ図から，全て適する。
したがって，矛盾するものは，ウ，エ
(3)① △DBE において，
点 B から DE に垂線 BH をひくと，
△DBE $= \frac{1}{2} \times$ DE $\times$ BH
また，
△DBE $= \frac{1}{2} \times$ DB $\times$ BE
より，
DE × BH = DB × BE
5 × BH = 3 × 4
BH $= \frac{12}{5}$ (cm)
△BAD において，BA = BD，BH ⊥ AD より，

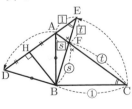

AH = DH

DH = $\sqrt{DB^2 - BH^2} = \sqrt{3^2 - \left(\frac{12}{5}\right)^2} = \frac{9}{5}$ (cm)

よって,

AE = DE − DA = DE − 2DH = $5 - 2 \times \frac{9}{5} = \frac{7}{5}$ (cm)

② △AFE と △BFC において

∠AFE = ∠BFC, ∠AEF = ∠BCF より,

△AFE∽△BFC

$\frac{AF}{AE} = \frac{BF}{BC} = s$, $\frac{FE}{AE} = \frac{FC}{BC} = t$ とおくと,

AF = AE × s = $\frac{7}{5}s$, BF = BC × s = 4s

FE = AE × t = $\frac{7}{5}t$, FC = BC × t = 4t

AC = AF + FC = $\frac{7}{5}s + 4t = 5$…①

BE = BF + FE = $4s + \frac{7}{5}t = 4$…②

①, ②より, $s = \frac{25}{39}\left(,\ t = \frac{40}{39}\right)$

よって, BF = $4s = 4 \times \frac{25}{39} = \frac{100}{39}$ (cm)

△ABF = $\frac{BF}{BE} \times △ABE = \frac{BF}{BE} \times \frac{AE}{DE} \times △DBE$

= $\frac{BF}{BE} \times \frac{AE}{DE} \times \frac{1}{2} \times DB \times BE$

= BF × AE × $\frac{1}{DE} \times \frac{1}{2} \times DB$

= $\frac{100}{39} \times \frac{7}{5} \times \frac{1}{5} \times \frac{1}{2} \times 3$

= $\frac{14}{13}$ (cm²)

(4)① 点 A を通り x 軸に平行な直線と, 点 B を通り y 軸に平行な直線の交点を F, 直線 FB と直線 m との交点を G とおく。

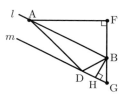

点 B から直線 m に垂線 BH をひく。

点 A (−4, a) は $y = \frac{1}{4}x^2$ 上の点だから,

$a = \frac{1}{4} \times (-4)^2 = 4$

点 B (2, b) は $y = \frac{1}{4}x^2$ 上の点だから, $b = \frac{1}{4} \times 2^2 = 1$

よって, A (−4, 4), B (2, 1), F (2, 4)

AB = $\sqrt{AF^2 + FB^2} = \sqrt{6^2 + 3^2} = 3\sqrt{5}$

△ADB = $\frac{1}{2} \times AB \times BH = \frac{1}{2} \times 3\sqrt{5} \times BH = \frac{3}{7}$

BH = $\frac{2}{7\sqrt{5}}$ (cm)

ここで, △BGH∽△ABF だから,

BG : AB = BH : AF   BG : $3\sqrt{5} = \frac{2}{7\sqrt{5}} : 6$

BG = $3\sqrt{5} \times \frac{2}{7\sqrt{5}} \times \frac{1}{6} = \frac{1}{7}$

点 G の y 座標は, $1 - \frac{1}{7} = \frac{6}{7}$ G $\left(2, \frac{6}{7}\right)$

直線 m は傾き $-\frac{1}{2}$ より, $y = -\frac{1}{2}x + q$

これが点 G を通るから, $\frac{6}{7} = -\frac{1}{2} \times 2 + q$ $q = \frac{13}{7}$

よって, 直線 m の式は, $y = -\frac{1}{2}x + \frac{13}{7}$

② 点 C は $y = \frac{1}{4}x^2$ 上の点だから, C $\left(c, \frac{1}{4}c^2\right)$

$(-4 < c < 0)$ とおける。

点 C から x 軸へ垂線 CI をひくと, I (c, 0)

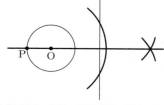

直線 m は傾き $-\frac{1}{2}$ だから,

(y) 切片を r として,

$y = -\frac{1}{2}x + r$

とおくと, 点 E の x 座標は,

$0 = -\frac{1}{2}x + r$ $x = 2r$ E (2r, 0)

四角形 ACEB は平行四辺形だから, AB // CE, AB = CE

よって, △CIE ≡ △BFA

CI = BF より, $\frac{1}{4}c^2 = 3$ $c < 0$ より, $c = -2\sqrt{3}$

EI = $2r - (-2\sqrt{3}) = 6$ より, $2r = 6 - 2\sqrt{3}$

$r = 3 - \sqrt{3}$

よって, 直線 m の (y) 切片は, $3 - \sqrt{3}$

〈Y. K.〉

東京都

問題 P.30

解答 **1** 正負の数の計算, 式の計算, 平方根, 1 次方程式, 連立方程式, 2 次方程式, 確率, 円周角と中心角, 平面図形の基本・作図 〔問1〕−4

〔問2〕$\frac{a+8b}{15}$ 〔問3〕$3 + 7\sqrt{6}$

〔問4〕9

〔問5〕$x = 2$, $y = -1$

〔問6〕$\frac{3 \pm \sqrt{57}}{4}$

〔問7〕あ…$\frac{2}{5}$

〔問8〕うえ…40

〔問9〕右図

2 数・式の利用, 多項式の乗法・除法, 平面図形の基本・作図, 因数分解, 中点連結定理 〔問1〕ア

〔問2〕線分 OM の長さは $\frac{a+b}{2}$ なので,

$l = \frac{1}{4} \times 2\pi \times \frac{a+b}{2} = \frac{1}{4}\pi(a+b)$

よって,

$(a - b)l = (a - b) \times \frac{1}{4}\pi(a+b)$

= $\frac{1}{4}\pi(a+b)(a-b)$…①

線分 OA を半径とするおうぎ形の面積は, $\frac{1}{4}\pi a^2$

線分 OB を半径とするおうぎ形の面積は, $\frac{1}{4}\pi b^2$

よって,

S = $\frac{1}{4}\pi a^2 - \frac{1}{4}\pi b^2$

= $\frac{1}{4}\pi(a^2 - b^2)$

= $\frac{1}{4}\pi(a+b)(a-b)$…②

①, ②より, S = $(a - b)l$

3 1 次方程式の応用, 1 次関数, 平行と合同, 三角形

〔問1〕エ 〔問2〕①イ ②エ 〔問3〕9

4 平行と合同，三角形，平行四辺形，相似，平行線と線分の比 〔問1〕ウ
〔問2〕① △ASD と △CSQ において，
対頂角は等しいので，∠ASD = ∠CSQ…①
AD // BC より，平行線の錯角は等しいので，
∠ADS = ∠CQS…②
①，②より，2組の角がそれぞれ等しいので，
△ASD∽△CSQ
② お/かき … $\frac{1}{30}$

5 立体の表面積と体積，三角形，平行線と線分の比，三平方の定理 〔問1〕く/け … $\frac{3}{2}$ 〔問2〕こ√さ … $4\sqrt{2}$

解き方

1 〔問1〕 $-8 + 36 \times \frac{1}{9} = -8 + 4 = -4$

〔問2〕 $\frac{3(7a+b) - 5(4a-b)}{15}$
$= \frac{21a + 3b - 20a + 5b}{15} = \frac{a + 8b}{15}$

〔問3〕 $12 + 9\sqrt{6} - 2\sqrt{6} - 9 = 3 + 7\sqrt{6}$

〔問4〕 $4x + 32 = 7x + 5$ $-3x = -27$ $x = 9$

〔問5〕 $2x + 3y = 1$…① $8x + 9y = 7$…②
①×4 − ②を計算すると，
$3y = -3$ $y = -1$…③
③を①に代入すると，
$2x - 3 = 1$ $x = 2$
よって，$x = 2$，$y = -1$

〔問6〕 $x = \frac{-(-3) \pm \sqrt{(-3)^2 - 4 \times 2 \times (-6)}}{2 \times 2} = \frac{3 \pm \sqrt{57}}{4}$

〔問7〕樹形図で考えると，

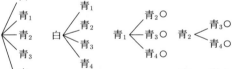

よって，$\frac{6}{15} = \frac{2}{5}$

〔問8〕$\overset{\frown}{BC}$ の円周角なので，∠BAC = ∠BDC = 20°
$\overset{\frown}{DC}$ の円周角なので，∠CBD = ∠CAD = 30°
半円の弧に対する円周角なので，∠ADB = 90°
△ACD において，
∠ACD = 180° − (∠ADB + ∠CDB + ∠CAD)
= 180° − (90° + 20° + 30°) = 40°

2 〔問1〕右図の台形 ABGF で，右図のように4点 J, K, L, M をつくる。
AB = a, FG = b なので，
AJ = $\frac{AB - FG}{2} = \frac{a - b}{2}$
中点連結定理より，PL = $\frac{1}{2}$AJ = $\frac{a-b}{4}$
以上より，
PQ = PL + LM + MQ
$= \frac{a-b}{4} + b + \frac{a-b}{4} = \frac{a+b}{2}$
$l = 4PQ = 4 \times \frac{a+b}{2} = 2a + 2b$
よって，ア

3 〔問1〕$y = \frac{1}{2}x + 1$，$y = -1$ より，
$-1 = \frac{1}{2}x + 1$ $x = -4$ よって，エ

〔問2〕線分 BP が y 軸により二等分されるので，2点 B, P は y 軸から等しい距離にあればよい。点 B の x 座標は -2 なので，P の x 座標は 2。
$y = \frac{1}{2} \times 2 + 1$ $y = 2$ よって，P (2, 2)
A (3, −2) より，(APの傾き) $= \frac{2 - (-2)}{2 - 3} = -4$
AP の式を $y = -4x + b$ とすると，$2 = -8 + b$ $b = 10$
よって，$y = -4x + 10$ つまり，①…イと②…エ

〔問3〕点 A を通り l に平行な直線と x 軸との交点を A′ とする。
AA′ の式を $y = \frac{1}{2}x + c$ とすると，
$-2 = \frac{1}{2} \times 3 + c$ $c = -\frac{7}{2}$
よって，$y = \frac{1}{2}x - \frac{7}{2}$
A′ の y 座標は 0 なので，
$0 = \frac{1}{2}x - \frac{7}{2}$ $x = 7$ A′ (7, 0)
ここで，PQ // A′B より，△BPQ : △APB = PQ : A′B…①
点 P の x 座標を t とすると，点 Q の x 座標は $-t$ と表せる。
よって，PQ $= t - (-t) = 2t$，A′B $= 7 - (-2) = 9$
△BPQ の面積は △APB の面積の 2 倍なので，
△BPQ : △APB = 2 : 1…②
①，②より，
PQ : A′B $= 2t : 9 = 2 : 1$ $t = 9$
つまり，点 P の x 座標は 9

4 〔問1〕AD // BC，
AQ // DC より，
AB = DC = AQ
よって，右図より，
∠AQB = ∠ABQ = 70°
DA を A の方向に延長すると，
△APD の ∠PAD の外角は
70°，三角形の外角はとなり合わない2つの内角の和なので，70° = a° + ∠ADP
以上より，∠ADP = (70 − a) 度

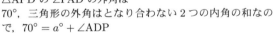

〔問2〕② △BAC において，PQ // AC より，
BQ : QC = BP : PA = 1 : 3
AD : QC = 2 : 3   よって，AD : BQ = 2 : 1
AD : BC = AD : (BQ + QC) = 2 : 4 = 1 : 2
△ASD∽△CSQ より，DS : QS = AD : CQ = 2 : 3
よって，DS : DQ = DS : (DS + SQ) = 2 : 5
△DPQ において，RS // PQ より，
RS : PQ = 2 : 5   RS $= \frac{2}{5}$PQ…①
△BCA において，
PQ : AC = BP : BA = BP : (BP + PA) = 1 : 4
AC = 4PQ…②
①，②より，RS : AC $= \frac{2}{5}$PQ : 4PQ = 1 : 10
△DRS : △DAC = 1 : 10
よって，△DRS $= \frac{1}{10}$△DAC…③
また，△DAC : 台形 ABCD
= △DAC : (△DAC + △BAC) = 1 : 3
よって，台形 ABCD = 3△DAC…④
③，④より，
△DRS : 台形 ABCD $= \frac{1}{10}$△DAC : 3△DAC = 1 : 30
つまり，△DRS の面積は，台形 ABCD の面積の $\frac{1}{30}$ 倍

5 〔問1〕右図の展開図の一部において，l の値が最も小さくなるのは，AB ⊥ PQ となる場合。

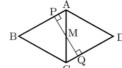

△MAP は $30°$，$60°$，$90°$ の直角三角形で，AM = 3 より，
AP = $\frac{1}{2}$AM = $\frac{3}{2}$

〔問2〕8秒後なので，BP = 2，PC = 4
ここで，△ABP : △ACP = 1 : 2
△ABC : △ACP = 3 : 2   △ABC = $\frac{3}{2}$△ACP…①
また，AM = CM より，△AMP = $\frac{1}{2}$△ACP…②
よって，①，②より，
△AMP : △ABC = $\frac{1}{2}$△ACP : $\frac{3}{2}$△ACP = 1 : 3
△ABC = 6 × $3\sqrt{3}$ × $\frac{1}{2}$ = $9\sqrt{3}$
△AMP = $\frac{1}{3}$△ABC = $3\sqrt{3}$

∠BAC と ∠ABC の二等分線の交点を I とする。
△AIM は $30°$，$60°$，$90°$ の直角三角形になるので，
AI = $\frac{2}{\sqrt{3}}$AM = $\frac{2}{\sqrt{3}}$ × 3
= $2\sqrt{3}$
△DAI は ∠I = $90°$ より，
DI = $\sqrt{\text{DA}^2 - \text{AI}^2}$
= $\sqrt{6^2 - (2\sqrt{3})^2}$ = $2\sqrt{6}$
△DAI において，右図のように点 R をとると，
AQ : RQ = AD : ID
4 : RQ = 6 : $2\sqrt{6}$
RQ = $\frac{4\sqrt{6}}{3}$
ここで，DI ⊥ △AMP より，RQ ⊥ △AMP
つまり RQ は立体 Q − APM の高さと考えてよい。
よってその体積は，
$\frac{1}{3}$ × △AMP × RQ = $\frac{1}{3}$ × $3\sqrt{3}$ × $\frac{4\sqrt{6}}{3}$ = $4\sqrt{2}$

〈YM. K.〉

東京都立　日比谷高等学校

問題 P.32

解答

1 平方根，2次方程式，1次関数，確率，平面図形の基本・作図，円周角と中心角

〔問1〕 $\frac{\sqrt{6}}{3}$
〔問2〕 $a = 4$，6
〔問3〕 $p = -\frac{1}{2}$，$q = -\frac{3}{2}$
〔問4〕 $\frac{10}{21}$
〔問5〕右図

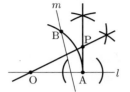

2 1次関数，関数 $y = ax^2$，平行線と線分の比

〔問1〕 A $\left(-\frac{5}{3}, \frac{25}{9}\right)$
〔問2〕(1)（途中の式や計算など）（例）
点 B の座標を $\left(t, \frac{1}{4}t^2\right)$ $(t > 0)$ とすると，
点 D の座標は $\left(-t, \frac{1}{4}t^2\right)$
点 A から直線 m に垂線を引き，交点を H，
y 軸と直線 m との交点を G とする。
AH // EG であるから DH : DG = DA : DE = 1 : 4 より，
点 A の x 座標は $-\frac{3}{4}t$
よって，点 A の座標は $\left(-\frac{3}{4}t, \frac{9}{16}t^2\right)$
また，AH // EG であるから AH : EG = DA : DE より，
$\left(\frac{9}{16}t^2 - \frac{1}{4}t^2\right)$: EG = 1 : 4
よって，EG = $4\left(\frac{9}{16}t^2 - \frac{1}{4}t^2\right) = \frac{5}{4}t^2$
さらに，2点 B，E を通る直線の傾きが -2 であるから，
EG = 2BG
ゆえに，$\frac{5}{4}t^2 = 2t$
よって，$5t^2 - 8t = 0$
$t(5t - 8) = 0$
$t > 0$ より，$t = \frac{8}{5}$ となる。
よって，点 B の x 座標は $\frac{8}{5}$ となる。
（答え）$\frac{8}{5}$

(2) $y = -x + \frac{3}{4}$

3 平行と合同，図形と証明，円周角と中心角

〔問1〕20度
〔問2〕(1)（証明）（例）
△ADG と △AEG において，
AG = AG （共通）…①
∠BAD の二等分線により，∠DAF = ∠BAF
よって，∠DAG = ∠EAG = $\frac{1}{2}$∠BAD…②
2∠BAC = ∠BAD より，∠BAC = $\frac{1}{2}$∠BAD
よって，∠DAG = ∠BAC
また，点 B と点 D を結び，$\overset{\frown}{BC}$ に対する円周角に等しいから
∠BAC = ∠BDC
よって，∠DAG = ∠BDC
半円の弧に対する円周角より，∠ADB = $90°$
∠ADB = ∠ADG + ∠BDC
= ∠ADG + ∠DAG

△ADG において，
$\angle AGD = 180° − (\angle ADG + \angle DAG)$
$= 180° − \angle ADB$
$= 90°$
$\angle AGE = 180° − \angle AGD = 90°$
よって，$\angle AGD = \angle AGE$…③
①，②，③より，
1組の辺とその両端の角がそれぞれ等しいから
△ADG ≡ △AEG
(2) 4 : 1

④ 立体の表面積と体積，円周角と中心角，相似，平行線と線分の比，三平方の定理 ▌〔問1〕$\dfrac{39}{2}$ cm²

〔問2〕(途中の式や計算など)(例)
$DO = \dfrac{1}{2} BC = \dfrac{9}{2}$
△ADO において三平方の定理より，
$AD^2 = AO^2 + DO^2 = 6^2 + \left(\dfrac{9}{2}\right)^2 = \dfrac{225}{4}$
$AD > 0$ より，$AD = \dfrac{15}{2}$
点 J から線分 DO に垂線を引き，交点を K とする。
△DOA と △DKJ において，AO // JK より，
$DO : DK = DA : DJ$
$\dfrac{9}{2} : DK = \dfrac{15}{2} : 1$　よって，$DK = \dfrac{3}{5}$
$FK = DF − DK = (DO + FO) − DK$
$= \left(\dfrac{9}{2} + \dfrac{5}{2}\right) − \dfrac{3}{5} = \dfrac{32}{5}$
また，AO // JK より，$DA : DJ = AO : JK$
$\dfrac{15}{2} : 1 = 6 : JK$　よって，$JK = \dfrac{4}{5}$
△FJK において三平方の定理より，
$FJ^2 = FK^2 + JK^2 = \left(\dfrac{32}{5}\right)^2 + \left(\dfrac{4}{5}\right)^2$
$= \left(\dfrac{4}{5}\right)^2 \times (8^2 + 1) = \left(\dfrac{4}{5}\right)^2 \times 65$
$FJ > 0$ より $FJ = \dfrac{4\sqrt{65}}{5}$ (cm)

(答え) $\dfrac{4\sqrt{65}}{5}$ cm
〔問3〕$81\sqrt{2}$ cm³

解き方

① 〔問1〕(与式) $= \dfrac{2 − \sqrt{2}}{\sqrt{3}} \times (\sqrt{2} + 1)$
$= \dfrac{\sqrt{2}(\sqrt{2} − 1)}{\sqrt{3}} \times (\sqrt{2} + 1)$
$= \dfrac{\sqrt{2}}{\sqrt{3}} = \dfrac{\sqrt{6}}{3}$
〔問2〕2つの解の和は5
〔問3〕2つの変域 $5p + q \leqq y \leqq −7p + q$，$−4 \leqq y \leqq 2$ が一致する。
〔問4〕

	1	2	3	4	5	6	7
1	×		○	○		○	
2		×	○		○		
3	○	○	×		○		
4				×	○		
5					×		
6						×	○
7						○	×

〔問5〕点 O を中心とし点 A を通る円と m との交点が B
である。
また，点 A において l に立てた垂線と $\angle AOB$ の二等分線との交点が P である。

② 〔問1〕B $\left(\dfrac{4}{3}, \dfrac{4}{9}\right)$ である。
$a < 0$ とし，A (a, a^2) とすると，$a^2 : \dfrac{4}{9} = (21 + 4) : 4$
〔問2〕(1) B $(4b, 4b^2)$ とすると，D $(−4b, 4b^2)$，
A $(−3b, 9b^2)$ となる。また，直線 BE の傾きが $−2$ であることから，直線 DE の傾きは2である。よって，
$\dfrac{9b^2 − 4b^2}{(−3b) − (−4b)} = 2$　　$5b = 2$　　$b = \dfrac{2}{5}$
ゆえに，$4b = 4 \times \dfrac{2}{5} = \dfrac{8}{5}$
(2) B $(2b, b^2)$ とすると F (b, b^2) となるから
$BF = 2b − b = b$
よって，$b = \dfrac{1}{2}$ であり B $\left(1, \dfrac{1}{4}\right)$，F $\left(\dfrac{1}{2}, \dfrac{1}{4}\right)$ である。
したがって，A (a, a^2) とすると $a^2 − \dfrac{1}{4} = 2$　　$a^2 = \dfrac{9}{4}$
$a < 0$ より $a = −\dfrac{3}{2}$ であるから，A $\left(−\dfrac{3}{2}, \dfrac{9}{4}\right)$ である。

③ 条件より $\angle CAB = \angle BAF = \angle FAD = a$ とおける。
〔問1〕$\angle ABD = 50°$ であるから，△ABD において
$2a + 50° + 90° = 180°$ より $a = 20°$
〔問2〕(1) $\angle ABC = \angle ADC = b$ とおくと，
△ABC において $a + b + 90° = 180°$ より $a + b = 90°$
また，△ADG の外角について，$\angle AGE = a + b$
よって，$\angle AGE = 90°$
すなわち，$\angle AGD = \angle AGE = 90°$
(2) $\angle AGE = \angle AFB = 90°$ より EG // BF
よって，$AG : GF = AE : EB = AE : (AB − AE)$
ここで，$AE = AD = 8$ cm，$AB = 2AO = 10$ cm
ゆえに，$AG : GF = 8 : (10 − 8) = 8 : 2 = 4 : 1$

④ 〔問1〕$△ADI = \dfrac{1}{2} \times DI \times AO$
ここで，
$DI = DO + OI = DO + \dfrac{1}{2} BF = 4 + \dfrac{1}{2} \times 5 = \dfrac{13}{2}$ (cm)
〔問2〕$OD = \dfrac{1}{2} BC = \dfrac{9}{2}$ cm
$AD = \sqrt{OA^2 + OD^2} = \sqrt{6^2 + \left(\dfrac{9}{2}\right)^2} = \dfrac{15}{2}$
点 J から線分 DF に垂線 JK を引くと，
△AOD ∽ △JKD
そして，$OA : OD : AD = 6 : \dfrac{9}{2} : \dfrac{15}{2} = 4 : 3 : 5$
であるから，
$DK = JD \times \dfrac{3}{5} = \dfrac{3}{5}$，$JK = JD \times \dfrac{4}{5} = \dfrac{4}{5}$
よって，$FK = \dfrac{5}{2} + \dfrac{9}{2} − \dfrac{3}{5} = \dfrac{32}{5}$
$FJ = \sqrt{FK^2 + JK^2} = \sqrt{\left(\dfrac{32}{5}\right)^2 + \left(\dfrac{4}{5}\right)^2} = \dfrac{4}{5}\sqrt{65}$ (cm)
〔問3〕求める体積は $\dfrac{1}{3} \times (△BCF + △BCD) \times OA$
ここで，
$△BCF = \dfrac{1}{2} \times 6^2 \times \dfrac{\sqrt{3}}{2} = 9\sqrt{3}$ (cm²)
$△BCD = \dfrac{1}{2} \times BD \times CD = \dfrac{1}{2} \times 3\sqrt{3} \times 3 = \dfrac{9}{2}\sqrt{3}$ (cm²)
$OA = \sqrt{AF^2 − OF^2} = \sqrt{(9\sqrt{3})^2 − (3\sqrt{3})^2} = 6\sqrt{6}$ (cm)
〈K. Y.〉

東京都立　西高等学校

問題 P.33

解答

1 平方根，2次方程式，確率，データの散らばりと代表値，平面図形の基本・作図

〔問1〕$\dfrac{3\sqrt{2}}{4}$　〔問2〕$x = 2, \dfrac{4}{3}$　〔問3〕$\dfrac{5}{18}$

〔問4〕$x = 15, y = 9$

〔問5〕

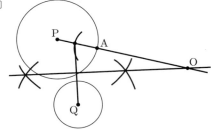

2 2次方程式，1次関数，関数 $y = ax^2$，立体の表面積と体積，三平方の定理

〔問1〕$\dfrac{\sqrt{58}}{2}$ cm

〔問2〕(途中の式や計算など)

点 P が点 O を出発してから t 秒後の2点 P, Q の座標は
$P\left(-\dfrac{t}{2}, \dfrac{t^2}{2}\right)$, $Q(t, t+3)$ であるので，

線分 PQ が x 軸と平行となるとき，$\dfrac{t^2}{2} = t + 3$ が成立する。

$t^2 - 2t - 6 = 0$ を解くと，

$t = \dfrac{2 \pm \sqrt{2^2 - 4 \times 1 \times (-6)}}{2}$

$t = \dfrac{2 \pm \sqrt{28}}{2}$　　$t = \dfrac{2 \pm 2\sqrt{7}}{2}$　　$t = 1 \pm \sqrt{7}$

$t \geqq 0$ より，$t = 1 + \sqrt{7}$

このとき，△APQ の面積を t を用いて表すと，

$\left\{t - \left(-\dfrac{t}{2}\right)\right\} \times \{(t+3) - 3\} \times \dfrac{1}{2} = \dfrac{3}{4}t^2$

したがって，求める面積は，

$\dfrac{3}{4}(1 + \sqrt{7})^2 = \dfrac{3}{4}(8 + 2\sqrt{7}) = 6 + \dfrac{3}{2}\sqrt{7}$

（答え）$\left(6 + \dfrac{3}{2}\sqrt{7}\right)$ cm²

〔問3〕$6\sqrt{2}\pi$ cm³

3 円周角と中心角，相似，三平方の定理

〔問1〕$\sqrt{73}$ cm　〔問2〕$\dfrac{13\sqrt{3}}{3}$ cm²

〔問3〕(証明)

点 O と頂点 B，点 O と頂点 C をそれぞれ結ぶ。

△OBH と △OCH において，

OB = OC（円の半径）…①

△OBC は二等辺三角形となるので，

∠OBH = ∠OCH（二等辺三角形の底角）…②

また，仮定から ∠OHB = ∠OHC = 90°…③

①，②，③より，

直角三角形の斜辺と1つの鋭角がそれぞれ等しいので，

△OBH ≡ △OCH

ゆえに，∠HOB = ∠HOC

よって，∠HOC = $\dfrac{1}{2}$∠COB…④

△AEB と △OHC の相似を考える。

円周角の定理より，∠CAB = $\dfrac{1}{2}$∠COB…⑤

④，⑤より，∠CAB = ∠HOC

すなわち，∠EAB = ∠HOC…⑥

仮定より，∠AEB = ∠OHC (= 90°) …⑦

⑥，⑦より，2組の角がそれぞれ等しいので，

△AEB ∽ △OHC

よって，AE : OH = BE : CH から，

AE × CH = OH × BE

4 数の性質　〔問1〕7

〔問2〕(途中の式や考え方など)

①より，$N(bcda) = 0$ と分かる。

したがって，$b = 1$ である。

また②より $N(cadb) = 1$ で $b = 1$ なので，$c = 4$ となる。

このとき③は，$N(a14d) = 4$ となる。

$(a, d) = (2, 3), (3, 2)$ のいずれかであるが，

$(a, d) = (2, 3)$ とすると $N(2143) = 1$ となり不適。

また $(a, d) = (3, 2)$ とすると，

$3142 \to 4132 \to 2314 \to 3214 \to 1234$ で

$N(3142) = 4$ となり適する。

以上から，

$a = 3, b = 1, c = 4, d = 2$

（答え）$a = 3, b = 1, c = 4, d = 2$

〔問3〕15234

解き方

1 〔問1〕（与式）

$= \dfrac{5}{2\sqrt{2}} - (3 - \sqrt{5}) \times \dfrac{\sqrt{2}}{6 - 2\sqrt{5}}$

$= \dfrac{5\sqrt{2}}{4} - \dfrac{\sqrt{2}}{2} = \dfrac{3\sqrt{2}}{4}$

〔問2〕$3(2x - 3)^2 - 2(2x - 3) - 1 = 0$

$3x^2 - 10x + 8 = 0$

〔問3〕$a = 1$ のとき $b = 1, 2, 3, 4, 5, 6, a = 2$ のとき $b = 1, 2, 3, a = 3$ のとき $b = 1$ の10通り

〔問4〕$2 + x + 3 = 20$ かつ $y + 11 = 20$

〔問5〕線分 PA 上に AB =（円 Q の半径）を満たす点 B を定め，線分 BQ の垂直二等分線と直線 PA との交点を O とする。

2 〔問1〕$P\left(-\dfrac{1}{2}, \dfrac{1}{2}\right)$, $Q(1, 4)$

〔問2〕線分 PQ と y 軸との交点を K とすると，

△APQ = $\dfrac{1}{2} \times PQ \times AK = \dfrac{1}{2} \times \dfrac{3}{2}t \times t = \dfrac{3}{4}t^2$

〔問3〕$P\left(-\dfrac{3}{2}, \dfrac{9}{2}\right)$, $Q(3, 6)$, $B(-1, 2)$ である。

また，AP ⊥ l となるので，求める体積は，

$\dfrac{1}{3} \times (\pi \times AP^2) \times BQ = \dfrac{1}{3} \times \dfrac{9}{2}\pi \times 4\sqrt{2} = 6\sqrt{2}\pi$ (cm³)

3 〔問1〕$DE = \sqrt{AD^2 + AE^2} = \sqrt{8^2 + 3^2} = \sqrt{73}$ (cm)

〔問2〕∠CBD = ∠CDB = 30° であるから，

辺 BD の長さを $2x$ cm とすると，

△BCD = $\left(\dfrac{1}{2} \times x \times \dfrac{1}{\sqrt{3}}x\right) \times 2 = \dfrac{\sqrt{3}}{3}x^2$ (cm²)

頂点 B から辺 AD に垂線 BH を引くと AH = 3 cm,

BH = $3\sqrt{3}$ cm であるから，

$BD = \sqrt{BH^2 + DH^2} = \sqrt{(3\sqrt{3})^2 + (8-3)^2}$

$= 2\sqrt{13}$ (cm)

よって，$x = \sqrt{13}$

4 〔問3〕存在しなかった数を $1pqrs$ とすると，

$p \neq 2$ かつ $q \neq 3$ かつ $r \neq 4$ かつ $s \neq 5$ である。

したがって，存在しなかったのは次の9個である。

13254, 13452, 13524, 14253, 14523, 14532, 15234, 15423, 15432

〈K. Y.〉

東京都立　立川高等学校

問題 P.35

解答

1 平方根，連立方程式，2次方程式，確率，平面図形の基本・作図

〔問1〕 $12 - 4\sqrt{3}$
〔問2〕 $x = \dfrac{2}{7}$, $y = \dfrac{9}{2}$
〔問3〕 $x = -1$, 12
〔問4〕 $\dfrac{2}{5}$
〔問5〕 右図

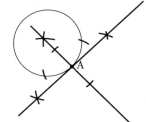

2 1次関数，関数 $y = ax^2$, 三平方の定理

〔問1〕 $y = \dfrac{19}{6}x + \dfrac{5}{3}$
〔問2〕（途中の式や計算など）（例）
点 A の座標は $(4, 4)$，点 B の座標は $(1, b)$ である。
$OA^2 = 32$, $OB^2 = b^2 + 1$
$AB^2 = (4-1)^2 + (4-b)^2 = b^2 - 8b + 25$
[1] OA = AB のとき，$OA^2 = AB^2$ だから，
$32 = b^2 - 8b + 25$　　$b^2 - 8b - 7 = 0$
$b = \dfrac{-(-8) \pm \sqrt{(-8)^2 - 4 \times 1 \times (-7)}}{2 \times 1}$
$= \dfrac{8 \pm \sqrt{92}}{2} = \dfrac{8 \pm 2\sqrt{23}}{2} = 4 \pm \sqrt{23}$
$b < 0$ より，$b = 4 - \sqrt{23}$
[2] OA = OB のとき，$OA^2 = OB^2$ だから，
$32 = b^2 + 1$　　$b^2 = 31$　　$b = \pm\sqrt{31}$
$b < 0$ より，$b = -\sqrt{31}$
[1]，[2] より，
$b = 4 - \sqrt{23}, -\sqrt{31}$
（答え）$4 - \sqrt{23}, -\sqrt{31}$
〔問3〕 $144\pi \text{ cm}^2$

3 平行と合同，図形と証明，三平方の定理

〔問1〕 $\left(\sqrt{3} - \dfrac{\pi}{3}\right) a^2 \text{ cm}^2$
〔問2〕(1)（証明）（例）
点 P を通り線分 GH に垂直な直線を引き，線分 GH との交点を I，辺 BC との交点を J とする。
△DGP と △IPG において
GP // BC より，平行線の同位角は等しいので，
∠DGP = ∠ABC = 60°…①
∠IPG = ∠IJB…②
GH // PF, ∠PFC = 90° より，∠GHC = 90°
また，∠GIP = 90° だから，同位角が等しいため，
IJ // AC である。
平行線の同位角は等しいから，
∠ACB = ∠IJB…③
②，③ から，∠IPG = ∠ACB = 60°…④
①，④ より，∠DGP = ∠IPG…⑤
∠GDP = ∠PIG = 90°…⑥
GP は共通…⑦

⑤，⑥，⑦ より
△DGP と △IPG は直角三角形の斜辺と1つの鋭角がそれぞれ等しいから，△DGP ≡ △IPG
よって，DP = IG…⑧
また，四角形 IPFH は 4 つの角が等しいため，長方形である。
よって，PF = IH…⑨
⑧，⑨より，DP + PF = IG + IH = GH である。
(2) $l = \sqrt{3} a$

4 空間図形の基本，平行線と線分の比，三平方の定理

〔問1〕 $\sqrt{17}$ cm
〔問2〕(1)（途中の式や計算など）（例）
△PAB の面積は，△DAB の面積の $\dfrac{2}{3}$ 倍であり，
△DAB の面積は，正方形 ABCD の面積の $\dfrac{1}{2}$ 倍であるから，△PAB の面積は，正方形 ABCD の面積の $\dfrac{1}{3}$ 倍である。
よって，三角すい O - ABP の体積は，
四角すい O - ABCD の体積の $\dfrac{1}{3}$ 倍であるので，
$\dfrac{1}{3} \times (6\sqrt{2})^2 \times 3\sqrt{6} \times \dfrac{1}{3} = 24\sqrt{6}$ (cm³)
次に，△OAB の面積を求める。
AB の中点を M とすると，
BM = $3\sqrt{2}$
頂点 O から正方形 ABCD に垂線を引き，その交点を E とすると四角形 ABCD が正方形だから，ME = BM である。
$OM^2 = ME^2 + OE^2 = (3\sqrt{2})^2 + (3\sqrt{6})^2 = 72$
OM = $6\sqrt{2}$
△OAB = $\dfrac{1}{2} \times 6\sqrt{2} \times 6\sqrt{2} = 36$
三角すい O - ABP の体積は，$\dfrac{1}{3} \times$ △OAB $\times$ PH なので
$\dfrac{1}{3} \times 36 \times$ PH $= 24\sqrt{6}$
よって，PH $= 2\sqrt{6}$ (cm)
(2) $\sqrt{34}$ cm

解き方

1 〔問1〕（与式）
$= \dfrac{(\sqrt{11} - \sqrt{3})(\sqrt{3} + \sqrt{11})}{2} + (\sqrt{2} - \sqrt{6})^2$
〔問4〕15, 51, 18, 81, 57, 75, 78, 87 の 8 通り。
〔問5〕円の中心を O とすると，直線 OA に点 A における垂線を立てる。

2 〔問1〕 A $(2, 8)$, B $\left(-1, -\dfrac{3}{2}\right)$
〔問3〕 H $(2, 0)$ とすると，線分 AB が通過するのは，O を中心とし B を通る円と O を中心とし H を通る円の間の部分である。

3 〔問1〕1辺の長さが $2a$ の正三角形の面積から
半径 $\dfrac{\sqrt{3}}{3} a$ の円の面積を引く。
〔問2〕(1)証明に用いる図は右のようになる。
なお，次のような方法もある。
点 G を通り辺 AC に平行な直線と直線 PF の交点を Q とすると，四角形 GQFH は長方形である。
また，△DGP と △QGP は斜辺 GP を共有する直角三角形で，
∠DGP = ∠QGP = 60° であるから，△DGP ≡ △QGP

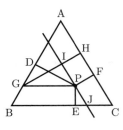

よって，DP = QP
ゆえに，DP + PF = QP + PF = QF = GH
(2) △ABC の面積を2通りに表して，
$\frac{1}{2} \times 2a \times (PD + PE + PF) = \frac{1}{2} \times 2a \times \left(2a \times \frac{\sqrt{3}}{2}\right)$
$a \times l = \sqrt{3}a^2$　　$l = \sqrt{3}a$

4 〔問1〕底面の対角線の交点を E とすると，
OC = $\sqrt{EC^2 + OE^2} = \sqrt{(2\sqrt{2})^2 + 3^2} = \sqrt{17}$ (cm)
〔問2〕(1) 次のような方法もある。
まず，辺 AB の中点を M，辺 CD の中点を N とすると，
OM = ON = $\sqrt{(3\sqrt{2})^2 + (3\sqrt{6})^2} = 6\sqrt{2}$
よって，△OMN は正三角形であるから，∠OMN = 60°
次に点 P から辺 AB に垂線 PK を引くと，△PHK は
∠HKP = 60° の直角三角形である。
ゆえに，PH = PK × $\frac{\sqrt{3}}{2}$ = $4\sqrt{2} \times \frac{\sqrt{3}}{2}$ = $2\sqrt{6}$ (cm)
(2) 点 H から中線 OM に垂線 HJ を引くと，
HJ = KM = $\sqrt{2}$，
OJ = OM − HK = $6\sqrt{2} - 2\sqrt{2} = 4\sqrt{2}$
よって，
OH = $\sqrt{HJ^2 + OJ^2} = \sqrt{(\sqrt{2})^2 + (4\sqrt{2})^2} = \sqrt{34}$ (cm)
〈K. Y.〉

東京都立　国立高等学校　問題 P.36

解答

1 平方根，連立方程式，2次方程式，確率，平面図形の基本・作図
〔問1〕$\sqrt{6} - \sqrt{2}$
〔問2〕$x = \frac{1}{3}$，$y = -\frac{3}{2}$
〔問3〕$x = \pm 2$
〔問4〕$\frac{1}{6}$
〔問5〕右図

2 数の性質，1次関数，関数 $y = ax^2$，平行線と線分の比
〔問1〕3 個　〔問2〕(1) $b = \frac{3}{2}$
(2)(途中の式や計算など)(例)
$a = \frac{1}{2}$ より，A(−2, 2)，B(6, 18) より
直線 AB を $y = px + q$ とおき代入すると
$\begin{cases} -2p + q = 2 \\ 6p + q = 18 \end{cases}$ 解くと，$p = 2$，$q = 6$
よって，直線 AB は $y = 2x + 6$
ここで，直線 CP の傾きは $-\frac{1}{2}$ で P(0, 6) なので
直線 CP は $y = -\frac{1}{2}x + 6$…①である。
点 C(−2, 4b) を通るので代入すると，$4b = 1 + 6$
よって，$b = \frac{7}{4}$
点 D の x 座標を t とおくと，$\frac{7}{4}t^2 = -\frac{1}{2}t + 6$
整理すると，$7t^2 + 2t - 24 = 0$
$t = \frac{-1 \pm \sqrt{1 + 168}}{7} = \frac{-1 \pm 13}{7} = -2, \frac{12}{7}$
したがって，D の x 座標は，$\frac{12}{7}$

①に代入し $y = -\frac{6}{7} + 6 = \frac{36}{7}$
したがって，点 D の座標は $\left(\frac{12}{7}, \frac{36}{7}\right)$
よって，直線 OB は $y = 3x$ であり，点 D はこの直線上にある。
△COD : △CDB = OD : DB = $\frac{12}{7} : \left(6 - \frac{12}{7}\right)$ = 12 : 30
= 2 : 5
(答え) △COD : △CDB = 2 : 5

3 平行と合同，図形と証明，円周角と中心角，相似，三平方の定理
〔問1〕15°
〔問2〕(証明)(例)
△ABC と △AFP において，
$\overset{\frown}{AB}$ に対する円周角が等しいので，
∠ACB = ∠APB = ∠APF…①
CB = CP であるから，$\overset{\frown}{CB} = \overset{\frown}{CP}$ より
∠BAC = ∠CAP = ∠FAP…②
よって，①，②より，
2 組の角がそれぞれ等しいので，△ABC∽△AFP
△ABC は，AB = AC の二等辺三角形であるから，
△AFP は二等辺三角形である。
〔問3〕CG : CA = 1 : 2　　AC = $8\sqrt{5}$ cm

4 立体の表面積と体積，平行と合同，三平方の定理
〔問1〕$\frac{3\sqrt{3}}{4}\pi$ cm
〔問2〕(図や途中の式など)(例)
三角すい F − ABD において，
P は辺 FD 上の点で，BP + PA を最小にする点なので，
三角すい F − ABD の展開図をかき，線分 AB と線分 DF との交点を P とすれば良い。
すなわち，P は DF の中点である。
よって P から底面 ADE におろした垂線の長さは $\frac{3}{2}$ cm
△ADE = $\frac{1}{2} \times 3 \times 3 = \frac{9}{2}$ (cm²)
以上から，求める体積は
$\frac{9}{2} \times \frac{3}{2} \times \frac{1}{3} = \frac{9}{4}$ (cm³)
(答え) $\frac{9}{4}$ cm³
〔問3〕$\frac{27\sqrt{3}}{8}$ cm²

解き方
1 〔問3〕整理して，$x^2 = 4$
〔問4〕1 + 7 = 8，2 + 6 = 8，2 + 7 = 9，
3 + 5 = 8，3 + 6 = 9，3 + 7 = 10 の 6 通り。
〔問5〕まず，半円の周上に点 C を △CAO が正三角形になるように定める。次に，線分 CF の垂直二等分線を引き，線分 OC との交点を P とする。

2 〔問1〕直線 AB の式は，$y = \frac{4}{3}x + 4$
よって，(0, 4)，(3, 8)，(6, 12) の 3 個。
〔問2〕(1) A(−2, 1)，C(−2, 4b) より，
△ACP = $\frac{1}{2} \times (4b - 1) \times \{0 - (-2)\} = 4b - 1$
よって，$4b - 1 = 5$　　$b = \frac{3}{2}$

3 〔問1〕△AEP ≡ △DEP となるので，△APD は正三角形である。
これと，OA = OP より ∠AOC = 90°

よって，∠ABC = 90° × $\frac{1}{2}$ = 45°
ゆえに，∠DBE = ∠ABD − ∠ABE = 45° − 30° = 15°
〔問3〕△ABH ≡ △AGH となるので，AB = AG
よって，PG = 20 − 12 = 8 (cm)
また，PB = $\sqrt{20^2 - 12^2}$ = 16 (cm)
さらに，△AGC∽△BGP より，CG : PG = CA : PB
ゆえに，CG : CA = PG : PB = 8 : 16 = 1 : 2
辺 AB の中点を M とし，垂線 AH と線分 OM との交点を K とすると，∠MAK = ∠OAK より，KM = 3 cm
よって，AM : MK : AK = 2 : 1 : $\sqrt{5}$
したがって，BH = AB × $\frac{1}{\sqrt{5}}$ = $\frac{12}{\sqrt{5}}$ (cm)
BG = 2BH = $\frac{24}{\sqrt{5}}$ (cm)
このとき，AG : BG = 12 : $\frac{24}{\sqrt{5}}$ = $\sqrt{5}$: 2
ゆえに，AC = PB × $\frac{\sqrt{5}}{2}$ = 16 × $\frac{\sqrt{5}}{2}$ = 8$\sqrt{5}$ (cm)

4 〔問1〕辺 AB の中点を M とすると，$a = b = 3$ のとき，MP = $\frac{3\sqrt{3}}{2}$ cm
点 P が動いてできる曲線は，点 M を中心とする半径 $\frac{3\sqrt{3}}{2}$ cm の円周の $\frac{1}{4}$ である。
〔問2〕△BPF ≡ △GPF より，BP = GP
よって，$a + b$ = AP + BP = AP + GP ≧ AG
すなわち，$a + b$ が最小になるのは点 P が対角線 DF の中点に一致するときである。
このとき，立体 P − ADE の体積は，立方体の体積の $\frac{1}{12}$ である。
〔問3〕点 P が $b = c$ を満たしながら動くとき，点 P がえがく多角形は正六角形である。その頂点は辺 AD の中点，辺 AE の中点，辺 EF の中点，辺 FG の中点，辺 CG の中点，辺 CD の中点の 6 点であり，1 辺の長さは $\frac{3\sqrt{2}}{2}$ cm である。さらに，$a ≧ b$ であるから，求める面積はこの正六角形の面積 $\frac{27\sqrt{3}}{4}$ cm² の $\frac{1}{2}$ である。

〈K. Y.〉

東京都立　八王子東高等学校
問題 P.38

解答

1 平方根，2 次方程式，確率，平面図形の基本・作図，円周角と中心角

〔問1〕 $-3\sqrt{2}$
〔問2〕 $x = \frac{5 \pm \sqrt{33}}{4}$
〔問3〕 $\frac{7}{25}$
〔問4〕右図

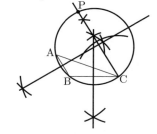

2 1 次関数，関数 $y = ax^2$

〔問1〕 $b = \frac{9}{4}a$　〔問2〕(1) E$(-2, -4)$
(2) (途中の式や計算など)
点 E は，点 A を通り直線 CD に平行な直線と直線 BC との交点である。
点 A の x 座標は -3 であり，曲線 f は $y = \frac{1}{3}x^2$ であるから，A$(-3, 3)$
直線 CD の式は $y = 3x - 6$ であるから，点 A を通り直線 CD に平行な直線の式は $y = 3x + n$ と表せる。
点 A$(-3, 3)$ を通るとき，
$3 = 3 \times (-3) + n$　$n = 12$ であるから，$y = 3x + 12$
この直線と直線 BC との交点は，
連立方程式 $\begin{cases} y = 3x + 12 \\ y = \frac{7}{5}x - \frac{6}{5} \end{cases}$ を解いて，
$x = -\frac{33}{4}$, $y = -\frac{51}{4}$
したがって，$\left(-\frac{33}{4}, -\frac{51}{4}\right)$

3 平行と合同，図形と証明，平行四辺形，三平方の定理

〔問1〕 2 cm
〔問2〕(1) (証明)
△ABC と △EKA において，仮定より，
AC = EA…①
BC = KA…②
∠CAE = 90° であるから，
∠EAK = 180° − ∠CAE − ∠CAJ
= 90° − ∠CAJ
= ∠ACJ
= ∠ACB
よって，∠ACB = ∠EAK…③
①，②，③より，2 組の辺とその間の角がそれぞれ等しいから，△ABC ≡ △EKA…④
△ABC と △FAK において，同様にして，
△ABC ≡ △FAK…⑤
④，⑤より，△FAK ≡ △EKA
(2) 12

4 立体の表面積と体積，平行と合同，三平方の定理

〔問1〕 $\frac{32\sqrt{14}}{3}$ cm³
〔問2〕(1) (途中の式や計算など)
△ABC と △ACD は合同であるから，
△BPC と △DPC も合同である。
よって，△PBD は，PB = PD の二等辺三角形であり，

仮定より，PB = CB = 4 であるから，
PB = PD = 4
底面 BCDE は 1 辺の長さ 4 cm の正方形であるから，
BD = $4\sqrt{2}$ であり，
$PB^2 + PD^2 = 4^2 + 4^2 = 4^2 \times 2 = (4\sqrt{2})^2 = BD^2$
三平方の定理の逆により，∠BPD = 90° であるから，
△PBD = $\frac{1}{2} \times 4^2 = 8$ (cm²) 　（答え）8 cm²
(2) $2\sqrt{15}$

解き方 **1** 〔問 1〕（与式）
= $(\sqrt{3} - \sqrt{5}) \times \sqrt{5}(\sqrt{5} + \sqrt{3})$
$-3\sqrt{2} + 2\sqrt{5} = -2\sqrt{5} - 3\sqrt{2} + 2\sqrt{5} = -3\sqrt{2}$
〔問 3〕11, 13, 23, 31, 41, 43, 53 の 7 通り。
〔問 4〕3 点 A，B，C を通る円（△ABC の外接円）と点 C を通り辺 AB に平行な直線との交点を作図する。
2 〔問 1〕2 つの変域 $0 \leqq y \leqq 9a$，$-b + c \leqq y \leqq 3b + c$ が一致するから，$-b + c = 0$ かつ $3b + c = 9a$
〔問 2〕(1) $y = \frac{7}{5}x - \frac{6}{5}$ に $x = -1$ を代入して $y = -\frac{13}{5}$，
$x = -2$ を代入して $y = -4$
(2) △ADC で AC を底辺と考えると，高さは 3 であるから
△ADC = $\frac{1}{2} \times 6 \times 3 = 9$ (cm²)
点 D を通り y 軸に平行な直線と直線 BC との交点の y 座標は $\frac{8}{5}$ であるから，点 E の x 座標を t とすると，
△EDC = $\frac{1}{2} \times \frac{8}{5} \times (3 - t) = \frac{4}{5}(3 - t)$
よって，$\frac{4}{5}(3 - t) = 9$ 　 $t = -\frac{33}{4}$
3 〔問 1〕△ABC ≡ △EHA となるので，I は平行四辺形 HFAE の対角線の交点である。
〔問 2〕(1) どちらの三角形も △ABC と合同であることを示す。
(2) (1)より △FAK ≡ △EKA であるから，
$S - T$ = 正方形 ACDE − 正方形 AFGB
ここで，AB = 4 cm，BJ = 2 cm，AJ = $2\sqrt{3}$ cm，
JC = 4 cm，AC = $\sqrt{(2\sqrt{3})^2 + 4^2} = 2\sqrt{7}$ (cm)
ゆえに，$S - T = (2\sqrt{7})^2 - 4^2 = 12$
4 〔問 1〕正四角すいの高さは，$2\sqrt{14}$ cm
〔問 2〕(1) △PBD ≡ △CBD であるから，
△PBD = △CBD = $\frac{1}{2} \times 4^2 = 8$ (cm²)
(2) BP ⊥ AC のときで，BP = $\sqrt{15}$ cm

⟨K. Y.⟩

東京都立　墨田川高等学校

問題 P.39

解答 **1** 平方根，連立方程式，2 次方程式，データの散らばりと代表値，数・式の利用，円周角と中心角，平面図形の基本・作図，三角形

〔問 1〕3
〔問 2〕$x = 2$，$y = -2$
〔問 3〕1, 3
〔問 4〕$b = \frac{5a - 130}{3}$
〔問 5〕45 度
〔問 6〕右図（例）

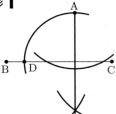

2 1 次関数，関数 $y = ax^2$，三平方の定理
〔問 1〕2　〔問 2〕$\sqrt{3}$　〔問 3〕(1) $y = x + 6$
(2)（途中の式や計算など）（例）
$y = x^2$ より，A (1, 1)，B (−2, 4)
直線 AB の傾きは，$\frac{1 - 4}{1 - (-2)} = -1$
よって，A，C の y 座標に注目して，OC = $1^2 + 1 = 2$ …①
P を通り直線 AB に平行な直線と y 軸との交点を D とすると，同様に P，D の y 座標に注目して，OD = $t^2 + t$ …②
△OAC = $\frac{1}{2} \times 2 \times 1 = 1$ であるから条件より，
△PBC = 5 …③
一方，△PBC = △DBC = $\frac{1}{2} \times CD \times 2$ = CD …④
③，④より，CD = 5
①，②より，CD = OD − OC = $t^2 + t - 2$
よって，$t^2 + t - 2 = 5$ 　これを解いて，
$t = \frac{-1 \pm \sqrt{29}}{2}$
$t > 1$ であるから，$t = \frac{-1 + \sqrt{29}}{2}$
（答え）$\frac{-1 + \sqrt{29}}{2}$

3 図形と証明，相似，三平方の定理　〔問 1〕$2\sqrt{15}$ cm
〔問 2〕25π cm²
〔問 3〕(1)（証明）（例）
△ACD と △HBA において，
∠HAD = 90° から，∠HAB + ∠DAC = 90°
∠ABH = 90° より，∠HAB + ∠AHB = 90°
よって，∠DAC = ∠AHB …①
また，B，C はともに長方形の頂点であるから，
∠DCA = ∠ABH (= 90°) …②
①，②より，2 組の角がそれぞれ等しいから，
△ACD ∽ △HBA
(2) $\frac{50}{3}$ cm²

4 立体の表面積と体積，相似，三平方の定理
〔問 1〕5 cm²　〔問 2〕$\sqrt{5}$　〔問 3〕(1) $\frac{9}{10}$
(2)（途中の式や計算など）（例）
辺 BC 上の点で BS = x cm である点を S とし，
立体 H − ACP の体積を Z cm³，
△ACD，△ASC，△EPH，△PGH の面積をそれぞれ
a cm²，b cm²，c cm²，d cm² とすると，
Z =（四角柱 ASCD − EPGH）−｛(三角すい P − ASC)
　+(三角すい H − ACD) + (三角すい A − EPH)

+(三角すい C − PGH)}
= (a + b) × AE − $\frac{1}{3}$(a + b + c + d) × AE
ここで (四角形 ASCD) = (四角形 EPGH) より,
a + b = c + d
また AE = 3 であるから,
Z = 3 (a + b) − 2 (a + b) = a + b
ところで, a + b = (四角形 ASCD)
= AD × AB − $\frac{1}{2}$ AB × BS = 20 − 2x
したがって, Z = 20 − 2x = 15　これより, $x = \frac{5}{2}$
(答え) $\frac{5}{2}$

解き方　**1** 〔問 1〕 $x^2 + 4x = x(x + 4)$
= $(\sqrt{7} − 2)(\sqrt{7} + 2) = 7 − 4 = 3$
〔問 2〕(第 1 式) × 10 より, $3x + y = 4$ …①
(第 2 式) × 9 より, $4x + y = 6$ …②
② − ① より, $x = 2$　①より, $y = 4 − 3x = 4 − 6 = −2$
〔問 3〕与式より, $4x^2 − 12x + 9 = 4x − 3$
整理して, $x^2 − 4x + 3 = 0$　$(x − 1)(x − 3) = 0$
よって, $x = 1, 3$
〔問 4〕タイムの合計に注目して,
$100a = 40 × 65 + 60 × b$
これより, $b = \frac{5a − 130}{3}$
〔問 5〕中心角と円周角の関係より,
$\angle AEC = 270° ÷ 2 = 135°$
$\angle EAD + \angle ECD = 180° − (\angle BAE + \angle BCE)$
$= 180° − (360° − 90° − 135°) = 45°$
〔問 6〕A から BC に垂線 AH を引くと, △AHD は
$\angle AHD = 90°$, AH = DH の直角二等辺三角形である.
2 〔問 1〕P は y 軸について B と対称な点である.
〔問 2〕P (t, t^2) であり Q $(t, 0)$ とすると, △POQ は
内角が 30°, 60°, 90° の三角形なので, $t^2 = \sqrt{3} t$
$t \neq 0$ より, $t = \sqrt{3}$
〔問 3〕(1) P (3, 9), B (−2, 4) であるから, BP の傾きは
$\frac{9 − 4}{3 + 2} = 1$
P を通ることを考えて, $y = x + 6$
3 〔問 1〕$\sqrt{6 × 10} = 2\sqrt{15}$
〔問 2〕△ABD で三平方の定理より, $BD^2 = 6^2 + 10^2$
求める面積は
(扇形 BDF) + (△ABD + △BEF) − (扇形 BAG)
　− (長方形 BEFG)
= (扇形 BDF) − (扇形 BAG)
= $\frac{\pi}{4}(6^2 + 10^2 − 6^2) = 25\pi$
〔問 3〕(2) △ACD で三平方の定理より,
AC = $\sqrt{10^2 − 6^2} = 8$
よって, AB = 10 − 8 = 2
△ACD∽△HBA より, AH = $10 × \frac{2}{6} = \frac{10}{3}$
したがって, △ADH = $\frac{1}{2} × \frac{10}{3} × 10 = \frac{50}{3}$
4 〔問 1〕△AFP は $\angle F = 90°$ の直角三角形であり,
AF = $\sqrt{4^2 + 3^2} = 5$ より, △AFP = $\frac{1}{2} × 2 × 5 = 5$
〔問 2〕△QFP : △QEH = W : V = W : 5W = 1 : 5
△QFP∽△QEH であり, その相似比は 1 : $\sqrt{5}$
したがって, FP : EH = x : 5 = 1 : $\sqrt{5}$
これより, $x = \sqrt{5}$

〔問 3〕(1) $AP^2 = CP^2$ より,
$AE^2 + (EF^2 + PF^2) = PG^2 + CG^2$
よって, $3^2 + 4^2 + x^2 = (5 − x)^2 + 3^2$
これより, $x = \frac{9}{10}$

〈SU. K.〉

神奈川県　問題 P.41

解答　**1** 正負の数の計算, 式の計算, 平方根
(ア) 3　(イ) 3　(ウ) 1　(エ) 4　(オ) 2
2 因数分解, 2 次方程式, 関数 $y = ax^2$, 連立方程式の応用, 数の性質　(ア) 2　(イ) 1　(ウ) 4　(エ) 2　(オ) 3
3 図形と証明, 円周角と中心角, 相似, データの散らばりと代表値, 1 次関数, 平行線と線分の比
(ア)(i)(a) 3　(b) 1　(c) 4　(ii) 36°　(イ)(i) 2　(ii) 6　(ウ) 3
(エ) 5 : 4
4 1 次関数, 関数 $y = ax^2$　(ア) 5　(イ)(i) 4　(ii) 1
(ウ) $\frac{57}{13}$
5 確率　(ア) $\frac{1}{18}$　(イ) $\frac{4}{9}$
6 立体の表面積と体積, 三平方の定理　(ア) 5　(イ) 2
(ウ) $5\sqrt{7}$ cm

解き方　**1** (オ) (与式) = $(\sqrt{6} + 5)(\sqrt{6} + 5 − 5)$
= $(\sqrt{6} + 5) × \sqrt{6}$
2 (オ) $3780 = 2^2 × 3^3 × 5 × 7$
求める値は, $3 × 5 × 7 = 105$
3 (ア)(ii) $\angle ABC$
= $180° − (90° + 35° + 28°)$
= $27°$
$\angle CAI$
= $180° − (90° + 27° + 27°)$
= $36°$

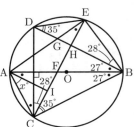

(ウ)

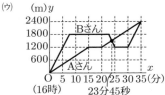

(エ) AI : IH : HE
= 3 : 5 : 4
辺 BC の中点
を M とし,
△ABM = U
とすると,
$S = U × \frac{3}{2} × \frac{5}{12} = \frac{5}{8} U$
$T = △BCF − △BEH = U − U × \frac{3}{2} × \frac{4}{12} = \frac{1}{2} U$
$S : T = \frac{5}{8} U : \frac{1}{2} U = 5 : 4$
4 (ア) ②が B (−3, 6) を通る.
(イ) 2 点 E (6, −6), F $\left(−\frac{9}{2}, 0\right)$ を通る直線の式を求める.

(ウ) 線分 BE の中点は M $\left(\dfrac{3}{2}, 0\right)$ であるから，直線 DM の式は，$y = \dfrac{4}{5}x - \dfrac{6}{5}$

これと直線 BC の式 $y = -\dfrac{1}{2}x + \dfrac{9}{2}$ を連立させて，

$x = \dfrac{57}{13}$

5 (ア) $\begin{pmatrix} a \\ b \end{pmatrix} = \begin{pmatrix} 2 \\ 4 \end{pmatrix}$, $\begin{pmatrix} 4 \\ 2 \end{pmatrix}$ の 2 通り。

(イ) $\begin{pmatrix} a \\ b \end{pmatrix} = \begin{pmatrix} 1 \\ 1 \end{pmatrix}$, $\begin{pmatrix} 2 \\ 2 \end{pmatrix}$, $\begin{pmatrix} 3 \\ 3 \end{pmatrix}$, $\begin{pmatrix} 4 \\ 4 \end{pmatrix}$, $\begin{pmatrix} 5 \\ 5 \end{pmatrix}$, $\begin{pmatrix} 6 \\ 6 \end{pmatrix}$, $\begin{pmatrix} 1 \\ 6 \end{pmatrix}$, $\begin{pmatrix} 2 \\ 6 \end{pmatrix}$, $\begin{pmatrix} 3 \\ 6 \end{pmatrix}$, $\begin{pmatrix} 4 \\ 6 \end{pmatrix}$, $\begin{pmatrix} 5 \\ 6 \end{pmatrix}$, $\begin{pmatrix} 6 \\ 1 \end{pmatrix}$, $\begin{pmatrix} 6 \\ 2 \end{pmatrix}$, $\begin{pmatrix} 6 \\ 3 \end{pmatrix}$, $\begin{pmatrix} 6 \\ 4 \end{pmatrix}$, $\begin{pmatrix} 6 \\ 5 \end{pmatrix}$ の 16 通り。

6 (ア) 表面積 = 側面積 + 底面積 = $40\pi + 16\pi$
$= 56\pi$ (cm^2)

(イ) 線分 OB の中点を M とすると，∠EMD = 90° であるから，
DE = $\sqrt{\text{EM}^2 + \text{DM}^2} = \sqrt{(2\sqrt{7})^2 + (\sqrt{21})^2} = 7$ (cm)

(ウ) 展開図をかくと，CE = 10 cm，CF = 5 cm，
∠ECF = 120°
点 E から直線 AC に垂線 EH を引くと CH = 5 cm，
EH = $5\sqrt{3}$ cm となるので，求める長さは，
$\sqrt{\text{FH}^2 + \text{EH}^2} = \sqrt{10^2 + (5\sqrt{3})^2} = 5\sqrt{7}$ (cm)
〈K. Y.〉

新潟県

問題 P.44

解答

1 正負の数の計算，式の計算，連立方程式，平方根，数・式の利用，円周角と中心角，データの散らばりと代表値
(1) 7 (2) $-2a + 8b$ (3) $9a$
(4) $x = 6$, $y = 5$ (5) $4\sqrt{5}$ (6) $130a > 5b + 750$
(7) ∠x = 120 度 (8) ア

2 確率，図形と証明，三角形，平面図形の基本・作図
(1) (求め方) (例)
さいころの目の出方は全部で36 通りある。
$2 \leq a + b \leq 12$ であり，このうち，$a + b$ が 24 の約数となるのは，17 通りある。よって，求める確率は $\dfrac{17}{36}$

(答) $\dfrac{17}{36}$

(2) (証明) (例) △ABD と △ECB において，仮定より，
∠DBA = ∠BCE …①
△BCD は ∠BCD = ∠BDC の二等辺三角形であるから，
BD = CB …②
AD // BC より，∠ADB = ∠EBC …③
①，②，③より，1 組の辺とその両端の角がそれぞれ等しいから，
△ABD ≡ △ECB　よって，AB = EC

(3)
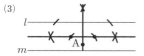

3 1 次関数，関数 $y = ax^2$　(1) $y = 16$
(2)① $y = 4x^2$　② $y = -12x + 72$
(3) 右のグラフ
(4) (求め方) (例)
$0 \leq x \leq 3$ のとき，
$4x^2 = 20$ を解いて，$x = \pm\sqrt{5}$
$0 \leq x \leq 3$ から，$x = \sqrt{5}$
$3 \leq x \leq 6$ のとき，
$-12x + 72 = 20$ を解いて，
$x = \dfrac{13}{3}$
これは $3 \leq x \leq 6$ を満たす。
よって，$x = \sqrt{5}$, $\dfrac{13}{3}$

(答) $x = \sqrt{5}$, $\dfrac{13}{3}$

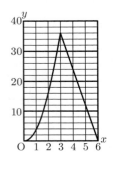

4 数・式を中心とした総合問題
(1) ア. 4　イ. 1　ウ. 5
(2)① (証明) (例) 1 番目の欄の数を a，2 番目の欄の数を b とし，10 の倍数を取り除きながら 17 番目まで順に書き出すと，
a, b, $a+b$, $a+2b$, $2a+3b$, $3a+5b$, $5a+8b$,
$8a+3b$, $3a+b$, $a+4b$, $4a+5b$, $5a+9b$,
$9a+4b$, $4a+3b$, $3a+7b$, $7a$, $7b$ (17 番目)
したがって，17 番目の欄の数は，1 番目の欄の数に関係なく，2 番目の欄の数によって決まる。
② (求め方) (例) $7x + 7 \times 4 = 7(x+4)$ の一の位が 1 になればよい。これを満たす x は 9 に限る。　(答) $x = 9$

5 立体の表面積と体積，三平方の定理　(1) $\dfrac{5\sqrt{3}}{2}$ cm
(2) (求め方) (例) 点 C から辺 AD に引いた垂線と辺 AD との交点を Q とすると，△CPQ は CP = CQ の二等辺三角形であり，PQ = AB = 5 cm　線分 PQ の中点を M とすると，線分 CM が求める四角すいの高さになる。
∠CMP = 90° より，CM^2 = CP^2 − PM^2 = $\dfrac{50}{4}$
CM = $\dfrac{5\sqrt{2}}{2}$ cm
よって，求める体積は，
$\dfrac{1}{3} \times 5 \times 10 \times \dfrac{5\sqrt{2}}{2} = \dfrac{125\sqrt{2}}{3}$ (cm^3)

(答) $\dfrac{125\sqrt{2}}{3}$ cm^3

(3) (求め方) (例) 辺 AB の中点を N とすると，
求める三角すいの体積は，$\dfrac{1}{3} \times (\triangle\text{CFN}\text{の面積}) \times \text{AB}$
$= \dfrac{1}{3} \times \dfrac{1}{2} \times \text{CF} \times \text{CM} \times 5 = \dfrac{125\sqrt{2}}{12}$ (cm^3)

(答) $\dfrac{125\sqrt{2}}{12}$ cm^3

解き方 **1** (1) (与式) = $7 + 3 - 3 = 7$
(2) (与式) = $6a - 4b - 8a + 12b = -2a + 8b$
(3) (与式) = $36a^2b^2 \div 4ab^2 = 9a$
(4) $x + 3y = 21$…①　$2x - y = 7$…②
①×2 − ②　$7y = 35$
$y = 5$…③　③を①に代入すると，$x + 3 \times 5 = 21$　$x = 6$
(5) (与式) = $3\sqrt{5} - \sqrt{5} + 2\sqrt{5} = 4\sqrt{5}$
(7) ∠x = 180° − (∠DBF + ∠ADB) = 180° − (40° + 20°)
= 120°
(8) 中央値は 58 g 以上 60 g 未満の階級の中にあるから，イは正しくない。第一四分位数は 56 g 以上 58 g 未満の階級

の中にあるから，エは正しくない。第三四分位数は 58 g 以上 60 g 未満の中にあるから，ウは正しくない。アは全てを満たしている。

3 (1) $y = 4^2 = 16$
(2) ① $y = (2x)^2 = 4x^2$
② $y = (12 - 2x) \times 6 = 72 - 12x$

4 (1)
7番目	8番目	9番目	10番目	11番目	12番目	13番目	14番目	15番目	16番目	17番目	18番目
4	5	9	4	3	7	0	7	4	1	5

〈K. M.〉

富山県　問題 P.46

解答

1 正負の数の計算，式の計算，平方根，連立方程式，2次方程式，数・式の利用，確率，平行と合同，平行四辺形，平面図形の基本・作図

(1) 3
(2) $2xy^2$
(3) $-\sqrt{3}$
(4) $a + 9b$
(5) $x = 4,\ y = -2$
(6) $x = 7,\ x = -3$
(7) $a = 8b + 5$
(8) $\dfrac{1}{6}$
(9) 140 度
(10) 右図

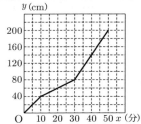

2 1次関数，関数 $y = ax^2$　(1) $0 \leqq y \leqq 2$　(2) 12
(3) $y = -5x$

3 データの散らばりと代表値　(1) 0.12
(2) 15日以上20日未満　(3) ア，ウ，オ

4 数・式の利用，2次方程式の応用　(1) 21　(2) $6n$
(3) ウ．11　エ．66

5 空間図形の基本，立体の表面積と体積，相似，平行線と線分の比，三平方の定理　(1) $3\sqrt{11}$ cm　(2) $19\sqrt{11}\pi$ cm³
(3) 10 回

6 1次方程式の応用，連立方程式の応用，比例・反比例，1次関数

(1) $y = 4$
(2) 右図
(3) 33分20秒後
(4) 68 cm

7 平面図形の基本・作図，図形と証明，円周角と中心角，相似，三平方の定理

(1) (証明)（例） △ACE と △BCF において，
仮定より，AC = BC … ①
線分 AB は直径だから，∠ACB = 90°… ②
よって，∠BCF = 180° − ∠ACB = 90°… ③
②，③より，∠ACE = ∠BCF … ④
$\stackrel{\frown}{CD}$ に対する円周角は等しいから，
∠CAE = ∠CBF … ⑤
①，④，⑤より，
1組の辺とその両端の角がそれぞれ等しいから，

△ACE ≡ △BCF
(2) 2 : 1　(3) $\left(\dfrac{9}{4}\pi - \dfrac{57}{10}\right)$ cm²

解き方

1 (1) $9 - 6 = 3$

(2) $\dfrac{3x^2y \times 4y^2}{6xy} = 2xy^2$

(3) $\dfrac{9 \times \sqrt{3}}{\sqrt{3} \times \sqrt{3}} - 4\sqrt{3} = 3\sqrt{3} - 4\sqrt{3} = -\sqrt{3}$

(4) $9a + 3b - 8a + 6b = a + 9b$

(5) 上の式を①，下の式を②とする。
①×2 + ②×5 より，
$\quad\ \ 4x + 10y = -4$
$+)\ 15x - 10y = 80$
$\quad\ 19x\qquad\quad = 76$
$\qquad\qquad\quad\ x = 4$
①に代入して，$8 + 5y = -2\quad y = -2$

(6) $x - 2 = \pm 5\quad x = 2 \pm 5 = 7,\ -3$

(7) 略

(8) すべての場合の数は，$6 \times 6 = 36$（通り）
出た目の大きい数から小さい数をひいた差が3になるのは，
(A, B) = (1, 4), (4, 1), (2, 5), (5, 2), (3, 6), (6, 3)
の6通り。
したがって，$\dfrac{6}{36} = \dfrac{1}{6}$

(9) ∠ABC = ∠ADC = (360° − 100° × 2) ÷ 2 = 80°
∠EBC = $\dfrac{1}{2}$∠ABC = $\dfrac{1}{2} \times 80° = 40°$
四角形 EBCD に着目すると，
∠x + 40° + 100° + 80° = 360°　∠x = 140°

(10) 円は線対称な図形だから，弦を1本かき，この弦の垂直二等分線が対称の軸となる。

2 (1) $x = 0$ のとき，y は最小となり，$y = 0$
$x = 2$ のとき，y は最大となり，$y = \dfrac{1}{2} \times 2^2 = 2$
よって，y の変域は，$0 \leqq y \leqq 2$

(2) $x = -4$ を $y = \dfrac{1}{2}x^2$ に代入すると，
$y = \dfrac{1}{2} \times (-4)^2 = 8$ より，A $(-4, 8)$
$x = 2$ を $y = \dfrac{1}{2}x^2$ に代入すると，$y = \dfrac{1}{2} \times 2^2 = 2$ より，
B $(2, 2)$
したがって，
△OAB = $(8 + 2) \times (2 + 4) \div 2 - \dfrac{1}{2} \times 2 \times 2 - \dfrac{1}{2} \times 4 \times 8$
= 12

(3) 線分 AB の中点を M とすると，求める直線は M を通る。
M $\left(\dfrac{-4 + 2}{2},\ \dfrac{8 + 2}{2}\right)$ より，M $(-1, 5)$
求める式を $y = ax$ とおき $x = -1,\ y = 5$ を代入すると，
$5 = a \times (-1)\quad a = -5$
よって，$y = -5x$

3 (1) $3 \div 25 = 0.12$

(2) P 組は，25人だから，中央値は小さい値から13番目の値である。累積度数を順に求めると，
10日未満：$3 + 3 = 6$（人）
15日未満：$6 + 6 = 12$（人）
20日未満：$12 + 7 = 19$（人）より，
15日以上20日未満の階級に中央値がふくまれる。

(3) ア：Q 組で，15日以上書いた人数は，
$8 + 8 + 5 = 21$（人）より，正しい。
イ：P 組の最頻値は 17.5 日，Q 組の最頻値は，
12.5 日より，正しくない。
ウ：20日以上25日未満である生徒の割合は，

P 組が，$5 \div 25 = 0.2$

Q 組が，$8 \div 40 = 0.2$

より，正しい。

エ：P 組，Q 組とも，25 日以上 30 日未満の階級にそれぞれ 1 人，5 人の生徒がいる。これらの生徒の書いた日数は度数分布表からはわからない。よって，正しいとはいえない。

オ：5 日以上 10 日未満の階級の累積相対度数は，

P 組が，$(3 + 3) \div 25 = 0.24$

Q 組が，$(2 + 5) \div 40 = 0.175$

より，正しい。

4 (1) ア $= 1 + 2 + 3 + 4 + 5 + 6 = 21$（枚）

(2) 次の図形になると，周の長さは常に 6 cm 増えるから，n 番目の周の長さは $6 \times n = 6n$ (cm)

(3) (1)より，n 番目のタイルの枚数を A とすると，

$A = 1 + 2 + \cdots\cdots + (n-1) + n \cdots$①となる。

①と，①の右辺を逆に並べた辺々を加えると，

$$
\begin{array}{r}
A = 1 + 2 + \quad\cdots\cdots\cdots\cdots + (n-1) + n \\
+)\quad A = n + (n-1) + \cdots\cdots\cdots\cdots + 2 \quad\quad + 1 \\
\hline
2A = (n+1) + (n+1) + \cdots\cdots + (n+1) + (n+1) \\
\end{array}
$$

$2A = (n+1) \times n$

$A = \dfrac{n(n+1)}{2}$

したがって，タイルの枚数と周の長さの数値が等しいとすると，

$\dfrac{n(n+1)}{2} = 6n \qquad n(n-11) = 0 \qquad n = 0,\ 11$

$n > 0$ より，$n = 11$

よって，$n = 11$ を $6n$ に代入して，$6 \times 11 = 66$

5 (1) 立体 P の上の面の円の中心を M，下の面の円の中心を N とする。また，BN 上に，AB ∥ MT となる点 T をとる。

$\angle MNT = 90°$ より，$\triangle MTN$ で三平方の定理から，

$MN = \sqrt{MT^2 - TN^2} = \sqrt{10^2 - (3-2)^2} = 3\sqrt{11}$ (cm)

(2) 切る前の円すいを Q，切りとられた円すいを R とする。

Q と R は相似で，相似比は 3 : 2

よって，Q と R の体積比は，$3^3 : 2^3 = 27 : 8$

したがって，Q と P の体積比は，$27 : (27 - 8) = 27 : 19$

以上のことから，

(立体 P の体積) = (円すい Q の体積) $\times \dfrac{19}{27}$

$= \dfrac{1}{3} \times \pi \times 3^2 \times 9\sqrt{11} \times \dfrac{19}{27}$

$= 19\sqrt{11}\,\pi$ (cm³)

(3) 内側の円の半径は 20 cm だから，円周は，

$2\pi \times 20 = 40\pi$ (cm)

切りとられた円すいの底面の円周は，$2\pi \times 2 = 4\pi$ (cm)

よって，$40\pi \div 4\pi = 10$ （回）

6 (1) $y = 20 \div 5 = 4$

(2) ⑦ 水面の高さが 0 cm から 40 cm のとき，

(1)より水面は 1 分間に 4 cm ずつ高くなるから，$y = 4x$

$y = 4x \ (0 \leqq x \leqq 10)$

④ 水面の高さが 40 cm から 80 cm のとき，

底面積は⑦のときの 2 倍だから，$4 \div 2 = 2$ (cm) より，

水面は 1 分間に 2 cm ずつ高くなる。

$40 \div 2 = 20$ （分）より，$(10, 40)$，$(30, 80)$ を端点とする線分がグラフになる。

⑨ 水面の高さが 80 cm から 200 cm のとき

④と表から，$(30, 80)$，$(50, 200)$ を端点とする線分がグラフとなる。

(3) (2)の⑨より，直線の式を $y = ax + b$ として，

$x = 30$，$y = 80$ を代入すると，$80 = 30a + b \cdots$①

$x = 50$，$y = 200$ を代入すると，$200 = 50a + b \cdots$②

①，②を連立して解くと，$a = 6$，$b = -100$

$y = 6x - 100$ に $y = 100$ を代入すると，

$100 = 6x - 100 \qquad x = \dfrac{100}{3}$

よって，33 分 20 秒後。

(4) 点 D から点 H の高さまで毎分 c cm 水面が下がるとする。

点 H から点 G の高さまでは，毎分 $\dfrac{3}{2}c$ cm 水面が下がり，

点 G から点 C の高さまでは，毎分 $3c$ cm 水面が下がるので，

$120 \div c + 40 \div \dfrac{3}{2}c + 40 \div 3c = 60$

$c > 0$ より，両辺に c をかけて，

$120 + \dfrac{80}{3} + \dfrac{40}{3} = 60c \qquad c = \dfrac{8}{3}$

よって，点 D から点 H の高さまで水面が下がる時間は，

$120 \div \dfrac{8}{3} = 45$ （分）

また，$48 - 45 = 3$ （分），$\dfrac{3}{2}c = \dfrac{3}{2} \times \dfrac{8}{3} = 4$ (cm/分) より，

$4 \times 3 = 12$ (cm)

したがって，$40 + (40 - 12) = 68$ (cm)

7 (2) AC = BC より，$\angle CAB = 45°$，$AC = \dfrac{1}{\sqrt{2}}AB$

また，$\angle DAB = 45° - 15° = 30°$，$BD = \dfrac{1}{2}AB$

$\triangle ACE \backsim \triangle BDE$ で，相似比は，

$AC : BD = \dfrac{1}{\sqrt{2}}AB : \dfrac{1}{2}AB = 2 : \sqrt{2}$

よって，$\triangle ACE$ と $\triangle BDE$ の面積比は，

$2^2 : (\sqrt{2})^2 = 2 : 1$

(3) $\triangle ABF = 2\triangle ABE$，$\triangle ACE \equiv \triangle BCF$ より，

$\triangle ACE : \triangle ABE = 1 : 2$

すなわち，$CE : EB = 1 : 2$

$CA = CB = \dfrac{1}{\sqrt{2}}AB = 3\sqrt{2}$ (cm) より，

$CE = \sqrt{2}$ (cm)，$EB = 2\sqrt{2}$ (cm)

また，$\triangle ACE$ で $\angle ACE = 90°$ より，三平方の定理から，

$AE = \sqrt{(3\sqrt{2})^2 + (\sqrt{2})^2} = \sqrt{20}$ (cm)

$\triangle ACE \backsim \triangle BDE$ で相似比は $AE : BE = \sqrt{20} : 2\sqrt{2}$

より，面積比は，$(\sqrt{20})^2 : (2\sqrt{2})^2 = 5 : 2$

よって，$\triangle BDE = \dfrac{2}{5}\triangle ACE = \dfrac{2}{5} \times \dfrac{1}{2} \times 3\sqrt{2} \times \sqrt{2}$

$= \dfrac{6}{5}$ (cm²)$\cdots$①

さらに，$\triangle OBC = \dfrac{1}{2} \times 3 \times 3 = \dfrac{9}{2}$ (cm²)$\cdots$②

おうぎ形 OBC の面積は，$\pi \times 3^2 \times \dfrac{1}{4} = \dfrac{9}{4}\pi$ (cm²)$\cdots$③

①，②，③より，求める面積は，

$\dfrac{9}{4}\pi - \left(\dfrac{6}{5} + \dfrac{9}{2}\right) = \dfrac{9}{4}\pi - \dfrac{57}{10}$ (cm²)

〈M. S.〉

石川県

問題 P.48

解答

1 正負の数の計算，式の計算，平方根，比例・反比例，数・式の利用，データの散らばりと代表値 (1) ア．9 イ．10 ウ．$12x^2$ エ．$\dfrac{7a-11b}{12}$ オ．$2\sqrt{6}$ (2) $y=-\dfrac{12}{x}$ (3) $n=15$ (4) $a-7b<200$ (5) イ，エ

2 確率，場合の数 (1) 3通り (2) [確率] $\dfrac{3}{5}$

[考え方] O，P，Qを線分で結んだ図形が三角形になるのは，1回目と2回目で異なる色の玉を取り出すときである。赤玉を①，②，③，白玉を1，2として樹形図をかくと下の通り。

①〈②③1○2○〉 ②〈①③1○2○〉 ③〈①②1○2○〉 1〈①○②○③○2〉 2〈①○②○③○1〉

よって，求める確率は，$\dfrac{12}{20}=\dfrac{3}{5}$

3 関数を中心とした総合問題 (1) 4 cm (2) $\dfrac{7}{4}$

(3) [計算] 縦と横の長さの比が1：4のとき，
$y=\dfrac{1}{10}x\times\dfrac{4}{10}x=\dfrac{1}{25}x^2$
$x=50$のとき，$y=100$
縦の長さがa cmのとき，横の長さは$\left(\dfrac{x}{2}-a\right)$ cmより，
$y=a\left(\dfrac{x}{2}-a\right)=\dfrac{a}{2}x-a^2$
$x=50$のとき，$y=25a-a^2$
$x=50$のとき，y座標の差が14より，
グラフから，$(25a-a^2)-100=14$
よって，$a^2-25a+114=0$　$(a-6)(a-19)=0$
$a=6$または$a=19$　$a<\dfrac{25}{2}$より，$a=6$
[答] $a=6$

4 連立方程式の応用

[方程式と計算] とり肉1パックの内容量をx g，ぶた肉1パックの内容量をy gとすると
$\begin{cases} x+2y=720 & \cdots① \\ \dfrac{x}{100}\times 120+\dfrac{2y}{100}\times 150=1020 & \cdots② \end{cases}$
②を整理すると，$2x+5y=1700\cdots③$
③$-①\times 2$より，$y=260$
これを①に代入すると，$x+2\times 260=720$　$x=200$
[答] $\begin{cases}\text{とり肉1パックの内容量}\quad 200\text{ g}\\ \text{ぶた肉1パックの内容量}\quad 260\text{ g}\end{cases}$

5 平面図形の基本・作図，三角形
右の図の通り。

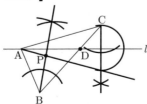

6 三平方の定理，空間図形の基本，立体の表面積と体積
(1) 辺CD，辺IJ，辺GL
(2) [計算] 途中式において単位は省略する。
点Hから線分GIに垂線HPを引く。

直角三角形GHPで，GP$=4\times\dfrac{\sqrt{3}}{2}=2\sqrt{3}$
よって，GI$=2\sqrt{3}\times 2=4\sqrt{3}$
直角三角形AGIで，AI$=\sqrt{(4\sqrt{3})^2+8^2}=4\sqrt{7}$
[答] $4\sqrt{7}$ cm

(3) [計算] 途中式において単位は省略する。
正六角形GHIJKLの対角線の交点をOとする。
点Oから辺KLに垂線OQを引くと，OQ$=2\sqrt{3}$
立体MN − IJKLは四面体M − OIJ，N − OKLと四角錐O − JMNKに分割できるので，MJ$=x$とすると，その体積は
$\left\{\dfrac{1}{3}\left(\dfrac{1}{2}\times 4\times 2\sqrt{3}\right)\times x\right\}\times 2+\dfrac{1}{3}(x\times 4)\times 2\sqrt{3}$
$=\dfrac{16\sqrt{3}}{3}x$
また，正六角柱の体積は
$\left\{\left(\dfrac{1}{2}\times 4\times 2\sqrt{3}\right)\times 6\right\}\times 8=192\sqrt{3}$
$\dfrac{16\sqrt{3}}{3}x=192\sqrt{3}\times\dfrac{1}{12}$　　$x=3$
よって，MJ$=3$，DM$=8-3=5$
[答] DM：MJ$=5:3$

7 図形を中心とした総合問題 (1) 65度
(2) [証明] △ABDと△CAFにおいて
$\overparen{AD}=\overparen{CF}$より，AD$=CF\cdots①$
$\angle$ABC$=\angle$ACB$=45°$より，AB$=$CA$\cdots②$
等しい円周角に対する弧は等しいので，$\overparen{BA}=\overparen{AC}$
$\overparen{BA}=\overparen{AC}$，$\overparen{AD}=\overparen{CF}$より，$\overparen{BD}=\overparen{AF}$
したがって，BD$=$AF$\cdots③$
①，②，③より，3組の辺がそれぞれ等しいから
△ABD$\equiv$△CAF　　　　　　　　　　　　（証明終わり）

(3) [計算] 途中式において単位は省略する。
△AGE∽△AEBより，AE：AB$=$AG：AE
よって，AE：3$=$1：AE　　AE>0より，AE$=\sqrt{3}$
GE // BC，AG：GB$=1:2$より，AE：EC$=1:2$
よって，$\sqrt{3}$：EC$=1:2$であるから，EC$=2\sqrt{3}$
△ABC∽△DECより，AC：DC$=$BC：EC
よって，$3\sqrt{3}:4=$BC：$2\sqrt{3}$
したがって，BC$=\dfrac{9}{2}$
[答] $\dfrac{9}{2}$ cm

解き方

1 (1) ア．(与式)$=5+4=9$
イ．(与式)$=18-8=10$
ウ．(与式)$=\dfrac{15x^3y^2}{2}\times\dfrac{8}{5xy^2}=12x^2$
エ．(与式)$=\dfrac{4(4a-2b)-3(3a+b)}{12}$
$=\dfrac{16a-8b-9a-3b}{12}=\dfrac{7a-11b}{12}$
オ．(与式)$=3\sqrt{6}-\dfrac{2\sqrt{3}}{\sqrt{2}}=3\sqrt{6}-\sqrt{6}=2\sqrt{6}$

(2) $a=xy=2\times(-6)=-12$より，$y=-\dfrac{12}{x}$

(3) $60=2^2\times 3\times 5$より，nの最小値は，$3\times 5=15$

(5) ア．誤り：箱の中の縦線が表す中央値が等しい。平均値はこの箱ひげ図からは読みとれない。
イ．正しい：箱の右端が第3四分位数を表している。
ウ．誤り：箱の長さが四分位範囲を表している。1組4冊，2組5冊である。なお，範囲がともに9冊である。

エ．正しい：第 3 四分位数は小さい方から大きさの順に並べて 24 番目の生徒の冊数である。第 3 四分位数は 1 組 7 冊, 2 組 8 冊なので，ともに 7 冊以上読んだ生徒は 8 人以上いる。
オ．誤り：2 組にはいるが，1 組にはいるかいないかはこの箱ひげ図だけではわからない。

2 (1)①－3，②－2，③－1（記号は解答と同じ）の 3 通り。

3 (1)縦の長さが a cm のとき，横の長さは $(a+3)$ cm より，$2\{a+(a+3)\}=22$　$a=4$ (cm)

(2) $y=\left(\dfrac{1}{4}x\right)^2=\dfrac{1}{16}x^2$

$x=8$ のとき $y=4$，$x=20$ のとき $y=25$

よって，（変化の割合）$=\dfrac{25-4}{20-8}=\dfrac{7}{4}$

5 ①の条件のもと，点 P は②より ∠ABC の二等分線 m 上の点である。③より直線 l が ∠CAP の二等分線になることから，$l \perp$ CQ，AC = AQ となる点 Q を直線 l に対して点 B と同じ側にとれば，2 直線 m，AQ の交点が P である。

6 (3) 立体 MN － IJKL の分割した図は右のようになる。

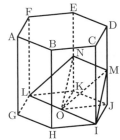

7 (1) 円周角の定理より，∠BAC = $\dfrac{1}{2}$∠BOC = 41°

∠AED = ∠ABE + ∠BAE = 24° + 41° = 65°

(2) **別解** ②までは同じ。
∠DAB = 180° － ∠BDA － ∠ABD = 135° － ∠ABD
∠FCA = 180° － ∠AFC － ∠CAF = 135° － ∠ABD
よって，∠DAB = ∠FCA…④
①，②，④より，2 組の辺とその間の角がそれぞれ等しいから
△ABD ≡ △CAF　　　　　　　　（証明終わり）
〈O. H.〉

福井県

問題 P.50

解答　選択問題A

1 正負の数の計算，式の計算，平方根，因数分解，連立方程式，2 次方程式，数・式の利用，三平方の定理，平面図形の基本・作図

(1) ア．7　イ．$8a^2$　ウ．$5\sqrt{3}$　エ．$\dfrac{3a+4b}{6}$

(2) $(a-3)(a+2)$

(3) ア．$(x, y) = (2, -3)$

イ．$x = \dfrac{-1 \pm \sqrt{5}}{2}$

(4) $50x + 100y > 1000$

(5)（説明）$2^2 + 3^2 = 13$，
$(\sqrt{13})^2 = 13$ より，
$2^2 + 3^2 = (\sqrt{13})^2$ という関係が成り立つから。

(6) 右図

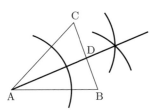

2 データの散らばりと代表値，図形と証明，平行と合同

(1) ア．6　イ．10　ウ．3　エ．6　四分位範囲 3（問）

(2) ア．∠ECD　イ．∠ACE　(3) 540（度）

3 確率　(1) $\dfrac{1}{4}$　(2) 頂点 D　確率 $\dfrac{1}{2}$

4 数・式の利用，多項式の乗法・除法　(1) 21（枚）

(2) 黒いタイルの枚数 $4n+1$（枚）
すべてのタイルの枚数 $(2n+1)^2$（枚）

(3)（説明）
（白いタイルの枚数）$= (2n+1)^2 - (4n+1)$
$= 4n^2 + 4n + 1 - 4n - 1$
$= 4n^2 = (2n)^2$
となり，n は整数だから，$2n$ は偶数である。
したがって，何番目の図形であっても白いタイルの枚数は偶数の 2 乗になる。

5 関数を中心とした総合問題　(1) イ

(2) ア．B 2　C 8　$a = 2$　イ．$0 \leqq y \leqq 18$　ウ．$b = 6$

(3) 38（個）

選択問題B

1 平方根，式の計算，連立方程式，2 次方程式，数・式の利用，データの散らばりと代表値，三平方の定理，平面図形の基本・作図

(1) ア．選択問題A **1**(1)ウ．参照

イ．選択問題A **1**(1)エ．参照

(2) $7\sqrt{51}$

(3) 選択問題A **1**(3) 参照

(4) 選択問題A **1**(4) 参照

(5) (B)班の平均値が大きい。
（説明）A 班の通学時間が 30 分長くなるので，30 ÷ 10 = 3 より，平均値は 3 分増加する。
A 班は B 班よりも平均値は 5 分短かったため，A 班の平均値が 3 分増加しても，B 班のほうが平均値は大きいから。

(6) 選択問題A **1**(5) 参照

(7) 右図

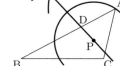

2 確率　選択問題A **3** 参照

3 数・式の利用，多項式の乗法・除法

選択問題A **4** 参照

数学 | 33 | 解 答

4 関数を中心とした総合問題 選択問題A **5** 参照
5 平行と合同，図形と証明，平行四辺形，円周角と中心角，相似，図形を中心とした総合問題

(1)（証明）△AED と △BDC で，
平行四辺形 ABCD の向かい合う辺の長さは等しいので，
AD = BC …①
∠ABD = ∠AED だから，円周角の定理の逆より，
4 点 A，B，E，D は同じ円周上にある。
その円において，$\overset{\frown}{ED}$ に対する円周角だから，
∠EAD = ∠DBC …②
平行線の錯角は等しいので，AB // DC から，
∠ABD = ∠BDC …③
③と仮定より，∠AED = ∠BDC …④
∠ADE = 180° − ∠EAD − ∠AED …⑤
∠BCD = 180° − ∠DBC − ∠BDC …⑥
②，④，⑤，⑥より，∠ADE = ∠BCD …⑦
よって，①，②，⑦より，1組の辺とその両端の角がそれぞれ等しいので，△AED ≡ △BDC

(2) ア．5 : 3   イ．$\dfrac{12}{7}$ （cm）

解き方 選択問題A

1 (1) ア．(与式) = −3 + 10 = 7
イ．(与式) = $\dfrac{4a \times 6^2 a b}{3^1 a b}$ = $8a^2$
ウ．(与式) = $2\sqrt{3} + 3\sqrt{3} = 5\sqrt{3}$
エ．(与式) = $\dfrac{3(a+2b)-2b}{6} = \dfrac{3a+6b-2b}{6} = \dfrac{3a+4b}{6}$

(2) $(a+2)(a-3)$

(3) ア．$\begin{cases} x - y = 5 & \cdots ① \\ 2x + 3y = -5 & \cdots ② \end{cases}$
① × 3 + ②より，$5x = 10$ よって，$x = 2$
これを①に代入して，$2 - y = 5$ よって，$y = -3$
イ．解の公式より，
$x = \dfrac{-1 \pm \sqrt{1^2 - 4 \times 1 \times (-1)}}{2 \times 1} = \dfrac{-1 \pm \sqrt{5}}{2}$

(4) 1 本 50 円の鉛筆 x 本と 1 冊 100 円のノート y 冊の代金は，$50x + 100y$（円）
これが 1000 円ではたりないから，$50x + 100y > 1000$

2 (1) ア．データの大きさが 10 で図より中央値が 7 であることと，小さいほうから 6 番目のデータが 8 であることから，ア の値は 6 である。
イ．図より最大値は 10 である。
ウ．データより最小値は 3 である。
エ．第 1 四分位数は小さいほうから 3 番目のデータであるから，エ の値は 6 である。

(3) 五角形の内角の和は，180° × (5 − 2) = 180° × 3 = 540°

3 (1) 点 P が頂点 C にあるのは，「裏」，「裏」の順に出る場合のみである。
硬貨を 2 回投げるときの出かたは，2 × 2 = 4（通り）であるから，求める確率は $\dfrac{1}{4}$

(2) 表が出ることを㋐，裏が出ることを㋒として，硬貨を 3 回投げるときの出かたの場合を樹形図を使って求めると，

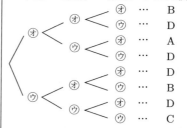

したがって，頂点 D にある確率が $\dfrac{4}{8} = \dfrac{1}{2}$ でもっとも大きい。

4 (1) 黒のタイルの枚数は 4 枚ずつ増加するから，3 番目が 13 枚であることを考えると，5 番目の図形では，
13 + 4 + 4 = 21（枚）

(2) (1)と同様に考えて，黒いタイルの枚数は，1 + 4n，すなわち $4n + 1$（枚）
n 番目の図形のたて，よこのタイルの枚数はそれぞれ $2n + 1$（枚）であるから，すべてのタイルの枚数は，
$(2n + 1) \times (2n + 1) = (2n + 1)^2$（枚）

5 (1) このとき，②は①より開きぐあいが小さくなるから，比例定数は大きくなる。
よって，$a > \dfrac{1}{2}$ （イ）

(2) ア．B の x 座標は 2 であるから，$x = 2$ を①に代入して，
$y = \dfrac{1}{2} \times 2^2 = 2$
したがって，B (2, 2) となる。
C の y 座標を t とする。
AB : BC = 1 : 3 より，AB : AC = 1 : 4
よって，2 : t = 1 : 4 であるから，$t = 8$
C (2, 8) で点 C は②上の点であるから，
$y = ax^2$ に $x = 2$，$y = 8$ を代入して，$8 = a \times 2^2$
したがって，$a = 2$
イ．(2)アより，②の式は $y = 2x^2$
$-3 \leq x \leq 2$ のとき②のグラフは右図。
したがって，y の変域は，$0 \leq y \leq 18$
ウ．①のグラフが原点を通り，最大値が 18 になるときの x の変域 $-3 \leq x \leq b$ を考える。
$x = -3$ のとき，①は
$y = \dfrac{1}{2} \times (-3)^2 = \dfrac{9}{2}$ となるから，$x = b$ のときに $y = 18$ となる。
したがって，$18 = \dfrac{1}{2}b^2$ よって，$b = \pm 6$
$b > 0$ より　$b = 6$

(3) ①，②のグラフと線分 BC で囲まれた図形の周および内部にある点の y 座標を s とする。
$x = 0$ のとき，(0, 0) の 1 個。
$x = 1$ のとき，$\dfrac{1}{2} \times 1^2 \leq s \leq 3 \times 1^2$，すなわち
$\dfrac{1}{2} \leq s \leq 3$ を満たす整数 s の個数は，$s = 1$，2，3 の 3 個。
同様にして，$x = 2$ のとき，$2 \leq s \leq 12$ を満たす整数 s の個数は 11 個，$x = 3$ のとき，$\dfrac{9}{2} \leq s \leq 27$ を満たす整数 s の個数は 23 個。
したがって，求める点の個数は，1 + 3 + 11 + 23 = 38（個）

選択問題B

1 (1) ア．選択問題A **1** (1) ウ．参照

イ．選択問題A **1** (1) エ．参照
(2) (与式) $= \sqrt{(50+1)(50-1)}$
$= \sqrt{51 \times 49} = \sqrt{51 \times 7^2} = 7\sqrt{51}$
(3) 選択問題A **1** (3) 参照
(4) 選択問題A **1** (4) 参照
2 選択問題A **3** 参照
3 選択問題A **4** 参照
4 選択問題A **5** 参照
5 (2) ア．△FBE $= 9S$，△DEC $= 16S$ とする。
△AED $=$ △FDA $+$ △DFE
△BDC $=$ (△FBE $+$ △DEC) $+$ △DFE
(1)より △AED $=$ △BDC だから，
△FDA $=$ △FBE $+$ △DEC $= 25S$
したがって，△FDA : △FBE $= 25 : 9$
また，△FDA∽△FBE だから，AD : BE $= 5 : 3$
イ．(2) ア．より，
AD : BE $=$ (BE $+$ EC) : BE $= 5 : 3$
したがって，AD : EC $= 5 : 2$
AD ∥ EC より，AH : CH $= 5 : 2$
また，AG : CG $= 1 : 1$ だから，CG : CH $= 7 : 4$
CG $=$ AG $= 3$ cm より，$3 : $ CH $= 7 : 4$
よって，CH $= \dfrac{12}{7}$ (cm)

〈N. Y.〉

山梨県 問題 P.52

解答

1 正負の数の計算，平方根，式の計算，多項式の乗法・除法 1. 13 2. -4 3. 21
4. $-7\sqrt{2}$ 5. $-\dfrac{9}{2}x^2$ 6. $4x - 27$

2 2次方程式，円周角と中心角，比例・反比例，平面図形の基本・作図，データの散らばりと代表値
1. $x = -3, 12$
2. 66 度
3. -20
4. 右図（例）

5. (1) 50 冊
(2)

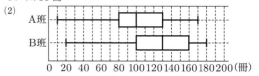

3 連立方程式の応用，確率 1. (1) ウ
(2) 記号：イ
説明：椅子を12脚並べたときの通路の横幅を考える。
$0.5x + 1.5(x-1) + 2y = 29$
に $x = 12$ を代入すると，
$6 + 16.5 + 2y = 29$
$y = 3.25$
となり，$3.25 < 3.5$ であることから，通路の横幅を 3.5 m とることができない。
2. (1) 15 通り (2) $\dfrac{2}{5}$

4 数・式の利用，1次方程式の応用，1次関数
1. 説明：①のグラフと②のグラフの $x = 5$ のときの y 座標の差を見ればよい。
2. $y = 80x$ 3. 花屋：12分間，ケーキ屋：3分間
4. 600 m

5 関数 $y = ax^2$，平面図形の基本・作図，図形と証明，三角形，相似，三平方の定理
1. (1) $y = -\dfrac{1}{2}x + 6$ (2) $a = \dfrac{1}{6}$
2. (1) △ABD と △BCD において，
仮定より，∠ADB $=$ ∠BDC $= 90°$…①
△ABD で ∠ADB $= 90°$ より，
∠ABD $= 90° -$ ∠BAD…②
△ABC で ∠ABC $= 90°$ より，
∠ACB $= 90° -$ ∠BAC…③
②，③より，∠BAD $=$ ∠BAC なので，
∠ABD $=$ ∠ACB　すなわち，∠ABD $=$ ∠BCD…④
①，④より2組の角がそれぞれ等しいので，
△ABD∽△BCD
(2) X：エ，Y：カ (3) $\dfrac{6}{5}\sqrt{5}$ cm

6 空間図形の基本，立体の表面積と体積，三角形，三平方の定理 1. $8\sqrt{2}$ cm
2. (1) 四角形 APCQ : 四角形 LIJK $= 1 : 2$ (2) 24 cm^2
(3) $\dfrac{704}{3}$ cm^3

解き方 **1** 1. $6 - (-7) = 6 + 7 = 13$
2. $14 \div \left(-\dfrac{7}{2}\right) = -14 \times \dfrac{2}{7} = -4$
3. (与式) $= -4 + 25 = 21$
4. (与式) $= 2\sqrt{2} - 3\sqrt{6} \times \sqrt{3} = 2\sqrt{2} - 9\sqrt{2}$
$= -7\sqrt{2}$
5. (与式) $= -\dfrac{36x^3 y}{8xy} = -\dfrac{9}{2}x^2$
6. (与式) $= 3x^2 + 4x - 3x^2 - 27 = 4x - 27$
2 1. 左辺を因数分解して，
$(x+3)(x-12) = 0$　$x = -3, 12$
2. 線分 AB は円 O の直径なので，∠ACB $= 90°$
したがって，△ABC の内角の和より，
∠ABC $= 180° - (90° + 57°) = 33°$
また，円周角の大きさは，弧の大きさに比例するので，
∠$x = $ ∠ABC $\times 2 = 66°$
3. $4 \times (-5) = -20$
4. 点 O から直線 l に垂線をひき，その垂線と円 O の交点が求める点である。
5. (1) A 班は第一四分位数が 80 冊，第三四分位数が 130 冊なので，四分位範囲は $130 - 80 = 50$（冊）
(2) B 班のデータより，最小値 20 冊，第一四分位数 100 冊，中央値 130 冊，第三四分位数 160 冊，最大値 180 冊であることを用いる。
3 1. (1) 椅子の数が x 脚なので，$(x-1)$ は椅子と椅子の間の数を表している。
2. (1) 6 人の中から 2 人を選ぶ方法は次の通り。
(A, B), (A, C), (A, D), (A, E), (A, F), (B, C),
(B, D), (B, E), (B, F), (C, D), (C, E), (C, F),
(D, E), (D, F), (E, F) の 15 通り
(2) (1)より，A さん，B さんを含まないのは下線部の 6 通りなので，求める確率は $\dfrac{6}{15} = \dfrac{2}{5}$
4 2. 2 点 $(0, 0)$，$(10, 800)$ を結ぶ直線を考えるので，$y = 80x$

3．$0 \leqq x \leqq 10$ の①のグラフは $y = 240x$ なので，姉は分速 240 m の速さで移動しているとわかる。したがって，花屋とケーキ屋の間の距離 960 m より，その間は，$960 \div 240 = 4$（分）で移動するので，花屋を出発したのは 10:22 とわかり，花屋での滞在時間は 12 分。また，ケーキ屋と自宅の距離は $800 + 640 = 1440$（m）なので，この間は $1440 \div 240 = 6$（分）で移動するので，ケーキ屋を出発したのは 10:29 とわかり，ケーキ屋に滞在していた時間は 3 分。

4．姉と弟の自宅からの距離を示すグラフは右図のように完成できる。これより，姉の $29 \leqq x \leqq 35$ の式は，
$y = -240x + 8400$
弟の $30 \leqq x \leqq 40$ の式は，$y = -80x + 3200$
よって，$-240x + 8400 = -80x + 3200$ を解くと，
$x = \dfrac{65}{2}$

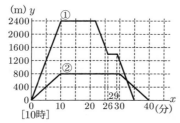

このとき，出会った地点から自宅までの距離 y の値は，
$y = -80 \times \dfrac{65}{2} + 3200 = 600$ (m)

5 1．(1) $a = \dfrac{1}{4}$ のとき，点 A $(-6, 9)$，B $(4, 4)$ なので，直線 AB の式は $y = -\dfrac{1}{2}x + 6$

(2) 直線 AB と y 軸との交点を C $(0, c)$ とすると，
△AOB = OC × (2 点 A，B の x 座標の差) × $\dfrac{1}{2}$
$= c \times 10 \times \dfrac{1}{2} = 5c$
となり，これが 20 になるとき，
$5c = 20$　　$c = 4$
よって，C $(0, 4)$ となる。さらに，A $(-6, 36a)$，B $(4, 16a)$ より，直線 AB の傾きを考えると，
$\dfrac{4 - 36a}{0 - (-6)} = \dfrac{16a - 4}{4 - 0}$　これを解いて，$a = \dfrac{1}{6}$

2．(2) X：△BED の内角の和より，
$90° + \angle DEB + \angle DBE = 180°$ なので，
$\angle DEB + \angle DBE = 90°$
Y：$\angle ABE = \angle AEB$ なので，△ABE は 2 つの角が等しく二等辺三角形といえる。

(3) △ABC∽△ADB∽△BDC で，それぞれ 3:4:5 の 3 辺の比を持つ直角三角形であることから，右図のように辺の長さが決まる。よって，△BDE にて三平方の定理より，
BE $= \sqrt{\left(\dfrac{12}{5}\right)^2 + \left(\dfrac{6}{5}\right)^2}$
$= \dfrac{6\sqrt{5}}{5}$ (cm)

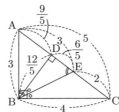

6 1．△ABC は直角二等辺三角形なので，
AC $= 8\sqrt{2}$ cm

2．(1) 四角形 ABCD の面積は $8 \times 8 = 64$ (cm^2) なので，
四角形 APCQ の面積は，$64 \times \dfrac{1}{4} = 16$ (cm^2)
四角形 LIJK の面積は，$64 \times \dfrac{1}{2} = 32$ (cm^2)
以上より，

(四角形 APCQ) : (四角形 LIJK) $= 16 : 32 = 1 : 2$

(2) 三平方の定理より，
AI = MI $= \sqrt{8^2 + 4^2} = 4\sqrt{5}$ (cm)，
AM $= 4\sqrt{2}$ cm
より，△AIM は右図のようになる。点 I から線分 AM へ垂線 IN を下ろしたとすると，△AIN において三平方の定理より，
IN $= \sqrt{(4\sqrt{5})^2 - (2\sqrt{2})^2}$
$= 6\sqrt{2}$ (cm)
なので，△AIM の面積は
$\dfrac{1}{2} \times$ AM $\times$ IN $= \dfrac{1}{2} \times 4\sqrt{2} \times 6\sqrt{2} = 24$ (cm^2)

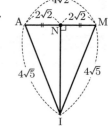

(3) 4 点 A，E，G，C を通る面で立方体 ABCD − EFGH を切断した断面図は右下のようになり，線分 EG と LI の交点を S とする。
△ASM は AS = MS の二等辺三角形なので，
$\angle$SAM $= \angle$SMA となり，
点 A から線分 SM に垂線 AT を下ろしたとすると，
△AES∽△ATM　よって，右図のように辺の長さが決まる。
線分 AT は四角すい A − PQLI の高さとなるので，その体積は，
(四角形 PQLI) $\times$ AT $\times \dfrac{1}{3}$
$= \left\{(2\sqrt{2} + 4\sqrt{2}) \times 6\sqrt{2} \times \dfrac{1}{2}\right\} \times \dfrac{16}{3} \times \dfrac{1}{3} = 64$ (cm^3)
同様にして，四角すい C − PQKJ の体積も 64 cm^3

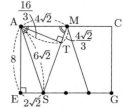

つぎに立体 PQ − LIJK の体積は，対称性も考えて，右図のように 2 つの四角すいと 1 つの三角柱に分けて考えることができるので，その体積は，
(四角すい) $\times 2$
$+$ 三角柱
$= \left(\sqrt{2} \times 4\sqrt{2} \times 8 \times \dfrac{1}{3}\right)$
$\times 2 + \left(4\sqrt{2} \times 8 \times \dfrac{1}{2}\right) \times 2\sqrt{2}$
$= \dfrac{128}{3} + 64 = \dfrac{320}{3}$ (cm^3)
以上より，求める体積は，
$64 + 64 + \dfrac{320}{3} = \dfrac{704}{3}$ (cm^3)

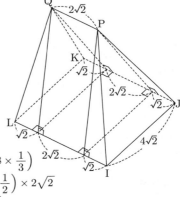

〈Y. D.〉

長野県

問題 P.55

解答

1 正負の数の計算，式の計算，因数分解，2次方程式，比例・反比例，平方根，確率，連立方程式，平面図形の基本・作図，三角形，立体の表面積と体積

(1) 1　(2) イ　(3) $\dfrac{4x-9y}{4}$
(4) $(x+2)(x-6)$
(5) $x=-1\pm\sqrt{2}$
(6) イ，ウ　(7) ウ　(8) $\dfrac{3}{5}$
(9) エ
(10) 右図
(11) 64 (°)　(12) 9 (cm)

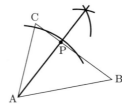

2 データの散らばりと代表値，因数分解

Ⅰ．(1) 2020 (年)　(2)① ア　② ウ　(3) あ．イ　い．ア
Ⅱ．(1) (例)
$a+b+c=mn+m(n+1)+m(n+2)$
$=3mn+3m=3m(n+1)$
$b=m(n+1)$ であるから，$3m(n+1)=3b$ である。
(2) う．5　え．c　お．99

3 1次関数，関数 $y=ax^2$

Ⅰ．(1)① 0.2 (L)　② $y=-0.4x+2.8$
(2)① い．点 (8, 0) を通り，傾き −0.3　う．交点
え．x (座標)　② 1 (時間) 12 (分後)
Ⅱ．(1) 4　(2) $a=8$　(3)① (0, 3)　② $\left(0,\ \dfrac{5}{2}\right)$

4 平面図形の基本・作図，円周角と中心角，三平方の定理，図形と証明，相似　(1) 4 (cm)
(2)① 30 (°)　② $3\sqrt{3}$ (cm)
(3)① ∠ACB は円 O の半円の弧に対する円周角
② ∠ABC は共通な角だから，∠ABC = ∠CBE…②
①，②より，2組の角がそれぞれ等しいので，
△ABC∽△CBE
③ う．BC と BP は円 B の半径なので，BC = BP である。
△BCP において，2つの辺が等しいので，△BCP は二等辺三角形である。
え．(∠) CPE
(4)① $\dfrac{8\sqrt{2}}{9}$ (cm²)
② (△BCP と △GAP の面積の比は) 1 : 3

解き方

1 (3) (与式) = $\dfrac{2(3x-5y)-(2x-y)}{4}$
$=\dfrac{4x-9y}{4}$
(4) $x-3=X$ とおくと，
(与式) = $X^2+2X-15=(X+5)(X-3)$
$=\{(x-3)+5\}\{(x-3)-3\}=(x+2)(x-6)$
(5) $x^2+2x-1=0$…①　①の両辺に 2 を加えると，
$x^2+2x+1=2$　$(x+1)^2=2$
よって，$x+1=\pm\sqrt{2}$　$x=-1\pm\sqrt{2}$
(6) $y=\dfrac{12}{x}$…①，$xy=12$…②
①から，x の値が 1，2，3，4，…になると，y の値は 12，6，4，3，…になるから，x の値が 2倍，3倍，4倍，…になると，y の値は $\dfrac{1}{2}$ 倍，$\dfrac{1}{3}$ 倍，$\dfrac{1}{4}$ 倍，…になる。
②から，x と y の積は常に 12 で一定である。
(8) $\dfrac{2\times3}{5\times4}+\dfrac{3\times2}{5\times4}=\dfrac{12}{20}=\dfrac{3}{5}$

(9) $x+y=-1$…①，$x=2$…②
②を①に代入すると，$2+y=-1$　$y=-3$…③
②，③をア，イ，ウ，エの方程式に代入すると，
ア．$2-(-3)=5\neq-1$
イ．$3\times2-2\times(-3)=12\neq10$
ウ．$2+4\times(-3)=-10\neq10$
エ．$2-3\times(-3)=11=11$
エの方程式が x，y の値を満たす。
(11) $56°+90°+(180°-110°)+\angle x+80°=360°$
$\angle x+296°=360°$
よって，$\angle x=64°$
(12) (A の体積) = $\dfrac{4}{3}\pi\times3^3=36\pi$…①
B の高さを h cm とすると，
(B の体積) = $\pi\times2^2\times h=4\pi h$…②
① = ②より，$4\pi h=36\pi$
よって，$h=9$ (cm)

2 Ⅰ．(1) 最大値は 38℃〜40℃，最小値は 28℃〜30℃，中央値は 34℃〜36℃，第1四分位数は 32℃〜34℃，第3四分位数は 34℃〜36℃であるのは，2020 年の箱ひげ図である。
(2)① 散らばりが最も小さいのは 2010 年，2番目に小さいのは 2020 年である。
② 35℃を超えたのは，1日とは限らない。
(3) あ．2015 年の中央値は 30℃を超えた位置にある。
い．第1四分位数の位置は，全体の 25%の所を指している。
Ⅱ．(2) $a+b+c+d+e$
$=mn+m(n+1)+m(n+2)+m(n+3)+m(n+4)$
$=m(5n+10)=5m(n+2)$
$5m(n+2)$ を 5 でわると，
$m(n+2)=c=605\div5=121$
$m=11$ であるから，$11(n+2)=121$　$n=11-2=9$
したがって，$a=11\times9=99$

3 Ⅰ．(1)① (あ) = $0.8\div4=0.2$
② $4\leqq x\leqq7$ のときの直線の式を $y=ax+b$…①とおくと，$a=-0.4$　$y=0$ のとき $x=7$ であるから，
①は，$-0.4\times7+b=0$　$b=2.8$
したがって，①は，$y=-0.4x+2.8$
(2)②「強」の直線の式は，$y=-0.8x+3$…②
「弱」の直線の式を $y=-0.3x+c$…③とおくと，
③は $x=8$ のとき $y=0$ であるから，
$0=-0.3\times8+c$　$c=2.4$
したがって，③は，$y=-0.3x+2.4$…③′
②，③′を連立方程式として解くと，
$x=1.2$　1.2 (時間) = 1 時間 12 分
Ⅱ．(1) A の y 座標の値は $\dfrac{1}{4}\times4^2=4$，
B の y 座標の値は $\dfrac{1}{2}\times4^2=8$
したがって，AB = $8-4=4$
(2) $\dfrac{1}{2}a^2-\dfrac{1}{4}a^2=2a$　整理すると，
$a^2-8a=0$　$a(a-8)=0$
よって，$a=0$，8　$a=0$ は不適，$a=8$ は題意に合う。
(3)① A (2, 1)，B (2, 2) であるから，AB = $2-1=1$
P (0, t)，BC と y 軸の交点を D とすると，D (0, 2) で，BC は共通だから，PD = AB　$t-2=1$　$t=3$
したがって，点 P の座標は (0, 3)
② P (0, b) とおくと，
$4(b-1)-\left\{\dfrac{1}{2}\times2\times(b-2)+\dfrac{1}{2}\times4\times1+\dfrac{1}{2}\times2\times(b-1)\right\}$

$= 2b - 3$
$\triangle ABC = \dfrac{1}{2} \times 4 \times 1$
$= 2$
$2b - 3 = 2$
$b = \dfrac{5}{2}$
したがって,
点 $P\left(0, \dfrac{5}{2}\right)$

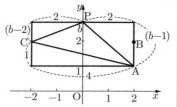

別 解
直線 AC は $y = -\dfrac{1}{4}x + \dfrac{3}{2}$ …Ⓐ
Ⓐと y 軸の交点を Q とすると, ①より PQ = 1 となればよい。
$P(0, b)$ とすると,
$b - \dfrac{3}{2} = 1$　$b = \dfrac{5}{2}$　したがって, $P\left(0, \dfrac{5}{2}\right)$

4 (1) BC = BP = AB − AP = 6 − 2 = 4 (cm)
(2)① △ABC は, AB = 6, BC = 3, ∠ACB = 90°の直角三角形であるから, ∠BAC = 30°,
PA = PC = 3 (cm) であるから, ∠ACP = ∠BAC = 30°
② △ACE は AC = $3\sqrt{3}$, ∠AEC = 90°, ∠CAE = 30°の直角三角形であるから,
CE = $\dfrac{3\sqrt{3}}{2}$, CD = 2 × CE = $3\sqrt{3}$ (cm)
(4)① △ABC∽△CBE であるから, 6 : 2 = 2 : BE
BE = $\dfrac{2}{3}$
したがって,
CE = $\sqrt{2^2 - \left(\dfrac{2}{3}\right)^2}$
$= \dfrac{4\sqrt{2}}{3}$,
PE = $2 - \dfrac{2}{3} = \dfrac{4}{3}$
である。
したがって,
△CEP = $\dfrac{1}{2} \times \dfrac{4}{3} \times \dfrac{4\sqrt{2}}{3}$
$= \dfrac{8\sqrt{2}}{9}$ (cm²)

② D, B を結ぶと, △BCP ≡ △BDP であるから,
△BDP と △GAP で比べると, ∠PBD = ∠PGA,
∠BPD = ∠GPA　2組の角がそれぞれ等しいから,
△BDP∽△GAP,
DP = $\sqrt{\left(\dfrac{4}{3}\right)^2 + \left(\dfrac{4\sqrt{2}}{3}\right)^2} = \dfrac{4\sqrt{3}}{3}$

よって, △BCP : △GAP = $\left(\dfrac{4\sqrt{3}}{3}\right)^2 : 4^2 = 1 : 3$

〈K. M.〉

岐阜県

問題 P.58

解 答

1 正負の数の計算, 式の計算, 平方根, 確率, 関数 $y = ax^2$, 平面図形の基本・作図
(1) -3
(2) $4a$
(3) $8 - 2\sqrt{15}$
(4) $\dfrac{5}{6}$
(5) イ, エ
(6) 右図

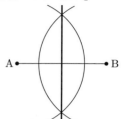

2 立体の表面積と体積, 2次方程式の応用
(1) 25　(2) $x(10-x)$　(3) 2.5

3 データの散らばりと代表値　(1) 5　(2) 4　(3) イ, ウ

4 1次関数　(1) 600
(2)(ア) $-600x + 4800$　(イ) $600x - 9600$　(3)(ア) 7　(イ) 1000

5 相似, 円周角と中心角
(1) △AEC と △BGC で,
共通な角なので, ∠ACE = ∠BCG …①
仮定より, ∠CAE = ∠BAE …②
$\overset{\frown}{BD}$ に対する円周角より, ∠BAE = ∠BCD …③
DC ∥ BG より, 平行線の錯角は等しいので,
∠BCD = ∠BCG …④
②, ③, ④より, ∠CAE = ∠BCG …⑤
①, ⑤より, 2組の角がそれぞれ等しいので,
△AEC∽△BGC
(2)(ア) 3　(イ) $\dfrac{16}{49}$

6 数・式を中心とした総合問題
(1) 1999 → 28 → 10 → 1　(2) 19, 28, 29
(3) ア. $a + b + c$　イ. 27　ウ. 19　(4) 199　(5) 45

解き方 **1** (1) $-6 + 3 = -3$
(2) $2ab \times \dfrac{2}{b} = 4a$
(3) $5 - 2\sqrt{15} + 3 = 8 - 2\sqrt{15}$
(4) 全部の場合の数は $6 \times 6 = 36$ (通り)
和が6の倍数になるのは (1, 5), (2, 4), (3, 3), (4, 2), (5, 1), (6, 6) の6通り。つまり6の倍数にならないのは $36 - 6 = 30$ (通り)　よって, $\dfrac{30}{36} = \dfrac{5}{6}$
(5) ア…変化の割合は一定ではないので×
イ…y の変域でどちらも原点をふくむので最大値は 0
最小値は $y = -2 \times 4^2 = -32$
つまり y の変域はどちらも $-32 \leq y \leq 0$ で同じなので○
ウ…グラフは x 軸について対称でないので×
エ…グラフは下に開いているので○
よって, イ, エ
2 (1) 正方形の1辺の長さを a cm とすると周の長さは
$4a$ cm
$4a = 20$ より $a = 5$ (cm)　　面積は $5 \times 5 = 25$ (cm²)
(2) 長方形の1辺の長さを x cm とする。
となりの辺の長さは $(10 - x)$ cm と表せる。
よって, 長方形の面積は $x(10-x)$ cm²
(3) $40x(10-x) = 30 \times 25$, $-40x^2 + 400x - 750 = 0$
$4x^2 - 40x + 75 = 0$

解答　数学 | 38

$x = \dfrac{-(-40) \pm \sqrt{(-40)^2 - 4 \times 4 \times 75}}{2 \times 4} = \dfrac{40 \pm 20}{8}$

$x = \dfrac{15}{2}, \ x = \dfrac{5}{2}$　短い方は $\dfrac{5}{2} = 2.5 \,(\text{cm})$

3 (1) 箱ひげ図より 5 冊
(2) 箱ひげ図より $9 - 5 = 4$（冊）
(3) ア…(A組の範囲) $= 12 - 1 = 11$（冊）
(B組の範囲) $= 11 - 2 = 9$（冊）　よって，×
イ…A 組の中央値は 7 冊，B 組の中央値は 8 冊
よって，○
ウ…B 組の第 3 四分位数は 10 冊なので，小さい方から全体の $\dfrac{3}{4}$ のデータに 10 冊読んだ生徒が少なくとも 1 人はいる。つまり A 組の 9 冊以下の生徒数よりも B 組の 9 冊以下の生徒数は少ない。よって，○
エ…B 組には 10 冊の生徒は少なくとも 1 人はいるが，A 組にはいるかどうか分からない。よって，×
以上より，イ，ウ

4 (1) 4800 m を 8 分で走行するので $\dfrac{4800}{8} = 600$
つまり，分速 600 m
(2) (ア) 図 2 より傾き -600，切片 4800 なので
$y = -600x + 4800$
(イ) 図 2 より傾き 600，$(16, 0)$ を通るので $y = 600x + b$ とおくと，$0 = 600 \times 16 + b$　$b = -9600$
よって，$y = 600x - 9600$
(3) 4800 m を 56 分で歩くので，$\dfrac{4800}{56} = \dfrac{600}{7}$
式は $y = \dfrac{600}{7}x$
(ア) 初めてすれ違うのは $0 \leqq x \leqq 8$ のときなので，
$y = \dfrac{600}{7}x$ と $y = -600x + 4800$ を連立させて解く。
$\dfrac{600}{7}x = -600x + 4800$　$6x = -42x + 336$　$x = 7$
以上より，7 分後
(イ) 追い越されたのは，図 2 より $16 \leqq x \leqq 24$ のときなので，
$y = \dfrac{600}{7}x$ と $y = 600x - 9600$ を連立させて解くと，
$\dfrac{600}{7}x = 600x - 9600$　$6x = 42x - 672$　$x = \dfrac{56}{3}$
ここで $\dfrac{56}{3}$ 分後の花子さんの位置は
$y = \dfrac{600}{7} \times \dfrac{56}{3} = 1600 \,(\text{m})$
また，初めてすれ違ったのは 7 分後で，そのときの花子さんの位置は $y = \dfrac{600}{7} \times 7 = 600 \,(\text{m})$
つまり求める道のりは $1600 - 600 = 1000 \,(\text{m})$

5 (2) (ア) AE は $\angle$BAC の二等分線なので，
AB : AC = BE : EC
(AB + AC) : AC = BC : EC
10 : 6 = 5 : EC　　EC = 3
(イ) (1) より
AC : BC = EC : GC
6 : 5 = 3 : GC　　GC = $\dfrac{5}{2}$
AG = AC − GC = $6 - \dfrac{5}{2} = \dfrac{7}{2}$
△BEF∽△AGF より，相似比は BE : AG
$= 2 : \dfrac{7}{2} = 4 : 7$
面積比は △BEF : △AGF = 16 : 49　　よって，$\dfrac{16}{49}$ 倍

6 (1) $1 + 9 + 9 + 9 = 28$，$2 + 8 = 10$，$1 + 0 = 1$

(2) 1 回目の作業で終わらないのは，19，28，29。どれも 2 回目の作業で終わるので，答えは 19，28，29
(3) ア…3 けたの自然数は $100a + 10b + c$ と表せる。各位の数の合計なので，$a + b + c$
イ…最大値は $9 + 9 + 9 = 27$
ウ…(2)より 1 以上 27 以下であと 2 回作業できるのは 19 のみなので，答えは 19
(4) $a + b + c$ が 19 になる 100 以上 199 以下の自然数は 199 のみなので，答えは 199
(5) $a + b + c$ が 19 になる 3 けたの自然数は，
i) 9 を含むもの
(1, 9, 9)，(2, 8, 9)，(3, 7, 9)，(4, 6, 9)，(5, 5, 9)
この中で，(1, 9, 9)，(5, 5, 9) は 199，919，991 のようにそれぞれ 3 個ずつで，$3 \times 2 = 6$（個）
(2, 8, 9)，(3, 7, 9)，(4, 6, 9) は 289，298，829，892，928，982 のようにそれぞれ 6 個ずつで，$6 \times 3 = 18$（個）
以上より $6 + 18 = 24$（個）
ii) 9 を含まず，8 を含むもの
(3, 8, 8)，(4, 7, 8)，(5, 6, 8)
(3, 8, 8) は 3 個，(4, 7, 8)，(5, 6, 8) はそれぞれ 6 個ずつで $6 \times 2 = 12$（個）　　$3 + 12 = 15$（個）
iii) 9，8 を含まず 7 を含むもの
(5, 7, 7)，(6, 6, 7)
どちらもそれぞれ 3 個ずつで，$3 \times 2 = 6$（個）
i)，ii)，iii) より $24 + 15 + 6 = 45$（個）
〈YM. K.〉

静 岡 県　問題 P.60

解答　**1** **正負の数の計算，式の計算，平方根，因数分解，2 次方程式**　(1) ア．-11　イ．$27a$
ウ．$\dfrac{11x - 8y}{21}$　エ．$5\sqrt{5}$　(2) 81　(3) $x = -8, \ x = 3$

2 **平面図形の基本・作図，三角形，確率**
(1) 右図
(2) 逆　$a + b$ が正の数ならば，
a も b も正の数である。
反例（例）$a = 2, \ b = -1$
(3) $\dfrac{7}{20}$

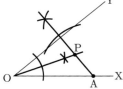

3 **データの散らばりと代表値**　(1) あ 24　四分位範囲 17
(2) 32，33，34

4 **連立方程式の応用**
（方程式と計算の過程）（例）集めた鉛筆，ボールペンの本数をそれぞれ，x 本，y 本とすると，
$\begin{cases} x = 2y & \cdots ① \\ \dfrac{20}{100}x + \dfrac{96}{100}y = \dfrac{80}{100}x - 18 & \cdots ② \end{cases}$
②より，$5x + 24y = 20x - 450$　　$24y = 15x - 450$
①を代入すると，$24y = 30y - 450$　　$6y = 450$
$y = 75$
①より，$x = 150$
（答）鉛筆は 150 本，ボールペンは 75 本

5 **空間図形の基本，三角形，円周角と中心角，三平方の定理**
(1) ウ　(2) $\dfrac{11}{6}\pi$ cm　(3) $\dfrac{9\sqrt{15}}{8}$ cm^2

旺文社 2024 全国高校入試問題正解

6 1次関数，関数 $y=ax^2$

(1) $-\dfrac{1}{4}$　(2) ア，エ

(3)（過程）（例）
条件より，A $(-3, 9a)$，B $(2, 4a)$，D $(-4, -4)$，F $(4, 16a)$ である。
直線 AB の傾きは
$\dfrac{4a - 9a}{2+3} = -a$
だから直線 AB の式は
$y = -ax + c$ とおける。
これが，点 B を通るので
$4a = -2a + c \quad c = 6a$
よって，$y = -ax + 6a$
$x = 1$ のとき $y = 5a$ より G $(1, 5a)$ となる。
3点 D，G，F が一直線上にあるとき，傾きが等しいので，
$\dfrac{5a+4}{1+4} = \dfrac{16a - 5a}{4-1}$　　$15a + 12 = 55a$
$a = \dfrac{12}{40} = \dfrac{3}{10}$
（答）$\dfrac{3}{10}$

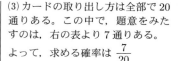

7 図形と証明，三角形，円周角と中心角，相似

(1)（証明）（例）
△BCG と △ECF において，
BC = BA より，
∠BCA = ∠BAC
$\overset{\frown}{BC}$ の円周角より，
∠BAC = ∠BDC (= ∠GDC)
GD = GC より，
∠GDC = ∠GCD
よって，∠BCA = ∠GCD…①
①の両辺から ∠GCA をひくことにより，
∠BCG = ∠ECF…②
$\overset{\frown}{CD}$ の円周角より，∠CBG = ∠CAD
AD // EF より，∠CAD = ∠CEF
よって，∠CBG = ∠CEF…③
②，③より，2組の角がそれぞれ等しいから，
△BCG ∽ △ECF（証明終）

(2) $\dfrac{13}{4}$

解き方

1 (1) ア．$-8 + 27 \div (-9) = -8 - 3 = -11$
イ．$(-6a)^2 \times 9b \div 12ab = \dfrac{36a^2 \times 9b}{12ab} = 27a$
ウ．$\dfrac{2x+y}{3} - \dfrac{x+5y}{7} = \dfrac{7(2x+y) - 3(x+5y)}{21}$
$= \dfrac{14x + 7y - 3x - 15y}{21} = \dfrac{11x - 8y}{21}$
エ．$\sqrt{45} + \dfrac{10}{\sqrt{5}} = 3\sqrt{5} + \dfrac{10}{\sqrt{5}} \times \dfrac{\sqrt{5}}{\sqrt{5}} = 3\sqrt{5} + 2\sqrt{5}$
$= 5\sqrt{5}$

(2) $a^2 - 25b^2 = (a+5b)(a-5b)$
$= (41 + 5\times 8)(41 - 5\times 8) = 81 \times 1 = 81$

(3) $x^2 + 7x = 2x + 24 \quad x^2 + 5x - 24 = 0$
$(x+8)(x-3) = 0 \quad x = -8, 3$

2 (1) 点 P は，点 A から辺 OY に引いた垂線と，∠XOY の二等分線との交点である。

(3) カードの取り出し方は全部で 20 通りある。この中で，題意をみたすのは，右の表より 7 通りある。
よって，求める確率は $\dfrac{7}{20}$

I II	2	3	4	5
6	○	○		
7				
8		○		○
9		○		
10	○		○	○

3 (1) 距離を小さい順に並べると，
7　10　12　16　$\boxed{23}$　$\boxed{25}$　26　29　32　34　となる。
あは，10個のデータの中央値だから，
$(23 + 25) \div 2 = 24$ (m)
四分位範囲は，29 m と 12 m との差で求められるから，
$29 - 12 = 17$ (m)

(2) 最小値と第1四分位数は変わらず，中央値が 25 m に増加し，第3四分位数も 32 m に増加し，最大値は変わらないことから，$32 \leq a \leq 34$ であるとわかる。a は整数なので，$a = 32, 33, 34$ の場合が考えられる。
（参考）小さい順に並べると，
7　10　12　16　23　25　26　29　32　a　34　である。

5 (1) アは円柱，イは四角すい，ウは円すい，エは球，オは三角すいなので，円すいはウである。

(2) 小さいほうの $\overset{\frown}{BC} = 2 \times 3 \times \pi \times \dfrac{110}{360} = \dfrac{11}{6}\pi$ (cm)

(3) OE = $\dfrac{3}{2}$ cm，
DE = EF = $\dfrac{3\sqrt{3}}{2}$ cm より，
△EDF は ED = EF の直角二等辺三角形だから，
DF = $\sqrt{2}$EF = $\dfrac{3\sqrt{6}}{2}$ (cm)
また，OD = OF = 3 cm より，
△ODF は OD = OF の二等辺三角形である。
点 O から線分 DF にひいた垂線を OM とし，
△ODM に三平方の定理を用いると，
OM = $\sqrt{3^2 - \left(\dfrac{3\sqrt{6}}{4}\right)^2} = 3\sqrt{\dfrac{16-6}{16}} = \dfrac{3\sqrt{10}}{4}$ (cm)
よって，△ODF = $\dfrac{1}{2} \times \dfrac{3\sqrt{6}}{2} \times \dfrac{3\sqrt{10}}{4} = \dfrac{9\sqrt{15}}{8}$ (cm^2)

6 (1) 放物線② $y = bx^2$ は C $(4, -4)$ を通るから，
$-4 = 16b \quad b = -\dfrac{1}{4}$

(2) 放物線① $y = ax^2$ において，a の値を大きくすると，放物線①の開き方は小さくなり，直線 OB の傾きは大きくなる。
よって，正しいものは，アとエである。

7 (2) (1)より，
△BCG ∽ △ECF
であり，
$2 : 4 =$ EF $: 2$ より，
EF = 1 cm
△BCG の外角と
△ECF の外角を考えると，
∠DGC = ∠DFE
また，∠GDC = ∠FDE なので，
△DGC ∽ △DFE となる。

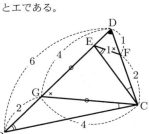

よって，DF = EF = 1 cm であり，
DG : DC = DF : DE
4 : (1 + 2) = 1 : DE   DE = $\frac{3}{4}$ (cm)
よって，GE = 4 − DE = $\frac{13}{4}$ (cm)

〈T. E.〉

愛知県
問題 P.61

解 答 **1** 正負の数の計算，式の計算，平方根，2次方程式，1次関数，確率，数・式の利用，関数 $y = ax^2$，空間図形の基本 (1) エ (2) ウ (3) ウ (4) ア (5) ウ (6) イ (7) ウ (8) イ (9) エ (10) イ，ウ

2 データの散らばりと代表値，平行と合同，図形と証明，平行四辺形，1次関数 (1) イ，ウ (2) Ⅰ. オ Ⅱ. ク (3) ① ウ ② エ

3 平行と合同，円周角と中心角，平行線と線分の比，三平方の定理，立体の表面積と体積 (1) 66 (2) ① 34 ② 2 (3) ① 24 ② 70

解き方 **1** (4) (与式) = $(\sqrt{5} - \sqrt{2}) \times 2(\sqrt{5} + \sqrt{2})$
= $2 \times (5 - 2) = 6$
(7) 213，231，311，312，321 が 2 通りずつあるので，
$\frac{5 \times 2}{4 \times 3 \times 2} = \frac{5}{12}$

2 (3) ② AB // PQ となるのは，AP = BQ となるとき，すなわち，P の折れ線と Q の折れ線が交わるときである。

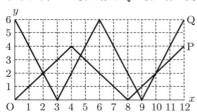

3 (1) ∠ADC = $\frac{1}{2}$∠AOC
∠AOC = ∠AOB + ∠BOC
∠BOC = 180° − 48° − 48° = 84°
(2) ① FE = $\sqrt{AE^2 + AF^2} = \sqrt{3^2 + 5^2} = \sqrt{34}$ (cm)
② DH : HB = 1 : 2
また，直線 DE と直線 BC の交点を K とすると，
DE : EK = 1 : 1，DG : GK = 1 : 4 より
DG : GE : EK = 2 : 3 : 5
よって，$\frac{\triangle DGH}{\triangle DEB} = \frac{2}{2+3} \times \frac{1}{1+2} = \frac{2}{15}$
△DGH = △DEB × $\frac{2}{15}$ = 15 × $\frac{2}{15}$ = 2 (cm²)
(3) ① 点 A から辺 CD に引いた垂線の長さは 4 cm
② 2 点 E，F から辺 GH に垂線 EI，FJ を引くと，
△AEI = △BFJ = $\frac{1}{2}$ × 4 × 7 = 14 (cm²)
よって，求める体積は，
三角錐 AEHI + 三角柱 AEIBFJ + 三角錐 BFGJ
= $\frac{1}{3}$ × 14 × 3 + 14 × 3 + $\frac{1}{3}$ × 14 × 3
= 14 + 42 + 14 = 70 (cm³)

〈K. Y.〉

三重県
問題 P.63

解 答 **1** 正負の数の計算，式の計算，平方根，因数分解，2次方程式，比例・反比例，平行と合同，空間図形の基本，データの散らばりと代表値，平面図形の基本・作図 (1) 7 (2) 12x − 30y (3) 3√5 (4) (x − 1)(x − 4)
(5) $x = \frac{7 \pm \sqrt{37}}{6}$
(6) n = 90
(7) $x = -\frac{10}{3}$
(8) ∠x = 108°
(9) オ，キ，ク
(10) 5 秒
(11) 右図

2 データの散らばりと代表値
(1) 6 点 (2) m = 3，n = 17 (3) 6, 7, 8 (4) ① ア ② ウ

3 連立方程式の応用 (1) ① x + y ② $\frac{35}{100}x + \frac{20}{100}y$
(2) 陸上競技大会に参加した小学生 40 人，中学生 80 人

4 確率 (1) $\frac{5}{16}$ (2) a = 3

5 関数を中心とした総合問題 (1) B (2, 1)
(2) a = −1，b = 3 (3) 4 cm²
(4) $x = \frac{3 - \sqrt{7}}{2}, \frac{3 + \sqrt{7}}{2}$

6 図形を中心とした総合問題
(1) △ABD と △DAF において
AB // FG より，平行線の錯角は等しいから，
∠BAD = ∠ADF…①
線分 BE は，∠ABC の二等分線だから，
∠ABD = ∠CBE…②
弧 CE に対する円周角は等しいから，
∠CBE = ∠DAF…③
②，③より，∠ABD = ∠DAF…④
①，④より，2組の角がそれぞれ等しいので，
△ABD∽△DAF
(2) ① 12 cm ② $\frac{60}{11}$ cm

7 図形を中心とした総合問題 (1) $\frac{128\sqrt{2}}{3}\pi$ cm³
(2) $6\sqrt{7}$ cm

解き方 **1** (1) (与式) = 4 + 3 = 7
(2) (与式) = 6 × 2x − 6 × 5y = 12x − 30y
(3) (与式) = $\frac{5 \times \sqrt{5}}{\sqrt{5} \times \sqrt{5}} + \sqrt{4} \times \sqrt{5} = \sqrt{5} + 2\sqrt{5}$
= $3\sqrt{5}$
(5) 解の公式より，
$x = \frac{-(-7) \pm \sqrt{(-7)^2 - 4 \times 3 \times 1}}{2 \times 3} = \frac{7 \pm \sqrt{37}}{6}$
(6) $\frac{\sqrt{40n}}{3} = 2\sqrt{\frac{10n}{9}}$ これが整数となるとき m を自然数として，$n = 9 \times 10 \times m^2$ となる。
m = 1 のとき n は最小となり，n = 90
(7) (比例定数) = $\frac{-2}{10} = -\frac{1}{5}$ よって，$y = -\frac{1}{5}x$
これに $y = \frac{2}{3}$ を代入して，
$\frac{2}{3} = -\frac{1}{5}x, x = \frac{2}{3} \times (-5) = -\frac{10}{3}$

(8)図のように l, m に平行な補助線を引く。

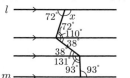

$\angle x = 180° - 72° = 108°$

(9)直線 AB と同一平面上にない直線を考えればよい。

(10)ヒストグラムから 4 秒以上 6 秒未満の度数が最も大きいことがわかる。その階級値を求めて，$\dfrac{4+6}{2} = 5$（秒）

2 (2)図 1 より B 班の結果の最小値は 3 点，$m < n$ より，$m = 3$

また，中央値は 16 点，第 3 四分位数は 17 点で，図 2 のデータを小さい順に並べると，3，12，14，15，17，17，19 だから，$n = 17$

(3)図 1 より C 班の結果の中央値は 6 点，第 1 四分位数は 4 点，第 3 四分位数は 14 点。
小さい方から 5 番目のデータを x，6 番目のデータを y とすると，
$\dfrac{x+y}{2} = 6$，$4 \leqq x \leqq 6$，$6 \leqq y \leqq 14$
これを満たす x，y の組み合わせは，
$(x, y) = (4, 8), (5, 7), (6, 6)$
よって，求める数は 6，7，8

(4)A 班の範囲は，$18 - 2 = 16$（点）
B 班の範囲は，$19 - 3 = 16$（点）
よって，①は正しい。
B 班は図 2 から，C 班はデータの個数が 10 個であるから図 1 から 14 点の人がいることがわかるが，A 班についてはわからない。よって，②は図 1，図 2 からはわからない。

3 (2) $\begin{cases} x + y = 120 & \cdots ① \\ \dfrac{35}{100}x + \dfrac{20}{100}y = 30 & \cdots ② \end{cases}$
②を整理して，$7x + 4y = 600 \cdots ②'$
$②' - ① \times 4$ より，$3x = 120$　よって，$x = 40$
これを①に代入して，$40 + y = 120$　よって，$y = 80$

4 (1)けいたさんとのぞみさんのカードの出し方を表にして，けいたさんが勝つ場合を○で表すと右のようになる。
よって，求める確率は，$\dfrac{5}{16}$

のぞみ\けいた	グー	グー	チョキ	パー
グー			○	
チョキ				○
チョキ				○
パー	○	○		

(2)[1]のぞみさんがグーのカードを出すとき，
のぞみさんが勝つのは，$2 \times 3 = 6$（通り）
けいたさんが勝つのは，$2 \times a = 2a$（通り）
[2]のぞみさんがチョキのカードを出すとき，
のぞみさんが勝つのは，$1 \times a = a$（通り）
けいたさんが勝つのは，$1 \times 1 = 1$（通り）
[3]のぞみさんがパーのカードを出すとき，
のぞみさんが勝つのは，$1 \times 1 = 1$（通り）
けいたさんが勝つのは，$1 \times 3 = 3$（通り）
よって，$6 + a + 1 = 2a + 1 + 3$
となるとき，のぞみさんが勝つ確率とけいたさんが勝つ確率は等しくなるから，これを解いて，$a = 3$

5 (1)点 B の x 座標は 2 だから
$y = \dfrac{1}{4}x^2$ に代入して，$y = \dfrac{1}{4} \times 2^2 = 1$
よって，B$(2, 1)$

(2)①は 2 点 A$(-6, 9)$，B$(2, 1)$ を通る直線だから，
$a = \dfrac{1-9}{2-(-6)} = \dfrac{-8}{8} = -1$
$y = -x + b$ に $x = 2$，$y = 1$ を代入して，$1 = -2 + b$
よって，$b = 3$

(3)点 C は⑦上の点だから y 座標は，$y = \dfrac{1}{4} \times 4^2 = 4$
よって，D の y 座標も 4
また，直線 AB と y 軸との交点を P とすると，(2)より，P$(0, 3)$ で，DP $= 4 - 3 = 1$
$\triangle$ABD $= \triangle$APD $+ \triangle$BPD
$= \dfrac{1}{2} \times$ DP $\times 6 + \dfrac{1}{2} \times$ DP $\times 2$
$= \dfrac{1}{2} \times 1 \times (6+2) = 4$ (cm^2)

(4)点 E は④上の点だから，x 座標を t とすると E$(t, -t+3)$ と表せる。
点 C$(4, 4)$ より，CE$^2 = (4-t)^2 + \{4-(-t+3)\}^2$
$= 2t^2 - 6t + 17$
また，CE $=$ CD $= 4$ より，$2t^2 - 6t + 17 = 4^2$
$2t^2 - 6t + 1 = 0$　よって，$t = \dfrac{3 \pm \sqrt{7}}{2}$
$t = \dfrac{3+\sqrt{7}}{2}$，$\dfrac{3-\sqrt{7}}{2}$ ともに解に適している。

6 (2)① (1)より $\triangle$ABD∽$\triangle$DAF だから，
AB : DA $=$ AD : DF　したがって，AB : 6 $=$ 6 : 3
AB $= 12$ (cm)
② BD は $\angle$ABC の二等分線だから，
AD : DC $=$ BA : BC $= 6 : 5$
平行線と比の定理より，
AC : DC $=$ AB : DG
よって，$(6+5) : 5 = 12 :$ DG
DG $= \dfrac{60}{11}$ (cm)

7 (1)BC の中点を N とすると，BN $= \dfrac{8}{2} = 4$ (cm)
AN $= \sqrt{\text{AB}^2 - \text{BN}^2} = \sqrt{12^2 - 4^2} = 8\sqrt{2}$ (cm)
よって，円すい P の体積は，
$\dfrac{1}{3} \times 4^2 \pi \times 8\sqrt{2} = \dfrac{128\sqrt{2}}{3}\pi$ (cm^3)

(2) 円すいの母線が 12 cm，底面の半径が 4 cm だから，側面の展開図であるおうぎ形の中心角は，$360° \times \dfrac{4}{12} = 120°$ である。

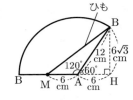

よって，側面の展開図について右図のように点 H をとると，AH $= 6$ cm だから，MH $= 12$ cm，また BH $= 6\sqrt{3}$ cm
したがって，
MB $= \sqrt{\text{MH}^2 + \text{BH}^2} = \sqrt{12^2 + (6\sqrt{3})^2} = \sqrt{144 + 108}$
$= \sqrt{252} = 6\sqrt{7}$ (cm)

〈N. Y.〉

滋賀県

問題 P.65

解答

1 正負の数の計算，式の計算，連立方程式，平方根，因数分解，立体の表面積と体積，データの散らばりと代表値，確率

(1) 7　(2) $-\dfrac{11}{12}a$

(3) $x = \dfrac{-7y+21}{3}$　(4) $x=-2, y=3$　(5) $\sqrt{3}$

(6) $(x+4)(x-6)$　(7) 24π　(8) 9冊　(9) $\dfrac{1}{2}$

2 平面図形の基本・作図，三平方の定理，立体の表面積と体積，2次方程式の応用，空間図形の基本

(1) 右図　(2) 7π cm

(3)（過程）（例）
$(2x+8)(2x+12):8\times 12$
$=2:1$
$2(x+4)\times 2(x+6):8\times 12$
$=2:1$
$(x+4)(x+6):8\times 3=2:1$
$x^2+10x+24=24\times 2$
$x^2+10x-24=0$
$(x-2)(x+12)=0$　$x=2, -12$
$x>0$ より，$x=2$　よって，2 cm

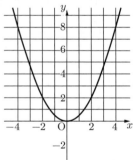

(4) 辺 DI，DG，CD (ED)

3 連立方程式の応用，2次方程式の応用，1次関数，関数 $y=ax^2$

(1) -4

(2) $a=\dfrac{1}{2}$，グラフは右図

(3) $t=\dfrac{1}{3}$

(4) $b=-\dfrac{9}{2}$, $c=\dfrac{27}{2}$

4 平面図形の基本・作図，相似，平行線と線分の比，三平方の定理

(1)（証明）（例）
DB // CE より，平行線の同位角は等しいので，
$\angle ABD = \angle BEC$
平行線の錯角は等しいので，
$\angle DBC = \angle BCE$
仮定より，$\angle ABD = \angle DBC$
以上より，$\angle BEC = \angle BCE$
2つの角が等しい三角形は二等辺三角形なので，
$\triangle BCE$ は二等辺三角形で，BE = BC…①
$\triangle AEC$ で，DB // CE より，AB : BE = AD : DC…②
①，②より，BA : BC = AD : DC

(2)① $\triangle ABC : \triangle NBM = 3:1$　② $\dfrac{75}{4}\pi$

解き方

1 (1) $13-6=7$

(2) $\dfrac{4}{12}a - \dfrac{15}{12}a = -\dfrac{11}{12}a$

(3) $3x=-7y+21$　$x=\dfrac{-7y+21}{3}$

(4) $2x+y=-1$…①，$5x+3y=-1$…②
①，②を連立させて解くと，$x=-2, y=3$

(5) $\dfrac{9\sqrt{3}}{3} - 2\sqrt{3} = 3\sqrt{3} - 2\sqrt{3} = \sqrt{3}$

(7) 底面の半径3，高さ4の円柱の体積は，$9\pi \times 4 = 36\pi$
底面の半径3，高さ4の円すいの体積は，
$9\pi \times 4 \times \dfrac{1}{3} = 12\pi$　求める体積は，$36\pi - 12\pi = 24\pi$

(8)

上図より第3四分位数は $\dfrac{8+10}{2}=9$

(9) 全部の場合の数は，$2\times 2\times 2 = 8$（通り）
2枚以上裏なのは（○，×，×），（×，○，×），（×，×，○），
（×，×，×）の4通り。よって，$\dfrac{4}{8}=\dfrac{1}{2}$

2 (1) 直角をつくる辺が 10 cm の直角二等辺三角形の斜辺は $10\sqrt{2}$ cm

(2) 右図より
$2\times OB \times \pi \times \dfrac{45}{360} = 5\pi$
$OB = 20$
$OA = 20 + 8 = 28$
$\overset{\frown}{AA'} = 2\times 28 \times \pi \times \dfrac{45}{360}$
$= 7\pi$

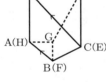

(3) もとの長方形の縦の長さは，$(8+2x)$ cm，横の長さは，$(12+2x)$ cm，面積は，$(8+2x)(12+2x)$　斜線部の長方形の面積は，8×12

(4) 右図は，組み立てた立体の見取図。
AB // IC なので IC はねじれの位置でない。
AB と交わるのは IA，GA，GB，CB なので，それらもねじれの位置でない。
よって，ねじれの位置にあるのは辺 DI，DG，CD

3 (1) x が1から3に増加すると，$x=1$ のとき，$y=-1^2$
$y=-1$，$x=3$ のとき，$y=-3^2$　$y=-9$
ここで，
(変化の割合) $= \dfrac{(y \text{の増加量})}{(x \text{の増加量})} = \dfrac{-9-(-1)}{3-1} = \dfrac{-8}{2} = -4$

(2) $2 = a \times 4$　$a=\dfrac{1}{2}$

(3) P$(t, 0)$, A$(t, 2t^2)$, B$(t, -t^2)$, C$(-t, 2t^2)$
AB $= 2t^2 - (-t^2) = 3t^2$, AC $= t-(-t) = 2t$
AB + AC $= 1$　$3t^2 + 2t = 1$
$3t^2 + 2t - 1 = 0$
$t = \dfrac{-2 \pm \sqrt{2^2 - 4\times 3 \times (-1)}}{2\times 3} = \dfrac{-2 \pm \sqrt{16}}{6}$
$= \dfrac{-2 \pm 4}{6}$
$t=-1, t=\dfrac{1}{3}$　$t>0$ より，$t=\dfrac{1}{3}$

(4) x の変域が，$-1 \leqq x \leqq 3$
$y=2x^2$ のとき，y の変域は $0 \leqq y \leqq 18$
$y=bx+c$ $(b<0)$ なので，y が最小値のとき，x は最大値。
つまり，$y=0$ のとき，$x=3$　逆に，y が最大値のとき，x は最小値。つまり，$y=18$ のとき $x=-1$　以上より，
$0 = 3b+c$…①，$18 = -b+c$…②の2式を連立させて解けばよい。① $-$ ②より $-18=4b$　$b=-\dfrac{9}{2}$…③
③を①に代入して，$0 = 3\times\left(-\dfrac{9}{2}\right) + c$　$c=\dfrac{27}{2}$

よって，$b = -\dfrac{9}{2}$, $c = \dfrac{27}{2}$

4(2)① AB = 10,
CA = 5 より，右図のように △ABC は 30°, 60°, 90°の直角三角形であり，BC = $5\sqrt{3}$ ここで，△ABC∽△NBM

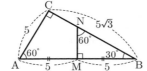

その相似比は，BC : BM = $5\sqrt{3}$: 5
BC : BM = $\sqrt{3}$: 1　よって，面積比は，
△ABC : △NBM = 3 : 1
② おうぎ形 ABB′ の面積は，
$AB^2 \times \pi \times \dfrac{90}{360} = 10 \times 10 \times \pi \times \dfrac{1}{4} = 25\pi$
おうぎ形 ACC′ の面積は，
$AC^2 \times \pi \times \dfrac{90}{360} = 5 \times 5 \times \pi \times \dfrac{1}{4} = \dfrac{25}{4}\pi$
求める斜線部の面積は，
おうぎ形 ABB′ + △AB′C′ − おうぎ形 ACC′ − △ABC
ここで，△AB′C′ = △ABC より，求める面積は，
おうぎ形 ABB′ − おうぎ形 ACC′ = $25\pi - \dfrac{25}{4}\pi = \dfrac{75}{4}\pi$

〈YM. K.〉

京 都 府

問題 P.66

解 答

1 正負の数の計算，式の計算，平方根，連立方程式，比例・反比例，平行線と線分の比，データの散らばりと代表値　(1) −42
(2) $2b^2$
(3) $-8\sqrt{3}$
(4) $x = 2$, $y = -5$
(5) 24
(6) 10 個
(7) 16 cm
(8) 右図

2 立体の表面積と体積，三平方の定理
(1) 91π cm³　(2) 84π cm²

3 確率　(1) $\dfrac{5}{9}$　(2) イ，ウ，エ

4 1 次関数，関数 $y = ax^2$　(1) $y = \dfrac{1}{2}$, ウ
(2) $x = 3$, 16

5 平行と合同，円周角と中心角，三平方の定理　(1) 8 cm
(2) $(8 - 4\sqrt{3})$ cm　(3) $(8\sqrt{3} - 12)$ cm²

6 数の性質，数・式の利用，2 次方程式の応用　(1) 25 枚
(2) 312 枚　(3) $n = 18$

解き方

1 (1) (与式) = $-36 - 4 \times \dfrac{3}{2} = -36 - 6$
= −42
(2) (与式) = $\dfrac{4ab^2 \times 3ab}{6a^2 b} = 2b^2$
(3) (与式) = $4\sqrt{3} - 3\sqrt{2} \times 2\sqrt{6} = 4\sqrt{3} - 12\sqrt{3}$
= $-8\sqrt{3}$
(4) $4x + 3y = -7$…①，$3x + 4y = -14$…②とすると，
①×3 − ②×4 より，$y = -5$
①に代入して，$x = 2$
(5) $xy = 5 - 9 = -4$, $y - x = -6$ より，
$xy^2 - x^2 y = xy(y - x) = -4 \times (-6) = 24$

(6) $(x, y) = (1, 16), (2, 8), (4, 4), (8, 2), (16, 1),$
$(-1, -16), (-2, -8), (-4, -4), (-8, -2),$
$(-16, -1)$ の 10 個
(7) △AFG∽△ABC であり，AF : AB = 2 : 5 より，
FG = $10 \times \dfrac{2}{5} = 4$ (cm)　また，平行四辺形の対辺は等しいので，DG = EF = 10 cm
よって，DF = EG = 6 cm，FG = 4 cm とわかり，
DE = 6 + 4 + 6 = 16 (cm)
(8) 3 年生のクラスごとの最高記録を小さい順に並べると，
24, 28, 28, 31, 33, 35, 39, 40
となり，最小値 24，第一四分位数 28，中央値 32，第三四分位数 37，最大値 40 となる箱ひげ図をかけばよい。

2 (1) 立体 X は，底面の半径 5 cm，高さ 3 cm の円柱と底面の半径 4 cm，高さ 3 cm の円錐が合わさってできた図形なので，その体積は，
$5^2 \times \pi \times 3 + 4^2 \times \pi \times 3 \times \dfrac{1}{3} = 91\pi$ (cm³)
(2) 円柱と円錐の底面が重なっている部分に注意して表面積を考えると，
$\{5^2 \times \pi + (5^2 - 4^2) \times \pi + 10\pi \times 3\} + 5^2 \times \pi \times \dfrac{2 \times 4 \times \pi}{2 \times 5 \times \pi}$
= $25\pi + 9\pi + 30\pi + 25\pi \times \dfrac{4}{5} = 84\pi$ (cm²)

3 それぞれ袋 X，袋 Y から取り出されるカードの組み合わせを (袋 X，袋 Y) と表すとする。
(1) 真人さんが勝つ目の出方は (袋 X，袋 Y) として，
(9, 3), (9, 6), (12, 3), (12, 6), (12, 11)
の 5 通り。したがって，求める確率は $\dfrac{5}{9}$
(2) 袋 Y に入れるカードの数を a とすると，
袋 X：1, 4, 9, 12
袋 Y：3, 6, 11, a
のカードが入っている。a は 2, 5, 7, 8, 10, 13 のいずれかである。袋 Y の a と書かれたカードを考えないとすると，真人さんの勝つ目の出方は (4, 3), (9, 3), (9, 6), (12, 3), (12, 6), (12, 11) の 6 通りある。
カードの取り出し方は全部で $4 \times 4 = 16$（通り）あるので，真人さんと有里さんの勝つ確率が等しくなるためには，真人さんの勝つ目の出方が 8 通りになればよいので，あと 2 通り増えるようになる a の値を考えればよい。
$a = 2$ のとき，真人さんの勝つ目の出方は 3 通り増え，不適。
$a = 5, 7, 8$ のとき，真人さんの勝つ目の出方は 2 通り増え，これが適している。
$a = 10$ のとき，真人さんの勝つ目の出方は 1 通りしか増えず，不適。
$a = 13$ のとき，真人さんの勝つ目の出方は増えず，不適。
以上より，イ，ウ，エとなる。

4 (1) $0 < x \leq 6$, $6 \leq x \leq 12$, $12 \leq x \leq 18$ のときそれぞれあとの図のようになる。したがって，
$0 < x \leq 6$ のとき，$y = \dfrac{1}{2}x^2$
$6 \leq x \leq 12$ のとき，$y = 18$
$12 \leq x \leq 18$ のとき，$y = 54 - 3x$
と表せることから，グラフはウ
また，$x = 1$ のとき，$y = \dfrac{1}{2}$

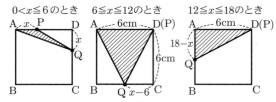

(2) △RQD の面積も(1)と同様に
$0 < x \le 6$, $6 \le x \le 12$, $12 \le x \le 18$ に分けて考えると，下図のようになる。すると，△RQD の面積と △AQP の面積が等しくなるとき，
$0 < x \le 6$ において，$\frac{1}{2}x^2 = \frac{3}{2}x$
これを解いて，$x = 3$ が適する。
$6 \le x \le 12$ において，$18 = -\frac{3}{2}x + 18$
この解は $6 \le x \le 12$ を満たさず不適。
$12 \le x \le 18$ において，$54 - 3x = \frac{3}{2}x - 18$
これを解いて，$x = 16$
以上より，$x = 3$, 16

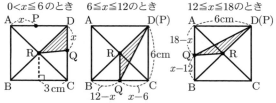

5 (1) 線分 BE は円 O の直径なので，∠BAE = 90°
また，∠ABE = 30° であり，AE = 4 cm なので，△ABE は AE : BE = 1 : 2 となる直角三角形。
したがって，円 O の直径である BE = 4 × 2 = 8 (cm)
(2) (1)より円 O の半径 OE = 4 cm
また，∠AOE = 60° より，△AOE は正三角形とわかる。
点 F から線分 AO に垂線 FH をおろす。OH = x とすると，直角三角形 OFH にて OH : FH = 1 : $\sqrt{3}$ より，
FH = $\sqrt{3}x$
また，△ACD が直角二等辺三角形なので，∠FAH = 45° なので，△AFH も直角二等辺三角形となり，
AH = FH = $\sqrt{3}x$
したがって，OA = 4 cm より，
$x + \sqrt{3}x = 4$ $x = \frac{4}{\sqrt{3}+1} = 2(\sqrt{3}-1)$
となり，OF = $2x = 4(\sqrt{3}-1)$ cm とわかる。
よって，
EF = OE − OF = $4 - 4(\sqrt{3}-1) = 8 - 4\sqrt{3}$ (cm)
(3) ∠OBG = ∠EAF = 15°，∠BOG = ∠AEF = 60°
OB = EA = 4 cm より，1組の辺とその両端の角がそれぞれ等しくなり，△OBG ≡ △EAF
したがって，△EAF の面積を考える。
△AOE = $\frac{1}{2} \times$ △ABE = $\frac{1}{2} \times \left(\frac{1}{2} \times 4 \times 4\sqrt{3}\right)$
= $4\sqrt{3}$ (cm²) なので，
△EAF = △AOE × $\frac{EF}{OE}$
= $4\sqrt{3} \times \frac{8-4\sqrt{3}}{4} = \sqrt{3}(8-4\sqrt{3}) = 8\sqrt{3} - 12$ (cm²)

6 (1) $5^2 = 25$ (枚)
(2) $12 \times 13 \times 2 = 312$ (枚)
(3) n 番目の図形において，

タイル A は n^2 枚，タイル B は
$n(n+1) \times 2 = 2n(n+1)$ （枚）
その差が 360 枚なので，
$2n(n+1) - n^2 = 360$
$n^2 + 2n - 360 = 0$
$(n-18)(n+20) = 0$
$n > 0$ より，$n = 18$

〈Y. D.〉

大阪府

問題 P.68

解答 A問題

1 正負の数の計算，式の計算，平方根
(1) −13 (2) 5.9 (3) 32 (4) $10x − 1$ (5) $−6y$ (6) $4\sqrt{5}$

2 正負の数の計算，数・式の利用，平行と合同，データの散らばりと代表値，連立方程式，2次方程式，確率，関数 $y = ax^2$，空間図形の基本
(1) ウ (2) 9 (3) エ (4) $(2a + 7b)$ g
(5) 540 度 (6) 5 回 (7) $x = 4$, $y = −2$ (8) $x = −5$, 7
(9) $\frac{1}{12}$ (10) $\frac{2}{5}$ (11) イ

3 1次方程式の応用，1次関数
(1) ① (ア) 822 (イ) 786
② $y = −6x + 840$ (2) 65

4 空間図形の基本，相似，三平方の定理
(1) エ
(2) $8x$ cm² (3) ⓐ DGC ⓑ GCD ⓒ ウ
(4)（求め方）（例）仮定より，DC = AB = 4 (cm)
△EAD ∽ △GCD より，
ED : GD = DA : DC = 8 : 4 = 2 : 1
よって，ED = 2DG = 2 × 3 = 6 (cm)
∠EDC = 90° より，
EC = $\sqrt{4^2 + 6^2} = \sqrt{16+36} = \sqrt{52} = 2\sqrt{13}$ (cm)
（答）$2\sqrt{13}$ cm

B問題

1 正負の数の計算，式の計算，多項式の乗法・除法，平方根
(1) −22 (2) $6a − 7b$ (3) $3b$ (4) $2x^2 + 1$ (5) 17

2 数・式の利用，2次方程式，数の性質，比例・反比例，確率，データの散らばりと代表値，立体の表面積と体積，関数 $y = ax^2$
(1) −4 (2) $x = 2$, 9 (3) 26 (4) −2 (5) $\frac{7}{15}$
(6) イ，オ (7) 11
(8)（求め方）（例）A は，l と x 軸との交点だから，
$0 = \frac{1}{3}x − 1$ より，$x = 3$　　よって，A の x 座標は 3
B は m 上の点で，x 座標が 3 より，$y = a \times 3^2 = 9a$
よって，B の y 座標は $9a$ より，AB = $9a$ (cm)
C の座標は $(−3, 9a)$ で，BC = $3 − (−3) = 6$ (cm)
D の y 座標は，$y = \frac{1}{3} \times (−3) + 1 = −2$ より，
CD = $9a − (−2) = 9a + 2$ (cm)
四角形 ABCD は台形だから，
$\frac{1}{2} \times \{9a + (9a+2)\} \times 6 = 21$
$3(18a + 2) = 21$ より，$18a + 2 = 7$
よって，$a = \frac{5}{18}$　　（答）a の値 $\frac{5}{18}$

3 連立方程式の応用，1次関数
(1) ① (ア) 822 (イ) 786
② $y = −6x + 840$ ③ 65 (2) (s の値) 114，(t の値) 78

4 空間図形の基本，立体の表面積と体積，相似，三平方の定理
[Ⅰ] (1)（証明）（例）△AED と △GBE において，
AD // BG より，∠EAD = ∠BGE…⑦

AB $=$ AE より，$\angle$ABE $=$ $\angle$AEB $= a$ とすると，
$\angle$ABG $=$ $\angle$DEB $= 90°$ だから，
$\angle$AED $=$ $\angle$GBE $(= 90° - a)$ …①
⑦，①より，2組の角がそれぞれ等しいから，
$\triangle$AED ∞ $\triangle$GBE
(2)① $\dfrac{4}{3}$ cm　② $\dfrac{4}{9}$ cm

[Ⅱ] (3) ア　(4)① $\dfrac{12}{5}$ cm　② $\dfrac{32\sqrt{3}}{25}$ cm^3

C問題

1 ▌式の計算，平方根，2次方程式，関数 $y = ax^2$，確率，数の性質，因数分解，1次関数 ▌(1) $6a^2$　(2) $8 - \sqrt{2}$
(3) (a の値) 2，(もう一つの解) $x = -5$
(4) (a の値) $\dfrac{4}{9}$，(b の値) -1　(5) 49　(6) $\dfrac{7}{20}$　(7) 15，57
(8) (求め方) (例)
点 A の y 座標は，$y = \dfrac{1}{5} \times 5^2 = 5$ より，
直線 l の傾きは，$\dfrac{5 - (-1)}{5 - 0} = \dfrac{6}{5}$
よって，直線 l の式は，$y = \dfrac{6}{5}x - 1$
点 C，点 D の y 座標はそれぞれ $\dfrac{6}{5}t - 1$，$\dfrac{1}{5}t^2$ だから，
EA $= 5 - t$，DC $= \dfrac{1}{5}t^2 - \left(\dfrac{6}{5}t - 1\right)$ より，
$\dfrac{1}{5}t^2 - \dfrac{6}{5}t + 1 = (5 - t) - 3$
両辺に 5 をかけて整理すると，$t^2 - t - 5 = 0$ だから，
$t = \dfrac{-(-1) \pm \sqrt{(-1)^2 - 4 \times 1 \times (-5)}}{2 \times 1} = \dfrac{1 \pm \sqrt{21}}{2}$
$t < 0$ より，$t = \dfrac{1 - \sqrt{21}}{2}$　(答え) t の値 $\dfrac{1 - \sqrt{21}}{2}$

2 ▌相似，三平方の定理 ▌(1)① $\dfrac{2S}{a}$ cm
② (証明) (例)
$\triangle$DCH と $\triangle$CBG において，
DC $=$ CB (四角形 ABCD はひし形)
CH $=$ BG (仮定)
$\angle$DCH $=$ $\angle$CBG (AB ∥ DC)
2組の辺とその間の角がそれぞれ等しいから，
$\triangle$DCH $\equiv$ $\triangle$CBG
したがって，$\angle$DHC $=$ $\angle$CGB $= 90°$
$\triangle$DHE と $\triangle$BFE において，
$\angle$DEH $=$ $\angle$BEF (共通)
$\angle$DHE $=$ $\angle$BFE $(= 90°)$
2組の角がそれぞれ等しいから，
$\triangle$DHE ∞ $\triangle$BFE
(2)① $2\sqrt{6}$ cm　② $\dfrac{18\sqrt{30}}{13}$ cm

3 ▌空間図形の基本，立体の表面積と体積，相似，三平方の定理 ▌(1)① イ，エ，オ　② $\dfrac{\sqrt{5}}{3}$ 倍　③ $\dfrac{19}{6}$ cm
(2)① $\sqrt{11}$ cm　② $\dfrac{23\sqrt{11}}{3}$ cm^3

解き方　A問題
1(1) (与式) $= -20 + 7 = -13$
(2) (与式) $= 3.4 + 2.5 = 5.9$
(3) (与式) $= 2 \times 16 = 32$
(4) (与式) $= 8x - 3 + 2x + 2 = 10x - 1$
(5) (与式) $= -\dfrac{18xy}{3x} = -6y$
(6) (与式) $= \sqrt{5} + 3\sqrt{5} = 4\sqrt{5}$

2(1) $-\dfrac{7}{4} = -1.75$ だから，$-2 < -\dfrac{7}{4} < -1$ より，ウ
(2) (与式) $= 4 \times (-3) + 21 = -12 + 21 = 9$
(3) $3n + 6 = 3(n + 2)$ より，エは $3 \times$ (整数) の形で表すことができる。
(4) $a \times 2 + b \times 7 = 2a + 7b$ (g)
(5) $180° \times (5 - 2) = 180° \times 3 = 540°$
(6) 第1四分位数が 50 (回)，第3四分位数が 55 (回) より，
$55 - 50 = 5$ (回)
(7) 第1式を①，第2式を②とすると，
① $+$ ②より，$6x = 24$　　よって，$x = 4$
②に代入して，$20 + 3y = 14$ より，$3y = -6$
よって，$y = -2$
(8) $(x + 5)(x - 7) = 0$ より，$x = -5$，7
(9) 目の出かたは全部で，$6 \times 6 = 36$ (通り)
1つ目のさいころの目を a，2つ目のさいころの目を b とすると，出る目の数の和が 10 より大きくなるのは，
$(a,\ b) = (5,\ 6),\ (6,\ 5),\ (6,\ 6)$ の 3 通りあるから，
求める確率は，$\dfrac{3}{36} = \dfrac{1}{12}$
(10) A の y 座標は，$y = a \times 3^2 = 9a$
B の y 座標は，$y = a \times (-2)^2 = 4a$ だから，
$9a = 4a + 2$ より，$5a = 2$　　よって，$a = \dfrac{2}{5}$
(11) 辺 AB と垂直な面は，面 AEHD と面 BFGC の 2 つあるが，ア〜エの 4 つの面の中では，イのみである。

3(1)① (ア) $840 - 6 \times 3 = 840 - 18 = 822$
(イ) $840 - 6 \times 9 = 840 - 54 = 786$
② $y = 840 - 6x = -6x + 840$
(2) $450 = -6t + 840$ より，$6t = 390$　　よって，$t = 65$

4(1) 底面が CG を半径とする円で，DG を高さとする円すいができるから，エ
(2) 底辺 8 cm，高さ x cm の平行四辺形の面積だから，
$8x$ cm^2

B問題
1(1) (与式) $= -6 - 16 = -22$
(2) (与式) $= 10a + 5b - 4a - 12b = 6a - 7b$
(3) (与式) $= \dfrac{2a}{1} \times \dfrac{9ab}{1} \times \dfrac{1}{6a^2} = 3b$
(4) (与式) $= x^2 + 2x + 1 + x^2 - 2x = 2x^2 + 1$
(5) (与式) $= (2\sqrt{5})^2 - (\sqrt{3})^2 = 20 - 3 = 17$

2(1) (与式) $= (-6)^2 - 8 \times 5 = 36 - 40 = -4$
(2) $(x - 2)(x - 9) = 0$ より，$x = 2$，9
(3) 78 の約数は，1，2，3，6，13，26，39，78
このうち，$5 - \dfrac{78}{n}$ が自然数となるのは，$n = 26$，39，78
で，最も小さいのは，26
(4) $x = 1$ のとき，$y = 10$ で，$x = 5$ のとき，$y = 2$
よって，変化の割合は，$\dfrac{2 - 10}{5 - 1} = \dfrac{-8}{4} = -2$
(5) 取り出し方は全部で，$3 \times 5 = 15$ (通り)
このうち，$1 < \dfrac{b}{a} < 4$ となるのは，
$(a,\ b) = (1,\ 3),\ (2,\ 3),\ (2,\ 5),\ (2,\ 7),\ (3,\ 5),\ (3,\ 7),$
$(3,\ 9)$
の 7 通りあるから，求める確率は，$\dfrac{7}{15}$
(6) ア．剣道部と卓球部に 1 人以上ずついるので正しくない。
イ．剣道部は $50 - 45 = 5$ (回)，水泳部は $55 - 50 = 5$ (回) だから，正しい。
ウ．卓球部ではなく，剣道部だから，正しくない。
エ．水泳部ではなく，剣道部だから，正しくない。

オ．第2四分位数が55回より大きいので正しい。
(7) 底面積は，$\pi \times 4^2 = 16\pi$ (cm^2)，
側面積は，$(4 \times 2 \times \pi) \times a = 8\pi a$ (cm^2) だから，
$16\pi \times 2 + 8\pi a = 120\pi$　　よって，$8\pi a = 88\pi$ より，
$a = 11$ (cm)
3 (1)①，② A問題の **3** (1)①，② と同じ
③ $450 = -6x + 840$ より，$6x = 390$　　よって，$x = 65$
(2) 時間に着目して，$s + t = 192$ …①
水の量に着目して，$6s + 2t = 840$ …②
② $-$ ① $\times 2$ より，$4s = 456$　　よって，$s = 114$
①に代入して，$114 + t = 192$ より，$t = 78$
4 [Ⅰ] (2)① $\angle ABG = 90°$ より，
$AG = \sqrt{4^2 + 3^2} = \sqrt{25} = 5$ (cm)
よって，$GE = 5 - 4 = 1$ (cm)　　$AD = x$ cm とすると，
(1)より，$AD : GE = AE : GB$ だから，
$x : 1 = 4 : 3$　　よって，$3x = 4$ より，$x = \dfrac{4}{3}$ (cm)
② $CG = 3 - \dfrac{4}{3} = \dfrac{5}{3}$ (cm)
辺 AG と辺 DC の交点を H とすると，AB // DC より，
△ABG∽△HCG
$BG : AB : AG = 3 : 4 : 5$ より，
$CG : HC : HG = 3 : 4 : 5$ だから，
$HC = \dfrac{5}{3} \times \dfrac{4}{3} = \dfrac{20}{9}$ (cm)，$HG = \dfrac{5}{3} \times \dfrac{5}{3} = \dfrac{25}{9}$ (cm)
AB // DC より，△ABE∽△HFE だから，
$HF = HE = HG - GE = \dfrac{25}{9} - 1 = \dfrac{16}{9}$ (cm)
よって，$FC = HC - HF = \dfrac{20}{9} - \dfrac{16}{9} = \dfrac{4}{9}$ (cm)
[Ⅱ] (3) 辺 AC は平行で，辺 AD，辺 CD とは交わるので，ねじれの位置にあるのは，辺 AB である。よって，ア
(4)① 四角形 EGBF は正方形だから，
$EG = x$ cm とすると，
△EDG∽△ADB より，
$x : 6 = (4 - x) : 4$
よって，$4x = 6(4 - x)$
これを解いて，$x = \dfrac{12}{5}$ (cm)

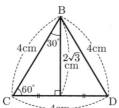

② AC // EH，EF // DB より，
$CH : HD = AE : ED = AF : FB$
$= \left(6 - \dfrac{12}{5}\right) : \dfrac{12}{5} = \dfrac{18}{5} : \dfrac{12}{5}$
$= 3 : 2$
△BCD $= \dfrac{1}{2} \times 4 \times 2\sqrt{3}$
$= 4\sqrt{3}$ (cm^2) だから，
△BHD $= 4\sqrt{3} \times \dfrac{2}{3 + 2}$
$= \dfrac{8\sqrt{3}}{5}$ (cm^2)

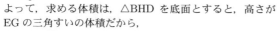

よって，求める体積は，△BHD を底面とすると，高さが EG の三角すいの体積だから，
$\dfrac{1}{3} \times \dfrac{8\sqrt{3}}{5} \times \dfrac{12}{5} = \dfrac{32\sqrt{3}}{25}$ (cm^3)
C問題
1 (1) (与式) $= -\dfrac{a}{1} \times \dfrac{4a^2 b^2}{1} \times \left(-\dfrac{3}{2ab^2}\right) = 6a^2$
(2) (与式) $= \dfrac{6 + 2\sqrt{2}}{\sqrt{2}} + 4 - 4\sqrt{2} + 2$
$= \dfrac{6\sqrt{2} + 4}{2} + 6 - 4\sqrt{2}$
$= 3\sqrt{2} + 2 + 6 - 4\sqrt{2} = 8 - \sqrt{2}$
(3) 二次方程式に，$x = 3$ を代入して，
$9a + 12 - 7a - 16 = 0$　　これを解くと，$a = 2$
このとき，$2x^2 + 4x - 14 - 16 = 0$ より，
$2x^2 + 4x - 30 = 0$ で，$2(x + 5)(x - 3) = 0$
よって，もう1つの解は，$x = -5$
(4) $y = ax^2$ において，$a > 0$ より，
$x = -3$ で，$y = d$ だから，$d = a \times (-3)^2 = 9a$
$x = 0$ で，y は最小値 0 となるから，$c = 0$
$y = bx + 1$ において，$b < 0$ より，
$x = 1$ で，$y = 0$ だから，$0 = b + 1$ より，$b = -1$
$x = -3$ で，$y = d$ だから，
$d = -3b + 1 = -3 \times (-1) + 1 = 4$
よって，$4 = 9a$ より，$a = \dfrac{4}{9}$
(5) $n^2 \leqq x \leqq (n + 1)^2$ だから，
$(n + 1)^2 - n^2 + 1 = 100$
展開して整理すると，$2n = 98$　　よって，$n = 49$
(6) 取り出し方は全部で，$4 \times 5 = 20$（通り）
このうち，得点が偶数になるのは，
$(a, b) = (1, 5), (1, 7), (2, 4), (3, 5), (3, 6), (3, 7),$
$(4, 8)$ の7通りあるから，求める確率は，$\dfrac{7}{20}$
(7) a の十の位の数，一の位の数をそれぞれ m, n とすると，
$a = 10m + n$，$b = 10n + m$ だから，
$\dfrac{b^2 - a^2}{99} = \dfrac{(b + a)(b - a)}{99} = \dfrac{(11n + 11m)(9n - 9m)}{99}$
$= (n + m)(n - m)$
$(n + m)(n - m) = 24$ で，$n + m > n - m$ より，
$(n + m, n - m) = (24, 1), (12, 2), (8, 3), (6, 4)$
このうち，m, n がともに1けたの自然数になるのは，
$n + m = 12, n - m = 2$ のとき，
$m = 5, n = 7$ より，$a = 57$
$n + m = 6, n - m = 4$ のとき，
$m = 1, n = 5$ より，$a = 15$
2 (1)① $AC \times BD \times \dfrac{1}{2} = S$ より，$a \times BD = 2S$
よって，$BD = \dfrac{2S}{a}$
(2)① $BE = 7 + 2 + 3 = 12$ (cm)
$DH = \sqrt{7^2 - 2^2} = \sqrt{45} = 3\sqrt{5}$ (cm) より，
$DE = \sqrt{(3\sqrt{5})^2 + 3^2} = \sqrt{54} = 3\sqrt{6}$ (cm)
△DHE∽△BFE より，$3 : FE = 3\sqrt{6} : 12$
$FE \times 3\sqrt{6} = 36$ より，$FE = \dfrac{36}{3\sqrt{6}} = 2\sqrt{6}$ (cm)
② DJ // BE より，△DFJ∽△EFB で，相似比は，
$DF : EF = (3\sqrt{6} - 2\sqrt{6}) : 2\sqrt{6} = \sqrt{6} : 2\sqrt{6} = 1 : 2$
$BF = \sqrt{12^2 - (2\sqrt{6})^2} = \sqrt{120} = 2\sqrt{30}$ (cm) より，
$JF = 2\sqrt{30} \times \dfrac{1}{2} = \sqrt{30}$ (cm)，$DJ = 12 \times \dfrac{1}{2} = 6$ (cm)
$BJ = 2\sqrt{30} + \sqrt{30} = 3\sqrt{30}$ (cm)
また，△DIJ∽△CIB で，相似比は，
$DJ : CB = 6 : 7$ だから，
$IJ = 3\sqrt{30} \times \dfrac{6}{6 + 7} = \dfrac{18\sqrt{30}}{13}$ (cm)

3 (1)① 辺 AB は点 B で交わる。また，辺 CG は同じ平面 BFGC 上にあり，平行でないので，交わる。
② 点 B，点 J からそれぞれ辺 EF に垂線 BP，JQ を引く。
四角形 AEFB は等脚台形だから，
PF $= (6-2) \div 2 = 2$ (cm)
よって，
BP $= \sqrt{4^2 - 2^2} = \sqrt{12} = 2\sqrt{3}$ (cm)
四角形 BFGC についても同様に図2のようにして，
FR $= (4-2) \div 2 = 1$ (cm)
BR $= \sqrt{4^2 - 1^2} = \sqrt{15}$ (cm)
ここで，
JQ : BP ($=$ JF : BF) $=$ JS : BR
より，
JQ : JS $=$ BP : BR $= 2\sqrt{3} : \sqrt{15}$
$= 2 : \sqrt{5}$
よって，
△JEF : △JFG $= \left(\frac{1}{2} \times 6 \times 2\right) : \left(\frac{1}{2} \times 4 \times \sqrt{5}\right)$
$= 6 : 2\sqrt{5} = 3 : \sqrt{5}$

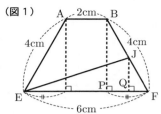
(図1)

(図2)

3△JFG $= \sqrt{5}$△JEF より，△JFG $= \frac{\sqrt{5}}{3}$△JEF
③ JF $= x$ cm とすると，FQ $= \frac{x}{2}$ cm，FS $= \frac{x}{4}$ cm より，
IJ $= 6 - \frac{x}{2} \times 2 = 6 - x$ (cm)
JK $= 4 - \frac{x}{4} \times 2 = 4 - \frac{x}{2}$ (cm) だから，
$2(6-x) + 2\left(4 - \frac{x}{2}\right) = 15$ これを解くと，
$x = \frac{5}{3}$ (cm)
よって，JK $= 4 - \frac{5}{3} \times \frac{1}{2} = \frac{19}{6}$ (cm)

(2)① 点 C から辺 HG に垂線 CT を引くと，図3より，
PM $= (4-2) \div 2 = 1$ (cm)
BM $= \sqrt{(2\sqrt{3})^2 - 1^2}$
$= \sqrt{11}$ (cm)

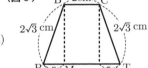
(図3)

② 立体 ABCD − ENOH を，平面 ANOD で2つの立体 AD − ENOH と立体 ABCD − NO に切り分ける。さらに，この2つの立体を，辺 AB を含み面 EFGH に垂直な平面と，辺 DC を含み面 EFGH に垂直な平面で切る。
立体 AD − ENOH は，底面積と高さが等しい2つの四角すいと1つの三角柱に分けられるから，体積は，
$\left\{\frac{1}{3} \times (3 \times 1) \times \sqrt{11}\right\} \times 2 + \left(\frac{1}{2} \times 3 \times \sqrt{11}\right) \times 2$
$= 2\sqrt{11} + 3\sqrt{11} = 5\sqrt{11}$ (cm³)
立体 ABCD − NO は，底面積と高さが等しい2つの三角すいと1つの三角柱に分けられるから，体積は，
$\left\{\frac{1}{3} \times \left(\frac{1}{2} \times 2 \times \sqrt{11}\right) \times 1\right\} \times 2 + \left(\frac{1}{2} \times 2 \times \sqrt{11}\right) \times 2$
$= \frac{2\sqrt{11}}{3} + 2\sqrt{11} = \frac{8\sqrt{11}}{3}$ (cm³)
よって，求める体積は，$5\sqrt{11} + \frac{8\sqrt{11}}{3} = \frac{23\sqrt{11}}{3}$ (cm³)
〈H. S.〉

兵 庫 県

問題 P.71

解答

1 正負の数の計算，式の計算，平方根，因数分解，比例・反比例，立体の表面積と体積，平行と合同，標本調査 (1) 6 (2) $-5y$ (3) $2\sqrt{3}$
(4) $(x-2)(x+4)$ (5) $x = -4$ (6) 18π (cm²) (7) 75 (°)
(8) ウ

2 2次方程式の応用，1次関数，関数 $y = ax^2$，相似
(1) 2 (cm) (2) ア (3)① 4 ②（秒速）$\frac{1}{2}$ (cm) ③ $t = \frac{3}{2}$

3 図形と証明，相似 (1) i．ア ii．オ (2) 10 (cm)
(3) 15 (cm) (4) $\frac{1}{10}$ (倍)

4 1次関数，関数 $y = ax^2$，円周角と中心角，三平方の定理 (1) -2 (2) $a = -\frac{1}{4}$ (3) $y = -\frac{5}{4}x + \frac{3}{2}$
(4)① $\sqrt{41}$ (cm) ② $2\sqrt{2}$

5 数の性質，連立方程式の応用，場合の数，確率
(1) 4（個） (2) $\frac{11}{36}$ (3)① $n = 21$ ② 3（回） ③ $\frac{45}{49}$

6 数の性質，数・式の利用，数・式を中心とした総合問題
(1) 25 (2) i．24 ii．$x + 16$ iii．$x - 8$
(3)① $n = 3$ ② ウ．18（枚）

解き方

1 (2) $\frac{20xy^2}{-4xy} = -5y$
(3) $4\sqrt{3} - 2\sqrt{3} = 2\sqrt{3}$
(5) y が x に反比例するとき，$y = \frac{a}{x}$ より，$xy = a$ となる。$-6 \times 2 = -12 = a$ なので，$xy = -12$ に $y = 3$ を代入して，$x = -4$
(6) 円すいの側面を展開したときにできるおうぎ形の中心角を $x°$ とすると $\frac{x}{360} = \frac{底面の円の半径}{母線の長さ} = \frac{3}{6} = \frac{1}{2}$ となる。
よって，求める面積は，$\pi \times 6^2 \times \frac{1}{2} = 18\pi$ (cm²)
(7) ∠ABC $= 50°$，∠ACB $= 55°$ となるので，△ABC の内角の和から，
∠BAC $= 180° - (50° + 55°)$
$= 75°$
$l \parallel m$ なので同位角により，
∠x $=$ ∠BAC $= 75°$

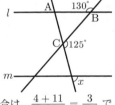

(8) 糖度が 10 度以上 14 度未満の割合は，$\frac{4+11}{50} = \frac{3}{10}$ である。
よって，$1000 \times \frac{3}{10} = 300$（個）

2 (1) △OPQ∽△OAB で OP : PQ $= 1 : 2$ である。1秒後は OP $= 1$ だから，PQ $= 2$ (cm)
(2) $0 \leqq x \leqq 2$ のとき，△OPQ は底辺 x cm，高さ $2x$ cm の三角形だから，$y = x \times 2x \times \frac{1}{2} = x^2$
このグラフはアである。
(3)① $y = x^2$ に $x = 2$ を代入して，$y = 4$
② 8秒間で点 P が A から B までの 4 cm を移動している。よって，秒速は，$\frac{4}{8} = \frac{1}{2}$ (cm)
③ $2 \leqq x \leqq 10$ のときの x と y の関係は，グラフより $y = -\frac{1}{2}x + 5$ と分かる。
$0 \leqq x \leqq 2$ と $2 \leqq x \leqq 10$ で同じ面積となることがあると

考えられる。それが t 秒後と $(t+4)$ 秒後だとすると，

$t^2 = -\dfrac{1}{2}(t+4)+5 \qquad 2t^2 = -t-4+10$

$2t^2 + t - 6 = 0 \qquad (t+2)(2t-3) = 0$

$0 \leqq t \leqq 2$ だから，$t = \dfrac{3}{2}$

3 (2)(1)より ∠ACD ＝ ∠CAD なので △DCA は二等辺三角形である。

よって，AD ＝ CD ＝ 10 (cm)

(3)(1)の証明より △ABC∽△DBA だから，

AB：DB ＝ AC：DA　　12：8 ＝ AC：10 より，

AC ＝ 15 (cm)

(4) 右の図のようにひし形 AEGF をつくる。

このとき，△AED と △AFD で

AE ＝ AF，AD 共通

∠EAD ＝ ∠FAD

だから，2 組の辺とその間の角がそれぞれ等しいので，△AED ≡ △AFD

よって，△ABD ≡ △CFD となり，CF ＝ 12 と分かる。

(3)より，AC ＝ 15 cm なので，

AE ＝ AF ＝ 15 － 12 ＝ 3 (cm)

これより，△AEF：△ABC ＝ (3×3)：(12×15) ＝ 1：20

ひし形 AEGF ＝ 2△AEF だから，$\dfrac{1 \times 2}{20} = \dfrac{1}{10}$ (倍)

4 (1) C $(2, -1)$ より，B $(2, 4)$ で，グラフは y 軸について対称なので，A の x 座標は -2 である。

(2) $y = ax^2$ に $x = 2$，$y = -1$ を代入して，

$-1 = a \times 2^2$ より，$a = -\dfrac{1}{4}$

(3) A $(-2, 4)$，C $(2, -1)$ だから，傾きは

$\dfrac{-1-4}{2-(-2)} = -\dfrac{5}{4}$

$y = -\dfrac{5}{4}x + b$ が $(-2, 4)$ を通るから，

$4 = -\dfrac{5}{4} \times (-2) + b$ より，$b = \dfrac{3}{2}$

よって，$y = -\dfrac{5}{4}x + \dfrac{3}{2}$

(4)① AC が円の直径となるから，

$AC = \sqrt{\{2-(-2)\}^2 + (-1-4)^2} = \sqrt{41}$

② AC の中点を E とすると，

$E\left(\dfrac{-2+2}{2}, \dfrac{4+(-1)}{2}\right)$ より，$E\left(0, \dfrac{3}{2}\right)$

これが円 O′ の中心となる。$ED = \dfrac{\sqrt{41}}{2}$ なので，

D $(t, 0)$ とすれば，三平方の定理より，

$OD^2 + OE^2 = ED^2$

$t^2 + \left(\dfrac{3}{2}\right)^2 = \left(\dfrac{\sqrt{41}}{2}\right)^2 \qquad t^2 = 8 \quad t > 0$ より，$t = 2\sqrt{2}$

5 (1) 6 の約数は 1，2，3，6 なので，4 個。

(2) 箱の中に 4 個の玉があるのは，1個＋3個，3個＋1個，2個＋2個 となるときである。1 個となるのは 1，3 個となるのは 4，2 個となるのは 2，3，5 の目が出たときである。

これらは合わせて，

$1 \times 1 + 1 \times 1 + 3 \times 3 = 11$ (通り)

なので，求める確率は，$\dfrac{11}{6 \times 6} = \dfrac{11}{36}$

(3)① 操作を 1 回行うごとに必ず 1 が書かれた玉を 1 つ箱に入れるので，$n = 21$

② 3 の目と 5 の目の出た回数を x 回とおく。また 4 が書

かれた玉と 6 が書かれた玉の個数が等しいので，4 と 6 の目の出た回数も等しくなる。これを y 回とおく。

1 の目が 2 回，2 の目が 5 回出たときに入れる玉の個数は $1 \times 2 + 2 \times 5 = 12$ (個) である。残り 40 個の玉は 3 ～ 6 の目が出て入れたことになる。これより，

$2x + 3y + 2x + 4y = 4x + 7y = 40\cdots$①

また，3 ～ 6 の目は全部で $21 - 7 = 14$ (回) 出ているので，

$2(x+y) = 14$ より，$x + y = 7\cdots$②

①－②×4 より，$3y = 12 \qquad y = 4$

このとき $x = 3$　よって，3 回。

③ 5 の玉は 3 個入っているので，これを取り出すと残りは 49 個である。6 の約数でない数は 4 で，これは 4 個入っているので，求める確率は $\dfrac{49-4}{49} = \dfrac{45}{49}$

6 (1) $20 + 2 \times 8 - (20-8) + 1 = 25$ (枚)

(2) i ．$25 - 1 = 24$ (枚)

ii．x 枚に 8×2 (枚) が加わるから，$x + 16$ (枚)

iii．x 枚から 8 枚を取り出したので，$x - 8$ (枚)

(3)① 作業 1 で箱 A，B，C に x 枚ずつコインを入れて，作業 2 で箱 B，C から y 枚ずつ取り出すとすると，作業 3 の終了時に箱 A に入っているコインは，

$x + 2y - (x-y) = 3y$ (枚)

となるので，3 の倍数であると言える。よって，$n = 3$

② ①より，(3の倍数)＋1 となる数を選ぶと，ウ の 55 となる。

また，$3y = 55 - 1$ より $y = 18$　よって，18 枚。

〈A. S.〉

奈良県

問題 P.74

解答 **1** 正負の数の計算，多項式の乗法・除法，平方根，連立方程式，2 次方程式，数の性質，相似，確率，平面図形の基本・作図，データの散らばりと代表値

(1)① 13　② 7　③ $x^2 - 5x - 8$

④ $-\sqrt{3}$

(2) $x = -11$，$y = 4$

(3) $x = \dfrac{-5 \pm \sqrt{21}}{2}$

(4) $a + b$

(5) 81 cm³

(6) $\dfrac{3}{8}$

(7) 右図

(8) イ，エ，オ

2 平面図形の基本・作図，円周角と中心角，相似，三平方の定理　(1)① 135 度

② (例) 2 辺 XY，XZ から距離が等しい点。

③ $2 + 2\sqrt{2}$ (cm)

(2)① イ　② $50 - \dfrac{9}{4}\pi$ (cm²)

3 1 次関数，関数 $y = ax^2$，平行線と線分の比，三平方の定理　(1) $-8 \leqq y \leqq 0$　(2) $y = x - 4$　(3) ア　(4) $\dfrac{7}{10}$

4 円周角と中心角，相似，三平方の定理

(1) (証明) (例) △AEF と △BCE において

仮定より，∠AFE ＝ 90°…①　∠BEC ＝ 90°…②

①，②より，∠AFE ＝ ∠BEC…③

1 つの弧に対する円周角は等しいので，

∠EAF ＝ ∠CBE…④

旺文社 2024 全国高校入試問題正解

③, ④より, 2組の角がそれぞれ等しいので,
△AEF∽△BCE
(2) $180° − 2a°$
(3)① $12\ \text{cm}^2$ ② $\dfrac{5\sqrt{5}}{2}$ cm

解き方 **1** (1)① (与式) $= 7 + 6 = 13$
② (与式) $= 15 + (−8) = 7$
③ (与式) $= x^2 − 3x − 10 − 2x + 2 = x^2 − 5x − 8$
④ (与式) $= 2\sqrt{3} − 3\sqrt{3} = −\sqrt{3}$
(2) $\begin{cases} x + 4y = 5 & \cdots① \\ 4x + 7y = −16 & \cdots② \end{cases}$
①より, $x = −4y + 5 \cdots③$
③を②に代入して, $4(−4y + 5) + 7y = −16$
$−9y = −36$ $y = 4$ ③に代入して,
$x = −4 × 4 + 5 = −11$
(3) 解の公式より,
$x = \dfrac{−5 ± \sqrt{5^2 − 4 × 1 × 1}}{2 × 1} = \dfrac{−5 ± \sqrt{21}}{2}$
(4) $−b > 0$, $ab > 0$, $\dfrac{a}{b} > 0$ となるので, $a + b$ の値が最も小さくなる。
(5) $A : B = 2^3 : 3^3$ より, $24 : B = 8 : 27$
$8B = 24 × 27$ $B = 81\ (\text{cm}^3)$
(6) 表を○, 裏を×とすると,

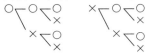

点Pが原点Oにあるのは, 表が2回, 裏が1回出るときなので, 求める確率は, $\dfrac{3}{8}$
(7)① 線分ABの垂直二等分線をかく。
② 点Cを通るような①の垂線をかく。
(8) ア. 1年生が10分以上15分未満, 3年生が15分以上20分未満にある。
ウ. 1年生は, $75 × 0.76 = 57$ (人),
3年生は, $90 × 0.76 = 68.4$ (人) である。
2 (1)① ∠PXQ $= 45°$, ∠XPO $= 90°$, ∠XQO $= 90°$ となるので, ∠POQ $= 360° − 45° − 90° × 2 = 135°$
③ 直線OQと線分XYの交点をSとする。線分XOは∠SXQの二等分線なので, XS : XQ $=$ SO : QO
ここで, △XSQは直角二等辺三角形より,
XS : XQ $= \sqrt{2} : 1$ となるので, SO : QO $= \sqrt{2} : 1$
SO : 2 $= \sqrt{2} : 1$ SO $= 2\sqrt{2}$ (cm)
よって, XP $=$ XQ $=$ SQ $= 2 + 2\sqrt{2}$ (cm)
(2)② 求める面積は, △XYZから右図の斜線部分の面積を2つ引けばよい。
よって,
$\dfrac{1}{2} × 10 × 10 − π × 3^2 × \dfrac{45}{360} × 2$
$= 50 − \dfrac{9}{4}π$ (cm²)

3 (1) $x = −4$ のとき,
$y = −\dfrac{1}{2} × (−4)^2 = −8$
よって, $−8 ≦ y ≦ 0$
(2) C $(−4, −8)$, D $(2, −2)$ なので, 求める直線の式を
$y = cx + d$ とすると, $−8 = −4c + d \cdots①$
$−2 = 2c + d \cdots②$ ①, ②より, $c = 1$, $d = −4$
よって, $y = x − 4$

(3) A $(−4, 16a)$, B $(2, 4a)$ となる。
ア. $\dfrac{4a − 16a}{2 − (−4)} = −2a$
イ. $\sqrt{\{2 − (−4)\}^2 + (4a − 16a)^2} = \sqrt{36 + 144a^2}$
ウ. 直線ABの式を, $y = −2ax + b$ とすると, B $(2, 4a)$ を通るので, $4a = −4a + b$ $b = 8a$
よって, E $(0, 8a)$ となるので,
△OAB $= \dfrac{1}{2} × 8a × \{2 − (−4)\} = 24a$
エ. AE : EB $= 4 : 2 = 2 : 1$
(4) 直線ODと直線ACの交点をFとする。直線ODの式は, $y = −x$ より, 点Fの座標は $(−4, 4)$ となる。四角形ACDBは台形より, 直線ODが面積を2等分するのは,
AF $+$ BD $=$ FC となるときなので,
$(16a − 4) + \{4a − (−2)\} = 4 − (−8)$ $20a = 14$
$a = \dfrac{7}{10}$
4 (2) ∠CBE $=$ ∠DAE $= a°$ より,
∠BCE $= 180° − 90° − a° = 90° − a°$
また, ∠AEF $=$ ∠BCE $= 90° − a°$ より,
∠GEC $=$ ∠AEF $= 90° − a°$
よって, ∠BGE $=$ ∠GCE $+$ ∠GEC
$= (90° − a°) + (90° − a°) = 180° − 2a°$
(3)① ∠BEG $= 180° − (180° − 2a°) − a° = a°$ より,
∠GBE $=$ ∠GEB $= a°$ となるので, GB $=$ GE
また, ∠GEC $=$ ∠GCE $= 90° − a°$ より, GC $=$ GE となるので, GB $=$ GC となる。ここで,
△BEC∽△AED より, CE : DE $=$ BE : AE
CE : 3 $= 8 : 4$ 4CE $= 24$ CE $= 6$ (cm)
よって, △CEG $= \dfrac{1}{2} × 6 × 8 × \dfrac{1}{2} = 12$ (cm²)
② 右図のように点Hをとると, △ABEにおいて, 三平方の定理より,
AB² $= 8^2 + 4^2 = 80$
AB > 0 より,
AB $= 4\sqrt{5}$ (cm)
ここで, ∠BHA $=$ ∠BDA より, △ABH∽△AED となるので, BH : ED $=$ AB : AE
BH : 3 $= 4\sqrt{5} : 4$
4BH $= 4\sqrt{5} × 3$ BH $= 3\sqrt{5}$ (cm)
△ABHにおいて, 三平方の定理より,
AH² $= (4\sqrt{5})^2 + (3\sqrt{5})^2 = 125$
AH > 0 より, AH $= 5\sqrt{5}$ (cm)
よって, 円Oの半径は, $\dfrac{5\sqrt{5}}{2}$ (cm)

〈A. H.〉

解　答　　　　　　　　　　　　　　　　　　　数学 | 50

和 歌 山 県

問題
P.76

解答

1 正負の数の計算，式の計算，平方根，多項式の乗法・除法，因数分解，データの散らばりと代表値，関数 $y = ax^2$，円周角と中心角

〔問1〕(1) -4　(2) $\dfrac{1}{5}$　(3) $5a - 2b$　(4) $-2\sqrt{3}$　(5) $2a^2 - 3$

〔問2〕$(x - 6)^2$　〔問3〕9 個　〔問4〕ア．0.08　イ．144

〔問5〕$y = -2x^2$　〔問6〕104 度

2 空間図形の基本，相似，数の性質，数・式の利用，確率，連立方程式の応用，データの散らばりと代表値

〔問1〕(1) E　(2) $1 : 26$　〔問2〕(1) 緑色　(2) $(2n + 5)$ cm

〔問3〕$\dfrac{4}{9}$

〔問4〕ドーナツを x 個，カップケーキを y 個つくったとすると，

$$\begin{cases} x + y = 18 & \cdots ① \\ 25x + 15y = 400 & \cdots ② \end{cases}$$

②$-$①$\times 15$ より，$10x = 130$　　$x = 13$

$x = 13$ を①に代入すると，$13 + y = 18$　　$y = 5$

$(x, y) = (13, 5)$　　この解は問題にあっている。

ドーナツ 13 個，カップケーキ 5 個

〔問5〕15 人の記録の中央値 25 m は，大きい方から 8 番目の生徒の記録である。

よって，太郎さんの記録 24.0 m は，中央値より小さいから，上位 8 番以内に入ることはない。

3 1 次関数，三平方の定理　〔問1〕2

〔問2〕$y = -x + 6$　〔問3〕$2 + 4\sqrt{3}$

〔問4〕$(0, -2)$，$(0, 8)$

4 三角形，平行四辺形，相似，三平方の定理

〔問1〕56 度　〔問2〕$\sqrt{34}$ cm

〔問3〕$\triangle$OBE と $\triangle$ODF で，

O は平行四辺形の対角線の交点だから，

OB $=$ OD$\cdots ①$

BE // FD より，錯角は等しいから，

$\angle$OBE $= \angle$ODF$\cdots ②$

対頂角は等しいから，

$\angle$BOE $= \angle$DOF$\cdots ③$

①，②，③より，1 組の辺とその両端の角がそれぞれ等しいので，$\triangle$OBE $\equiv \triangle$ODF

対応する辺だから，OE $=$ OF$\cdots ④$

①，④より，四角形 BEDF の対角線はそれぞれの中点で交わるので，四角形 BEDF は平行四辺形である。

〔問4〕$\dfrac{2}{5}$ 倍

解き方

1 〔問1〕(2) $\dfrac{8}{5} - \dfrac{7}{5} = \dfrac{1}{5}$

(3) $6a + 3b - a - 5b = 5a - 2b$

(4) $\dfrac{9 \times \sqrt{3}}{\sqrt{3} \times \sqrt{3}} - 5\sqrt{3} = 3\sqrt{3} - 5\sqrt{3} = -2\sqrt{3}$

(5) $a^2 + 2a + a^2 - 2a - 3 = 2a^2 - 3$

〔問3〕絶対値が 4 以下の整数は，

-4，-3，-2，-1，0，1，2，3，4 の 9 個。

〔問4〕$\boxed{ア} = 16 \div 200 = 0.08$

$\boxed{イ} = 24 + 56 + 64 = 144$

〔問5〕求める式を $y = ax^2$ として，$x = 3$，$y = -18$ を代入すると，$-18 = a \times 3^2$　　$a = -2$

よって，$y = -2x^2$

〔問6〕$\overset{\frown}{AC}$ の円周角の大きさを $\angle y$ とすると，

$\overset{\frown}{BC} : \overset{\frown}{AC} = \angle$BDC : $\angle y$ より，$3 : 4 = 39° : \angle y$

これを解いて，$\angle y = 52°$

$\overset{\frown}{AC}$ で，円周角の定理より，$\angle x = 2\angle y = 2 \times 52° = 104°$

2 〔問1〕(1) 正四角錐 P をつくると，図 1 の辺 AD と辺 ED が重なるから，点 A と重なる点は，E となる。

(2) 立体 P と立体 Q は相似で，相似比は $3 : 1$ だから，体積の比は $3^3 : 1^3 = 27 : 1$ となる。

よって，(Q の体積) : (R の体積) $= 1 : (27 - 1) = 1 : 26$

〔問2〕(1) 13 を 3 でわると 4 あまり 1 だから，緑。

(2) $2 \times n + (7 - 2) = 2n + 5$

〔問3〕すべての場合の数は，$6 \times 6 = 36$（通り）

12 の約数は，$\{1, 2, 3, 4, 6, 12\}$ より，

2 つのさいころの出る目を (a, b) とすると，

出る目の数の積が 12 の約数となる場合は，以下の通りとなる。

$(a, b) = (1, 1)$，$(1, 2)$，$(2, 1)$，$(1, 3)$，$(3, 1)$，$(1, 4)$，$(4, 1)$，$(2, 2)$，$(1, 6)$，$(6, 1)$，$(2, 3)$，$(3, 2)$，$(2, 6)$，$(6, 2)$，$(3, 4)$，$(4, 3)$ の 16 通り。

したがって，$\dfrac{16}{36} = \dfrac{4}{9}$

3 〔問1〕$\dfrac{(y \text{ の増加量})}{(x \text{ の増加量})} = \dfrac{1}{2}$ より，

$(y \text{ の増加量}) = \dfrac{1}{2} \times 4 = 2$

〔問2〕求める直線の式を $y = ax + b$ とおく。

点 A を通るから，$x = 2$，$y = 4$ を代入すると，

$4 = 2a + b \cdots ①$

点 P を通るから，$x = 6$，$y = 0$ を代入すると，

$0 = 6a + b \cdots ②$

①，②を連立して解くと，$a = -1$，$b = 6$

よって，$y = -x + 6$

〔問3〕点 A から x 軸に垂線 AH をひくと，H $(2, 0)$

また，$\triangle$AHP は，$\angle$AHP $= 90°$，$\angle$HPA $= 30°$ の直角三角形だから，

AH : HP $= 1 : \sqrt{3}$　　$4 :$ HP $= 1 : \sqrt{3}$　　HP $= 4\sqrt{3}$

よって，P の x 座標は，$2 + 4\sqrt{3}$

〔問4〕$\triangle$ABP

$= 4 \times 4 - \dfrac{1}{2} \times 4 \times 3 - \dfrac{1}{2} \times 2 \times 4 - \dfrac{1}{2} \times 2 \times 1 = 5$

$\triangle$ABQ $= \dfrac{1}{2} \times$ BQ $\times 2 =$ BQ

$\triangle$ABP $= \triangle$ABQ より，BQ $= 5$

すなわち，点 Q は点 B $(0, 3)$ から 5 離れた y 軸上にあればよい。

したがって，点 Q は，$(0, -2)$ または $(0, 8)$

4 〔問1〕$\angle$BCD $+ \angle$ABC $= 180°$ より，

$\angle$ABC $= 62°$

また，$\triangle$ABE は，AB $=$ AE の二等辺三角形だから，

$\angle$BAE $= 180° - 62° \times 2 = 56°$

〔問2〕AD // BC より，錯角は等しいから，

$\angle$DAE $= \angle$AEB $= 90°$

$\triangle$AED で，三平方の定理より，

DE $= \sqrt{5^2 + 3^2} = \sqrt{34}$ (cm)

〔問4〕$\triangle$GAH $\infty \triangle$GBE より，AH : BE $=$ GA : GB

AH : 3 $= 2 : (2 + 4)$　　AH $= 1$ (cm)

平行四辺形 ABCD で，底辺を BC としたときの高さを h とすると，

(平行四辺形 ABCD の面積) $= (3 + 2) \times h = 5h \cdots ①$

● 旺文社 2024 全国高校入試問題正解

また，(台形 ABEH の面積) $= (1 + 3) \times h \div 2 = 2h \cdots$ ②
①，②より，$2h \div 5h = \dfrac{2}{5}$ (倍)

〈M. S.〉

鳥取県 問題 P.77

解答

1 正負の数の計算，平方根，式の計算，因数分解，2次方程式，関数 $y = ax^2$，円周角と中心角，確率，数の性質，多項式の乗法・除法，平面図形の基本・作図，平行と合同，平行四辺形 ▌ 問1．(1) -4 (2) $-\dfrac{3}{4}$
(3) $5\sqrt{2}$ (4) $2x + 1$ (5) $-6xy^2$
問2．$(x - 1)(x - 2)$
問3．$x = \dfrac{1 \pm \sqrt{13}}{6}$
問4．10
問5．50度
問6．$\dfrac{5}{8}$
問7．$n = 42$
問8．(1) ア．$2n + 2$ イ．4
(2) ウ．(例) どちらか一方が偶数である
問9．右上図
問10．(1) a．イ b．エ (2) c．ウ d．カ
(3) e．1組の辺とその両端の角

2 データの散らばりと代表値
問1．クラス3組　四分位範囲5冊
問2．エ　問3．(1) ウ　(2) 2組　(3) 6冊

3 連立方程式の応用，1次関数 ▌ 問1．16時12分
問2．(1) (例) $\begin{cases} a + b + 2 = 15 \\ 50a + 75b = 900 \end{cases}$ (2) 150 m　(3) 3回
(4) $\dfrac{8}{5}$ 分

4 立体の表面積と体積，相似，三平方の定理 ▌
問1．$2\sqrt{15}$ cm　問2．$\dfrac{4\sqrt{15}}{15}$ cm
問3．(1) 12π cm^2 (2) $4\sqrt{5}$ cm

5 1次関数，関数 $y = ax^2$，関数を中心とした総合問題 ▌
問1．(1) $x = 2$ のとき…$y = 2$，$x = 6$ のとき…$y = 12$
(2) $y = \dfrac{1}{2}x^2$　(3) イ
問2．ア．$x - 4$　イ．x　ウ．$2x$
問3．$S_1 : S_2 = 1 : 1$

解き方　**1** 問1．(1) $-6 - (-2) = -6 + 2 = -4$
(2) $-\dfrac{2}{3} \div \dfrac{8}{9} = -\dfrac{2}{3} \times \dfrac{9}{8} = -\dfrac{3}{4}$
(3) $6\sqrt{2} - \sqrt{18} + \sqrt{8} = 6\sqrt{2} - 3\sqrt{2} + 2\sqrt{2} = 5\sqrt{2}$
(4) $4(2x + 1) - 3(2x + 1) = 8x + 4 - 6x - 3 = 2x + 1$
(5) $3xy \times 2x^3y^2 \div (-x^3y) = \dfrac{3xy \times 2x^3y^2}{-x^3y} = -6xy^2$
問2．$x^2 - 3x + 2 = (x - 1)(x - 2)$
問3．$3x^2 - x - 1 = 0$
$x = \dfrac{-(-1) \pm \sqrt{(-1)^2 - 4 \times 3 \times (-1)}}{2 \times 3} = \dfrac{1 \pm \sqrt{13}}{6}$
問4．変化の割合 $= \dfrac{y \text{の増加量}}{x \text{の増加量}} = \dfrac{2 \times 4^2 - 2 \times 1^2}{4 - 1}$
$= \dfrac{30}{3} = 10$
問5．$\angle x = 90° - 40° = 50°$

問6．玉の取り出し方は全部で16通りあり，$a + b$ も16通りある。このうち，24の約数は10通りある。よって，求める確率は $\dfrac{10}{16} = \dfrac{5}{8}$ である。
問7．$168n = 2^3 \times 3 \times 7n$ が平方数（整数の2乗）となる最小の自然数 n は，
$n = 2 \times 3 \times 7 = 42$

a＼b	1	2	3	4
1	②	③	④	5
2	③	4	5	⑥
3	④	5	⑥	7
4	5	⑥	7	⑧

問9．辺 AB の垂直二等分線と辺 AB との交点が点 D である。

2 この問題では，表と図Ⅰの箱ひげ図と図Ⅱのヒストグラムがもれなく対応している。そのため，これらの対応関係を把握して問題を解くとよい。
第1四分位数は，2組のみが3冊であるから，図Ⅰウと図Ⅱアが対応する。第3四分位数は，3組のみが9冊であるから，図Ⅰイと図Ⅱイが対応する。残り2組の最小値を比較すると，1組が図Ⅰエと図Ⅱウに対応し，4組は図Ⅰアと図Ⅱエに対応することがわかる。
よって，右の対応表のようになる。

	図Ⅰ箱	図Ⅱヒ
1組	エ	ウ
2組	ウ	ア
3組	イ	イ
4組	ア	エ

問1．四分位範囲は箱ひげ図が分かりやすい。最も大きいクラスは，図Ⅰイであるから3組である。
問2．1組の箱ひげ図は図Ⅰエである。
問3．(1) 1組のヒストグラムは図Ⅱウである。
(2) 7冊の相対度数が 0.2 より，$30 \times 0.2 = 6$ (人) である。ヒストグラムでは図Ⅱアとなり，対応表から2組である。
(3) 対応表から，4組のヒストグラムは図Ⅱエであり，6冊について対称な形となっているので平均値は6冊である。

3 問1．1往復6分だから，学校に到着するのは，16時12分である。
問2．(1) 時間についての関係式は，$2 + a + b = 15$
道のりについての関係式は，$50a + 75b = 900$
よって，連立方程式は，$\begin{cases} a + b + 2 = 15 \\ 50a + 75b = 900 \end{cases}$ である。
(2) (1)の第1式より，$b = 13 - a$ これを第2式に代入して，
$50a + 75(13 - a) = 900 \quad 2a + 3(13 - a) = 36$
$2a + 39 - 3a = 36 \quad a = 3,\ b = 10$
よって，求める道のりは，$50 \times 3 = 150$ (m)
(3) きょうこさんを K，じょうじさんを J とする。K と J のグラフを完成させると下のようになる。よって，求める回数は3回である。

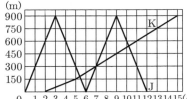

(4) 横軸を x 分，縦軸を y m とする。時計店からの K の式は，$y = 75x + c$ とおける。この直線が点 (15, 900) を通るから，$900 = 75 \times 15 + c \quad c = -225$
よって，$y = 75x - 225 \ (5 \leqq x \leqq 15)$ …①
$3 \leqq x \leqq 6$ のときの J の式は，$y = -300x + d$ とおける。この直線が点 (6, 0) を通るから，
$0 = -300 \times 6 + d \quad d = 1800$

よって，$y = -300x + 1800$ $(3 \leqq x \leqq 6)$
これと①とを連立させて解くと，
$75x - 225 = -300x + 1800$ $375x = 2025$ $x = 5.4$
$6 \leqq x \leqq 9$ のときの J の式は，$y = 300x + e$ とおける。
この直線が点 $(6, 0)$ を通るから，
$0 = 300 \times 6 + e$ $e = -1800$
よって，$y = 300x - 1800$ $(6 \leqq x \leqq 9)$
これと①とを連立させて解くと，
$75x - 225 = 300x - 1800$ $225x = 1575$ $x = 7$
したがって，求める時間は，$7 - 5.4 = 1.6 = \dfrac{8}{5}$ (分)

4 問 1．三平方の定理より，
$AC = \sqrt{8^2 - 2^2} = \sqrt{60} = 2\sqrt{15}$ (cm)
問 2．△ABC∽△AOM より，BC : AC = OM : AM
$2 : 2\sqrt{15} = OM : 4$ $OM = \dfrac{8}{2\sqrt{15}} = \dfrac{4\sqrt{15}}{15}$ (cm)
問 3．(1) おうぎ形の面積は，(弧の長さ) × (半径) ÷ 2 で求められるから，側面の面積は，
$4\pi \times 8 \div 2 = 2\pi \times 4 \div 2 = 12\pi$ (cm²)
(2) 右図のおうぎ形の中心角を a，半径を r，弧 BE の長さを l とする。おうぎ形の面積を 2 通りに表すことにより，
$\pi r^2 \times \dfrac{a}{360°} = \dfrac{1}{2}lr$
$a = \dfrac{360° lr}{2\pi r^2} = \dfrac{180° \times 2\pi}{\pi \times 4} = 90°$

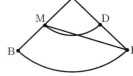

△AME に三平方の定理を用いると，
$ME = \sqrt{4^2 + 8^2} = \sqrt{80} = 4\sqrt{5}$ (cm)

5 問 1．(1) $x = 2$ のとき，△OPQ は底辺 2 cm，高さ 2 cm だから，$y = 2 \times 2 \div 2 = 2$ (cm²)
$x = 6$ のとき，△OPQ は底辺 6 cm，高さ 4 cm だから，$y = 6 \times 4 \div 2 = 12$ (cm²)
(2) $0 \leqq x \leqq 4$ のとき，△OPQ は底辺 x cm，高さ x cm だから，$y = x \times x \div 2 = \dfrac{1}{2}x^2$ (cm²)   よって，$y = \dfrac{1}{2}x^2$
(3) $4 \leqq x \leqq 12$ のとき，△OPQ は底辺 x cm，高さ 4 cm だから，$y = x \times 4 \div 2 = 2x$ (cm²)
よって，正しい選択肢はイである。
問 2．EQ $= x - OE = x - 8$ (cm)，
DP $= OA + AB + BP - AB = x - 4$ (cm)，
OR $= OE + EQ = x$ (cm) だから，
$y = OR \times DP \div 2 - OR \times EQ \div 2$
$= \dfrac{1}{2}x(x - 4) - \dfrac{1}{2}x(x - 8) = 2x$ (cm²)
問 3．図形Ⅲの三角形 OPQ の面積は，底辺 x cm，高さ 4 cm より，$S_1 = 2x$
図形Ⅳの三角形 OPQ の面積は，問 2 の結果より，$S_2 = 2x$ (cm²)
よって，$S_1 : S_2 = 1 : 1$

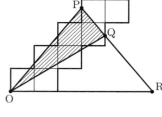

〈T. E.〉

島 根 県

問題 P.81

解　答

1 正負の数の計算，平方根，2 次方程式，式の計算，円周角と中心角，三平方の定理，比例・反比例，1 次方程式の応用，数・式の利用，多項式の乗法・除法
問 1．-2　問 2．$4\sqrt{5}$　問 3．$x = \dfrac{-1 \pm \sqrt{17}}{2}$
問 4．$5a + 3b > 1000$　問 5．$\angle x = 72°$　問 6．$\sqrt{13}$
問 7．エ　問 8．3 問解く日 15 日，5 問解く日 5 日
問 9．1．$a = n - 7$　2．ア

2 確率，空間図形の基本
問 1．1．$\dfrac{3}{4}$　2．$\dfrac{1}{2}$　3．$\dfrac{9}{16}$
問 2．1．エ
2．(Ⅰ)（例）1 つの直線上に並んでいる　(Ⅱ) イ

3 データの散らばりと代表値，1 次関数
問 1．1．(1) 8000 円　(2) イ，ウ
2．(1) 0.16
(2) イ
問 2．1．右図
2．$y = 20x + 100$
3．32 km/h

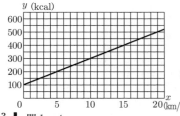

4 関数 $y = ax^2$　問 1．4
問 2．1．ウ　2．$0 \leqq y \leqq \dfrac{9}{2}$
問 3．1．3　2．(1) 1　(2) Q $(-4, 0)$　3．$\sqrt{2}$，$\sqrt{6}$

5 平面図形の基本・作図，平行と合同，相似，三平方の定理
問 1．1．△A'CD
2．右図
問 2．1．(証明)（例）
△A'FE と △CFB において，
対頂角は等しいので，
∠A'FE = ∠CFB…①
A'E // BC より，
錯角は等しいので，
∠A'EF = ∠CBF…②
①，②より，2 組の角がそれぞれ等しい。
よって，△A'FE∽△CFB

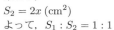

2．∠CEB，∠BCE　3．$\dfrac{10}{7}$
問 3．$\dfrac{15\sqrt{3}}{13}$

解き方

1 問 1．(与式) $= 2 - 4 = -2$
問 2．(与式) $= 2\sqrt{5} + 2\sqrt{5} = 4\sqrt{5}$
問 3．解の公式より，
$x = \dfrac{-1 \pm \sqrt{1^2 - 4 \times 1 \times (-4)}}{2 \times 1} = \dfrac{-1 \pm \sqrt{17}}{2}$
問 5．∠BAC = ∠BDC = 24° より，
$\angle x = \angle BAC + \angle ABD = 24° + 48° = 72°$
問 6．$AB^2 = (3 - 1)^2 + (5 - 2)^2 = 13$
$AB > 0$ より，$AB = \sqrt{13}$
問 7．ア．$y = 2\pi x$　イ．$y = \pi x^2$　ウ．$y = 10 - x$
エ．$xy = 20$ より，$y = \dfrac{20}{x}$
問 8．3 問解く日を x 日，5 問解く日を $(20 - x)$ 日とす

ると，$3x+5(20-x)=70$　　$-2x=-30$
$x=15$（日）　また，$20-15=5$（日）
問 9．2．$a=n-7$，$b=n+7$，$c=n-1$，$d=n+1$ より，
$bc-ad=(n+7)(n-1)-(n-7)(n+1)$
$=n^2+6n-7-(n^2-6n-7)=12n$
よって，12 の倍数である。

2 問 1．2．赤球 3 個を①，②，③，白球 1 個を△とする。

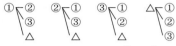

よって，求める確率は，$\dfrac{6}{12}=\dfrac{1}{2}$

3．

よって，求める確率は，$\dfrac{9}{16}$

問 2．1．エは，右図のようになる。
2．（Ⅱ）下図のように展開図で考えると，点 P を通る直線と点 P′ を通る直線は平行である。

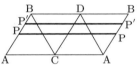

3 問 1．1．(2)ア．26 台以上。
イ．安い方から数えて 13 台目である。
ウ．最小値が 10000 円より大きい。
エ．11000 円は中央値。
2．(1)　$\dfrac{8}{50}=0.16$
(2) 9000 円以上 10000 円未満の自転車の台数は，①8 台②6 台。A 店の第 1 四分位数は 8000 円で，安い方から数えて 13 台目である。
問 2．2．求める式を $y=ax+b$ とおくと，
2 点 $(5, 200)$，$(20, 500)$ を通るので，
$200=5a+b\cdots$①　　$500=20a+b\cdots$②
②－①より，$15a=300$　　$a=20$
①に代入して，$b=100$
よって，$y=20x+100$
3．$740=20x+100$　　$20x=640$　　$x=32$ (km/h)

4 問 1．$2-(-2)=4$
問 2．1．ア．$\dfrac{2-0}{2-0}=1$　　イ．$\dfrac{8-2}{4-2}=3$
ウ．$\dfrac{18-8}{6-4}=5$
2．$x=-3$ のとき，$y=\dfrac{1}{2}\times(-3)^2=\dfrac{9}{2}$
よって，$0\leqq y\leqq\dfrac{9}{2}$
問 3．1．$A(-2, 2)$，$B(2, 2)$，$P\left(1, \dfrac{1}{2}\right)$ より，
$\triangle APB=\dfrac{1}{2}\times\{2-(-2)\}\times\left(2-\dfrac{1}{2}\right)=3$
2．(1) $P(4, 8)$ より，$\dfrac{8-2}{4-(-2)}=1$
(2) 直線 AP の傾きが 1 より，点 A から下へ 2 進むと左へ 2 進むので，点 Q の x 座標は，$-2-2=-4$ より，
$Q(-4, 0)$
3．$P\left(p, \dfrac{1}{2}p^2\right)$ となる。AB を底辺とすると，

（△APB の高さ）：（△AQB の高さ）$=1:2$ となればよい。
① $0<p<2$ のとき，
$\left(2-\dfrac{1}{2}p^2\right):2=1:2$　　$4-p^2=2$　　$p^2=2$
$0<p<2$ より，$p=\sqrt{2}$
② $p>2$ のとき，
$\left(\dfrac{1}{2}p^2-2\right):2=1:2$　　$p^2-4=2$　　$p^2=6$
$p>2$ より，$p=\sqrt{6}$

5 問 1．2．$\angle A'CD=\angle ACD$ より，$\angle C$ の二等分線をひけばよい。
問 2．2．$\angle CEB=\angle CAE+\angle ACE=\angle a+\angle b$
また，$\angle CA'E=\angle CAE=\angle a$
A′E∥BC より，$\angle BCF=\angle CA'E=\angle a$
$\angle A'CE=\angle ACE=\angle b$
よって，$\angle BCE=\angle a+\angle b$
3．$EF=x$ とする。
$\angle CEB=\angle BCE$ より，△BCE は二等辺三角形となるので，$BE=BC=5$
A′E∥BC より，$EF:BF=A'E:CB$
$x:(5-x)=2:5$　　$5x=2(5-x)$　　$7x=10$
$x=\dfrac{10}{7}$
問 3．点 A から直線 BC に
垂線 AH をひく。
$\angle BCG=90°$，
$\angle ACG=\angle A'CG$ より，
$\angle ACH=90°-30°=60°$
△ACH は 30°，60°，90° の直角三角形なので，
$CH:AC:AH=1:2:\sqrt{3}=\dfrac{3}{2}:3:\dfrac{3}{2}\sqrt{3}$
よって，GC∥AH より，$CG:HA=BC:BH$
$CG:\dfrac{3}{2}\sqrt{3}=5:\left(5+\dfrac{3}{2}\right)$　　$\dfrac{13}{2}CG=\dfrac{15}{2}\sqrt{3}$
$CG=\dfrac{15\sqrt{3}}{13}$

〈A. H.〉

解 答　　　　　　　　　　　　　　　　数学 | 54

岡 山 県

問題 P.83

解答 **1** 正負の数の計算，式の計算，平方根，2 次方程式の応用，比例・反比例，確率，数の性質，円周角と中心角，三平方の定理 ▎ (1) 6　(2) 20　(3) -10

(4) $\dfrac{8}{3}a^2$　(5) $-7-3\sqrt{3}$

(6) (例) ある正の整数を x とすると，

ある正の整数から 3 をひいた数は $x-3$ と表される。

これを 2 乗すると 64 であるから，

$(x-3)^2 = 64$

$x-3 = \pm 8$

$x-3 = 8$ のとき $x = 11$

$x-3 = -8$ のとき $x = -5$

よって，$x = 11$，-5

x は正の整数だから，$x = -5$ は問題にあわない。

$x = 11$ は問題にあっている。

答　11

(7) $y = -\dfrac{3}{x}$　(8) $1-p$　(9) (例) $a = 3$

(10) $\dfrac{16}{3}\pi - 4\sqrt{3}$ (cm^2)

2 データの散らばりと代表値 ▎ (1)① ア　② ウ　(2) イ

(3) 2010 年　ウ，2015 年　イ，2020 年　ア

3 数の性質，連立方程式の応用 ▎

(1)① $180x + 120y = 1500$

② プリン 7 個，シュークリーム 2 個

(2)① 4　② シュークリーム 8 個，ドーナツ 6 個

4 1 次関数，関数 $y = ax^2$，三平方の定理 ▎

(1)① $a = \dfrac{1}{4}$　② $0 \leqq y \leqq 4$

(2) -1　(3) $y = 2x - 4$

5 平行と合同，図形と証明，平行四辺形 ▎

(1)(あ) イ　(い) オ　(2)(う) ウ

(3)① (証明)（例）△BCF と △GFC において，

円 M の半径は線分 BF の長さと等しいから，

BF = GC…①

円 N の半径は線分 BC の長さと等しいから，

BC = GF…②

また，共通な辺だから，

CF = FC…③

①，②，③から，

3 組の辺がそれぞれ等しいので，

△BCF ≡ △GFC

②(え) ウ

解き方 **1** (10) ∠COB = 120° であるから，

$16\pi \times \dfrac{120}{360} - \dfrac{1}{2} \times 4\sqrt{3} \times 2$

$= \dfrac{16}{3}\pi - 4\sqrt{3}$ (cm^2)

3 (1)② $x+y = 9$　①より，$3x + 2y = 25$

よって，$x = 7$，$y = 2$

(2)① $120a + 90b = 1500$ より，$4a + 3b = 50$

よって，$(a, b) = (2, 14)$，$(5, 10)$，$(8, 6)$，$(11, 2)$ の 4 組

② $a \leqq 8$ かつ $b \leqq 8$ より，$a = 8$，$b = 6$

4 (2) 点 F から直線 AP に垂線 FH を引くと，

FH = 4，AH = 3 より，AF = 5

よって，PA + AF = 4 + 5 = 9

したがって，この値は点 P と点 $(4, -1)$ の間の距離と等

しい。

また，∠QBF = 90° であるから，

QB + BF = 7 + 2 = 9

したがって，この値は点 Q と点 $(-2, -1)$ の間の距離と等しい。

(3) P$'$ $(4, -1)$ とすると，AF = AP$'$

l は ∠FAP$'$ の二等分線になるので，l は線分 FP$'$ の中点 $(2, 0)$ を通る。

5 (3) 四角形 BCGF が平行四辺形になるように点 G を定める。

〈K. Y.〉

広 島 県

問題 P.86

解答 **1** 正負の数の計算，式の計算，平方根，多項式の乗法・除法，2 次方程式，比例・反比例，立体の表面積と体積，データの散らばりと代表値 ▎ (1) -3

(2) $4x$　(3) $2\sqrt{2}$　(4) $x^2 - 12xy + 36y^2$

(5) $x = \dfrac{-3 \pm \sqrt{29}}{2}$　(6) 10 個　(7) 16 cm^3　(8) ウ

2 関数 $y = ax^2$，データの散らばりと代表値，数・式の利用 ▎ (1) $0 \leqq y \leqq 20$　(2) 150 分

(3) (例) 十の位の数が a，一の位の数が b の 2 桁の自然数は $10a + b$，十の位の数と一の位の数を入れかえた自然数は $10b + a$ と表すことができる。

もとの自然数を 4 倍した数と，入れかえた自然数を 5 倍した数の和は

$4(10a + b) + 5(10b + a) = 45a + 54b = 9(5a + 6b)$

$5a + 6b$ は整数だから，$9(5a + 6b)$ は 9 の倍数である。

したがって，もとの自然数を 4 倍した数と，入れかえた自然数を 5 倍した数の和は 9 の倍数になる。　（説明終わり）

3 平行線と線分の比，平行四辺形，相似 ▎

(1) 40 度　(2) 10

4 平行と合同，1 次関数 ▎ (1) 9　(2) $-\dfrac{1}{3}$

5 確率，1 次方程式の応用，連立方程式の応用 ▎ (1) $\dfrac{2}{5}$

(2) (例) 在校生インタビューの配分時間を x 秒，部活動紹介の配分時間を y 秒とすると，

$\begin{cases} x + y = 300 & \cdots① \\ \dfrac{y-30}{3} = \dfrac{x}{3} \times 1.5 & \cdots② \end{cases}$

②を整理すると，$-3x + 2y = 60$…③

①×3＋③より，$5y = 960$　$y = 192$

これを①に代入すると，$x + 192 = 300$　$x = 108$

$x = 108$，$y = 192$ は問題に適している。

したがって，108 秒は 1 分 48 秒であるから，在校生インタビューの配分時間は 1 分 48 秒である。また，192 秒は 3 分 12 秒であるから，部活動紹介の配分時間は 3 分 12 秒である。

| ア | に当てはまる配分時間は 1 分 48 秒

| イ | に当てはまる配分時間は 3 分 12 秒

6 図形を中心とした総合問題 ▎

(1) (例)（△CED と △CGB において）

四角形 ABCD は正方形であるから，CD = CB…①

四角形 CEFG は正方形であるから，CE = CG…②

∠ECG = 90° であるから，∠DCE = 90° － ∠DCG…③

∠BCD = 90° であるから，∠BCG = 90° － ∠DCG…④

③，④より，∠DCE = ∠BCG…⑤

● 旺文社 2024 全国高校入試問題正解

①，②，⑤より，2 組の辺とその間の角がそれぞれ等しいから

$\triangle CED \equiv \triangle CGB$　　　　　（証明終わり）

(2) イ，ウ，オ

解き方　**1** (2) （与式）$= \dfrac{28x^2}{7x} = 4x$

(3) （与式）$= 5\sqrt{2} - 3\sqrt{2} = 2\sqrt{2}$

(5) $x = \dfrac{-3 \pm \sqrt{3^2 - 4 \times 1 \times (-5)}}{2 \times 1} = \dfrac{-3 \pm \sqrt{29}}{2}$

(6) $xy = 16$ より，$(x, y) = (1, 16), (2, 8), (4, 4),$
$(8, 2), (16, 1), (-1, -16), (-2, -8), (-4, -4),$
$(-8, -2), (-16, -1)$

(7) $\dfrac{1}{3} \times \left(\dfrac{1}{2} \times 4 \times 4\right) \times 6 = 16 \ (\text{cm}^3)$

(8) 箱の長さが四分位範囲を表している。

2 (1) $5 = a \times 3^2$ より，$a = \dfrac{5}{9}$　　$y = \dfrac{5}{9}x^2$

x の変域に $x = 0$ が含まれるので，$y \geqq 0$

$x = -6$ のとき，$y = \dfrac{5}{9} \times (-6)^2 = 20$

(2) 60 分以上 120 分未満の階級の累積度数は $4 + 11 = 15$
120 分以上 180 分未満の階級の累積度数が $50 \times 0.56 = 28$
より，度数は $28 - 15 = 13$
180 分以上 240 分未満の階級の累積度数は $50 \times 0.76 = 38$
より，度数は $38 - 28 = 10$
240 分以上 300 分未満の階級の度数は $50 - (38 + 7) = 5$
度数が最も多い階級は 120 分以上 180 分未満の階級であるから，その階級値は $(120 + 180) \div 2 = 150 \ (\text{分})$

3 (1) $AD \parallel BC$ より，$\angle DAG = \angle AGB = 70°$
$\angle BAG = \angle DAG = 70°$ より，$\angle DAB = 140°$
よって，$\angle ADC = 180° - \angle DAB = 40°$

(2) $AD \parallel BC$ より，$AH : GH = AE : FG = 3 : 2$
$\triangle AHE : \triangle GHE = AH : GH = 3 : 2 = 9 : 6$
$\triangle AHE \infty \triangle GHF$ より，
$\triangle AHE : \triangle GHF = 3^2 : 2^2 = 9 : 4$
よって，$\triangle EFG : \triangle AHE$
$= (\triangle EHG + \triangle GHF) : \triangle AHE = (6 + 4) : 9 = 10 : 9$

4 (1) $8 = \dfrac{2}{3}x + 2$ より，$x = 9$

(2) 点 B の x 座標を b とおくと，点 C の x 座標は $4b$ である。
$D (-3, 0)$，$DB = BC$ より，$b - (-3) = 4b - b$
$b = \dfrac{3}{2}$ より，$C (6, 6)$
よって，（AC の傾き）$= \dfrac{6 - 8}{6 - 0} = -\dfrac{1}{3}$

5 (1) すべての選び方は，$(P, Q), (P, R), (P, S),$
$(P, T), (Q, R), (Q, S), (Q, T), (R, S), (R, T),$
(S, T) の 10 通り。

(2) **別解** 代表生徒 1 人に割り当てる時間を x 分とすると，代表の部活動 1 つに割り当てる時間は $1.5x$ 分である。
$3x + (0.5 + 4.5x) = 15 - (0.5 + 6 + 3 + 0.5)$　　$x = 0.6$
在校生インタビューの配分時間は
$3x$ 分 $= 1.8$ 分 $= 1$ 分 48 秒
部活動紹介の配分時間は
$(0.5 + 4.5x)$ 分 $= 3.2$ 分 $= 3$ 分 12 秒

6 (2) ア．誤り：$AI > CI$ より四角形 AICH はひし形ではない。
イ．正しい：$AD \parallel BC$ より，
$\triangle CDI = \triangle CAI = \dfrac{1}{2}$ (四角形 AICH)
ウ．正しい：$\angle BDC = \angle IHC = 45°$ より，$BD \parallel IH$
エ．誤り：BI と DH 以外の対応する辺の長さは等しくない。

ちなみに，$\triangle BIH \equiv \triangle DHI$ である。
オ．正しい：直線 CH に対して，2 点 F，I はともに同じ側にあり，$\angle CFH = \angle CIH$ であるから，4 点 C，H，F，I は 1 つの円周上にある。

〈O. H.〉

山 口 県
問題 P.88

解答　**1** 正負の数の計算，式の計算，数・式の利用，平方根　(1) -2　(2) $\dfrac{1}{6}$　(3) $32x - 28$　(4) 3

(5) $1 + 4\sqrt{6}$

2 2 次方程式，円周角と中心角，関数 $y = ax^2$，データの散らばりと代表値　(1) $x = 0, \ 4$　(2) 31 度
(3) ア：-8　イ：0　(4) 70 回

3 数・式の利用，連立方程式の応用
(1) $20a + 51b < 180$

(2) 連立方程式 $\begin{cases} x + y = 200 \\ 0.3x + 0.7y = 80 \end{cases}$

カカオ含有率 30% のチョコレートの重さ：150 g
カカオ含有率 70% のチョコレートの重さ：50 g

4 平面図形の基本・作図，三平方の定理，立体の表面積と体積，相似　(1) エ
(2) M サイズのカステラと L サイズのカステラは相似な図形であり，その相似比は $3 : 5$
したがって，体積比は，
(M サイズ) : (L サイズ) $= 3^3 : 5^3 = 27 : 125$
よって，M サイズ 4 個と L サイズ 1 個はともに同じ 1600 円であり，その体積比は，
(M サイズ 4 個) : (L サイズ) $= (27 \times 4) : 125 = 108 : 125$
となるので，L サイズ 1 個買う方が割安であるといえる。

5 データの散らばりと代表値，確率　(1) ウ
(2) 選び方 A で考えると，くじの引き方は，
(①, ②), (①, ③), (①, ④), (①, ⑤), (②, ③),
(②, ④), (②, ⑤), (③, ④), (③, ⑤), (④, ⑤)
の 10 通りで，そのうち 2 枚とも球技であるのは下線を引いた 3 通り。よって，その確率は，$\dfrac{3}{10}$

選び方 B で考えると，くじの引き方は，
(①, ④), (①, ⑤), (②, ④), (②, ⑤), (③, ④),
(③, ⑤)
の 6 通りで，そのうち 2 枚とも球技であるのは下線を引いた 2 通り。よって，その確率は，$\dfrac{2}{6} = \dfrac{1}{3}$

2 つの確率を比べると，$\dfrac{3}{10} < \dfrac{1}{3}$ だから，確率は選び方 B の方が高い。

6 数の性質，数・式の利用，因数分解　(1) 93
(2) $(2n + 4)(2n + 6) - 2n (2n + 2)$
$= 4n^2 + 20n + 24 - 4n^2 - 4n$
$= 16n + 24 = 8 (2n + 3)$
となり，n は自然数なので，$2n + 3$ も自然数となり，$8 (2n + 3)$ は 8 の倍数といえる。

解　答　　　　　　　　　　　　　　　　　　　　　　　　　数学 | 56

7 | 平面図形の基本・作図，三平方の定理，図形と証明 |
(1) 右図
(2) △AFC と △BDC において，
仮定より，AC = BC…①
∠ACF = ∠BCD = 90°…②
対頂角は等しいので，
∠AFC = ∠BFE…③
△AFC において，
∠FAC = 90° − ∠AFC…④
△BFE において，
∠FBE = 90° − ∠BFE…⑤
③，④，⑤より，∠FAC = ∠FBE
すなわち，∠FAC = ∠DBC…⑥
以上，①，②，⑥より，1組の辺とその両端の角がそれぞれ等しいので，
△AFC ≡ △BDC
よって，対応する辺の長さは等しく，AF = BD

8 | 1次関数，関数 $y = ax^2$ | (1) ア　(2) $y = \dfrac{1}{2}x + \dfrac{11}{2}$

9 | 数・式の利用，平面図形の基本・作図，空間図形の基本，

相似，三平方の定理 | (1) $\dfrac{120}{a}$ 分　(2) $\dfrac{4\sqrt{5}}{3}$ m

解き方　**1**(1) $(-8) \div 4 = -8 \div 4 = -2$
(2) $\dfrac{5}{2} + \left(-\dfrac{7}{3}\right) = \dfrac{15 - 14}{6} = \dfrac{1}{6}$
(4) $a = -2$，$b = 9$ を $3a + b$ に代入すると，
$3 \times (-2) + 9 = -6 + 9 = 3$
(5) $(\sqrt{6} - 1)(\sqrt{6} + 5) = (\sqrt{6})^2 + 4 \times \sqrt{6} - 5$
$= 1 + 4\sqrt{6}$
2(1) $(x - 2)^2 = 4$　　$x - 2 = \pm 2$　　$x = 4, 0$
(2) 三角形の内角の和を利用して，
$\angle x = 180° - (87° + 62°) = 31°$
(3) $x = 0$ のとき，y の値は最大で 0
$x = -2$ のとき，y の値は最小で -8
よって，$-8 \leqq y \leqq 0$
(4) 度数の最も多い階級が 60 回以上 80 回未満なので，最頻値は 70 回となる。
3(1) 20 kcal が a 個で $20a$ kcal。51 kcal が b 個で
$51b$ kcal。これらをあわせたものが 180 kcal より小さいので，$20a + 51b < 180$
4(1) A の面積は，$6^2\pi \times \dfrac{60}{360} = 6\pi$ (cm²)
B の面積は，$6^2\pi \times \dfrac{6}{2 \times 6 \times \pi} = 18$ (cm²)
C の面積は，$\dfrac{1}{2} \times 3\sqrt{3} \times 6 = 9\sqrt{3}$ (cm²)
$\pi > 3$ より，$18 < 6\pi$
$9\sqrt{3} = \sqrt{243}$，$18 = \sqrt{324}$ より，$9\sqrt{3} < 18$
よって，$9\sqrt{3} < 18 < 6\pi$
5(1) ア：令和 4 年の最小値が 10 分なので正しくない。
イ：令和 2 年の四分位範囲は 110 分，令和 3 年の四分位範囲は 120 分と増加しており，正しくない。
ウ：すべての年で中央値が 100 分以上なので正しい。
エ：令和 4 年の第 3 四分位数が 150 分，令和 2 年の第 3 四分位数が 210 分なので，正しくない。
6(1) もとの数の十の位の数を a，一の位の数を b とすると，十の位の数と一の位の数を入れかえた数をひくと 54 になるとき，
$(10a + b) - (10b + a) = 54$　　$9a - 9b = 54$
$a - b = 6$
となり，これを満たす組み合わせは，

$(a, b) = (9, 3)$，$(8, 2)$，$(7, 1)$ の 3 組。このうち，もとの自然数が最大となるのは，93
7(1) 三辺の比が $1 : 2 : \sqrt{5}$ となる直角三角形を考えればよい。以下，作図の手順である。
① BC = 2 より，線分 BC の垂直二等分線をひき，線分 BC との交点を D とする。
② 線分 AD = $\sqrt{5}$ となっているので，点 D を中心とした半径 AD の円を描き，その円と半直線 BC との交点が P である。
8(1) 直線 m の y 切片は -1 なので，アかウのどちらか。$a < b$ より，ウは適さず，アとなる。
(2) A $(-3, 9)$，B $(1, 1)$ で，その中点を M とすると，
M $(-1, 5)$
したがって，求める直線は点 M を通り，傾き $\dfrac{1}{2}$ なので，
$y = \dfrac{1}{2}x + \dfrac{11}{2}$
9(1) 自宅から公園までの距離は $4 \times \dfrac{1}{2} = 2$ (km) なので，
毎時 a km の速さで移動すると，$\dfrac{2}{a}$ 時間，すなわち，
$\dfrac{2}{a} \times 60 = \dfrac{120}{a}$ (分) かかる。
(2) (街灯の高さ) : (照らすことのできる範囲の半径)
= 1 : 5 である。
問題の**図2**において，DM ⊥ AC であり，AC = $10\sqrt{5}$ m
$\triangle$ABC + $\triangle$ACD = $\dfrac{800}{3}$ (m²) より，
$\dfrac{1}{2} \times 10 \times 20 + 10\sqrt{5} \times$ DM $\times \dfrac{1}{2} = \dfrac{800}{3}$
$100 + 5\sqrt{5} \times$ DM $= \dfrac{800}{3}$　　DM $= \dfrac{20\sqrt{5}}{3}$ (m)
となるので，題意を満たすためには，
$\dfrac{20\sqrt{5}}{3} \times \dfrac{1}{5} = \dfrac{4\sqrt{5}}{3}$ (m) の街灯の高さが必要である。
〈Y. D.〉

数学 | 57　　解答

徳島県

問題 P.91

解答 **1** 正負の数の計算，平方根，2次方程式，比例・反比例，関数 $y = ax^2$，確率，式の計算，平行と合同，数・式の利用，空間図形の基本　(1) -8　(2) $2\sqrt{3}$

(3) $x = 7$　(4) $y = -5x$　(5) 2　(6) $\dfrac{11}{15}$　(7) $4a - 6b$

(8) $105°$　(9) 3, 5, 6, 9　(10) $\dfrac{16}{3}\pi \text{ cm}^3$

2 関数を中心とした総合問題　(1) $y = -x^2$

(2) $y = -x + 6$　(3) $\dfrac{45 - 45a}{2}$　(4) $a = \dfrac{7}{27}$

3 データの活用を中心とした総合問題　(1)① 8　② 50

(2)(a) イ，ウ　(b) 第2四分位数を比べると400℃の法則の誤差の方が左側にあるから，400℃の法則の方が誤差が小さい傾向にある。

4 数・式を中心とした総合問題

(1)(a) 学級の出し物の時間 20分　入れ替えの時間 5分

(b) 8分　(2)(a) $10a + 7b = 232$　(b) 11 グループ

5 図形を中心とした総合問題　(1) 辺 OC

(2) △OAD と △BMD で，

仮定より OA = 6, OD = 4, BM = 3, BD = 2 であるから，

OA : BM = 6 : 3 = 2 : 1

OD : BD = 4 : 2 = 2 : 1

よって，OA : BM = OD : BD…①

△OAB と △OBC は正三角形だから，

∠AOD = ∠MBD…②

①，②から，2組の辺の比とその間の角がそれぞれ等しいから，△OAD∽△BMD

(3) $3\sqrt{7}$ cm　(4) $\dfrac{18}{7}$ cm

解き方 **1** (2)(与式) $= 5\sqrt{3} - 3\sqrt{3} = 2\sqrt{3}$

(3) $(x - 7)^2 = 0$　よって，$x = 7$

(4) 比例定数 $a = \dfrac{10}{-2} = -5$　よって，$y = -5x$

(5) (変化の割合) $= \dfrac{(y \text{ の増加量})}{(x \text{ の増加量})}$

$= \dfrac{\frac{1}{4} \times 6^2 - \frac{1}{4} \times 2^2}{6 - 2} = \dfrac{1}{4}(6 + 2) = 2$

(6) 3個の赤玉を R_1, R_2, R_3, 2個の白玉を W_1, W_2, 青玉を B として，このときの取り出し方を樹形図で表すと，

$R_1 \left\langle\begin{array}{l} R_2 \\ R_3 \\ W_1 \\ W_2 \\ B \end{array}\right.$　$R_2 \left\langle\begin{array}{l} R_3 \\ W_1 \\ W_2 \\ B \end{array}\right.$　$R_3 \left\langle\begin{array}{l} W_1 \\ W_2 \\ B \end{array}\right.$　$W_1 \left\langle\begin{array}{l} W_2 \\ B \end{array}\right.$　$W_2 - B$

となり，全ての場合は 15 通りで，2個の玉の色が異なる場合は 11 通り。

したがって，求める確率は，$\dfrac{11}{15}$

(7) ある式を X とすると，$X - (3a - 5b) = -2a + 4b$

よって，$X = -2a + 4b + (3a - 5b) = a - b$

したがって，正しく計算すると，

$(a - b) + (3a - 5b) = 4a - 6b$

(8) 四角形の内角の和は 360° であるから，

$2\angle\bullet + 2\angle\circ + 120° + 90° = 360°$

よって，$2(\angle\bullet + \angle\circ) = 150°$ より，$\angle\bullet + \angle\circ = 75°$

三角形の内角の和は 180° より，$\angle x + \angle\bullet + \angle\circ = 180°$

$\angle x + 75° = 180°$ より，$\angle x = 105°$

(9) 810 を素因数分解すると，右のようになる。

よって，$810 = 3 \times 5 \times 6 \times 9$

$$\begin{array}{r} 5\,)\,\underline{810} \\ 3\,)\,\underline{162} \\ 3\,)\,\underline{54} \\ 3\,)\,\underline{18} \\ 3\,)\,\underline{6} \\ 2 \end{array}$$

(10) 図より球，円柱の底面の半径は，ともに 2 cm

(円柱の体積) − (球の体積) $= (2^2\pi \times 4) - \dfrac{4 \times 2^3}{3}\pi$

$= 2^2 \times 4 \times \pi \times \left(1 - \dfrac{2}{3}\right) = \dfrac{16}{3}\pi \text{ (cm}^3)$

2 (2) 点 A の y 座標は，$y = 2^2 = 4$

点 B の y 座標は，$y = (-3)^2 = 9$

よって，2点 A (2, 4)，B (−3, 9) を通る直線を

$y = cx + d$ とすると，$c = \dfrac{4 - 9}{2 - (-3)} = \dfrac{-5}{5} = -1$

よって，$y = -x + d$

これに $x = 2$，$y = 4$ を代入して，$4 = -2 + d$

よって，$d = 6$

求める直線の式は，$y = -x + 6$

(3) 点 C の座標は $(-3, 9a)$　よって，BC = $9 - 9a$

点 A から直線 BC に下ろした垂線の足を H とすると，

AH = $2 - (-3) = 5$

よって，

$\triangle ABC = \dfrac{1}{2} \times BC \times AH = \dfrac{1}{2} \times (9 - 9a) \times 5 = \dfrac{45 - 45a}{2}$

(4) 直線 OB の式は比例定数が $\dfrac{9}{-3} = -3$ だから，$y = -3x$

点 D は OB 上の点だから，x 座標を t として，D $(t, -3t)$ と表せる。

四角形 BDAE が平行四辺形となるとき，点 D から点 A への移動と点 B から点 E への移動は等しく，点 E は y 軸上の点だから x 座標は 0

よって，$2 - t = 0 - (-3)$　これを解いて，$t = -1$

したがって，点 D (−1, 3) となる。

また，点 D は AC 上の点であるから，直線 AC と直線 AD の傾きが等しいことを利用して，$\dfrac{4 - 9a}{2 - (-3)} = \dfrac{4 - 3}{2 - (-1)}$

よって，$\dfrac{4 - 9a}{5} = \dfrac{1}{3}$　　$12 - 27a = 5$

よって，$a = \dfrac{7}{27}$

3 (1)① ヒストグラムより，4月1日が3回，2日が1回，3日が1回，5日が2回，6日が1回であるから，合わせて 8回

② 25日から29日まで合わせて20回で，40年間のデータだから，$\dfrac{20}{40} = 0.5$　　よって，50%

(2)(a) 図2，図3の最頻値は，それぞれ6日だから，アは正しくない。

「予想が的中した」すなわち「誤差が0日」のデータの個数は，図2，図3ともに2回であるから，イは正しい。

誤差が10日以上になるのは，図2，図3で，それぞれ5回と3回であるから，ウは正しい。

図2と図3で誤差が3日までの累積度数は，それぞれ16回，15回だから，エは正しくない。

4 (1)(a) 学級の出し物の時間と入れ替えの時間をそれぞれ x 分，y 分とすると，それらすべてを合わせた時間は

$5x + (5 - 1)y$ (分) と表せる。

これが午前10時から正午（午前12時）までの2時間，すなわち120分間だから，$5x + 4y = 120$…①

また，学級の出し物の時間は入れ替えの時間の4倍だから，

旺文社 2024 全国高校入試問題正解

$x = 4y\cdots$②
①,②より,$5 \times 4y + 4y = 120$　よって,$y = 5\cdots$③
③より,$x = 4 \times 5 = 20$
(b) グループ発表の時間を z 分とする。
(昼休み) + (吹奏楽部の発表) + $10z$ = (3時間)
すなわち,$60 + 40 + 10z = 180$　$z = 8$
(2)(a) 条件から,$7a + (7-1) \times 8 + 60 + 3a + 7b = 340$
整理して,$10a + 7b = 232$
(b) $a = 15$ を(a)の式に代入して,
$10 \times 15 + 7b = 232$　$7b = 82$　$b = 11\frac{5}{7}$
したがって,11 グループ
5 (3) 右の図のように,頂点 A から辺 OB に下ろした垂線の足を H とする。
$DH = BH - BD = 3 - 2 = 1$ (cm)
$AH = \sqrt{3} BH = 3\sqrt{3}$ (cm)
△ADH で三平方の定理より,
$AD = \sqrt{DH^2 + AH^2}$
$= \sqrt{1^2 + (3\sqrt{3})^2} = \sqrt{28} = 2\sqrt{7}$ (cm)
また,右の図のように,点 M から辺 OB に下ろした垂線の足を I とすると,
$DI = BD - BI = BD - \frac{1}{2}BM$
$= 2 - \frac{1}{2} \times 3 = \frac{1}{2}$ (cm)
$MI = \frac{\sqrt{3}}{2}BM = \frac{\sqrt{3}}{2} \times 3$
$= \frac{3\sqrt{3}}{2}$ (cm)
△MDI で三平方の定理より,
$DM = \sqrt{DI^2 + MI^2} = \sqrt{\frac{1}{4} + \frac{27}{4}} = \sqrt{\frac{28}{4}} = \sqrt{7}$ (cm)
したがって,$AD + DM = 2\sqrt{7} + \sqrt{7} = 3\sqrt{7}$ (cm)
(4) 立体 OADP が立体 OABC の $\frac{2}{7}$ 倍になるのは,
△ODP $= \frac{2}{7}$△OBC $\cdots$①
となるときである。
$OP = x$ cm とすると,
△ODP $= \frac{4}{6} \times \frac{x}{6} \times$ △OBC
$= \frac{x}{9}$△OBC
である。これを①に代入して
$\frac{x}{9}$△OBC $= \frac{2}{7}$△OBC
よって,$\frac{x}{9} = \frac{2}{7}$　$x = \frac{18}{7}$ (cm)
〈N. Y.〉

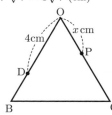

香川県
問題 P.93

解答

1 正負の数の計算,式の計算,平方根,因数分解,2 次方程式の応用,数の性質　(1) 1
(2) -15　(3) $\frac{7x + 5y}{6}$　(4) $9 - \sqrt{2}$　(5) $(x-1)^2$
(6) $a = -4$　(7) ㋐
2 円周角と中心角,立体の表面積と体積,平行線と線分の比,三平方の定理,三角形　(1) 65 度
(2) ア. $\frac{15}{4}$ cm　イ. 180 cm³　(3) $\frac{9\sqrt{29}}{29}$ cm
3 比例・反比例,確率,データの散らばりと代表値,2 次方程式の応用,1 次関数,関数 $y = ax^2$　(1) $y = \frac{10}{3}$
(2) $\frac{17}{20}$　(3) ㋐,㋒　(4) ア. $0 \leq y \leq \frac{9}{4}$
イ.$y = x^2$ のグラフは y 軸について対称だから,
点 B の x 座標は 2　点 B(2, 4),AB = 4
点 C の x 座標を a ($a < 0$) とおくと,点 C(a, a^2)
点 C と点 D の y 座標は等しいから,点 D の y 座標は a^2
点 D は直線 OB : $y = 2x$ 上の点だから,
点 D の x 座標は,$a^2 = 2x$ より,$\frac{a^2}{2}$　CD $= \frac{a^2}{2} - a$
AB : CD $= 8 : 5$ より,$4 : \left(\frac{a^2}{2} - a\right) = 8 : 5 \left(= 4 : \frac{5}{2}\right)$
整理して,$a^2 - 2a - 5 = 0$
よって,$a = 1 \pm \sqrt{6}$
ここで,$a < 0$ だから,$a = 1 - \sqrt{6}$ はあうが,
$a = 1 + \sqrt{6}$ はあわない。
したがって,a の値は $1 - \sqrt{6}$
4 数・式を中心とした総合問題,1 次方程式の応用,連立方程式の応用　(1) ア. 21　イ. 1, 3, 17, 18, 20
(2) ア. 75 本　イ. $y = \frac{3}{10}x - 34$
ウ.イの結果から,$y = \frac{3}{10}x - 34\cdots$①
2 日目に売れたアイスクリームの個数は,
$x - \frac{3}{10}x - 5 = \left(\frac{7}{10}x - 5\right)$ 個
この中にはセットにできなかったアイスクリームが 4 個含まれているから,2 日目にセットにして売れたアイスクリームの個数は,$\left(\frac{7}{10}x - 5\right) - 4 = \left(\frac{7}{10}x - 9\right)$ 個$\cdots$②
2 日目に売れたドーナツの個数は,$(3y - 3)$ 個$\cdots$③
②と③は等しいから,$\frac{7}{10}x - 9 = 3y - 3$
整理して,$y = \frac{7}{30}x - 2\cdots$④
①,④を連立方程式として解くと,$x = 480$,$y = 110$
答　x の値 480,y の値 110
5 平行と合同,図形と証明,相似
(1) (証明)
△CFG と △FIC において,
CG // IF より,錯角は等しいから,
∠FCG = ∠IFC$\cdots$①
仮定より,
∠CGF = 90°
四角形 ACDE は正方形だから,

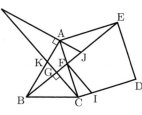

∠FCI = 90°
よって，∠CGF = ∠FCI…②
①，②より，2組の角がそれぞれ等しいから，
△CFG∽△FIC
(2)(証明)
△ABE と △AHC において，
四角形 ACDE は正方形だから，
AE = AC…①，∠EAC = 90°
仮定より，∠HAB = 90° だから，∠EAC = ∠HAB…②
∠BAE = ∠BAC + ∠EAC
∠HAC = ∠HAB + ∠BAC
②より，∠BAE = ∠HAC…③
∠EAF = ∠EAC = 90°，仮定より，∠CGF = 90°
△EAF は直角三角形だから，∠AEF = 90° − ∠AFE
△CGF は直角三角形だから，∠FCG = 90° − ∠CFG
対頂角は等しいから，∠AFE = ∠CFG
よって，∠AEF = ∠FCG
∠AEF = ∠AEB，∠FCG = ∠ACH だから，
∠AEB = ∠ACH…④
①，③，④より1組の辺とその両端の角がそれぞれ等しいから，△ABE ≡ △AHC
よって，AB = AH…⑤，∠ABJ = ∠AHK…⑥
△ABJ と △AHK において
仮定より，∠BAJ = ∠HAK = 90°…⑦
⑤，⑥，⑦より，1組の辺とその両端の角がそれぞれ等しいから，△ABJ ≡ △AHK
したがって，BJ = HK

解き方

1 (1)(与式) $= 3 + \dfrac{8}{-4} = 3 - 2 = 1$

(2)(与式) $= 2 \times 5 - 25 = -15$

(3)(与式) $= \dfrac{3(x+2y)+4x-y}{6} = \dfrac{3x+6y+4x-y}{6}$
$= \dfrac{7x+5y}{6}$

(4)(与式) $= 2\sqrt{2} - \sqrt{3} \times \sqrt{6} + \sqrt{3} \times \sqrt{27}$
$= 2\sqrt{2} - 3\sqrt{2} + 9 = 9 - \sqrt{2}$

(5)(与式) $= x^2 - 2x - 3 + 4 = x^2 - 2x + 1 = (x-1)^2$

(6) $-x^2 + ax + 21 = 0$ に $x = 3$ を代入して
$-9 + 3a + 21 = 0$，$3a = -12$，$a = -4$

(7) $12 = 2^2 \times 3$
㋐と㋑は 2^2 を含まない。㋓は 3 を含まない。
㋒は $(2^2 \times 3) \times 3 \times 5$ で $2^2 \times 3$ を含むから㋒

2 (1) ∠ACB = 90° だから，
∠ACD = ∠ACB − ∠DCB
= 90° − 35° = 55°
∠BAC = ∠DAC
= 180° − ∠ACD − ∠ADC
= 180° − 55° − 60° = 65°
よって，
∠BEC = ∠BAC = 65°

(2)ア．GH : EF = DG : DE より，
GH : 5 = 9 : 12   GH $= \dfrac{5 \times 9}{12} = \dfrac{15}{4}$ (cm)

イ．三角柱の底面積の和は，$\left(\dfrac{1}{2} \times 5 \times 12\right) \times 2 = 60$ (cm²)
$AC = \sqrt{5^2 + 12^2} = \sqrt{13^2} = 13$ (cm)
側面は3つの長方形でその面積の和は，
AB × EB + BC × EB + CA × EB
= (AB + BC + CA) × EB
= (12 + 5 + 13) × EB = 30 × EB (cm²)

表面積は，60 + 30 × EB = 240   EB = 6 cm
よって体積は，
$\triangle ABC \times EB = \dfrac{1}{2} \times 12 \times 5 \times 6 = 180$ (cm³)

(3) $AE^2 = AD^2 + DE^2$
$= 5^2 + 2^2 = 29$
$AE = \sqrt{29}$
△AED において，
AE × DF = AD × DE
$\sqrt{29} \times DF = 5 \times 2$，
$DF = \dfrac{10}{\sqrt{29}}$
$DH = 2DF = 2 \times \dfrac{10}{\sqrt{29}} = \dfrac{20}{\sqrt{29}}$
$DG = AE = \sqrt{29}$ だから，
$GH = DG - DH = \sqrt{29} - \dfrac{20}{\sqrt{29}} = \dfrac{29-20}{\sqrt{29}}$
$= \dfrac{9\sqrt{29}}{29}$ (cm)

3 (1) y は x に反比例するから，$x \times y$ の値は一定。
$x = 3$ のときの y の値は，$3 \times y = 2 \times 5$ $y = \dfrac{10}{3}$

(2) くじの引き方は全体で 5 × 4 = 20 (通り) でこれらは同様に確からしい。
当たりくじが0本，つまり A，B ともにはずれである場合は，(5−2) × (4−3) = 3 (通り)
よって，少なくとも1本は当たりである確率は，1本以上当たる確率だから，全体から当たりが0本である場合を除いて，$\dfrac{20-3}{20} = \dfrac{17}{20}$

(3)㋐ 中央値が 200 台より大きいので正しい。
㋑ A，B ともに第1四分位数が 150 と等しいので正しくない。
㋒ 四分位範囲 = 第3四分位数 − 第1四分位数 で，箱の部分の長さがBよりCの方が長いので正しい。
㋓ 最大値がもっとも大きいのはBで正しくない。
したがって，㋐と㋒

(4)ア．$-\dfrac{3}{2} \leqq x \leqq 0$ のとき，$0 \leqq y \leqq \dfrac{9}{4}$
$0 \leqq x \leqq 1$ のとき，$0 \leqq y \leqq 1$
よって，y の変域は，$0 \leqq y \leqq \dfrac{9}{4}$

4 (1)ア．操作①で5枚のカードに書いた自然数は花子さんも太郎さんも同じ数で，1，2，3，5，7
操作③で +1，操作④で +2 するから，
X = (1+2+3+5+7) + 1 + 2 = 21
イ．操作③を終えたとき，袋の中の3枚のカードに書いてある全ての数は同じでその数を p とおく。
操作④を終えたとき，袋の中の2枚のカードに書いてある2つの数は，p と $(p+p+2)$
操作⑤を終えたとき，X $= p + (p+p+2) = 3p + 2 = 62$
$p = 20$
操作③で取り出した2枚のカードの一方に書いてある数は1，他方に書いてある数を q とおく。
$(1+q) + 1 = p$，$q + 2 = 20$ $q = 18$
操作②を終えたとき，袋の中の4枚のカードに書いてある4つの数は，1，18，20，20
操作②で取り出した2枚のカードの一方に書いてある数は3，他方に書いてある数を r とおく。
・$r + 3 = 1$ のとき，$r = -2$ で問題にあわない。
・$r + 3 = 18$ のとき，$r = 15$ このとき，操作①で入れ

た5枚のカードに書いてある数には20が2個あることになるので問題にあわない。
・$r+3=20$のとき，$\underline{r=17}$　このとき，操作①で入れた5枚のカードに書いてある数は，1，3，17，18，20で問題にあう。
したがって，求める5つの自然数は，1，3，17，18，20
(2) ア．1日目に売れたペットボトル飲料の本数をxとおくと，2日目に売れた本数は，$x+130$
$x+(x+130)=280$，$x=75$　　75本
イ．1日目に売れたアイスクリームの個数は，
$\frac{30}{100}x=\frac{3}{10}x$
$\frac{3}{10}x=y+34$，$y=\frac{3}{10}x-34$
〈Y. K.〉

愛媛県　問題 P.95

解答

1 正負の数の計算，式の計算，平方根，多項式の乗法・除法　1．7　2．$7x+y-3$
3．$-\frac{9}{4}xy$　4．$-\sqrt{6}$　5．$2x^2-5x-13$

2 因数分解，式の計算，数の性質，確率，相似，平面図形の基本・作図，円周角と中心角，2次方程式の応用
1．$(2x+3y)(2x-3y)$
2．$h=\frac{3V}{S}$
3．エ
4．$\frac{7}{36}$
5．16回
6．右図
7．連続する3つの自然数のうち最も小さい自然数をxとすると，連続する3つの自然数はx，$x+1$，$x+2$と表せる。
よって，$x^2+(x+1)^2=10(x+2)+5$
$x^2+x^2+2x+1=10x+20+5$
$2x^2-8x-24=0$　$x^2-4x-12=0$
$(x+2)(x-6)=0$　　よって，$x=-2$，6
xは自然数だから$x=-2$は適していない。
$x=6$のとき，連続する3つの自然数は6，7，8
これは問題に適している。　　　（答）6，7，8

3 データの散らばりと代表値，1次関数
1．(1)イ
(2)①イ　②ウ
2．(1)午前9時15分
(2)右図
(3)午前9時31分40秒

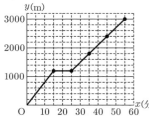

4 関数を中心とした総合問題　1．$2 \leqq y \leqq \frac{9}{2}$
2．$a=\frac{1}{2}$　3．(1)10　(2)6

5 図形を中心とした総合問題
1．△ACGと△ADEにおいて，
共通な角だから，∠CAG＝∠DAE…①
仮定より，AB＝AC…②　　AB＝AD…③

②，③より，AC＝AD…④
$\overparen{AF}$に対する円周角だから，∠ACG＝∠ABF…⑤
△ABDはAB＝ADの二等辺三角形だから，
∠ABF＝∠ADE…⑥
⑤，⑥から，∠ACG＝∠ADE…⑦
①，④，⑦で1組の辺とその両端の角がそれぞれ等しいから，△ACG≡△ADE
2．(1)3cm　(2)$\frac{3\sqrt{15}}{5}$cm^2

解き方　**1**　1．（与式）$=3+4=7$
2．（与式）$=4x-8y+3x+9y-3$
$=7x+y-3$
3．（与式）$=\frac{\overset{3}{15}x\overset{2}{y}}{\underset{4}{8}}\times\left(-\frac{\overset{3}{6}}{\underset{5}{5x}}\right)=-\frac{9}{4}xy$
4．（与式）$=6+\sqrt{6}-6-2\sqrt{6}=-\sqrt{6}$
5．（与式）$=(3x^2-12x+x-4)-(x^2-6x+9)$
$=3x^2-11x-4-x^2+6x-9=2x^2-5x-13$
2　1．（与式）$=(2x)^2-(3y)^2=(2x+3y)(2x-3y)$
2．両辺に3をかけて，$3V=Sh$
両辺をSでわって両辺を入れかえて，$h=\frac{3V}{S}$
3．3の絶対値は3であるから，アは正しくない。
$m<n$のとき，$m-n$は負の数になるから，イは正しくない。
$\sqrt{25}=5$だから，ウは正しくない。
4．すべての場合は36通り。そのうち出る目の和が5の倍数となるのは，
(1, 4), (2, 3), (3, 2), (4, 1), (4, 6), (5, 5), (6, 4)
の7通り。よって，求める確率は，$\frac{7}{36}$
5．容器A，Bの容積の比は，$2^3:5^3=8:125$
$125\div 8=15$あまり5
よって，$15+1=16$（回）
6．ABを直径とする円を作図し，直線lとの交点をPとする。円周角の定理より∠APB＝90°となる。
3　1．(1)ヒストグラムから$30 \leqq$（最小値）<40，
$50 \leqq$（第1四分位数）<60
$60 \leqq$（中央値）<70，$70 \leqq$（第3四分位数）<80
$90 \leqq$（最大値）<100であることがわかる。よって，これらすべて満たすのはイの図である。
(2)2組と3組の箱の横の長さを比べると，3組の方が長いため，①は正しくない。
45点以下の生徒は2組，3組とも1人以上7人以下であるため，どちらが多いかはわからない。
2．(1)$1200\div 80=15$（分）　よって，9時15分
(3)太郎さんが学校を出発してからx分後の学校からの道のりをymとして，花子さんが図書館を出発してから学校に到着するまでのxとyの関係を表すグラフを(2)のグラフにかくと，右図のようになる。

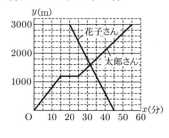

図より，花子さんと太郎さんが出会うのは太郎さんが公園から図書館に向かう間であることがわかる。
このときのxとyの関係を式で表すと，太郎さんの速さは分速60mで，グラフは(25, 1200)を通るから，

$y = 60x - 300$ ···①
花子さんの速さは分速 $\frac{3000}{25}$ m でグラフは $(45, 0)$ を通るから，$y = -120x + 5400$ ···②
①，②から，$x = \frac{570}{18} = 31\frac{2}{3}$ (分)
$\frac{2}{3}$ 分は 40 秒だから，午前 9 時 31 分 40 秒

4 1．$x = -2$ のとき $y = \frac{1}{2} \times (-2) + 3 = 2$
$x = 3$ のとき $y = \frac{1}{2} \times 3 + 3 = \frac{9}{2}$
グラフは直線であるから，$2 \leq y \leq \frac{9}{2}$

2．1．より A $(-2, 2)$，B $\left(3, \frac{9}{2}\right)$ である。①のグラフもこれらの点を通るので，$y = ax^2$ に $x = -2$，$y = 2$ を代入して，$2 = a \times (-2)^2$ よって，$a = \frac{1}{2}$

3．(1) このとき点 C は点 A と y 軸について対称点となるから，C (2, 2)
平行四辺形の底辺を AC とすると，高さは，
(B の y 座標) - (A の y 座標) = $\frac{9}{2} - 2 = \frac{5}{2}$
AC = $2 - (-2) = 4$ より，求める面積は，$4 \times \frac{5}{2} = 10$

(2) 点 C の x 座標を t とすると点 C の座標は $\left(t, \frac{1}{2}t^2\right)$ と表せる。
四角形 ACBD が平行四辺形であるから，点 A から点 D への移動と点 C から点 B への移動は等しい。
x 座標の移動について，点 A から点 D では，$0 - (-2) = 2$
点 C から点 B では，$3 - t$
これが等しいから，$3 - t = 2$ よって，$t = 1$
よって，点 C の y 座標は，$y = \frac{1}{2} \times 1^2 = \frac{1}{2}$
y 座標の移動について，点 C から点 B では，
$\frac{9}{2} - \frac{1}{2} = \frac{8}{2} = 4$
よって，点 A から点 D についても同じだけ移動するから，点 D の y 座標は，$2 + 4 = 6$

5 2．(1) △ACG ≡ △ADE より，
AE = AG = 4 (cm)，AC = AD = 4 + 2 = 6 (cm)
CE = AC - AE = 6 - 4 = 2 (cm)
AD // BC だから，平行線と比の定理より，
AD : BC = AE : CE
よって，6 : BC = 4 : 2 したがって，BC = 3 cm

(2) AB = AC = AD = 6 cm (1) より，BC = 3 cm
BC の中点を H とすると，BH = $\frac{3}{2}$ cm
△ABH において三平方の定理より，
AH = $\sqrt{AB^2 - BH^2}$ = $\sqrt{6^2 - \left(\frac{3}{2}\right)^2}$ = $\sqrt{36 - \frac{9}{4}}$
= $\sqrt{\frac{135}{4}}$ = $\frac{3\sqrt{15}}{2}$ (cm)
よって，△ABC = $\frac{1}{2} \times 3 \times \frac{3\sqrt{15}}{2} = \frac{9\sqrt{15}}{4}$ (cm²)
また，GF : FC = GD : BC = 2 : 3 だから，
GC : FC = 5 : 3
△ABC と △FBC は底辺を共有する三角形だから，その面積の比は高さの比と等しく，高さの比は GC : FC = 5 : 3 と一致する。
よって，
△FBC = $\frac{3}{5}$△ABC = $\frac{3}{5} \times \frac{9\sqrt{15}}{4} = \frac{27\sqrt{15}}{20}$ (cm²)

また，△DGF∽△BCF で相似比は 2 : 3 だから，面積の比は，$2^2 : 3^2 = 4 : 9$
よって，
△DGF = $\frac{4}{9}$△BCF = $\frac{4}{9} \times \frac{27\sqrt{15}}{20} = \frac{3\sqrt{15}}{5}$ (cm²)
〈N. Y.〉

高知県　問題 P.97

解答

1 正負の数の計算，式の計算，平方根，数・式の利用，平行四辺形，因数分解，1 次関数，空間図形の基本，データの散らばりと代表値，平面図形の基本・作図 (1)① 8 ② $\frac{7x+y}{6}$ ③ $\frac{6b^2}{a}$ ④ $3\sqrt{3}$
(2) $b = -\frac{23}{7}a + 60$ (3) ア，エ (4) $2b(2a+3)(2a-3)$
(5) $a = 2$ (6) 辺 CF，辺 DF，辺 EF
(7)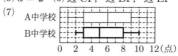

(8) (例)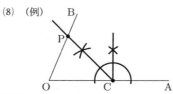

2 2 次方程式の応用 (1) ア．$14 - x$ イ．$18 - x$
(2) ウ．$14x$ エ．$18x$
(3) X．$x^2 - 32x + 60$
Y．(例) $x^2 - 32x + 60 = 0$ $(x - 2)(x - 30) = 0$
$x = 2, 30$
$0 < x < 14$ であるから，$x = 30$ は問題に適していない。
$x = 2$ は問題に適している。
よって，道幅は 2 m にすればよい。

3 確率 (1) $\frac{5}{36}$ (2) $\frac{7}{12}$
4 1 次関数 (1) イ (2)① $y = 9$ ② $a < c < b$
5 1 次関数，関数 $y = ax^2$，立体の表面積と体積
(1) $(3, -3)$ (2) 36 (3) 252π
6 平行と合同，相似，三平方の定理
(1) 〔証明〕(例) △DFE と △EHG において，
四角形 ABCD は長方形であるから，∠DEF = ∠EGH···①
AD // BC より，錯角が等しいから，∠ADE = ∠CED···②
DF で折り返しているから，∠FDE = $\frac{1}{2}$∠ADE···③
EH で折り返しているから，∠HEG = $\frac{1}{2}$∠CED···④
②，③，④より ∠FDE = ∠HEG···⑤
①，⑤より，2 組の角がそれぞれ等しい。
したがって，△DFE∽△EHG
(2) $\frac{25}{4}$ 倍

解き方 **1** (1)① (与式) = $-5 + 1 + 12 = 8$
② (与式) = $\frac{3(3x+y) - 2(x+y)}{6}$
= $\frac{9x + 3y - 2x - 2y}{6} = \frac{7x+y}{6}$
③ (与式) = $\frac{ab^2 \times 3 \times 4b}{2a^2b} = \frac{6b^2}{a}$

④ (与式) $= \dfrac{8}{2\sqrt{3}} + \sqrt{\dfrac{50}{6}} = \dfrac{4\sqrt{3}}{3} + \dfrac{5\sqrt{3}}{3} = 3\sqrt{3}$

(2) $\dfrac{23a+7b}{30} = 14$　$23a+7b = 420$　$b = -\dfrac{23}{7}a + 60$

(3) ア．4つの角がすべて直角である四角形は長方形であるが，平行四辺形に含まれる。イの四角形は台形の場合がある。

(4) (与式) $= 2b(4a^2 - 9) = 2b(2a+3)(2a-3)$

(5) $3x + 2y + 16 = 0 \cdots$①　$2x - y + 6 = 0 \cdots$②
①，②を連立方程式として解くと，$x = -4$，$y = -2$
x，y の値を，$ax + y + 10 = 0$ に代入すると，
$-4a - 2 + 10 = 0$　$a = 2$

(6) 空間内で，平行でなく，交わらない2つの直線は，"ねじれの位置にある"という。

(7) 得点のデータを小さい順に並べて，小さい順に順位をつけると，

順位	1	2	3	4	5	6	7	8	9	10
得点	2	2	3	4	5	6	7	8	9	10

最小値は2，最大値は10，中央値は5位と6位の平均値だから $\dfrac{4+6}{2} = 5$，第一四分位数は5位から1位までの中央値だから，3位の3，第三四分位数は10位から6位までの中央値だから，8位の8である。

3 1回目に出た目の数の箱Aと箱Bの玉の数

さいころの出た目の数	1	2	3	4	5	6
(箱Aの玉の数, 箱Bの玉の数)	(5,6)	(4,7)	(3,8)	(2,9)	(1,10)	(0,11)

2回目に出た目の数の箱Aと箱Bの玉の数

さいころの出た目の数	1	2	3	4	5	6
(A, B)が(5, 6)のとき	•(6,5)	•(7,4)	•(8,3)	•(9,2)	•(10,1)	•(11,0)
(A, B)が(4, 7)のとき	○(5,6)	•(6,5)	•(7,4)	•(8,3)	•(9,2)	•(10,1)
(A, B)が(3, 8)のとき	(4,7)	○(5,6)	•(6,5)	•(7,4)	•(8,3)	•(9,2)
(A, B)が(2, 9)のとき	(3,8)	(4,7)	○(5,6)	•(6,5)	•(7,4)	•(8,3)
(A, B)が(1, 10)のとき	(2,9)	(3,8)	(4,7)	○(5,6)	•(6,5)	•(7,4)
(A, B)が(0, 11)のとき	(1,10)	(2,9)	(3,8)	(4,7)	○(5,6)	•(6,5)

(1) 上の表の○印のついた (5, 6) は5通りあるから，5個になる確率は，$\dfrac{5}{6\times 6} = \dfrac{5}{36}$

(2) 上の表の●印のついた箇所が箱Aに入っている玉の個数が，箱Bに入っている玉の個数より多い場合である。21通りあるから求める確率は，$\dfrac{21}{6\times 6} = \dfrac{7}{12}$

4 (1) P側に毎秒100 cm³ ずつ水が入ると，水面の高さは $\dfrac{100}{20\times 10} = \dfrac{1}{2}$ (cm) ずつ高くなるから，水面の高さが 15 cm になるのは30秒後である。それから30秒間，Q側にP側と同量の水が入り，60秒後にP，Qの水面の高さが同じになる。60秒後から，P，Q両側で1秒間に $\dfrac{1}{4}$ cm ずつ高さが増すから，25 cm の高さになるのは $(25-15) \div \dfrac{1}{4} = 40$（秒）かかることになる。
イのグラフが適切である。

(2) ① 10秒後に，P側の水面の高さは 5 cm になり，Q側の水面の高さは 15 cm になるから，10秒後からはP側に毎秒 400 cm³ の水が入ることになり，水面が1秒間に 2 cm ずつ高くなる。したがって，$x = 12$ のとき $y = 5 + 2 \times 2 = 9$

② $0 \leqq x \leqq 10$ のとき，
$a = \dfrac{100}{20\times 10} = \dfrac{1}{2}$
$10 \leqq x \leqq 15$ のとき，
$b = \dfrac{400}{20\times 10} = 2$
$15 \leqq x \leqq 25$ のとき，
$c = \dfrac{400}{20\times 20} = 1$ である
から，$a < c < b$

(参考) $0 \leqq x \leqq 10$ のとき
$y = \dfrac{1}{2}x$
$10 \leqq x \leqq 15$ のとき $y = 2x - 15$
$15 \leqq x \leqq 25$ のとき $y = x$

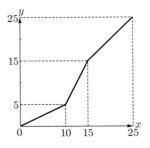

5 (1) 点Cの y 座標は，$y = -\dfrac{1}{3} \times 3^2$，C$(3, -3)$

(2) 直線BCを $y = ax + b\cdots$①とおくと，直線BCは2点 B$(-3, 9)$，C$(3, -3)$ を通るから，
$-3a + b = 9 \cdots$②
$3a + b = -3 \cdots$③
②，③を解くと，$a = -2$，$b = 3$
①は $y = -2x + 3 \cdots$④
直線BCと傾きが等しく，点Aを通る直線を $y = -2x + c \cdots$⑤とおくと，
⑤は $-2 \times 3 + c = 9$
$c = 15$ であるから，⑤は $y = -2x + 15$
($\triangle$PBCの面積) $= \dfrac{1}{2} \times (15 - 3) \times (3 + 3) = 36$

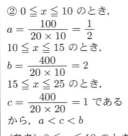

(3) 台形 DECA を線分 DA を軸として1回転させたときにできる立体の体積は，三角形 ABC を線分 BA を軸として1回転させたときにできる立体の体積から，三角形 DBE を線分 BD を軸として1回転させたときにできる立体の体積を引いたものであるから，
求める体積 $V = \dfrac{1}{3}\pi \times 12^2 \times 6 - \dfrac{1}{3}\pi \times 6^2 \times 3 = 252\pi$

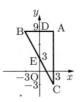

6 (2) $\triangle$DEC で，DE = AD = 15 (cm)，DC = 9 (cm) であるから，CE $= \sqrt{15^2 - 9^2} = 12$ (cm)
したがって，BE $= 15 - 12 = 3$ (cm)
$\triangle$EFB∽$\triangle$DEC であるから，EF : 15 = 3 : 9
EF $= 5$ (cm)
同様に FB $= 4$ (cm)，GE = CE = 12 (cm) であるから，
DG = DE − GE $= 15 - 12 = 3$ (cm)
$\triangle$DHG ≡ $\triangle$EFB であるから，GH = FB = 4 (cm) である。
($\triangle$DFEの面積) $= \dfrac{1}{2} \times 5 \times 15 = \dfrac{75}{2}$ (cm²)
($\triangle$DHGの面積) $= \dfrac{1}{2} \times 3 \times 4 = 6$ (cm²)
よって，$\dfrac{75}{2} \div 6 = \dfrac{25}{4}$ （倍）

〈K. M.〉

福岡県

問題 P.99

解答

1 正負の数の計算，式の計算，平方根，2次方程式，確率，1次関数，比例・反比例，標本調査，平行と合同，三角形　(1) -3
(2) $9a + 14b$
(3) $3\sqrt{3}$
(4) $x = -2$, $x = 6$
(5) $\dfrac{3}{4}$
(6) -10
(7) 右図
(8) およそ 360 人
(9) 62 度

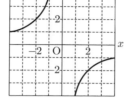

2 1次方程式の応用　(1) $\dfrac{5}{4}a$ 円
(2)（説明）（例）
生徒の人数を x 人とすると，$5x + 8 = 7x - 10$
これを解いて，$x = 9$
あめの個数は，$5 \times 9 + 8 = 53$
生徒の人数 9 人，あめの個数 53 個だから問題にあう。
あめを生徒 1 人に 6 個ずつ分けるとすると，
必要な個数は，$6 \times 9 = 54$
$53 < 54$ なので，あめはたりない。

3 データの散らばりと代表値
(1) 範囲 13 g　四分位範囲 6 g
(2) 記号　Ⓧウ　Ⓨオ
　　数値　A のデータの Ⓧ 31 g　B のデータの Ⓨ 29 g
(3) 累積度数 14 個　記号 エ

4 2次方程式，1次関数，関数 $y = ax^2$
(1) ウ　(2) 4 秒後　(3) ① $\dfrac{80}{3}$　②ア　②エ

5 平行と合同，図形と証明，三角形，相似
(1) 2 組の辺とその間の角　(2) イ
(3)（証明）（例）
△ABE と △AGB において，
共通な角だから，∠EAB = ∠BAG…①
合同な図形では対応する角の大きさはそれぞれ等しいから，
△ABE ≡ △BCF より，∠BEA = ∠CFB…②
平行線の錯角は等しいから，
DC // AB より，∠CFB = ∠GBA…③
②，③より，∠BEA = ∠GBA…④
①，④より，2 組の角がそれぞれ等しいので，
△ABE ∽ △AGB
(4) $\dfrac{6}{25}$ 倍

6 空間図形の基本，立体の表面積と体積，三角形，三平方の定理　(1) 40π cm^2
(2) 記号 イ　高さ $\dfrac{2\sqrt{5}}{3}$ cm　(3) $\sqrt{7}$ cm

解き方　**1** (1)（与式）$= 9 - 12 = -3$
(2)（与式）$= 10a + 8b - a + 6b = 9a + 14b$
(3)（与式）$= 6\sqrt{3} - 3\sqrt{3} = 3\sqrt{3}$
(4) $(x - 5)(x + 4) = 3x - 8$　　$x^2 - x - 20 - 3x + 8 = 0$
$x^2 - 4x - 12 = 0$　　$(x + 2)(x - 6) = 0$
$x = -2$, $x = 6$

(5) 全部で 36 通り。
積が偶数になるのは 27 通り。よって，求める確率は，
$\dfrac{27}{36} = \dfrac{3}{4}$

	1	2	3	4	5	6
1	○		○		○	
2	○	○	○	○	○	○
3	○		○		○	
4	○	○	○	○	○	○
5	○		○		○	
6	○	○	○	○	○	○

(6) y の増加量は，
$(-2 \times 4 + 7) - \{(-2) \times (-1) + 7\} = -2(4 + 1) = -10$
(8) 求める人数を x 人とすると，$\dfrac{x}{450} = \dfrac{32}{40}$　　$x = 360$
よって，およそ 360 人
(9) △OAC と △OCE は二等辺三角形であり，
AC // OE だから，∠COE = ∠OCA = ∠OAC = 56°
よって，∠DEC = $(180° - 56°) \div 2 = 62°$

2 (1) あめの定価を b 円とすると，
$\left(1 - \dfrac{20}{100}\right)b = a$　　$\dfrac{4}{5}b = a$　　よって，$b = \dfrac{5}{4}a$ 円
(2)（参考）あめの個数を x 個として，$\dfrac{x - 8}{5} = \dfrac{x + 10}{7}$ という方程式をつくり，説明してもよい。

3 (1) 最大値 36 g，最小値 23 g だから，
A の範囲は，$36 - 23 = 13$ (g)
第 3 四分位数 33 g，第 1 四分位数 27 g だから，
A の四分位範囲は，$33 - 27 = 6$ (g)
(2) A の中央値は 31 g だから，少なくとも 15 個は 31 g 以上である。よって，Ⓧの記号はウ，値は 31 g である。
B の第 3 四分位数は 29 g であり，重い方から数えて 8 番目である。よって，少なくとも 8 個は 29 g 以上である。
つまり，B において，30 g 以上は 7 個以下である。
したがって，Ⓨの記号はオ，値は 29 g である。
(3) 重さが 30 g 未満の度数の和を求めればよい。
$1 + 2 + 5 + 6 = 14$（個）
次に，C の最小値 23 g，第 1 四分位数 27 g，中央値 31 g，第 3 四分位数 33 g，最大値 36 g である。
ア．第 1 四分位数（軽い方から 8 番目）が誤り。
イ．最大値が誤り。
ウ．第 3 四分位数（重い方から 8 番目）が誤り。
エ．正しい。

4 (1) 時間が横（x）軸，道のりが縦（y）軸なので，直線の傾きは，$x = 0$ 秒から $x = 6$ 秒までの平均の速さである。
よって，ウが正しい。
(2) $y = \dfrac{1}{4}x^2$ に $y = 100$ を代入すると，$x^2 = 400$
$x > 0$ より，$x = 20$ 秒
また，4 秒で 25 m 進む自転車の速さは，$\dfrac{25}{4}$ m/秒 だから，
自転車の式は，$y = \dfrac{25}{4}x$ である。
この式に $y = 100$ を代入すると，$x = 100 \times \dfrac{4}{25} = 16$（秒）
よって，求める時間は，$20 - 16 = 4$（秒後）

解 答　　　　　　　　　　　　数学 | 64

(3) 自転車（とバス）が P 地点を出発してから 10 秒後の自転車とタクシーとの距離は，
$\frac{25}{4} \times 10 = \frac{125}{2}$ (m)
であり，これらの速さの差は，
$10 - \frac{25}{4} = \frac{15}{4}$ (m/秒)
である。

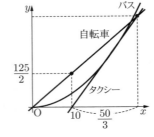

タクシーは自転車に，$\frac{125}{2} \div \frac{15}{4} = \frac{50}{3}$ (秒) で追いつく。
自転車（とバス）が P 地点を出発してからの時間は，
$10 + \frac{50}{3} = \frac{80}{3} = 26.6\cdots$ (秒) > 25 秒
よって，①は $\frac{80}{3}$，①はア (大きい)，②はエ (できない)。

5 (2) 2 組の辺とその間の角がそれぞれ等しいので，△ABE ≡ △BCF であることが証明できる。
これは，(1)で示した証明と同じ内容だから，正しい選択肢はイである。
(4) △ABE ≡ △BCF だから，
△ABE の面積と △BEG の面積との和は，△BEG の面積と四角形 GECF の面積との和に等しい。
つまり，△ABG の面積は，四角形 GECF の面積に等しい。
△ABG の面積を求めればよい。
(3)の結果より，△ABG∽△BEG であり，面積比は，$4^2 : 3^2 = 16 : 9$ であるから，正方形 ABCD の面積を 1 とすると，
△ABG = △ABC × $\frac{BE}{BC}$ × $\frac{16}{16+9}$ = $\frac{1}{2}$ × $\frac{3}{5}$ × $\frac{16}{25}$ = $\frac{6}{25}$
よって，$\frac{6}{25}$ 倍。

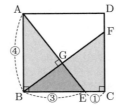

6 (1) 表面積は，底面の円の面積と側面のおうぎ形の面積との和で求められるので，
$4 \times 4 \times \pi + 6 \times 8\pi \div 2 = 40\pi$ (cm²)
(2) 円すいの体積は，円柱の体積の 3 分の 1 なので，イが正しい。
(3) △ABO で三平方の定理より，
AO = $\sqrt{6^2 - 4^2} = \sqrt{20} = 2\sqrt{5}$ (cm)
BC の中点を M とする。
△OBM は，三辺の比が $1 : 2 : \sqrt{3}$ の直角三角形なので，
OM = 2 cm，BM = $2\sqrt{3}$ cm
△AMO で三平方の定理より，
AM = $\sqrt{(2\sqrt{5})^2 + 2^2} = 2\sqrt{6}$ (cm)
ここで，DM = x cm とすると，
AD = DC = $x + 2\sqrt{3}$ (cm) だから，
△ADM で三平方の定理より，AD² = DM² + AM²
$(x + 2\sqrt{3})^2 = x^2 + (2\sqrt{6})^2$
$x^2 + 4\sqrt{3}x + 12 = x^2 + 24$　　$x = \frac{12}{4\sqrt{3}} = \sqrt{3}$ (cm)
よって，OD = $\sqrt{2^2 + (\sqrt{3})^2} = \sqrt{7}$ (cm)
(参考) △ABC∽△DCA に着目して DM = $\sqrt{3}$ cm を求めてもよい。

〈T. E.〉

佐 賀 県　問題 P.102

解 答

1 | 正負の数の計算，式の計算，平方根，因数分解，2 次方程式，立体の表面積と体積，平面図形の基本・作図，円周角と中心角，平行と合同，三角形，データの散らばりと代表値 |
(1)(ア) -11　(イ) $-x - 9y$　(ウ) $-4y^2$
(エ) $6 + 2\sqrt{5}$
(2) $(x + 3y)(x - 3y)$
(3) $x = \dfrac{1 \pm \sqrt{17}}{4}$
(4) 2 cm
(5) 右図
(6) 19 度
(7) ②，④

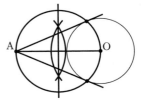

2 | 連立方程式の応用，2 次方程式の応用，図形を中心とした総合問題 | (1)(ア) ア　(イ) ④ $60x + 100y$　⑤ $x + y$
(ウ) 歩いた道のり 840 m
(2)(ア) 27 cm³　(イ) $(12 - 2x)$ cm
(ウ) AP の長さは x cm だから，
$\frac{1}{3} \times \frac{1}{2} \times (12 - 2x) \times 9 \times x = 24$
$x^2 - 6x + 8 = 0$　$(x - 2)(x - 4) = 0$　$x = 2, 4$
$0 \leq x \leq 6$ だから，$x = 2, 4$ は問題に適している。
(答) 出発してから 2 秒後と 4 秒後

3 | 関数を中心とした総合問題 | (1) $a = \dfrac{1}{2}$
(2) $y = -x + 4$　(3) $(-6, 6)$
(4)(ア) OD : DB = 1 : 1　(イ) 6　(ウ) $-\dfrac{11}{3}$，$-\dfrac{25}{3}$

4 | 図形を中心とした総合問題 | (1) $2\sqrt{5}$ cm
(2) △OBC と △DEC において，
仮定より，∠COA = ∠CDA なので，∠COB = ∠CDE…①
円 O′ において，$\overset{\frown}{AC}$ に対する円周角だから，
∠CBO = ∠CED…②
①，②より，2 組の角がそれぞれ等しいから，
△OBC∽△DEC
(3)(ア) 4 cm　(イ) $S : T = 4 : 25$　(ウ) $\dfrac{147}{5}$ cm²

5 | 確率，数・式の利用 | (1)(ア) D　(イ) 0　(ウ) $\dfrac{2}{9}$　(エ) $\dfrac{5}{6}$
(2)(ア) 54 枚　(イ) 216 枚　(ウ) 18 cm

解き方

1 (1)(イ) (与式) = $-2x - 6y + x - 3y$
  $= -x - 9y$
(ウ) (与式) = $-\dfrac{8xy^2}{2x} = -4y^2$
(エ) (与式) = $(\sqrt{5})^2 + 2 \times \sqrt{5} \times 1 + 1^2 = 5 + 2\sqrt{5} + 1$
  $= 6 + 2\sqrt{5}$
(2) (与式) = $x^2 - (3y)^2 = (x + 3y)(x - 3y)$
(3) 解の公式より，
$x = \dfrac{-(-1) \pm \sqrt{(-1)^2 - 4 \times 2 \times (-2)}}{2 \times 2} = \dfrac{1 \pm \sqrt{17}}{4}$
(4) 底面の円周の長さは側面の展開図の半円の弧の長さと一致する。
側面の展開図の半円の弧の長さは，$2\pi \times 4 \times \dfrac{1}{2} = 4\pi$ (cm)
より，底面の半径を r cm とすると，$2\pi r = 4\pi$
したがって，$r = 2$ (cm)

(6) 図のような点 B を通り，l，m に平行な直線を引いて，
$\angle x + 44° = 63°$
よって，$\angle x = 19°$

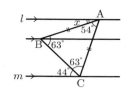

(7) 第 3 四分位数は図より 2012 年が 1 番右にあるので，①は正しくない。
箱の横の長さが 1 番大きいのは 2012 年だから，②は正しい。
③はこの図からは判断できないので，正しくない。
2012 年の第 3 四分位数は 34℃ より大きいので，④は正しい。
この図からは平均値は読みとれないため，⑤は正しくない。

2 (1)(ウ) 連立方程式 $\begin{cases} x+y=1640 & \cdots① \\ \dfrac{x}{60}+\dfrac{y}{100}=22 & \cdots② \end{cases}$ を解いて，
①×5 − ②×300 より，$2y = 1600$
したがって，$y = 800$
これを①に代入して，$x = 840$
(2)(ア) このとき，PA = 3 cm，QA = 12 − 2×3 = 6 (cm) だから，
(三角錐 PABQ の体積) = $\dfrac{1}{3} \times \triangle ABQ \times PA$
= $\dfrac{1}{3} \times \left(\dfrac{1}{2} \times 9 \times 6\right) \times 3 = 27$ (cm³)

3 (1) 点 A (2, 2) を $y = ax^2$ に代入して，$2 = a \times 2^2$
よって，$a = \dfrac{1}{2}$
(2) 直線 AB の傾きは A (2, 2)，B (−4, 8) より，
$\dfrac{2-8}{2-(-4)} = \dfrac{-6}{6} = -1$
切片を b とすると，$y = -x + b$
これに点 A (2, 2) を代入して，$2 = -2 + b$
よって，$b = 4$
したがって，$y = -x + 4$
(3) 四角形 OABC は平行四辺形だから，点 A から点 O への移動と点 B から点 C への移動は等しい。
x 軸方向の移動は，$0 - 2 = -2$，
y 軸方向の移動は，$0 - 2 = -2$
点 B (−4, 8) より，点 C の座標は，
$(-4 - 2, 8 - 2) = (-6, 6)$
(4)(ア) 平行四辺形の対角線はそれぞれの中点で交わるから，OD : DB = 1 : 1
(イ) $\triangle OAB = \dfrac{1}{2} \times \{2 - (-4)\} \times 4 = 12$
$\triangle OAD = \dfrac{1}{2} \triangle OAB = \dfrac{1}{2} \times 12 = 6$
(ウ) $\triangle OAD : \triangle OPC$
$= 3 : 7$ となるとき，
$6 : \triangle OPC = 3 : 7$ より，
$\triangle OPC = 14$
だから，$\triangle OPC = 14$ となる点 P を考える。
そこで y 軸上に $\triangle OQC = 14$ となる点 Q (0, t) をとると (ただし，$t > 0$)，
$\dfrac{1}{2} \times t \times 6 = 14$ より，$t = \dfrac{14}{3}$　Q $\left(0, \dfrac{14}{3}\right)$
また，直線 OC は，$y = \dfrac{0-6}{0-(-6)}x$
すなわち，$y = -x$ である。
直線 BC は，$y = \dfrac{8-6}{-4-(-6)}x + c$　$y = x + c$
点 B (−4, 8) を代入して，$8 = -4 + c$ より，$c = 12$

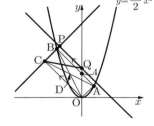

よって，$y = x + 12 \cdots①$
点 P の 1 つは点 Q を通り直線 OC に平行な直線
$y = -x + \dfrac{14}{3}$ と①との交点であるから，
$x + 12 = -x + \dfrac{14}{3}$　$3x + 36 = -3x + 14$
$6x = -22$　$x = -\dfrac{11}{3}$
もう 1 つはこれと点 C について対称な点だから，その点の x 座標は，$-6 - \left\{-\dfrac{11}{3} - (-6)\right\} = -6 - \dfrac{7}{3} = -\dfrac{25}{3}$
したがって，求める点 P の x 座標は，
$x = -\dfrac{11}{3}$ または $x = -\dfrac{25}{3}$

4 (1) 円周角の定理より，$\angle ACB = 90°$
直角三角形 ABC において三平方の定理より，
$AC = \sqrt{AB^2 - BC^2} = \sqrt{(2 \times 5)^2 - (4\sqrt{5})^2}$
$= \sqrt{100 - 80} = \sqrt{20} = 2\sqrt{5}$ (cm)
(3)(ア) $\triangle ABC = \dfrac{1}{2} \times AC \times BC = \dfrac{1}{2} \times 2\sqrt{5} \times 4\sqrt{5}$
$= 20$ (cm²)
CH は AB を底辺と見たときの $\triangle ABC$ の高さだから，
$\triangle ABC = \dfrac{1}{2} \times AB \times CH$ より，$20 = \dfrac{1}{2} \times 10 \times CH$
よって，CH = 4 (cm)
(イ) $\triangle OAD$ と $\triangle O'AE$ はともに二等辺三角形で，対頂角は等しいから，$\angle OAD = \angle O'AE$
よって，$\triangle OAD \backsim \triangle O'AE$
相似比は，$OA : O'A = 2 : 5$ だから，
面積比 $S : T = 2^2 : 5^2 = 4 : 25$
(ウ) $\triangle OAD \backsim \triangle O'AE$ より，$AD : AE = OA : O'A$
よって，$AD : 3\sqrt{10} = 2 : 5$　$AD = \dfrac{6\sqrt{10}}{5}$ (cm)
したがって，
$DE = AD + AE = \dfrac{6\sqrt{10}}{5} + 3\sqrt{10} = \dfrac{21\sqrt{10}}{5}$ (cm)
また $\triangle OBC = \dfrac{1}{2} \times OB \times CH = \dfrac{1}{2} \times 12 \times 4 = 24$ (cm²)
$\triangle OBC \backsim \triangle DEC$ より，$\triangle OBC : \triangle DEC = OB^2 : DE^2$
よって，$24 : \triangle DEC = 12^2 : \left(\dfrac{21\sqrt{10}}{5}\right)^2$
$\triangle DEC \times 12^2 = 24 \times \dfrac{21^2 \times 10^2}{25_5}$
$\triangle DEC = \dfrac{147}{5}$ (cm²)

5 (1) 1 回目に出た目を x，2 回目に出た目を y として，(x, y) と表すことにする。
(イ) (6, 6) であっても折り返した後で C のマスまでしかコマは行かないため，確率は 0
(ウ) コマが F のマスにあるのは，出た目の和が 5 のときと 9 のときである。
すなわち，(1, 4)，(2, 3)，(3, 2)，(4, 1)，
(3, 6)，(4, 5)，(5, 4)，(6, 3) の 8 通り。
さいころの目の出方は 36 通りであるから，$\dfrac{8}{36} = \dfrac{2}{9}$
(エ) コマが H のマスにあるのは，出た目の和が 7 のときで，(1, 6)，(2, 5)，(3, 4)，(4, 3)，(5, 2)，(6, 1) の 6 通りで，その確率は，$\dfrac{6}{36} = \dfrac{1}{6}$
したがって，H のマスにない確率は，$1 - \dfrac{1}{6} = \dfrac{5}{6}$
(2)(ア) 1 辺が 3 cm の正三角形をつくるのに必要なタイルが 9 枚で，それを 6 つ合わせたものだから，$9 \times 6 = 54$ (枚)

(イ) 1 辺が 6 cm の正三角形をつくるのに必要なタイルは，$6^2 = 36$（枚）
(ア)と同様に考えて，$36 \times 6 = 216$（枚）
(ウ) 1 辺の長さが n cm の正六角形をつくるのに必要なタイルは，$n^2 \times 6 = 6n^2$（枚）
$6n^2 = 2023$ を考えて，$n^2 = 337$ あまり 1
$18^2 = 324 < 337$，$19^2 = 361 > 337$ より，求める長さは 18 cm

〈N. Y.〉

長崎県
問題 P.104

解答

1 正負の数の計算，式の計算，平方根，因数分解，2 次方程式，1 次関数，数の性質，円周角と中心角，立体の表面積と体積，平面図形の基本・作図

(1) 21　(2) $x + 8y$　(3) $\dfrac{2 - \sqrt{2}}{6}$　(4) $(x + 6)(x - 1)$

(5) $x = \dfrac{-3 \pm \sqrt{41}}{4}$

(6) $-3 \leqq y \leqq 3$

(7) 289

(8) $\angle x = 43°$

(9) 18π cm³

(10) 右図

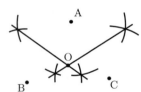

2 データの散らばりと代表値，確率，因数分解

問 1．(1) 14 冊　(2) ③　(3) ④

問 2．(1) $\dfrac{1}{4}$　(2) $\dfrac{1}{4}$　(3) $\dfrac{3}{8}$

問 3．（n を整数とし，2 つの続いた偶数のうち，小さいほうの偶数を $2n$ とすると，）大きいほうの偶数は $2n + 2$ と表される。
$2n(2n + 2) + 1 = 4n^2 + 4n + 1 = (2n + 1)^2$
n は整数より，$2n + 1$ は $2n$ と $2n + 2$ の間の奇数である。
よって，2 つの続いた偶数の積に 1 を加えると，その 2 つの偶数の間の奇数の 2 乗となる。

3 関数を中心とした総合問題　問 1．4　問 2．$-\dfrac{1}{2}$

問 3．(1) 6　(2) 12　(3) $\dfrac{9}{2}$

4 図形を中心とした総合問題　問 1．$\dfrac{8}{3}$ cm³

問 2．PQ $= 2\sqrt{2}$ cm　BP $= 2\sqrt{5}$ cm

問 3．(1) $\sqrt{2}$ cm　(2) 18 cm²　(3) $\dfrac{56}{3}$ cm³　問 4．$\dfrac{8}{3}$ cm

5 図形を中心とした総合問題　問 1．6 cm²

問 2．(ア) 錯角　(イ) 1 組の辺とその両端の角

問 3．(1) ②　(2) $\dfrac{4}{3}$ cm　(3) AP : PB $= 4 : 13$

6 数・式を中心とした総合問題

問 1．(ア) 20　(イ) 61　(ウ) 39　(エ) 3121

問 2．(オ) 1 段目と 4 段目　(カ) 2 段目と 5 段目　(キ) 3 段目と 6 段目　問 3．(ク) 7　(ケ) 2　問 4．(コ) 2341

解き方

1 (1) (与式) $= 3 + 2 \times 9 = 3 + 18 = 21$
(2) (与式) $= 2x + 6y - x + 2y = x + 8y$
(3) (与式) $= \dfrac{\sqrt{2} + 1}{3} - \dfrac{\sqrt{2}}{6} = \dfrac{2\sqrt{2} + 2 - 3\sqrt{2}}{6}$
$= \dfrac{2 - \sqrt{2}}{6}$
(5) 2 次方程式の解の公式を用いて，

$x = \dfrac{-3 \pm \sqrt{3^2 - 4 \times 2 \times (-4)}}{2 \times 2} = \dfrac{-3 \pm \sqrt{41}}{4}$

(6) $x = -1$ のとき $y = -2 \times (-1) + 1 = 3$，
$x = 2$ のとき $y = -2 \times 2 + 1 = -3$
1 次関数のグラフは直線だから，求める変域は $-3 \leqq y \leqq 3$

(7) 2023 の約数は 2023 の他に次の 5 つ
1，7，17，7×17，17×17　このうち最大のものは $17 \times 17 = 289$

(8) 円周角の定理より，$\angle BDC = \angle BAC = 47°$
直径に対する円周角だから，$\angle DCB = 90°$
$\angle x + 47° + 90° = 180°$ より，$\angle x = 43°$

(9) 求める立体は半径 3 cm の半球であるから，
$\dfrac{4 \times \pi \times 3^3}{3} \times \dfrac{1}{2} = 18\pi$ （cm³）

2 問 1．(1) 6 番目と 7 番目のデータの平均を求めて，
$\dfrac{14 + 14}{2} = 14$（冊）

(2) 第 1 四分位数は $\dfrac{11 + 12}{2} = 11.5$（冊）より，①は正しくない。
最頻値は 14（冊）と 17（冊）だから，②は正しくない。
四分位範囲は $17 - 11.5 = 5.5$（冊）より，③は正しい。
平均値は 14.5（冊）より，④は正しくない。

(3) (1)より中央値が 14（冊）の図は③か④で，(2)より四分位範囲は 5.5（冊）だから，④が正しい。

問 2．(1) すべての場合が 4 通りで，求める場合の数が 1 通りであるから，求める確率は $\dfrac{1}{4}$

(2) すべての場合は $4 \times 3 = 12$（通り）　このうち，2 回目で 4 の数字が書かれている球を取り出す場合は
(1 回目，2 回目) = (①, ④)，(②, ④)，(③, ④) の 3 通り
したがって，求める確率は $\dfrac{3}{12} = \dfrac{1}{4}$

(3) すべての場合は $4 \times 3 \times 2 = 24$（通り）
得点が 4 点となるのは 2 回目に④を取り出すときの $3 \times 1 \times 2 = 6$（通り）と
(1 回目，2 回目，3 回目) = (②, ①, ④)，(③, ①, ④)，(③, ②, ④) の 3 通りを合わせて 9 通り。
したがって，求める確率は $\dfrac{9}{24} = \dfrac{3}{8}$

3 問 1．点 A の y 座標は $y = \dfrac{1}{4} \times (-4)^2 = 4$

問 2．A$(-4, 4)$，B$(2, 1)$ を通る直線の傾きは，
$\dfrac{1 - 4}{2 - (-4)} = \dfrac{-3}{6} = -\dfrac{1}{2}$

問 3．(1) 2 点 A，D の x 座標の差は $0 - (-4) = 4$
2 点 C，B の x 座標の差はこれと等しいから点 C の x 座標は $2 + 4 = 6$

(2) 点 C の y 座標は $y = \dfrac{1}{4} \times 6^2 = 9$
よって，直線 BC の傾きは $\dfrac{9 - 1}{6 - 2} = \dfrac{8}{4} = 2$
AD // BC より，直線 AD の傾きも 2 となり直線 AD は切片を b とすると，$y = 2x + b$ と表せる。
これに点 A $(-4, 4)$ を代入して，$4 = 2 \times (-4) + b$
$b = 12$　したがって，D の y 座標は 12

(3) AD $=$ BC より，△ADE $=$ △BCE となるのは点 E が辺 DC（AB）の中点を通り直線 AD に平行な直線上にあるときである。
よって，その直線の式を求める。
辺 DC の中点の座標は $\left(\dfrac{0 + 6}{2}, \dfrac{12 + 9}{2}\right) = \left(3, \dfrac{21}{2}\right)$
直線 AD の傾きは 2 であるから，求める直線の切片を d

数学 | 67

として，その式は $y=2x+d$ となる．これに $\left(3, \dfrac{21}{2}\right)$ を代入して，
$\dfrac{21}{2}=2\times 3+d \quad d=\dfrac{21}{2}-6=\dfrac{9}{2}$
点 E は y 軸上の点であるから，求める y 座標は $\dfrac{9}{2}$

4 問1．求める体積は
$\dfrac{1}{3}\times \triangle\text{EPQ}\times \text{AE}=\dfrac{1}{3}\times\left(\dfrac{1}{2}\times 2\times 2\right)\times 4=\dfrac{8}{3}$ (cm³)
問2．$\triangle\text{EPQ}$ は $\angle\text{E}=90°$ の直角二等辺三角形だから，
$\text{PQ}=\sqrt{2}\text{EP}=\sqrt{2}\times 2=2\sqrt{2}$ (cm)
$\triangle\text{BPF}$ は $\angle\text{F}=90°$ の直角三角形だから，三平方の定理より，$\text{BP}^2=\text{FP}^2+\text{BF}^2$
よって，$\text{BP}=\sqrt{2^2+4^2}=\sqrt{20}=2\sqrt{5}$ (cm)
問3．(1) $\text{BR}=\dfrac{1}{2}(\text{BD}-\text{PQ})=\dfrac{1}{2}(4\sqrt{2}-2\sqrt{2})$
$=\sqrt{2}$ (cm)
(2) $\text{RP}=\sqrt{\text{BP}^2-\text{BR}^2}=\sqrt{20-2}=3\sqrt{2}$ (cm)
求める面積は
$\dfrac{1}{2}\times(\text{QP}+\text{DB})\times\text{RP}=\dfrac{1}{2}\times(2\sqrt{2}+4\sqrt{2})\times 3\sqrt{2}$
$=18$ (cm²)
(3) 右の図のように直線 BP と直線 AE の交点を点 X とする．求める立体は三角錐 XABD から三角錐 XEPQ を除いた図形である．
$\triangle\text{XPE}\infty\triangle\text{XBA}$ で
EP : AB = 2 : 4 = 1 : 2
したがって，XE = 4 cm,
XA = 4×2 = 8 (cm)
(三角錐 XABD)
－(三角錐 XEPQ)
$=\dfrac{1}{3}\times\triangle\text{ABD}\times\text{XA}$
$-\dfrac{1}{3}\times\triangle\text{EPQ}\times\text{XE}$
$=\dfrac{1}{3}\times\left(\dfrac{1}{2}\times 4^2\right)\times 8-\dfrac{1}{3}\times\left(\dfrac{1}{2}\times 2^2\right)\times 4$
$=\dfrac{1}{3}\times(64-8)=\dfrac{1}{3}\times 56=\dfrac{56}{3}$ (cm³)
問4．(四角錐 ABDQP)
= (立体 ABDEPQ) － (三角錐 AEPQ)
$=\dfrac{56}{3}-\dfrac{8}{3}=\dfrac{48}{3}=16$ (cm³)
線分 AT は四角錐 ABDQP の底面を台形 BDQP と考えたときの高さである．
(四角錐 ABDQP) $=\dfrac{1}{3}\times$ (台形 BDQP) $\times$ AT
$16=\dfrac{1}{3}\times 18\times\text{AT}$
よって，AT $=\dfrac{8}{3}$ (cm)

5 問1．$\triangle\text{ABE}=\dfrac{1}{2}\times\text{BE}\times\text{AE}=\dfrac{1}{2}\times 3\times 4=6$ (cm²)
問3．(1) $\triangle\text{PDQ}$ は $\triangle\text{PBQ}$ を PQ を対称の軸として対称移動した図形である．
対称移動の性質から対応する点を結ぶ直線と対称の軸とは垂直に交わるから，$\angle\text{DFQ}=90°$ である．
$\triangle\text{DAF}$ と $\triangle\text{FEQ}$ において，$\angle\text{DAF}=\angle\text{FEQ}=90°\cdots$①
三角形の内角の和は 180° であるから，
$\angle\text{ADF}=180°-(\angle\text{DAF}+\angle\text{DFA})=90°-\angle\text{DFA}$
また，$\angle\text{EFQ}=180°-(\angle\text{DFA}+\angle\text{DFQ})=90°-\angle\text{DFA}$

よって，$\angle\text{ADF}=\angle\text{EFQ}\cdots$②
①，②より，2 組の角がそれぞれ等しいから，
$\triangle\text{DAF}\infty\triangle\text{FEQ}$
(2) $\triangle\text{DAF}\infty\triangle\text{FEQ}$ より，AD : EF = AF : EQ
3 : 2 = 2 : EQ よって，EQ $=\dfrac{4}{3}$ (cm)
(3) 直線 AD と直線 PQ の交点を R とすると，
$\triangle\text{ARF}\equiv\triangle\text{EQF}$ となり，AR = EQ $=\dfrac{4}{3}$ (cm)
また，$\triangle\text{PAR}\infty\triangle\text{PBQ}$ となるため，
AP : PB = AR : BQ $=\dfrac{4}{3}:\left(3+\dfrac{4}{3}\right)=4:13$

6 問1．(ア) 16 + 4 = 20
(イ) 1 + 4 + 8 + 12 + 16 + 20 = 61
(エ) (奇数段目の電球の合計) + (偶数段目の電球の合計)
$=39^2+40^2$
$=1521+1600=3121$
問3．右の図のように考える．
よって，点線で囲まれた電球の個数は $\dfrac{7\times(7+1)}{2}$ (個)
問4．1，4，7，…，40 段目の合計は
$\dfrac{40\times(40+1)}{2}=820$ (個)
2，5，8，…，38 段目の合計は $\dfrac{38\times(38+1)}{2}=741$ (個)
3，6，9，…，39 段目の合計は $\dfrac{39\times(39+1)}{2}=780$ (個)
よって，求める電球の個数は 820 + 741 + 780 = 2341 (個)
〈N. Y.〉

熊 本 県 問題 P.107

解 答 選択問題 A

1 正負の数の計算，式の計算，多項式の乗法・除法，平方根 (1) $\dfrac{9}{14}$ (2) -6 (3) $15x+2y$ (4) $2a$
(5) $2x^2-1$ (6) $4\sqrt{6}$

2 1 次方程式，2 次方程式，比例・反比例，三角形，円周角と中心角，平面図形の基本・作図，数の性質，場合の数，確率，連立方程式の応用，1 次関数 (1) $x=-6$
(2) $x=\dfrac{-5\pm\sqrt{33}}{4}$
(3) $y=\dfrac{6}{5}$
(4) 27 度
(5) 右図
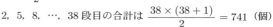
(6) ① 3 個 ② $\dfrac{7}{20}$ (7) ① 毎分 220 m ② 22 分 40 秒後

3 データの散らばりと代表値 (1) ア．28 イ．9
(2) 1 組 ア 2 組 エ (3) イ，ウ

4 1 次方程式の応用，空間図形の基本，立体の表面積と体積，相似，三平方の定理 (1) $9\sqrt{3}\pi$ cm³ (2) 18π cm²
(3) $\dfrac{3\sqrt{3}}{2}$ cm (4) $\dfrac{\sqrt{3}}{4}\pi$ cm³

5 1 次方程式の応用，1 次関数，関数 $y=ax^2$
(1) $a=2$ (2) 2 (3) $y=2x+4$ (4) $\left(\dfrac{3}{4},\dfrac{11}{2}\right)$

6 円周角と中心角，相似，三平方の定理
(1) (証明) (例)

△ABC と △OEB において，
AC ∥ OE より，同位角は等しいから，
∠BAC = ∠EOB…①
線分 AB は円の直径だから，
∠ACB = 90°…②
BE は円の接線で，線分 AB は円の直径だから，
∠OBE = 90°…③
②，③より，
∠ACB = ∠OBE…④
①，④より，2 組の角がそれぞれ等しいから，
△ABC∽△OEB
(2) ① 6 cm ② $\frac{20}{3}$ cm

選択問題B
1 正負の数の計算，式の計算，多項式の乗法・除法，平方根
選択問題Aの **1** と同じ
2 1 次方程式，2 次方程式，比例・反比例，三角形，円周角と中心角，平面図形の基本・作図，確率，連立方程式の応用，1 次関数 (1)〜(4) 選択問題Aの **2** (1)〜(4)と同じ
(5) 右図
(6) ① 24 点
② ア．8 イ．$\frac{4}{15}$
(7) ① $a = 3$
② 15 分後
③ $1 \leq b < 4$

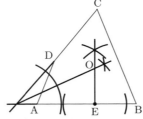

3 データの散らばりと代表値 選択問題Aの **3** と同じ
4 1 次方程式の応用，空間図形の基本，立体の表面積と体積，相似，三平方の定理 選択問題Aの **4** と同じ
5 1 次方程式の応用，2 次方程式の応用，1 次関数，関数 $y = ax^2$ (1) $a = \frac{1}{2}$ (2) $y = \frac{6}{5}x + \frac{16}{5}$
(3) ① $\frac{4}{3}$ ② $\left(-\frac{2}{3}, \frac{12}{5}\right)$
6 三角形，円周角と中心角，相似，三平方の定理
(1)（証明）（例）
△ADF と △ECB において，
∠FAD と ∠BEC は $\overparen{BC}$ に対する円周角だから，
∠FAD = ∠BEC…①
AE ∥ FD より，錯角は等しいから，
∠EAB = ∠FDA…②
∠EAB と ∠BCE は $\overparen{BE}$ に対する円周角だから，
∠EAB = ∠BCE…③
②，③より，
∠FDA = ∠BCE…④
①，④より，2 組の角がそれぞれ等しいから，
△ADF∽△ECB
(2) ① $2\sqrt{6}$ cm ② $\frac{24}{25}$ 倍

解き方 選択問題A
1 (1) $\frac{2}{14} + \frac{7}{14} = \frac{9}{14}$
(2) $6 - 12 = -6$
(3) $8x + 9y + 7x - 7y = 15x + 2y$
(4) $8a^3b \div 36a^2b^2 \times 9b = \frac{8a^3b \times 9b}{36a^2b^2} = 2a$
(5) $x^2 - 4x - 5 + x^2 + 4x + 4 = 2x^2 - 1$

(6) $\frac{\sqrt{30}}{\sqrt{5}} + 3\sqrt{6} = \sqrt{6} + 3\sqrt{6} = 4\sqrt{6}$
2 (1) $2x = -12$　　$x = -6$
(2) 解の公式より，
$x = \dfrac{-5 \pm \sqrt{5^2 - 4 \times 2 \times (-1)}}{2 \times 2} = \dfrac{-5 \pm \sqrt{33}}{4}$
(3) 式を $y = \dfrac{a}{x}$ として，$x = 2$，$y = 3$ を代入すると，
$3 = \dfrac{a}{2}$　　$a = 6$　　$y = \dfrac{6}{x}$ に $x = 5$ を代入すると，
$y = \dfrac{6}{5}$
(4) △CAB で，AC = BC より，
∠CAB = (180° − 54°) ÷ 2 = 63°…①
△OAB で，AO = BO より，
∠OAB = (180° − 140°) ÷ 2 = 20°…②
$\overparen{AB}$ で，円周角の定理より，∠ADB = $\dfrac{1}{2}$∠AOB = 70°
△ACD で，
∠CAD = ∠ADB − ∠ACB = 70° − 54° = 16°…③
①，②，③より，
∠OAD = ∠CAB − ∠OAB − ∠CAD
= 63° − 20° − 16° = 27°
(5) 点 O から直線 l，直線 m にひいた垂線の長さは等しくなる。したがって，l，m の交点を C とすると，∠ACB の二等分線を作図し，線分 AB との交点を O とすればよい。
(6) ① (A, B) = (1, 2)，(2, 4)，(4, 2) の 3 個
② すべての場合の数は，$4 \times 5 = 20$ (通り)
3 の倍数は，(A, B) = (1, 2)，(1, 5)，(2, 1)，(2, 4)，(3, 3)，(4, 2)，(4, 5) の 7 個
よって，$\dfrac{7}{20}$
(7) ① $1760 \div (12 - 8) = 220$ (m/min)
② 直樹さんのグラフの式を $y = ax + b$ とおくと，
$x = 12$ のとき $y = 2400$ だから，$2400 = 12a + b$…1
$x = 27$ のとき $y = 4800$ だから，$4800 = 27a + b$…2
1，2より，$a = 160$，$b = 480$
よって，$y = 160x + 480$…3
航平さんのグラフの式を $y = 220x + c$ とおくと，
$x = 4$ のとき $y = 0$ だから，$0 = 880 + c$　　$c = -880$
よって，$y = 220x - 880$…4
3，4より，$160x + 480 = 220x - 880$　　$x = 22\dfrac{40}{60}$
したがって，22 分 40 秒後
3 (1) ア = 71 − 43 = 28 (回)
イ = 60 − 51 = 9 (回)
(2) 箱ひげ図の最小値，最大値に着目する。
1 組の最小値は 43 回，最大値は 71 回で，
これにあてはまるヒストグラムは，ア
2 組の最小値は 47 回，最大値は 68 回で，
これにあてはまるヒストグラムは，イ，エ。
また，第 1 四分位数は 10 番目の記録の 51 回だから，これにあてはまるのはエとなる。
(3) 大輔さん：回数の範囲は，箱ひげ図より，1 組は 28 回，2 組は 68 − 47 = 21 (回) だから，正しくない。
由衣さん：回数の四分位範囲は，箱ひげ図より，1 組は 9 回，2 組は 65 − 51 = 14 (回) だから，正しい。
雄太さん：回数が 64 回以上である人数は，ヒストグラムより，1 組は $4 + 1 = 5$ (人)，2 組は $8 + 2 = 10$ (人) だから，正しい。
恵子さん：1 組 39 人の各データがわからないので，正確

な平均値を求めることができないため，正しくない。（なお，1つの階級に入っているデータの値を，すべてその階級値であると考えて平均値を求めると，約55.6回である。このことからも，正しくないといえる。）

4 右図のように，点Q, R, S, Tを定める。
(1) △OPQで∠POQ = 90° より，三平方の定理から，
OP = $\sqrt{6^2 - 3^2}$ = $3\sqrt{3}$ (cm)
したがって，
$\frac{1}{3} \times \pi \times 3^2 \times 3\sqrt{3}$ = $9\sqrt{3}\pi$ (cm³)

(2) $\pi \times 6^2 \times \frac{2\pi \times 3}{2\pi \times 6}$ = 18π (cm²)

(3) △POR∽△PQO より，
PO : PQ = OR : QO
$3\sqrt{3}$: 6 = OR : 3   OR = $\frac{3\sqrt{3}}{2}$ (cm)

(4) △PTS∽△POR より，ST = r とおくと，
PT : PO = ST : RO
$\left(\frac{3\sqrt{3}}{2} - r\right) : 3\sqrt{3} = r : \frac{3\sqrt{3}}{2}$
これを解いて，r = $\frac{\sqrt{3}}{2}$ (cm)
したがって，球Cの体積は，
$\frac{4}{3}\pi \times \left(\frac{\sqrt{3}}{2}\right)^3 = \frac{\sqrt{3}}{2}\pi$ (cm³)

5 (1) $y = ax^2$ に，x = -1, y = 2 を代入すると，
2 = a × (-1)²   a = 2   よって，y = 2x²

(2) y = 2x² に y = 8 を代入すると，8 = 2x²   x = ±2
x > 0 より，x = 2

(3) 求める式を y = bx + c とおく。
x = -1, y = 2 を代入すると，2 = -b + c…①
x = 2, y = 8 を代入すると，8 = 2b + c…②
①，②を連立して解くと，b = 2, c = 4 より，y = 2x + 4

(4) Pのx座標をtとすると，C(0, 4) より，
△OCP = $\frac{1}{4}$△OAB だから，
$\frac{1}{2} \times 4 \times t = \frac{1}{4} \times \frac{1}{2} \times 4 \times (1 + 2)$
これを解いて，t = $\frac{3}{4}$
x = $\frac{3}{4}$ を y = 2x + 4 に代入して，
y = 2 × $\frac{3}{4}$ + 4 = $\frac{11}{2}$ P$\left(\frac{3}{4}, \frac{11}{2}\right)$

6 (2)① △ABCで，∠ACB = 90° より，三平方の定理から，AC = $\sqrt{10^2 - 8^2}$ = 6 (cm)
② △ABC∽△OEB より，
BC : EB = AC : OB
8 : EB = 6 : 5   EB = $\frac{20}{3}$ (cm)

選択問題B
2 (5) 直線ABは円Oの接線となるので，点Eを通り直線ABに対する垂線を作図する。次に，点Oから直線AB，直線CDまでの距離は等しいので，直線AB，直線CDの交点をFとすると，∠CFBの二等分線を作図し，1つ目の作図との交点をOとすればよい。

(6)① 赤いカードを①, ③, ④, ⑥, 白いカードを②, ③, ④, ⑥とする。
箱Aから④, 箱Bから⑥のカードを取り出したときが

最大値となり，4 × 6 = 24 (点)

②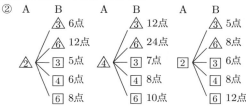

したがって，得点が8点となるのが4通りで最も多く，確率は，$\frac{4}{3 \times 5} = \frac{4}{15}$

(7)① a = 12 - (2400 - 240) ÷ 240 = 12 - 9 = 3 (分後)
② 直樹さんのグラフの式は，y = 160x + 480…①

選択問題A 2 (7)②の解き方を参照)
航平さんの立ち止まる前のグラフの式を y = 240x + c とおくと，x = 3 のとき y = 0 だから，
0 = 240 × 3 + c   c = -720
よって，y = 240x - 720…②
①，②より，160x + 480 = 240x - 720   x = 15
③航平さんが直樹さんを追いこし，2分走ったとき，
x = 15 + 2 = 17 を，y = 240x - 720 に代入すると，
y = 240 × 17 - 720 = 3360 (m)
直樹さんが y = 3360 のとき，y = 160x + 480 に代入すると，3360 = 160x + 480   x = 18
よって，b ≧ 18 - 17 = 1…③
また，航平さんが立ち止まらずに2周走ったとするとき，
y = 4800 を y = 240x - 720 に代入して，
4800 = 240x - 720
x = 23 より，航平さんは健太さんが走り始めてから23分後に走り終える。
このとき，27 - 23 = 4 より，航平さんが走り終えてから4分後に直樹さんは走り終える。b = 4 だと，航平さんが立ち止まったあとに直樹さんと一緒に走ることができないので，b < 4…④
③，④より，1 ≦ b < 4

5 (1) A(1, 2) より直線ABは y = 2x
y = 2x に x = 4 を代入すると，
y = 2 × 4 = 8   B(4, 8)
y = ax² に x = 4, y = 8 を代入すると，
8 = a × 4²   a = $\frac{1}{2}$

(2) 求める式を y = cx + d とおくと，
B(4, 8) より，8 = 4c + d…①
C(-1, 2) より，2 = -c + d…②
①-②より，5c = 6   c = $\frac{6}{5}$
c = $\frac{6}{5}$ を ② に代入して，2 = -$\frac{6}{5}$ + d   d = $\frac{16}{5}$
したがって，y = $\frac{6}{5}x + \frac{16}{5}$

(3)① 点Pのx座標をtとする (0 < t < 4)。
P$\left(t, \frac{1}{2}t^2\right)$, R(t, 2t²), PR = QD より，
2t² - $\frac{1}{2}$t² = 4 - t   3t² + 2t - 8 = 0
解の公式より，
t = $\frac{-2 \pm \sqrt{2^2 - 4 \times 3 \times (-8)}}{2 \times 3} = \frac{4}{3}, -2$
0 < t < 4 より，t = $\frac{4}{3}$
② S$\left(s, \frac{6}{5}s + \frac{16}{5}\right)$ とする (-1 ≦ s ≦ 0)。

解　答　　　　　数学 | 70

$\triangle$SPR $= \dfrac{5}{6}\triangle$SQD より，

$\dfrac{1}{2}\times$PR$\times\left(\dfrac{4}{3}-s\right)=\dfrac{5}{6}\times\dfrac{1}{2}\times$QD$\times\left(\dfrac{6}{5}s+\dfrac{16}{5}\right)$

PR $=$ QD より，

$\dfrac{4}{3}-s=\dfrac{5}{6}\left(\dfrac{6}{5}s+\dfrac{16}{5}\right)$　　　$s=-\dfrac{2}{3}$

$s=-\dfrac{2}{3}$ を $\dfrac{6}{5}s+\dfrac{16}{5}$ に代入して，

$\dfrac{6}{5}\times\left(-\dfrac{2}{3}\right)+\dfrac{16}{5}=\dfrac{12}{5}$

したがって，S $\left(-\dfrac{2}{3},\ \dfrac{12}{5}\right)$

6 (2)① $\triangle$ABC で，$\angle$ACB $=90°$ より，三平方の定理から，

AC $=\sqrt{6^2-2^2}=4\sqrt{2}$ (cm)

点 E から線分 AC に垂線 EH をひくと，

$\triangle$ECA は AE $=$ CE の二等辺三角形より，

点 O は線分 EH 上にあり，

AH $=$ CH $=\dfrac{1}{2}$AC $=2\sqrt{2}$ (cm)

また，OH // BC より，OH : BC $=$ AO : AB

OH : 2 $=$ 3 : 6　　　OH $=1$ (cm)

よって，EH $=$ EO $+$ OH $=3+1=4$ (cm)

$\triangle$EHA で，$\angle$EHA $=90°$ より，三平方の定理から，

AE $=\sqrt{4^2+(2\sqrt{2})^2}=2\sqrt{6}$ (cm)

② EH // BC より，$\triangle$DBC$\backsim\triangle$DOE だから，

DB : DO $=$ BC : OE $=2:3$

DO $=\dfrac{3}{5}$OB $=\dfrac{9}{5}$ (cm)

よって，AD $=$ AO $+$ DO $=3+\dfrac{9}{5}=\dfrac{24}{5}$ (cm)

$\triangle$ADF$\backsim\triangle$ECB で，相似比は，

AD : EC $=\dfrac{24}{5}:2\sqrt{6}=12:5\sqrt{6}$

したがって，面積比は，$12^2:(5\sqrt{6})^2=24:25$

以上のことから，$\triangle$ADF $=\dfrac{24}{25}\triangle$ECB

〈M. S.〉

大 分 県

問題 P.110

解 答

1 正負の数の計算，式の計算，多項式の乗法・除法，平方根，2 次方程式，関数 $y=ax^2$，平面図形の基本・作図

(1)① 3　② -12　③ $\dfrac{5x+y}{8}$

④ $4x+y^2$　⑤ $3\sqrt{3}$

(2) $x=-2,\ 8$

(3) $a=5,\ 6,\ 7,\ 8$

(4) $a=4,\ b=0$

(5) 10π cm^2

(6) 右図

2 1 次関数，関数 $y=ax^2$

(1) $a=\dfrac{1}{4}$　(2) $y=-\dfrac{1}{2}x+2$　(3)① 3 個　② $b=6$

3 確率，データの散らばりと代表値　(1)① B　② $\dfrac{2}{9}$

(2)① 6 本　② ア．14

イ．(例) 3 月の中央値は 15 本であるため，15 本以上成功した部員の割合は 50%以上である。

4 関数を中心とした総合問題

(1) ア．150　イ．765　ウ．615　エ．14 時 26 分

(2) 13 時 36 分

5 空間図形の基本，立体の表面積と体積，三平方の定理

(1) 160π cm^3

(2)① $\dfrac{160}{3}\pi$ cm^3　② 高さ 9 cm，体積 44π cm^3

6 図形と証明，相似

(1) (証明) (例) $\triangle$GFH と $\triangle$ECH において，

対頂角は等しいので，$\angle$GHF $=\angle$EHC$\cdots$①

正三角形の 1 つの内角は 60° であるので，

$\angle$GFH $=\angle$ECH $=60°\cdots$②

①，②より，2 組の角がそれぞれ等しいので，

$\triangle$GFH$\backsim\triangle$ECH

(2)① $\dfrac{5}{2}$ cm　② DB : DF $=9:11$

解き方 **1** (1)② (与式)$=6-9\times2=6-18=-12$

③ (与式)$=\dfrac{x+5y+4x-4y}{8}=\dfrac{5x+y}{8}$

④ (与式)$=\dfrac{4x^2y+xy^3}{xy}=4x+y^2$

⑤ (与式)$=\sqrt{6\times2}+\dfrac{3\sqrt{3}}{(\sqrt{3})^2}=\sqrt{12}+\dfrac{3\sqrt{3}}{3}$

$=2\sqrt{3}+\sqrt{3}=3\sqrt{3}$

(2) 左辺を因数分解して，$(x+2)(x-8)=0$

$x=-2,\ 8$

(3) $5<\sqrt{6a}$ より，$25<6a$，$\dfrac{25}{6}<a$，$4+\dfrac{1}{6}<a$，

$a=5,\ 6,\ \cdots$

$\sqrt{6a}<7$ より，$6a<49$，$a<\dfrac{49}{6}=8+\dfrac{1}{6}$，

$a=\cdots,\ 7,\ 8$

以上より，$a=5,\ 6,\ 7,\ 8$

(4) $x=-2$ のとき $y=-4>-16$ より，$a>2$ で，

$x=a$ のとき $y=-a^2=-16$，$a^2=16$。

$a>2$ より，$a=4$，$-2\leqq x\leqq0$ のとき，$-4\leqq y\leqq0$

$0\leqq x\leqq4\ (=a)$ のとき，$-16\leqq y\leqq0$

よって，y の変域は，$-16\leqq y\leqq0$，$b=0$

● 旺文社 2024 全国高校入試問題正解

(5) $5 \times 5 \times \pi \times \dfrac{144}{360} = 10\pi$ (cm^2)
(6) 中心 O は点 A を通り直線 l に垂直な直線 h 上にある。
また，線分 AB の垂直二等分線 m 上にある。
よって，中心 O は 2 直線 h と m の交点。
2 (1) $y = ax^2$ に A $(-4, 4)$ を代入して，
$4 = a \times (-4)^2 \quad a = \dfrac{1}{4}$
(2) $y = \dfrac{1}{4}x^2$ に B $(2, b)$ を代入して，
$b = \dfrac{1}{4} \times 2^2 = 1$, B $(2, 1)$
直線 AB の傾きは $\dfrac{1-4}{2-(-4)} = -\dfrac{1}{2}$,
直線 AB の式を $y = -\dfrac{1}{2}x + c$ とおいて，B $(2, 1)$ を代入
すると，$1 = -\dfrac{1}{2} \times 2 + c \quad c = 2 \quad y = -\dfrac{1}{2}x + 2$
(3)① 直線 $x = -2$ と
$y = \dfrac{1}{4}x^2$ のグラフ，
直線 AB との交点は，
$(-2, 1)$, $(-2, 3)$
求める点の y 座標は，
1, 2, 3。
よって，個数は 3（個）
② 条件をみたす点は 12 個。

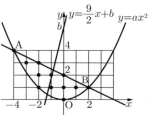

2 点 $(-1, 1)$, $(-1, 2)$ を両端とする線分（この両端を含まない）と，直線 $y = \dfrac{9}{2}x + b$ が交わるとき，2 つの図形に含まれる点の個数が等しくなる。
この交点は，$y = \dfrac{9}{2}x + b$ に $x = -1$ を代入して，
$y = b - \dfrac{9}{2}$ より，点 $\left(-1, b - \dfrac{9}{2}\right)$
y 座標が 1 と 2 の間にあればよいから，
$1 < b - \dfrac{9}{2} < 2, \quad 1 + \dfrac{9}{2} < b < 2 + \dfrac{9}{2}$,
$5 + \dfrac{1}{2} < b < 6 + \dfrac{1}{2}$
求める b は整数だから，$b = 6$
3 (1)
目の和	(0)	(1)	2	3	4	5	6	7	8	9	10	11	12
文字	A	B	C	D	E	A	B	C	D	E	A	B	C

② C のカードが一番上になるときの目の和は，2, 7, 12。
それぞれの場合の目の出方は，（大，小）として
和が 2　(1, 1)　　　　　　　　　　　　1 通り
　　　7　(1, 6), (2, 5), …, (6, 1)　　　6 通り
　　　12　(6, 6)　　　　　　　　　　　1 通り
目の出方は全体で 6×6 通りで，これらはすべて同様に確からしい。
求める確率は，$\dfrac{1+6+1}{6 \times 6} = \dfrac{2}{9}$
(2)①（四分位範囲）＝（第 3 四分位数）－（第 1 四分位数）
$= 14 - 8 = 6$（本）
4 (1) ア…$5 \times 30 = 150$（人），イ…$45 + 12 \times 60 = 765$（人）
ウ…$765 - 150 = 615$（人）
エ…ゲートが 3 つになった 13 時 45 分から $\left(\dfrac{615}{15} = \right) 41$
分後に入場が完了するから，14 時 26 分
(2) 14 時 26 分に入場を完了したが，14 時 20 分，つまり，6 分早く入場を完了させたい。
この 6 分間で 3 つのゲートを通過した人数は，
$15 \times 6 = 90$（人）
ゲートを 1 つから 3 つ，つまり 2 つふやすと，1 分あたり

$(5 \times 2 =) 10$ 人ゲートを通過する人数が増加する。
よって，13 時 45 分より $\left(\dfrac{90}{10} = \right) 9$ 分早くゲートを 3 つにすればよいから，13 時 36 分
5 (1) $\pi \times 4^2 \times 10 = 160\pi$ (cm^3)
(2)① 底面から水面までの高さは鉄球の直径に等しいから
4 cm
水の体積は，$\pi \times 4^2 \times 4 - \dfrac{4}{3} \times \pi \times 2^3$
$= 64\pi - \dfrac{32}{3}\pi = \dfrac{160}{3}\pi$ (cm^3)
② 右図は 2 つの鉄球の中心 A, B と底面の中心を含む平面で切断した断面図。
この図において，△ABC は
∠C ＝ 90° の直角三角形
AB ＝ 2 ＋ 3 ＝ 5
AC ＝ 4 × 2 － (2 ＋ 3) ＝ 3
だから，
BC ＝ $\sqrt{AB^2 - AC^2} = \sqrt{5^2 - 3^2} = 4$
よって，底面から水面までの高さは，
2 ＋ BC ＋ 3 ＝ 2 ＋ 4 ＋ 3 ＝ 9（cm）
追加した水の体積を V とおくと，
$\pi \times 4^2 \times 4 + \dfrac{4}{3} \times \pi \times 3^3 + V = \pi \times 4^2 \times 9$
$64\pi + 36\pi + V = 144\pi \quad V = 44\pi$ (cm^3)
6 (2)① △GFH∽△ECH より，相似比は，
FH : CH ＝ 4 : 8 ＝ 1 : 2
CE ＝ AC － AE ＝ AC － FE
　　＝ AC －（FH ＋ HE）
　　＝ 16 －（4 ＋ 7）＝ 5（cm）
FG : CE ＝ FH : CH
FG : 5 ＝ 1 : 2
FG ＝ $\dfrac{5}{2}$（cm）
② 同じようにして，GH : EH ＝ 1 : 2
GH ＝ $\dfrac{1}{2}$EH ＝ $\dfrac{7}{2}$
BG ＝ BC － GC ＝ BC －（GH ＋ HC）
　　＝ 16 －$\left(\dfrac{7}{2} + 8\right)$＝ $\dfrac{9}{2}$
△GFH∽△ECH と同じようにして，△GFH∽△GBD
HF : DB ＝ FG : BG, 4 : DB ＝ $\dfrac{5}{2}$: $\dfrac{9}{2}$ ＝ 5 : 9
DB ＝ $\dfrac{4 \times 9}{5} = \dfrac{36}{5}$
DF ＝ AD ＝ AB － DB ＝ 16 － $\dfrac{36}{5}$ ＝ $\dfrac{44}{5}$
よって，DB : DF ＝ $\dfrac{36}{5}$: $\dfrac{44}{5}$ ＝ 9 : 11

〈Y. K.〉

宮崎県

問題 P.112

解答

1 正負の数の計算，平方根，式の計算，連立方程式，2次方程式，データの散らばりと代表値，平面図形の基本・作図

(1) 5　(2) $-\frac{1}{10}$
(3) $4\sqrt{2}$
(4) $b = \frac{a+1}{3}$
(5) $(x, y) = (5, -1)$
(6) $x = 0, \frac{5}{9}$
(7) エ
(8) 右図（解答例）

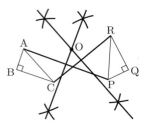

2 確率，連立方程式の応用　1．(1) $\frac{1}{5}$
(2)（解答例）2けたの整数が4の倍数，6の倍数となる確率はそれぞれ，$\frac{7}{25}$，$\frac{5}{25}$である。したがってアの方が起こりやすい。
2．(1) $50x + 120y$　(2) ① 8　② 6

3 1次関数，平行四辺形，関数 $y = ax^2$　1．$y = 9$
2．$y = -\frac{1}{2}x + 6$
3．(1) $CD = -\frac{1}{4}t^2 - \frac{1}{2}t + 6$　(2) $C(2, 5)$

4 円周角と中心角，相似，三平方の定理
1．$\angle CDB = 70$ 度
2．(1)（解答例）△BCD と △DBF で
CB // DF より，平行線の錯角は等しいので，
$\angle CBD = \angle BDF \cdots ①$
CD は ∠C の二等分線だから，$\angle ACD = \angle BCD \cdots ②$
また，$\overset{\frown}{AE}$ に対する円周角だから，$\angle ACD = \angle DBF \cdots ③$
②，③より，$\angle BCD = \angle DBF \cdots ④$
①，④より，2組の角がそれぞれ等しいので，
△BCD∽△DBF
(2) $\sqrt{5}$ cm　(3) $\frac{25}{12}$ cm²

5 空間図形の基本，立体の表面積と体積，平行線と線分の比，三平方の定理　1．4本　2．$18\sqrt{3}$ cm²
3．$18\sqrt{2}$ cm²　4．54 cm³

解き方

1 (3)（与式）$= 5\sqrt{2} + 2\sqrt{2} - 3\sqrt{2} = 4\sqrt{2}$
(5) 第1式を第2式に代入して，
$3x + 4(x-6) = 11$　これより，$x = 5$
第1式に代入して，$y = 5 - 6 = -1$
(6) 与式より，$9x^2 - 5x = 0$　$x(9x-5) = 0$
よって，$x = 0, \frac{5}{9}$
(7) ア．2001年の第3四分位数は30℃より下である。
イ．この箱ひげ図では平均値はわからない。
ウ．ひげの長さは日数に比例していない。
エ．範囲（最大値と最小値の差），四分位範囲（箱の長さ）とも2021年の方が小さい。
(8) 対応する頂点を結ぶ線分 AP，CR の垂直二等分線の交点が O である。

2 1．(1) 取り出し方は全部で $5 \times 5 = 25$（通り）　このうち条件をみたすものは5通り。
(2) 25個の整数のうち，
アとなるものは 12, 16, 24, 44, 64, 92, 96 の7通り。
イとなるものは，偶数かつ各位の数の和が3の倍数であるものなので，12, 24, 42, 66, 96 の5通り。
2．(1) 1人分のじゃがいもの重さについて，
カレーは $100 \div 2 = 50$ (g)
肉じゃがは $600 \div 5 = 120$ (g)
(2) じゃがいもについて，
$50x + 120y = 1120$，$5x + 12y = 112 \cdots ①$
玉ねぎについて，
$\frac{130}{2}x + \frac{250}{5}y = 820$，$13x + 10y = 164 \cdots ②$
② × 6 − ① × 5 より，$53x = 424$　　$x = 8$
① より，$y = 6$

3 1．$y = \frac{1}{4}x^2$ で $x = -6$ のとき，$y = \frac{1}{4} \times 36 = 9$
2．$A(-6, 9)$，$B(4, 4)$ より，l の式は $y = -\frac{1}{2}x + 6$
3．(1) $C\left(t, -\frac{1}{2}t + 6\right)$，$D\left(t, \frac{1}{4}t^2\right)$ より，
$CD = -\frac{1}{2}t + 6 - \frac{1}{4}t^2$
(2) $DE = CD$ より，$2t = -\frac{1}{4}t^2 - \frac{1}{2}t + 6$
$t^2 + 10t - 24 = 0$　　$(t+12)(t-2) = 0$
$0 < t < 4$ より，$t = 2$　したがって，$C(2, 5)$

4 1．$\angle CDB = \angle CAD + \angle ACD = 25° + 45° = 70°$
2．(2) $AB = \sqrt{6^2 + 3^2} = 3\sqrt{5}$
よって，$DB = 3\sqrt{5} \times \frac{1}{2+1} = \sqrt{5}$
(3) $\triangle BCD = \triangle ABC \times \frac{DB}{AB} = 9 \times \frac{1}{3} = 3$
△BCD∽△DBF より，
$DF = BD \times \frac{DB}{BC} = \sqrt{5} \times \frac{\sqrt{5}}{3} = \frac{5}{3}$
また，$\triangle DBF = \triangle BCD \times \left(\frac{DB}{BC}\right)^2 = 3 \times \left(\frac{\sqrt{5}}{3}\right)^2 = \frac{5}{3}$
$DF : BC = \frac{5}{3} : 3 = 5 : 9$
△DEF∽△CEB であるから，
$\triangle DEF : \triangle CEB = 5^2 : 9^2 = 25 : 81$
したがって，
$\triangle DEF = (\triangle BCD + \triangle DBF) \times \frac{25}{81-25}$
$= \left(3 + \frac{5}{3}\right) \times \frac{25}{56} = \frac{25}{12}$ (cm²)

5 1．AD，CD，EH，GH の4本。
2．△CFH は1辺 $6\sqrt{2}$ cm の正三角形であり，
$\triangle CFH = \frac{1}{2} \times 6\sqrt{2} \times 3\sqrt{6} = 18\sqrt{3}$ (cm²)
3．右図の斜線部であり，その面積は，
$6 \times 3\sqrt{2} = 18\sqrt{2}$ (cm²)
4．AG，BH の交点を I，FH，EG の交点を J とすると，
求める体積は，
(四角すい I − ABFE) + (三角すい I − EFJ)
+ (三角すい I − GHJ)
$= \frac{1}{3}\left\{6^2 \times 3 + \left(\frac{1}{2} \times 6 \times 3 \times 3\right) \times 2\right\} = 54$ (cm³)

〈SU. K.〉

鹿児島県

問題 P.114

解 答

1 正負の数の計算，多項式の乗法・除法，数の性質，平方根，連立方程式，場合の数，データの散らばりと代表値　1. (1) 5　(2) $\dfrac{1}{10}$　(3) y^2　(4) 13 (個)
(5) ア　2. $(x=)\,3,\ (y=)-1$　3. 4 (通り)　4. 1
5. 0.40

2 平行と合同，平行四辺形，円周角と中心角，三角形，平面図形の基本・作図，立体の表面積と体積，2次方程式の応用
1. (1) 540　(2) イ　(3) 72 (度)
2. (右図)
3. 直方体の表面積が $80\,\mathrm{cm}^2$ であるから
$x^2 \times 2 + 3x \times 4 = 80$
$2x^2 + 12x - 80 = 0$
$x^2 + 6x - 40 = 0$
$(x+10)(x-4) = 0$
$x = -10,\ x = 4$
$x > 0$ より $x = 4$　　　(答) 4 (cm)

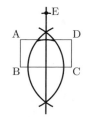

3 データの活用を中心とした総合問題，データの散らばりと代表値　1. エ　2. (1) 13.5 (%)　(2) イ
3. ① イ　② ア　③ ウ　④ ア　⑤ ウ

4 1次関数，確率，関数を中心とした総合問題，関数 $y=ax^2$　1. 4　2. ア，ウ
3. (1) 点 C は $y = \dfrac{1}{4}x^2$ のグラフ上の点で x 座標が -2
であるから $y = \dfrac{1}{4} \times (-2)^2 = 1$
よって，点 C$(-2,\ 1)$ となる。
直線 AC の式を，$y = mx + n$ とおくと，
点 A を通るから，$4 = 4m + n\cdots$①
点 C を通るから，$1 = -2m + n\cdots$②
①，②より，$m = \dfrac{1}{2},\ n = 2$
よって，直線 AC の式は，$y = \dfrac{1}{2}x + 2$ である。
点 B は直線 AC 上にあって，x 軸上にあるから，
$0 = \dfrac{1}{2}x + 2$　　$x = -4$　　(答) B$(-4,\ 0)$
(2) $\dfrac{2}{9}$

5 三角形，平行四辺形，相似，平行線と線分の比，図形を中心とした総合問題，三平方の定理　1. $3\sqrt{5}$ (cm)
2. (証明) △AEC は △ABC を折り返したものだから
∠BAC = ∠FAC…①
AB // DC より，錯角は等しいので
∠BAC = ∠FCA…②
①，②より ∠FAC = ∠FCA
よって，△ACF は 2 つの角が等しいので，
二等辺三角形である。
3. $\dfrac{9}{4}$ (cm)　4. $\dfrac{135}{176}$ (cm^2)

解き方

1 1. (1) $7 - 2 = 5$
(2) $\dfrac{3}{10} \times \dfrac{1}{3} = \dfrac{1}{10}$
(3) $x^2 + 2xy + y^2 - x^2 - 2xy = y^2$
(4) 絶対値が 7 より小さい整数は，$-6, -5, -4, -3, -2,$
$-1, 0, 1, 2, 3, 4, 5, 6$ の 13 個である。
(5) $3\sqrt{2} = \sqrt{18},\ 2\sqrt{3} = \sqrt{12},\ 4 = \sqrt{16}$ より
$2\sqrt{3} < 4 < 3\sqrt{2}$

2. $3x + y = 8\cdots$①，$x - 2y = 5\cdots$②とすると，
①×2 + ②より，$7x = 21$　よって，$x = 3$
①に $x = 3$ を代入すると，$y = -1$
3. 10 円硬貨 2 枚を A, B, 50 円硬貨を C, 100 円硬貨を D とすると，2 枚の組み合わせは，(A, B), (A, C), (A, D), (B, C), (B, D), (C, D) で，その金額は，20 円，60 円，110 円，150 円の 4 通りだけである。
4. $\dfrac{9}{11}$ を小数で表すと，$0.8181\cdots$と循環小数となり $0.\overset{..}{8}\overset{..}{1}$ で表される。よって小数第 20 位は 1 とわかる。
5. A 中学校の 200 cm 以上 220 cm 未満の階級に含まれる生徒数は，人数を x 人とすると，$x = 20 \times 0.35$ より，7 人とわかる。
同様に，B 中学校の 200 cm 以上 220 cm 未満の階級に含まれる生徒数は，人数を y 人とすると，$y = 25 \times 0.44$ より，11 人とわかる。
よって，求める相対度数は，$\dfrac{18}{45} = 0.40$

2 1. (1) $180 \times (5-2) = 540$ (度)
(3) 円周を 5 等分しているので，星形の 1 つの先端の角度は，$108 \div 3 = 36$ (度)
求める x の角度は，頂角が 36 度の二等辺三角形の 1 つの底角の角度なので，
$(180 - 36) \div 2 = 72$ (度)
2. 辺 BC の垂直二等分線 l を作図する。
辺 AD, 辺 BC との交点を P, Q とすると，
PQ = PE となる点 E を l 上にとればよい。

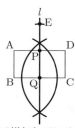

3 1. はじめの 1950 年～1955 年にかけて増加しているため，アは正しくない。その後，1975 年まで減少しているため，イは正しくない。さらにその後は，1985 年まで一度増加したのち減少に転じているので，適切なのはエ
2. (1) 鹿児島県が含まれる階級は，13%～14%であり，その階級値は，$(13+14) \div 2 = 13.5$ (%)
(2) 図 1 より，中央値が含まれる階級は，12%～13%だとわかる。また，第 3 四分位数が含まれる階級も 12%～13%だとわかるため，最も適切なものはイ
3. ① 2000 年や 2010 年など，1990 年より範囲が小さいものがあるのでイ
② 1980 年の第 3 四分位数は 15%～20%に含まれているのでア
③ 最大値がちがうことは判断できるが，15%を超えている市町村の数を比べることはできないためウ
④ 43 市町村における第 1 四分位数は，小さい方から 11 番目である。つまり，$43 - 11 + 1 = 33$（市町村）は少なくても 25%を超えていると判断できるためア
⑤ 箱ひげ図だけでは平均値を比べられないのでウ

4 1. $y = \dfrac{1}{4}x^2$ に $x = 4$ を代入すると，$y = 4$
2. 点 B の x 座標が小さくなると，直線 AB の x の増加量が増えるため，傾きは小さくなる。点 C の x 座標も小さくなるので，ア，ウが正しい。
3. (2) 大小 2 個のさいころを投げるときに考えられるすべてのパターンは 36 通り。そのうち，辺 OA（直線 OA）上にあるパターンは，$y = x\ (0 \leq x \leq 4)$ のときである。
同様にして，
辺 BA（直線 BA）上は，$y = \dfrac{1}{2}x + 2\ (-4 \leq x \leq 4)$，
辺 OB（直線 OB）上は，$y = 0\ (-4 \leq x \leq 0)$ のときである。
この条件にあてはまるパターンは，
$(a-2,\ b-1) = (-1, 0),\ (0, 0),\ (1, 1),\ (0, 2),\ (2, 2),$

(2, 3), (3, 3), (4, 4) の 8 通りである。
よって求める確率は，$\dfrac{8}{36} = \dfrac{2}{9}$

5 1．$AC = \sqrt{6^2 + 3^2}$ より $AC = 3\sqrt{5}$ (cm)
3．DF の長さを x (cm) とすると，
$FC = AF = 6 - x$ (cm) となる。
よって，△ADF で三平方の定理を用いて，
$3^2 + x^2 = (6-x)^2$　これを解くと $x = \dfrac{9}{4}$
4．△AIJ の面積を出すために，HI と IJ の辺の比を求める。
まず，△AIH∽△CID より，
AH : CD = HI : DI = 3 : 8 となる。よって，
$HI = \dfrac{3}{11}HD \cdots ①$　次に，$IJ = HJ - HI \cdots ②$ で
$HJ = \dfrac{1}{2}HD \cdots ③$ より，②に①と③を代入して，
$IJ = \dfrac{1}{2}HD - \dfrac{3}{11}HD = \dfrac{5}{22}HD \cdots ④$
①，④より，HI : IJ = 6 : 5 とわかる。
$\triangle AIJ = \dfrac{5}{11} \times \triangle AHJ$ で，$\triangle AHJ = \dfrac{1}{2} \times \triangle AHD$ より
$\triangle AIJ = \dfrac{5}{11} \times \dfrac{1}{2} \times \dfrac{1}{2} \times \dfrac{9}{4} \times 3$ となり，これを計算する
と $\triangle AIJ = \dfrac{135}{176}$ (cm²)

〈S. T.〉

沖　縄　県

問題 P.116

解　答

1 ┃ 正負の数の計算，平方根，式の計算 ┃
(1) 2　(2) −9　(3) 17　(4) $5\sqrt{3}$　(5) $-18a^2b$
(6) $3x + 10y$

2 ┃ 1 次方程式，連立方程式，多項式の乗法・除法，因数分解，2 次方程式，平方根，円周角と中心角，数の性質，データの散らばりと代表値 ┃　(1) $x = 3$　(2) $x = 3, y = -1$
(3) $x^2 - 9$　(4) $(x+5)(x-3)$　(5) $x = \dfrac{-5 \pm \sqrt{17}}{4}$
(6) $n = 3$　(7) $\angle x = 128°$　(8) 396（円）　(9) ウ

3 ┃ データの散らばりと代表値 ┃　問 1．B　問 2．8.0（℃）
問 3．イ

4 ┃ 場合の数，確率 ┃　問 1．36（通り）　問 2．$\dfrac{2}{9}$
問 3．$\dfrac{1}{3}$

5 ┃ 1 次関数 ┃　問 1．$y = 50x$　問 2．2800（円）
問 3．40（分）から 84（分）までの間）

6 ┃ 多項式の乗法・除法 ┃　問 1．4 の倍数
問 2．（証明）n を整数とすると，連続する 2 つの偶数は $2n, 2n+2$ と表せる。大きい偶数の 2 乗から小さい偶数の 2 乗をひいた数は，
$(2n+2)^2 - (2n)^2 = 8n + 4 = 4(2n+1)$
$2n+1$ は整数だから，$4(2n+1)$ は 4 の倍数である。
したがって，連続する 2 つの偶数では，大きい偶数の 2 乗から小さい偶数の 2 乗をひいた数は 4 の倍数になる。

7 ┃ 平面図形の基本・作図 ┃

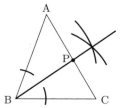

8 ┃ 関数 $y = ax^2$ ┃　問 1．① $4a$　② -2
問 2．$y = 2x - 4$　問 3．6　問 4．P$(-1, -2)$

9 ┃ 平行と合同，図形と証明，相似 ┃
問 1．∠EPR = 70°
問 2．（証明）△REP と △RBD で，
仮定から，RP = RD…①
問 1 から，∠EPR = 70° であるから
∠EPR = ∠BDR…②
対頂角は等しいから，∠ERP = ∠BRD…③
①，②，③より
1 組の辺とその両端の角がそれぞれ等しいので，
△REP ≡ △RBD
問 3．OQ : QE = 1 : 2

10 ┃ 立体の表面積と体積，三平方の定理 ┃
問 1．$2\sqrt{3}$ (cm)　問 2．ウ　問 3．$2\sqrt{3}$ (cm³)
問 4．$\sqrt{13}$ (cm)

11 ┃ 数・式を中心とした総合問題 ┃　問 1．25（個）
問 2．n^2（個）　問 3．正三十角形

解き方

1 (1) $-5 + 7 = 2$
(2) $-12 \times \dfrac{3}{4} = -9$
(3) $7 + 10 = 17$
(4) $2\sqrt{3} + 3\sqrt{3} = 5\sqrt{3}$
(5) $9a^2 \times (-2b) = -18a^2b$
(6) $15x + 6y - 12x + 4y = 3x + 10y$

2 (1) $3x = 9$ より $x = 3$
(2) $2x + y = 5 \cdots ①$　　$x - 2y = 5 \cdots ②$ とすると，
① × 2 + ② より $x = 3, y = -1$
(5) 解の公式に代入して，$x = \dfrac{-5 \pm \sqrt{5^2 - 4 \times 2 \times 1}}{2 \times 2}$
よって，$x = \dfrac{-5 \pm \sqrt{17}}{4}$
(6) $\sqrt{9} = 3$ があてはまるので，$n = 3$
(7) 補助線 OC を引くと，∠x = 2 × ∠BAC + 2 × ∠DEC
よって，∠x = 60° + 68° = 128°
(8) $120 \times 1.1 \times 3$ で求められる。
(9) 平均値は 2.9（問），中央値は 3（問），最頻値は 4（問）であるので，値が最も大きいのはウ。

3 問 1．中央値や最大値，最小値をみると，B と判断できる。
問 2．範囲＝最大値－最小値より，30.7 − 22.7 = 8.0（℃）
問 3．2022 年の四分位範囲＝第 3 四分位数−第 1 四分位数は他の年の四分位範囲と比べて最も大きいわけではないためアは正しくない。また最大値をみれば，日最高気温は 30℃を超えていないため，ウは正しくない。4 つの年の平均値と中央値を比べても，平均値が中央値より小さいわけではないので，エは正しくない。そして，2022 年の第 1 四分位数は，低い順からみて 8 番目で，24.4℃であるため，25℃以下の日数が 7 日以上あったため，イは正しい。

4 問 1．さいころを 2 個投げたときのすべてのパターンは，$6 \times 6 = 36$（通り）
問 2．さいころ A が 5 のとき，さいころ B は 5 又は 6。さいころ A が 6 のときは，さいころ B はどの目でもよい。つまり 8 通り考えられるため，$\dfrac{8}{36} = \dfrac{2}{9}$
問 3．整数 n が 3 の倍数となるのは，
$n = 12, 15, 21, 24, 33, 36, 42, 45, 51, 54, 63, 66$
の 12 通りである。よって，$\dfrac{12}{36} = \dfrac{1}{3}$

5 問 1．（電話使用料金）= 50 ×（時間）より，$y = 50x$

問2．基本料金は 2000 円で，80 分のうち，はじめの 60 分は 0 円で，残りの 20 分は，1 分あたり 40 円で計算するので，$2000 + 40 \times 20 = 2800$（円）
問3．A プランでは 40 分をこえると，B プランより高くなってしまう。また B プランで 2960 円をこえる時間を求めるために，B プランを一次関数の式で表す。
$y = 40x + b$ に $x = 60$, $y = 2000$ を代入すると，
$b = -400$ となるので，$y = 40x - 400$ と表せる。
この式に $y = 2960$ を代入すると，$x = 84$ と出せる。
よって，40 分から 84 分までの間。

6 問1．実際に，「2, 4」，「4, 6」，「6, 8」のときを計算してみると 12, 20, 28 となるので，4 の倍数になると予想できる。

7 ∠B の二等分線を作図し，辺 AC との交点を P とすればよい。

8 問1．$y = ax^2$ に $x = -2$ を代入すると，$y = 4a$ となる。
変化の割合を求める式 $\dfrac{a - 4a}{1 - (-2)} = 2$ を解くと，
$a = -2$ となる。
問2．$y = -2x^2$ における 2 点 A$(-2, -8)$, B$(1, -2)$ で
傾きは $\dfrac{-2 - (-8)}{1 - (-2)} = 2$ となるので，$y = 2x + b$ とおける。
この式に，$x = 1$, $y = -2$ を代入すると，$b = -4$ となる。
よって，$y = 2x - 4$ と求められる。
問3．$\triangle OAB = \dfrac{1}{2} \times 4 \times 2 + \dfrac{1}{2} \times 4 \times 1 = 6$
問4．$\triangle PAB = \triangle OAB$ となるのは，OP // AB のときである。よって，直線 OP は $y = -2x$ とわかる。
$y = -2x^2 \cdots$① と $y = -2x \cdots$② の交点を求めるために，
②に①を代入して計算すると，$x = 0, -1$ となるが，点 P は原点と異なるため，$x = 0$ は不適。よって，$x = -1$
②に $x = -1$ を代入すると $y = -2$ になるので，
点 P$(-1, -2)$

9 問1．AB // CD より同位角は等しいので，
∠EPR = ∠PQD, ∠PQD = $180° - 110° = 70°$
よって，∠EPR = $70°$
問3．△OAP∽△OCQ より
OA : OC = OP : OQ = $\sqrt{3}$: 1
△OBP∽△ODQ より
OP : OQ = OB : OD = $\sqrt{3}$: 1 …①
また，△ODE ≡ △OPB…②
OQ = m とおくと，①，②より，OP = OD = $\sqrt{3}m$
さらに，①より OB : OD = $\sqrt{3}$: 1 より
OB = $\sqrt{3} \times \sqrt{3}m = 3m$ よって，OB = OE = $3m$
QE = $3m - m = 2m$ となるので，
OQ : QE = $m : 2m = 1 : 2$

10 問1．△OAB は ∠A が $90°$ の直角三角形だから，
OB = $\sqrt{9 + 3} = 2\sqrt{3}$
問2．$AB^2 + BC^2 = AC^2$ が成り立ち，∠ABC = $90°$ であることがわかるので，アは正しい。
∠ABC = $90°$ より，円周角の定理が成り立つので，
イは正しい。
$AD^2 + DC^2 = AC^2$ が成り立ち，∠ADC = $90°$ であることがわかり，イと同様に円周角の定理が成り立つので，エは正しい。
四角形 ABCD は AB = AD, CB = CD よりたこ形だといえる。よって，ウは正しくない。
問3．$\left(2 \times \sqrt{3} \times \dfrac{1}{2}\right) \times 2 \times 3 \times \dfrac{1}{3} = 2\sqrt{3}$ (cm³)

問4．面 OAB と面 OBC を右図のように開いてみると，かける糸の長さが最も短くなるのは，一直線のときである。
点 A から辺 BC の延長線上に垂線を下ろした交点を P とすると，
AP = $\dfrac{\sqrt{3}}{2}$, PB = $\dfrac{3}{2}$ となる。
$AC^2 = \left(\dfrac{\sqrt{3}}{2}\right)^2 + \left(\dfrac{7}{2}\right)^2$
を計算して，AC = $\sqrt{13}$ (cm)

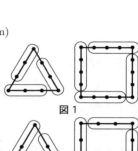

11 問1．$5 \times 5 = 25$（個）
問2．n 個のまとまりが n 個あるので
$n \times n = n^2$（個）
問3．正 m 角形の辺上に碁石を並べるとして考えると，$(m - 1)$ 個のまとまりが m 個あり，必要な碁石の個数が 870 個なので，方程式をつくる。
$m(m - 1) = 870$
これを解くと，$m = 30, -29$
$m > 0$ より $m = 30$ となるので，正三十角形。

[別 解]
問1．$(5 - 1) \times 5 + 5 = 25$（個）
問2．$(n - 1) \times n + n = n^2$（個）
問3．正 m 角形の辺上に碁石を並べるとして考えると，$(m - 2)$ 個のまとまりが m 個あり，必要な碁石の個数が 870 個なので，方程式をつくる。
$m(m - 2) + m = 870$
これを解くと，
$m = 30, -29$
$m > 0$ より $m = 30$ となるので，正三十角形。

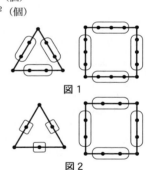

〈S. T.〉

解　答　　　　　数学 | 76

国立高校・高専

東京学芸大学附属高等学校

問題 P.120

解答

1 平方根，2次方程式，円周角と中心角，データの散らばりと代表値，確率

〔1〕$-\sqrt{2}+9\sqrt{3}$　〔2〕$x=\dfrac{-3\pm\sqrt{17}}{4}$

〔3〕$\angle CED=37°$　〔4〕$\dfrac{13}{18}$

2 三平方の定理　〔1〕$2\,cm^2$　〔2〕$\sqrt{5}\,cm$

〔3〕$\sqrt{3}\,cm$　〔4〕$\dfrac{\sqrt{11}}{4}\,cm^2$

3 関数を中心とした総合問題　〔1〕$\dfrac{3}{10}$　〔2〕$\dfrac{6}{13}$

〔3〕$\dfrac{4}{13}$，$\dfrac{8}{13}$

4 図形を中心とした総合問題　〔1〕$\sqrt{10}$

〔2〕$1+\sqrt{5}$　〔3〕(i) 32　(ii) イ

5 数・式を中心とした総合問題　〔1〕$\{3,\ 45\}$

〔2〕(i) 16個　(ii) $a=523$

解き方

1〔1〕(与式)

$\qquad=\dfrac{2}{\sqrt{2}}(5+2\sqrt{6})+\dfrac{1}{\sqrt{3}}(15-6\sqrt{6})$

$=5\sqrt{2}+4\sqrt{3}+5\sqrt{3}-6\sqrt{2}=9\sqrt{3}-\sqrt{2}$

〔2〕$x^2-6x+9-(3x^2-4x-4)=12+x$

$2x^2+3x-1=0\qquad x=\dfrac{-3\pm\sqrt{9+4\times2}}{2\times2}$

〔3〕仮定から，$\angle BAD=\dfrac{1}{3}\times180°=60°$

円周角の定理より，

$\angle CED=\angle CAD=\angle BAD-\angle BAC=60°-23°=37°$

〔4〕中央値が6となるのは，

$a=1$ のとき，$6\le b\le9$，$a=2$ のとき，$6\le b\le9$，

$a=3$ のとき，$6\le b\le9$，$a=4$ のとき，$6\le b\le9$，

$a=5$ のとき，$6\le b\le9$，$a=6$ のとき，b 任意

であるから，求める確率は，$\dfrac{5\times4+6}{6\times6}=\dfrac{13}{18}$

2〔1〕四角形 ABFD は正方形。

$\triangle ABF=\dfrac{1}{2}\times2^2=2\ (cm^2)$

〔2〕$\angle ABM=90°$ なので，三平方の定理により，

$AM=\sqrt{1^2+2^2}=\sqrt{5}\ (cm)$

〔3〕辺 BC の中点を K とする。3点 K，M，N を通る平面で正八面体を切断した断面図は，1辺 1cm の正六角形となるので，$MN=\sqrt{3}\ cm$

〔4〕〔3〕から $\triangle MNC$ は $MC=MN=\sqrt{3}\ cm$ の二等辺三角形なので，M から AC へ引いた垂線と AC の交点を H とすると，三平方の定理により，

$MH=\sqrt{(\sqrt{3})^2-\left(\dfrac{1}{2}\right)^2}=\dfrac{\sqrt{11}}{2}\ (cm)$

よって，$\triangle AMN=\dfrac{1}{2}\times1\times\dfrac{\sqrt{11}}{2}=\dfrac{\sqrt{11}}{4}\ (cm^2)$

3〔1〕$t=\dfrac{1}{2}$ のとき，$Q\left(2,\ \dfrac{1}{2}\right)$，R の y 座標は，

$\dfrac{1}{2}-\dfrac{3}{10}=\dfrac{1}{5}$ より，$R\left(1,\ \dfrac{1}{5}\right)$ であるから，

直線 QR の傾きは，$\dfrac{3}{10}$

〔2〕直線 QR の傾きは，t の値に関係なく一定で $\dfrac{3}{10}$ となる。したがって，3点 P，Q，R が1つの直線上にあるのは，直線 PQ の傾きが $\dfrac{3}{10}$ のときである。

$P(t,\ 0)$，$Q(2,\ t)$ より，$\dfrac{t}{2-t}=\dfrac{3}{10}$　$t=\dfrac{6}{13}$

〔3〕P を通り，直線 QR に平行な直線を引き，直線 m と交わる点を P′ とすると，PP′ // RQ より，$\triangle PQR=\triangle P'QR$ となる。直線 PP′ の式は，$y=\dfrac{3}{10}(x-t)$ であるから，P′ の y 座標は，$\dfrac{3}{10}(1-t)$ $\triangle P'QR$ の面積を P′R を底辺と考えると高さが 1cm になるので，この面積が $\dfrac{1}{10}\ cm^2$ となるのは，$\dfrac{1}{2}P'R=\dfrac{1}{10}$ のときである。$\dfrac{3}{10}(1-t)-\left(t-\dfrac{3}{10}\right)=\pm\dfrac{1}{5}$

$13t-6=\pm2\qquad t=\dfrac{8}{13}$，$\dfrac{4}{13}$

これらはいずれも条件 $\dfrac{3}{10}<t<1$ を満たす。

4〔1〕問題の図1において，AD と FG の交点を J とする。$AF=\sqrt{2}\ cm$，$AJ=FJ=1\ cm$，$DJ=3\ cm$ となるので，$\triangle DFJ$ で三平方の定理により，$x=\sqrt{1^2+3^2}=\sqrt{10}$

〔2〕$\triangle PQR\backsim\triangle QSR$ なので，$y:2=2:(y-2)$，$y(y-2)=4$　これを解いて，$y=1\pm\sqrt{5}$

$y>0$ より，$y=1+\sqrt{5}$

〔3〕(i) $3.1^2=9.61$，$3.2^2=10.24$ から，$3.1<\sqrt{10}<3.2$

$2.2^2=4.84$，$2.3^2=5.29$ から，$2.2<\sqrt{5}<2.3$

よって，$3.2<1+\sqrt{5}<3.3$

したがって，$\sqrt{10}<0.1\times32<1+\sqrt{5}$

(ii) $\angle BDH=\angle FDG$ が成り立つとすると，$\angle FDG=36°$ となる。しかし，$FD<QP$ であるから，$\angle FDG>\angle QPR$ したがって，$\angle BDH<36°$ となる。

5〔1〕最左列には平方数が並ぶ。$45^2=2025$ であるから 2023 は $\{1,\ 45\}$ から右に2つ進んだ $\{3,\ 45\}$

〔2〕(i) 最下左の1から，右斜め上方向に1つずつ並ぶ数 1，3，7，13，21，…を考える。この数列の隣接する2数を c，b とする4つの自然数の組 $a\sim d$ を考えると E は定められない。逆に他の部分では，上下あるいは左右に1ずつ増減しているので E の値が定まり，その値は偶数である。したがって，求める a の値の個数は，50以下の偶数で，E の値を定められない場合を除いたものとなる。

定まらない E の値は，2，$4(1+3)$，$6(2+4)$，$10(3+7)$，$14(6+8)$，$20(7+13)$，$26(12+14)$，$34(13+21)$，$42(20+22)$ の9個であるから，求める個数は，

$25-9=16$

(ii) $E=1000$ となる $a\sim d$ は 500 前後の数と考えられる。最左列が平方数なので，500 に近い平方数を考えると，$22^2=484$，$23^2=529$ なので，このマスを基準に考えると，下表

529	528	527	526	525	524	523	522
484	483	482	481	480	479	478	477

$E=1012$，1010，1008，1006，1004，1002，1000

のようになるので，求める a の値は，$a=523$

〈IK. Y.〉

お茶の水女子大学附属高等学校

問題 P.122

解答

1 平方根，連立方程式，2次方程式，確率，平面図形の基本・作図

(1) $\dfrac{\sqrt{35}-\sqrt{10}}{5}$

(2) $a = 3, 4$

(3) $\dfrac{1}{3}$

(4) 右図

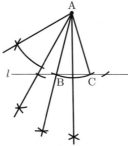

2 多項式の乗法・除法，連立方程式の応用，因数分解

(1) ① $\dfrac{600}{x-z}+\dfrac{600}{x+z}$ ② $5(x-z)+5(y+z)$

③ $\dfrac{600}{y-z}+\dfrac{600}{y+z}-16$

(2) $x = 80$

3 1次関数，三平方の定理

(1) 直線 $A'D' : y = \sqrt{3}x$，点 B の x 座標：$\dfrac{5\sqrt{3}}{6}$

(2) $\dfrac{2\sqrt{3}}{3}$ (3) $\dfrac{2\sqrt{3}-3}{3}$

4 立体の表面積と体積，相似，三平方の定理

(1) $\dfrac{1}{2}+\sqrt{2}+\dfrac{\sqrt{3}}{2}$ (2) ① $\dfrac{1}{9}$ ② $\dfrac{16}{81}$

解き方 **1** (1) $\dfrac{\sqrt{x}-\sqrt{y}}{\sqrt{x}+\sqrt{y}}$

$= \dfrac{(\sqrt{x}-\sqrt{y})^2}{(\sqrt{x}+\sqrt{y})(\sqrt{x}-\sqrt{y})} = \dfrac{x-2\sqrt{xy}+y}{x-y}$

$= \dfrac{2\sqrt{7}-2\sqrt{2}}{2\sqrt{5}} = \dfrac{\sqrt{7}-\sqrt{2}}{\sqrt{5}} = \dfrac{\sqrt{35}-\sqrt{10}}{5}$

(2) 第1式より，$x = \dfrac{a-7}{6}$ 第2式より，$ax = -2$

x を消去して，$a \times \dfrac{a-7}{6} = -2$

$a^2 - 7a + 12 = 0$ $a = 3, 4$

(3) ACBD, ADBC, ADCB, BCAD, BCDA, CBDA, DACB, DBCA の 8 通り。

(4) 点 A から直線 l に垂線 AH を引く。正三角形 APH を作図し，∠PAH を 4 等分すると考える。

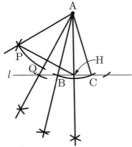

2 (2) ①より，$x^2 - z^2 = 75x$ ……④

②より，$x + y = 120$ ……⑤

③より，$y^2 - z^2 = 30y$ ……⑥

④，⑥より z^2 を消去して，$x^2 - y^2 = 75x - 30y$

$(x+y)(x-y) = 75x - 30y$

これと⑤より，$120(x-y) = 75x - 30y$

よって，$x = 2y$ ……⑦

⑤，⑦より，$x = 80$

3 (1) 点 B の x 座標を b とする。

直線 $A'D' : y = \sqrt{3}x$ の上に $A'\left(b-\dfrac{\sqrt{3}}{2}, 1\right)$ がある。

(2) 点 $B\left(\dfrac{5\sqrt{3}}{6}, \dfrac{1}{2}\right)$ を通り傾き $\sqrt{3}$ の直線

$y = \sqrt{3}x - 2$ と x 軸との交点が F である。

(3) $\triangle C''EF = \dfrac{1}{2} \times C''F \times C''E$

$= \dfrac{1}{2} \times C''F \times (\sqrt{3}C''F) = \dfrac{\sqrt{3}}{2} \times C''F^2$

直線 AB と x 軸との交点を H とすると，$H\left(\dfrac{5\sqrt{3}}{6}, 0\right)$

$FH = \dfrac{5\sqrt{3}}{6} - \dfrac{2\sqrt{3}}{3} = \dfrac{\sqrt{3}}{6}$ $BF = 2FH = \dfrac{\sqrt{3}}{3}$

$C''F = BC'' - BF = 1 - \dfrac{\sqrt{3}}{3}$

ゆえに，$\triangle C''EF = \dfrac{\sqrt{3}}{2} \times \left(1-\dfrac{\sqrt{3}}{3}\right)^2$

4 (1) $\triangle FGH + \triangle AFG + \triangle AHG + \triangle AHF$

$= \dfrac{1}{2} + \dfrac{\sqrt{2}}{2} + \dfrac{\sqrt{2}}{2} + \dfrac{\sqrt{3}}{2}$

(2) ① 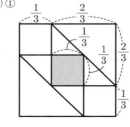 ②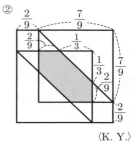

〈K. Y.〉

筑波大学附属高等学校

問題 P.123

解答

1 比例・反比例, 関数 $y = ax^2$, 平行四辺形

(1) ① $b = 3$　② $MK - NL = -\dfrac{1}{4}$

(2) ③ $NL = \dfrac{1}{8}a$

(3) ④ (ウ)

（理由の解答例）

$M\left(\dfrac{3}{4}, \dfrac{5}{8}a\right)$, $K\left(\dfrac{3}{4}, \dfrac{9}{16}a\right)$ より, $MK = \dfrac{1}{16}a$

$NL - MK = \dfrac{1}{8}a - \dfrac{1}{16}a = \dfrac{1}{16}a > 0$ より, MK の方が短い。

2 相似, 円周角と中心角 (1) ⑤ 2倍　(2) ⑥ $AR = 6$ cm

(3) ⑦ $AF : FE = 6 : 1$

3 連立方程式の応用　(1) ⑧ 160 km　(2) ⑨ 20 km

(3) ⑩ 午後 3 時 25 分

4 立体の表面積と体積, 三平方の定理

(1) ⑪ 右図の太線でかいた 4 つの平行四辺形のうちの 1 つをかけばよい。

(2) ⑫ $CE = 2\sqrt{2}$ cm

(3) ⑬ $4\sqrt{2}$ cm^2

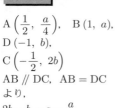

5 標本調査

(1) ⑭ まず, 3 年生 100 人に 1 から 100 の番号をつける。次に, 乱数さいを 2 回ふり, 1 回目の数を十の位, 2 回目の数を一の位として 2 けたの数を作る。このとき 00 は 100 と考え, たとえば 03 は 3 とみなす。同じように乱数さいをふって, 3 種類の数を作りその番号の生徒を標本とする。

(2) ⑮ 標本が大きければ大きいほど, 標本平均は母集団の平均の近くに分布するから。

(3) ⑯ 全国の中学 3 年生を母集団と考えるとき, 地域により高校受験の様子は異なり, T 中学の 3 年生から選んだ 10 人は無作為抽出とはいえないから。

解き方

1 (1)

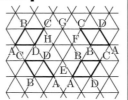

$A\left(\dfrac{1}{2}, \dfrac{a}{4}\right)$, $B(1, a)$,
$D(-1, b)$,
$C\left(-\dfrac{1}{2}, 2b\right)$

AB // DC, AB = DC より,

$2b - b = a - \dfrac{a}{4}$,

$b = \dfrac{3}{4}a$

$a = 4$ のとき $b = 3$, $A\left(\dfrac{1}{2}, 1\right)$, $B(1, 4)$, $D(-1, 3)$,
$C\left(-\dfrac{1}{2}, 6\right)$

$M\left(\dfrac{3}{4}, \dfrac{5}{2}\right)$, $K\left(\dfrac{3}{4}, \dfrac{9}{4}\right)$

よって, $MK = \dfrac{5}{2} - \dfrac{9}{4} = \dfrac{1}{4}$

$N\left(-\dfrac{3}{4}, \dfrac{9}{2}\right)$, $L\left(-\dfrac{3}{4}, 4\right)$

よって, $NL = \dfrac{9}{2} - 4 = \dfrac{1}{2}$

$MK - NL = \dfrac{1}{4} - \dfrac{1}{2} = -\dfrac{1}{4}$

(2) $N\left(-\dfrac{3}{4}, \dfrac{3}{2}b\right)$, $L\left(-\dfrac{3}{4}, \dfrac{4}{3}b\right)$ より,

$NL = \dfrac{3}{2}b - \dfrac{4}{3}b = \dfrac{1}{6}b = \dfrac{1}{6} \times \dfrac{3}{4}a = \dfrac{1}{8}a$

2 (1) $\triangle ABC \backsim \triangle EBD$

であり,

$AC = DE \times \dfrac{10}{5}$

$= DE \times 2$

(2) $AR = AP = x$ と
すると,

$BP = 14 - x = BQ$

$CQ = 10 - (14 - x) = x - 4 = CR$

よって, $x + x - 4 = 8$, $x = 6 = AR$

(3) $\triangle ABC \backsim \triangle EBD$ より, $\angle CAB = \angle DEB$

よって, 四角形 ADEC は円に内接する。

$AF = y$, $FE = z$ とすると, $\triangle FAC \backsim \triangle FDE$ より,

$DF = \dfrac{1}{2}y$

$\triangle ADF \backsim \triangle CEF$ より, $\dfrac{1}{2}y : z = 9 : 3$

これより, $y = 6z$

$AF : FE = y : z = 6z : z = 6 : 1$

3 (1)

AT, TB 間の距離を x km, y km とすると,

$\dfrac{x}{40} = \dfrac{y}{50} - \dfrac{1}{2}$ …①

$\dfrac{x}{50} + \dfrac{y}{50} = \dfrac{y}{40} + \dfrac{x}{30} - 1$ …②

①, ②より, $x = 60$, $y = 100$　AB 間の距離は 160 km

(2) AP 間の距離を z km, この間の速度を毎時 a km
PT 間の速度を毎時 b km とする。

$\dfrac{z}{40} = \dfrac{z}{a} - \dfrac{15}{60}$ …①, $\dfrac{z}{a} + \dfrac{44 - z}{b} = \dfrac{60}{40}$ …②

また, $\dfrac{60}{40} = \dfrac{3}{2}$ 時間より, $\dfrac{16}{b} = \dfrac{1}{2}$

これより, $b = 32$

よって, ①, ②より, $\dfrac{z}{a} = \dfrac{z}{40} + \dfrac{1}{4} = \dfrac{3}{2} - \dfrac{44 - z}{32}$

これより, $z = 20$

(3) B から T までの速度を毎時 c km とすると,

$2 + \dfrac{100}{c} + \dfrac{40}{\frac{2}{3}c} = \dfrac{60}{40} + \dfrac{100}{40} + \dfrac{40}{30}$

これより, $c = 48$

午前 11 時から, 復路の T までの所要時間を考えて,

$\dfrac{100}{50} + \dfrac{100}{48} + \dfrac{20}{60} = 4\dfrac{5}{12}$

したがって, T に到着した時刻は午後 3 時 25 分

4 (2) このひし形は1辺の長さが2の正三角形2つに分割でき，ひし形六面体から2つの正四面体 CGHF，ABDE をとり除くと残りは正八面体となる。
四角形 BCHE は正方形であり，CE = $2\sqrt{2}$

(3) 切断面は平行四辺形 ABGH
AH = $2\sqrt{3}$，BH = CE = $2\sqrt{2}$
よって，∠ABH = 90° であり，求める面積は，$4\sqrt{2}$

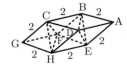

⟨SU. K.⟩

筑波大学附属駒場高等学校

問題 P.125

解答

1 関数 $y = ax^2$
(1) A_1 (2, 2), B_1 (4, 8), C_1 (6, 18)
(2)(ア) $S = 98$ (イ) $\dfrac{Q}{P} = \dfrac{121}{9}$

2 数の性質 (1) ⟨2, 3⟩ (2) 89番目 (3) ⟨32, 30⟩

3 相似 (1) $\dfrac{1}{8}S$ cm² (2) $\dfrac{5}{8}S$ cm² (3) $(8 - 4\sqrt{2})$ cm

4 立体の表面積と体積，相似，三平方の定理
(1) $\dfrac{500\sqrt{2}}{3}$ cm³

(2)(ア) $8000\sqrt{2}$ cm³ (イ) 700 cm² (ウ) $\left(60 + \dfrac{9\sqrt{6}}{2}\right)$ cm

解き方

1 (1) y 座標が整数より，x 座標は偶数。
よって，A_1 (2, 2), B_1 (4, 8), C_1 (6, 18)
(2)(ア) ③は $y = \dfrac{1}{18}x^2$，④は $y = \dfrac{1}{32}x^2$ であるから，
C_3 (18, 18), C_4 (24, 18)
また，D_1 (8, 32) より，D_3 (24, 32), D_4 (32, 32)
C_4D_3 // y 軸であり，$S = \dfrac{1}{2} \times (32 - 18) \times (32 - 18) = 98$
(イ) ②は $y = \dfrac{1}{8}x^2$ であるから，A_2 (4, 2), B_2 (8, 8)
A_2B_1 // y 軸であり，$P = \dfrac{1}{2} \times (8 - 2) \times (8 - 2) = 18$
また，⑤は $y = \dfrac{1}{50}x^2$，⑥は $y = \dfrac{1}{72}x^2$ であるから，
E_1 (10, 50), F_1 (12, 72)
よって，E_5 (50, 50), E_6 (60, 50), F_5 (60, 72),
F_6 (72, 72)
E_6F_5 // y 軸であり，
$Q = \dfrac{1}{2} \times (72 - 50) \times (72 - 50) = 242$
したがって，$\dfrac{Q}{P} = \dfrac{242}{18} = \dfrac{121}{9}$

2 (1) $2^a \times 3^b$
($a = 0, 2, 3, b = 0, 2, 3$)
の値は右表の通り。
8番目は108であり，⟨2, 3⟩

2^a＼3^b	1	3^2	3^3
1	1	9	27
2^2	4	36	108
2^3	8	72	216

(2) a, b が 0, 2, 3, 20, 22, 23, 30, 32, 33 のとき，
$2^a \times 3^b$ は $9^2 = 81$（個）…①あり，この中で $2^{33} \times 3^{33}$ が最大である。
また，$2^a \times 3^b$ ($a = 200, 202, 203, b = 0, 2, 3$)
$= 2^{200} \times 2^{a'} \times 3^b$ ($a' = 0, 2, 3$) …②
ここで，$2^{33} \times 3^{33} < 2^{33} \times 2^{66} = 2^{99} < 2^{200}$
したがって，②の9個の数は①の81個より大きく，またその大小は(1)の表と同じなので，⟨202, 3⟩ は
$81 + 8 = 89$（番目）
(3) $2^{30} \times 3^{30} - 2^{33} \times 3^{23} = 2^{30} \times 3^{23}(3^7 - 2^3) > 0$
$2^{30} \times 3^{30} - 2^{23} \times 3^{33} = 2^{23} \times 3^{30}(2^7 - 3^3) > 0$
よって，①の81個のうち $2^a \times 3^b$ ($a = 30, 32, 33, b = 30, 32, 33$) の9個を除いた72個は $2^{30} \times 3^{30}$ より小さい。
除いた9個の大小は(1)の表と同じなので，74番目は $2^{32} \times 3^{30}$ したがって，⟨32, 30⟩

解答　　数学 | 80

3 (1)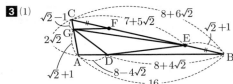

$\triangle ADG = S \times \dfrac{\sqrt{2}+1}{2\sqrt{2}} \times \dfrac{8-4\sqrt{2}}{16}$

$= S \times \dfrac{\sqrt{2}+1}{2\sqrt{2}} \times \dfrac{4\sqrt{2}(\sqrt{2}-1)}{16} = \dfrac{1}{8}S$

(2) $\triangle CEG = S \times \dfrac{\sqrt{2}-1}{2\sqrt{2}} \times \dfrac{7+5\sqrt{2}}{8+6\sqrt{2}}$

$= \dfrac{3+2\sqrt{2}}{8(2\sqrt{2}+3)}S = \dfrac{1}{8}S$

$\triangle BDE = S \times \dfrac{8+4\sqrt{2}}{16} \times \dfrac{\sqrt{2}+1}{8+6\sqrt{2}}$

$= S \times \dfrac{4\sqrt{2}(\sqrt{2}+1)}{16} \times \dfrac{\sqrt{2}+1}{2\sqrt{2}(\sqrt{2}+1)^2} = \dfrac{1}{8}S$

したがって，$\triangle DEG = S - \dfrac{1}{8}S \times 3 = \dfrac{5}{8}S$

(3) $\dfrac{CF}{CB} = \dfrac{\sqrt{2}+1}{8+6\sqrt{2}} = \dfrac{\sqrt{2}+1}{2\sqrt{2}(\sqrt{2}+1)^2}$

$= \dfrac{1}{2\sqrt{2}(\sqrt{2}+1)} = \dfrac{\sqrt{2}-1}{2\sqrt{2}} = \dfrac{CG}{CA}$

よって，GF ∥ AB

したがって，

GF $= 16 \times \dfrac{\sqrt{2}-1}{2\sqrt{2}} = 4\sqrt{2}(\sqrt{2}-1) = 8 - 4\sqrt{2}$

4 (1) $\dfrac{1}{3} \times 10^2 \times 5\sqrt{2} = \dfrac{500\sqrt{2}}{3}$

(2)(ア) 右図のように，多面体は一辺 30 cm の正八面体の 6 個の頂点部分から(1)の正四角すいをとり除いたものである。
したがって，その体積は，

$\left(\dfrac{500\sqrt{2}}{3} \times 3^3\right) \times 2$

$- \dfrac{500\sqrt{2}}{3} \times 6$

$= \dfrac{500\sqrt{2}}{3}(54-6) = 8000\sqrt{2}$

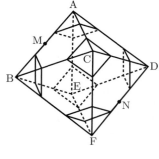

(イ) C を頂点とする正四角すいをとり除いてできる正方形を下にして置いたとき，水面は正方形 ABFD から 4 つの直角二等辺三角形をとり除いた八角形となる。
したがって，求める面積は，
$30^2 - \left(\dfrac{1}{2} \times 10^2\right) \times 4 = 700$

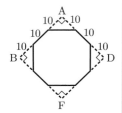

(ウ) AB，DF の中点を M，N とし，面 ABC 上の正六角形を下と考える。
CM = EM = CN = EN
$= 15\sqrt{3}$，EC $= 30\sqrt{2}$，
MN ⊥ CE
よって，
MN $= 15 \times 2 = 30$

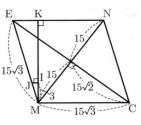

M から EN へ垂線 MK を引き KN $= x$ とすると，△MKN，△MKE で三平方の定理より，
$30^2 - x^2 = (15\sqrt{3})^2 - (15\sqrt{3} - x)^2$
これより，$x = 10\sqrt{3}$
よって，MK $= \sqrt{30^2 - (10\sqrt{3})^2} = 10\sqrt{6}$
MK，ME 上に I，J をとり，MI $= 3$，IJ ∥ KE とすると，
MJ $= 15\sqrt{3} \times \dfrac{3}{10\sqrt{6}} = \dfrac{9\sqrt{2}}{4}$

面 ABE 上の水面を PQ とすると，

PQ $= 20 \times \dfrac{5\sqrt{3} + \dfrac{9\sqrt{2}}{4}}{10\sqrt{3}}$

$= 10 + \dfrac{3\sqrt{6}}{2}$

水面は 3 つの六角形と 3 つの正方形を通るので，求める長さは，

$\left(10 + \dfrac{3\sqrt{6}}{2}\right) \times 3 + 10 \times 3 = 60 + \dfrac{9\sqrt{6}}{2}$

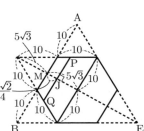

〈SU. K.〉

東京工業大学附属科学技術高等学校
問題 P.126

解答

1 正負の数の計算，平方根，2次方程式の応用，1次方程式の応用，関数 $y=ax^2$，比例・反比例，円周角と中心角，三平方の定理，確率，データの散らばりと代表値
〔1〕$\dfrac{4}{3}$ 〔2〕2 〔3〕$a=-5$，$b=7$
〔4〕130 個 〔5〕$a=-\dfrac{4}{3}$，$b=0$ 〔6〕$a=3$
〔7〕18 度 〔8〕$(6\sqrt{3}-2\pi)\,\mathrm{cm}^2$ 〔9〕$\dfrac{1}{6}$
〔10〕④，㋓

2 数・式の利用，1次方程式の応用，連立方程式の応用
〔1〕401 本 〔2〕88 個
〔3〕正三角形 72 個，長方形 223 個

3 関数を中心とした総合問題 〔1〕A$(-4,8)$
〔2〕$y=x+4$ 〔3〕$S:T=16:9$

4 平行と合同，平行線と線分の比，相似 〔1〕$\dfrac{2}{3}$ cm
〔2〕3:4 〔3〕7:4

5 立体の表面積と体積，三平方の定理
〔1〕$\dfrac{27+9\sqrt{3}}{4}$ cm^2 〔2〕$\dfrac{28\sqrt{2}}{9}$ cm^2
〔3〕$\dfrac{27\sqrt{2}+23\sqrt{6}}{9}$ cm^3

6 図形を中心とした総合問題 〔1〕$t=-1+\dfrac{\sqrt{6}}{2}$
〔2〕$\dfrac{31\sqrt{3}}{8}$ cm^2 〔3〕$t=\dfrac{15}{4}$

解き方

1 〔1〕(与式)$=(2^2\times 3)^3\times\left(\dfrac{1}{2^2\times 3^2}\right)^2$
$=2^2\times\dfrac{1}{3}$

〔2〕(与式)$=\dfrac{\sqrt{2}+1}{\sqrt{4}}-\dfrac{\sqrt{2}-\sqrt{9}}{\sqrt{4}}=\dfrac{1}{2}+\dfrac{3}{2}$

〔3〕$x=-2$ を代入して，$8+2(a+b)+a-b=0$
$3a+b=-8\cdots$①
$x=3$ を代入して，$18-3(a+b)+a-b=0$
$a+2b=9\cdots$②
①，②の連立方程式を解いて，$a=-5$，$b=7$

〔4〕みかんの個数を x とおくと，生徒の人数は
$\dfrac{x+22}{4}=\dfrac{x-16}{3}$ これを解いて，$x=130$

〔5〕$-12=a\times(-3)^2$ より，$a=-\dfrac{4}{3}$，$b=0$

〔6〕A$(1,1)$，B$\left(3,-\dfrac{a}{3}\right)$ で条件を満たすのは，線分 AB の中点が x 軸にあればよいので，
$1-\dfrac{a}{3}=0$　$a=3$

〔7〕$\angle$BAO$=(180°-116°)\div 2=32°$
円周角の定理より，$\angle$AOC$=2\angle$ABC$=120°$
よって，$\angle$OAC$=(180°-120°)\div 2=30°$
$\angle$CAD$=\angle$BAD$-\angle$BAO$-\angle$OAC$=80°-32°-30°$
$=18°$

〔8〕円 O における弦 AB による弓形の面積を S とすると，
OA$=\dfrac{2}{3}\times 3\sqrt{3}=2\sqrt{3}$ (cm) であるから，
$S=\dfrac{1}{3}\times(2\sqrt{3})^2\pi-\dfrac{1}{3}\times\dfrac{\sqrt{3}}{4}\times 6^2=4\pi-3\sqrt{3}$ (cm^2)
円 C における弦 AB による弓形の面積を T とすると，

$T=\dfrac{1}{6}\times 6^2\pi-\dfrac{\sqrt{3}}{4}\times 6^2=6\pi-9\sqrt{3}$ (cm^2)
よって，影をつけた部分の面積は，
$S-T=6\sqrt{3}-2\pi$ (cm^2)

〔9〕さいころの目でできる 7 の倍数は，14，21，35，42，56，63 の 6 通り。

〔10〕A チームの得点を小さい方から並べたとき，60 番目が 8，61 番目が 10 の場合でも第 3 四分位数は 9 となるため，㋐は正しいとは限らない。
A チームの四分位範囲は 4，B チームの四分位範囲は 5 なので，㋒は正しくない。
A チームの 9 点以上の試合数が 21 試合，B チームの 8 点以上の試合数が 21 試合ということが考えられるので，㋔は正しいとは限らない。

2 〔1〕$1+2\times 200=401$
〔2〕正方形の個数を x とおくと，$4+8(x-1)\leqq 700$ を満たす最大の整数 x を求めればよい。$x\leqq 88$
〔3〕つくった正三角形と長方形の個数をそれぞれ x，y とおく。$x+y=295\cdots$①
$(1+2x)+(1+8y)=1930$ より，$x+4y=964\cdots$②
連立方程式①，②を解いて，$x=72$，$y=223$

3 〔1〕A の x 座標を $-2a$ とおくと，AP:PC$=2:3$ から，C の x 座標は $3a$ と表せる。直線 AC の傾きが 1 なので，
$\dfrac{\dfrac{1}{2}(3a)^2-\dfrac{1}{2}(-2a)^2}{3a-(-2a)}=1$
これを解いて，$a=2$　A$(-4,8)$

〔2〕〔1〕と同じように，B$\left(-b,\dfrac{1}{2}b^2\right)$，D$(2b,2b^2)$
$\dfrac{2b^2-\dfrac{1}{2}b^2}{2b-(-b)}=1$ を解いて，$b=2$　B$(-2,2)$，D$(4,8)$ となるので，直線 BD の式は，$y=x+4$

〔3〕AC:BD$=(6+4):(4+2)=5:3$
△EAC∽△EBD であるから，$(S+T):T=5^2:3^2$
よって，$S:T=(25-9):9=16:9$

4 〔1〕A と C を結ぶ。
$\angle$COD$=\angle$AOB$=120°$
より $\angle$COA$=60°$ で，
AO$=$CO$=1$ なので，
△AOC は正三角形である。
よって，AC // OR となり，

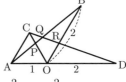

DO:DA$=2:3$ なので，OR$=\dfrac{2}{3}$AC$=\dfrac{2}{3}$ (cm)

〔2〕△QAC∽△QBR で BR$=2-\dfrac{2}{3}=\dfrac{4}{3}$ (cm) であるから，AQ:BQ$=$AC:BR$=1:\dfrac{4}{3}=3:4$

〔3〕AB$=$CD$=a$ とおく。△ACP∽△BOP で，
相似比は AC:BO$=1:2$ なので，AP$=\dfrac{1}{3}a\cdots$①
AC // OR，AO:OD$=1:2$ より，CR$=\dfrac{1}{3}a$
〔2〕より，QR$=\dfrac{4}{7}$CR となるから，QR$=\dfrac{4}{21}a\cdots$②
①，②より，AP:QR$=\dfrac{1}{3}a:\dfrac{4}{21}a=7:4$

5 〔1〕底面の半円の中心を O とする。
$\stackrel{\frown}{\mathrm{AC}}:\stackrel{\frown}{\mathrm{CD}}:\stackrel{\frown}{\mathrm{DB}}=1:3:2$ であるから，$\angle$AOC$=30°$，$\angle$DOC$=90°$，$\angle$BOD$=60°$ となる。
△OAC$=\dfrac{1}{2}\times 3\times\dfrac{3}{2}=\dfrac{9}{4}$ (cm^2)
△DOC$=\dfrac{1}{2}\times 3\times 3=\dfrac{9}{2}$ (cm^2)

△BOD = $\frac{\sqrt{3}}{4} \times 3^2 = \frac{9}{4}\sqrt{3}$ (cm²)

から，四角形 ABDC の面積は，$\frac{27+9\sqrt{3}}{4}$ cm²

〔2〕E から直径 AB に垂線
EH を引く。また辺 AE の中
点を M とする。
△OAM∽△EAH となるので，
OA : AM = EA : AH から，
AH = $\frac{2}{3}$ cm

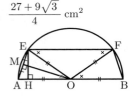

三平方の定理により，EH = $\sqrt{2^2 - \left(\frac{2}{3}\right)^2} = \frac{4\sqrt{2}}{3}$ (cm)

EF = AB − 2 × AH = $\frac{14}{3}$ (cm)

よって，△BEF = $\frac{1}{2} \times \frac{14}{3} \times \frac{4\sqrt{2}}{3} = \frac{28\sqrt{2}}{9}$ (cm²)

〔3〕考えられる立体を多面体とすると，4 点 B，C，D，F は同一平面上にないため，△CEF と △CDF を面にもつ多面体と，△CDE と △EFD を面にもつ多面体の 2 通り考えられるが，ここでは〔2〕で △BEF の面積を考えさせていることから，後者の線分 ED を辺にもつ多面体の体積を解答とすることにした。
3 点 E，B，D を通る平面で立体を 2 つに分ける。
D を頂点，△BEF を底面とする三角すいの高さは
$\frac{3}{2}\sqrt{3}$ cm となるので，この体積は，
$\frac{1}{3} \times \frac{28\sqrt{2}}{9} \times \frac{3}{2}\sqrt{3} = \frac{14\sqrt{6}}{9}$ (cm³)

E を頂点，四角形 ABDC を底面とする四角すいの高さは，
〔2〕で EH = $\frac{4\sqrt{2}}{3}$ cm であるから，この体積は，
$\frac{1}{3} \times \frac{27+9\sqrt{3}}{4} \times \frac{4\sqrt{2}}{3} = 3\sqrt{2} + \sqrt{6}$ (cm³)

したがって，
$\frac{14\sqrt{6}}{9} + 3\sqrt{2} + \sqrt{6} = \frac{27\sqrt{2}+23\sqrt{6}}{9}$ (cm³)

6〔1〕$0 \leq t \leq 1$ のとき P は辺 AB 上に，Q は辺 AF 上にある。P から直線 AF へ引いた垂線の長さは，
AP × $\frac{\sqrt{3}}{2} = \frac{\sqrt{3}}{2}t$ (cm) となるので，
△APQ = $\frac{1}{2} \times \frac{\sqrt{3}}{2}t \times 2t = \frac{\sqrt{3}}{2}t^2$ (cm²)
O から直線 AF へ引いた垂線の長さは $\sqrt{3}$ cm なので，
△OAQ = $\frac{1}{2} \times \sqrt{3} \times 2t = \sqrt{3}t$ (cm²)
よって，
△OPQ = △APQ + △OAQ = $\frac{\sqrt{3}}{2}t^2 + \sqrt{3}t$ (cm²)

これが $\frac{\sqrt{3}}{4}$ cm² となるので，$2t^2 + 4t - 1 = 0$

$t = \frac{-2 \pm \sqrt{6}}{2}$　　$0 \leq t \leq 1$ より，$t = \frac{-2+\sqrt{6}}{2}$

〔2〕$t = \frac{5}{2}$ のとき，P は辺 BC
上に，Q は辺 DE の中点に位置
する。辺 BC の延長と辺 ED の
延長の交点を O′ とする。
O から直線 BC，DE までの距離
はどちらも $2\sqrt{3}$ cm
O′Q = 3 cm となるので，
Q から直線 BC までの距離は
$\frac{3\sqrt{3}}{2}$ cm となる。

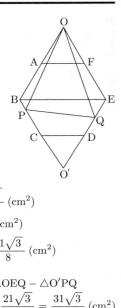

BP = $\frac{1}{2}$ cm，O′P = $\frac{7}{2}$ cm より，

△OBP = $\frac{1}{2} \times \frac{1}{2} \times 2\sqrt{3} = \frac{\sqrt{3}}{2}$ (cm²)

△OEQ = $\frac{1}{2} \times 1 \times 2\sqrt{3} = \sqrt{3}$ (cm²)

△O′PQ = $\frac{1}{2} \times \frac{7}{2} \times \frac{3\sqrt{3}}{2} = \frac{21\sqrt{3}}{8}$ (cm²)

となるので，
△OPQ = 2△OBE − △OBP − △OEQ − △O′PQ
= $2 \times \frac{\sqrt{3}}{4} \times 4^2 - \frac{\sqrt{3}}{2} - \sqrt{3} - \frac{21\sqrt{3}}{8} = \frac{31\sqrt{3}}{8}$ (cm²)

〔3〕$3 \leq t \leq 4$ のとき，P は辺 BC 上に，Q は辺 CD 上にある。PC = $4 - t$，QC = $8 - 2t$ であるから，

△OPC = $\frac{1}{2} \times (4-t) \times 2\sqrt{3} = \sqrt{3}(4-t)$ (cm²)

△OQC = $\frac{1}{2} \times (8-2t) \times 3\sqrt{3} = 3\sqrt{3}(4-t)$ (cm²)

△PCQ = $\frac{1}{2} \times (8-2t) \times \left(\frac{\sqrt{3}}{2} \times PC\right)$

= $\frac{\sqrt{3}}{2}(4-t)^2$ (cm²)

よって，
△OPQ = $\sqrt{3}(4-t) + 3\sqrt{3}(4-t) - \frac{\sqrt{3}}{2}(4-t)^2$ (cm²)

これが $\frac{31\sqrt{3}}{32}$ cm² となるので，$\sqrt{3}$ で割って，

$4(4-t) - \frac{1}{2}(4-t)^2 = \frac{31}{32}$　　$t^2 = \frac{225}{16}$　　$t = \frac{15}{4}$

〈IK. Y.〉

大阪教育大学附属高等学校　池田校舎

問題 P.127

解 答

1 ▌平方根，連立方程式，2次方程式の応用，数の性質，確率▌ (1) $\dfrac{19}{2}$
(2) $x = \dfrac{3}{2}$, $y = -\dfrac{1}{3}$　(3) $a = 2, 3, 6$　(4) 210　(5) $\dfrac{3}{14}$

2 ▌関数 $y = ax^2$ ▌
(1) -3　(2) 8, 9　(3)

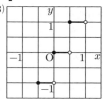

3 ▌2次方程式の応用，1次関数，関数 $y = ax^2$，三平方の定理▌ (1)① $y = \dfrac{3}{10}x^2$　② $y = \dfrac{6}{5}x$　③ $y = -2x + 16$
(2) $x = \sqrt{5}$, $\dfrac{29}{4}$
(3) 条件を満たすのは，$0 < t < 4$ かつ $5 < t + 3$
すなわち，$2 < t < 4$ のときである。
条件より，$\dfrac{3}{10}t^2 = -2(t+3) + 16$
$3t^2 + 20t - 100 = 0$
$(t+10)(3t-10) = 0$　$t = -10, \dfrac{10}{3}$
$t = \dfrac{10}{3}$ が適する。このとき，$\triangle$APQ $= \dfrac{10}{3}$ cm^2
t の値：$\dfrac{10}{3}$，$\triangle$APQの面積：$\dfrac{10}{3}$ cm^2

4 ▌円周角と中心角，三平方の定理▌ (1) $\sqrt{13}$ cm
(2) BD$^2 = (2\sqrt{13})^2 = 52$
BE$^2 +$ DE$^2 = (\sqrt{22})^2 + (\sqrt{30})^2 = 52$
よって，BE$^2 +$ DE$^2 =$ BD^2 が成り立つので，
$\angle$BED $= 90°$
したがって，線分 BD は3点 B，D，E を通る円の直径である。ゆえに，この円の半径は $\sqrt{13}$ cm である。　$\sqrt{13}$ cm
(3) $2\sqrt{2}$ cm

5 ▌図形と証明，相似，三平方の定理▌
(1) $\angle$EMA $= x°$ …① とおくと，
$\angle$DMH $= 180° - x° - 90° = 90° - x°$
よって，$\angle$MHD $= 180° - 90° - (90° - x°) = x°$
また，対頂角は等しいから，$\angle$FHG $= \angle$MHD $= x°$ …②
①，②より，$\angle$EMA $= \angle$FHG …③
また，$\angle$MAE $= \angle$HGF $= 90°$ …④
$\triangle$AEM と $\triangle$GFH において，③，④より対応する2組の角がそれぞれ等しいから，$\triangle$AEM∽$\triangle$GFH
(2) まず，AE $= x$ とおくと，EM $=$ EB $= a - x$ であるから，直角三角形 AEM において，
$x^2 + \left(\dfrac{1}{2}a\right)^2 = (a-x)^2$
$x = \dfrac{3}{8}a$
次に，DH $= y$ とおくと，$\triangle$AEM∽$\triangle$DMH より，
$\dfrac{3}{8}a : \dfrac{1}{2}a = \dfrac{1}{2}a : y$　$y = \dfrac{2}{3}a$
よって，HC $= a - \dfrac{2}{3}a = \dfrac{1}{3}a$
ゆえに，DH : HC $= \dfrac{2}{3}a : \dfrac{1}{3}a = 2 : 1$

DH : HC $= 2 : 1$

解き方 **1** (3) $(2a)^2 - 5 \times 4a = 24$ または -24 かつ $a > 0$
(4) $2 \times 3 \times 5 \times 7 = 210$
(5) $1+2$，$1+3$，$1+5$，$2+4$，$4+8$，$5+7$ の6通り。
2 (2) $8 \leqq 2a < 10$
3 (1)① $y = \dfrac{1}{2} \times x \times \left(\dfrac{3}{5}x\right)$
$= \dfrac{3}{10}x^2$
② $y = \dfrac{1}{2} \times 4 \times \left(\dfrac{3}{5}x\right)$
$= \dfrac{6}{5}x$
③ $y = \dfrac{1}{2} \times 4 \times (8-x)$
$= -2x + 16$
グラフは右上の図のようになる。

4 (1) 点 B から直線 AC に垂線 BH を引くと，
AH $=$ BH $= 3$ cm
よって，CH $= 3 - 1 = 2$ (cm)
ゆえに，BC $= \sqrt{3^2 + 2^2} = \sqrt{13}$ (cm)
(3) 弦 BF の中点を M とすると，AM $= \dfrac{\sqrt{2}}{2}$ cm
ゆえに，
AF $=$ AB $- 2$AM $= 3\sqrt{2} - 2 \times \dfrac{\sqrt{2}}{2} = 2\sqrt{2}$ (cm)

〈K. Y.〉

大阪教育大学附属高等学校　平野校舎

問題 P.128

解答

1 平方根, 2次方程式の応用, 円周角と中心角, データの散らばりと代表値 ｜ (1) $2\pi - 6$
(2) $\dfrac{5}{3}$　(3) 108度　(4)(ア) 4 点　(イ) 3.8 点　(ウ) 3.5 点

2 1次関数 ｜ (1) $k = 0$　(2) $l = -2$　(3) $m = -1$
(4) $n = 2$

3 確率 ｜ (1) 98　(2) 2　(3) 999900　(4) 979902
(5) 19998　(6) 20096　(7) 98　(8) 0.5

4 空間図形の基本, 三平方の定理 ｜
(1) 形：正三角形，周の長さ：$6\sqrt{2}$ cm
(2) 形：台形，周の長さ：$(6\sqrt{2} + 4\sqrt{5})$ cm
(3) 形：正六角形，周の長さ：$12\sqrt{2}$ cm

5 平行と合同, 平行四辺形 ｜
(1) 四角形の内角の和は $360°$
(2) 対頂角は等しいという図形の性質から，できた四角形の 2 組の対角はそれぞれ等しいという平行四辺形の性質がいえる
(3) 右の図の通り。

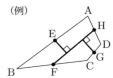
(例)

解き方

1 (1) (与式) $= (\pi - 3) + \{-(3 - \pi)\}$
(2) $x^2 - 5x + 3 = (x-a)(x-b)$
右辺を展開して係数を比べると，$a + b = 5$, $ab = 3$
(与式) $= \dfrac{a+b}{ab} = \dfrac{5}{3}$
(3) $\angle BCO = \angle CBO = 36°$
$\angle COD = \angle AOC = 2 \times 36° = 72°$
$\angle x = \angle BCO + \angle COD = 108°$
(4)(ア) 量的データを級分けして，階級ごとに度数を棒グラフでプロットしたグラフもヒストグラムと呼ぶことがある。棒グラフは棒（ビン）の長さが度数を示しているから，このデータの最頻値は 4 点とわかる。
(イ) (合計) $= 0 \times 2 + 1 \times 6 + \cdots + 10 \times 1 = 152$（点）
(平均値) $= 152 \div 40 = 3.8$（点）
(ウ) 小さい方から大きさの順に並べたとき，20 番目が 3 点，21 番目が 4 点である。
(中央値) $= (3 + 4) \div 2 = 3.5$（点）

2 (1) 右の図で切片をみる。
(2) 右の図で与えられた直線を挟む 2 直線①，②の傾きをみる。
(3) $m = a + b = y$ より，$x = 1$ のときの y の値をみる。
(4) $n = -a + b = y$ より，右の図で与えられた直線を挟む 2 直線②，③における，$x = -1$ のときの y の値をみる。

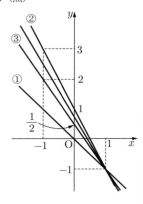

3 問題文の状況は，右の図のようにまとめられる。
(8) $98 \div 20096 \times 100$
$= 0.48 \cdots$
よって，およそ 0.5%

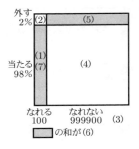

4 ここでは単位を省略する。
(1) 切り口の図形は 1 辺が $2\sqrt{2}$ の正三角形である。
(2) PQ // CF より，切り口の図形は台形である。
周の長さは，PQ $= 2\sqrt{2}$, FC $= 4\sqrt{2}$, QF $=$ CP $= 2\sqrt{5}$ の和である。
(3) 辺 EF，CG，CD の中点をそれぞれ R，S，T とする。切り口の図形は 1 辺が $2\sqrt{2}$ の正六角形 PQRJST である。

5 左下の図が最初の切り分け方によってできた四角形の例で，右下の図が次に切り分けて長方形にした例である。

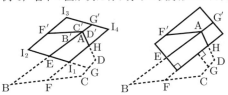

(2) 左上の図において，$\angle EI_1H = \angle GI_1F = \angle G'I_3F'$
$\angle F'I_2E = \angle FI_1E = \angle HI_1G = \angle HI_4G'$
(注意)「2 組の対辺の長さがそれぞれ等しい」や「隣り合う角の和が $180°$」などでもよい。

〈O. H.〉

広島大学附属高等学校

問題 P.130

解答

1 連立方程式，数の性質，円周角と中心角，関数 $y = ax^2$ 　問1．$x = 6$，$y = -\dfrac{9}{2}$

問2．$x = 98$ (cm)　問3．40度

問4．$(2 + 2\sqrt{7}, 8 + 2\sqrt{7})$

2 データの散らばりと代表値　問1．④　問2．④

3 数の性質，確率，平方根　問1．$\dfrac{1}{4}$　問2．$\dfrac{15}{32}$

問3．$\dfrac{25}{32}$

4 数の性質，平方根　問1．11枚　問2．216番目

5 1次方程式の応用，1次関数，立体の表面積と体積，2次方程式の応用　問1．12 cm　問2．25 cm

問3．$y = \dfrac{5}{4}x + \dfrac{25}{4}$

6 図形と証明，平行四辺形，三平方の定理

問1．（解答例）
△ABF と △EDA において，
AB = ED(= DC)…①，BF = DA(= CB)…②
∠ABC = ∠CDA = $a°$ とすると，
∠ABF = ∠EDA(= $a° - 60°$)…③
①，②，③より，2組の辺とその間の角がそれぞれ等しいから，△ABF ≡ △EDA

問2．60度　問3．$9\sqrt{3}$ cm²

解き方

1 問1．第1式を①，第2式を②とする。
①で，$2x = 3(2y + 13)$ より，
$2x - 6y = 39$…①′
①′ + ②より，$7x = 42$　よって，$x = 6$
②に代入して，$30 + 6y = 3$　よって，$y = -\dfrac{9}{2}$

問2．合同な長方形に切り分けて規則性を考えると，「7段切り」のとき，はじめの長方形は，縦に8個分，横に7個分，切り分けた長方形が並び，できた正方形

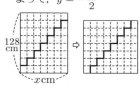

は，縦に7個分，横に8個分，切り分けた長方形が並ぶ。
切り分けた長方形の縦の長さは，$128 ÷ 8 = 16$ (cm)
よって，できた正方形の1辺の長さは，$16 × 7 = 112$ (cm)
だから，切り分けた長方形の横の長さは，
$112 ÷ 8 = 14$ (cm)
したがって，$x = 14 × 7 = 98$ (cm)

問3．∠CBF = ∠CAF = 20°
線分 AF と線分 BG の交点を H とすると，
△BHD∽△AHE より，∠DBH = ∠EAH = 20°
よって，∠FBE = ∠FBD + ∠DBE = 20° + 20° = 40°

問4．点 A の y 座標は，
$y = \dfrac{1}{4} × (-2)^2 = 1$
点 B の y 座標は，
$y = \dfrac{1}{4} × 6^2 = 9$
よって，直線 l の傾きは，
$\dfrac{9 - 1}{6 - (-2)} = \dfrac{8}{8} = 1$
直線 l の式を，$y = x + b$ とすると，
点 B を通るから，$9 = 6 + b$ より，$b = 3$

したがって，△ABC の面積が △ABO の面積と等しくなるような点 C は，図の点 P，Q，R の3つのとり方がある。このうち，x 座標が最も大きくなる点 R の座標を点 C の座標として求めればよい。

直線 QR の式は，$y = x + 6$ より，$\dfrac{1}{4}x^2 = x + 6$

整理して，$x^2 - 4x - 24 = 0$

$x = \dfrac{-(-4) ± \sqrt{(-4)^2 - 4 × 1 × (-24)}}{2 × 1}$

$= \dfrac{4 ± \sqrt{112}}{2} = \dfrac{4 ± 4\sqrt{7}}{2} = 2 ± 2\sqrt{7}$

よって，x 座標は，$2 + 2\sqrt{7}$

y 座標は，$y = (2 + 2\sqrt{7}) + 6 = 8 + 2\sqrt{7}$

2 問1．(Ⅰ)どちらも10℃より小さいので，正しくない。
(Ⅱ) 1, 2, 3, 4, 11, 12月の6つあるので，正しい。
(Ⅲ)11月のデータの中央値の方が高いので，正しくない。
よって，④

問2．5月も10月も，最低気温が10℃未満の日があるので，A ではない。
また，10月は，第3四分位数が20℃より高いところにあるので，20℃より高い日が1日しかない B でなく，C である。
よって，5月は B だから，④

3 問1．すべての場合の数は，$4 × 8 = 32$（通り）
このうち，$\dfrac{b}{a}$ が素数になるのは，（表1）より，8通りあるから，求める確率は，$\dfrac{8}{32} = \dfrac{1}{4}$

問2．$b - a$ の絶対値が3以上になるのは，（表2）より，15通りあるから，求める確率は，$\dfrac{15}{32}$

問3．$\sqrt{ab}$ が無理数になるのは，（表3）より，25通りあるから，求める確率は，$\dfrac{25}{32}$

(表1)　　　(表2)　　　(表3)

4 問1．$5 ≦ \sqrt{n} < 6$ より，$25 ≦ n < 36$ となる自然数 n の個数を求めればよいから，$35 - 25 + 1 = 11$（枚）

問2．書き出して，規則性を見つけると，ウラ面の数字が同じカードは2枚ずつ増えていくことがわかる。

(オモテ面) 1, 2, 3, 4, 5, 6, 7, 8, 9, 10, …, 15,
(ウラ面) $\underbrace{1, 1, 1,}_{3枚} \underbrace{2, 2, 2, 2, 2,}_{5枚} \underbrace{3, 3, …, 3,}_{7枚}$

(オモテ面) 16, 17, …, 24, 25, 26, …, 35, 36, …
(ウラ面) $\underbrace{4, 4, …, 4,}_{9枚} \underbrace{5, 5, …, 5,}_{11枚} 6, …$

表で書いていくと，右のようになり，ウラ面の数字が14のときに総和が2023になると考えることができ，そのときの14のカードの枚数は，
$(2023-1729) \div 14$
$= 294 \div 14 = 21$（枚）
よって，
$3+5+7+9+11+13$
$+15+17+19+21$
$+23+25+27+21$
$= 30 \times 6+15+21$
$= 216$（番目）

ウラ面の数字	枚数	和	総和
1	3	3	3
2	5	10	13
3	7	21	34
4	9	36	70
5	11	55	125
6	13	78	203
7	15	105	308
8	17	136	444
9	19	171	615
10	21	210	825
11	23	253	1078
12	25	300	1378
13	27	351	1729
14	29	406	2135
⋮	⋮	⋮	⋮

5 問1．$2\text{L} = 2000 \text{ cm}^3$
グラフより，2.4分間で，底面②で高さ m cm まで水が入るから，
$(10 \times 40) \times m = 2000 \times 2.4$
よって，$400m = 4800$ より，$m = 12$ (cm)
問2．グラフより，おもりの高さは n cm で，$n > 12$ とわかる。また，5.85分間で，水そう全体で高さ 12 cm まで水が入るから，求める長さを a cm とすると，
$(40^2 - a^2) \times 12 = 2000 \times 5.85$ より，
$(1600 - a^2) \times 12 = 11700$
よって，$1600 - a^2 = 975$ より，$a^2 = 625$
$a > 0$ より，$a = \sqrt{625} = 25$ (cm)
問3．グラフより，7.8分間で，水そう全体でおもりの高さ n cm まで水が入るから，
$(40^2 - 25^2) \times n = 2000 \times 7.8$ より，$975n = 15600$
よって，$n = 16$ (cm)
高さが 16 cm 以上のとき，水面は1分間あたり
$\dfrac{2000}{40^2} = \dfrac{2000}{1600} = \dfrac{5}{4}$ (cm) ずつ上昇していくから，求める直線の式は，傾きが $\dfrac{5}{4}$ より，$y = \dfrac{5}{4}x + b$ とおける。
$x = 27$ のとき，$y = 40$ だから，$40 = \dfrac{5}{4} \times 27 + b$
$b = 40 - \dfrac{135}{4} = \dfrac{25}{4}$　よって，$y = \dfrac{5}{4}x + \dfrac{25}{4}$

6 問2．辺 AD と辺 BF の交点を G とする。
△ABF ≡ △EDA より，∠AFB = ∠EAD = $b°$ とおく。
∠AGB = ∠GBC = 60° だから，△AGF において，
∠FAG = ∠AGB − ∠AFG = 60° − b
よって，∠EAF = ∠EAD + ∠FAG = 60°
問3．3点 A, E, C が一直線上にあるから，
∠ACB = ∠DCB − ∠DCE
$= 90° − 60° = 30°$
よって，△ABC は，
AB : AC : BC = $1 : 2 : \sqrt{3}$
の直角三角形だから，
AC = AB × 2 = 6 × 2 = 12 (cm)
で，EC = DC = 6 cm より，
AE = 6 cm
△AEF は1辺 6 cm の正三角形だから，面積は，
△AEF = $\dfrac{1}{2} \times 6 \times 3\sqrt{3}$
$= 9\sqrt{3}$ (cm²)

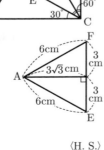

〈H. S.〉

国立工業高等専門学校
国立商船高等専門学校
国立高等専門学校

問題 P.131

解答

1 正負の数の計算，2次方程式，1次関数，比例・反比例，関数 $y = ax^2$，確率，データの散らばりと代表値，平面図形の基本・作図，三平方の定理
(1) ア…9　(2) イ±$\sqrt{ウ}$…$3 \pm \sqrt{7}$
(3) $-\dfrac{エ}{オ}$…$-\dfrac{1}{2}$　カ…5　(4) $\dfrac{キ}{ク}$…$\dfrac{1}{4}$　(5) $\dfrac{ケコ}{サシ}$…$\dfrac{13}{25}$
(6) スセ…27　ソタ…28　(7) チツ…19
(8) テ…4　$\sqrt{トナ}$…$\sqrt{13}$

2 関数を中心とした総合問題　(1) $\dfrac{ア}{イ}$…$\dfrac{2}{5}$　$\dfrac{ウ}{エ}$…$\dfrac{5}{2}$
(2) オカ…−1　キ…5　(3) クケ…12　$\dfrac{コサ}{シ}$…$\dfrac{15}{2}$

3 連立方程式の応用，1次方程式の応用　(1) ア.イ…7.7
(2) ウエオ…164　カキ…36　ク…4

4 図形を中心とした総合問題　(1) $\dfrac{ア}{イ}$…$\dfrac{2}{3}$
(2) ウ…3　$\dfrac{エ}{オ}$…$\dfrac{2}{9}$　(3) $\dfrac{カ}{キ}$…$\dfrac{7}{3}$
(4) $\dfrac{ク\sqrt{ケコ}}{サ}$…$\dfrac{7\sqrt{17}}{6}$

解き方

1 (1) (与式) $= -3 + 2 \times \left(\dfrac{25}{4} - \dfrac{1}{4}\right)$
$= -3 + 2 \times 6 = 9$
(2) $x = -(-3) \pm \sqrt{(-3)^2 - 1 \times 2} = 3 \pm \sqrt{7}$
(3) $a < 0$ より，$x = -4$ のとき $y = 7$，$-4a + b = 7$
$x = 2$ のとき $y = 4$，$2a + b = 4$
連立して解くと，$a = -\dfrac{1}{2}$，$b = 5$
(4) $\dfrac{9a - a}{3 - 1} = \dfrac{-1 - (-3)}{3 - 1}$ より，$a = \dfrac{1}{4}$
(5) すべての場合の数は，$5 \times 5 = 25$（通り）である。
2回とも赤玉の場合の数は，$2 \times 2 = 4$（通り），2回とも白玉の場合の数は，$3 \times 3 = 9$（通り）より，2回とも同じ色の場合の数は，$4 + 9 = 13$（通り）である。
よって，求める確率は，$\dfrac{13}{25}$
(6) 小さい方から大きさの順に並べると，下の通り。
12, 16, 17, 24, 25, 29, 30, 33, 35, 40
中央値は，$(25 + 29) \div 2 = 27$ (kg) であり，範囲は，
$40 - 12 = 28$ (kg) である。
(7) ∠OAB = ∠OBA = $x°$ とおく。
△ABC の内角に注目すると，
$(37 + x) + (90 + x) + 15 = 180$　　$x = 19$
(8) △ABC は $1 : 2 : \sqrt{3}$ の直角三角形より，AC = $2\sqrt{3}$
△ACD も $1 : 2 : \sqrt{3}$ の直角三角形より，AD = 4
D から AB に垂線 DH を引くと，△AHD も $1 : 2 : \sqrt{3}$ の直角三角形より，AH = 2，DH = $2\sqrt{3}$
BH = $3 - 2 = 1$ であるから，直角三角形 BDH において，三平方の定理より，BD = $\sqrt{1^2 + (2\sqrt{3})^2} = \sqrt{13}$

2 (1) $10 = a \times (-5)^2$ より，$a = \dfrac{2}{5}$
$y = \dfrac{2}{5} \times \left(\dfrac{5}{2}\right)^2 = \dfrac{5}{2}$
(2) (傾き) $= \left(\dfrac{5}{2} - 10\right) \div \left\{\dfrac{5}{2} - (-5)\right\} = -1$
直線 AB の式を $y = -x + b$ とおくと，

$10 = -(-5) + b$ より，$b = 5$

(3)(i) (四角形 OAPB) $= \triangle$OAP $+ \triangle$OPB $= \dfrac{5}{2}t + \dfrac{5}{4}t$

$\dfrac{15}{4}t = 45$ のとき，$t = 12$

(ii) 2 直線 AP，OB の交点を C とおく。$\angle$OBA $= 90°$ であるから，$\angle$PAB $= \angle$OAB のとき，B は線分 OC の中点になる。よって，C (5, 5) である。このとき直線 AP の式は，$y = -\dfrac{1}{2}x + \dfrac{15}{2}$ より，$t = \dfrac{15}{2}$

3 (1) $\dfrac{3.08}{40} \times 100 = 7.7$ (%)

(2) 野菜 A 100 g の可食部を x g，廃棄部を y g とおくと，

$x + y = 100$，$\dfrac{2.7}{100}x + \dfrac{7.7}{100}y = 3.6$

整理すると，$x + y = 100$，$27x + 77y = 3600$

これを解くと，$x = 82$，$y = 18$ より，野菜 A 200 g の可食部は 164 g，廃棄部は 36 g である。

次に，廃棄部 100 g あたりのエネルギーを z kcal とおくと，

$54 \times \dfrac{82}{100} + z \times \dfrac{18}{100} = 45 \qquad z = 4$ (kcal)

4 (1) $\triangle$BJK∽$\triangle$FGK より，BK : FK $=$ BJ : FG

BK $= x$ cm とおくと，$x : (2 - x) = 1 : 2$ より，

$x = \dfrac{2}{3}$ (cm)

(2) 三角錐 G $-$ CMN の体積 V は，

$V = \dfrac{1}{3}\left(\dfrac{1}{2} \times 3 \times 3\right) \times 2 = 3$ (cm^3)

三角錐 C $-$ BJK の体積 W_1 は，

$W_1 = \dfrac{1}{3}\left(\dfrac{1}{2} \times \dfrac{2}{3} \times 1\right) \times 2 = \dfrac{2}{9}$ (cm^3)

(3) 三角錐 M $-$ BJK の体積 W_2 は，

$W_2 = \dfrac{1}{3}\left(\dfrac{1}{2} \times \dfrac{2}{3} \times 1\right) \times 1 = \dfrac{1}{9}$ (cm^3)

五角錐 C $-$ IJKGL は三角錐 G $-$ CMN から 4 つの三角錐 C $-$ BJK，M $-$ BJK，C $-$ DIL，N $-$ DIL を取り除いた立体であるから，その体積は，

$V - 2W_1 - 2W_2 = 3 - \dfrac{2}{9} \times 2 - \dfrac{1}{9} \times 2 = \dfrac{7}{3}$ (cm^3)

(4) 右の図のように，問題の図 1 の立方体の面 ABCD を共有している直方体を考える。ただし，3 点 K，J，O と 3 点 L，I，O はそれぞれ一直線上にあるとする。
五角形 IJKGL は四角形 OKGL から三角形 OJI を取り除いた図形である。以下，単位を省略する。

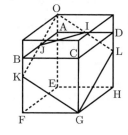

OE $=$ OA $+$ AE $=$ BK $+$ AE $= \dfrac{8}{3}$

GE $=$ BD $= 2\sqrt{2}$

直角三角形 OEG において，三平方の定理より，

OG $= \sqrt{\left(\dfrac{8}{3}\right)^2 + (2\sqrt{2})^2} = \dfrac{2\sqrt{34}}{3}$

四角形 OKGL はひし形で，KL $= 2\sqrt{2}$ より，面積は，

$\dfrac{1}{2} \times \dfrac{2\sqrt{34}}{3} \times 2\sqrt{2} = \dfrac{4\sqrt{17}}{3}$

$\triangle$OJI∽$\triangle$OKL より，

$\triangle$OJI $= \left(\dfrac{1}{2}\right)^2 \triangle$OKL $= \dfrac{1}{8}$(ひし形 OKGL)

よって，求める五角形の面積は，

(ひし形 OKGL) $- \triangle$OJI

$=$ (ひし形 OKGL) $- \dfrac{1}{8}$(ひし形 OKGL)

$= \dfrac{7}{8} \times \dfrac{4\sqrt{17}}{3} = \dfrac{7\sqrt{17}}{6}$

〈O. H.〉

東京都立産業技術高等専門学校

問題 P.133

解答

1 正負の数の計算，平方根，式の計算，因数分解，連立方程式 〔問1〕$\dfrac{13}{6}$ 〔問2〕1

〔問3〕$6ab^4$ 〔問4〕$\dfrac{x+y}{12}$ 〔問5〕$3x(x+2y)$

〔問6〕$x=2$，$y=-1$ 〔問7〕$n=4,\ 5,\ 6,\ 7$

2 1次方程式の応用，場合の数，データの散らばりと代表値，数の性質 〔問1〕80 g 〔問2〕10通り 〔問3〕5回

〔問4〕7個

3 1次関数，平面図形の基本・作図，三平方の定理

〔問1〕30° 〔問2〕$b=4$ 〔問3〕$\dfrac{\sqrt{3}}{2}$ cm²

4 平面図形の基本・作図，円周角と中心角，相似，三平方の定理 〔問1〕180° 〔問2〕$\dfrac{\sqrt{2}+1}{2}r^2$ cm²

〔問3〕$(2+\sqrt{2})$ cm

5 平面図形の基本・作図，空間図形の基本，立体の表面積と体積，円周角と中心角，相似，三平方の定理

〔問1〕36π cm³ 〔問2〕$2:3$ 〔問3〕$\dfrac{4\sqrt{5}}{5}r$ cm

解き方

1 〔問1〕(与式) $= -\dfrac{8}{9} \times \left(-\dfrac{3}{2}\right) + \dfrac{5}{6}$

$= \dfrac{8}{6} + \dfrac{5}{6} = \dfrac{13}{6}$

〔問2〕(与式) $= 3+\sqrt{3}-2-\dfrac{6}{2\sqrt{3}} = 1+\sqrt{3}-\dfrac{3}{\sqrt{3}}$

$= 1+\sqrt{3}-\sqrt{3} = 1$

〔問3〕(与式) $= -\dfrac{27a^3b^6}{1} \times \dfrac{4}{9a^4b^2} \times \left(-\dfrac{a^2}{2}\right) = 6ab^4$

〔問4〕(与式) $= \dfrac{2(2x-y)-3(x-y)}{12}$

$= \dfrac{4x-2y-3x+3y}{12} = \dfrac{x+y}{12}$

〔問5〕(与式) $= \{(2x+y)+(x-y)\}\{(2x+y)-(x-y)\}$
$= 3x(x+2y)$

〔問6〕第1式を①，第2式を②とする。
① $\times 3$ より，$6x-9y=21$ ···①'
② $\times 20$ より，$6x+8y=4$ ···②'
①'－②' より，$-17y=17$ よって，$y=-1$
①に代入して，$2x+3=7$ よって，$x=2$

〔問7〕$3<\pi<4$
$\sqrt{49}<\sqrt{50}<\sqrt{64}$ より，$7<\sqrt{50}<8$
よって，$4\leqq n\leqq 7$ だから，$n=4,\ 5,\ 6,\ 7$

2 〔問1〕10%の食塩水を x g とし，食塩の量に着目すると，

$\dfrac{10}{100}x+\dfrac{25}{100}(120-x)=120\times\dfrac{15}{100}$

両辺を100倍して，$10x+25(120-x)=1800$
これを解いて，$x=80$ (g)

〔問2〕下図の樹形図より，10通り。

10 ―― 10
    ├ 50
    ├ 100
    └ 500

50 ―― 50
    ├ 100
    └ 500

100 ―― 100
     └ 500

500 ―― 500

〔問3〕回数の少ない順に並べると，
2, 3, 5, 5, 5, 6, 6, 7, 7, 10
よって，最頻値は5回。

〔問4〕$230-20=210$

210 の約数は，1, 2, 3, 5, 6, 7, 10, 14, 15, 21, 30, 35, 42, 70, 105, 210 で，このうち，20より大きい数だから，7個

3 〔問1〕(図1)のような直角三角形を見つけると，計算が楽になる。

直線 l の傾きが $-\sqrt{3}$ だから，$\angle BOC=30°$

(図1)

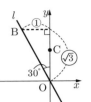

〔問2〕直線 m の傾きが $\sqrt{3}$ だから，
$\angle AOC=30°$
直線 n と x 軸との交点を E とすると，直線 n の傾きが

$-\dfrac{\sqrt{3}}{3}\left(=-\dfrac{1}{\sqrt{3}}\right)$

だから，
$\angle OEC=30°$

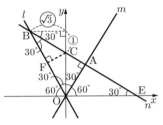

よって，$\angle OBC=30°$，$\angle OAB=90°$ である。
点 C から直線 l に垂線 CF を引くと，△OAB は3つの合同な三角形 △OAC，△OFC，△BFC に分けることができる。

△OAC で，$OC=b$ (cm) より，$AC=\dfrac{1}{2}b$ (cm)，

$OA=\dfrac{\sqrt{3}}{2}b$ (cm) で，面積は，$6\sqrt{3}\div 3=2\sqrt{3}$ (cm²)

よって，$\dfrac{1}{2}\times\dfrac{1}{2}b\times\dfrac{\sqrt{3}}{2}b=2\sqrt{3}$

$b^2=16$ で，$b>0$ より，$b=4$

〔問3〕$OB=2\sqrt{3}$ (cm)
より，点 B の x 座標は，
$-\left(2\sqrt{3}\times\dfrac{1}{2}\right)=-\sqrt{3}$

y 座標は，
$\sqrt{3}\times\sqrt{3}=3$
点 B は直線 n 上にあるから，

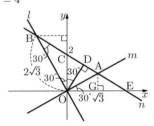

$3=-\dfrac{\sqrt{3}}{3}\times(-\sqrt{3})+b$

$3=1+b$ より，$b=2$

直線 n の式は，$y=-\dfrac{\sqrt{3}}{3}x+2$ だから，

点 A の y 座標は，$y=-\dfrac{\sqrt{3}}{3}\times\sqrt{3}+2=-1+2=1$

よって，$\angle AOE=30°$ より，$\angle AOD=30°$ だから，
$G(\sqrt{3},\ 0)$ とすると，△OAD ≡ △OAG となるので，

$\triangle OAD = \triangle OAG = \dfrac{1}{2}\times\sqrt{3}\times 1 = \dfrac{\sqrt{3}}{2}$ (cm²)

4 〔問1〕$\angle HBF=\angle HDF$，$\angle DHB=\angle DFB$ より，求める5つの角の和は，△ADF の3つの内角の和に等しいから，180°

〔問2〕$\overset{\frown}{HA}=2\pi r-\dfrac{\pi}{4}r\times 7=\left(2-\dfrac{7}{4}\right)\pi r=\dfrac{\pi}{4}r$

より，8つの点は円周を8等分している。

よって，3点 A，O，E は一直線上にあり，線分 AE と線分 DF の交点を J とすると，OJ ⊥ DF
また，△ODF は，OD = OF の直角二等辺三角形であり，

$JD = JO = JF = r \times \dfrac{1}{\sqrt{2}} = \dfrac{\sqrt{2}}{2}r$

よって，

$\triangle ADF = \dfrac{1}{2} \times DF \times AJ$

$= \dfrac{1}{2} \times \left(\dfrac{\sqrt{2}}{2}r \times 2\right) \times \left(r + \dfrac{\sqrt{2}}{2}r\right)$

$= \dfrac{1}{2} \times \sqrt{2}r \times \dfrac{2+\sqrt{2}}{2}r$

$= \dfrac{2\sqrt{2}+2}{4}r^2 = \dfrac{\sqrt{2}+1}{2}r^2 \,(\text{cm}^2)$

〔問3〕BD ∥ AO より，△IBD∽△IOA
よって，IB : IO = BD : OA より，
$2 : (r-2) = \sqrt{2}r : r$ $\sqrt{2}r(r-2) = 2r$
よって，$\sqrt{2}(r-2) = 2$ より，$r-2 = \dfrac{2}{\sqrt{2}}$ だから，
$r = \dfrac{2}{\sqrt{2}} + 2 = \sqrt{2} + 2 \,(\text{cm})$

5 〔問1〕$\dfrac{4}{3}\pi \times 3^3 = 36\pi \,(\text{cm}^3)$

〔問2〕SO = SR より，
∠SOR = ∠SRO = a と
すると，OS = OQ より，
∠SQO = ∠QSO = $a + a$
$= 2a$
また，
∠SOP = ∠SQO × 2
$= 2a \times 2 = 4a$ より，
∠ROP = $4a - a = 3a$
よって，∠SQO : ∠ROP = $2a : 3a$ = 2 : 3

〔問3〕△QPR で，
三平方の定理より，
$QR = \sqrt{(2r)^2 + r^2}$
$= \sqrt{5}r \,(\text{cm})$
点 O から線分 QR に垂線
OT を引くと，
△QTO∽△QPR で，
相似比は，
QO : QR = $r : \sqrt{5}r$ = 1 : $\sqrt{5}$ だから，

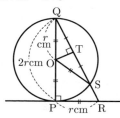

$QT = QP \times \dfrac{1}{\sqrt{5}} = 2r \times \dfrac{1}{\sqrt{5}} = \dfrac{2}{\sqrt{5}}r = \dfrac{2\sqrt{5}}{5}r \,(\text{cm})$

よって，$QS = QT \times 2 = \dfrac{2\sqrt{5}}{5}r \times 2 = \dfrac{4\sqrt{5}}{5}r \,(\text{cm})$

〈H. S.〉

私立高等学校

愛光高等学校　問題 P.135

解答

1 式の計算，平方根，因数分解，数の性質，立体の表面積と体積，三平方の定理
(1) ① $-\dfrac{b}{2a}$　(2) ② $\dfrac{2}{7}\sqrt{5}-2$
(3) ③ $(x-2y)(2xy-2yz-zx)$
(4) ④ $(c, d) = (1, 60), (3, 20), (4, 15), (5, 12)$
⑤ 180　⑥ 675
(5) ⑦ $4\sqrt{3}\pi$　⑧ $\dfrac{\sqrt{2}}{6}\pi$

2 連立方程式の応用　$x=8, y=5$

3 2次方程式の応用　120 円

4 1次関数，平面図形の基本・作図，平行四辺形，関数 $y=ax^2$　(1) A $(-4, 8)$, B $(2, 2)$
(2) P $(-2, 0)$, Q $(0, 10)$　(3) P $\left(\dfrac{4}{5}, 0\right)$

5 1次関数，確率　(1) $\dfrac{1}{12}$　(2) $\dfrac{1}{20}$

6 図形と証明，円周角と中心角
(1) 直径 AB の中点を O とする。
$\stackrel{\frown}{CD} = \dfrac{2}{3}\stackrel{\frown}{AB}$ より，$\angle COD = 180° \times \dfrac{2}{3} = 120°$
よって，円周角の定理より，$\angle CBD = 120° \times \dfrac{1}{2} = 60°$
また，線分 AB は半円の直径であるから，$\angle ACB = 90°$
したがって，$\angle APB + \angle CBD = \angle ACB$ より，
$\angle APB = \angle ACB - \angle CBD = 90° - 60° = 30°$
となり，一定である。
(2) $\dfrac{4}{9}\pi$

解き方

1 (4) $cd = 60$ であり，c, d は共通の素因数をもたない。
(5) 球の半径を r とする。(a) $r = \sqrt{3}$　(b) $r^2 = \dfrac{\sqrt{2}}{24}$

2 前半の条件から，$10x + 2y = 1200 \times \dfrac{7.5}{100}$
$5x + y = 45 \cdots ①$
後半の条件から，$\dfrac{5x+y}{3} + 8y = 1000 \times \dfrac{\frac{11}{16}x}{100}$
$8y = 5x \cdots ②$
①，②より，$x = 8, y = 5$

3 1個あたり $10x$ 円値下げするとすると，
$(400-10x)(500+30x) = 240800$
$3x^2 - 70x + 408 = 0$　$(x-12)(3x-34) = 0$
$x = 12, \dfrac{34}{3}$　$x = 12$ が適する。
(参考) 売上金額が最大になるのは，$x = 12$ のときである。

4 (2) △APB の面積が △AOB の面積の 1.5 倍になればよい。C $(4, 0)$ とすると，CP $=$ CO $\times$ 1.5
(3) B′ $(2, -2)$ とすると直線 AB′ の式は $y = -\dfrac{5}{3}x + \dfrac{4}{3}$
この直線と x 軸との交点の座標を求める。

5 (1) $\dfrac{b}{a} = 2$　すなわち $b = 2a$ となるときである。
$\begin{pmatrix} a \\ b \end{pmatrix} = \begin{pmatrix} 1 \\ 2 \end{pmatrix}, \begin{pmatrix} 2 \\ 4 \end{pmatrix}, \begin{pmatrix} 3 \\ 6 \end{pmatrix}, \begin{pmatrix} 4 \\ 8 \end{pmatrix}, \begin{pmatrix} 5 \\ 10 \end{pmatrix}$ の 5 通り。

(2) $10 = \dfrac{6b}{a} + c$ となるときである。
$a = 1$ のとき，$10 = 6b + c$　$\begin{pmatrix} b \\ c \end{pmatrix} = \begin{pmatrix} 1 \\ 4 \end{pmatrix}$
$a = 2$ のとき，$10 = 3b + c$　$\begin{pmatrix} b \\ c \end{pmatrix} = \begin{pmatrix} 2 \\ 4 \end{pmatrix}, \begin{pmatrix} 3 \\ 1 \end{pmatrix}$
$a = 3$ のとき，$10 = 2b + c$　$\begin{pmatrix} b \\ c \end{pmatrix} = \begin{pmatrix} 3 \\ 4 \end{pmatrix}, \begin{pmatrix} 4 \\ 2 \end{pmatrix}$
$a = 4$ のとき，$10 = \dfrac{3}{2}b + c$　$\begin{pmatrix} b \\ c \end{pmatrix} = \begin{pmatrix} 4 \\ 4 \end{pmatrix}, \begin{pmatrix} 6 \\ 1 \end{pmatrix}$
$a = 5$ のとき，$10 = \dfrac{6}{5}b + c$　$\begin{pmatrix} b \\ c \end{pmatrix} = \begin{pmatrix} 5 \\ 4 \end{pmatrix}$
$a = 6$ のとき，$10 = b + c$　$\begin{pmatrix} b \\ c \end{pmatrix} = \begin{pmatrix} 6 \\ 4 \end{pmatrix}, \begin{pmatrix} 7 \\ 3 \end{pmatrix}, \begin{pmatrix} 8 \\ 2 \end{pmatrix}, \begin{pmatrix} 9 \\ 1 \end{pmatrix}$
の 12 通り。

6 (2) 点 C と点 E が一致したとき，点 P は右の図の点 Q に一致する。
右の図のように，正三角形 O′AB を作ると，結局点 P は，O′ を中心とする半径 2 の弧をえがく。中心角は 40° である。

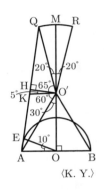

〈K. Y.〉

青山学院高等部　問題 P.136

解答

1 平方根　(1) $\dfrac{23\sqrt{6}}{24}$　(2) 4

2 場合の数　(1) 4 個　(2) 40 個　(3) 56 個

3 数の性質　(1) 7×17^2　(2) $m = 34, n = 51$

4 1次関数，平行と合同，関数 $y = ax^2$
(1) $l \cdots y = -3x$, $m \cdots y = 2x + 4$　(2) $(4, 12)$　(3) $a = \dfrac{3}{4}$
(4) $\dfrac{-6 \pm 2\sqrt{21}}{3}$

5 平面図形の基本・作図，三平方の定理　(1) A$\cdots$3　B$\cdots$2
(2) ① $\dfrac{\sqrt{2}}{2}$　② 1　③ $2\sqrt{2}$　④ 4　⑤ 3　⑥ $2\sqrt{3}$

6 円周角と中心角，相似，中点連結定理，三平方の定理
(1) 30°　(2) $3\sqrt{7}$ cm　(3) $2\sqrt{7}$ cm　(4) $\dfrac{24\sqrt{7}}{7}$ cm

7 相似，三平方の定理　(1) $3\sqrt{2}$ cm　(2) 6 cm　(3) 5
(4) $(9\pi + 20\sqrt{2})$ cm^2

解き方

1 (1) (与式)
$= \dfrac{\sqrt{2}}{2\sqrt{2}} - \dfrac{1}{2\sqrt{2} \times 2\sqrt{3}} + \sqrt{3 \times 2} - \dfrac{\sqrt{3}}{2\sqrt{3}}$
$= \dfrac{1}{2} - \dfrac{\sqrt{6}}{24} + \sqrt{6} - \dfrac{1}{2} = \dfrac{23\sqrt{6}}{24}$

2 (1) A, D, G, J から 3 つ選ぶので，4 通り→4 個
(2) A, D, G, J から 2 つ選ぶので，次のあ，いをあわせた 6 通り
あ {A, G}, {D, J}
$\cdots$残り 1 つの頂点の選び方は，それぞれ 8 通り
い {A, D}, {D, G}, {G, J}, {J, A}

…例えば，{A, D} の場合，残り1つの頂点は B，C 以外の点であるから，6通り
以上より，$8 \times 2 + 6 \times 4 = 40$（通り）→ 40個
(3) B, C, E, F, H, I, K, L から3つ選ぶ選び方は，
$\frac{8 \times 7 \times 6}{3 \times 2 \times 1} = 56$（通り）→ 56個

3 (2) $4m^2 - n^2 = 2023$　　$(2m-n)(2m+n) = 7 \times 17^2$
m, n がともに自然数であるとき，$0 < 2m-n < 2m+n$
$(2m-n, 2m+n) = (1, 2023), (7, 289), (17, 119)$
$(m, n) = (506, 1011), (74, 141), (34, 51)$
m が最小となる組は，$(m, n) = (34, 51)$

4 (2) D は直線 $m: y = 2x+4$ 上にあるので，
D $(d, 2d+4)$ とおく。C と D は y 軸に関して対称であるから，C $(-d, 2d+4)$ と表せる。C は直線 $l: y = -3x$ 上にあるので，
$2d+4 = -3 \times (-d)$　　これを解いて，$d = 4$
(3) $y = ax^2$ のグラフ上に D $(4, 12)$ があるので，
$12 = a \times 4^2$　　$a = \frac{3}{4}$
(4) OB に平行で，A を通る直線の式は $y = -3x+4$ …①
放物線 $y = \frac{3}{4}x^2$ と直線 $y = -3x+4$ の交点に E をとればよい。
$\frac{3}{4}x^2 = -3x+4$　　$3x^2 + 12x - 16 = 0$
$x = \frac{-6 \pm 2\sqrt{21}}{3}$
直線 $y = -3x-4$ …② を引くとき，OB と直線①の間隔と，OB と直線②の間隔は等しくなる。
$y = \frac{3}{4}x^2$ と $y = -3x-4$ を連立して解くと，
$3x^2 + 12x + 16 = 0$…（*）
ここで，$3x^2 + 12x + 16 = 3(x+2)^2 + 4 > 0$ となり，
2次方程式（*）は解をもたない。

5 (1) 円周 = 直径 × 円周率 より，円周率 = $\frac{円周}{直径}$ が得られる。

(2) ① $= 1 \times \frac{1}{\sqrt{2}} = \frac{\sqrt{2}}{2}$
$\frac{\sqrt{2}}{2} \times 4 < \pi < 1 \times 4$ より，
③ $2\sqrt{2} < \pi < 4$ ④

直径1の円に内接および外接する正六角形の一辺の長さをそれぞれ x, y とする。
$2x = 1$ より，$x = \frac{1}{2}$
$\frac{\sqrt{3}}{2}y = \frac{1}{2}$ より，$y = \frac{1}{\sqrt{3}}$
$6x < \pi < 6y$ より，
$6 \times \frac{1}{2} < \pi < 6 \times \frac{1}{\sqrt{3}}$
したがって，⑤ $3 < \pi < 2\sqrt{3}$ ⑥

6 (1) △OBC は一辺 6 cm の正三角形であるから，∠BOC = 60°
円周角の定理より，∠BAC = $\frac{1}{2}$∠BOC = 30°
(2) A と D，D と B を結ぶとき，四角形 ADBC は，対角線 AB, DC がともに円の直径となり等しいことから，長方形である。
AD = BC = 6 cm…①

△CDA は，△ABC と合同な三角形で，30°, 60°, 90° の直角三角形であるから，
AC = $6\sqrt{3}$ cm, AE = EC = $3\sqrt{3}$ cm…②
①，②より，
DE = $\sqrt{AD^2 + AE^2} = \sqrt{6^2 + (3\sqrt{3})^2} = 3\sqrt{7}$ (cm)
(3) △CDA に中点連結定理を用いると，①と合わせて，
OE // AD かつ OE = $\frac{1}{2}$AD = 3
△FOE∽△FAD であり，相似比は，OE : AD = 1 : 2
DF : EF = 2 : 1 より，
DF = $\frac{2}{3}$DE = $\frac{2}{3} \times 3\sqrt{7} = 2\sqrt{7}$ (cm)
(4) △FAD∽△FGB より，FD : FB = DA : BG…（*）
△FOE∽△FAD より，FO : FA = 1 : 2
FO = AO $\times \frac{1}{3} = 2$, FB = 2 + 6 = 8
（*）に代入すると，$2\sqrt{7} : 8 = 6 : BG$
BG = $\frac{8 \times 6}{2\sqrt{7}} = \frac{24\sqrt{7}}{7}$ (cm)

7 (1) 正方形 ABCD および正方形 JKLM の対角線の交点をそれぞれ T, U とする。
AC = $2\sqrt{2}$ より，
CT = $\sqrt{2}$
OT : CT
= $2\sqrt{2} : \sqrt{2}$
= 2 : 1

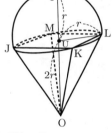

U は半球 S の中心と一致するので，UL = UI = r
△OCT∽△OLU より，
OU : UL = 2 : 1 になるので，OU = $2r$
OI = OU + UI = $2r + r = 3r = 9\sqrt{2}$　　$r = 3\sqrt{2}$ (cm)
(2) △UJK は JK を斜辺とする直角二等辺三角形になるので，JK = $\sqrt{2}r = \sqrt{2} \times 3\sqrt{2} = 6$ (cm)
(3)(4) 切り口の面積は，
$\pi \times (3\sqrt{2})^2 \times \frac{1}{2}$
$+ (2+6) \times 4\sqrt{2} \times \frac{1}{2}$
$+ 2 \times 2\sqrt{2}$
$= 9\pi + 20\sqrt{2}$ (cm²)

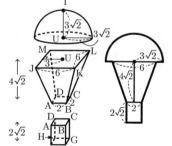

〈A. T.〉

市川高等学校

問題 P.137

解答

1 | 関数を中心とした総合問題 |
(1) 右の図の通り
(2) 30
(3) -10, 3

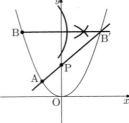

2 | 場合の数 | (1) 11 個 (2) 12 個
3 | 数の性質, 2 次方程式の応用 | (1) ア. 79 イ. $4n$
(2) 46 番目 (3) 530 番目
4 | 三平方の定理 | (1) 4 (2) $2\sqrt{3}$ (3) $\frac{3}{2}\pi + 1$
5 | 円周角と中心角, 三平方の定理 | (1) $\frac{5 + 2\sqrt{3}}{4}$
(2) 四角形 CDEF は円に内接するから, $\angle PFC = \angle EDR$
DE // PR より, $\angle PRC = \angle EDR$
(3) $2 - \sqrt{3}$

解き方

1 (1) y 軸に関して点 B と対称な点を B′ とすると, $AP + PB = AP + PB' \geqq AB'$
よって, 直線 AB′ と y 軸との交点が P のとき, $AP + PB$ が最小となる。
(2) $A(-2, 4)$, $B'(5, 25)$ より, 直線 AB′ の式は,
$y = 3x + 10$ よって, $P(0, 10)$ である。
$AP : AB' = 2 : 7$ より, $\triangle APB : \triangle AB'B = 2 : 7$
$\triangle AB'B = 10 \times 21 \div 2 = 105$ より, $\triangle APB = 30$
(3) 直線 AB′ 上に, $AP : PR = 1 : 1$ となる点 A と異なる点 $R(2, 16)$ をとる。
$\triangle ARB = 2\triangle APB = 60$ より, 点 R を通り, 直線 AB と平行な直線 $y = -7x + 30$ と放物線 $y = x^2$ との交点が条件を満たす点 Q である。
$x^2 = -7x + 30$ $(x + 10)(x - 3) = 0$ $x = -10$, 3

2 (1) 正方形 AKMC の中に △ALH と合同な三角形は 3 個, 正方形 BLND と CMOE の中にはそれぞれ 4 個あるから, $3 + 4 \times 2 = 11$ (個)
(2) 数え上げるとよい。

$A\!<\!\begin{smallmatrix}F\!<\!\begin{smallmatrix}N\\O\end{smallmatrix}\\H\!<\!\begin{smallmatrix}K\\L\end{smallmatrix}\end{smallmatrix}$ $B\!<\!\begin{smallmatrix}F\!<\!\begin{smallmatrix}M\\N\end{smallmatrix}\\H\text{-}K\end{smallmatrix}$ $C\text{-}F\!<\!\begin{smallmatrix}L\\M\end{smallmatrix}$ $D\text{-}F\!<\!\begin{smallmatrix}K\\L\end{smallmatrix}$ $E\text{-}F\text{-}K$

3 (1)(イ) $b_{n+2} = (n + 2)^2 - 2(n + 2) - 1$
$= n^2 + 2n - 1$ より,
$b_{n+2} - b_n = n^2 + 2n - 1 - (n^2 - 2n - 1) = 4n$
(2) $n^2 - 2n - 1 = 2023$ $(n + 44)(n - 46) = 0$
$n > 0$ より, $n = 46$
(3) $4n - 5 = 2023$ $n = 507$ より,
A の列において, 2023 は 507 番目の数である。
C の数の列において, 2023 までの数の個数は, A の数の列における 2023 までの数の個数と, B の数の列における 2023 までの数の個数の和から A の数の列と B の数の列に共通する 2023 を含めた数の個数を引けばよい。A の数の列と B の数の列に共通する数の列 D を書き並べると,
D : -1, 7, 23, 47, ……

D は B の偶数番目の数が並んでいるから, n 番目の数を d_n とすると,
$d_n = b_{2n} = (2n)^2 - 2 \times 2n - 1 = 4n^2 - 4n - 1$
$4n^2 - 4n - 1 = 2023$ $n^2 - n - 506 = 0$
$(n + 22)(n - 23) = 0$ $n > 0$ より, $n = 23$
よって, C の数の列において, 2023 は,
$507 + 46 - 23 = 530$ (番目)

4 (2) $BM = \sqrt{30 - 5} = 5$
点 H は線分 BM 上にある。$AH = x$, $BH = y$ とおく。
△ABH で三平方の定理より, $x^2 + y^2 = 21$
△AMH で三平方の定理より, $x^2 + (5 - y)^2 = 16$
これらを連立して解くと, $x = 2\sqrt{3}$, $y = 3$
(3) 下の図の斜線部分が共通部分である。
$\{\pi \times (\sqrt{2})^2\} \times \frac{3}{4} + \frac{1}{2} \times (\sqrt{2})^2 = \frac{3}{2}\pi + 1$

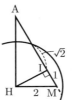 

5 (1) 円の中心を O, 求める面積を S とおくと,
$S = \triangle OAB + \triangle OBC \times 3 + \triangle OCD + \triangle OFA$
$= \frac{1}{2} + \frac{1}{4} \times 3 + \frac{\sqrt{3}}{4} + \frac{\sqrt{3}}{4} = \frac{5 + 2\sqrt{3}}{4}$
(3) $DS = x$ とおき, S から CP に垂線 SH を引く。
△CPD は直角二等辺三角形より, $CP = \sqrt{2} CD = \sqrt{2}$
△CHS は直角二等辺三角形より, $CH = SH = \frac{x + 1}{\sqrt{2}}$
△SHP は $1 : 2 : \sqrt{3}$ の直角三角形より, $HP = \frac{x + 1}{\sqrt{6}}$
$CH + HP = CP$ より, $\frac{x + 1}{\sqrt{2}} + \frac{x + 1}{\sqrt{6}} = \sqrt{2}$
$(\sqrt{3} + 1)(x + 1) = 2\sqrt{3}$
$(\sqrt{3} - 1)(\sqrt{3} + 1)(x + 1) = 2\sqrt{3}(\sqrt{3} - 1)$
$x = 2 - \sqrt{3}$

〈O. H.〉

江戸川学園取手高等学校

問題 P.138

解答

1 式の計算，平方根，多項式の乗法・除法，1次方程式，2次方程式の応用，比例・反比例，関数 $y=ax^2$，三平方の定理，確率 (1) $2x^2$ (2) $7\sqrt{7}$
(3) $10a-34$ (4) $x=5$ (5) 7 (6) 14 (7) $\sqrt{3}-1$ (8) $\dfrac{7}{10}$

2 比例・反比例，1次関数，平面図形の基本・作図，関数 $y=ax^2$ (1) $(2,4)$ (2) 4 (3) $y=6x$
(4) 点 P の x 座標を t とすると，P (t, t^2)，Q $(t, -t+6)$
PQ = PS となれば良いので，
$(-t+6) - t^2 = t$
$t^2 + 2t - 6 = 0$ より，$t = -1 \pm \sqrt{7}$
$t > 0$ より，$t = -1 + \sqrt{7}$
よって，$-1 + \sqrt{7}$

3 平面図形の基本・作図
(1) 21 (2) 84
(3) 右の図のように円の中心を
I とおく。このとき，
BP = BQ = x とおくと，
△ABC = △IAB + △IAC − △IBC
$= \dfrac{1}{2}(AB + AC - BC) \times r$
$= \dfrac{1}{2}\{(21-x) + (7+x) - 14\} \times r$
$= \dfrac{1}{2} \times 14 \times r = 84$ より，$r = 12$

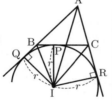

4 立体の表面積と体積，三平方の定理
(1) $36\sqrt{3}$ (2) 36
(3) (2)の辺 AB を含む面が台
の上に来るように置くと考え
ると，正八面体の △ABC を
含む断面は右の図の平行四辺
形となる。C から AB に垂線
CH を下ろし，AH = x とす
ると，
$\left(\dfrac{3\sqrt{6}}{2}\right)^2 - x^2$
$= (3\sqrt{2})^2 - \left(\dfrac{3\sqrt{6}}{2} - x\right)^2 \quad (=CH^2)$
$\dfrac{27}{2} - x^2 = 18 - \left(\dfrac{27}{2} - 3\sqrt{6}x + x^2\right)$
$3\sqrt{6}x = 9$ より，$x = \dfrac{\sqrt{6}}{2}$
よって，求める高さは，
CH $= \sqrt{\left(\dfrac{3\sqrt{6}}{2}\right)^2 - \left(\dfrac{\sqrt{6}}{2}\right)^2} = 2\sqrt{3}$

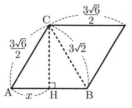

(※実際の解答では，(2)の解説で用いた図などを使って記述するとよい。)

5 式の計算，関数 $y=ax^2$ (1) 19.6 (2) 49.49 (3) 49

解き方

1 (1) (与式)
$= 2A - A + 2B - C - B + C = A + B$
$= (x^2 + x + 1) + (x^2 - x - 1) = 2x^2$
(2) (与式) $= 17\sqrt{7} - 10\sqrt{7} = 7\sqrt{7}$
(3) (与式) $= a^2 - 9 - (a^2 - 10a + 25) = 10a - 34$
(4) 両辺を 6 倍して，
$3(3x-1) - 2(4x-2) = 6$
$9x - 3 - 8x + 4 = 6$ より，$x = 5$
(5) 連続する 2 つの奇数を $2x-1$，$2x+1$（ただし，x は自然数）とおく。与えられた条件より，
$(2x-1)^2 + (2x+1)^2 = (2x-1)(2x+1) + 67$
$4x^2 - 4x + 1 + 4x^2 + 4x + 1 = 4x^2 - 1 + 67$
$4x^2 = 64 \quad x^2 = 16$
$x \geq 1$ より，$x = 4$
よって，求める数は，$2 \times 4 - 1 = 7$
(6) $y = ax^3$ に $x = 3$，$y = 54$ を代入して，
$54 = 27a$ より，$a = 2$
よって，$\dfrac{2 \times 2^3 - 2 \times 1^3}{2-1} = 14$
(7) 図のように △ABC の外
側に △ACD を作ると
△ABD は直角二等辺三角形
となる。
よって，
AD = BD = $\dfrac{\sqrt{6}}{\sqrt{2}} = \sqrt{3}$
CD = $\dfrac{\sqrt{3}}{\sqrt{3}} = 1$
ゆえに，BC = BD − CD = $\sqrt{3} - 1$
(8) 1 本もあたらない確率を求める。
5 本のくじから 2 本選ぶ選び方は，$\dfrac{5 \times 4}{2 \times 1} = 10$（通り）
3 本のはずれくじから 2 本選ぶ選び方は，$\dfrac{3 \times 2}{2 \times 1} = 3$（通り）
よって，1 本もあたらない確率は $\dfrac{3}{10}$ となる。ゆえに，少なくとも 1 本はあたりがでる確率は，$1 - \dfrac{3}{10} = \dfrac{7}{10}$

2 (1) $x^2 = -x + 6$ より，$x^2 + x - 6 = 0$
$(x+3)(x-2) = 0 \quad x > 0$ より，$x = 2$
よって，A $(2, 4)$
(2) P $(1, 1)$，Q $(1, 5)$ となる。
よって，面積は，$1 \times (5-1) = 4$
(3) 四角形 PQRS の対角線の交点，つまり PR の中点を通る直線が条件を満たす。R $(0, 5)$ だから PR の中点は，
$\left(\dfrac{1+0}{2}, \dfrac{1+5}{2}\right)$ より $\left(\dfrac{1}{2}, 3\right)$
$(0, 0)$ と $\left(\dfrac{1}{2}, 3\right)$ を通る直線を求めると，$y = 6x$

3 (1) 円外の 1 点から引いた
接線の長さは等しいので，
AR = AQ = 21
(2) BP = BQ = x とおくと
CP = CR = $14 - x$ となる。
また，AQ = AR = 21 だから，
AB = $21 - x$
AC = $21 - (14 - x) = 7 + x$
これより △ABC の面積は，
$\dfrac{1}{2} \times 4 \times \{(21-x) + 14 + (7+x)\} = \dfrac{1}{2} \times 4 \times 42 = 84$

4 (1) 1 辺が $3\sqrt{2}$ の正三角形の高
さは $\dfrac{3\sqrt{6}}{2}$ となるので求める表面
積は，
$\left(3\sqrt{2} \times \dfrac{3\sqrt{6}}{2} \times \dfrac{1}{2}\right) \times 8$
$= 36\sqrt{3}$

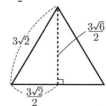

(2) 右の図のような正四角すい2個分の体積を求めれば良い。断面の △ABC の高さを求めると，

$\sqrt{\left(\frac{3\sqrt{6}}{2}\right)^2 - \left(\frac{3\sqrt{2}}{2}\right)^2} = 3$

よって，
$\left\{(3\sqrt{2})^2 \times 3 \times \frac{1}{3}\right\} \times 2 = 36$

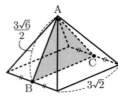
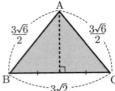

5 (1) $4.9 \times t^2$ に $t = 2$ を代入して，$4.9 \times 2^2 = 19.6$

(2) $\frac{4.9 \times 5.1^2 - 4.9 \times 5^2}{5.1 - 5} = \frac{4.9 \times 1.01}{0.1} = 49.49$

(3) $49 + 4.9s$ に $s = 0$ を代入して，49

〈A. S.〉

大阪星光学院高等学校

問題 P.140

解答

1 平方根，連立方程式，確率，相似，三平方の定理 (1) 24

(2) $x = \frac{4b+7}{ab+1}$，$y = \frac{7a-4}{ab+1}$

(3) 偶数…$\frac{2}{5}$，3 の倍数…$\frac{2}{5}$ (4) AP = 6，△ACC′ = 18

(5) $2\sqrt{29}$

2 関数 $y = ax^2$ (1) A…-1，B…-3

(2) E…$t-2$ $\left(\text{または} \frac{t+1}{2}\right)$，$t = 5$

(3) $y = \frac{13}{4}x$

3 数の性質 (1) 順に 1，2 (2) 2023 (3) 3

4 円周角と中心角，相似，三平方の定理

(1) △ABC と △AED において，
∠A 共通…①
四角形 DBCE は円に内接しているので，
∠ABC = ∠AED…②
①，②より，2 組の角がそれぞれ等しいので，
△ABC∽△AED

(2) AD = DB（仮定），∠CDB = 90°（BC は直径）より，CD は線分 AB の垂直二等分線であるから，△ABC は CA = CB の二等辺三角形である。
(1)より，△ABC∽△AED であるから，△AED は DA = DE の二等辺三角形である。

(3) AE = $\frac{2\sqrt{3}}{3}$，△AED = $\frac{\sqrt{11}}{3}$

5 三平方の定理 (1) 体積…52，切り口の面積…$8\sqrt{22}$

(2) $\frac{9\sqrt{22}}{11}$

解き方

1 (1) $\sqrt{2} + \sqrt{3} = A$，$\sqrt{2} - \sqrt{3} = B$ とおく。
（与式）$= (A + \sqrt{5})(A - \sqrt{5})(B + \sqrt{5})(-B + \sqrt{5})$
$= (A^2 - 5)(5 - B^2)$ …（*）
$A^2 = 5 + 2\sqrt{6}$，$B^2 = 5 - 2\sqrt{6}$ より，
（*）$= (5 + 2\sqrt{6} - 5)\{5 - (5 - 2\sqrt{6})\}$
$= 2\sqrt{6} \times 2\sqrt{6} = 24$

(2) $ax - y = 4$…①，$x + by = 7$…②
①$\times b +$②より，$(ab+1)x = 4b+7$
②$\times a -$①より，$(ab+1)y = 7a-4$
$a > 0$，$b > 0$ より $ab+1 > 1$ であるから，
$x = \frac{4b+7}{ab+1}$，$y = \frac{7a-4}{ab+1}$

(3) 3 桁の整数は全部で，$5 \times 4 \times 3 = 60$（個）つくれる。
偶数は，一の位→百の位→十の位の順に使える数字の個数をかけ合わせると，$2 \times 4 \times 3 = 24$（個）つくれる。
確率は，$\frac{24}{60} = \frac{2}{5}$
3 の倍数は，各位に用いる数字の組み合わせを書き出すと，
{1, 2, 3}，{1, 3, 5}，{2, 3, 4}，{3, 4, 5}
それぞれ並びかえが $3 \times 2 \times 1 = 6$（通り）ずつあるので，$6 \times 4 = 24$（個）つくれる。
確率は，$\frac{24}{60} = \frac{2}{5}$

(4) △ABC ≡ △AB′C′…（#）より，
∠ABC = ∠AB′C′…①
△PAB と △PCB′ において，①より，
∠ABP = ∠CB′P…②
対頂角より，
∠BPA = ∠B′PC…③
②，③より，2 組の角がそれぞれ等しいので，
△PAB∽△PCB′
PA : PC = PB : PB′…（*）
PA = x とおくと，PB′ = $10 - x$ より，（*）は，
$x : 3 = 8 : (10-x)$
$x(10-x) = 3 \times 8$　　$x^2 - 10x + 24 = 0$
$(x-4)(x-6) = 0$　　$x = 4, 6$
AP > PB′ より，$x > 10 - x$ であるから，$x = 6$
△PAB の 3 辺は 6，8，10，△PCB′ の 3 辺は 3 : 4 : 5 と決まるので，∠APB = ∠CPB′ = 90°
AC = $\sqrt{PA^2 + PC^2} = \sqrt{6^2 + 3^2} = 3\sqrt{5}$
（#）より，AC = AC′ = $3\sqrt{5}$
CC′ = B′C′ − B′C = 11 − 5 = 6
A から辺 CC′ に垂線 AH を下ろすと，
△ABP ≡ △AB′H より，AH = AP = 6
△ACC′ = $6 \times 6 \times \frac{1}{2} = 18$

(5) 立方体 ABCD − EFGH と合同な立方体を 3 個用意し，右図のように並べる。図のように点 R′ をとるとき，QR = QR′ が成り立つ。
PQ + QR = PQ + QR′ ≧ PR′
であるから，3 点 P，Q，R′ が一直線上にあるとき（Q = Q₀）を考えればよい。
P から辺 EF に垂線 PT を下ろす。
3 点 T，H，R′ は一直線上にあり，
TH = HR′ = $\sqrt{3^2 + 4^2} = 5$
PR′ = $\sqrt{PT^2 + TR'^2} = \sqrt{4^2 + 10^2} = \sqrt{116} = 2\sqrt{29}$

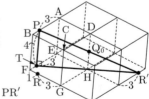

2 (1) $y = \frac{1}{2}x^2$ と $y = -2x - \frac{3}{2}$ を連立して整理すると，
$x^2 + 4x + 3 = 0$　　$(x+3)(x+1) = 0$　　$x = -3, -1$

(2) E の x 座標を e とする。

BC // AE より，傾きが等しいので，
$\frac{1}{2}(-3+t) = \frac{1}{2}(-1+e)$　　$e = t-2\cdots$①
四角形 ABCD は平行四辺形であるから，
（C と D の x 座標の差）＝（A と B の x 座標の差）＝ 2
より，D の x 座標を d とすると，$d = t+2\cdots$②
E は AD の中点であるから，$e = \dfrac{-1+d}{2}$
①，②を代入して，
$t-2 = \dfrac{-1+t+2}{2}$　　$t = 5$
(3) 平行四辺形 ABCD の対称の中心 K は，対角線 AC の中点と一致する。
A$\left(-1, \dfrac{1}{2}\right)$，C$\left(5, \dfrac{25}{2}\right)$ より，K の座標は，
$\left(\dfrac{-1+5}{2}, \dfrac{\frac{1}{2}+\frac{25}{2}}{2}\right) = \left(2, \dfrac{13}{2}\right)$
直線 OK の傾きは，$\dfrac{\frac{13}{2}}{2} = \dfrac{13}{4}$ より，$y = \dfrac{13}{4}x$

3 (1) $1024 = 3 \times 341 + 1$ より，$f(1024) = 1$
$1025 = 3 \times 341 + 2$
$341 = a$ とおくと，
$1024 \times 1025 = (3a+1)(3a+2) = 9a^2 + 9a + 2$
$= 3(3a^2 + 3a) + 2$
$f(1024 \times 1025) = 2$
(2) $2023 = 3 \times 674 + 1$
$f(1) + f(2) + f(3) + f(4) + \cdots + f(2023)$
$= 1 + 2 + 0 + 1 + \cdots + 1$
$= (1+2+0) \times 674 + 1 = 2023$
(3) $674 = b$ とおくと，$2023 = 3b + 1$
$71 = 3 \times 23 + 2$ より，$23 = c$ とおくと，$71 = 3c + 2$
$f(2023) = 1\cdots$①
$2023^2 = (3b+1)^2 = 9b^2 + 6b + 1 = 3(3b^2 + 2b) + 1$
より，$f(2023^2) = 1\cdots$②
$f(71) = 2\cdots$③
$71^2 = (3c+2)^2 = 9c^2 + 12c + 4 = 3(3c^2 + 4c + 1) + 1$
より，$f(71^2) = 1\cdots$④
①，②，③，④より，
$f(f(2023^2) \times f(71)) + f(2023) \times f(71^2)$
$f(1 \times 2) + 1 \times 1 = 2 + 1 = 3$

4 (3) $\triangle$ABC$\infty$$\triangle$AED より，AB : AE = AC : AD
AC = BC = $4\sqrt{3}$ より，$4 : \text{AE} = 4\sqrt{3} : 2$
AE $= \dfrac{4 \times 2}{4\sqrt{3}} = \dfrac{2}{\sqrt{3}} = \dfrac{2\sqrt{3}}{3}$
$\triangle$ABC と $\triangle$AED の相似比および面積比は，
AC : AD $= 4\sqrt{3} : 2 = 2\sqrt{3} : 1$，$(2\sqrt{3})^2 : 1^2 = 12 : 1$
CD $= \sqrt{\text{AC}^2 - \text{AD}^2} = \sqrt{(4\sqrt{3})^2 - 2^2} = \sqrt{44} = 2\sqrt{11}$
$\triangle$ABC $= 4 \times 2\sqrt{11} \times \dfrac{1}{2} = 4\sqrt{11}$
$\triangle$AED $= 4\sqrt{11} \times \dfrac{1}{12} = \dfrac{\sqrt{11}}{3}$

5 (1) 辺 AE，線分 IF，線分 JH を延長し，それらの交点を O とする。
$\triangle$IAO$\infty$$\triangle$IBF より，
OA : FB = IA : IB
OA : 6 = 2 : 4 より，OA = 3
点 A を含む方の立体の体積 V は，三角すい O − EFH の体積 V_1 から三角すい O − AIJ の体積 V_2 を引くことで求められる。
$V_1 = 6 \times 6 \times \dfrac{1}{2} \times 9 \times \dfrac{1}{3} = 54\cdots$（#）
$V_1 : V_2 = \text{OE}^3 : \text{OA}^3 = 9^3 : 3^3 = 27 : 1$
$V = V_1 - V_2 = 54 - 54 \times \dfrac{1}{27} = 52$
切り口の面積 S は，$\triangle$OFH の面積 S_1 から $\triangle$OIJ の面積 S_2 を引くことで求められる。
FH $= 6\sqrt{2}$，OF = OH $= \sqrt{6^2 + 9^2} = 3\sqrt{13}$
O から FH に垂線 OT を引くとき，
FT = TH $= 3\sqrt{2}$，OT $= \sqrt{(3\sqrt{13})^2 - (3\sqrt{2})^2} = 3\sqrt{11}$
$S_1 = 6\sqrt{2} \times 3\sqrt{11} \times \dfrac{1}{2} = 9\sqrt{22}\cdots$（*）
$S_1 : S_2 = \text{OF}^2 : \text{OI}^2 = \text{OE}^2 : \text{OA}^2 = 9^2 : 3^2 = 9 : 1$
$S = S_1 - S_2 = 9\sqrt{22} - 9\sqrt{22} \times \dfrac{1}{9} = 8\sqrt{22}$
(2) (#)，(*) より，求める長さを h とすると，
$S_1 \times h \times \dfrac{1}{3} = V_1$　　$9\sqrt{22} \times h \times \dfrac{1}{3} = 54$
$h = \dfrac{54}{3\sqrt{22}} = \dfrac{9\sqrt{22}}{11}$

〈A. T.〉

開成高等学校

問題 P.141

解答

1 数の性質，場合の数 (1) 15 通り
(2) 17 通り　(3) 24 通り

2 平方根，図形と証明，三平方の定理
(1) 点 P から辺 AC に垂線 PD を引く。
$\triangle$ABP と $\triangle$ADP は斜辺 AP を共有する直角三角形で，条件より $\angle$BAP = $\angle$DAP であるから，
$\triangle$ABP $\equiv$ $\triangle$ADP
よって，BP = DP
したがって，
$\triangle$ABP : $\triangle$ACP $= \left(\dfrac{1}{2} \times \text{AB} \times \text{BP}\right) : \left(\dfrac{1}{2} \times \text{AC} \times \text{DP}\right)$
= AB : AC
また，
$\triangle$ABP : $\triangle$ACP $= \left(\dfrac{1}{2} \times \text{BP} \times \text{AB}\right) : \left(\dfrac{1}{2} \times \text{CP} \times \text{AB}\right)$
= BP : CP
ゆえに，AB : AC = BP : CP
(2)(i) AC $= \dfrac{18\sqrt{2}}{7}$，PC $= \dfrac{9}{7}$　(ii) $(1 + 2\sqrt{2}) : 3\sqrt{2}$

3 数・式を中心とした総合問題
(1)ⓐ 1　ⓑ xy　ⓒ zx　ⓓ yz　ⓔ $\dfrac{1}{yz}$　ⓕ $\dfrac{1}{zx}$　ⓖ $\dfrac{1}{xy}$
ⓗ 1　ⓘ 2　ⓙ 3　ⓚ 2　① >　② >　③ >
(2) 異なる n 個の自然数を a_1，a_2，$\cdots$，a_{n-1}，a_n とする。
ただし，$a_1 < a_2 < \cdots < a_{n-1} < a_n$ である。

旺文社 2024 全国高校入試問題正解

したがって，$\dfrac{(n\text{個の自然数のうち，最大の数})}{(n\text{個の自然数の積})} > \dfrac{1}{n}$ は，
$\dfrac{a_n}{a_1 a_2 \cdots a_{n-1} a_n} > \dfrac{1}{n}$ となる。
a_n を約分すると，$\dfrac{1}{a_1 a_2 \cdots a_{n-1}} > \dfrac{1}{n}$
よって，$n > a_1 a_2 a_3 \cdots a_{n-1} \cdots$ ①
ここで，$n \geqq 4$ であるから，$n-1 \geqq 3$
したがって，
$a_1 a_2 \cdots a_{n-1} \geqq 1 \times 2 \times \cdots \times (n-1) \geqq 1 \times 2 \times (n-1) \cdots$ ②
①，②より，$n > 1 \times 2 \times (n-1)$
すなわち，$1 \times 2 \times (n-1) < n$

4 空間図形の基本，円周角と中心角，三平方の定理
(1) $BI = \dfrac{2\sqrt{6}}{3}$ (2) $\angle BID = 120°$ (3) $\dfrac{8\sqrt{3}}{3}$

解き方 **1** (1) ○ (2) ◎ (3) △

2＼1	1	2	3	4	5	6	7	8
1		○△	△	○△	△	◎	○	○△
2	○△		○△	○△		◎	○	○△
3		◎		◎		◎		
4	○△	○△	○△			◎		○△
5	△					◎		
6	◎	◎	◎	◎	◎		◎	◎
7	○					△		
8	○△	○△	◎	○△		◎	○	

2 (2)(i)(1)より，$AB:AC = BP:CP$ であるから，
$2\sqrt{2} : AC = 1 : CP$ よって，$AC : CP = 2\sqrt{2} : 1$
ここで，$CP = x$ とおくと，$AC = 2\sqrt{2}x$
△ABC において，三平方の定理より，
$(2\sqrt{2})^2 + (1+x)^2 = (2\sqrt{2}x)^2$ $7x^2 - 2x - 9 = 0$
$(x+1)(7x-9) = 0$
$x > 0$ より，$x = \dfrac{9}{7}$
ゆえに，$AC = \dfrac{18\sqrt{2}}{7}$，$PC = \dfrac{9}{7}$
(ii) △PAB の内接円の半径を r，△PAC の内接円の半径を s とする。
まず，△PAB において，$\angle ABP = 90°$ であるから，
$AP = \sqrt{(2\sqrt{2})^2 + 1^2} = 3$
よって，$r = \dfrac{2\sqrt{2} + 1 - 3}{2} = \sqrt{2} - 1$
次に，△PAC において，
$\dfrac{1}{2} \times \left(3 + \dfrac{9}{7} + \dfrac{18\sqrt{2}}{7}\right) \times s = \dfrac{1}{2} \times \dfrac{9}{7} \times 2\sqrt{2}$ より，
$s = \dfrac{3\sqrt{2}}{5 + 3\sqrt{2}}$
ゆえに，
$\dfrac{r}{s} = \dfrac{\sqrt{2} - 1}{\dfrac{3\sqrt{2}}{5 + 3\sqrt{2}}} = \dfrac{(\sqrt{2} - 1)(5 + 3\sqrt{2})}{3\sqrt{2}} = \dfrac{1 + 2\sqrt{2}}{3\sqrt{2}}$
すなわち，$r : s = (1 + 2\sqrt{2}) : 3\sqrt{2}$

なお，答えの書き方は $(4+\sqrt{2}) : 6$，$7 : (12 - 3\sqrt{2})$，$(5+3\sqrt{2}) : (6+3\sqrt{2})$ など何通りもある。
3 次のように考えることもできる。
(i) $xy = x + y < 2y$ よって，$x < 2$ より，$x = 1$
このとき，$y = 1 + y$, $0 = 1$ となり不適。
(ii) $xyz = x + y + z < 3z$ よって，$xy < 3$ より，
$x = 1$, $y = 2$
このとき，$2z = 3 + z$ より，$z = 3$ となり適する。
(iii) $a_1 a_2 \cdots a_{n-1} a_n = a_1 + a_2 + \cdots + a_{n-1} + a_n < na_n$
よって，$a_1 a_2 \cdots a_{n-1} < n$
ここで，$a_1 a_2 \cdots a_{n-1} \geqq a_1 a_2 a_{n-1} \geqq 1 \times 2 \times (n-1)$ であるから，$1 \times 2 \times (n-1) < n$ よって，$n < 2$ となり不適。
注 a_1, a_2, $\cdots$, a_n 等の表記は高等学校で習うが，ここではあえてこのように書いてみた。
4 (1) 点 I は正三角形 BDE の重心に一致するから，
$BI = BD \times \dfrac{\sqrt{3}}{2} \times \dfrac{2}{3} = 2\sqrt{2} \times \dfrac{\sqrt{3}}{3} = \dfrac{2\sqrt{6}}{3}$
(2) 点 I は正三角形 BDE の外心でもあるから，円周角の定理より，$\angle BID = 2\angle BED = 2 \times 60° = 120°$
(3) 四角形 STUV は長方形で，
$SV = BE = 2\sqrt{2}$
また，$\angle STV = 60°$ であるから，
$ST = \dfrac{SV}{\sqrt{3}} = \dfrac{2\sqrt{2}}{\sqrt{3}} = \dfrac{2\sqrt{6}}{3}$

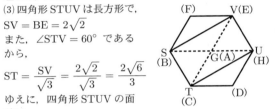

ゆえに，四角形 STUV の面積は，
$2\sqrt{2} \times \dfrac{2\sqrt{6}}{3} = \dfrac{8\sqrt{3}}{3}$

〈K. Y.〉

関西学院高等部
問題 P.142

解答 **1** 式の計算，平方根 (1) $-\dfrac{3x^6}{z}$
(2) $\dfrac{x - 4y}{4}$ (3) $\dfrac{3\sqrt{6} - 5}{2}$
2 因数分解 (1) $2y(x+y)(x-9y)$ (2) $(x^2 - 2y^2)^2$
3 2次方程式 $x = \dfrac{1}{2}$, 6
4 連立方程式 $x = 130$, $y = -315$
5 関数 $y = ax^2$ (1) $(6, 8)$ (2) $a = \dfrac{2}{9}$ (3) $3 : 1$
6 連立方程式 104 個
7 図形と証明
△OAB と △OAC において，
$AB = AC$（仮定），OA 共通，
$OB = OC$（円の半径）より，3組の辺がそれぞれ等しいので，
△OAB ≡ △OAC
$\angle OAB = \angle OAC$ が成り立つ。
直線 AO は $\angle CAB$ の 2 等分線であり，△ABC は $AB = AC$ の二等辺三角形であるから，直線 OA は底辺 BC を垂直に 2 等分する。よって，題意は示せた。
8 場合の数 36 通り

解き方

1 (1)（与式）
$$= \frac{x^2 y^2}{z^4} \times \left(-\frac{27x^3 z^6}{y^3}\right) \times \frac{xy}{9z^3}$$
$$= -\frac{27x^{2+3+1} y^{2+1} z^6}{9y^3 z^{3+4}} = -\frac{3x^6}{z}$$

(2)（与式）$= \dfrac{4(x-y) + 3(3x-2y) - 2(5x+y)}{12}$
$$= \frac{4x - 4y + 9x - 6y - 10x - 2y}{12}$$
$$= \frac{3x - 12y}{12} = \frac{x - 4y}{4}$$

(3)（与式）
$$= \frac{\sqrt{9}(\sqrt{3}-\sqrt{2}) \times \sqrt{16}(\sqrt{3}+\sqrt{2})}{4\sqrt{6}} - \frac{(\sqrt{3}-\sqrt{2})^2}{(\sqrt{2})^2}$$
$$= \frac{3 \times 4 \times \{(\sqrt{3})^2 - (\sqrt{2})^2\}}{4\sqrt{6}} - \frac{5 - 2\sqrt{6}}{2}$$
$$= \frac{3}{\sqrt{6}} - \frac{5 - 2\sqrt{6}}{2} = \frac{\sqrt{6}}{2} - \frac{5 - 2\sqrt{6}}{2} = \frac{3\sqrt{6} - 5}{2}$$

2 (1)（与式）$= 2y(x^2 - 8xy - 9y^2) = 2y(x+y)(x-9y)$
(2)（与式）$= (x^2 - y^2)(x^2 - 4y^2) + x^2 y^2$
$$= x^4 - 5x^2 y^2 + 4y^4 + x^2 y^2$$
$$= x^4 - 4x^2 y^2 + 4y^4 = (x^2 - 2y^2)^2$$

3 両辺に 12 をかけて，
$$2(9x^2 + 9x + 5) - 4(3x - 4)^2 = -3x$$
$$18x^2 + 18x + 10 - (36x^2 - 96x + 64) = -3x$$
$$18x^2 - 117x + 54 = 0 \qquad 2x^2 - 13x + 6 = 0$$
$$x = \frac{13 \pm \sqrt{13^2 - 4 \times 2 \times 6}}{2 \times 2} = \frac{13 \pm \sqrt{121}}{4} = \frac{13 \pm 11}{4}$$
$$= \frac{1}{2}, \ 6$$

4 $\dfrac{3}{4}x + 0.3y = 3 \cdots ①$ $\qquad 0.7x + \dfrac{2}{7}y = 1 \cdots ②$
$① \times 20 \div 3 \quad \cdots \quad 5x + 2y = 20 \cdots ①'$
$② \times 70 \quad \cdots \quad 49x + 20y = 70 \cdots ②'$
$①' \times 10 \quad \cdots \quad 50x + 20y = 200 \cdots ①''$
$①'' - ②' \quad \cdots \quad x = 130$
$①'$ に代入して，$5 \times 130 + 2y = 20 \qquad 2y = -630$
$y = -315$

5 (1) OC と BD の交点を M とする。四角形 OBCD が平行四辺形になるとき，M は対角線 OC，BD の中点になる。
M $(0, 4)$ より，C $(0, 8)$ であり，（B の y 座標）$= 8$
$y = \dfrac{2}{3}x + 4$ と x 軸の交点であるから，D $(-6, 0)$
$\triangle$MDO $\equiv \triangle$MBC より，CB $=$ OD $= 6$，
（B の x 座標）$= 6$
(2) $y = ax^2$ 上に B $(6, 8)$ があるので，
$8 = a \times 6^2 \qquad a = \dfrac{2}{9}$
(3) A の x 座標を x_A とする。
直線 AB の傾きについて式を立てると，
$\dfrac{2}{9}(x_A + 6) = \dfrac{2}{3} \qquad x_A = -3 \qquad$ A $(-3, 2)$
$\triangle$OAB：$\triangle$OAD $=$ AB：AD $\cdots$（＊）
AD：BD $=$（A の y 座標）：（B の y 座標）$= 2 : 8 = 1 : 4$
より，AB：AD $= (4-1) : 1 = 3 : 1$
（＊）より，$\triangle$OAB：$\triangle$OAD $= 3 : 1$

6 商品 A，B の販売個数をそれぞれ x 個，y 個とする。
$x + y = 200 \cdots ①$
$25 - 150 \times 0.1 = 10, \ 25 - 200 \times 0.1 = 5$
$10x + 5y = 1520 \cdots ②$
①，②を連立して解くと，$x = 104, \ y = 96$

A の販売個数は 104 個（B は 96 個）

7（方針）$\triangle$ABC は AB $=$ AC の二等辺三角形である。頂角 A の 2 等分線が，底辺 BC の垂直二等分線になることを示す。

8

〔2 歩目で 4 段目に到達したとき〕
残り $10 - 4 = 6$（段） ③を連続して用いないので，
$6 =$ ㋐ $3 + 2 + 1$ ㋑ $3 + 1 + 1 + 1$ ㋒ $2 + 2 + 2$
㋓ $2 + 2 + 1 + 1$ ㋔ $2 + 1 + 1 + 1 + 1$
㋕ $1 + 1 + 1 + 1 + 1 + 1$
㋐〜㋕について，足し合わせる数の並べかえを数えて，足し合わせると，
$6 + 4 + 1 + 6 + 5 + 1 = 23$（通り） $\cdots$（Ⅰ）
〔2 歩目で 5 段目に到達したとき〕
$5 =$ ㋖ $3 + 2$ ㋗ $3 + 1 + 1$ ㋘ $2 + 2 + 1$
㋙ $2 + 1 + 1 + 1$ ㋚ $1 + 1 + 1 + 1 + 1$
㋖〜㋚についても，並べかえを数えて足し合わせると，
$2 + 3 + 3 + 4 + 1 = 13$（通り） $\cdots$（Ⅱ）
（Ⅰ），（Ⅱ）より，$23 + 13 = 36$（通り）

〈A. T.〉

近畿大学付属高等学校

問題 P.142

解答

1 ▌式の計算，平方根，因数分解，2 次方程式▐
(1) $\dfrac{5x + 2y}{12}$ (2) $-2\sqrt{3}$

(3) $(x - 18y)(x + 5y)$ (4) $x = \dfrac{-3 \pm \sqrt{29}}{2}$

2 ▌因数分解，平方根，関数 $y = ax^2$，立体の表面積と体積，三平方の定理，確率，連立方程式の応用▐ (1) $2\sqrt{3}$
(2) $a = 2, \ b = -1$ (3) $\dfrac{32}{3}\pi$ (4) $\dfrac{4}{9}$
(5) 家庭系ごみ：10.12 万トン，事業系ごみ：5.88 万トン

3 ▌数の性質▐ ア．100 イ．14 ウ．6 エ．1 オ．3
カ．20 キ．99 ク．2023 ケ．9996

4 ▌1 次関数，関数 $y = ax^2$，平行線と線分の比▐
(1) $a = \dfrac{1}{2}$ (2) $y = x + 24$ (3) $y = -x + 4$ (4) $7 : 1$

5 ▌円周角と中心角，三平方の定理▐ (1) $45°$ (2) 2
(3) $2\sqrt{2}$ (4) $2\sqrt{3} + 2$ (5) $\sqrt{6} + \sqrt{2} - 2$

解き方

1 (1)（与式）$= \dfrac{4(2x-y) - 3(x-2y)}{12}$
$$= \frac{5x + 2y}{12}$$

(2)（与式）$= \dfrac{3\sqrt{2}}{4} - 2\sqrt{3} - \dfrac{3\sqrt{2}}{4} = -2\sqrt{3}$
(3) 足して -13，掛けて -90 になる 2 数の組み合わせは，
$+5$ と -18 なので，
（与式）$= (x + 5y)(x - 18y)$
(4) $x^2 + 3x - 5 = 0$ に 2 次方程式の解の公式を用いて，
$$x = \frac{-3 \pm \sqrt{3^2 - 4 \times 1 \times (-5)}}{2 \times 1} = \frac{-3 \pm \sqrt{29}}{2} \ \text{となる。}$$

2 (1) $x + y = \sqrt{6}, \ x - y = \sqrt{2}$ より，
$x^2 - y^2 = (x + y)(x - y) = \sqrt{6} \times \sqrt{2} = 2\sqrt{3}$

(2) 右図のようになるので, $y=ax^2$ に $x=-2$, $y=8$ を代入して,
$8=4a \quad a=2$
したがって, 関数 $y=2x^2$ とわかる。
これに, $x=b$, $y=2$ を代入すると,
$2=2b^2 \quad b^2=1$
$b<0$ なので, $b=-1$

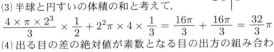

(3) 半球と円すいの体積の和と考えて,
$\dfrac{4\times\pi\times 2^3}{3}\times\dfrac{1}{2}+2^2\pi\times 4\times\dfrac{1}{3}=\dfrac{16\pi}{3}+\dfrac{16\pi}{3}=\dfrac{32}{3}\pi$

(4) 出る目の差の絶対値が素数となる目の出方の組み合わせは,
差が 2 のとき, (3, 1), (4, 2), (5, 3), (6, 4)
差が 3 のとき, (4, 1), (5, 2), (6, 3)
差が 5 のとき, (6, 1)
の 8 組ある。2 つのさいころは区別できるので, それぞれ 2 通りずつあり, 求める確率は, $\dfrac{8\times 2}{36}=\dfrac{4}{9}$

(5) 昨年の家庭系ごみの量を x 万トン, 事業系ごみの量を y 万トンとすると,
$\begin{cases} x+y=17 \\ -0.08x-0.02y=-1 \end{cases}$ という連立方程式ができる。
これを解いて, $x=11$, $y=6$
したがって, 今年のごみの量は,
家庭系ごみ: $11-0.08\times 11 = 10.12$ (万トン)
事業系ごみ: $6-0.02\times 6 = 5.88$ (万トン) である。

3 (ア) たとえば, 4 桁の数 1235 は $1200+35$ なので, これと同様に, $N=100A+B$

(イ) $2A+B=2A+(7k-100A)=7k-98A$
$=7(k-14A)$

(ウ) $2A-B=2A-(17l-100A)=102A-17l$
$=17(6A-l)$

(エ) N が 7 の倍数なので, $2A+B=7(k-14A)$ と表せる。
これに $B-A=3$ より, $B=A+3$ を代入すると,
$2A+(A+3)=7(k-14A) \quad 3(A+1)=7(k-14A)$
となり, 3 と 7 は公約数を持たないので, $A+1$ は 7 の倍数である。

(オ) N が 17 の倍数なので, $2A-B=17(6A-l)$ と表せる。
これに $B=A+3$ を代入すると,
$2A-(A+3)=17(6A-l) \quad A-3=17(6A-l)$
となり, $A-3$ は 17 の倍数である。

(カ) 以上より, A は 2 桁の自然数であり,
$A+1$ が 7 の倍数なので,
$A=13, 20, 27, 34, \cdots$
$A-3$ が 17 の倍数なので,
$A=20, 37, 54, \cdots$
となり, 共通している $A=20$ とわかる。

(キ) 同様にして, $A-B=3$ のときを考える。
N が 7 の倍数であることから, $2A+B=7(k-14A)$ なので,
$2A+(A-3)=7(k-14A) \quad 3(A-1)=7(k-14A)$
$A-1$ は 7 の倍数とわかり,
$A=15, 22, 29, 36, 43, 50, 57, 64, 71, 78, 85, 92, 99$ のいずれか。
また, N が 17 の倍数であることから, $2A-B=17(6A-l)$ なので,
$2A-(A-3)=17(6A-l) \quad A+3=17(6A-l)$
$A+3$ は 17 の倍数とわかり,
$A=14, 31, 48, 65, 82, 99$ のいずれか。
以上より, $A=99$

(ク)(ケ) 以上より, $(A, B)=(20, 23)$, $(99, 96)$ の 2 組となり, 求める 4 桁の自然数は, 2023, 9996

4 (1) $y=ax^2$ のグラフは点 A $(-6, 18)$ を通るので,
$18=36a \quad a=\dfrac{1}{2}$

(2) 直線 AB は傾きが 1 で, 点 A $(-6, 18)$ を通るので,
$y=x+24$

(3) (2) より, 点 B は直線 $y=x+24$ と放物線 $y=\dfrac{1}{2}x^2$ の交点なので, B $(8, 32)$ となる。
これより, 直線 BC は傾きが 2 で, 点 B $(8, 32)$ を通るので, $y=2x+16$ となる。
したがって, 直線 BC と放物線 $y=\dfrac{1}{2}x^2$ の交点 C は $(-4, 8)$ とわかる。
よって, 直線 CD は傾き -1 で, 点 C $(-4, 8)$ を通るので, $y=-x+4$ である。

(4) 直線 AD と直線 BC の交点を E とすると,
直線 AD: $y=-2x+6$
直線 BC: $y=2x+16$
より, 連立して
E $\left(-\dfrac{5}{2}, 11\right)$ とわかる。
したがって,
$\triangle$ABD : $\triangle$ACD
$=$ BE : EC
$=(32-11):(11-8)$
$=21:3=7:1$

5 (1) CD $=2$ より, $\triangle$OCD は CD $=$ OD $=2$ の二等辺三角形である。したがって, $\angle$OCD $=\angle$COD $=15°$ となり, 内角と外角の関係より, $\angle$ODE $=30°$
また, $\triangle$ODE は OD $=$ OE $=2$ の二等辺三角形より,
$\angle$ODE $=\angle$OED $=30°$, $\angle$DOE $=120°$
よって, 直線 AB を考えると,
$\angle$AOE $+120°+15°=180°$ なので, $\angle$AOE $=45°$

(2) 線分 EF は円の直径であることから, $\angle$EDF $=90°$ となり, $\angle$DEF $=30°$ なので, DF : EF : DE $=1:2:\sqrt{3}$ の比を持つ。したがって, EF $=4$ より, DF $=2$

(3) $\triangle$CDF は $\angle$CDF $=90°$, CD $=$ DF $=2$ より直角二等辺三角形となり, CF $=2\sqrt{2}$

(4) (2) より, DE $=2\sqrt{3}$ とわかる。したがって, $\triangle$CEF の面積は, CE $\times$ DF $\times \dfrac{1}{2}$ で求めることができるので, その値は,
$(2+2\sqrt{3})\times 2\times\dfrac{1}{2}=2+2\sqrt{3}$

(5) 点 O から CE に垂線 OH を引くと, $\triangle$ODH は
$\angle$ODH $=30°$ より, OD $=2$,
OH $=1$,
DH $=\sqrt{3}$ となる。
ここで, $\triangle$OCH にて三平方の定理より,
OC$^2=1^2+(2+\sqrt{3})^2=8+4\sqrt{3}=8+2\sqrt{12}$
$=(\sqrt{2}+\sqrt{6})^2$
なので, OC $=\sqrt{2}+\sqrt{6}$ となる。
よって, BC $=$ OC $-$ OB $=\sqrt{2}+\sqrt{6}-2$ となる。

〈Y. D.〉

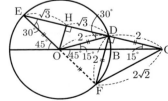

久留米大学附設高等学校

問題 P.143

解答

1 因数分解，連立方程式の応用，立体の表面積と体積，相似，2次方程式，比例・反比例，1次関数 (1) $xy = -60$, $(x-y)(x^2 - y^2) = 2023$
(2) $x = \dfrac{1}{2}$, $y = -\dfrac{1}{3}$, $a = 6$, $b = 3$ (3) 43π cm^3
(4) D$\left(\dfrac{2}{3},\ 9\right)$

2 関数を中心とした総合問題 (1) A$(-2,\ 4)$, B$(3,\ 9)$
(2) 3, 10 (3) $t = \dfrac{-3 + \sqrt{33}}{2}$

3 確率 (1) $\dfrac{1}{2}$ (2) $\dfrac{11}{36}$ (3) $\dfrac{11}{18}$ (4) $\dfrac{5}{18}$

4 相似，円周角と中心角
(1)（解答例）
BC $= 8$ cm, BP : PC $= 3 : 1$ より, PC $= 2$ cm
CD $= 10$ cm, CQ : QD $= 3 : 22$ より, CQ $= \dfrac{6}{5}$ cm
△ABP と △PCQ において,
AB : PC $= 10 : 2 = 5 : 1$, BP : CQ $= 6 : \dfrac{6}{5} = 5 : 1$
以上より, AB : PC $=$ BP : CQ $\cdots$①
仮定より, ∠ABP $=$ ∠PCQ $= 90°\cdots$②
①, ②より, 2組の辺の比とその間の角がそれぞれ等しいから, △ABP∽△PCQ
よって, ∠PAB $=$ ∠QPC$\cdots$③
△ABP において, ②より,
∠BPA $+$ ∠PAB $= 90°\cdots$④
③, ④より,
∠APQ $= 180° - ($∠BPA $+$ ∠QPC$)$
$= 180° - ($∠BPA $+$ ∠PAB$)$
$= 180° - 90° = 90°$　　　　　（証明終わり）

(2)（解答例）
∠APQ $= 90°$ より, 3点 A, P, Q は線分 AQ を直径とする円周上にある.
∠ADQ $= 90°$ より, 3点 A, D, Q は線分 AQ を直径とする円周上にある.
以上より, 4点 A, P, Q, D は同一円周上にある.
$\overset{\frown}{AP}$ に対する円周角より, ∠AQP $=$ ∠ADP$\cdots$①
AD // BC より, ∠ADP $=$ ∠DPC$\cdots$②
①, ②より, ∠AQP $=$ ∠DPC　　　　（証明終わり）

5 三平方の定理，相似 (1) 1 (2) $S = \dfrac{3\sqrt{3}}{2}x^2$
(3) $3\sqrt{6}$ (4) $S = \dfrac{3\sqrt{3}}{2}(-2x^2 + 6x - 3)$ (5) $x = \dfrac{5}{4},\ \dfrac{7}{4}$

解き方

1 (1) $(x+y)^2 = 7^2$, $x^2 + y^2 = 169$ より,
$2xy = -120$
$(x-y)(x^2 - y^2) = (x+y)\{(x+y)^2 - 4xy\} = 7 \times 289$
(2) a, b を含まない2式を連立して解き，その解を残り2式に代入すると，$\dfrac{a}{2} - \dfrac{b}{3} = 2$, $-\dfrac{a}{3} + \dfrac{b}{2} = -\dfrac{1}{2}$
これを a と b の連立方程式とみなして解く．
(3) BE と CD の交点を F とする．求める体積は，CD を半径とする半球と AE を軸に △ABE を回転してできる円錐の体積の和から AE を軸に △DFE を回転してできる円錐2つ分の体積を引けばよい．
(4) D の x 座標を d とおくと，DC // AB, DC $=$ AB より，C$\left(d + \dfrac{11}{6},\ \dfrac{6}{d} - \dfrac{21}{4}\right)$

C は①上の点より，$\dfrac{6}{d} - \dfrac{21}{4} = \dfrac{3}{2}\left(d + \dfrac{11}{6}\right)$
$3d^2 + 16d - 12 = 0$　$d > 0$ より, $d = \dfrac{2}{3}$

2 (2) C の y 座標を c とおくと，
AC$^2 = \{0 - (-2)\}^2 + (c - 4)^2 = c^2 - 8c + 20$
BC$^2 = (0 - 3)^2 + (c - 9)^2 = c^2 - 18c + 90$
また，AB$^2 = \{3 - (-2)\}^2 + (9 - 4)^2 = 50$
直角三角形 ABC において，三平方の定理より，
$(c^2 - 8c + 20) + (c^2 - 18c + 90) = 50$, $c^2 - 13c + 30 = 0$
(3) △OAE : △ODE $= 1 : 3$ より, AE : ED $= 1 : 3$
E の x 座標を e とおくと,
$\{e - (-2)\} : (t - e) = 1 : 3$ より, $4e = t - 6$
$(-3e - 4) : \{t^2 - (-3e)\} = 1 : 3$ より, $t^2 + 12e + 12 = 0$
連立して e を消去すると, $t^2 + 3t - 6 = 0$

3 (1) 2, 4, 5 の目が出れば奇数のマスに止まる．
(2) 右の表は2回目に球が止まったマスを表している．
1回目が 2, 4, 6 の行の奇数を数えればよい．
(3) セル内（表の太枠内）のすべての奇数を数えればよい．
(4) 1回目が 2, 4, 5 の行の奇数を数えればよい．

1回＼2回	1	2	3	4	5	6
1	③	4	⑤	①	2	③
2	4	⑤	①	2	③	4
3	⑤	①	2	③	4	⑤
4	①	2	③	4	⑤	①
5	2	③	4	⑤	①	2
6	③	4	⑤	①	2	③

5 (1) 垂線の長さは，$\dfrac{1}{3}$AG
(2) 切り口の図形は △BDE と相似な三角形より，
$S : △BDE = x^2 : 1^2$
(3) 切り口の図形は，右の図のような1辺 $\sqrt{6}x$ の正三角形から1辺 $\sqrt{6}(x-1)$ の正三角形を3つ切り取ってできる六角形である．
よって，周の長さは，
$\{\sqrt{6}x - \sqrt{6}(x-1)\} \times 3$
(4) $S = \dfrac{\sqrt{3}}{4}(\sqrt{6}x)^2 - \left[\dfrac{\sqrt{3}}{4}\{\sqrt{6}(x-1)\}^2\right] \times 3$

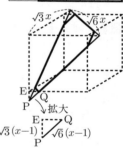

〈O. H.〉

解　答　　　　　　　　　　　　　　　　　　数学 | 100

慶應義塾高等学校　　　　　　　問題 P.145

解答 　**1** 数の性質, 因数分解, 平方根, 平行と合同, 1次関数, 2次方程式の応用, 平行線と線分の比 ▎(1) 43　(2) 18560　(3) 1400　(4) 22個

(5) $a = -\dfrac{1}{4}$,　$b = \dfrac{17}{2}$

(6) $x = 2$, $y = -5$ または $x = 3$, $y = -4$　(7) $\dfrac{12}{7}$

2 ▎確率 ▎(1) 積 xyz が奇数となる確率を p とおくと, 偶数となる確率は, $1 - p = 1 - \dfrac{2 \times 2 \times 2}{5 \times 5 \times 5} = \dfrac{117}{125}$

(2) x, y, z のうち, 2つだけが3の倍数の確率を p_2, 3つとも3の倍数の確率を p_3 とおくと, 積 xyz が9の倍数となる確率は,

$p_2 + p_3 = \dfrac{(2 \times 2 \times 3) \times 3}{5 \times 5 \times 5} + \dfrac{2 \times 2 \times 2}{5 \times 5 \times 5} = \dfrac{44}{125}$

(3) ○には4以外の数, △には2か6, ×には1か3が入るとする。積 xyz が8の倍数となるパターンは, (4, 4, 4), (4, 4, ○), (4, △, △), (4, △, ×), (△, △, △) のいずれかで, 出る順序を考慮すると, それぞれの場合の数は, 1通り, 12通り, 12通り, 24通り, 8通りあるから, 積 xyz が8の倍数となる確率は,

$\dfrac{1 + 12 + 12 + 24 + 8}{5 \times 5 \times 5} = \dfrac{57}{125}$

3 ▎数の性質 ▎(1) $108 = 2^2 \times 3^3$ より, $[108] = (2 + 1)(3 + 1) = 12$

(2) $5 = 4 + 1$ より, $n = p^4$ (p は素数) と表せる。
$2^4 = 16$, $3^4 = 81$, $5^4 = 625$ より, $n = 16$, 81

(3) $[n] + [3n] = 9$, $1 < [n] < [3n]$, $[n]$ と $[3n]$ は正の整数より, $([3n], [n]) = (7, 2)$, $(6, 3)$, $(5, 4)$
このうちで条件を満たす組合せは, 次の2組ある。
$[3n] = [3p^2] = 6$, $[n] = [p^2] = 3$ (p は3以外の素数)
$[3n] = [3^4] = 5$, $[n] = [3^3] = 4$
よって, $n \leqq 100$ を満たす n は, $n = 4$, 25, 27, 49

4 ▎2次方程式の応用 ▎
交換後の容器 A は食塩水 $25(16 - x)$ g, 含まれる食塩 $(4 + x)$ g, 容器 B は食塩水 $25(4 + x)$ g, 含まれる食塩 $(6 - x)$ g である。

濃度の関係から, $\dfrac{4 + x}{25(16 - x)} \times 2 = \dfrac{6 - x}{25(4 + x)}$

$50(x + 4)^2 = 25(x - 6)(x - 16)$　　　$x^2 + 38x - 64 = 0$
$x = -19 \pm 5\sqrt{17}$　　　$x > 0$ より, $x = -19 + 5\sqrt{17}$

5 ▎関数 $y = ax^2$, 平行線と線分の比, 三平方の定理 ▎

(1) 仮定より, $A\left(\dfrac{\sqrt{3}}{a}, \dfrac{3}{a}\right)$, $C\left(\dfrac{\sqrt{3}}{3a}, \dfrac{1}{3a}\right)$,

$D\left(\dfrac{\sqrt{3}}{3a}, \dfrac{1}{a}\right)$, $E\left(0, \dfrac{4}{3a}\right)$ であるから,

(重なっている部分の面積)

$= 2\triangle ODE = 2 \times \dfrac{1}{2} \times \dfrac{4}{3a} \times \dfrac{\sqrt{3}}{3a} = \dfrac{4\sqrt{3}}{9a^2}$

(2) 直線 AG と直線 CD との交点を点 I とし, 点 A から直線 CG に垂線 AJ を引く。

CI : JA = CG : GJ = 1 : 2 より, $CI = \dfrac{1}{2} JA = \dfrac{4}{3a}$

$FG = \dfrac{2}{3a}$ より, CH : HF = CI : FG = 2 : 1

6 ▎立体の表面積と体積, 平行線と線分の比, 三平方の定理 ▎
(1) 線分 AO と線分 CD との交点を点 G とすると, 点 G は

△ABC の重心であるから, $AG = \dfrac{2}{3}$

できた立体は, OA を軸として △ABO を1回転させてできる円錐から, △ADG を1回転させてできる立体を取り除いた立体になる。その体積は,

$\dfrac{1}{3}(\pi \times 1^2) \times 1 - \dfrac{1}{3}\left\{\pi \times \left(\dfrac{1}{2}\right)^2\right\} \times \dfrac{2}{3} = \dfrac{5\pi}{18}$

(2) できた立体は中心 A, 半径 $AC = \sqrt{2}$ の半球から, AB を軸として △ABC を1回転させてできる円錐を取り除いた立体になる。その表面積は,
(半球の曲面) + (円錐の側面) であるから,

$4\pi \times (\sqrt{2})^2 \div 2 + \pi \times 2^2 \times \dfrac{2\sqrt{2}\pi}{4\pi} = (4 + 2\sqrt{2})\pi$

解き方 　**1**(1) 7^n を100で割ったときの余りは, $n = 4m$ のとき1, $n = 4m + 1$ のとき7, $n = 4m + 2$ のとき49, $n = 4m + 3$ のとき43 (m は正の整数) である。$123 = 4 \times 30 + 3$ より, 7^{123} を100で割ったときの余りは43である。

(2) (与式)
$= (30^2 - 1^2) + (37^2 - 8^2) + (44^2 - 15^2) + \cdots + (79^2 - 50^2)$
$= 29(31 + 45 + 59 + \cdots + 129) = 29\{(31 + 129) \times 8 \div 2\}$

(3) (与式) $= \left(\dfrac{\sqrt{2023} + \sqrt{2022}}{\sqrt{2}} - \dfrac{\sqrt{2022} - \sqrt{63}}{\sqrt{2}}\right)^2$

$= \left\{\dfrac{\sqrt{7}}{\sqrt{2}}(17 + 3)\right\}^2 = 1400$

(4) 正 n 角形の1つの外角の大きさは $\dfrac{360}{n}$ 度より, n が 360 の3以上の正の約数であれば, x も整数の値を取る。
$360 = 2^3 \times 3^2 \times 5$ の正の約数の個数は,
$(3 + 1)(2 + 1)(1 + 1) = 24$ (個)
1と2を除くと22個である。
(注意) $n = p^a q^b r^c$ (p, q, r は相異なる素数) の正の約数の個数 $\phi(n)$ は, $\phi(n) = (a + 1)(b + 1)(c + 1)$ で与えられる。上の解答ではこれを用いた。

(5) $8a \leqq -24a$ より, $a < 0$
$x = 8a$ のとき $y = 9$, $x = -24a$ のとき $y = 7$ より,
$8a^2 + b = 9$, $-24a^2 + b = 7$
a, b の連立方程式とみなして解く。

(6) (第2式) $\times xy$ - (第1式) より,
$(xy)^2 + 22xy + 120 = 0$
$(xy + 10)(xy + 12) = 0$　　　$xy = -10$, -12
$xy = -10$ のとき, 第2式より, $x + y = -3$
$x > y$ より, $x = 2$, $y = -5$
$xy = -12$ のとき, 第2式より, $x + y = -1$
$x > y$ より, $x = 3$, $y = -4$

(7) $\dfrac{1}{AB} + \dfrac{1}{DC} = \dfrac{1}{EF}$, $\dfrac{1}{EF} + \dfrac{1}{DC} = \dfrac{1}{GH}$ より,
$\dfrac{1}{GH} = \dfrac{2}{EF} - \dfrac{1}{AB} = \dfrac{5}{6} - \dfrac{1}{4} = \dfrac{7}{12}$

2(3) 解答では解答欄の大きさを考慮したが, パターン別の場合の数の求め方を示す。
$(4, 4, ○) : 4 \times 3 = 12$, $(4, △, △) : (2 \times 2) \times 3 = 12$,
$(4, △, ×) : (2 \times 2) \times 6 = 24$,
$(△, △, △) : 2 \times 2 \times 2 = 8$

3(3) 解答では解答欄の大きさを考慮したが, もう少し詳しく解説する。$([3n], [n]) = (7, 2)$, $(6, 3)$, $(5, 4)$
(ア) $[3n] = 7 = 6 + 1$ のとき, $3n = 3^6$
$[n] = [3^5] = 5 + 1 = 6$ より, 上の組にならない。
(イ)(i) $[3n] = 6 = 5 + 1$ のとき, $3n = 3^5$

● 旺文社 2024 全国高校入試問題正解

$[n] = [3^4] = 4 + 1 = 5$ より，上の組にならない．
(ii) $[3n] = 6 = (2+1)(1+1)$ のとき
① $3n = 3^2 p$ (p は 3 以外の素数) ならば，
$[n] = [3p] = (1+1)(1+1) = 4$ より，上の組にならない．
② $3n = 3p^2$ (p は 3 以外の素数) ならば，
$[n] = [p^2] = 2 + 1 = 3$ より，上の組と一致する．
(ウ) $[3n] = 5 = 4 + 1$ のとき，$3n = 3^4$
$[n] = [3^3] = 3 + 1 = 4$ より，上の組と一致する．

5 問題の図は正確ではなく，正確な図は右のようになる．与えられた図が正確ではないことはよくある．

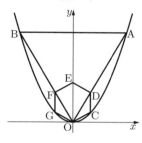

⟨O. H.⟩

慶應義塾志木高等学校

問題 P.146

解答

1 円周角と中心角，平方根，多項式の乗法・除法 (1) 540° (2) 28 (3) -2

2 確率 (1) $\dfrac{63}{64}$ (2) $\dfrac{5}{16}$

3 円周角と中心角，相似，三平方の定理
(1) $\dfrac{33}{5}$ (2) $\dfrac{65}{8}$

4 図形と証明，相似
四角形の対角線の交点を O とする．
△OAD と △OCB において，
∠OAD = ∠OCB，∠ODA = ∠OBC（錯角）
対応する 2 組の角がそれぞれ等しいので，
△OAD∽△OCB
よって，OA : OD = OC : OB
また，AC = OA + OC，DB = OD + OB で，AC = DB
だから，OA = OD，OC = OB
ゆえに，△OAD，△OCB は二等辺三角形である．
△OAB と △ODC において，
OA = OD，OB = OC
∠AOB = ∠DOC（対頂角）
2 組の辺とその間の角がそれぞれ等しいので，
△OAB ≡ △ODC
よって，AB = DC

5 2 次方程式の応用 $x = \dfrac{200}{21}$

6 相似，三平方の定理 (1) $4\sqrt{6}$ (2) $16\sqrt{5}$
(3) $\dfrac{46\sqrt{5}+91}{19}$

7 1 次関数，関数 $y = ax^2$，円周角と中心角，三平方の定理
(1) A $\left(\dfrac{4}{3}, \dfrac{16\sqrt{3}}{9}\right)$, B $\left(-\dfrac{1}{3}, \dfrac{\sqrt{3}}{9}\right)$, $n = \dfrac{4\sqrt{3}}{9}$

(2) C $\left(3, \dfrac{\sqrt{3}}{9}\right)$ (3) $\dfrac{4}{3} \pm \dfrac{8\sqrt{3}}{9}$

解き方

1 (1) 同じ弧に対する円周角により，∠AFB = ∠AGB，∠FBG = ∠FAG
よって，印のついた 7 つの角の和は四角形 ACEG と △BDF の内角の和に等しくなる．よって，
$360° + 180° = 540°$

(2) $\sqrt{2023n} = \sqrt{7 \times 17^2 \times n}$
だから n が $7 \times k^2$ となる正の整数のとき $\sqrt{2023n}$ は整数となる．最も小さい n は $7 \times 1^2 = 7$ で，2 番目に小さいものは $7 \times 2^2 = 28$ である．

(3) $x = \dfrac{7}{3+\sqrt{2}} = \dfrac{7(3-\sqrt{2})}{(3+\sqrt{2})(3-\sqrt{2})} = 3 - \sqrt{2}$ だから
$(x-1)(x-2)(x-4)(x-5)$
$= (2-\sqrt{2})(1-\sqrt{2})(-1-\sqrt{2})(-2-\sqrt{2})$
$= (2-\sqrt{2})(2+\sqrt{2})(1-\sqrt{2})(1+\sqrt{2})$
$= (4-2) \times (1-2) = -2$

2 (1) 表が 1 回も出ないのは 6 回続けて裏が出る時でその確率は，$\left(\dfrac{1}{2}\right)^6 = \dfrac{1}{64}$ である．よって，表が 1 回以上出る確率は，$1 - \dfrac{1}{64} = \dfrac{63}{64}$

(2) コインの表を○，裏を×で表し，空欄は表，裏どちらでも良いとして 6 回の表裏の出方を表すと次のようになる．

① 3 回連続表

○	○	○	×			4 通り
×	○	○	○	×		2 通り
	×	○	○	○	×	2 通り
		×	○	○	○	4 通り

12 通り

② 4 回連続表

○	○	○	○	×		2 通り
×	○	○	○	○	×	1 通り
	×	○	○	○	○	2 通り

5 通り

③ 5 回連続表

○	○	○	○	○	×	1 通り
×	○	○	○	○	○	1 通り

2 通り

④ 6 回連続表

○	○	○	○	○	○	1 通り

よって，求める確率は，$\dfrac{12+5+2+1}{2^6} = \dfrac{20}{64} = \dfrac{5}{16}$

3 (1) BH = x とすると
$13^2 - x^2 = 14^2 - (15-x)^2 \; (= AH^2)$
$30x = 198$ より，$x = \dfrac{33}{5}$

(2) 右の図のように，△ABC の外接円の中心を O とし，AO の延長が円と交わる点を D とする．このとき △ABH∽△ADC である．

$AH = \sqrt{13^2 - \left(\dfrac{33}{5}\right)^2} = \dfrac{56}{5}$

だから，

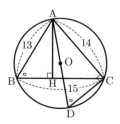

AB : AH = AD : AC
$13 : \dfrac{56}{5} = 2R : 14$ より，$R = \dfrac{65}{8}$

5 はじめに容器 A，B に入っている食塩は 5 g，4 g である。
1回目に A，B から取り出される食塩は，
$5 \times \dfrac{x}{100} = 0.05x$ (g)，$4 \times \dfrac{2x}{100} = 0.08x$ (g) である。
食塩の量に注目すると，
$0.05x + 0.08x + (5 - 0.05x) \times \dfrac{x}{100} + (4 - 0.08x) \times \dfrac{2x}{100}$
$= 4 \times \dfrac{(x + x + 2x + 2x)}{100}$
$5x + 8x + 5x - 0.05x^2 + 8x - 0.16x^2 = 24x$
$0.21x^2 - 2x = 0$，$x(21x - 200) = 0$
$x > 0$ より，$x = \dfrac{200}{21}$

6 (1) 球 A と C の中心と A′，C′ を通る平面で切った断面は右の図のようになる。
A′C′ $= \sqrt{10^2 - 2^2} = 4\sqrt{6}$

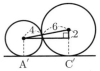

(2) △A′B′C′ の高さ C′H
$= \sqrt{(4\sqrt{6})^2 - 4^2} = 4\sqrt{5}$
よって，$8 \times 4\sqrt{5} \times \dfrac{1}{2} = 16\sqrt{5}$

(3) 容器の底面の円の中心を O とする。O を中心として 2点 A′，B′ を通る円を作る。
このとき △QA′H∽△QRA′ である。
QA′ $= \sqrt{4^2 + (2 + 4\sqrt{5})^2}$
$= \sqrt{100 + 16\sqrt{5}}$
OC′ $= x$ とおくと
QA′ : QH = QR : QA′ より
$\sqrt{100 + 16\sqrt{5}} : (2 + 4\sqrt{5}) = 2(2 + x) : \sqrt{100 + 16\sqrt{5}}$
$4(1 + 2\sqrt{5})(2 + x) = 100 + 16\sqrt{5}$
$(1 + 2\sqrt{5})x = 23$
$x = \dfrac{23(1 - 2\sqrt{5})}{(1 + 2\sqrt{5})(1 - 2\sqrt{5})} = \dfrac{46\sqrt{5} - 23}{19}$
よって，求める円の半径 OP = OC′ + 6
$= \dfrac{46\sqrt{5} - 23}{19} + 6 = \dfrac{46\sqrt{5} + 91}{19}$

7 (1) △AON と △BON
の面積比が 4 : 1 だから，
A と B の x 座標の絶対値
の比が 4 : 1 となる。
これより，
A $(4t, 16\sqrt{3}t^2)$，
B $(-t, \sqrt{3}t^2)$ とおく。
直線 AB の傾きが $\sqrt{3}$
だから，
$\dfrac{16\sqrt{3}t^2 - \sqrt{3}t^2}{4t - (-t)} = \sqrt{3}$，$3\sqrt{3}t = \sqrt{3}$
よって，$t = \dfrac{1}{3}$ なので，

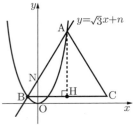

A $\left(\dfrac{4}{3}, \dfrac{16\sqrt{3}}{9}\right)$，B $\left(-\dfrac{1}{3}, \dfrac{\sqrt{3}}{9}\right)$

$y = \sqrt{3}x + n$ に $\left(-\dfrac{1}{3}, \dfrac{\sqrt{3}}{9}\right)$ を代入して，$n = \dfrac{4\sqrt{3}}{9}$

(2) B を通り x 軸に平行な直線をひき，A からその直線に垂線 AH を下ろす。直線 AB の傾きが $\sqrt{3}$ なので，∠ABH = 60° である。よって，△ABC が正三角形となるような点 C は，点 B の点 H に関する対称点となる。
BH $= \dfrac{4}{3} - \left(-\dfrac{1}{3}\right) = \dfrac{5}{3}$ だから，C の x 座標は，
$\dfrac{4}{3} + \dfrac{5}{3} = 3$
よって，C $\left(3, \dfrac{\sqrt{3}}{9}\right)$

(3) △ABC の外接円を考え，その中心を D とおく。
外接円と x 軸との交点が求める点 P である。
(円周角の性質により，∠APB = ∠ACB = 60° が成り立つため。)
△ABC の高さは
$\dfrac{16\sqrt{3}}{9} - \dfrac{\sqrt{3}}{9} = \dfrac{5\sqrt{3}}{3}$
より，AD $= \dfrac{5\sqrt{3}}{3} \times \dfrac{2}{3} = \dfrac{10\sqrt{3}}{9}$ で，D $\left(\dfrac{4}{3}, \dfrac{2\sqrt{3}}{3}\right)$

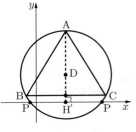

となる。AD の延長が x 軸と交わる点を H′ とすると，
DP : DH′ $= \dfrac{10\sqrt{3}}{9} : \dfrac{2\sqrt{3}}{3} = 5 : 3$ なので，
△DPH′ で三平方の定理より，PH′ $= \dfrac{8\sqrt{3}}{9}$ である。
よって，P の x 座標は $\dfrac{4}{3} \pm \dfrac{8\sqrt{3}}{9}$

〈A. S.〉

慶應義塾女子高等学校 問題 P.146

解答

1 | 2次方程式の応用，数の性質，因数分解 |
[1] $x = \dfrac{7}{3}$
[2] $m = 12$，$n = 11$，$x = 138$

2 | 場合の数 | [1] 2点 [2] (あ) 15 (い) 5 (う) 4 (え) 0 (お) 1 (か) 2 (き) 2 (く) 1 [3] F チーム

3 | 関数 $y = ax^2$，相似，三平方の定理 | [1] $d = \dfrac{1}{a}$
[2] $b : d = \sqrt{3} : 1$ [3] ∠DHE = 75°
[4] FG : GE = 1 : 3 [5] $a = \dfrac{\sqrt{2}}{4}$

4 | 円周角と中心角，相似，三平方の定理 | [1] EF = 12
[2] ∠DEG = 90° − a° [3] AG = 5，AD = 10
[4] $S = 299$

5 | 立体の表面積と体積，相似，三平方の定理 |
[1] $r = \dfrac{2\sqrt{3}}{3}$，$V = \dfrac{32\sqrt{3}}{27}\pi$
[2] $S = \dfrac{6}{5}\pi$，$T = \dfrac{4}{3}\pi$

解き方

1 [1] $(250 - 140) \times \dfrac{1}{2} = 55$ より，
250 匹のうちオスは 55 匹，メスは 195 匹。
したがって，$15 + 195 = (15x + 55) \times x$
これより，$3x^2 + 11x - 42 = 0$　　$(3x - 7)(x + 6) = 0$
$x > 0$ であるから，$x = \dfrac{7}{3}$

[2] $x + 6 = m^2 \cdots$①，$x - 17 = n^2 \cdots$②
① $-$ ②より，$23 = m^2 - n^2 = (m - n)(m + n)$
m，n は正の整数なので，$m - n = 1$，$m + n = 23$
2 式より，$m = 12$，$n = 11$
①より，$x = 12^2 - 6 = 138$

2 [2] 試合の総数は，
$\dfrac{6 \times 5}{2} = 15$
得点の総和は，
$15 \times 2 = 30$（点）
よって，F の得点は 5
点。A，E はいずれも
4 勝 0 敗 1 引き分け。
右表はここまでの結果
を表したものであり，
(x, x')，(y, y')，
(z, z') は $(2, 0)$，$(0, 2)$，$(1, 1)$ のいずれかである。

	A	B	C	D	E	F	合計
A	\	2	2	2	1	2	9
B	0	\	2	z'	0	x'	3
C	0	0	\	0	0	0	0
D	0	z	2	\	0	y'	4
E	1	2	2	2	\	2	9
F	0	x	2	y	0	\	5
						計	30

F について，$x + y = 3$ であるから，2 勝 2 敗 1 引き分け。
[3] $(x, y) = (2, 1)$ のとき $(x', y') = (0, 1)$ であり，
$(z, z') = (1, 1) \to$不適，$(x, y) = (1, 2)$ のとき
$(x', y') = (1, 0)$ であり，$(z, z') = (2, 0) \to$適する。
B と引き分けたのは F。

3 [1] D (d, ad^2)，OF $=$ FD より，$d = ad^2$
$d \neq 0$ であるから，$d = \dfrac{1}{a}$

[2] B (b, ab^2)，BE $= \sqrt{3}$OE より，$ab^2 = \sqrt{3}b$
$b \neq 0$ であるから，$b = \dfrac{\sqrt{3}}{a}$
よって，$b : d = \dfrac{\sqrt{3}}{a} : \dfrac{1}{a} = \sqrt{3} : 1$

[3] OF : OE $= 1 : \sqrt{3}$，∠EOF $= 90°$ より，∠OEF $= 30°$
△OEH の内角と外角の関係より，
∠DHE $=$ ∠HOE $+$ ∠HEO $= 45° + 30° = 75°$

[4] △OFG∽△BEG より，
FG : GE $=$ OF : BE $= \dfrac{1}{a} : \dfrac{\sqrt{3}}{a} = 1 : 3$

[5] △OFG $=$ △OFE $\times \dfrac{\text{FG}}{\text{FE}}$
$= \left(\dfrac{1}{2} \times \dfrac{\sqrt{3}}{a} \times \dfrac{1}{a} \right) \times \dfrac{1}{4} = \dfrac{\sqrt{3}}{8a^2}$
したがって，$\dfrac{\sqrt{3}}{8a^2} = \sqrt{3}$　　$a^2 = \dfrac{1}{8}$
$a > 0$ より，$a = \dfrac{1}{2\sqrt{2}} = \dfrac{\sqrt{2}}{4}$

4 [1] △BCE で三平方の定理より，
BC $= \sqrt{20^2 + 15^2} = 25$
△BCE∽△BEF より，EF $= 15 \times \dfrac{20}{25} = 12$

[2] ∠DEG $=$ ∠BEF $= 90° - a$

[3] EG $= 17 - 12 = 5$　∠GDE $=$ ∠ECB $= 90° - a$
よって，DG $=$ EG $= 5$
G から DE へ垂線 GH を引くと，DH $=$ EH
△BCE∽△GDH より，DH $= 15 \times \dfrac{5}{25} = 3$

DE $= 6$
△BCE∽△ADE より，AD $= 25 \times \dfrac{6}{15} = 10$
AG $= 10 - 5 = 5$

[4] △BCE∽△ADE より，AE $= 20 \times \dfrac{6}{15} = 8$
$S = \dfrac{1}{2} \times \text{AC} \times \text{BD} = \dfrac{1}{2} \times (8 + 15) \times (20 + 6) = 299$

5 [1] AD の中点を K とする
と，△GHK は 3 辺で球に接し
ている。
△GHK は正三角形なので
$\sqrt{3} r = 2$
$r = \dfrac{2}{\sqrt{3}} = \dfrac{2\sqrt{3}}{3}$
$V = \dfrac{4}{3} \pi \times \left(\dfrac{2}{\sqrt{3}} \right)^3 = \dfrac{32}{9\sqrt{3}} \pi = \dfrac{32\sqrt{3}}{27} \pi$

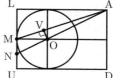

[2] BC, GH, IJ, EF の中点
を L, M, N, U とする。
AL $= 2\sqrt{3}$
LU $= 2r = \dfrac{4}{\sqrt{3}}$
球の中心 O から AM へ垂線
OV を引く。S は半径 MV の円の面積である。
△ALM∽△MVO，
AM $= \sqrt{\left(\dfrac{2}{\sqrt{3}} \right)^2 + (2\sqrt{3})^2} = \dfrac{2\sqrt{10}}{\sqrt{3}}$ より，
MV $= 2\sqrt{3} \times \dfrac{\frac{2}{\sqrt{3}}}{\frac{2\sqrt{10}}{\sqrt{3}}} = \dfrac{2\sqrt{3}}{\sqrt{10}}$
$S = \pi \times \left(\dfrac{2\sqrt{3}}{\sqrt{10}} \right)^2 = \dfrac{6}{5} \pi$

また，AN は O を通るので，$T = \pi \times \left(\dfrac{2}{\sqrt{3}} \right)^2 = \dfrac{4}{3} \pi$

〈SU. K.〉

國學院大學久我山高等學校　問題 P.147

解答

1 式の計算，平方根，2 次方程式，関数 $y = ax^2$，データの散らばりと代表値，場合の数，三角形，立体の表面積と体積
(1) $\dfrac{13x + 4}{10}$　(2) $-\dfrac{y}{8z}$
(3) -8　(4) $\sqrt{2}$, $-\dfrac{\sqrt{2}}{2}$　(5) $80 - 20\sqrt{5}$　(6) $-\dfrac{9}{4}$
(7) ア．7.5　イ．7　(8) 14　(9) 10　(10) $\dfrac{4}{3}$

2 相似，三平方の定理　(1) 5　(2) $\dfrac{9}{2}$　(3) $\dfrac{5}{2}$　(4) $3\sqrt{10}$

3 円周角と中心角，三平方の定理
ア．40　イ．③　ウ．60　エ．$5\sqrt{3}$　オ．6　カ．10
キ．$5\sqrt{3} - 8$　ク．$5\sqrt{3} + 8$（キとクは順不同）

4 1 次関数，関数 $y = ax^2$，三平方の定理
[1] (1) $p + q$　(2) ① 2　② $\sqrt{5}$
[2] (1) 1　(2) $\dfrac{3}{2}$

(3) $p = \frac{1}{2}$, $q = \frac{3}{2}$ より, P$\left(\frac{1}{2}, \frac{1}{4}\right)$, Q$\left(\frac{3}{2}, \frac{9}{4}\right)$

M は線分 PQ の中点であるから, M$\left(1, \frac{5}{4}\right)$

(直線 MR の傾き) $= \left(r^2 - \frac{5}{4}\right) \div (r - 1) = -\frac{1}{2}$

整理すると, $4r^2 + 2r - 7 = 0$

よって, $r = \dfrac{-1 \pm \sqrt{1^2 - 4 \times (-7)}}{4} = \dfrac{-1 \pm \sqrt{29}}{4}$

$r < p = \dfrac{1}{2}$ より, $r = \dfrac{-1 - \sqrt{29}}{4}$

解き方

1 (1) (与式) $= \dfrac{3x}{2} - \dfrac{x-2}{5}$

(2) (与式) $= -\dfrac{x^4 y^8 z \times x^2 y^2}{8x^6 y^9 \times z^2}$

(3) (与式) $= 2(\sqrt{3} + \sqrt{5}) \times 2(\sqrt{3} - \sqrt{5})$

(4) $x = \dfrac{-(-1) \pm \sqrt{(-1)^2 - 4 \times \sqrt{2} \times (-\sqrt{2})}}{2\sqrt{2}}$

$= \dfrac{1 \pm 3}{2\sqrt{2}} = \dfrac{\sqrt{2}(1 \pm 3)}{4}$

(5) $a = 2$, $a + b = \sqrt{5}$ より, $a - b = 4 - \sqrt{5}$

(与式) $= a^2 (a+b)^2 (a-b) = 2^2 \times (\sqrt{5})^2 \times (4 - \sqrt{5})$

(6) $x = -2$ のとき $y = -9$ より, $-9 = a \times (-2)^2$

(7) 10 点と 5 点の生徒は合わせて 6 人いる。条件より, 10 点の生徒は 4 人, 5 点の生徒は 2 人とわかる。

(中央値) $= (7 + 8) \div 2 = 7.5$(点)

(8) 10, 20, 50, 60, 70, 100, 110, 120, 150, 160, 170, 200, 210, 220 の 14 通り。

(9) 直線 EF, AB の交点を P, 直線 AB, CD の交点を Q, 直線 CD, EF の交点を R とする。6 つの内角がすべて等しいから, △PQR, △PAF, △BQC, △EDR は正三角形である。

EF $= x$, PA $= y$ とおくと, AF $=$ FP $= y$

PQ $=$ QR より, DR $=$ RE $=$ ED $= y + 2$ である。

六角形の周の長さが 39 より, $x + 2y = 16$

PQ $=$ PR より, $x + y = 13$

(10) (正方形 BCDE) $=$ (立方体の 1 つの面) $\div 2 = 2$

正四角錐 ABCDE の高さは 1 であるから, 体積は $\dfrac{2}{3}$

求める立体の体積はこの体積の 2 倍である。

2 (1) EF $= x$ とおくと, BF $= 9 - x$

△BEF で三平方の定理より, $x^2 = 3^2 + (9 - x)^2$

(2) △CIE∽△BEF より, CI : 3 $= 6 : 4$

(3) GI $= y$ とおくと, GH $= \dfrac{9}{2} - y$

△GIH∽△EIC より, △GIH∽△FEB

よって, $y : 5 = \left(\dfrac{9}{2} - y\right) : 4$

(4) G から線分 EF に垂線 GJ を引くと, GJ $=$ HE $= 9$

JE $=$ GH $= 2$ より, FJ $= 5 - 2 = 3$

3 ア, ∠APB $= 80° \div 2 = 40°$

ウ, ∠ACB $= 30° \times 2 = 60°$

エ, オ, △ABC は 1 辺 10 の正三角形であるから,

(C の x 座標) $=$ (△ABC の高さ) $= 5\sqrt{3}$

(C の y 座標) $=$ (A の y 座標) $+ 5 = 6$

カ, 線分 CP の長さは円の半径である。

キ, ク, CP$^2 = (p - 5\sqrt{3})^2 + (0 - 6)^2$ より,

$(p - 5\sqrt{3})^2 = 64$ $p - 5\sqrt{3} = \pm 8$

4 [1] (1) $\dfrac{p^2 - q^2}{p - q} = \dfrac{(p+q)(p-q)}{p - q} = p + q$

(2) ② △OAB で三平方の定理より, OB$^2 = 1^2 + 2^2$

[2] (1), (2) P を通り x 軸に平行な直線と Q を通り y 軸に平行な直線の交点を S とする。△PSQ は ∠PSQ $= 90°$ の直角三角形で, PQ $= \sqrt{5}$, (直線 PQ の傾き) $= 2$ より, PS $= 1$, QS $= 2$ よって, $q - p = 1$

[1] (1)より, $p + q =$ (直線 PQ の傾き) $= 2$

〈O. H.〉

渋谷教育学園幕張高等学校

問題 P.149

解答

1 多項式の乗法・除法, 連立方程式, 平方根, 2 次方程式, 円周角と中心角, 三平方の定理

(1) $\dfrac{1}{16} a^9 b$ (2) $x = \dfrac{19}{100}$, $y = \dfrac{2}{25}$

(3) $x = -\sqrt{3}$, $\sqrt{5} - \sqrt{3}$ (4)① BD $= 5$ ② AC $= \dfrac{119}{13}$

2 数の性質, 場合の数   (1) 4536 個   (2) 3888 個

(3) 310 個

3 1 次関数, 関数 $y = ax^2$, 平行線と線分の比

(1) $3 - c$ (2)① $c = 9$ ② $m = \dfrac{31}{7}$

4 平面図形の基本・作図, 円周角と中心角, 三平方の定理

(1) $135°$ (2)① 5   ② 5

5 空間図形の基本, 相似, 三平方の定理   (1) $14\sqrt{3}$

(2)① $\dfrac{7\sqrt{6}}{4}$ ② $\dfrac{196\sqrt{2}}{15}$

解き方

1 (1) (与式) $= \dfrac{1}{12} a^4 (3a - 4b^2)$

$\times \dfrac{1}{12} a^3 b (3a + 4b^2) - \dfrac{1}{9} a^4 b^2 \times (-a^3 b^3)$

$= \dfrac{1}{144} a^7 b (9a^2 - 16b^4) + \dfrac{1}{9} a^7 b^5$

$= \dfrac{1}{16} a^9 b - \dfrac{1}{9} a^7 b^5 + \dfrac{1}{9} a^7 b^5$

$= \dfrac{1}{16} a^9 b$

(2) $\dfrac{1}{3x - 4y} = X$, $\dfrac{1}{4x + 3y} = Y$ とおくと,

第 1 式は, $3X - 4Y = 8 \cdots$①

第 2 式は, $X + 2Y = 6 \cdots$②

①, ②を解くと, $X = 4$, $Y = 1$ だから,

$3x - 4y = \dfrac{1}{4} \cdots$③, $4x + 3y = 1 \cdots$④

③, ④を解くと, $x = \dfrac{19}{100}$, $y = \dfrac{2}{25}$

(3) $x + \sqrt{3} = X$ とおくと,

$(X + \sqrt{5})^2 - 3\sqrt{5}(X - 2\sqrt{5}) - 35 = 0$

展開して整理すると, $X^2 - \sqrt{5} X = 0$

$X(X - \sqrt{5}) = 0$ より, $X = 0$, $\sqrt{5}$ だから,

$x + \sqrt{3} = 0$, $\sqrt{5}$ より, $x = -\sqrt{3}$, $\sqrt{5} - \sqrt{3}$

(4)① AD が直径より, ∠ABD $= 90°$ だから,

BD $= \sqrt{13^2 - 12^2} = \sqrt{(13 + 12) \times (13 - 12)} = \sqrt{25} = 5$

② $\overparen{\text{BD}} = \overparen{\text{BC}}$ だから,

∠BAD $=$ ∠BDC $=$ ∠BCD $=$ ∠BAC

点 B から線分 CD に垂線 BH を引くと,
△BAD∽△HDB だから,
BA : HD = AD : DB より,
12 : HD = 13 : 5
よって, 13HD = 60 より,
HD = $\frac{60}{13}$
CD = HD × 2 = $\frac{120}{13}$
∠ACD = 90° より,
AC = $\sqrt{13^2 - \left(\frac{120}{13}\right)^2} = \sqrt{\frac{169^2 - 120^2}{13^2}}$
= $\sqrt{\frac{(169+120) \times (169-120)}{13^2}} = \sqrt{\frac{289 \times 49}{13^2}}$
= $\sqrt{\frac{17^2 \times 7^2}{13^2}} = \frac{17 \times 7}{13} = \frac{119}{13}$

2 (1) 千の位の数字は, 1〜9 の 9 通りで, 百の位, 十の位, 一の位には, 千の位に並べた以外の数字から異なる 3 つを並べればよいから,
9 × 9 × 8 × 7 = 4536 (個)
(2) 4 けたの整数は全部で, 9999 − 1000 + 1 = 9000 (個)
ここから, 用いられる数字がちょうど 1 種類の整数, 2 種類の整数, 4 種類の整数の個数を引いて求める。
a, b を 0 以外の異なる 1 けたの整数とする。
ちょうど 1 種類の数字が用いられる整数の形は,
$\boxed{aaaa}$ の 1 通りで, a の決め方は 9 通りあり,
1 × 9 = 9 (個)
ちょうど 2 種類の数字が用いられる整数の形は, 次の 5 つのパターンがある。

① 0, 0, 0, a … $\boxed{a000}$ 1 × 9 = 9 (個)

② 0, 0, a, a … $\left\{\boxed{a00a}, \boxed{a0a0}, \boxed{aa00}\right\}$ 3 × 9 = 27 (個)

③ 0, a, a, a … $\left\{\boxed{a0aa}, \boxed{aa0a}, \boxed{aaa0}\right\}$ 3 × 9 = 27 (個)

④ a, a, a, b … $\left\{\boxed{aaab}, \boxed{aaba}, \boxed{abaa}, \boxed{baaa}\right\}$ a, b の決め方は,
9 × 8 = 72 (通り) より,
4 × 72 = 288 (個)

⑤ a, a, b, b … $\left\{\boxed{aabb}, \boxed{abab}, \boxed{abba}\right\}$ 3 × 72 = 216 (個)

よって, 9 + 27 + 27 + 288 + 216 = 567 (個) だから,
求める個数は 9000 − (9 + 567 + 4536) = 3888 (個)
(3) 2, 3 を含み, 和が 3 の倍数となる 4 つの数字を並べてできる整数の個数を求めればよい。
和が 6 ㋐ 0, 1, 2, 3 … 3 × 3 × 2 × 1 = 18 (個)
和が 9 ㋑ 0, 2, 3, 4 … ㋐と同様にして, 18 個
㋒ 1, 2, 3, 3 … 樹形図より, 12 個

$1 < \begin{matrix} 2-3-3 \\ 3 < \begin{matrix} 2-3 \\ 3-2 \end{matrix} \end{matrix}$ $1 < \begin{matrix} 2-3 \\ 3 < \begin{matrix} 2-3 \\ 3-2 \\ 1-3 \\ 3-1 \end{matrix} \end{matrix}$

$2 < \begin{matrix} 1-3-3 \\ 3 < \begin{matrix} 1-3 \\ 3-1 \end{matrix} \end{matrix}$ $3 < \begin{matrix} 2 < \begin{matrix} 1-3 \\ 3-1 \end{matrix} \\ 3 < \begin{matrix} 1-2 \\ 2-1 \end{matrix} \end{matrix}$

㋓ 2, 2, 2, 3 … 樹形図より, 4 個

$2 < \begin{matrix} 2-3 \\ 3-2 \\ 3 < \begin{matrix} 2-2 \\ 2-2 \end{matrix} \end{matrix}$

$3-2-2-2$

和が 12 ㋔ 0, 2, 3, 7 … ㋐と同様にして, 18 個
㋕ 1, 2, 3, 6 … 4 × 3 × 2 × 1 = 24 (個)
㋖ 2, 2, 3, 5 … ㋒と同様にして, 12 個
㋗ 2, 3, 3, 4 … ㋒と同様にして, 12 個
和が 15 ㋘ 1, 2, 3, 9 … ㋕と同様にして, 24 個
㋙ 2, 2, 3, 8 … ㋒と同様にして, 12 個
㋚ 2, 3, 3, 7 … ㋒と同様にして, 12 個
㋛ 2, 3, 4, 6 … ㋕と同様にして, 24 個
㋜ 2, 3, 5, 5 … ㋒と同様にして, 12 個
和が 18 ㋝ 2, 3, 4, 9 … ㋕と同様にして, 24 個
㋞ 2, 3, 5, 8 … ㋕と同様にして, 24 個
㋟ 2, 3, 6, 7 … ㋕と同様にして, 24 個
和が 21 ㋠ 2, 3, 7, 9 … ㋕と同様にして, 24 個
㋡ 2, 3, 8, 8 … ㋒と同様にして, 12 個
和が 24 以上になる 4 つの数字はない。
㋐〜㋡の個数の総数を求めればよいから,
18 × 3 + 12 × 7 + 4 + 24 × 7 = 310 (個)

3 (1) 点 D の x 座標を d とすると,
C $\left(c, \frac{1}{3}c^2\right)$, D $\left(d, \frac{1}{3}d^2\right)$ より, 直線 CD の傾きは,
$\frac{\frac{1}{3}c^2 - \frac{1}{3}d^2}{c-d} = \frac{\frac{1}{3}(c+d)(c-d)}{c-d} = \frac{1}{3}(c+d)$
よって, $\frac{1}{3}(c+d) = 1$ より, $c+d = 3$ だから,
$d = 3 - c$
(2)① 点 D と点 C の y 座標の比が, 4 : (5+4) = 4 : 9 であればよいから,
$\frac{1}{3}d^2 : \frac{1}{3}c^2 = 4 : 9$ より, $d^2 : c^2 = 4 : 9$
$d < 0$ であるから, $d : c = (-2) : 3$
よって, $(3-c) : c = (-2) : 3$ より,
$-2c = 9 - 3c$ よって, $c = 9$
② 点 B の x 座標を b とする。点 A の x 座標が 6 より,
$\frac{1}{3}(6+b) = 1$ よって, $b = -3$
ここで, AB // CD より,
(AE + CF) : (AB + CD) = 1 : (1+2) = 1 : 3
であればよい。この線分の比を x 軸上に移して, x 座標で考える。$y = mx$ …① とする。
直線 AB の式を求めると, $y = x + 6$ …②
①, ②より, 点 E の x 座標は, $mx = x + 6$,
$(m-1)x = 6$ $m ≠ 1$ より, $x = \frac{6}{m-1}$
直線 CD の式を求めると, $y = x + 18$ …③
①, ③より, 点 F の x 座標を同様に求めると,
$x = \frac{18}{m-1}$
A′ (6, 0),
B′ (−3, 0),
C′ (9, 0),
D′ (−6, 0),
E′ $\left(\frac{6}{m-1}, 0\right)$,
F′ $\left(\frac{18}{m-1}, 0\right)$,
とすると,
A′B′ + C′D′
= {6 − (−3)} + {9 − (−6)}

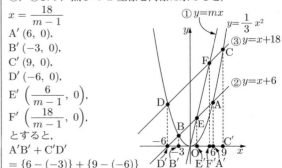

$= 9 + 15$
$= 24$ だから，
$A'E' + C'F' = 24 \times \dfrac{1}{3}$ より，
$\left(6 - \dfrac{6}{m-1}\right) + \left(9 - \dfrac{18}{m-1}\right) = 8$
$15 - \dfrac{24}{m-1} = 8$　　$\dfrac{24}{m-1} = 7$
よって，$m - 1 = \dfrac{24}{7}$ より，$m = \dfrac{31}{7}$

4 (1) 中心が点 P，Q，R である内接円をそれぞれ円 P，円 Q，円 R とすると，直線 BA と BC は円 P と円 Q に共通する接線だから，3 点 B，Q，P は，∠ABC の二等分線上にある。また，直線 CA と CB は円 P と円 R に共通する接線だから，3 点 C，R，P は ∠ACB の二等分線上にある。∠ABP = ∠CBP = b，∠ACP = ∠BCP = c とすると，△ABC で，∠A = $90°$ だから，
$2b + 2c = 90°$　　よって，$b + c = 45°$
よって，△PBC において，
∠QPR = ∠BPC = $180° - (b + c) = 180° - 45° = 135°$
(2) ① 右図のように，垂線を引き，それぞれ点 S，T，U，V，W，X，Y，Z をとる。
BH = b とすると，
BV = BU = $b - 4$，
AV = AS = $12 - 4 = 8$ だから．
AB = $(b - 4) + 8$
$= b + 4$
△ABH で，∠H = $90°$ だから，
$(b + 4)^2 = b^2 + 12^2$ より，$b^2 + 8b + 16 = b^2 + 144$
よって，$b = 16$
同様に，CH = c とすると，
CX = CW = $c - 3$，AX = AT = $12 - 3 = 9$ だから．
AC = $(c - 3) + 9 = c + 6$
△ACH で，∠H = $90°$ だから，
$(c + 6)^2 = c^2 + 12^2$ より，$c^2 + 12c + 36 = c^2 + 144$
よって，$c = 9$
したがって，BC = $16 + 9 = 25$，AB = $16 + 4 = 20$
AC = $9 + 6 = 15$
△ABC の内接円 P の半径を r とすると，面積を考えて，
△PBC + △PCA + △PAB = △ABC だから，
$\dfrac{1}{2} \times 25 \times r + \dfrac{1}{2} \times 15 \times r + \dfrac{1}{2} \times 20 \times r = \dfrac{1}{2} \times 15 \times 20$
よって，$30r = 150$ より，$r = 5$
② △PBC = $\dfrac{1}{2} \times 25 \times 5 = \dfrac{125}{2}$
PQ : PB = YV : YB = $(8 - 5) : (20 - 5) = 1 : 5$
PR : PC = ZX : ZC = $(9 - 5) : (15 - 5) = 2 : 5$
よって，△PQR = $\dfrac{125}{2} \times \dfrac{1}{5} \times \dfrac{2}{5} = 5$

5 (1) 点 C から直線 BA に直線 CH を引くと，
∠CAH = $60°$ より，
△ACH は，AH : AC : CH
$= 1 : 2 : \sqrt{3}$
の直角三角形である。
CH = $7 \times \dfrac{\sqrt{3}}{2} = \dfrac{7\sqrt{3}}{2}$
だから，△ABC = $\dfrac{1}{2} \times 8 \times \dfrac{7\sqrt{3}}{2} = 14\sqrt{3}$

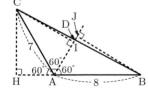

(2) ① 点 C，B から直線 AD にそれぞれ垂線 CI，BJ を引くと，
CI = CH = $\dfrac{7\sqrt{3}}{2}$
点 E から，3 点 A，B，D を通る平面に引いた垂線 EK の長さを求めればよい。
EK = EI $\times \dfrac{1}{\sqrt{2}}$ = CI $\times \dfrac{1}{\sqrt{2}}$
$= \dfrac{7\sqrt{3}}{2} \times \dfrac{1}{\sqrt{2}} = \dfrac{7\sqrt{3}}{2\sqrt{2}} = \dfrac{7\sqrt{6}}{4}$
② △CID∽△BJD，△CIA∽△BJA だから，
CD : BD = CI : BJ = CA : BA = $7 : 8$
よって，求める体積は．
$\dfrac{1}{3} \times \left(14\sqrt{3} \times \dfrac{8}{7+8}\right) \times \dfrac{7\sqrt{6}}{4}$
$= \dfrac{1}{3} \times 14\sqrt{3} \times \dfrac{8}{15} \times \dfrac{7\sqrt{6}}{4} = \dfrac{196\sqrt{2}}{15}$

〈H. S.〉

城北高等学校

問題 P.150

解答

1 ┃ 平方根，連立方程式，因数分解，確率 ┃
(1) $2 + \sqrt{2}$　(2) $x = 1$，$y = -3$　(3) $7x - 12y$
(4) $\dfrac{7}{18}$

2 ┃ 三角形，平面図形の基本・作図，円周角と中心角，三平方の定理，立体の表面積と体積，相似 ┃　(1) $45°$　(2) P $(0, 5)$
(3) $\sqrt{3}$　(4) 632π

3 ┃ 2 次方程式，1 次関数，関数 $y = ax^2$，三角形，関数を中心とした総合問題，三平方の定理 ┃　(1) A $(2, 2)$
(2) $(1, 4)$，$(4, 1)$　(3) $x = -1 - \sqrt{11}$，$-1 + \sqrt{11}$

4 ┃ 空間図形の基本，立体の表面積と体積，相似，三平方の定理 ┃　(1) $4\sqrt{2}$　(2) $\sqrt{10}$　(3) $\dfrac{4\sqrt{3}}{3}$

5 ┃ 平面図形の基本・作図，三角形 ┃　(1) $30°$　(2) π

解き方 **1** (1)（与式）
$= \{(3 - 2\sqrt{2}) \times (3 + 2\sqrt{2})\}^{2023}$
　　　　$\times \{(3 + 2\sqrt{2}) \times (2 - \sqrt{2})\}$
$= 1^{2023} \times (2 + \sqrt{2}) = 2 + \sqrt{2}$
(2) $\dfrac{1}{x} = X$，$\dfrac{1}{y} = Y$ とおいて，
$\begin{cases} 4X + 9Y = 1 \\ X + 6Y = -1 \end{cases}$　これを解いて，$X = 1$，$Y = -\dfrac{1}{3}$
よって，$x = 1$，$y = -3$
(3) $A = (x + y)(3x + 2y)$，$B = (x + y)(x - y)$，
$C = (x + y)(2x - 3y)$ より，
$AC - 6B^2 = (x + y)^2 \{(3x + 2y)(2x - 3y) - 6(x - y)^2\}$
$= (x + y)^2 (7xy - 12y^2)$
$= (x + y)^2 y \times \boxed{(7x - 12y)}$
(4) 直線と x 軸との交点は $(2a, 0)$
直線と y 軸との交点は $(0, b)$
三角形の面積は，
$\dfrac{1}{2} \times 2a \times b = ab$
$ab \leq 6$ となる目の出方は

a\b	1	2	3	4	5	6
1	○	○	○	○	○	○
2	○	○	○			
3	○	○				
4	○					
5	○					
6	○					

14通り。
目の出方は全体で 6×6 通り。求める確率は，
$\dfrac{14}{6 \times 6} = \dfrac{7}{18}$

2 (1) $\triangle BCE$ は $BC = BE$ の
二等辺三角形
$\angle CBE = 90° - \angle ABE$
$= 90° - 60° = 30°$
$\angle BEC = \dfrac{1}{2} \times (180° - \angle CBE)$
$= 75°$
よって，
$\angle AEF = 180° - \angle AEC$
$= 180° - (\angle AEB + \angle BEC)$
$= 180° - (60° + 75°) = 45°$

(2) 長方形の対角線の交点 M は
円の中心で，対角線 AC の中点
だから，y 座標は $\dfrac{5}{2}$。
点 M から y 軸上の線分 OP に
垂線 MH を下ろすと，
$H\left(0, \dfrac{5}{2}\right)$
点 H は線分 OP の中点だから，
$P(0, 5)$

(3) 点 C から辺 AB に垂線 CH
を下ろす。
$\triangle ACH$ は $30°$，$60°$，$90°$ の直
角三角形だから，
$AC : CH = 2 : \sqrt{3}$
$AC = \dfrac{2}{\sqrt{3}} CH$
$AB = AC$ より，
$AB = \dfrac{2}{\sqrt{3}} CH$
$\triangle ABC = \dfrac{1}{2} \times AB \times CH$
$\sqrt{3} = \dfrac{1}{2} \times \dfrac{2}{\sqrt{3}} CH \times CH \quad CH^2 = (\sqrt{3})^2$
$CH = \sqrt{3}$

・点 D を通り AB に平行な直線と辺 AC との交点を G，線
分 DG と線分 CH の交点を I とすると，$\triangle GDC$ は正三角
形だから，$DF = CI$。$DE \parallel IH$ より，$DE = IH$。
$DE + DF = IH + CI = CH = \sqrt{3}$

(4) 右図において，五角形
OABED でできる立体は，
$\triangle OAB$ でできる立体 V と
$\triangle OED$ でできる立体 W の和
である。
V は長方形 OABC でできる円
柱から $\triangle OBC$ でできる円すい
を除いた立体で，
$V = OA^2 \times \pi \times AB$
$\quad - \dfrac{1}{3} \times BC^2 \times \pi \times OC$
$= \left(1 - \dfrac{1}{3}\right) \times 10^2 \times \pi \times 9 = 600\pi$
W は $\triangle HED$ と $\triangle HEO$ でできる 2 個の円すいの和で，
$W = \dfrac{1}{3} \times EH^2 \times \pi \times DH + \dfrac{1}{3} \times EH^2 \times \pi \times OH$
$= \dfrac{1}{3} \times EH^2 \times \pi \times (DH + OH)$

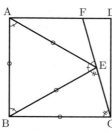

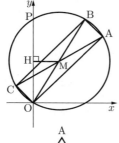

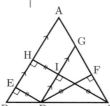

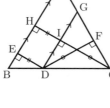

ここで，$EH = OA \times \dfrac{OD}{AB + OD} = 10 \times \dfrac{6}{9 + 6} = 4$
よって，$W = \dfrac{1}{3} \times 4^2 \times \pi \times 6 = 32\pi$
求める体積は，$V + W = 632\pi$

3 (1)①，②から y を消去し，
分母を払って整理すると，
$x^3 = 2^3 \quad x = 2$
このとき，$y = 2$
$A(2, 2)$

(2) $\triangle OAB$ について，
$OA = 2\sqrt{2}$。
底辺 OA に対する高さを
h とすると，
$\triangle OAB = \dfrac{1}{2} \times OA \times h$
$3 = \dfrac{1}{2} \times 2\sqrt{2} \times h \quad h = \dfrac{3}{\sqrt{2}}$

・点 O を通り OA に垂直な直線上に $OH = h$ となる点 H
をとり，点 H を通り OA に平行な直線と y 軸との交点を
C とする。
$\triangle HOC$ は $\angle HOC = \angle HCO = 45°$ の直角二等辺三角形よ
り，$OC = \sqrt{2} OH = \sqrt{2} h = 3 \quad C(0, 3), C'(0, -3)$
・求める 2 点 B，B' は，それぞれ，点 C，C' を通り OA
に平行な傾き 1 の直線 $y = x + 3$，$y = x - 3$ と②の交点。

・点 B：$y = x + 3$，$y = \dfrac{4}{x}$ より，$x + 3 = \dfrac{4}{x}$
$x^2 + 3x - 4 = 0$
$(x + 4)(x - 1) = 0 \quad x > 0$ より，$x = 1$。
このとき，$y = 4 \quad B(1, 4)$
・点 B'：同様にして，$y = x - 3$，$y = \dfrac{4}{x}$ より，B'(4, 1)

(3) 2 点 B，B' を通る直線は，$y = -x + 5$
この直線と①との交点は，
$\dfrac{1}{2}x^2 = -x + 5 \quad x^2 + 2x - 10 = 0 \quad x = -1 \pm \sqrt{11}$

4 (1) 三角すい $A - BFG$ を
$F - AGB$ とみると，右図は
$\triangle ABC$ と $\triangle ABD$ の展開図で，
$\triangle AFB \perp \triangle AGB$
点 F から辺 AB に垂線 FH を
下ろすと，$FH \perp \triangle AGB$
$\triangle AGB = \dfrac{AG}{AD} \times \triangle ABD = \dfrac{2}{3} \times \dfrac{1}{2} \times (3\sqrt{2})^2 = 6$
$FH = \dfrac{AF}{AC} \times CB = \dfrac{2}{3} \times 3\sqrt{2} = 2\sqrt{2}$
よって，$A - BFG = F - AGB$
$= \dfrac{1}{3} \times \triangle AGB \times FH = \dfrac{1}{3} \times 6 \times 2\sqrt{2} = 4\sqrt{2}$

(2) $HB = \dfrac{FC}{AC} \times AB = \dfrac{1}{3} \times 3\sqrt{2} = \sqrt{2}$
$BF = \sqrt{HB^2 + FH^2} = \sqrt{2 + 8} = \sqrt{10}$

(3) 点 A から辺 DC に垂線 AM を
下ろすと，$AM \perp DC$，$DM = CM$，
$BM \perp DC$
よって，$\triangle AMB \perp \triangle BDC$
・AM と GF の交点を N とすると，
$BN \perp GF$，$GN = FN$
2 点 A，E からそれぞれ平面 BFG
に垂線 AI，EJ を下ろすと，
$AI \parallel EJ$
2 点 I，J はともに BN 上の点で，

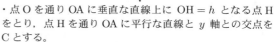

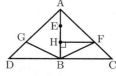

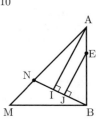

$AI \perp BN$, $EJ \perp BN$

・$GF = \dfrac{AF}{AC} \times DC = \dfrac{2}{3} \times \sqrt{2} \, BC = \dfrac{2}{3} \times \sqrt{2} \times 3\sqrt{2} = 4$

$NF = \dfrac{1}{2} GF = \dfrac{1}{2} \times 4 = 2$

よって，$BN = \sqrt{BF^2 - NF^2} = \sqrt{10-4} = \sqrt{6}$

$\triangle BFG = \dfrac{1}{2} \times GF \times BN = \dfrac{1}{2} \times 4 \times \sqrt{6} = 2\sqrt{6}$

したがって，$A - BFG = \dfrac{1}{3} \times \triangle BFG \times AI$

$4\sqrt{2} = \dfrac{1}{3} \times 2\sqrt{6} \times AI$ $AI = 2\sqrt{3}$

求める垂線の長さは，

$EJ = \dfrac{EB}{AB} \times AI = \dfrac{2}{3} \times 2\sqrt{3} = \dfrac{4\sqrt{3}}{3}$

5 (1) $OC \perp CH$,
$AP \perp CH$ より，
$OC \,/\!/\, AP$
$\angle APB = \angle OCB \cdots$①
また，$\triangle OCB$ で
$OB = OC$ より，
$\angle OBC = \angle OCB \cdots$②
①，②から，
$\angle APB = \angle OBC$
$= \angle ABC \cdots$③
したがって，$\angle APB = \angle ABC = 30°$
(2) ③より，$\angle APB = \angle ABC$ だから，$\triangle APB$ は，
$AP = AB = 2$ の二等辺三角形。
また，AP の長さは一定だから，
点 P は，中心 A，半径 $AB = 2$ の円弧の上を移動する。
・$\angle ABC = 30°$ のときの点 P を S とおくと，
$\angle BAP = \angle BAS = 180° - 2\angle ABC = 180° - 2 \times 30° = 120°$
・$\angle ABC = 75°$ のときの点 P を F とおくと，
$\angle BAP = \angle BAF = 180° - 2\angle ABC = 30°$
したがって，$30° \leqq \angle ABC \leqq 75°$ のとき，点 P は，中心 A，半径 2 の円弧 SF 上を動くから，求める長さは，
$\overset{\frown}{SF} = 2 \times 2 \times \pi \times \dfrac{120° - 30°}{360°} = 2 \times 2 \times \pi \times \dfrac{90°}{360°} = \pi$

〈Y. K.〉

巣鴨高等学校

問題 P.151

解答

1 多項式の乗法・除法，平方根，2 次方程式，確率，数の性質，2 次方程式の応用

(1) $x^2 + x + 30$ (2) $a = 4$, $b = \sqrt{17} - 4$, $M = 49$

(3) $a = -6$, $b = 9$ (4) $\dfrac{5}{8}$ (5) $n = 11$, 25 (6) $x = 20$

2 2 次方程式，1 次関数，関数 $y = ax^2$ (1) $a = -8$

(2) $y = -x + 2$ (3) 12

(4) $\triangle AED : \triangle DEC = AD : DC = 2 : 4 = 1 : 2$
また，辺 CE の中点を M とすると，
四角形 $AEMD : \triangle DMC = (4+4) : 4 = 8 : 4 = 2 : 1$
したがって，条件を満たす点 P は，直線 DE と放物線 $y = x^2$ との交点，および直線 DM と放物線 $y = x^2$ との交点である。
直線 DE の式 $y = -3x + 2$ と $y = x^2$ とを連立させて，

$x^2 + 3x - 2 = 0$ $x = \dfrac{-3 \pm \sqrt{17}}{2}$

$x = \dfrac{-3 + \sqrt{17}}{2}$ が適する。

直線 DM の式 $y = -\dfrac{5}{3}x + 2$ と $y = x^2$ とを連立させて，

$3x^2 + 5x - 6 = 0$ $x = \dfrac{-5 \pm \sqrt{97}}{6}$

$x = \dfrac{-5 + \sqrt{97}}{6}$ が適する。

x 座標：$\dfrac{-3 + \sqrt{17}}{2}$，$\dfrac{-5 + \sqrt{97}}{6}$

3 空間図形の基本，相似，三平方の定理

(1) $\sqrt{5x^2 - 6x + 9}$ cm (2) 1.5 秒後

(3)① $PQ = PR$ のとき，$BQ = BR$ より，$2x = 9 - 3x$

$x = \dfrac{9}{5}$

$PQ = QR$ のとき，$BP = BR$ より，$3 - x = 9 - 3x$

$x = 3$

これは不適。
$PR = QR$ のとき，$BP = BQ$ より，$3 - x = 2x$ $x = 1$
以上より，$\triangle PQR$ がはじめて二等辺三角形になるのは $x = 1$ のときである。
このとき，$BP = 2$ cm，$BQ = 2$ cm，$BR = 6$ cm である。
辺 PQ の中点を M とし，3 点 B，F，M を通る平面による直方体の断面において考える。
$\triangle BRM$ の面積について，

$\dfrac{1}{2} \times MR \times BI = \dfrac{1}{2} \times BR \times BM$

$BI = \dfrac{BR \times BM}{MR} = \dfrac{6 \times \sqrt{2}}{\sqrt{38}}$

$= \dfrac{6\sqrt{19}}{19}$ (cm)

② 直線 BM と辺 AD との交点を N とする。
$\triangle BJN \backsim \triangle RMB$ より，$NJ : BM = BN : RB$

$NJ : \sqrt{2} = 3\sqrt{2} : 6$ $NJ = \dfrac{\sqrt{2} \times 3\sqrt{2}}{6} = 1$ (cm)

ゆえに，$JK = 9 - 1 = 8$ (cm)

4 図形と証明，円周角と中心角，相似，三平方の定理

(1)① $2a$
② 円周角の定理より，$\angle CAD = \angle CBD = a°$
すなわち，$\angle CAE = a° \cdots$①
よって，$\angle CEA = \angle ACB - \angle CAE = 2a° - a° = a° \cdots$②
①，②より，$\angle CAE = \angle CEA$
(2) 辺 BC の中点を M とすると，
$AM^2 = AC^2 - CM^2 = 15^2 - 3^2 = 216$
よって，$AE^2 = AM^2 + ME^2 = 216 + 18^2 = 540$
ゆえに，$AE = \sqrt{540} = 6\sqrt{15}$ (cm)

(3) $\dfrac{25\sqrt{15}}{14}$ cm

解き方 **1** (3) $x = 3$ が共通解である。
(4) 積が 2 で割り切れないのは，$3^3 = 27$ (通り)
積が 2 で割り切れるが 4 で割り切れないのは，
$2 \times 3^2 \times 3 = 54$ (通り)
よって，$\dfrac{6^3 - (27 + 54)}{6^3} = \dfrac{135}{6^3} = \dfrac{5}{8}$

(5) $\sqrt{n^2 + 104} = m$ とおくと，$n^2 + 104 = m^2$
$m^2 - n^2 = 104$ $(m-n)(m+n) = 104$
$m-n$, $m+n$ はともに奇数またはともに偶数であるから，
$(m-n, m+n) = (2, 52)$, $(4, 26)$
よって，$(m, n) = (27, 25)$, $(15, 11)$

旺文社 2024 全国高校入試問題正解

数学 | 109　　解　答

(6) $\left\{a \times \left(1 + \dfrac{x}{100}\right)\right\} \times \left\{b \times \left(1 - \dfrac{\frac{1}{3}x}{100}\right)\right\}$

$= ab \times \left(1 + \dfrac{12}{100}\right)$

整理して，$x^2 - 200x + 3600 = 0$

$(x - 20)(x - 180) = 0$　　$x = 20,\ 180$

$x = 20$ が適する。

2 (4) 次のように考えてもよい。

$P(t,\ t^2)$ とすると，直線 DP の式は $y = \dfrac{t^2 - 2}{t}x + 2 \cdots ①$

①が E $(2,\ -4)$ を通るとき，$-4 = \dfrac{t^2 - 2}{t} \times 2 + 2$

$t^2 + 3t - 2 = 0$

①が M $(3,\ -3)$ を通るとき，$-3 = \dfrac{t^2 - 2}{t} \times 3 + 2$

$3t^2 + 5t - 6 = 0$

3 (2) $PQ : PR = 1 : \sqrt{2}$ より，$PQ^2 : PR^2 = 1 : 2$

$(5x^2 - 6x + 9) : (10x^2 - 60x + 90) = 1 : 2$

$2(5x^2 - 6x + 9) = 10x^2 - 60x + 90$　　$48x = 72$

$x = 1.5$

4 (3) $\triangle AFD \varpropto \triangle BFC$ より，$DF : CF = AD : BC$

ここで，$CF = 15 \times \dfrac{6}{15 + 6} = 15 \times \dfrac{2}{7} = \dfrac{30}{7}$ (cm)

$AD = 6\sqrt{15} \times \dfrac{15}{15 + 21} = 6\sqrt{15} \times \dfrac{5}{12} = \dfrac{5\sqrt{15}}{2}$ (cm)

したがって，$DF : \dfrac{30}{7} = \dfrac{5\sqrt{15}}{2} : 6$

⟨K. Y.⟩

駿台甲府高等学校

問題
P.152

解 答　**1** 正負の数の計算，平方根，因数分解，2 次方程式，1 次関数，関数 $y = ax^2$，データの散らばりと代表値，確率，円周角と中心角，三平方の定理，平行線と線分の比　(1) -5　(2) $2\sqrt{5}$　(3) $(x + 2)(x - 7)$

(4) $x = \dfrac{1 \pm \sqrt{13}}{2}$　(5) $(-5,\ -11)$　(6) $0 \leqq y \leqq 18$

(7) $a = 48$　(8) $\dfrac{13}{27}$　(9) $88°$　(10) $\dfrac{4\sqrt{6}}{3}$ cm　(11) $3\sqrt{13}$ cm

2 相似，平行線と線分の比，三平方の定理　(1) $1 : 1$

(2) $5 : 3$　(3) $\dfrac{40}{3}$ cm²

3 確率，相似　(1) $\dfrac{1}{9}$　(2) $\dfrac{1}{6}$　(3) $\dfrac{5}{9}$

4 数の性質，1 次関数　(1) $\left(\dfrac{8}{3},\ -\dfrac{2}{3}\right)$　(2) $\left(\dfrac{8}{5},\ -\dfrac{2}{5}\right)$

(3) $(48,\ -12)$

解き方　**1** (7) 仮平均を 50 とすると，

$(-3) + 2 + (-4) + 3 + 4 + (a - 50) = 0$

(8) 4 人ともグー，4 人ともチョキ，4 人ともパーのあいこが 1 通りずつ。グー，グー，チョキ，パーのあいこが 12 通り。グー，チョキ，チョキ，パーのあいこが 12 通り，グー，チョキ，パー，パーのあいこが 12 通りあるので，

$\dfrac{3 + 12 \times 3}{3^4} = \dfrac{39}{3^4} = \dfrac{13}{27}$

(9) $\angle BAC = \angle BDC$ より，4 点 A，B，C，D は同一円周上にある。$180° - (59° + 33°) = 88°$

(10) $\triangle AFG$ の面積を 2 通りに表して，

$\dfrac{1}{2} \times 4\sqrt{3} \times FP = \dfrac{1}{2} \times 4 \times 4\sqrt{2}$

(11) 点 F から辺 AB に垂線 FH を引くと，

$FH = 6$ cm，$BH = 9$ cm

2 (1) $BP : PD = 1 : 2$，$BQ : QD = 2 : 1$ より，

$BP = PQ = QD$

(2) 平行四辺形 ABCD の面積を 24 とすると，$\triangle BCD = 12$，$\triangle ECF = 3$，$\triangle BEP = \triangle DQF = 2$ となるので，

四角形 $PEFQ : \triangle ECF = (12 - 3 - 2 - 2) : 3 = 5 : 3$

(3) (2)の比を用いると，五角形 $PECFQ = 8$

ここで，頂点 B から直線 AD に垂線 BH を引き，

$AH = x$ cm とすると，

$(\sqrt{41})^2 - x^2 = 13^2 - (x + 8)^2$　　$x = 4$　　$BH = 5$ cm

ゆえに，$8 \times 5 \times \dfrac{8}{24} = \dfrac{40}{3}$ (cm²)

3 (1) $mn = 6$

(2) $(m,\ n) = (2,\ 1),\ (4,\ 2),\ (6,\ 3),\ (1,\ 2),\ (2,\ 4),\ (3,\ 6)$ の 6 通り

(3) $m^2 n \leqq 36$

$m = 1,\ 2$ のときは，$n = 1,\ 2,\ 3,\ 4,\ 5,\ 6$

$m = 3$ のときは，$n = 1,\ 2,\ 3,\ 4$

$m = 4$ のときは，$n = 1,\ 2$

$m = 5,\ 6$ のときは，$n = 1$

よって，$\dfrac{6 + 6 + 4 + 2 + 1 + 1}{6^2} = \dfrac{5}{9}$

4 (1) $P(2,\ 1)$　直線 n の式は，$y = -\dfrac{5}{2}x + 6$

(2) $Q(4t,\ -t)$ とおくと，直線 n の式は，$y = -\dfrac{5}{2}x + 9t$

これと $y = \dfrac{1}{2}x$ より，$x = 3t$，$y = \dfrac{3}{2}t$

よって，条件より，$\dfrac{3}{2}t - (-t) = 1$　　$t = \dfrac{2}{5}$

(3) $Q(4t,\ -t)$ とおくと，

P の x 座標は，$4t - 2 \times 6 = 4t - 12$

P の y 座標は，$-t + 5 \times 6 = -t + 30$

すなわち，$P(4t - 12,\ -t + 30)$

これを l の式に代入して，$-t + 30 = \dfrac{1}{2}(4t - 12)$

$t = 12$

⟨K. Y.⟩

旺文社 2024 全国高校入試問題正解

青雲高等学校

問題 P.153

解答

1 多項式の乗法・除法，式の計算，平方根，因数分解，連立方程式，2次方程式，関数 $y=ax^2$，三平方の定理，正負の数の計算
(1) -12.56
(2) $-\dfrac{1}{27}x^3y^3$ (3) $-4\sqrt{2}$ (4) $(x+2a+1)(x+3a+1)$
(5) $x=1$, $y=-2$ (6) $x=-1$, 7 (7) $a=3$, $b=0$
(8) $DB=\dfrac{11\sqrt{3}}{6}$
(9)① A -10，B 38.9 ② C ウ，D ア

2 立体の表面積と体積，相似，三平方の定理
(1) $\dfrac{16\sqrt{21}}{3}$ (2) $\dfrac{2\sqrt{21}}{7}$ (3) $\dfrac{6}{5}$

3 関数 $y=ax^2$，三平方の定理 (1) $(2\sqrt{3}, -6)$
(2) $18+9\sqrt{3}$

4 円周角と中心角，相似，三平方の定理 (1) $b=\sqrt{2}c$
(2) $a=\dfrac{\sqrt{2}+\sqrt{6}}{2}c$ (3) $AD \times BC = \sqrt{2}R^2$

5 確率 (1) $\dfrac{1}{2}$ (2) $\dfrac{1}{4}$ (3) イ

6 数の性質 (1) $514+4112+8224$ (2) $50+12800$
(3) ア (4) 1025

解き方

1 (1) (与式) $= 3.14 \ (18 \times 22 - 20^2)$
ここで，$18 \times 22 = (20-2)(20+2)$
$= 20^2 - 4$
よって，(与式) $= 3.14 \times (-4) = -12.56$
(2) (与式) $= \dfrac{8x^3y^6}{27} \times \dfrac{x^2}{36} \times \left(-\dfrac{9}{2x^2y^3}\right) = -\dfrac{1}{27}x^3y^3$
(3) (与式) $= 3 - 2\sqrt{2} - 2 - 2\sqrt{2} - 1 = -4\sqrt{2}$
(4) (与式) $= (x+1)^2 + 5a(x+1) + 6a^2$
$= \{(x+1)+2a\}\{(x+1)+3a\}$
$= (x+2a+1)(x+3a+1)$
(5) (第1式) $=$ (第3式) より，$x-4y=9$ …①
(第2式) $\times 6 =$ (第3式) $\times 6$ より，
$2x+2-9y+3=18x-6y$
これより，$16x+3y=10$ …②
①，②より，$x=1$，$y=-2$
(6) 与式より，$2x^2-8x+8 = x^2-2x-15+30$
$x^2-6x-7=0$ $(x+1)(x-7)=0$
よって，$x=-1$，7
(7) $y=-2x^2$ で $x=-2$ のとき $y=-8$
$-2 \leqq x \leqq a$ のときの y の変域が $-18 \leqq y \leqq b$ なので
$a>0$，$b=0$
また，$-2a^2=-18$ $a^2=9$ よって，$a=3$
(8) $AB=\sqrt{3}BC=4\sqrt{3}$
$DB=x$ とすると，$\triangle DBM$ で
三平方の定理より，
$(4\sqrt{3}-x)^2 = x^2+4$
$48-8\sqrt{3}x+x^2 = x^2+4$
よって，$DB=x=\dfrac{44}{8\sqrt{3}}$
$=\dfrac{11\sqrt{3}}{6}$
(9)① $A=-3-2-1+1+2+1-2-1-5=-10$
$40-\dfrac{10}{9}=40-1.111\cdots=38.88\cdots$ よって，$B=38.9$
② 加えた生徒の点数が40点なので C はウ（等しい）

また G_1 の平均点は40点より低いので D はア（高い）

2 (1) AC の中点を H とすると
$OH \perp$（正方形 $ABCD$），H は
接点である。
$AH=2\sqrt{2}$ であり，$\triangle OAH$
で三平方の定理より，
$OH^2 = (\sqrt{29})^2 - (2\sqrt{2})^2 = 21$
よって，求める体積は，
$\dfrac{1}{3} \times 4^2 \times \sqrt{21} = \dfrac{16\sqrt{21}}{3}$
(2) AB，DC の中点を M，N，
OM 上，ON 上の接点を P，Q
とする。
$\triangle OAM$ で三平方の定理より，
$OM=\sqrt{29-4}=5$
球 K の半径を r とすると，
$\triangle OHM \infty \triangle OPK$ より，
$5:2=(\sqrt{21}-r):r$
$5r=2\sqrt{21}-2r$
$r=\dfrac{2\sqrt{21}}{7}$
(3) 接点 P から OH へ引いた垂線を PE とすると，これが求める半径である。$\triangle OPK \infty \triangle OHM$ より，
$OP=OH \times \dfrac{KP}{MH} = \sqrt{21} \times \dfrac{\sqrt{21}}{7} = 3$
$\triangle OPE \infty \triangle OMH$ より，$PE=2 \times \dfrac{3}{5} = \dfrac{6}{5}$

3 (1) $C\left(c, -\dfrac{1}{2}c^2\right)$ とすると，$\triangle OBC$ が正三角形だから，
$c \times \sqrt{3} = \dfrac{1}{2}c^2$
これより，$c=2\sqrt{3}$ $C(2\sqrt{3}, -6)$
(2) $A(\sqrt{3}, 3)$，$B(-2\sqrt{3}, -6)$ より，AB の中点を M とすると，$M\left(-\dfrac{\sqrt{3}}{2}, -\dfrac{3}{2}\right)$
P は AB を直径とする円周上にあり，この円と M を通り y 軸に平行な直線との交点のうち，y 座標が大きい方が Q である。円の半径は $3\sqrt{3}$ であり，求める最大値は，
$\dfrac{1}{2} \times 4\sqrt{3} \times \left(\dfrac{9}{2}+3\sqrt{3}\right) = 9\sqrt{3}+18$

4 (1) $\angle AOB = 360° \times \dfrac{2}{7+3+2} = 60°$
よって，$OA=OB=OC=AB=c$
また，$\angle AOC = 360° \times \dfrac{3}{12} = 90°$
$\triangle AOC$ は直角二等辺三角形であり，$b=\sqrt{2}c$
(2) $\angle ABC=45°$，$\angle ACB=30°$ であるから，A から BC へ垂線 AH を引くと，
$a=BH+CH=\dfrac{c}{\sqrt{2}}+\sqrt{2}c \times \dfrac{\sqrt{3}}{2} = \dfrac{\sqrt{2}+\sqrt{6}}{2}c$
(3) $R=c$ であり，
$\angle ADC = 180°-45°-30°=105° = \angle BAC$
よって，$\triangle ADC \infty \triangle BAC$ より，$AD:AC=BA:BC$
$AD \times BC = AC \times BA = \sqrt{2}R \times R = \sqrt{2}R^2$

5 (1) $1 \sim 13$ のどれかの数を a とすると，
A のカードは a，B のカードは a と 0
条件より A は a を引くので求める確率は $\dfrac{1}{2}$
(2) A が 0 を引き，B が a と 0 のうちの a を引く場合なので求める確率は，$\dfrac{1}{2 \times 2} = \dfrac{1}{4}$

(3) 1 ～ 13 のうちの異なる 2 数を a, b とすると，
A のカードは a, b, B のカードは a, b, 0 である。
A がはじめに a か b を引くと，次に B が引いて A の勝ちが決まる。
A がはじめに 0 を引いたとき，
(i) 次に B が 0 を引くと，はじめの状態となる。
(ii) 次に B が a か b を引くと，さらに A が引いて B の勝ちが決まる。
したがって，［Ⅱ］となることはあるが，［Ⅰ］となることはないので確率は［Ⅱ］の方が大きい（イ）

6 (1) $A = 257$, $B = 50$ より $A' = 514$, $B' = 25$
$A = 514$, $B = 25$ のとき $A' = 1028$, $B' = 12$
$A = 1028$, $B = 12$ のとき $A' = 2056$, $B' = 6$
$A = 2056$, $B = 6$ のとき $A' = 4112$, $B' = 3$
$A = 4112$, $B = 3$ のとき $A' = 8224$, $B' = 1$
したがって，【作業 Y】の結果は，$514 + 4112 + 8224$
(2) $(A, B) \to (A', B')$ とかくことにすると
$(50, 257) \to (100, 128) \to (200, 64) \to (400, 32) \to (800, 16) \to (1600, 8) \to (3200, 4) \to (6400, 2) \to (12800, 1)$
したがって，$50 + 12800$
(3) $B \to B'$ とかくことにすると，アについて
$514 \to 257 \to 128 \to 64 \to 32 \to 16 \to 8 \to 4 \to 2 \to 1$
このときの項の数は 2 個
$31 \to 15 \to 7 \to 3 \to 1$ より，イのときの項の数は 5 個
(4) 項の数が 2 個となるのは $B = 2^n + 1$，または
$B = 2^m(2^n + 1)$ $(m \geqq 1)$ の場合であり，求める B の値は，$B = 2^{10} + 1 = 1025$

〈SU. K.〉

成蹊高等学校

問題 P.154

解答

1 ▌平方根，因数分解，2 次方程式，平行と合同，確率，データの散らばりと代表値▐ (1) $\sqrt{10}$
(2) $(a+2)(a+b-2)$ (3) $x = 1 \pm \sqrt{7}$ (4) $\angle x = 57$ 度
(5) $\dfrac{1}{6}$ (6) ⑥

2 ▌2 次方程式，1 次関数，関数 $y = ax^2$，平行四辺形，関数を中心とした総合問題▐ (1) $a = \dfrac{1}{2}$ (2) B (4, 8) (3) $\dfrac{28}{3}$
(4) $y = \dfrac{1}{11}x$

3 ▌連立方程式の応用▐ (1) $(6x + 10y)$ g
(2) $x = \dfrac{15}{2}$, $y = 4$

4 ▌三角形，円周角と中心角，三平方の定理▐ (1) 6 (2) $\sqrt{15}$

5 ▌空間図形の基本，立体の表面積と体積，三角形，相似，三平方の定理▐ (1) $6\sqrt{2}$ (2) $18\sqrt{2}$ (3) 4 : 9 (4) $2\sqrt{6}$

解き方

1 (1) (与式)
$$= \frac{9\sqrt{10}}{2} - 2\sqrt{2} - \frac{7\sqrt{10}}{2} + 3 - 2 + 2\sqrt{2} - 1 = \sqrt{10}$$
(2) $a^2 + ab + 2b - 4 = (a+2)(a-2) + b(a+2)$
$= (a+2)(a+b-2)$
(3) $\dfrac{1}{3}(x-2)(x+3) = x$　　$x^2 + x - 6 = 3x$
$x^2 - 2x - 6 = 0$　　$x = \dfrac{2 \pm \sqrt{28}}{2} = 1 \pm \sqrt{7}$

(4) $\angle x$
$= 6° + \{(180° - 107°) - 22°\}$
$= 6° + 51° = 57°$

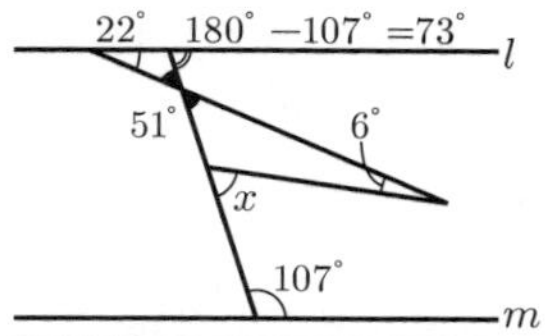

(5) 右図より，求める確率は，$\dfrac{6}{6 \times 6} = \dfrac{1}{6}$

a ＼ b	1	2	3	4	5	6
1	11	⑫	13	14	15	16
2	21	22	23	㉔	25	26
3	31	32	33	34	35	㊱
4	41	㊷	43	44	45	46
5	51	52	53	(54)	55	56
6	61	62	63	64	65	(66)

(6) ヒストグラムから分かることは次の通りである。ただし，単位は省略するものとする。
最小値は 5 ～ 15，最大値は 85 ～ 95 である。
データの大きさが 43 なので，
中央値は小さい方から数えて 22 番目だから 35 ～ 45，
第 1 四分位数は小さい方から数えて 11 番目だから 15 ～ 25，
第 3 四分位数は大きい方から数えて 11 番目だから 55 ～ 65，
この条件をすべてみたす箱ひげ図は⑥のみである。

2 (1) 関数 $y = ax^2$ のグラフは点 A $(-2, 2)$ を通るので，
$2 = 4a$　　$a = \dfrac{1}{2}$

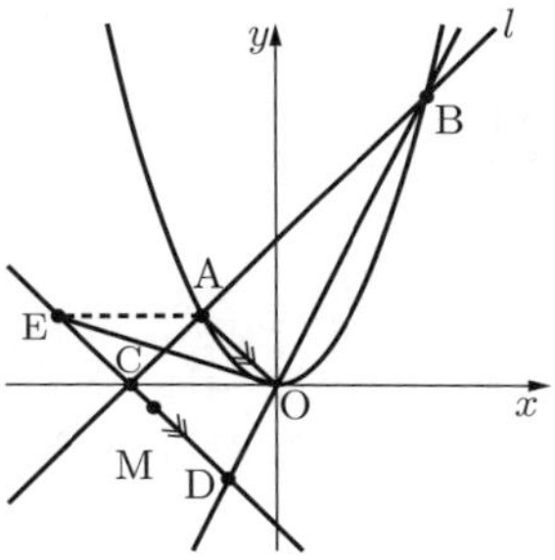

(2) 直線 l は，傾きが 1 なので，$y = x + b$ とおける。
これが，点 A を通るので，
$2 = -2 + b$　　$b = 4$
直線 l の式は，$y = x + 4$
l と放物線 $y = \dfrac{1}{2}x^2$ との交点が B なので連立させて解く。
$\dfrac{1}{2}x^2 = x + 4$　　$x^2 - 2x - 8 = 0$　　$(x+2)(x-4) = 0$
$x > 0$ より $x = 4$　　このとき，$y = 8$ だから，B (4, 8)
(3) 四角形 OACD $= \triangle$OAC $+ \triangle$OCD と考える。
直線 l の式から，C $(-4, 0)$ である。
直線 CD は，傾きが OA の傾き -1 に等しいので，
$y = -x + c$ とおける。これが，点 C を通るので，
$0 = 4 + c$　　$c = -4$
直線 CD の式は，$y = -x - 4$
直線 OB の式は，原点を通り，傾き 2 だから，$y = 2x$
CD と OB との交点が D なので，2 式を連立させて解く。
$2x = -x - 4$　　$x = -\dfrac{4}{3}$
このとき，$y = -\dfrac{8}{3}$ だから，D $\left(-\dfrac{4}{3}, -\dfrac{8}{3}\right)$
よって，四角形 OACD の面積は，
$4 \times 2 \div 2 + 4 \times \dfrac{8}{3} \div 2 = 4 + \dfrac{16}{3} = \dfrac{28}{3}$
(4) $\triangle$OAC と $\triangle$OEC の面積が等しくなる点 E を直線 CD 上の第 2 象限にとると，E $(-6, 2)$ である。
四角形 OACD の面積は，$\triangle$OED の面積に等しいから，DE の中点を M とすると，
$x = \dfrac{1}{2}\left(-\dfrac{4}{3} - 6\right) = -\dfrac{11}{3}$，$y = \dfrac{1}{2}\left(-\dfrac{8}{3} + 2\right) = -\dfrac{1}{3}$
よって，M $\left(-\dfrac{11}{3}, -\dfrac{1}{3}\right)$

したがって，求める直線の式は，$y = \dfrac{1}{11}x$

3 容器 A の食塩の量に関する式は，
$\dfrac{x}{100} \times 400 + \dfrac{y}{100} \times 300 = \dfrac{3}{100} \times (400 + 300 + 700)$
$4x + 3y = 42 \cdots$①
(1) 容器 B の食塩の量は，
$\dfrac{x}{100} \times 600 + \dfrac{y}{100} \times 1000 = 6x + 10y$ (g)
(2) A から取り出した食塩水に含まれる食塩の量と，B から取り出した食塩水に含まれる食塩の量との和は，
$\dfrac{3}{100} \times 500 + (6x + 10y) \times \dfrac{300}{600 + 1000 - 100}$
C の食塩の量は，$\dfrac{y}{100} \times (500 + 300)$
これらが等しいから，
$15 + (6x + 10y) \times \dfrac{3}{15} = 8y$ $y = \dfrac{2x + 25}{10}\cdots$②
①に代入して，$4x + 3 \times \dfrac{2x + 25}{10} = 42$ $x = \dfrac{15}{2}$
②に代入して，$y = \dfrac{15 + 25}{10} = 4$

4 (1) 点 D から CA の延長線に下ろした垂線の足を H とすると，△CDH は，直角二等辺三角形だから，辺の比は $1:\sqrt{2}$ である。

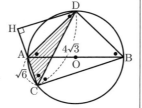

$DH = \dfrac{CD}{\sqrt{2}} = \dfrac{4\sqrt{3}}{\sqrt{2}} = 2\sqrt{6}$
△DAC = AC × DH ÷ 2
= $\sqrt{6} \times 2\sqrt{6} \div 2 = 6$
(2) CH = DH = $2\sqrt{6}$，AH = $\sqrt{6}$ だから，△ADH に三平方の定理を用いると，AD = $\sqrt{24 + 6} = \sqrt{30}$
直角二等辺三角形 OAD に着目すると，
OA = $\dfrac{AD}{\sqrt{2}} = \dfrac{\sqrt{30}}{\sqrt{2}} = \sqrt{15}$
よって，円 O の半径は $\sqrt{15}$

5 (1) BE = $x (>0)$ とおくと，AB = $2x$ なので，△ABE に三平方の定理を用いると，
$(2x)^2 + x^2 = (3\sqrt{10})^2$
$x^2 = \dfrac{90}{5} = 18$
$x = 3\sqrt{2}$
よって，正方形 ABCD の 1 辺の長さは，$6\sqrt{2}$

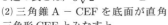

(2) 三角錐 A − CEF を底面が直角三角形 CEF とみなすと，高さが AB となるから，求める体積は，
$(3\sqrt{2})^2 \div 2 \times 6\sqrt{2} \div 3 = 18\sqrt{2}$
(3) 図 1 にひも（線分 BD）をかきこむと，△AGD∽△EGB であり，相似比は，
AG : EG = AD : EB = 2 : 1 である。

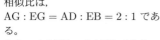

また，△AGH∽△AEF であり，相似比は AG : AE = 2 : 3 だから，
△AGH : △AEF = $2^2 : 3^2 = 4 : 9$
(4) 三角錐 A − CGH の体積を V とする。(2)と(3)の結果より，

$V = 18\sqrt{2} \times \dfrac{4}{9} = 8\sqrt{2}\cdots$①
また，$V = \triangle CGH \times AI \div 3$ で求めることもできるので，△CGH の面積を考える。正方形の対角線 BD の長さは，
$6\sqrt{2} \times \sqrt{2} = 12$ であり，BG : DG = 1 : 2 より，
BG = 12 ÷ 3 = 4
GH = BD − BG × 2 = 12 − 4 × 2 = 4
したがって，△CGH は 1 辺の長さが 4 の正三角形であり，その面積は，$\dfrac{\sqrt{3}}{4} \times 4^2 = 4\sqrt{3}$ だから，
$V = 4\sqrt{3} \times AI \div 3\cdots$②
①，②より，$4\sqrt{3} \times AI \div 3 = 8\sqrt{2}$
よって，$AI = \dfrac{3 \times 8\sqrt{2}}{4\sqrt{3}} = 2\sqrt{6}$

〈T. E.〉

専修大学附属高等学校

問題 P.155

解答

1 平方根，因数分解，データの散らばりと代表値，確率，1 次方程式の応用，2 次方程式の応用，立体の表面積と体積，三平方の定理 (1) $\dfrac{2\sqrt{3}a}{b}$ (2) 3
(3) $(x + y − 1)(x + y − 4)$ (4) $n = 14$ (5) 4.5 点 (6) $\dfrac{3}{5}$
(7) 40 分後 (8) $2 + \sqrt{3}, 2 − \sqrt{3}$ (9) $\dfrac{3\sqrt{46}}{2}$

2 1 次方程式の応用 (1)（国語の得点）:（英語の得点）= 3 : 5 (2) 180 点

3 1 次関数，関数 $y = ax^2$ (1) 2 (2) $a = 2, b = 4$
(3) $-\dfrac{2}{5}$

4 相似 (1) AG : GE = 2 : 1 (2) △ABG = $\dfrac{1}{6}$
(3) △AEF = $\dfrac{3}{8}$

5 数の性質 (1) 399 枚 (2)「13310」 (3)「20000」

解き方 **1** (1)（与式）= $\dfrac{3a^2 b \times 2}{\sqrt{3}ab^2} = \dfrac{2\sqrt{3}a}{b}$
(2)（与式）= $(2\sqrt{3})^2 − 3^2 = 12 − 9 = 3$
(3) $x + y = A$ とおくと，$A^2 − 5A + 4$
= $(A − 1)(A − 4) = (x + y − 1)(x + y − 4)$
(4) $126 = 2 \times 3^2 \times 7$ より，$n = 2 \times 7 = 14$
(5) 人数が 20 人より，10 番目と 11 番目の平均値となるので，
$\dfrac{4 + 5}{2} = \dfrac{9}{2} = 4.5$（点）
(6) 5 人から 2 人を選ぶ方法は，10 通り。

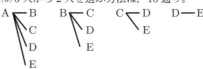

A が選ばれないのは，6 通りより，求める確率は，
$\dfrac{6}{10} = \dfrac{3}{5}$
(7) x 時間後に出会うとすると，$9x + 12x = 14$
$x = \dfrac{14}{21} = \dfrac{2}{3}$（時間） よって，$\dfrac{2}{3} \times 60 = 40$（分後）
(8) 2 つの数を a, b とすると，$(x − a)(x − b) = 0$
$x^2 − (a + b)x + ab = 0$ より，この 2 次方程式の解となるので，$x^2 − 4x + 1 = 0$ を解けばよい。解の公式より，

$x = \dfrac{-(-4) \pm \sqrt{(-4)^2 - 4 \times 1 \times 1}}{2 \times 1}$
$= \dfrac{4 \pm \sqrt{12}}{2} = \dfrac{4 \pm 2\sqrt{3}}{2} = 2 \pm \sqrt{3}$
(9) △ABC は直角二等辺三角形なので，
AB : AC = $1 : \sqrt{2}$ より，
AC = $3\sqrt{2}$
また，△OAH は
∠OHA = 90° の直角三角形なので，
OH = $\sqrt{4^2 - \left(\dfrac{3\sqrt{2}}{2}\right)^2}$
$= \sqrt{\dfrac{46}{4}} = \dfrac{\sqrt{46}}{2}$

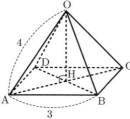

よって，体積は，$\dfrac{1}{3} \times 3 \times 3 \times \dfrac{\sqrt{46}}{2} = \dfrac{3\sqrt{46}}{2}$

2 (1) 数学の得点を x 点とすると，3教科の合計点は $3x$ 点となるので，国語の得点は $\dfrac{3}{4}x$ 点，英語の得点は，
$3x - x - \dfrac{3}{4}x = \dfrac{5}{4}x$（点）となる。
よって，(国語の得点) : (英語の得点) = $\dfrac{3}{4}x : \dfrac{5}{4}x = 3 : 5$
(2) $\dfrac{5}{4}x - \dfrac{3}{4}x = 30$　$\dfrac{2}{4}x = 30$　$x = 60$（点）
よって，3教科の合計点は，$3 \times 60 = 180$（点）

3 (1) $y = 2 \times (-1)^2 = 2$
(2) 点 B の y 座標は，$y = 2 \times 2^2 = 8$ となる。2点 A，B を通るので，$-a + b = 2\cdots$①　$2a + b = 8\cdots$②
①，②より，$a = 2$，$b = 4$
(3) 点 A と x 軸に関して対称な点を C $(-1, -2)$ とする。AP + BP が最小となるのは，直線 BC と x 軸との交点が P となるときである。直線 BC の式を $y = cx + d$ とすると，点 B，C を通るので，
$2c + d = 8\cdots$③
$-c + d = -2\cdots$④
③，④より，$c = \dfrac{10}{3}$，
$d = \dfrac{4}{3}$
よって，$y = \dfrac{10}{3}x + \dfrac{4}{3}$
したがって，点 P の x 座標は，
$0 = \dfrac{10}{3}x + \dfrac{4}{3}$　$\dfrac{10}{3}x = -\dfrac{4}{3}$　$x = -\dfrac{2}{5}$

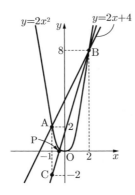

4 (1) AD // BC より，AG : GE = AD : BE = 2 : 1
(2) △ABC = $\dfrac{1}{2}$ より，△ABE = $\dfrac{1}{2} \times \dfrac{1}{2} = \dfrac{1}{4}$
△ABG : △EBG = AG : GE = 2 : 1 より，
△ABG = $\dfrac{1}{4} \times \dfrac{2}{3} = \dfrac{1}{6}$
(3) △AFD = $\dfrac{1}{2} \times \dfrac{1}{2}$
$= \dfrac{1}{4}$
また，
△CEF∽△CBD なので，△CEF : △CBD = $1^2 : 2^2 = 1 : 4$ より，

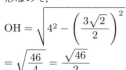

△CEF = $\dfrac{1}{2} \times \dfrac{1}{4} = \dfrac{1}{8}$
よって，△AEF = (平行四辺形 ABCD) − △ABE
− △CEF − △AFD = $1 - \dfrac{1}{4} - \dfrac{1}{8} - \dfrac{1}{4} = \dfrac{3}{8}$

5 (1) クッキーの枚数は，
$e \times 4^4 + d \times 4^3 + c \times 4^2 + b \times 4 + a \times 1$（枚）
となる。よって，
$1 \times 4^4 + 2 \times 4^3 + 0 \times 4^2 + 3 \times 4 + 3 \times 1$
$= 256 + 128 + 0 + 12 + 3 = 399$（枚）
(2) $500 \div 4^4 = 1\cdots244$ より，$e = 1$
$244 \div 4^3 = 3\cdots52$ より，$d = 3$
$52 \div 4^2 = 3\cdots4$ より，$c = 3$
$4 \div 4 = 1\cdots0$ より，$b = 1$，$a = 0$　よって，「13310」
(3) 2組のクッキーをひとまとめにすると $e = 1$，$d = 3$，$c = 3$，$b = 3$，$a = 4$ となるので，
$1 \times 4^4 + 3 \times 4^3 + 3 \times 4^2 + 3 \times 4 + 4 \times 1$
$= 256 + 192 + 48 + 12 + 4 = 512$（枚）　よって，
$512 \div 4^4 = 2\cdots0$ より，$e = 2$，$d = c = b = a = 0$ となるので，「20000」

〈A. H.〉

中央大学杉並高等学校　問題 P.156

解　答

1 正負の数の計算，多項式の乗法・除法，2次方程式，確率，円周角と中心角　(問1) -4
(問2) -4　(問3) $\dfrac{7}{12}$　(問4) ∠DEF = $\left(90 - \dfrac{1}{2}x\right)°$

2 三平方の定理　(問1) $2\sqrt{2} + 2$　(問2) $8\sqrt{2} + 8$
(問3) $(2\sqrt{2} + 4)\pi$

3 1次関数，関数 $y = ax^2$　(問1) $a = 2$，$b = 3$
(問2) C $\left(-\dfrac{3}{2}, \dfrac{9}{4}\right)$，D $(2, 4)$　(問3) $\dfrac{9}{2}$

4 相似　(問1) 32 倍　(問2) $a = \sqrt{2}$　(問3) (う)
(問4) (く)

5 1次関数，円周角と中心角，三平方の定理
(問1) $y = -\dfrac{2}{5}x + \dfrac{7}{5}$　(問2) P $\left(\dfrac{7}{2}, 0\right)$
(問3)（式・考え方）
小円と y 軸，x 軸，QP
との接点をそれぞれ A，
B，C とする。
QA = QC = p
とおくと，△QOP は
直角三角形だから，
$(p + 1)^2 + \left(\dfrac{7}{2}\right)^2 = \left(p + \dfrac{5}{2}\right)^2$
式を展開して整理すると，$3p = 7$　$p = \dfrac{7}{3}$
したがって，OQ = $\dfrac{7}{3} + 1 = \dfrac{10}{3}$，Q $\left(0, \dfrac{10}{3}\right)$
（答）Q $\left(0, \dfrac{10}{3}\right)$

解き方　**1**（問1）2020 を x に置き換えると，
（与式）
$= (x+1)x - x(x-1) + (x+1)(x+2) - (x+2)(x+3)$
$= x^2 + x - x^2 + x + x^2 + 3x + 2 - x^2 - 5x - 6 = -4$
（問2）$x^2 - 6x + 4 = 0\cdots$①　①の解は $x = 3 \pm \sqrt{5}$
$y^2 - 14y + 44 = 0\cdots$②　②の解は $y = 7 \pm \sqrt{5}$
$x = 3 + \sqrt{5}$，$y = 7 + \sqrt{5}$ のとき，

解　答　数学 | 114

$x - y = (3+\sqrt{5}) - (7+\sqrt{5}) = -4$
$x = 3-\sqrt{5},\ y = 7-\sqrt{5}$ のとき,
$x - y = (3-\sqrt{5}) - (7-\sqrt{5}) = -4$
(問3) 大小2個のさいころの出る目の積が6の倍数になる場合は,
(大, 小) = {(1, 6), (2, 3), (2, 6), (3, 2), (3, 4),
(3, 6), (4, 3), (4, 6), (5, 6), (6, 1), (6, 2), (6, 3),
(6, 4), (6, 5), (6, 6)} の15通りであるから,
6の倍数にならない確率は, $1 - \dfrac{15}{36} = \dfrac{21}{36} = \dfrac{7}{12}$
(問4) 図のように, それぞれの角を a, b, c で表し,
四角形 ADEF の内角の大きさは360°だから,
$x° + (a+b+c) + 2c = 360°$
$x° + 180° + 2c = 360°$
よって, $c = 90° - \dfrac{1}{2}x°$
したがって, $\angle \mathrm{DEF} = 90° - \dfrac{1}{2}x°$

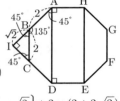

2 (問1) 直線 AB と直線 DC の交点を I とすると △AID は直角二等辺三角形だから,
$\mathrm{AD} = \mathrm{AI} \times \sqrt{2} = (2+\sqrt{2}) \times \sqrt{2} = 2\sqrt{2} + 2$
(問2)
(正八角形 ABCDEFGH の面積)
= (台形 ABCD の面積)
　+ (長方形 ADEH の面積)
　+ (台形 HEFG の面積)
= (△AID の面積 − △BIC の面積)
　× 2 + (長方形 ADEH の面積)
= $2\left\{\dfrac{1}{2}\times(2+\sqrt{2})^2 - \dfrac{1}{2}\times\sqrt{2}\times\sqrt{2}\right\} + 2\times(2+2\sqrt{2})$
= $8\sqrt{2} + 8$

(問3) 円の中心を O, AH の中点を M とすると, OH が円 O の半径だから, 直角三角形 OMH で
$r^2 = (\sqrt{2}+1)^2 + 1^2 = 4+2\sqrt{2}$
したがって, 正八角形 ABCDEFGH の外接円の面積は,
$\pi \times (4+2\sqrt{2}) = 2(\sqrt{2}+2)\pi$

3 (問1) 点 A, B の x, y の値を, 直線 l の $y = ax + b$ に代入すると, $-a+b = 1\cdots①$, $3a+b = 9\cdots②$
①, ②を解くと, $a = 2$, $b = 3$
(問2) 直線 m は, $y = \dfrac{1}{2}x + 3\cdots③$, $y = x^2\cdots④$
③と④より, $x^2 = \dfrac{1}{2}x + 3$　　$2x^2 - x - 6 = 0$
$(2x+3)(x-2) = 0$　　$x = -\dfrac{3}{2},\ 2$
したがって, C$\left(-\dfrac{3}{2},\ \dfrac{9}{4}\right)$, D$(2, 4)$
(問3) 点 D を通り, y 軸に平行な直線を引き, 直線 l との交点を E とすると, E の y 座標の値は, $y = 2\times 2 + 3 = 7$
したがって,
(△PDB の面積)
= $\dfrac{1}{2} \times (7-4) \times 3 = \dfrac{9}{2}$

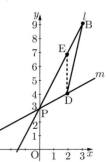

4 (問1) (A1判の面積) = (A0判の面積) × $\dfrac{1}{2}$
(A2判の面積) = (A1判の面積) × $\dfrac{1}{2}$
⋮
(A5判の面積) = (A4判の面積) × $\dfrac{1}{2}$
したがって,
(A5判の面積) = (A0判の面積) × $\left(\dfrac{1}{2}\right)^5$
= (A0判の面積) × $\dfrac{1}{32}$
よって, A0判の面積は A5判の面積の32倍である。
(問2) $1:a = \dfrac{a}{2}:1$　　$a^2 = 2$
$a > 0$ であるから, $a = \sqrt{2}$
(問3) $\dfrac{\sqrt{2}}{8} \div \dfrac{1}{4} \times 100 = 0.705 \times 100 = 71$ (％)
(問4) A0判の短い方の辺の長さを p, 長い方の辺の長さを q とすると,
(A4判の原稿用紙の短い方の辺の長さ) = $\dfrac{p}{4}$
B0判の短い方の辺の長さを x, 長い方の辺の長さを y とすると,
(B5判の出力用紙の短い方の辺の長さ) = $\dfrac{y}{8}$
したがって, 倍率は,
$\dfrac{y}{8} \div \dfrac{p}{4} = \dfrac{y}{2p}$
(A3判の原稿用紙の短い方の辺の長さ) = $\dfrac{q}{4}$
(出力用紙の短い方の辺の長さ) = X とすると,
$X \div \dfrac{q}{4} = \dfrac{y}{2p}$　　$X = \dfrac{1}{8} \times \dfrac{q}{p} \times y$
$\dfrac{q}{p} = \sqrt{2}$, $y = \sqrt{2}x$ だから,
$X = \dfrac{1}{8} \times \sqrt{2} \times \sqrt{2}x = \dfrac{x}{4}$
したがって, 出力用紙は B4判である。

5 (問1) 求める直線の式を $y = ax + b\cdots①$ とおき, 点 $(1, 1)$, 点 $\left(-\dfrac{7}{3},\ \dfrac{7}{3}\right)$ の x, y の値を①に代入すると,
$a + b = 1\cdots②$, $-\dfrac{7}{3}a + b = \dfrac{7}{3}\cdots③$
②, ③を解くと, $a = -\dfrac{2}{5}$, $b = \dfrac{7}{5}$
よって, 2つの円の中心を通る直線の式は,
$y = -\dfrac{2}{5}x + \dfrac{7}{5}$
(問2) 点 P は2つの円の中心を通る直線と2円の接線と交わった点だから, $-\dfrac{2}{5}x + \dfrac{7}{5} = 0$　　$x = \dfrac{7}{2}$
したがって, 点 P の座標は, P$\left(\dfrac{7}{2},\ 0\right)$

〈K. M.〉

中央大学附属高等学校

問題 P.157

解答

1 式の計算, 平方根, 因数分解, 2次方程式, 関数 $y = ax^2$, データの散らばりと代表値, 三平方の定理, 円周角と中心角 (1) $\dfrac{27}{8}x^4z^8$ (2) 12
(3) $(ab+c-d)(ab-c-d)$
(4) $x = \dfrac{2 \pm \sqrt{14}}{2}$ (5) $a = -4, -\dfrac{7}{2}$ (6) $a = 14, b = 18$
(7) $3 + \sqrt{3}$ (8) $\angle x = 26°$

2 立体の表面積と体積, 数・式の利用 (1) $h = \dfrac{4R^3}{3r^2}$
(2) (円柱) : (球) = 37 : 18

3 平行四辺形, 関数 $y = ax^2$ (1) $a = -\dfrac{1}{2}, b = \dfrac{3}{2}$
(2) $\left(7, -\dfrac{49}{2}\right), (-10, -50)$

4 数の性質 (1) 4回 (2) $2^k \times k!$ (3) 22回

5 2次方程式の応用 (1) $M = \dfrac{6}{t} + t - 5$
(2) $m = 1, \dfrac{3 \pm \sqrt{5}}{2}$

解き方

1 (1) (与式)
$= -48x^3yz^2 \times \dfrac{9}{16x^2y^4} \times \left(-\dfrac{1}{8}x^3y^3z^6\right)$
$= \dfrac{27}{8}x^4z^8$

(2) (与式)
$= 5 + 2\sqrt{15} + 3 - 2(\sqrt{5}+\sqrt{3})(\sqrt{5}-\sqrt{3}) + 5 - 2\sqrt{15} + 3$
$= 16 - 4 = 12$

(3) (与式) $= (ab)^2 - 2(ab)d + d^2 - c^2$
$= (ab-d)^2 - c^2 = (ab-d+c)(ab-d-c)$

(4) 与式より, $6x^2 - 5x - 6 + x - 2 = 2x^2 + 4x + 2$
整理して, $2x^2 - 4x - 5 = 0$
よって, $x = \dfrac{4 \pm 2\sqrt{14}}{4} = \dfrac{2 \pm \sqrt{14}}{2}$

(5) $y = 3x^2$ において, $y = 0$ のとき $x = 0$, $y = 48$ のとき $x = \pm 4$
よって条件より x の変域に 0 が含まれ, 端の値は -4 か 4
$a = -4$ のとき $2a + 11 = 3 > 0$ より適する.
$2a + 11 = 4$ のとき $a = -\dfrac{7}{2}$ これも適する.

(6) 6つのデータの和より, $a + b + 70 = 17 \times 6$
$a + b = 32$
また, 小さい順に並べたときの 3, 4番目の和は,
$16.5 \times 2 = 33$
よって, a, b が 3, 4番目ではなく, $11 < 15 < 20 < 24$ より
3, 4番目が 15 と b のとき, $b = 18$, $a = 14$ これは適する.
3, 4番目が a と 20 のとき, $a = 13$ これは不適.

(7) C から直線 AB に引いた垂線を CH とすると, △ACH は内角が 30°, 60°, 90° であるから,
AH $= \dfrac{2\sqrt{3}+2}{2}$
$= \sqrt{3} + 1$
CH $= \sqrt{3}(\sqrt{3}+1) = 3 + \sqrt{3}$

△BCH は直角二等辺三角形であり,
AB $= 3 + \sqrt{3} - (\sqrt{3}+1) = 2$
したがって, △ABC $= \dfrac{1}{2} \times 2 \times (3+\sqrt{3}) = 3 + \sqrt{3}$

(8) OC と円の交点を E とする.
$\angle$CAE $= \dfrac{1}{2}\angle$DOE
$= \dfrac{1}{2}\angle x$
$\angle$BAE $= 90°$ より,
$\angle$BEA $= 90° - 51°$
$= 39°$
△AEC の内角と外角の性質より,
$\angle x + \dfrac{1}{2}\angle x = 39°$ よって, $\angle x = 26°$

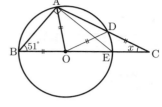

2 (1) $\pi r^2 h = \dfrac{4}{3}\pi R^3$ より, $h = \dfrac{4R^3}{3r^2}$

(2) $R = 3r$ より, $h = \dfrac{4 \times 27r^3}{3r^2} = 36r$
円柱の表面積は, $2\pi r^2 + 2\pi r \times 36r = 74\pi r^2$
球の表面積は, $4\pi(3r)^2 = 36\pi r^2$

3 (1) A, B は $y = ax^2$ 上にあるので,
A$(-5, 25a)$, B$(2, 4a)$
A, B は $y = bx - 5$ 上にもあるので,
$25a = -5b - 5$ $5a + b = -1$ …①
$4a = 2b - 5$ $4a - 2b = -5$ …②
①, ②より, $a = -\dfrac{1}{2}, b = \dfrac{3}{2}$

(2) y 軸上の点を T$(0, t)$ $(t < -5)$ とすると, △ABT $= 105$ のとき, $\dfrac{1}{2}(-5-t) \times (2+5) = 105$ これより, $t = -35$
条件をみたす点は T を通り直線 AB に平行な直線
$y = \dfrac{3}{2}x - 35$ と放物線の交点である.
$-\dfrac{1}{2}x^2 = \dfrac{3}{2}x - 35$ より, $x^2 + 3x - 70 = 0$
$(x+10)(x-7) = 0$ $x = -10, 7$
したがって求める点 C の座標は,
$(-10, -50), \left(7, -\dfrac{49}{2}\right)$

4 (1) 求める値は 10! を素因数分解したときの因数 3 の個数である.
1 から 10 までの整数にある 3 の倍数は 3 個,
9 の倍数は 1 個 よって, $3 + 1 = 4$ (回)

(2) $(2k)!! = (2k) \times (2k-2) \times (2k-4) \times \cdots \times 4 \times 2$
$= (2k) \times 2(k-1) \times 2(k-2) \times \cdots \times (2 \times 2) \times (2 \times 1)$
$= 2^k \times \{k \times (k-1) \times (k-2) \times \cdots \times 2 \times 1\} = 2^k \times k!$

(3) $100!! = (2 \times 50)!! = 2^{50} \times 50!$
1 から 50 までの整数にある, 3, 9, 27 の倍数はそれぞれ 16 個, 5 個, 1 個であるから, $16 + 5 + 1 = 22$ (回)

5 (1) $M = \dfrac{6m}{m^2+1} + \dfrac{m^2+1}{m} - 5$
$= \dfrac{6}{m + \dfrac{1}{m}} + m + \dfrac{1}{m} - 5 = \dfrac{6}{t} + t - 5$

(2) $M = \dfrac{6}{t} + t - 5 = 0$ のとき,
$6 + t^2 - 5t = 0$ $t^2 - 5t + 6 = 0$
$(t-3)(t-2) = 0$ $t = 2, 3$
$t = 2 = m + \dfrac{1}{m}$ のとき,
$m^2 - 2m + 1 = 0$ $(m-1)^2 = 0$
よって, $m = 1$

解答

$t = 3 = m + \dfrac{1}{m}$ のとき, $m^2 - 3m + 1 = 0$

よって, $m = \dfrac{3 \pm \sqrt{5}}{2}$

〈SU. K.〉

土浦日本大学高等学校

問題 P.158

解答

1 正負の数の計算, 平方根, 2次方程式, データの散らばりと代表値, 図形を中心とした総合問題

(1) ア/イ…$\dfrac{1}{2}$ (2) ウ$\sqrt{エ}$…$7\sqrt{3}$

(3) $\dfrac{オ \pm \sqrt{カキ}}{ク}$…$\dfrac{1 \pm \sqrt{33}}{8}$ (4) ケコ…39

(5) サ, シ…0, 2

2 比例・反比例, 確率, 円周角と中心角, 相似

(1) ア分イウ秒…2分55秒 (2) エ/オ…$\dfrac{2}{3}$, カ/キ…$\dfrac{2}{9}$

(3) ク$\sqrt{ケ}$…$3\sqrt{5}$

3 連立方程式の応用 (1) ア…8

(2) イ $x+y=$ ウエ…$4x+y=40$ (3) オカ.キ…15.4

4 1次関数, 平行四辺形, 関数 $y=ax^2$ (1) ア/イ…$\dfrac{1}{4}$

(2) $y = -\dfrac{ウ}{エ}x + オ$…$y = -\dfrac{3}{2}x + 4$,

C($-$カ, キク)…C(-8, 16)

(3) P(0, ケコ)…P(0, 34)

5 立体の表面積と体積, 三平方の定理

(1) ア$\sqrt{イ}$…$2\sqrt{3}$ (2) $\dfrac{ウ\sqrt{エ}}{オ}$…$\dfrac{4\sqrt{2}}{3}$ (3) $\dfrac{カ}{キ}$…$\dfrac{8}{9}$

解き方

1(1) $\dfrac{2}{3} + \dfrac{9}{16} \times \left(-\dfrac{8}{27}\right) = \dfrac{2}{3} - \dfrac{1}{6} = \dfrac{1}{2}$

(2) $5\sqrt{3} - \sqrt{3} + 3\sqrt{3} = 7\sqrt{3}$

(3) $x = \dfrac{-(-1) \pm \sqrt{(-1)^2 - 4 \times 4 \times (-2)}}{2 \times 4} = \dfrac{1 \pm \sqrt{33}}{8}$

(4) 大きさの順に並べると, 20, 33, ㊲, ㊶, 42, 49

よって, $\dfrac{37+41}{2} = 39$

(5) ⓪ $\sqrt{49} < \sqrt{50} < \sqrt{64}$ $7 < \sqrt{50} < 8$ よって, ○
① 正四面体は正三角形で囲まれているので, ×
② 公式より, ○
③ a の絶対値が大きいほど, グラフの開き方は小さくなるので, ×

以上より, ⓪, ②

2(1) 出力を x ワット, 時間を y 秒とする.

$y = \dfrac{a}{x}$ なので, $210 = \dfrac{a}{500}$ $a = 105000$

よって, $y = \dfrac{105000}{600} = 175$ つまり, 2分55秒

(2) 3通りが3回あるので, 全部の場合の数は,
$3 \times 3 \times 3 = 27$(通り)
偶数になるのは, 一の位が2になるときのみで, その数は9通り. つまり, 奇数になるのは, $27 - 9 = 18$(通り)
求める確率は, $\dfrac{18}{27} = \dfrac{2}{3}$
また4の倍数は, 112, 132, 212, 232, 312, 332 の6通り
求める確率は, $\dfrac{6}{27} = \dfrac{2}{9}$

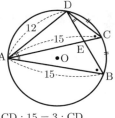

(3) ACとDBの交点をEとすると, 右図より, 1組の辺とその両端の角がそれぞれ等しく, △ADC ≡ △AEB
ここで,
EC = AC − AE = 15 − 12 = 3
また, 2組の角がそれぞれ等しいので, △CDE∽△CAD
よって, CD : CA = CE : CD   CD : 15 = 3 : CD
CD² = 45   CD = $\pm 3\sqrt{5}$
CD > 0 より, CD = $3\sqrt{5}$

3(1) 自転車の速さは同じで, $x > y$ なので, 2人がすれちがうのはC地点より西で, その地点をDとすると,
$\dfrac{AD}{20} = \dfrac{24}{60}$ となる. これを解いて, AD = 8
つまり, A地点から東に8 kmの地点.

(2) 田村君の時間に着目すると, $\dfrac{y}{20} + \dfrac{x-8}{5} = \dfrac{24}{60}$
よって, $4x + y = 40$…①

(3) 佐藤君が9分早くB地点に着いたので, 2人の時間について方程式をつくると,
$\dfrac{x}{20} + \dfrac{y}{5} + \dfrac{9}{60} = \dfrac{x}{5} + \dfrac{y}{20}$ $x - y = 1$…②
①, ②を連立させて解くと, $x = 8.2$, $y = 7.2$
以上より, AB間の距離は, $8.2 + 7.2 = 15.4$ (km)

4(1) $y = ax^2$ が A (2, 1) を通るので, $1 = 4a$ $a = \dfrac{1}{4}$

(2) AB : AD = 3 : 2 で, グラフの傾きが負なので, ②の方程式は, $y = -\dfrac{3}{2}x + b$ と表せる. これが A (2, 1) を通るので, $1 = -\dfrac{3}{2} \times 2 + b$ $b = 4$
よって, $y = -\dfrac{3}{2}x + 4$
また, Cの座標は, $y = \dfrac{1}{4}x^2$, $y = -\dfrac{3}{2}x + 4$ を連立させて解いた解なので, $\dfrac{1}{4}x^2 = -\dfrac{3}{2}x + 4$
$x^2 + 6x - 16 = 0$ $(x+8)(x-2) = 0$
Cの x 座標は負なので, $x = -8$, $y = \dfrac{1}{4} \times (-8)^2 = 16$
よって, C(-8, 16)

(3) 四角形 ABCD と △ACP の面積が等しいということは,
2△ABC = △ACP ということ.
点BをとおりACに平行な直線と y 軸との交点を B' とする. AC // BB' より,
△ABC = △AB'C
2△AB'C = △APC にするためには, 直線ACとBB'の間の距離と等しく, BB' より上にある直線を考え, その直線と y 軸との交点をPとすればよい.
ここで, BB'の式は,
$y = -\dfrac{3}{2}x + c$ が
B(2, 16) を通ればよい. $16 = -\dfrac{3}{2} \times 2 + c$ $c = 19$
つまり, BB'の切片は19.
②の切片は4なので, $19 - 4 = 15$, $19 + 15 = 34$

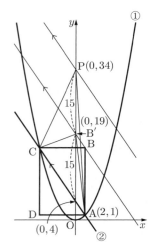

よって，P (0, 34)

5 (1) AG = $\sqrt{2^2+2^2+2^2} = \sqrt{12} = 2\sqrt{3}$

(2) △AFG = $\frac{1}{2} \times$ AF $\times$ FG …①

△AFG = $\frac{1}{2} \times$ AG $\times$ FI …②

①，②より，AF × FG = AG × FI

$2\sqrt{2} \times 2 = 2\sqrt{3}$ FI   FI = $\frac{2\sqrt{2}}{\sqrt{3}}$

AI = $\sqrt{\text{AF}^2 - \text{FI}^2} = \sqrt{(2\sqrt{2})^2 - \left(\frac{2\sqrt{2}}{\sqrt{3}}\right)^2} = \frac{4}{\sqrt{3}}$

よって，△AFI = $\frac{1}{2} \times \frac{2\sqrt{2}}{\sqrt{3}} \times \frac{4}{\sqrt{3}} = \frac{4\sqrt{2}}{3}$

(3) △AFI を底面と考える。
△AFI は平面 AFGD 上にある。
ここで，ひし形の対角線は
垂直に交わるので，辺 EH の
中点を N とすると，
MN ⊥ 平面 AFGD となり，
MN ⊥ △AFI となる。
MN と平面 AFGD の交点を J
とすると，MJ は三角すい M − AFI の高さといってよい。
また，平面 AFGD は MN を二等分しているので，
MJ = $\frac{1}{2}$ MN

MN = AF = $2\sqrt{2}$ より，MJ = $\frac{1}{2} \times 2\sqrt{2} = \sqrt{2}$

以上より，

(M − AFIの体積) = $\frac{1}{3} \times \frac{4\sqrt{2}}{3} \times \sqrt{2} = \frac{8}{9}$

〈YM. K.〉

桐蔭学園高等学校

問題 P.159

解答

1 因数分解，式の計算，2 次方程式，円周角と中心角
(1) ア…6 イ…0 ウ…0
(2) エ…6 オ…4 (3) カ…5 キ…1 ク…3 ケ…6
(4) コ…4 サ…2 シ…3 (5) ス…6 セ…1 ソ…5 タ…1

2 場合の数 (1) ア…1 イ…2 ウ…0
(2) エ…6 オ…0 カ…3 キ…2 (3) ク…2 ケ…0
(4) コ…2 サ…4

3 関数 $y = ax^2$ (1) ア…1 イ…2 ウ…3 エ…2
(2) オ…5 カ…3 (3) キ…3 ク…2 ケ…9 コ…2
(4) サ…1 シ…5 ス…7

4 三平方の定理 (1) ア…5 イ…3 ウ…3 エ…4
(2) オ…4 カ…3 キ…4 ク…3 ケ…3 サ…4
(3) シ…4 ス…3 セ…3

5 三平方の定理 (1) ア…3 イ…2 ウ…3 エ…3
(2) オ…1 カ…2 キ…3 ク…2 ケ…7 コ…3 サ…7
シ…3 (3) ス…2 セ…1 ソ…7 タ…3 チ…9

解き方

1 (1) (与式) = $(53-47)(53+47) = 600$

(2) (与式) = $\frac{a^8 b^6 \times a}{a^3 b^2} = a^{8+1-3} b^{6-2} = a^6 b^4$

(3) (与式) = $\frac{3(3a-5b) - 2(2a-b)}{6}$

$= \frac{9a - 15b - 4a + 2b}{6} = \frac{5a - 13b}{6}$

(4) $(x-4)^2 = 12$ $x-4 = \pm 2\sqrt{3}$ $x = 4 \pm 2\sqrt{3}$

(5) ∠OAP = ∠OBP = 90°
より，
∠AOB = 360° − 90° × 2 − 58°
= 122°
円周角の定理より，
∠ACB = $\frac{1}{2}$∠AOB = 61°

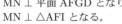

$\overset{\frown}{\text{AC}} : \overset{\frown}{\text{BC}} = 3 : 4$ より，
∠ABC : ∠CAB = 3 : 4

∠ABC = $(180° - 61°) \times \frac{3}{7} = 51°$

2 (1) 百の位→十の位→一の位の順に数字を決めると，
6 × 5 × 4 = 120（個）
(2)〔偶数〕一の位に使える数字は 2 か 4 か 6 の 3 個。
一の位→百の位→十の位の順に数字を決めると，
3 × 5 × 4 = 60（個）
〔4 の倍数〕下 2 桁が 4 の倍数，すなわち，12, 16, 24,
32, 36, 52, 56, 64 の 8 通り。それぞれの場合について
百の位の数字は 4 通り考えられるので，8 × 4 = 32（個）
(3) 一の位は 5。百の位→十の位の順に数字を決めると，
5 × 4 = 20（個）
(4) 偶数かつ 3 の倍数になればよい。3 の倍数になるためには各位の数字の和が 3 の倍数になればよい。
㋐ {1, 2, 3}   ㋑ {1, 2, 6}   ㋒ {1, 3, 5}   ㋓ {1, 5, 6}
㋔ {2, 3, 4}   ㋕ {2, 4, 6}   ㋖ {3, 4, 5}   ㋗ {4, 5, 6}
㋐から㋗まで，作ることのできる偶数の個数を足し合わせると，2 + 4 + 0 + 2 + 4 + 6 + 2 + 4 = 24（個）

3 (1) (S の y 座標) = 2 より，$2x^2 = 2$
$x > 0$ より，$x = 1$
したがって，S (1, 2)
(R の x 座標) = (S の x 座標) + 2 より，R (3, 2)

(2) $y = ax + 7$ 上に R (3, 2) があるので，

$2 = 3a + 7$ $a = -\frac{5}{3}$

(3) $y = 2x^2$ と $y = -\frac{5}{3}x + 7$ を連立して，

$2x^2 = -\frac{5}{3}x + 7$

整理すると，$6x^2 + 5x - 21 = 0$

$x = \frac{-5 \pm \sqrt{25+504}}{2 \times 6} = \frac{-5 \pm 23}{12} = -\frac{7}{3}, \frac{3}{2}$

(A の x 座標) > 0 より，(A の x 座標) = $\frac{3}{2}$

(4) 四角形 PQRS の対称の中心は，対角線 PR の中点（= M とする）と一致する。
P (1, 0)，R (3, 2) より，M の座標は，

$\left(\frac{1+3}{2}, \frac{0+2}{2}\right) = (2, 1)$

A $\left(\frac{3}{2}, \frac{9}{2}\right)$ と M (2, 1) を通る直線の式は $y = -7x + 15$

$y = 0$ を代入して，$0 = -7x + 15$ $x = \frac{15}{7}$

4 (1) 一辺 1 の正三角形 3 個から成る。（図1）

周…$1 \times 3 + 2 \times 1 = 5$

面積…$\frac{\sqrt{3}}{4} \times 1^2 \times 3 = \frac{3\sqrt{3}}{4}$

図1
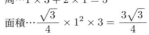

(2) 点 A が通った線は，AB = 2
を半径とする中心角 120° の円弧である。その長さは，

$2\pi \times 2 \times \frac{120}{360} = \frac{4}{3}\pi$

台形 ABCD が通過した部分の面積は，

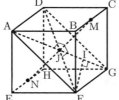

$\pi \times 2^2 \times \dfrac{120}{360} + \dfrac{3\sqrt{3}}{4} = \dfrac{4}{3}\pi + \dfrac{3\sqrt{3}}{4}$

(3) 点 A が通った線は右の図 2 の太線のようになる。

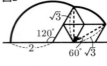

$\dfrac{4}{3}\pi + 2\pi \times \sqrt{3} \times \dfrac{60}{360}$
$= \dfrac{4}{3}\pi + \dfrac{\sqrt{3}}{3}\pi = \dfrac{4+\sqrt{3}}{3}\pi$

5 (1) $BD = CE = \sqrt{2}BC = \sqrt{2} \times \sqrt{2} = 2$ より,
△ABD および △AEC は一辺 2 の正三角形である。
$AO = \dfrac{\sqrt{3}}{2}AB = \sqrt{3}$

(正四角すい $A-BCDE$) $= (\sqrt{2})^2 \times \sqrt{3} \times \dfrac{1}{3} = \dfrac{2\sqrt{3}}{3}$

(2) △AEC について, 中点連結定理より,
$PQ = \dfrac{1}{2}CE = \dfrac{1}{2} \times 2 = 1$
△ABD を抜き出して考える。
BR と PQ の交点を K とする。
K は OA 上にもあり, OA の中点と一致する。
A を通り, BD に平行な直線と, 直線 BR の交点を L とする。
△KLA ≡ △KBO より,
AL = OB = 1。さらに,
△RLA∽△RBD より,
AR : DR = AL : DB = 1 : 2
$AR = \dfrac{1}{3}AD = \dfrac{2}{3}$

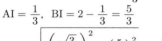

R から AB に垂線 RI を下ろす。
∠RAI = 60° より, $RI = \dfrac{\sqrt{3}}{3}$
$AI = \dfrac{1}{3}$, $BI = 2 - \dfrac{1}{3} = \dfrac{5}{3}$
$BR = \sqrt{\left(\dfrac{\sqrt{3}}{3}\right)^2 + \left(\dfrac{5}{3}\right)^2} = \sqrt{\dfrac{28}{9}} = \dfrac{2\sqrt{7}}{3}$

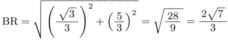

四角形 BPRQ は, BR⊥PQ のたこ形である。
(四角形 BPRQ) $= PQ \times BR \times \dfrac{1}{2} = 1 \times \dfrac{2\sqrt{7}}{3} \times \dfrac{1}{2}$
$= \dfrac{\sqrt{7}}{3}$

(3) H は直線 BR 上にある。△ABR について, BR を底辺とみたときの高さが AH である。
△ABR $= BR \times AH \times \dfrac{1}{2} = AB \times RI \times \dfrac{1}{2}$
$\dfrac{2\sqrt{7}}{3} \times AH \times \dfrac{1}{2} = 2 \times \dfrac{\sqrt{3}}{3} \times \dfrac{1}{2}$
$AH = \dfrac{\sqrt{3}}{\sqrt{7}} = \dfrac{\sqrt{21}}{7}$
(四角すい $A-BPRQ$) $=$ (四角形 BPRQ) $\times AH \times \dfrac{1}{3}$
$= \dfrac{\sqrt{7}}{3} \times \dfrac{\sqrt{21}}{7} \times \dfrac{1}{3} = \dfrac{\sqrt{3}}{9}$

〈A. T.〉

東海高等学校

問題 P.160

解答

1 平方根, 2 次方程式, 多項式の乗法・除法, データの散らばりと代表値
(1) ア. $\dfrac{\sqrt{7} \pm \sqrt{15}}{4}$ (2) イ. 16 (3) ウ. 90 エ. 60

2 数の性質 (1) オ. 6 カ. 8 (2) キ. 88 ク. 1012

3 関数 $y=ax^2$, 図形と証明, 円周角と中心角, 三平方の定理 (1) ケ. $\dfrac{\sqrt{2}}{4}$

(2) A $(2, \sqrt{2})$, B $(-4, 4\sqrt{2})$ である。
$OA^2 = 4+2 = 6$, $OB^2 = 16+32 = 48$,
$AB^2 = 36+18 = 54$
したがって, $OA^2 + OB^2 = AB^2$ が成り立つので, 三平方の定理の逆より, ∠AOB = 90°
よって, △OAB は直角三角形である。

(3) コ. $5\sqrt{2}$

4 円周角と中心角, 三平方の定理 (1) サ. $\sqrt{3} - \dfrac{\pi}{2}$

(2) シ. $1 + 2\sqrt{2} + \sqrt{3}$ (3) ス. $(2+\sqrt{6})\pi$

5 立体の表面積と体積, 相似, 三平方の定理
(1) セ. $2\sqrt{2}$ (2) ソ. $\dfrac{8\sqrt{5}}{3}$ (3) タ. $\dfrac{16\sqrt{2}}{9}$

解き方

1 (1) (与式) $\div \sqrt{2}$ より, $2x^2 - \sqrt{7}x - 1 = 0$
よって, $x = \dfrac{\sqrt{7} \pm \sqrt{15}}{4}$

(2) $3.5^2 < 13 < 4^2$ より, $a = 2\sqrt{13} - 4$ の整数部分 $b = 3$
また, $c = 2\sqrt{13} - 4 - 3 = 2\sqrt{13} - 7$
よって,
$(a+3b+1)(c+1) = (2\sqrt{13} - 4 + 9 + 1)(2\sqrt{13} - 7 + 1)$
$= 2(\sqrt{13}+3) \times 2(\sqrt{13}-3) = 4 \times (13-9) = 16$

(3) 平均値が 2 点減少するので, 修正するデータは 30 点減る。
修正後の箱ひげ図より, 上位 3 人は 75 点より上のどれか。また中央値が変わらないことから, 30 点減らしても 60 点以上であるから, 修正前の 90 点を 60 点に変える。

2 (1) $15 \div 1 = 15\cdots 0$ $15 \div 6 = 2\cdots 3$ $15 \div 11 = 1\cdots 4$
$15 \div 2 = 7\cdots 1$ $15 \div 7 = 2\cdots 1$ $15 \div 12 = 1\cdots 3$
$15 \div 3 = 5\cdots 0$ $15 \div 8 = 1\cdots 7$ $15 \div 13 = 1\cdots 2$
$15 \div 13 = 1\cdots 3$ $15 \div 9 = 1\cdots 6$ $15 \div 14 = 1\cdots 1$
$15 \div 5 = 3\cdots 0$ $15 \div 10 = 1\cdots 5$ $15 \div 15 = 1\cdots 0$

よって, 商は 6 種類, 余りは 8 種類。

(2) 割る数を a とすると, $1012 \leq a \leq 2023$ のとき, 商はすべて 1。余りは 0 から 1011 のどれかであり, 全部で 1012 種類ある。
$a \leq 1011$ のとき, 余りは 1011 より小さいので, 余りは 1012 種類。
また, $\dfrac{2023}{a} - \dfrac{2023}{a+1} < 1$ のとき,
$2023(a+1) - 2023a < a(a+1)$
よって, $2023 < a(a+1)$
また, $44 \times 45 = 1980 < 2023 < 45 \times 46 = 2070$
$2023 \div 44$ の商は 45, $2023 \div 45$ の商は 44 であるから, $44 \leq a \leq 2023$ のときの商は 1 から 45 までのどれかもれなく現れ, 全部で 45 種類ある。
また, $1 \leq a \leq 43$ のときの商は 47 以上ですべて異なり, 全部で 43 種類ある。
したがって, 商は全部あわせて $45 + 43 = 88$ (種類)

数学 | 119　　解　答

3 (1) A $(2, 4a)$, B $(-4, 16a)$

AB と y 軸との交点を C $(0, c)$ とすると,

$AC : CB = 2 : 4 = 1 : 2$

よって, $c = 4a + (16a - 4a) \times \dfrac{1}{3} = 8a$

$\triangle OAB = 6\sqrt{2}$ より, $\dfrac{1}{2} \times 8a \times (2 + 4) = 6\sqrt{2}$

これより, $a = \dfrac{\sqrt{2}}{4}$

(3) P は AB を直径とする円周上にある。

A $(2, \sqrt{2})$, B $(-4, 4\sqrt{2})$ より, $\angle AOB = 90°$

AB の中点を M とすると, M $\left(-1, \dfrac{5\sqrt{2}}{2}\right)$

したがって, P の y 座標は, $\dfrac{5\sqrt{2}}{2} \times 2 = 5\sqrt{2}$

4 (1) $\triangle OPQ$ は正三角形なので, 求める面積は,

$\sqrt{3} - \dfrac{\pi}{2}$

(2) PQ の中点を M, 直線 PQ と CD, CB の交点を E, F とすると,

$CM = EM = EQ + QM$

$= \sqrt{2} + 1$

よって,

$AC = AO + OM + MC$

$= \sqrt{2} + \sqrt{3} + \sqrt{2} + 1 = 1 + 2\sqrt{2} + \sqrt{3}$

(3) 円 O と円 Q の接点を L, L から AC へ引いた垂線を LN とすると, $LN = \dfrac{1}{2}$, $ON = \dfrac{\sqrt{3}}{2}$

$\triangle ALN$ で三平方の定理より,

$AL^2 = \left(\sqrt{2} + \dfrac{\sqrt{3}}{2}\right)^2 + \left(\dfrac{1}{2}\right)^2 = 3 + \sqrt{6}$

したがって, 求める面積は,

$\pi (AM^2 - AL^2) = \pi \{(\sqrt{2} + \sqrt{3})^2 - (3 + \sqrt{6})\}$

$= (2 + \sqrt{6})\pi$

5 (1) $OH = \dfrac{4}{\sqrt{2}} = 2\sqrt{2}$

(2) MN と OH の交点を I とすると, $OI = IH = \sqrt{2}$

直線 BI と OD の交点を L,

$OL = x$ とする。

$\angle BOD = 90°$ であり,

$\triangle OLB$ の面積より,

$\dfrac{1}{2} \times x \times 4$

$= \dfrac{1}{2} \times \sqrt{2} \times \left(\dfrac{x}{\sqrt{2}} + \dfrac{4}{\sqrt{2}}\right)$

$2x = \dfrac{1}{2}x + 2 \qquad x = \dfrac{4}{3}$

よって,

$LB = \sqrt{\left(\dfrac{4}{3}\right)^2 + 4^2}$

$= \dfrac{4\sqrt{10}}{3}$

切り口 LMBN について, $MN \perp LB$ であるから, 面積は,

$\dfrac{1}{2} \times \dfrac{4\sqrt{10}}{3} \times 2\sqrt{2} = \dfrac{8\sqrt{5}}{3}$

(3) O から BL に引いた垂線を OJ とすると, 求める体積は,

$\dfrac{1}{3} \times (切り口 LMBN) \times OJ$ である。

$\triangle OBL \backsim \triangle JBO$ より,

$OJ = LO \times \dfrac{OB}{LB} = \dfrac{4}{3} \times \dfrac{3}{\sqrt{10}} = \dfrac{2\sqrt{10}}{5}$

したがって, 体積は, $\dfrac{1}{3} \times \dfrac{8\sqrt{5}}{3} \times \dfrac{2\sqrt{10}}{5} = \dfrac{16\sqrt{2}}{9}$

〈SU. K.〉

東海大学付属浦安高等学校
問題 P.161

解答

1 正負の数の計算, 式の計算, 平方根, 多項式の乗法・除法, 因数分解 (1)ア…①

(2)イ…③ (3)ウ…④ (4)エ…⑤ (5)オ…① (6)カ…②

2 因数分解, 連立方程式, 平方根, 1次方程式の応用, データの散らばりと代表値, 三平方の定理 (1)ア…①

(2)イ…④ (3)ウ…② (4)エ…④ (5)オ…③ (6)カ…②

3 関数 $y = ax^2$ (1)アイ…32 (2)ウ…2

(3)エオ…13

4 数の性質, 確率 (1)アイウ…518 (2)エオカ…718

5 立体の表面積と体積, 平行線と線分の比, 三平方の定理

(1)アイ…22 (2)ウエオ…323 (3)カキ…52

解き方

1 (1) (与式) $= \dfrac{1}{3} + 0.9 = \dfrac{10}{30} + \dfrac{27}{30} = \dfrac{37}{30}$

(2) (与式) $= \dfrac{2ab^2 \times (-27a^3b^6)}{a^2b \times 9a^2b^3} = -6b^4$

(3) (与式) $= \dfrac{2 \times 3}{3} - \dfrac{2\sqrt{3}}{4\sqrt{3}} = 2 - \dfrac{1}{2} = \dfrac{3}{2}$

(4) (与式) $= \dfrac{3(2x - y) - 2(x - 4y)}{12}$

$= \dfrac{6x - 3y - 2x + 8y}{12} = \dfrac{4x + 5y}{12}$

(5) (与式) $= (3x - 2)\{(3x - 2) - (2x + 1)\}$

$= (3x - 2)(x - 3) = 3x^2 - 9x - 2x + 6$

$= 3x^2 - 11x + 6$

(6) (与式) $= (x + 5)(x - 6)$

$x = 26$ を代入して, $31 \times 20 = 620$

2 (1) (与式) $= x^2 - 6x + 9 - y^2$

$= (x - 3)^2 - y^2 = (x - 3 + y)(x - 3 - y)$

$= (x + y - 3)(x - y - 3)$

(2) $x - y = 3$…①と $ax + by = 1$…②と $bx - ay = 8$…③と $x + y = 1$…④の4つの式の解は同じなので, ①と④より,

$x = 2$, $y = -1$

②に代入して, $2a - b = 1$…⑤

③に代入して, $a + 2b = 8$…⑥

⑤と⑥より, $a = 2$, $b = 3$

(3) $a = \sqrt{5} - 2$, $b = \sqrt{3} - 1$ より,

$\dfrac{a}{b + 1} = \dfrac{\sqrt{5} - 2}{\sqrt{3}} = \dfrac{\sqrt{15} - 2\sqrt{3}}{3}$

(4) 昨年度の女子生徒を x 人, 男子生徒を $(1350 - x)$ 人とすると, $(1350 - x) \times (-0.05) + x \times 0.1 = 27$

$-6750 + 5x + 10x = 2700 \qquad 15x = 9450 \qquad x = 630$ (人)

よって, 今年度の女子生徒は,

$630 \times (1 + 0.1) = 693$ (人)

(5) 階級値は, 9.5, 7.5, 5.5, 3.5, 1.5 より, 平均値は,

$\dfrac{9.5 \times 2 + 7.5 \times 7 + 5.5 \times 5 + 3.5 \times 4 + 1.5 \times 2}{20}$

$= \dfrac{19 + 52.5 + 27.5 + 14 + 3}{20} = \dfrac{116}{20} = 5.8$ (点)

旺文社 2024 全国高校入試問題正解

(6) 右図のように，点 D をとる。
∠CAD = 180° − 135° = 45° より，
CD : CA = 1 : $\sqrt{2}$
となるので，CD = $2\sqrt{2}$
よって，面積は，$\frac{1}{2} \times 6 \times 2\sqrt{2} = 6\sqrt{2}$

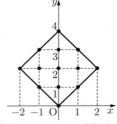

3 (1) AB と CD の交点を E とすると，点 E の座標は $\left(0, \frac{1}{2}t^2\right)$ となる。
また，DE = AE = t より，
点 D の y 座標は，$\frac{1}{2}t^2 + t$
$t = 1$ より，$\frac{1}{2} \times 1^2 + 1 = \frac{3}{2}$
(2) CE = t となればよいので，
$\frac{1}{2}t^2 = t$ $t^2 − 2t = 0$
$t(t − 2) = 0$
$t > 0$ より，$t = 2$
(3) 右図より，13 個。

4 (1) 起こりうるすべての場合の数は，$9 \times 8 = 72$ (通り)
a と b の両方が奇数のとき，積が奇数となるので，奇数は 1，3，5，7，9 の 5 枚より，$5 \times 4 = 20$ (通り)
よって，求める確率は，$\frac{20}{72} = \frac{5}{18}$
(2) 積が 6 の倍数となるのは ① a か b が 6 ② a と b が 2 の倍数と 3 の倍数 のときである。
①のとき，$a = 6$ のとき，b の引き方は 8 通りとなり，$b = 6$ のときも同様となるので，全部で，$8 \times 2 = 16$ (通り)
②のとき，6 を除いて 2 の倍数は，2，4，8 の 3 通り，3 の倍数は，3，9 の 2 通り。a が 2 の倍数，b が 3 の倍数になるのは，$3 \times 2 = 6$ (通り)
逆も同様なので，全部で，$6 \times 2 = 12$ (通り)
①，②より，積が 6 の倍数となるのは，全部で，$16 + 12 = 28$ (通り)
よって，求める確率は，$\frac{28}{72} = \frac{7}{18}$

5 (1) 点 A から BC に垂線 AG を引く。
1 辺の長さを x とすると，△ABG は，30°，60°，90° の直角三角形なので，
AB : AG = 2 : $\sqrt{3}$ より，AG = $\frac{\sqrt{3}}{2}x$
よって，△ABC の面積は，$\frac{1}{2} \times x \times \frac{\sqrt{3}}{2}x = \frac{\sqrt{3}}{4}x^2$
したがって，表面積について，
$\frac{\sqrt{3}}{4}x^2 \times 8 = 16\sqrt{3}$ $x^2 = 8$
$x > 0$ より，$x = 2\sqrt{2}$
(2) BD と CE の交点を H とする。
△BCD は，直角二等辺三角形なので，
BC : BD = 1 : $\sqrt{2}$ より，BD = 4 となるので，
BH = AH = 2
よって，体積は，$\frac{1}{3} \times 2\sqrt{2} \times 2\sqrt{2} \times 2 = \frac{32}{3}$
(3) 点 M から BD に垂線 MI を引く。
BD = $\sqrt{2}a$，AH = $\frac{\sqrt{2}}{2}a$ と
なるので，MI : AH = BM : BA
より，

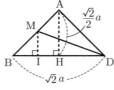

MI : $\frac{\sqrt{2}}{2}a$ = 1 : 2   MI = $\frac{\sqrt{2}}{4}a$
また，BI = MI = $\frac{\sqrt{2}}{4}a$ より，
ID = $\sqrt{2}a - \frac{\sqrt{2}}{4}a = \frac{3\sqrt{2}}{4}a$
よって，△MID で，三平方の定理より，
DM² = $\left(\frac{\sqrt{2}}{4}a\right)^2 + \left(\frac{3\sqrt{2}}{4}a\right)^2 = \frac{5}{4}a^2$
DM > 0 より，DM = $\frac{\sqrt{5}}{2}a$

〈A. H.〉

東京電機大学高等学校
問題 P.163

解答

1 平方根，2 次方程式，確率，円周角と中心角，データの散らばりと代表値 (1) $18\sqrt{2} − 16$
(2) $x = −7, 2$ (3) $\frac{1}{5}$ (4) 56° (5) 8

2 連立方程式の応用
(式と計算過程) (例)
$\begin{cases} \frac{x}{400} + \frac{y}{200} = 30 \\ \frac{x}{200} + \frac{y}{400} = 36 \end{cases}$
整理すると，$\begin{cases} x + 2y = 12000 \\ 2x + y = 14400 \end{cases}$
この連立方程式を解いて，$x = 5600, y = 3200$
(答) $x = 5600, y = 3200$

3 1 次関数，立体の表面積と体積，関数 $y = ax^2$
(1) 2 (2) $y = x + 4$ (3) 168π

4 相似，三平方の定理 (1) 13 cm (2) $\frac{25}{12}$ cm
(3) $\frac{143}{12}$ cm

5 空間図形の基本，相似，三平方の定理
(1) 辺 DH，辺 AE，辺 GH，辺 EF (2) $72\sqrt{3}$ cm²
(3) $\frac{9\sqrt{34}}{5}$ cm

解き方 **1** (1) (与式) = $4\sqrt{2}(6 − 2\sqrt{2}) − 6\sqrt{2}$
= $24\sqrt{2} − 16 − 6\sqrt{2} = 18\sqrt{2} − 16$
(2) $2(x^2 − 5) = (x − 1)(x − 4) \cdots$①   ①を整理すると，
$x^2 + 5x − 14 = 0$ $(x + 7)(x − 2) = 0$ $x = −7, 2$
(3) 2 枚のカードの和が 7 となる場合は，(1, 6)，(2, 5)，(3, 4) の 3 通り。6 枚のカードから 2 枚を引く場合の数は $6 \times 5 \div 2 = 15$ (通り) であるから，求める確率は，
$\frac{3}{15} = \frac{1}{5}$
(4) ∠x = 180° − (73° + 17° × 3) = 56°
(5) 9 人のテストのデータを箱ひげ図で表すと，右図のようになる。
(四分位範囲) = 16.5 − 8.5 = 8

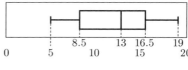

3 (1) $y = \frac{1}{2}x^2 \cdots$①
①に $x = −2$ を代入すると，$y = \frac{1}{2} \times (−2)^2 = 2$
(2) 求める直線 AB の式を $y = ax + b \cdots$②として，2 点

A $(-2, 2)$, B $(4, 8)$ の x 座標, y 座標の値を②に代入すると,
$-2a+b=2\cdots$③, $4a+b=8\cdots$④
③, ④の連立方程式を解くと, $a=1$, $b=4$
求める直線 AB は, $y=x+4$
(3)直線 AB が x 軸, y 軸と交わる点を, それぞれ, E, F とすると, E $(-4, 0)$, F $(0, 4)$ となる。
四角形 ACDB を x 軸のまわりに 1 回転させてできる立体の体積は, 頂点を E, 高さを ED, 底面の半径を DB とする円錐の体積から, 頂点を E, 高さを EC, 底面の半径を CA とする円錐の体積を引いたものであるから,
(立体の体積) $= \frac{1}{3} \times \pi \times 8^2 \times 8 - \frac{1}{3} \times \pi \times 2^2 \times 2$
$= 168\pi$

4 (1) MF $= x$ (cm) とすると, DF $= 25-x$ (cm)
△DFM は ∠MDF $= 90°$ の直角三角形だから, 三平方の定理より, $x^2 = 5^2 + (25-x)^2$
これを解くと, $x = 13$ MF $= 13$ (cm)
(2) △AMH と △DFM において,
∠HAM $=$ ∠MDF $= 90°$, ∠AMH $=$ ∠DFM
2 組の角がそれぞれ等しいから, △AMH∽△DFM
したがって, AH : AM $=$ DM : DF
AH : 5 $=$ 5 : 12   AH $= \frac{25}{12}$ (cm)
(3) 同様に, △GEH∽△DFM であるから,
GH : EH $=$ DM : FM$\cdots$①
ところで, MH : 5 $=$ 13 : 12   MH $= \frac{65}{12}$ であるから,
GH $= 10 - \frac{65}{12} = \frac{55}{12}$ (cm)
したがって, ①は,
$\frac{55}{12}$: EH $=$ 5 : 13   EH $= \frac{55}{12} \times 13 \times \frac{1}{5} = \frac{143}{12}$ (cm)

5 (1) 辺 BC と平行でなく, 交わらない位置にある辺は辺 DH, 辺 AE, 辺 GH, 辺 EF の 4 辺である。
(2) BE $=$ EG $=$ BG $= \sqrt{12^2+12^2} = 12\sqrt{2}$
△BEG は 1 辺が $12\sqrt{2}$ の正三角形であるから,
(△BEG の面積) $= \frac{\sqrt{3}}{4} \times (12\sqrt{2})^2 = 72\sqrt{3}$ (cm^2)
(3) EG と FH の交点を O とすると, BP // FO であるから,
△PQB∽△FQO$\cdots$①
BP $= \frac{3}{4} \times 12\sqrt{2}$
$= 9\sqrt{2}\cdots$②
FO $= 6\sqrt{2}\cdots$③
①, ②, ③より,
PQ : FQ $= 9\sqrt{2} : 6\sqrt{2}$
$= 3 : 2$
PF $= \sqrt{(9\sqrt{2})^2 + 12^2} = 3\sqrt{34}$
よって, PQ $= \frac{3}{5} \times 3\sqrt{34} = \frac{9\sqrt{34}}{5}$ (cm)
〈K. M.〉

同志社高等学校

問題 P.164

解答

1 式の計算, 連立方程式, 2 次方程式, 円周角と中心角, 数・式の利用, 連立方程式の応用, 多項式の乗法・除法
(1) $-\frac{2}{3}x^6y^5$ (2) $x=-3$, $y=7$
(3) $x = \frac{-3\pm\sqrt{5}}{2}$ (4) (ア) $120°$ (イ) $105°$ (5) $N=43$

2 1 次関数, 関数 $y=ax^2$, 空間図形の基本, 立体の表面積と体積, 平行線と線分の比
(1) $a = \frac{1}{2}$, 点 B の x 座標$\cdots 1$ (2) $3:1$ (3) $\frac{5}{2}\pi$

3 数の性質, 場合の数   (1) 10 通り   (2) 19 通り
(3) 27 通り

4 平面図形の基本・作図, 空間図形の基本, 立体の表面積と体積, 相似, 三平方の定理
(1) $\frac{\sqrt{15}}{4}$ cm^2 (2) $\frac{32\sqrt{14}}{3}$ cm^3 (3) $\frac{21\sqrt{7}}{4}$ cm^2

解き方 **1** (1)(与式)
$= -\frac{27x^6y^3}{8} \times \frac{1}{9x^2y^2} \times \frac{16x^2y^4}{9} = -\frac{2}{3}x^6y^5$
(2) 第 1 式を①, 第 2 式を②として,
① $\times 3 - $② $\times 2$ より, $5x=-15$ よって, $x=-3$
①に代入して, $-9+2y=5$ よって, $y=7$
(3) 左辺を展開して, 整理すると, $x^2+3x+1=0$
$x = \frac{-3\pm\sqrt{3^2-4\times 1 \times 1}}{2\times 1} = \frac{-3\pm\sqrt{5}}{2}$
(4) (ア) 円の中心を O とする。
∠GDI $=$ ∠GOI $\times \frac{1}{2} = 360° \times \frac{2}{12} \times \frac{1}{2} = 30°$
同様にして, ∠FID $= 30°$ だから,
△DMI で, ∠DMI $= 180° - 30° \times 2 = 120°$
(イ) ∠GAF $=$ ∠GOF $\times \frac{1}{2} = 360° \times \frac{1}{12} \times \frac{1}{2} = 15°$
∠AFI $=$ ∠AOI $\times \frac{1}{2} = 360° \times \frac{4}{12} \times \frac{1}{2} = 60°$
△ANF で, ∠ANF $= 180° - (15° + 60°) = 105°$
(5) $N=10a+b$, $M=10b+a$ だから,
$N^2 - M^2 = (10a+b)^2 - (10b+a)^2$
$= 100a^2 + 20ab + b^2 - 100b^2 - 20ab - a^2$
$= 99a^2 - 99b^2$
よって, $99a^2 - 99b^2 = 693$ より, $a^2 - b^2 = 7$
$(a+b)(a-b) = 7$ より, $a+b=7$, $a-b=1$
この連立方程式を解いて, $a=4$, $b=3$
この解は条件に適する。よって, $N=43$
2 (1) $ax^2 = -ax+1$ より, $ax^2+ax-1=0$
この 2 次方程式が, $x=-2$ を解にもつから,
$4a-2a-1=0$ これを解いて, $a = \frac{1}{2}$
よって, $\frac{1}{2}x^2 + \frac{1}{2}x - 1 = 0$ より, $x^2+x-2=0$
$(x+2)(x-1) = 0$ より, $x=-2$, 1
点 B の x 座標は 1
(2) 直線 AB : $y = -\frac{1}{2}x + 1$
$0 = -\frac{1}{2}x + 1$ より, $x=2$
C の x 座標は 2 だから,
AB : BC を x 軸上に移して,
△OAB : △OBC $=$ AB : BC
$= \{1-(-2)\} : (2-1)$

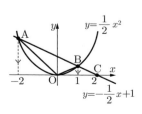

$= 3 : 1$

(3) 点 A の y 座標は, $y = \frac{1}{2} \times (-2)^2 = 2$

点 B の y 座標は, $y = \frac{1}{2} \times 1^2 = \frac{1}{2}$

D $(-2, 0)$, E $(1, 0)$ とすると, CD $= 4$

求める体積は, △CDA を x 軸を回転の軸として 1 回転させてできる円錐の体積から, △CEB, △OEB, △ODA をそれぞれ x 軸を回転の軸として 1 回転させてできる円錐の体積を引いて,

$\frac{1}{3} \times 2^2 \pi \times 4 - \left\{ \frac{1}{3} \times \left(\frac{1}{2}\right)^2 \pi \times 1 \right\} \times 2 - \frac{1}{3} \times 2^2 \pi \times 2$

$= \frac{16}{3}\pi - \frac{1}{12}\pi \times 2 - \frac{8}{3}\pi = \frac{15}{6}\pi = \frac{5}{2}\pi$

3 (1) $77 = 7 \times 11$ より, 3 つの数は, 7, 11, □ の 3 つで, □に入る数字は, 7 と 11 を除く残り 10 個の数字から選べばよいから, 選び方は 10 通り。

(2) $55 = 5 \times 11$ より, 3 つの数は, 次の①, ②の場合で,
① 5, 11, □ の 10 通り
② 10, 11, □ の 10 通り
ただし, ①と②には, 5, 10, 11 の場合が重複している。
よって, 選び方は, $10 + 10 - 1 = 19$ (通り)

(3) $66 = 2 \times 3 \times 11$
11 以外の数字を次の 4 つのグループに分ける。
ア…6, 12 (2 と 3 の公倍数)
イ…2, 4, 8, 10 (2 の倍数であり, 3 の倍数でない)
ウ…3, 9 (3 の倍数であり, 2 の倍数でない)
エ…1, 5, 7 (2 の倍数でも 3 の倍数でもない)
66 の倍数になるのは次の③〜⑦の場合で,
③ ア, ア, 11 は, 6, 12, 11 の 1 通り
④ ア, イ, 11 は, $2 \times 4 = 8$ (通り)
⑤ ア, ウ, 11 は, $2 \times 2 = 4$ (通り)
⑥ ア, エ, 11 は, $2 \times 3 = 6$ (通り)
⑦ イ, ウ, 11 は, $4 \times 2 = 8$ (通り)
これらには重複する場合はないから, 選び方は,
$1 + 8 + 4 + 6 + 8 = 27$ (通り)

4 (1) 辺 AB の中点を M とすると,
∠OMA $= 90°$ だから,
OM $= \sqrt{8^2 - 2^2} = \sqrt{60}$
$= 2\sqrt{15}$ (cm)
△OPQ∽△OAB で,
相似比 PQ : AB $= 1 : 4$ より,
面積比は, $1^2 : 4^2 = 1 : 16$ だから,
△OPQ $=$ △OAB $\times \frac{1}{16}$
$= \frac{1}{2} \times 4 \times 2\sqrt{15} \times \frac{1}{16}$
$= \frac{\sqrt{15}}{4}$ (cm^2)

(2) 点 O から底面 ABCD に垂線 OH を引く。
HM $= 2$ cm より,
OH $= \sqrt{(2\sqrt{15})^2 - 2^2} = \sqrt{56} = 2\sqrt{14}$ (cm) だから,
求める体積は,
$\frac{1}{3} \times 4^2 \times 2\sqrt{14} = \frac{32\sqrt{14}}{3}$ (cm^3)

(3) △CQB∽△OAB で,
相似比は,
CB : OB $= 4 : 8 = 1 : 2$ より,
BQ $=$ AB $\times \frac{1}{2} = 4 \times \frac{1}{2}$
$= 2$ (cm)
よって, OQ $= 8 - 2 = 6$ (cm)
△OPQ∽△OAB で, 相似比は,
OQ : OB $= 6 : 8 = 3 : 4$ より,
PQ $=$ AB $\times \frac{3}{4} = 4 \times \frac{3}{4}$
$= 3$ (cm)
切り口は, 等脚台形 PDCQ となる。点 Q から辺 CD に垂線 QI を引くと,
CI $= (4 - 3) \div 2 = \frac{1}{2}$ (cm)
より,
QI $= \sqrt{4^2 - \left(\frac{1}{2}\right)^2} = \sqrt{\frac{63}{4}}$
$= \frac{3\sqrt{7}}{2}$ (cm)
よって, 求める面積は,
$\frac{1}{2} \times (3 + 4) \times \frac{3\sqrt{7}}{2} = \frac{21\sqrt{7}}{4}$ (cm^2)

〈H. S.〉

東大寺学園高等学校

問題 P.164

解答

1 平方根, 連立方程式, 因数分解, 確率
(1) $\sqrt{5}$ (2) $a = \frac{11}{7}$, $b = \frac{10}{7}$
(3) $(ab - a + b)(ab + a + b)$ (4) $\frac{19}{30}$

2 関数 $y = ax^2$
(1) A $\left(-\frac{2}{a}, 4\right)$, B $\left(\frac{3}{a}, 9\right)$ (2) $a = \frac{1}{2}$ (3) 3

3 数の性質 (1) $M = 100A + B = mAB$ より,
$B = A(mB - 100)$ …①
$mB - 100$ は整数であるから, B は A の倍数である。
(2) $B = nA$ のとき①より, $nA = A(mnA - 100)$
$A \ne 0$ であるから, $n = mnA - 100$
これより, $n(mA - 1) = 100$
$mA - 1$ は整数なので, n は 100 の約数である。
(3) $(A, B) = (17, 34), (13, 52)$

4 円周角と中心角, 三平方の定理 (1) $2 : 5$ (2) $6\sqrt{3}$
(3) $2\sqrt{19}$ (4) $\frac{2\sqrt{57}}{3}$

5 立体の表面積と体積, 三平方の定理
(1) AE $= 10$, AD $= 2\sqrt{13}$ (2) $\sqrt{61}$ (3) $96\sqrt{3}$

解き方 **1** (1) $x^2 - xy - 3 = x(x - y) - 3$
$= \frac{3 + \sqrt{5}}{2} \times 2 - 3 = \sqrt{5}$

(2) $ax + 4by = -1$…① $x + 2y = 1$…②
$2x + 3y = 3$…③ $x + by = a$…④
②, ③より, $x = 3$, $y = -1$
よって, ①, ④より, $3a - 4b = -1$, $3 - b = a$
この 2 式より, $a = \frac{11}{7}$, $b = \frac{10}{7}$

(3) (与式) $= a^2b^2 + 2a^2b + a^2 + 2ab^2 - 2ab - 2a^2b$

$= b^2(a^2+2a+1)-a^2 = b^2(a+1)^2-a^2$
$= \{b(a+1)-a\}\{b(a+1)+a\}$
$= (ab-a+b)(ab+a+b)$
(4) 取り出し方は全部で，$6 \times 5 = 30$（通り）
このうち条件をみたす場合は，
$a=1$ のとき，$a+1=2$ であるから $b=2$ で，2通り
$a=2$ のとき，$a+1=3$ であるから $b=1, 3$ で，
$2 \times 4 = 8$（通り）
$a=3$ のとき，$a+1=4$ であるから $b=1, 2$ で，
$3 \times 3 = 9$（通り）
したがって，求める確率は，$\dfrac{2+8+9}{30}=\dfrac{19}{30}$

2 (1) $a^2 x^2 = ax+6$ より，$a^2x^2 - ax - 6 = 0$
$(ax+2)(ax-3)=0$　$x = -\dfrac{2}{a}, \dfrac{3}{a}$
よって，A$\left(-\dfrac{2}{a}, 4\right)$，B$\left(\dfrac{3}{a}, 9\right)$
(2) $\triangle \mathrm{OAB} = 30$ より，$\dfrac{1}{2} \times 6 \times \left(\dfrac{3}{a}+\dfrac{2}{a}\right)=30$
これより，$a = \dfrac{1}{2}$
(3) A$(-4, 4)$，B$(6, 9)$
$\triangle \mathrm{OBD} = 6$ より，$\triangle \mathrm{OAD} = 24$
D の x 座標を d とすると，$\dfrac{1}{2} \times 6 \times (d+4) = 24$
これより，$d = 4$
$y = \dfrac{1}{2}x + 6$ より，D$(4, 8)$
これが $y = b^2 x^2$ 上にあるから，
$8 = 16b^2$　　$b^2 = \dfrac{1}{2}$
$\dfrac{1}{2}x^2 = \dfrac{1}{2}x + 6$ より，$x^2 - x - 12 = 0$
$(x-4)(x+3) = 0$
よって，C$\left(-3, \dfrac{9}{2}\right)$
$\triangle \mathrm{OCA} = \dfrac{1}{2} \times 6 \times (4-3) = 3$

3 (3) $B = A(mB-100)$ より，$(mA-1)B = 100A$…①
また，$n(mA-1) = 100$…②
100 の約数は，1, 2, 4, 5, 10, 20, 25, 50, 100
$n = 1$ のとき②より，$mA = 101$
A は2桁の整数なので不適。
同様に，$n = 2$ のとき，$mA = 51 = 3 \times 17$
$(m, A) = (1, 51)$ のとき①より，$50B = 5100$ で不適。
$(m, A) = (3, 17)$ のとき①より，$50B = 1700$　$B = 34$
同様に，$n = 4$ のとき，$mA = 26 = 2 \times 13$
$(m, A) = (1, 26)$ のとき①より，$25B = 2600$ で不適。
$(m, A) = (2, 13)$ のとき①より，$25B = 1300$　$B = 52$
$n = 5$ のとき，$mA = 21$　$(m, A) = (1, 21)$
①より，$20B = 2100$ で不適。
$n = 10$ のとき，$mA = 11$　$(m, A) = (1, 11)$
①より，$10B = 1100$ で不適。
$n \geqq 20$ のとき，$mA - 1 \leqq 5$ より不適。
したがって，$(A, B) = (17, 34), (13, 52)$

4 (1) $\angle \mathrm{ADB} = \angle \mathrm{CDB}$ より，B から CD, 直線 DA に引いた垂線の長さが等しいので，
$\triangle \mathrm{ABD} : \triangle \mathrm{BCD}$
$= \mathrm{AD} : \mathrm{CD} = 2 : 5$
(2) $\triangle \mathrm{ABD} \equiv \triangle \mathrm{EBD}$ より，
$\mathrm{BE} = \mathrm{BA} = 6$
$\triangle \mathrm{BCE}$ は一辺の長さが6

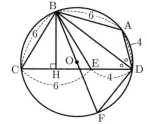

の正三角形であるから，B から CD に垂線 BH を引くと，
$\mathrm{BH} = 3\sqrt{3}$
よって，$\triangle \mathrm{BED} = \dfrac{1}{2} \times 4 \times 3\sqrt{3} = 6\sqrt{3}$
(3) $\triangle \mathrm{BHD}$ で三平方の定理より，
$\mathrm{BD} = \sqrt{(3\sqrt{3})^2 + 7^2} = 2\sqrt{19}$
(4) BO の延長と円の交点を F とすると，$\triangle \mathrm{BDF}$ は内角が $30°, 60°, 90°$ の直角三角形であるから，
$\mathrm{BF} = 2\sqrt{19} \times \dfrac{2}{\sqrt{3}} = \dfrac{4\sqrt{57}}{3}$
よって，円の半径は，$\dfrac{2\sqrt{57}}{3}$

5 (1) 上からみると，円周上に A, D, B, E, C, F がこの順に等間隔で並ぶ立体で，A から底面に垂線 AA′ を引くと，
$\triangle \mathrm{AA'E}$ で三平方の定理より，
$\mathrm{AE} = \sqrt{6^2 + 8^2} = 10$
$\triangle \mathrm{AA'D}$ で三平方の定理より，
$\mathrm{AD} = \sqrt{6^2 + 4^2} = 2\sqrt{13}$
(2) $\mathrm{AE} = 10$，$\mathrm{AB} = 4\sqrt{3}$，
$\mathrm{BE} = \mathrm{AD} = 2\sqrt{13}$
よって，$\triangle \mathrm{ABE}$ で
$\angle \mathrm{ABE} = 90°$
$\triangle \mathrm{ABM}$ で三平方の定理より，
$\mathrm{AM} = \sqrt{(\sqrt{13})^2 + (4\sqrt{3})^2}$
$= \sqrt{61}$

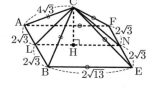

(3) 求める体積を V とすると
(四角すい D−EFAB) $\equiv$ (四角すい C−ABEF) であるから，$V =$ (四角すい C − ABEF) $\times 2$
四角形 ABEF は長方形。
AB，EF の中点を L，N とし，C から LN へ引いた垂線を CH とすると，
$\mathrm{CA} = \mathrm{CB}$，$\mathrm{CE} = \mathrm{CF}$ より，
$\mathrm{CH} \perp$ (平面 ABEF)
$\mathrm{CL} = 6$,
$\mathrm{CN} = \sqrt{(2\sqrt{13})^2 - (2\sqrt{3})^2} = 2\sqrt{10}$
$\mathrm{LH} = x$ として $\triangle \mathrm{CLH}$，$\triangle \mathrm{CNH}$ で三平方の定理より，
$\mathrm{CH}^2 = 6^2 - x^2 = (2\sqrt{10})^2 - (2\sqrt{13} - x)^2$
これより，$x = \dfrac{12}{\sqrt{13}}$
よって，$\mathrm{CH} = \sqrt{6^2 - \left(\dfrac{12}{\sqrt{13}}\right)^2} = \dfrac{18}{\sqrt{13}}$
したがって，
$V = \left(\dfrac{1}{3} \times 4\sqrt{3} \times 2\sqrt{13} \times \dfrac{18}{\sqrt{13}}\right) \times 2 = 96\sqrt{3}$

〈SU. K.〉

解 答　　　　　　　　　　　　　　　　　　数学 | 124

桐朋高等学校

問題 P.165

解答 ❶ **式の計算，因数分解，平方根**

(1) $-\dfrac{1}{2}xy^2$　(2) $(x+6)(x-4)$　(3) $-\dfrac{5\sqrt{6}}{6}$

❷ **平方根，確率，立体の表面積と体積，三平方の定理**

(1) 2　(2) $\dfrac{3}{14}$　(3) $\dfrac{8-4\sqrt{2}}{3}\pi$

❸ **連立方程式の応用**

(求め方)（例）

$$\begin{cases} \dfrac{6}{100}x+\dfrac{2}{100}y=\dfrac{3.6}{100}(x+y) & \cdots① \\ \dfrac{9}{100}x+\dfrac{2}{100}(300-y)=\dfrac{3}{100}(x+300-y) & \cdots② \end{cases}$$

①を整理して，$3x=2y\cdots①'$

②を整理して，$6x+y=300\cdots②'$

①' を②' に代入して，$4y+y=300$　$y=60$

これを①' に代入して，$3x=120$　$x=40$

これらは問題に適する。（答）$x=40$, $y=60$

❹ **データの散らばりと代表値**　(1) 111　(2) 50

(3) (50, 44, 67), (56, 50, 61), (58, 50, 61)

❺ **関数 $y=ax^2$**　(1) $a=\dfrac{1}{3}$, $b=1$, $c=6$

(2)① 3 倍　② P$\left(-2,\ \dfrac{4}{3}\right)$　(3) $3\pm\sqrt{6}$

❻ **図形と証明，円周角と中心角，三平方の定理**

(1)〔証明〕（例）△FAB において，

仮定から FA＝FB で，二等辺三角形の底角は等しいので，

∠FAB＝∠FBA…①

△ECD においても同様に，EC＝ED だから，

∠ECD＝∠EDC…②

円周角の定理より，

∠ABD＝∠ACD…③，∠BAC＝∠BDC…④

①～④より，∠FAE＝∠BAC－∠FAB＝∠BDC－∠FBA

＝∠BDC－∠ACD＝∠BDC－∠EDC＝∠FDE

よって，4 点 A，F，E，D は同一円周上にある。（証明終）

(2)① $\dfrac{25}{2}$　② $\dfrac{75}{8}$

解き方 ❷ (1) $a=2$, $b=1+\sqrt{3}-2=\sqrt{3}-1$ を代入。

(2) $a=1$ のとき 6 通り，$a=2$ のとき 2 通り，$a=3$ のとき 1 通りの計 9 通り。

(3) 円の半径は $\dfrac{1}{2}$AC＝$\sqrt{2}$ なので，求める体積は，

$\dfrac{1}{3}\times2^2\pi\times2-\dfrac{1}{2}\times\dfrac{4}{3}\pi\times(\sqrt{2})^3=\dfrac{8-4\sqrt{2}}{3}\pi$

❹ (1) 10 個の数の平均値が 54 なので，

$540=a+b+429$　$a+b=111$

(2) a, b 以外の数を小さい順に並べると，

37, 40, 42, 50, 56, 58, 69, 77

$a\leqq b$ で，$a+b=111$ であるから，$a\leqq55$ である。

$(a,\ b)$ の組を考え，中央値が 53 となるものを考えると，

(55, 56) のとき×，(54, 57) のとき×，…，

(51, 60) のとき×，(50, 61) のとき○

であるから，$a=50$ が考えられる数。

(3) $a\leqq49$ のときは $b\geqq62$ であるから，中央値は 53 となり問題の条件をみたす。

$(a,\ b)$ が (50, 61) のときは，56, 58 のどちらかを選んで 10 小さい数にかえると 50 より小さくなるので，問題の条件をみたす。

$(a,\ b)$ が (50, 61) でないとき，結果の中央値が 50 になるためには，50 を選んで 10 小さい数にする他ない。そのとき 56 と足して 50×2 となるために 44 が必要で，これを a, b を 67 とすればよい。

❺ (2)① 直線 AB と y 軸の交点を D とすると，

BD : BA＝2 : 3

1 : 2＝△BDC : △BAP＝BD×BC : BA×BP

＝2BC : 3BP

となるので，4BC＝3BP

よって，BC : BP＝3 : 4

したがって，△ACB : △APC＝BC : CP＝3 : 1

(3) △OAB＝$\dfrac{1}{2}\times6\times(6+3)=27$ であるから，

△OQB＝3

y 軸に R (0, －1) をとると，△OBR＝$\dfrac{1}{2}\times1\times6=3$

であるから，R を通り直線 OB に平行な直線 $y=2x-1$ 上に点 Q をとると，△OQB＝3 となる。

$\dfrac{1}{3}x^2=2x-1$ を解くと，$x=3\pm\sqrt{6}$

これらは，$0<x<6$ をみたす。

❻ (2)① AC が円の直径なので，∠ADC＝90°

△ACD で三平方の定理により，

$AC^2=15^2+20^2=625$　　AC＝25

よって，AE＝$\dfrac{25}{2}$

②直線 EF と AB の交点を M とすると，FA＝FB であるから M は線分 AB の中点で，EM⊥AB である。

AM＝$\dfrac{7}{2}$ だから，△EAM で三平方の定理により，

$EM^2=\left(\dfrac{25}{2}\right)^2-\left(\dfrac{7}{2}\right)^2$

＝144　　EM＝12

△AMF∽△CDA であるから，

FM : AM＝15 : 20＝3 : 4　　FM＝$\dfrac{3}{4}$AM＝$\dfrac{21}{8}$

よって，EF＝$12-\dfrac{21}{8}=\dfrac{75}{8}$

〈IK. Y.〉

灘高等学校

問題 P.166

解答 ❶ **平方根，2 次方程式の応用，確率，円周角と中心角**　(1) 206，$\sqrt{194}$　(2) 1981

(3) 5，$\dfrac{2}{63}$　(4) 37

❷ **2 次方程式の応用，1 次関数，関数 $y=ax^2$**

(1) A $\left(-\dfrac{2}{a},\ \dfrac{4}{a}\right)$, B $\left(\dfrac{5}{2a},\ \dfrac{25}{4a}\right)$

(2)(a) $\dfrac{1}{4}a^2$　(b) $a=\dfrac{\sqrt{30}}{3}$

❸ **確率**　(1) $\dfrac{5}{512}$　(2) $\dfrac{25}{2048}$

❹ **2 次方程式の応用**　(1)(a) $(60+x)t$　(b) $3t$

(2) $x=90$

❺ **三平方の定理**　(1) $4+2\sqrt{3}$　(2) $18+12\sqrt{3}$

(3) $\dfrac{4}{3}(2+\sqrt{3})(\pi-3)$

旺文社 2024 全国高校入試問題正解

6 相似，三平方の定理

(1) FR の長さ $\dfrac{3}{2}$，QR の長さ $\dfrac{3\sqrt{33}}{2}$　(2) $\dfrac{33\sqrt{29}}{4}$

解き方

1 (1) $\left(\sqrt{100+\sqrt{9991}}+\sqrt{100-\sqrt{9991}}\right)^2$
$=100+\sqrt{9991}+2\sqrt{(100+\sqrt{9991})(100-\sqrt{9991})}$
$+100-\sqrt{9991}=200+2\sqrt{100^2-9991}=206$
$2(100+\sqrt{9991})=200+2\sqrt{10^4-3^2}$
$=100+3+2\sqrt{(100+3)(100-3)}+100-3$
$=(\sqrt{100+3}+\sqrt{100-3})^2$
であるから，
$2\sqrt{100+\sqrt{9991}}-\sqrt{206}$
$=\sqrt{2}(\sqrt{103}+\sqrt{97}-\sqrt{103})=\sqrt{194}$

(2) $x^2+x-n+1=0$ の整数解を $x=m$ とすると，$n=m^2+m+1$ で，$n-2023$ の絶対値を記号 $|\ |$ を使って表すと，
$|n-2023|=|m(m+1)-2022|\cdots$①
連続する2整数の積 $m(m+1)$ が，2022 に近くなるものを考えると，$m=44$ のとき①は 42，$m=45$ のとき①は 48 となるので，$n=44^2+44+1$ が答えとなる。

(3) 3 数の和が 10 の倍数となる組は，
$(9,8,3),(9,7,4),(9,6,5),(8,7,5),$
$(1,2,7),(1,3,6),(1,4,5),(2,3,5)$
で，ここに最も多く現われている 5 が得点としては起こる確率が最も小さい。起こりうるすべての場合の数は，
$\dfrac{9\times8\times7\times6}{4\times3\times2\times1}=126$ であるから，5 点の確率は，
$\dfrac{4}{126}=\dfrac{2}{63}$

(4) 仮定と二等辺三角形の底角が等しいことから，
$\angle CAD=\angle CDA\cdots$①，$\angle DCB=\angle DBC=\angle EAD\cdots$②
②より，4 点 A, D, E, C は同一円周上にあることがわかるので，円周角の定理により，$\angle ACD=\angle AED=32°$
①より，$\angle CDA=\dfrac{1}{2}(180°-32°)=74°$
よって，$\angle ABC=\dfrac{1}{2}\angle CDA=37°$

2 (1) $ax^2=-2x$ より，$x=0,-\dfrac{2}{a}$
よって，A $\left(-\dfrac{2}{a},\dfrac{4}{a}\right)$
直線 m は，$y=\dfrac{1}{2}x+\dfrac{5}{a}$ とわかるので，
$ax^2=\dfrac{1}{2}x+\dfrac{5}{a}$ を解いて，$x=-\dfrac{2}{a},\dfrac{5}{2a}$
よって，B $\left(\dfrac{5}{2a},\dfrac{25}{4a}\right)$

(2)(a) 直線 OB は $y=\dfrac{5}{2}x$，直線 n は $y=\dfrac{1}{2}x+a$ と表されるので，
$\dfrac{5}{2}x=\dfrac{1}{2}x+a$ を解いて，$x=\dfrac{a}{2}$
よって，F $\left(\dfrac{a}{2},\dfrac{5}{4}a\right)$　　$\triangle ODF=\dfrac{1}{2}\times a\times\dfrac{a}{2}=\dfrac{1}{4}a^2$

(b) $-2x=\dfrac{1}{2}x+a$ より，$x=-\dfrac{2}{5}a$　　E $\left(-\dfrac{2}{5}a,\dfrac{4}{5}a\right)$
$\triangle OCA=\dfrac{1}{2}\times\dfrac{5}{a}\times\dfrac{2}{a}=\dfrac{5}{a^2}$，
$\triangle ODE=\dfrac{1}{2}\times a\times\dfrac{2}{5}a=\dfrac{1}{5}a^2$
となるので，四角形 ACDE の面積は，$\dfrac{5}{a^2}-\dfrac{1}{5}a^2$
これが $\triangle ODF=\dfrac{1}{4}a^2$ と等しいので，$\dfrac{5}{a^2}-\dfrac{1}{5}a^2=\dfrac{1}{4}a^2$

$\dfrac{5}{a^2}=\dfrac{9}{20}a^2$　　$\dfrac{100}{9}=a^4$　　$a^2=\dfrac{10}{3}$
$0<a<2$ より，$a=\dfrac{\sqrt{30}}{3}$

3 (1) ーーー｜｜（横棒3本，縦棒2本）の並べ方の総数は，$\dfrac{5\times4}{2\times1}=10$（通り）
よって，$\dfrac{10}{4^5}=\dfrac{5}{512}$

(2) 移動させない場所ごとに確率を求める。
A : $\dfrac{2}{4}\times\dfrac{10}{4^5}=\dfrac{20}{4^6}$
C : $\dfrac{1}{4}\times\dfrac{1}{4}\times\dfrac{6}{4^4}=\dfrac{6}{4^6}$
D : $\dfrac{1}{4^2}\times\dfrac{1}{4}\times\dfrac{3}{4^3}=\dfrac{3}{4^6}$
E : $\dfrac{1}{4^3}\times\dfrac{2}{4}\times\dfrac{1}{4^2}=\dfrac{2}{4^6}$
F : $\dfrac{1}{4}\times\dfrac{1}{4}\times\dfrac{4}{4^4}=\dfrac{4}{4^6}$　　G : $\dfrac{4}{4^4}\times\dfrac{1}{4}\times\dfrac{1}{4}=\dfrac{4}{4^6}$
H : $\dfrac{1}{4^2}\times\dfrac{2}{4}\times\dfrac{1}{4^3}=\dfrac{2}{4^6}$　　I : $\dfrac{3}{4^3}\times\dfrac{1}{4}\times\dfrac{1}{4^2}=\dfrac{3}{4^6}$
J : $\dfrac{6}{4^4}\times\dfrac{1}{4}\times\dfrac{1}{4}=\dfrac{6}{4^6}$

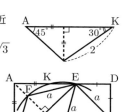

これらを足して，
$\dfrac{1}{4^6}(20+6+3+2+4+4+2+3+6)=\dfrac{50}{4^6}=\dfrac{25}{2048}$

4 (1)(b) PQ の 3 倍の道のりを，2 人の合計で移動しているので，出発してから 2 回目に出会うまでの時間を T とすると，(d)より，
$3PQ=3(60+x)t=(60+x)T$
よって，$T=3t$

(2) 2 人の往復にかかる時間と道のりの関係は，
次郎が $2PQ=2(60+x)t=(3t+2)x$，
太郎が $2PQ=2(60+x)t=(3t+2+10)\times60$
となる。これらを整理して，
$\begin{cases}xt+2x=120t\\xt=30t+360\end{cases}$
xt を消去して，2 で割ると，$x=45t-180$
x を第 2 式に代入して消去すると，
$t(45t-180)=30t+360$
$45t^2-210t-360=0$　　$3t^2-14t-24=0$
これを解いて，$t=6,-\dfrac{4}{3}$
$t>0$ より，$t=6$，$x=90$

5 (1) 右図のように，頂点 A の近くの三角形を考えればよい。
$x=2+2\times(1+\sqrt{3})=4+2\sqrt{3}$

(2) 正六角形の 1 辺の長さを a とすると，右図で，
$EG=\sqrt{3}a$
$AE=\dfrac{1}{\sqrt{2}}EG=\dfrac{\sqrt{3}}{\sqrt{2}}$
$ED=\dfrac{1}{\sqrt{2}}a$
となるので，
$x=AE+ED=\dfrac{\sqrt{3}+1}{\sqrt{2}}a$
正六角形の面積は，
$6\times\dfrac{\sqrt{3}}{4}a^2=\dfrac{3\sqrt{3}}{2}$　　$\left(\dfrac{\sqrt{2}x}{\sqrt{3}+1}\right)^2=\dfrac{3\sqrt{3}}{4+2\sqrt{3}}x^2$

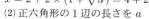

$= 3\sqrt{3}(4+2\sqrt{3})$

(3) $\angle KOE = 30°$　$\triangle KOE = \frac{1}{2} \times a \times \frac{1}{2}a = \frac{1}{4}a^2$
よって，求める面積は，
$4 \times \left(a^2\pi \times \frac{30°}{360°} - \frac{1}{4}a^2\right) = \left(\frac{\pi}{3} - 1\right)\left(\frac{\sqrt{2}}{\sqrt{3}+1}x\right)^2$
$= \left(\frac{\pi}{3} - 1\right)(8 + 4\sqrt{3})$

6(1) $\triangle APQ$ で三平方の定理より，PQ = 5
線分 PH と QR は交わっているので，一つの平面をなし，立方体の対面は平行であるから，PQ // RH
したがって，$\triangle APQ \infty \triangle GHR$ となる。
よって，$GR = 6 \times \frac{3}{4} = \frac{9}{2}$　$FR = 6 - \frac{9}{2} = \frac{3}{2}$
また，三平方の定理より，
$QR = \sqrt{6^2 + 6^2 + \left(3 - \frac{3}{4}\right)^2} = \frac{3\sqrt{33}}{2}$

(2) 切り口の平面が辺 BF と交わる点を M とおくと，
QH // MR より，$\triangle DHQ \infty \triangle FMR$
よって，FM = 2FR = 3 となるので，M は辺 BF の中点となる。
三平方の定理より，$QH = 3\sqrt{5}$，
$RH = \sqrt{6^2 + \left(\frac{9}{2}\right)^2} = \frac{15}{2}$
$PR = \sqrt{2^2 + 6^2 + \left(\frac{3}{2}\right)^2} = \frac{13}{2}$
直線 RM が平面 ABCD と交わる点を N とすると，
右図のような切断面が考えられる。R から対辺 QN に垂線 RI を引き，
PI = x とおくと，
三平方の定理により，
$RI^2 = \left(\frac{13}{2}\right)^2 - x^2$
$= (3\sqrt{5})^2 - \left(\frac{5}{2} - x\right)^2$
$\frac{169}{4} - x^2 = 45 - \frac{25}{4} + 5x - x^2$　$x = \frac{7}{10}$
よって，$RI = \frac{6\sqrt{29}}{5}$
したがって，求める面積は，
$\frac{15}{2} \times \frac{6\sqrt{29}}{5} - \frac{1}{2} \times \frac{5}{2} \times \frac{3\sqrt{29}}{5} = \frac{33\sqrt{29}}{4}$

〈IK. Y.〉

西大和学園高等学校

問題 P.167

解答　**1** 式の計算，連立方程式，因数分解，数の性質，場合の数 (1) $-\frac{4}{3}$　(2) $-\frac{14}{3}$
(3) $-(3a - 2b)(a - b - 3)$　(4) $(x, y) = (5, 260), (20, 65)$
(5) 13 通り

2 平面図形の基本・作図，円周角と中心角，相似，三平方の定理，空間図形の基本，図形と証明 (1) あ． 4π，い． 67.5
(2) あ． 5，い． 1　(3) $\frac{2}{3}$
(4) l と AC の交点を O とする。
$\triangle OAP$ と $\triangle OCQ$ において
OA = OC, $\angle AOP = \angle COQ = 90°$ (l は AC の垂直二等分線)
$\angle OAP = \angle OCQ$ (平行線の錯角)
よって，1 組の辺とその両端の角がそれぞれ等しいので
$\triangle OAP \equiv \triangle OCQ$
これより AP = CQ で，また AP // CQ，AC ⊥ PQ だから四角形 AQCP はひし形となる。
ゆえに，$\triangle PAO \equiv \triangle QAO$ (3 組の辺の長さがそれぞれ等しい) なので $\angle PAC = \angle QAC$ となる。

3 1 次関数，平面図形の基本・作図，立体の表面積と体積，関数 $y = ax^2$ (1) $y = 2x + 6$　(2) $a = \frac{1}{2}$
(3) $P\left(-1, \frac{1}{2}\right)$　(4) 7π

4 平面図形の基本・作図，空間図形の基本，立体の表面積と体積，相似，三平方の定理 (1) $\frac{3}{2}$　(2) $\frac{1}{4}$　(3) $\frac{1}{4}$　(4) $\frac{12}{13}$

解き方 **1**(1) (与式) = $\frac{4x^3}{9y^2} \times \left(-\frac{27}{8}\right) \times \frac{y^4}{x^4}$
$= -\frac{3y^2}{2x}$　よって，$-\frac{3}{2} \times \frac{\left(\frac{2}{3}\right)^2}{\frac{1}{2}} = -\frac{4}{3}$

(2) $4y - 3x = x + y$ より，$4x = 3y$
これを $2x - 3y = 4$ へ代入して，
$2x - 4x = 4$ より，$x = -2$，$y = -\frac{8}{3}$
ゆえに，$a = x + y = -2 + \left(-\frac{8}{3}\right) = -\frac{14}{3}$

(3) (与式) = $3(3a - 2b) - (3a^2 - 5ab + 2b^2)$
$= 3(3a - 2b) - (a - b)(3a - 2b)$
$= (3a - 2b)(3 - a + b)$
$= -(3a - 2b)(a - b - 3)$

(4) $x = 5a, y = 5b$ (a, b は互いに素，$a < b$) とおく。
$xy = 25ab = 1300$ より，$ab = 52$
これより，$(a, b) = (1, 52), (4, 13)$
よって，$(x, y) = (5, 260), (20, 65)$

(5) 左右対称なもの

3 通り

左右非対称なもの（180° 回転すると違う形になるもの）

よって，$3 + 5 \times 2 = 13$（通り）

2 (1) 図の斜線部分は円の $\dfrac{1}{4}$ に当たるので，
$\pi \times 4^2 \times \dfrac{1}{4} = 4\pi$
右図の x は円周の $\dfrac{5}{24}$，
y は円周の $\dfrac{1}{6}$ に対する円周角なので，
$a = x + y = \left(\dfrac{5}{24} + \dfrac{1}{6}\right) \times 180° = \dfrac{3}{8} \times 180° = 67.5°$

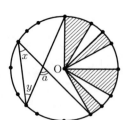

(2) 右の図で
$PQ = \sqrt{(\sqrt{5})^2 - 2^2} = 1$
△APQ∽△ABD だから，
AD = 6, BD = 3
△QBD は直角三角形で，
BD = 3, QD = 4
となるので，
$BQ = \sqrt{3^2 + 4^2} = 5$
また，PQ = QR = 1 で，
△CQE∽△QBD, △CRE∽△ARQ である。
CQ = x とすると，QE = $\dfrac{3}{5}x$,
CE = $\dfrac{4}{5}x$ となるので，ER = $\dfrac{2}{5}x$ とおける。
QR = $\dfrac{3}{5}x + \dfrac{2}{5}x = 1$ より，$x = 1$
よって，CQ = 1

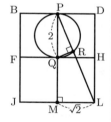

(3) この立体を3点P，Q，L を含む平面で切った断面で考える。
JL の中点を M とすると，
△PQR∽△PLM である。
$PL = \sqrt{4^2 + (\sqrt{2})^2} = 3\sqrt{2}$
なので，PQ : QR = PL : LM
2 : QR = $3\sqrt{2} : \sqrt{2}$ より，
QR = $\dfrac{2}{3}$

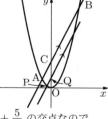

3 (1) △OAC = OC × 2 × $\dfrac{1}{2} = 6$ より OC = 6
よって，C (0, 6)
ゆえに，直線 AB は，$y = 2x + 6$

(2) A (−2, 2) となるので $y = ax^2$ へ代入して，$a = \dfrac{1}{2}$

(3) P を通り AB に平行な直線と y 軸との交点を Q とおく。
条件より，
CQ : CO = 7 : 12
となれば良い。CO = 6 なので，
CQ = $\dfrac{7}{2}$
よって，Q $\left(0, \dfrac{5}{2}\right)$
これより P は $y = \dfrac{1}{2}x^2$ と $y = 2x + \dfrac{5}{2}$ の交点なので，
$\dfrac{1}{2}x^2 = 2x + \dfrac{5}{2}$
$x^2 - 4x - 5 = 0$, $(x-5)(x+1) = 0$
$x < 0$ より $x = -1$ だから，P $\left(-1, \dfrac{1}{2}\right)$

(4) 底面の半径 2，高さ 4 と 3 の円すいから底面の半径 1，高さ $\dfrac{11}{2}$，$\dfrac{3}{2}$ の円すいを除いたものが求める立体となる。よって，
$\pi \times 2^2 \times (4+3) \times \dfrac{1}{3}$
$- \pi \times 1^2 \times \left(\dfrac{11}{2} + \dfrac{3}{2}\right) \times \dfrac{1}{3}$
$= \pi \times 7 \times \dfrac{1}{3} \times (4-1) = 7\pi$

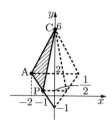

4 (1) 一辺が 1 の正三角形の面積は $\dfrac{\sqrt{3}}{4}$ だから，底面の正六角形の面積は $\dfrac{\sqrt{3}}{4} \times 6 = \dfrac{3\sqrt{3}}{2}$ である。
よって，求める体積は，
$\dfrac{3\sqrt{3}}{2} \times \sqrt{3} \times \dfrac{1}{3} = \dfrac{3}{2}$

(2) 点 C を含む立体は三角すい O − BCD である。
△BCD の面積は $\dfrac{\sqrt{3}}{4}$ だから，求める体積は，
$\dfrac{\sqrt{3}}{4} \times \sqrt{3} \times \dfrac{1}{3} = \dfrac{1}{4}$

(3) この立体を3点 O，H，C を通る平面で切った断面で考える。図より，
$HH' = 1 \times \dfrac{1}{2} \times \dfrac{1}{2} = \dfrac{1}{4}$

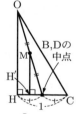

(4) この立体を△OAB を正面としてみると，右の図のようになる。
P, R から FC へ下ろした垂線の足を P′, R′ とし，SR と CF の延長の交点を T とする。
$PP' = \dfrac{\sqrt{3}}{2}$, $RR' = \dfrac{\sqrt{3}}{3}$, $P'R' = \dfrac{11}{12}$ で
△RTR′∽△PTP′ だから，$TR' = \dfrac{11}{6}$
よって，$TC = \dfrac{7}{2}$ となる。
S から TC へ下ろした垂線の足を S′ とし，S′C = x とおくと右の図のようになる。
$SS' : TS' = \sqrt{3}x : \left(\dfrac{7}{2} - x\right)$
$= 2\sqrt{3} : 11$ より，$x = \dfrac{7}{13}$
よって，$SC = 2 \times \dfrac{7}{13} = \dfrac{14}{13}$
これより，$OS = 2 - \dfrac{14}{13} = \dfrac{12}{13}$

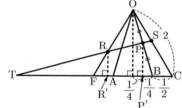

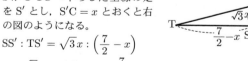

別解 メネラウスの定理を利用すると，もう少し簡単になります。
△OFB でメネラウスの定理より，
$\dfrac{OR}{RF} \times \dfrac{FT}{TB} \times \dfrac{BP}{PO} = \dfrac{2}{1} \times \dfrac{FT}{TB} \times \dfrac{1}{1} = 1$ より，
FT : TB = 1 : 2 なので，F は TB の中点だから，

$TF = FB = \dfrac{3}{2}$ よって，$TF : FC = \dfrac{3}{2} : 2 = 3 : 4$
また，△OFC でメネラウスの定理より，
$\dfrac{OR}{RF} \times \dfrac{FT}{TC} \times \dfrac{CS}{SO} = \dfrac{2}{1} \times \dfrac{3}{7} \times \dfrac{CS}{SO} = 1$ より，
$CS : SO = 7 : 6$
よって，$OS = 2 \times \dfrac{6}{7+6} = \dfrac{12}{13}$

〈A. S.〉

日本大学第二高等学校
問題 P.168

解答

1 式の計算，因数分解，平方根，円周角と中心角，データの散らばりと代表値 (1) $-\dfrac{81b^3}{a}$
(2) 4520　(3) $m = 1, 4, 5$　(4) $-2\sqrt{15}$　(5) 60 度
(6) 6.5 点

2 相似　(1) $7 : 2$　(2) $4 : 5$　(3) $\dfrac{47}{252}$ 倍

3 1 次関数，三角形，関数 $y = ax^2$　(1) $a = \dfrac{1}{4}$
(2) $y = -\dfrac{1}{2}x + 12$　(3) $y = -\dfrac{13}{2}x$

4 空間図形の基本，立体の表面積と体積，三角形，三平方の定理　(1) ∠PAQ = 30 度　(2) AB = $2\sqrt{2}$ cm
(3) $8\sqrt{3}$ cm³

解き方

1 (2) $(95^2 - 5^2) - (67^2 - 3^2)$
　　 $= (95 + 5) \times (95 - 5) - (67 + 3) \times (67 - 3)$
$= 100 \times 90 - 70 \times 64$
$= 9000 - 4480$
$= 4520$
(3) $\sqrt{12(15 - 3m)} = 6\sqrt{5 - m}$
・$\sqrt{5 - m} = 0$　　$m = 5$
・$\sqrt{5 - m} = 1$　　$m = 4$
・$\sqrt{5 - m} = 2$　　$m = 1$
したがって，$m = 1, 4, 5$
(4) $\dfrac{y}{x} - \dfrac{x}{y} = \dfrac{y^2 - x^2}{xy} = \dfrac{(y + x)(y - x)}{xy}$
$y + x = 2\sqrt{5}$　　$y - x = -2\sqrt{3}$　　$xy = 5 - 3 = 2$
(与式) $= \dfrac{2\sqrt{5} \times (-2\sqrt{3})}{2} = -2\sqrt{15}$
(5) IE // AD より，
∠GPE = ∠GAD
$= 360° \times \dfrac{3}{9} \times \dfrac{1}{2} = 60°$

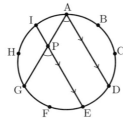

(6) 20 人の得点の中央値は 10 番目と 11 番目の得点の平均値で，$(6 + 7) \div 2 = 6.5$（点）
2 (1) △GBH∽△GEA
BG : GE = BH : EA
= 2AD : EA
= (2 × 7) : 4
= 7 : 2
(2) 辺 AB の中点を I，
線分 BE と線分 IF の交点を J とする。
△GAE∽△GFJ

AG : GF = AE : FJ = AE : (IF − IJ)
$= AE : \left(AD - \dfrac{1}{2}AE\right) = 4 : 5$
(3) △AEG $= \dfrac{AE}{AD} \times \dfrac{AG}{AF} \times$ △ADF
$= \dfrac{4}{7} \times \dfrac{4}{9} \times$ △ADF $= \dfrac{16}{63}$ △ADF
(四角形 EGFD) $=$ △ADF $-$ △AEG
$= \left(1 - \dfrac{16}{63}\right)$ △ADF $= \dfrac{47}{63}$ △ADF
△ADF $= \dfrac{1}{4} \times$ (平行四辺形 ABCD)
(四角形 EGFD) $= \dfrac{47}{63} \times \dfrac{1}{4} \times$ (平行四辺形 ABCD)
$= \dfrac{47}{252} \times$ (平行四辺形 ABCD)

3 (1) $y = ax^2$ に
A $(-8, 16)$ を代入して，
$a = \dfrac{1}{4}$
(2) 点 C $(6, c)$ を
$y = \dfrac{1}{4}x^2$ に代入して，
$c = 9$　　点 C $(6, 9)$
2 点 A $(-8, 16)$, C $(6, 9)$
を通る直線 $y = px + q$ は
$p = \dfrac{9 - 16}{6 - (-8)} = -\dfrac{1}{2}$

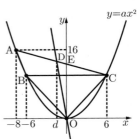

$y = -\dfrac{1}{2}x + q$ に点 A（または C）を代入して，$q = 12$
よって，$y = -\dfrac{1}{2}x + 12$
(3) 四角形 ABOC $=$ △ABC $+$ △OBC
$= \dfrac{1}{2} \times BC \times 16 = \dfrac{1}{2} \times \{6 - (-6)\} \times 16 = 96$
求める直線と線分 AC の交点を D，点 D の x 座標を d，直線 AC と y 軸の交点を E とする。
△OCD $=$ △OEC $+$ △OED
$= \dfrac{1}{2} \times OE \times (6 - d)$
$= \dfrac{1}{2} \times 12 \times (6 - d) = 6 \times (6 - d)$
一方，△OCD $= \dfrac{1}{2} \times$ (四角形 ABOC) $= \dfrac{1}{2} \times 96 = 48$
よって，$6 \times (6 - d) = 48$　　$d = -2$
直線 AC 上の点 D の y 座標は，$y = -\dfrac{1}{2} \times (-2) + 12 = 13$
求める直線は 2 点 O $(0, 0)$, D $(-2, 13)$ を通る直線だから，
$y = -\dfrac{13}{2}x$

4 AB = AC = BC = a (cm) とおく。
(1) $AP^2 = AB^2 + BP^2 = a^2 + 8^2$
$AQ^2 = AC^2 + CQ^2 = a^2 + 4^2$
$PQ^2 = BC^2 + (FQ - EP)^2 = a^2 + 4^2$
よって，AQ = PQ
△PAQ は ∠PAQ = ∠APQ の二等辺三角形だから，
∠PAQ $= \dfrac{1}{2} \times (180° - ∠AQP)$
$= 30$（度）
(2) 線分 AP の中点を M とすると，
AM ⊥ QM
△AQM は AQ : AM = 2 : $\sqrt{3}$ の直角三角形
AQ : AP = AQ : 2AM = 2 : $2\sqrt{3}$ = 1 : $\sqrt{3}$
$AQ^2 : AP^2 = 1^2 : (\sqrt{3})^2 = 1 : 3$　　$3AQ^2 = AP^2$
(1)より，$3(a^2 + 4^2) = a^2 + 8^2$　　$2a^2 = 16$　　$a^2 = 8$

$a > 0$ より，$a = 2\sqrt{2}$　　よって，$AB = 2\sqrt{2}$ (cm)

(3) 点 B を含む方の立体は，四角すい $A - BPQC$

底面 BPQC は $BP \parallel CQ$，$BP \perp BC$ の台形

$(台形 BPQC) = \dfrac{1}{2} \times (BP + CQ) \times BC$

$= \dfrac{1}{2} \times (8 + 4) \times 2\sqrt{2} = 12\sqrt{2}$

また，正三角形 $ABC \perp$ 底面 BPQC だから，この底面に対する高さは点 A から辺 BC に下ろした垂線 AH の長さで，点 H は辺 BC の中点である。

$AH^2 = AB^2 - BH^2 = a^2 - \left(\dfrac{1}{2}a\right)^2 = \dfrac{3}{4}a^2$

$AH = \dfrac{\sqrt{3}}{2}a = \sqrt{6}$

求める立体，四角すい $A - BPQC$ の体積は，

$\dfrac{1}{3} \times (台形 BPQC) \times AH = \dfrac{1}{3} \times 12\sqrt{2} \times \sqrt{6}$

$= 8\sqrt{3}$ (cm³)

〈Y. K.〉

日本大学第三高等学校

問題
P.169

解答

1 正負の数の計算，式の計算，平方根，多項式の乗法・除法，因数分解，連立方程式，2 次方程式，円周角と中心角，1 次関数，関数 $y = ax^2$ ▌ (1) $\dfrac{1}{6}$

(2) $\dfrac{1}{2}$　(3) $-\dfrac{5\sqrt{6}}{6}$　(4) $(x - 3)(x + 1)$　(5) $a = 4$, $b = -6$

(6) $\angle x = 10$ 度　(7) $y = \dfrac{1}{2}x + 6$　(8) $a = -1$, $b = 0$

2 ▌ 1 次関数，関数 $y = ax^2$，三平方の定理 ▌

(1) $B(-2, 2)$　(2) 24 cm²　(3) $\dfrac{12\sqrt{26}}{13}$ cm

3 ▌ 円周角と中心角，相似，平行線と線分の比，三平方の定理 ▌

(1) $BC = 2\sqrt{5}$ cm　(2) $BD = \dfrac{4\sqrt{5}}{3}$ cm　(3) $\dfrac{16\sqrt{5}}{9}$ cm²

4 ▌ 立体の表面積と体積，相似，中点連結定理，三平方の定理 ▌

(1) $\dfrac{16\sqrt{3}}{3}$ cm³　(2) $\sqrt{3}$ cm²　(3) $6 : 1$　(4) $\dfrac{2\sqrt{3}}{9}$ cm³

5 ▌ 平方根，1 次関数，関数 $y = ax^2$ ▌ (1) $y = x^2$

(2) ⑦　(3) $\sqrt{5}$，6 秒後

6 ▌ 数の性質，場合の数，確率 ▌ (1) $\dfrac{5}{8}$

(2) ア．②　イ．③　ウ．420

解き方 **1** (1) $\dfrac{1}{9} \times \dfrac{3}{10} + \dfrac{1}{4} \times \dfrac{5 + 3}{15} = \dfrac{1}{6}$

(2) $\dfrac{3(3x - y) - 4(2x - y)}{12} = \dfrac{1}{12}(x + y)$

$= \dfrac{1}{12}\left(\dfrac{5}{2} + \dfrac{7}{2}\right) = \dfrac{1}{2}$

(3) $\dfrac{\sqrt{3}(\sqrt{3} - \sqrt{2})}{\sqrt{3} \times \sqrt{3}} - \dfrac{\sqrt{2}(\sqrt{3} + \sqrt{2})}{\sqrt{2} \times \sqrt{2}} = -\dfrac{5\sqrt{6}}{6}$

(4) $x^2 - 3 - 2x = x^2 - 2x - 3 = (x - 3)(x + 1)$

(5) $x = 1$ を代入すると，$2 + a + b = 0$　　$a + b = -2 \cdots ①$

$x = -3$ を代入すると，$18 - 3a + b = 0$

$-3a + b = -18 \cdots ②$

①と②を連立させて解くと，$a = 4$, $b = -6$

(6) $\overset{\frown}{CD}$ で，円周角の定理より，$\angle CBD = \angle CED = x$

線分 AC は直径だから，$\angle ABC = 90$

よって，$80 + x = 90$　　$x = 10$

(7) $x = 2$, $y = 4$ を，$y = ax + 3$ に代入すると，

$4 = 2a + 3$　　$a = \dfrac{1}{2}$

求める直線を $y = \dfrac{1}{2}x + b$ として，$x = -2$, $y = 5$ を代入すると，$5 = \dfrac{1}{2} \times (-2) + b$　　$b = 6$

したがって，$y = \dfrac{1}{2}x + 6$

(8) $-3 < a < 0$ より，x の変域は，0 を含んでいるので，$b = 0$

また，$a - 3$ の絶対値と，$a + 3$ の絶対値を比べると，$a - 3$ の絶対値の方が大きい。したがって，$x = a - 3$ のとき，$y = 8$ となる。この値を $y = \dfrac{1}{2}x^2$ に代入すると，

$8 = \dfrac{1}{2}(a - 3)^2$　　$a - 3 = \pm 4$　　$a = 3 \pm 4 = 7$, -1

$-3 < a < 0$ より，$a = -1$

2 (1) ②のグラフの式を $y = ax^2$ とおき，$x = 4$, $y = 8$ を代入すると，$8 = a \times 4^2$　　$a = \dfrac{1}{2}$

$y = \dfrac{1}{2}x^2$ に $x = -2$ を代入すると，$y = \dfrac{1}{2} \times (-2)^2 = 2$

したがって，$B(-2, 2)$

(2) $D(2, -2)$ となるので，

$\triangle ADB = \{8 - (-2)\} \times \{4 - (-2)\} - \dfrac{1}{2} \times 2 \times 10$

$- \dfrac{1}{2} \times 4 \times 4 - \dfrac{1}{2} \times 6 \times 6 = 24$ (cm²)

(3) 三平方の定理より，

$AD = \sqrt{(4 - 2)^2 + \{8 - (-2)\}^2} = 2\sqrt{26}$

求める長さを h cm とすると，$\triangle ADB = \dfrac{1}{2} \times AD \times h$ より，$24 = \dfrac{1}{2} \times 2\sqrt{26} \times h$　　$h = \dfrac{12\sqrt{26}}{13}$ (cm)

3 (1) $\triangle EFB \backsim \triangle EAC$ より，$EF : EA = FB : AC$

$6 : 12 = 4 : AC$　　$AC = 8$ (cm)

また，線分 AB は円 O の直径だから，$\angle ACB = 90°$

$\triangle ACE$ で，三平方の定理より，

$CE = \sqrt{(6 + 6)^2 - 8^2} = 4\sqrt{5}$ (cm)

$FB \parallel AC$ より，$EB : BC = EF : FA = 1 : 1$

よって，$BC = \dfrac{1}{2}CE = 2\sqrt{5}$ (cm)

(2) $BD = x$ (cm)，$FD = y$ (cm) とおく。

$\triangle BDF$ で，三平方の定理より，

$4^2 = x^2 + y^2 \cdots ①$

$\triangle BED$ で，三平方の定理より，

$(2\sqrt{5})^2 = x^2 + (6 - y)^2 \cdots ②$

②−①より，$4 = 36 - 12y$　　$y = \dfrac{8}{3}$

$y = \dfrac{8}{3}$ を①に代入して，$16 = x^2 + \dfrac{64}{9}$

$x > 0$ より，$x = \dfrac{4\sqrt{5}}{3}$

(3) (2)より，$\triangle BDF = \dfrac{1}{2} \times x \times y = \dfrac{1}{2} \times \dfrac{4\sqrt{5}}{3} \times \dfrac{8}{3}$

$= \dfrac{16\sqrt{5}}{9}$ (cm²)

4 (1) $\triangle BCD = \dfrac{1}{2} \times 4 \times 2\sqrt{3} = 4\sqrt{3}$ (cm²)

したがって，求める体積は，

$\dfrac{1}{3} \times \triangle BCD \times AB = \dfrac{1}{3} \times 4\sqrt{3} \times 4 = \dfrac{16\sqrt{3}}{3}$ (cm³)

(2) 中点連結定理より，

$EF = \dfrac{1}{2}BC = \dfrac{1}{2} \times 4 = 2$ (cm)

同様に，$FG = GE = 2$ (cm)

解　答　　　　　　　　　　　　　　　　　　　　　　数学 | 130

したがって，$\triangle \text{EFG} = \dfrac{1}{2} \times 2 \times \sqrt{3} = \sqrt{3}$ (cm²)

(3) AF：FC $= 1 : 1$，AH：HC $= 2 : 1$ より，
HC $= k$ とおくと，AH $= 2k$，AC $= 2k + k = 3k$
AF $= \dfrac{1}{2}$AC $= \dfrac{3}{2}k$

よって，FH $=$ AH $-$ AF $= 2k - \dfrac{3}{2}k = \dfrac{1}{2}k$

したがって，AC：FH $= 3k : \dfrac{1}{2}k = 6 : 1$

(4) $\triangle$EFG を底面としたときの三角錐 H $-$ EFG の高さを x cm とすると，AE：$x =$ AF：FH と(3)より，
$2 : x = \dfrac{3}{2}k : \dfrac{1}{2}k = 3 : 1$ より，$x = \dfrac{2}{3}$

したがって，求める体積は，
$\dfrac{1}{3} \times x \times \triangle \text{EFG} = \dfrac{1}{3} \times \dfrac{2}{3} \times \sqrt{3} = \dfrac{2\sqrt{3}}{9}$ (cm³)

5 (1) x の変域は，$0 \leqq x \leqq \dfrac{5}{2}$ で，AP $= x$，AQ $= 2x$ より，$y = \dfrac{1}{2} \times x \times 2x = x^2 \cdots$㋐

(2) 点 P と点 Q が出会うのは，
$(5 \times 4) \div (1 + 2) = \dfrac{20}{3}$ より，出発してから $\dfrac{20}{3}$ 秒後に，辺 BC 上である。

・$\dfrac{5}{2} \leqq x \leqq 5$ のとき，点 P は辺 AB 上，点 Q は辺 DC 上にあるから，
$y = \dfrac{1}{2} \times x \times 5 = \dfrac{5}{2}x \cdots$㋑

・$5 \leqq x \leqq \dfrac{20}{3}$ のとき，点 P，点 Q は辺 BC 上にあるから，
$y = \dfrac{1}{2} \times (5 \times 4 - 2x - x) \times 5$
$= -\dfrac{15}{2}x + 50 \cdots$㋒

㋐，㋑，㋒より，最も適するグラフは㋐

(3)・$0 \leqq x \leqq \dfrac{5}{2}$ のとき
$y = 5$ を $y = x^2$ に代入すると，$5 = x^2$　　$x = \pm\sqrt{5}$
x の変域より，$x = \sqrt{5}$

・$\dfrac{5}{2} \leqq x \leqq 5$ のとき
$y = 5$ を $y = \dfrac{5}{2}x$ に代入すると，$5 = \dfrac{5}{2}x$　　$x = 2$
x の変域より不適

・$5 \leqq x \leqq \dfrac{20}{3}$ のとき
$y = 5$ を $y = -\dfrac{15}{2}x + 50$ に代入すると，
$5 = -\dfrac{15}{2}x + 50$　　$x = 6$
これは，x の変域を満たす。

6 (1)すべての場合の数は，$4 \times 4 = 16$（通り）
条件を満たすためには，
$(a, b) = (1, 1)$，$(2, 2)$，$(3, 3)$，$(4, 4)$，$(1, 2)$，$(2, 1)$，$(1, 3)$，$(3, 1)$，$(2, 4)$，$(4, 2)$ の 10 通り。

したがって，$\dfrac{10}{16} = \dfrac{5}{8}$

(2) PR $= \dfrac{a}{a+b}$PQ$\cdots$㋐

$[a, b] = \dfrac{a}{a+b}$ として値を求めると，
$[1, 1] = \dfrac{1}{2}$，$[1, 2] = \dfrac{1}{3}$，$[1, 3] = \dfrac{1}{4}$，$[1, 4] = \dfrac{1}{5}$，
$[2, 1] = \dfrac{2}{3}$，$[2, 2] = \dfrac{1}{2}$，$[2, 3] = \dfrac{2}{5}$，$[2, 4] = \dfrac{1}{3}$，
$[3, 1] = \dfrac{3}{4}$，$[3, 2] = \dfrac{3}{5}$，$[3, 3] = \dfrac{1}{2}$，$[3, 4] = \dfrac{3}{7}$，

$[4, 1] = \dfrac{4}{5}$，$[4, 2] = \dfrac{2}{3}$，$[4, 3] = \dfrac{4}{7}$，$[4, 4] = \dfrac{1}{2}$

よって，$\dfrac{a}{a+b}$ の異なる値は，11 通り。$\cdots$ イ
11 通りの分母は，2，3，4，5，7 より，これらの数の最小公倍数を求めると，
$3 \times 4 \times 5 \times 7 = 420 \cdots$ ウ

〈M. S.〉

日本大学習志野高等学校

問題 P.171

解答 **1** 平方根，2 次方程式，数の性質，1 次方程式の応用，平行と合同，確率 (1) $\dfrac{\text{ア}}{\text{イ}} \cdots \dfrac{7}{4}$

(2) ウエオ$\cdots$$-17$，カキク$\cdots$119
(3) ケ$\cdots$1，コ$\cdots$4，サシ$\cdots$15　(4) スセ$\cdots$58　(5) ソタ$\cdots$33
(6) $\dfrac{\text{チ}}{\text{ツ}} \cdots \dfrac{1}{2}$

2 関数 $y = ax^2$，平面図形の基本・作図，立体の表面積と体積，三平方の定理 (1) $\dfrac{\text{ア}}{\text{イ}} \cdots \dfrac{1}{2}$　(2) ウ$\cdots$4
(3) (エオ$\sqrt{\text{カ}}$，キ)$\cdots$$(-2\sqrt{3}, 2)$　(4) クケ$\cdots$32

3 平面図形の基本・作図，相似，平行線と線分の比，三平方の定理 (1) $\dfrac{\text{アイ}}{\text{ウ}} \cdots \dfrac{25}{4}$　(2) $\dfrac{\text{エ}}{\text{オ}} \cdots \dfrac{9}{4}$　(3) $\dfrac{\text{カ}}{\text{キ}} \cdots \dfrac{3}{4}$

4 1 次方程式の応用，空間図形の基本，立体の表面積と体積，相似，平行線と線分の比，三平方の定理 (1) ア$\cdots$6
(2) イウエ + オカ$\sqrt{\text{キ}} \cdots 414 + 90\sqrt{3}$，クケコ$\cdots$684

解き方 **1** (1) (与式)
$$= (1 + \sqrt{2})\left(1 - \dfrac{1}{\sqrt{2}}\right)(1 + \sqrt{8})\left(1 - \dfrac{1}{\sqrt{8}}\right)$$
$$= \left(1 - \dfrac{1}{\sqrt{2}} + \sqrt{2} - 1\right)\left(1 - \dfrac{1}{\sqrt{8}} + \sqrt{8} - 1\right)$$
$$= \left(\sqrt{2} - \dfrac{1}{\sqrt{2}}\right)\left(2\sqrt{2} - \dfrac{1}{2\sqrt{2}}\right)$$
$$= \dfrac{\sqrt{2}}{2} \times \dfrac{7\sqrt{2}}{4} = \dfrac{7}{4}$$

(2) $(x + 17)(x - 119) = 0$ より，$x = -17$，119
(3) $xyz = 60$ で，$60 = 2^2 \times 3 \times 5$ より，x，y，z の 3 数は (4 の倍数，奇数，奇数) か (偶数，偶数，奇数) のどちらかの組み合わせしかない。
ここで，$x + y + z = 20$ より，3 数の和が偶数なので，x，y，z は (4 の倍数，奇数，奇数) の組み合わせと分かる。
したがって，$x < y < z$ よりあてはまる 3 数を探すと，
$x = 1$，$y = 4$，$z = 15$ となる。
(4)ふれあい体験に参加した人を x 人とすると，右の表のようになる。
したがって，団体が支払った金額が 55600 円なので，

ふれあい／企画	参加	不参加	合計
参加	$x - 38$	38	x
不参加	$338 - x$	32	$370 - x$
合計	300	70	370

$80 \times 370 + 220(x - 38) + 50(338 - x) + 200 \times 38$
$= 55600$
これを解いて，$x = 58$（人）
(5) $\angle$EBD $= a°$，$\angle$ABE $= 2a°$，$\angle$ECD $= b°$，
$\angle$ACE $= 2b°$ とおく。AC と BE の交点を P とすると，$\triangle$PAB と $\triangle$PEC の内角と外角の関係より，$\angle$APE につ

● 旺文社 2024 全国高校入試問題正解

いて

$2a + 23 = x + 2b$　　すなわち，$2a - 2b = x - 23 \cdots$①

また，EC と BD の交点を Q とすると，∠EQD について

$b + 38 = a + x$　　すなわち，$a - b = 38 - x \cdots$②

①，②より，$2(38 - x) = x - 23$ を解いて，$x = 33°$

(6) 3枚のカードの取り出し方は以下の 10 通り。

$(1, 2, 3)$，$(1, 2, 4)$，$\underline{(1, 2, 5)}$，$(1, 3, 4)$，$(1, 3, 5)$，

$\underline{(1, 4, 5)}$，$(2, 3, 4)$，$\underline{(2, 3, 5)}$，$\underline{(2, 4, 5)}$，$\underline{(3, 4, 5)}$

この中で，積の一の位が 0 になるのは下線部の 5 通りなので，求める確率は $\dfrac{5}{10} = \dfrac{1}{2}$

2 (1) 点 A $(2\sqrt{3}, 6)$ は放物線上にあるので，$y = ax^2$ に代入すると，

$6 = a(2\sqrt{3})^2$　　これを解いて，$a = \dfrac{1}{2}$

(2) 円の半径を r とすると，$C(0, r)$ となる。OC = AC より，$OC^2 = AC^2$ なので，

$r^2 = (2\sqrt{3})^2 + (6 - r)^2$　　これを解いて，$r = 4$

(3) (2)より，$C(0, 4)$ であり，AC = BC なので，

$B(-2\sqrt{3}, 2)$

(4) 点 O から直線 AB に垂線 OH をひく。AB = 8 なので，△OAB の面積より，

$AB \times OH \times \dfrac{1}{2} = OC \times (2 \text{点 A，B の } x \text{ 座標の差}) \times \dfrac{1}{2}$

を利用して，

$8 \times OH \times \dfrac{1}{2} = 4 \times (2\sqrt{3} + 2\sqrt{3}) \times \dfrac{1}{2}$

$OH = 2\sqrt{3}$

したがって，求める体積は

$OH^2 \times \pi \times 8 \times \dfrac{1}{3} = (2\sqrt{3})^2 \times \pi \times \dfrac{8}{3} = 32\pi$

3 (1) AD = DE = $\dfrac{9}{4}$ cm かつ CB = CE = 4 cm より，

$CD = DE + CE = \dfrac{9}{4} + 4 = \dfrac{25}{4}$ (cm)

(2) 点 D から辺 BC へ垂線 DH を下ろしたとすると，

$AD = BH = \dfrac{9}{4}$ cm より，$CH = 4 - \dfrac{9}{4} = \dfrac{7}{4}$ (cm) なので，△CDH にて三平方の定理より，

$DH^2 = \left(\dfrac{25}{4}\right)^2 - \left(\dfrac{7}{4}\right)^2 = 36$　　よって，DH = 6 cm

ゆえに，半円 O の半径は 3 cm とわかり，半円の面積は，

$3^2 \times \pi \times \dfrac{1}{2} = \dfrac{9}{2}\pi$ (cm^2)

(3) 半円 O と円 P の接点を Q，円 P と線分 BC の接点を I とする。

直角三角形 OBC にて，

OB = 3 cm，BC = 4 cm より，

OC = 5 cm

ここで，円 P の半径を r cm とすると，△OBC∽△PIC より，

$PC = \dfrac{5}{3}r$ cm

また，PQ = r cm，OQ = 3 cm なので，線分 OC の長さより，

$\dfrac{5}{3}r + r + 3 = 5$

これを解いて，$r = \dfrac{3}{4}$ cm

4 (1) 2点 P，Q が出発してから t 秒後とすると，初めて AP = AQ となるのは，点 Q が点 D で折り返して点 A に着くまでの間となる $\dfrac{9}{2} \leq t \leq 9$ のときである。

したがって，$2t = 36 - 4t$ これを解いて，$t = 6$（秒後）

(2) 6秒後の図は，右のようになる。

このとき，直線 FP，HQ，EA は 1 点で交わり，その点を T とする。

△APQ，△EFH はともに直角二等辺三角形なので，

PQ = $12\sqrt{2}$ cm，FH = $18\sqrt{2}$ cm であり，四角形

PFHQ は PF = QH の等脚台形で，点 P から線分 FH に垂線 PI を下ろしたとすると，FI = $3\sqrt{2}$ cm なので，△PFI は $1 : 2 : \sqrt{3}$ の 3 辺の比を持つ直角三角形となり，

PI = $3\sqrt{6}$ cm　　よって，立体 APQ - EFH の表面積は，

△APQ + △EFH + 台形 APFE + 台形 AEHQ + 台形 PFHQ より，

$\left(\dfrac{1}{2} \times 12 \times 12\right) + \left(\dfrac{1}{2} \times 18 \times 18\right)$

$+ \left\{(12 + 18) \times 6 \times \dfrac{1}{2}\right\} \times 2$

$+ (12\sqrt{2} + 18\sqrt{2}) \times 3\sqrt{6} \times \dfrac{1}{2} = 414 + 90\sqrt{3}$ (cm^2)

また，(三角すい T - APQ)∽(三角すい T - EFH) でその相似比は AP : EF = 12 : 18 = 2 : 3 なので，

体積比は $2^3 : 3^3 = 8 : 27$

よって，求める立体の体積は，

(三角すい T - APQ) $\times \dfrac{27 - 8}{8}$ より，

$\left\{\left(12 \times 12 \times \dfrac{1}{2}\right) \times 12 \times \dfrac{1}{3}\right\} \times \dfrac{27 - 8}{8} = 288 \times \dfrac{19}{8}$

$= 684$ (cm^3)

〈Y. D.〉

函館ラ・サール高等学校

問題 P.172

解答

1 正負の数の計算，式の計算，因数分解，1次関数，連立方程式，平方根 (1) −16

(2) $-\dfrac{1}{x}$　(3) $\dfrac{1}{6}(5x + 5y - 2)$

(4) $(x^2 + 7x - 10)(x - 3)(x - 4)$　(5) $a = 3$，$b = 5$

(6) $x = -3$，$y = 7$　(7) ②

2 1次方程式の応用，数の性質，確率，円周角と中心角

(1) $x = 3$　(2) ① $\dfrac{2}{5}$　② $\dfrac{1}{10}$　(3) ⑤

3 平面図形の基本・作図，立体の表面積と体積，平行線と線分の比 (1) 108 cm^3　(2) $\dfrac{45}{4}$ cm^2

4 1次関数，関数 $y = ax^2$，立体の表面積と体積，平行四辺形，三平方の定理 (1) (10, 25) (2) 312 cm^2

(3) $12\sqrt{5}$ cm　(4) $\dfrac{8112\sqrt{5}}{5}\pi$ cm^3

5 数・式を中心とした総合問題

(1) ア. 37　イ. 5　ウ. 6　エ. 3　オ. 6　カ. 16

(2) 2

解き方 **1** (1) (与式) = 16 ÷ 4 + 5 × (−4)

$= 4 + (-20) = -16$

(2) (与式) $= -\dfrac{y}{x} \times \dfrac{x^3}{y^4} \times \dfrac{y^3}{x^3} = -\dfrac{x^3 y^4}{x^4 y^4} = -\dfrac{1}{x}$

旺文社 2024 全国高校入試問題正解

(3) (与式)
$= \frac{1}{6}\{-2(5x+2y-2)+6x+6y+3(3x+y-2)\}$
$= \frac{1}{6}(-10x-4y+4+6x+6y+9x+3y-6)$
$= \frac{1}{6}(5x+5y-2)$
(4) (与式) $= \{(x^2+1)+(7x-11)\}\{(x^2+1)-(7x-11)\}$
$= (x^2+7x-10)(x^2-7x+12)$
$= (x^2+7x-10)(x-3)(x-4)$
(5) 傾きが負だから $x=-1$ のとき $y=b$, $x=2$ のとき $y=-1$ である。
$y=-2x+a$ に $x=2$, $y=-1$ を代入して,
$-1=-2\times 2+a$ より, $a=3$
$y=-2x+3$ に $x=-1$, $y=b$ を代入して,
$b=-2\times(-1)+3=5$
(6) $y=-3x-2$ を $2x+3y=15$ に代入して,
$2x+3(-3x-2)=15$
$2x-9x-6=15$　　$-7x=21$　　$x=-3$
このとき, $y=-3\times(-3)-2=7$
(7) $x^2-89x+1980=(x-44)(x-45)$ となる。
$44=\sqrt{1936}<\sqrt{2023}<\sqrt{2025}=45$
なので, $x=\sqrt{2023}$ のとき, $(x-44)(x-45)<0$ である。

2 (1) 食塩の量に注目して,
$150\times\frac{x}{100}+300\times\frac{7}{100}+50\times\frac{0}{100}=500\times\frac{5.1}{100}$
両辺を 100 倍して,
$150x+2100=2550$　　$150x=450$　　$x=3$
(2) カードの取り出し方は, 全部で $5\times 4=20$ (通り) である。
① 和が 3 … (1, 2), (2, 1)
和が 6 … (1, 5), (5, 1), (2, 4), (4, 2)
和が 9 … (4, 5), (5, 4)
よって, $\frac{8}{20}=\frac{2}{5}$
② 1 から 5 までの数から 2 数を選び, 最大公約数が素数となるのは, (2, 4), (4, 2) の 2 通りだけである。(最大公約数は 2)
よって, $\frac{2}{20}=\frac{1}{10}$
(3) $\angle PQR=90°$ だから Q は PR を直径とする円周上の点である。よって, $\overparen{PQ}$ に対する円周角により, $\angle QOX=\angle QRP$ となるので常に一定である。

3 (1) 取り除く 3 つの立体は合同である。
$6^3-\left(6\times 6\times\frac{1}{2}\times 6\times\frac{1}{3}\right)\times 3=6^3-6^2\times 3$
$=6^2(6-3)=108\,(\text{cm}^3)$
(2) 切り口は右の図の斜線部分である。
$6^2-\left(3\times 3\times\frac{1}{2}\right)\times 3$
$=\frac{45}{2}\,(\text{cm}^2)$

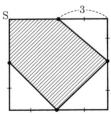

4 (1) $\frac{1}{4}x^2=2x+5$　　$x^2-8x-20=0$
$(x-10)(x+2)=0$
$x>0$ より, $x=10$　　よって, A (10, 25)
(2) B $(-2, 1)$ で BD の中点が x 軸上にあることから

D $(10, -1)$ と分かる。AD $=25-(-1)=26$ だから, 求める面積は,
$26\times\{10-(-2)\}=312\,(\text{cm}^2)$
(3) 三平方の定理より,
AB $=\sqrt{\{10-(-2)\}^2+(25-1)^2}$
$=\sqrt{12^2+24^2}=\sqrt{12^2(1^2+2^2)}=12\sqrt{5}\,(\text{cm})$
(4) 平行四辺形 ABCD を含むように長方形 AFCE を作る。AB の傾きが 2 なので BF : CF $= 2:1$ となり, BC $= 26$ だから,
BF $=\frac{52\sqrt{5}}{5}$, CF $=\frac{26\sqrt{5}}{5}$
となる。
△BFC ≡ △DEA なので, 求める体積は縦 $12\sqrt{5}$, 横 $\frac{26\sqrt{5}}{5}$ の長方形を回転させた体積と等しくなる。
よって,
$\pi\times\left(\frac{26\sqrt{5}}{5}\right)^2\times 12\sqrt{5}=\frac{8112\sqrt{5}}{5}\pi\,(\text{cm}^3)$

5 (1) ア, イ. $264\div 7=37$ 余り 5 だから,
$264=7\times 37+5$
ウ. $8\times 16\times 24=(7\times 1+1)\times(7\times 2+2)\times(7\times 3+3)$
となるから, 7 の倍数にならない部分の積を考えて,
$1\times 2\times 3=6$
エ. 8, 15, …, 64 の 9 つの数を 7 で割ると 1 余る数で, 3 は 7 で割ると 3 余る数なので, 求める余りは,
$1^9\times 3=3$
オ. 2×4, 3×5, 1×6 は 7 で割ると, それぞれ 1, 1, 6 余る数だから, 求める余りは, $1\times 1\times 6=6$
カ. $16!=(2\times 9)\times(3\times 10)\times(4\times 11)\times(5\times 12)$
$\times(6\times 13)\times(7\times 14)\times(8\times 15)\times(1\times 16)$
( ) の中の 8 つの数を 17 で割ったときの余りは 1, 13, 10, 9, 10, 13, 1, 16 となる。1 は除いて (13×10), (9×16), (10×13) として同様に考えると, 余りは 11, 8, 11 となる。さらに (11×11), 8 として考えると 2, 8 となる。よって, $2\times 8=16$
(2) $2^{2023}=(2^3)^{674}\times 2=8^{674}\times 2$
8 を 7 で割った余りは 1 なので,
求める余りは, $1^{674}\times 2=2$

〈A. S.〉

数学 | 133

福岡大学附属大濠高等学校

問題 P.173

解答

1 多項式の乗法・除法，因数分解，連立方程式，2次方程式の応用，1次関数 (1)① $\dfrac{x+y}{xy}$

(2)② $(2x-y+2)(2x-y+3)$　(3)③ $x=\dfrac{10}{7}$，$y=-\dfrac{4}{7}$

(4)④ $a=7$　(5)⑤ 9個

2 数・式の利用，確率，円周角と中心角

(1)⑥ 60 g　⑦ 68 g　(2)⑧ $\dfrac{5}{18}$　(3)⑨ 16 cm　(4)⑩ $n=5$

3 関数を中心とした総合問題　(1)⑪ $a=\dfrac{1}{2}$

(2)⑫ $y=3x-4$　(3)⑬ P $(0, 4)$　(4)⑭ Q $(0, 12)$

(5)⑮ 1:2

4 図形を中心とした総合問題　(1)⑯ $2\sqrt{2}$ cm

(2)⑰ $\dfrac{3\sqrt{2}}{4}$ cm　(3)⑱ $\dfrac{2}{3}$ cm　(4)⑲ $\dfrac{\sqrt{2}}{8}$ cm²

(5)⑳ $\dfrac{23\sqrt{2}}{72}$ cm²

5 図形を中心とした総合問題　(1)㉑ $2\sqrt{13}$ cm

(2)㉒ 3:2　(3)㉓ $\dfrac{12}{5}$ cm　(4)㉔ $\dfrac{48}{5}$ cm³

(5)㉕ $\dfrac{44\sqrt{13}}{5}$ cm²

解き方

1 (1) (与式) $=\dfrac{3x+3y}{6}\times\dfrac{2}{xy}$

(3) $3x+4y=2\cdots$①，$5x+2y=6\cdots$②

②×2−①より，$7x=10$

①×5−②×3より，$14y=-8$

(4) ①を解くと，$(x+4)(x-3)=0$　$x=-4$，3

$x=3$ を②に代入して，$9+3a-30=0$

(5) $(2, 9)$，$(4, 8)$，$(6, 7)$，$(8, 6)$，$(10, 5)$，$(12, 4)$，$(14, 3)$，$(16, 2)$，$(18, 1)$ の9個。

2 (1)⑥ $(500-100)\times0.1+100\times0.2=60$ (g)

⑦ $60\times\dfrac{400}{500}+100\times0.2=68$ (g)

(2) 右の表より，$\dfrac{5}{18}$

(3) 四角形 ABCD は対角線 BD を直径とする円に内接する四角形で，$\overparen{\text{AC}}$ に対する円周角が $\angle\text{ADC}=30°$

袋＼さ	1	2	3	4	5	6
白	0	1	2	3	④	⑤
赤	1	2	3	0	0	⑥
青	0	2	0	④	0	⑥

より，対角線 AC はこの円の半径に等しい。

(4) a^2-1，b^2-2，c^2-3，d^2-4 の絶対値が最小の正の数と負の数は下の表の通り。積が正になるように，おのおのから1つ選んで調べると，n の最小値は，

$(-1)\times(-1)\times1\times5=5$

	a^2-1	b^2-2	c^2-3	d^2-4
正	3	2	1	5
負	−1	−1	−2	−3

3 (2) B $(4, 8)$ より，$y=3x-4$

(3) 点 B を通り，直線 OA と平行な直線 $y=x+4$ と y 軸との交点が P である。

(4) 点 B を通り，直線 AP と平行な直線 $y=-x+12$ と y 軸との交点が Q である。

(5) 四角形 POAB $=\triangle$POA $+\triangle$PAB

$=\triangle$POA $+\triangle$POB $=4+8=12$

四角形 QPAB $=\triangle$QPB $+\triangle$PAB

$=\triangle$QPB $+\triangle$POB $=16+8=24$

4 (1) AD $=\sqrt{3^2-1^2}=2\sqrt{2}$ (cm)

(2) $\triangle$CFD∽$\triangle$ACD より，CF : AC $=$ CD : AD

CF $=\dfrac{3\times1}{2\sqrt{2}}=\dfrac{3\sqrt{2}}{4}$ (cm)

(3) $\triangle$BCE∽$\triangle$ACD より，CE : CD $=$ BC : AC

CE $=\dfrac{1\times2}{3}=\dfrac{2}{3}$ (cm)

(4) $\triangle$BDF∽$\triangle$ADB で，相似比は BD : AD $=1:2\sqrt{2}$ より，面積比は $1^2:(2\sqrt{2})^2=1:8$

$\triangle$ADB $=1\times2\sqrt{2}\div2=\sqrt{2}$ (cm²) より，

$\triangle$BDF $=\dfrac{\sqrt{2}}{8}$ (cm²)

(5) $\triangle$BCE∽$\triangle$ABD で，相対比は BC : AB $=2:3$ より，面積比は $2^2:3^2=4:9$

$\triangle$BCE $=\dfrac{4}{9}\triangle$ABD $=\dfrac{4\sqrt{2}}{9}$ (cm²) より，

四角形 CDFE $=\triangle$BCE $-\triangle$BDF $=\dfrac{4\sqrt{2}}{9}-\dfrac{\sqrt{2}}{8}$

5 (1) DE $=\sqrt{4^2+6^2}=2\sqrt{13}$ (cm)

(2) 展開図上において，AP : PQ $=$ AD : DH $=3:2$

(3)(2)より，DP : HQ $=3:(3+2)=3:5$

点 Q は線分 GH の中点であるから，HQ $=4$ cm

(4) $\dfrac{1}{3}\left(\dfrac{1}{2}\times\dfrac{12}{5}\times4\right)\times6=\dfrac{48}{5}$ (cm³)

(5) 四角形は上底 DP，下底 ER，高さ DE の台形である。

(3)と同様に，ER $=\dfrac{32}{5}$ cm であるから，四角形の面積は，

$\dfrac{1}{2}\left(\dfrac{12}{5}+\dfrac{32}{5}\right)\times2\sqrt{13}=\dfrac{44\sqrt{13}}{5}$ (cm²)

〈O. H.〉

法政大学高等学校

問題 P.174

解答

1 正負の数の計算，式の計算，因数分解，平方根，数の性質，数・式の利用，連立方程式，2次方程式，場合の数，確率，関数 $y=ax^2$，1次関数，三平方の定理，三角形 (1) 27　(2) $-\dfrac{2b^2c^5}{a}$　(3) a

(4) $(a+3)(a-1)(a+1)^2$　(5) 7，$5\sqrt{2}$，$4+\sqrt{10}$　(6) 5

(7) $x=1$，$y=-1$　(8) $x=4$，9　(9) 15 通り　(10) $\dfrac{9}{28}$

(11) $a=\dfrac{3}{2}$，$b=0$　(12) $y=2x-8$　(13) $\dfrac{7}{6}$ 倍　(14) 119°

2 数・式の利用，連立方程式の応用　(1) $\dfrac{5x+y}{4}$

(2) $x=9$，$y=15$

3 2次方程式の応用，1次関数，関数 $y=ax^2$

(1) $y=-x+12$　(2) $4+\sqrt{6}$

4 平面図形の基本・作図，三平方の定理　(1) 4　(2) 60

解き方

1 (1) (与式)

$=\left(\dfrac{6}{5}\div\dfrac{3}{8}-\dfrac{8}{3}\times\dfrac{21}{5}\right)\div\left(-\dfrac{8}{27}\right)=27$

(2) (与式) $=-8a^3b^6c^9\times\dfrac{a^4b^2}{9c^4}\times\dfrac{9}{4a^8b^6}=-\dfrac{2b^2c^5}{a}$

(3) (与式) $=\dfrac{15a+9b-2a+4b-7a-13b}{6}=a$

(4) (与式)

$=(a^2+2a+1)(a^2+2a-3)=(a+1)^2(a-1)(a+3)$

旺文社 2024 全国高校入試問題正解

解　答　　数学 | 134

(5) $(5\sqrt{2})^2 - (4+\sqrt{10})^2 = 50 - (16 + 8\sqrt{10} + 10)$
$= 24 - \sqrt{640}$
$24^2 = 576$ より，$24 - \sqrt{640} < 0$
よって，$5\sqrt{2} < 4 + \sqrt{10}$
また，$5\sqrt{2} = \sqrt{50}$，$7 = \sqrt{49}$ より，$7 < 5\sqrt{2}$
以上より，小さい順に並べると，7，$5\sqrt{2}$，$4 + \sqrt{10}$

(6) m，n を整数として，
$a = 7m - 3$，$b = 7n + 3$ とおける。このとき，
$a^2 + 2ab = a(a + 2b) = (7m - 3)\{7m - 3 + 2(7n + 3)\}$
$= (7m - 3)(7m + 14n + 3)$
$= 7m(7m + 14n + 3) - 3(7m + 14n + 3)$
$= 7(7m^2 + 14mn + 3m - 3m - 6n - 2) + 5$
$= 7(7m^2 + 14mn - 6n - 2) + 5$
$7m^2 + 14mn - 6n - 2$ は整数なので，
$7(7m^2 + 14mn - 6n - 2)$ は 7 の倍数となり，求める余り
は 5

(7) $3x + 7y = -4\cdots$①
$(2x - y + 1):(2x + y + 2) = 4:3$ より，
$3(2x - y + 1) = 4(2x + y + 2)$
$2x + 7y = -5\cdots$②
とすると，①，②を連立して，$x = 1$，$y = -1$

(8) 式を展開して整理すると，
$x^2 - 13x + 36 = 0$　　$(x-4)(x-9) = 0$　　$x = 4$，9

(9) 7 個のみかんは $(5, 1, 1)$，$(4, 2, 1)$，$(3, 3, 1)$，
$(3, 2, 2)$ の 4 パターンに分けられ，それぞれ A，B，C の
3 人に割り当てる方法を考えると，
$(5, 1, 1)$ は 3 通り。$(4, 2, 1)$ は 6 通り。
$(3, 3, 1)$ は 3 通り。$(3, 2, 2)$ は 3 通り。
したがって，$3 + 6 + 3 + 3 = 15$（通り）

(10) 8 個の玉を赤①，赤②，赤③，白①，白②，白③，白④，
黒のようにすべて区別できるものとする。
8 個の玉から同時に 2 個の玉を取り出す方法は，
(赤①，赤②)，(赤①，赤③)，(赤①，白①)，(赤①，白②)，
(赤①，白③)，(赤①，白④)，(赤①，黒)，(赤②，赤③)，
(赤②，白①)，(赤②，白②)，(赤②，白③)，(赤②，白④)，
(赤②，黒)，(赤③，白①)，(赤③，白②)，(赤③，白③)，
(赤③，白④)，(赤③，黒)，(白①，白②)，(白①，白③)，
(白①，白④)，(白①，黒)，(白②，白③)，(白②，白④)，
(白②，黒)，(白③，白④)，(白③，黒)，(白④，黒)
の 28 通りある。この中で取り出した玉が同じ色になって
いるのは下線をつけた 9 通り。したがって，求める確率は
$\dfrac{9}{28}$ である。

(11) x の変域に $x = 0$ を含み，y の最大値が正であること
から $a > 0$ で，$x = 0$ のとき y は最小の 0 をとる。よって，
$b = 0$
また，$x = 4$ のとき $y = 24$ なので，$y = ax^2$ に代入すると，
$24 = 16a$　　$a = \dfrac{3}{2}$

(12) $y = -\dfrac{3}{2}x + 6$ に $y = 0$ を代入すると，$x = 4$
よって，求める直線は 2 点 $(4, 0)$，$(7, 6)$ を通ることから，
$y = 2x - 8$

(13) 正三角柱は底面が 1 辺 28 の正三角形で高さが 48 なので，
その体積は，$\left(\dfrac{1}{2} \times 28 \times 14\sqrt{3}\right) \times 48 = 196\sqrt{3} \times 48\cdots$①
正六角柱は底面が 1 辺 8 の正六角形で高さが 84 なので，
その体積は，$\left(\dfrac{1}{2} \times 8 \times 4\sqrt{3}\right) \times 6 \times 84 = 96\sqrt{3} \times 84\cdots$②
①，②より，正三角柱と正六角柱の体積の比は，

$(196\sqrt{3} \times 48):(96\sqrt{3} \times 84) = 7:6$
となり，$\dfrac{7}{6}$ 倍

(14) 図のように考えると，
$\angle ABE = \angle EBC = a°$，
$\angle BCE = \angle DCE = b°$
とおける。
△ABC において，
$2a + b = 85\cdots$①
△BCD において，
$a + 2b = 98\cdots$②
①＋②より，$3a + 3b = 183$　　$a + b = 61$
よって，△BCE にて，
$\angle x = 180° - (a + b)° = 180° - 61° = 119°$

2 (1) はじめの食塩水は，
容器 A：$x\%$ の食塩水 200 g（食塩の量は $2x$ g）
容器 B：$y\%$ の食塩水 100 g（食塩の量は y g）
A から B に 100 g 移してよくかき混ぜたのち，
容器 A：食塩水 100 g（食塩の量は x g）
容器 B：食塩水 200 g（食塩の量は $(x + y)$ g）
B から A に 50 g 移してよくかき混ぜれば，
容器 A：食塩水 150 g（食塩の量は $\dfrac{5x + y}{4}$ g）
容器 B：食塩水 150 g（食塩の量は $\dfrac{3x + 3y}{4}$ g）
となる。

(2) $\begin{cases} \dfrac{5x + y}{4} = 15 \\ \dfrac{3x + 3y}{4} = 18 \end{cases}$　すなわち，$\begin{cases} 5x + y = 60 &\cdots① \\ x + y = 24 &\cdots② \end{cases}$
となるので，これを解いて，$x = 9$，$y = 15$

3 (1) A $(4, 8)$ で，四角形 ABCD は 1 辺 3 の正方形なので，
C $(1, 11)$ となる。したがって，直線 AC の式は，
$y = -x + 12$
(2) 点 A $\left(t, \dfrac{1}{2}t^2\right)$ とすると，点 C の座標は
$\left(t - 3, \dfrac{1}{2}t^2 + 3\right)$ となる。また，点 C は放物線 $y = 2x^2$
上にあるので，その y 座標は $2(t-3)^2$ と表すこともでき
るので，$\dfrac{1}{2}t^2 + 3 = 2(t-3)^2$ が成り立つ。これを解いて，
$t = 4 \pm \sqrt{6}$
$t > 3$ より，$t = 4 + \sqrt{6}$

4 (1) 小さな円の半径を
r とすると，右図のよ
うに長さが決まるので，
△AHB にて三平方の定
理より，
$(9 + r)^2$
$= (9 - r)^2 + (16 - r)^2$
これを解くと，
$r = 4$，64
$r < 9$ より，$r = 4$
(2) (1)より，△ABC は
AB = AC = 13，
BC = 10，の二等辺三
角形で，AH = 12 なので，その面積は，$\dfrac{1}{2} \times 10 \times 12 = 60$

〈Y. D.〉

旺文社　2024 全国高校入試問題正解

法政大学国際高等学校

問題 P.175

解答

1 式の計算, 2次方程式, 因数分解, 確率, 円周角と中心角 (1) $\dfrac{3a+14b}{10}$

(2) $x=0, -1, -\dfrac{1}{2}$ (3) $(x-3y-4)(x+3y-4)$

(4) 162個 (5) 54度

2 1次関数, 関数 $y=ax^2$, 三平方の定理 (1) $a=1$

(2) A$(-1, 1)$, B$(2, 4)$ (3) C$(-3, 9)$

(4) D$\left(-\dfrac{9}{5}, \dfrac{21}{5}\right)$

3 円周角と中心角, 三平方の定理 (1) 15度

(2) $\dfrac{5\sqrt{2}}{4}$ (3) $\dfrac{75+25\sqrt{3}}{8}$

4 1次関数 (1) P$(2t+a, t+b)$ (2) Q$\left(\dfrac{7}{5}t, \dfrac{8}{5}t\right)$

(3) $a=-\dfrac{27}{5}, b=\dfrac{27}{5}$ (4) $y=\dfrac{1}{2}x+\dfrac{81}{10}$

解き方

1 (1) (与式)
$=\dfrac{5a+20b-2(a+3b)}{10}=\dfrac{3a+14b}{10}$

(2) $x=0$,
$x+1=0 \quad x=-1$,
$2x+1=0 \quad x=-\dfrac{1}{2}$

(3) (与式) $=x^2-9y^2-8x+16=(x-4)^2-(3y)^2$
$=\{(x-4)-3y\}\{(x-4)+3y\}$
$=(x-3y-4)(x+3y-4)$

(4) 白球を x 個袋に入れると,
$\dfrac{5}{5+x} \leq \dfrac{3}{100} \quad 500 \leq 15+3x \quad x \geq 161\dfrac{2}{3}$
したがって, 少なくとも白球を 162 個入れておく必要がある.

(5) ∠AOB $=x°$ とすると, ∠ACB $=\dfrac{1}{2}$∠AOB $=\dfrac{1}{2}x°$
O, C を結ぶと OC $=$ OB だから, ∠OCB $=$ ∠OBC $=29°$
また, OC $=$ OA だから, ∠OCA $=$ ∠OAC $=56°$
よって, $\dfrac{x°}{2}+29°=56° \quad x°=54° \quad$ ∠AOB $=54°$

2 (1) A$(-1, 1)$ だから, $-a+2=1 \quad a=1$

(2) ① $=$ ② より,
$x^2=x+2 \quad (x-2)(x+1)=0 \quad x=2, -1$
$x=2$ のとき $y=2^2=4$
B の x 座標は正であるから, B$(2, 4)$

(3) BC $\perp$ ② であるから, 直線 BC の傾きは -1
よって, 直線 BC を $y=-x+b\cdots$③ とおくと,
③は B$(2, 4)$ を通るから, $4=-2+b \quad b=6$
①と③の交点の座標は,
$x^2=-x+6 \quad (x+3)(x-2)=0 \quad x=-3, 2$
C の x 座標は負だから, C$(-3, 9)$

(4) AB $=\sqrt{3^2+3^2}=3\sqrt{2}$
BC $=\sqrt{5^2+5^2}=5\sqrt{2}$
(四角形 OBCA の面積)
$=$ (△OAB の面積) $+$ (△ABC の面積)
$=\dfrac{1}{2}\times 2\times 3+\dfrac{1}{2}\times 3\sqrt{2}\times 5\sqrt{2}$
$=18$
したがって, △BCD $=9$,
△BAD $=6$
よって,
CD : DA $=9:6=3:2$
D(m, n) とおくと,
$m=-\dfrac{2}{5}\times 2-1=-\dfrac{9}{5}, n=\dfrac{8}{5}\times 2+1=\dfrac{21}{5}$
よって, D$\left(-\dfrac{9}{5}, \dfrac{21}{5}\right)$

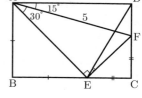

3 (1) ∠AEF $+$ ∠ADF
$=90°+90°=180°$
したがって, 四角形 AEFD は AF を直径とする円に内接するから,
∠DEF $=$ ∠DAF $=15°$

(2) △AEF は
∠AEF $=90°$,
∠EAF $=30°$, ∠AFE $=60°$, AF $=5$ の直角三角形だから,
EF $=\dfrac{5}{2} \quad$ △CEF は CE $=$ CF の直角二等辺三角形だから, CE $=\dfrac{5}{2}\times\dfrac{1}{\sqrt{2}}=\dfrac{5\sqrt{2}}{4}$

(3) △ABE は AE $=\dfrac{5\sqrt{3}}{2}$, AB $=$ BE の直角二等辺三角形だから, AB $=$ BE $=\dfrac{5\sqrt{3}}{2}\times\dfrac{1}{\sqrt{2}}=\dfrac{5\sqrt{6}}{4}$
(長方形 ABCD の面積) $=$ AB $\times$ (BE $+$ EC)
$=\dfrac{5\sqrt{6}}{4}\times\left(\dfrac{5\sqrt{6}}{4}+\dfrac{5\sqrt{2}}{4}\right)=\dfrac{150}{16}+\dfrac{25\times 2\sqrt{3}}{16}$
$=\dfrac{75+25\sqrt{3}}{8}$

4 (1) 点 P の x 座標は 1 秒で 2 増えるから, t 秒で $2t$ 増え, y 座標は 1 秒で 1 増えるから, t 秒で t 増えることになる. したがって, P$(a+2t, b+t)$

(2) 点 Q の x 座標は 1 秒あたり $\dfrac{7}{5}$ 増え, y 座標は $\dfrac{8}{5}$ 増えたことになるから, t 秒後の Q の座標は, Q$\left(\dfrac{7}{5}t, \dfrac{8}{5}t\right)$

(3) 9秒後の点 P, Q の座標は,
P$(a+18, b+9)$, Q$\left(\dfrac{63}{5}, \dfrac{72}{5}\right)$
P と Q の x, y 座標のそれぞれの値は等しいから,
$a+18=\dfrac{63}{5}\cdots$① $b+9=\dfrac{72}{5}\cdots$②
①, ②より, $a=-\dfrac{27}{5}, b=\dfrac{27}{5}$

(4) 直線 l の傾きは $\dfrac{1}{2}$ だから, 直線 l の方程式を
$y=\dfrac{1}{2}x+k\cdots$③ とおくと, ③は A$\left(-\dfrac{27}{5}, \dfrac{27}{5}\right)$ を通るから, $\dfrac{27}{5}=\dfrac{1}{2}\times\left(-\dfrac{27}{5}\right)+k \quad k=\dfrac{81}{10}$
よって, 直線 l の方程式は, $y=\dfrac{1}{2}x+\dfrac{81}{10}$

〈K. M.〉

法政大学第二高等学校

問題 P.176

解答

1 平方根, 連立方程式, 2次方程式, 因数分解 問1. $9 - 5\sqrt{3}$ 問2. $x = 5, y = 2$
問3. $x = 0, 4$ 問4. $(x - y)(x + y - 2)$

2 多項式の乗法・除法, 因数分解, 平方根, 1次関数, 関数 $y = ax^2$, 相似, 三平方の定理 問1. 4 問2. 53
問3. $a = -4, b = -6$ 問4. $\dfrac{2}{3}\sqrt{3}$ cm

3 数の性質, 確率 問1. $\dfrac{1}{64}$ 問2. $\dfrac{3}{64}$
問3. $\dfrac{9}{64}$

4 1次関数, 関数 $y = ax^2$, 三平方の定理 問1. 3
問2. 10 問3. $y = \dfrac{11}{6}x - \dfrac{10}{3}$

5 平面図形の基本・作図, 三角形, 円周角と中心角, 三平方の定理 問1. $\dfrac{4}{3}\sqrt{3}$ cm 問2. $\dfrac{2}{3}\sqrt{3}$ cm²
問3. $\left(\dfrac{2}{3}\pi - \dfrac{2}{3}\sqrt{3}\right)$ cm²

6 空間図形の基本, 相似, 三平方の定理
問1. 72 cm²
問2. (考え方) 線分 HF と線分
EG の交点を S, 線分 MN と線分
DB の交点を T とすると, 台形
DHST は, 右図のようになる。
T から HS にひいた垂線を TU,
H から TS にひいた垂線を HV と
すると, HV の長さが求める距離
となる。
△TUS∽△HVS より,
TU : HV = TS : HS
$8 :$ HV $= 6\sqrt{2} : 4\sqrt{2}$
HV $= \dfrac{16}{3}$ (答) $\dfrac{16}{3}$ cm

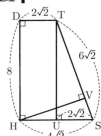

解き方

1 問1. $3 < \sqrt{12} < 4$ より, $a = \sqrt{12} - 3$
$1 < \sqrt{3} < 2$ より, $b = \sqrt{3} - 1$
よって, $ab = (\sqrt{12} - 3)(\sqrt{3} - 1) = 9 - 5\sqrt{3}$
問2. 上の式を①, 下の式を②とする。
①より, $x + 2y = 9$…③
②より, $2x - y = 8$…④
③×2 − ④より,
$\quad 2x + 4y = 18$
$-)\ 2x - \ y = \ 8$
$\quad\ \ \ \ 5y = 10 \quad y = 2$
$y = 2$ を③に代入すると, $x + 4 = 9 \quad x = 5$
問3. $x^2 + 4x + 4 + x^2 = x^2 + 8x + 16 - 12$
$x^2 - 4x = 0 \quad x(x - 4) = 0 \quad x = 0, 4$
問4. $(x^2 - y^2) - 2(x - y)$
$= (x - y)(x + y) - 2(x - y)$
$= (x - y)(x + y - 2)$

2 問1. $x^2 - 3xy + y^2 = (x^2 + 2xy + y^2) - 5xy$
$= (x + y)^2 - 5xy$
$= (-1)^2 - 5 \times \left(-\dfrac{3}{5}\right)$
$= 1 + 3 = 4$
問2. 条件を満たすためには, $n^2 - 105$ が n より1小さい整数の2乗になればよい。

すなわち, $n^2 - 105 = (n - 1)^2$
これを解いて, $n = 53$
問3. $-6 \leqq x \leqq -2$ のとき, $y = \dfrac{1}{2}x^2$ の y の変域(値域)
は, $2 \leqq y \leqq 18$
$a < 0$ より, $x = -6$ のとき $y = 18$
よって, $18 = -6a + b$…①
$x = -2$ のとき $y = 2$ よって, $2 = -2a + b$…②
①, ②を連立させて解くと, $a = -4, b = -6$
問4. 円 O_1 の半径を r_1 cm, 円 O_2 の半径を r_2 cm とする。
△ABC の面積に着目して,
△ABC $=$ △O_1BC $+$ △O_1AB $+$ △O_1CA
$\dfrac{1}{2} \times 12 \times 6\sqrt{3} = 3 \times \left(\dfrac{1}{2} \times 12 \times r_1\right)$
$r_1 = 2\sqrt{3}$ (cm)
円 O_1, 円 O_2 と接線 AB との接点をそれぞれ P, Q とすると, △APO_1∽△AQO_2 より,
$r_1 : r_2 =$ AO_1 : AO_2
$2\sqrt{3} : r_2 = (6\sqrt{3} - 2\sqrt{3}) : (6\sqrt{3} - 4\sqrt{3} - r_2)$
これを解いて, $r_2 = \dfrac{2}{3}\sqrt{3}$ (cm)

3 元に戻すので, すべての場合の数は,
$4 \times 4 \times 4 = 64$ (通り)
カードを $\boxed{1}, \boxed{2}, \boxed{7}, \boxed{17}$ とする。
問1. $\boxed{1} - \boxed{1} - \boxed{1}$ の1通りだから, $\dfrac{1}{64}$
問2. $2023 = 7 \times 17^2$ より,
$\boxed{7} - \boxed{17} - \boxed{17}$
$\boxed{17} - \boxed{7} - \boxed{17}$
$\boxed{17} - \boxed{17} - \boxed{7}$ の3通りだから, $\dfrac{3}{64}$
問3. 素数となるカードの引き方は,
$\boxed{1}, \boxed{1}, \boxed{2}$ の3枚を引く3通り,
$\boxed{1}, \boxed{1}, \boxed{7}$ の3枚を引く3通り,
$\boxed{1}, \boxed{1}, \boxed{17}$ の3枚を引く3通りより,
$3 + 3 + 3 = 9$ (通り) よって, $\dfrac{9}{64}$

4 問1. PQ $= b + 1 = 3 \quad b = 2$
$y = 2$ を $y = \dfrac{1}{4}x^2$ に代入すると,
$2 = \dfrac{1}{4}x^2 \quad x = \pm 2\sqrt{2}$
$a > 0$ より, P $(2\sqrt{2}, 2)$
よって, 三平方の定理より,
PR $= \sqrt{(2\sqrt{2} - 0)^2 + (2 - 1)^2} = 3$
問2. $x = 4$ を $y = \dfrac{1}{4}x^2$ に代入すると, $y = \dfrac{1}{4} \times 4^2 = 4$
よって, P $(4, 4)$, Q $(4, -1)$, R $(0, 1)$ より,
△PQR $= \dfrac{1}{2} \times 5 \times 4 = 10$
問3. 四角形 OQPR $=$ △OQP $+$ △OPR
$= \dfrac{1}{2} \times 5 \times 4 + \dfrac{1}{2} \times 1 \times 4$
$= 12$
直線 OQ は, $y = -\dfrac{1}{4}x$ で, 求める直線との交点を T とすると T $\left(t, -\dfrac{1}{4}t\right)$ と表すことができる。
△PTQ $= \dfrac{1}{2} \times 5 \times (4 - t) = \dfrac{1}{2}$四角形 OQPR $= 6$
これを解いて, $t = \dfrac{8}{5}$ よって, T $\left(\dfrac{8}{5}, -\dfrac{2}{5}\right)$
求める直線の式を $y = cx + d$ とおくと,
P $(4, 4)$ を通るから, $4 = 4c + d$…①

T $\left(\dfrac{8}{5}, -\dfrac{2}{5}\right)$ を通るから，$-\dfrac{2}{5} = \dfrac{8}{5}c + d\cdots$②

①，②を連立させて解くと，$c = \dfrac{11}{6}$，$d = -\dfrac{10}{3}$

よって，$y = \dfrac{11}{6}x - \dfrac{10}{3}$

5 問1．$\angle ADC = 90°$ より，線分 AC は円 O の直径となる。AO = OD = AD より，△ODA は正三角形だから，
AC = AE = 2OA = 4 (cm)
△ACE で，AC = AE，$\angle CAE = 60°$ だから，△ACE は正三角形。
また，円周角の定理より，$\angle AFC = 90°$
つまり，AF は正三角形 ACE の高さにあたるから，
$\angle FAD = 30°$　△AGD で，AD : AG = $\sqrt{3}$: 2 より，
2 : AG = $\sqrt{3}$: 2　　AG = $\dfrac{4}{3}\sqrt{3}$ (cm)

問2．△CFG で，$\angle GFC = 90°$
また，円周角の定理より，$\angle FCG = \angle FAD = 30°$
よって，GF : FC = 1 : $\sqrt{3}$
GF : 2 = 1 : $\sqrt{3}$　　GF = $\dfrac{2}{3}\sqrt{3}$ (cm)
△CFG = $\dfrac{1}{2} \times 2 \times \dfrac{2}{3}\sqrt{3} = \dfrac{2}{3}\sqrt{3}$ (cm²)

問3．OF と CD の交点を H とすると，
OF ⊥ CD より求める面積は，
(おうぎ形 OFD) $-$ △OHD $-$ △GHF $\cdots$①
△GHF で，GF = $\dfrac{2}{3}\sqrt{3}$ より，GH = $\dfrac{\sqrt{3}}{3}$，HF = 1$\cdots$②
△OHD で，$\angle DOH = 60°$，OD = 2 より，
OH = 1，HD = $\sqrt{3}\cdots$③
①，②，③より，
$\pi \times 2^2 \times \dfrac{60}{360} - \dfrac{1}{2} \times 1 \times \sqrt{3} - \dfrac{1}{2} \times 1 \times \dfrac{\sqrt{3}}{3}$
$= \dfrac{2}{3}\pi - \dfrac{2}{3}\sqrt{3}$ (cm²)

6 問1．三平方の定理より，EG = $8\sqrt{2}$ (cm)
MN = $4\sqrt{2}$ (cm)
点 M から，線分 EG に垂線 MP をひく。
△MAE で，$\angle MAE = 90°$ より三平方の定理から，
ME = $\sqrt{4^2 + 8^2} = \sqrt{80}$ (cm)
EP = $\dfrac{1}{2}$ (EG $-$ MN) = $2\sqrt{2}$ (cm)
△MEP で，$\angle MPE = 90°$ より三平方の定理から，
MP = $\sqrt{ME^2 - EP^2} = \sqrt{80 - 8} = 6\sqrt{2}$ (cm)
したがって，求める面積は，$\dfrac{1}{2} \times$ (EG + MN) $\times$ MP
$= \dfrac{1}{2}(8\sqrt{2} + 4\sqrt{2}) \times 6\sqrt{2}$
$= 72$ (cm²)

〈M. S.〉

明治学院高等学校

問題 P.177

解答

1 正負の数の計算，平方根，因数分解，2次方程式の応用，関数 $y = ax^2$，連立方程式の応用，平行と合同，比例・反比例　(1) -2　(2) 1
(3) $2(x+6)(x-4)$　(4) $a = -4$，他の解 $x = -1$
(5) $a = -1$，$b = 3$　(6) 4 個　(7) 1500 円　(8) 94°　(9) (ウ)

2 確率　(1) $\dfrac{1}{216}$　(2) $\dfrac{209}{216}$

3 平行と合同，三平方の定理　(1) 8　(2) $8\sqrt{7}$
(3) $2\sqrt{11}$

4 1次関数，2次方程式の応用
(1) $\dfrac{1}{3}s^2$　(2) $\dfrac{8}{3}(t-s)$　(3) $t = \dfrac{9}{2}$

5 数・式の利用，1次方程式の応用　(1) 12 個
(2) $2n + 2$　(3) 138 枚

解き方

1 (1) (与式) $= \dfrac{1}{2} \times \left(5 - \dfrac{1}{3}\right) \times \left(-\dfrac{6}{7}\right)$
$= -\dfrac{1}{2} \times \dfrac{14}{3} \times \dfrac{6}{7} = -2$
(2) (与式) $= \{(\sqrt{2}+\sqrt{3})(\sqrt{2}-\sqrt{3})\}^2 = (2-3)^2 = 1$
(3) (与式) $= 2(x^2 + 2x - 24) = 2(x+6)(x-4)$
(4) $x = -3$ を問題の方程式に代入して，$9 + 3a + a + 7 = 0$
これを解いて，$a = -4$
よって，$x^2 + 4x - 4 + 7 = (x+3)(x+1) = 0$ より，
$x = -3$，-1
(5) $a < 0$ で，$0 \leq 1 \leq x \leq 2$ より，$y = ax^2$ の値域は，
$4a \leq y \leq a$
$b > 0$ より，$y = bx - 7$ の値域は，$b - 7 \leq y \leq 2b - 7$
これらが一致するので，$\begin{cases} 4a = b - 7 \\ a = 2b - 7 \end{cases}$
この a と b の連立方程式を解いて，$\begin{cases} a = -1 \\ b = 3 \end{cases}$
(6) $300 = 2^2 \times 5^2 \times 3$ であるから，
$n = 3$，3×2^2，3×5^2，$3 \times 2^2 \times 5^2$ のとき。
(7) プリン1個の単価を a 円，所持金を x 円とおく。
$x = 8a + 220 = 10 \times \dfrac{9}{10}a + 60$ を解いて，
$a = 160$，$x = 1500$
(8) $\angle x = 36° + (180° - 122°) = 94°$
(9) (イ)は $a = 2$ のとき，(エ)は $a < 0$ のときゆえ不可。
a が大きくなるほど，グラフは座標軸から離れるので，(ウ)が答え。

2 (1) $x_1 = x_2 = x_3 = 3$ のときだから確率は，$\dfrac{1^3}{6^3}$
(2) $(x_1 - 3)^2 + (x_2 - 3)^2 + (x_3 - 3)^2 = 1$ となる確率を求める。
$(x_1, x_2, x_3) = (2, 3, 3)$，$(4, 3, 3)$，$(3, 2, 3)$，$(3, 4, 3)$，$(3, 3, 2)$，$(3, 3, 4)$ のときだから，$\dfrac{6}{6^3}$
よって求める確率は，(1)より，$\dfrac{6^3 - (1+6)}{6^3} = \dfrac{209}{216}$

3 (1) 線分 AE と BD の交点を O とする。
AD // BC で，平行線の錯角が等しいことから，$\angle ADO = \angle EBO$，$\angle DAO = \angle BEO$
また仮定より，△ABD は AB = AD = 8 の二等辺三角形

なので，AO ⊥ BD から，∠DAO = ∠BAO，BO = DO
これらのことから，△ADO ≡ △ABO ≡ △EBO がわかるので，BE = AD = 8
(2) AO = $2\sqrt{2}$　△ABO で三平方の定理より，
BO = $\sqrt{8^2 - (2\sqrt{2})^2} = 2\sqrt{14}$
△ABE = $\frac{1}{2} \times 4\sqrt{2} \times 2\sqrt{14} = 8\sqrt{7}$
(3) A から対辺 BE に垂線 AH を引くと，
△ABE = $\frac{1}{2} \times 8 \times AH = 8\sqrt{7}$　　AH = $2\sqrt{7}$
△ABH で三平方の定理により，BH = $\sqrt{8^2 - (2\sqrt{7})^2} = 6$
D から対辺 BC に垂線 DI を引くと，HI = AD = 8
仮定から BC = 18 なので，CI = 18 − BH − HI = 4
△CDI で三平方の定理により，
CD = $\sqrt{(2\sqrt{7})^2 + 4^2} = 2\sqrt{11}$

4 (1) A $\left(-\frac{2}{3}s, 0\right)$，B $(0, s)$，$s > 0$ より，
△AOB = $\frac{1}{2} \times \frac{2}{3}s \times s = \frac{1}{3}s^2$
(2) $\frac{3}{2}x + s = \frac{9}{8}x + t$ より，$\left(\frac{3}{2} - \frac{9}{8}\right)x = t - s$
$x = \frac{8}{3}(t - s)$
(3) △AEC = △ODC ゆえ，△AOB = △EDB
△EDB = $\frac{1}{2}(t - s) \times \frac{8}{3}(t - s) = \frac{4}{3}(t - s)^2$
(1)の結果と $s = 3$ より，$\frac{1}{3} \times 3^2 = \frac{4}{3}(t - 3)^2$
$t - 3 = \pm\frac{3}{2}$　　$t > s = 3$ から，$t = \frac{9}{2}$

5 (1) $(5 + 1) \times 2 = 12$
(2) $(n + 1) \times 2 = 2n + 2$
(3) $(n + 1) \times 3 = 210$ を解いて，$n = 69$
よって，$2 \times 69 = 138$

〈IK. Y.〉

明治大学付属中野高等学校

問題 P.178

解答

1 | 平方根，因数分解，2 次方程式，データの散らばりと代表値 | (1) $9 + \sqrt{2}$
(2) $(3x + 2)(x - 4)$　(3) $x = 2 + \sqrt{3}$，$-1 + \sqrt{3}$
(4) 3.5 点

2 | 連立方程式の応用，関数 $y = ax^2$，円周角と中心角，2 次方程式の応用，数・式の利用，平方根 | (1) $k = 4$
(2) $a = 4$，$b = -\frac{3}{2}$　(3) $44°$　(4) 11　(5) $-\frac{3}{2}$
(6) $n = 9$，53，64

3 | 1 次関数，確率 | ア…6　イ…4　ウ…$\frac{67}{72}$

4 | 2 次方程式の応用 | (1) $\frac{9}{5}x$ g
(2) $180 \times \frac{x}{100} = (180 + 5x) \times \frac{x - 3}{100}$
$36x = (36 + x)(x - 3)$
$x^2 - 3x - 108 = 0$　　$(x + 9)(x - 12) = 0$
$x > 3$ より，$x = 12$

5 | 立体の表面積と体積，三平方の定理 | (1) $9\sqrt{2}$ cm³
(2) $\frac{3\sqrt{2}}{4}$ cm

6 | 関数 $y = ax^2$，円周角と中心角，三平方の定理 |
(1) $4\sqrt{10}$　(2) $(2, 6)$　(3) 400

解き方　**1** (1) (与式)
$= \frac{1}{3} - \frac{2\sqrt{6}}{\sqrt{3}} + 6 + 3\sqrt{2} + \frac{8}{3} = 9 + \sqrt{2}$
(2) (与式) $= 4x(x - 4) - (x - 2)(x - 4)$
$= (x - 4)\{4x - (x - 2)\} = (3x + 2)(x - 4)$
(3) $x - \sqrt{3} = M$ とおく。
$M^2 - M - 2 = (M + 1)(M - 2) = 0$
$M = -1$，2 より，$x - \sqrt{3} = -1$，2
$x = -1 + \sqrt{3}$，$2 + \sqrt{3}$
(4) $6 + 14 = 8 + 7 + 3 + 2 = 20$（人）であるから，4 点と 3 点の平均値になる。

2 (1) $4p + 3q = 11\cdots$①　　$p - kq = -\frac{1}{2}k\cdots$②
$p + q = 3\cdots$③
①，③を連立して解くと，$p = 2$，$q = 1$
②に代入して，$2 - k = -\frac{1}{2}k$　　$k = 4$
(2) $a > 0$ より，$y = ax - 8$ の $-4 \leqq x \leqq 2$ における y の変域は $-4a - 8 \leqq y \leqq 2a - 8\cdots$①と表せる。
$y = bx^2$ の $-4 \leqq x \leqq 2$ における y の変域は，
［$b > 0$ のとき］$0 \leqq y \leqq 16b\cdots$②
①と②が一致するとき，$-4a - 8 = 0$，$2a - 8 = 16b$
$a = -2$ となり，$a > 0$ に反するので不適。
［$b < 0$ のとき］$16b \leqq y \leqq 0\cdots$③
①と③が一致するとき，$-4a - 8 = 16b$，$2a - 8 = 0$
$a = 4$，$b = -\frac{3}{2}$ となり条件を満たす。
(3) $\angle CEB = \angle CDB = 90°$ であるから，円周角の定理の逆より，4 点 B，C，D，E は同一円周上にある。BC は円の直径，M は円の中心と一致する。
円周角の定理より，
$\angle x = 2\angle ABD = 2(180° - 90° - 68°) = 44°$
(4) $x^2 - 4x + 1 = (x - a)(x - b) = x^2 - (a + b)x + ab = 0$
$a + b = 4$，$ab = 1\cdots$（＊）が得られる。
$a^{10}b^8 + a^6b^8 - 3a^5b^5$
$= a^2 \times (ab)^8 + b^2 \times (ab)^6 - 3(ab)^5\cdots$（#）
（＊）を代入すると，
（#）$= a^2 + b^2 - 3 = (a + b)^2 - 2ab - 3$
$= 4^2 - 2 \times 1 - 3 = 11$
(5) $\frac{1}{x} - \frac{2}{y} = \frac{y - 2x}{xy} = 3$ より，$2x - y = -3xy$
$\frac{6x - 3y}{3xy - 2x + y} = \frac{3(2x - y)}{3xy - (2x - y)} = \frac{3 \times (-3xy)}{3xy - (-3xy)}$
$= \frac{-9xy}{6xy} = -\frac{3}{2}$
(6) $\sqrt{2233 - 33n} = \sqrt{11(203 - 3n)}$
$203 - 3n = 11 \times$（整数の 2 乗）となればよい。
$203 - 3n = 11 \times 0^2$，11×1^2，11×2^2，11×3^2，11×4^2
$3n = 203$，192，159，104，27
n は自然数であるから，$n = 64$，53，9

3 ア…①と②の傾きが一致すればよいので，$\frac{b}{a} = 2$
$(a, b) = (1, 2)$，$(2, 4)$，$(3, 6)$，$(4, 8)$，$(5, 10)$，$(6, 12)$
イ…②と③の交点の座標は，$(3, 2)$
①が $(3, 2)$ を通るとき，$2a = 3b$
$(a, b) = (3, 2)$，$(6, 4)$，$(9, 6)$，$(12, 8)$
ウ…$1 - \frac{6 + 4}{12^2} = \frac{134}{144} = \frac{67}{72}$

● 旺文社 2024 全国高校入試問題正解

5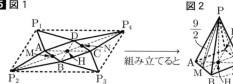

(1) 図1, 2のように頂点を定める。M, Nはそれぞれ辺AB, CDの中点。
$P_2P_4 = 6\sqrt{2} \times \sqrt{2} = 12$
$P_2M = P_4N = \dfrac{12-3}{2} = \dfrac{9}{2}$
$MH = NH = \dfrac{3}{2}$

図2のPHは, $\sqrt{\left(\dfrac{9}{2}\right)^2 - \left(\dfrac{3}{2}\right)^2} = 3\sqrt{2}$

正四角錐の体積は, $3^2 \times 3\sqrt{2} \times \dfrac{1}{3} = 9\sqrt{2}$ (cm³)

(2) 正四角錐の内接球の半径を r とする。
図2の平面PMNで切ったときの切断面は図3のようになる。
△PMNの面積について,
$\left(\dfrac{9}{2} + \dfrac{9}{2} + 3\right) \times r \times \dfrac{1}{2}$
$= 3 \times 3\sqrt{2} \times \dfrac{1}{2}$
$r = \dfrac{3\sqrt{2}}{4}$

6 (1) 直線BDの式は,
$y = \dfrac{1}{4}(2 - 2\sqrt{5} + 2 + 2\sqrt{5})x$
$\quad - \dfrac{1}{4}(2 - 2\sqrt{5})(2 + 2\sqrt{5})$
$y = x + 4 \cdots ①$ より, 右図のように45°定規をつくると,
BD = (BとDのx座標の差) $\times \sqrt{2}$
$= 4\sqrt{5} \times \sqrt{2} = 4\sqrt{10}$

(2) 直線ACの式は,
$y = \dfrac{1}{4}(-8+4)x - \dfrac{1}{4} \times (-8) \times 4$
$y = -x + 8 \cdots ②$
①, ②を連立して解くと, $x = 2$, $y = 6$ E(2, 6)

(3) ①, ②より, 2直線AC, BDの傾きの積は, $-1 \times 1 = -1$ になるので, 垂直に交わる。
$S = AE \times DE \times \dfrac{1}{2}$,
$T = BE \times CE \times \dfrac{1}{2}$ より,
$ST = \dfrac{1}{4} \times (AE \times CE) \times (BE \times DE)$
…(*)
3点B, D, Eのx座標について,
$\dfrac{2 - 2\sqrt{5} + 2 + 2\sqrt{5}}{2} = 2$ より,
EはBDの中点だから, $BE = DE = 2\sqrt{10} \cdots ③$
∠CDA + ∠ABC = 90° + 90° = 180° より,
四角形ABCDは同一円周上にある。
円を補うと, 方べきの定理より,
$AE \times CE = BE \times DE = (2\sqrt{10})^2 = 40$
(*)について, $ST = \dfrac{1}{4} \times 40 \times 40 = 400$

別解

直線ACの傾きが -1 であるから, (1)と同様にして,
$AE = (AとEのx座標の差) \times \sqrt{2} = \{2 - (-8)\} \times \sqrt{2}$
$= 10\sqrt{2}$
$CE = (CとEのx座標の差) \times \sqrt{2} = (4 - 2) \times \sqrt{2}$
$= 2\sqrt{2}$
(*), ③と合わせて,
$ST = \dfrac{1}{4} \times 10\sqrt{2} \times 2\sqrt{2} \times 2\sqrt{10} \times 2\sqrt{10} = 400$
〈A. T.〉

明治大学付属明治高等学校　問題 P.179

解答

1 | 連立方程式, 平方根, 数の性質, 2次方程式の応用, 関数 $y = ax^2$, 三平方の定理, データの散らばりと代表値 | (1) $\dfrac{3\sqrt{7} + \sqrt{2}}{3}$　(2) 98　(3) 25
(4) A$(\sqrt{3}, 3)$　(5) 6

2 | 連立方程式の応用, 因数分解 |
(1) $(x + 2y - 5)(x - 2y - 5)$
(2) $(x, y) = \left(2, \dfrac{3}{2}\right), \left(2, -\dfrac{3}{2}\right), (1, 2)$

3 | 1次関数, 関数 $y = ax^2$, 相似 |
(1) D$\left(-3, \dfrac{9}{2}\right)$　(2) $5:11$　(3) Q$\left(-\dfrac{5}{4}, \dfrac{15}{8}\right)$

4 | 相似, 三平方の定理 | (1) $r = \dfrac{-a + b + c}{2}$　(2) $\dfrac{br}{a}$
(3) $\sqrt{2}r$

5 | 相似, 三平方の定理 | (1) $\sqrt{3}$　(2) $\sqrt{19}$　(3) $\dfrac{12}{7}$

解き方

1 (1) (第1式)$\times \sqrt{2}$ + (第2式)$\times \sqrt{7}$ より,
$9x = 3\sqrt{2} - 6\sqrt{7} \cdots ①$
(第1式)$\times \sqrt{7}$ - (第2式)$\times \sqrt{2}$ より,
$9y = 3\sqrt{7} + 6\sqrt{2} \cdots ②$
②-①より, $9(y - x) = 9\sqrt{7} + 3\sqrt{2}$
よって, $y - x = \dfrac{3\sqrt{7} + \sqrt{2}}{3}$

(2) 2数を $7a$, $7b$ $(a > b)$ とおくと,
$7a + 7b = 119$ より $a + b = 17 \cdots ①$
また, $294 = 2 \times 3 \times 7^2$ が最小公倍数であるから,
$(a, b) = (7, 6), (14, 3), (21, 2), (42, 1)$
①を考えて, $(a, b) = (14, 3)$ 求める数は $7 \times 14 = 98$

(3) $8\left(1 + \dfrac{x}{100}\right)\left(1 - \dfrac{2x}{100}\right) \times \dfrac{24}{60} = 2$
$\dfrac{x}{100} = X$ として整理すると, $16X^2 + 8X - 3 = 0$
$(4X + 3)(4X - 1) = 0$ $X > 0$ より, $X = \dfrac{1}{4} = \dfrac{x}{100}$
したがって, $x = 25$

(4) A(a, a^2) $(a > 0)$ とすると, 最大のとき $OA = 2\sqrt{3}$ であるから, $a^2 + (a^2)^2 = (2\sqrt{3})^2$　$a^4 + a^2 - 12 = 0$
$(a^2 + 4)(a^2 - 3) = 0$
$a^2 > 0$ であるから, $a^2 = 3$　$a = \sqrt{3}$　A$(\sqrt{3}, 3)$

(5) 四分位範囲は, データを小さい順に並べたとき, 2番目と5番目の値の差である。
$0 < x \leq 2$ のとき　$50 + x - 47 = 8$ より, $x = 5$　不適
$2 \leq x \leq 3$ のとき　$52 - 47 \neq 8$ より, 不適
$3 \leq x \leq 10$ のとき　$52 - (50 - x) = 8$ より, $x = 6$
適する

$10 \leqq x \leqq 50$ のとき $52 - 40 \neq 8$ より, 不適

2 (1) (与式) $= (x-5)^2 - (2y)^2$
$= (x-5-2y)(x-5+2y)$
(2) ①より, $x - 2y = 5 \cdots ③$ または $x + 2y = 5 \cdots ④$
②より, $(x+3)(x-2) - 2y(x-2) = 0$
$(x-2)(x+3-2y) = 0$
よって, $x = 2 \cdots ⑤$ または $x - 2y = -3 \cdots ⑥$
⑤のとき, ③より, $y = -\frac{3}{2}$, ④より, $y = \frac{3}{2}$
⑥のとき, ③は成り立たないので, ⑥かつ④のとき,
④−⑥より, $4y = 8$ $y = 2$ ④より, $x = 1$
したがって, $(x, y) = \left(2, -\frac{3}{2}\right), \left(2, \frac{3}{2}\right), (1, 2)$

3 (1) AB // CD である.
$A\left(-\frac{3}{2}, \frac{9}{8}\right), B\left(1, \frac{1}{2}\right), C\left(\frac{5}{2}, \frac{25}{8}\right)$
AB の傾きは $\dfrac{\frac{1}{2} - \frac{9}{8}}{1 + \frac{3}{2}} = -\dfrac{1}{4}$
よって, 直線 CD は $y = -\dfrac{1}{4}x + \dfrac{15}{4}$
$\dfrac{1}{2}x^2 = -\dfrac{1}{4}x + \dfrac{15}{4}$ より, $2x^2 + x - 15 = 0$
$(2x - 5)(x + 3) = 0$ したがって, $D\left(-3, \dfrac{9}{2}\right)$
(2) AB // CD であるから, x 座標の差に注目して,
$\triangle ABC : \triangle ACD = AB : CD = \left(1 + \dfrac{3}{2}\right) : \left(\dfrac{5}{2} + 3\right)$
$= 5 : 11$
(3) $\triangle OPQ : \triangle OCD = (OP \times OQ) : (OC \times OD) = 1 : 3$
Q の x 座標を $-q$ として, x 座標に注目して,
$(2 \times q) : \left(\dfrac{5}{2} \times 3\right) = 1 : 3$ よって, $q = \dfrac{15}{2} \times \dfrac{1}{6} = \dfrac{5}{4}$
したがって, $OD : OQ = 3 : \dfrac{5}{4} = 1 : \dfrac{5}{12}$ であり,
Q の y 座標は $\dfrac{9}{2} \times \dfrac{5}{12} = \dfrac{15}{8}$ $Q\left(-\dfrac{5}{4}, \dfrac{15}{8}\right)$

4 (1) 右図より,
$c - r + b - r = a$
よって, $r = \dfrac{-a + b + c}{2}$

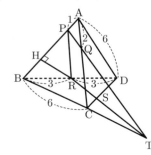

(2) $\triangle ABC \infty \triangle DAC$ より, 求める半径は,
$r \times \dfrac{AC}{BC} = r \times \dfrac{b}{a} = \dfrac{br}{a}$
(3) (2)と同様に, $\triangle DBA$ の内接円の半径は, $\dfrac{cr}{a}$
Q から BC に引いた垂線に, P から引いた垂線を PH とすると, $\triangle PQH$ で三平方の定理より,
$PQ^2 = \left(\dfrac{br}{a} + \dfrac{cr}{a}\right)^2 + \left(\dfrac{br}{a} - \dfrac{cr}{a}\right)^2 = \dfrac{2(b^2 + c^2)r^2}{a^2}$
一方, $\triangle ABC$ で三平方の定理より, $b^2 + c^2 = a^2$
したがって, $PQ^2 = \dfrac{2a^2 r^2}{a^2} = 2r^2$ $PQ = \sqrt{2} r$

5 (1) $\triangle APQ$ は内角が $30°$, $60°$, $90°$ の三角形であり, $PQ = \sqrt{3}$
(2) R から AB へ垂線 RH を引くと, $\triangle BRH$ も内角が $30°$, $60°$, $90°$ の三角形であり,
$BH = \dfrac{3}{2}$, $RH = \dfrac{3\sqrt{3}}{2}$
$PH = 6 - \dfrac{3}{2} - 1 = \dfrac{7}{2}$

$\triangle PHR$ で三平方の定理より,
$PR = \sqrt{\left(\dfrac{7}{2}\right)^2 + \left(\dfrac{3\sqrt{3}}{2}\right)^2} = \sqrt{19}$

(3) 2直線 PQ, BC の交点を T とすると, TR と CD の交点が S である.
C から PT へ垂線 CU を引くと,
AP // CU より, CU = 2
CU // PB より,
$CT : (CT + 6) = 2 : 5$ これより, $CT = 4$
C を通り BD に平行な直線と RT の交点を V とすると,
$CV = 3 \times \dfrac{4}{6 + 4} = \dfrac{6}{5}$
よって,
$CS : (6 - CS) = \dfrac{6}{5} : 3$
$= 2 : 5$
これより, $CS = \dfrac{12}{7}$

〈SU. K.〉

洛南高等学校

問題 P.180

解答

1 正負の数の計算, 平方根, 数・式の利用
(1) -3 (2) -49 (3) $16 : 9$ (4) 1008

2 関数 $y = ax^2$ (1) $a = \dfrac{1}{2}$ (2) $(6, 18)$
(3) $(-8, 32)$ (4) 192

3 1次関数, 確率, 2次方程式の応用 (1) $a = 1, b = 6$
(2) $\dfrac{5}{18}$ (3) $\dfrac{1}{12}$ (4) $\dfrac{1}{24}$

4 円周角と中心角, 相似, 三平方の定理 (1) $\sqrt{3}$ (2) $\dfrac{3}{2}$
(3) $\dfrac{5\sqrt{3}}{8}$ (4) $\dfrac{1}{3}$

5 平面図形の基本・作図, 立体の表面積と体積, 三平方の定理 (1)(ア) $\sqrt{15}$ (イ) $\dfrac{8\sqrt{3}}{3}$
(2)(ア) $2\sqrt{3} + 4\pi$ (イ) $\dfrac{20 + 4\sqrt{3} + 3\sqrt{7}}{6}\pi$

解き方

1 (1) (与式) $= 14 - (-30 + 64) \times \dfrac{1}{2}$
$= 14 - 17 = -3$
(2) $1 + \sqrt{4} + \sqrt{16} = 7$, $\sqrt{2} + \sqrt{8} + \sqrt{32} = 7\sqrt{2}$
(与式) $= (7 + 7\sqrt{2})(7 - 7\sqrt{2}) = 7^2 - (7\sqrt{2})^2 = -49$
(3) $\dfrac{9}{2}x - 3x = \dfrac{5}{3}y + y$, $\dfrac{3}{2}x = \dfrac{8}{3}y$, $x = \dfrac{16}{9}y$
$x : y = \dfrac{16}{9}y : y = 16 : 9$
(4) $\sqrt{2023n} = 17\sqrt{7n}$ が整数値をとるためには $n = 7a^2$ (a は正の整数) となればよい.
$7a^2 \geqq 1000$ より, $a^2 \geqq 142.8\cdots$
条件を満たす最小の a は 12, そのときの n は
$7 \times 12^2 = 1008$

2 円の中心を $T(0, 2)$ とする. 円の半径は $TO = 2$,
$AB = 4$ ということは, AB はこの円の直径である.
A, B は $T(0, 2)$ について互いに対称な点であるから,
$A(-2, 2)$, $B(2, 2)$ と決まる.

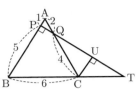

$y = ax^2$ 上に B $(2, 2)$ があるので，
$2 = a \times 2^2$ $a = \dfrac{1}{2}$

(2) △ABC，△OAB は底辺 AB を共有するので，高さの比
は面積比と等しく，8：1 になる。△OAB の高さは
OT $= 2$ であるから，△ABC の高さは，$2 \times 8 = 16$ となる。
（C の y 座標）$= 2 + 16 = 18$
$y = \dfrac{1}{2}x^2$ に $y = 18$ を代入すると，$\dfrac{1}{2}x^2 = 18$
$x > 0$ より，$x = 6$
C の座標は $(6,\ 18)$ と決まる。

(3) △OCA と △ODA は底辺 OA を共有するので，面積が
等しくなるとき，高さも等しい。よって，OA // CD が成
り立つ。D の x 座標を d とすると，2 直線 OA および CD
の傾きは等しいので，
$\dfrac{1}{2} \times (0 - 2) = \dfrac{1}{2}(6 + d)$ $d = -8$
$y = \dfrac{1}{2}x^2$ に $x = -8$ を代入して，$y = 32$ D $(-8,\ 32)$

(4) 直線 AC と y 軸の交点を K とする。
直線 AC の式は，$y = \dfrac{1}{2} \times (-2 + 6)x - \dfrac{1}{2} \times (-2) \times 6$，
$y = 2x + 6$ K $(0,\ 6)$ である。
△OCA の面積は，
OK $\times$ （A と C の x 座標の差）$\times \dfrac{1}{2}$
$= 6 \times \{6 - (-2)\} \times \dfrac{1}{2} = 24 \cdots ①$
OA // CD より，△OCA：△ACD $=$ OA：CD$\cdots ②$
OA：CD
$=$ （O と A の x 座標の差）：（C と D の x 座標の差）
$= \{0 - (-2)\} : \{6 - (-8)\} = 1 : 7$
①，② より，
△ACD $= 7$△OCA $= 7 \times 24 = 168$
四角形 OCDA $=$ △OCA $+$ △ACD $= 24 + 168 = 192$

3 (1) 直線 $y = -ax + b$ が y 軸および x 軸と交わる点を
それぞれ P，Q とすると，P $(0,\ b)$，Q $\left(\dfrac{b}{a},\ 0\right)$
$S = $△POQ $= \dfrac{b}{a} \times b \times \dfrac{1}{2} = \dfrac{b^2}{2a}$
S が最大になるのは，a が最小，b^2 が最大になるときであ
るから，$a = 1$，$b = 6$

(2) $S = \dfrac{b^2}{2a} \geqq 4$ より，$b^2 \geqq 8a \cdots (*)$
$(*)$ を満たすのは，
$a = 1$ のとき，$b = 3,\ 4,\ 5,\ 6$
$a = 2$ のとき，$b = 4,\ 5,\ 6$
$a = 3$ のとき，$b = 5,\ 6$　$a = 4$ のとき，$b = 6$
$a = 5,\ 6$ のとき，b の値は存在しない。
求める確率は，$\dfrac{4 + 3 + 2 + 1}{36} = \dfrac{10}{36} = \dfrac{5}{18}$

(3) 直線 $y = \dfrac{2a^2}{b}x$ が，線分 PQ の中点 M $\left(\dfrac{b}{2a},\ \dfrac{b}{2}\right)$ を
通るとき，$\dfrac{b}{2} = \dfrac{2a^2}{b} \times \dfrac{b}{2a}$，$\dfrac{b}{2} = a$，$b = 2a$
$(a,\ b) = (1,\ 2),\ (2,\ 4),\ (3,\ 6)$ の 3 通り。
求める確率は，$\dfrac{3}{36} = \dfrac{1}{12}$

(4) 直線 $y = 8ax - c$ が y 軸，
x 軸，直線 $y = -ax + b$ と交
わる点をそれぞれ R，T，U
とすると，R $(0,\ -c)$，
T $\left(\dfrac{c}{8a},\ 0\right)$，
U $\left(\dfrac{b + c}{9a},\ \dfrac{8b - c}{9}\right)$
（Q の x 座標）$-$（T の x 座標）
$= \dfrac{b}{a} - \dfrac{c}{8a} = \dfrac{8b - c}{8a}$
a，b，c は 1，2，$\cdots$，6 のい
ずれかの値をとるので，
$8b - c \geqq 8 \times 1 - 6 = 2$ より，
$8b - c > 0$ がいえる。
△UTQ $=$ TQ $\times$ （U の y 座標）$\times \dfrac{1}{2}$
$= \dfrac{8b - c}{8a} \times \dfrac{8b - c}{9} \times \dfrac{1}{2} = \dfrac{(8b - c)^2}{144a}$
△UTQ $= \dfrac{1}{2}S$ より，$\dfrac{(8b - c)^2}{144a} = \dfrac{b^2}{2a} \times \dfrac{1}{2}$
$(8b - c)^2 = 36b^2$，$8b - c > 0$ より，$8b - c = 6b$
$c = 2b$ より，$(b,\ c) = (1,\ 2),\ (2,\ 4),\ (3,\ 6)$
$a + b + c \geqq 10$ を満たすのは，
$(b,\ c) = (1,\ 2)$ のとき，a の値は存在しない。
$(b,\ c) = (2,\ 4)$ のとき，$a = 4,\ 5,\ 6$
$(b,\ c) = (3,\ 6)$ のとき，$a = 1,\ 2,\ 3,\ 4,\ 5,\ 6$
求める確率は，$\dfrac{3 + 6}{216} = \dfrac{1}{24}$

4 (1) AE は円 O_1 の接線で，AB $\perp$ AE であるから，円
O_1 の中心（O_1 とする）は線分 AB 上にあり，AB は円 O_1
の直径である。よって，∠ACB $= 90°$ がいえる。
AB：AC $= 2 : 1$ と合わせて，△ABC は 30°，60°，90°
の直角三角形である。したがって，BC $= \sqrt{3}$

(2) △ABE と △CBD において，∠EAB $=$ ∠DCB $= 90°$
∠BEA $=$ ∠BDC（$\overset{\frown}{AB}$ に対する円周角）より，2 組の角
がそれぞれ等しいので，△ABE∽△CBD
AB：AE $=$ CB：CD より，$2 : \sqrt{3} = \sqrt{3} :$ CD
2CD $= (\sqrt{3})^2$，CD $= \dfrac{3}{2}$

(3) E から AD に垂線 EH
を下ろす。
∠CAB $= 60°$，
∠EAB $= 90°$ より，
∠EAH $= 90° - 60° = 30°$
△EAH は 30°，60°，
90° の直角三角形になる。
EH $= \dfrac{1}{2}$AE $= \dfrac{\sqrt{3}}{2}$
△ADE $=$ AD $\times$ EH $\times \dfrac{1}{2}$
$= \left(1 + \dfrac{3}{2}\right) \times \dfrac{\sqrt{3}}{2} \times \dfrac{1}{2}$
$= \dfrac{5\sqrt{3}}{8}$

(4) △FBC∽△FEH であり，その相似比は，
BC：EH $= \sqrt{3} : \dfrac{\sqrt{3}}{2} = 2 : 1$ である。
よって，CF：FH $= 2 : 1 \cdots (\#)$
円周角の定理より，∠EBD $=$ ∠EAD $=$ ∠EAH $= 30°$
∠EAB $= 90°$ より，BE は直径，∠BDE $= 90°$
△EBD は 30°，60°，90° の直角三角形である。$\cdots (b)$

△EAB に三平方の定理を用いると，
$BE = \sqrt{AB^2 + AE^2} = \sqrt{2^2 + (\sqrt{3})^2} = \sqrt{7}$
(b) より，$ED = \dfrac{1}{2}BE = \dfrac{\sqrt{7}}{2}$
△EHD に三平方の定理を用いると，
$HD = \sqrt{ED^2 - EH^2} = \sqrt{\left(\dfrac{\sqrt{7}}{2}\right)^2 - \left(\dfrac{\sqrt{3}}{2}\right)^2} = 1$
(2)の結果より，$CH = CD - HD = \dfrac{3}{2} - 1 = \dfrac{1}{2}$
(#) より，$CF = \dfrac{2}{3}CH = \dfrac{2}{3} \times \dfrac{1}{2} = \dfrac{1}{3}$

5 (1)(ア) $AE = \dfrac{\sqrt{3}}{2}AF \times 2 = 2\sqrt{3}$
$AL = EL = \sqrt{2}FL = 2\sqrt{2}$
AE の中点を M とすると，
$LM = \sqrt{(2\sqrt{2})^2 - (\sqrt{3})^2} = \sqrt{5}$
$\triangle AEL = 2\sqrt{3} \times \sqrt{5} \times \dfrac{1}{2} = \sqrt{15}$

図1
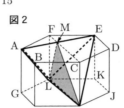

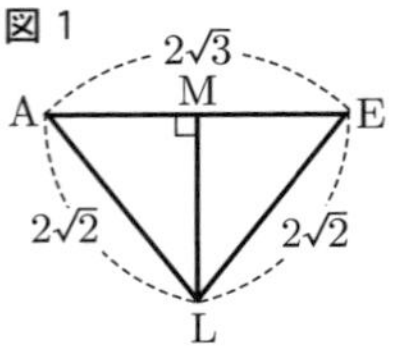

(イ) 四面体 AEIL
= 三角錐 A − MLI
  + 三角錐 E − MLI
= 2 × 三角錐 A − MLI
= 2 × △MLI × AM × $\dfrac{1}{3}$
= 2 × 4 × 2 × $\dfrac{1}{2}$ × $\sqrt{3}$ × $\dfrac{1}{3}$
= $\dfrac{8\sqrt{3}}{3}$

図2
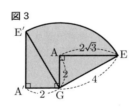

(2)(ア) 平面 AGKE を抜き出して考える。△AGE は，G を中心として 90° 回転するので，通過する部分は図3のようになる。その面積は，
$2 \times 2\sqrt{3} \times \dfrac{1}{2} + \pi \times 4^2 \times \dfrac{1}{4}$
$= 2\sqrt{3} + 4\pi$

図3
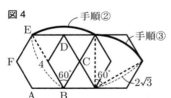

(イ) 手順②，③は，面 ABCDEF に着目すると，点 E は図4の太線で示した曲線を描く。
手順②，③での曲線の長さはそれぞれ，
②…$2\pi \times 4 \times \dfrac{60}{360} = \dfrac{4}{3}\pi$
③…$2\pi \times 2\sqrt{3} \times \dfrac{60}{360} = \dfrac{2\sqrt{3}}{3}\pi$

図4

手順④については，手順③終了時の頂点 K から直線 IJ に垂線 KP を下ろして考える（図5）。
辺 EK の移動する様子（図6）から，点 E が描く曲線の長さは，
$PE = \sqrt{2^2 + (\sqrt{3})^2} = \sqrt{7}$

図5
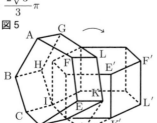

④…$2\pi \times \sqrt{7} \times \dfrac{90}{360} = \dfrac{\sqrt{7}}{2}\pi$
手順①における長さは，
①…$2\pi \times 4 \times \dfrac{90}{360} = 2\pi$
したがって，①〜④を足し合わせると，
$2\pi + \dfrac{4}{3}\pi + \dfrac{2\sqrt{3}}{3}\pi + \dfrac{\sqrt{7}}{2}\pi$
$= \dfrac{20 + 4\sqrt{3} + 3\sqrt{7}}{6}\pi$

図6
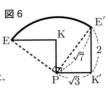

〈A. T.〉

ラ・サール高等学校 問題 P.181

解答

1 式の計算，平方根，因数分解
(1) $\dfrac{6}{5}x - \dfrac{5}{2}y$ (2) $-\dfrac{2}{25}a^3b$ (3) 124
(4) $(3a+2)(a-2b-1)$

2 数の性質，円周角と中心角，相似，平行線と線分の比，中点連結定理，三平方の定理
(1) 479, 497, 667, 749, 947
(2) 大人 32 人，子供 20 人 (3)(ア) 45° (イ) $5\sqrt{2}$
(4)(ア) 1 : 4 (イ) $\dfrac{29}{10}$

3 2次方程式の応用 (1) 容器 A から取り出した食塩水に含まれる塩の量は $80 \times \dfrac{a}{100}$ g
次に，容器 B から取り出される食塩水に含まれる塩の量は
$\dfrac{125}{400}\left(80 \times \dfrac{a}{100} + 320 \times \dfrac{b}{100}\right)$ g
これより $\dfrac{125}{400}\left(80 \times \dfrac{a}{100} + 320 \times \dfrac{b}{100}\right) + 120 \times \dfrac{a}{100}$
$= \dfrac{275}{400}\left(80 \times \dfrac{a}{100} + 320 \times \dfrac{b}{100}\right)$
よって，$120 \times \dfrac{a}{100} = \dfrac{150}{400}\left(80 \times \dfrac{a}{100} + 320 \times \dfrac{b}{100}\right)$
が成り立つ。
これを整理して，$3a = 4b$　$a : b = 4 : 3$
(2) $(a, b) = (4, 3), \left(\dfrac{36}{5}, \dfrac{27}{5}\right)$

4 関数 $y = ax^2$，1次関数，立体の表面積と体積
(1) B $(-\sqrt{2}, 2a)$ (2) C $(2+\sqrt{2}, 0)$ (3) $(2+\sqrt{2})\pi a^2$

5 場合の数 (1) 27 通り (2) 108 通り (3) 171 通り

6 三平方の定理，立体の表面積と体積
(1) $\dfrac{\sqrt{3}}{3}$ (2) $\dfrac{\sqrt{3}}{6} + \dfrac{\pi}{9}$ (3) $\dfrac{4}{3}\sqrt{3} + \dfrac{5}{9}\pi$

解き方 **2** (1) 百の位の数を a，十の位の数を b とする。
(ア) 一の位が 1, 3, 5 のときは不適。
(イ) 一の位が 7 のとき，$7ab = 252$ より，$ab = 36$
よって，497, 947, 667
(ウ) 一の位が 9 のとき，$9ab = 252$ より，$ab = 28$
よって，479, 749
(2) (大人, 子供) = (7, 4), (14, 8), (21, 12), (28, 16) が考えられるが，このうち人数の和に 8 人を加えて $8 + 5 = 13$ の倍数になるのは，(大人, 子供) = (28, 16) のときのみであり，大人が 4 人，子供が 4 人乗車した。
(3)(イ) 4 点 A, B, C, D は同一円周上にある。対角線の交点を K とすると，(ア)と円周角の定理より，
∠KAB = 45°
点 K から辺 AB に引いた垂線の足を H とすると，
$KA : KH : KB = \sqrt{2} : 1 : 2$
△KDA∽△KCB であり，相似比は $\sqrt{2} : 2$ である。

(4)(ア) 直線 AF と直線 CD との交点を Q とすると，
EP : PG = AE : GQ = 2 : (2+6) = 1 : 4

(イ) 四角形 APGH
= 四角形 AEGD − △AEP − △HGD
ここで，△AEP∽△AFB より，
△AEP = $\frac{1}{2} \times \frac{2}{\sqrt{10}} \times \frac{6}{\sqrt{10}} = \frac{3}{5}$
であるから，
四角形 APGH = $\frac{9}{2} - \frac{3}{5} - 1 = \frac{29}{10}$

③ (2) 条件より，
$10a \times \frac{a}{100} + 10b \times \frac{b}{100} + 5 = (10a+10b+5) \times \frac{10}{100}$
$a^2 + b^2 - 10a - 10b + 45 = 0$
この式に $a = 4t$, $b = 3t$ を代入して，
$25t^2 - 70t + 45 = 0$ $5t^2 - 14t + 9 = 0$
$t = 1, \frac{9}{5}$

④ (1) A$(1, a)$, B(b, ab^2), C$(c, 0)$ とおく。
y 座標について，$ab^2 - a = a - 0$
$a > 0$ より，$b^2 = 2$ $b = \pm\sqrt{2}$ $b = -\sqrt{2}$ が適する。
(2) x 座標について，$1 - b = c - 1$ $c = 2 - b = 2 + \sqrt{2}$
(3) A'$(1, 0)$, B'$(-\sqrt{2}, 0)$ とする。
△CBB'，△OBB'，△OCA をそれぞれ x 軸のまわりに 1 回転してできる立体の体積を順に U, V, W とすると，$U - V - W$ を求めればよい。ここで，
$U = \frac{1}{3} \times \pi \times (2a)^2 \times (2+2\sqrt{2}) = \frac{8(1+\sqrt{2})}{3}\pi a^2$
$V = \frac{1}{3} \times \pi \times (2a)^2 \times \sqrt{2} = \frac{4\sqrt{2}}{3}\pi a^2$
$W = \frac{1}{3} \times \pi \times a^2 \times (2+\sqrt{2}) = \frac{2+\sqrt{2}}{3}\pi a^2$

⑤ (1) 各列とも 2 個ずつ並べるときである。
1 つの列に 2 個並べる並べ方は 3 通りである。
(2) 各列に 2 個 + 2 個 + 1 個，2 個 + 1 個 + 2 個，
1 個 + 2 個 + 2 個 並べるときで，1 つの列に 1 個並べる並べ方は 4 通りである。
(3) 各列に 2 個 + 1 個 + 1 個 並べるときの 3 通りと，各列に 2 個 + 2 個 + 0 個 並べるときの 3 通りについて数え上げて加える。

⑥ (1) 1 辺の長さが 1 の正三角形の重心から 1 つの頂点までの長さである。
(2) 2 つの等辺の長さが $\frac{\sqrt{3}}{3}$，頂角が 120° の二等辺三角形 2 個と半径 $\frac{\sqrt{3}}{3}$，中心角 120° のおうぎ形を合わせた図形の面積。
(3)(2)の面積を S とし，1 辺の長さが 1 の正三角形 2 個と半径 1，中心角 60° のおうぎ形を合わせた図形の面積を T とするとき，$2(S+T)$ を求める。

〈K. Y.〉

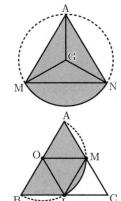

立教新座高等学校

問題 P.182

解 答

① 因数分解，連立方程式の応用，三平方の定理，確率，円周角と中心角，1 次関数，2 次方程式の応用   (1) 6 個   (2) $a = 2, b = 5$
(3)① $2\sqrt{7}$ cm   ② $\frac{3\sqrt{7}}{14}$ cm   (4)① $\frac{4}{9}$ ② $\frac{1}{3}$
(5) $t = \frac{7}{2}$

② 1 次関数，関数 $y = ax^2$，立体の表面積と体積，三平方の定理   (1) $-\frac{1}{2}$ (2) $\left(7, \frac{49}{4}\right)$ (3) $3\sqrt{2}$ (4) $60\sqrt{2}\pi$

③ 立体の表面積と体積，相似，平行線と線分の比，三平方の定理   (1) $\frac{5}{2}$ cm
(2) 体積 $\frac{500\pi}{9}$ cm³，表面積 $\frac{200\pi}{3}$ cm²   (3) $\frac{5}{8}$ cm

④ 三角形，平行四辺形，相似，平行線と線分の比，三平方の定理   (1) 7 : 3   (2) $56\sqrt{3}$ cm²   (3) 21 : 16   (4) 19 : 18

⑤ 確率   (1) $\frac{1}{5}$ (2) $\frac{1}{5}$ (3) $\frac{2}{15}$ (4) $\frac{2}{5}$

解き方

① (1) $\frac{24}{(a+1)(a+3)}$ が整数になるには，$(a+1)(a+3)$ が 24 の約数になればよい。そのような 2 数は $(-6, -4), (-4, -2), (-3, -1), (1, 3), (2, 4), (4, 6)$ の 6 組。つまり題意を満たす a は 6 個。
(2) 太郎君の変数を ⓧ，ⓨ，花子さんの変数を [x], [y] とすると，[x] = 4ⓨ，[y] = 3ⓧ となる。これを花子さんの下の式に代入すると，3ⓧ + 16ⓨ = −7 これを太郎さんの上の式と連立させて解くとⓧ = 3, ⓨ = −1
つまり [x] = −4, [y] = 9
これらの文字の値を残りの 2 式に代入すると，
$3a - b = 1, -9a - 4b = -38$
この 2 式を連立させて解くと $a = 2, b = 5$
(3)① 右図より FB = $3\sqrt{3}$，
FA = 1
AB = $\sqrt{\text{FB}^2 + \text{FA}^2} = 2\sqrt{7}$
② △ABD において，DB, AB それぞれを底辺と考えて面積を求めると，
△ABD = $\frac{1}{2}$DB × AD = $\frac{1}{2}$AB × DE
$\frac{1}{2} \times 5 \times \sqrt{3} = \frac{1}{2} \times 2\sqrt{7} \times$ DE   DE = $\frac{5\sqrt{21}}{14}$
よって，
AE = $\sqrt{\text{AD}^2 - \text{DE}^2} = \sqrt{(\sqrt{3})^2 - \left(\frac{5\sqrt{21}}{14}\right)^2} = \frac{3\sqrt{7}}{14}$
(4)① 三角形をつくるためには，3 回とも異なる目を出す。
つまり 1 回目は 6 通り，2 回目は 5 通り，3 回目は 4 通りの目が考えられ，その積は $6 \times 5 \times 4 = 120$（通り）
さいころ 3 回の全部の場合の数は $6^3 = 216$（通り）なので，
$\frac{120}{216} = \frac{5}{9}$
よって，三角形にならないのは，$1 - \frac{5}{9} = \frac{4}{9}$
② 1 回目の目が 1 のとき，直角三角形になるのは
$(1, 2, 4), (1, 2, 5), (1, 3, 4), (1, 3, 6), (1, 4, 2),$
$(1, 4, 3), (1, 4, 5), (1, 4, 6), (1, 5, 2), (1, 5, 4),$
$(1, 6, 3), (1, 6, 4)$

1回目の目が1以外のときも，図を回転させれば同じことなので，$\dfrac{12 \times 6}{36 \times 6} = \dfrac{12}{36} = \dfrac{1}{3}$

(5) $P(t, -2t-1)$,
$Q(2t, 2t+2)$
また右図のように点 R をとると，$R(t, t+2)$
l, m より $A(-1, 1)$
ここで $\triangle APQ$
$= \dfrac{1}{2} \times (R, P の y 座標の差)$
$\times (Q, A の x 座標の差) = 54$
が成り立つ。
$\dfrac{1}{2}\{(t+2) - (-2t-1)\}\{2t - (-1)\}$
$= 54$ $t = -5, \dfrac{7}{2}$
$t > -1$ より，$t = \dfrac{7}{2}$

2 (1) AB の傾き $= \left(\dfrac{1}{4} - \dfrac{9}{4}\right) \div \{1 - (-3)\} = -\dfrac{1}{2}$

(2) 右図のように $\triangle ARB \equiv \triangle BST$ となる点 R, S, T をとる。
$AR = SB = 4$,
$RB = ST = 2$ より，T の x 座標は $1 + 2 = 3$,
y 座標は $\dfrac{1}{4} + 4 = \dfrac{17}{4}$
$T\left(3, \dfrac{17}{4}\right)$,
BT の傾き $= \left(\dfrac{17}{4} - \dfrac{1}{4}\right) \div (3 - 1) = 2$
BP の式を $y = 2x + b$ とおくと，$\dfrac{1}{4} = 2 + b$ $b = -\dfrac{7}{4}$
$y = \dfrac{1}{4}x^2$ と $y = 2x - \dfrac{7}{4}$ を連立させて解くと，$x = 1, 7$
以上より $P\left(7, \dfrac{49}{4}\right)$

(3) PA の傾き $= \left(\dfrac{49}{4} - \dfrac{9}{4}\right) \div \{7 - (-3)\} = 1$
PA の式を $y = x + c$ とおくと，$\dfrac{9}{4} = -3 + c$ $c = \dfrac{21}{4}$
$y = x + \dfrac{21}{4}$
上の図のように点 U をとると，U の y 座標は $1 + \dfrac{21}{4} = \dfrac{25}{4}$
$U\left(1, \dfrac{25}{4}\right)$ ここで，$\triangle APQ = \triangle ABP$
$= \dfrac{1}{2} \times (U, B の y 座標の差) \times (P, A の x 座標の差)$
$= \dfrac{1}{2}\left(\dfrac{25}{4} - \dfrac{1}{4}\right)\{7 - (-3)\} = 30$
また，$AP = \sqrt{\left(\dfrac{49}{4} - \dfrac{9}{4}\right)^2 + \{7 - (-3)\}^2} = 10\sqrt{2}$
以上より，$\triangle APQ = \dfrac{1}{2} \times AP \times QH = 30$
$\dfrac{1}{2} \times 10\sqrt{2} \times QH = 30$ $QH = 3\sqrt{2}$

(4) 求める体積 $= \dfrac{1}{3} \times \pi \times QH^2 \times AP = 60\sqrt{2}\pi$

3 (1) 右図のように立面図に点 C, D, E, F, G, H をとる。$\triangle COD \infty \triangle CHE$，円 O の円周が 4π なので，$DO = 2$
よって，
$CD : (CD + 5) = 2 : 5$
$CD = \dfrac{10}{3}$

半径は $\triangle ODA$ より，$DA = \sqrt{2^2 + \left(\dfrac{3}{2}\right)^2} = \dfrac{5}{2}$

(2) (1)より $OA + AH = OH = 4$
また，$DE : CE = OH : CH$ より $CH = \dfrac{20}{3}$
以上より，体積 $= \dfrac{1}{3} \times 5^2 \times \pi \times \dfrac{20}{3} = \dfrac{500}{9}\pi$
$CE = CD + DE = \dfrac{25}{3}$
底面積 $= 5^2 \times \pi = 25\pi$，側面積 $= \dfrac{25}{3} \times 5 \times \pi = \dfrac{125}{3}\pi$
表面積 $= 25\pi + \dfrac{125}{3}\pi = \dfrac{200}{3}\pi$

(3) $CG = CH - (円 A の直径) = \dfrac{5}{3}$
$\triangle CFG \infty \triangle CEH$ で相似比は $CG : CH = \dfrac{5}{3} : \dfrac{20}{3} = 1 : 4$
球 B の半径 : $\dfrac{5}{2} = 1 : 4$ 球 B の半径 $= \dfrac{5}{8}$

4 (1) $AG = BL = 4$, $GF = NE = 6$ より，
$BN = BE - NE = 20 - 6 = 14$
よって，$BN : NE = 14 : 6 = 7 : 3$

(2) 右図より
$HG = 14$, $GI = 16$
$\angle IGH = 60°$
I から GH に引いた垂線と GH の交点を P とすると
$IP = \dfrac{\sqrt{3}}{2}IG = 8\sqrt{3}$
よって，
$\triangle GHI = \dfrac{1}{2} \times GH \times IP = \dfrac{1}{2} \times 14 \times 8\sqrt{3} = 56\sqrt{3}$

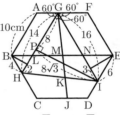

(3) 下図のように点 Q をとる。
$BM \parallel CJ$ より，$CQ : QB = CJ : BM$
$CQ : (10 + CQ) = 6 : 10$
$CQ = 15$ $HQ = HC + CQ = 21$
$\triangle GKI \infty \triangle QKH$ より，$HK : KI = QH : GI = 21 : 16$

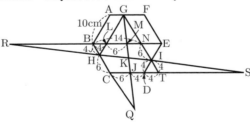

(4) 上図より(3)と同様にして
$\triangle RBH \infty \triangle RNI$ より，$RB : RN = BH : NI$ $RB = 28$
$\triangle STI \infty \triangle SCH$ より $ST = 28$
ここで，$AG = DJ$ より M は BE の中点であり $BM = 10$,
また $\triangle IDT$ は正三角形なので $DT = 4$
以上より $RM = RB + BM = 38$
$SJ = ST + TD + DJ = 28 + 4 + 4 = 36$
$\triangle RMK \infty \triangle SJK$ より $MK : KJ = RM : SJ = 38 : 36$
$= 19 : 18$

5 (1) 2個目まで引くのは全部で $6 \times 5 = 30$（通り）
同じ色を引くのは (R_1, R_2), (R_2, R_1), (W_1, W_2), (W_2, W_1), (B_1, B_2), (B_2, B_1) の 6 通り。
よって，$\dfrac{6}{30} = \dfrac{1}{5}$

(2) 2個目で終わらないのは，$1 - \dfrac{1}{5} = \dfrac{4}{5}$
そのとき，3個目に残っている色は1個目の色1つ，2個目の色1つ，1, 2個目で引かなかった色2つの4通り。

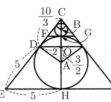

この中から2個目と同じ色を引くのは $\dfrac{1}{4}$

よって，$\dfrac{4}{5} \times \dfrac{1}{4} = \dfrac{1}{5}$

(3) 3個目で終わらないのは，全体から(1)，(2)の確率を引けばよいので $1 - \left(\dfrac{1}{5} + \dfrac{1}{5}\right) = \dfrac{3}{5}$

4個目に残っている色は，

ⅰ) 3個目が1個目と同じ色の場合（これは1通り）

2個目の色1つ，1～3個目で引かなかった色2つ，の3通り。

この場合4個目では終わらない。

ⅱ) 3個目が1，2個目と異なる色の場合（これは2通り）

赤，白，青が1つずつの3通り。そのうち3個目と同じ色を引くのは1通り。

例えば1回目赤，2回目白のとき，終わるのは $\dfrac{2}{9}$

よって，$\dfrac{3}{5} \times \dfrac{2}{9} = \dfrac{2}{15}$

(4) (3)より4回目で終わらないのは，$1 - \left(\dfrac{2}{5} + \dfrac{2}{15}\right) = \dfrac{7}{15}$

右の樹形図より5回目は全部で14通りあり，そのうち終わらないのは12通り。

以上より $\dfrac{7}{15} \times \dfrac{12}{14} = \dfrac{2}{5}$

〈YM. K.〉

立命館高等学校

問題 P.183

解答

1 正負の数の計算，因数分解，平方根，連立方程式 〔1〕-9 〔2〕$(x+4y)(x+8y)$ 〔3〕$7-2\sqrt{3}$ 〔4〕$x=-5$，$y=-1$

2 数の性質，確率，データの散らばりと代表値，2次方程式の応用 〔1〕9 〔2〕$\dfrac{1}{12}$ 〔3〕ア，ウ 〔4〕84 cm

3 数の性質 〔1〕● 〔2〕41個 〔3〕291番目

4 1次関数，平行四辺形，関数 $y=ax^2$ 〔1〕$a=\dfrac{3}{10}$ 〔2〕$y=-\dfrac{17}{4}x+\dfrac{25}{2}$ 〔3〕$\dfrac{90}{61}$

5 相似，平行線と線分の比，三平方の定理 〔1〕$\dfrac{36}{5}$ cm 〔2〕$\dfrac{144}{25}$ cm 〔3〕$\dfrac{216}{25}$ cm² 〔4〕$\dfrac{463}{25}$ cm²

解き方

1 〔1〕(与式) $= \dfrac{9}{25} \times \dfrac{5}{3} - \dfrac{20}{3} \times \dfrac{36}{25}$
$= \dfrac{3-48}{5} = -9$

〔2〕(与式) $= 4x^2 + 12xy + 9y^2 - 3x^2 + 27y^2 - 4y^2$
$= x^2 + 12xy + 32y^2 = (x+4y)(x+8y)$

〔3〕(与式) $= 16 - 8\sqrt{3} + 6\sqrt{3} - 9 = 7 - 2\sqrt{3}$

〔4〕$x - \dfrac{4x+y-12}{3} = 6$ を整理すると，$x = -y - 6$

$x + 3y = 2(x-y)$ を整理すると，$5y = x$

2式から x を消去して，$5y = -y - 6$　$y = -1$

よって，$x = -5$

2 〔1〕$4426816 \div 11 = 402437$ 余り 9

〔2〕2つのさいころの目の出方は，$6 \times 6 = 36$（通り）

この中で積が6の約数となるのは，

(大，小) $=(1,1)$, $(1,2)$, $(1,3)$, $(1,6)$, $(2,1)$, $(2,3)$, $(3,1)$, $(3,2)$, $(6,1)$ の9通り。

この中で（2数の和 $+1$）が6の約数となるのは，

(大，小) $=(1,1)$, $(2,3)$, $(3,2)$ の3通り。

よって，求める確率は，$\dfrac{3}{36} = \dfrac{1}{12}$

〔3〕美術部の範囲は，$50 - 5 = 45$（分），

サッカー部の範囲は，$65 - 15 = 50$（分），

美術部の四分位範囲は，$35 - 15 = 20$（分），

サッカー部の四分位範囲は，$45 - 20 = 25$（分）である。

よって，アは正しい。

美術部の通学時間の平均値は箱ひげ図から読み取れない。

よって，イは正しくない。

サッカー部の箱ひげ図には第3四分位数に45分があり，これは短い方から23番目の生徒の値である。

よって，ウは正しい。

美術部の通学時間が35分の生徒の数は読み取れない。

よって，エは正しくない。

以上より，正しいものはアとウである。

〔4〕A，B，Cの長さをそれぞれ，$4a$，$4b$，$4c$ cm とすると，

$4b = 4c + 4$ $(b = c+1)$，$4a = 4c + 8$ $(a = c+2)$

A，B，Cからつくられた3つの正方形の面積の和が149 cm² だから，$a^2 + b^2 + c^2 = 149$

$(c+2)^2 + (c+1)^2 + c^2 = 149$

$3c^2 + 6c - 144 = 0$　$c^2 + 2c - 48 = 0$

$(c+8)(c-6) = 0$

$c > 0$ より，$c = 6$

よって，もとの針金の長さは，

$4a + 4b + 4c = 4(3c+3) = 12(c+1) = 84$ (cm)

3 〔1〕最初から10番目までの記号は，ルールに従って次のようになる。●○●○◎○○●●

よって，10番目は●である。

〔2〕○◎から始めると，最初から10番目までの記号は，次のようになる。○◎○○●●◎●○◎

よって，8個の記号○◎○○●●◎●の繰り返しとなる。

また，$110 = 8 \times 13 + 6$ だから，●を3つ含む8個の記号が13回繰り返され，さらに，その後の6番目まで6個の記号○◎○○●●が並ぶので，●の記号の個数は，

$3 \times 13 + 2 = 39 + 2 = 41$（個）である。

〔3〕〔2〕より，8個の記号○◎○○●●◎●の記号の繰り返しとなる。この中には，◎が3個含まれている。

また，$110 = 108 + 2 = 3 \times 36 + 2$ だから，110番目の◎は，8個の記号○◎○○●●◎●が36回繰り返され，その後に，○◎○が並ぶので，$8 \times 36 + 3 = 291$（番目）

4 〔1〕$y = x^2$ において，$x = -3$ と $x = 2$ を代入することにより，A$(-3, 9)$，B$(2, 4)$ である。

$\dfrac{15}{2} = ax^2$ とすると，$x > 0$ のとき，$x = \sqrt{\dfrac{15}{2a}}$ より，

C$\left(\sqrt{\dfrac{15}{2a}}, \dfrac{15}{2}\right)$

点Dは y 軸上の点だから D$(0, d)$ とおける。

四角形 ABCD は平行四辺形だから対角線はそれぞれの中点で交わるので，

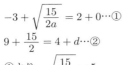

$-3+\sqrt{\dfrac{15}{2a}}=2+0\cdots$①

$9+\dfrac{15}{2}=4+d\cdots$②

①より，$\sqrt{\dfrac{15}{2a}}=5$

$a=\dfrac{3}{10}$

〔2〕②より，

$d=\dfrac{10}{2}+\dfrac{15}{2}=\dfrac{25}{2}$

BD の傾きは，

$\dfrac{4-\dfrac{25}{2}}{2-0}=2-\dfrac{25}{4}=-\dfrac{17}{4}$

よって，直線 BD の式は，$y=-\dfrac{17}{4}x+\dfrac{25}{2}\cdots$③

〔3〕点 E の y 座標は，$y=\dfrac{3}{10}\times(-4)^2=\dfrac{24}{5}$ より，

$E\left(-4,\ \dfrac{24}{5}\right)$

ここで，x 軸の正の部分にある点 $G(g,\ 0)$ を考える。

$\triangle OGE=16$ となるとき，

$\dfrac{24}{5}\times g\div 2=16$ より $g=\dfrac{20}{3}$ となり，$G\left(\dfrac{20}{3},\ 0\right)$

また，OE の傾きは，$\dfrac{24}{5}\div(-4)=-\dfrac{6}{5}$ だから，

OE に平行な直線の式は，$y=-\dfrac{6}{5}x+b$ とおける。

これが点 G を通るとき，$0=-\dfrac{6}{5}\times\dfrac{20}{3}+b$　　$b=8$ より，

$y=-\dfrac{6}{5}x+8$　これと③とを連立させて解くと，

$-\dfrac{6}{5}x+8=-\dfrac{17}{4}x+\dfrac{25}{2}$　　$-24x+160=-85x+250$

$x=\dfrac{90}{61}$

⑤〔1〕直角をはさむ 2 辺の長さが 6 と 8 である直角三角形の斜辺の長さは，三平方の定理より $\sqrt{6^2+8^2}=10$ であり，3 辺の比は $3:4:5$ である。

辺の比が $3:4:5$ の直角三角形に着目する。

$EF=CE\times\dfrac{3}{5}=12\times\dfrac{3}{5}=\dfrac{36}{5}$ (cm)

〔2〕$FG=EF\times\dfrac{4}{5}=\dfrac{144}{25}$ (cm)

〔3〕$FA=10-\dfrac{36}{5}=\dfrac{14}{5}$ (cm)

$EG:GD=EF:FA$

$=\dfrac{36}{5}:\dfrac{14}{5}=18:7$

よって，

$\triangle BGH=\triangle BCE\times\dfrac{EG}{CE}\times\dfrac{BH}{BE}$

$=\dfrac{8\times 12}{2}\times\dfrac{18}{25+25}\times\dfrac{1}{2}=\dfrac{216}{25}$ (cm^2)

〔4〕$CF=CE\times\dfrac{4}{5}=12\times\dfrac{4}{5}=\dfrac{48}{5}$ (cm)

$CG=CF\times\dfrac{4}{5}=\dfrac{192}{25}$ (cm)

$FP=\dfrac{48}{5}\times\dfrac{25}{23+25}=5$ (cm)

四角形 $APGF=\triangle APF+\triangle FPG$

$=\dfrac{14}{5}\times 5\times\dfrac{1}{2}+\dfrac{144}{25}\times\dfrac{192}{25}\times\dfrac{1}{2}\times\dfrac{25}{23+25}$

$=7+\dfrac{288}{25}=\dfrac{463}{25}$ (cm^2)

〈T. E.〉

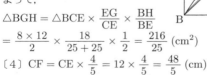

早稲田大学系属早稲田実業学校高等部　問題 P.184

解答

1 因数分解，データの散らばりと代表値，連立方程式の応用，2 次方程式の応用

(1) $(a-1)(ax-x+a+1)$　(2) $a\geqq 29$

(3) $x=100,\ y=400$　(4) $a=15,\ b=8$

2 確率，円周角と中心角，平面図形の基本・作図

(1)① $\dfrac{1}{6}$　② $\dfrac{5}{18}$

(2)

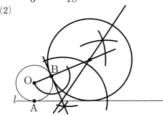

3 関数を中心とした総合問題

(1) $A_1(6,\ 12)$, $A_2(-2,\ -4)$, $B_1(-3,\ 3)$, $B_2(1,\ -1)$

〔証明〕（例）$\triangle OA_1B_1$ と $\triangle OA_2B_2$ において，対頂角は等しいので，$\angle A_1OB_1=\angle A_2OB_2\cdots$①

$OA_1:OA_2=6:2=3:1$, $OB_1:OB_2=3:1$ だから，

$OA_1:OA_2=OB_1:OB_2\cdots$②

①，②より，2 組の辺の比とその間の角がそれぞれ等しいので，$\triangle OA_1B_1\backsim\triangle OA_2B_2$　　（証明終）

(2) 48　(3) $a=\dfrac{1}{4}$

4 立体の表面積と体積，相似，三平方の定理

(1) $\dfrac{\sqrt{6}}{2}$ cm　(2) 2 cm　(3) $\dfrac{2\sqrt{3}}{3}$ cm

5 数・式の利用，2 次方程式，三平方の定理

(1) $\dfrac{5}{2}$ 秒後　(2) $B\left(\dfrac{1+\sqrt{5}}{2},\ \dfrac{1+\sqrt{5}}{2}\right)$

(3)① $(2+3\sqrt{2})$ 秒後　② $(11-7\sqrt{2},\ 1)$

解き方

1(1)（与式）$=x(a^2-2a+1)+a^2-1$

$=x(a-1)^2+(a+1)(a-1)$

$=(a-1)(ax-x+a+1)$

(2) a を除いた残りのデータを小さい順に並べると，

10, 12, 16, 23, 29, 30, 34

となり，23 と 29 の平均が 26 であるので，$a\geqq 29$ の場合に中央値は 26 m となる。

(3)
$\begin{cases} 300\times\dfrac{5}{100}+400\times\dfrac{12}{100}=x\times\dfrac{7}{100}+2x\times\dfrac{8}{100}+y\times\dfrac{10}{100} \\ x+2x+y=700 \end{cases}$

これを変形して，$\begin{cases} 23x+10y=6300 \\ y=700-3x \end{cases}$

これを解いて，$x=100,\ y=400$

(4) $(a-b)(a^2+b^2)=7\times 17^2$

$a,\ b$ は連続しない正の整数なので，$a-b\neq 1$ で，

$a-b>1$ より，$a>1$　　よって，$a^2>a$

ゆえに，$a^2+b^2>a^2>a>a-b$ であるから，

$\begin{cases} a-b=7 \\ a^2+b^2=17^2 \end{cases}$ が成り立てばよい。b を消去して，

$a^2+(a-7)^2=17^2$, $(a+8)(a-15)=0$

$a>0$ より，$a=15,\ b=8$

2(1)① PQ が円の直径のとき，$\angle PAQ=90°$ となる。

② $\frac{180}{14}=12.8\cdots$ であるから，P が $\boxed{1}$，$\boxed{2}$ のときは，

$\angle PAQ \geqq 70°$ となる。$\angle PAQ < 70°$ となるのは，P が $\boxed{3}$ のとき Q が $\boxed{6}$，P が $\boxed{4}$ のとき Q が $\boxed{6}\,\boxed{5}$，

P が $\boxed{5}$ のとき Q が $\boxed{6}\,\boxed{5}\,\boxed{4}$，P が $\boxed{6}$ のとき Q が $\boxed{6}\,\boxed{5}\,\boxed{4}\,\boxed{3}$ であるから，求める確率は，

$\dfrac{1+2+3+4}{36}=\dfrac{5}{18}$

(2) 作図の方針を示す。① 直線 OB を引く。

② B を通って，直線 OB に垂直な直線を作図する。

③ ②と l の交点を C とし，l 上に C に関して A と反対側に点 D をとり，$\angle BCD$ の二等分線を作図する。

④ ①と③の交点が求める円の中心で，B を通る円を描く。

3 (2) 直線 A_2B_2 の式は $y=x-2$ なので，

$\triangle OA_2B_2 = \dfrac{1}{2}\times 2\times(1+2)=3$ となる。

$\triangle OA_2B_1 = \triangle OA_1B_2 = 3\triangle OA_2B_2 = 9$，

$\triangle OA_1B_1 = 3^2\triangle OA_2B_2 = 27$ だから，求める面積は 48

(3) $ax^2=2x$ から，$A_3\left(\dfrac{2}{a}, \dfrac{4}{a}\right)$

$ax^2=-x$ から，$B_3\left(-\dfrac{1}{a}, \dfrac{1}{a}\right)$ となる。

直線 A_3B_3 の式は，$y=x+\dfrac{2}{a}$ となるので，

$\triangle OA_3B_3 = \dfrac{1}{2}\times\dfrac{2}{a}\times\left(\dfrac{2}{a}+\dfrac{1}{a}\right)=\dfrac{3}{a^2}$，$\dfrac{3}{a^2}=48$

これを解いて，$a=\pm\dfrac{1}{4}$　　$a>0$ より，$a=\dfrac{1}{4}$

4 (1) 辺 CD の中点を M とする。

$BM = \dfrac{3}{2}\sqrt{3}$ cm，

$BH = \dfrac{2}{3}BM = \sqrt{3}$ cm

$\triangle ABH$ で三平方の定理により，

$AH = \sqrt{3^2-(\sqrt{3})^2}$
$= \sqrt{6}$ (cm)

よって，球 O の半径は

$\dfrac{\sqrt{6}}{2}$ cm

(2) AH は球の直径なので，$\angle APH = 90°$

$\triangle APH \infty \triangle AHB$ となるので，

$AP = AH\times\dfrac{AH}{AB} = \dfrac{(\sqrt{6})^2}{3} = 2$ (cm)

(3) 切り口の円の中心を T とすると，$TA = TQ = TR$ であるから，$OT \perp$ (平面 ACD) となる。

$\triangle AOT \infty \triangle AMH$ となるので，

$AT = AO\times\dfrac{AH}{AM} = \dfrac{\sqrt{6}}{2}\times\sqrt{6}\div\left(\dfrac{3}{2}\sqrt{3}\right)$
$= \dfrac{2}{3}\sqrt{3}$ (cm)

5 (1) 最初の移動先は $A'\left(4, \dfrac{5}{2}\right)$ であるので，

$AA' = \sqrt{(4-2)^2+\left(\dfrac{5}{2}-4\right)^2} = \dfrac{5}{2}$　　よって，$\dfrac{5}{2}$ 秒後

(2) (a, b) と $\left(b, \dfrac{b+1}{a}\right)$ が一致するので，b を消去して，

$a = \dfrac{a+1}{a}$，$a^2-a-1=0$，$a = \dfrac{1\pm\sqrt{5}}{2}$

$a>0$ より，$a = \dfrac{1+\sqrt{5}}{2}$

(3)① $C(1, 1) \to C_1(1, 2) \to C_2(2, 3) \to C_3(3, 2) \to$ $C_4(2, 1) \to C_5(1, 1)$

$CC_1 = C_4C_5 = 1$，

$C_1C_2 = C_2C_3 = C_3C_4 = \sqrt{1+1} = \sqrt{2}$

であるから，移動した道のりの合計は，$2+3\sqrt{2}$

② $22\sqrt{2}-5(2+3\sqrt{2}) = 7\sqrt{2}-10 = \sqrt{98}-\sqrt{100}<0$ であるから，4 回 C に戻ったあと，

$22\sqrt{2}-4(2+3\sqrt{2}) = 10\sqrt{2}-8$ 秒後の P の座標を求めればよい。

C から C_4 までの移動距離の合計が $1+3\sqrt{2}$ で，

$10\sqrt{2}-8-(1+3\sqrt{2}) = 7\sqrt{2}-9<1$ であるから，

P は線分 C_4C_5 上，C_4 から $7\sqrt{2}-9$ だけ C_5 方向に進んだ位置にある。

よって，$P(2-(7\sqrt{2}-9), 1)$

〈IK. Y.〉

和洋国府台女子高等学校

問題 P.185

解答

1 正負の数の計算，平方根，式の計算，多項式の乗法・除法　(1) $-\dfrac{11}{9}$　(2) $8\sqrt{3}+\sqrt{2}$

(3) $12a^7b^3$　(4) $\dfrac{x-17}{12}$　(5) $-24x-45$

2 因数分解　(1) $a(ab-3)^2$

(2) $(a+2b+1)(a-2b+1)$

3 因数分解，平方根　-20

4 連立方程式　$x=-11$, $y=16$

5 2次方程式　$x=3\pm2\sqrt{2}$

6 数の性質　350

7 確率　(1) 0　(2) $\dfrac{2}{9}$

8 1次関数　$a=2$, $b=4$

9 1次関数，関数 $y=ax^2$，平行線と線分の比

(1) $A(-2, 4)$　(2) $4:5$

10 平行と合同，平行線と線分の比　(1) 113 度　(2) $5:6$

11 立体の表面積と体積，円周角と中心角，三平方の定理

(1) $(2\sqrt{3}+2)$ cm^2　(2) $\dfrac{32\sqrt{2}}{3}\pi$ cm^3

12 図形と証明，相似，三平方の定理

(1) ア…EFA　イ…2 組の角　ウ…$\angle FAE$　エ…$\angle CAD$

オ…$\angle DCF$　(2) $(8\sqrt{2}-8)$ cm^2

解き方

1 (1) (与式) $= \dfrac{1}{10}\times\left(-\dfrac{11}{10}\right)\div\left(\dfrac{3}{10}\right)^2$

$= \dfrac{1}{10}\times\left(-\dfrac{11}{10}\right)\times\dfrac{10^2}{3^2} = -\dfrac{11}{9}$

(2) (与式) $= 4\sqrt{3}-\sqrt{2}(2-2\sqrt{6}+3)+6\sqrt{2}$

$= 4\sqrt{3}-5\sqrt{2}+4\sqrt{3}+6\sqrt{2} = 8\sqrt{3}+\sqrt{2}$

(3) (与式) $= \dfrac{-2^3a^6b^3\times81a^2b^2}{3^3\times(-2ab^2)} = 12a^7b^3$

(4) (与式) $= \dfrac{2(5x-7)-3(3x+1)}{12}$

$= \dfrac{10x-14-9x-3}{12} = \dfrac{x-17}{12}$

(5) (与式) $= 4x^2-9-4(x^2+6x+9)$

$= 4x^2-9-4x^2-24x-36 = -24x-45$

2 (1) (与式) $= a(a^2b^2-6ab+9)$

$= a(ab-3)^2$

(2) $a+1=A$ とおくと，A^2-4b^2

$= (A+2b)(A-2b)$

$= (a+1+2b)(a+1-2b)$

$= (a+2b+1)(a-2b+1)$

3 (与式) $= (x-3)(x+7)$

$= (\sqrt{5} - 2 - 3)(\sqrt{5} - 2 + 7)$
$= (\sqrt{5} - 5)(\sqrt{5} + 5) = 5 - 25 = -20$

4 $5x + 3y = -7 \cdots$① $7x + 5y = 3 \cdots$② とすると，
① $\times 5 -$ ② $\times 3$ より，$4x = -44$ $x = -11$
①に代入して，$-55 + 3y = -7$ $3y = 48$ $y = 16$

5 $x^2 - 2 = 6x - 3$ $x^2 - 6x + 1 = 0$ 解の公式より，
$x = \dfrac{-(-6) \pm \sqrt{(-6)^2 - 4 \times 1 \times 1}}{2 \times 1}$
$= \dfrac{6 \pm \sqrt{32}}{2} = \dfrac{6 \pm 4\sqrt{2}}{2} = 3 \pm 2\sqrt{2}$

6 $980 = 2^2 \times 5 \times 7^2$ より，$N = 2 \times 5^2 \times 7 = 350$

7 (1) 2個のさいころの目の出方は，$6 \times 6 = 36$（通り）
出た目の数の和が1になるのは，0通り。
よって，求める確率は，$\dfrac{0}{36} = 0$

(2) 出た目の数の積が整数の2乗となるのは，$(1, 1)$，$(1, 4)$，$(2, 2)$，$(3, 3)$，$(4, 1)$，$(4, 4)$，$(5, 5)$，$(6, 6)$ の8通り。よって，求める確率は，$\dfrac{8}{36} = \dfrac{2}{9}$

8 $(5, 18)$ を通るので，$18 = 5a + 8$ $5a = 10$
$a = 2$ より，$y = 2x + 8$
$(-2, b)$ を通るので，$b = 2 \times (-2) + 8 = 4$

9 (1) $x^2 = x + 6$ $x^2 - x - 6 = 0$
$(x + 2)(x - 3) = 0$ $x = -2, 3$
$x < 0$ より，$x = -2$ y座標は，$y = -2 + 6 = 4$
よって，$A(-2, 4)$

(2) 点Bの座標は，$y = 3 + 6 = 9$ より，$B(3, 9)$
点Cの座標は，$0 = x + 6$ $x = -6$ より，
$C(-6, 0)$
$CA : AB = \{-2 - (-6)\} : \{3 - (-2)\} = 4 : 5$ より，
$\triangle ACO : \triangle ABO = CA : AB = 4 : 5$

10 (1) $\angle ADE = 180° - 108° = 72°$
よって，$\angle AFE = 72° + 41° = 113°$

(2) EBを延長し，$GA \parallel CE$ となる点Gをとる。
$GA : CE = AB : BC$ より，
$GA : 5 = 1 : 2$ $GA = \dfrac{5}{2}$
よって，
$AF : FD = GA : DE$ より，
$AF : FD = \dfrac{5}{2} : 3 = 5 : 6$

11 (1) $\overset{\frown}{BA} : \overset{\frown}{AD} = 3 : 2$ より，
$\angle ADB : \angle ABD = 3 : 2$
$\angle ADB : 30° = 3 : 2$
$\angle ADB = 45°$
点AからBDに垂線
AEを引くと，$\triangle ABE$
は，30°，60°，90°の
直角三角形より，
$AE : AB : BE = 1 : 2 : \sqrt{3}$
$= 2 : 4 : 2\sqrt{3}$
また，$\triangle AED$ は，直角二等辺三角形より，
$AE : ED : AD = 1 : 1 : \sqrt{2} = 2 : 2 : 2\sqrt{2}$
よって，$\triangle ABD = \dfrac{1}{2} \times (2\sqrt{3} + 2) \times 2 = 2\sqrt{3} + 2 \ (\text{cm}^2)$

(2) 線分ACは直径より，$\angle ABC = 90°$
また，$\angle ACB = \angle ADB = 45°$ より，
$\angle BAC = 180° - 90° - 45° = 45°$

点BからACに垂線BFを引くと，$\triangle ABF$ は直角二等辺
三角形より，
$AF : BF : AB = 1 : 1 : \sqrt{2} = 2\sqrt{2} : 2\sqrt{2} : 4$
よって，求める立体の体積は，
$\dfrac{1}{3} \times \pi \times (2\sqrt{2})^2 \times 2\sqrt{2} \times 2 = \dfrac{32\sqrt{2}}{3}\pi \ (\text{cm}^3)$

12 (2) $AC = AB = 4$ cm
点AからBCに垂線AG
を引くと，$\triangle ABG$ は
直角二等辺三角形より，
$AG : BG : AB$
$= 1 : 1 : \sqrt{2}$
$= 2\sqrt{2} : 2\sqrt{2} : 4$
$\triangle AGC$ も同様に，
$AG : GC : AC = 2\sqrt{2} : 2\sqrt{2} : 4$
また，$AB = DC$ より，$\triangle ABD \equiv \triangle DCF$ となる。
よって，$\triangle ADF = \triangle ABC - \triangle ABD - \triangle DCF$
$= \dfrac{1}{2} \times 4\sqrt{2} \times 2\sqrt{2} - \dfrac{1}{2} \times (4\sqrt{2} - 4) \times 2\sqrt{2} \times 2$
$= 8 - 16 + 8\sqrt{2} = 8\sqrt{2} - 8 \ (\text{cm}^2)$

〈A. H.〉

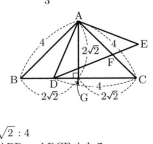

══〔数学 解答〕 終わり══

MEMO

MEMO

MEMO

MEMO

MEMO

MEMO

MEMO

MEMO

MEMO

MEMO

MEMO

MEMO